KB091604

리눅스 API의 모든 것 | Vol. 2 |

고급 리눅스 API

스레드, IPC, 소켓, 고급 I/O

리눅스 API의 모든 것 |Vol. 2|

고급 리눅스 API

스레드, IPC, 소켓, 고급 I/O

마이클 커리스크 지음

김기주 · 김영주 · 우정은 · 지영민 · 채원석 · 황진호 옮김

i!i
에이콘

리눅스용 소프트웨어를 작성할 때 컴퓨터 옆에 놓을 책을 하나만 고를 수 있다면, 이 책이 바로 그 책일 것이다.

— 마틴 랜더스 / 구글의 소프트웨어 엔지니어

이 책은 자세한 설명과 예제가 많고, 리눅스의 저수준 프로그래밍 API의 상세한 내용과 뉘앙스를 이해하는 데 필요한 모든 것을 담고 있다. 독자의 수준과 상관없이, 이 책에서 뭔가 배울 게 있을 것이다.

— 멜 고먼, 『Understanding the Linux Virtual Memory Manager』의 저자

마이클 커리스크는 리눅스 프로그래밍과, 그것이 다양한 표준과 어떻게 연관되는지를 상세히 다룬 훌륭한 책을 썼다. 뿐만 아니라, 그가 발견한 버그들이 수정되고 매뉴얼 페이지들이 (엄청나게) 개선되도록 노력했다. 이와 같은 세 가지 방법을 통해 마이클은 리눅스 프로그래밍을 더욱 쉽게 만들었다. 모든 주제를 깊이 있게 다룬 『리눅스 API의 모든 것』은 초보이건 고수이건 리눅스 프로그래머라면 꼭 한 권씩 지녀야 할 필독 참고서다.

— 안드레아스 예거 / 노벨 오픈수세 프로그램 매니저

올바른 정보를 명확하고 간결하게 표현하려는 마이클의 무궁무진한 투지로 인해 프로그래머를 위한 든든한 참고서가 만들어졌다. 이 책은 리눅스 프로그래머를 주요 대상으로 하지만, 유닉스/POSIX 생태계에서 작업하는 모든 프로그래머에게 가치 있는 책일 것이다.

— 데이비드 부텐호프 / 『Programming with POSIX Threads』의 저자이자 POSIX 및 유닉스 표준 기여자

리눅스 시스템에 중점을 두고, 유닉스 시스템과 네트워크 프로그래밍에 대해 매우 철저하면서도 읽기 쉽게 설명했다. (일반적인) 유닉스 프로그래밍을 시작하려는 사람이나, 인

기 있는 GNU/리눅스 시스템은 '무엇이 새로운지'를 알고자 하는 고급 유닉스 프로그래머 모두에게 강력하게 추천하고 싶은 책이다.

- 페르난도 곤트 / 네트워크 보안 연구원, IETF 참가자이자 RFC 저자

백과사전처럼 폭넓고 깊게 다루면서도, 교과서처럼 많은 예제와 연습문제가 풍부한 책이다. 이론부터 실제 작동하는 코드까지 각 주제를 명확하고 철저하게 다뤘다. 전문가, 학생, 교사들이여, 이것이 당신들이 지금까지 기다리던 리눅스/유닉스 참고서의 결정판이다.

- 앤소니 로빈스 / 오타고대학교 컴퓨터공학과 부교수

마이클 커리스크가 이 책에 쏟아놓은 정보의 정확함, 품질, 상세함에 매우 감명받았다. 리눅스 시스템 호출에 관한 훌륭한 전문가인 마이클은 이 책에서 리눅스 API에 대한 자신의 지식과 이해를 공유해줬다.

- 크리스토프 블라 / 『Programmation système en C sous Linux』의 저자

진지하고 전문성을 갖춘 리눅스/유닉스 시스템 프로그래머를 위한 필독서다. 마이클 커리스크는 리눅스와 유닉스 시스템 인터페이스의 모든 핵심 API를 명확한 설명과 예제로 다루고, 단일 유닉스 규격과 POSIX 1003.1 같은 표준을 따르는 방식의 중요성과 혜택을 강조한다.

- 앤드류 조시 / 오픈 그룹 표준 담당 디렉터이자 POSIX 1003.1 워킹 그룹 의장

시스템 프로그래머의 입장에서, 매뉴얼 페이지를 관리하는 사람이 직접 쓴 리눅스 시스템에 대한 백과사전 같은 참고서보다 더 좋은 것이 있을까? 『리눅스 API의 모든 것』은 포괄적이면서 상세하다. 이 책은 분명히 내 프로그래밍 책꽂이에 빠져서는 안 될 기본서로 자리잡을 것이다.

- 빌 갤마이스터 / 『POSIX.4 Programmer's Guide: Programming for the Real World』의 저자

리눅스와 유닉스 시스템 프로그래밍을 다룬 최신 완벽 가이드다. 리눅스 시스템 프로그래밍을 새로 시작한다거나, 리눅스 방식을 배우는 데 관심이 있고 이식성에 중점을 두고 있는 유닉스 베테랑이거나, 또는 그냥 리눅스 프로그래밍 인터페이스에 대한 훌륭한 참고서를 찾고 있다면, 마이클 커리스크의 책이야말로 당신의 책꽂이에 반드시 구비해야 할 안내서다.

- 루이 도미니 / CORPULS.COM의 수석 소프트웨어 아키텍트(임베디드)

『The Linux Programming Interface』(한국어판 제목: 『리눅스 API의 모든 것』) 한국 독자 여러분께 인사를 전합니다.

『리눅스 API의 모든 것』은 리눅스 시스템 프로그래밍 API를 거의 모두 설명한 책으로서 전통적인 서버, 메인프레임, 데스크탑 시스템부터 근래 리눅스를 사용하는 임베디드 디바이스에 이르기까지 광범위한 리눅스 플랫폼에 적용할 수 있습니다. 그뿐 아니라 리눅스 커널이 안드로이드의 심장부를 이루고 있기 때문에, 이 책 내용의 대부분은 안드로이드 디바이스상의 프로그래밍에도 응용할 수 있습니다.

이 책의 영문판이 2010년 말에 출간된 이후로, 9개의 새로운 리눅스 커널 버전이 릴리스됐습니다(버전 2.6.36부터 3.4까지). 그럼에도 영문판과 이 한국어판의 내용은 여전히 최신에 가깝고, 앞으로도 수년간 유효할 것입니다. 그 주된 이유는 리눅스 커널의 개발이 매우 빠르지만, 커널-사용자 공간 API의 변경 속도는 매우 느리기 때문입니다(이는 커널이 사용자 공간 응용 프로그램의 '안정적인' 기반을 제공하도록 설계된다는 사실의 당연한 결과입니다). 따라서 최근 9개의 커널 버전을 보면, 커널-사용자 공간 API의 변경은 비교적 적었음을 알 수 있습니다. 더욱이 발생한 변경들도 이 책에 설명된 기존 기능의 '수정'보다는 이 책에 설명된 인터페이스에 '추가'되는 형태를 띱니다(다시 한 번 말하지만, 이는 커널 설계 과정의 자연적인 결과로, 리눅스 커널 개발자들은 '기존' 사용자 공간 API를 깨뜨리지 않기 위해 엄청나게 애씁니다). 궁금한 독자들은 저의 웹사이트 http://man7.org/tlpi/api_changes/에서 영문판이 출판된 이래의 사용자 공간 API 변경사항(영문으로 되어 있음)을 찾아볼 수 있습니다.

한국어판 독자들은 영문판과 한국어판 사이에 약간의 구조적인 차이가 있음을 참조하시면 좋겠습니다. 가장 두드러진 차이는 영문판이 한 권으로 출간된 반면, 한국어판은 한국어로 옮기는 과정에서 책의 분량이 늘어난 이유 때문에 부득이하게 두 권으로 출간된 점입니다. 그 과정에서 몇몇 장들의 순서가 약간 바뀌었습니다. POSIX 스레드를 설명한 5개의 장은 뒤쪽으로 이동하여 한국어판 2권(Vol. 2)의 첫 장들로 구성됐습니다(두 권으로 나눌 경우, 저와 에이콘출판사는 이렇게 순서를 바꾸는 것이 더 합리적이라고 서로 동의했습니다).

마지막으로, 제가 쓴 책이 다른 언어로 번역되는 것은 제게는 크나큰 영광입니다. 제 책의 번역 작업이 각국에서 현재 진행 중이지만, 한국어판이 세계에서 최초로 출간되는 번역서로 이름을 올렸습니다. 1,500페이지가 넘는 분량의 원서를 번역하는 일은 대단한 과업입니다. 멋진 번역을 만들어낸, 부지런하고 빠르게 작업해준 출판사와 번역 팀에게 감사합니다. 저의 작업물과, 이 책을 옮겨준 번역 팀의 좋은 글과, 영문판에 도움을 준 여러 관계자분들의 노고가 한국어판 독자들에게 많은 도움이 되길 바랍니다.

2012년 6월 독일 뮌헨에서
마이클 커리스크

에이콘출판의 기틀을 마련하신 故 정완재 선생님 (1935-2004)

저자 소개

마이클 커리스크Michael Kerrisk (http://man7.org/)

20년 이상 유닉스 시스템을 사용하고 프로그래밍을 했으며, 유닉스 시스템 프로그램을 주제로 한 많은 강의 경험이 있다. 2004년부터 리눅스 커널과 glibc 프로그래밍 API를 설명하는 매뉴얼 페이지 프로젝트를 관리했다. 250개가 넘는 매뉴얼 페이지를 작성했거나 공동 작성했고, 새로운 리눅스 커널/사용자 공간 인터페이스의 테스트와 설계 리뷰에 활발히 참여하고 있다. 마이클은 독일의 뮌헨에서 가족과 함께 살고 있다.

저자 서문

나는 유닉스와 C를 1987년에 쓰기 시작했다. 당시 몇 주 동안 마크 록킨드Marc Rochkind
의 『Advanced UNIX Programming』 초판을 들고 HP 밥캣Bobcat 워크스테이션 앞에서
씨름을 했고 결국 그 책은 여기저기 페이지의 귀가 접힌 C 셸 설명서 역할을 톡톡히 했
다. 그때의 접근 방식을 지금도 따르려고 애쓰고 있는데, 새로운 소프트웨어 기술을 접하
는 모든 이에게 권하고 싶다. (문서가 있다면) 충분히 시간을 들여 문서를 읽어라. 해당 소프
트웨어를 충분히 이해할 때까지 짧은 테스트 프로그램을 작성하라(차차 크기를 키워나가라).
결국에는 이런 종류의 자기 훈련을 통해 시간을 많이 절약할 수 있다. 이 책의 여러 프로
그래밍 예제는 이런 학습 방법을 부추기도록 작성됐다.

소프트웨어 엔지니어이자 설계자인 나는 열정적인 교사로 수년간 학교와 기업에서
가르치기도 했다. 수주 코스의 유닉스 시스템 프로그래밍 수업을 진행하기도 했는데, 그
경험이 이 책을 쓸 때 많은 도움이 됐다.

내가 리눅스를 쓴 기간은 유닉스를 쓴 기간의 절반 정도이며, 그동안 커널과 사용자
공간 사이의 경계인 리눅스 프로그래밍 인터페이스에 대한 관심이 증가해왔다. 이러한
관심으로 인해 여러 가지 관련 활동에 참가하게 됐다. 간간이 POSIX/SUS 표준에 조언
과 버그 리포트를 하기도 했고, 리눅스 커널에 추가된 새로운 사용자 공간 인터페이스의
테스트와 설계 검토를 수행하기도 했다. 인터페이스와 그 문서에 대한 학회에서 정규적
으로 발표했으며, 연례 리눅스 커널 개발자 회의에 여러 차례 초청도 받았다. 이런 활동
모두를 엮은 공통된 끈은, 리눅스 세계에서 내가 가장 눈에 띄게 기여한 man-pages 프
로젝트 활동이었다(http://www.kernel.org/doc/man-pages/).

man-pages 프로젝트는 리눅스 설명서의 2, 3, 4, 5, 7절을 제공한다. 이들은 이 책의
주제와 동일한, 리눅스 커널과 GNU C 라이브러리가 제공하는 프로그래밍 인터페이스를
설명한다. 나는 man-pages 프로젝트에 10년 이상 참여했다. 2004년 이래 프로젝트 관
리자로서 문서를 작성하고, 커널과 라이브러리 소스 코드를 읽고, 문서의 상세한 내용을

검증하기 위한 코드를 작성해왔다(인터페이스를 문서화하는 것은 인터페이스의 버그를 찾아내는 훌륭한 방법이다). 나는 또한 man-pages에 기여를 가장 많이 한 인물로, 대략 900페이지 가운데 140페이지를 작성했고, 125페이지를 공동 작성했다. 따라서 독자가 이 책을 읽기 전에, 이미 내가 발표한 내용 일부를 읽었을 가능성이 높다. 내 작업이 여러 개발자에게 유용했기를 바라며, 이 책은 훨씬 더 유용하기를 기원한다.

감사의 글

많은 이들의 도움이 아니었다면, 이 책은 지금보다 훨씬 수준이 떨어졌을 것이다. 그분들께 감사드리게 되어 영광이다.

세계 각지의 기술 검토자 다수가 초안을 읽고, 오류를 찾고, 혼란스러운 설명을 지적하고, 새로운 어구와 도표를 제안하고, 프로그램을 테스트하고, 연습문제를 제안하고, 내가 모르는 리눅스와 기타 유닉스 구현의 특성을 지적해줬으며, 지원해주고 격려해줬다. 여러 검토자가 아낌없이 제공해준 통찰력과 논평 덕분에 이 책의 완성도가 한층 높아질 수 있었다. 남아 있는 실수는 물론 모두 나의 잘못이다.

다음 검토자들에게 특별한 감사를 전한다.

- 크리스토프 블래스Christophe Blaess는 소프트웨어 공학 컨설턴트이자 전문 교육자다. 전문 분야는 리눅스의 산업계(실시간과 임베디드) 응용이다. 크리스토프는 이 책과 비슷한 주제를 다룬 훌륭한 프랑스어 책인 『Programmation système en C sous Linux』의 저자다. 이 책의 여러 장에 대해 아낌없는 조언을 해줬다.

- 데이빗 부텐호프David Butenhof는 POSIX 스레드와 단일 유닉스 규격 스레드 확장을 위한 실무진의 일원이었고, 『Programming with POSIX ThreadsPOSIX스레드를 이용한 프로그래밍』의 저자다. 개방 소프트웨어 재단Open Software Foundation을 위해 DCE 스레드 참조 구현 원본을 작성했으며, OpenVMS와 디지털 유닉스를 위한 스레드 구현의 수석 아키텍트였다. 데이빗은 스레드 관련 장을 검토하고 여러 개선점을 제시했으며, POSIX 스레드 API에 대해 내가 잘못 이해한 세세한 사항을 참을성 있게 바로잡아 줬다.

- 제프 클래어Geoff Clare는 오픈 그룹The Open Group에서 유닉스 적합성 시험 부문을 맡고 있고, 유닉스 표준화에 20년 이상 몸담고 있으며, POSIX.1과 단일 유닉스 규격의 토대를 형성한 공동 표준을 작성한 오스틴 그룹의 6명 남짓한 핵심 멤버 중 한 사람이다. 제프는 표준 유닉스 인터페이스와 관련된 원고 일부를 자세히 검토했으며, 여러 수정사항과 개선점을 끈기 있고 정중하게 제안해줬다. 또한 이해

하기 힘든 버그를 다수 지적해줬으며, 이식성 있는 프로그래밍을 위한 표준의 중요성에 초점을 맞추는 데 많은 도움을 줬다.

- 루이 도미니Loïc Domaigné(당시 독일 항공 교통 관제소에서 근무)는 경성 실시간 요구사항을 갖는 분산 병렬 결합 포용 임베디드 시스템의 설계와 개발을 맡고 있는 소프트웨어 시스템 엔지니어다. SUSv3에서의 스레드 규격을 검토해줬고, 다양한 온라인 기술 포럼에서 열성적으로 지식을 전파하고 있다. 루이는 스레드 관련 장뿐만 아니라 이 책의 여러 부분을 자세히 검토했다. 또한 리눅스 스레드 구현의 세부를 검증할 수 있는 기발한 프로그램을 많이 작성해줬으며, 대단한 열정과 성원으로, 자료를 전반적으로 더 멋지게 보여줄 수 있는 수많은 아이디어를 내줬다.

- 게르트 되링Gert Döring은 가장 널리 사용되는 유닉스/리눅스용 오픈 소스 팩스 패키지 중 하나인 mgetty와 sendfax를 작성했다. 요즘은 주로 대규모 IPv4/IPv6 기반 네트워크를 만들고 운영하는데, 거기에는 전 유럽에 포진한 동료들과 함께 인터넷 기반구조의 원활한 운영을 보장하기 위한 운영 정책을 정의하는 일도 포함된다. 게르트는 터미널, 로그인 계정 관리, 프로세스 그룹, 세션, 작업 제어 관련 장을 검토해 광범위하고 유용한 피드백을 제공해줬다.

- 볼프람 글로거Wolfram Gloger는 과거 십여 년간 다양한 FOSSFree and Open Source Software 프로젝트에 참여해온 IT 컨설턴트다. 무엇보다도 볼프람은 GNU C 라이브러리에서 쓰이는 malloc 패키지의 개발자다. 현재는 웹 서비스 개발에 종사하며, 여전히 가끔씩 커널과 시스템 라이브러리 관련 작업도 하지만, 특히 이러닝 E-learning에 집중하고 있다. 볼프람은 여러 장을 검토했는데, 특히 메모리 관련 주제에 많은 도움을 줬다.

- 페르난도 곤트Fernando Gont는 아르헨티나 국립 공과대학교의 CEDICentro de Estudios de Informática에서 근무한다. 인터넷 공학이 전문이며, IETFInternet Engineering Task Force에 활발히 참여하여, 다수의 RFCRequest for Comments 문서를 작성했다. 페르난도는 또한 UK CPNICentre for the Protection of National Infrastructure에서 통신 프로토콜 보안 평가를 맡고 있으며, TCP와 IP 프로토콜 전체에 대한 보안 평가를 처음으로 수행했다. 페르난도는 네트워크 프로그래밍 관련 장을 매우 철저히 검토했으며, 다수의 개선점을 제시해줬다.

- 안드레아스 그륀바허Andreas Grünbacher는 커널 해커이고, 확장 속성과 POSIX 접근 제어 목록을 리눅스에 구현한 사람이다. 안드레아스는 여러 장을 철저히 검토하고 격려해줬는데, 그의 제안 중 하나가 이 책의 구조를 가장 크게 바꿨다.

- 크리스토프 헬위그Christoph Hellwig는 리눅스 저장 장치와 파일 시스템 컨설턴트이자, 리눅스 커널의 여러 분야에 걸친 유명한 커널 해커다. 크리스토프는 친절하게도 리눅스 커널 패치를 작성하고 검토하던 시간을 일부 쪼개서 이 책의 몇 장을 검토했고, 여러 유용한 교정과 개선점을 제시해줬다.

- 안드레아스 야에거Andreas Jaeger는 x86-64 아키텍처로의 리눅스 이식을 주도했다. GNU C 라이브러리 개발자로서 라이브러리를 x86-64로 이식했고 여러 분야, 특히 수학 라이브러리가 표준을 따르게 하는 데 많이 기여했다. 현재는 노벨에서 openSUSE의 프로그램 매니저를 맡고 있다. 안드레아스는 내가 기대보다 훨씬 더 많은 장을 검토해줬고, 여러 개선점을 제시했으며, 따뜻하게 격려해줬다.

- 릭 존스Rick Jones는 'Mr. Netperf'(HP에 있는 괴팍한 네트워크 시스템 성능 전문가)로도 알려져 있으며, 네트워크 프로그래밍 관련 장을 꼼꼼히 검토해줬다.

- 앤디 클린Andi Kleen은 네트워크, 에러 처리, 확장성, 저수준 아키텍처 코드 등 리눅스 커널의 다양한 분야에서 활동한 유명하고 오래된 커널 해커다. 앤디는 네트워크 프로그래밍 관련 부분을 광범위하게 검토했으며, 리눅스 TCP/IP 구현 세부에 대한 내 지식을 넓혀줬고, 해당 내용을 더 잘 표현할 수 있는 여러 방법을 제시해줬다.

- 마틴 랜더스Martin Landers는 내가 함께 일하는 행운을 얻게 됐을 때 여전히 학생이었다. 그 이후 짧은 시간에 소프트웨어 아키텍트, IT 강사, 전문 해커 등 다양한 분야에 종사했다. 마틴의 검토를 받을 수 있었던 건 정말 행운이었다. 그의 예리한 지적과 교정 덕분에 이 책의 여러 장을 크게 향상시킬 수 있었다.

- 제이미 로키어Jamie Lokier는 리눅스 개발에 15년 동안 기여한 유명한 커널 해커다. 요즘은 스스로를 '어딘가에 임베디드 리눅스가 일부 관여된 복잡한 문제를 해결하는 컨설턴트'라고 일컫는다. 제이미는 메모리 매핑, POSIX 공유 메모리, 가상 메모리 관련 장을 철저히 검토했다. 그가 지적해준 덕분에 이 주제에 관련된 세부 사항을 교정할 수 있었고, 해당 장의 구조를 크게 향상시킬 수 있었다.

- 배리 마골린Barry Margolin은 지난 25년간 시스템 프로그래머, 시스템 관리자, 지원 엔지니어로서 종사했다. 현재는 아카마이 테크놀로지Akamai Technologies의 선임 성능 엔지니어다. 그는 유닉스와 인터넷에 대해 논의하는 다양한 온라인 포럼에서 인정받는 기여자이며, 이 주제를 다룬 여러 책을 검토했다. 배리는 이 책의 여러 장을 검토했으며, 여러 개선점을 제시했다.

- 폴 플루츠니코프Paul Pluzhnikov는 예전에 Insure++ 메모리 디버그 도구를 개발한 핵심 개발자이자 기술팀장이었다. 또한 가끔씩 gdb를 해킹하기도 하고, 온라인 포럼에서 디버그, 메모리 할당, 공유 라이브러리, 실행 시 환경에 대한 질문에 자주 답하기도 한다. 폴은 광범위한 장을 검토했으며, 귀중한 개선점을 많이 제시했다.

- 존 라이저John Reiser는 (톰 런던Tom London과 함께) 유닉스를 VAX-11/780에 이식했는데, 이는 유닉스의 최초 32비트 아키텍처 이식 중 하나였다. 또한 mmap() 시스템 호출의 창시자이기도 하다. 존은 (당연히 mmap() 관련 장을 포함해서) 이 책의 여러 장을 검토했고, 그의 역사적 통찰과 명료한 기술적 설명 덕분에 해당 장을 크게 향상시킬 수 있었다.

- 앤소니 로빈스Anthony Robins는 30년 지기로서, 여러 장의 초안을 처음 읽어봐 주었고, 초기에 귀중한 지적을 해줬으며, 프로젝트가 진행되는 동안 계속 격려해줬다.

- 마이클 슈뢰더Michael Schröder는 GNU screen 프로그램의 주 개발자 중 한 사람인데, 이로 인해 터미널 드라이버 구현의 중요한 세부사항과 차이점을 아주 잘 알게 됐다. 마이클은 터미널과 가상 터미널 관련 장과, 프로세스 그룹, 세션, 작업 제어를 다룬 장을 검토했으며, 매우 유용한 피드백을 제공했다.

- 맨프레드 스프롤Manfred Spraul은 리눅스 커널의 IPC 코드 전문인데, 고맙게도 IPC 관련 여러 장을 검토해줬고, 여러 개선점을 제시했다.

- 톰 스위그Tom Swigg는 예전에 디지털에서 함께 유닉스 교육을 했었고, 여러 장에 걸쳐 중요한 피드백을 제공한 초기 검토자다. 25년 이상 소프트웨어 엔지니어와 IT 강사로 종사했으며, 현재는 런던 사우스뱅크 대학교에서 VMware 환경에서의 리눅스 개발과 지원을 맡고 있다.

- 젠스 톰스 퇴링Jens Thoms Törring은 다른 많은 사람처럼 물리학자에서 프로그래머로 변신한 좋은 예이며, 다양한 오픈 소스 디바이스 드라이버와 기타 소프트웨어를 개발했다. 젠스는 주제별로 매우 다양한 장을 읽었으며, 각각을 어떻게 개선할지에 대한 특별하고 귀중한 통찰을 제공해줬다.

그 밖의 여러 기술 검토자 또한 이 책의 다양한 부분을 읽고 귀중한 지적을 해줬다. 조지 안징어(몬타비스타 소프트웨어), 스테판 베커, 크르지스토프 베네디착, 다니엘 브라네보그, 안드리스 브라워, 애나벨 처치, 드라간 스벳코빅, 플로이드 L. 데비이슨, 스튜어트 데이비슨(HP 컨설팅), 캐스퍼 듀퐁, 피터 펠링어(jambit GmbH), 멜 고먼(IBM), 닐스 필레쉬, 클라우스 그라츨, 서지 할린(IBM), 마커스 하팅어(jambit GmbH), 리처드 헨더슨(레드햇), 앤드류 조시(오픈 그룹), 댄 키글(구글), 다비드 리벤지, 로버트 러브(구글), H.J. 루(인텔), 폴 마셜, 크리스 메이슨, 마이클 매츠(수세), 트론드 미클리브, 제임스 피치, 마크 필립스, 닉 피진(수세 연구소, 노벨), 케이 요하네스 포토프, 플로리안 램프, 스티븐 로스웰(리눅스 기술 센터, IBM), 마커스 슈바이거, 스티븐 트위디(레드햇), 브리타 바거스, 크리스 라이트, 미첼 론스키, 움베르토 자무네에게 감사한다.

기술적 검토 외에도, 다양한 사람과 조직으로부터 여러 가지 도움을 받았다.

기술적인 질문에 대답해준 얀 카라, 데이브 클라이캠프, 존 슈나이더에게 감사한다. 시스템 관리를 도와준 클라우스 그라츨과 폴 마셜에게도 감사를 전한다.

2008년 동안 내가 펠로우로 man-pages 프로젝트에서 풀타임으로 일하고 리눅스 프로그래밍 인터페이스를 테스트하고 설계 검토할 수 있게 연구비를 대준 LF Linux Foundation에 감사한다. 연구비가 이 책을 집필하는 데 직접적으로 도움을 주진 않았지만, 그 덕에 나와 내 가족이 먹고 살았고, 리눅스 프로그래밍 인터페이스를 문서화하고 테스트하는 데 하루 종일 집중할 수 있어서 나의 '개인적' 프로젝트에 매우 요긴했다. 개개인을 말하자면, LF에서 일하는 동안 '인터페이스' 역할을 해준 짐 제믈린과, 연구비 지원을 도와준 LF 기술 자문 위원회 위원들에게 감사한다.

이 책의 원서 제목을 추천해준 알레한드로 포레로 쿠에르보에게 감사한다.

25여 년 전 내가 첫 번째 학위 과정에 있는 동안 로버트 비들 덕분에 유닉스, C, Ratfor에 관심을 갖게 됐다. 그에게 감사한다. 마이클 하워드, 조나단 메인-워키, 켄 스트롱맨, 가쓰 플레처, 짐 폴라드, 브라이언 헤이그는 이 프로젝트와 직접적인 관련은 없더라도, 뉴질랜드 캔터버리 대학교에서 두 번째 학위 과정을 밟는 동안 저술 방면으로 진로를 잡도록 격려해줬다.

고 리처드 스티븐스는 유닉스 프로그래밍과 TCP/IP를 다룬 여러 훌륭한 책을 남겼는데, 나를 비롯한 여러 프로그래머에게 수년간 훌륭한 기술 정보의 원천이 되고 있다. 이 책을 읽은 사람들은 내 책과 리처드 스티븐스 책의 시각적인 공통점을 찾을 수 있을 것이다. 이는 우연이 아니다. 내 책 디자인을 어떻게 할지 생각하면서 책 디자인을 좀 더 일반적으로 살펴봤고, 보면 볼수록 스티븐스의 접근 방법이 최적인 것 같아 동일한 시각적 접근 방법을 취했다.

테스트 프로그램을 실행하고 세부적인 사항을 그 밖의 유닉스 구현에서 확인할 수 있도록 유닉스 시스템을 제공해준 사람들과 조직들에게 감사한다. 뉴질랜드 오타고 대학의 앤소니 로빈스와 캐시 찬드라는 테스트 시스템을 제공해줬다. 독일 뮌헨 공대의 마틴 랜더스, 랄프 에브너, 클라우스 틸크도 테스트 시스템을 제공해줬다. HP는 시운전 중인 시스템을 무료로 인터넷에서 쓸 수 있도록 제공해줬으며, 폴 드 비르는 OpenBSD를 제공해줬다.

유연한 근무환경과 유쾌한 동료들뿐만 아니라, 이례적으로 너그럽게도 사무실에서 이 책을 쓸 수 있도록 허용해준 두 독일 회사와 그 소유주에게 진심 어린 감사를 표한다. exolution GmbH의 토마스 카하브카와 토마스 그멜치와, 특히 jambit GmbH의 피터 펠링어와 마커스 하팅어에게 감사를 전한다.

댄 랜도우, 카렌 코렐, 클라우디오 스캘마찌, 미하엘 쉽바흐, 리즈 라이트의 도움에 감사하며, 앞뒤 표지 사진을 찍어준 롭 사이스티드와 린리 쿡에게도 고마움을 전한다.

이 프로젝트와 관련해서 다양한 방법으로 격려하고 지원해준 데보라 처치, 도리스 처치, 앤 커리에게 감사한다.

엄청난 프로젝트를 위해 각종 도움을 제공해준 노스타치 출판사No Starch Press 팀에게 감사를 전한다. 처음부터 프로젝트에 대해 솔직하게 말해주고 굳건한 믿음으로 참을성 있게 지켜봐준 빌 폴락을 비롯해, 첫 번째 제작 편집자 메간 던책, 교열 담당자 마릴린 스미스에게 감사한다. 라일리 호프만은 책의 레이아웃과 디자인 전반을 책임졌고, 또한 우리가 집으로 바로 돌아갈 수 있도록 제작 총 책임을 맡아줬다. 릴리는 올바른 레이아웃을 위한 수많은 요청을 고맙게도 참아줬고 훌륭한 최종 결과를 내놓았다.

마지막으로, 책을 마치느라 가족과 멀리한 많은 시간을 참아주고 응원해준 브리타와 세실리아에게 무한한 사랑을 전한다.

김기주 kiju98@gmail.com

포항공과대학교 컴퓨터공학과와 동 대학원을 졸업한 뒤 지금은 임베디드 소프트웨어를 개발하고 있다. 타임머신 TV와 자바 TV 개발에 참여했으며, '자바원'과 '한국 자바 개발자 컨퍼런스', '썬 테크 데이' 등에서 디지털 TV와 자바 ME를 소개하기도 했다. 에이콘출판사에서 펴낸 『임베디드 프로그래밍 입문』(2006)과 『실시간 UML 제3판』(2008), 『(개정 3판) 리눅스 실전 가이드』(2014)를 번역했다.

방대한 책을 번역하느라 함께 고생한 공역자 여러분과, 공역자를 소개해주시고 엄청난 편집 작업을 맡아주신 에이콘출판사 여러분, 틈틈이 민재를 돌봐주신 부모님, 장인, 장모님께 감사드린다. 임신 중인데도 밤마다 번역하느라 특별히 돌봐주지 못한 아내 옥분에게 미안함과 감사를 전하고, 역시 소홀했을 아빠를 여전히 사랑하는 민재에게도 고마움을 전한다.

김영주 youngju98@gmail.com

건국대학교를 졸업한 뒤 공채 2기로 한글과컴퓨터에 입사해, 한컴고객지원센터장을 역임하고, 한컴오피스, Anti-Virus, 통합보안 등의 마케팅을 담당했다. 지금은 보안 소프트웨어 업체에서 Business Development & Marketing을 하고 있다. 「마이크로소프트웨어」, 「PCPLUS」 같은 컴퓨터 월간지에서 필자로 활동했으며, 저서로는 한컴고객지원센터센터 공동 저술한 『따라해보세요, 한글 815 특별판』(한컴프레스, 1998)이 있다.

한글과컴퓨터의 한글 관련 책은 써봤지만 원서 번역은 처음이어서 부담이 좀 있었다. 하지만 기회가 주어진다면 책을 쓰고 싶다는 작은 소망과 "한번 해봐..."라는 말에 용기를 얻어 다른 역자분들과 함께 공역을 할 수 있어 행복했다. 아무쪼록 독자 여러분이 하시는 일에 하나님이 주시는 축복과 평강이 함께하기를 기도하면서 좋은 책의 번역을 제안해준 에이콘출판사 여러분, 김기주 부장, 그리고 두 돌 된 아들 지후, 항상 내 편인 아내 민정에게 감사의 말을 전한다.

우정은 realplord@gmail.com

인하대학교 컴퓨터공학과를 졸업하고 현재 오라클 한국 사무실에서 Java Licensee Engineer로 근무하고 있다. 모바일 기기에 사용되는 자바 가상 머신 플랫폼과 관련된 업무를 주로 하고 있으며, 아이폰과 iOS가 출시된 이후로 다양한 원서 번역과 프로그램 개발을 즐기고 있다. 『iPhone advanced Projects』(한빛미디어, 2010), 『iPhone Programming 제대로 배우기』(한빛미디어, 2010), 『대규모 웹 개발』(한빛미디어, 2011), 『엔터프라이즈 아이폰 & 아이패드 관리자 가이드』(위키북스, 2011)의 역자이기도 하다.

처음 원서를 접했을 때 리눅스 백과사전이라 할 수 있을 정도의 방대한 분량에 놀랐다. '백지장도 맞들면 낫다'라는 말처럼 여러 역자분과 공역을 하고 오랜 시간을 거쳐 번역서가 출판됐다. 훌륭한 책의 번역을 제안해준 에이콘출판사 관계자분, 김기주 부장님, 함께 참여하신 역자분들, 여러 가지로 도움을 주신 LG전자의 김우종 형님, 항상 묵묵히 번역 작업을 지원해주는 토끼에게 감사를 전한다.

지영민 yangsamy@gmail.com

고려대학교 통신시스템 석사를 졸업하고 모토로라와 삼성 SDS에서 사물 인터넷 관련 연구를 진행했다. 책을 마무리하던 시점에는 삼성 SDS에서 근무하고 있었으나 지금은 전자부품연구원으로 자리를 옮겨 초지일관 사물 인터넷 확산에 노력하고 있다.

에이콘출판사의 잘나가는 김홍중 역자에 꼬임(?)으로 시작한 첫 번역, 잘할 수 있을까라는 의문을 가졌지만 김기주 부장님의 지휘 아래 공역자 여러분의 도움으로 감사히 첫 번역을 잘 마무리했습니다. 저를 꼬셔준 김홍중 사마(애칭)와 끌어주신 에이콘 관계자 여러분에게 감사를 전합니다.

채원석 wschae@gmail.com

포항공과대학교 컴퓨터공학과와 동 대학원을 졸업한 후 미국 시카고의 TTIC에서 프로그래밍 언어 전공으로 박사 학위를 받았다. 현재 마이크로소프트 사에서 컴파일러를 개발하고 있다. 『실시간 UML 제3판』(에이콘출판, 2008)을 공동 번역했다.

방대한 양과 충실한 내용으로 '리눅스 프로그래밍의 종결자'로 불리는 TLPI의 번역 작업에 참여할 수 있어 행복했다. 길었던 작업을 이끌어준 김기주 부장님과 공역자 여러분들, 에이콘출판사 여러분께 감사의 말씀을 전한다.

황진호 hwang.jinho@gmail.com

조지 워싱턴 대학교의 컴퓨터 사이언스 학과에서 박사 과
정을 졸업하고, 지금은 미국 뉴욕에 위치한 IBM T.J. Watson
Research Center에서 클라우드 컴퓨팅과 빅데이터에 관
한 연구를 진행 중이다. 에이콘출판사에서 펴낸 『Learning
PHP, MySQL & JavaScript 한국어판』(2011), 『Concurrent
Programming on Windows 한국어판』(2012), 『Creating iOS 5
Apps Develop and Design 한국어판』(2012), 『Programming
iOS 5 한국어판』(2012), 『Learning PHP, MySQL & JavaScript
Second Edition 한국어판』(2013), 『OpenGL ES를 활용한 iOS
3D 프로그래밍』(2014)을 번역했다.

함께 번역을 진행한 공역자분들도 느끼셨을 거라 짐작하지만, 처음 원서를 접했을 때 리
눅스에 관한 모든 내용이 담긴 백서라고 해도 과언이 아닐 만큼 방대한 분량에 적지 않게
당황했던 기억이 난다. 하지만 주 번역자로서 훌륭하게 리드를 해주신 김기주 부장님과
에이콘출판사 관계자분들, 그리고 맡은 바 번역에 충실히 임해주신 공역자 여러분들께
진심으로 감사의 말씀을 전한다.

옮긴이의 말

리눅스가 지배하는 세상이 됐다. 최소한, 리눅스가 도처에서 쓰이는 세상이 되었다. 데스크탑을 정복하지는 못했지만 데스크탑보다 훨씬 많은 곳에서 리눅스가 쓰인다. 보이지 않는 곳에서 인터넷을 움직이는 서버와, 매일 들고 다니는 핸드폰과 태블릿, 자동차마다 달려 있는 내비게이션과 블랙박스, 아침에 일어나자마자, 그리고 퇴근해서 집에 오면 무심코 켜는 TV, 셋톱박스, 블루레이 플레이어, 냉장고, 인터넷 공유기, 프린터, 가정용 파일 서버 등이 리눅스로 구동된다.

『리눅스 API의 모든 것』은 리눅스에서 프로그램을 작성할 때 사용하는 시스템 호출과 라이브러리 함수를 설명한 책이다. 서버에서 동작하는 리눅스용 프로그램을 작성하는 사람들에게 좋은 참고서가 될 것이고, 역자처럼 임베디드 시스템용 프로그램을 작성하는 사람들의 경우, 임베디드 리눅스에서는 서버에서 제공되는 모든 기능을 사용할 수는 없겠지만, 많은 부분이 겹칠 것이고 활용할 수 있으리라 믿는다.

채원석 님의 제안대로 구글 닥스를 사용해 용어집을 공유하고, 번역 뒤 리뷰를 해서 문체를 다듬기는 했지만 여러 역자가 함께 작업하다 보니 문체라든지 용어 등이 약간씩 차이가 날 수 있는 점 양해 부탁드린다. 엄청난 두께의 책을 저술하고, 역자의 질문에 바로 답해준 저자의 열정에 경의를 표한다.

원서의 양이 매우 방대하고 번역 과정에서 두께가 더 두꺼워지는 바람에 저자와의 협의 끝에 두 권으로 나누어 출간하게 되었다. 1권은 기초 리눅스 API 편으로, 리눅스 프로그래밍에서 흔히 쓰이는 파일, 메모리, 사용자, 프로세스, 시간, 시그널, 타이머, 라이브러리 사용법과 작성법 등을 설명하고, 2권은 고급 리눅스 API 편으로, 좀 더 세련되고 복잡한 리눅스 프로그램을 만들 때 사용되는 스레드, IPC, 소켓, 고급 I/O 등을 설명한다.

이 책은 예제가 많아 리눅스 프로그래밍을 배우고자 하는 사람들도 쉽게 따라 하면서 배울 수 있으리라 생각한다. 숙련된 프로그래머의 경우에는 인덱스를 활용해 참고서로 사용할 수 있을 것이다. 비록 두 권으로 나뉘었지만, 인덱스에는 1권과 2권에 나오는 모든 용어를 담고, 각 용어가 어느 권에 나오는지 명시했으므로, 용어를 찾는 데 어려움이 없으리라 믿는다.

리눅스는 항상 개발 중이며, 최근에는 커널 3.3이 발표되었다. 책이 출판된 뒤에 바뀐 내용에 대해서도 저자가 자신의 사이트에서 정오표(http://man7.org/tlpi/errata)를 통해 안내하고 있으므로, 참고하면 도움이 될 것이다.

대표 역자 **김기주**

목차

Vol. 1 기초 리눅스 API

Vol. 2 고급 리눅스 API

Vol 2. 세부 목차

1장 스레드: 소개   49

2장 스레드: 스레드 동기화   67

3장 스레드: 스레드 안전성과 스레드별 저장소   95

4장 스레드: 스레드 취소   115

5장 스레드: 기타 세부사항   129

6장 프로세스 간 통신 개요   151

23장 소켓: 서버 설계   595

24장 소켓: 고급 옵션   613

들어가며

이 책은 리눅스 API를 설명한다. 리눅스는 무료로 사용할 수 있는 유닉스 운영체제로서, 리눅스 API에는 리눅스가 제공하는 시스템 호출, 라이브러리 함수, 기타 저수준 인터페이스가 포함된다. 리눅스에서 실행되는 모든 프로그램이 이 인터페이스를 직간접적으로 사용한다. 응용 프로그램은 이 인터페이스를 사용해 파일 I/O, 파일이나 디렉토리 생성·삭제, 새 프로세스 생성, 프로그램 실행, 타이머 설정, 같은 컴퓨터 안의 프로세스와 스레드 간 통신, 네트워크로 연결된 각기 다른 컴퓨터에 존재하는 프로세스 간의 통신 등을 할 수 있다. 이 저수준 인터페이스를 시스템 프로그래밍system programming 인터페이스라고도 한다.

이 책은 주로 리눅스에 초점을 맞췄지만, 표준과 이식성 이슈도 소홀히 다루지 않았고, 리눅스 고유사항에 대한 논의와, 대부분의 유닉스 구현에서 공통적이고 POSIX와 단일 유닉스 규격Single UNIX Specification에 의해 표준화된 사항에 대한 논의를 분명히 구별했다. 따라서 이 책은 유닉스/POSIX API도 광범위하게 기술했고, 여타 유닉스 시스템을 대상으로 응용 프로그램을 작성하거나 여러 시스템에 이식할 수 있는 응용 프로그램을 작성하려는 프로그래머가 활용할 수 있다.

이 책의 대상 독자

이 책은 주로 다음 같은 독자를 대상으로 한다.

- 리눅스나 기타 유닉스, 기타 POSIX 호환 시스템용 응용 프로그램을 작성하는 프로그래머와 소프트웨어 설계자
- 리눅스와 기타 유닉스 구현 간이나 리눅스와 기타 운영체제 간에 응용 프로그램을 이식하는 프로그래머
- 리눅스/유닉스 API와, 시스템 소프트웨어의 다양한 부분이 어떻게 구현됐는지를 좀 더 잘 이해하고자 하는 시스템 관리자와 '파워 유저'

이 책은 독자에게 프로그래밍 경험이 있다고 가정하지만, 시스템 프로그래밍 경험은 없어도 괜찮다. 또한 독자가 C 프로그래밍 언어를 읽을 수 있고, 셸과 일반 리눅스/유닉스 명령을 쓸 줄 안다고 가정한다. 리눅스나 유닉스에 익숙하지 않다면, 리눅스나 유닉스 시스템의 기본 개념을 프로그래머 중심으로 살펴본 Vol. 1의 2장이 도움이 될 것이다.

 C 표준 학습서는 [Kernighan & Ritchie, 1988]이다. [Harbison & Steele, 2002]는 C를 훨씬 더 자세히 다루며, C99 표준에서 이뤄진 변화도 담고 있다. [van der Linden, 1994]는 C에 대한 또 다른 관점을 제공하며, 매우 재미있고 파괴적이다. [Peek et al., 2001]은 유닉스 시스템 사용자를 위한 훌륭하면서도 간결한 입문서다.

이 책 전반에 걸쳐, 이와 같은 박스에서는 추가 설명, 상세 구현, 배경지식, 역사적 기록, 기타 본문에 부수적인 내용을 다룬다.

리눅스와 유닉스

기타 유닉스 구현에서 발견되는 대부분의 기능이 리눅스에도 존재하고, 그 역도 마찬가지기 때문에 이 책은 순전히 표준 유닉스(즉 POSIX)에 대한 책이 될 수도 있었다. 하지만 이식성 있는 응용 프로그램이 가치 있는 목표인 한편, 표준 유닉스 API에 더해진 리눅스 확장 기능을 설명하는 일 또한 중요하다. 그 이유 중 하나는 리눅스의 대중성이다. 또 하나는 성능이나 표준 유닉스 API에 없는 기능을 쓰기 위해 가끔은 비표준 확장 기능을 꼭 써야 하기 때문이다(모든 유닉스 구현이 이런 이유로 비표준 확장 기능을 제공한다).

따라서 이 책을 모든 유닉스 구현상에서 작업하는 프로그래머에게 유용하도록 설계하는 한편, 리눅스 고유의 프로그래밍 기능도 모두 다룬다. 후자에는 다음과 같은 기능이 포함된다.

- epoll(Vol. 2, 26장): 파일 I/O 이벤트를 통보받는 방법
- inotify(Vol. 1, 19장): 파일과 디렉토리의 변경을 감시하는 방법
- 능력capabilities(Vol. 1, 34장): 프로세스에게 슈퍼유저의 권한의 일부를 부여하는 방법
- 확장 속성extended attributes(Vol. 1, 16장)
- i-노드 플래그(Vol. 1, 15장)
- clone() 시스템 호출(Vol. 1, 28장)
- /proc 파일 시스템(Vol. 1, 12장)
- 파일 I/O(Vol. 1, 4장), 시그널(Vol. 1, 20장), 타이머(Vol. 1, 23장), 스레드(Vol. 2, 1장), 공유 라이브러리(Vol. 1, 36장), 프로세스 간 통신(Vol. 2, 6장), 소켓(Vol. 2, 19장)의 구현에서 리눅스에 고유한 특징

이 책의 활용법과 구성

이 책은 최소한 두 가지로 활용할 수 있다.

- 리눅스/유닉스 API의 입문서. 이 책을 순서대로 읽는 것이다. 뒤쪽의 장들은 앞쪽의 장에서 설명한 내용을 기반으로 서술했으며, 앞쪽의 장에서 뒤쪽의 내용을 참조하는 일은 최소화했다.
- 리눅스/유닉스 API의 포괄적인 참고서. 광범위한 찾아보기와 빈번한 상호 참조를 이용하면 임의의 순서로 내용을 찾아볼 수 있다.

이 책은 다음과 같이 구성되어 있다.

1. 배경과 개념: 유닉스, C, 리눅스의 역사와 유닉스 표준 개요(Vol. 1, 1장), 리눅스와 유닉스 개념에 대한 프로그래머 위주의 개론(Vol. 1, 2장), 리눅스와 유닉스상에서의 시스템 프로그래밍을 위한 기본 개념(Vol. 1, 3장).

2. 시스템 프로그래밍 인터페이스의 기본 기능: 파일 I/O(Vol. 1, 4장과 5장), 프로세스(Vol. 1, 6장), 메모리 할당(Vol. 1, 7장), 사용자와 그룹(Vol. 1, 8장), 프로세스 자격증명(Vol. 1, 9장), 시간(Vol. 1, 10장), 시스템 한도와 옵션(Vol. 1, 11장), 시스템과 프로세스 정보 읽기(Vol. 1, 12장)

3. 시스템 프로그래밍 인터페이스의 고급 기능: 파일 I/O 버퍼링(Vol. 1, 13장), 파일 시스템(Vol. 1, 14장), 파일 속성(Vol. 1, 15장), 확장 속성(Vol. 1, 16장), 접근 제어 목록(Vol. 1, 17장), 디렉토리와 링크(Vol. 1, 18장), 파일 이벤트 감시(Vol. 1, 19장), 시그널(Vol. 1, 20~22장), 타이머(Vol. 1, 23장)

4. 프로세스, 프로그램, 스레드: 프로세스 생성, 프로세스 종료, 자식 프로세스 감시, 프로그램 실행(Vol. 1, 24~28장), POSIX 스레드(Vol. 2, 1~5장)

5. 프로세스와 프로그램 관련 고급 주제: 프로세스 그룹, 세션, 작업 제어(Vol. 1, 29장), 프로세스 우선순위와 스케줄링(Vol. 1, 30장), 프로세스 자원(Vol. 1, 31장), 데몬(Vol. 1, 32장), 안전한 특권 프로그램 작성(Vol. 1, 33장), 능력(Vol. 1, 34장), 로그인 계정 관리(Vol. 1, 35장), 공유 라이브러리(Vol. 1, 36~37장)

6. IPCinterprocess communication: IPC 개요(Vol. 2, 6장), 파이프와 FIFO(Vol. 2, 7장), 시스템 V IPC(메시지 큐, 세마포어, 공유 메모리, Vol. 2, 8장~11장), 메모리 매핑(Vol. 2, 12장), 가상 메모리(Vol. 2, 13장), POSIX IPC(메시지 큐, 세마포어, 공유 메모리, Vol. 2, 14~17장), 파일 잠금(Vol. 2, 18장)

7. 소켓과 네트워크 프로그래밍: IPC, 소켓을 이용한 네트워크 프로그래밍(Vol. 2, 19~24장)

8. I/O 관련 고급 주제: 터미널(Vol. 2, 25장), 대체 I/O 모델(Vol. 2, 26장), 가상 터미널(Vol. 2, 27장)

예제 프로그램

이 책에서 기술한 대부분의 인터페이스는 짧지만 완전한 프로그램으로 그 사용법을 설명했다. 프로그램 중 다수는 독자가 다양한 시스템 호출과 라이브러리 함수가 어떻게 동작하는지를 명령행에서 쉽게 실험할 수 있게 설계했다. 결과적으로 이 책에는 다량의 예제 코드(대략 15,000줄에 달하는 C 소스 코드와 셸 세션 로그)가 포함됐다.

예제 프로그램을 읽고 실험하는 것은 유용한 시작점이지만, 이 책에서 논의한 개념을 통합 정리하는 가장 효과적인 방법은 코드를 작성하는 것이다. 예제 프로그램을 수정하거나 자신의 생각을 시험해보거나 새로운 프로그램을 작성하는 것 모두 좋은 방법이다.

이 책의 모든 소스 코드는 책의 웹사이트에서 구할 수 있다. 또한 배포되는 소스 코드에는 책에 없는 여러 프로그램이 추가되어 있다. 이 프로그램의 목적과 자세한 사항은 소스 코드의 주석에 설명되어 있다. 프로그램을 빌드하기 위한 makefile이 제공되고, 동봉된 README 파일에는 프로그램에 대한 자세한 내용이 담겨 있다.

소스 코드는 GNU Affero GPLGeneral Public License 버전 3에 따라 자유롭게 수정하고 재배포할 수 있으며, 라이선스 사본은 배포되는 소스 코드에 있다.

연습문제

대부분의 장 뒤에는 연습문제가 실려 있다. 예제 프로그램을 사용해 여러 가지 실험을 해 보는 문제도 있고, 해당 장에서 설명한 개념과 관련된 문제도 있다. 나머지는 해당 장의 내용을 통합 정리하기 위해 작성해볼 만한 프로그램을 제시한다. 일부 연습문제의 해답 은 Vol. 1의 부록 F와 Vol. 2의 부록 A에 있다.

표준과 이식성

이 책 전반에 걸쳐, 이식성을 고려하도록 세심하게 신경 썼다. 관련 표준, 특히 POSIX.1-2001과 단일 유닉스 규격 버전 3(SUSv3) 통합 표준에 대한 참조를 자주 볼 수 있을 것이다. 또한 이 표준의 최근 개정판인 POSIX.1-2008과 SUSv4에서 이뤄진 변경 도 자세히 언급한다(SUSv3가 훨씬 더 큰 개정이었고, 이 책을 쓴 시점에서 가장 널리 퍼진 유닉스 표준이 기 때문에, 유닉스 표준에 대한 논의는 주로 SUSv3를 기준으로 삼았으며, SUSv4와의 차이점을 따로 언급했다. 하지만 따로 언급하지 않으면 SUSv3의 규격이 SUSv4에도 적용된다고 가정해도 좋다).

표준화되지 않은 기능의 경우, 여러 유닉스 구현 간의 차이점을 간단히 언급했다. 또 한 리눅스와 기타 유닉스 구현에서의 시스템 호출과 라이브러리 함수 구현 간의 사소한 차이뿐만 아니라 구현에 따라 다른 리눅스의 주요 기능도 자세히 언급했다. 어떤 기능이 리눅스 고유 기능이라고 표시되어 있지 않으면, 대부분 또는 모든 유닉스에 있는 표준 기 능이라고 가정해도 좋다.

이 책에 있는 예제 프로그램 대부분(리눅스 고유 기능을 활용하는 것을 제외하고)을 솔라리스, FreeBSD, Mac OS X, Tru64 유닉스, HP-UX에서 테스트했다. 이 시스템 중 일부의 이 식성을 향상시키기 위해, 일부 예제 프로그램의 대체 버전(책에 나오지 않는 추가 코드를 포함하 는)을 이 책의 웹사이트에서 제공한다.

리눅스 커널과 C 라이브러리 버전

이 책은 주로, 이 책을 쓴 시점에 가장 널리 쓰이고 있는 리눅스 2.6.x에 초점을 맞춘다. 리눅스 2.4도 상세히 다뤘고, 리눅스 2.4와 2.6의 차이점도 언급했다. 리눅스 2.6.x에서 새로운 기능이 추가됐을 때는, 기능이 추가된 정확한 커널 버전(예: 2.6.34)을 명시했다.

C 라이브러리에 대해서는, 주로 GNU C 라이브러리(glibc) 버전 2에 초점을 맞췄다. 필요하면 glibc 2.x 버전 간의 차이점을 명시했다.

이 책이 출판되려는 시점에 리눅스 커널 버전 2.6.35가 나왔고, glibc 버전 2.12가 최근에 발표됐다.[1] 이 책은 이러한 소프트웨어 버전을 반영하고 있다. 이 책이 출간된 이후의 glibc 인터페이스 변경 내용은 이 책의 웹사이트에서 언급할 것이다.

기타 언어에서의 API 활용

예제 프로그램은 C로 작성됐지만, 이 책에서 설명한 인터페이스를 기타 언어(예를 들어 C++, 파스칼, 모듈라, 에이다, 포트란, D 같은 컴파일 언어나 펄, 파이썬, 루비 같은 스크립트 언어)에서도 사용할 수 있다(자바는, 예를 들어 [Rochkind, 2004]와 같은 또 다른 접근 방법이 필요하다). 필요한 상수 정의나 함수 선언을 구하려면 여러 가지 방법이 필요할 것이고(C++ 제외), 함수 인자를 C 링크 방식이 요구하는 방식으로 전달하기 위해 약간의 추가 작업이 필요할 수도 있다. 이러한 어려움에도 불구하고 근본적인 개념은 동일하며, 다른 프로그래밍 언어로 작업하더라도 이 책의 정보가 유용할 것이다.

허가

미국 전기전자학회와 오픈 그룹이 친절하게도 'IEEE Std 1003.1', '2004 Edition', 'Standard for Information Technology-Portable Operating System Interface(POSIX)', 'The Open Group Base Specification Issue 6'에서 일부 문구를 인용하도록 허가해줬다. 표준 전문은 http://www.unix.org/version3/online.html에서 찾을 수 있다.

웹사이트와 예제 프로그램 소스 코드

정오표와 예제 프로그램의 소스 코드 등은 http://man7.org/tlpi에서 찾을 수 있다.

피드백

버그 보고, 코드 개선을 위한 제안, 코드 이식성을 더 높이기 위한 수정사항을 모두 환영한다. 책의 오류와 책의 설명을 개선하기 위한 일반적인 제안 또한 환영한다. 현재의 정

---

1 2012년 6월 현재, 리눅스 커널 버전은 3.4.4가 나왔고(http://www.kernel.org/ 참조), glibc는 버전 2.15가 발표됐다(http://www.gnu.org/software/libc/index.html 참조). – 옮긴이

오표는 http://man7.org/tlpi/errata/에서 찾을 수 있다. 리눅스 API는 변할 가능성이 있고 때로 한 사람이 쫓아가기에 벅찰 정도로 잦기 때문에, 앞으로 이 책의 개정판에서 다룰 새롭고 변경된 기능에 대한 독자 여러분의 제안을 기쁜 마음으로 받아들일 것이다.

1

스레드: 소개

1장부터는 Pthreads라고도 하는 POSIX 스레드에 대한 설명이다. 방대한 내용이기 때문에 Pthreads API 전체를 다루진 않을 것이다. 이 장의 끝에 다양한 참고 자료를 적어뒀다.

여기서는 주로 Pthreads API에 명시된 표준 동작을 설명한다. 5.5절은 두 가지 주요 리눅스 스레드 구현(LinuxThreads와 NPTLNative POSIX Threads Library)이 표준과 다른 부분을 설명한다.

1장에서는 스레드 오퍼레이션의 개요와, 스레드가 어떻게 만들어지고 종료되는지를 살펴보겠다. 끝으로, 응용 프로그램을 설계할 때 멀티스레드 방식과 멀티프로세스 방식의 선택에 영향을 주는 요인을 알아볼 것이다.

1.1 개요

프로세스와 마찬가지로, 스레드는 응용 프로그램이 여러 작업을 동시에 수행할 수 있는 메커니즘이다. 그림 1-1에서 볼 수 있듯이, 하나의 프로세스는 여러 스레드를 포함할 수 있다. 이들 스레드 모두는 같은 프로그램을 독립적으로 실행하며, 초기화된 데이터, 초기화되지 않은 데이터, 힙 세그먼트를 포함해 같은 전역 메모리를 모두 공유한다(전통적인 유닉스 프로세스는 단순히 멀티스레드 프로세스의 특별한 경우로, 하나의 스레드만을 포함하는 프로세스라고 할 수 있다).

> 그림 1-1은 약간 단순화되어 있다. 특히 스레드별 스택의 위치는, 스레드가 만들어지고, 공유 라이브러리가 로드되고, 공유 메모리 영역이 부착(attach)된 순서에 따라, 공유 라이브러리 및 공유 메모리 영역과 섞여 있을 수 있다. 게다가 스레드별 스택의 위치는 리눅스 배포판에 따라 다를 수 있다.

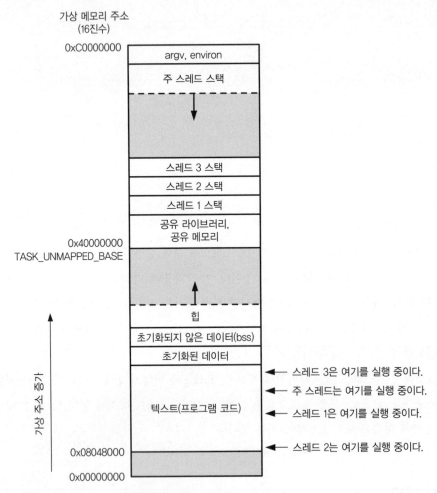

그림 1-1 한 프로세스에서 실행되는 4개의 스레드(리눅스/x86-32)

50

프로세스 내의 스레드는 동시에 실행될 수 있다. 멀티프로세서 시스템에서는 여러 스레드가 병렬로 실행될 수 있다. 한 스레드가 I/O로 블록되더라도, 다른 스레드는 여전히 실행될 수 있다(I/O를 전담하는 독립된 스레드를 만들면 유용할 때도 있긴 하지만, 보통은 26장에서 설명하는 대체 I/O 모델 중 하나를 채택하는 편이 더 낫다).

스레드는 일부 응용 프로그램에서 프로세스보다 장점이 있다. 프로세스를 여러 개 만들어서 동시성을 처리하는 전통적인 유닉스 접근 방법을 생각해보자. 이것의 예는 부모 프로세스가 클라이언트로부터의 연결 요청을 받은 뒤 fork()로 각 클라이언트와의 통신을 처리하는 독립된 자식 프로세스를 만드는 네트워크 서버 설계다(23.3절 참조). 이런 설계는 여러 클라이언트를 동시에 처리할 수 있다. 이 접근 방법이 여러 시나리오에서 잘 동작하지만, 일부 응용 프로그램에서는 다음과 같은 한계가 있다.

- 프로세스 간에 정보를 공유하기가 어렵다. 부모와 자식은 (읽기 전용 텍스트 세그먼트 외에는) 메모리를 공유하지 않으므로, 프로세스 간에 정보를 교환하려면 어떤 형태의 프로세스 간 통신을 이용해야 한다.

- fork()를 통한 프로세스 생성은 비교적 비싸다. Vol. 1의 24.2.2절에서 설명하는 '기록 시 복사' 기법을 사용해도, 페이지 테이블과 파일 디스크립터 테이블 등 여러 가지 프로세스 속성을 복사해야 하므로, fork() 호출은 여전히 시간을 많이 소모한다.

스레드는 이런 문제점을 모두 해결한다.

- 스레드 간 정보 공유는 쉽고 빠르다. 데이터를 공유(전역 또는 힙) 변수에 복사하기만 하면 된다. 하지만 여러 스레드가 같은 정보를 갱신하려고 할 때 발생할 수 있는 문제를 피하려면, 2장에서 설명하는 동기화 기법을 사용해야 한다.

- 스레드 생성은 프로세스 생성보다 빠르다. 일반적으로 10배 이상 빠르다(리눅스에서 스레드는 clone() 시스템 호출로 구현된다. Vol. 1의 805페이지에 있는 표 28-3을 보면 fork()와 clone() 사이의 속도차를 알 수 있다). 스레드 생성은 fork()에 의한 자식 생성 시에는 복사해야 하는 여러 속성이 스레드 간에는 공유되기 때문이다. 특히 메모리 페이지의 기록 시 복사가 필요 없고, 페이지 테이블 복사도 필요 없다.

전역 메모리 외에도 스레드는 다음과 같은 다수의 속성을 공유한다(즉 이들 속성은 한 스레드에 특정되지 않고 프로세스 전체에서 공유된다).

- 프로세스 ID와 부모 프로세스 ID
- 프로세스 그룹 ID와 세션 ID

- 제어 터미널
- 프로세스 자격증명(사용자와 그룹 ID)
- 열린 파일 디스크립터
- fcntl()로 만든 레코드 잠금
- 시그널 속성signal disposition
- 파일 시스템 관련 정보: umask, 현재 작업 디렉토리, 루트 디렉토리
- 내부 타이머(setitimer())와 POSIX 타이머(timer_create())
- 시스템 V 세마포어 실행 취소(semadj) 값(10.8절)
- 자원 한도
- 소비된 CPU 시간(times()가 리턴한 대로)
- 소비된 자원(getrusage()가 리턴한 대로)
- nice 값(setpriority()와 nice()로 설정)

스레드마다 고유한 속성은 아래와 같다.

- 스레드 ID(1.5절)
- 시그널 마스크
- 스레드 고유 데이터(3.3절)
- 대체 시그널 스택(sigaltstack())
- errno 값
- 부동소수점 환경(fenv(3) 참조)
- 실시간 스케줄링 정책과 우선순위(Vol. 1의 30.2절과 30.3절)
- CPU 친화도(리눅스 고유, Vol. 1의 30.4절에서 설명)
- 능력(리눅스 고유, Vol. 1의 34장에서 설명)
- 스택(지역 변수와 함수 호출 연결 정보)

 그림 1-1에서 볼 수 있듯이, 스레드별 스택은 모두 같은 가상 주소 공간 안에 있다. 이는 적절한 포인터가 제공되면 스레드들이 서로의 스택에 있는 데이터를 공유할 수 있다는 뜻이다. 이는 유용할 때도 있지만, 지역 변수가 해당 스택 프레임이 살아 있는 동안에만 유효하기 때문에 발생하는 의존성을 다루는 세심한 프로그래밍이 필요하다(함수가 리턴하면, 해당 스택 프레임이 사용하던 메모리 영역은 이후의 함수 호출 때 재사용될 수 있다. 스레드가 종료되면, 종료된 스레드의 스택이 사용하던 메모리 영역을 새로운 스레드가 재사용할 수도 있다). 이런 의존성을 제대로 처리하지 못하면 추적하기 힘든 버그를 만들 수 있다.

1.2 Pthreads API의 세부 배경지식

1980년대 말과 1990년대 초, 몇 가지 스레드 API가 존재했다. 1995년 POSIX.1c는 POSIX 스레드를 표준화했고, 이 표준이 나중에 SUSv3에 포함됐다.

Pthreads API에는 전체적으로 몇 가지 개념이 적용되며, API를 자세히 살펴보기 전에 여기서 간단히 이들 개념을 살펴보겠다.

Pthreads 데이터형

Pthreads API는 다수의 데이터형을 정의하는데, 그중 일부가 표 1-1에 나와 있다. 앞으로 이 데이터형 대부분을 설명할 것이다.

데이터형	설명
pthread_t	스레드 ID
pthread_mutex_t	뮤텍스
pthread_mutexattr_t	뮤텍스 속성 객체
pthread_cond_t	조건 변수
pthread_condattr_t	조건 변수 속성 객체
pthread_key_t	스레드 고유 데이터의 키(key)
pthread_once_t	1회 초기화 제어 문맥
pthread_attr_t	스레드 속성 객체

SUSv3는 이 데이터형이 어떻게 표현돼야 하는지 정의하지 않았으므로, 이식성 있는 프로그램은 이를 불투명한 데이터로 다뤄야 한다. 이는 프로그램이 이들 데이터형 변수의 구조나 내용에 대한 지식에 의존하지 말아야 함을 뜻한다. 특히 이 데이터형 변수를 C의 == 연산자로 비교하면 안 된다.

스레드와 errno

전통적인 유닉스 API에서 errno는 전역 정수 변수다. 하지만 이는 멀티스레드 프로그램에서는 충분치 않다. 어떤 스레드의 함수 호출이 전역 errno 변수에 에러를 설정하면, 역시 함수 호출을 하고 errno를 확인하는 다른 스레드에 문제를 일으킬 수 있다. 다시 말하면, 경쟁 상태가 발생할 수 있다. 리눅스에서는 대부분의 유닉스 구현처럼 스레드별 errno를 구현했다. errno가 수정 가능한 lvalue를 리턴하는 함수를 나타내는 매크로로 정의되어 있다(lvalue가 수정 가능하므로, 멀티스레드 프로그램에서도 errno = value 같은 형태의 대입
문을 쓸 수 있다).

요약하면, 에러 보고 방식이 전통적인 유닉스 API와 달라지지 않도록 errno 메커니
즘이 수정됐다.

 원래의 POSIX.1 표준은 프로그램이 errno를 extern int errno로 선언할 수 있는 K&R C 사용
법을 따른다. SUSv3는 이를 허용하지 않는다(이 변경은 사실 1995년에 POSIX.1c에서 일어났
다). 요즘 프로그램은 errno를 #include ⟨errno.h⟩를 통해 선언해야 하며, 이로 인해 스레드
별 errno 구현이 가능하다.

Pthreads 함수의 리턴값

시스템 호출과 일부 라이브러리 함수에서 상태를 리턴하는 전통적인 방법은 성공하면
0을 리턴하고, 에러가 발생하면 -1을 리턴하고 errno를 설정해 에러를 알리는 것이다.
Pthreads API의 함수는 좀 다르다. 모든 Pthreads 함수는 성공하면 0을 리턴하고, 실패
하면 양수를 리턴한다. 실패값은 전통적인 유닉스 시스템 호출에서 errno에 설정되는
값과 같다.

멀티스레드 프로그램에서의 errno 참조는 함수 호출의 부담이 있으므로, 예제 프로
그램은 Pthreads 함수의 리턴값을 직접 errno에 대입하지 않는다. 대신에 다음과 같이
중간 변수와 errExitEN() 진단 함수(Vol. 1의 3.5.2절)를 사용한다.

```
pthread_t thread;
int s;

s = pthread_create(&thread, NULL, func, &arg);
if (s != 0)
    errExitEN(s, "pthread_create");
```

Pthreads 프로그램 컴파일하기

리눅스에서 Pthreads API를 사용하는 프로그램은 cc -pthread 옵션으로 컴파일해야
한다. 이 옵션은 다음과 같은 효과가 있다.

- _REENTRANT 프리프로세서 매크로가 정의된다. 이를 통해 몇몇 재진입 가능 함수
  선언을 쓸 수 있게 된다.
- 프로그램이 libpthread 라이브러리와 링크된다(-lpthread와 같다).

멀티스레드 프로그램을 컴파일하는 정확한 옵션은 구현(그리고 컴파일러)에 따라 다르다. 어떤 구현(예: Tru64)은 똑같이 cc –pthread를 사용하고, 솔라리스와 HP-UX는 cc –mt를 사용한다.

1.3 스레드 생성

프로그램이 시작될 때, 프로세스는 초기initial 또는 주main 스레드라는 하나의 스레드로 이뤄져 있다. 이 절에서는 추가 스레드를 만드는 방법을 알아보겠다.

pthread_create() 함수는 새 스레드를 만든다.

```
#include <pthread.h>

int pthread_create(pthread_t *thread, const pthread_attr_t *attr,
                void *(*start)(void *), void *arg);
```

성공하면 0을 리턴하고, 에러가 발생하면 에러 번호(양수)를 리턴한다.

새 스레드는 start로 지정된 함수를 인자 arg로 호출해 시작한다(즉 start(arg)). pthread_create()를 호출한 스레드는 계속해서 호출 다음의 실행문을 실행한다(이는 Vol. 1의 28.2절에서 설명한 clone() 시스템 호출에 대한 glibc 래퍼wrapper 함수의 동작과 같다).

arg 인자는 void *로 선언되어 있는데, 이는 어떤 종류의 객체를 가리키는 포인터든 start 함수에 넘길 수 있다는 뜻이다. 보통 arg는 전역/힙 변수를 가리키지만, NULL로 지정해도 된다. start에 여러 인자를 넘겨야 되면, arg에 해당 인자들을 필드로 갖는 구조체의 포인터를 넘기면 된다. 신중하게 캐스팅하면, 심지어 arg에 int를 넘길 수도 있다.

 엄밀하게 말하면, C 표준은 int를 void *로 또는 그 반대로 캐스팅했을 때의 결과를 정의하지 않았다. 하지만 대부분의 C 컴파일러는 이런 동작을 허용하고, 원하는 결과를 내놓는다. 즉 int j == (int) ((void *) j).

start의 리턴값은 마찬가지로 void *이고, arg 인자와 동일한 방식으로 사용할 수 있다. 이후의 pthread_join() 함수 설명에서 이 값을 어떻게 사용하는지 알아보자.

스레드의 리턴값으로 정수 캐스팅을 이용할 때는 주의가 필요하다. 그 이유는 스레드가 취소됐을 때 리턴되는 값인 PTHREAD_CANCELED는 보통 void *로 캐스팅된 정수값으로, 구현에 따라 다르게 정의되어 있을 수 있다. 스레드의 시작 함수가 같은 정수값을 리턴하면, pthread_join()을 수행 중인 다른 스레드에게 해당 스레드가 취소된 것처럼 잘못 보일 수가 있다. 스레드 취소를 사용하면서 스레드의 시작 함수에서 캐스팅된 정수값을 리턴하기로 했다면, 정상 종료하는 스레드가 해당 Pthreads 구현의 PTHREAD_CANCELED와 같은 값을 리턴하지 않도록 보장해야 한다. 이식성 있는 응용 프로그램은 정상 종료하는 스레드가 해당 응용 프로그램이 실행될 어떤 구현상의 PTHREAD_CANCELED와도 같은 값을 리턴하지 않도록 보장해야 한다.

thread 인자는 `pthread_create()`가 리턴하기 전에 이 스레드의 고유한 ID가 복사되는 `pthread_t` 형의 버퍼를 가리킨다. 이 ID는 이후의 Pthreads 호출에서 해당 스레드를 가리키는 데 사용될 수 있다.

 SUSv3는 새로운 스레드가 실행을 시작하기 전에 구현이 thread가 가리키는 버퍼를 초기화할 필요가 없다고 명시하고 있다. 즉 새 스레드는 pthread_create()가 리턴하기 전에 실행을 시작할 수도 있다. 새 스레드가 자신의 ID가 필요하면, pthread_self()를 사용해야 한다(1.5절에서 설명).

attr 인자는 새로운 스레드의 다양한 속성을 지정하는 `pthread_attr_t` 객체의 포인터다. 이 속성에 대해서는 1.8절에서 좀 더 자세히 설명하겠다. attr이 NULL로 지정되면, 스레드는 다양한 기본 속성으로 만들어지고, 이 책에 있는 대부분의 예제 프로그램은 그렇게 하고 있다.

`pthread_create()` 호출 뒤에 어떤 스레드가 CPU를 쓰도록 스케줄링될지는 알 수 없다(멀티프로세서 시스템에서는 두 스레드가 각기 다른 CPU에서 동시에 실행될 수도 있다). 암묵적으로 특정 스케줄링 순서에 의존하는 프로그램은 24.4절에서 설명한 것과 같은 종류의 경쟁 상태에 빠질 수 있다. 특정 실행 순서가 필요하면, 2장에서 설명하는 동기화 기법 중 하나를 사용해야 한다.

1.4 스레드 종료

스레드 실행은 다음 방법 중 하나로 종료된다.

- 스레드의 시작 함수가 스레드의 리턴값을 지정하며 return을 수행한다.
- 스레드가 `pthread_exit()`(아래 설명)를 호출한다.

- 스레드가 pthread_cancel()을 통해 취소된다(4.1절에서 설명)
- 스레드 중 아무나 exit()를 수행하거나, 주 스레드가 (main() 함수에서) return을 수행해서, 프로세스 내의 모든 스레드가 즉시 종료된다.

pthread_exit() 함수는 호출 스레드를 종료시키고, 다른 스레드가 pthread_join()을 통해 얻을 수 있는 리턴값을 지정한다.

```
#include <pthread.h>

void pthread_exit(void *retval);
```

pthread_exit()를 호출하는 것은 스레드의 시작 함수에서 return을 수행하는 것과 비슷하다. 차이점은 pthread_exit()는 스레드의 시작 함수에서 호출된 어느 함수에서든 호출할 수 있다는 점이다.

retval 인자는 스레드의 리턴값을 지정한다. retval이 가리키는 값은 스레드의 스택에 있으면 안 된다. 스레드가 종료되면 스택의 내용이 유효하지 않기 때문이다(예를 들어 프로세스의 가상 메모리가 즉시 새 스레드의 스택으로 재사용될 수도 있다). 스레드의 시작 함수에서 return으로 넘기는 값에도 같은 내용이 적용된다.

주 스레드가 exit()나 return 대신 pthread_exit()를 부르면, 그 밖의 스레드는 계속 실행된다.

1.5 스레드 ID

프로세스 내의 각 스레드는 고유한 스레드 ID를 갖는다. 이 ID는 pthread_create()를 호출한 스레드에 리턴되고, 스스로의 ID는 pthread_self()를 통해 얻을 수 있다.

```
#include <pthread.h>

pthread_t pthread_self(void);
```
                                          호출 스레드의 스레드 ID를 리턴한다.

스레드 ID는 응용 프로그램 내에서 다음과 같은 경우에 유용하다.

- 다양한 Pthreads 함수가 스레드 ID를 사용해 자신이 작용할 스레드를 식별한
  다. 그런 함수의 예로는 pthread_join(), pthread_detach(), pthread_
  cancel(), pthread_kill() 등이 있고, 각각에 대해서는 앞으로 설명할 것이다.
- 일부 응용 프로그램에서는 특정 스레드의 ID를 가지고 동적 데이터 구조에 꼬리
  표를 붙여두면 편리할 때가 있다. 이렇게 하면 데이터 구조를 만들거나 '소유'하
  는 스레드를 식별하거나, 해당 데이터 구조를 가지고 나중에 뭔가를 해야 하는 스
  레드를 식별할 수 있다.

pthread_equal() 함수를 이용하면 두 스레드 ID가 같은지 확인할 수 있다.

```
#include <pthread.h>

int pthread_equal(pthread_t t1, pthread_t t2);
                        t1과 t2가 같으면 0이 아닌 값을 리턴하고, 그렇지 않으면 0을 리턴한다.
```

예를 들어 호출 스레드의 ID가 tid에 저장된 스레드 ID와 같은지 확인하려면, 다음과
같은 코드를 작성할 수 있다.

```
if (pthread_equal(tid, pthread_self())
    printf("tid matches self\n");
```

pthread_equal()은 pthread_t 데이터형을 불투명한 데이터로 다뤄야 하기 때문
에 필요하다. 리눅스에서 pthread_t는 우연히 unsigned long으로 정의되어 있지만,
다른 구현에서는 포인터이거나 구조체일 수도 있다.

 NPTL에서 pthread_t는 실제로 unsigned long으로 캐스팅된 포인터다.

SUSv3에 따르면 pthread_t를 스칼라형으로 구현할 필요는 없으며, 구조체일 수도
있다. 따라서 다음과 같은 코드를 사용해 이식성 있게 스레드 ID를 출력할 수는 없다(아래
코드는 여러 구현에서 작동하지 않지만, 리눅스 등에서는 디버그용으로 유용할 수 있다).

```
pthread_t thr;

printf("Thread ID = %ld\n", (long) thr);      /* 옳지 않아! */
```

리눅스 스레드 구현에서 스레드 ID는 모든 프로세스에서 고유하다. 하지만 다른 구현에서도 꼭 그런 것은 아니며, SUSv3는 응용 프로그램이 스레드 ID로 이식성 있게 다른 프로세스의 스레드를 식별할 수 없다고 명시하고 있다. SUSv3는 또한 구현은 종료된 스레드가 pthread_join()을 통해 조인join된 뒤 또는 분리detach된 스레드가 종료된 뒤에 해당 스레드 ID를 재사용할 수 있다고 명시한다(pthread_join()은 다음 절에서 설명하고, 분리된 스레드에 대해서는 1.7절에서 설명한다).

 POSIX 스레드 ID는 리눅스 고유의 gettid() 시스템 호출이 리턴하는 스레드 ID와 다르다. POSIX 스레드 ID는 스레드 구현이 할당하고 관리한다. gettid()가 리턴하는 스레드 ID는 커널이 할당한 (프로세스 ID와 비슷한) 숫자다. 각 POSIX 스레드가 리눅스 NPTL 스레드 구현 내에 고유한 커널 스레드 ID를 갖고 있지만, 응용 프로그램은 커널 ID에 대해서는 알 필요가 없다(그리고 그런 지식에 의존하면 이식성이 없어질 것이다).

1.6 종료된 스레드와 조인하기

pthread_join() 함수는 thread로 식별된 스레드가 종료되기를 기다린다(해당 스레드가 이미 종료됐으면, pthread_join()은 즉시 리턴한다). 이 동작을 조인join이라고 한다.

```
#include <pthread.h>

int pthread_join(pthread_t thread, void **retval);
                    성공하면 0을 리턴하고, 에러가 발생하면 에러 번호(양수)를 리턴한다.
```

retval이 NULL이 아닌 포인터이면, 거기에 종료된 스레드의 리턴값(즉 스레드가 return 이나 pthread_exit()를 호출했을 때 지정한 값)이 복사된다.

이미 조인된 스레드에 대해 pthread_join()을 호출하면 예측하지 못한 동작이 발생할 수 있다. 예를 들어 나중에 생성되어 우연히 같은 스레드 ID를 재사용하는 스레드와 조인할 수도 있다.

스레드가 분리되지 않으면(1.7절 참조), pthread_join()을 이용해 조인해야 한다. 그렇지 않으면, 스레드가 종료했을 때 좀비 프로세스zombie process(Vol. 1의 26.2절)와 비슷한 스레드가 생긴다. 시스템 자원이 낭비될 뿐만 아니라, 스레드 좀비가 너무 많이 쌓이면 더 이상 스레드를 만들 수 없게 된다.

pthread_join()이 수행하는 작업은 waitpid()가 프로세스에 대해 수행하는 작업과 비슷하다. 하지만 다음과 같은 주목할 만한 차이점이 있다.

- 스레드는 서로 동등하다. 프로세스 내의 어느 스레드든 pthread_join()을 사용해 프로세스 내의 다른 스레드와 조인할 수 있다. 예를 들어 스레드 A가 스레드 B를 만들고, 스레드 B가 스레드 C를 만들면, 스레드 A가 스레드 C와 조인하거나, 그 반대도 가능하다. 이는 프로세스 사이의 계층적 관계와 다르다. 부모 프로세스가 fork()를 통해 자식을 만들면, wait()를 통해 자식을 기다릴 수 있는 것은 부모 프로세스뿐이다. pthread_create()를 호출한 스레드와 이를 통해 만들어진 새 스레드 사이의 관계와는 다르다.

- '모든 스레드와 조인'할 방법이 없다(프로세스의 경우, waitpid(-1, &status, options); 호출을 이용하면 된다). 비블로킹 조인(waitpid() WNOHANG 플래그에 해당) 방법도 없다. 조건 변수를 사용하면 비슷한 기능을 수행할 수 있다. 2.2.4절에 그 예가 있다.

> 하나의 스레드와만 조인할 수 있다는 건 pthread_join()의 의도적인 제약이다. 프로그램이 '알고 있는' 스레드와만 조인해야 한다는 뜻이다. '모든 스레드와 조인'하는 동작의 문제는 스레드에는 계층구조가 없으므로, 그런 동작은 라이브러리 함수가 내부적으로 만든 스레드를 포함해서 정말 모든 스레드와 조인하게 된다는 점이다(2.2.4절의 조건 변수 기법을 이용하면 스레드가 알고 있는 모든 스레드와 조인할 수 있다). 그렇게 되면 라이브러리는 상태를 얻기 위해 해당 내부 스레드와 조인할 수 없게 되고, 이미 조인된 스레드 ID와 조인하려고 하다가 에러를 발생시킬 것이다. 다시 말하면, '모든 스레드와 조인'하는 동작은 모듈식 프로그램 설계와 맞지 않는다.

예제 프로그램

리스트 1-1의 프로그램은 추가 스레드를 만든 다음 조인한다.

리스트 1-1 Pthreads를 사용하는 간단한 프로그램

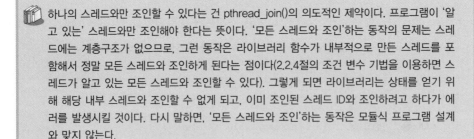

```
                                                        threads/simple_thread.c
#include <pthread.h>
#include "tlpi_hdr.h"

static void *
threadFunc(void *arg)
{
    char *s = (char *) arg;
```

60

```
    printf("%s", s);

    return (void *) strlen(s);
}

int
main(int argc, char *argv[])
{
    pthread_t t1;
    void *res;
    int s;

    s = pthread_create(&t1, NULL, threadFunc, "Hello world\n");
    if (s != 0)
        errExitEN(s, "pthread_create");

    printf("Message from main()\n");
    s = pthread_join(t1, &res);
    if (s != 0)
        errExitEN(s, "pthread_join");

    printf("Thread returned %ld\n", (long) res);

    exit(EXIT_SUCCESS);
}
```

리스트 1-1의 프로그램을 실행하면, 다음과 같은 결과를 얻을 수 있다.

```
$ ./simple_thread
Message from main()
Hello world
Thread returned 12
```

두 스레드가 어떻게 스케줄링되는지에 따라, 출력 중 첫 두 줄의 순서는 바뀔 수 있다.

1.7 스레드 분리하기

기본적으로 스레드는 조인할 수 있다. 즉 스레드가 종료되면, 다른 스레드가 pthread_join()을 통해 그 리턴 상태를 얻을 수 있다. 때로는 스레드의 리턴 상태에 관심이 없을 수도 있다. 종료했을 때 단순히 시스템이 자동으로 스레드를 제거하고 뒷정리하기를 바랄 때도 있다. 이 경우, pthread_detach() 호출(thread 인자에는 스레드의 ID를 넘긴다)을 통해 해당 스레드를 분리detach할 수 있다.

```
#include <pthread.h>

int pthread_detach(pthread_t thread);
                        성공하면 0을 리턴하고, 에러가 발생하면 에러 번호(양수)를 리턴한다.
```

pthread_detach()의 사용 예로, 스레드는 다음과 같은 호출을 통해 스스로를 분리
할 수 있다.

```
pthread_detach(pthread_self());
```

스레드가 일단 분리되면 더 이상 pthread_join()으로 리턴 상태를 얻을 수 없고,
다시 조인할 수 있게 만들 수 없다.

스레드를 분리해도 다른 스레드에서 exit()를 부르거나 주 스레드에서 return을 수
행하면 함께 종료된다. 이 경우, 조인할 수 있든 분리됐든 프로세스 내의 모든 스레드가
즉시 종료된다. 다시 하면 pthread_detach()는 단순히 스레드가 종료된 뒤에 일어날
일들을 제어하는 것이지, 종료되는 방법이나 시기를 제어하는 게 아니다.

1.8 스레드 속성

pthread_create()의 attr 인자(데이터형 pthread_attr_t)는 새로운 스레드를 만들 때
속성을 지정하기 위해 사용한다. 여기서는 이러한 속성을 자세히 다루거나(이 속성에 대한
자세한 정보는 이 장 끝에 있는 참고 자료를 참조하기 바란다), pthread_attr_t 객체를 다룰 때 사
용하는 다양한 Pthreads 함수의 프로토타입을 보여주진 않을 것이다. 그저 이들 속성에
스레드 스택의 위치와 크기, 스레드의 스케줄링 정책과 우선순위(Vol. 1의 30.2절과 30.3절에
설명된 프로세스의 실시간 스케줄링 정책 및 우선순위와 비슷하다), 스레드가 조인할 수 있는지 또는
분리됐는지 같은 정보가 포함된다는 사실만 언급하고 넘어가자.

스레드 속성의 사용 예로, 리스트 1-2의 코드는 (나중에 pthread_detach()를 통해 분리되
지 않고) 생성 시 분리되는 새로운 스레드를 만든다. 이 코드는 먼저 스레드 속성 구조체를
기본값으로 초기화하고, 분리된 스레드를 만드는 데 필요한 속성을 설정한 다음, 해당 스
레드 속성 구조체를 이용해 새로운 스레드를 만든다. 일단 스레드가 만들어지면, 속성 객
체는 더 이상 필요치 않으므로 제거한다.

리스트 1-2 분리 속성으로 스레드 만들기

```
                                                      threads/detached_attrib.c
pthread_t thr;
pthread_attr_t attr;
int s;

s = pthread_attr_init(&attr);                /* 기본값을 대입한다. */
if (s != 0)
    errExitEN(s, "pthread_attr_init");

s = pthread_attr_setdetachstate(&attr, PTHREAD_CREATE_DETACHED);
if (s != 0)
    errExitEN(s, "pthread_attr_setdetachstate");

s = pthread_create(&thr, &attr, threadFunc, (void *) 1);
if (s != 0)
    errExitEN(s, "pthread_create");

s = pthread_attr_destroy(&attr);             /* 더 이상 필요 없다. */
if (s != 0)
    errExitEN(s, "pthread_attr_destroy");
```

1.9 스레드와 프로세스의 비교

이 절에서는 응용 프로그램을 멀티스레드로 만들지 멀티프로세스로 만들지를 결정할 때 영향을 줄 만한 요인을 간략히 다룰 것이다. 먼저 멀티스레드의 장점을 살펴보자.

- 스레드 간에는 데이터 공유가 쉽다. 그에 반해 프로세스 간에 데이터를 공유하려면 추가 작업이 필요하다(예를 들어 공유 메모리 세그먼트를 만들거나 파이프를 사용해야 한다).
- 스레드 생성이 프로세스 생성보다 빠르다. 문맥 전환 시간도 프로세스보다는 스레드가 적게 걸린다.

프로세스에 비한 스레드의 약점도 있다.

- 스레드를 사용해 프로그램을 작성할 때는 호출하는 함수가 스레드 안전thread-safe 한지 또는 스레드 안전하게 호출하는지를 확인해야 한다(스레드 안전성에 대해서는 3.1 절에서 설명한다). 멀티프로세스 응용 프로그램은 이런 걱정이 없다.
- 한 스레드의 버그(예를 들어 잘못된 포인터로 메모리를 수정)가 프로세스 내의 모든 스레드에 피해를 줄 수 있다. 모든 스레드가 같은 메모리 공간과 기타 속성을 공유하기 때문이다. 그에 반해 프로세스는 서로 더 격리되어 있다.

- 각 스레드가 호스트 프로세스의 유한한 가상 주소 공간을 사용하려고 경쟁한다. 특히 각 스레드의 스택과 스레드별 데이터(또는 스레드별 저장소thread-local storage)는 프로세스 가상 주소 공간을 소비하며, 이 공간은 다른 스레드는 쓸 수 없다. 가용 가상 주소 공간이 크기는 하지만(예를 들어 x86-32에서는 보통 3GB), 이는 다수의 스레드를 사용하거나 다량의 메모리를 사용하는 스레드를 사용할 경우 심각한 제약이 될 수 있다. 이에 반해서 분리된 프로세스는 각자 가용 가상 메모리 전체를 사용할 수 있다(RAM과 스왑 공간에만 제약된다).

다음은 스레드와 프로세스의 선택에 영향을 줄 수 있는 그 밖의 요인이다.

- 멀티스레드 응용 프로그램에서의 시그널 처리는 세심한 설계가 필요하다(일반적인 원칙으로, 멀티스레드 프로그램에서는 시그널 사용을 피하는 게 좋다). 스레드와 시그널에 대해서는 5.2절에서 다시 말하겠다.
- 멀티스레드 응용 프로그램에서 모든 스레드는 같은 프로그램을 실행해야 한다(다른 함수를 실행할 수는 있지만). 멀티프로세스 응용 프로그램에서는 프로세스별로 다른 프로그램을 실행할 수 있다.
- 스레드는 데이터 외의 정보도 공유할 수 있다(예: 파일 디스크립터, 시그널 속성, 현재 작업 디렉토리, 사용자/그룹 ID). 이는 응용 프로그램에 따라 장점이 될 수도 있고 약점이 될 수도 있다.

1.10 정리

멀티스레드 프로세스에서는 같은 프로그램을 여러 스레드가 동시에 실행한다. 모든 스레드가 같은 전역/힙 변수를 공유하지만, 각 스레드는 지역 변수를 담고 있는 개별 스택을 갖는다. 프로세스 내의 스레드는 또한 프로세스 ID, 열린 파일 디스크립터, 시그널 속성, 현재 작업 디렉토리, 자원 한도 등의 속성도 공유한다.

스레드와 프로세스의 핵심적인 차이는 스레드가 제공하는 좀 더 쉬운 정보 공유이고, 이것이 일부 응용 프로그램 설계가 멀티프로세스 설계보다 멀티스레드 설계에 잘 맞는 이유다. 스레드는 또한 일부 동작에서 좀 더 좋은 성능을 제공하기도 하지만(예를 들어 스레드 생성은 프로세스 생성보다 빠르다), 이는 스레드와 프로세스의 결정에 영향을 주는 부차적인 요인이다.

스레드는 pthread_create()로 만들어진다. 각 스레드는 pthread_exit()를 통해 독립적으로 종료된다(어느 스레드가 exit()를 부르면, 모든 스레드가 즉시 종료된다). 스레드가 분리되지 않으면(예를 들어 pthread_detach() 호출을 통해), pthread_join()을 통해 다른 스레드와 조인해야 하며, pthread_join()은 조인된 스레드의 종료 상태를 리턴한다.

더 읽을거리

[Butenhof, 1996]는 Pthreads에 대한 읽기 쉽고 빈틈없는 설명을 제공한다. [Robbins & Robbins, 2003] 또한 Pthreads를 잘 다루고 있다. [Tanenbaum, 2007]은 스레드 개념을 좀 더 이론적으로 소개하며, 뮤텍스, 임계 영역, 조건 변수, 데드락 감지와 회피 등의 주제를 다룬다. [Vahalia, 1996]은 스레드 구현의 배경지식을 제공한다.

1.11 연습문제

1-1. 스레드가 다음 코드를 실행하면 어떤 결과가 발생하겠는가?

```
pthread_join(pthread_self(), NULL);
```

리눅스에서 실제로 무슨 일이 일어나는지 보여주는 프로그램을 작성하라. 스레드 ID를 담고 있는 변수 tid가 있다면, 스레드가 위의 실행문과 동일한 pthread_join(tid, NULL) 호출을 하지 않도록 어떻게 막을 것인가?

1-2. 에러 검사와 여러 가지 변수 및 구조체 선언이 없다는 점을 제외하고, 다음 프로그램의 문제는 무엇인가?

```
static void *
threadFunc(void *arg)
{
    struct someStruct *pbuf = (struct someStruct *) arg;

    /* 'pbuf'가 가리키는 구조체를 가지고 어떤 작업을 한다. */
}

int
main(int argc, char *argv[])
{
    struct someStruct buf;
```

```
    pthread_create(&thr, NULL, threadFunc, (void *) &buf);
    pthread_exit(NULL);
}
```

2

스레드: 스레드 동기화

2장에서는 스레드의 동작을 동기화하는 데 쓸 수 있는 두 가지 도구(뮤텍스와 조건 변수)를 설명한다. 뮤텍스mutex를 이용하면, 예를 들어 다른 스레드가 어떤 공유 변수를 수정하는 동안에는 그 변수에 접근하지 않도록, 스레드의 공유 자원 사용을 동기화할 수 있다. 조건 변수condition variable는 보완적인 작업을 수행한다. 조건 변수를 사용하면 스레드들이 서로에게 공유 변수(또는 기타 공유 자원)의 상태가 바뀌었음을 알릴 수 있다.

2.1 공유 변수 접근 보호: 뮤텍스

스레드의 가장 큰 장점 중 하나는 전역 변수를 통해 정보를 공유할 수 있다는 것이다. 하지만 이런 쉬운 공유에는 비용이 따른다. 여러 스레드가 같은 변수를 같은 시기에 수정하지 않도록, 또는 한 스레드가 수정하는 동안 다른 스레드가 그 변수의 값을 읽으려고 하지 않도록 주의해야 한다. 임계 영역critical section은 공유 자원에 접근하는 코드의 영역을 말하며, 해당 영역의 실행은 아토믹해야 한다. 즉 임계 영역의 실행을 같은 공유 자원에 동시에 접근하는 다른 스레드가 중단시켜서는 안 된다.

리스트 2-1은 공유 자원이 아토믹하게 접근되지 않을 경우 발생할 수 있는 문제의 간단한 예다. 이 프로그램은 두 스레드를 만드는데, 각각 같은 함수를 실행한다. 함수는 전역 변수 glob을 반복적으로 증가시키는 루프를 실행하는데, glob을 지역 변수 loc으로 복사하고, loc을 증가시키고, loc을 다시 glob으로 복사한다(loc은 스레드별 스택에 할당된 자동 변수이기 때문에, 각 스레드는 이 변수를 각자 하나씩 갖는다). 루프의 반복 횟수는 프로그램에 주어진 명령행 인자에 의해 결정되고, 인자가 없을 경우 기본값이 적용된다.

리스트 2-1 두 스레드에서 전역 변수를 잘못 증가시키는 예

```
                                                    threads/thread_incr.c
#include <pthread.h>
#include "tlpi_hdr.h"

static int glob = 0;
static void *     /* 'glob'을 증가시키는 루프를 'arg'번 반복한다. */
threadFunc(void *arg)
{
    int loops = *((int *) arg);
    int loc, j;

    for (j = 0; j < loops; j++) {
        loc = glob;
        loc++;
        glob = loc;
    }

    return NULL;
}

int
main(int argc, char *argv[])
{
    pthread_t t1, t2;
    int loops, s;

    loops = (argc > 1) ? getInt(argv[1], GN_GT_0, "num-loops") : 10000000;

    s = pthread_create(&t1, NULL, threadFunc, &loops);
    if (s != 0)
        errExitEN(s, "pthread_create");
    s = pthread_create(&t2, NULL, threadFunc, &loops);
    if (s != 0)
        errExitEN(s, "pthread_create");

    s = pthread_join(t1, NULL);
```

```
    if (s != 0)
        errExitEN(s, "pthread_join");
    s = pthread_join(t2, NULL);
    if (s != 0)
        errExitEN(s, "pthread_join");

    printf("glob = %d\n", glob);
    exit(EXIT_SUCCESS);
}
```

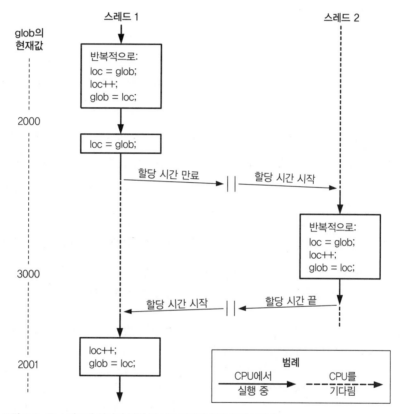

그림 2-1 두 스레드가 하나의 전역 변수를 동기화 없이 증가시킨다.

각 스레드가 변수를 1000번 증가시키도록 지정해서 리스트 2-1의 프로그램을 실행하면, 모두 제대로 동작하는 것처럼 보인다.

```
$ ./thread_incr 1000
glob = 2000
```

하지만 어쩌면 두 번째 스레드가 심지어 시작하기도 전에 첫 번째 스레드가 모든 작업을 마친 뒤 종료했을 수도 있다. 두 스레드한테 훨씬 많을 일을 하도록 시키면, 조금 다른 결과를 얻을 수 있다.

```
$ ./thread_incr 10000000
glob = 16517656
```

루프의 끝에서 glob의 값은 2천만이 됐어야 한다. 문제는 다음과 같은 실행 순서에서 발생한다(그림 2-1도 참조하기 바란다).

1. 스레드 1이 glob의 현재값을 지역 변수 loc으로 복사한다. glob의 현재값은 2000이라고 가정하자.

2. 스레드 1의 스케줄러 할당 시간scheduler time slice이 만료되고, 스레드 2가 실행을 시작한다.

3. 스레드 2가 여러 루프를 실행하는데, 그 안에서 glob의 현재값을 지역 변수 loc으로 가져온 뒤, loc을 증가시키고, 결과값을 glob에 대입한다. 이들 루프의 시작 지점에서, glob에서 가져온 값은 2000일 것이다. 스레드 2의 할당 시간이 만료될 즈음, glob이 3000으로 증가했다고 가정하자.

4. 스레드 1이 다시 할당 시간을 받고 중단 지점에서 실행을 재개한다. 이전에(1단계) glob의 값(2000)을 loc에 복사했기 때문에, 이제 loc을 증가시키고 결과(2001)를 glob에 복사한다. 이 시점에서 스레드 2가 수행한 증가 작업의 효과는 사라진다.

리스트 2-1의 프로그램을 같은 명령행 인자로 여러 번 실행하면, 출력된 glob 값이 심하게 출렁임을 알 수 있다.

```
$ ./thread_incr 10000000
glob = 10880429
$ ./thread_incr 10000000
glob = 13493953
```

이런 비결정적 동작은 커널의 CPU 스케줄링에 예상 밖의 변화가 있기 때문이다. 복잡한 프로그램에서 이런 비결정적 동작이 발생하면, 그런 에러가 드물게만 생기고, 재현하기 어려우며, 따라서 찾기 힘들어진다.

리스트 2-1의 threadFunc() 함수에 있는 for 루프의 세 실행문을 하나의 실행문으로 교체하면 문제를 없앨 수 있을 것처럼 보일 것이다.

```
glob++;        /* 또는 ++glob; */
```

하지만 여러 하드웨어 아키텍처에서(예: RISC 아키텍처), 컴파일러는 여전히 이 단일 실행문을 threadFunc()의 루프 안에 있는 세 실행문과 동일한 단계의 기계어로 변환해야 할 것이다. 다시 말하면, 보기에는 단순해 보여도 C 증가 연산자조차 아토믹하지 않을 수 있고, 위에서 설명한 동작을 보일 수 있다.

스레드가 공유 변수를 갱신하려고 할 때 발생할 수 있는 문제를 피하려면, 뮤텍스 mutex(상호 배제mutual exclusion의 약자)를 써서 한 번에 하나의 스레드만 변수에 접근할 수 있도록 보장해야 한다. 좀 더 일반적으로, 뮤텍스는 모든 공유 자원에 아토믹한 접근을 보장하는 데 사용할 수 있지만, 공유 변수를 보호하는 것이 가장 흔한 쓰임이다.

뮤텍스는 잠김lock과 풀림unlock의 두 가지 상태가 있다. 어느 순간이든, 최대 하나의 스레드만 뮤텍스를 잠가둘 수 있다. 이미 잠겨 있는 뮤텍스를 잠그려고 하면, 잠글 때 사용한 방법에 따라 블록되거나 (에러를 내면서) 실패한다.

뮤텍스를 잠근 스레드를 해당 뮤텍스의 소유자라고 한다. 뮤텍스의 소유자만이 뮤텍스를 풀 수 있다. 이 특성을 통해 뮤텍스를 사용하는 코드의 구조를 향상시키고 뮤텍스 구현을 일부 최적화할 수 있다. 이 소유권 특성 때문에, 잠김과 풀림 대신 획득acquire과 해제release라는 용어를 쓰기도 한다.

일반적으로 공유 자원(관련된 여러 변수로 이뤄질 수도 있다)마다 다른 뮤텍스를 사용하며, 각 스레드는 자원에 접근할 때 다음의 프로토콜을 따른다.

- 공유 자원에 대한 뮤텍스를 잠근다.
- 공유 자원에 접근한다.
- 뮤텍스를 푼다.

여러 스레드가 이 코드 블록(임계 영역)을 실행하려고 하면, 하나의 스레드만이 뮤텍스를 잡을 수 있으므로(나머지 스레드는 블록된다), 그림 2-2에서 볼 수 있듯이 한 번에 한 스레드만 블록에 진입할 수 있다.

마지막으로, 뮤텍스 잠금은 권고일 뿐 강제적이지 않다. 이는 스레드가 뮤텍스를 무시하고 해당 공유 자원에 접근할 수 있다는 뜻이다. 공유 변수를 안전하게 다루려면, 모든 스레드가 뮤텍스 사용에 협조해서 잠금 규칙을 따라야 한다.

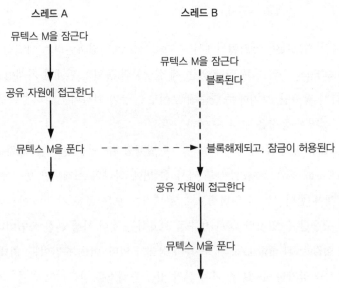

스레드 A   스레드 B

뮤텍스 M을 잠근다

뮤텍스 M을 잠근다
블록된다

공유 자원에 접근한다

뮤텍스 M을 푼다 ─ ─ ─ ─ ─ ─ ─ → 블록해제되고, 잠금이 허용된다

공유 자원에 접근한다

뮤텍스 M을 푼다

그림 2-2 뮤텍스를 사용한 임계 영역 보호

2.1.1 정적으로 할당한 뮤텍스

뮤텍스는 정적 변수로 할당될 수도 있고 실행 시에 동적으로 생성될 수도 있다(예를 들어 `malloc()`으로 할당된 메모리 블록에). 동적 뮤텍스 생성은 좀 더 복잡하므로, 2.1.5절에서 다시 이야기하겠다.

뮤텍스는 `pthread_mutex_t` 형의 변수로, 사용하기 전에 꼭 초기화해야 한다. 정적으로 할당된 뮤텍스의 경우, 다음과 같이 `PTHREAD_MUTEX_INITIALIZER`를 대입하면 된다.

```
pthread_mutex_t mtx = PTHREAD_MUTEX_INITIALIZER;
```

 SUSv3에 따르면, 이후에 설명할 동작들을 뮤텍스의 복사본에 적용하면 그 결과는 알 수 없다. 뮤텍스 오퍼레이션은 PTHREAD_MUTEX_INITIALIZER를 이용해 정적으로 초기화되거나 pthread_mutex_init()(2.1.5절에서 설명)를 이용해 동적으로 초기화된 원래의 뮤텍스에만 수행돼야 한다.

2.1.2 뮤텍스의 잠금과 풀림

초기화된 뮤텍스는 풀려 있다. 뮤텍스를 잠그고 풀 때는 `pthread_mutex_lock()`과 `pthread_mutex_unlock()` 함수를 사용한다.

```
#include <pthread.h>

int pthread_mutex_lock(pthread_mutex_t *mutex);
int pthread_mutex_unlock(pthread_mutex_t *mutex);
```
                        성공하면 0을 리턴하고, 에러가 발생하면 에러 번호(양수)를 리턴한다.

뮤텍스를 잠글 때는 뮤텍스를 지정해서 pthread_mutex_lock()을 호출한다. 해당 뮤텍스가 현재 풀려 있으면, 이 호출은 뮤텍스를 잠그고 즉시 리턴한다. 뮤텍스가 다른 스레드에 의해 잠겨 있으면, pthread_mutex_lock()은 해당 뮤텍스가 풀릴 때까지 블록됐다가, 뮤텍스가 풀리면 다시 잠그고 리턴한다.

pthread_mutex_lock()에 넘긴 뮤텍스를 호출 스레드 자신이 이미 잠그고 있으면, 기본형 뮤텍스의 경우, 구현에 따라 한두 가지 가능성이 있다. 스레드가 데드락(자신이 이미 소유하고 있는 뮤텍스를 잠그려 하면서 블록된다)되거나, 호출이 실패한다(에러 EDEADLK를 리턴한다). 리눅스에서는 기본적으로 뮤텍스가 데드락된다(그 밖의 가능한 동작에 대해서는 2.1.7절에서 뮤텍스 종류를 살펴볼 때 설명한다).

pthread_mutex_unlock() 함수는 이전에 호출 스레드가 잠가뒀던 뮤텍스를 푼다. 현재 잠겨 있지 않은 뮤텍스를 풀거나, 다른 스레드가 잠근 뮤텍스를 푸는 것은 에러다.

pthread_mutex_unlock()으로 푼 뮤텍스를 획득하려고 둘 이상의 스레드가 기다리고 있으면, 어느 스레드가 획득에 성공할지는 알 수 없다.

예제 프로그램

리스트 2-2는 리스트 2-1의 프로그램을 수정한 것이다. 뮤텍스를 사용해 전역 변수 glob에 대한 접근을 보호한다. 비슷한 명령행으로 이 프로그램을 실행하면, glob이 언제나 제대로 증가됨을 볼 수 있다.

```
$ ./thread_incr_mutex 10000000
glob = 20000000
```

리스트 2-2 뮤텍스를 사용해 전역 변수에 대한 접근을 보호한다.

```
                                                        threads/thread_incr_mutex.c
#include <pthread.h>
#include "tlpi_hdr.h"

static int glob = 0;
static pthread_mutex_t mtx = PTHREAD_MUTEX_INITIALIZER;
```

```
static void *                    /* 'glob'을 'arg'번 증가시킨다. */
threadFunc(void *arg)
{
    int loops = *((int *) arg);
    int loc, j, s;

    for (j = 0; j < loops; j++) {
        s = pthread_mutex_lock(&mtx);
        if (s != 0)
            errExitEN(s, "pthread_mutex_lock");
        loc = glob;
        loc++;
        glob = loc;

        s = pthread_mutex_unlock(&mtx);
        if (s != 0)
            errExitEN(s, "pthread_mutex_unlock");
    }

    return NULL;
}

int
main(int argc, char *argv[])
{
    pthread_t t1, t2;
    int loops, s;

    loops = (argc > 1) ? getInt(argv[1], GN_GT_0, "num-loops") : 10000000;

    s = pthread_create(&t1, NULL, threadFunc, &loops);
    if (s != 0)
        errExitEN(s, "pthread_create");
    s = pthread_create(&t2, NULL, threadFunc, &loops);
    if (s != 0)
        errExitEN(s, "pthread_create");

    s = pthread_join(t1, NULL);
    if (s != 0)
        errExitEN(s, "pthread_join");
    s = pthread_join(t2, NULL);
    if (s != 0)
        errExitEN(s, "pthread_join");

    printf("glob = %d\n", glob);
    exit(EXIT_SUCCESS);
}
```

pthread_mutex_trylock()과 pthread_mutex_timedlock()

Pthreads API는 `pthread_mutex_lock()` 함수의 두 가지 변종(`pthread_mutex_trylock()`과 `pthread_mutex_timedlock()`)을 제공한다(이 함수의 프로토타입은 매뉴얼 페이지를 참조하기 바란다).

`pthread_mutex_trylock()` 함수는 뮤텍스가 현재 잠겨 있으면 에러 `EBUSY`를 리턴하면서 실패한다는 점을 제외하고는 `pthread_mutex_lock()`과 같다.

`pthread_mutex_timedlock()` 함수는 호출자가 스레드가 뮤텍스를 획득하려고 기다리면서 수면을 취하는 시간을 제한하는 추가 인자 `abstime`을 지정할 수 있다는 점을 제외하고는 `pthread_mutex_lock()`과 같다. 호출자가 뮤텍스가 되지 못한 채로 `abstime` 인자로 지정된 시간이 지나면, `pthread_mutex_timedlock()`은 에러 `ETIMEDOUT`을 리턴한다.

`pthread_mutex_trylock()`과 `pthread_mutex_timedlock()` 함수는 `pthread_mutex_lock()`보다 훨씬 덜 쓰인다. 대부분의 잘 설계된 응용 프로그램에서, 스레드는 뮤텍스를 짧은 시간 동안만 잡아서, 다른 스레드가 병렬적으로 실행되는 데 방해가 되지 말아야 한다. 이는 뮤텍스를 기다리는 다른 스레드가 해당 뮤텍스를 곧 획득할 수 있음을 보장한다. `pthread_mutex_trylock()`을 사용해 뮤텍스를 잠글 수 있는지 주기적으로 폴링polling하는 스레드는 큐에 있는 다른 스레드들이 `pthread_mutex_lock()`을 통해 성공적으로 뮤텍스에 접근하는 동안 굶어 죽는(뮤텍스에 계속 접근하지 못하는) 위험을 무릅쓰는 것이다.

2.1.3 뮤텍스의 성능

뮤텍스를 사용하는 비용은 얼마일까? 공유 변수를 증가시키는 두 가지 프로그램이 있다. 하나는 뮤텍스를 사용하지 않고(리스트 2-1) 하나는 뮤텍스를 사용한다(리스트 2-2). 이들 수 프로그램을 리눅스 2.6.31(NPTL 포함)을 실행하는 x86-32 시스템에서 실행하니, 뮤텍스를 사용하지 않는 버전은 각 스레드에서 천만 번 루프를 실행하는 데 모두 0.35초가 걸렸고(그리고 잘못된 결과를 출력했다), 반면에 뮤텍스를 사용하는 버전은 3.1초가 걸렸다.

언뜻 보기에, 이는 비싸 보인다. 그러나 뮤텍스를 사용하지 않는 버전(리스트 2-1)이 수행한 주 루프를 고려해보자. 이 버전에서 `threadFunc()` 함수는 루프 제어 변수를 증가시키는 루프를 실행하고, 그 변수를 다른 변수와 비교하고, 대입문 2개와 증가 작업을 수행한 다음, 다시 루프의 처음으로 분기한다. 뮤텍스를 사용하는 버전(리스트 2-2)은 같은 단계들을 수행하고, 루프를 돌 때마다 뮤텍스를 잠그고 푼다. 다시 말하면, 뮤텍스를 잠그고 푸는 비용은 첫 번째 프로그램에서 이뤄지는 모든 작업 비용의 10배보다 작다. 이는 비교적 저렴한 것이다. 더욱이 일반적인 경우에, 스레드는 다른 일을 하면서 훨씬 더 많은 시간을 소비할 것이고, 상대적으로 적은 뮤텍스 잠그기/풀기 동작을 수행할 것이므로, 뮤텍스 사용이 성능에 주는 영향은 대부분의 응용 프로그램에서 그리 크지 않다.

더 나아가 같은 시스템에서 간단한 테스트 프로그램을 실행했더니 fcntl()(18.3절)을 사용해 파일 영역을 잠그고 푸는 루프를 2천만 번 반복하는 데 44초가 걸렸고, 시스템 V 세마포어(10장)를 증가시키고 감소시키는 루프를 2천만 번 반복하는 데 28초가 걸렸다. 파일 잠금과 세마포어의 문제는 잠그고 푸는 동작이 언제나 시스템 호출을 요구하고, 각 시스템 호출은 작지만 무시할 수 없는 비용이 든다는 점이다(Vol. 1의 3.1절). 이에 반해서 뮤텍스는 아토믹한 기계어 동작으로 구현되어 있고(모든 스레드가 볼 수 있는 메모리 위치에서 수행된다) 시스템 호출은 잠금 경합lock contention의 경우에만 필요하다.

 리눅스에서 뮤텍스는 퓨텍스(futex, fast user space mutex)로 구현되어 있고, 잠금 경합은 futex() 시스템 호출로 처리한다. 이 책에서는 퓨텍스에 대해 설명하지 않지만(퓨텍스는 사용자 공간 응용 프로그램에서 직접 쓰기 위한 것이 아니다), 자세한 내용은 [Drepper, 2004 (a)]에서 찾을 수 있다(뮤텍스가 어떻게 퓨텍스로 구현됐는지도 설명한다). [Franke et al., 2002]는 퓨텍스 개발자가 쓴 (이제 너무 오래된) 논문으로, 초기 퓨텍스 구현을 설명하고 퓨텍스로 얻을 수 있는 성능 향상을 살펴본다.

2.1.4 뮤텍스 데드락

때로 스레드가 각자 독립된 뮤텍스가 지배하는 둘 이상의 공유 자원에 동시에 접근해야 할 때가 있다. 둘 이상의 스레드가 같은 뮤텍스군을 잠글 때, 데드락 상황이 발생할 수 있다. 그림 2-3은 각 스레드가 하나의 뮤텍스를 성공적으로 잠근 뒤, 다른 스레드가 이미 잠근 뮤텍스를 잠그려고 하는 데드락의 예다. 두 스레드 모두 무한정 블록될 것이다.

스레드 A	스레드 B
1. pthread_mutex_lock(mutex1);	1. pthread_mutex_lock(mutex2);
2. pthread_mutex_lock(mutex2);	2. pthread_mutex_lock(mutex1);
블록된다	블록된다

그림 2-3 두 스레드가 두 뮤텍스를 잠글 때의 데드락

이런 데드락을 피하는 가장 쉬운 방법은 뮤텍스 서열mutex hierarchy을 정의하는 것이다. 스레드가 같은 뮤텍스군을 잠글 때는 언제나 같은 순서로 잠가야 한다. 예를 들어 그림

2-3의 시나리오에서, 두 스레드가 언제나 뮤텍스들을 mutex1 다음에 mutex2의 순서로 잠그면 데드락을 피할 수 있다. 때로는 뮤텍스 사이에 논리적으로 분명한 서열이 있다. 하지만 심지어 없더라도, 모든 스레드가 따라야 하는 임의의 서열을 만들 수 있을 것이다.

그보다 덜 쓰이는 대안은 '시도한 다음 물러서기'다. 이 전략에서는 스레드가 먼저 pthread_mutex_lock()으로 첫 번째 뮤텍스를 잠근 다음, 나머지 뮤텍스를 pthread_mutex_trylock()으로 잠근다. pthread_mutex_trylock() 중 하나라도 실패하면 (EBUSY), 해당 스레드는 모든 뮤텍스를 해제한 다음, 아마 약간의 지연 뒤에 다시 시도한다. 이 접근 방법은 잠금 서열보다 덜 효율적이다. 여러 번 반복해야 할 수도 있기 때문이다. 반면에 엄격한 뮤텍스 서열이 필요 없기 때문에, 더 유연할 수 있다. 이 전략의 예는 [Butenhof, 1996]에 나와 있다.

2.1.5 뮤텍스를 동적으로 초기화하기

정적 초기화 값 PTHREAD_MUTEX_INITIALIZER는 정적으로 할당된 뮤텍스를 기본 속성으로 초기화할 때만 쓸 수 있다. 다른 모든 경우에는 pthread_mutex_init()를 써서 뮤텍스를 동적으로 초기화해야 한다.

```
#include <pthread.h>

int pthread_mutex_init(pthread_mutex_t *mutex,
                       const pthread_mutexattr_t *attr);
```
성공하면 0을 리턴하고, 에러가 발생하면 에러 번호(양수)를 리턴한다.

mutex 인자는 초기화할 뮤텍스를 식별한다. attr 인자는 뮤텍스의 속성을 정의하도록 미리 초기화된, pthread_mutexattr_t 객체를 가리키는 포인터다(뮤텍스 속성에 대해서는 다음 절에서 다시 이야기하겠다). attr을 NULL로 지정하면, 뮤텍스에는 다양한 기본 속성이 지정된다.

SUSv3에 따르면, 이미 초기화된 뮤텍스를 초기화하면 예측할 수 없는 결과를 낳으므로 해서는 안 된다.

정적 초기화 대신 pthread_mutex_init()를 써야 하는 경우는 다음과 같다.

- 뮤텍스를 힙에 동적으로 할당했다. 예를 들어 동적으로 할당된 구조체의 링크드 리스트를 만드는데, 리스트의 각 구조체에는 구조체에 대한 접근을 보호하기 위한 뮤텍스를 담고 있는 pthread_mutex_t 필드가 있다고 가정하자.

- 뮤텍스가 스택에 할당된 자동 변수다.
- 정적으로 할당된 뮤텍스를 기본 속성이 아닌 속성으로 초기화하려고 한다.

자동 또는 동적으로 할당된 뮤텍스가 더 이상 필요 없으면, pthread_mutex_destroy()로 제거해야 한다(PTHREAD_MUTEX_INITIALIZER를 통해 정적으로 초기화된 뮤텍스는 pthread_mutex_destroy()를 호출할 필요가 없다).

```
#include <pthread.h>

int pthread_mutex_destroy(pthread_mutex_t *mutex);
                            성공하면 0을 리턴하고, 에러가 발생하면 에러 번호(양수)를 리턴한다.
```

뮤텍스는 풀려 있고 다른 스레드가 잠그려고 하지 않는 상태에서 폐기destroy해야 안전하다. 뮤텍스가 동적으로 할당된 메모리 영역에 존재하면, 메모리 영역을 해제하기 전에 뮤텍스를 폐기해야 한다. 자동으로 할당된 뮤텍스는 함수가 리턴하기 전에 폐기해야 한다.

pthread_mutex_destroy()로 폐기한 스레드는 나중에 pthread_mutex_init()로 다시 초기화할 수 있다.

2.1.6 뮤텍스 속성

앞서 말했듯이 pthread_mutex_init()의 attr 인자를 통해 뮤텍스의 속성을 정의하는 pthread_mutexattr_t 객체를 지정할 수 있다. 다양한 Pthreads 함수를 통해 pthread_mutexattr_t 객체의 속성을 초기화하고 읽을 수 있는데, 여기서는 뮤텍스 속성을 상세히 다루거나, pthread_mutexattr_t 객체 안의 속성을 초기화는 데 쓰이는 다양한 함수의 프로토타입을 보여주진 않을 것이다. 하지만 뮤텍스에 설정할 수 있는 속성 중 하나는 설명할 것인데, 바로 뮤텍스의 종류type다.

2.1.7 뮤텍스 종류

앞에서 뮤텍스의 동작에 대해 몇 가지 언급한 적이 있다.

- 하나의 스레드는 같은 뮤텍스를 두 번 잠그면 안 된다.
- 스레드는 자신이 소유하지 않은(즉 자신이 잠그지 않은) 뮤텍스를 풀면 안 된다.
- 스레드는 현재 잠겨 있지 않은 뮤텍스를 풀면 안 된다.

각각의 경우에 정확히 무슨 일이 생기는지는 뮤텍스의 종류에 따라 다르다. SUSv3는 다음과 같은 뮤텍스 종류를 정의한다.

- PTHREAD_MUTEX_NORMAL: 이 종류의 데드락에 대한 셀프 데드락self-deadlock 감지는 제공되지 않는다. 스레드가 이미 잠겨 있는 뮤텍스를 잠그려고 하면 데드락이 발생한다. 잠겨 있지 않은 뮤텍스 또는 다른 스레드가 잠근 뮤텍스를 풀면 알 수 없는 결과를 낳는다(리눅스에서는 이 종류의 데드락에 대해 두 가지 오퍼레이션 모두 성공한다).

- PTHREAD_MUTEX_ERRORCHECK: 모든 오퍼레이션에 대해 에러 검사가 수행된다. 위의 세 가지 시나리오 모두에서 관련 Pthreads 함수들이 에러를 리턴한다. 이 종류의 뮤텍스는 보통 일반 뮤텍스보다 느리지만, 응용 프로그램이 어디서 뮤텍스 사용 규칙을 위반하는지를 찾아내는 디버그 도구로 유용할 수 있다.

- PTHREAD_MUTEX_RECURSIVE: 재귀적 뮤텍스에는 잠금 카운트lock count 개념이 있다. 스레드가 먼저 뮤텍스를 획득하면, 잠금 카운트가 1로 설정된다. 이후에 같은 스레드가 잠금 오퍼레이션을 수행할 때마다 잠금 카운트가 증가하고, 풀기 오퍼레이션을 수행하면 잠금 카운트가 감소한다. 뮤텍스는 잠금 카운트가 0일 때만 해제된다(즉 다른 스레드가 획득할 수 있다). 풀려 있는 뮤텍스나, 현재 다른 스레드에 의해 잠겨 있는 뮤텍스는 풀 수 없다.

리눅스 스레드 구현은 위의 뮤텍스 종류 각각을 위한 비표준 정적 초기화를 제공하므로(예: PTHREAD_RECURSIVE_MUTEX_INITIALIZER_NP), 정적으로 할당된 뮤텍스를 이들 뮤텍스 종류로 초기화하기 위해 pthread_mutex_init()를 사용할 필요가 없다. 하지만 이식성 있는 응용 프로그램은 이런 비표준 기능을 사용하지 말아야 한다.

위의 뮤텍스 종류 외에, SUSv3에는 PTHREAD_MUTEX_DEFAULT 형이 정의되어 있는데, PTHREAD_MUTEX_INITIALIZER를 사용하거나 pthread_mutex_init()에 attr로 NULL을 지정한 경우에 해당되는 기본 뮤텍스 종류다. 이 뮤텍스 종류의 동작은 이 절의 서두에 설명한 세 가지 시나리오 모두에 대해 의도적으로 정의되어 있지 않은데, 이는 뮤텍스의 효율적 구현을 위해 최대한의 융통성을 허용하기 위해서다. 리눅스에서 PTHREAD_MUTEX_DEFAULT 뮤텍스는 PTHREAD_MUTEX_NORMAL 뮤텍스처럼 동작한다.

리스트 2-3의 코드는 에러 검사 뮤텍스error-checking mutex를 만드는 경우 뮤텍스 종류를 어떻게 설정하는지 보여준다.

```
pthread_mutex_t mtx;
pthread_mutexattr_t mtxAttr;
int s, type;

s = pthread_mutexattr_init(&mtxAttr);
if (s != 0)
    errExitEN(s, "pthread_mutexattr_init");

s = pthread_mutexattr_settype(&mtxAttr, PTHREAD_MUTEX_ERRORCHECK);
if (s != 0)
    errExitEN(s, "pthread_mutexattr_settype");

s = pthread_mutex_init(&mtx, &mtxAttr);
if (s != 0)
    errExitEN(s, "pthread_mutex_init");

s = pthread_mutexattr_destroy(&mtxAttr);        /* 더 이상 필요 없다. */
if (s != 0)
    errExitEN(s, "pthread_mutexattr_destroy");
```

2.2 상태 변화 알리기: 조건 변수

뮤텍스는 한 공유 변수에 여러 스레드가 동시에 접근하는 것을 막아준다. 조건 변수를 이용하면 스레드가 다른 스레드들에게 공유 변수(또는 다른 공유 자원)의 상태 변화를 알릴 수 있고, 다른 스레드는 그런 연락을 기다릴 수 있다.

조건 변수를 사용하지 않는 간단한 예를 보면 이것이 유용한 까닭을 알 수 있다. 주 스레드가 소비consume하는 '결과 단위result unit'를 생산produce해내는 여러 스레드가 있고, 소비되기를 기다리는 생산 단위produced unit의 수를 뮤텍스가 보호하는 변수 avail로 나타낸다고 가정하자.

```
static pthread_mutex_t mtx = PTHREAD_MUTEX_INITIALIZER;

static int avail = 0;
```

 이 절에 나오는 코드는 이 책의 소스 코드 배포판 threads/prod_no_condvar.c에서 찾을 수 있다.

생산자 스레드에는 다음과 같이 코딩할 수 있다.

```
/* 단위를 생산하는 코드는 생략 */

s = pthread_mutex_lock(&mtx);
if (s != 0)
    errExitEN(s, "pthread_mutex_lock");

avail++;        /* 소비자에게 또 한 단위가 가용함을 알린다. */

s = pthread_mutex_unlock(&mtx);
if (s != 0)
    errExitEN(s, "pthread_mutex_unlock");
```

그리고 주 (소비자) 스레드에는 다음과 같은 코드를 작성할 수 있다.

```
for (;;) {
    s = pthread_mutex_lock(&mtx);
    if (s != 0)
        errExitEN(s, "pthread_mutex_lock");

    while (avail > 0) {        /* 가용한 단위를 모두 소비한다. */
        /* 생산된 단위를 가지고 뭔가를 한다. */
        avail--;
    }

    s = pthread_mutex_unlock(&mtx);
    if (s != 0)
        errExitEN(s, "pthread_mutex_unlock");
}
```

위의 코드는 작동하지만 CPU 시간을 낭비한다. 주 스레드가 계속 루프를 돌면서 변수 avail의 상태를 확인하기 때문이다. 조건 변수condition variable는 이 문제를 해결한다. 조건 변수를 사용하면 뭔가 해야 한다고(즉 수면 스레드가 지금 응답해야 하는 어떤 '조건'이 발생했음을) 다른 스레드가 알릴 때까지 스레드가 수면을 취할(대기) 수 있다.

조건 변수는 언제나 뮤텍스와 함께 사용된다. 뮤텍스는 공유 변수 접근에 대한 상호 배제를 제공하는 한편, 조건 변수는 변수의 상태 변화를 알리는 시그널을 보내는 데 사용된다(여기서 쓰인 시그널이라는 용어는 Vol. 1의 20~22장에 설명한 시그널과는 다르며, 신호를 보낸다 indicate는 의미다).

2.2.1 정적으로 할당된 조건 변수

뮤텍스와 마찬가지로, 조건 변수는 정적 또는 동적으로 할당될 수 있다. 동적으로 할당된 조건 변수에 대해서는 2.2.5절에서 설명할 것이고, 여기서는 정적으로 할당된 조건 변수에 대해 알아보자.

조건 변수의 데이터형은 `pthread_cond_t`다. 뮤텍스와 마찬가지로, 조건 변수는 사용하기 전에 초기화해야 한다. 정적으로 할당된 조건 변수의 경우, 아래 예와 같이 `PTHREAD_COND_INITIALIZER`를 대입함으로써 초기화할 수 있다.

```
pthread_cond_t cond = PTHREAD_COND_INITIALIZER;
```

 SUSv3에 따르면, 이 절에서 앞으로 설명할 오퍼레이션들을 조건 변수의 복사본에 적용하면 예측할 수 없는 결과를 낳는다. 해당 오퍼레이션들은 언제나 PTHREAD_COND_INITIALIZER 를 통해 정적으로 초기화되거나 pthread_cond_init()(2.2.5절에서 설명)를 통해 동적으로 초기화된 조건 변수 원본에 대해서만 수행해야 한다.

2.2.2 조건 변수를 이용한 대기와 시그널

조건 변수의 주요 동작은 시그널signal과 대기wait다. 시그널은 하나 이상의 대기 스레드 waiting thread에게 공유 변수의 상태가 바뀌었음을 통보하는 것이다. 대기는 그런 통보를 받을 때까지 블록하는 것이다.

`pthread_cond_signal()`과 `pthread_cond_broadcast()` 함수는 모두 cond로 지정한 조건 변수에 시그널을 보낸다. `pthread_cond_wait()` 함수는 조건 변수 cond에 시그널이 올 때까지 스레드를 블록한다.

```
#include <pthread.h>

int pthread_cond_signal(pthread_cond_t *cond);
int pthread_cond_broadcast(pthread_cond_t *cond);
int pthread_cond_wait(pthread_cond_t *cond, pthread_mutex_t *mutex);
                성공하면 0을 리턴하고, 에러가 발생하면 에러 번호(양수)를 리턴한다.
```

`pthread_cond_signal()`과 `pthread_cond_broadcast()`의 차이는 여러 스레드가 `pthread_cond_wait()`에 블록되어 있을 때 무슨 일이 일어나는지이다. `pthread_` cond_signal()의 경우 단순히 블록된 스레드 중 최소 하나가 깨어난다는 것만 보장된다. pthread_cond_broadcast()의 경우 모든 스레드가 깨어난다.

pthread_cond_broadcast()를 사용하면 언제나 올바른 결과를 얻을 수 있지만, pthread_cond_signal()이 좀 더 효율적일 수 있다(pthread_cond_broadcast()의 경우 모든 스레드가 중복되고 잡다하게 깨어나는 경우를 처리하도록 프로그램해야 하기 때문이다). 하지만 pthread_cond_signal()은 공유 변수의 상태 변화를 처리하기 위해 대기 스레드 중 하나만 깨어나면 되고, 그중 어느 스레드가 깨어나도 상관없을 때만 사용해야 한다. 이 시나리오는 보통 모든 대기 스레드가 똑같은 작업을 수행하도록 설계했을 때에 해당된다. 이런 가정이 성립할 경우, pthread_cond_signal()은 pthread_cond_broadcast()보다 효율적인데, 다음과 같은 가능성을 피할 수 있기 때문이다.

1. 모든 대기 스레드를 깨운다.

2. 한 스레드가 먼저 스케줄링된다. 이 스레드가 공유 변수(들)의 상태를 점검하고(연관된 뮤텍스의 보호 아래) 할 일이 있는지 살핀다. 스레드가 필요한 일을 수행하고, 작업이 수행됐음을 나타내도록 공유 변수(들)의 상태를 바꾸고, 연관된 뮤텍스를 푼다.

3. 나머지 스레드들이 각각 차례로 뮤텍스를 잠그고 공유 변수의 상태를 확인한다. 하지만 첫 번째 스레드가 이미 처리했기 때문에, 이들 스레드가 할 일은 없음을 알게 되고, 뮤텍스를 풀고 다시 잠든다(즉 pthread_cond_wait()를 다시 한 번 호출한다).

이에 비해 pthread_cond_broadcast()는 대기 스레드들이 각기 다른 작업을 수행하도록 설계됐을 경우에 알맞다(이 경우 스레드들은 조건 변수와 연관된 각기 다른 조건문predicate을 가질 것이다).

조건 변수는 상태 정보를 갖지 않으며, 응용 프로그램의 상태에 대한 정보를 전달하는 메커니즘일 뿐이다. 조건 변수가 시그널을 보냈을 때 기다리고 있는 스레드가 없으면, 해당 시그널은 사라진다. 나중에 해당 조건 변수를 기다리는 스레드는 변수가 다시 한 번 시그널을 보낼 때만 블록해제된다.

pthread_cond_timedwait() 함수는 abstime 인자로 스레드가 조건 변수의 시그널을 기다리면서 잠들 시간의 상한을 지정한다는 점만 빼면 pthread_cond_wait() 함수와 같다.

```
#include <pthread.h>

int pthread_cond_timedwait(pthread_cond_t *cond, pthread_mutex_t *mutex,
                           const struct timespec *abstime);

                        성공하면 0을 리턴하고, 에러가 발생하면 에러 번호(양수)를 리턴한다.
```

abstime 인자는 기원(Vol. 1의 10.1절) 이래의 초와 나노초로 나타낸 절대 시간을 지정하는 timespec 구조체(Vol. 2의 23.4.2절)다. 조건 변수의 시그널 없이 abstime으로 지정한 시간이 지나면, pthread_cond_timedwait()는 에러 ETIMEDOUT을 리턴한다.

생산자-소비자 예제에 조건 변수 사용하기

조건 변수를 사용하도록 이전의 예제를 수정해보자. 전역 변수 및 연관된 뮤텍스와 조건 변수의 선언은 다음과 같다.

```
static pthread_mutex_t mtx = PTHREAD_MUTEX_INITIALIZER;
static pthread_cond_t cond = PTHREAD_COND_INITIALIZER;

static int avail = 0;
```

 이 절에 나오는 코드는 이 책의 소스 코드 배포판의 threads/prod_condvar.c에서 찾을 수 있다.

생산자 스레드의 코드는 pthread_cond_signal() 호출이 추가된 것을 빼면 전과 같다.

```
s = pthread_mutex_lock(&mtx);
if (s != 0)
    errExitEN(s, "pthread_mutex_lock");

avail++;                         /* 소비자에게 또 한 단위가 가용함을 알린다. */

s = pthread_mutex_unlock(&mtx);
if (s != 0)
    errExitEN(s, "pthread_mutex_unlock");

s = pthread_cond_signal(&cond);              /* 수면 중인 소비자를 깨운다. */
if (s != 0)
    errExitEN(s, "pthread_cond_signal");
```

소비자 코드를 살펴보기 전에, pthread_cond_wait()를 자세히 설명할 필요가 있다. 조건 변수에는 언제나 연관된 뮤텍스가 있다고 했다. 두 객체 모두를 인자로 넘기면, pthread_cond_wait()는 다음과 같은 단계를 수행한다.

- mutex로 지정된 뮤텍스를 푼다.
- 다른 스레드가 조건 변수 cond에 시그널을 보낼 때까지 호출 스레드를 블록한다.
- mutex를 다시 잠근다.

pthread_cond_wait() 함수는 이런 단계를 수행하도록 설계되어 있는데, 보통 다음과 같은 방식으로 공유 변수에 접근하기 때문이다.

```
s = pthread_mutex_lock(&mtx);
if (s != 0)
    errExitEN(s, "pthread_mutex_lock");

while (/* 공유 변수가 프로그램이 원하는 상태에 있지 않음을 확인한다. */)
    pthread_cond_wait(&cond, &mtx);

/* 이제 공유 변수가 원하는 상태에 있으므로, 작업을 수행한다. */

s = pthread_mutex_unlock(&mtx);
if (s != 0)
    errExitEN(s, "pthread_mutex_unlock");
```

(pthread_cond_wait() 호출이 왜 if가 아닌 while 루프 안에 있는지는 다음 절에서 설명한다.)

위의 코드에서, 공유 변수에 대한 두 접근 모두 앞서 설명한 이유로 인해 뮤텍스로 보호해야 한다. 다시 말하면, 뮤텍스와 조건 변수 사이에는 자연 발생적인 연관이 존재한다.

1. 스레드는 공유 변수의 상태를 확인하기 전에 뮤텍스를 잠근다.

2. 공유 변수의 상태를 확인한다.

3. 공유 변수가 원하는 상태에 있지 않으면, 스레드는 조건 변수를 기다리며 잠들기 전에 뮤텍스를 푼다(다른 스레드가 공유 변수에 접근할 수 있도록).

4. 조건 변수의 알림을 받고 스레드가 다시 깨어나면, 뮤텍스는 다시 한 번 잠기는데, 일반적으로 스레드가 즉시 공유 변수에 접근하기 때문이다.

pthread_cond_wait() 함수는 이 중 마지막 두 단계에 필요한 뮤텍스 풀기와 잠그기를 자동으로 수행한다. 세 번째 단계에서 뮤텍스를 해제하고 조건 변수를 기다리는(블록) 것은 아토믹하게 수행된다. 다시 말하면, pthread_cond_wait()를 부른 스레드가 조건 변수를 기다리기 전에 다른 스레드가 뮤텍스를 획득하고 조건 변수에 시그널을 보내는 것은 불가능하다.

 조건 변수와 뮤텍스 사이의 자연 발생적인 관계에 따른 필연적인 결과가 있다. 동시에 특정 조건 변수를 기다리는 모든 스레드는 pthread_cond_wait()(또는 pthread_cond_timedwait())에 같은 뮤텍스를 지정해야 한다. 사실 pthread_cond_wait() 호출은 호출 동안 조건 변수와 고유 뮤텍스를 동적으로 묶는다. SUSv3에 따르면 동시에 이뤄지는 pthread_cond_wait() 호출에 둘 이상의 뮤텍스를 사용하면 예측할 수 없는 결과를 낳는다고 한다.

지금까지 설명한 내용을 바탕으로, 이제 주 (소비자) 스레드를 다음과 같이 pthread_cond_wait()를 사용하도록 수정할 수 있다.

```
for (;;) {
    s = pthread_mutex_lock(&mtx);
    if (s != 0)
        errExitEN(s, "pthread_mutex_lock");

    while (avail == 0) {      /* 뭔가 소비할 것을 기다린다. */
        s = pthread_cond_wait(&cond, &mtx);
        if (s != 0)
            errExitEN(s, "pthread_cond_wait");
    }

    while (avail > 0) {       /* 가용한 모든 단위를 소비한다. */
        /* 생산된 단위를 가지고 뭔가를 한다. */
        avail--;
    }

    s = pthread_mutex_unlock(&mtx);
    if (s != 0)
        errExitEN(s, "pthread_mutex_unlock");

    /* 뮤텍스 잠금이 필요 없는 다른 작업을 한다. */
}
```

마지막으로 pthread_cond_signal()(그리고 pthread_cond_broadcast())의 사용법과 관련해 한 가지 이야기하겠다. 앞서 살펴본 생산자 코드에서는 pthread_mutex_unlock()을 호출한 다음 pthread_cond_signal()을 호출했다. 즉 먼저 공유 변수와 연관된 뮤텍스를 풀고, 그 다음 해당 조건 변수에 시그널을 보냈다. 이 두 단계의 순서를 바꿔도 되는데, SUSv3에 따르면 어느 것을 먼저 해도 상관없다.

[Butenhof, 1996]에 따르면, 구현에 따라 뮤텍스를 푼 다음 조건 변수에 시그널을 보내는 것이 반대의 경우보다 성능이 더 좋을 수도 있다. 조건 변수에 시그널을 보낸 뒤에 뮤텍스를 풀면, pthread_cond_wait()를 수행하는 스레드는 뮤텍스가 여전히 잠겨 있는 동안 깨어날 수 있고, 뮤텍스가 여전히 잠겨 있다는 사실을 알게 되면 즉시 다시 수면 상태로 돌아간다. 이는 불필요한 문맥 전환을 두 번 일으킨다. 구현에 따라서는, 뮤텍스가 잠겨 있을 경우 시그널을 받은 스레드를 문맥 전환 없이 조건 변수 대기 큐에서 뮤텍스 대기 큐로 옮기는 대기 모핑(wait morphing)이라는 기법으로 이 문제를 제거하기도 한다.

2.2.3 조건 변수의 조건문 검사하기

조건 변수마다 하나 이상의 공유 변수가 포함된 조건문이 연관되어 있다. 예를 들어 2.2.2절의 코드에서, cond에 연관된 조건문은 (avail == 0)이다. 이 코드는 pthread_cond_wait() 호출이 if 문이 아닌 while 루프 안에 있어야 한다는 일반적인 설계 원칙을 보여준다. 이는 pthread_cond_wait()에서 리턴할 때의 조건문 상태에 대한 보장이 없기 때문이다. 따라서 조건문을 즉시 재확인하고 만약 원하는 상태가 아니면 다시 잠들어야 한다.

pthread_cond_wait()에서 리턴할 때 조건문의 상태에 대해 아무런 가정도 할 수 없는 이유는 다음과 같다.

- 다른 스레드가 먼저 깨어났을 수 있다. 어쩌면 여러 스레드가 조건 변수와 연관된 뮤텍스를 획득하려고 기다리고 있었을 수도 있다. 시그널을 보낸 스레드가 조건문을 원하는 상태로 설정했더라도, 다른 스레드가 먼저 뮤텍스를 획득해서 연관된 공유 변수의 상태를 바꿨을 수도 있고, 이로 인해 조건문의 상태가 변했을 수도 있다.
- '느슨한' 조건문을 위해 설계하는 것이 더 간단하다. 확실성보다 가능성을 나타내는 조건 변수에 근거해서 응용 프로그램을 작성하는 편이 더 쉬울 때가 있다. 즉 조건 변수에 시그널을 보내는 것은 시그널을 받은 스레드가 할 일이 '뭔가 있다'가 아니라 '뭔가 있을 수 있다'라는 뜻이다. 이런 접근 방법을 통해, 조건 변수에는 조건문의 상태의 근사치에 근거해 시그널을 보낼 수 있고, 시그널을 받은 스레드는 조건문을 다시 확인함으로써 정말 뭔가 있음을 확신할 수 있다.
- 잘못 깨어날 수 있다. 구현에 따라, 실제로 조건 변수에 시그널을 보낸 스레드가 없는데도 조건 변수를 기다리는 스레드가 깨어날 수 있다. 이렇게 잘못 깨어나는 경우는 일부 멀티프로세서 시스템에서 효율적으로 구현하려다 생기는 (드문) 결과이고, SUSv3에 명시적으로 허용되어 있다.

2.2.4 예제 프로그램: 종료하는 모든 스레드와 조인하기

앞서 pthread_join()은 특정 스레드와 조인할 때만 쓸 수 있다고 말한 적이 있다. 이 함수로는 종료하는 모든 스레드와 조인할 수 없다. 이제 조건 변수를 이용해 이런 제약을 우회하는 방법을 보여주겠다.

리스트 2-4의 프로그램은 명령행 인자 하나마다 하나씩의 스레드를 만든다. 각 스레드는 해당 명령행 인자에 지정된 초만큼 잠든 뒤 종료한다. 수면은 스레드가 일정 기간 동안 작업하는 것을 시뮬레이트하는 것이다.

이 프로그램에는 만들어진 모든 스레드의 정보를 기록하는 전역 변수들이 있다. 전역 thread 배열의 요소는 각 스레드의 ID(tid 필드)와 현재 상태(state 필드)를 기록한다. state 필드는 다음 값 중 하나를 갖는데, TS_ALIVE는 스레드가 살아 있음을 뜻하고, TS_TERMINATED는 스레드가 종료됐지만 조인하지는 않았고, TS_JOINED는 스레드가 종료됐고 조인했음을 뜻한다.

각 스레드는 종료될 때 자신에 해당되는 thread 배열 요소의 state 필드에 TS_TERMINATED를 대입하고, 종료됐지만 조인하지 않은 스레드의 개수를 나타내는 전역 카운터(numUnjoined)를 증가시키고, 조건 변수 threadDied에 시그널을 보낸다.

주 스레드는 조건 변수 threadDied를 계속해서 기다리는 루프를 사용한다. threadDied에 시그널이 오고 종료됐지만 조인하지 않은 스레드가 있을 때마다, 주 스레드는 thread 배열을 스캔해서 state가 TS_TERMINATED로 설정된 요소를 찾는다. 그런 상태의 스레드마다 thread 배열의 해당 tid 필드를 사용해 pthread_join()을 호출한 뒤, state를 TS_JOINED로 설정한다. 주 스레드가 만든 모든 스레드가 종료되면(즉 전역 변수 numLive가 0이 되면) 주 루프는 종료된다.

아래의 셸 세션 로그는 리스트 2-4 프로그램의 사용 예다.

```
$ ./thread_multijoin 1 1 2 3 3          다섯 개의 스레드를 만든다.
Thread 0 terminating
Thread 1 terminating
Reaped thread 0 (numLive=4)
Reaped thread 1 (numLive=3)
Thread 2 terminating
Reaped thread 2 (numLive=2)
Thread 3 terminating
Thread 4 terminating
Reaped thread 3 (numLive=1)
Reaped thread 4 (numLive=0)
```

마지막으로, 예제 프로그램 내의 스레드들이 조인할 수 있게 되고 종료되자마자 즉시 pthread_join()을 통해 거둬들여 지지만, 스레드 종료를 알아내기 위해 이런 접근 방법을 쓸 필요는 없다. 스레드를 분리하면 pthread_join()을 쓸 필요가 없어지고, thread 배열(그리고 연관된 전역 변수)은 단순히 각 스레드의 종료를 기록하는 용도로 사용할 수 있다.

리스트 2-4 종료하는 모든 스레드와 조인할 수 있는 주 스레드

```
                                                    threads/thread_multijoin.c
#include <pthread.h>
#include "tlpi_hdr.h"

static pthread_cond_t threadDied = PTHREAD_COND_INITIALIZER;
static pthread_mutex_t threadMutex = PTHREAD_MUTEX_INITIALIZER;
                                /* 아래의 모든 전역 변수를 보호한다. */

static int totThreads = 0;     /* 만들어진 스레드의 전체 개수 */
static int numLive = 0;        /* 여전히 살아 있거나 종료됐지만 아직 조인하지
                                  않은 스레드의 전체 개수 */
static int numUnjoined = 0;    /* 종료됐지만 아직 조인하지 않은 스레드의 개수 */

enum tstate {                  /* 스레드 상태 */
    TS_ALIVE,                  /* 스레드가 살아 있다. */
    TS_TERMINATED,             /* 스레드가 종료됐지만 조인하지 않았다. */
    TS_JOINED                  /* 스레드가 종료됐고 조인했다. */
};

static struct {                /* 스레드별 정보 */
    pthread_t tid;             /* 이 스레드의 ID */
    enum tstate state;         /* 스레드 상태 (위의 TS_* 상수) */
    int sleepTime;             /* 종료 전에 살아 있을 초 수 */
} *thread;

static void *                  /* 스레드 시작 함수 */
threadFunc(void *arg)
{
    int idx = (int) arg;
    int s;

    sleep(thread[idx].sleepTime);     /* 어떤 작업을 하는 것을 시뮬레이트 */
    printf("Thread %d terminating\n", idx);

    s = pthread_mutex_lock(&threadMutex);
    if (s != 0)
        errExitEN(s, "pthread_mutex_lock");

    numUnjoined++;
```

```
    thread[idx].state = TS_TERMINATED;

    s = pthread_mutex_unlock(&threadMutex);
    if (s != 0)
        errExitEN(s, "pthread_mutex_unlock");
    s = pthread_cond_signal(&threadDied);
    if (s != 0)
        errExitEN(s, "pthread_cond_signal");

    return NULL;
}

int
main(int argc, char *argv[])
{
    int s, idx;

    if (argc < 2 || strcmp(argv[1], "--help") == 0)
        usageErr("%s nsecs...\n", argv[0]);

    thread = calloc(argc - 1, sizeof(*thread));
    if (thread == NULL)
        errExit("calloc");

    /* 모든 스레드를 만든다. */

    for (idx = 0; idx < argc - 1; idx++) {
        thread[idx].sleepTime = getInt(argv[idx + 1], GN_NONNEG, NULL);
        thread[idx].state = TS_ALIVE;
        s = pthread_create(&thread[idx].tid, NULL, threadFunc,
                           (void *) idx);
        if (s != 0)
            errExitEN(s, "pthread_create");
    }

    totThreads = argc - 1;
    numLive = totThreads;

    /* 종료된 스레드와 조인한다. */

    while (numLive > 0) {
        s = pthread_mutex_lock(&threadMutex);
        if (s != 0)
            errExitEN(s, "pthread_mutex_lock");

    while (numUnjoined == 0) {
        s = pthread_cond_wait(&threadDied, &threadMutex);
        if (s != 0)
```

```
                errExitEN(s, "pthread_cond_wait");
        }

        for (idx = 0; idx < totThreads; idx++) {
            if (thread[idx].state == TS_TERMINATED){
                s = pthread_join(thread[idx].tid, NULL);
                if (s != 0)
                    errExitEN(s, "pthread_join");

                thread[idx].state = TS_JOINED;
                numLive--;
                numUnjoined--;

                printf("Reaped thread %d (numLive=%d)\n", idx, numLive);
            }
        }

        s = pthread_mutex_unlock(&threadMutex);
        if (s != 0)
            errExitEN(s, "pthread_mutex_unlock");
    }

    exit(EXIT_SUCCESS);
}
```

2.2.5 동적으로 할당된 조건 변수

pthread_cond_init() 함수는 조건 변수를 동적으로 초기화하는 데 사용된다.
pthread_cond_init()를 사용해야 하는 상황은 뮤텍스를 동적으로 초기화하기 위해
pthread_mutex_init()가 필요한 상황과 비슷하다(2.1.5절). 즉 자동 또는 동적으로 할
당된 조건 변수를 초기화하고, 정적으로 할당된 조건 변수를 기본이 아닌 속성으로 초기
화하려면 pthread_cond_init()를 사용해야 한다.

```
#include <pthread.h>

int pthread_cond_init(pthread_cond_t *cond, const pthread_condattr_t *attr);
                    성공하면 0을 리턴하고, 에러가 발생하면 에러 번호(양수)를 리턴한다.
```

cond 인자는 초기화할 조건 변수를 나타낸다. 뮤텍스와 마찬가지로, 조건 변수의 속
성을 결정하도록 미리 초기화된 attr 인자를 지정할 수 있다. 다양한 Pthreads 함수를

사용해 attr이 가리키는 pthread_condattr_t 객체 안의 속성을 초기화할 수 있다. attr이 NULL이면, 조건 변수에 기본 속성이 대입된다.

SUSv3에는 이미 초기화된 조건 변수를 초기화할 경우 정의되지 않은 결과를 낳는다고 명시되어 있으므로, 해서는 안 된다.

자동 또는 동적으로 할당된 조건 변수가 더 이상 필요 없을 때는 pthread_cond_destroy()로 제거해야 한다. PTHREAD_COND_INITIALIZER를 통해 정적으로 초기화된 조건 변수의 경우에는 pthread_cond_destroy()를 호출할 필요가 없다.

```
#include <pthread.h>

int pthread_cond_destroy(pthread_cond_t *cond);
                    성공하면 0을 리턴하고, 에러가 발생하면 에러 번호(양수)를 리턴한다.
```

기다리는 스레드가 없을 때 조건 변수를 제거해야 안전하다. 조건 변수가 동적으로 할당된 메모리 영역에 있으면, 해당 메모리 영역을 해제하기 전에 조건 변수를 제거해야 한다. 자동으로 할당된 조건 변수는 해당 함수가 리턴하기 전에 제거해야 한다.

pthread_cond_destroy()로 제거된 조건 변수는 나중에 pthread_cond_init()로 다시 초기화될 수 있다.

2.3 정리

스레드가 제공하는 좀 더 큰 공유에는 비용이 따른다. 멀티스레드 응용 프로그램은 공유 자원에 대한 접근을 조정하기 위해 뮤텍스나 조건 변수 같은 동기화 기법을 사용해야 한다. 뮤텍스는 공유 변수에 대한 배타적 접근을 제공한다. 조건 변수를 이용하면 하나 이상의 스레드가 다른 스레드가 공유 변수의 상태를 바꿨다는 통지를 기다릴 수 있다.

더 읽을거리

1.10절의 '더 읽을거리'를 참조하기 바란다.

2.4 연습문제

2-1. 리스트 2-1의 프로그램(thread_incr.c)을 수정해서 스레드 시작 함수의 각 루프가 glob의 현재값과 스레드를 고유하게 식별하는 ID를 출력하게 하라. 스레드의 고유 ID는 스레드를 만드는 pthread_create() 호출의 인자로 지정할 수도 있다. 이 프로그램의 경우, 스레드 시작 함수의 인자를 고유 ID와 루프 한도값을 담고 있는 구조체의 포인터로 바꿔야 할 것이다. 프로그램을 실행하고, 출력을 파일로 재지정한 다음, 파일을 조사해서 커널 스케줄러가 두 스레드를 번갈아 실행함에 따라 glob에 무슨 일이 생기는지 살펴보라.

2-2. 불균형 이진 트리unbalanced binary tree를 갱신하고 검색하는 스레드 안전한 함수들을 구현하라. 이 라이브러리는 다음 형태의 함수들(이름에 맞는 기능을 수행하는)을 포함해야 한다.

```
initialize(tree);
add(tree, char *key, void *value);
delete(tree, char *key)
Boolean lookup(char *key, void **value)
```

위의 프로토타입에서, tree는 트리의 루트를 가리키는 구조체다(목적에 맞는 구조체를 정의해야 할 것이다). 트리의 각 요소는 키-값 쌍을 담고 있다. 또한 각 요소가 동시에 한 스레드만 접근할 수 있도록 보호하는 뮤텍스를 포함하도록 구조체를 정의해야 한다. initialize(), add(), lookup() 함수는 구현하기가 비교적 쉽다. delete() 오퍼레이션은 약간 더 노력이 필요하다.

 균형 트리를 유지할 필요가 없어지면 구현의 잠금 요구사항이 상당히 단순해지지만, 입력 패턴에 따라 트리의 성능이 나빠질 수 있다는 위험이 있다. 균형 트리를 유지하려면 add()와 delete() 때 하부 트리 간에 노드를 이동시켜야 하고, 이를 위해서는 훨씬 더 복잡한 잠금 전략이 필요하다.

3

스레드: 스레드 안전성과
스레드별 저장소

3장에서도 계속 POSIX 스레드 API에 대해, 특히 스레드 안전한 함수와 1회 초기화에 대해 설명할 것이다. 또한 스레드별 데이터thread-specific data나 스레드 지역 저장소thread-local storage를 사용해서 기존 함수를 인터페이스 수정 없이 스레드 안전하게 만드는 방법을 알아보겠다.

3.1 스레드 안전성(그리고 재진입성)

동시에 여러 스레드에서 안전하게 부를 수 있는 함수를 스레드 안전하다thread-safe고 한다. 반대로, 다른 스레드가 수행하고 있는 동안 호출할 수 없는 함수를 스레드 안전하지 않다고 한다. 예를 들어 다음의 함수(2.1절에서 본 코드와 비슷하다)는 스레드 안전하지 않다.

```
static int glob = 0;

static void
incr(int loops)
{
    int loc, j;

    for (j = 0; j < loops; j++) {
        loc = glob;
        loc++;
        glob = loc;
    }
}
```

여러 스레드가 이 함수를 동시에 부르면, 최종적으로 glob의 값이 어떻게 될지 알 수 없다. 이 함수는 스레드 안전하지 않은 함수의 전형적인 예로, 모든 스레드가 공유하는 전역 또는 정적 변수를 사용하고 있다.

함수를 스레드 안전하게 만드는 방법은 여러 가지가 있는데, 그중 하나는 뮤텍스를 함수에(또는 라이브러리 내 모든 함수가 같은 전역 변수를 공유한다면, 라이브러리 내 함수 모두에) 연관시키는 것으로, 함수가 호출될 때 뮤텍스를 잠그고, 리턴할 때 뮤텍스를 푸는 것이다. 이 방법은 단순하다는 장점이 있다. 반면에 한 번에 한 스레드만 함수를 실행할 수 있다는 뜻이 된다(함수로의 접근이 직렬화serialize된다고 한다). 이 함수를 실행하는 데 시간이 많이 걸린다면, 이런 직렬화는 동시성을 떨어뜨린다. 프로그램의 스레드들이 더 이상 병렬로 실행될 수 없기 때문이다.

더 복잡한 해법은 뮤텍스를 공유 변수에 연관시키는 것이다. 즉 함수의 어느 부분이 공유 변수에 접근하는 임계 영역인지 알아내고, 이들 임계 영역을 실행하는 동안에만 뮤텍스를 획득하고 해제하는 것이다. 이렇게 하면 함수를 동시에 여러 스레드가 실행할 수 있고, 둘 이상의 스레드가 임계 영역을 실행해야 할 때를 제외하면 병렬로 동작할 수 있다.

스레드 안전하지 않은 함수

멀티스레드 응용 프로그램의 개발을 촉진하기 위해, SUSv3에 정의된 모든 함수는, 표 3-1에 나열된 것들을 제외하고는(이 중 상당수는 이 책에서 다루지 않는다), 스레드 안전하게 구현돼야 한다.

표 3-1의 함수들 외에도, SUSv3에 다음과 같이 명시되어 있다.

표 3-1 SUSv3에서 스레드 안전할 필요 없는 함수

asctime()	fcvt()	getpwnam()	nl_langinfo()
basename()	ftw()	getpwuid()	ptsname()
catgets()	gcvt()	getservbyname()	putc_unlocked()
crypt()	getc_unlocked()	getservbyport()	putchar_unlocked()
ctime()	getchar_unlocked()	getservent()	putenv()
dbm_clearerr()	getdate()	getutxent()	pututxline()
dbm_close()	getenv()	getutxid()	rand()
dbm_delete()	getgrent()	getutxline()	readdir()
dbm_error()	getgrgid()	gmtime()	setenv()
dbm_fetch()	getgrnam()	hcreate()	setgrent()
dbm_firstkey()	gethostbyaddr()	hdestroy()	setkey()
dbm_nextkey()	gethostbyname()	hsearch()	setpwent()
dbm_open()	gethostent()	inet_ntoa()	setutxent()
dbm_store()	getlogin()	l64a()	strerror()
dirname()	getnetbyaddr()	lgamma()	strtok()
dlerror()	getnetbyname()	lgammaf()	ttyname()
drand48()	getnetent()	lgammal()	unsetenv()
ecvt()	getopt()	localeconv()	wcstombs()
encrypt()	getprotobyname()	localtime()	wctomb()
endgrent()	getprotobynumber()	lrand48()	
endpwent()	getprotoent()	mrand48()	
endutxent()	getpwent()	nftw()	

- `ctermid()`와 `tmpnam()` 함수는 인자가 `NULL`일 경우 스레드 안전하지 않아도 된다.

- `wcrtomb()`와 `wcsrtombs()` 함수는 마지막 인자(ps)가 `NULL`일 경우 스레드 안전하지 않아도 된다.

SUSv4에서는 표 3-1의 함수 목록이 다음과 같이 수정됐다.

- `ecvt()`, `fcvt()`, `gcvt()`, `gethostbyname()`, `gethostbyaddr()`은 제거됐다. 이 함수들이 표준에서 제거됐기 때문이다.
- `strsignal()`과 `system()` 함수가 추가됐다. `system()` 함수는 재진입 불가능하다. 시그널 관련 조작이 프로세스 전체에 걸쳐 영향을 주기 때문이다.

표준은 표 3-1의 함수를 스레드 안전하게 구현하는 것을 금지하지 않는다. 하지만 일부 구현에서 이 함수들 중 일부가 스레드 안전하더라도, 이식성 있는 응용 프로그램이라면 모든 구현에서 그러리라고 믿어서는 안 된다.

재진입 가능한 함수와 불가능한 함수

임계 영역을 이용해서 스레드 안전성을 구현하는 것은 함수별로 뮤텍스를 사용하는 것보다 훨씬 낫지만, 뮤텍스를 잠그고 푸는 비용이 들기 때문에 여전히 약간 비효율적이다. 재진입 가능 함수reentrant function는 뮤텍스를 사용하지 않으면서 스레드 안전성을 달성하는데, 그 방법은 전역/정적 변수를 쓰지 않는 것이다. 호출자에게 리턴해야 하거나, 함수 호출 사이에 유지돼야 하는 정보는 호출자가 할당한 버퍼에 저장한다(이 책에서 재진입성은 Vol. 1의 21.1.2절에서 시그널 핸들러 내의 전역 변수 처리를 설명할 때 처음 언급했다). 하지만 모든 함수를 재진입 가능하게 만들 수 있는 건 아닌데, 일반적인 이유는 다음과 같다.

- 천성적으로 어떤 함수는 전역 데이터 구조에 접근해야 한다. malloc 라이브러리 내의 함수가 좋은 예다. 이 함수는 힙상의 비할당 블록을 전역 링크드 리스트로 관리한다. malloc 라이브러리 함수는 뮤텍스를 사용해 스레드 안전하게 만들어졌다.
- 어떤 함수(스레드의 발명 이전에 정의된)는 정의 자체가 재진입 불가능하다. 함수가 정적으로 할당한 저장소의 포인터를 리턴하거나, 같은(또는 관련된) 함수의 연속적인 호출 사이에 정보를 유지하기 위해 정적 저장소를 사용하기 때문이다. 예를 들어 `asctime()` 함수(Vol. 1의 10.2.3절)는 날짜-시간 문자열이 담겨 있는 정적으로 할당된 버퍼의 포인터를 리턴한다.

재진입 불가능한 인터페이스를 갖고 있는 함수에 대해, SUSv3는 함수의 이름에 접미사 _r이 붙은 재진입 가능 함수를 제공한다. 이 함수는 호출자가 버퍼를 할당해서 그 주소를 함수에 넘기고 이를 통해 결과를 받도록 되어 있다. 이렇게 하면 호출 스레드가 함수 결과 버퍼로 지역(스택) 변수를 사용할 수 있다. 이를 위해 SUSv3는 `asctime_r()`, `ctime_r()`, `getgrgid_r()`, `getgrnam_r()`, `getlogin_r()`, `getpwnam_r()`, getpwuid_r(), gmtime_r(), localtime_r(), rand_r(), readdir_r(), strerror_r(), strtok_r(), ttyname_r()을 정의해놓았다.

 어떤 구현은 다른 전통적인 재진입 불가능 함수에 대해서도 추가로 재진입 가능 함수를 제공한다. 예를 들어 glibc는 crypt_r(), gethostbyname_r(), getservbyname_r(), getutent_r(), getutid_r(), getutline_r(), ptsname_r()을 제공한다. 하지만 이식성 있는 응용 프로그램은 이 함수가 다른 구현에도 존재하리라고 생각해선 안 된다. 일부 재진입 불가능 함수에 대해 SUSv3가 재진입 가능 함수를 정의하지 않은 경우가 있는데, 이는 전통적인 함수에 대해 더 나으면서 재진입 가능한 대체 함수가 존재하기 때문이다. 예를 들어 getaddrinfo()는 gethostbyname()과 getservbyname()을 대체하는 새로운 재진입 가능 함수다.

3.2 1회 초기화

멀티스레드 응용 프로그램에서는 (만들어지는 스레드 개수에 상관없이) 어떤 초기화 동작이 한 번만 일어나도록 해야 할 때가 종종 있다. 예를 들어 pthread_mutex_init()를 이용해 뮤텍스를 특별한 속성으로 초기화해야 하는데, 이 초기화는 한 번만 일어나야 한다. 스레드를 주 프로그램에서 만든다면, 이는 일반적으로 쉽다. 이 초기화에 의존하는 스레드를 만들기 전에 초기화를 수행하는 것이다. 하지만 라이브러리 함수에서는 이것이 불가능하다. 호출 프로그램이 라이브러리 함수를 호출하기 전에 스레드를 만들 수도 있기 때문이다. 따라서 라이브러리 함수는 어느 스레드에서든 해당 함수가 처음 호출됐을 때 초기화를 수행할 방법이 필요하다.

라이브러리 함수는 pthread_once() 함수를 이용해 1회 초기화one-time initialization를 수행할 수 있다.

```
#include <pthread.h>

int pthread_once(pthread_once_t *once_control, void (*init)(void));
                          성공하면 0을 리턴하고, 에러가 발생하면 에러 번호(양수)를 리턴한다.
```

pthread_once() 함수는 인자 once_control의 상태를 이용해서, pthread_once() 함수가 몇 번 호출되든, 몇 개의 스레드에서 호출되든, init가 가리키는 호출자 정의 함수가 한 번만 호출되도록 보장한다.

init 함수는 인자 없이 호출되므로, 다음과 같은 형태를 띤다.

```
void
init(void)
{
    /* 함수 몸체 */
}
```

once_control 인자는 PTHREAD_ONCE_INIT 값으로 정적으로 초기화된 변수의 포인터여야 한다.

```
pthread_once_t once_var = PTHREAD_ONCE_INIT;
```

특정 pthread_once_t 변수의 포인터를 once_control 인자로 pthread_once()를 처음 호출하면 once_control이 가리키는 변수의 값을 수정해서 이후의 pthread_once() 호출은 init를 부르지 않게 한다.

pthread_once()는 스레드별 데이터와 함께 흔히 쓰이는데, 다음 절에서 설명하겠다.

 pthread_once()가 존재하는 주된 이유는 Pthreads의 초기 버전에서 뮤텍스를 정적으로 초기화할 수 없었기 때문이다. 대신에 pthread_mutex_init()를 써야 했다([Butenhof, 1996]). 이후에 정적 할당 뮤텍스가 추가되어, 정적 할당 뮤텍스와 정적 불린 변수를 사용해 라이브러리 함수가 1회 초기화를 수행할 수 있게 됐다. 그럼에도 불구하고 pthread_once()는 편의를 위해 남겨놓았다.

3.3 스레드별 데이터

함수를 스레드 안전하게 만드는 가장 효율적인 방법은 재진입 가능하게 만드는 것이다. 모든 새로운 라이브러리 함수는 이런 식으로 구현해야 한다. 하지만 기존의 재진입 불가 라이브러리 함수(아마도 스레드가 흔히 사용되기 전에 설계된)의 경우 이 방법은 종종 함수의 인터페이스를 바꿔야 하고, 즉 이 함수를 사용하는 모든 프로그램을 수정해야 한다는 뜻이다.

스레드별 데이터thread-specific data는 기존의 함수를 인터페이스 수정 없이 스레드 안전하게 만드는 기법이다. 스레드별 데이터를 사용하는 함수는 재진입 가능 함수보다 조금 덜 효율적일 수 있지만, 이 함수를 호출하는 프로그램을 고치지 않아도 된다는 장점이 있다.

스레드별 데이터를 이용하면, 그림 3-1에서 볼 수 있듯이 함수를 호출하는 스레드별로 변수의 독립된 사본이 생긴다. 스레드별 데이터는 지속적persistent이다. 스레드별 변수는 각 스레드가 함수를 여러 번 부르는 동안 계속 존재한다. 이를 통해 함수가 스레드별 정보를 여러 번의 호출에 걸쳐 계속 유지할 수 있고, (필요하면) 함수가 각 호출 스레드마다 다른 결과 버퍼를 전달할 수 있다.

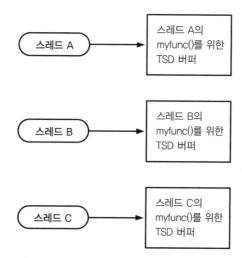

그림 3-1 TSD(thread-specific data)는 함수에게 스레드별 저장소를 제공한다.

3.3.1 라이브러리 함수의 관점에서 본 스레드별 데이터

스레드별 데이터 API의 사용법을 이해하려면 스레드별 데이터를 사용하는 라이브러리 함수의 관점에서 살펴봐야 한다.

- 함수는 함수를 호출하는 스레드별로 독립된 저장 공간을 할당해야 한다. 이 저장 공간은 스레드가 해당 함수를 처음 호출할 때 한 번 할당돼야 한다.
- 이후에 같은 스레드에서 다시 호출할 때마다, 함수는 스레드가 이 함수를 처음 호출할 때 할당된 저장 공간의 주소를 얻을 수 있어야 한다. 함수가 저장 공간의 포인터를 자동 변수에 보관할 수는 없는데, 자동 변수는 함수가 리턴할 때 사라지기 때문이다. 포인터를 정적 변수에 보관할 수도 없는데, 정적 변수는 프로세스 내에 하나씩만 존재하기 때문이다. Pthreads API는 이런 일을 처리하는 함수를 제공한다.
- 각기 다른(즉 독립된) 함수들이 각자 스레드별 데이터가 필요할 수 있다. 각 함수가 자신의 스레드별 데이터를, 다른 함수가 사용하는 스레드별 데이터와 구별해 식별할 방법(키)이 필요하다.

- 함수는 스레드가 종료됐을 때 무슨 일이 일어날지를 직접 제어할 수 없다. 스레드가 종료될 때, 스레드는 아마 함수 바깥의 코드를 실행하고 있을 것이다. 그럼에도 불구하고, 이 스레드를 위해 할당했던 저장 공간이 스레드가 종료될 때 자동으로 해제되도록 할 메커니즘이 있어야 한다. 그렇지 않으면, 스레드가 계속 생기고, 함수를 호출하고, 종료됨에 따라 메모리 누수가 생길 수 있다.

3.3.2 스레드별 데이터 API 개요

스레드별 데이터를 사용하기 위해 라이브러리 함수가 수행하는 일반적인 단계는 다음과 같다.

1. 키를 만든다. 키는 해당 함수가 사용하는 스레드별 데이터 항목을 다른 함수가 사용하는 스레드별 데이터와 구별한다. 키는 pthread_key_create() 함수로 만든다. 키는 스레드가 함수를 처음 호출할 때 한 번만 만들면 된다. 이를 위해 pthread_once()가 채택됐다. 키를 만들어도 스레드별 데이터를 할당하지는 않는다.

2. pthread_key_create()에는 두 번째 목적이 있는데, 호출자가 프로그래머가 정의한 소멸자 함수(해당 키를 위해 할당된 저장소를 해제할 때 사용한다)를 지정할 수 있도록 하는 것이다. 스레드별 데이터를 갖는 스레드가 종료되면, Pthreads API는 자동으로 소멸자를 부르고 해당 스레드의 데이터 블록을 가리키는 포인터를 넘겨준다.

3. 함수를 호출한 각 스레드를 위한 스레드별 데이터를 할당한다. 이는 malloc()(또는 비슷한 함수)을 통해 이뤄진다. 할당은 각 스레드가 해당 함수를 처음 호출할 때 스레드별로 이뤄진다.

4. 이전 단계에서 할당된 저장소의 포인터를 저장하기 위해서, 두 가지 Pthread 함수(pthread_setspecific()과 pthread_getspecific())를 사용한다. pthread_setspecific()은 Pthreads 구현에게 "포인터를 저장하고, 그 포인터가 특정 키(함수별) 및 특정 스레드(호출 스레드)와 연관되어 있음을 기록하라"고 요청한다. pthread_getspecific()은 반대 역할로, 호출 스레드의 주어진 키에 연관되어 있는 포인터를 리턴한다. 특정 키와 스레드에 연관된 포인터가 없으면, pthread_getspecific()은 NULL을 리턴한다. 이를 통해 함수는 해당 스레드가 자신을 처음 호출했고 해당 스레드를 위한 저장소를 할당해야 함을 알 수 있다.

3.3.3 스레드별 데이터 API 상세 설명

여기서는 이전 절에서 언급한 각 함수를 자세히 살펴보고, 보통 어떻게 구현되는지를 설명함으로써 스레드별 데이터의 동작을 설명한다. 다음 절에서는 스레드별 데이터를 이용해 표준 C 라이브러리 함수 strerror()를 스레드 안전하게 구현하는 방법을 알아볼 것이다.

pthread_key_create()를 호출하면 새로운 스레드별 데이터 키를 만들어서 key가 가리키는 버퍼를 통해 호출자에게 리턴한다.

```
#include <pthread.h>

int pthread_key_create(pthread_key_t *key, void (*destructor)(void *));
                    성공하면 0을 리턴하고, 에러가 발생하면 에러 번호(양수)를 리턴한다.
```

리턴된 키가 프로세스 내의 모든 스레드에서 쓰이기 때문에, key는 전역 변수를 가리켜야 한다.

destructor 인자는 프로그래머가 정의한 다음과 같은 형태의 함수를 가리킨다.

```
void
dest(void *value)
{
    /* 'value'가 가리키는 저장소를 해제한다. */
}
```

key에 연관된 NULL 아닌 값을 갖고 있는 스레드가 종료되면, Pthreads API에 의해 소멸자destructor 함수가 자동으로 호출되고 그 값이 인자로 넘겨진다. 넘겨진 값은 보통 이 키에 대한 이 스레드의 스레드별 데이터 블록이다. 소멸자가 필요 없으면, destructor를 NULL로 설정하면 된다.

 스레드에 다수의 스레드별 데이터 블록이 있을 경우, 소멸자가 호출되는 순서는 정의되어 있지 않다. 소멸자 함수는 서로 간에 독립적으로 동작하도록 설계돼야 한다.

스레드별 데이터의 구현을 보면 스레드별 데이터가 어떻게 쓰이는지를 이해하는 데 도움이 된다. 전형적인 구현(NPTL이 전형적이다)에는 다음 배열들이 관련되어 있다.

- 스레드별 데이터 키들에 대한 정보를 담고 있는 하나의 전역(즉 프로세스 전체에 걸친) 배열
- 스레드별 배열들. 각각 특정 스레드용으로 할당된 스레드별 데이터 블록 모두의 포인터를 담고 있다(즉 이 배열은 pthread_setspecific() 호출을 통해 저장된 포인터들을 담고 있다).

이 구현에서 pthread_key_create()가 리턴하는 pthread_key_t 값은 단순히 전역 배열(pthread_keys)의 인덱스로, 이 배열의 행태는 그림 3-2와 같다. 이 배열의 각 요소는 필드 2개짜리 구조체다. 첫 번째 필드는 이 배열 요소가 사용 중인지(즉 이전의 pthread_key_create() 호출에 의해 할당됐는지)를 나타낸다. 두 번째 필드는 이 키와 연관된 스레드별 데이터 블록의 소멸자 함수의 포인터를 저장한다(즉 pthread_key_create()의 destructor 인자의 복사본이다).

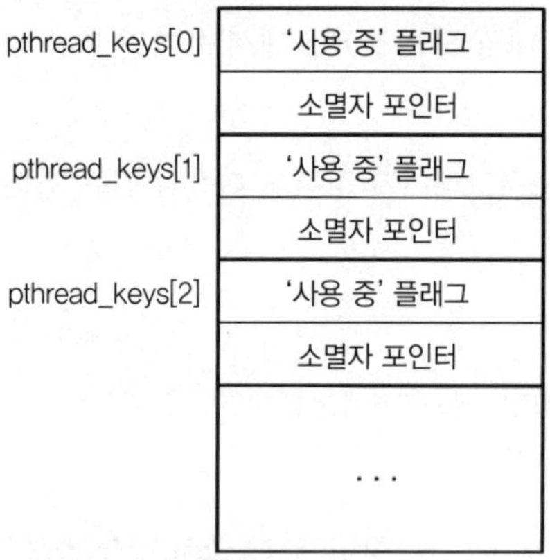

pthread_keys[0]	'사용 중' 플래그
	소멸자 포인터
pthread_keys[1]	'사용 중' 플래그
	소멸자 포인터
pthread_keys[2]	'사용 중' 플래그
	소멸자 포인터
	...

그림 3-2 스레드별 데이터 키의 구현

pthread_setspecific() 함수는 Pthreads API가 value의 복사본을, value를 호출하는 스레드 및 key(이전의 pthread_key_create() 호출에서 리턴된 키)와 연관시키는 데이터 구조에 저장할 것을 요구한다. pthread_getspecific() 함수는 반대의 오퍼레이션을 수행해서, 주어진 key와 이 스레드에 연관된 값을 리턴한다.

```
#include <pthread.h>

int pthread_setspecific(pthread_key_t key, const void *value);
```
                성공하면 0을 리턴하고, 에러가 발생하면 에러 번호(양수)를 리턴한다.
```
void *pthread_getspecific(pthread_key_t key);
```
  성공하면 포인터를 리턴하고, key에 스레드별 데이터가 연관되어 있지 않으면 NULL을 리턴한다.

pthread_setspecific()의 value 인자는 보통 호출자가 미리 할당한 메모리 블록의 포인터다. 이 포인터는 스레드가 종료될 때 이 key에 대한 소멸자 함수의 인자로 전달된다.

 value 인자는 메모리 블록의 포인터일 필요는 없다. void *에 (캐스팅해서) 대입할 수 있는 스칼라 값이어도 된다. 이 경우 이전의 pthread_key_create() 호출에서 destructor를 NULL로 지정한다.

그림 3-3은 value를 저장하기 위한 데이터 구조의 전형적인 구현이다. 이 그림에서 pthread_keys[1]은 myfunc()라는 함수에 할당되어 있다고 가정하고 있다. 각 스레드를 위해, Pthreads API는 스레드별 데이터 블록을 가리키는 포인터의 배열을 관리한다. 이 스레드별 배열의 요소는 그림 3-2의 전역 pthread_keys 배열의 요소와 1:1 대응된다. pthread_setspecific() 함수는 호출 스레드의 배열에 key에 해당되는 요소를 설정한다.

스레드가 처음 만들어지면, 스레드별 데이터 포인터는 모두 NULL로 초기화된다. 이는 라이브러리 함수가 어떤 스레드에서 처음 호출되면, 먼저 pthread_getspecific()을 이용해 해당 스레드가 이미 key에 연관된 값을 갖고 있는지를 확인한다는 뜻이다. 연관된 값이 없으면, 함수는 메모리 블록을 할당하고 이 블록을 가리키는 포인터를 pthread_setspecific()을 이용해 저장한다. 다음 절에 있는 스레드 안전한 strerror()의 구현에서 이 예를 볼 수 있다.

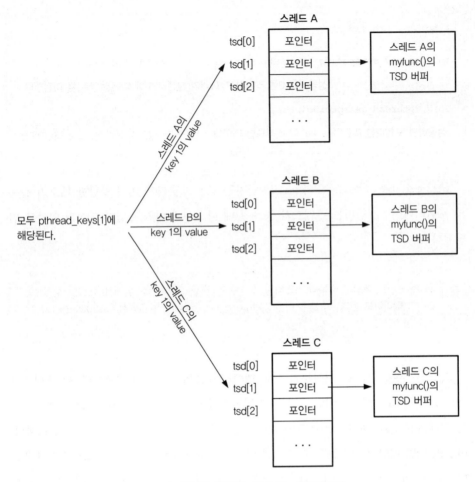

그림 3-3 TSD(thread-specific data) 포인터를 구현하는 데 쓰이는 데이터 구조

3.3.4 스레드별 데이터 API 사용하기

Vol. 1의 3.4절에서 처음 표준 strerror() 함수를 설명했을 때, 함수 결과로 정적으로 할당된 문자열의 포인터를 리턴할 수도 있다고 했다. 이는 strerror()가 스레드 안전하지 않을 수도 있다는 뜻이다. 먼저 strerror()의 스레드 안전하지 않은 구현을 살펴본 다음, 스레드별 데이터를 이용해 이 함수를 스레드 안전하게 만들어보겠다.

 리눅스를 포함한 여러 유닉스 구현의 표준 C 라이브러리가 제공하는 strerror() 함수는 스레드 안전하다. 하지만 어쨌든 strerror()를 예로 사용하는 이유는 SUSv3가 이 함수가 스레드 안전하도록 요구하지 않으며, 이 함수의 구현이 스레드별 데이터를 적용하기 쉽기 때문이다.

리스트 3-1은 `strerror()`의 간단한 스레드 안전하지 않은 구현이다. 이 함수는 glibc에 정의된 2개의 전역 변수(`_sys_errlist`와 `_sys_nerr`)를 사용한다. `_sys_errlist`는 errno의 에러 번호에 해당되는 문자열을 가리키는 포인터의 배열이고(따라서 예를 들어 `_sys_errlist[EINVAL]`은 문자열 Invalid operation을 가리킨다), `_sys_nerr`는 `_sys_errlist` 안에 있는 요소의 개수를 나타낸다.

리스트 3-1 스레드 안전하지 않은 strerror() 구현

```
                                                            threads/strerror.c
#define _GNU_SOURCE              /* <stdio.h>의 '_sys_nerr'와
                                   '_sys_errlist' 선언을 사용한다. */

#include <stdio.h>
#include <string.h>              /* strerror()의 선언이 들어 있다. */

#define MAX_ERROR_LEN 256        /* strerror()가 리턴하는 문자열의 최대 길이 */

static char buf[MAX_ERROR_LEN];  /* 정적으로 할당된 리턴 버퍼 */

char *
strerror(int err)
{
    if (err < 0 || err >= _sys_nerr || _sys_errlist[err] == NULL) {
        snprintf(buf, MAX_ERROR_LEN, "Unknown error %d", err);
    } else {
        strncpy(buf, _sys_errlist[err], MAX_ERROR_LEN - 1);
        buf[MAX_ERROR_LEN - 1] = '\0';         /* 널로 끝나도록 보장한다. */
    }

    return buf;
}
```

리스트 3-2의 프로그램을 통해 리스트 3-1의 `strerror()` 구현이 스레드 안전하지 않기 때문에 발생하는 결과를 볼 수 있다. 이 프로그램은 각기 다른 두 스레드에서 `strerror()`를 호출하지만, 두 스레드 모두 `strerror()`를 호출한 뒤에야 리턴된 값을 출력한다. 각 스레드가 `strerror()`의 인자로 각기 다른 값(EINVAL과 EPERM)을 넘기지만, 이 프로그램을 리스트 3-1의 `strerror()`와 함께 컴파일하고 링크하면 다음과 같은 결과를 얻게 된다.

```
$ ./strerror_test
Main thread has called strerror()
Other thread about to call strerror()
Other thread: str (0x804a7c0) = Operation not permitted
Main thread:  str (0x804a7c0) = Operation not permitted
```

두 스레드 모두 EPERM에 해당하는 errno 문자열을 출력했다. 두 번째 스레드 (threadFunc 내)가 호출한 strerror()가 주 스레드에서 호출한 strerror()의 버퍼를 덮어썼기 때문이다. 출력 결과를 살펴보면 두 스레드의 지역 변수 str이 같은 메모리 주소를 가리킴을 알 수 있다.

리스트 3-2 각기 다른 두 스레드에서 strerror()를 호출한다.

```
                                                          threads/strerror_test.c
#include <stdio.h>
#include <string.h>            /* strerror()의 선언이 들어 있다. */
#include <pthread.h>
#include "tlpi_hdr.h"

static void *
threadFunc(void *arg)
{
    char *str;

    printf("Other thread about to call strerror()\n");
    str = strerror(EPERM);
    printf("Other thread: str (%p) = %s\n", str, str);

    return NULL;
}

int
main(int argc, char *argv[])
{
    pthread_t t;
    int s;
    char *str;

    str = strerror(EINVAL);
    printf("Main thread has called strerror()\n");

    s = pthread_create(&t, NULL, threadFunc, NULL);
    if (s != 0)
        errExitEN(s, "pthread_create");

    s = pthread_join(t, NULL);
    if (s != 0)
        errExitEN(s, "pthread_join");

    printf("Main thread: str (%p) = %s\n", str, str);

    exit(EXIT_SUCCESS);
}
```

리스트 3-3은 스레드별 데이터를 이용해 스레드 안전성을 보장하도록 strerror()를 다시 구현한 것이다.

수정된 strerror()가 수행하는 첫 번째 단계는 pthread_once()를 호출해④ 이 함수의 첫 번째 호출이 (어느 스레드로부터든) createKey()를 호출하도록② 하는 것이다. createKey() 함수는 pthread_key_create()를 호출해 전역 변수 strerrorKey에 저장되는 스레드별 데이터 키를 할당한다③. pthread_key_create() 호출은 또한 이 키에 해당되는 스레드별 버퍼를 해제할 때 쓰일 소멸자①의 주소를 기록한다.

strerror() 함수는 그 다음 pthread_getspecific()을 호출해⑤ strerrorKey에 해당되는 이 스레드 고유 버퍼의 주소를 읽어온다. pthread_getspecific()이 NULL을 리턴하면, 이 스레드가 strerror()를 처음 호출하는 것이므로, 함수는 malloc()을 통해 새로운 버퍼를 할당하고⑥, pthread_setspecific()을 통해 버퍼의 주소를 저장한다⑦. pthread_getspecific()이 NULL이 아닌 값을 리턴하면, 그 포인터는 스레드가 이전에 strerror()를 호출했을 때 할당된 기존 버퍼를 가리킨다.

이 strerror() 구현의 나머지는, buf가 정적 변수의 주소가 아니라 스레드별 데이터 버퍼의 주소라는 점을 제외하면, 앞서 보여준 구현과 비슷하다.

리스트 3-3 스레드별 데이터를 이용해 스레드 안전하게 구현한 strerror()

```
                                                          threads/strerror_tsd.c
#define _GNU_SOURCE             /* <stdio.h>의 '_sys_nerr'와 '_sys_errlist'
                                   선언을 사용한다. */

#include <stdio.h>
#include <string.h>            /* strerror()의 선언이 들어 있다. */
#include <pthread.h>
#include "tlpi_hdr.h"

static pthread_once_t once = PTHREAD_ONCE_INIT;
static pthread_key_t strerrorKey;

#define MAX_ERROR_LEN 256      /* strerror()가 리턴하는 스레드별 버퍼 내
                                  문자열의 최대 길이 */

  static void                  /* 스레드별 데이터 버퍼를 해제한다. */
① destructor(void *buf)
  {
      free(buf);
  }

  static void                  /* 1회 키 생성 함수 */
```

```
② createKey(void)
  {
      int s;

      /* 고유한 스레드별 데이터 키를 할당하고 스레드별 데이터 버퍼 소멸자의 주소를 저장한다. */

③     s = pthread_key_create(&strerrorKey, destructor);
      if (s != 0)
          errExitEN(s, "pthread_key_create");
  }

  char *
  strerror(int err)
  {
      int s;
      char *buf;

      /* 첫 번째 호출자가 스레드별 데이터를 할당하게 한다. */

④     s = pthread_once(&once, createKey);
      if (s != 0)
          errExitEN(s, "pthread_once");

⑤     buf = pthread_getspecific(strerrorKey);
      if (buf == NULL) {          /* 이 스레드에서의 첫 호출이면, 스레드를 위한 버퍼를
                                      만들고 그 위치를 저장한다. */
⑥         buf = malloc(MAX_ERROR_LEN);
          if (buf == NULL)
              errExit("malloc");

⑦         s = pthread_setspecific(strerrorKey, buf);
          if (s != 0)
              errExitEN(s, "pthread_setspecific");
      }

      if (err < 0 || err >= _sys_nerr || _sys_errlist[err] == NULL) {
          snprintf(buf, MAX_ERROR_LEN, "Unknown error %d", err);
      } else {
          strncpy(buf, _sys_errlist[err], MAX_ERROR_LEN - 1);
          buf[MAX_ERROR_LEN - 1] = '\0';          /* 널로 끝나도록 보장한다. */
      }

      return buf;
  }
```

테스트 프로그램(리스트 3-2)을 새 버전의 strerror()(리스트 3-3)와 함께 컴파일하고 링크해서 실행 파일 strerror_test_tsd를 만들고 실행하면, 다음과 같은 결과를 얻을 수 있다.

```
$ ./strerror_test_tsd
Main thread has called strerror()
Other thread about to call strerror()
Other thread: str (0x804b158) = Operation not permitted
Main thread:  str (0x804b008) = Invalid argument
```

이 출력 결과를 보면, 새로운 버전의 strerror()가 스레드 안전함을 알 수 있다. 또한 두 스레드의 지역 변수 str이 가리키는 주소도 다름을 알 수 있다.

3.3.5 스레드별 데이터 구현에서의 한도

스레드별 데이터가 구현되는 전형적인 방법을 보면, 해당 구현이 지원하는 스레드별 데이터 키의 개수를 제한해야 할 것 같다. SUSv3에 따르면 구현은 최소한 128개(_POSIX_ THREAD_KEYS_MAX)의 키를 지원해야 한다. 응용 프로그램은 PTHREAD_KEYS_MAX(<limits. h>에 정의되어 있다)의 정의나 sysconf(_SC_THREAD_KEYS_MAX) 호출을 통해 구현이 실제 지원하는 키의 개수를 알 수 있다. 리눅스는 최대 1024개까지 지원한다.

128개면 대부분의 응용 프로그램에서 충분하고도 남는다. 각 라이브러리 함수가 소수의 키만을(대부분 하나) 사용해야 하기 때문이다. 함수가 다수의 스레드별 데이터 값을 요구하면, 보통 하나의 스레드별 데이터 키에 연관되는 하나의 구조체에 담을 수 있다.

3.4 스레드 지역 저장소

스레드별 데이터와 마찬가지로, 스레드 지역 저장소thread-local storage는 지속적인persistent 스레드별 저장소를 제공한다. 이 기능은 표준이 아니지만, 같거나 비슷한 형태로 여러 유닉스 구현(예: 솔라리스, FreeBSD)에서 제공된다.

스레드 지역 저장소의 주된 장점은 스레드별 데이터보다 쓰기가 훨씬 쉽다는 것이다. 스레드 지역 변수를 만들려면, 전역 또는 정적 변수의 선언에 간단히 __thread 지정자를 넣으면 된다.

```
static __thread char buf[MAX_ERROR_LEN];
```

스레드마다 이 지정자로 선언된 변수의 복사본을 갖는다. 스레드의 스레드 지역 저장소에 있는 변수는 스레드가 종료될 때까지 지속되며, 스레드가 종료될 때 자동으로 해제된다.

스레드 지역 변수를 선언하고 사용하는 데 있어 다음 사항에 유의하기 바란다.

- __thread 키워드는 static이나 extern 키워드(이 둘 중 하나가 변수의 선언에 있을 경우) 바로 뒤에 있어야 한다.
- 스레드 지역 변수의 선언은, 보통의 전역/정적 변수 선언과 마찬가지로, 초기화를 포함할 수 있다.
- C 주소 연산자(&)를 사용해 스레드 지역 변수의 주소를 얻을 수 있다.

스레드 지역 저장소는 커널(리눅스 2.6에서 제공된다), Pthreads 구현(NPTL에서 제공된다), C 컴파일러(x86-32에서는 gcc 3.3 이상에서 제공된다)의 지원을 요구한다.

리스트 3-4는 스레드 지역 저장소를 이용해 strerror()를 스레드 안전하게 구현한 것이다. 테스트 프로그램(리스트 3-2)을 이 버전의 strerror()와 함께 컴파일하고 링크해서 실행 파일 strerror_test_tls를 만들고 실행하면, 다음과 같은 결과를 얻을 수 있다.

```
$ ./strerror_test_tls
Main thread has called strerror()
Other thread about to call strerror()
Other thread: str (0x40376ab0) = Operation not permitted
Main thread:  str (0x40175080) = Invalid argument
```

리스트 3-4 스레드 지역 저장소를 이용해 스레드 안전하게 구현한 strerror()

```
                                               threads/strerror_tls.c
#define _GNU_SOURCE         /* <stdio.h>의 '_sys_nerr'와 '_sys_errlist'
                               선언을 사용한다. */

#include <stdio.h>
#include <string.h>         /* strerror()의 선언이 들어 있다. */
#include <pthread.h>

#define MAX_ERROR_LEN 256   /* strerror()가 리턴하는 스레드별 버퍼 내
                               문자열의 최대 길이 */

static __thread char buf[MAX_ERROR_LEN];
                           /* 스레드 지역 리턴 버퍼 */

char *
strerror(int err)
```

```
{
    if (err < 0 || err >= _sys_nerr || _sys_errlist[err] == NULL) {
        snprintf(buf, MAX_ERROR_LEN, "Unknown error %d", err);
    } else {
        strncpy(buf, _sys_errlist[err], MAX_ERROR_LEN - 1);
        buf[MAX_ERROR_LEN - 1] = '\0';        /* 널로 끝나도록 보장한다. */
    }

    return buf;
}
```

3.5 정리

여러 스레드에서 동시에 안전하게 부를 수 있는 함수를 스레드 안전하다고 한다. 함수가
스레드 안전하지 않게 되는 일반적인 이유는 전역/정적 변수를 사용하기 때문이다. 스레
드 안전하지 않은 함수를 멀티스레드 응용 프로그램에서 안전하게 만드는 한 가지 방법
은 해당 함수 호출을 모두 뮤텍스로 보호하는 것이다. 이 방법은 동시성을 떨어뜨린다는
문제가 있다. 해당 함수를 한 번에 하나의 스레드만 실행할 수 있기 때문이다. 동시성을
향상시키는 방법은 공유 변수를 조작하는 부분(임계 영역)에만 뮤텍스를 적용하는 것이다.

뮤텍스를 이용하면 대부분의 함수를 스레드 안전하게 만들 수 있지만, 뮤텍스를 잠그
고 푸는 비용으로 인해 성능이 저하된다. 전역/정적 변수를 쓰지 않는 재진입 가능 함수
는 뮤텍스 없이 스레드 안전성을 이룰 수 있다.

SUSv3에 명시된 대부분의 함수는 스레드 안전해야 한다. SUSv3는 또한 스레드 안
전하지 않아도 되는 소수의 함수들을 지정해놓았다. 이들은 보통 정적 저장소를 사용해
서 호출자에게 정보를 리턴하거나 연속된 호출 사이에 정보를 유지하는 함수다. 그런 함
수는 원래 재진입 가능하지 않고, 뮤텍스를 사용해 스레드 안전하게 만들 수 없다. 여기
서는 거의 동일한 코딩 기법인 스레드별 데이터와 스레드 지역 저장소를 사용해서, 인터
페이스를 바꿀 필요 없이, 스레드 안전하지 않은 함수를 스레드 안전하게 바꿔봤다. 이들
기법 모두 함수가 지속적인 스레드별 저장소를 할당할 수 있는 메커니즘을 제공한다.

더 읽을거리

1.10절의 '더 읽을거리'를 참조하기 바란다.

3.6 연습문제

3-1. `pthread_once()`와 동일한 기능을 수행하는 함수 `one_time_init(control, init)`를 구현하라. `control` 인자는 불린 변수와 뮤텍스를 담고 있는 정적으로 할당된 구조체의 포인터여야 한다. 불린 변수는 함수 `init`가 이미 호출됐는지를 나타내고, 뮤텍스는 해당 변수로의 접근을 제어한다. 구현을 간단하게 하기 위해, 스레드에서 처음 호출됐을 때 `init()`가 실패하거나 취소되는 등의 가능성은 무시해도 좋다(즉 그런 일이 발생하면 `one_time_init()`를 호출하는 다음 스레드가 `init()` 호출을 다시 시도하도록 설계할 필요가 없다).

3-2. 스레드별 데이터를 사용해 `dirname()`과 `basename()`(Vol. 1의 18.14절)의 스레드 안전한 버전을 작성하라.

4

스레드: 스레드 취소

스레드들은 보통 pthread_exit()를 호출하거나 스레드의 시작 함수에서 리턴함으로써 종료될 때까지 각자의 작업을 수행하면서 병렬로 실행된다.

가끔은 스레드를 취소cancel하고 싶을 때가 있다. 즉 스레드에게 지금 종료하라는 요청을 보내는 것이다. 이는 예를 들어 일군의 스레드들이 계산을 수행하고 있고, 한 스레드가 다른 스레드들이 종료해야 하는 에러를 발견했을 때 유용하다. 아니면 GUI를 사용하는 응용 프로그램의 경우, 백그라운드 스레드가 수행하는 작업을 종료하는 단추를 사용자에게 제공할 수도 있다. 이 경우 주 스레드(GUI를 제어하는)가 백그라운드 스레드에게 종료하라고 해야 한다.

4장에서는 POSIX 스레드 취소 메커니즘을 설명한다.

4.1 스레드 취소하기

pthread_cancel() 함수는 특정 thread에게 취소 요청을 보낸다.

```
#include <pthread.h>

int pthread_cancel(pthread_t thread);
                        성공하면 0을 리턴하고, 에러가 발생하면 에러 번호(양수)를 리턴한다.
```

취소 요청을 한 다음, pthread_cancel()은 즉시 리턴한다. 즉 대상 스레드가 종료
되기를 기다리지 않는다.

대상 스레드에 무슨 일이 언제 일어나는지는 스레드의 취소 상태와 종류에 따라 다른
데, 이에 대해서는 다음 절에서 설명한다.

4.2 취소 상태와 종류

pthread_setcancelstate()와 pthread_setcanceltype() 함수는 스레드가 취소
요청에 대응하는 방법을 제어할 수 있도록 플래그를 설정한다.

```
#include <pthread.h>

int pthread_setcancelstate(int state, int *oldstate);
int pthread_setcanceltype(int type, int *oldtype);
                        성공하면 0을 리턴하고, 에러가 발생하면 에러 번호(양수)를 리턴한다.
```

pthread_setcancelstate() 함수는 호출 스레드의 취소 가능성cancelability 상태를
state에 주어진 값으로 설정한다. 이 인자는 다음 중 하나의 값을 가질 수 있다.

- PTHREAD_CANCEL_DISABLE: 스레드를 취소할 수 없다. 취소 요청을 받으면, 취소
  할 수 있을 때까지 보류된다.
- PTHREAD_CANCEL_ENABLE: 스레드를 취소할 수 있다. 이는 새로 만들어진 스레
  드의 기본 취소 가능성 상태다.

스레드의 이전 취소 가능성 상태는 oldstate를 통해 리턴된다.

스레드가 모든 단계를 완료해야 하는 부분을 수행하고 있을 경우, 잠시 취소 불가 상태(PTHREAD_CANCEL_DISABLE)로 설정해두면 유용하다.

스레드를 취소할 수 있으면(PTHREAD_CANCEL_ENABLE), 취소 요청을 어떻게 처리할지는 스레드의 취소 가능성 종류에 따라 결정되는데, 취소 가능성 종류는 pthread_setcanceltype() 호출의 type 인자로 지정된다. 이 인자는 다음 중 하나의 값을 가질 수 있다.

- PTHREAD_CANCEL_ASYNCHRONOUS: 스레드가 언제든 취소될 수 있다(아마도, 하지만 즉시일 필요는 없다). 비동기적 취소 가능성은 거의 유용하지 않은데, 이에 대해서는 4.6절에서 설명하겠다.
- PTHREAD_CANCEL_DEFERRED: 취소 요청은 취소 지점cancellation point(다음 절 참조)에 도달할 때까지 보류된다. 이는 새로 만들어진 스레드의 기본 취소 가능성 종류다. 지연 취소 가능성deferred cancelability에 대해서는 앞으로 더 설명할 것이다.

스레드의 이전 취소 가능성 종류는 oldtype을 통해 리턴된다.

스레드가 fork()를 호출하면, 자식은 호출 스레드의 취소 가능성 종류와 상태를 물려받는다. 스레드가 exec()를 호출하면, 새 프로그램의 주 스레드의 취소 가능성 종류와 상태는 각각 PTHREAD_CANCEL_ENABLE과 PTHREAD_CANCEL_DEFERRED로 리셋된다.

4.3 취소 지점

취소 가능하고 지연됨으로 설정되어 있으면, 취소 요청은 스레드가 다음 취소 지점 cancellation point에 다다를 때만 처리된다. 취소 지점은 구현이 정의한 함수를 호출하는 지점이다.

SUSv3는 표 4-1의 함수들이, 구현이 해당 함수를 제공한다면, 취소 지점이어야 한다고 명시하고 있다. 이들 대부분은 스레드를 무한정 블록할 수 있는 함수다.

표 4-1 SUSv3에 취소 지점으로 지정되어 있는 함수

accept()	nanosleep()	sem_timedwait()
aio_suspend()	open()	sem_wait()
clock_nanosleep()	pause()	send()
close()	poll()	sendmsg()
connect()	pread()	sendto()
creat()	pselect()	sigpause()
fcntl(F_SETLKW)	pthread_cond_timedwait()	sigsuspend()
fsync()	pthread_cond_wait()	sigtimedwait()
fdatasync()	pthread_join()	sigwait()
getmsg()	pthread_testcancel()	sigwaitinfo()
getpmsg()	putmsg()	sleep()
lockf(F_LOCK)	putpmsg()	system()
mq_receive()	pwrite()	tcdrain()
mq_send()	read()	usleep()
mq_timedreceive()	readv()	wait()
mq_timedsend()	recv()	waitid()
msgrcv()	recvfrom()	waitpid()
msgsnd()	recvmsg()	write()
msync()	select()	writev()

표 4-1의 함수 외에도, SUSv3는 구현이 취소 지점으로 정의해도 되는 더 많은 함수를 명시하고 있다. 여기에는 stdio 함수, dlopen API, syslog API, nftw(), popen(), semop(), unlink(), 그 밖에 utmp 파일 같은 시스템 파일에서 정보를 읽어오는 다양한 함수가 포함된다. 이식성 있는 프로그램은 이 함수를 호출할 때 스레드가 취소될 가능성을 올바르게 처리해야 한다.

SUSv3는 취소 지점이어야 하는 함수와 취소 지점일 수 있는 함수 외에는, 표준에 정의된 다른 어떤 함수도 취소 지점으로 동작해서는 안 된다고 명시한다(즉 이식성 있는 프로그램은 이러한 기타 함수가 스레드 취소를 일으킬 가능성에 대처할 필요가 없다).

SUSv4는 취소 지점이어야 하는 함수 목록에 openat()을 추가했고, sigpause()(취소 지점일 수 있는 함수 목록으로 옮겨졌다)과 usleep()(표준에서 제외됐다)을 제외시켰다.

 구현은 표준에 정의되어 있지 않은 추가 함수를 취소 지점으로 지정할 수 있다. 블록할 가능성이 있는(아마도 파일에 접근하기 때문에) 어떠한 함수도 취소 지점이 될 수 있다. glibc에는 이 때문에 여러 비표준 함수가 취소 지점으로 표시되어 있다.

취소 요청을 받으면, 취소 가능하고 지연됨으로 설정된 스레드는 다음에 취소 지점에 도달하면 종료된다. 스레드가 분리detach되어 있지 않은 경우, 좀비 스레드가 되지 않으려면 프로세스 내의 다른 스레드가 조인해야 한다. 취소된 스레드가 조인하면, pthread_join()의 두 번째 인자를 통해 리턴되는 값은 특별 스레드 리턴값인 PTHREAD_CANCELED다.

예제 프로그램

리스트 4-1은 pthread_cancel()의 간단한 사용 예다. 주 프로그램이 무한 루프를 실행하는 스레드를 만들고, 1초간 잠든 뒤 루프 카운터의 값을 출력한다(이 스레드는 취소 요청을 받거나 프로세스가 종료될 때만 종료될 것이다). 그동안 주 프로그램은 3초간 잠든 뒤 자신이 만든 스레드에게 취소 요청을 보낸다. 이 프로그램을 실행하면, 다음과 같은 결과가 나온다.

```
$ ./thread_cancel
New thread started
Loop 1
Loop 2
Loop 3
Thread was canceled
```

```
                                                      threads/thread_cancel.c
#include <pthread.h>
#include "tlpi_hdr.h"

static void *
threadFunc(void *arg)
{
    int j;

    printf("New thread started\n");  /* 취소 지점일 수 있다. */
    for (j = 1; ; j++) {
        printf("Loop %d\n", j);      /* 취소 지점일 수 있다. */
        sleep(1);                    /* 취소 지점 */
    }

    /* NOTREACHED */
    return NULL;
}

int
main(int argc, char *argv[])
{
    pthread_t thr;
    int s;
    void *res;

    s = pthread_create(&thr, NULL, threadFunc, NULL);
    if (s != 0)
        errExitEN(s, "pthread_create");

    sleep(3);                        /* 새 스레드가 한동안 실행되게 한다. */

    s = pthread_cancel(thr);
    if (s != 0)
        errExitEN(s, "pthread_cancel");

    s = pthread_join(thr, &res);
    if (s != 0)
        errExitEN(s, "pthread_join");

    if (res == PTHREAD_CANCELED)
        printf("Thread was canceled\n");
    else
        printf("Thread was not canceled (should not happen!)\n");

    exit(EXIT_SUCCESS);
}
```

4.4 스레드 취소 요청 확인

리스트 4-1에서 main()이 만든 스레드는 취소 요청을 받아들였다. 취소 지점인 함수를 실행했기 때문이다(sleep()은 취소 지점이고, printf()는 취소 지점일 수 있다). 하지만 취소 지점을 포함하지 않는 루프(예: 계산만 수행하는 루프)를 실행하는 스레드를 가정해보자. 이 경우 스레드는 취소 요청을 받아들이지 않을 것이다.

pthread_testcancel()은 단순히 취소 지점이다. 이 함수가 호출됐을 때 보류되어 있는 취소 요청이 있으면, 호출 스레드가 종료된다.

```
#include <pthread.h>

void pthread_testcancel(void);
```

취소 지점을 포함하지 않는 코드를 실행하는 스레드는 추기적으로 pthread_testcancel()을 호출해서 다른 스레드가 보낸 취소 요청에 시기적절하게 응답하도록 할 수 있다.

4.5 클린업 핸들러

보류된 취소 요청을 갖고 있는 스레드가 취소 지점에 이르러 그냥 종료되면, 공유 변수와 Pthreads 객체(예: 뮤텍스)들이 서로 모순된 상태로 남아 있어, 프로세스 내의 나머지 스레드가 그릇된 결과를 낳거나, 데드락 또는 비정상 종료를 일으킬 수 있다. 이 문제를 해결하기 위해, 스레드가 취소될 경우 자동으로 실행되는 함수인 **클린업 핸들러**cleanup handler를 설정할 수 있다. 클린업 핸들러는 스레드가 종료되기 전에 전역 변수의 값을 수정하고 뮤텍스를 푸는 등의 일을 수행할 수 있다.

스레드마다 클린업 핸들러 스택을 가질 수 있다. 스레드가 취소되면, 스택에 있는 클린업 핸들러들이 위에서부터 아래로 실행된다. 즉 최근에 추가된 핸들러가 먼저 호출되고, 그 다음으로 최근에 추가된 핸들러, 그 다음 등의 순이다. 모든 클린업 핸들러가 실행되면, 스레드가 종료된다.

pthread_cleanup_push()와 pthread_cleanup_pop() 함수는 각각 핸들러를 스레드의 클린업 핸들러 스택에 추가하고 제거한다.

```
#include <pthread.h>

void pthread_cleanup_push(void (*routine)(void*), void *arg);
void pthread_cleanup_pop(int execute);
```

pthread_cleanup_push() 함수는 routine으로 지정한 함수를 스레드의 클린업 핸
들러 스택의 꼭대기에 추가한다. routine 인자는 다음과 같은 형태의 함수를 가리키는
포인터다.

```
void
routine(void *arg)
{
    /* 클린업을 수행하는 코드 */
}
```

pthread_cleanup_push()에 넘긴 arg 값은 클린업 핸들러가 불릴 때 인자로 전달
된다. 이 인자의 형은 void *이지만, 적절히 캐스팅해서 다른 데이터형도 이 인자로 넘
길 수 있다.

　　보통 클린업 동작은 스레드가 특정 코드 영역을 실행하다가 취소됐을 때만 필요하다.
스레드가 취소되지 않고 해당 영역의 끝에 이르면, 클린업 동작은 더 이상 필요치 않다.
따라서 각 pthread_cleanup_push() 호출에는 pthread_cleanup_pop() 호출이 뒤
따른다. 이 함수는 클린업 핸들러 스택 꼭대기의 함수를 제거한다. execute 인자가 0이
아니면 핸들러가 실행된다. 이는 스레드가 취소되더라도 클린업 동작을 수행하고 싶을
때 편리하다.

　　pthread_cleanup_push()와 pthread_cleanup_pop()을 함수로 설명했지만,
SUSv3는 이들을 각각 {와 }를 포함하는 일련의 실행문으로 확장되는 매크로로 구현
해도 된다고 허용한다. 모든 유닉스 구현에서 그렇게 하지는 않지만, 리눅스를 포함한
여러 구현에서 그렇게 한다. 이는 pthread_cleanup_push()와 pthread_cleanup_
pop()이 같은 블록lexical block 안에서 짝이 맞아야 한다는 뜻이다(이런 식으로 구현한 곳에서
는 pthread_cleanup_push()와 pthread_cleanup_pop() 사이에 선언한 변수는 그 범위lexical scope
에서만 쓸 수 있다). 예를 들어 다음과 같은 코드는 옳지 않다.

```
pthread_cleanup_push(func, arg);
...
if (cond) {
    pthread_cleanup_pop(0);
}
```

코딩의 편의를 위해, 스택에서 제거(팝pop)되지 않은 클린업 핸들러들은 스레드가 pthread_exit()를 호출해 종료될 때 자동으로 실행된다(return으로 종료되면 실행되지 않는다).

예제 프로그램

리스트 4-2의 프로그램은 클린업 핸들러의 간단한 사용 예다. 주 프로그램은 스레드를 만든 다음⑧(이 스레드의 첫 번째 동작은 메모리 블록을 할당③하는 것이고, 이 메모리 블록의 위치는 buf에 저장된다), 뮤텍스 mtx를 잠근다④. 스레드가 취소될 수 있기 때문에, pthread_cleanup_push()를 사용해 buf에 저장된 주소를 인자로 실행되는 클린업 핸들러를 설치한다⑤. 이 클린업 핸들러가 실행되면, 할당된 메모리를 해제하고① 뮤텍스를 푼다②.

스레드는 그 다음에 조건 변수 cond에 시그널이 오기를 기다리는⑥ 루프에 진입한다. 이 루프는 이 프로그램이 실행될 때 명령행 인자가 있었는지에 따라 다르게 종료될 것이다.

- 명령행 인자가 없으면, 스레드는 main()에 의해 취소된다⑨. 이 경우 취소는 표 4-1에 나와 있는 취소 지점 중 하나인 pthread_cond_wait()를 호출할 때⑥ 일어난다. 취소 과정의 일부로, pthread_cleanup_push()로 추가된 클린업 핸들러가 자동으로 불린다.
- 명령행 인자가 있으면, 연관된 전역 변수 glob을 0이 아닌 값으로 설정한 다음 조건 변수에 시그널을 보낸다⑩. 이 경우 스레드는 pthread_cleanup_pop()을 실행하는데⑦, 인자가 0이 아니므로 역시 클린업 핸들러가 불린다.

주 프로그램은 종료된 스레드와 조인하고⑪, 스레드가 취소됐는지 또는 정상 종료됐는지를 알린다.

리스트 4-2 클린업 핸들러의 사용 예

```
                                                      threads/thread_cleanup.c
#include <pthread.h>
#include "tlpi_hdr.h"

static pthread_cond_t cond = PTHREAD_COND_INITIALIZER;
static pthread_mutex_t mtx = PTHREAD_MUTEX_INITIALIZER;
static int glob = 0;        /* 조건 변수 */

static void              /* 'arg'가 가리키는 메모리를 해제하고 뮤텍스를 푼다. */
cleanupHandler(void *arg)
```

```c
{
    int s;

    printf("cleanup: freeing block at %p\n", arg);
①  free(arg);

    printf("cleanup: unlocking mutex\n");
②  s = pthread_mutex_unlock(&mtx);
    if (s != 0)
        errExitEN(s, "pthread_mutex_unlock");
}

static void *
threadFunc(void *arg)
{
    int s;
    void *buf = NULL;                    /* 스레드가 할당한 버퍼 */

③  buf = malloc(0x10000);               /* 취소 지점이 아니다. */
    printf("thread: allocated memory at %p\n", buf);

④  s = pthread_mutex_lock(&mtx);        /* 취소 지점이 아니다. */
    if (s != 0)
        errExitEN(s, "pthread_mutex_lock");

⑤  pthread_cleanup_push(cleanupHandler, buf);

    while (glob == 0) {
⑥      s = pthread_cond_wait(&cond, &mtx);  /* 취소 지점 */
        if (s != 0)
            errExitEN(s, "pthread_cond_wait");
    }

    printf("thread: condition wait loop completed\n");
⑦  pthread_cleanup_pop(1);              /* 클린업 핸들러를 실행한다. */
    return NULL;
}

int
main(int argc, char *argv[])
{
    pthread_t thr;
    void *res;
    int s;

⑧  s = pthread_create(&thr, NULL, threadFunc, NULL);
    if (s != 0)
        errExitEN(s, "pthread_create");
```

```
        sleep(2);           /* 스레드가 시작할 기회를 준다. */

        if (argc == 1) { /* 스레드를 취소한다. */
            printf("main:    about to cancel thread\n");
⑨          s = pthread_cancel(thr);
            if (s != 0)
                errExitEN(s, "pthread_cancel");

        } else {            /* 조건 변수에 시그널을 보낸다. */
            printf("main:    about to signal condition variable\n");
            glob = 1;
⑩          s = pthread_cond_signal(&cond);
            if (s != 0)
                errExitEN(s, "pthread_cond_signal");
        }

⑪      s = pthread_join(thr, &res);
        if (s != 0)
            errExitEN(s, "pthread_join");
        if (res == PTHREAD_CANCELED)
            printf("main:    thread was canceled\n");
        else
            printf("main:    thread terminated normally\n");

        exit(EXIT_SUCCESS);
    }
```

리스트 4-2의 프로그램을 명령행 인자 없이 실행하면, main()이 pthread_
cancel()을 호출해 클린업 핸들러가 자동으로 불리고, 다음과 같은 결과를 얻게 된다.

```
$ ./thread_cleanup
thread:  allocated memory at 0x804b050
main:    about to cancel thread
cleanup: freeing block at 0x804b050
cleanup: unlocking mutex
main:    thread was canceled
```

프로그램을 명령행 인자와 함께 실행하면, main()이 glob을 1로 설정하고 조건 변수
에 시그널을 보내므로, pthread_cleanup_pop()에 의해 클린업 핸들러가 불리고, 다음
과 같은 결과를 얻게 된다.

```
$ ./thread_cleanup s
thread:  allocated memory at 0x804b050
main:    about to signal condition variable
thread:  condition wait loop completed
```

```
cleanup: freeing block at 0x804b050
cleanup: unlocking mutex
main:    thread terminated normally
```

4.6 비동기적 취소 가능성

스레드가 비동기적으로 취소 가능하면(취소 가능성 종류 PTHREAD_CANCEL_ASYNCHRONOUS), 언제든(즉 어느 기계어 명령에서든) 취소될 수 있다. 즉 취소의 시행이 스레드가 다음 취소 지점에 이를 때까지 연기되지 않는다.

비동기적 취소의 문제는 클린업 핸들러가 여전히 호출되지만, 핸들러들이 스레드의 상태를 알 방법이 없다는 것이다. 리스트 4-2의 프로그램은 지연 취소 가능성을 채용하고 있어, 스레드가 유일한 취소 지점인 pthread_cond_wait() 호출 때만 취소될 수 있다. 이 시점이면 buf가 할당된 메모리 블록을 가리키도록 초기화되고 뮤텍스 mtx가 잠겨 있다는 사실을 알 수 있다. 하지만 비동기적 취소 가능성의 경우, 스레드가 어느 지점에서든 취소될 수 있다. 예를 들어 malloc() 호출 전이나, malloc() 호출과 뮤텍스 잠금 사이, 뮤텍스를 잠근 뒤가 될 수도 있다. 클린업 핸들러는 어디서 취소가 발생했는지, 즉 정확히 어떤 클린업 단계들이 필요한지 알 방법이 없다. 게다가 스레드가 심지어 malloc() 호출 중에 취소될 수도 있어, 그 뒤에는 아주 혼란스러운 상태가 될 수도 있다 (Vol. 1의 7.1.3절).

일반적인 원칙으로, 비동기적으로 취소할 수 있는 스레드는 자원을 할당하거나 뮤텍스, 세마포어, 잠금을 획득해서는 안 된다. 이는 대부분의 Pthreads 함수를 포함한 광범위한 라이브러리 함수의 사용을 금지하게 된다(SUSv3에 비동기적 취소 안전하게async-cancel-safe(즉 이 함수를 비동기적으로 취소할 수 있는 스레드에서 불러도 안전하게) 구현해야 한다고 명시되어 있는 pthread_cancel(), pthread_setcancelstate(), pthread_setcanceltype()은 예외다). 다시 말하면, 비동기적 취소가 유용한 경우는 거의 없다. 비동기적 취소가 유용한 한 가지 경우는 계산 중심 루프를 실행하는 스레드를 취소할 때다.

4.7 정리

pthread_cancel() 함수를 이용하면 스레드가 다른 스레드에게 취소 요청, 즉 대상 스레드가 종료돼야 한다는 요청을 보낼 수 있다.

이 요청에 대해 대상 스레드가 어떻게 반응할지는 취소 가능성 상태와 종류에 따라 결정된다. 취소 가능성 상태가 현재 취소 불가 상태면, 해당 요청은 취소 가능성 상태가 취소 가능으로 바뀔 때까지 보류된다. 취소 가능성이 취소 가능 상태이면, 취소 가능성 종류가 언제 대상 스레드가 해당 요청에 반응할지를 결정한다. 취소 가능성 종류가 지연 deferred이면 스레드가 다음에 SUSv3에서 취소 지점으로 지정된 다수의 함수 중 하나를 호출할 때 취소가 일어난다. 취소 가능성 종류가 비동기적이면, 취소는 언제든 일어날 수 있다(이는 거의 유용하지 않다).

스레드는 클린업 핸들러(스레드가 취소될 때 클린업(예를 들어 공유 변수의 상태를 복원하거나 뮤텍스를 푸는)을 수행하기 위해 자동으로 호출되는, 프로그래머가 정의한 함수) 스택을 만들 수 있다.

더 읽을거리

1.10절의 '더 읽을거리'를 참조하기 바란다.

5

스레드: 기타 세부사항

5장은 POSIX 스레드를 다양한 측면에서 자세히 다룬다. 스레드의 상호작용을 전통적인 유닉스 API(특히 시그널과 프로세스 제어 함수(fork(), exec(), _exit()))의 측면에서 설명한다. 또한 리눅스에 존재하는 두 가지 POSIX 스레드 구현(LinuxThreads와 NPTL)의 개요와 이 구현이 SUSv3의 Pthreads 규격과 어떻게 다른지도 알아보겠다.

5.1 스레드 스택

스레드마다 자신의 스택이 있고, 그 크기는 스레드가 만들어질 때 고정된다. 리눅스/x86-32에서 주 스레드를 제외한 모든 스레드의 스레드별 스택의 기본 크기는 2MB다(일부 64비트 아키텍처에서는 기본 크기가 더 크다. 예를 들어 IA-64에서는 32MB다). 주 스레드는 스택이 커질 수 있도록 훨씬 더 큰 공간을 확보하고 있다(62페이지의 그림 1-1 참조).

가끔 스레드의 스택 크기를 바꾸고 싶을 때가 있다. pthread_attr_ setstacksize() 함수는 스택의 크기를 결정하는 스레드 속성(1.8절)을 설정한다(스레드는 스레드 속성 객체를 가지고 만든다). 관련된 pthread_attr_setstack() 함수는 스택의 크기와 위치를 모두 제어할 수 있지만, 스택의 위치를 설정하면 응용 프로그램의 이식성을 떨어뜨릴 수 있다. 이 함수에 대한 자세한 사항은 매뉴얼 페이지를 참조하기 바란다.

스레드별 스택의 크기를 바꾸는 이유는 커다란 자동 변수를 할당하거나 아주 깊이 중첩된 함수 호출(아마도 재귀 호출 때문에)을 하기 위해서다. 그렇지 않으면, 응용 프로그램은 프로세스 안에 다수의 스레드가 만들어질 수 있도록 스레드별 스택의 크기를 줄이고 싶을 수도 있다. 예를 들어 사용자가 접근할 수 있는 가상 주소 공간이 3GB인 x86-32에서 기본 스택 크기 2MB는 최대 1500개의 스레드를 만들 수 있다는 뜻이다(정확한 최대 개수는 텍스트와 데이터 세그먼트, 공유 라이브러리 등이 얼마나 많은 가상 메모리를 소비하고 있는지에 따라 다르다). 특정 아키텍처에서 사용할 수 있는 최소 스택 크기는 sysconf(_SC_THREAD_STACK_MIN) 호출을 통해 알 수 있다. 리눅스/x86-32의 NPTL 구현의 경우 이 호출은 16,384를 리턴한다.

 NPTL 스레드 구현에서, 스택 크기 자원 한도(RLIMIT_STACK)가 unlimited가 아닌 값으로 설정되어 있으면, 그 값이 새 스레드를 만들 때 기본 스택 크기로 사용된다. 이 한도는 프로그램이 실행되기 전에 설정돼야 하며, 보통은 프로그램을 실행하기 전에 ulimit −s 셸 내장 명령(C 셸에서는 limit stacksize)을 통해 설정된다. 주 프로그램에서 setrlimit()로 한도를 설정하는 것으로는 부족한데, NPTL이 main()이 호출되기 전에 발생하는 실행 시 초기화 과정에서 기본 스택 크기를 결정하기 때문이다.

5.2 스레드와 시그널

유닉스 시그널 모델은 유닉스 프로세스 모델을 염두에 두고 설계됐고, Pthreads가 도입되기 수십 년 전에 만들어졌다. 그 결과 시그널과 스레드 모델 사이에 상당한 충돌이 있다. 이 충돌은 주로 단일 스레드 프로세스를 위한 전통적인 시그널 동작을 유지하면서, 동시에 멀티스레드 프로세스에서 쓸 수 있는 시그널 모델을 개발하려다 보니 발생한 것이다.

시그널과 스레드 모델 사이에 차이가 있다는 건 시그널과 스레드를 함께 쓰기가 복잡하고, 가능하면 피해야 한다는 뜻이다. 그럼에도 불구하고, 가끔 멀티스레드 프로그램에서 시그널을 다뤄야 할 때가 있다. 이 절에서는 스레드와 시그널 사이의 상호작용을 설명하고, 시그널을 다루는 멀티스레드 프로그램에 유용한 다양한 함수를 설명한다.

5.2.1 유닉스 시그널 모델은 어떻게 스레드에 대응되나

유닉스 시그널이 어떻게 Pthreads 모델에 대응되는지를 이해하려면, 시그널 모델의 어떤 측면이 프로세스 전체에 적용되고(즉 프로세스 내의 모든 스레드에 공유되고) 어떤 측면이 프로세스 내의 각 스레드에 적용되는지를 알아야 한다. 핵심 사항을 요약하면 다음과 같다.

- 시그널 동작은 프로세스 전체에 적용된다. 기본 동작이 정지stop 또는 종료terminate 인 시그널이 처리 안 된 채로 프로세스 내의 어느 스레드에든 전달되면, 프로세스 내의 모든 스레드가 정지되거나 종료된다.

- 시그널 속성disposition은 프로세스 전체에 적용된다. 프로세스 내의 모든 스레드는 시그널별로 같은 속성을 공유한다. 한 스레드가 sigaction()으로 예를 들어 SIGINT의 핸들러를 설정하면, 그 핸들러는 SIGINT가 전달된 모든 스레드에서 호출될 수 있다. 마찬가지로 한 스레드가 어떤 시그널을 무시하도록 설정하면, 그 시그널은 모든 스레드에서 무시된다.

- 시그널은 프로세스 또는 특정 스레드로 전달될 수 있다. 시그널이 스레드에 전달되는 경우는 다음과 같다.
  - 스레드 문맥 속의 특정 하드웨어 명령(즉 Vol. 1의 22.4절에서 설명한 하드웨어 예외: SIGBUS, SIGFPE, SIGILL, SIGSEGV) 실행의 직접적인 결과로 발생한 시그널
  - 스레드가 망가진 파이프에 쓰려고 했을 때 발생한 SIGPIPE 시그널
  - 스레드가 같은 프로세스 내의 다른 스레드에 시그널을 보내는 함수인 pthread_kill()이나 pthread_sigqueue()(5.2.3절에서 설명)를 통해 전달된 시그널

  다른 메커니즘을 통해 만들어진 모든 시그널은 프로세스로 전달된다. 예로는 kill()이나 sigqueue()를 통해 다른 프로세스로 보낸 시그널, 사용자가 시그널을 발생시키는 터미널 특수문자를 입력했을 때 발생하는 SIGINT나 SIGTSTP 같은 시그널, 터미널 윈도우 크기를 바꾸거나(SIGWINCH) 타이머가 만료되는 등(예: SIGALRM)의 소프트웨어 이벤트에 의해 발생되는 시그널 등이 있다.

- 시그널 핸들러를 설치한 멀티스레드 프로세스에 시그널이 전달되면, 커널은 시그널이 전달된 프로세스 내의 스레드 하나를 임의로 골라 그 스레드의 핸들러를 부른다. 이 동작은 전통적인 시그널 처리와 일치한다. 프로세스가 한 시그널에 대해 여러 번 시그널 처리 동작을 수행하는 것은 이치에 맞지 않을 것이다.

- 시그널 마스크는 스레드별로 동작한다(멀티스레드 프로세스 내의 모든 스레드에 적용되는 시그널 마스크라는 개념은 없다). 스레드는 Pthreads API에 정의되어 있는 새 함수인 pthread_sigmask()를 통해 각기 다른 시그널을 독립적으로 블록하거나 블록해제할 수 있다. 스레드별 시그널 마스크를 조작함으로써, 응용 프로그램은 프로세스로 전달된 시그널을 어느 스레드가 처리할지를 제어할 수 있다.

- 커널은 프로세스별, 스레드별로 보류되어 있는 시그널들을 기록하고 있다. sigpending()을 호출하면 프로세스에 보류되어 있는 시그널과 호출 스레드에 보류되어 있는 시그널을 모두 리턴한다. 새로 만들어진 스레드의 경우, 스레드에 보류되어 있는 시그널은 없다. 스레드로 보내는 시그널은 대상 스레드로만 전달될 수 있다. 스레드가 시그널을 블록하면, 해당 스레드가 시그널을 블록해제할 때까지(또는 종료될 때까지) 계속 보류되어 있을 것이다.

- 시그널 핸들러가 pthread_mutex_lock() 호출을 인터럽트하면, 호출은 언제나 자동으로 재시작된다. 시그널 핸들러가 pthread_cond_wait() 호출을 인터럽트하면, 호출은 자동으로 재시작되거나(리눅스의 경우), 0을 리턴해서 잘못 깨어났음을 알린다(잘 설계된 응용 프로그램이라면 이 경우 2.2.3절에서 설명한 것처럼 해당 조건문을 다시 확인해서 호출을 재시작할 것이다). SUSv3에 따르면 이 두 함수는 여기서 설명한 것처럼 동작해야 한다.

- 대체 시그널 스택은 스레드별로 존재한다(Vol. 1, 21.3절의 sigaltstack() 설명을 참조하기 바란다). 새로 만들어진 스레드는 자신을 만든 스레드의 대체 스레드 스택을 물려받지 않는다.

 좀 더 정확하게 말하면, SUSv3는 KSE(kernel scheduling entity)별로 독립된 대체 시그널 스택이 존재한다고 지정하고 있다. 리눅스처럼 1:1 스레드 구현을 갖고 있는 시스템에서는 스레드별로 하나의 KSE가 있다(5.4절 참조).

5.2.2 스레드 시그널 마스크 조작하기

새 스레드가 만들어지면, 자신을 만든 스레드의 시그널 마스크 사본을 물려받는다. 스레드는 pthread_sigmask()를 통해 자신의 시그널 마스크를 바꾸거나, 기존의 마스크를 읽어오거나, 두 가지를 모두 하거나 할 수 있다.

```
#include <signal.h>

int pthread_sigmask(int how, const sigset_t *set, sigset_t *oldset);
                        성공하면 0을 리턴하고, 에러가 발생하면 에러 번호(양수)를 리턴한다.
```

스레드 시그널 마스크에 작용한다는 점을 빼면, pthread_sigmask()의 사용법은
sigprocmask()(Vol. 1의 20.10절)와 같다.

 SUSv3는 멀티스레드 프로그램에서 sigprocmask()를 쓸 경우에 대해 명시하고 있지 않으므
로, 이식성을 생각하면 멀티스레드 프로그램에서는 sigprocmask()를 사용할 수 없다. 실제로
는 리눅스를 포함한 많은 구현에서 sigprocmask()와 pthread_sigmask()는 동일하다.

5.2.3 스레드에 시그널 보내기

pthread_kill() 함수는 같은 프로세스 내의 다른 스레드에 시그널 sig를 보낸다. 대상
스레드는 인자 thread로 지정한다.

```
#include <signal.h>

int pthread_kill(pthread_t thread, int sig);
                        성공하면 0을 리턴하고, 에러가 발생하면 에러 번호(양수)를 리턴한다.
```

스레드 ID는 프로세스 내에서만 고유하기 때문에(1.5절 참조), pthread_kill()을 사
용해 다른 프로세스 내의 스레드에 시그널을 보낼 수는 없다.

 pthread_kill() 함수는 리눅스 고유의 tgkill(tgid, tid, sig) 시스템 호출로 구현되어 있는데, 이
시스템 호출은 시그널 sig를 ID가 tgid인 스레드 그룹 내의, ID가 tid(gettid()가 리턴하는 데이
터형의 커널 스레드 ID)인 스레드로 보낸다. 자세한 사항은 tgkill(2) 매뉴얼 페이지를 참조하
기 바란다.

리눅스 고유의 pthread_sigqueue() 함수는 pthread_kill()과 sigqueue()(Vol.
1의 22.8.1절)의 기능을 합친 것으로, 같은 프로세스 내의 다른 스레드에 시그널과 함께 데
이터를 보낸다.

```
#define _GNU_SOURCE
#include <signal.h>

int pthread_sigqueue(pthread_t thread, int sig, const union sigval value);
                        성공하면 0을 리턴하고, 에러가 발생하면 에러 번호(양수)를 리턴한다.
```

pthread_kill()과 마찬가지로, sig는 보낼 시그널을 나타내고 thread는 대상 스레드를 나타낸다. value 인자는 시그널과 함께 보낼 데이터를 나타내며, 이에 대응되는 sigqueue()의 인자와 같은 방식으로 사용된다.

 pthread_sigqueue() 함수는 glibc 버전 2.11에서 추가됐고, 커널의 지원이 필요하다. 커널의 지원은 rt_tgsigqueueinfo() 시스템 호출을 통해 이뤄지며, 리눅스 2.6.31에서 추가됐다.

5.2.4 비동기적 시그널을 적절히 다루기

Vol. 1의 20장에서 22장에 걸쳐, 재진입성 이슈, 인터럽트된 시스템 호출을 다시 시작할 필요, 경쟁 상태 회피 등 시그널 핸들러를 통한 비동기적 시그널 처리를 복잡하게 만드는 다양한 요인에 대해 말했다. 게다가 Pthreads API 함수 중 어떤 것도 시그널 핸들러(Vol. 1의 21.1.2절)에서 안전하게 호출할 수 있는 비동기 시그널 안전async-signal-safe 함수에 속하지 않는다. 이 때문에 비동기적으로 생성되는 시그널을 다뤄야 하는 멀티스레드 프로그램은 일반적으로 시그널 전달 통보를 받는 메커니즘으로 시그널 핸들러를 써서는 안 된다. 대신에 권장되는 방법은 다음과 같다.

* 모든 스레드는 프로세스가 받을 수 있는 모든 비동기 시그널을 블록한다. 가장 간단한 방법은 시그널들을 주 스레드에서 다른 스레드들이 만들어지기 전에 블록하는 것이다. 이후에 만들어지는 각 스레드는 주 스레드의 시그널 마스크 사본을 물려받을 것이다.
* sigwaitinfo()나 sigtimedwait(), sigwait()를 써서 시그널을 받는 전담 스레드 하나를 만든다. sigwaitinfo()와 sigtimedwait()는 Vol. 1의 22.10절에서 설명했다. sigwait()는 곧 설명한다.

이 방법의 장점은 비동기적으로 생성된 시그널을 동기적으로 받는다는 것이다. 전달되는 시그널을 받을 때, 전담 스레드가 안전하게 (뮤텍스의 제어하에) 공유 변수를 수정하고 비동기 시그널 안전하지 않은 함수를 호출할 수 있다. 또한 조건 변수에 시그널을 보내고, 그 밖의 스레드/프로세스 통신 및 동기화 메커니즘을 사용할 수 있다.

sigwait() 함수는 set이 가리키는 시그널 설정에서 시그널 전달을 기다리고, 전달된 시그널을 받고, 받은 시그널을 sig에 리턴한다.

```
#include <signal.h>

int sigwait(const sigset_t *set, int *sig);
                        성공하면 0을 리턴하고, 에러가 발생하면 에러 번호(양수)를 리턴한다.
```

sigwait()의 오퍼레이션은 아래 사항을 제외하면 sigwaitinfo()와 같다.

- 시그널을 기술하는 siginfo_t 구조체를 리턴하는 대신, sigwait()는 간단히 시그널 번호를 리턴한다.
- (전통적인 유닉스 시스템 호출이 0이나 -1을 리턴하는 것과 달리) 리턴값이 여타 스레드 관련 함수와 일치한다.

여러 스레드가 sigwait()로 같은 시그널을 기다리고 있으면, 실제로 그중 한 스레드만 도착한 스레드를 받을 것이다. 어느 스레드가 받을지는 알 수 없다.

5.3 스레드와 프로세스 제어

시그널 메커니즘과 마찬가지로, exec(), fork(), exit()는 Pthreads API 이전에 생긴 시스템 호출이다. 지금부터 멀티스레드 프로그램에서 이 시스템 호출을 사용할 때 유의할 사항을 알아보겠다.

스레드와 exec()

스레드가 exec() 함수 중 하나를 호출하면, 호출 프로그램이 완전히 대체된다. exec()를 호출한 스레드를 제외한 모든 스레드가 즉시 사라진다. 어떤 스레드도 스레드별 데이터 소멸자를 실행하거나 클린업 핸들러를 부르지 않는다. 프로세스에 속하는 모든 (프로세스 사적process-private) 뮤텍스와 조건 변수도 사라진다. exec() 이후, 남아 있는 스레드의 스레드 ID에 대해서는 명시되어 있지 않다.

스레드와 fork()

멀티스레드 프로세스가 fork()를 부르면, 호출 스레드만 자식 프로세스에 복제된다(자식 프로세스에서 스레드의 ID는 부모 프로세스에서 fork()를 호출한 스레드의 ID와 같다). 그 밖의 스레드는 모두 자식에서는 사라지고, 사라진 스레드에 대해 스레드별 데이터 소멸자나 클린업 핸들러가 실행되진 않는다. 이는 다음과 같이 여러 가지 문제를 일으킬 수 있다.

- 호출 스레드만 자식 프로세스에 복제됨에도 불구하고, 전역 변수와 모든 Pthreads 객체(뮤텍스와 조건 변수 등)의 상태는 자식 프로세스에 보존된다(이는 이들 Pthreads 객체가 부모의 메모리에 할당되고, 자식이 그 메모리의 복사본을 받기 때문이다). 이는 골치 아픈 시나리오를 낳을 수 있다. 예를 들어 다른 스레드가 fork() 시에 뮤텍스를 잠근 채로 전역 데이터 구조를 갱신하고 있었다고 가정하자. 이 경우 자식의 스레드는 뮤텍스를 풀 수 없을 것이고(해당 뮤텍스의 소유자가 아니므로) 해당 뮤텍스를 획득하려고 하면 블록될 것이다. 게다가 자식이 갖고 있는 전역 데이터 구조의 복사본은, 갱신하던 스레드가 갱신 중간에 사라졌기 때문에, 아마도 일관성 없는 상태에 있을 것이다.

- 스레드별 데이터 소멸자와 클린업 핸들러 일부가 호출되지 않기 때문에, 멀티스레드 프로그램에서의 fork()는 자식 프로세스에서 메모리 누수를 일으킬 수 있다. 게다가 다른 스레드가 만든 스레드별 데이터 항목은 새 자식 프로세스의 스레드가 접근할 수 없을 가능성이 높다. 자식 프로세스의 스레드에는 이들 항목을 가리키는 포인터가 없기 때문이다.

이런 문제점 때문에 일반적으로 멀티스레드 프로세스에서 fork()는 그 뒤에 바로 exec()를 호출할 경우에만 쓰도록 권장한다. exec()를 호출하면 새 프로그램이 프로세스의 메모리를 덮어쓰면서 자식 프로세스의 모든 Pthreads 객체가 사라진다.

fork() 직후에 exec()를 호출하지 않는 프로그램을 위해, Pthreads API는 포크 핸들러fork handler라는 메커니즘을 제공한다. 포크 핸들러는 아래와 같은 형태의 pthread_atfork() 호출을 통해 설정된다.

```
pthread_atfork(prepare_func, parent_func, child_func);
```

각 pthread_atfork() 호출은 fork()가 호출됐을 때 새 자식 프로세스가 만들어지기 전에 (등록된 역순으로) 자동으로 실행될 함수들의 목록에 prepare_func를 추가한다. 마찬가지로 parent_func와 child_func도 fork()가 리턴하기 직전에 각각 부모와 자식 프로세스에서 자동으로 호출될 함수의 목록에 추가된다.

포크 핸들러는 스레드를 활용하는 라이브러리 코드에서 유용할 때가 있다. 포크 핸들러가 없으면, 응용 프로그램이 라이브러리가 스레드를 만들었음을 모르고 순진하게 라이브러리를 사용하다가 fork()를 호출하는 것에 라이브러리가 대처할 방법이 없을 것이다.

fork()에 의해 만들어진 자식 프로세스는 fork()를 호출한 스레드의 포크 핸들러를 물려받는다. exec()가 실행되면 포크 핸들러는 보존되지 않는다(exec()가 실행되면서 핸들러의 코드를 덮어쓰기 때문이다).

포크 핸들러에 대한 자세한 내용과 사용 예는 [Butenhof, 1996]에서 찾아볼 수 있다.

 리눅스에서 NPTL 스레드 라이브러리를 쓰는 프로그램이 vfork()를 호출하면 포크 핸들러가 호출되지 않는다. 하지만 LinuxThreads를 쓰는 프로그램에서는 이 경우에도 포크 핸들러가 호출한다.

스레드와 exit()

스레드가 exit()를 호출하거나 주 스레드가 return을 수행하면, 모든 스레드가 즉시 사라진다. 스레드별 데이터 소멸자나 클린업 핸들러는 실행되지 않는다.

5.4 스레드 구현 모델

이 절에서는 약간 이론적인 면으로, 스레드 API를 구현하는 세 가지 모델을 간단히 살펴보겠다. 이는 리눅스 스레드 구현을 설명하는 5.5절을 볼 때 유용한 배경지식이 될 것이다. 이 구현 모델들 사이의 차이점은 전적으로 스레드가 어떻게 KSEkernel scheduling entity에 대응되는지에 달려 있는데, KSE는 커널이 CPU를 비롯한 시스템 자원을 할당하는 단위다(스레드 이전의 전통적인 유닉스 구현에서는 'KSE'가 '프로세스'의 동의어였다).

다대일(M:1) 구현(사용자 수준 스레드)

M:1 스레드 구현에서는 스레드 생성, 스케줄링, 동기화에 대한 모든 세부사항이 사용자 공간 스레드 라이브러리에 의해 프로세스 안에서 완전히 처리된다. 커널은 프로세스 안에 여러 스레드가 존재한다는 사실을 전혀 모른다.

M:1 구현에는 몇 가지 장점이 있다. 가장 큰 장점은 커널 모드로의 전환이 필요 없기 때문에 여러 스레드 오퍼레이션(예: 스레드 생성과 종료, 스레드 간의 문맥 전환, 뮤텍스와 조건 변수 오퍼레이션)이 빠르다는 것이다. 게다가 스레드 라이브러리를 위한 커널 지원이 필요 없기 때문에, M:1 구현은 여러 시스템에 비교적 쉽게 이식할 수 있다.

하지만 M:1 구현에는 심각한 단점이 있다.

- 스레드가 read() 같은 시스템 호출을 하면, 제어권이 사용자 공간 스레드 라이브러리에서 커널로 넘어간다. 이는 read() 호출이 블록되면, 프로세스 내의 모든 스레드가 블록된다는 뜻이다.
- 커널은 프로세스의 스레드들을 스케줄링할 수 없다. 커널은 프로세스 내에 여러 스레드가 존재한다는 사실을 모르기 때문에, 멀티프로세서 하드웨어에서 독립된 스레드들을 각기 다른 프로세서로 스케줄링할 수 없다. 스레드의 스케줄링이 완전히 프로세스 안에서 이뤄지기 때문에 한 프로세스의 스레드에 다른 프로세스의 스레드보다 높은 우선순위를 부여하는 것은 의미가 없다.

일대일(1:1) 구현(커널 수준 스레드)

1:1 스레드 구현에서는 각 스레드가 독립된 KSE에 대응된다. 커널이 각 스레드의 스케줄링을 따로따로 처리한다. 스레드 동기화 동작은 커널의 시스템 호출로 구현된다.

1:1 구현은 M:1 구현의 단점을 해소한다. 블록하는 시스템 호출도 프로세스 안의 모든 스레드를 블록하진 않고, 커널은 멀티프로세서 하드웨어에서 프로세스의 스레드를 각기 다른 CPU에 스케줄링할 수 있다.

하지만 스레드 생성, 문맥 전환, 동기화 등의 오퍼레이션은 커널 모드로 전환해야 하기 때문에 1:1 구현에서 더 느리다. 게다가 스레드가 많은 응용 프로그램의 각 스레드를 독립된 KSE로 관리해야 하는 오버헤드가 커널 스케줄러에 심각한 부담을 줘서, 시스템 전반적인 성능 저하를 일으킬 수 있다.

이런 단점에도 불구하고, 보통 1:1 구현이 M:1 구현보다 선호된다. 두 가지 리눅스 스레드 구현(LinuxThreads와 NPTL) 모두 1:1 모델을 채택하고 있다.

 NPTL의 개발 중, 상당한 노력이 수천 개의 스레드를 포함하는 멀티스레드 프로세스를 효율적으로 실행할 수 있도록 커널 스케줄러를 재작성하고 스레드를 구현하는 데 들어갔다. 이후의 테스트는 이 목표가 성취됐음을 보여줬다.

다대다(M:N) 구현(2단계 모델)

M:N 구현은 1:1과 M:1 모델의 단점을 제거하고 장점을 모으려는 시도다.

M:N 모델에서 각 프로세스에는 여러 개의 KSE가 대응되고, 각 KSE에는 몇 개의 스

레드가 대응된다. 이렇게 설계하면 커널이 응용 프로그램의 스레드를 여러 CPU에 분산시킬 수 있으면서도, 스레드 개수가 많은 응용 프로그램과 연관된 확장성 문제를 제거할 수 있다.

M:N 모델의 가장 큰 단점은 복잡성이다. 스레드 스케줄링 작업이 커널과 사용자 공간 스레드 라이브러리 양쪽에 걸쳐 이뤄지고, 서로 간에 협조와 정보 교환이 필요하다. SUSv3가 요구하는 시그널 관리 또한 M:N 구현에서는 복잡하다.

 M:N 구현은 NPTL 스레드 구현 초기에 고려됐으나, 너무나 광범위한 커널 수정이 필요하고, 다수의 KSE를 다룰 때도 잘 동작하는 리눅스 스케줄러의 확장성 때문에 불필요하다고 생각되어 거부됐다.

5.5 POSIX 스레드의 리눅스 구현

리눅스에는 Pthreads API의 두 가지 주요 구현이 있다.

* LinuxThreads: 재비어 리로이Xavier Leroy가 개발한 원래의 리눅스 스레드 구현
* NPTLNative POSIX Threads Library: 울리히 드레퍼Ulrich Drepper와 잉고 몰나르Ingo Molnar가 LinuxThreads의 뒤를 이어 개발한 최신 리눅스 스레드 구현. NPTL은 LinuxThreads보다 성능이 더 좋으며, Pthreads에 대한 SUSv3 규격에 좀 더 가깝다. NPTL을 지원하려면 커널에 변화가 필요한데, 이 변화는 리눅스 2.6에서 도입됐다.

 한동안은 IBM에서 개발한 스레드 구현인 NGPT(Next Generation POSIX Threads)가 LinuxThreads의 계승자가 되는 것 같았다. NGPT는 M:N 설계를 채택하고 LinuxThreads보다 성능이 훨씬 좋았다. 하지만 NPTL 개발자들은 새로운 구현을 추진하기로 했다. 이는 그럴 만한 이유가 있었다. 1:1 설계의 NPTL은 NGPT보다 성능이 더 좋았다. NPTL의 출시에 이어, NGPT의 개발은 중단됐다.

이제부터 이 두 구현을 좀 더 자세히 살펴보고, Pthreads에 대한 SUSv3의 요구사항과의 차이점도 알아보겠다.

LinuxThreads 구현은 이제 폐기됐으며, glibc 2.4부터 지원되지 않는다. 새로운 스레드 라이브러리 개발은 모두 NPTL에서 이뤄진다.

5.5.1 LinuxThreads

수년간 LinuxThreads는 리눅스의 주 스레드 구현이었고 여러 가지 멀티스레드 응용 프로그램을 작성하기에 충분했다. LinuxThreads 구현의 핵심은 다음과 같다.

- 스레드는 clone()에 다음과 같은 플래그를 지정해서 만든다.

  CLONE_VM | CLONE_FILES | CLONE_FS | CLONE_SIGHAND

  이는 LinuxThreads 스레드가 가상 메모리, 파일 디스크립터, 파일 시스템 관련 정보(umask, 루트 디렉토리, 현재 작업 디렉토리), 시그널 속성을 공유한다는 뜻이다. 하지만 스레드는 프로세스 ID와 부모 프로세스 ID를 공유하지 않는다.

- 응용 프로그램이 만든 스레드 외에, LinuxThreads는 추가로 스레드 생성과 종료를 처리하는 '관리자' 스레드를 만든다.

- LinuxThreads는 내부 오퍼레이션용으로 시그널을 사용한다. 실시간 시그널을 지원하는 커널(리눅스 2.2부터)의 경우, 처음 세 실시간 시그널이 사용된다. 오래된 커널의 경우, SIGUSR1과 SIGUSR2가 사용된다. 응용 프로그램은 이 시그널을 사용할 수 없다(시그널을 사용하기 때문에 다양한 스레드 동기화 오퍼레이션이 많이 지연된다).

표준과 다른 LinuxThreads의 동작

LinuxThreads는 여러 면에서 SUSv3의 Pthreads 규격을 따르지 않는다(LinuxThreads 구현은 개발 당시의 커널 기능에 제약을 받았으며, 그런 제약 안에서 최대한 규격을 따랐다). 다음은 규격과 다른 부분을 정리한 것이다.

- getpid() 호출이 프로세스의 각 스레드마다 다른 값을 리턴한다. getppid() 호출은 주 스레드 외의 모든 스레드가 프로세스의 관리자 스레드에 의해 만들어진다는 사실을 반영한다(즉 getppid()는 관리자 스레드의 프로세스 ID를 리턴한다). 다른 스레드에서 getppid()를 호출해도 주 스레드에서 getppid()를 호출한 것과 동일한 값을 리턴해야 한다.

- 한 스레드가 fork()로 자식 프로세스를 만들면, 다른 스레드도 wait()(또는 비슷한 함수)를 통해 해당 자식 프로세스의 종료 상태를 얻을 수 있어야 한다. 하지만 이는 그렇지 않다. 해당 자식 프로세스를 만든 스레드만 wait() 할 수 있다.

- 스레드가 exec()를 호출하면, SUSv3가 요구하는 대로, 다른 모든 스레드가 종료된다. 하지만 exec()가 주 스레드가 아닌 다른 스레드에서 호출되면, 그 결과로

만들어지는 프로세스의 ID는 호출 스레드와 같아진다. 즉 주 스레드의 프로세스 ID와는 달라진다. SUSv3에 따르면, 프로세스 ID가 주 스레드의 프로세스 ID와 같아야 한다.

- 스레드들은 자격증명(사용자/그룹 ID)을 공유하지 않는다. 멀티스레드 프로세스가 set-user-ID 프로그램을 실행시키면, 시그널을 보내는 스레드가 대상 스레드에 시그널을 보낼 수 있는 권한이 없어지도록 두 스레드의 자격증명이 변하기 때문에, 스레드가 thread_kill()을 통해 다른 스레드에 시그널을 보낼 수 없게 되는 시나리오가 발생하기도 한다(Vol. 1의 550페이지에 있는 그림 20-2 참조). 게다가 LinuxThreads 구현이 내부적으로 시그널을 사용하기 때문에, 스레드가 자격증명을 바꾸면 여러 가지 Pthreads 오퍼레이션이 실패하거나 무한정 대기할 수도 있다.

- 스레드와 시그널 사이의 상호작용에 대한 SUSv3 규격의 다양한 측면이 지켜지지 않는다.

  - kill()이나 sigqueue()를 통해 프로세스에 전달된 시그널은 대상 스레드 내에서 해당 시그널을 블록하지 않는 임의의 스레드에게 전달되고 처리돼야 한다. 하지만 LinuxThreads 스레드는 각기 다른 프로세스 ID를 갖고 있기 때문에, 시그널을 특정 스레드로만 보낼 수 있다. 해당 스레드가 그 시그널을 블록하고 있으면, 해당 시그널을 블록하지 않는 다른 스레드가 존재하더라도 시그널이 보류된다.

  - LinuxThreads는 프로세스 전체에 보류된 시그널이란 개념을 지원하지 않으며, 스레드별로 보류된 시그널만 지원된다.

  - 멀티스레드 응용 프로그램을 포함하는 프로세스 그룹으로 시그널을 보내면, 해당 시그널은 하나의 (임의의) 스레드가 아니라, 응용 프로그램 내의 모든 스레드(즉 시그널 핸들러를 설정한 모든 스레드)가 처리할 것이다. 그런 시그널은 예를 들어 포그라운드 프로세스 그룹에 대한 작업 제어 시그널을 생성하는 터미널 문자 중 하나를 입력했을 때 만들어진다.

  - 대체 시그널 스택 설정(sigaltstack()으로 설정)은 스레드별로 적용된다. 하지만 새 스레드가 pthread_create() 호출자로부터 대체 시그널 스택 설정을 잘못 물려받기 때문에, 두 스레드가 한 대체 시그널 스택을 공유한다. SUSv3에 따르면 새 스레드는 정의된 대체 시그널 스택 없이 시작해야 한다. LinuxThreads가 이렇게 표준을 따르지 않기 때문에 두 스레드가 우연히 각기 다른 시그널을 공유된 대체 시그널 스택에서 동시에 처리하려고 하면 비정상 종료(크래시)가 일어

날 수 있다. 이 문제는 아마도 아주 드물게 두 시그널이 동시에 처리될 때 발생할 것이기 때문에, 재현하고 디버깅하기가 매우 힘들다.

 LinuxThreads를 사용하는 프로그램에서, 새 스레드가 sigaltstack()을 호출해서 생성 스레드와 다른 대체 시그널 스택을 사용하도록(또는 전혀 스택이 없도록) 설정할 수 있다. 하지만 다른 구현에서는 이런 동작이 필요 없기 때문에, 이식성 있는 프로그램(그리고 스레드를 만드는 라이브러리 함수)은 이렇게 해야 한다는 사실을 알지 못할 것이다. 게다가 이 기법을 사용하더라도 여전히 경쟁 상태가 발생할 수 있어서, 새 스레드가 sigaltstack()을 호출하기 전에 시그널을 받고 대체 스택에서 처리할 수 있다.

- 스레드는 공통 세션 ID와 프로세스 그룹 ID를 공유하지 않는다. setsid()와 setpgid() 시스템 호출로 멀티스레드 프로세스의 세션 ID나 프로세스 그룹 ID를 바꿀 수 없다.

- fcntl()로 설정한 레코드 잠금은 공유되지 않는다. 같은 종류의 잠금 요청이 중복돼도 병합되지 않는다.

- 스레드는 자원 한도를 공유하지 않는다. SUSv3는 자원 한도를 프로세스 전체에 적용되는 속성으로 정의했다.

- times()가 리턴하는 CPU 시간과 getrusage()가 리턴하는 자원 사용 정보는 스레드별 값이다. 이들 시스템 호출은 프로세스 전체의 총합을 리턴해야 한다.

- 어떤 버전의 ps(1)은 프로세스 내의 모든 스레드를(관리자 스레드를 포함해서) 고유한 프로세스 ID를 가진 독립된 항목으로 보여준다.

- 스레드는 setpriority()로 설정한 nice 값을 공유하지 않는다.

- setitimer()로 만든 타이머는 스레드 사이에 공유되지 않는다.

- 스레드는 시스템 V 세마포어 복구값(semadj)을 공유하지 않는다.

LinuxThreads의 기타 문제

앞에서 언급한 SUSv3와의 차이점 외에도, LinuxThreads에는 다음과 같은 문제가 있다.

- 관리자 스레드가 죽으면, 나머지 스레드는 수동으로 정리해야 한다.

- 멀티스레드 프로그램의 코어 덤프core dump는 프로세스 내 모든 스레드를(또는 심지어 코어 덤프를 유발한 스레드조차) 포함해선 안 된다.

- 비표준 ioctl() TIOCNOTTY 오퍼레이션은 주 스레드에서 호출했을 때만 프로세스와 제어 터미널 사이의 연관을 제거할 수 있다.

5.5.2 NPTL

NPTL은 LinuxThreads의 단점 대부분을 고려해 설계됐다. 특히

- NPTL은 SUSv3의 Pthreads 규격을 훨씬 더 잘 따른다.
- 다수의 스레드를 사용하는 응용 프로그램은 LinuxThreads보다 NPTL에서 훨씬 확장성이 좋다.

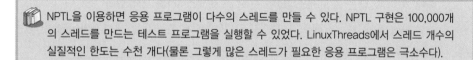 NPTL을 이용하면 응용 프로그램이 다수의 스레드를 만들 수 있다. NPTL 구현은 100,000개의 스레드를 만드는 테스트 프로그램을 실행할 수 있었다. LinuxThreads에서 스레드 개수의 실질적인 한도는 수천 개다(물론 그렇게 많은 스레드가 필요한 응용 프로그램은 극소수다).

 NPTL 구현은 2002년에 시작해서 그 이듬해까지 진행됐다. 그와 동시에 리눅스 커널에도 NPTL의 요구사항에 맞춰 여러 가지 수정이 가해졌다. NPTL을 지원하기 위해 리눅스 2.6 커널에 등장한 변경에는 다음과 같은 것들이 포함된다.

- 스레드 그룹 구현 개선(Vol. 1의 28.2.1절)
- 동기화 메커니즘 퓨텍스 추가(퓨텍스는 NPTL만을 위해 설계되지 않은 일반적인 메커니즘이다.)
- 스레드 지역 저장소를 지원하기 위해 새 시스템 호출(get_thread_area()와 set_thread_area()) 추가
- 스레드 코어 덤프와 멀티스레드 프로세스 디버깅 지원
- Pthreads 모델과 일치하도록 시그널 관리 방식 수정
- 프로세스 내 모든 스레드를 종료시키는 exit_group() 시스템 호출 추가(glibc 2.3 부터. _exit()와 exit() 라이브러리 함수는 exit_group()을 부르고, pthread_exit() 함수가 커널의 진짜 _exit() 시스템 호출(호출 스레드만 종료시킨다)을 부른다.)
- 매우 많은(즉 수천 개의) KSE를 효율적으로 스케줄링하도록 커널 스케줄러를 재작성
- 커널의 프로세스 종료 코드 성능 향상
- clone() 시스템 호출(Vol. 1의 28.2절) 확장

NPTL 구현의 핵심은 다음과 같다.

- 스레드는 clone()에 아래와 같은 플래그를 지정해서 만든다.

```
CLONE_VM | CLONE_FILES | CLONE_FS | CLONE_SIGHAND |
CLONE_THREAD | CLONE_SETTLS | CLONE_PARENT_SETTID |
CLONE_CHILD_CLEARTID | CLONE_SYSVSEM
```

NPTL 스레드는 LinuxThreads 스레드가 공유하는 모든 정보를 공유하고, 그 밖의 것들도 공유한다. CLONE_THREAD 플래그는 스레드가 생성자와 같은 스레드 그룹에 속하고 같은 프로세스 ID와 부모 프로세스 ID를 공유함을 뜻한다. CLONE_SYSVSEM 플래그는 스레드가 시스템 V 세마포어 복구값을 생성자와 공유한다는 뜻이다.

 ps(1)로 NPTL에서 실행 중인 멀티스레드 프로세스의 목록을 보면, 한 줄만 출력된다. 프로세스 안의 스레드에 대한 정보를 보려면 ps −L 옵션을 쓰면 된다.

- NPTL 구현은 내부적으로 처음 2개의 실시간 시그널을 사용한다. 응용 프로그램은 이 시그널을 사용할 수 없다.

 이들 중 하나는 스레드 취소를 구현하는 데 쓰인다. 나머지 시그널은 프로세스 안의 모든 스레드가 같은 사용자/그룹 ID를 갖도록 보장하는 기법의 일부로 사용된다. 이 기법은 커널 수준에서 스레드들이 고유한 사용자/그룹 자격증명을 갖기 때문에 필요하다. 따라서 NPTL 구현은 사용자/그룹 ID를 바꾸는 각 시스템 호출(setuid(), setresuid() 등과 그룹 ID를 바꾸는 유사한 시스템 호출)을 감싼 함수(래퍼 함수)에서 약간의 작업을 해서 프로세스 안의 모든 스레드에서 ID가 바뀌게 한다.

- LinuxThreads와 달리, NPTL은 관리자 스레드를 사용하지 않는다.

NPTL의 표준 준수

이러한 변화는 NPTL이 LinuxThreads보다 SUSv3 표준에 훨씬 가깝다는 뜻이다. 이 책을 쓰는 시점에 다음과 같은 표준과의 차이가 존재한다.

- 스레드는 nice 값을 공유하지 않는다.

초기 2.6.x 커널에서는 다음과 같은 차이도 있다.

- 커널 2.6.16 이전에는 대체 시그널 스택이 스레드별로 적용됐지만, 새 스레드가 `pthread_create()`의 호출자로부터 대체 시그널 스택 설정(`sigaltstack()`으로 설정)을 잘못 물려받아서, 두 스레드가 대체 시그널 스택을 공유했다.
- 커널 2.6.16 이전에는 스레드 그룹 대표(즉 주 스레드)만 `setsid()`를 호출해서 새 세션을 시작할 수 있었다.
- 커널 2.6.16 이전에는 스레드 그룹 대표만 `setpgid()`로 호스트 프로세스를 프로세스 그룹 대표로 만들 수 있었다.
- 커널 2.6.12 이전에는 `setitimer()`로 만든 타이머가 프로세스의 스레드 사이에 공유되지 않았다.
- 커널 2.6.10 이전에는 프로세스의 스레드 사이에 자원 한도 설정이 공유되지 않았다.
- 커널 2.6.9 이전에는 `times()`가 리턴하는 CPU 시간과 `getrusage()`가 리턴하는 자원 사용 정보가 스레드별 값이었다.

NPTL은 LinuxThreads와 ABI 호환되도록 설계됐다. 이는 LinuxThreads를 제공하는 GNU C 라이브러리와 링크된 프로그램을 NPTL을 쓰기 위해 다시 링크할 필요가 없다는 뜻이다. 하지만 프로그램을 NPTL을 써서 실행할 때 일부 동작이 달라질 수 있는데, 주로 NPTL이 SUSv3의 Pthreads 규격에 좀 더 가깝기 때문이다.

5.5.3 어떤 스레드 구현을 사용할 것인가?

일부 리눅스 배포판은 LinuxThreads와 NPTL 모두를 지원하는(기본으로 어떤 구현을 쓸지는 시스템이 동작하는 하부의 커널에 따라 동적 링커가 결정하는) GNU C 라이브러리를 제공한다(이 배포판은 이제 과거의 유물이 됐다. glibc 버전 2.4부터 LinuxThreads를 지원하지 않기 때문이다). 따라서 때론 다음의 질문에 답해야 할 경우가 있다.

- 특정 리눅스 배포판에 어떤 스레드 구현이 존재하는가?
- LinuxThreads와 NPTL 모두를 제공하는 리눅스 배포판에서, 어느 구현이 기본으로 쓰이는가? 프로그램이 사용할 구현을 어떻게 명시적으로 선택할 수 있는가?

스레드 구현 알아내기

특정 시스템에서 쓸 수 있는 스레드 구현을 알아내거나 프로그램이 두 가지 구현을 모두 제공하는 시스템에서 실행될 때 사용되는 기본 구현을 알아내는 데는 몇 가지 방법이 있다.

glibc 버전 2.3.2 이상을 제공하는 시스템에서는 다음과 같은 명령으로 시스템이 제공하는, 또는 두 가지 구현을 모두 제공하는 시스템이라면 기본으로 사용되는 스레드 구현을 알아낼 수 있다.

```
$ getconf GNU_LIBPTHREAD_VERSION
```

NPTL만 제공하거나 NPTL이 기본 구현인 시스템에서는 다음과 같은 문자열을 출력할 것이다.

```
NPTL 2.3.4
```

 glibc 2.3.2부터 프로그램에서도 confstr(3)을 통해 glibc 고유의 환경 설정 변수인 _CS_GNU_LIBPTHREAD_VERSION의 값을 읽음으로써 비슷한 정보를 얻을 수 있다.

이전의 GNU C 라이브러리를 쓰는 시스템에서는 약간의 작업이 더 필요하다. 먼저 아래의 명령을 통해 프로그램을 실행할 때 사용되는 GNU C 라이브러리의 경로명을 출력한다(여기서는 /bin/ls에 있는 표준 ls 프로그램을 예로 사용했다).

```
$ ldd /bin/ls | grep libc.so
    libc.so.6 => /lib/tls/libc.so.6 (0x40050000)
```

 ldd(list dynamic dependencies) 프로그램에 대해서는 Vol. 1의 36.5절에서 설명한다.

GNU C 라이브러리의 경로명이 => 뒤에 나와 있다. 이 경로명을 명령으로 실행하면, glibc가 자신에 대한 광범위한 정보를 출력한다. grep을 통해 이 정보 중에서 스레드 구현에 대한 줄을 추릴 수 있다.

```
$ /lib/tls/libc.so.6 | egrep -i 'threads|nptl'
    Native POSIX Threads Library by Ulrich Drepper et al
```

여기서 egrep 정규 표현식에 nptl을 넣은 이유는 NPTL을 포함하고 있는 일부 glibc 릴리스가 위의 문자열 대신 아래와 같은 문자열을 보여주기 때문이다.

```
NPTL 0.61 by Ulrich Drepper
```

glibc의 경로명은 리눅스 배포판에 따라 다를 수 있기 때문에, 다음과 같이 셸 명령 치환 기능을 이용해서 어느 리눅스에서든 사용 중인 스레드 구현을 출력하는 명령행을 만들 수 있다.

```
$ $(ldd /bin/ls | grep libc.so | awk '{print $3}') | egrep -i 'threads|nptl'
    Native POSIX Threads Library by Ulrich Drepper et al
```

프로그램이 사용할 스레드 구현 선택하기

NPTL과 LinuxThreads를 모두 제공하는 리눅스 시스템에서, 사용할 스레드 구현을 분명하게 선택하고 싶을 때가 있다. 이것이 필요한 가장 흔한 예는 LinuxThreads의 특정 동작(아마도 비표준인)에 의존하는 예전 프로그램을 갖고 있어서, 이 프로그램을 기본인 NPTL 대신 LinuxThreads로 실행하고 싶을 때다.

이를 위해서는 동적 링커가 이해하는 특별한 환경 변수 LD_ASSUME_KERNEL을 사용할 수 있다. 이름에서 알 수 있듯이, 이 환경 변수는 동적 링커가 특정 리눅스 커널 버전에서 실행되는 것처럼 동작하게 한다. 따라서 다음과 같은 명령으로 멀티스레드 프로그램을 LinuxThreads에서 실행되게 할 수 있다.

```
$ LD_ASSUME_KERNEL=2.2.5 ./prog
```

이 환경 변수 설정과 앞서 설명한, 사용 중인 스레드 구현을 출력하는 명령을 엮으면, 다음과 같은 출력을 얻을 수 있다.

```
$ export LD_ASSUME_KERNEL=2.2.5
$ $(ldd /bin/ls | grep libc.so | awk '{print $3}') | egrep -i 'threads|nptl'
    linuxthreads-0.10 by Xavier Leroy
```

 LD_ASSUME_KERNEL로 지정할 수 있는 커널 버전 번호의 범위에는 한계가 있다. NPTL 과 LinuxThreads를 모두 제공하는 몇몇 일반적인 배포판에서는 버전 번호를 2.2.5로 지정하면 충분히 LinuxThreads를 쓰도록 보장할 수 있다. 이 환경 변수에 대한 더 자세한 내용은 http://people.redhat.com/drepper/assumekernel.html을 참조하기 바란다.

5.6 Pthreads API의 고급 기능

Pthreads API의 고급 기능은 다음과 같다.

- 실시간 스케줄링: 스레드의 실시간 스케줄링 정책과 우선순위를 설정할 수 있다. 이는 Vol. 1의 30.3절에 설명되어 있는 프로세스 실시간 스케줄링 시스템 호출과 비슷하다.

- 프로세스 공유 뮤텍스와 조건 변수: SUSv3에는 뮤텍스와 조건 변수를 프로세스 사이에(한 프로세스의 스레드 사이에서뿐만 아니라) 공유할 수 있는 옵션이 있다. 이 경우, 조건 변수나 뮤텍스는 프로세스 사이에 공유되는 메모리 영역에 위치해야 한다. NPTL은 이 기능을 지원한다.

- 고급 스레드 동기화 요소: 여기에는 배리어barrier, 읽기/쓰기 잠금, 스핀 잠금 등이 있다.

이 기능에 대한 자세한 사항은 [Butenhof, 1996]에서 찾을 수 있다.

5.7 정리

스레드는 시그널과 함께 잘 어울리지 않는다. 멀티스레드 응용 프로그램 설계는 가능하면 언제나 시그널 사용을 피해야 한다. 멀티스레드 응용 프로그램이 비동기적 시그널을 다뤄야 한다면, 일반적으로 가장 깔끔한 방법은 모든 스레드에서 시그널을 블록하고 하나의 전담 스레드가 sigwait()(또는 비슷한 함수)를 써서 시그널을 받도록 하는 것이다. 그러면 이 스레드가 공유 변수를 수정하거나(뮤텍스의 제어하에) 비동기 시그널 안전하지 않은 함수를 호출하는 등의 작업을 안전하게 수행할 수 있다.

리눅스에서는 LinuxThreads와 NPTL이라는 두 가지 스레드 구현을 일반적으로 쓸 수 있다. LinuxThreads는 수년간 리눅스에서 제공됐지만, SUSv3의 요구사항에 맞지 않는 점이 많았고 이제는 폐기됐다. 근래 등장한 NPTL 구현은 SUSv3를 좀 더 잘 준수하고 성능이 더 좋으며, 최신 리눅스 배포판에서 제공된다.

더 읽을거리

1.10절의 '더 읽을거리'를 참조하기 바란다.

LinuxThreads의 작성자는 웹페이지에 그 구현을 문서화해뒀는데, http://pauillac. inria.fr/~xleroy/linuxthreads/에서 찾을 수 있다. NPTL 구현은 구현자들이 http:// people.redhat.com/drepper/nptl-design.pdf에 있는 (이제는 약간 오래된) 문서에 설명해놓았다.

5.8 연습문제

5-1. 같은 프로세스 안의 각 스레드들이 각기 다른 보류된 시그널(sigpending()이 리턴하는)을 가질 수 있는 예를 보여주는 프로그램을 작성하라. 이들 시그널을 블록한 각기 다른 스레드에 pthread_kill()로 각기 다른 시그널을 보낸 뒤, 각 스레드가 sigpending()을 호출하고 보류된 시그널에 대한 정보를 출력하면 된다(Vol. 1의 리스트 20-4의 함수가 유용할 수 있다).

5-2. 스레드가 fork()로 자식 프로세스를 만든다고 가정하자. 자식 프로세스가 종료되면, 결과로 만들어지는 SIGCHLD 시그널이 fork()를 호출한 스레드에(프로세스 안의 다른 스레드가 아닌) 전달됨이 보장되는가?

6

프로세스 간 통신 개요

6장에서 프로세스와 스레드에서 사용하는 통신과 동기화 방법을 간략하게 살펴본 다음,
7장부터는 이 방법을 자세히 알아본다.

6.1 IPC 방법의 분류

그림 6-1은 다양한 유닉스 통신과 동기화 방법을 크게 3개의 기능적 분류로 나누어 요
약한 것이다.

- **통신**communication: 프로세스 간에 데이터를 주고받는 방법으로 간주한다.
- **동기화**synchronization: 프로세스나 스레드 간에 동기화를 맞추는 방법으로 간주
  한다.
- **시그널**signal: 시그널은 원래 다른 목적으로 설계됐지만 특정 상황에서 동기화를 맞
  추는 방법으로 사용할 수 있다. 시그널은 드물지만 통신 방법으로 사용되기도 한

다. 시그널 번호signal number 자체가 하나의 정보의 형태이고 실시간 시그널은 연관된 데이터(정수나 포인터)를 수반할 수 있다. Vol. 1의 20~22장에서 자세하게 시그널을 설명한다.

이 기능 중 일부는 동기화를 목적으로 만들어졌지만, 보편적으로 IPCinterprocess communication는 모든 것을 포괄한다.

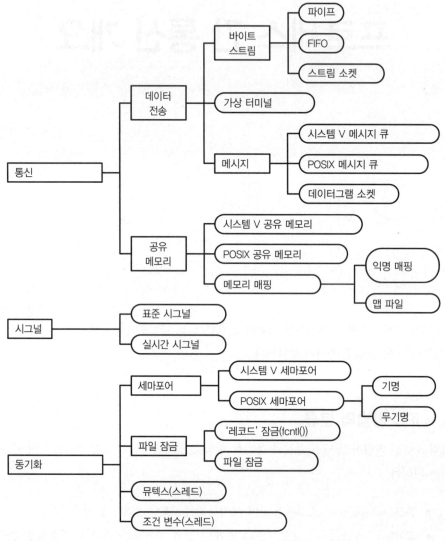

그림 6-1 유닉스 IPC 방법 분류

그림 6-1처럼 몇 가지 분류는 유사한 IPC 방법을 제공한다. 여기에는 다음과 같은 이유가 있다.

- 비슷한 기능은 유닉스 계열 중 하나에서 발달해서 후에 다른 유닉스 시스템 계열로 이식됐다. 예를 들어 FIFO는 시스템 V에서 개발됐고, 반면에 소켓(스트림)은 BSD에서 개발됐다.

- 이전 방법과 호환을 고려해 새로운 방법을 설계하고 개발됐다. 예를 들어, POSIX IPC 방법(메시지 큐, 세마포어, 공유 메모리)은 예전 시스템 V IPC 방법을 개선해 설계됐다.

때로는 그림 6-1처럼 서로 연관성이 없는 방법을 하나로 묶어 제공하기도 한다. 예를 들어, 스트림 소켓은 네트워크를 통해 통신할 때 사용하는 방법이지만 FIFO는 같은 기계 내 프로세스 간의 통신으로만 사용하기 때문이다.

6.2 통신 방법

그림 6-1에서 본 다양한 통신 방법은 프로세스가 다른 프로세서와 데이터를 주고받을 수 있게 한다(이 기능은 한 프로세스 안의 스레드 간에도 데이터를 주고받을 수 있게 하지만 거의 사용하지 않는 방법이다. 스레드는 전역 변수를 공유해 데이터를 주고받을 수 있기 때문이다).

통신 방법을 두 가지 범주로 분류할 수 있다.

- 데이터 전송 방법: 이 기술의 주요 요소는 쓰기와 읽기의 두 가지 요소로 구분할 수 있다. 통신을 하려면 한 프로세스에서 IPC 방법에 데이터를 쓰고 다른 프로세스는 이 데이터를 읽어야 한다. 이 기술에는 사용자 메모리와 커널 메모리 간에 통신하는 두 가지 전송 모드가 있다. 하나는 쓰는 동안 사용자 메모리로부터 커널 메모리로 전송하는 것이고, 다른 하나는 읽는 동안 커널 메모리에서 사용자 메모리로 전송하는 것이다(그림 6-2는 파이프를 이용한 경우를 보여준다).

- 공유 메모리: 공유 메모리는 특정 메모리 영역에 데이터를 저장해 프로세스 간에 데이터를 공유하는 방식이다(334페이지의 그림 12-2에 나온 것처럼 커널 페이지 테이블을 만들어서 각 프로세스가 RAM의 같은 페이지page를 가리킴으로써 이를 지원한다). 프로세스는 데이터를 공유 메모리에 저장해 다른 프로세스에서 사용하게 할 수 있다. 이런 통신에서는 사용자 메모리와 커널 메모리 사이에 시스템 호출이나 데이터 전송이 필요하지 않기 때문에 공유 메모리는 매우 빠른 통신을 제공할 수 있다.

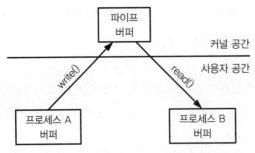

그림 6-2 파이프를 이용한 두 프로세스 간의 데이터 전송

데이터 전송

데이터 전송 방법은 다음과 같이 하위 카테고리로 더 세분화할 수 있다.

- 바이트 스트림byte stream: 파이프, FIFO, 스트림 소켓을 통해 전송되는 데이터는 제한되지 않은 바이트 스트림이다. 각 읽기read 오퍼레이션은 전송자가 얼마만큼의 데이터를 썼는지에 상관없이 IPC 방법으로부터 임의의 크기의 바이트를 읽어야 하는지를 얻어와서 읽으면 된다. 이 모델은 전통적인 유닉스의 '파일은 여러 바이트의 묶음이다'란 모델을 반영한 것이다.

- 메시지message: 시스템 V 메시지 큐, POSIX 메시지 큐, 소켓 데이터그램은 데이터를 전송할 때 한 번에 전송할 수 있는 크기에 제한이 있다. 각 읽기 오퍼레이션은 송신자의 프로세스가 쓴 데이터 전체를 한 번에 읽게 된다. IPC 방법에 메시지의 일부를 놔두고 메시지의 일부분만을 읽을 수는 없다. 그리고 한 번의 읽기 오퍼레이션으로 여러 개의 메시지를 읽는 것도 불가능하다.

- 가상 터미널pseudoterminal: 가상 터미널은 통신 방법 중 하나이며, 특정 상황에서 사용하도록 설계됐다. 자세한 내용은 27장에서 다룬다.

일반적인 특징 몇 개로 공유 라이브러리와 데이터 전송 방법을 구분한다.

- 데이터 전송 방법은 여러 수신자를 가질 수 있지만 읽기 오퍼레이션이 파괴적일 수 있다. 파괴적이란, 읽기 오퍼레이션이 데이터를 소비하고, 소비된 데이터를 다른 프로세스에서 읽을 수 없음을 뜻한다.

 소켓으로부터 안정적인 읽기 오퍼레이션을 수행하기 위해 MSG_PEEK 플래그를 사용할 수 있다(24.3절). UDP(인터넷 도메인 데이터그램) 소켓은 하나의 메시지를 여러 수신자에게 브로드캐스트하거나 멀티캐스트할 수 있다(24.12절).

- 송신자와 수신자 프로세스 간의 동기화는 자동으로 이뤄진다. 수신자가 현재는 수신된 데이터가 없는데 데이터 전송 방법에서 데이터를 읽는다면 읽기 오퍼레이션은 다른 프로세스가 데이터를 쓰기 전까지 자동으로 블록된다.

공유 메모리

최신 유닉스 시스템은 선호하는 세 가지 공유 메모리를 제공한다. 이는 시스템 V 공유 메모리, POSIX 공유 메모리, 메모리 매핑이다. 이들 간의 차이는 나중에 다시 살펴볼 것이다(특히 17.5절을 참조하기 바란다).

일반적인 공유 메모리 관점을 살펴보자.

- 공유 메모리가 빠른 통신 방법을 제공하지만, 이런 속도의 장점은 공유 메모리를 동기화하는 데 들어가는 시간과 상쇄될 수 있다. 예를 들어, 하나의 프로세스는 다른 프로세스가 메모리상에서 작업을 하고 있을 때 데이터 구조에 접근할 수 없다. 세마포어는 공유 메모리에서 사용하는 보편적인 동기화 방법이다.
- 메모리에 저장된 데이터는 같은 메모리를 공유하는 모든 프로세스에서 볼 수 있다(이는 앞서 데이터 전송 방법에서 설명한 파괴적 읽기와 대조적이다).

6.3 동기화 방법

그림 6-1은 프로세스 간에 동작을 조율하는 동기화 방법을 보여준다. 동기화는 프로세스가 동시다발적으로 공유 메모리나 파일의 같은 부분에 데이터를 갱신하는 것을 피할 수 있게 해준다. 동기화를 사용하지 않으면 응용 프로그램은 동시다발적인 갱신 작업으로 틀린 결과를 낳을 수 있다.

유닉스 시스템은 다음과 같은 동기화 방법을 제공한다.

- 세마포어semaphore: 세마포어는 커널이 관리하는 정수값으로 결코 0 이하로 떨어질 수 없는 값이다. 프로세스는 세마포어의 값을 증가시키거나 감소시킨다. 세마포어의 값을 0 이하로 감소시키려고 한다면 세마포어의 값이 감소할 만큼의 수준으로 증가할 때까지 감소 시도를 블록할 것이다(프로세스는 블로킹 모드를 대신해서 비블로킹 오퍼레이션을 요청할 수 있다. 이런 경우에 커널은 즉시 이 오퍼레이션을 수행할 수 없다는 에러 메시지를 리턴한다). 세마포어의 의미는 응용 프로그램에서 결정된다. 프로세스가 공유 메모리의 배타적 접근을 확보하려고 세마포어의 값을 감소시키고(예를 들어, 1에

서 0으로) 자원의 모든 작업이 끝난 후 공유 자원을 다른 프로세스가 사용할 수 있게 세마포어의 값을 증가시킨다. 이진 세마포어는 일반적으로 사용하는 것으로 0 혹은 1의 값만 가질 수 있다. 그러나 공유 자원의 다중 인스턴스instance를 다루는 응용 프로그램의 경우에는 최대값이 공유 자원의 수와 동일한 세마포어를 사용할 것이다. 리눅스는 근본적으로 기능이 유사한 시스템 V 세마포어와 POSIX 세마포어를 제공한다.

- 파일 잠금file lock: 파일 잠금은 동기화 방법으로 같은 파일에 다중 프로세스가 작업을 할 때 이를 중재하도록 설계됐다. 이는 다른 공유 자원에 대한 접근을 중재할 때도 사용되곤 한다. 파일 잠금은 두 가지로 사용하는데, 바로 읽기(공유) 잠금과 쓰기(배타적) 잠금이다. 프로세스 수에 상관없이 모든 프로세스는 같은 파일(혹은 파일의 같은 범위)에 읽기 잠금을 할 수 있다. 그러나 하나의 프로세스가 파일(혹은 특정 영역)에 쓰기 잠금을 한다면 다른 프로세스는 파일(혹은 특정 영역)에 쓰기나 읽기 잠금을 할 수 없기 때문에 대기해야만 한다. 리눅스는 파일 잠금 기능을 flock()과 fcntl() 시스템 호출로 제공한다. flock() 시스템 호출은 단순 잠금 메커니즘을 제공해 프로세스가 공유나 배타적 잠금을 전체 파일에 걸 수 있게 해준다. 이런 제한된 기능 때문에 요즘은 flock()을 이용한 잠금 기능을 거의 사용하지 않는다. fcntl() 시스템 호출은 레코드 잠금을 제공해 프로세스가 다중 읽기와 쓰기 잠금을 파일의 여러 곳에 걸 수 있게 해준다.
- 뮤텍스mutex와 조건 변수condition variable: 이런 동기화 기능은 2장에 설명한 것과 같이 POSIX 스레드에서 일반적으로 사용된다.

 리눅스 시스템의 glibc가 제공하는 NPTL 스레드 구현을 포함한 몇 가지 유닉스 구현에서도 프로세스 간에 뮤텍스와 조건 변수를 공유하도록 지원한다. 요구사항은 아니지만, SUSv3도 프로세스가 뮤텍스와 조건 변수의 공유를 지원하도록 구현하는 것을 허용한다. 이것은 모든 유닉스 시스템에서 가능하진 않기 때문에 프로세스 동기화에 일반적으로 쓰이는 방법은 아니다.

프로세스 간 동기화를 할 때 일반적으로 기능적 요구사항에 따라 하나의 방법을 선택한다. 파일 접근 중재의 경우에는 파일 레코드 잠금이 일반적으로 최상의 선택이다. 세마포어는 종종 다른 형태의 공유 자원을 중재할 때 최선의 선택으로 사용한다.

통신 방법을 동기화에 사용할 수도 있다. 예를 들어 7.3절에서는 부모 프로세스가 자식 프로세스와 동기화를 수행할 때 파이프를 어떻게 사용할 수 있는지 설명한다. 더 일반적으로 정리하면, 어떤 형태의 데이터 전송 방법도 동기화 방법으로 사용할 수 있다.

커널 2.6.22부터 리눅스는 추가적인 비표준 동기화 방식인 eventfd() 시스템 호출을 제공한다. 이 시스템 호출은 커널에서 관리하는 8바이트로 구성된 부호 없는 정수를 갖는 eventfd 객체를 만든다. 시스템 호출은 객체를 가리키는 파일 디스크립터를 리턴한다. 이 파일 디스크립터에 정수를 씀으로써 객체의 값에 그 정수를 추가한다. 객체의 값이 0이면 파일 디스크립터에서 read()의 수행은 블록된다. 그러나 객체의 값이 0이 아니라면 read()는 해당 값을 리턴하고 객체에 있는 값을 0으로 초기화한다. 그리고 poll(), select(), epoll도 객체의 값이 0이 아닌지를 알아볼 때 사용할 수 있다. 0이 아니라면 파일 디스크립터는 읽기 가능하다는 뜻이기 때문이다. eventfd 객체를 사용해 동기화하는 응용 프로그램은 반드시 eventfd()를 이용해 객체를 만들고 fork()를 호출해 관련된 프로세스 만들 때 객체가 제공하는 파일 디스크립터 내용을 상속받게 한다. 더 자세한 내용은 eventfd(2) 매뉴얼 페이지를 참조하기 바란다.

6.4 IPC 방법 비교하기

IPC를 처음 접하는 순간 너무 다양한 종류 때문에 어떤 것을 선택할지 몰라 어리둥절할 수 있다. 이후의 장에서 각 IPC 방법을 자세히 살펴볼 때, 다른 비슷한 방법과 비교할 것이다. 아래는 IPC 기술을 선택할 때 고려할 일반적인 항목이다.

열려 있는 객체를 위한 IPC 객체 식별자와 핸들

IPC 객체에 접근하려면 프로세스는 객체를 식별할 수 있는 몇 가지 방법이 있어야 한다. 그리고 일단 객체를 열었다면 프로세스는 객체에 접근하기 위해 제공된 핸들을 반드시 사용해야 한다. 표 6-1에 여러 IPC 방법의 특징을 요약해뒀다.

표 6-1 다양한 IPC 기술의 식별자와 핸들

종류	객체 식별에 사용되는 이름	프로그램에서 객체 접근에 사용되는 핸들
파이프	이름 없음	파일 디스크립터
FIFO	경로명	파일 디스크립터
유닉스 도메인 소켓	경로명	파일 디스크립터
인터넷 도메인 소켓	IP 주소 + 포트 번호	파일 디스크립터
시스템 V 메시지 큐	시스템 V IPC 키	시스템 V IPC 식별자
시스템 V 세마포어	시스템 V IPC 키	시스템 V IPC 식별자
시스템 V 공유 메모리	시스템 V IPC 키	시스템 V IPC 식별자
POSIX 메시지 큐	POSIX IPC 경로명	mqd_t(메시지 큐 디스크립터)

(이어짐)

종류	객체 식별에 사용되는 이름	프로그램에서 객체 접근에 사용되는 핸들
POSIX 기명 세마포어	POSIX IPC 경로명	sem_t *(세마포어 포인터)
POSIX 무기명 세마포어	이름 없음	sem_t *(세마포어 포인터)
POSIX 공유 메모리	POSIX IPC 경로명	파일 디스크립터
익명 매핑	이름 없음	없음
메모리 맵 파일	경로명	파일 디스크립터
flock() 잠금	경로명	파일 디스크립터
fcntl() 잠금	경로명	파일 디스크립터

기능

다양한 IPC 방법 간의 기능 차이를 잘 알아둬야 어떤 방법을 사용할지 선택할 수가 있다. 우선, 데이터 전송 방법과 공유 메모리의 차이로 시작하자.

- 데이터 전송 방법은 읽기/쓰기 오퍼레이션을 포함하고 읽는 프로세스가 사용할 데이터를 전송하는 것을 포함한다. 읽는 쪽과 쓰는 쪽의 흐름 제어와 동기화(읽는 쪽에서 IPC 방법을 이용해 현재 비어 있는 데이터를 읽으려고 시도하는 경우 블록하기 위해)는 커널이 자동으로 처리한다. 이 모델은 여러 응용 프로그램 설계에 적합하다.

- 공유 메모리 모델은 몇 가지 다른 응용 프로그램 설계에 더 자연스럽게 어울린다. 공유 메모리는 하나의 프로세스가 같은 메모리 공간을 공유해 다른 여러 프로세스에서 데이터를 볼 수 있게 하는 것이다. 통신 오퍼레이션은 간단하며, 프로세스는 가상 주소상의 공간 메모리에 접근하는 것과 같은 방법으로 공유 메모리에 접근할 수 있다. 반면 공유 메모리에는 동기화(그리고 흐름 제어와 같은 것)를 지원해야 하므로 좀 더 복잡한 설계가 추가됐다. 이 모델은 공유 상태(예: 공유 데이터 구조)를 관리해야 하는 응용 프로그램 설계에 적합하다.

여러 데이터 전송 방법에 대해 다음 사항을 알아두자.

- 데이터를 바이트 스트림으로 전송하는 데이터 전송 방법도 있고(파이프, FIFO, 소켓), 메시지 중심으로 전송하는 데이터 전송 방법도 있다(메시지 큐, 데이터그램 소켓). 어떤 방식을 사용할 것인가는 응용 프로그램이 선호하는 바에 따라 달라진다(응용 프로그램이 바이트 스트림 방법의 메시지 중심 모델을 선호할 수 있는데 구분 문자를 사용, 고정 길이 메시지를 사용, 최종 메시지 길이를 헤더에 표시 등을 사용할 수 있기 때문이다. 7.8절을 참조하라).

- 시스템 V와 POSIX의 메시지 큐는 그 밖의 데이터 전송 방법과 비교해 독특한 특징이 있는데, 숫자형이나 우선순위를 메시지에 줄 수 있다는 점이다. 그래서 전송한 메시지는 보낸 순서와 다른 순서로 도착할 수 있다.
- 파이프, FIFO, 소켓은 파일 디스크립터를 통해 구현됐다. 이런 IPC 방법은 26장에서 I/O 모델의 대안으로 제시된 멀티플렉싱(select()와 poll() 시스템 호출), 시그널 기반 I/O, 리눅스 고유의 epoll API를 모두 지원한다. 이런 기술의 주요 특징은 응용 프로그램이 동시에 다중 파일 디스크립터를 관찰해 I/O 중 어떤 것이 사용 가능한지 파악할 수 있다는 점이다. 반대로 시스템 V 메시지 큐는 파일 디스크립터 기술을 사용하지 않고 이런 기술을 지원하지도 않는다.

 리눅스의 POSIX 메시지 큐는 파일 디스크립터 기술을 사용하고, 위에서 이야기한 대안 I/O 기술을 지원한다. 그러나 이런 특징은 SUSv3에는 명시되지 않았고 대부분 다른 구현에서는 지원하지 않는다.

- POSIX 메시지 큐는 통지 방법을 제공하는데, 프로세스나 새로운 스레드에 비어 있는 큐에 메시지가 도착하면 시그널을 전송할 수 있는 기능이다.
- 유닉스 도메인 소켓은 파일 디스크립터를 하나의 프로세스에서 다른 프로세스로 전달할 수 있는 기능을 제공한다. 이 기능은 하나의 프로세스에서 파일을 열고 이를 파일에 접근할 수 없는 다른 프로세스가 사용 가능하게 한다. 이런 특징은 24.13.3절에서 간략히 설명한다.
- UDP(인터넷 도메인 데이터그램) 소켓 발신자가 다중 수신자에게 브로드캐스트나 멀티캐스트를 할 수 있다. 이 특징은 24.12절에서 간략히 소개한다.

프로세스 간 동기화 방법에 관한 다음 사항도 알아두자.

- 레코드 잠금은 fcntl()을 이용해 걸게 되며, 이는 프로세스가 소유하는 공간으로 인식된다. 커널은 이 자원 소유권을 이용해 데드락deadlock(2개 이상의 프로세스가 잠금을 갖고 있고 이 때문에 각자의 잠금 요청이 블록되는 경우)을 감지한다. 데드락이 발생하면 커널은 프로세스의 잠금 요청을 거부하고 fcntl() 호출의 리턴값으로 에러를 넘겨주어 데드락이 발생했음을 알린다. 시스템 V와 POSIX 세마포어는 소유권 속성을 갖고 있지 않아 세마포어의 데드락을 감지할 수 없다.

- 레코드 잠금은 fcntl()을 이용해 걸게 되며, 프로세스가 소유한 잠금이 만료되는 시점에 자동으로 풀린다. 시스템 V 세마포어는 '복구undo'라는 유사한 기능을 제공한다. 하지만 이 기능은 모든 상황에서 신뢰할 만하진 않다(10.8절). POSIX 세마포어는 유사한 기능을 제공하지 않는다.

네트워크 통신

그림 6-1은 모든 IPC 방식을 보여준다. 여기서 오직 소켓만이 프로세스가 네트워크를 통해 통신하도록 지원한다. 소켓은 두 가지 도메인 중 하나에 일반적으로 사용된다. 유닉스 도메인은 동일 시스템상에서 프로세스 간 통신을 가능하게 하고, 인터넷 도메인은 TCP/IP 네트워크를 통해 연결된 호스트상의 프로세스 간 통신이 가능하게 한다. 때론 유닉스 도메인 소켓을 사용하는 프로그램을 인터넷 도메인 소켓을 사용하게 변경하는 경우 아주 작은 변경만 하면 된다. 그래서 유닉스 도메인 소켓을 사용하는 응용 프로그램을 네트워크 통신으로 변경하려면 비교적 쉽게 변경할 수 있다.

이식성

현재 유닉스 구현은 그림 6-1에 있는 대부분의 IPC 방법을 지원한다. 그러나 POSIX IPC 방법(메시지 큐, 세마포어, 공유 메모리)은 시스템 V IPC나 특히 예전 버전의 유닉스 시스템에서 그리 많이 사용하는 방법이 아니다(POSIX 메시지 큐와 POSIX 세마포어의 전체 구현은 2.6.x 커널 시리즈에서만 볼 수 있다). 그래서 이식성 측면에서 POSIX IPC보다는 시스템 V IPC를 선호한다.

시스템 V IPC 설계 이슈

시스템 V IPC는 전통적인 유닉스 I/O 모델과는 독립적으로 설계됐기 때문에 결과적으로 몇 가지 기이한 프로그래밍 인터페이스가 있어 사용하기 복잡하다. 하지만 POSIX IPC는 이런 문제를 고려해 설계됐다. 다음은 차이점에 대한 설명이다.

- 시스템 V IPC는 비연결형connectionless이다. 이런 방법은 IPC 객체를 열기 위해 사용하는 핸들(파일 디스크립터와 같은) 개념을 제공하지 않는다. 이후의 장에서 시스템 V IPC 객체 '열기'를 다루겠지만 객체를 가리키는 식별자를 얻는 절차를 간략히 설명한 것이다. 커널은 프로세스가 객체를 '열고 있는지' 기록하지 않는다(다른 종류의 IPC 객체와는 다르게). 이것은 커널이 현재 객체를 사용하는 프로세스의 수를 관

리하는 참조 카운트를 사용하지 않음을 의미한다. 결과적으로 이것은 응용 프로그램에서 언제 객체가 안전하게 제거되는지 알기 위해서는 추가적인 프로그래밍이 필요함을 뜻한다.

- 시스템 V IPC의 프로그래밍 인터페이스는 전통적인 유닉스 I/O 모델과는 일치하지 않는다(파일 디스크립터와 경로 이름을 대신해 정수 키값과 IPC 식별자를 사용한다). 프로그램 인터페이스도 전체적으로 복잡하다. 마지막 항목은 특히 시스템 V 세마포어에서 심하다(10.11절과 16.5절을 참조하기 바란다).

반면에 커널은 열려 있는 POSIX IPC 객체의 참조 카운트를 계산한다. 이로 인해 언제 객체가 삭제될지 계산하기 편리하다. 더욱이 POSIX IPC 방법은 단순하며 일관성 있게 전통적인 유닉스 모델과 비슷한 인터페이스를 제공한다.

접근성

표 6-2의 두 번째 열은 각 IPC 객체의 주요 특징을 보여준다. 권한 규칙은 어떤 프로세스가 객체에 접근 가능한지 나타낸다. 다음은 다양한 규칙의 상세 정보를 보여준다.

- 몇 가지 IPC 방법(예: FIFO, 소켓)은 객체 이름이 파일 시스템에 존재하고 파일의 소유자와 그룹을 정의하는 권한 마스크로 접근성이 결정된다(Vol. 1의 15.4절). 시스템 V IPC 객체는 파일 시스템상에 존재하지 않지만 각 객체는 파일의 권한과 비슷한 의미의 권한 마스크를 갖고 있다.
- 몇몇 IPC 방법(파이프, 익명 메모리 매핑)은 관련 프로세스만 접근할 수 있도록 표시된다. 여기서 '관련'이란 fork()를 통해 연관됨을 뜻한다. 2개의 프로세스가 하나의 객체에 접근할 때 우선 하나가 먼저 객체를 생성하고 fork()를 호출해야 한다. fork()의 결과로 자식 프로세스는 객체의 핸들을 상속받고 2개의 프로세스에서 객체를 공유할 수 있기 때문이다.
- POSIX 무기명 세마포어의 접근성은 해당 세마포어를 포함한 공유 메모리 범위의 접근성에 따라 결정된다.
- 파일에 잠금을 걸려면 프로세스는 반드시 해당 파일의 파일 디스크립터를 갖고 있어야 한다(예를 들어, 반드시 파일을 열 수 있는 권한을 갖고 있어야 한다).
- 인터넷 도메인 소켓에 접근(예를 들어, 접속하거나 데이터를 전송하는 것)하는 데는 제약이 없다. 필요하다면 응용 프로그램 내에서 접근 제어를 구현해야 한다.

표 6-2 다양한 IPC 방법의 접근성과 지속성

종류	접근성	지속성
파이프	관련 프로세스만	프로세스
FIFO	권한 마스크	프로세스
유닉스 도메인 소켓	권한 마스크	프로세스
인터넷 도메인 소켓	모든 프로세스	프로세스
시스템 V 메시지 큐	권한 마스크	커널
시스템 V 세마포어	권한 마스크	커널
시스템 V 공유 메모리	권한 마스크	커널
POSIX 메시지 큐	권한 마스크	커널
POSIX 기명 세마포어	권한 마스크	커널
POSIX 무기명 세마포어	하부 메모리의 권한에 따라	경우에 따라 다르다.
POSIX 공유 메모리	권한 마스크	커널
익명 매핑	관련 프로세스만	프로세스
메모리 맵 파일	권한 마스크	파일 시스템
flock() 파일 잠금	파일의 open()	프로세스
fcntl() 파일 잠금	파일의 open()	프로세스

지속성

지속성persistence이라는 용어는 IPC 객체의 생명주기를 의미한다(표 6-2의 세 번째 열을 참조하라). 지속성은 세 가지 형태로 분류할 수 있다.

- 프로세스 지속성: IPC 객체의 프로세스 지속성은 적어도 하나의 프로세스가 객체를 열고 있으면 유지된다. 모든 프로세스에서 객체를 닫았다면 커널은 관련된 자원을 모두 회수할 것이다. 그리고 읽지 않은 데이터는 모두 소멸된다. 파이프, FIFO, 소켓은 프로세스 지속성의 예다.

 FIFO의 데이터 지속성은 이름을 지속하는 것과 다르다. FIFO의 이름은 파일 시스템에 존재하고 FIFO를 참조하는 모든 파일 디스크립터가 닫혀도 유지된다.

- 커널 지속성: IPC 객체의 커널 지속성은 명시적으로 지우거나 시스템을 끄기 전까지는 유지된다. 객체의 생명주기는 어떤 프로세스가 객체를 열고 있는지에 상관없이 독립적으로 동작한다. 이는 하나의 프로세스가 객체를 생성할 수 있고 거기에 데이터를 쓰고 닫을 수 있다는 뜻이다. 그리고 나중에 다른 프로세스가 객체를 열고 읽을 수 있다. 커널 지속성의 예는 시스템 V IPC와 POSIX IPC다. 나중에 이런 기능을 설명하기 위해 위 속성을 사용하는 예제 프로그램을 살펴볼 것이다. 각 기능은 분리된 프로그램으로 구현해 객체를 생성, 삭제하고 통신과 동기화를 수행한다.

- 파일 시스템 지속성: IPC 객체의 파일 시스템 지속성은 시스템이 재부팅돼도 정보가 유지된다. 객체는 명시적으로 삭제하지 않는 한 지워지지 않는다. 메모리 매핑된 파일 기반의 공유 메모리가 파일 시스템 지속성 IPC 객체의 유일한 예다.

성능

상황에 따라서는 다른 IPC 방법이 다른 성능을 나타낼 수 있다. 그러나 이 책의 뒷부분에서는 다음과 같은 이유로 성능 비교를 하지 않을 것이다.

- IPC 방법의 성능은 전체적인 응용 프로그램의 성능에 심각한 영향을 주지 않고 IPC 방법을 선택하는 데 결정적인 요인이 되지 않기 때문이다.

- 다양한 IPC 방법의 성능 연관성은 유닉스 구현이나 리눅스 커널의 버전 차이로 인해 다양한 범위를 포괄하기 때문이다.

- 가장 중요한 점은 IPC 기술을 사용할 때마다 정확한 규칙과 환경에 따라 다양한 성능 결과를 가져오기 때문이다. 관련된 요소로는 각 IPC 동작에 주고받는 데이터 단위의 크기, IPC 기술에 중요한 읽지 않은 데이터의 양, 각 데이터를 주고받는 데 문맥 전환 필요 여부, 시스템에 걸리는 부하 등이 있다.

IPC 성능이 중요하다면 응용 프로그램에 특화된 벤치마크 프로그램을 대상 시스템과 동일한 환경에서 돌려보는 수밖에 없다. 이를 위해 응용 프로그램에서 IPC 방법의 자세한 내용을 숨길 수 있는 소프트웨어 추상 계층을 만들고, 추상 계층 하부를 다른 IPC 방법으로 대체했을 때의 성능을 측정해보는 것은 가치 있는 일이다.

6.5 정리

6장에서는 프로세스가 다른 프로세스와의 통신에 사용하는 다양한 방법과 그 동작을 동기화하는 기술을 살펴봤다.

리눅스가 제공하는 통신 방법은 파이프, FIFO, 소켓, 메시지 큐, 공유 메모리이며, 동기화 방법은 세마포어와 파일 잠금이다.

많은 경우에 주어진 작업을 수행하는 데 사용할 몇 가지 통신과 동기화 방법을 선택할 수 있다. 6장에서는 기술을 선택하는 데 영향을 줄 수 있는 차이점을 강조하고자 다양한 기술을 여러 방법으로 비교했다.

7장에서 각 통신과 동기화 기술을 더 자세히 살펴보겠다.

6.6 연습문제

6-1. 파이프에서 제공하는 대역폭bandwidth을 측정하는 프로그램을 작성하라. 명령행 인자로 프로그램은 전송할 데이터 블록의 수와 각 데이터 블록의 크기를 받아야한다. 파이프를 만든 후 프로그램은 2개의 프로세스로 분리한다. 자식 프로세스는 파이프에 최대한 빨리 데이터를 쓰고 부모 프로세스는 파이프에서 데이터 블록을 읽는다. 모든 데이터 읽기를 마친 뒤 부모는 측정된 시간과 대역폭(초당 몇 바이트를 전송했는지)을 화면에 출력한다. 그리고 다른 데이터 블록 크기를 사용해서 대역폭을 측정하라.

6-2. 연습문제 6-1을 시스템 V 메시지 큐, POSIX 메시지 큐, 유닉스 도메인 스트림 소켓, 유닉스 도메인 데이터그램 소켓을 사용해 반복해서 측정하라. 이는 리눅스의 다양한 IPC 방법과 관련된 성능을 측정 비교하기 위해서다. 다른 유닉스 시스템을 사용할 수 있다면 그 시스템상에서 같은 비교 작업을 수행하라.

7

파이프와 FIFO

7장에서는 파이프와 FIFO를 설명한다. 파이프는 1970년대 초 유닉스 3판에 소개된 기술로, 유닉스 시스템 IPC 기술 중 가장 오래됐다. 파이프는 2개의 프로세스가 각기 다른 프로그램(명령)으로 동작할 때 어떻게 한 프로그램의 결과를 다른 프로세스의 입력으로 사용할 것인가라는 문제에 대한 고급 해결책을 제시했다. 파이프는 연관된 프로세스 간에 데이터를 넘길 수 있다('연관된'이라는 단어의 의미는 이후에 명확히 설명한다). FIFO는 파이프 개념의 변이 중 하나다. 가장 중요한 차이는 FIFO를 어떤 프로세스 간의 통신 수단으로도 사용할 수 있다는 점이다.

7.1 개요

모든 셸 사용자는 디렉토리에 파일의 개수를 세는 아래 명령처럼 파이프를 사용하는 데 친숙하다.

```
$ ls | wc -l
```

이 명령을 실행하기 위해 셸은 2개의 프로세스를 생성하고 ls와 wc를 실행한다(이는 Vol. 1의 24, 27장에서 설명했듯이 fork()와 exec()를 이용해 실행된다). 그림 7-1은 어떻게 2개의 프로세스가 파이프를 이용하는지 보여준다.

그림 7-1은 어떻게 파이프가 자신의 이름을 얻는지를 중점적으로 표현한다. 파이프는 데이터를 하나의 프로세스에서 다른 프로세스로 전달하려고 일종의 파이프 배관 작업을 하는 것이다.

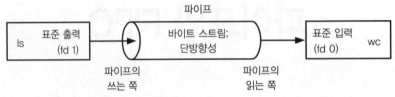

그림 7-1 파이프를 사용해 2개의 프로세스 연결하기

그림 7-1에서 알아둬야 할 사항은 2개의 프로세스가 파이프로 연결되어 쓰기 프로세스(ls)의 표준 출력(파일 디스크립터 1)을 파이프의 한쪽 끝으로 보내고 반대로 읽기 프로세스(wc)의 표준 입력(파일 디스크립터 0)은 파이프의 반대쪽 끝으로부터 데이터를 받는다는 점이다. 이런 2개의 프로세스는 파이프의 존재를 알지 못한다. 이들은 단순히 표준 파일 디스크립터를 통해 읽고 쓴다. 이 방법으로 서로를 연결하려면 셸이 반드시 해야 하는 일이 있는데, 이는 7.4절에서 살펴보겠다.

파이프의 주요 특징을 알아보자.

파이프는 바이트 스트림이다

파이프가 바이트 스트림이라고 말하는 것은 파이프를 사용할 때 메시지의 개념이나 규칙이 없음을 의미한다. 읽기 프로세스는 쓰기 프로세스에서 어떤 크기의 데이터를 쓰든지 간에 원하는 크기의 데이터 블록을 파이프로부터 읽을 수 있다. 파이프를 통과하는 데이터는 순차적으로 전송되어 정확히 쓰여진 순서대로 읽힌다. 파이프 안에 있는 데이터를 lseek()를 이용해 랜덤하게 읽을 수 없다.

독립적인 메시지의 개념을 구현하고 싶다면 반드시 응용 프로그램상에서 구현해야 한다. 이것이 어렵다고 느껴지면(7.8절 참조) 후에 다룰 메시지 큐나 데이터그램 소켓 같은 대체 IPC 기술을 사용할 수도 있다.

파이프 읽기

비어 있는 파이프로부터 데이터를 읽어오려면 적어도 한 바이트를 파이프에 써야 한다. 파이프의 쓰기가 닫혔다면 읽기 프로세스는 남아 있는 모든 데이터를 읽고 난 후에 EOFend-of-file를 보게 될 것이다(즉 read() 함수가 0을 리턴한다).

파이프는 단방향성이다

파이프에서 데이터는 한 방향으로 전달할 수 있다. 파이프의 한쪽 끝이 쓰기로 사용된다면 다른 쪽 끝은 읽기로 사용된다.

양방향성(스트림 파이프stream pipe라 부른다) 파이프는 유닉스 구현 중 시스템 V 릴리스 4로부터 유래했다. 양방향성 파이프는 어떤 유닉스 표준에도 명시되어 있지 않으므로, 구현이 제공되더라도 사용을 피하는 편이 좋다. 대안으로 유닉스 도메인 스트림 소켓 쌍(socketpair() 시스템 호출을 사용해 만들 수 있고 20.5절에서 설명한다)을 사용할 수 있는데, 이는 의미상으로 스트림 파이프와 동일한 표준화된 양방향성 통신 수단을 제공한다.

PIPE_BUF바이트씩 쓰면 아토믹이 보장된다

여러 개의 프로세스가 단일 파이프에 데이터를 쓰고 있을 때 한 번에 PIPE_BUF바이트 크기만큼씩 쓰면 여러 프로세스의 데이터가 섞이지 않음이 보장된다.

SUSv3의 PIPE_BUF 최소 크기는 _POSIX_PIPE_BUF(512)다. 구현에 따라 PIPE_BUF(<limits.h>상에)를 선언하거나 fpathconf(fd, _PC_PIPE_BUF)를 호출하면 된다. 이때 리턴된 결과값으로 아토믹atomic 쓰기를 위한 실제 상한을 알 수 있다. PIPE_BUF는 유닉스 구현에 따라 다양한데, 예를 들어 FreeBSD 6.0에서는 512바이트이고, Tru64 5.1에서는 4096바이트이며, 솔라리스 8에서는 5120바이트다. 리눅스의 PIPE_BUF는 4096으로 설정되어 있다.

PIPE_BUF바이트 이상인 데이터를 쓸 때는 커널이 단편화fragmentation해 나눈 정보를 함께 전송할 것이고, 읽는 쪽에서 파이프로부터 데이터를 받아 단편화 정보를 제거한 후 이를 합친다(write() 호출은 모든 데이터가 파이프에 쓰여질 때까지 블록된다). 파이프에 하나의 프로세스만이 쓰고 있다면(일반적인 경우) 문제가 발생하지 않지만 다중 쓰기 프로세스가 있다면 큰 블록은 중재 크기(PIPE_BUF바이트보다 작은)의 세그먼트로 쪼개 쓰게 되어 다른 쓰기 프로세스와 상호 공존해 문제를 발생시킬 수 있다.

PIPE_BUF 한도는 데이터를 파이프로 전송할 때 영향을 미친다. PIPE_BUF바이트만큼의 데이터를 쓸 경우 write() 함수는 필요하다면 파이프에 충분한 공간이 확보될 때까지 블록해 동작을 아토믹하게 완료한다. `PIPE_BUF`보다 많은 데이터가 쓰여졌다면 `write()`는 가능한 한 많은 데이터를 파이프에 보내고 읽기 프로세스가 파이프의 데이터를 모두 읽을 때까지 블록한다. 이런 블록된 `write()` 함수가 시그널 핸들러로부터 인터럽트를 받으면 블록해제하고 성공적으로 전송된 바이트 수를 넘겨주는데 이 수는 요청된 것보다는 작다(그래서 부분 쓰기partial write라고 한다).

 리눅스 2.2에서 시그널 핸들러로 인터럽트를 받지 않는다면 파이프는 어떤 크기라도 아토믹하게 쓸 수 있다. 리눅스 2.4부터는 PIPE_BUF바이트보다 큰 어떤 쓰기도 다른 프로세스의 쓰기와 교차 배치될 수 있다(커널 코드의 파이프 구현은 커널 버전 2.2와 2.4 사이에 상당히 많이 변했다).

파이프 용량은 제한되어 있다

파이프의 버퍼는 커널 메모리에서 관리한다. 그리고 이 버퍼는 최대 용량이 있다. 일단 파이프가 다 차면 읽기로 파이프의 데이터가 소모되지 않는 한 더 이상의 파이프 쓰기를 금지한다.

SUSv3는 파이프 용량에 대한 요구사항이 없다. 2.6.11 이전 리눅스 커널의 파이프 용량은 시스템 페이지 크기(예: x86-32에서 4096바이트)와 같다. 리눅스 2.6.11부터는 파이프 용량이 65,536바이트다. 이는 유닉스 구현에 따라 파이프 용량이 다름을 뜻한다.

보통 응용 프로그램은 정확한 파이프 크기를 알 필요가 없다. 그래서 쓰기 프로세스가 블로킹을 피하고 싶다면 읽기 프로세스가 파이프에서 데이터를 가능한 한 빨리 읽도록 설계해야 한다.

 이론적으로는 버퍼가 한 바이트일지라도 파이프가 이런 작은 용량 버퍼로 동작하지 못할 이유는 없다. 큰 버퍼 크기를 사용하는 이유는 효율성 때문이다. 매번 쓰기 프로세스가 파이프를 채울 때 읽기 프로세스가 데이터를 읽어 파이프를 비울 수 있도록, 커널은 문맥 전환해 스케줄링해야 한다. 큰 버퍼를 사용한다는 건 문맥 전환이 적게 발생한다는 뜻이다.

리눅스 2.6.35를 사용한다면 파이프의 크기는 수정 가능하다. 리눅스상에만 존재하는 fcntl(fd, F_SETPIPE_SZ, size)를 호출해 fd가 참조하는 버퍼의 최소 크기 바이트를 변경할 수 있다. 비특권 프로세스도 파이프 용량을 특정 값으로 변경할 수 있으나, 값은 시스템 페이지 크기보다 크고 /proc/sys/fs/pipe-max-size보다 크지 않으면 된다. pipe-max-size의 기본값은 1,048,576바이트다. 특권(CAP_SYS_RESOURCE) 프로세스는 이 제한값을 변경할 수도 있다. 파이프 공간을 할당할 때 커널은 구현에서 편의상 정한 값에 근접한 크기값을 선택할 것이다. fcntl(fd, F_GETPIPE_SZ)를 호출하면 실제 파이프에 할당된 값을 리턴한다.

7.2 파이프 만들기와 사용하기

pipe() 시스템 호출은 새로운 파이프를 생성한다.

```
#include <unistd.h>

int pipe(int filedes[2]);
```
성공하면 0을 리턴하고, 에러가 발생하면 −1을 리턴한다.

성공적인 pipe() 호출은 2개의 파일 디스크립터로 구성된 배열 filedes를 리턴한다. 하나는 파이프 읽는 쪽을 나타내고(filedes[0]), 하나는 쓰는 쪽을 나타낸다(filedes[1]).

어떤 파일 디스크립터든 상관없이 파이프에 I/O 오퍼레이션을 수행하려면 read()와 write() 시스템 호출을 사용해야 한다. 일단 파이프의 끝에 데이터를 쓰면 바로 이 데이터를 읽을 수 있다. read() 함수로부터 들어오는 데이터의 크기는 요청된 크기보다 작을 수 있는데, 이는 현재 파이프에 읽기 가능한 만큼의 바이트를 넘겨주기 때문이다(파이프가 비어 있으면 블록된다).

파이프에 stdio 함수(printf()나 scanf() 같은)를 사용할 수도 있는데 우선 fdopen()을 사용해 필드 중 파일 스트림에 해당하는 디스크립터를 얻어와서 사용한다(Vol. 1의 13.7절). 그러나 이것을 수행할 때는, 7.6절에서 설명했듯이 stdio 버퍼링 이슈를 인지하고 있어야만 한다.

 ioctl(fd, FIONREAD, &cnt)의 호출은 fd 파일 디스크립터가 가리키고 있는 파이프나 FIFO에 읽지 않은 바이트 수를 리턴한다. 이 특징은 다른 몇몇 시스템 구현에서도 사용이 가능하나 SUSv3에는 구현되어 있지 않다.

그림 7-2는 pipe() 호출로 파이프가 생성된 모습을 보여준다. 이를 호출하는 프로세스는 각 파이프 끝을 가리키는 파일 디스크립터를 갖고 있다.

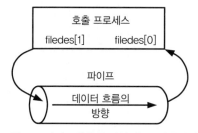

그림 7-2 파이프 생성 후 파일 디스크립터 처리

하나의 파이프를 단일 프로세스 안에서 사용하는 경우는 드물다(26.5.2절 참조). 일반적으로 2개의 프로세스 간에 통신이 이뤄질 수 있게 파이프를 사용한다. 파이프를 사용해 2개의 프로세스를 pipe() 호출과 fork() 호출을 이용해 연결한다. fork()가 수행되는 동안 자식 프로세스는 부모의 파일 디스크립터 복사본을 상속받는다(Vol. 1의 24.2.1절 참조). 이 상황은 그림 7-3의 왼편 그림에 나와 있다.

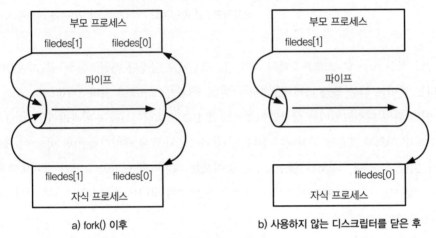

a) fork() 이후   b) 사용하지 않는 디스크립터를 닫은 후

그림 7-3 부모와 자식 간의 데이터 전송을 위한 파이프 설정

부모와 자식 간에 파이프로부터 읽거나 쓸 수도 있는데, 일반적이진 않다. 그래서 fork() 수행 후 즉시 하나의 프로세스는 파이프의 쓰기 끝에 대항하는 디스크립터를 닫고 다른 하나는 읽기 끝에 해당하는 디스크립터를 닫는다. 예를 들어, 부모가 데이터를 자식에게 보내려고 한다면 filedes[0]에 해당하는 읽기 디스크립터를 닫고 반대로 자식은 filedes[1]에 해당하는 쓰기 디스크립터를 닫는다. 이 상황은 그림 7-3에 나와 있다. 이 설정으로 동작하는 코드는 리스트 7-1과 같다.

리스트 7-1 부모가 자식에게 데이터를 전송하기 위한 파이프 만들기 절차

```
int filedes[2];

if (pipe(filedes) == -1)                /* 파이프 생성 */
    errExit("pipe");

switch (fork()) {              /* 자식 프로세스 만들기 */
case -1:
    errExit("fork");

case 0: /* 자식인 경우 */
    if (close(filedes[1]) == -1) /* 사용하지 않는 쓰기 끝 파이프 닫기 */
        errExit("close");
```

```
        /* 자식이 파이프에서 데이터를 읽는 부분 */
        break;

default: /* 부모 */
    if (close(filedes[0]) == -1)        /* 사용하지 있는 읽기 끝 파이프 닫기 */
        errExit("close");

    /* 부모가 파이프에 데이터를 쓰는 부분 */
    break;
}
```

일반적으로 부모, 자식의 2개의 프로세스가 하나의 파이프로부터 읽기를 수행하지 않는 이유는 프로세스가 동시에 파이프로 읽었을 때 두 프로세스 간 경쟁에서 어떤 프로세스가 읽기에 성공했는지 알 수 없기 때문이다. 이런 경쟁을 막으려면 동기화 기술이 필요하다. 그러나 양방향 통신이 필요하다면 좀 더 쉬운 방법이 있다. 단순히 두 프로세스 간에 2개의 파이프를 생성하고 각 프로세스는 하나를 정해 데이터 전송 용도로 사용하는 것이다(이 기술을 사용하려면 데드락을 조심해야 하는데, 2개의 프로세스가 각각 빈 파이프로부터 데이터를 읽고 이미 차 있는 파이프에 쓰기를 동시에 시도했을 때 이 현상이 발생할 수 있기 때문이다).

다중 프로세스가 단일 파이프에 쓰기를 할 수도 있지만 단일 쓰기 프로세스를 갖는 게 일반적이다(7.3절에서 하나의 파이프에 다중 쓰기 프로세스가 좋은 경우의 예를 보여준다). 반대로 FIFO에 다중 쓰기 프로세스가 좋은 경우도 있는데, 7.8절에서 그 예를 볼 수 있다.

 커널 2.6.27은 리눅스의 새로운 기능을 지원하는데 이는 비표준 시스템 호출인 pipe2()다. 이 시스템 호출은 기존 pipe()와 동일하게 동작하지만 추가적인 인자와 플래그를 지원하기 때문에 시스템 호출의 동작을 수정할 때 사용할 수 있다. 2개의 플래그가 지원되는데, O_CLOEXEC 플래그는 커널이 2개의 새로운 파일 디스크립터에 실행 시 닫기 플래그(FD_CLOEXEC)를 지원하게 해준다. 이 플래그는 Vol. 1의 4.3.1절에서 설명했듯이 open() 함수의 O_CLOEXEC 플래그와 동일한 의미로 사용할 수 있다. O_NONBLOCK 플래그는 커널이 2개의 열린 파일 디스크립터를 비블로킹으로 설정하게 하고, 향후 I/O 오퍼레이션은 비블로킹으로 동작한다. 이는 fcntl()과 동일한 결과를 얻기 위한 추가적인 호출을 줄일 수 있다.

파이프로 연관된 프로세스 간의 통신 허락하기

지금까지 파이프를 사용한 부모와 자식 프로세스 간의 통신에 대해 이야기했다. 그러나 파이프는 2개(혹은 더 많은 개수)의 연관된 프로세스 간 통신에 사용할 수도 있는데, 공통 조상으로부터 파이프가 생성된 후 fork() 호출로 프로세스가 만들어진 경우에 가능하다

(이는 7장 도입부에서 '연관된 프로세스'를 설명할 때와 같은 의미다). 예를 들어, 파이프는 프로세스와 그 손자 프로세스 간의 통신에 사용할 수도 있다. 처음에 프로세스는 파이프를 생성하고 자식을 fork() 하고 또 이 자식은 손자를 fork() 하는 것이다. 일반적인 시나리오는 파이프를 두 자손 간의 통신에 사용하는 것이다. 즉 부모는 파이프를 만들고 2개의 자식을 생성한다. 이것은 셸이 파이프를 만들 때 하는 작업이다.

 파이프가 연관된 프로세스 간의 통신에만 사용되는 데 예외가 있다. 유닉스 도메인 소켓 (24.13.3절에서 이 기술을 간략히 소개한다)으로 관계없는 프로세스에 파이프 파일 디스크립터를 넘길 수 있는 것이다.

사용하지 않는 파이프 파일 디스크립터 닫기

사용하지 않는 파이프 파일 디스크립터를 닫는 일은 프로세스가 파일 디스크립터의 한도를 초과하지 못하게 하는 일보다 중요하다. 이는 올바른 파이프 사용의 필수사항이다. 그럼 왜 사용하지 않는 파일 디스크립터의 읽기와 쓰기 파이프 끝을 반드시 닫아야 하는지 살펴보자.

파이프 읽기 프로세스는 자신의 쓰기 디스크립터를 닫은 후 다른 프로세스에서 쓰기를 완료하고 디스크립터를 닫으면 읽기 프로세스는 EOF를 보게 된다(일단 어떤 데이터를 파이프에서 읽으면).

읽기 프로세스가 파이프 쓰기 끝을 닫지 않았다면 다른 프로세스는 자신의 쓰기 디스크립터를 닫고 난 후에 읽기 프로세스는 모든 데이터를 다 읽었다 하더라도 EOF를 볼 수 없을 것이다. 대신 read()는 데이터를 기다리는 것을 블록할 텐데, 커널이 여전히 적어도 하나 이상의 쓰기 디스크립터가 파이프를 열고 있음을 알고 있기 때문이다. 읽기 프로세스가 이 디스크립터를 열고 있는 것과는 관계없이 이론적으로 읽기 시도가 블록돼도 여전히 프로세스가 파이프에 쓸 수는 있다. 예를 들면, 파이프에 데이터를 쓰면 시그널 핸들러가 read()에 인터럽트 시그널을 보낼 수 있는 것과 같다(이것은 26.5.2절에서 보게 될 실제 시나리오다).

쓰기 프로세스는 파이프의 읽기 디스크립터를 다른 원인 때문에 닫는다. 프로세스가 파이프에 쓰기를 시도했을 때 읽기 디스크립터를 열고 있는 프로세스가 없다면, 커널은 SIGPIPE 시그널을 쓰기 프로세스에게 보낸다. 기본적으로 이 시그널은 프로세스를 종료시킨다. write()가 파이프에서 EPIPE(깨진 파이프) 에러로 실패했을 경우 프로세스는 대신 이 시그널을 감지하거나 무시할 수도 있다. SIGPIPE 시그널을 받는 것과 EPIPE 에러를 잡는 것은 파이프 상태를 나타내기에 좋은 방법이다. 그래서 이런 시그널을 감지하려면 사용하지 않는 파이프의 읽기 디스크립터를 닫아야 하는 것이다.

> SIGPIPE 핸들러로 시그널을 받은 write()는 특별하게 다뤄야 한다. 일반적으로 write()(또는 그 밖의 '느린' 시스템 호출)가 시그널 핸들러로부터 인터럽트를 받으면, 핸들러는 sigaction()으로 SA_RESTART 플래그(Vol. 1의 21.5절)가 설정되어 있는지 여부에 따라서 호출은 자동으로 재시작되거나 EINTR 에러를 발생시킨다. SIGPIPE의 경우는 다른 동작을 보이는데, write()를 자동적으로 재시작해야 하는지 단순히 핸들러에 의해 인터럽트가 발생했음을 의미하는 것인지 알 수 없기 때문이다(그래서 write()를 수동으로 재시작해야 함을 의미한다). 파이프는 여전히 깨진 상태이기 때문에 두 가지 경우 모두 다 write()를 성공시킬 수는 없다.

쓰기 프로세스가 파이프의 읽기 끝을 닫지 않는다면 다른 프로세스가 파이프의 읽기 끝을 닫은 후에 쓰기 프로세스는 여전히 파이프에 쓸 수가 있다. 결국 쓰기 프로세스는 파이프를 채울 것이고, 파이프가 꽉 찬 후의 시도는 계속 블록될 것이다.

사용하지 않는 파일 디스크립터를 닫아야 하는 마지막 이유는, 모든 프로세스에서 사용하는 모든 파일 디스크립터를 닫아야만 파이프가 폐기되고 자원을 다른 프로세스가 사용할 수 있기 때문이다. 이런 경우, 파이프상의 읽지 않은 모든 데이터는 소멸된다.

예제 프로그램

리스트 7-2의 프로그램은 부모와 자식 프로세스 간에 파이프 통신을 사용하는 예다. 이 예제는 전에 설명한 파이프의 바이트 스트림 특성을 보여준다. 부모는 자신의 데이터를 단일 오퍼레이션으로 쓰며 자식은 이를 작은 블록 단위로 읽는 것을 보여준다.

주 프로그램은 pipe()를 호출해 파이프를 생성하고① fork()를 호출해 자식 프로세스를 생성한다②. fork()한 후 부모 프로세스는 파이프의 읽기 끝에 해당하는 자신의 파일 디스크립터를 닫고⑧, 명령행 인자로 주어진 문자열을 쓰기 파이프 끝에 쓴다⑨. 그리고 부모는 쓰기 파이프 끝을 닫고⑩, wait()를 호출해 자식 프로세스가 종료되기를 기다린다⑪. 자식 프로세스는 쓰기 파이프 끝을 닫은 후③ 루프로 진입해 블록 크기만큼의 데이터(BUF_SIZE만큼의 크기)를 파이프에서 읽고④ 읽어온 데이터를 표준 출력으로 쓴다⑥. 자식 프로세스가 EOF를 만나면⑤ 루프를 나와⑦ 표준 출력의 끝 부분에 줄바꿈 문자를 쓰고, 읽기 파이프 끝을 닫고 종료하게 된다.

아래는 리스트 7-2의 프로그램을 실행했을 때 보게 될 결과다.

```
$ ./simple_pipe 'It was a bright cold day in April, '\
'and the clocks were striking thirteen.'
It was a bright cold day in April, and the clocks were striking thirteen.
```

```
                                                        pipes/simple_pipe.c
#include <sys/wait.h>
#include "tlpi_hdr.h"

#define BUF_SIZE 10

int
main(int argc, char *argv[])
{
    int pfd[2];                              /* 파이프 파일 디스크립터 */
    char buf[BUF_SIZE];
    ssize_t numRead;

    if (argc != 2 || strcmp(argv[1], "--help") == 0)
        usageErr("%s string\n", argv[0]);

①  if (pipe(pfd) == -1)                      /* 파이프 만들기 */
        errExit("pipe");

②  switch (fork()) {
    case -1:
        errExit("fork");

    case 0:                                  /* 자식이 파이프에 읽기 시도 */
③      if (close(pfd[1]) == -1)              /* 사용하지 않는 쓰기 끝 */
            errExit("close - child");
        for (;;) {                           /* 읽은 데이터를 표준 출력으로 보내기 */
④          numRead = read(pfd[0], buf, BUF_SIZE);
            if (numRead == -1)
                errExit("read");
⑤          if (numRead == 0)
                break;                       /* EOF */
⑥          if (write(STDOUT_FILENO, buf, numRead) != numRead)
                fatal("child - partial/failed write");
        }

⑦      write(STDOUT_FILENO, "\n", 1);
        if (close(pfd[0]) == -1)
            errExit("close");
        _exit(EXIT_SUCCESS);

    default:                                 /* 부모가 파이프에 데이터 쓰기 */
⑧      if (close(pfd[0]) == -1)              /* 사용하지 않는 읽기 끝 */
            errExit("close - parent");
⑨      if (write(pfd[1], argv[1], strlen(argv[1])) != strlen(argv[1]))
            fatal("parent - partial/failed write");
```

```
⑩        if (close(pfd[1]) == -1)              /* 자식이 EOF를 만나는 경우 */
             errExit("close");
⑪        wait(NULL);                           /* 자식이 종료되기를 기다린다. */
         exit(EXIT_SUCCESS);
     }
 }
```

7.3 파이프로 프로세스 동기화하기

Vol. 2의 24.5절에서는 어떻게 시그널이 부모와 자식 프로세스 사이의 동작에서 경쟁 상태 회피의 수단으로 사용됐는지 살펴봤다. 리스트 7-3의 프로그램과 비슷한 결과를 파이프를 사용해 얻을 수 있다. 이 프로그램은 여러 자식 프로세스(하나는 명령행 인자에 사용한다)를 만들고 각 자식 프로세스는 어떤 동작을 수행해야 하지만, 이 예제에서는 일정 기간 잠드는 것으로 가상 동작을 수행하도록 구성되어 있다. 그리고 부모는 모든 자식이 그들의 임무를 완수할 때까지 기다린다.

동기화를 수행하려면 부모는 자식 프로세스를 생성②하기 전에 파이프를 만든다①. 각 자식은 파이프의 쓰기 끝에 해당하는 파일 디스크립터를 상속받고 모든 동작이 완료된 후에 이 파일 디스크립터를 닫는다③. 파이프의 쓰기 끝의 파일 디스크립터를 모든 자식 프로세스가 닫은 후 부모의 read() 함수의 결과가 EOF(0)를 돌려주면 파이프 읽기 과정이 종료된다. 이때서야 부모는 자유롭게 다른 작업을 수행할 수 있다(이 기술이 정확하게 동작하게 하려면 부모 프로세스에서 사용하지 않는 쓰기 파이프의 끝을 반드시 닫아야 한다④. 그렇지 않으면 부모가 파이프에 데이터 읽기를 시도했을 때 영원히 블록당할 수 있다).

리스트 7-3은 각각 4, 2, 6초 동안 잠드는 3개의 자식을 만드는 프로그램의 예다.

```
$ ./pipe_sync 4 2 6
08:22:16  Parent started
08:22:18  Child 2 (PID=2445) closing pipe
08:22:20  Child 1 (PID=2444) closing pipe
08:22:22  Child 3 (PID=2446) closing pipe
08:22:22  Parent ready to go
```

리스트 7-3 다중 프로세스 동기화에 파이프 사용하기

```
                                                      pipes/pipe_sync.c
#include "curr_time.h"              /* currTime() 선언 */
#include "tlpi_hdr.h"
```

```
int
main(int argc, char *argv[])
{
    int pfd[2];                          /* 프로세스 동기화 파이프 */
    int j, dummy;

    if (argc < 2 || strcmp(argv[1], "--help") == 0)
        usageErr("%s sleep-time...\n", argv[0]);

    setbuf(stdout, NULL);  /* 표준 출력을 버퍼를 지원하지 않게 만든다.
                                 그래서 자식은 _exit() 함수로 종료될 수 있다. */
    printf("%s Parent started\n", currTime("%T"));

①   if (pipe(pfd) == -1)
        errExit("pipe");

    for (j = 1; j < argc; j++) {
②        switch (fork()) {
        case -1:
            errExit("fork %d", j);

        case 0: /* 자식 */
            if (close(pfd[0]) == -1)   /* 사용하지 않는 읽기 끝*/
                errExit("close");

            /* 자식은 작업을 수행하고 완료되면 끝났음을 부모에게 알린다. */

            sleep(getInt(argv[j], GN_NONNEG, "sleep-time"));
                                    /* 프로세싱 시뮬레이션 */
            printf("%s Child %d (PID=%ld) closing pipe\n",
                    currTime("%T"), j, (long) getpid());
③            if (close(pfd[1]) == -1)
                errExit("close");

            /* 자식에서 수행할 그 밖의 작업을 여기에 구현한다. */

            _exit(EXIT_SUCCESS);

        default: /* 다음 자식을 만들기 위한 부모 루프 */
            break;
        }
    }

    /* 부모는 여기서 파이프의 쓰기 끝을 닫는다. 그래서 EOF를 볼 수 있게 된다. */

④   if (close(pfd[1]) == -1)                  /* 사용하지 않는 쓰기 끝 */
        errExit("close");

    /* 부모는 다른 작업을 여기서 수행하고, 자식과 동기화를 수행한다. */
```

```
⑤      if (read(pfd[0], &dummy, 1) != 0)
           fatal("parent didn't get EOF");
        printf("%s Parent ready to go\n", currTime("%T"));

        /* 부모가 수행할 그 밖의 작업을 여기에 구현한다. */

        exit(EXIT_SUCCESS);
    }
```

동기화에 파이프를 사용하는 방법은 앞서 동기화에 시그널을 사용하는 방법보다 장점이 있다. 이는 단일 프로세스에서 (관련된) 다중 프로세스를 관리하는 데 사용할 수 있다. 사실 이런 경우 표준 다중 시그널이 큐에 쌓이면 시그널이 불안정해진다(반대로 시그널은 하나의 프로세스에서 브로드캐스트로 다른 모든 멤버 프로세스에게 시그널을 전달할 수 있다는 장점이 있다).

다른 형태의 동기화 구조도 가능하다(예: 다중 파이프). 그러나 이와 같은 기술은 파이프를 닫는 것을 대신해서 확장될 수 있으며, 각 자식은 프로세스 ID와 상태 정보를 메시지에 포함해서 파이프에 써야 한다. 차선책으로 각 자식이 한 바이트를 파이프에 쓰기만 하면, 부모 프로세스는 이 메시지들을 셀 수 있고 분석할 수도 있다. 이 접근 방식을 취하면 명시적으로 파이프를 닫을 때보다 자식이 예상치 않게 종료되는 것을 보호할 수 있다.

7.4 필터 연결에 파이프 사용하기

파이프가 생성되면, 2개의 파이프 끝의 파일 디스크립터는 사용 가능한 숫자 중 가장 낮은 수의 디스크립터 번호를 사용한다. 보통 디스크립터 0, 1, 2번은 이미 다른 프로세스가 사용하고 있기 때문에 이보다 높은 번호의 디스크립터를 파이프에 할당한다. 그림 7-1은 2개의 필터(예제 프로그램은 stdin을 읽고 stdout에 쓴다)를 파이프로 연결해 어떻게 위와 같은 상황을 만드는지 보여준다. 여기서 프로그램의 표준 출력은 파이프의 한 끝으로 그리고 다른 끝은 표준 입력으로 직접 연결할 수 있을까? 그리고 어떻게 필터 자체 코드의 수정 없이 이를 할 수 있을까?

해답은 Vol. 1의 5.5절에서 설명했듯이 파일 디스크립터를 복사하는 기술을 사용하는 것이다. 일반적으로 다음과 같은 일련의 호출을 사용해 원하는 결과를 얻는다.

```
int pfd[2];

pipe(pfd);              /* 파이프를 위한 디스크립터 3, 4번을 할당한다. */
```

```
/* fork() 등의 작업은 여기에 */

close(STDOUT_FILENO);          /* 파일 디스크립터 1을 해제 */
dup(pfd[1]);                   /* 파일 디스크립터 1을 복제 사용 */
```

위 단계의 결과는 프로세스의 표준 출력을 파이프의 쓰기 끝으로 연결하는 것이다. 프로세스 표준 입력을 파이프의 읽기 끝에 연결하려면 이에 해당하는 시스템 호출을 사용해야 한다.

이런 절차는 파일 디스크립터 0, 1, 2가 프로세스에 의해 이미 열린 상태라고 가정한 상태에서 만들어졌음을 알아두자(셸은 보통 각 프로그램에서 이것을 실행함을 보장한다). 디스크립터 0이 이런 절차 전에 닫혔다면 프로세스의 표준 입력이 파이프의 쓰기 끝으로 의도와는 다르게 연결될 수 있다. 이런 가능성을 회피하려면, close()와 dup() 호출을 다음 dup2() 호출로 대치해 명시적으로 파이프의 끝과 연결할 디스크립터를 지정할 수 있다.

```
dup2(pfd[1], STDOUT_FILENO); /* 디스크립터 1을 닫고
                                파이프의 쓰기 끝으로 재설정한다. */
```

pfd[1]을 복사했기 때문에 파이프의 쓰기 끝을 참조하는 2개의 디스크립터(디스크립터 1과 pfd[1])가 생겼다. dup2() 호출 후에 사용하지 않는 파이프의 파일 디스크립터는 닫아줘야 하기 때문에 남는 디스크립터를 닫는다.

```
Close(pfd[1]);
```

지금까지 살펴본 코드는 이미 활성화된 표준 출력에 관련한 것이었다. 그럼 pipe() 호출에 앞서 표준 입력과 출력이 모두 닫힌다면 어떻게 될지 상상해보자. 이 경우 이 2개의 디스크립터가 파이프에 할당될 것이다. 아마 pfd[0]의 값은 0이고 pdf[1]의 값은 1일 것이다. 결과적으로 이전의 dup2()와 close() 호출은 다음 예와 동일하다고 볼 수 있다.

```
dup2(1, 1);                /* 아무것도 일어나지 않는다. */
close(1);                  /* 파이프의 쓰기 끝을 위한 단독 디스크립터를 닫는다. */
```

그래서 위의 호출을 다음과 같이 if문으로 감싸 예외 상황으로부터 프로그램을 보호한다.

```
if (pfd[1] != STDOUT_FILENO) {
    dup2(pfd[1], STDOUT_FILENO);
    close(pfd[1]);
}
```

예제 프로그램

리스트 7-4의 프로그램은 그림 7-1에서 나온 설정대로 이번 절에서 설명한 기술을 구현했다. 파이프를 만든 후 이 프로그램은 2개의 자식 프로세스를 만든다. 첫 번째 자식은 자신의 표준 출력을 파이프의 쓰기 끝에 연결하고 ls를 실행한다. 두 번째 자식은 자신의 표준 입력을 파이프의 읽기 끝에 연결하고 wc를 실행한다.

리스트 7-4 ls와 wc를 파이프를 사용해 연결하기

```
                                                    pipes/pipe_ls_wc.c
#include <sys/wait.h>
#include "tlpi_hdr.h"

int
main(int argc, char *argv[])
{
    int pfd[2];                              /* 파이프 파일 디스크립터 */

    if (pipe(pfd) == -1)                     /* 파이프 만들기 */
        errExit("pipe");

    switch (fork()) {
    case -1:
        errExit("fork");

    case 0: /* 첫 번째 자식 프로세스는 파이프에 쓰기 위해 ls를 실행한다. */
        if (close(pfd[0]) == -1)             /* 사용하지 않는 읽기 끝 */
            errExit("close 1");

        /* stdout을 파이프의 쓰기 끝에 복사하고 복제된 디스크립터를 닫는다. */

        if (pfd[1] != STDOUT_FILENO) {       /* 예외 상황 검사 */
            if (dup2(pfd[1], STDOUT_FILENO) == -1)
                errExit("dup2 1");
            if (close(pfd[1]) == -1)
                errExit("close 2");
        }

        execlp("ls", "ls", (char *) NULL); /* 파이프에 쓰기 */
        errExit("execlp ls");

    default: /* 부모가 다음 자식을 만들기 위한 구문 */
        break;
    }

    switch (fork()) {
    case -1:
        errExit("fork");
```

```
    case 0: /* 두 번째 자식 프로세스는 파이프를 읽기 위해 wc를 실행한다. */
        if (close(pfd[1]) == -1)                /* 사용하지 않는 쓰기 끝 */
            errExit("close 3");

        /* stdin을 파이프의 읽기 끝에 복사하고 복제된 디스크립터를 닫는다. */

        if (pfd[0] != STDIN_FILENO) {            /* 예외 상황 검사 */
            if (dup2(pfd[0], STDIN_FILENO) == -1)
                errExit("dup2 2");
            if (close(pfd[0]) == -1)
                errExit("close 4");
        }

        execlp("wc", "wc", "-l", (char *) NULL); /* 파이프에서 읽기 */
        errExit("execlp wc");

    default: /* 부모가 다음 작업을 수행하기 위해 빠지는 루틴 */
        break;
    }

    /* 부모는 사용하지 않는 파일 디스크립터를 닫고 자식 프로세스를 기다린다. */

    if (close(pfd[0]) == -1)
        errExit("close 5");
    if (close(pfd[1]) == -1)
        errExit("close 6");
    if (wait(NULL) == -1)
        errExit("wait 1");
    if (wait(NULL) == -1)
        errExit("wait 2");

    exit(EXIT_SUCCESS);
}
```

리스트 7-4의 프로그램을 실행하면 다음과 같은 결과를 볼 수 있다.

```
$ ./pipe_ls_wc
    24
$ ls | wc -l          셸 명령을 이용해 확인하기
    24
```

7.5 파이프를 사용해 셸 명령과 대화하기: popen()

파이프는 보통 셸 명령을 실행할 때 사용하거나 실행 출력값을 읽거나 입력값을 보낼 때
사용한다. 이 작업을 쉽게 하고자 popen()과 pclose() 함수를 제공한다.

```
#include <stdio.h>

FILE *popen(const char *command, const char *mode);
                              파일 스트림을 리턴한다. 에러가 발생하면 NULL을 리턴한다.
int pclose(FILE *stream);
                         자식 프로세스의 종료 상태를 리턴한다. 에러가 발생하면 -1을 리턴한다.
```

popen() 함수로 파이프를 만들고 난 후 fork()로 셸을 실행할 자식 프로세스를 생성한다. 그리고 이어서 command 인자에 주어진 문자열을 실행하기 위한 자식 프로세스를 실행한다. mode 인자는 문자열로 호출하는 프로세스가 파이프를 읽을(모드 r) 것인지 쓸(모드 w) 것인지를 결정한다(파이프는 단방향성이기 때문에 실행된 명령이 양방향 통신을 할 수 없다). 그림 7-4와 같이 mode 값은 표준 출력을 쓰기 파이프 끝에 연결할 것인지 표준 입력을 읽기 파이프 끝에 연결할 것인지를 결정한다.

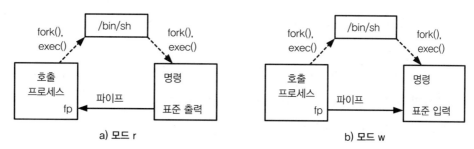

그림 7-4 프로세스 관계와 popen()을 이용한 파이프 사용 개요

성공한다면 popen()은 stdio 라이브러리 함수에서 사용할 수 있는 파일 스트림 포인터를 리턴한다. 에러가 발생(예를 들어, mode가 r이나 w가 아니기 때문에 파이프 생성 실패를 의미하거나 fork()의 자식 생성 실패를 의미한다)하면 popen()은 NULL과 에러가 어디서 발생했는지 알려주는 errno를 설정해서 리턴한다.

popen() 호출 후, 호출 프로세스는 command의 출력을 읽거나 입력을 보내는 데 파이프를 사용한다. pipe()를 통해 생성된 파이프처럼 파이프를 읽을 때 호출 프로세스는 EOF를 만나면 command가 종료된다. 파이프의 쓰기 끝에 데이터를 쓸 때 SIGPIPE 시그널이나 EPIPE 에러가 발생하면 파이프의 읽기 끝이 command에 의해 닫혔음을 의미한다.

일단 I/O 오퍼레이션이 완료되면 pclose() 함수를 이용해 파이프를 닫고 자식 셸이 종료되기를 기다린다(fclose() 함수는 자식을 기다리지 않으므로 사용하지 않는다). 자식이 성공적으로 종료됐다면 pclose()는 자식 셸의 종료 상태(시그널로 셸을 죽이지 않았다면 마지막으로 실행한 명령의 종료 상태)를 리턴한다(Vol. 1의 26.1.3절). system()(Vol. 1의 27.6절)에서처럼 셸이 실행되지 않는다면 pclose()는 자식이 _exit(127) 호출로 종료됐다는 값을 리턴한다. 다른 에러가 발생했다면 pclose()는 -1을 리턴한다. 종료 상태를 얻을 수 없는 에러가 발생하기도 하는데 어떻게 이런 일이 발생하는지 간단히 살펴보자.

SUSv3에 따르면 자식 셸의 상태를 받으려고 대기할 때 system()과 마찬가지로 pclose()는 시그널 핸들러가 인터럽트를 발생시킬 경우 waitpid()를 실행하는 내부 호출을 자동적으로 재시작해야 한다.

보통 Vol. 1, 27.6절의 system() 예처럼 popen()을 사용해 같은 구문을 만들 수 있다. popen()을 사용하면 편리한데, 파이프를 만들고 디스크립터 복사하고 사용하지 않는 디스크립터를 닫고 fork()와 exec()의 관련 사항을 대신 수행하기 때문이다. 그리고 명령으로 셸 프로세싱을 처리한다. 이런 편리함으로 인해 효율성은 떨어지는데, 적어도 2개 이상의 추가적인 프로세스를 만들어야 하기 때문이다. 하나는 셸에 사용하고, 다른 하나 이상의 프로세스는 명령을 셸이 실행할 때 사용한다. 그래서 특권 프로그램에서는 보안상의 이유로 system()과 popen()을 결코 사용해선 안 된다.

system()과 popen(), pclose() 사이에는 몇 가지 유사성이 있고 차이점도 많다. 그 이유는 system()의 경우 셸 명령을 하나의 단일 함수 호출 안에서 실행하는 반면, popen()의 경우 호출 프로세스가 셸 명령을 병렬로 수행하고 그 후 pclose()를 호출하기 때문이다. 이 차이는 다음과 같다.

- 호출 프로세스와 실행한 명령이 병렬로 동작하고 있기 때문에 SUSv3에서는 popen()이 SIGINT와 SIGQUIT을 무시하면 안 된다. 이런 시그널이 키보드에서 발생한다면 호출 프로세스와 실행한 명령 모두에게 전달된다. 이는 두 프로세스는 모두 같은 프로세스 그룹으로 동작하고 있고 터미널에서 만들어진 시그널은 Vol. 1의 29.5절처럼 모든 프로세스 그룹(포그라운드)의 멤버에게 전송되기 때문이다.

- 호출 프로세스는 popen()과 pclose() 사이에서 다른 자식 프로세스를 만들 수도 있기 때문에, SUSv3에 따르면 popen()에서 SIGCHLD를 블록하면 안 된다. 이는 호출 프로세스가 pclose()를 하기 전에 대기 오퍼레이션을 수행하고 있어 popen()이 만든 자식의 상태를 회수함을 의미하기 때문이다. 이런 경우 pclose()가 나중에 호출되더라도 -1을 리턴할 것이고 errno는 ECHILD로 설정되고 pclose()는 자식의 상태를 받을 수 없다.

예제 프로그램

리스트 7-5는 popen()과 pclose()를 사용하는 예를 보여준다. 이 프로그램은 파일이름 와일드카드 패턴을 이용해 반복적으로 읽는다②. 이 와일드카드 패턴을 ls 명령에 넘긴 결과를 얻어 popen()을 수행한다⑤(이 기술은 glob() 라이브러리 함수가 만들어지기 전에 패턴 일치globbing라고 알려진 예전 유닉스 구현에서 파일이름을 생성하기 위해 사용하던 방식과 비슷하다).

리스트 7-5 파일이름 패턴 일치와 popen()

```
                                                          pipes/popen_glob.c
  #include <ctype.h>
  #include <limits.h>
  #include "print_wait_status.h"        /* printWaitStatus() */
  #include "tlpi_hdr.h"

① #define POPEN_FMT "/bin/ls -d %s 2> /dev/null"
  #define PAT_SIZE 50
  #define PCMD_BUF_SIZE (sizeof(POPEN_FMT) + PAT_SIZE)

  int
  main(int argc, char *argv[])
  {
      char pat[PAT_SIZE];               /* 패턴 */
      char popenCmd[PCMD_BUF_SIZE];
      FILE *fp;                         /* popen()이 리턴하는 파일 스트림*/
      Boolean badPattern;               /* 'pat' 안에 유효하지 않은 문자? */
      int len, status, fileCnt, j;
      char pathname[PATH_MAX];

      for (;;) {                        /* 패턴을 읽고 일치 결과를 표시한다. */
          printf("pattern: ");
          fflush(stdout);
②         if (fgets(pat, PAT_SIZE, stdin) == NULL)
              break;                    /* EOF */
          len = strlen(pat);
          if (len <= 1)                 /* 라인이 비어 있는 경우 */
              continue;

          if (pat[len - 1] == '\n')     /* 마지막에 붙어 있는 줄바꿈 문자 */
              pat[len - 1] = '\0';

          /* 패턴은 문자, 숫자, 밑줄, 점, 셸 문자 같은 유효 문자를 포함해야 한다
             (유효의 정의는 셸보다 더 제한적이며 인용구 안에 포함되어 있다면 어떤 문자도 파일이름에
             포함시킬 수 있다). */

③         for (j = 0, badPattern = FALSE; j < len && !badPattern; j++)
              if (!isalnum((unsigned char) pat[j]) &&
```

```
                    strchr("_*?[^-].", pat[j]) == NULL)
                badPattern = TRUE;

        if (badPattern) {
            printf("Bad pattern character: %c\n", pat[j - 1]);
            continue;
        }

        /* 'pat' 패턴을 찾으려고 명령을 만들고 실행한다. */

④      snprintf(popenCmd, PCMD_BUF_SIZE, POPEN_FMT, pat);
        popenCmd[PCMD_BUF_SIZE - 1] = '\0';  /* 문자열이 널로 끝남을 보장 */

⑤      fp = popen(popenCmd, "r");
        if (fp == NULL) {
            printf("popen() failed\n");
            continue;
        }

        /* EOF가 나올 때까지 경로명 결과를 읽는다. */
        fileCnt = 0;
        while (fgets(pathname, PATH_MAX, fp) != NULL) {
            printf("%s", pathname);
            fileCnt++;
        }

        /* 파이프를 닫고 종료 상태를 인출해 화면에 표시한다. */

        status = pclose(fp);
        printf("    %d matching file%s\n", fileCnt, (fileCnt != 1) ? "s" : "");
        printf("    pclose() status == %#x\n", (unsigned int) status);
        if (status != -1)
            printWaitStatus("\t", status);
    }

    exit(EXIT_SUCCESS);
}
```

다음 셸 세션은 리스트 7-5의 프로그램을 사용하는 예다. 이 예제에서 처음으로 2개의 파일이름이 일치하는 패턴과 어떤 파일이름도 일치하지 않는 패턴을 사용했다.

```
$ ./popen_glob
pattern: popen_glob*                 2개의 파일이름과 일치
popen_glob
popen_glob.c
    2 matching files
```

```
        pclose() status = 0
            child exited, status=0
pattern: x*                                         일치하는 파일이름이 없음
        0 matching files
        pclose() status = 0x100                     ls(1)이 상태 1로 종료
            child exited, status=1
pattern: ^D$                                        종료하려고 Control-D를 입력한 경우
```

리스트 7-5에서 패턴 일치에 사용하는 명령을 만드는 과정①④은 부연 설명이 필요하다. 실제 패턴을 찾는 작업은 셸에 의해 수행된다. ls 명령은 단지 일치하는 파일을 라인마다 하나씩 열거하는 데 사용한다. echo 명령을 대신 사용할 수 있지만 패턴과 일치하는 파일이름이 없는 경우 셸이 패턴을 바꾸지 않아 echo는 단순히 이 패턴을 화면에 표시하는 예상치 않은 결과를 보일 수 있다. 반대로 ls는 주어진 파일이름이 없는 경우 stderr(stderr이 /dev/null을 가리키도록 재연결했다)에 에러 메시지 출력하고, stdout에는 아무런 결과도 출력하지 않고 상태 1로 종료된다.

리스트 7-5에서는 입력 확인도 수행함을 알아두자③. 이는 잘못된 입력값으로 인해 popen()이 예상치 않은 셸 명령을 수행하는 경우를 막기 위해서다. 이 확인 절차를 생략한 경우 사용자가 다음과 같은 입력을 넣었다고 생각해보자.

```
pattern: ; rm *
```

프로그램이 다음 명령을 popen()에게 넘긴다면 비참한 결과가 나올 것이다.

```
/bin/ls -d ; rm * 2> /dev/null
```

이런 입력 확인은 popen()(혹은 system())을 사용하는 프로그램에서 사용자 입력으로 셸 명령을 실행하는 경우에 항상 필요하다(이런 확인 절차를 거치지 않을 문자는 응용 프로그램에서 인용부호로 감싸주어 셸이 특별한 처리를 못하게 할 수 있다).

7.6 파이프와 stdio 버퍼링

popen()의 호출로 리턴되는 파일 스트림 포인터는 터미널을 참조하지 않기 때문에 파일 스트림(Vol. 1의 13.2절)은 stdio 라이브러리의 블록 버퍼링을 사용한다. 이는 기본 설정인 w 모드로 popen()을 호출했을 경우의 결과는 stdio 버퍼가 가득 찼을 때나 pclose()로 파이프로 닫은 시점에 자식 프로세스의 다른 파이프 끝으로 전달된다는 뜻이다. 대개 이는 아무런 문제를 발생시키지 않는다. 하지만 자식 프로세스에서 파

이프에서 데이터를 받았는지 즉시 알아야 할 때 주기적으로 `fflush()`를 호출하거나 `setbuf(fp, NULL)`을 호출해 stdio 버퍼링을 하지 않게 만드는 경우가 문제다. 이 기술은 `pipe()` 시스템 호출로 파이프를 생성하고 `fdopen()`으로 해당 파이프 끝의 stdio 스트림을 얻을 때 유용하게 쓸 수도 있다.

프로세스가 `popen()`을 호출해 파이프(예를 들어, r 모드로)를 읽는 경우 이것이 올바로 동작하지 않을 수 있다. 이때 자식 프로세스가 stdio 라이브러리를 사용할 경우, 명시적으로 `fflush()`나 `setbuf()`를 호출하지 않는다면 호출 프로세스에서 결과는 자식이 stdio 버퍼를 다 채우거나 `fclose()`를 호출해야만 결과를 받아볼 수 있다(`pipe()` 호출로 만든 파이프를 읽고 프로세스가 stdio 라이브러리를 이용해 다른 끝에 쓰고 있다면 같은 예로 볼 수 있다). 이것이 문제가 된다면 동작하고 있는 프로그램의 자식 프로세스가 `setbuf()` 혹은 `fflush()`를 호출하도록 소스 코드를 수정할 수 있지만, 이마저도 할 수 있는 상황이 아니라면 해결 방법은 몇 개 되지 않는다.

소스 코드 수정이 옵션이 아니라면 파이프를 사용하는 대신 가상 터미널pseudoterminal을 사용할 수 있다. 가상 터미널은 IPC 채널인데, 프로세스는 이를 하나의 파이프 끝으로 인식할 수 있다. 결론적으로 stdio 라이브러리 라인 버퍼 출력으로 인식할 수 있는 것이다. 가상 터미널은 27장에서 설명한다.

7.7 FIFO

FIFO는 파이프와 의미적으로 유사하다. FIFO는 파일 시스템에 이름을 갖고 있고 일반 파일처럼 열 수 있다는 게 주요 차이점이다. 이는 FIFO를 사용해 관련이 없는 프로세스 간에 통신을 할 수 있다는 뜻이다(예를 들면, 서버와 클라이언트처럼).

일단 FIFO를 열면 파이프와 다른 파일에서 사용하는 것과 같은 I/O 시스템 호출(예: `read()`, `write()`, `close()`)을 사용한다. 파이프처럼 FIFO도 쓰기 끝과 읽기 끝을 갖고 있고 파이프에서 데이터 읽기와 같이 쓰여진 순서대로 데이터를 읽는다. 이 때문에 'first-in, first-out', 즉 FIFO라는 이름이 붙여졌다. FIFO는 간혹 **명명된 파이프**named pipe라는 이름으로 알려지기도 했다.

파이프와 마찬가지로 FIFO를 참조하는 모든 디스크립터는 닫혀야 하고, 이때 처리 안 된 데이터는 버려진다.

셸상에서 `mkfifo` 명령을 이용해 FIFO를 만들 수 있다.

```
$ mkfifo [ -m mode ] pathname
```

pathname은 만들 FIFO의 이름을 말하고, -m 옵션을 사용해 chmod 명령과 동일한 방법으로 권한 모드를 지정한다. FIFO(혹은 파이프)에 fstat()와 stat()를 사용하면 stat 구조체의 st_mode 필드에 S_IFIFO 파일형을 리턴한다(Vol. 1의 15.1절). ls -l을 이용해 열거하는 경우 FIFO는 첫 번째 열에 p 형으로 나타나고, ls -F를 사용하면 파이프 심볼 (|)을 FIFO 경로명에 적용한다.

mkfifo() 함수는 주어진 경로에 새로운 FIFO를 만든다.

```
#include <sys/stat.h>

int mkfifo(const char *pathname, mode_t mode);
                            성공하면 0을 리턴하고, 에러가 발생하면 −1을 리턴한다.
```

mode 인자는 새로운 FIFO의 권한을 정의한다. 이 권한은 Vol. 1, 417페이지의 표 15-4에서 원하는 상수를 조합(OR)해서 지정한다. 보통 이런 권한은 프로세스 umask 값에 해당하는 것으로 마스크된다(Vol. 1의 15.4.6절).

 전통적으로 mknod(pathname, S_IFIFO, 0) 시스템 호출로 FIFO를 만들었다. POSIX.1–1990은 디바이스 파일을 포함한 다양한 종류의 파일을 만드는 mknod()의 일반성을 회피하고자 mkfifo()라는 단순한 API를 정의했다(SUSv3는 mknod()를 정의하고 있으나 FIFO를 만드는 데만 사용할 수 있어 부족하다). 대부분의 유닉스 구현은 mkfifo()를 mknod() 내부에서 사용하는 하나의 라이브러리 함수로 제공한다.

FIFO가 일반 파일 권한으로 설정되어 만들어지면 어떤 프로세스도 이를 열 수 있다 (Vol. 1의 15.4.3절).

FIFO를 여는 것은 어떤 경우 특별한 의미가 있다. 일반적으로 읽기 프로세스와 쓰기 프로세스에서 FIFO의 각 끝을 사용하는 모습을 볼 수 있다. 그래서 기본으로 FIFO의 다른 프로세스가 쓰기(open()의 O_WRONLY 플래그 사용) FIFO를 열 때까지 해당 블록을 읽는 (open()의 O_RDONLY 플래그 사용) FIFO를 열어야 한다. 반대로 다른 프로세스가 읽기 FIFO를 열 때까지 블록 쓰기 FIFO를 열어야 하는 경우가 있다. 다시 말하자면 FIFO를 여는 것은 일종의 읽기와 쓰기 프로세스 간의 동기화다. 반대편 FIFO의 끝이 이미 열려 있다면(왜냐하면 한 쌍의 프로세스가 FIFO의 각 끝을 이미 열고 있기 때문이다), open()은 바로 성공할 것이다.

리눅스를 비롯한 대부분의 유닉스 구현에서는 FIFO를 O_RDWR 플래그로 열려고 할 때 블록하는 현상을 피할 수 있다. 이런 경우 open()은 바로 FIFO상의 읽기와 쓰기에 사용할 수 있는 파일 디스크립터를 즉시 리턴할 것이다. 하지만 이렇게 하면 FIFO I/O 모델이 망가지고, SUSv3는 FIFO를 O_RDWR 플래그로 여는 것을 명시적으로 정의하지 않았다. 그래서 이식성 측면의 이유로 이 기술은 피해야만 한다. 특정 상황에서는 FIFO를 열 때 블록하는 것을 방지할 필요가 있고, 표준 방법으로 open()에 O_NONBLOCK 플래그를 제공해서 이를 지원한다(7.9절).

 다른 이유 때문에도 FIFO를 열 때 O_RDWR 플래그 사용을 피하는 게 바람직하다. open()을 호출한 후에 프로세스는 파일 디스크립터로부터 읽은 결과에서 EOF를 볼 수 없는 경우가 발생하고, 이는 적어도 하나 이상의 FIFO에 쓰기 디스크립터가 열려 있고 같은 디스크립터가 읽기 프로세스에 사용되고 있기 때문이다.

FIFO와 tee(1)을 사용해 듀얼 파이프라인 만들기

셸 파이프라인의 특징 중 하나는 선형적이라는 것이다. 파이프라인은 선행 프로세스가 생성해낸 데이터를 읽어 후행 프로세스에게 보낸다. FIFO를 사용하면 파이프라인에 포크fork를 만들 수 있으며, 프로세스 출력의 복사본을 파이프라인의 후행 프로세스 외의 프로세스로 보낼 수 있다. 이렇게 하려면 표준 입력에서 읽은 것으로 2개의 복사본을 만드는 tee 명령을 사용해야 하는데, 2개 중 하나는 표준 출력이고 다른 하나는 명령행 인자로 주어진 이름의 파일이다.

tee 명령에 file 인자를 줌으로써 FIFO는 2개의 프로세스가 동시에 tee가 만들어내는 출력 복사본을 읽을 수 있게 한다. 아래 예에서 이를 보여주는데, 셸 세션에서 myfifo라는 FIFO를 만들고 FIFO를 읽는 wc 명령을 백그라운드로 실행한다(이것은 FIFO에 쓰기가 열릴 때까지 블록될 것이다). 그리고 ls의 출력을 tee로 전송하는 파이프라인을 실행하고 이 결과의 출력을 다음 파이프라인으로 보내어 sort가 받아서 처리하고 결국 myfifo인 FIFO에 보낸다(-k5n 옵션을 사용하면 ls의 결과가 5번째 필드의 수치(파일 크기)에 따라 오름차순으로 정렬되어 나타난다).

```
$ mkfifo myfifo
$ wc -l < myfifo &
$ ls -l | tee myfifo | sort -k5n
  (실행 결과는 나오지 않음)
```

그림 7-5는 위 명령의 상황을 도식화한 것이다.

모양 때문에 tee 프로그램이라고 이름 지었다. tee는 파이프와 기능적으로 유사하나, 추가 브랜치(branch)에 복제된 결과를 보낸다는 점이 다르다. 이를 도식화해보면 대문자 T 모양(그림 7-5 참조)을 띠고 있다. 여기서 설명한 사항 외에도 장점이 더 있는데, tee는 파이프라인 디버깅에 사용할 수 있고 복잡한 파이프라인의 중간 지점에서 결과를 처리하도록 도울 수도 있다.

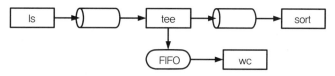

그림 7-5 FIFO와 tee(1)을 사용해 듀얼 파이프라인 만들기

7.8 FIFO를 사용하는 클라이언트/서버 응용 프로그램

7.8절에서는 IPC로 FIFO를 사용하는 단순한 클라이언트/서버 응용 프로그램을 볼 것이다. 서버는 클라이언트의 요청으로 서비스(대수롭지 않은 서비스)의 유일한 순서 번호를 할당해 제공한다. 이 응용 프로그램을 다루면서 서버 설계에 활용하는 개념과 기술을 소개한다.

응용 프로그램 개요

예제 응용 프로그램에서 모든 클라이언트는 단일 서버 FIFO를 사용해 서버에 요청을 보낸다. 헤더 파일(리스트 7-6)은 서버가 사용할 FIFO를 이미 알려진 이름(/tmp/seqnum_sv)으로 정의한다. 모든 클라이언트는 어떻게 서버에 접근하는지 알고 있어야 하기 때문에 이 이름은 변하지 않는다(이 예제 응용 프로그램에서는 /tmp에 FIFO를 만드는데, 이는 대부분 시스템에서 수정 없이 편리하게 프로그램을 동작하기 위해서다. 그러나 Vol. 1의 33.7절에서 언급했듯이, 공개적으로 쓰기 가능한 /tmp 디렉토리에 파일을 만들 경우 여러 보안 취약점을 야기할 수 있어 실제 상용 프로그램에서는 사용하지 말아야 한다).

 클라이언트/서버 응용 프로그램에서는 서버에서 사용하는 이미 알려진(지정된) 주소나 이름이 자주 나오는데, 이는 클라이언트에서 서비스를 사용하도록 외부로 노출시키기 위해서다. 이미 알려진 주소를 사용하는 것은 클라이언트가 어디에서 어떻게 서버로 접속해야 하는지에 대한 하나의 해결책이다. 다른 가능한 해결책은 네임 서버 등을 사용해 서버가 자신의 서비스를 등록할 수 있게 하는 것이다. 각 클라이언트는 네임 서버에 접근해 본인이 원하는 서비스의 위치를 얻을 수 있다. 이 해결책으로 서버의 위치를 유연하게 설계할 수 있다. 하지만 추가적인 프로그래밍 작업이 필요하다. 여기서 물론 클라이언트와 서버는 네임 서버가 어디 있는지 알고 있어 접근할 수 있어야 한다. 네임 서버는 일반적으로 이미 알려진 주소에 위치한다.

그러나 만일 단일 FIFO로는 응답을 모든 클라이언트에 전송할 수 없다. 다중 클라이언트는 FIFO를 읽으려고 경쟁할 것이고, 각 클라이언트의 해당하는 응답을 받는 것이 아니라 다른 클라이언트에 해당하는 응답을 받을 확률이 높기 때문이다. 그래서 각 클라이언트는 유일한 FIFO를 생성하고 서버는 이를 이용해 응답을 클라이언트에 전송한다. 그리고 서버는 어떻게 클라이언트의 FIFO를 찾는지 알고 있어야 한다. 가능한 하나의 방법은 클라이언트가 FIFO 경로명을 만들고 이를 요청 메시지에 실어 보내는 것이다. 다른 대안은, 클라이언트와 서버가 클라이언트 FIFO 경로명을 만들 방법에 동의하고 클라이언트는 서버에 이에 필요한 정보를 전달해서 서버는 이 정보로 클라이언트에 맞는 FIFO 경로명을 만들어내는 것이다. 이번 예제에서는 후자의 해결책을 사용한다. 프로세스 ID를 포함한 경로명으로 구성된 템플릿(CLIENT_FIFO_TEMPLATE)을 기반으로 각 클라이언트의 FIFO 이름을 짓는다. 프로세스 ID를 포함함으로써 유일한 이름을 쉬운 방법으로 클라이언트에게 제공한다.

그림 7-6은 어떻게 응용 프로그램이 클라이언트/서버 프로세스 간 통신에 FIFO를 사용하는지 보여준다.

헤더 파일(리스트 7-6)은 클라이언트가 서버로 전송하는 요청 메시지와 서버가 클라이언트에 전송하는 응답 메시지의 포맷을 정의한다.

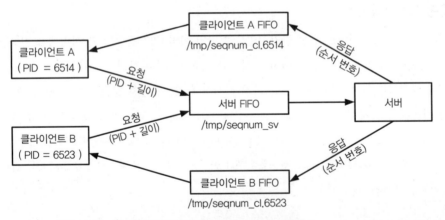

그림 7-6 단일 서버와 다중 클라이언트 응용 프로그램에서 FIFO 사용하기

파이프와 FIFO의 데이터가 바이트 스트림임을 상기해보면 다중 메시지 사이의 경계가 보존되지 않음을 알 수 있다. 이는 다중 메시지가 단일 프로세스 사용하는 서버로 전송된 경우 송신자와 수신자는 메시지를 구분 규칙을 분명히 합의해야 한다는 뜻이다. 여기에는 다양한 접근 방식이 가능하다.

- 줄바꿈 문자 같은 **구분 문자**delimiter character를 사용해 각 메시지를 구분한다(이 기술의 예는 549페이지에 있는 리스트 22-1의 `readLine()`을 참조하라). 이 경우에 구분 문자 하나를 정해 메시지에 절대로 나타나지 않게 하는 방법을 사용하거나 메시지에 구분 문자가 나타나더라도 이 구분 문자를 회피(대치)하는 규칙을 반드시 채택해야 한다. 예를 들어 줄바꿈 문자를 사용한다면 문자 '\'와 'n'이 합쳐져서 메시지 안에 줄바꿈 문자로 사용될 수 있고 반면에 '\\'는 실제 '\' 문자로 사용된다. 이 방법의 결점은 프로세스가 FIFO로부터 읽은 메시지 데이터를 줄바꿈 문자가 나올 때까지 반드시 스캔해야 한다는 것이다.

- 각 메시지에 고정된 헤더 길이와 길이 필드를 담아, 몇 바이트의 가변 길이 메시지가 남아 있음을 명시한다. 이 경우 읽기 프로세스는 처음에 FIFO로부터 헤더를 읽고 그 안의 길이 필드를 사용해 앞으로 읽을 메시지의 남은 부분이 얼마만큼인지를 판단한다. 이 방식은 임의 크기의 메시지를 전달받을 경우 효율적으로 사용할 수 있지만 비정상 메시지(예: 잘못된 길이 필드)가 파이프로 들어오는 경우 문제가 발생할 수 있다.

- 고정된 길이의 메시지를 사용하는 경우 서버는 항상 고정된 크기의 메시지를 읽으면 된다. 이는 단순한 프로그램에서는 장점이 된다. 그러나 필요 이상의 크기로 메시지를 설계하기 때문에 채널 대역폭이 낭비된다(작은 크기의 메시지도 고정된 크기로 만들어야 하기 때문에). 그리고 하나의 클라이언트가 우연하게나 고의로 정확히 일치하지 않는 길이의 메시지를 전송하면 이후에 들어오는 메시지도 크기가 밀려 균형이 깨진다. 이런 상태에서 서버는 쉽게 복구될 수 없다.

이 세 가지 기술을 그림 7-7에 표현했다. 각 기술의 메시지 최종 크기는 반드시 `PIPE_BUF`바이트 크기보다 작아야 한다. 커널이 메시지를 처리하는 과정에서 깨질 가능성이 있고 다른 송신자가 보낸 메시지와 섞여 망가지는 경우를 피하기 위해서다.

> 본문에서 설명한 이 세 가지 기술은 단일 채널(FIFO)을 사용해 모든 클라이언트에서 보내는 메시지를 처리한다. 이것을 대신해서 각 메시지마다 단일 연결을 만들 수 있다. 송신자는 통신 채널을 열고 메시지를 전송한 후 채널을 닫는다. 수신자는 메시지에서 EOF(end-of-file)를 만나면 메시지 전송이 완료됐음을 알 수 있다. 다중 송신자가 FIFO를 열고 이를 점유하고 있다면 위에서 언급한 기술은 사용할 수 없다. 수신자 측에서 송신자가 FIFO를 닫았다 하더라도 EOF를 볼 수 없기 때문이다. 그러나 스트림 소켓을 사용하면 서버는 접속하는 각 클라이언트의 유일한 통신 채널을 만들어서 이 기술을 구현할 수 있다.

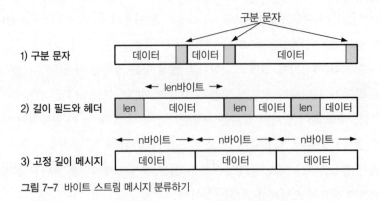

그림 7-7 바이트 스트림 메시지 분류하기

예제 응용 프로그램은 위에서 설명한 클라이언트가 고정 길이의 메시지를 서버로 보
내는 세 번째 기술을 사용한다. 이 메시지는 request 구조체로 리스트 7-6에 정의되어
있다. 서버로 보내는 각 요청에 클라이언트의 프로세스 ID를 포함하고, 서버는 이를 사용
해서 클라이언트가 받을 응답의 FIFO 이름을 만든다. 요청에는 얼마나 많은 수의 순서
번호가 이 클라이언트에 할당됐는지를 나타내는 필드(seqLen)가 포함되어 있다. 서버로
부터 클라이언트로 전송되는 응답 메시지는 seqNum이라는 단일 필드로 구성된다. 이 값
은 클라이언트에 할당된 순서 번호의 범위 중에서 시작값을 의미한다.

리스트 7-6 fifo_seqnum_server.c와 fifo_seqnum_client.c의 헤더 파일

```
                                                              pipes/fifo_seqnum.h
#include <sys/types.h>
#include <sys/stat.h>
#include <fcntl.h>
#include "tlpi_hdr.h"

#define SERVER_FIFO "/tmp/seqnum_sv"
                        /* 서버 FIFO에 사용할 이미 알려진 이름   */
#define CLIENT_FIFO_TEMPLATE "/tmp/seqnum_cl.%ld"
                        /* 클라이언트 FIFO 이름의 템플릿 */
#define CLIENT_FIFO_NAME_LEN (sizeof(CLIENT_FIFO_TEMPLATE) + 20)
                        /* 클라이언트 FIFO 경로명의 크기
                          (추가 20바이트는 PID에 사용할 넉넉한 공간 확보) */

struct request {            /* 요청(클라이언트 --> 서버) */
    pid_t pid;              /* 클라이언트의 PID */
    int seqLen;            /* 원하는 순서 길이*/
};

struct response {           /* 응답(서버 --> 클라이언트) */
    int seqNum;            /* 순서 번호 시작 */
};
```

서버 프로그램

리스트 7-7은 서버에서 사용하는 코드다. 서버는 다음과 같은 절차를 수행한다.

- 이미 알려진 서버 FIFO를 만들고① FIFO를 읽기 위해 연다②. 서버는 반드시 어떤 클라이언트보다 먼저 실행돼야 하고, 서버 FIFO는 클라이언트가 이를 열기 전에 존재해야 한다. 서버의 open()은 처음 클라이언트가 쓰기 위해 서버 FIFO를 연 작업이 끝날 때까지 블록된다.

- 쓰기를 수행하기 위해 한 번 더 서버 FIFO를 연다③. 이 작업은 결코 블록되지 않는데 이미 FIFO를 읽으려고 열어뒀기 때문이다. 이 두 번째 열기는 모든 클라이언트가 쓰기 FIFO 끝을 닫지 않았으면 서버는 EOF를 볼 수 없기 때문에 이를 확인할 때 사용할 수 있다.

- 서버가 클라이언트 FIFO에 쓰기를 시도했으나 FIFO에 읽기가 열린 상태가 아니라면 SIGPIPE 시그널(기본적으로 이것은 프로세스를 죽인다)을 보내기 때문에 SIGPIPE 시그널을 무시하고④ EPIPE 에러를 write() 시스템 호출로부터 받는다.

- 루프로 들어가서 각 클라이언트의 요청을 읽고 응답한다⑤. 응답을 보내려고 서버는 클라이언트 FIFO의 이름을 만들고 이를 연다⑦.

- 서버가 클라이언트 FIFO를 열다가 에러가 발생하면 그 클라이언트의 요청은 무시한다⑧.

이 예제는 반복 응답 서버iterative server로, 서버는 다음 클라이언트의 요청이 오기 전에 각 클라이언트 요청을 읽고 처리한다. 반복 응답 서버는 각 클라이언트 요청이 빠르게 처리하고 응답할 수 있게 설계되어 다른 클라이언트의 요청 처리가 지연되지 않는다. 이와 반대의 동시 처리 서버concurrent server가 있는데, 주 서버 프로세스는 분리된 자식 프로세스(혹은 스레드)를 이용해서 클라이언트 요청을 동시에 처리한다. 이 서버 설계는 23장에서 다룬다.

리스트 7-7 FIFO를 사용하는 반복 처리 서버

```
                                            pipes/fifo_seqnum_server.c
#include <signal.h>
#include "fifo_seqnum.h"

int
main(int argc, char *argv[])
{
    int serverFd, dummyFd, clientFd;
```

```c
    char clientFifo[CLIENT_FIFO_NAME_LEN];
    struct request req;
    struct response resp;
    int seqNum = 0;                         /* 이것이 '서비스'다. */

    /* 이미 알려진 FIFO를 만들고 이를 연다. */

    umask(0);                               /* 원하는 권한을 획득한다. */
①  if (mkfifo(SERVER_FIFO, S_IRUSR | S_IWUSR | S_IWGRP) == -1
                && errno != EEXIST)
        errExit("mkfifo %s", SERVER_FIFO);
②  serverFd = open(SERVER_FIFO, O_RDONLY);
    if (serverFd == -1)
        errExit("open %s", SERVER_FIFO);

    /* 추가 쓰기 디스크립터를 열어 절대 EOF를 보지 못하게 한다. */

③  dummyFd = open(SERVER_FIFO, O_WRONLY);
    if (dummyFd == -1)
        errExit("open %s", SERVER_FIFO);

④  if (signal(SIGPIPE, SIG_IGN) == SIG_ERR)
        errExit("signal");

⑤  for (;;) {                              /* 요구를 읽고 응답을 보낸다. */
        if (read(serverFd, &req, sizeof(struct request))
                != sizeof(struct request)) {
            fprintf(stderr, "Error reading request; discarding\n");
            continue;                       /* 부분적 읽기이거나 에러 발생 */
        }

        /* 이미 클라이언트에서 만들어진 클라이언트 FIFO를 연다. */

⑥      snprintf(clientFifo, CLIENT_FIFO_NAME_LEN, CLIENT_FIFO_TEMPLATE,
                (long) req.pid);
⑦      clientFd = open(clientFifo, O_WRONLY);
        if (clientFd == -1) {         /* 여는 데 실패하면 클라이언트를 포기한다. */
            errMsg("open %s", clientFifo);
⑧          continue;
        }

        /* 응답으로 보내고 FIFO를 닫는다. */
        resp.seqNum = seqNum;
        if (write(clientFd, &resp, sizeof(struct response))
                != sizeof(struct response))
            fprintf(stderr, "Error writing to FIFO %s\n", clientFifo);
        if (close(clientFd) == -1)
```

```
            errMsg("close");

        seqNum += req.seqLen;        /* 순서 번호를 갱신한다. */
    }
}
```

클라이언트 프로그램

리스트 7-8은 클라이언트 코드를 보여준다. 클라이언트는 다음과 같은 절차를 수행한다.

- 서버로부터 받을 응답에 사용할 FIFO를 만든다②. 이는 서버가 FIFO를 열고 응답을 보내기 전에 클라이언트 FIFO가 존재해야 하므로 요청을 보내기 전에 완료돼야 한다.
- 서버로 전송할 메시지를 만든다. 이 메시지는 클라이언트의 프로세스 ID와 서버로부터 할당받고 싶은 순서 번호의 길이를 나타내는 수(옵션으로 명령행으로 받는다)를 포함한다④(명령행 인자가 없는 경우 기본 순서 번호의 길이는 1이다).
- 서버 FIFO를 연다⑤. 그리고 서버로 메시지를 전송한다⑥.
- 클라이언트 FIFO를 연다⑦. 그리고 서버의 응답을 읽고 출력한다⑧.

여기서 따로 살펴봐야 할 부분은 atexit()로 설정되는③ 종료 핸들러exit handler다①. 이는 프로세스가 종료될 때 클라이언트의 FIFO가 됐는지 확인시켜준다. 다른 방법은 unlink()를 클라이언트 FIFO의 open() 바로 다음에 호출하는 것이다. 이는 잘 동작할 텐데, 서버와 클라이언트가 블로킹 open()을 호출한 뒤 각자 FIFO 파일 디스크립터를 갖고 있고 FIFO 이름을 파일 시스템에서 제거해도 실제 이 디스크립터나 이것이 가리키는 열린 디스크립터에는 아무런 영향을 미치지 않기 때문이다.

아래 예는 클라이언트와 서버를 실행했을 때 보게 될 결과다.

```
$ ./fifo_seqnum_server &
[1] 5066
$ ./fifo_seqnum_client 3        3개의 순서 번호 요청
0                               할당된 순서가 0으로 시작한다.
$ ./fifo_seqnum_client 2        2개의 순서 번호 요청
3                               할당된 순서가 3으로 시작한다.
$ ./fifo_seqnum_client          단일 번호 요청
5
```

```
                                                          pipes/fifo_seqnum_client.c
  #include "fifo_seqnum.h"

  static char clientFifo[CLIENT_FIFO_NAME_LEN];

  static void   /* exit에서 클라이언트 FIFO를 지우기 위해 호출하는 함수 */
① removeFifo(void)
  {
      unlink(clientFifo);
  }

  int
  main(int argc, char *argv[])
  {
      int serverFd, clientFd;
      struct request req;
      struct response resp;

      if (argc > 1 && strcmp(argv[1], "--help") == 0)
          usageErr("%s [seq-len...]\n", argv[0]);

      /* FIFO 만들기(경쟁 상태를 만들지 않으려고 요청을 보내기 전에 만든다) */

      umask(0);                              /* 원하는 권한 획득 */
②     snprintf(clientFifo, CLIENT_FIFO_NAME_LEN, CLIENT_FIFO_TEMPLATE,
                (long) getpid());
      if (mkfifo(clientFifo, S_IRUSR | S_IWUSR | S_IWGRP) == -1
                  && errno != EEXIST)
          errExit("mkfifo %s", clientFifo);
③     if (atexit(removeFifo) != 0)
          errExit("atexit");

      /* 메시지를 만들고 서버 FIFO를 열고 요청을 보낸다. */

④     req.pid = getpid();
      req.seqLen = (argc > 1) ? getInt(argv[1], GN_GT_0, "seq-len") : 1;

⑤     serverFd = open(SERVER_FIFO, O_WRONLY);
      if (serverFd == -1)
          errExit("open %s", SERVER_FIFO);

⑥     if (write(serverFd, &req, sizeof(struct request)) !=
              sizeof(struct request))
          fatal("Can't write to server");

      /* FIFO를 열고 응답을 읽고 화면에 표시한다. */
```

```
⑦    clientFd = open(clientFifo, O_RDONLY);
     if (clientFd == -1)
         errExit("open %s", clientFifo);

⑧    if (read(clientFd, &resp, sizeof(struct response))
             != sizeof(struct response))
         fatal("Can't read response from server");

     printf("%d\n", resp.seqNum);
     exit(EXIT_SUCCESS);
}
```

7.9 비블로킹 I/O

앞에서도 언급했듯이 프로세스가 FIFO의 한쪽 끝을 열어올 때 FIFO의 다른 쪽 끝이 열리지 않으면 불록된다. 가끔 블록되지 않기를 원할 때가 있는데 이런 취지에서 open()을 호출할 때 사용하는 O_NONBLOCK 플래그가 만들어졌다.

```
fd = open("fifopath", O_RDONLY | O_NONBLOCK);
if (fd == -1)
    errExit("open");
```

FIFO의 다른 한 끝이 이미 열려 있다면 O_NONBLOCK 플래그는 open() 호출에 아무런 영향을 주지 않아 평소와 다름없이 성공적으로 FIFO를 열 것이다. O_NONBLOCK 플래그는 오직 FIFO의 다른 쪽 끝이 열리지 않았을 때만 영향을 주는데, FIFO를 읽기용으로 여는지 쓰기용으로 여는지에 따라 그 영향이 달라진다.

- FIFO를 읽으려고 열고 FIFO의 다른 끝을 쓰려고 연 프로세스가 없다면 open() 호출은 바로 성공할 것이다(다른 한쪽 끝이 이미 열려 있는 것처럼).
- FIFO를 쓰려고 열고 FIFO의 다른 끝이 읽기로 열려 있지 않다면 open()은 실패하고 errno로 ENXIO를 설정한다.

이런 O_NONBLOCK 플래그의 불균형성은 FIFO를 읽기용으로 열었는지 쓰기용으로 열었는지에 달려 있는데, 다음과 같이 설명할 수 있다. FIFO의 다른 쪽 끝이 쓰기용으로 열려 있지 않을 때 FIFO를 읽으려고 여는 것은 가능하다. FIFO에 대한 어떤 읽기 시도에도 데이터가 리턴되지 않기 때문이다. 그러나 FIFO가 읽기용으로 열려 있지 않은 상태에서 쓰려고 열면 write()로부터 SIGPIPE 시그널과 EPIPE 에러를 발생시킨다.

표 7-1은 위에서 설명한 O_NONBLOCK을 포함해 FIFO 열기의 의미를 요약한 것이다.

표 7-1 FIFO open()의 의미

open() 형식		open() 결과	
목적	추가 플래그	FIFO 다른 쪽 끝이 열린 경우	FIFO 다른 쪽 끝이 닫힌 경우
읽기	없음(블로킹)	바로 성공	블록
	O_NONBLOCK	바로 성공	바로 성공
쓰기	없음(블로킹)	바로 성공	블록
	O_NONBLOCK	바로 성공	실패(ENXIO)

O_NONBLOCK 플래그를 사용해 FIFO를 여는 데는 두 가지 목적이 있다.

- 이는 단일 프로세스상에서 FIFO의 두 끝을 열 수 있게 한다. 프로세서가 처음 O_NONBLOCK 플래그를 사용해 FIFO 읽기를 연 다음, FIFO 쓰기를 연다.
- 프로세스가 2개의 파이프를 열 때 데드락 상태에 빠지는 경우를 방지한다.

데드락 상황에서 각 프로세스는 다른 프로세스의 동작이 완료되기를 기다리기 때문에 2개 이상의 프로세스가 블록된다. 그림 7-8은 데드락된 2개의 프로세스를 보여준다. 각 프로세스는 FIFO 읽기가 열릴 때까지 기다리면서 블록된다. 각 프로세스가 다음 단계(FIFO 쓰기를 여는 것)를 진행할 수 있다면 블록은 발생하지 않을 것이다. 이런 특이한 데드락 문제는 프로세스 Y의 수행 단계인 1과 2의 순서를 재배열함으로써 해결할 수 있다. 반대로 프로세스 X의 실행 순서는 변경하지 않고 그대로 사용하거나, 그 반대로 프로세스 Y의 순서를 변경하지 않고 X만을 변경해 사용한다. 그러나 이런 실행 단계 재배열은 몇몇 응용 프로그램에서 쉽게 사용할 수 없다. 따라서 순서를 재배치하는 대신 둘 중 하나의 프로세스나 둘 다의 FIFO 읽기를 O_NONBLOCK 플래그로 여는 것이다.

```
프로세스 X                      프로세스 Y

1. FIFO A를 읽기용으로 열기       1. FIFO B를 읽기용으로 열기
                     블록                             블록
2. FIFO B를 쓰기용으로 열기       2. FIFO A를 쓰기용으로 열기
```

그림 7-8 2개의 FIFO를 여는 프로세스들 사이의 데드락

비블로킹 read( )와 write( )

O_NONBLOCK 플래그는 open()의 의미에 영향을 미칠 뿐만 아니라, 이어지는 read()와 write() 호출에도 영향을 준다. 이미 설정된 플래그는 열린 파일 디스크립터에 그대로 남아 있기 때문이다. 이 영향에 관해서는 7.10절에서 설명한다.

가끔 이미 열린 FIFO(혹은 다른 형태의 파일)의 O_NONBLOCK 플래그 상태를 변경해야 할 때가 있다. 이런 변경이 필요한 시나리오를 생각해보면 다음과 같다.

- O_NONBLOCK 플래그를 사용해 FIFO를 열었지만 추후 read()와 write() 호출은 블로킹 모드에서 동작하기를 원하는 경우
- pipe()가 리턴한 파일 디스크립터를 비블로킹 모드에서 사용할 수 있게 하는 경우. 좀 더 일반적으로 말하면, open() 호출로 얻어진 어떤 파일 디스크립터의 비블로킹 상태를 변경하고 싶은 경우다. 예들 들면, 세 가지 표준 디스크립터 중 하나가 새로운 프로그램 실행 중에 셸에 의해 열린 경우나 socket() 호출을 통해 파일 디스크립터가 리턴된 경우다.
- 특정 응용 프로그램 목적 때문에 파일 디스크립터의 O_NONBLOCK 플래그를 켜거나 끄도록 설정을 변경할 필요가 있다.

이런 목적 때문에 fcntl()을 사용해 열린 파일 상태 플래그인 O_NONBLOCK을 켜거나 끌 수 있다. 이를 사용해 플래그를 설정하려면 다음과 같이 한다(에러 검사는 생략했다).

```
int flags;

flags = fcntl(fd, F_GETFL);          /* 파일의 상태 플래그를 가져옴 */
flags |= O_NONBLOCK;                  /* O_NONBLOCK 비트 설정 */
fcntl(fd, F_SETFL, flags);           /* 파일 상태 플래그 갱신 */
```

그리고 이 플래그를 제거하려면 다음과 같이 한다.

```
flags = fcntl(fd, F_GETFL);
flags &= ~O_NONBLOCK;                 /* O_NONBLOCK 비트 설정 취소 */
fcntl(fd, F_SETFL, flags);
```

7.10 파이프와 FIFO에서 read()와 write() 함수의 의미

표 7-2에는 O_NONBLOCK 플래그의 영향을 비롯해, 파이프와 FIFO의 동작을 요약해뒀다.

블로킹 읽기와 비블로킹 읽기의 유일한 차이점은 보낼 데이터가 없는 경우와 쓰기 끝

이 열린 경우에 발생한다. 이 경우 보통 read()는 블록되는 반면에 비블로킹 read()는
EAGAIN 에러와 함께 실패한다.

표 7-2 *p*바이트를 갖고 있는 파이프와 FIFO에서 *n*바이트 읽어오기의 의미

O_NONBLOCK이 설정됐는가?	파이프나 FIFO(*p*)에 사용 가능한 데이터 바이트			
	p = 0, 쓰기 끝이 열림	*p* = 0, 쓰기 끝이 닫힘	p < n	p >= n
아니오	블록	0을 리턴(EOF)	*p*바이트 읽기	*n*바이트 읽기
예	실패(EAGAIN)	0을 리턴(EOF)	*p*바이트 읽기	*n*바이트 읽기

파이프와 FIFO에 쓰기를 하는 경우 O_NONBLOCK 플래그의 영향은 PIPE_BUF 한도와
상호 연동해야 하기 때문에 더 복잡하다. 표 7-3은 write() 동작을 요약하고 있다.

표 7-3 파이프와 FIFO에 n바이트 쓰기의 의미

O_NONBLOCK이 설정됐는가?	읽기 끝 열림		읽기 끝 닫힘
	n <= PIPE_BUF	n > PIPE_BUF	
아니오	자동으로 *n*바이트를 쓴다. write()를 수행할 수 있게 충분히 데이터가 읽히지 않는다면 블록될 수 있다.	*n*바이트를 쓴다. write()를 수행할 수 있도록 충분한 데이터가 읽히지 않는다면 블록될 수 있다. 다른 프로세스가 쓴 데이터와 공존할 수 있다.	SIGPIPE + EPIPE
예	충분한 공간이 남아 있다면 *n*바이트를 즉시 쓰고 자동적으로 성공한다. 그렇지 않다면 실패(EAGAIN)한다.	충분한 공간이 있다면 일부 바이트를 쓰고 그 후 나머지 1과 *n*바이트 사이를 쓸 것이다(다른 프로세스가 쓴 데이터와 공존할 수 있다). 그렇지 않은 경우 write()는 실패(EAGAIN)한다.	

O_NONBLOCK 플래그는 파이프와 FIFO에 write()할 때 어떤 경우이든 즉시 데이터
를 전송할 수 없다면 실패(EAGAIN 에러와 함께)를 발생시킨다. 이는 PIPE_BUF바이트만큼의
데이터를 쓸 때 파이프와 FIFO에 충분한 공간이 없다면 write()는 즉시 실패함을 의미
한다. 커널은 즉시 오퍼레이션을 완료하지 못하고 데이터를 일부분만 쓸 수도 없기 때문
이다. 그래서 PIPE_BUF바이트만큼의 데이터를 쓰는 것이 아토믹하다는 요구사항을 변
경할 필요가 있다.

한 번에 PIPE_BUF바이트 이상의 데이터를 쓸 때 쓰기는 아토믹할 필요가 없다. 이런 이유로 write()는 가능한 만큼의 바이트(일부 쓰기)를 전송해서 파이프나 FIFO를 채운다. 이 경우 write()가 리턴한 값은 실제 전송된 데이터의 수이고, 호출자는 남은 바이트를 전송하기 위해 나중에 재시도를 한다. 그러나 파이프나 FIFO가 꽉 차 있어 단 한 바이트도 전송할 수 없다면 write()는 EAGAIN 에러로 실패한다.

7.11 정리

파이프는 유닉스 시스템상의 첫 번째 IPC 방식이었고 셸뿐만 아니라 여타 응용 프로그램에서 자주 사용됐다. 파이프는 단방향성이고 제한된 바이트 스트림 용량을 사용해 관련 프로세스 간에 통신을 한다. 어떤 블록 크기의 데이터도 파이프에 쓸 수 있다고는 하지만 PIPE_BUF바이트를 초과하는 데이터를 쓰면 아토믹함을 보장할 수 없다. IPC 방식을 사용하는 목적과 마찬가지로 파이프도 프로세스 동기화에 사용할 수 있다.

파이프를 이용할 때 사용하지 않는 디스크립터를 닫아주는 것은 읽기 프로세서가 EOF를 감지하고 쓰기 프로세스가 SIGPIPE 시그널이나 EPIPE 에러를 받음을 보장하기 위해서다(보통 응용 프로그램을 작성할 때 파이프가 SIGPIPE 시그널은 무시하고 EPIPE 에러로 파이프가 깨졌음을 감지하게 하는 것이 제일 쉬운 방법이다).

popen()과 pclose() 함수는 프로그램이 파이프 생성, 셸 실행, 사용하지 않는 디스크립터를 닫는 처리 없이도 표준 셸 명령으로 주고받을 수 있게 한다.

FIFO는 mkfifo()로 생성하고 파일 시스템에 이름이 있으며 적합한 권한이 있는 어떤 프로세스도 열 수 있다는 점을 제외하면 파이프와 동작하는 법이 정확히 일치한다. 다른 프로세스가 데이터를 쓰려고 FIFO를 열기에 앞서 블록을 읽으려고 FIFO를 여는 것이 기본이고 반대도 가능하다.

7장에서는 관련된 여러 주제를 살펴봤다. 첫 번째로 어떻게 파일 디스크립터를 복사하고 그 방법을 이용해 표준 입력과 출력의 필터로 파이프에 연결하는지 살펴봤다. FIFO를 사용한 클라이언트/서버 예제에서는 서버의 이미 알려진 주소를 비롯해, 반복 응답과 그 반대인 동시 처리 서버 설계 등 클라이언트/서버 설계에 관련된 다양한 주제를 다뤘다. FIFO 응용 프로그램 개발 예에서는 파이프를 통해 바이트 스트림이 전송되지만 데이터를 메시지로 포장해서 프로세스 간 통신에 유용하게 쓸 수 있는 다양한 방식을 살펴봤다.

마지막으로, FIFO를 열거나 I/O 오퍼레이션을 수행할 때 O_NONBLOCK(비블로킹 I/O) 플래그의 영향을 살펴봤다. O_NONBLOCK 플래그는 FIFO를 여는 동안 블록되지 않는 데 유용하게 쓰인다. 그리고 읽을 데이터가 없는 경우에 블록되거나, 파이프나 FIFO에 충분한 공간이 없어 쓰기가 블록되는 것을 원하지 않을 때도 유용하다.

더 읽을거리

[Bach, 1986]과 [Bovet & Cesati, 2005]에서 파이프 구현에 대한 논의를 찾을 수 있다. 파이프와 FIFO의 자세한 내용은 [Vahalia, 1996]에 자세히 나와 있다.

7.12 연습문제

7-1. 2개의 파이프를 사용해 부모와 자식 프로세스 간에 양방향 통신을 할 수 있는 프로그램을 작성하라. 부모 프로세스는 루프에서 표준 입력으로 텍스트 블록 데이터를 읽고 하나의 파이프로 텍스트를 자식에게 전송하고 자식은 이를 받아 모든 문자를 대문자로 변경해 다른 파이프로 이를 부모에게 보내야 한다. 부모는 다음 루프를 계속해서 더 수행하기 전에 자식에게서 받은 데이터를 받아 표준 출력으로 내보낸다.

7-2. popen()과 pclose()를 구현하라. 이런 함수는 system() 구현에서 사용한 것처럼 시그널 핸들링이 필요하지 않아 단순화했지만 파이프 끝을 각 프로세스의 파일 스트림에 신중하고 조심스럽게 연결할 필요가 있고 모든 파이프 끝을 가리키는 사용하지 않는 디스크립터를 닫아야 한다. 자식은 다중 popen() 호출로 만들어질 수 있어 한 번에 동작할 수 있기 때문에 popen()이 할당한 파일 스트림 포인터와 연관된 해당 자식 프로세스의 데이터 구조를 관리할 필요가 있다(이 목적으로 배열을 사용하면 fileno() 함수는 파일 스트림에 대응하는 파일 디스크립터의 값을 리턴하는데, 이를 이용해 배열의 인덱스로 사용할 수 있다). 이 구조체를 사용해 프로세스 ID를 얻어오면 pclose()는 자식을 선택해서 기다릴 수 있다. 이 구조체는 새로운 자식 프로세스에서 반드시 닫혀야 하는 과거 호출로 생성된 아직 열려 있는 어떤 파일 스트림을 찾아 SUSv3의 요구사항을 맞추도록 도울 수 있다.

7-3. 리스트 7-7(fifo_seqnum_server.c)의 서버는 매번 시작할 때마다 항상 순서 번호 0번을 할당한다. 백업 파일을 사용해 순서 번호가 매번 갱신되게 프로그램을 수정하라(open()의 O_SYNC 플래그는 Vol. 1의 4.3.1절에 나와 있고 프로그램을 작성하는 데 도움이 될 것이다). 프로그램을 시작하면 백업 파일이 존재하는지를 검사하고 존재한다면 이

를 읽어 순서 번호 초기화에 사용하라. 실행 시 백업 파일이 존재하지 않는다면 새로운 백업 파일을 만들고 0으로 시작하는 새로운 순서 번호를 할당하라(대체 기술로 12장에서 설명하는 메모리 맵 파일을 사용해도 된다).

7-4. 리스트 7-7(fifo_seqnum_server.c)의 서버에 프로그램이 SIGINT나 SIGTERM 시그널을 받으면 서버 FIFO를 제거하고 종료되도록 코드를 수정하라.

7-5. 리스트 7-7(fifo_seqnum_server.c)의 서버가 두 번째 FIFO를 O_WRONLY로 열어 FIFO의 읽기 디스크립터(serverFd)를 읽을 때 절대 EOF를 보지 않게 수정하라. 이렇게 하기 전에 다른 접근 방식으로 시도하라. 서버가 읽기 디스크립터에서 EOF를 볼 때마다 디스크립터를 닫고 다시 한 번 FIFO를 읽기용으로 열게 만들라(이 열기는 다음 클라이언트가 FIFO를 쓰기용으로 열 때까지 블록될 수 있다). 이 접근 방식은 무엇이 잘못됐는가?

7-6. 리스트 7-7(fifo_seqnum_server.c)의 서버는 클라이언트 프로세스가 잘 동작한다고 생각한다. 이때 오동작하는 클라이언트가 클라이언트 FIFO를 만들고 이를 열지 않은 상태에서 요청을 서버로 전송했다면 서버의 클라이언트 FIFO를 열려는 시도는 블록될 것이며 다른 클라이언트의 요청 처리는 무한정 연기될 것이다(이것이 악의적으로 이뤄졌다면, 서비스 거부 공격denial-of-service attack으로 간주할 수 있다). 이 문제를 막기 위한 방법을 고안하라. 적절히 서버(가능하다면 리스트 7-8의 클라이언트도)를 확장하라.

7-7. FIFO를 비블로킹으로 열고 비블로킹 I/O 오퍼레이션을 검증하는 프로그램을 작성하라.

8

시스템 V IPC 소개

시스템 V IPC는 프로세스 간 통신에 사용하는 세 가지 기술을 가리키는 용어다.

- 메시지 큐message queue는 프로세스 간에 메시지를 전달할 때 사용한다. 메시지 큐는 파이프와 비슷하지만 두 가지 차이점이 있다. 첫째, 메시지의 경계가 존재하기 때문에 메시지 범위가 정해지지 않은 바이트 스트림과는 달리 송신자와 수신자가 메시지 단위로 통신한다. 둘째, 각 메시지는 정수형 type 필드를 갖고 있는데, 이를 통해 쓰여진 순서대로 메시지를 읽지 않고 종류별로 구분해 메시지를 선택할 수 있다.

- 세마포어semaphore는 다중 프로세스 간의 동작을 동기화할 때 쓴다. 커널이 관리하는 정수값을 세마포어라 하는데, 이 값은 권한을 갖고 있는 모든 프로세스에서 볼 수 있다. 프로세스는 세마포어의 값을 적절히 수정해서 어떤 동작이 수행 중인지를 상대 프로세스에게 알려준다.

- 공유 메모리shared memory는 다중 프로세스가 같은 영역(세그먼트segment라고 부르는)의 메모리 공간을 공유할 때 사용한다(예를 들면, 같은 페이지 프레임은 다중 프로세스의 가상 메모리에 매핑되는 것처럼). 사용자 메모리 공간을 접근하는 것은 빠르게 동작하기 때문에 공유 메모리는 IPC 중 가장 빠르게 동작하는 방식이다. 일단 하나의 프로세스에서 공유 메모리 공간을 갱신하면 즉시 같은 세그먼트를 공유하는 다른 프로세스에도 반영된다.

이 세 가지 IPC 기술은 상당히 다른 종류의 방식이지만 함께 이야기해야 하는 이유가 있다. 한 가지 이유는 1970년대 후반 콜럼버스 유닉스Columbus UNIX에서 이들이 같이 개발되어 처음 소개됐기 때문이다. 이는 벨Bell 내부 유닉스 구현으로, 전화 회사에서 회선 기록과 관리를 위한 데이터베이스와 트랜잭션 처리 시스템으로 개발된 것이다. 1983년경 이런 IPC 기술은 시스템 V IPC란 명칭으로 시스템 V에 처음 적용되면서 유닉스의 주요 구현 기술로 자리잡게 된다.

시스템 V IPC 기술을 한꺼번에 이야기하는 주요 원인은 프로그래밍 인터페이스가 몇 가지 특징을 공유하고 상당수의 같은 개념이 이 기술에 적용됐기 때문이다.

 SUSv3는 XSI 호환 때문에 시스템 V IPC가 필요하고, 이는 XSI IPC라고도 한다.

8장에서는 시스템 V IPC 개요와 세 가지 방식에서 사용하는 공통 기술의 세부 특징을 살펴본다. 이 세 가지 방식의 개별 기술은 이후의 장들에서 세부적으로 다룬다.

 시스템 V IPC 커널 옵션은 CONFIG_SYSVIPC 옵션으로 설정한다.

8.1 API 개요

표 8-1은 시스템 V IPC 객체를 사용하는 데 필요한 헤더 파일과 시스템 호출을 요약한 것이다.

몇몇 구현에서는 표 8-1에 나타난 헤더를 포함시키기 전에 <sys/types.h>를 포함시켜야 한다. 예전 버전의 유닉스 구현에서는 <sys/ipc.h>가 필요하기도 하다(단일 유닉스 표준 버전이 아닌 경우 이 헤더 파일이 필요하기 때문이다).

리눅스가 구현된 대부분의 하드웨어 아키텍처에서는 하나의 시스템 호출(ipc(2))이 모든 시스템 V IPC를 위한 커널 진입 지점으로 동작하고, 표 8-1에 열거된 모든 호출은 시스템 호출의 제일 상위 계층의 라이브러리 함수로 실제 구현된 것들이다(이 규칙에서 알파와 IA-61이라는 두 가지 예외가 있는데, 여기서는 표에 열거된 함수가 실제 개별 시스템 호출로 구현됐다). 이것은 초기 시스템 V IPC의 결과물로 적재 가능 커널 모듈이라는 보통 시스템 호출을 만들 때 사용하지 않는 방식으로 만들어졌다. 대부분의 리눅스 구조상에서는 실제 라이브러리 함수이지만, 이번 8장에서는 표 8-1과 같이 시스템 호출 함수로 나타냈다. C 라이브러리 구현자만 ipc(2)를 사용할 필요가 있고 다른 응용 프로그램에는 적용할 수 없다.

표 8-1 시스템 V IPC 객체의 프로그램 인터페이스 요약

인터페이스	메시지 큐	세마포어	공유 메모리
헤더 파일	⟨sys/msg.h⟩	⟨sys/sem.h⟩	⟨sys/shm.h⟩
연관된 데이터 구조체	msqid_ds	semid_ds	shmid_ds
객체 생성/열기	msgget()	semget()	shmget() + shmat()
객체 닫기	(없음)	(없음)	shmdt()
오퍼레이션 제어	msgctl()	semctl()	shmctl()
IPC 수행	msgsnd(): 메시지 쓰기	semop(): 테스트/조정	공유 영역 메모리 접근
	msgrcv(): 메시지 읽기	세마포어	

시스템 V IPC 객체 생성과 열기

각 시스템 V IPC 방식은 파일을 열 때 사용하는 open() 시스템 호출과 유사한 get 시스템 호출(msgget(), semget(), shmget())을 갖고 있다. get 호출에 주어진 정수 키(파일 이름과 비슷한 값)를 사용한다.

- 주어진 키로 새로운 IPC 객체를 생성하고 객체의 유일한 식별자를 리턴한다.
- 주어진 키에 해당하는 기존 IPC 객체의 식별자를 리턴한다.

두 번째 경우를 기존 IPC 객체를 연다고 한다. 이 경우 get 호출이 하는 일은 하나의 수(키)를 다른 수(식별자)로 바꾸는 것이다.

시스템 V IPC를 다룰 때 나오는 '객체'라는 용어는 객체 지향 프로그래밍에서의 '객체'와 연관성이 없다. 단순히 파일과 시스템 V IPC를 구분하려고 사용한 용어일 뿐이다. 파일과 시스템 V IPC 간에는 유사점이 있긴 하지만 IPC 객체를 사용하는 것은 몇 가지 중요한 관점에서 봤을 때 표준 유닉스 파일 I/O 모델과는 차이가 있고, 이 때문에 시스템 V IPC 방식을 사용할 때 복잡하다고 느끼기도 한다.

IPC 식별자identifier는 파일 디스크립터와 유사한데, IPC 객체를 참조하려는 이후의 모든 시스템 호출은 이를 사용해야 하기 때문이다. 그러나 여기에 중요한 의미적 차이가 있다. 파일 디스크립터는 프로세스의 속성인 반면 IPC 식별자는 객체 자체의 속성이고 시스템 전체적으로 공개된다. 같은 객체에 접근하는 모든 프로세스는 같은 식별자를 사용한다. IPC 객체가 이미 존재함을 알고 있다면 get 호출을 생략하고 객체 식별자를 알 수 있는 다른 방식을 사용할 수 있기 때문이다. 예를 들어 객체를 생성한 프로세스가 식별자를 파일에 기록해두면 다른 프로세스는 그 파일을 읽어 식별자를 알 수 있다.

다음 예제는 시스템 V 메시지 큐를 만드는 방법을 보여준다.

```
id = msgget(key, IPC_CREAT | S_IRUSR | S_IWUSR);
if (id == -1)
    errExit("msgget");
```

모든 get 호출은 첫 번째 인자로 키를 받고 함수의 결과로 식별자를 리턴한다. 새로운 객체를 생성할 때 get 호출의 마지막 인자(flags)로 권한을 지정할 수 있다. 이때 파일 시스템에서 사용하는 같은 비트 마스크를 사용해 지정한다(Vol. 1의 417페이지에 있는 표 15-4). 위 예에서는 오직 객체의 소유자만이 큐에 메시지를 읽고 쓸 수 있도록 지정했다.

프로세스 umask(Vol. 1의 15.4.6절)는 새로 생성된 IPC 객체의 권한에 적용하지 않는다.

 몇 가지 유닉스 구현은 IPC 권한을 지원하려고 MSG_R, MSG_W, SEM_R, SEM_A, SHM_R, SHM_W라는 비트 마스크를 정의한다. 이는 각 IPC 방식의 소유자(사용자)의 읽기와 쓰기 권한에 해당한다. 해당 그룹과 그 밖의 비트 마스크 권한을 얻으려면 위 비트 마스크를 오른쪽으로 3과 6비트만큼 시프트시킨다. 이 내용은 SUSv3에는 명시되어 있지 않지만 파일에서 사용하는 것과 동일한 비트 마스크를 사용하고, glibc 헤더에는 정의되어 있지 않다.

같은 IPC 객체에 접근하고자 하는 각 프로세스는 그 객체의 같은 식별자를 얻기 위해서 지정된 같은 키로 get을 호출한다. 8.2절의 응용 프로그램에서 어떻게 키를 선택하는지를 설명한다.

주어진 현존하는 키에 해당하는 IPC 객체가 없다면, IPC_CREAT(open()의 O_CREAT 플래그와 유사)를 플래그 인자에 지정해서 get 호출이 새로운 IPC 객체를 생성하게 한다. 시스템에 현존하는 해당 IPC 객체가 없고 IPC_CREAT 플래그가 설정되어 있지 않다면(그리고 키가 8.2절에서 설명한 IPC_PRIVATE 플래그로 설정되지 않았다면) get 호출은 ENOENT 에러로 실패할 것이다.

프로세스는 IPC_EXCL 플래그(open()의 O_EXCL 플래그와 유사)를 지정해 하나의 IPC 객체가 생성됨을 보장할 수 있다. IPC_EXCL이 지정되고 IPC 객체의 해당 키가 이미 존재한다면 get 호출은 EEXIST 에러와 함께 실패할 것이다.

IPC 객체 삭제와 객체 지속성

시스템 V IPC 방식의 ctl 시스템 호출(msgctl(), semctl(), shmctl())은 객체를 제어하는 일련의 오퍼레이션을 수행한다. IPC 방식은 이런 다양한 오퍼레이션을 기술하고 있지만, 보편적으로 모든 IPC 방식에서 사용하는 오퍼레이션들이 있다. 대표적인 일반 제어 오퍼레이션으로는 IPC_RMID가 있는데 객체를 삭제할 때 사용한다. 예를 들어 다음과 같이 공유 메모리 객체를 삭제할 수 있다.

```
if (shmctl(id, IPC_RMID, NULL) == -1)
    errExit("shmctl");
```

메시지 큐와 세마포어의 IPC 객체 삭제는 다른 프로세스가 사용하고 있는지에 상관없이 즉시 반영되며, 객체에 포함된 어떤 정보도 남지 않고 지워진다(이는 시스템 IPC 객체가 파일과 유사하지 않은 이유를 알려주는 여러 가지 관점 중 한 가지 논리다. Vol. 1의 18.3절에서 마지막 파일 링크를 제거했을 때 실질적으로 이를 참조하는 모든 파일 디스크립터가 닫히면 지워짐을 보았다).

공유 메모리 객체의 삭제는 다른 식으로 동작한다. shmctl(id, IPC_RMID, NULL) 호출을 살펴보면 공유 메모리 세그먼트는 모든 프로세스가 사용하는 세그먼트를 해제한(shmdt()를 사용해) 후에 제거가 가능하다(이는 파일 삭제 상황과 매우 유사하다).

시스템 V IPC 객체는 커널 지속성을 갖고 있다. 일단 생성되면 객체는 명시적으로 삭제하거나 시스템을 끄지 않는 한 커널에 계속 남아 있다. 이런 시스템 V IPC 객체의 특성은 장점으로 작용할 수 있다. 프로세스가 객체를 생성하고 상태를 변경하고 점유를 해제한 후에 새로 시작된 다른 프로세스에서 접근이 가능하기 때문이다. 그러나 이는 다음과 같이 불편한 점도 있다.

- IPC 객체는 종류별로 개수에 시스템 단위 한도가 있다. 사용하지 않는 객체를 제거하지 않는다면 결국 한도에 도달해 응용 프로그램이 에러를 발생시킬 수 있다.
- 객체를 안전하게 제거하려면 메시지 큐나 세마포어 객체를 삭제할 때 멀티프로세스 응용 프로그램의 경우 어떤 프로세스가 마지막으로 객체 접근이 필요한지 알아야 하지만 그러기 쉽지 않다. 문제는 객체가 연결성이 없기 때문에 커널이 어떤 프로세스가 객체를 열고 있는지 기록하지 않는다는 점이다(위에서 설명한 삭제 의미의 차이 때문에 이런 불편한 점은 공유 메모리 세그먼트에는 적용되지 않는다).

8.2 IPC 키

시스템 V IPC 키는 key_t 데이터형을 사용해 정수값으로 표현한다. IPC get 호출은 키를 해당 정수 IPC 식별자 값으로 변환한다. 호출이 새로운 IPC를 생성했다면 객체가 유일한 식별자를 가짐을 보장한다. 그리고 기존 객체의 키값을 지정했다면 해당 객체의 같은 식별자 값을 항상 얻게 될 것이다(8.5절에서 설명하듯이, 내부적으로 커널은 각 IPC 방식에 해당하는 키값을 식별자로 변환하는 데이터 구조체를 유지하고 있다).

그러면 어떻게 유일한 키를 제공할 것인가? 우연히 다른 응용 프로그램에서 사용하는 기존 IPC 객체의 식별자를 얻지 않음을 보장해야 한다. 여기서 세 가지 경우를 생각해보자.

- 헤더 파일에서 랜덤하게 정수 키를 선택해 IPC를 사용하는 모든 프로그램에서 이를 공유하는 것이다. 여기서 문제는 다른 응용 프로그램에서 이미 사용하는 값을 우연히 선택할 수 있다는 점이다.
- IPC 객체를 만들 때 IPC_PRIVATE라는 상수를 get 호출의 키값으로 지정해 새로운 IPC 객체의 유일한 키가 생성됨을 보장한다.
- ftok() 함수를 사용해 키(유일하다고 생각하는)를 생성한다.

보편적으로 ftok()와 IPC_PRIVATE 기술을 사용한다.

IPC_PRIVATE로 유일 키 생성하기

새로운 IPC 객체를 생성할 때 다음과 같이 키값에 IPC_PRIVATE를 명시한다.

```
id = msgget(IPC_PRIVATE, S_IRUSR | S_IWUSR);
```

이 경우에 IPC_CREAT나 IPC_EXCL 플래그를 명시할 필요가 없다.

이 기술은 멀티프로세스 응용 프로그램에서 사용하기 좋다. 자식이 IPC 객체의 식별자를 상속할 수 있도록, 부모 프로세스는 fork()를 수행하기에 앞서 IPC 객체를 생성한다. 이 기술을 클라이언트/서버 응용 프로그램에 사용할 수 있는데(이는 관계없는 프로세스를 포함한다) 클라이언트는 반드시 서버에서 생성된 IPC 객체의 식별자를 가져오는 방법을 알고 있어야만 한다(아니면 그 반대로). 예를 들면 IPC 객체를 만든 후 서버는 식별자를 파일에 쓸 수 있다. 그리고 클라이언트는 이 파일로부터 식별자를 읽을 수 있다.

ftok()를 사용해 유일 키 생성하기

ftok()(파일을 키로) 함수는 이후 시스템 V IPC get 시스템 호출 중 하나에 사용할 알맞은 키값을 리턴한다.

```
#include <sys/ipc.h>

key_t ftok(char *pathname, int proj);
                              성공하면 정수값을 리턴하고, 에러가 발생하면 −1을 리턴한다.
```

주어진 pathname(경로명)과 proj(프로세스 식별자) 값을 조합해 구현에 정의된 알고리즘으로 키값을 생성한다. SUSv3의 요구사항은 다음과 같다.

- 적어도 8비트 유효 proj를 알고리즘에 사용한다.
- 응용 프로그램은 state()를 적용할 수 있게 현재 시스템에 존재하는 파일을 pathname이 가리킴을 보장해야 한다(그렇지 않으면 ftok()는 -1을 리턴한다).
- 다른 경로명(링크)이 같은 파일(즉 i-노드)을 가리키고 이를 ftok()에 같은 프로세스 식별자 값과 함께 사용하면 반드시 항상 같은 키값을 리턴한다.

키값을 생성하는 또 다른 방법으로 ftok()에 파일이름 대신 i-노드 번호를 사용할 수 있다(ftok()의 내부 알고리즘은 i-노드 번호에 의존하고 있기 때문이다. 파일이 새로 생성되면 다른 i-노드 번호를 갖기 때문에 응용 프로그램 생명주기 동안 파일이 삭제되거나 새로 생성되면 안 된다). 프로세스 식별자(proj)는 같은 파일에 다중 키를 제공하려는 목적으로 사용한다. 응용 프로그램이 같은 형태의 다중 IPC 객체를 생성할 필요가 있는 경우에 유용하게 쓸 수 있다. 보통 프로세스 식별자의 형태는 문자(char)이고 간혹 ftok() 호출에 명시되어 사용된다.

SUSv3는 프로세스 식별자가 0인 경우의 ftok() 동작을 명시하고 있지 않다. AIX 5.1에서는 프로세스 식별자가 0인 경우 ftok()는 −1을 리턴한다. 리눅스는 이 값에 아무런 의미를 두지 않지만, 그럼에도 응용 프로그램의 이식성을 고려한다면 프로세스 식별자를 0으로 설정하는 것은 피해서 나머지 255개의 값 중 하나를 선택한다.

보통 ftok()에 지정하는 pathname은 응용 프로그램이 만들거나 형성한 하나의 파일이나 디렉토리를 가리키고 이와 협업하는 프로세스는 같은 pathname을 ftok()에 넘겨준다.

리눅스에서 ftok()는 32비트 키값을 리턴하는데 이는 적어도 8비트 유효 proj 인자와 파일이 있는 위치의 디바이스가 갖고 있는 최소 8비트 유효 디바이스 번호(즉 마이너 디바이스 번호)와 최소 16비트의 유효한 pathname에서 참조하는 파일의 i-노드 번호로 만들어진다(마지막 2개의 정보는 pathname상에서 stat()를 호출하면 얻을 수 있다).

glibc ftok() 알고리즘은 여타 유닉스 구현에서 사용할 때와 비슷한 제약사항이 있다. 즉 2개의 파일에서 같은 키값을 발생시킬 가능성(매우 적은)이 있다. 다른 파일 시스템에 있는 2개 파일의 i-노드 번호의 최소 유효 비트가 같을 수 있고, 2개의 디스크 디바이스(다중 디스크 컨트롤러를 갖는 시스템)에서 같은 마이너 디바이스 번호를 가질 수 있기 때문이다. 그러나 각기 다른 응용 프로그램상에서 키값이 충돌할 가능성은 매우 낮기 때문에 ftok()를 사용해 키를 생성해도 무방하다.

ftok()의 보편적인 사용 방법은 다음과 같다.

```
key_t key;
int id;

key = ftok("/mydir/myfile", 'x');
if (key == -1)
    errExit("ftok");

id = msgget(key, IPC_CREAT | S_IRUSR | S_IWUSR);
if (id == -1)
    errExit("msgget");
```

8.3 객체 권한과 데이터 구조체의 조합

커널은 각 시스템 V IPC 객체 인스턴스와 연관된 데이터 구조체를 유지한다. 이 데이터 구조체의 형태는 IPC 방식(메시지 큐, 세마포어, 공유 메모리)에 따라 다양하며, 해당 IPC 방식

(표 8-1 참조)의 헤더 파일에 정의되어 있다. 9장부터는 이런 각 데이터 구조체에 적용하는 특별한 방식에 대해 자세히 이야기할 것이다.

IPC 객체와 연관된 데이터 구조체는 객체의 get 시스템 호출로 만들어질 때 초기화된다. 일단 객체가 만들어지면 프로그램은 ctl 시스템 호출에 IPC_STAT로 오퍼레이션 형태를 명시하고 호출해 데이터 구조체의 복사본을 얻을 수 있다. 이와 반대로 데이터 구조체의 일부를 IPC_SET 오퍼레이션을 사용해 수정할 수도 있다.

IPC 객체의 형태에 특화된 데이터와 세 가지 모든 IPC 방식에 연관된 데이터 구조체는 내부에 ipc_perm이라는 하부 구조체를 갖고 있는데, 여기에는 객체 접근을 결정하는 권한 정보가 담겨 있다.

```
struct ipc_perm {
    key_t        __key;         /* 'get' 호출에 사용할 키값*/
    uid_t          uid;         /* 소유자의 사용자 ID */
    gid_t          gid;         /* 소유자의 그룹 ID */
    uid_t         cuid;         /* 생성자의 사용자 ID */
    gid_t         cgid;         /* 생성자의 그룹 ID */
    unsigned short mode;        /* 권한 설정 */
    unsigned short __seq;       /* 순서 번호 */
};
```

SUSv3는 __key와 __seq를 제외하고 위에 나온 ipc_perm의 모든 필드를 관리한다. 그러나 대부분의 유닉스 구현은 이런 필드의 몇 가지 버전을 제공한다.

uid와 gid 필드는 IPC 객체의 소유권을 명시할 때 사용한다. cuid와 cgid 필드는 객체를 생성한 프로세스 사용자와 그룹 ID 정보를 가리킨다. 초기에는 해당 사용자와 생성자 ID creator ID 필드가 호출 프로세스의 유효한 정보 ID로 설정되어 같은 값을 갖는다. 생성자 ID는 변경할 수 없지만 소유자 ID는 IPC_SET 오퍼레이션으로 변경이 가능하다. 다음 코드는 어떻게 공유 메모리 세그먼트(shmid_ds 형과 연관된 데이터 구조체)의 uid 필드를 변경하는지 보여준다.

```
struct shmid_ds shmds;

if (shmctl(id, IPC_STAT, &shmds) == -1)      /* 커널에서 읽어온다. */
    errExit("shmctl");
shmds.shm_perm.uid = newuid;                 /* 소유자 UID 변경 */
if (shmctl(id, IPC_SET, &shmds) == -1)       /* 커널에 갱신하기 */
    errExit("shmctl");
```

ipc_perm 하부 구조체의 mode 필드는 IPC 객체의 권한 마스크를 갖고 있다. 이 권한은 객체를 생성할 때 사용하는 get 시스템 호출에 지정된 flags의 하위 9비트를 사용해 초기화한다. 하지만 IPC_SET 오퍼레이션으로 이를 바꿀 수 있다.

파일처럼 권한은 세 가지로 분류할 수 있다. 소유자owner(사용자user라고도 함), 그룹group, 기타other로 구성되고, 각 분류는 다른 권한을 지정할 수가 있다. 그러나 여기에는 파일에서 사용하던 것과는 다른 점이 존재한다.

- IPC 객체에는 오직 읽기와 쓰기 권한만이 의미가 있다(예를 들면 세마포어의 쓰기 권한은 보통 대체 권한alter permission으로 제공되는 것처럼). 권한을 수행하는 것은 의미가 없는데 대부분 접근성 검사에서 무시되기 때문이다.
- 권한 검사는 프로세스의 유효 사용자 ID, 유효 그룹 ID, 추가 그룹 ID로 만들어진다(이는 리눅스의 파일 시스템 권한 검사와는 상반된 개념으로, Vol. 1의 9.5절에서 설명했듯이 프로세스의 파일 시스템 ID를 사용해 수행한다).

IPC 객체를 사용하기 위한 명확한 프로세스 권한 관리 규칙은 다음과 같다.

1. 프로세스가 권한(CAP_IPC_OWNER)이 있다면 IPC 객체의 모든 권한이 허락된다.
2. 프로세스의 유효 사용자 ID가 IPC 객체의 소유자나 생성자와 일치한다면 프로세스는 객체의 소유자(사용자) 권한에 정의된 권한이 보장된다.
3. 프로세스의 유효 그룹 ID나 어떠한 추가 그룹 ID가 IPC 객체의 소유자 그룹 ID나 생성자 그룹 ID와 일치한다면 객체에 정의된 그룹 권한이 보장된다.
4. 그렇지 않은 경우 프로세스는 기타other에 정의된 권한이 보장된다.

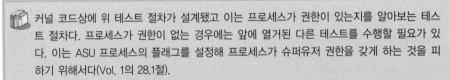

커널 코드상에 위 테스트 절차가 설계됐고 이는 프로세스가 권한이 있는지를 알아보는 테스트 절차다. 프로세스가 권한이 없는 경우에는 앞에 열거된 다른 테스트를 수행할 필요가 있다. 이는 ASU 프로세스의 플래그를 설정해 프로세스가 슈퍼유저 권한을 갖게 하는 것을 피하기 위해서다(Vol. 1의 28.1절).

IPC_PRIVATE 키값을 사용하거나 IPC_EXCL 플래그를 명시하는 일은 프로세스가 IPC 객체에 접근할 수 있다는 것과는 상관이 없고, 접근은 오직 객체의 소유권과 권한으로만 결정된다.

어떻게 객체의 읽기와 쓰기 권한이 해석되는지와 왜 이것이 필요한지는 수행 오퍼레이션과 객체의 형태에 달려 있다.

시스템에 있는 IPC 객체의 식별자를 얻으려고 get 호출을 수행할 때 플래그 인자에 특정 권한이 지정됐는지 시스템의 객체가 호환 가능한지를 초기에 확인한다. 권한이 없다면 get 호출은 EACCES 에러로 실패할 것이다(달리 규정되어 있는 것을 제외하면 다음에 열거된 각 상황에서 권한이 거부되는 경우 이 에러 코드를 리턴할 것이다). 같은 그룹의 다른 두 사용자가 있고 한 사용자가 다음과 같은 호출을 사용해 메시지 큐를 만들었다고 가정하고 예를 살펴보자.

```
msgget(key, IPC_CREAT | S_IRUSR | S_IWUSR | S_IRGRP);
                    /* rw-r----- */
```

두 번째 사용자가 다음 호출을 사용해 이 메시지 큐의 식별자를 얻으려고 시도하면 메시지 큐에 쓰기 권한이 이 사용자에게 허락되지 않기 때문에 실패할 것이다.

```
msgget(key, S_IRUSR | S_IWUSR);
```

에러를 피하려면 두 번째 사용자는 msgget() 호출의 두 번째 인자를 0으로 지정해서 프로그램이 IPC 객체의 쓰기 권한이 필요한 경우에만 에러를 발생시키도록 변경할 수 있다(예를 들면, msgsnd()를 사용해 메시지를 쓰는 경우처럼).

 get 호출은 실행 권한이 무시되지 않은 것을 나타낸다. IPC 객체와는 상관없지만 get 호출에 시스템에 있는 객체의 실행 권한을 요청하면 권한이 보장되는지를 확인할 수 있다.

그 밖의 일반 오퍼레이션에 필요한 권한은 다음과 같다.

* 객체로부터 정보를 얻으려면(메시지 큐에서 메시지를 읽는 경우, 세마포어의 값을 얻는 경우, 공유 메모리 세그먼트를 읽기 접근으로 확보하는 경우) 읽기 권한이 필요하다.
* 객체에 정보를 갱신하려면(메시지 큐에 메시지를 쓰는 경우, 세마포어의 값을 변경하는 경우, 확보된 공유 메모리 세그먼트를 쓰기로 접근하는 경우) 쓰기 권한이 필요하다.
* IPC 객체의 연관된 데이터 구조체의 복사본을 얻는 경우(ctl IPC_STAT 오퍼레이션) 읽기 권한이 필요하다.
* IPC 객체를 제거하거나(ctl IPC_RMID 오퍼레이션) 연관된 데이터 구조체를 변경하는 경우(ctl IPC_SET 오퍼레이션)는 읽기나 쓰기 권한이 필요하진 않다. 대신 호출 프로세스가 반드시 특권(CAP_SYS_ADMIN)을 갖고 있거나 소유자 사용자 ID나 객체 생성자 ID와 일치하는 유효 ID를 갖고 있어야 하기 때문이다(그렇지 않으면 EPERM 에러를 낸다).

IPC 객체에 권한을 설정해 소유자와 생성자가 객체 권한을 포함하고 있는 관련 데이터 구조 체를 얻으려고 IPC_STAT를 사용하지 않고도 수행할 수 있게 한다. 하지만 IPC_STAT를 사용해 이를 변경하는 것은 여전히 유효하다.

각 방식별로 고유한 그 밖의 오퍼레이션에서는 읽기나 쓰기 권한이 필요하거나 CAP_IPC_OWNER 권한이 필요하다. 9장부터는 오퍼레이션을 설명하면서 이에 필요한 요구 권한을 이야기할 것이다.

8.4 IPC 식별자와 클라이언트/서버 응용 프로그램

클라이언트/서버 응용 프로그램에서 서버는 보통 시스템 V IPC 객체를 생성하고 반대로 클라이언트는 이를 단순히 접근한다. 다시 말해, 서버는 IPC_CREAT 플래그를 지정해 IPC get 호출을 수행하고 클라이언트는 이 플래그를 생략하고 get을 호출한다.

클라이언트의 각 프로세스에서 다중 IPC로 동작하는 확장 다이얼로그로 서버를 생각해보자(여러 메시지를 교환하거나, 일련의 세마포어 동작, 공유 메모리 다중 갱신 작업과 같은). 서버 프로세스가 망가지거나 고의로 시스템을 종료하고 재시작한다면 어떤 일이 벌어질 것인가? 이 시점에서 이전 서버 프로세스가 생성한 IPC 객체를 맹목적으로 재사용할 수 없다. 새로운 서버 프로세스는 현재 IPC 객체의 상태와 연계된 이력 정보를 갖고 있지 않기 때문이다(예를 들면 메시지 큐 안에 예전 서버로부터 받은 메시지에 대한 응답으로 클라이언트가 보낸 두 번째 요청 메시지가 존재할 수 있기 때문이다).

이런 시나리오상에서 서버가 할 수 있는 유일한 선택은 모든 현재의 클라이언트 메시지를 버리고 이전 서버 프로세스가 생성한 IPC 객체를 삭제하고 새로운 IPC 객체 인스턴스를 생성하는 것이다. 새로 시작된 프로세스는 이전 서버의 인스턴스가 IPC 객체를 생성하려고 IPC_CREAT와 IPC_EXCL 플래그로 get을 호출하는 첫 번째 과정에서 종료됐을 가능성이 있으므로 이를 고려해야 한다. get 호출이 실패해서 명시한 키가 이미 존재하고 있다면 객체가 예전 서버 프로세스에서 생성됐다고 생각할 수 있기 때문이다. 그래서 ctl IPC_RMID 오퍼레이션으로 객체를 지우고 한 번 더 get을 호출해 다시 객체를 생성한다(이는 18.6절에서 설명하는 것처럼 다른 프로세스가 현재 동작 중인지를 확인하는 여타 작업들과 함께 이뤄져야 한다). 메시지 큐의 이런 동작 과정을 리스트 8-1이 보여준다.

리스트 8-1 서버에 있는 IPC 객체 제거하기

```
                                                          svipc/svmsg_demo_server.c
#include <sys/types.h>
#include <sys/ipc.h>
#include <sys/msg.h>
#include <sys/stat.h>
#include "tlpi_hdr.h"

#define KEY_FILE "/some-path/some-file"
    /* 이 프로그램이 생성한 파일이나 현재 시스템에 존재하는 파일을 사용해야 한다. */

int
main(int argc, char *argv[])
{
    int msqid;
    key_t key;
    const int MQ_PERMS = S_IRUSR | S_IWUSR | S_IWGRP; /* rw--w---- */

    /* 여기에 서버 프로세스가 이미 동작 중인지 확인하는 코드를 삽입할 수 있다. */

    /* 메시지 큐의 키 생성 */

    key = ftok(KEY_FILE, 1);
    if (key == -1)
        errExit("ftok");

    /* msgget()이 실패하는 동안 배타적으로 큐 생성 시도하기 */

    while ((msqid = msgget(key, IPC_CREAT | IPC_EXCL | MQ_PERMS)) == -1) {
        if (errno == EEXIST) {          /* 메시지 큐에 같은 키가 존재하면
                                             이를 삭제 후 다시 재시도한다. */
            msqid = msgget(key, 0);
            if (msqid == -1)
                errExit("msgget() failed to retrieve old queue ID");
            if (msgctl(msqid, IPC_RMID, NULL) == -1)
                errExit("msgget() failed to delete old queue");
            printf("Removed old message queue (id=%d)\n", msqid);

        } else { /* 다른 에러가 발생하면 종료한다 */
            errExit("msgget() failed");
        }
    }

    /* 루프가 종료되어 메시지 큐가 성공적으로 생성됐고
        여기에 추가 작업을 수행하는 코드를 삽입할 수 있다. */

    exit(EXIT_SUCCESS);
}
```

재시작된 서버가 IPC 객체를 새로 생성했다고 하더라도 항상 새로운 객체를 생성할 때마다 같은 키를 get에 적용하고 호출해 항상 같은 식별자를 얻는다면 잠재적인 문제가 발생할 수 있다. 클라이언트의 관점에서 이 문제의 해결책을 생각해보자. 서버가 같은 식별자를 사용해 IPC 객체를 새로 생성하면, 클라이언트는 서버가 재시작된 것과 IPC 객체가 필요한 과거 이력 정보를 갖고 있지 않다는 사실을 알아낼 방법이 없다.

이 문제를 해결하려면 커널은 보통 새로운 IPC 객체가 생성됐을 때 같은 키를 사용한다고 하더라도 식별자 값을 확실히 다르게 생성하는 알고리즘(8.5절에서 설명한다)을 사용한다. 결론적으로 어떤 과거 서버 프로세스의 클라이언트도 과거 식별자를 사용하면 연관된 IPC 시스템 호출은 에러를 리턴할 것이다.

 리스트 8-1에 나온 해결책은 공유 메모리를 사용할 때 서버가 재시작됐는지 알아내야 하는 문제를 완벽하게 해결하지 못한다. 공유 메모리는 모든 프로세스가 가상 메모리 공간에서 분리돼야 공유 메모리 객체를 삭제할 수 있기 때문이다. 하지만 공유 메모리 객체는 보통 시스템 V 세마포어와 결합해 사용하기 때문에 IPC_RMID 오퍼레이션의 응답으로 바로 삭제할 수 있다. 이는 클라이언트 프로세스가 삭제된 세마포어 객체에 접근을 시도할 때 서버가 재시작했음을 알 수 있다는 뜻이다.

8.5 시스템 V IPC get 호출이 사용하는 알고리즘

그림 8-1은 IPC 키를 계산할 때 사용하는 필드를 포함해 시스템 V IPC 객체 정보를 표현하기 위해 커널 내부에서 사용하는 몇 가지 구조체를 보여준다(예제는 세마포어이지만 세부적으로는 다른 IPC 방식도 비슷한 특징이 있다). 각 IPC 방식(공유 메모리, 메시지 큐, 세마포어)에서 사용하는 IPC의 모든 인스턴스에 관련된 다양한 전역 정보를 ipc_ids 구조체가 담고 있고 커널은 이를 유지한다. 이 정보는 동적으로 만들어진 배열 포인터인 entries를 포함하고, 배열의 각 요소는 각 객체 인스턴스(세마포어인 경우에는 semid_ds 구조체)와 연관된 데이터 구조를 가리킨다. 현재 제일 많이 사용하는 요소의 인덱스를 갖고 있는 max_id 필드와 함께 현재 entries 배열의 크기는 size 필드에 기록된다.

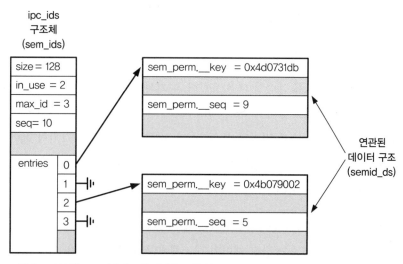

그림 8-1 시스템 V IPC(세마포어) 객체를 표현하는 커널 데이터 구조

IPC get이 호출될 때 리눅스(그 밖의 시스템도 비슷한 알고리즘을 사용한다)가 사용하는 알고리즘은 다음과 같다.

1. get 시스템 호출에 명시된 키값과 일치하는 값으로 관련 데이터 구조체(entries 배열의 요소가 가리키는)의 목록을 찾는다.

   a) 일치하는 것은 없고 IPC_CREAT가 명시되지 않았다면 ENOENT 에러를 리턴한다.

   b) 일치하는 것이 있지만 IPC_CREAT와 IPC_EXCL이 명시됐다면 EEXIST 에러를 리턴한다.

   c) 일치하는 것이 있다면 다음 단계를 생략한다.

2. 일치하는 것이 없고 IPC_CREAT가 명시됐다면 특화된 방식으로 새로운 연관 데이터 구조(그림 8-1의 semid_ds)를 할당하고 초기화한다. 이는 다양한 ipc_ids 구조체의 필드를 갱신하고 entries 배열의 크기를 조정할 수도 있다. 새로운 구조체의 포인터를 entries 요소 중 첫 번째 빈 공간에 할당한다. 초기화 과정의 한 부분으로 다음 두 가지 과정이 포함된다.

   a) get 시스템 호출에 공급된 키값은 새로 할당한 구조체의 xxx_perm.__key 필드에 복사된다.

   b) 현재 ipc_ids 구조체의 seq 필드값은 연관 데이터 구조체의 xxx_perm.__seq 필드로 복사되고 seq 필드의 값은 하나 증가시킨다.

3. IPC 객체의 식별자 값은 다음 공식으로 계산된다.

```
identifier = index + xxx_perm.__seq * SEQ_MULTIPILER
```

이 공식은 IPC 식별자를 계산할 때 사용한다. 여기서 index는 entries 배열 안에 있는 객체 인스턴스의 인덱스 값이고, SEQ_MULITIPLIER는 32,768(커널 소스 파일 중 include/linux/ipc.h에 정의된 IPCMNI)으로 정의된 상수값이다. 예를 들어 그림 8-1처럼 세마포어의 식별자가 0x4b079002 키값으로 생성됐다면 (2 + 5 * 32,768) = 163,842다.

get 호출에 사용하는 알고리즘은 다음과 같은 특징이 있다.

- 새로운 IPC 객체가 같은 키로 생성됐다고 하더라도 거의 대부분 다른 식별자를 가질 것이다. 식별자는 관련 데이터 구조체에 저장된 seq 값을 기반으로 계산되고, 이런 형태의 각 객체가 생성될 때마다 값이 증가하기 때문이다.

 커널 안에서 유지되고 알고리즘에서 사용하는 seq 값은 특정 값(INT_MAX / IPCMNI)에 도달하면 0으로 재설정된다. 이 값은 2,147,483,647 / 32,768 = 65,535다. 중장기적으로 65,535개의 객체가 생성되면 새로운 IPC 객체는 이전 객체와 같은 식별자 값을 가질 수 있고 새로운 객체는 이전 객체와 같은 entries 배열의 요소를 재사용한다(이 요소도 중장기적으로 반드시 해제돼야 한다). 하지만 이로 인해 문제가 발생할 확률은 매우 낮다.

- 알고리즘은 entries 배열의 각 인덱스에 고유한 식별자 값을 생성한다.
- 시스템 V 객체 각 형식의 상한값 제한을 IPCMNI 상수에서 정의하고 있기 때문에 알고리즘은 시스템에 존재하는 각 IPC 객체가 유일한 식별자 값을 가짐을 보장한다.
- 주어진 식별자 값으로 entries 배열의 해당 인덱스를 다음 식으로 빠르게 계산할 수 있다.

```
index = indentifier % SEQ_MULTIPLIER
```

이런 IPC 객체의 식별자를 공급받아 사용하는 IPC 시스템 호출이 효율적으로 동작하려면 계산을 빨리 수행할 필요가 있다(즉 get 호출과는 다른, 표 8-1에 열거된 호출).

프로세스는 값을 넘겨줄 때 존재하지 않는 객체 식별자를 명시해 IPC 시스템 호출(예: msgctl(), semop(), shmat())을 하면 두 가지 에러가 발생할 수 있다. 우선, 해당 entries의 인덱스가 비어 있다면 EINVAL 에러가 발생한다. 인덱스가 연관 데이터 구조체를 가리키고 있지만 그 구조체에 저장된 순서 번호가 같은 식별자 값을 내주지 않는다면 예전 객체를 가리키는 이 배열 인덱스가 삭제됐거나 인덱스가 재사용됐음을 의미한다. 이 시나리오는 EIDRM 에러로 진단할 수 있다.

8.6 ipcs와 ipcrm 명령

ipcs와 ipcrm 명령은 시스템 V IPC의 ls와 rm 파일 명령과 비슷하다. ipcs를 사용하면 시스템상의 IPC 객체 정보를 얻을 수 있다. 기본적으로 ipcs는 다음과 같이 모든 객체를 화면에 표시한다.

```
$ ipcs

------ Shared Memory Segments --------
key        shmid      owner      perms      bytes      nattch     status
0x6d0731db 262147     mtk        600        8192       2

------ Semaphore Arrays --------
key        semid      owner      perms      nsems
0x6107c0b8 0          cecilia    660        6
0x6107c0b6 32769      britta     660        1

------ Message Queues --------
key        msqid      owner      perms      used-bytes messages
0x71075958 229376     cecilia    620        12         2
```

리눅스에서 ipcs(1)은 객체를 소유하는지에 상관없이 읽기 권한을 갖고 있는 모든 IPC 객체의 정보를 보여준다. 몇몇 유닉스 구현에서는 ipcs가 리눅스와 동일하게 동작한다. 사용자에게 읽기 권한이 있는지에 상관없이 ipcs가 모든 객체의 정보를 보여주는 유닉스 구현도 있다.

ipcs는 기본적으로 각 객체 키, 식별자, 소유자, 권한과 객체 특화된 정보를 보여준다.

- 공유 메모리인 경우 ipcs는 공유 메모리 공간의 크기, 현재 공유 메모리 자신의 가상 주소 공간을 사용하는 프로세스의 수, 상태 플래그를 보여준다. 상태 플래그는 공간이 스와핑(11.7절)을 막기 위해 RAM이 잠겼는지와 모든 프로세스가 메모리를 사용하지 않을 때 이를 폐기할 수 있도록 공간이 표시됐는지를 가리킨다.
- 세마포어인 경우 ipcs는 세마포어 집합의 크기를 보여준다.
- 메시지 큐인 경우 ipcs는 총 데이터 바이트의 수와 큐에 있는 메시지의 수를 보여준다.

ipcs(1) 매뉴얼 페이지는 IPC 객체의 정보를 표시하기 위한 다양한 옵션을 문서화했다.

ipcrm 명령은 IPC 객체를 삭제한다. 이 명령을 사용하는 일반적인 형태 중 하나는 다음과 같다.

```
$ ipcrm -X key
$ ipcrm -x id
```

위에서 key는 IPC 객체의 키값을 지정하고, id는 IPC 객체 식별자 값을 나타낸다. 그리고 x 문자는 키값이냐 식별자 값이냐로 대문자나 소문자로 구분되며 이는 q(메시지 큐인 경우), s(세마포어인 경우), m(공유 메모리인 경우)으로 대치된다. 그래서 식별자가 65538인 세마포어를 삭제하려면 다음과 같이 사용할 수 있다.

```
$ ipcrm -s 65538
```

8.7 모든 IPC 객체 목록 얻기

리눅스는 시스템에 있는 모든 IPC 객체의 목록을 얻기 위한 두 가지 비표준 방법을 제공한다.

- /proc/sysvipc 디렉토리 안의 파일로 모든 IPC 객체의 목록을 얻을 수 있다.
- 리눅스 고유의 ctl 호출을 사용할 수 있다.

여기서 /proc/sysvipc 디렉토리 안의 파일을 설명하고 이후 9.6절까지 ctl 호출을 이야기할 텐데, 그때 시스템상의 모든 시스템 V 메시지 큐를 열거하는 예제 프로그램을 살펴볼 것이다.

 몇몇 유닉스 구현에는 모든 IPC 식별자를 얻는 자신만의 비표준 방식이 있다. 예를 들어, 솔라리스는 msgids(), semids(), shmids() 시스템 호출을 이런 목적에 사용할 수 있게 제공한다.

/proc/sysvipc 디렉토리에 있는 세 가지 읽기 전용 파일은 ipcs로 얻을 수 있는 동일한 정보를 제공한다.

- /proc/sysvipc/msg는 모든 메시지 큐와 그 속성 정보를 열거한다.

- /proc/sysvipc/sem은 모든 세마포어 집합과 그 속성 정보를 열거한다.
- /proc/sysvipc/shm은 모든 공유 메모리 세그먼트와 그 속성 정보를 열거한다.

ipcs 명령과는 달리, 이런 파일은 객체의 읽기 권한이 있는지 여부에 관계없이 모든 객체의 해당 형식을 항상 보여준다.

다음과 같이 /proc/sysvipc/sem의 내용을 볼 수 있다(이 페이지에 맞게 보여주기 위해 공백 문자를 제거했다).

```
$ cat /proc/sysvipc/sem
key      semid perms   nsems  uid  gid  cuid  cgid  otime       ctime
  0  16646144   600       4 1000  100  1000   100      0  1010166460
```

/proc/sysvipc의 파일 3개는 프로그램과 스크립트가 시스템에 존재하는 특정 형식의 모든 IPC 객체 목록을 쉽게 볼 수 있는 방법(비호환 방법)을 제공한다.

 특정 종류의 모든 IPC 객체 목록을 얻는 방법 중 이기종 간에도 호환되는 가장 좋은 방식은 ipcs(1)의 결과값을 파싱(parse)하는 것이다.

8.8 IPC 한도

시스템 V IPC 객체는 시스템 자원을 소비하기 때문에 커널은 각 형태의 IPC 객체의 자원이 고갈되는 현상을 막으려고 여러 한도값을 두고 있다. SUSv4는 시스템 V IPC 객체의 한도를 설정하는 방법을 명시하고 있지 않지만 대부분 유닉스 구현(리눅스를 포함해)은 여러 가지 한도를 위해 유사한 프레임워크를 사용한다. 9장에서 각 시스템 V IPC 방식을 다루고, 관련 한도값과 여타 유닉스 구현과의 차이를 설명할 것이다.

IPC 객체별로 둘 수 있는 한도는 일반적으로 여러 유닉스 구현에 걸쳐 비슷하지만, 한도를 변경하거나 보는 방법은 각기 다르다. 9장은 리눅스 환경을 기반으로 설명한다(일반적으로 /proc/sys/kernel 디렉토리에서의 파일 사용을 포함한다). 그 밖의 구현에서는 다르게 완성되어 있음을 알아두자.

 리눅스에서 ipcs −l 명령은 각 IPC 방식의 한도값을 열거할 때 쓸 수 있다. 프로그램은 리눅스 환경에서 ctl의 IPC_INFO 오퍼레이션을 이용해 동일한 정보를 얻을 수 있다.

8.9 정리

시스템 V IPC는 처음 시스템 V에서 나타나 널리 사용하는 세 가지 IPC 방식에 지어진 이름이다. 그리고 이는 대부분 유닉스 구현에 적용됐고 다양한 표준에도 포함됐다. 이 세 가지 IPC 방식은 프로세스 간에 메시지를 전달하게 하는 메시지 큐와, 프로세스가 공유 자원의 접근을 동기화하는 방식인 세마포어, 2개 이상의 프로세스 간에 같은 메모리 페이지를 공유하는 공유 메모리다.

이 세 가지 IPC 방식은 API와 의미상 많은 유사성이 있다. 각 IPC 방식에서 get 시스템 호출은 객체를 생성하거나 얻는다. get 시스템 호출은 주어진 정수 키로 이를 호출하면 이후 시스템 호출에서 사용할 정수 식별자를 넘겨준다. 각 IPC 방식은 객체를 삭제하거나 객체의 관련 데이터 구조체에 포함된 여러 속성(예: 소유권, 권한)을 수정하고 얻으려고 해당 ctl 호출을 사용한다.

새로운 IPC 객체의 식별자를 생성하는 데 사용하는 알고리즘은, 새로운 객체를 생성할 때 같은 키가 사용되거나 객체가 삭제됐을 경우 같은 식별자가 (즉시) 재사용될 확률을 최소화하도록 설계됐다. 이는 클라이언트/서버 응용 프로그램이 정확히 동작하게 하는데, 재시작된 서버 프로세스는 이전 프로세스에서 만들어진 IPC 객체를 탐지하고 제거할 수 있고 이 동작으로 이전 서버 프로세스의 어떤 클라이언트 식별자도 유효하지 않게 된다.

ipcs 명령은 현재 시스템에 존재하는 시스템 V IPC 객체를 열거한다. ipcrm 명령은 시스템 IPC 객체를 제거할 때 사용한다.

리눅스에서는 시스템의 모든 시스템 V IPC 객체 정보를 /proc/sysvipc에 있는 파일에서 읽을 수 있다.

각 IPC 방식에는 다양한 한도가 있는데, 이는 많은 수의 IPC 객체 생성을 막아 시스템 자원이 고갈되지 않게 하려는 것이다. /proc/sys/kernel 디렉토리 아래의 다양한 파일은 이런 한도값을 보거나 수정할 때 쓴다.

더 읽을거리

리눅스상의 시스템 V IPC 구현에 대한 정보는 [Maxwell, 1999]와 [Bovet & Cesati, 2005]에서 찾을 수 있다. [Goodheart & Cox, 1994]는 시스템 V 릴리스 4에 해당하는 시스템 V IPC 구현을 설명한다.

8.10 연습문제

8-1. 8.2절의 `ftok()`로 설명한 파일 i-노드 번호, 마이너 디바이스 번호, `proj` 값을 사용하는 알고리즘을 검증할 수 있는 프로그램을 작성하라(`ftok()`의 리턴값을 포함해 모든 값을 16진수로 출력하고 몇 가지 예제의 결과를 조사하라).

8-2. `ftok()`를 구현하라.

8-3. 시스템 V IPC 식별자에 사용하는, 8.5절에서 설명한 알고리즘을 (직접 실험해서) 검증하라.

9

시스템 V 메시지 큐

9장은 시스템 V 메시지 큐를 설명한다. 프로세스는 메시지 큐로 메시지 형태의 데이터를 주고받을 수 있다. 메시지 큐는 파이프나 FIFO와 어떤 면에서 비슷하지만 중요한 면에서 차이점이 있다.

- 메시지 큐를 가리키는 것은 msgget() 함수 호출이 리턴하는 ID다. ID는 유닉스 시스템상의 다른 대부분의 I/O에서 사용하는 파일 디스크립터와 다르다.
- 메시지 큐를 사용한 통신은 메시지 중심적으로, 수신자는 송신자가 전송한 전체 메시지를 한 번에 받는다. 큐에 메시지의 일부를 남겨두고 메시지의 일부만 읽을 수는 없으며, 한 번에 여러 메시지를 읽을 수도 없다. 이는 구분되지 않는 바이트 스트림을 제공하는 파이프와는 대조적이다(예를 들면, 파이프는 송신자가 얼마만큼의 데이터 블록을 전송했는지에 상관없이 수신자가 한 번에 읽고 싶은 만큼의 바이트를 읽을 수 있다).
- 각 메시지는 데이터를 포함하고 추가적인 정수형 값을 갖고 있다. 메시지를 큐에서 들어온 순서대로 먼저 읽거나 정수형 값으로 구분해 선별적으로 읽을 수 있다.

9장의 마지막 절(9.9절)에서 시스템 V 메시지 큐의 여러 제약사항을 설명한다. 이런 제약으로 인해 새로운 응용 프로그램을 만들 때 시스템 V 메시지 큐 사용을 피하고 FIFO, POSIX 메시지 큐, 소켓 등의 IPC 방식을 선호하게 된다. 그러나 초기에 메시지 큐가 고안됐을 때 그 밖의 대체 방식은 여러 유닉스 구현에 널리 퍼져 있지 않았다. 결론적으로 다양한 기존 응용 프로그램에서 메시지 큐를 사용하고 있고, 그것이 메시지 큐를 설명하는 주된 이유다.

9.1 메시지 큐 생성하기와 열기

msgget() 시스템 호출은 새로운 메시지 큐를 만들거나 시스템에 존재하는 큐의 ID 값을 얻을 때 사용한다.

```
#include <sys/types.h>              /* 이식성을 위해 */
#include <sys/msg.h>

int msgget(key_t key, int msgflg);
                          성공하면 메시지 큐 ID를 리턴하고, 에러가 발생하면 −1을 리턴한다.
```

key 인자는 8.2절에서 설명한 방법 중 하나로 생성한다(예를 들어, IPC_PRIVATE 값이나 ftok()가 리턴하는 값을 사용한다). msgflg 인자는 새로운 메시지 큐를 만들거나 현존하는 큐를 확인할 때 사용하는 권한(Vol. 1의 417페이지에 있는 표 15-4)을 명시한 비트 마스크다. msgget() 오퍼레이션을 관리하려고 msgflg에 OR(|)을 사용해 0개 이상의 추가 플래그를 지정할 수 있다.

- IPC_CREAT: 명시된 key에 해당하는 메시지 큐가 없을 경우 새로운 큐를 생성한다.
- IPC_EXCL: IPC_CREAT가 명시되어 있고 명시된 key에 해당하는 큐가 이미 존재한다면 EEXIST 에러로 실패할 것이다.

이 플래그는 8.1절에 자세히 설명되어 있다.

msgget() 시스템 호출은 명시된 키로 현재 시스템에 있는 모든 메시지 큐의 집합을 검색하는 것으로 시작한다. 일치하는 큐가 존재한다면 큐의 ID 값이 리턴될 것이다(IPC_CREAT와 IPC_EXCL이 msgflg에 명시되어 있지 않다면 에러를 리턴할 것이다). 일치하는 큐가 없고 IPC_CREAT 플래그가 msgflg에 명시되어 있다면 새로운 큐를 생성하고 그 ID 값을 리턴한다.

리스트 9-1의 프로그램은 msgget() 시스템 호출에 명령행 인터페이스를 제공한다. 프로그램은 명령행 옵션과 인자로 msgget()에 사용할 수 있는 모든 key와 msgflg 인자를 명시할 수 있다. 이 프로그램에서 사용하는 세부 명령 형식은 usageError() 함수에서 보여준다. 일단 큐가 성공적으로 생성되면 프로그램은 큐의 ID 값을 출력한다. 9.2.2절에서 이 프로그램의 사용 예를 보여준다.

리스트 9-1 msgget() 사용 예

```
                                                              svmsg/svmsg_create.c
#include <sys/types.h>
#include <sys/ipc.h>
#include <sys/msg.h>
#include <sys/stat.h>
#include "tlpi_hdr.h"

static void                          /* 사용법 출력 후 종료 */
usageError(const char *progName, const char *msg)
{
    if (msg != NULL)
        fprintf(stderr, "%s", msg);
    fprintf(stderr, "Usage: %s [-cx] {-f pathname | -k key | -p} "
                        "[octal-perms]\n", progName);
    fprintf(stderr, "    -c          Use IPC_CREAT flag\n");
    fprintf(stderr, "    -x          Use IPC_EXCL flag\n");
    fprintf(stderr, "    -f pathname Generate key using ftok()\n");
    fprintf(stderr, "    -k key      Use 'key' as key\n");
    fprintf(stderr, "    -p          Use IPC_PRIVATE key\n");
    exit(EXIT_FAILURE);
}

int
main(int argc, char *argv[])
{
    int numKeyFlags;                     /* -f, -k, -p 옵션 수를 센다. */
    int flags, msqid, opt;
    unsigned int perms;
    long lkey;
    key_t key;

    /* 명령행 옵션과 인자 파싱 */

    numKeyFlags = 0;
    flags = 0;

    while ((opt = getopt(argc, argv, "cf:k:px")) != -1) {
        switch (opt) {
```

```
        case 'c':
            flags |= IPC_CREAT;
            break;

        case 'f':                       /* -f 경로명 */
            key = ftok(optarg, 1);
            if (key == -1)
                errExit("ftok");
            numKeyFlags++;
            break;

        case 'k':                       /* -k 키(8진수, 10진수, 16진수) */
            if (sscanf(optarg, "%li", &lkey) != 1)
                cmdLineErr("-k option requires a numeric argument\n");
            key = lkey;
            numKeyFlags++;
            break;

        case 'p':
            key = IPC_PRIVATE;
            numKeyFlags++;
            break;

        case 'x':
            flags |= IPC_EXCL;
            break;

        default:
            usageError(argv[0], "Bad option\n");
        }

    }
    if (numKeyFlags != 1)
        usageError(argv[0], "Exactly one of the options -f, -k, "
                            "or -p must be supplied\n");

    perms = (optind == argc) ? (S_IRUSR | S_IWUSR) :
                getInt(argv[optind], GN_BASE_8, "octal-perms");

    msqid = msgget(key, flags | perms);
    if (msqid == -1)
        errExit("msgget");

    printf("%d\n", msqid);
    exit(EXIT_SUCCESS);
}
```

9.2 메시지 교환

msgsnd()와 msgrcv() 시스템 호출은 메시지 큐에 I/O를 수행한다. 두 가지 시스템 호출의 첫 번째 인자(msqid)는 메시지 큐 ID다. msgp라는 두 번째 인자는 전송된 혹은 수신된 메시지를 저장할, 프로그래머가 정의한 구조체의 포인터다. 이 구조체는 다음과 같은 일반적인 형태를 띤다.

```
struct mymsg {
    long mtype;        /* 메시지 형태 */
    char mtext[];      /* 메시지 본문 */
}
```

이 정의는 메시지의 처음에 long 정수형으로 정의된 메시지 종류가 있고 메시지의 나머지 부분은 프로그래머가 정의한 임의 길이의 데이터 구조로 구성된다는 뜻이다. 후자가 문자열 배열일 필요는 없다. 그래서 mgsp 인자는 어떤 형태의 구조체 포인터도 받아들일 수 있게 void * 형을 사용한다.

mtext 필드는 길이가 0일 수도 있는데, 전달하려는 정보가 메시지 종류 필드 하나에 모두 포함됐거나 메시지의 존재 자체만으로 수신 프로세스에 충분한 정보가 될 수 있는 경우에 사용한다.

9.2.1 메시지 전송

msgsnd() 시스템 호출은 메시지 큐에 메시지를 쓴다.

```
#include <sys/types.h>        /* 이식성을 위해 */
#include <sys/msg.h>

int msgsnd(int msqid, const void *msgp, size_t msgsz, int msgflg);
                                성공하면 0을 리턴하고, 실패하면 −1을 리턴한다.
```

msgsnd()로 메시지를 전송하려면 메시지 구조체의 mtype 필드를 0보다 큰 값으로 반드시 설정해야 하고(9.2.2절 msgrcv()에서 이 값을 어떻게 사용하는지 볼 것이다) 원하는 정보를 프로그래머가 정의한 mtext 필드에 복사한다. msgsz 인자는 mtext 필드의 바이트 단위 크기를 나타낸다.

msgsnd()로 메시지를 전송할 때 write()처럼 부분적인 쓰기를 수행할 수 있는 방법이 없다. 그래서 msgsnd()는 전송된 바이트 수를 리턴하는 것이 아니라 0을 리턴해 성공적으로 메시지가 전송됐음을 알린다.

마지막 인자인 msgflg는 msgsnd() 오퍼레이션을 조정할 때 사용하는 플래그 비트 마스크다. 이 한 가지 목적 때문에 플래그를 정의했다.

- IPC_NOWAIT: 비블로킹 전송을 수행할 때 사용하는 플래그다. 보통 메시지 큐가 가득 차 있는 경우, msgsnd()는 메시지를 큐에 저장할 수 있을 만큼의 충분한 공간이 확보될 때까지 블록한다. 그러나 이 플래그가 지정되어 있다면 msgsnd()는 즉시 EAGAIN 에러를 리턴한다.

msgsnd() 호출은 시그널 핸들러로 인터럽트를 받을 수 있는데, 큐가 가득 차 있는 경우 블록되기 때문이다. 이런 경우, msgsnd()는 항상 EINTR 에러로 실패할 것이다(Vol. 1의 21.5절에서 설명한 것처럼 msgsnd() 같은 종류의 시스템 호출은 시그널 핸들러와 연결할 때 SA_RESTART 플래그가 설정되어 있는지에 관계없이 자동으로 재시작되지 않는다).

메시지 큐에 메시지를 쓰려면 쓰기 권한이 필요하다.

리스트 9-2의 프로그램은 msgsnd() 시스템 호출에 명령행 인터페이스를 제공한다. 명령행 포맷은 usageError() 함수에 나온 것처럼 구성해 프로그램에 전달한다. 여기서 이 프로그램은 msgget() 시스템 호출을 사용하지 않는다(8.1절에서처럼 프로세스가 IPC 객체에 접근하려고 get 호출을 사용할 필요가 없음을 알아두자). 대신 명령행 인자에 제공된 ID 값을 지정해 메시지 큐에 전달한다. 9.2.2절에서 프로그램의 사용 예를 보여준다.

리스트 9-2 msgsnd()를 사용해 메시지 전송하기

```
                                                    svmsg/svmsg_send.c
#include <sys/types.h>
#include <sys/msg.h>
#include "tlpi_hdr.h"

#define MAX_MTEXT 1024

struct mbuf {
    long mtype;                      /* 메시지 종류 */
    char mtext[MAX_MTEXT];           /* 메시지 본문 */
};

static void                         /* 메시지 출력(선택적으로) 사용 방법 */
```

```
usageError(const char *progName, const char *msg)
{
    if (msg != NULL)
        fprintf(stderr, "%s", msg);
    fprintf(stderr, "Usage: %s [-n] msqid msg-type [msg-text]\n",
            progName);
    fprintf(stderr, "    -n        Use IPC_NOWAIT flag\n");
    exit(EXIT_FAILURE);
}

int
main(int argc, char *argv[])
{
    int msqid, flags, msgLen;
    struct mbuf msg;         /* msgsnd()의 메시지 버퍼 */
    int opt;                 /* getopt()의 옵션 문자 */

    /* 명령행 옵션과 인자 파싱 */

    flags = 0;
    while ((opt = getopt(argc, argv, "n")) != -1) {
        if (opt == 'n')
            flags |= IPC_NOWAIT;
        else
            usageError(argv[0], NULL);
    }

    if (argc < optind + 2 || argc > optind + 3)
        usageError(argv[0], "Wrong number of arguments\n");

    msqid = getInt(argv[optind], 0, "msqid");
    msg.mtype = getInt(argv[optind + 1], 0, "msg-type");

    if (argc > optind + 2) {          /* 'msg-text'가 제공됐다면 */
        msgLen = strlen(argv[optind + 2]) + 1;
        if (msgLen > MAX_MTEXT)
            cmdLineErr("msg-text too long (max: %d characters)\n",
                       MAX_MTEXT);

        memcpy(msg.mtext, argv[optind + 2], msgLen);

    } else {                          /* 'msg-text' 없음 ==> msg의 길이가 0 */
        msgLen = 0;
    }

    /* 메시지 전송 */

    if (msgsnd(msqid, &msg, msgLen, flags) == -1)
```

```
        errExit("msgsnd");

    exit(EXIT_SUCCESS);
}
```

9.2.2 메시지 받기

msgrcv() 시스템 호출은 메시지 큐로부터 메시지를 읽고(그리고 제거한다) 그 내용을 msgp
가 가리키는 버퍼에 복사한다.

```
#include <sys/types.h>                    /* 이식성을 위해 */
#include <sys/msg.h>

ssize_t msgrcv(int msqid, void *msgp, size_t maxmsgsz, long msgtyp,
               int msgflg);
```
               mtext 필드에 복사된 바이트 수를 리턴한다. 에러가 발생하면 −1을 리턴한다.

msgp 버퍼 mtext 필드의 최대 사용 가능 공간을 maxmsgsz 인자로 지정한다. 메시지
본문이 maxmsgsz바이트를 초과해 큐에서 제거된다면 메시지가 제거되는 것이 아니라
msgrcv()가 E2BIG 에러로 실패하는 것이다(이 기본 동작은 MSG_NOERROR 플래그를 사용해 변경
할 수 있다).

메시지를 전송된 순서대로 순차적으로 읽을 필요는 없다. 대신 mtype 필드의 값에 따
라 특정 메시지를 선별적으로 읽을 수 있다. 이런 선별성은 다음과 같이 msgtyp 인자로
관리한다.

- msgtyp이 0이라면 큐의 첫 번째 메시지는 제거되고 호출 프로세스로 전달될 것
  이다.
- msgtyp이 0보다 크고 큐의 첫 번째 메시지의 mtype 필드가 msgtyp과 같으면 제
  거되고 호출 프로세스로 넘겨진다. 여러 프로세스가 msgtyp에 각기 다른 값을 지
  정하면 메시지 큐에서 같은 메시지를 읽을 때 발생하는 경쟁 상태 없이 메시지를
  읽을 수 있다. 각 프로세스는 자신의 프로세스 ID에 일치하는 메시지를 선별해 읽
  는 것이다.
- msgtyp이 0보다 작다면 대기하는 메시지를 우선순위 큐처럼 관리한다. msgtyp
  의 절대값 이하의 mtype 중 가장 작은 첫 번째 메시지를 제거하고 호출 프로세스
  에게 넘겨준다.

예를 보면 msgtyp이 0보다 작은 경우 어떻게 동작하는지를 이해할 수 있을 것이다. 그림 9-1처럼 순차적으로 메시지를 갖고 있는 메시지 큐를 가정하고 msgrcv()를 다음 과 같이 호출한다.

```
msgrcv(id, &msg, maxmsgsz, -300, 0);
```

이런 msgrcv() 호출은 메시지를 2번(종류 100), 5번(종류 100), 3번(종류 200), 1번(종류 300) 순서로 순차적으로 얻어온다. 이후의 호출은 남은 메시지의 종류(400)가 300을 넘기 때문에 블록될 것이다.

msgflg 인자는 0개 이상의 다음 플래그들을 OR하여 만든 비트 마스크다.

- IPC_NOWAIT: 이 플래그는 비블로킹 수신할 때 사용한다. 보통 큐에 msgtyp과 일 치하는 메시지가 없다면 msgrcv()는 새로운 메시지를 사용 가능할 때까지 블록 한다. IPC_NOWAIT 플래그를 지정하면 msgrcv()는 블록되지 않고 바로 ENOMSG 에러를 리턴한다(msgsnd()나 FIFO에서 비블로킹으로 읽기를 수행할 때 EAGAIN 에러가 발생 하는 것이 좀 더 일관적이라고 생각할 것이다. 그러나 ENOMSG로 실패하는 것은 역사적인 동작이고, SUSv3도 이를 요구한다).

- MSG_EXCEPT: 이 플래그는 msgtyp의 값이 0보다 큰 경우에만 유효하고, 그 경우 보통의 경우와 반대로 동작한다. 큐에 메시지가 처음 저장될 때 mtype이 msgtyp 과 일치하지 않는다면 큐에서 제거되고 호출자에게 리턴한다. 이 플래그는 리눅 스에서만 사용하고 _GNU_SOURCE가 정의되어 있다면 <sys/msg.h>를 통해 사 용이 가능하다. 그림 9-1에서 볼 수 있듯이, 메시지 큐에서 msgrcv(id, &msg, maxmsgsz, 100, MSG_EXCEPT)를 수행하면 종류 1, 3, 4의 메시지를 순차적으 로 읽고 난 후에 블록된다.

- MSG_NOERROR: 기본으로 메시지의 mtext 필드 크기가 사용 가능 공간(maxmsgsz 인자에 정의된 값)을 초과하면 msgrcv()는 실패한다. 이때 MSG_NOERROR 플래그 를 설정하면 msgrcv()는 대신에 큐에 있는 메시지를 제거하고 mtext 필드를 maxmsgsz바이트로 잘라 호출자에게 리턴한다. maxmsgsz바이트 이후의 데이터 는 사라진다.

msgrcv()가 성공적으로 완료되면 받은 메시지의 mtext 필드의 크기를 리턴하고, 실 패하는 경우 -1을 리턴한다.

큐 위치	메시지 종류 (mtype)	메시지 본문 (mtext)
1	300	...
2	100	...
3	200	...
4	400	...
5	100	...

그림 9-1 각기 다른 종류의 메시지를 담고 있는 메시지 큐의 예

msgsnd()와 마찬가지로, 블록된 msgrcv() 호출은 시그널 핸들러로 인터럽트를 받아 시그널 핸들러와 연결될 때 SA_RESTART 플래그의 설정 여부에 상관없이 EINTR 에러로 실패한다.

메시지 큐에서 메시지를 읽을 때 큐에 읽기 권한이 필요하다.

예제 프로그램

리스트 9-3의 프로그램은 msgrcv() 시스템 호출에 명령행 인터페이스를 제공한다. 이 프로그램에서 받아들이는 명령행 포맷은 usageError() 함수에 나와 있다. 리스트 9-2의 프로그램처럼 msgsnd()의 사용을 보여주기 위한 것이지만 이 프로그램은 msgget() 시스템 호출은 사용하지 않고 대신 예상 메시지 큐 ID를 명령행 인자로 받는다.

다음 셸 세션은 리스트 9-1, 9-2, 9-3 프로그램의 동작을 보여준다. IPC_PRIVATE 키를 사용해 큐를 만드는 것을 시작으로 세 가지 형태의 메시지를 큐에 쓴다.

```
$ ./svmsg_create -p
32769                                   메시지 큐의 ID
$ ./svmsg_send 32769 20 "I hear and I forget."
$ ./svmsg_send 32769 10 "I see and I remember."
$ ./svmsg_send 32769 30 "I do and I understand."
```

그리고 종류가 20 이하인 메시지를 큐에서 읽는 리스트 9-3의 프로그램을 사용한다.

```
$ ./svmsg_receive -t -20 32769
Received: type=10; length=22; body=I see and I remember.
$ ./svmsg_receive -t -20 32769
Received: type=20; length=21; body=I hear and I forget.
$ ./svmsg_receive -t -20 32769
```

큐에 종류가 20 이하인 메시지가 없기 때문에 위 마지막 명령은 블록된다. 명령을 종료하려면 Control-C를 계속 눌러야 한다. 그리고 큐에 어떤 형식의 메시지든지 읽는 명령을 실행한다.

```
Control-C를 누르면 프로그램이 종료된다.
$ ./svmsg_receive 32769
Received: type=30; length=23; body=I do and I understand.
```

리스트 9-3 msgrcv()를 사용해 메시지 읽기

```
                                                        svmsg/svmsg_receive.c
#define _GNU_SOURCE                      /* MSG_EXCEPT 정의 가져오기 */
#include <sys/types.h>
#include <sys/msg.h>
#include "tlpi_hdr.h"

#define MAX_MTEXT 1024

struct mbuf {
    long mtype;                         /* 메시지 종류 */
    char mtext[MAX_MTEXT];              /* 메시지 본문 */
};

static void
usageError(const char *progName, const char *msg)
{
    if (msg != NULL)
        fprintf(stderr, "%s", msg);
    fprintf(stderr, "Usage: %s [options] msqid [max-bytes]\n", progName);
    fprintf(stderr, "Permitted options are:\n");
    fprintf(stderr, "    -e       Use MSG_NOERROR flag\n");
    fprintf(stderr, "    -t type  Select message of given type\n");
    fprintf(stderr, "    -n       Use IPC_NOWAIT flag\n");

#ifdef MSG_EXCEPT
    fprintf(stderr, "    -x       Use MSG_EXCEPT flag\n");
#endif
    exit(EXIT_FAILURE);
}

int
main(int argc, char *argv[])
{
    int msqid, flags, type;
    ssize_t msgLen;
    size_t maxBytes;
    struct mbuf msg;                    /* msgrcv()의 메시지 버퍼 */
    int opt;                            /* getopt()로 얻는 옵션 문자 저장 */
```

```
    /* 명령행 옵션과 인자 파싱 */

    flags = 0;
    type = 0;
    while ((opt = getopt(argc, argv, "ent:x")) != -1) {
        switch (opt) {
        case 'e':       flags |= MSG_NOERROR;    break;
        case 'n':       flags |= IPC_NOWAIT;     break;
        case 't':       type = atoi(optarg);     break;
#ifdef MSG_EXCEPT
        case 'x':       flags |= MSG_EXCEPT;     break;
#endif
        default:        usageError(argv[0], NULL);
        }
    }

    if (argc < optind + 1 || argc > optind + 2)
        usageError(argv[0], "Wrong number of arguments\n");

    msqid = getInt(argv[optind], 0, "msqid");
    maxBytes = (argc > optind + 1) ?
                getInt(argv[optind + 1], 0, "max-bytes") : MAX_MTEXT;

    /* 메시지를 얻어와 stdout으로 출력한다. */

    msgLen = msgrcv(msqid, &msg, maxBytes, type, flags);
    if (msgLen == -1)
        errExit("msgrcv");

    printf("Received: type=%ld; length=%ld", msg.mtype, (long) msgLen);
    if (msgLen > 0)
        printf("; body=%s", msg.mtext);
    printf("\n");

    exit(EXIT_SUCCESS);
}
```

9.3 메시지 큐 제어 오퍼레이션

msgctl() 시스템 호출은 msgid로 식별되는 메시지 큐의 오퍼레이션을 제어한다.

```
#include <sys/types.h>        /* 이식성을 위해 */
#include <sys/msg.h>

int msgctl(int msqid, int cmd, struct msqid_ds *buf);
```

성공하면 0을 리턴하고, 실패하면 −1을 리턴한다.

cmd 인자는 큐에 수행할 오퍼레이션을 가리키며, 다음 중 하나다.

- IPC_RMID: 즉시 메시지 큐 객체와 이와 연관된 msqid_ds 데이터 구조체를 삭제한다. 큐에 남아 있는 모든 메시지는 삭제되고 msgsnd()나 msgrcv()는 EIDRM 에러로 실패하여 블록된 수신자나 송신자 프로세스가 즉시 알 수 있게 한다. msgctl()의 세 번째 인자는 이 오퍼레이션과는 상관없으므로 무시된다.
- IPC_STAT: buf가 가리키는 버퍼에 메시지 큐와 관련된 msgid_ds 데이터 구조체를 복사한다. msqid_ds 구조체는 9.4절에서 설명한다.
- IPC_SET: buf가 가리키는 버퍼에서 제공하는 값으로 메시지 큐와 연관된 msgid_ds 데이터 구조체의 선택된 필드를 갱신한다.

호출 프로세스가 필요로 하는 특권과 권한을 포함한 자세한 오퍼레이션은 8.3절에서 설명했다. 9.6절에서는 cmd와 관련된 그 밖의 몇 가지 값을 설명한다.

리스트 9-4의 프로그램은 msgctl()을 사용해 메시지 큐를 삭제하는 예다.

리스트 9-4 시스템 V 메시지 큐 삭제하기

```
                                                      svmsg/svmsg_rm.c
#include <sys/types.h>
#include <sys/msg.h>
#include "tlpi_hdr.h"

int
main(int argc, char *argv[])
{
    int j;

    if (argc > 1 && strcmp(argv[1], "--help") == 0)
        usageErr("%s [msqid...]\n", argv[0]);

    for (j = 1; j < argc; j++)
        if (msgctl(getInt(argv[j], 0, "msqid"), IPC_RMID, NULL) == -1)
            errExit("msgctl %s", argv[j]);
```

```
        exit(EXIT_SUCCESS);
}
```

9.4 메시지 큐와 연관된 데이터 구조체

각 메시지 큐에는 다음과 같은 형태의 연관된 `msqid_ds` 데이터 구조체가 있다.

```
struct msqid_ds {
    struct ipc_perm    msg_perm;      /* 소유권과 권한 */
    time_t             msg_stime;     /* msgsnd()의 마지막 호출 시간 */
    time_t             msg_rtime;     /* msgrcv()의 마지막 호출 시간 */
    time_t             msg_ctime;     /* 마지막 변경 시간 */
    unsigned long      __msg_cbytes;  /* 큐에 남아 있는 바이트 수 */
    msgqnum_t          msg_qnum;      /* 큐에 남아 있는 메시지 수 */
    msglen_t           msg_qbytes;    /* 큐에 보관할 수 있는 최대 바이트 수 */
    pid_t              msg_lspid;     /* msgsnd()를 마지막으로 호출한 PID */
    pid_t              msg_lrpid;     /* msgrcv()를 마지막으로 호출한 PID */
};
```

 `msqid_ds`의 `msq`라는 이름은 프로그래머를 혼동시킨다. 메시지 큐 인터페이스 중 이 구조체만 `msq`라는 이름을 쓴다.

`msgqnum_t`와 `msglen_t` 데이터형은 `msg_qnum`과 `msg_qbytes` 필드를 정의할 때 사용한 것처럼 SUSv3는 부호 없는 정수형으로 정의한다.

`msqid_ds` 구조체의 필드는 다양한 메시지 큐 시스템 호출로 암묵적으로 갱신하고, 특정 필드는 `msgctl()`의 `IPC_SET`를 사용해 명시적으로 갱신할 수 있다. 자세한 내용은 다음과 같다.

- `msg_perm`: 메시지 큐가 만들어지면 구조체 내부 필드는 8.3절에서 설명한 것처럼 초기화된다. `uid`, `gid`, `mode` 하부 필드는 `IPC_SET`으로 갱신할 수 있다.
- `msg_stime`: 큐가 만들어지면, 이 필드는 0으로 설정된다. 이후 `msgsnd()` 호출이 성공할 때마다 이 필드를 현재 시간으로 설정한다. 이 필드와 `msqid_ds` 구조체의 기타 타임스탬프timestamp는 `time_t` 형으로 선언됐다. 여기에는 기원 이래의 초 단위 시간이 저장된다.
- `msg_rtime`: 이 필드는 메시지가 생성되면 0으로 설정되고 매번 `msgrcv()` 호출이 성공할 때마다 현재 시간으로 설정된다.

- msg_ctime: 이 필드값은 메시지 큐가 생성되거나 IPC_SET 오퍼레이션이 성공적으로 수행될 때마다 현재 시간으로 설정된다.

- __msg_cbytes: 이 필드값은 메시지 큐가 생성되면 0으로 초기화되고 매번 msgsnd()와 msgrcv()가 성공적으로 호출되면 큐 안에 모든 메시지의 mtext 필드에 있는 총 바이트 수를 반영한다.

- msg_qnum: 메시지 큐가 생성되면 이 필드는 0으로 초기화된다. msgsnd() 호출이 성공할 때마다 증가되고 msgrcv() 호출이 성공하면 감소되어 큐 안의 총 메시지 수를 반영한다.

- msg_qbytes: 이 필드값은 메시지 큐에 있는 모든 메시지의 mtext 필드의 바이트 수의 상한을 정의한다. 이 필드는 큐가 생성되면 MSGMNB 한도값으로 초기화된다. 특권(CAP_SYS_RESOURCE) 프로세스는 IPC_SET 오퍼레이션으로 msg_qbytes를 0부터 INT_MAX(32비트 플랫폼에서 2,147,483,647)바이트 사이의 어떤 값으로든 변경할 수 있다. 비특권 프로세스도 msg_qbytes를 0부터 MSGMNB 사이의 특정 값으로 변경할 수 있다. 특권 사용자는 리눅스 고유의 /proc/sys/kernel/msgmnb 파일의 값을 변경할 수 있다. 이 값을 변경하면 이후 생성되는 모든 메시지 큐에 초기값으로 반영되고 비특권 프로세스의 msg_qbytes 상한값으로도 사용된다. 9.5절에서 메시지 큐 한도에 대해 더 살펴볼 것이다.

- msg_lspid: 이 필드는 큐가 생성되면 0으로 초기화되고 msgsnd()가 성공할 때마다 호출 프로세스의 프로세스 ID로 갱신된다.

- msg_lrpid: 이 필드는 메시지 큐가 생성되면 0으로 설정되고 msgrcv() 호출이 성공할 때마다 호출 프로세스의 프로세스 ID로 설정된다.

__msg_cbytes를 제외한 위의 모든 필드는 SUSv3에 명시되어 있다. 하지만 대부분의 유닉스 구현은 __msg_cbytes 필드와 유사한 필드를 제공해 사용한다.

리스트 9-5의 프로그램은 IPC_STAT와 IPC_SET 오퍼레이션을 사용해 메시지 큐의 msg_qbytes 설정을 변경하는 예다.

리스트 9-5 시스템 V 메시지 큐의 msg_qbytes 설정 변경하기

```
                                                    svmsg/svmsg_chqbytes.c
#include <sys/types.h>
#include <sys/msg.h>
#include "tlpi_hdr.h"

int
```

```
main (int argc, char *argv[])
{
    struct msqid_ds ds;
    int msqid;

    if (argc != 3 || strcmp(argv[1], "--help") == 0)
        usageErr("%s msqid max-bytes\n", argv[0]);

    /* 커널에서 관련된 데이터 구조를 얻어온다. */

    msqid = getInt(argv[1], 0, "msqid");
    if (msgctl(msqid, IPC_STAT, &ds) == -1)
        errExit("msgctl");

    ds.msg_qbytes = getInt(argv[2], 0, "max-bytes");

    /* 커널에 관련 데이터를 갱신한다. */

    if (msgctl(msqid, IPC_SET, &ds) == -1)
        errExit("msgctl");

    exit(EXIT_SUCCESS);
}
```

9.5 메시지 큐 한도

대부분의 유닉스 구현에는 시스템 V 메시지 큐 오퍼레이션의 다양한 한도가 있다. 여기서는 리눅스의 한도를 이야기하고 여타 유닉스 구현과의 차이점을 설명한다.

다음은 리눅스에서 강제되는 한도다. 한도에 도달했을 때 영향을 받는 시스템 호출과 발생하는 에러를 괄호 안에 표시했다.

- MSGMNI: 시스템 전반에 사용되는 한도로, 생성할 수 있는 메시지 큐 ID(즉 메시지 큐)의 최대 수를 나타낸다(msgget(), ENOSPC).
- MSGMAX: 시스템 전반에 사용하는 한도로, 단일 메시지의 최대 바이트 수(mtext)를 명시한다(msgsnd(), EINVAL).
- MSGMNB: 메시지 큐가 한 번에 가질 수 있는 최대 바이트 수를 의미한다. 이 한도는 시스템 전반에 사용되는 인자이고 메시지 큐와 연관된 msqid_ds 데이터 구조의 msg_qbytes 필드를 초기화할 때 사용된다. 결론적으로 9.4절에서 설명했듯이 msg_qbytes 값은 큐마다 수정이 가능하다. 큐의 msg_qbytes 상한에 도달한다

면 `msgsnd()`는 블록되거나 여기에 `IPC_NOWAIT`가 설정되어 있다면 `EAGAIN`에러로 실패할 것이다.

일부 유닉스 구현에서는 다음과 같은 추가 한도를 정의하고 있다.

- `MSGTQL`: 시스템의 메시지 큐에서 보관할 수 있는 메시지의 수의 상한으로, 시스템 전반에 적용된다.
- `MSGPOOL`: 시스템의 모든 메시지 큐가 데이터를 보관하는 버퍼 풀의 최대 크기로, 시스템 전반에 적용된다.

리눅스는 이 두 가지 한도를 반드시 사용할 필요는 없지만 큐의 `msg_qbytes`에서 명시하는 값으로 개별 큐의 메시지 수를 제한할 때 사용한다. 이 한도값은 길이가 0인 메시지를 큐에 쓸 경우에만 관련이 있다. 큐에 쓸 수 있는 1바이트 길이의 메시지 수 상한과 같은 방식으로 길이가 0인 메시지 수의 상한도 적용된다. 이는 길이가 0인 메시지를 무한정 큐에 쓰는 것을 방지할 때 필요하다. 비록 데이터는 담고 있지 않더라도 길이가 0인 각 메시지는 약간의 메모리를 사용하므로 시스템에 누적되는 경우 부하를 줄 수 있기 때문이다.

시스템이 시작될 때 메시지 큐 한도는 기본으로 설정된다. 이런 기본값은 커널 버전에 따라 다양하다(몇몇 커널 배포자는 바닐라vanillia 커널[1]에서 제공하는 다른 기본값을 사용하기도 한다).

```
$ cd /proc/sys/kernel
$ cat msgmni
748
$ cat msgmax
8192
$ cat msgmnb
16384
```

표 9-1 시스템 V 메시지 큐 한도

한도	상한값(x86-32)	/proc/sys/kernel의 해당 파일
MSGMNI	32768(IPCMNI)	msgmni
MSGMAX	가용 메모리에 따라 달라짐	msgmax
MSGMNB	2147483647(INT_MAX)	msgmnb

---

1 맛을 첨가하지 않은 바닐라 아이스크림처럼, 수정하지 않은 원래 그대로의 커널 – 옮긴이

표 9-1의 상한값 열은 x86-32 아키텍처에서 증가될 수 있는 최대값을 보여준다.
MSGMNB 한도는 INT_MAX까지 증가할 수 있지만 메시지 큐가 처리할 수 있는 대량의 데
이터를 적재하기 전에 다른 한도(예: 메모리 부족)에 먼저 도달할 수 있다.

리눅스 고유의 msgctl() IPC_INFO 오퍼레이션은 여러 가지 메시지 큐 한도를 갖고
있는 msginfo 형의 구조체를 얻어온다.

```
struct msginfo buf;

msgctl(0, IPC_INFO, (struct msqid_ds *) &buf);
```

IPC_INFO와 msginfo 구조체의 자세한 내용은 msgctl(2)의 매뉴얼 페이지에서 찾
을 수 있다.

9.6 시스템상의 모든 메시지 큐 출력하기

8.7절에서 /proc 파일 시스템의 파일에서 시스템의 모든 IPC 객체 목록을 얻는 한 가지
방법을 살펴봤다. 이제 리눅스 고유의 IPC ctl(msgctl(), semctl(), shmctl()) 오퍼레이션
으로 똑같은 정보를 얻어오는 두 번째 방법을 살펴보자(ipcs 프로그램은 이런 방식으로 구현됐
다). 이 오퍼레이션은 다음과 같다.

- MSG_INFO, SEM_INFO, SHM_INFO: MSG_INFO는 두 가지 목적으로 사용한다. 첫
  번째는 시스템의 모든 메시지 큐에서 사용하는 자원의 세부 내용을 포함하는 구
  조체를 리턴하는 것이다. 두 번째는 ctl 함수 호출의 결과로 메시지 큐 객체의 데
  이터 구조체를 가리키는 entries 배열의 최상위 값을 가리키는 인덱스를 리턴
  하는 것이다(219페이지의 그림 8-1을 참조하라). SEM_INFO와 SHM_INFO는 세마포어와
  공유 메모리 세그먼트의 분석 작업에 사용한다. 시스템 V IPC 헤더 파일에서 세
  가지 상수 정의를 얻어오려면 _GNU_SOURCE 테스트 매크로를 반드시 정의해야
  한다.

 예제는 이 책의 소스 코드 배포판에서 제공하는 svmsg/svmsg_info.c다. 여기서 MSG_INFO
를 사용해 모든 메시지 큐 객체 사용 정보를 포함하는 msginfo 구조체를 얻어오는 방법을 보
여준다.

- MSG_STAT, SEM_STAT, SHM_STAT: IPC_STAT와 유사한 이 오퍼레이션은 IPC 객체의 관련된 데이터 구조체를 얻어오는 데 사용한다. 그러나 여기에는 두 가지 관점에서 다른 점이 있다. 첫 번째는 ctl 호출의 처음 인자로 IPC ID를 사용하는 대신해 entries 배열의 인덱스를 사용한다는 것이다. 두 번째는 함수 호출의 결과로 오퍼레이션이 성공하면 ctl 호출은 인덱스가 가리키는 해당 IPC 객체의 ID를 리턴한다는 것이다. __GNU_SOURCE 테스트 매크로를 반드시 정의해 해당 시스템 V IPC 헤더 파일의 세 가지 상수 정의를 얻어와야 한다.

시스템상의 모든 메시지 큐를 다음과 같이 열거할 수 있다.

1. MSG_INFO 오퍼레이션으로 메시지 큐에 entries 배열의 최대 인덱스(maxind)를 알아낸다.

2. 0부터 maxind를 포함하는 모든 값을 각 MSG_STAT에 적용해 동작하는 루프를 수행한다. 루프 동작에서 entries 배열이 비어 있어 발생할 수 있는 에러(EINVAL)나 객체에 해당하는 권한이 없어 발생할 수 있는 에러(EACCES)는 무시한다.

리스트 9-6은 메시지 큐에 대해 위에서 언급한 단계들을 구현한 것이다. 다음의 셸 세션은 이 프로그램의 사용 예다.

```
$ ./svmsg_ls
maxind: 4

index     ID      key        messages
   2    98306   0x00000000       0
   4   163844   0x000004d2       2
$ ipcs -q                                    ipcs의 위 결과를 확인

------ Message Queues --------
key         msqid    owner    perms   used-bytes  messages
0x00000000 98306     mtk      600     0           0
0x000004d2 163844    mtk      600     12          2
```

리스트 9-6 시스템상의 모든 시스템 V 메시지 큐 출력하기

```c
                                                        svmsg/svmsg_ls.c
#define _GNU_SOURCE
#include <sys/types.h>
#include <sys/msg.h>
#include "tlpi_hdr.h"
```

```
int
main(int argc, char *argv[]) {
    int maxind, ind, msqid;
    struct msqid_ds ds;
    struct msginfo msginfo;

    /* 커널 entries 배열의 크기 얻어오기 */

    maxind = msgctl(0, MSG_INFO, (struct msqid_ds *) &msginfo);
    if (maxind == -1)
        errExit("msgctl-MSG_INFO");

    printf("maxind: %d\n\n", maxind);
    printf("index      id      key   messages\n");

    /* entries 배열 각 요소의 정보를 얻어와 출력하기 */

    for (ind = 0; ind <= maxind; ind++) {
        msqid = msgctl(ind, MSG_STAT, &ds);
        if (msqid == -1) {
            if (errno != EINVAL && errno != EACCES)
                errMsg("msgctl-MSG_STAT");          /* 예상치 못한 에러 발생 */
            continue;                               /* 이 항목 무시 */
        }

        printf("%4d %8d 0x%08lx %7ld\n", ind, msqid,
                (unsigned long) ds.msg_perm.__key, (long) ds.msg_qnum);
    }

    exit(EXIT_SUCCESS);
}
```

9.7 메시지 큐를 사용해 클라이언트/서버 프로그래밍하기

9.7절에서는 시스템 V 메시지 큐를 사용하는 클라이언트/서버 응용 프로그램의 두 가지 가능한 설계를 고려한다.

- 서버와 클라이언트 사이의 양방향 메시지 전송에 단일 메시지 큐를 사용하는 경우
- 서버와 각 클라이언트에 분리된 메시지 큐를 사용하는 경우. 서버의 큐는 클라이언트 요청을 받는 데 사용하고, 개별 클라이언트 큐는 클라이언트에 응답을 보내는 데 사용한다.

응용 프로그램의 요구사항에 맞는 접근 방식을 선택한다. 그럼 이 방식을 선택할 때 영향을 줄 수 있는 몇 가지 요소를 고려해보자.

서버와 클라이언트에 단일 메시지 큐 사용하기

서버와 클라이언트 사이에 소수의 메시지를 전송하는 경우 단일 메시지 큐를 사용하는 것이 적합하다. 그러나 다음 사항을 기억하자.

- 다중 프로세스가 동시에 메시지 읽기를 시도할 수 있기 때문에, 각 프로세스가 의도한 메시지를 선별해 읽을 수 있도록 메시지 종류(mtype) 필드를 사용한다. 이를 구현할 수 있는 한 가지 방법은 서버에서 클라이언트로 전송하는 메시지의 종류에 클라이언트의 프로세스 ID를 사용하는 것이다. 클라이언트는 자신의 프로세스 ID를 메시지에 담아 서버에 전송한다. 서버에 도착한 메시지는 유일한 메시지 종류로 반드시 구분돼야 한다. 프로세스 ID 1번은 init 프로세스에서 사용하는 ID이므로 클라이언트 프로세스가 절대 가질 수 없는 번호이기 때문에 앞에서 언급한 목적으로 사용할 수 없다(이에 대한 대안으로 서버 프로세스 ID를 메시지 종류로 쓸 수 있다. 그러나 이는 클라이언트가 이 정보를 얻기가 쉽지 않다). 그림 9-2는 이런 번호 규칙을 보여준다.

- 메시지 큐에는 제한된 용량이 있다. 이는 잠재적으로 몇 가지 문제를 발생시킬 수 있는데, 이 중 하나는 여러 클라이언트가 동시다발적으로 메시지 큐를 채울 때 데드락 상황이 발생할 수 있다는 점이다. 그래서 결국 새로운 클라이언트 요청을 전송할 수 없게 되고 서버는 어떤 응답도 할 수 없도록 블록된다. 또 다른 문제는 오동작하거나 악의적인 클라이언트가 의도적으로 서버의 응답을 읽지 못하게 하는 경우다. 이는 큐에 읽지 않은 메시지가 쌓여 막히게 만들어 클라이언트와 서버 사이에 통신을 방해할 수 있다(2개의 큐를 사용해 하나는 클라이언트에서 서버로 전송하는 메시지에 사용하고 다른 하나는 서버에서 클라이언트로 전송하는 메시지에 사용해 앞에서 언급한 첫 번째 문제를 해결할 수 있으나 두 번째 문제는 해결할 수 없다).

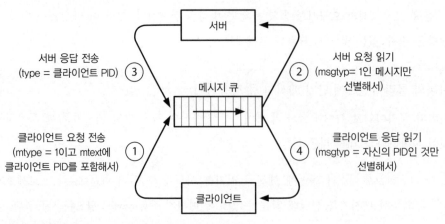

그림 9-2 클라이언트/서버 IPC에 단일 메시지 큐 사용하기

클라이언트마다 하나의 메시지 큐 사용하기

대용량 메시지 전송이 필요한 경우에는, 위에서 언급한 단일 메시지 큐를 사용하면 발생할 수 있는 잠재적인 문제 때문에 클라이언트마다 하나의 메시지 큐(서버도 큐 하나씩 할당) 사용을 선호한다. 이 방식을 사용하는 경우에는 다음 사항을 기억하자.

- 각 클라이언트는 자신의 메시지 큐(보통 IPC_PRIVATE 키를 사용해 만든다)를 만들고 서버로 전송하는 클라이언트 메시지에 클라이언트 큐의 ID 값을 담아 서버에 알려 줘야 한다.
- 여기에 시스템 전체에 사용하는 메시지 큐의 최대 수 한도(MSGMNI)값이 있고 어떤 시스템에서는 이 값이 기본으로 매우 작게 설정되어 있다. 이런 경우 많은 수의 동시 접속 클라이언트가 발생한다면 이 값을 올려줄 필요가 있다.
- 서버는 클라이언트 메시지 큐가 더 이상 존재하지 않는 경우에 대비해야 한다(클라이언트가 성급히 이를 삭제한 경우).

다음 절에서 클라이언트마다 하나의 큐를 사용하는 경우에 대해 더 알아보자.

9.8 메시지 큐를 사용하는 파일 서버 응용 프로그램

9.8절에서는 클라이언트마다 하나의 큐를 사용하는 클라이언트/서버 응용 프로그램을 설명한다. 이 응용 프로그램은 단순한 파일 서버다. 클라이언트는 서버의 메시지 큐에 파일이름에 해당하는 컨텐츠 요청 메시지를 전송한다. 서버는 클라이언트의 개별 메시지 큐에 파일 컨텐츠를 일련의 메시지 응답으로 전송한다. 그림 9-3은 이 응용 프로그램의 개요를 보여준다.

서버는 클라이언트 인증 절차를 수행하지 않기 때문에 어떤 사용자든 클라이언트로 동작해 서버에 있는 파일에 접근할 수 있다. 좀 더 세련된 서버는 클라이언트에 요청된 파일의 내용을 전달하기 전에 몇 가지 형태의 인증 절차를 필요로 할 것이다.

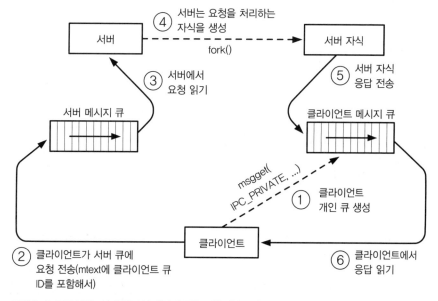

그림 9-3 클라이언트마다 하나의 메시지 큐를 사용하는 클라이언트/서버 IPC

일반 헤더 파일

리스트 9-7은 클라이언트와 서버에서 참조하는 헤더 파일이다. 이 헤더는 서버의 메시지 큐에 사용할 잘 알려진 키(SERVER_KEY)와 클라이언트 서버 사이에 주고받을 메시지 포맷을 정의한다.

requestMsg 구조체는 클라이언트에서 서버로 전송하는 요청 메시지의 포맷을 정의한다. 이 구조체에서 mtext는 두 가지 필드로 구성되는데, 클라이언트 메시지 큐의 ID와 클라이언트에서 요청한 파일의 경로명이다. REQ_MSG_SIZE 상수값은 이 두 가지 필드를 합친 크기와 같고, 이 구조체를 사용해 msgsnd() 호출에 msgsz 인자로 사용한다.

responseMsg 구조체는 서버에서 클라이언트로 전송하는 응답 메시지의 포맷을 정의한다. mtype 필드는 RESP_MT_* 상수에 정의된 것처럼 응답 메시지 내용의 정보를 담을 때 사용된다.

리스트 9-7 svmsg_file_server.c와 svmsg_file_client.c의 헤더 파일

```
                                                    svmsg/svmsg_file.h
#include <sys/types.h>
#include <sys/msg.h>
#include <sys/stat.h>
#include <stddef.h>                    /* offsetof() 정의 */
#include <limits.h>
#include <fcntl.h>
#include <signal.h>
#include <sys/wait.h>
#include "tlpi_hdr.h"

#define SERVER_KEY 0x1aaaaaa1          /* 서버 메시지 큐의 키값 */

struct requestMsg {                    /* 요청 (클라이언트에서 서버로) */
    long mtype;                        /* 미사용 */
    int  clientId;                     /* 클라이언트 메시지 큐 ID */
    char pathname[PATH_MAX];           /* 리턴할 파일 경로 */
};

/* REQ_MSG_SIZE는 requestMsg 구조체의 mtext 필드 크기를 계산해 보관한다. offsetof()는
   clientId와 pathname 필드 사이에 추가될 수 있는 바이트를 다룰 때 사용한다. */

#define REQ_MSG_SIZE (offsetof(struct requestMsg, pathname) - \
        offsetof(struct requestMsg, clientId) + PATH_MAX)

#define RESP_MSG_SIZE 8192

struct responseMsg {                   /* 응답 (서버에서 클라이언트로) */
    long mtype;                        /* 아래 RESP_MT_* 값들 중 하나 */
    char data[RESP_MSG_SIZE];          /* 파일 내용 / 응답 메시지 */
};

/* 서버에서 클라이언트로 전송하는 응답 메시지의 형식 */

#define RESP_MT_FAILURE 1              /* 파일을 열 수 없는 경우 */
#define RESP_MT_DATA    2              /* 메시지에 파일 데이터를 담고 있는 경우 */
#define RESP_MT_END     3              /* 파일 데이터 전송 완료 */
```

서버 프로그램

리스트 9-8은 응용 프로그램이 사용하는 서버 프로그램이다. 서버와 관련해 다음 사항을 알아두자.

- 서버는 동시다발적인 요청을 처리할 수 있게 고안됐다. 병렬 처리 서버는 클라이언트가 거대한 파일을 요청하면 모든 다른 클라이언트의 요청은 대기해야 하는 상황을 피할 수 있게 리스트 7-7(193페이지)의 반복 설계 패턴을 사용한다.
- 각 클라이언트 요청이 들어오면 자식 프로세스를 생성하고 요청된 파일을 제공한다⑧. 그 사이에 메인 서버 프로세스는 추가로 들어오는 클라이언트 요청을 처리하려고 대기한다. 서버의 자식에 대한 다음 사항을 알아두자.
  - 자식은 fork()로 생성되므로 부모의 스택 복사본을 상속받는다. 그래서 메인 서버 프로세스가 읽은 요청 메시지의 복사본을 얻을 수 있다.
  - 서버의 자식은 관련된 클라이언트 요청을 처리한 후에 종료된다⑨.
- 좀비 프로세스(Vol. 1의 26.2절) 생성을 피하려면, 서버는 SIGCHLD 핸들러를 연결하고⑥ 이 핸들러 안에서 waitpid()를 호출한다①.
- 부모 서버 프로세서에서 msgrcv() 호출은 블록될 것이고 결론적으로 SIGCHLD 핸들러에 의해 인터럽트를 받을 것이다. 이런 경우를 처리하려면 루프를 사용해 EINTR 에러로 실패할 경우 호출을 재시작할 수 있게 한다⑦.
- 서버의 자식 프로세스는 serveRequest() 함수를 호출하고② 세 가지 형태의 메시지를 클라이언트에 전송한다. mtype이 RESP_MT_FAILURE로 설정된 요청 메시지는 서버가 파일을 열지 못함을 의미한다③. RESP_MT_DATA는 파일 데이터가 포함된 일련의 메시지를 전송할 때 사용하고④ RESP_MT_END(길이가 0인 data 필드로)는 파일 데이터 전송이 완료됐음을 가리킨다⑤.

연습문제 9-4에서 서버 프로그램을 확장하고 향상시킬 수 있는 여러 가지 방법을 고려해보자.

리스트 9-8 시스템 V 메시지 큐를 사용하는 파일 서버

```
                                                        svmsg/svmsg_file_server.c
#include "svmsg_file.h"

static void          /* SIGCHLD 핸들러 */
grimReaper(int sig)
{
```

```
        int savedErrno;

        savedErrno = errno;         /* waitpid()가 errno를 변경할 수 있으므로 */
①      while (waitpid(-1, NULL, WNOHANG) > 0)
            continue;
        errno = savedErrno;
    }


        static void                 /* 단일 클라이언트 요청 처리 자식 프로세스 */
②      serveRequest(const struct requestMsg *req)
        {
            int fd;
            ssize_t numRead;
            struct responseMsg resp;

            fd = open(req->pathname, O_RDONLY);
            if (fd == -1) {                         /* 열기 실패 시 에러 내용 전송 */
③              resp.mtype = RESP_MT_FAILURE;
                snprintf(resp.data, sizeof(resp.data), "%s", "Couldn't open");
                msgsnd(req->clientId, &resp, strlen(resp.data) + 1, 0);
                exit(EXIT_FAILURE);                 /* 그리고 종료 */
            }

            /* 파일 내용을 RESP_MT_DATA 형 메시지로 전송한다. 클라이언트에
               통보할 수 없으므로 msgsnd()와 read()의 에러는 진단하지 않는다. */

④          resp.mtype = RESP_MT_DATA;
            while ((numRead = read(fd, resp.data, RESP_MSG_SIZE)) > 0)
                if (msgsnd(req->clientId, &resp, numRead, 0) == -1)
                    break;

            /* EOF를 알리려고 RESP_MT_END 형의 메시지 전송 */

⑤          resp.mtype = RESP_MT_END;
            msgsnd(req->clientId, &resp, 0, 0); /* 길이가 0인 mtext */
        }

    int
    main(int argc, char *argv[])
    {
        struct requestMsg req;
        pid_t pid;
        ssize_t msgLen;
        int serverId;
        struct sigaction sa;

        /* 서버 메시지 큐 만들기 */
```

```
        serverId = msgget(SERVER_KEY, IPC_CREAT | IPC_EXCL |
        S_IRUSR | S_IWUSR | S_IWGRP);
        if (serverId == -1)
        errExit("msgget");

        /* 종료된 자식 프로세스를 처리하기 위한 SIGCHLD 핸들러 연결 */

        sigemptyset(&sa.sa_mask);
        sa.sa_flags = SA_RESTART;
        sa.sa_handler = grimReaper;
⑥      if (sigaction(SIGCHLD, &sa, NULL) == -1)
            errExit("sigaction");

        /* 요청을 읽어 각 분리된 자식 프로세스에서 처리한다. */

        for (;;) {
            msgLen = msgrcv(serverId, &req, REQ_MSG_SIZE, 0, 0);
            if (msgLen == -1) {
⑦              if (errno == EINTR)     /* SIGCHLD 핸들러로 인터럽트를 받은 경우 */
                    continue;           /* 그리고 msgrcv()를 재시작한다. */
                errMsg("msgrcv");       /* 다른 종류의 에러 발생 */
                break;                  /* 루프 종료 */
            }

⑧          pid = fork();               /* 자식 프로세스 생성 */
            if (pid == -1) {
                errMsg("fork");
                break;
            }

            if (pid == 0) {             /* 자식은 요청을 처리한다. */
                serveRequest(&req);
⑨              _exit(EXIT_SUCCESS);
            }

            /* 다음 클라이언트 요청을 수신하기 위한 부모 루프 */
        }

        /* msgrc()나 fork()가 실패하면 서버 메시지 큐을 제거하고 종료한다. */

        if (msgctl(serverId, IPC_RMID, NULL) == -1)
            errExit("msgctl");
        exit(EXIT_SUCCESS);
    }
```

클라이언트 프로그램

리스트 9-9는 응용 프로그램의 클라이언트 프로그램이다. 다음 사항을 기억하자.

- 클라이언트는 IPC_PRIVATE 키로 메시지 큐를 만들고② 클라이언트가 종료됐을 때 큐가 삭제됐는지 확인할 수 있게 atexit()를 사용해③ exit 핸들러와 연결한다①.

- 클라이언트는 서버 요청에 자기 큐의 ID와 요청한 파일의 경로명을 설정해 전송한다④.

- 클라이언트는 서버가 처음 전송한 응답 메시지가 실패 통지일 경우(mtype==RESP_MT_FAILURE) 서버로부터 리턴되는 에러 메시지의 텍스트를 출력하고 종료한다⑤.

- 파일이 성공적으로 열리면 클라이언트 루프⑥에서 파일 내용을 포함하는 일련의 메시지를 수신한다(mtype==RESP_MT_DATA). EOFend-of-file 메시지를 받으면 루프는 종료된다(mtype==RESP_MT_END).

이 단순한 클라이언트 예제는 서버에서 실패한 경우를 고려하지 않는다. 대신 연습문제 9-5를 보고 개선점을 찾아보기 바란다.

리스트 9-9 시스템 V 메시지 큐를 사용하는 파일 서버 클라이언트

```
                                                    svmsg/svmsg_file_client.c
    #include "svmsg_file.h"

    static int clientId;

    static void
    removeQueue(void)
    {
        if (msgctl(clientId, IPC_RMID, NULL) == -1)
①           errExit("msgctl");
    }

    int
    main(int argc, char *argv[])
    {
        struct requestMsg req;
        struct responseMsg resp;
        int serverId, numMsgs;
        ssize_t msgLen, totBytes;

        if (argc != 2 || strcmp(argv[1], "--help") == 0)
            usageErr("%s pathname\n", argv[0]);
```

```
        if (strlen(argv[1]) > sizeof(req.pathname) - 1)
            cmdLineErr("pathname too long (max: %ld bytes)\n",
                        (long) sizeof(req.pathname) - 1);

        /* 서버의 큐 ID를 받고 응답을 보낼 수 있게 큐를 생성한다. */

        serverId = msgget(SERVER_KEY, S_IWUSR);
        if (serverId == -1)
            errExit("msgget - server message queue");

②      clientId = msgget(IPC_PRIVATE, S_IRUSR | S_IWUSR | S_IWGRP);
        if (clientId == -1)
            errExit("msgget - client message queue");

③      if (atexit(removeQueue) != 0)
            errExit("atexit");

        /* argv[1]이 가리키는 파일 요청 메시지 전송 */

        req.mtype = 1;                          /* 어떤 형식도 가능 */
        req.clientId = clientId;
        strncpy(req.pathname, argv[1], sizeof(req.pathname) - 1);
        req.pathname[sizeof(req.pathname) - 1] = '\0';
                                                /* 문자열 끝 확인 */

④      if (msgsnd(serverId, &req, REQ_MSG_SIZE, 0) == -1)
            errExit("msgsnd");

        /* 처음 받은 응답 메시지가 실패 통지인 경우 */

        msgLen = msgrcv(clientId, &resp, RESP_MSG_SIZE, 0, 0);
        if (msgLen == -1)
            errExit("msgrcv");

⑤      if (resp.mtype == RESP_MT_FAILURE) {
            printf("%s\n", resp.data);          /* 서버로부터 받은 msg 출력 */
            if (msgctl(clientId, IPC_RMID, NULL) == -1)
                errExit("msgctl");
            exit(EXIT_FAILURE);
        }

        /* 서버가 파일을 성공적으로 열었다면 다음으로 파일 데이터를
            담을 메시지 (이미 받은 것을 포함해) 를 처리한다. */

        totBytes = msgLen;                      /* 첫 메시지부터 센다. */
⑥      for (numMsgs = 1; resp.mtype == RESP_MT_DATA; numMsgs++) {
            msgLen = msgrcv(clientId, &resp, RESP_MSG_SIZE, 0, 0);
            if (msgLen == -1)
```

```
        errExit("msgrcv");

    totBytes += msgLen;
}

printf("Received %ld bytes (%d messages)\n", (long) totBytes, numMsgs);

exit(EXIT_SUCCESS);
}
```

다음 셸 세션은 리스트 9-8과 리스트 9-9 프로그램의 사용 예다.

```
$ ./svmsg_file_server &                    백그라운드로 서버 실행
[1] 9149
$ wc -c /etc/services                      클라이언트가 요청한 파일 크기를 보여준다.
764360 /etc/services
$ ./svmsg_file_client /etc/services
Received 764360 bytes (95 messages)        위와 일치하는 받은 바이트 크기
$ kill %1                                  서버 종료
[1]+  Terminated       ./svmsg_file_server
```

9.9 시스템 V 메시지 큐의 불편한 점

유닉스 시스템은 같은 시스템상에 하나의 프로세스에서 다른 프로세스로 데이터를 전송
하는 여러 가지 방식을 제공하는데, 크게 단락이 없는 바이트 스트림(파이프, FIFO, 유닉스 도
메인 스트림 소켓)과 단락이 있는 메시지(시스템 V 메시지 큐, POSIX 메시지 큐, 유닉스 도메인 데이터
그램 소켓)로 나뉜다.

시스템 V 메시지 큐의 특징은 각 메시지에 숫자로 된 종류를 추가할 수 있다는 점이
다. 이는 응용 프로그램에서 유용하게 쓸 수 있는 두 가지 방식을 제공한다. 읽기 프로세
스는 메시지 종류를 구분해 선별적으로 메시지를 선택할 수 있고, 우선순위 큐 방식으로
우선순위가 높은 메시지(메시지 종류의 값이 낮은 경우)를 먼저 읽을 수 있다.

그러나 시스템 V 메시지 큐는 여러 가지 불편한 점이 있다.

- 대부분의 유닉스 I/O 방식은 파일 디스크립터를 사용하는 반면 메시지 큐는 ID
  를 사용한다. 이는 26장에서 설명하는 다양한 파일 디스크립터 기반 I/O 기술을
  메시지 큐에 사용할 수 없다는 뜻이다. 그래서 프로그램을 작성할 때 두 가지 I/O
  기술인 메시지 큐와 파일 디스크립터에서 동시다발적으로 들어오는 입력을 처리

하는 코드가 파일 디스크립터만을 사용하는 코드보다 훨씬 복잡하다(연습문제 26-3 에서 두 가지 I/O 모델을 모두 사용하는 예를 볼 것이다).

- 메시지 큐를 식별하려고 파일이름 대신 키를 사용하면 프로그램의 복잡도가 증가 되며 ls와 rm 대신 ipcs와 ipcrm을 사용해야 하는 불편함이 있다. ftok() 함수 는 보통 고유한 키를 생성해내지만 고유성을 보장하진 못한다. IPC_PRIVATE 키 를 사용하면 고유한 큐 ID를 생성함을 보장하지만 다른 프로세스에서 필요한 ID 를 노출시키는 추가 작업이 필요하다.

- 메시지 큐는 비연결성이기 때문에 커널은 파이프, FIFO, 소켓이 하는 것처럼 현 재 큐를 참조하는 프로세스의 수를 관리하지 않는다. 결론적으로 말하면 다음 문 제의 해답을 얻기 어렵다.
  - 언제 응용 프로그램이 메시지 큐를 삭제하는 것이 안전한가? (성급히 큐를 삭제하 면 어떤 프로세스가 나중에 큐를 읽을지에 상관없이 즉각적인 데이터 손실을 보기 때문이다)
  - 어떻게 응용 프로그램이 사용하지 않는 큐를 삭제해도 되는지 확신할 것인가?

- 메시지 큐의 총 개수, 메시지 크기, 개별 큐의 용량에는 한도가 있다. 이 한도는 조 절 가능하지만, 응용 프로그램이 기본 한도 범위를 벗어나 동작한다면 응용 프로 그램을 설치할 때 추가적인 작업이 요구된다.

요약하면, 시스템 V 메시지 큐 사용을 피하는 게 상책이다. 메시지 종류에 따라 선별 해 메시지를 수신해야 하는 경우에는 차선책으로 고려해볼 만하다. POSIX 메시지 큐(15 장)는 대안 중 하나가 될 수 있다. 다른 해결책으로 다중 파일 디스크립터 기반 통신 채널 을 이용해서 종류별로 메시지를 선별해 비슷한 기능을 제공하고 동시에 26장에서 설명 하는 대체 I/O 모델을 사용할 수도 있다. 예를 들어 '보통 메시지'와 '우선순위가 있는 메 시지'를 전송할 필요가 있을 때 FIFO나 유닉스 도메인 소켓을 사용해 두 가지 메시지 종 류를 정의해 select()나 poll()로 양 채널의 파일 디스크립터를 감시할 수 있다.

9.10 정리

시스템 V 메시지 큐를 이용하면 프로세스가 메시지에 데이터와 숫자로 된 종류를 사용 해 메시지 통신을 할 수 있다. 메시지의 차별점은 메시지의 크기가 미리 결정되고 수신 자가 처음 들어온 메시지를 먼저 읽는 게 아니라 메시지의 종류에 따라 선별적으로 읽을 수 있다는 것이다.

다양한 관점에서 살펴보면 시스템 V 메시지 큐보다 그 밖의 IPC 방식을 보통 선호한다. 메시지 큐의 가장 큰 단점은 파일 디스크립터를 사용하지 않는다는 것이다. 이는 메시지 큐와 다양한 대체 I/O 모델을 사용하지 못한다는 뜻이다. 특히 다른 I/O 모델 사용이 가능하다고 하더라도 동시다발적으로 메시지 큐와 파일 디스크립터를 감시하는 일은 복잡하기 때문이다. 마지막으로, 메시지 큐는 비연결성(참조 수를 세지 않는다)이어서 응용 프로그램이 언제 메시지 큐를 안전하게 삭제할 수 있는지를 알 수가 없다.

9.11 연습문제

9-1. 리스트 9-1(svmsg_create.c), 리스트 9-2(svmsg_send.c), 리스트 9-3(svmsg_receive.c)의 프로그램 실행해 msgget(), msgsnd(), msgrcv() 시스템 호출을 이해하라.

9-2. 7.8절의 순서 번호를 사용하는 클라이언트/서버 응용 프로그램을 시스템 V 메시지 큐를 사용해 재작성하라. 단일 메시지 큐를 사용해 클라이언트에서 서버로, 서버에서 클라이언트로 양방향 메시지 전송이 가능하게 하라. 9.8절에서 설명한 메시지 종류 규칙을 사용하라.

9-3. 9.8절의 클라이언트/서버 응용 프로그램에서 클라이언트는 왜 메시지 종류(mtype)를 사용하지 않고 메시지 큐의 ID를 메시지 본문(cliendId 필드)에 전송하는가?

9-4. 9.8절의 클라이언트/서버 응용 프로그램을 다음과 같이 수정하라.

a) 하드 코딩된 메시지 큐의 키 사용 방식을 서버의 IPC_PRIVATE를 사용하는 고유 ID를 생성하는 코드로 변경하고 이 ID를 잘 알려진 파일에 써라. 클라이언트는 이 파일에서 ID 값을 읽어야 한다. 서버가 종료되면 반드시 이 파일을 삭제한다.

b) 서버 프로그램의 serveReqeust() 함수에서 시스템 호출 에러를 진단하지 않고 있다. syslog() 함수를 사용해 에러 로그를 기록하는 코드를 추가하라 (Vol. 1의 32.5절).

c) 코드를 추가해 서버가 시작할 때 데몬으로 동작할 수 있게 하라(Vol. 1의 32.2절).

d) 서버에 SIGTERM과 SIGINT 시그널 핸들러를 추가해 깔끔하게 종료할 수 있게 하라. 이 핸들러는 반드시 메시지 큐를 삭제하고 (앞의 연습문제에서 이미 구현한) 파일을 생성해 서버 메시지 큐의 ID 값을 저장하게 한다. 핸들러에 서버를

종료할 때 핸들러 연결을 해제하는 코드를 추가하고 핸들러가 호출되면 다시 한 번 같은 시그널을 전송하게 하라(이 작업에 필요한 과정과 원리는 Vol. 1의 26.1.4절을 참조하라).

e) 서버의 자식은 클라이언트가 성급히 종료된 경우에 대처할 수 없다. 이런 경우 서버의 자식은 클라이언트 메시지 큐를 채우고 무한정 블록할 것이다. 서버가 이런 경우에 대처할 수 있게 Vol. 1의 23.3절에서 설명한 것처럼 msgsnd()를 호출할 때 타임아웃 처리할 수 있게 하자. 서버의 자식은 클라이언트가 없어졌다고 생각하면 반드시 클라이언트의 메시지 큐를 삭제하고 종료할 것이다(아마 syslog()로 메시지 로그를 남긴 후).

9-5. 리스트 9-9(svmsg_file_client.c)의 클라이언트는 서버가 실패하는 여러 가지 경우를 처리하지 못한다. 특히 서버의 메시지 큐가 다 찼을 경우(아마 서버가 종료되고 큐가 다른 클라이언트의 메시지로 채워졌기 때문에) msgsnd() 호출은 무한정 블록될 것이다. 이와 유사하게 서버가 클라이언트에 응답 전송을 실패하면 msgrcv() 호출은 무기한 블록될 것이다. 이런 클라이언트 호출에 타임아웃(Vol. 1의 23.3절)을 설정하는 코드를 추가하라. 타임아웃이 걸리면 프로그램은 사용자에게 에러를 보고하고 종료되게 하자.

9-6. 시스템 V 메시지 큐를 사용해 간단한 채팅 응용 프로그램(talk(1)과 유사하지만 화려한 인터페이스가 없는)을 작성하라. 각 클라이언트에 하나의 메시지 큐를 사용하라.

10

시스템 V 세마포어

10장에서는 시스템 V 세마포어를 설명한다. 9장에서 설명한 IPC 방식과는 달리, 시스템 V 세마포어는 프로세스 간의 데이터 전송에 사용되지 않는다. 대신 프로세스 사이에 그들의 동작을 동기화할 때 사용한다. 세마포어 사용의 한 가지 좋은 예는 하나의 프로세스가 공유 메모리에 접근하고 있는데 동시에 다른 프로세스가 이를 갱신하려고 하는 경우 공유 메모리 블록 접근을 동기화하는 것이다.

세마포어는 커널이 관리하는 정수값으로 0 이상이어야 한다. 다음과 같은 다양한 오퍼레이션(예: 시스템 호출)을 세마포어에서 수행할 수 있다.

- 세마포어에 절대값 설정하기
- 현재 세마포어 값에 수 더하기
- 현재 세마포어 값에서 수 빼기
- 세마포어 값이 0이 될 때까지 기다리기

마지막 2개의 오퍼레이션은 호출 프로세스를 블록할 수 있다. 커널은 세마포어 값을 0 이하로 감소시키는 시도를 블록할 것이다. 마찬가지로 세마포어 값이 현재 0이 아니라면 세마포어 값이 0이 되기를 기다리는 호출 프로세스도 블록된다. 이 두 가지 경우, 호출 프로세스는 다른 프로세스가 오퍼레이션을 처리할 수 있는 세마포어 값으로 설정해 커널이 차단된 프로세스를 깨울 때까지 블록 상태에 머물러 있을 것이다. 그림 10-1은 세마포어의 값을 0에서 1로 반복적으로 변경해 두 프로세스의 행동을 동기화하는 모습을 보여준다.

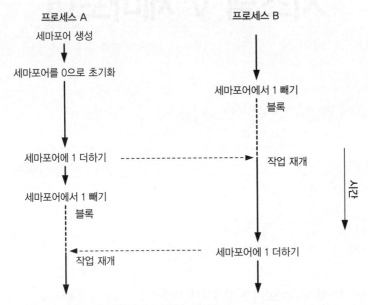

그림 10-1 세마포어를 사용해 두 프로세스 동기화

프로세스 동작을 제어하는 면에서 세마포어는 아무런 의미가 없다. 세마포어를 사용하는 프로세스가 만든 연관에 의해 그 의미가 결정된다. 흔히 프로세스들은 세마포어를 공유 메모리 같은 공유 자원과 연관시키는 규칙에 동의한다. fork() 후 부모와 자식 프로세스 사이의 동기화에 세마포어를 사용할 수도 있다(Vol. 1의 24.5절에서 같은 작업을 시그널로 수행하는 방법을 살펴봤다).

10.1 개요

시스템 V 세마포어를 사용하는 일반적인 단계는 다음과 같다.

- `semget()`을 사용해 세마포어를 만들고 연다.
- `semctl()`의 SETVAL이나 SETALL 오퍼레이션으로 세마포어를 초기화한다(오직 하나의 프로세스만 해야 한다).
- `semop()`를 사용해 세마포어 값을 수정할 수 있다. 세마포어를 사용하는 프로세스는 보통 이 오퍼레이션으로 공유 자원의 점유나 해제를 표시한다.
- 모든 프로세스가 세마포어 사용을 끝내면 `semctl()`의 IPC_RMID 오퍼레이션으로 제거한다(오직 하나의 프로세스만 해야 한다).

대부분 운영체제는 응용 프로그램에서 사용할 수 있는 어떤 종류의 세마포어를 제공한다. 그러나 시스템 V 세마포어는 세마포어 집합semaphore set이라는 그룹으로 할당되기 때문에 비정상적으로 복잡하게 설계되어 있다. `semget()` 시스템 호출로 집합을 만들 때 집합 안의 세마포어 수를 지정한다. `semop()` 시스템 호출은 자동적으로 같은 집합 안의 여러 세마포어의 그룹 오퍼레이션을 가능하게도 하지만 보편적으로 하나의 세마포어를 사용한다.

시스템 V 세마포어는 분리된 절차로 생성되고 초기화되기 때문에 두 프로세스가 이런 절차를 동시에 수행한다면 경쟁 상태가 발생할 수도 있다. 이런 경쟁 상태를 설명하고 어떻게 회피할 수 있을지 이야기하려면 `semop()`를 설명하기 전에 `semctl()`을 먼저 이야기해야 한다. 이는 세마포어를 전체적으로 자세히 이해하려면 미리 알아둬야 할 사항이 많기 때문이다.

리스트 10-1은 다양한 세마포어 시스템 호출을 보여주는 간단한 예다. 이 프로그램은 두 가지 모드로 동작한다.

- 프로그램은 단일 세마포어를 포함하고 새로운 세마포어 집합을 생성할 때 명령행 인자에 주어진 단일 정수값으로 세마포어를 초기화한다. 그리고 프로그램은 새로운 세마포어 집합의 식별자를 출력한다.
- 프로그램은 주어진 2개의 명령행 인자를 하나는 현재 세마포어 집합의 식별자 값으로, 다른 하나는 세마포어 집합의 첫 번째 세마포어(0번의)에 추가될 값으로 순서대로 해석한다. 프로그램은 명시된 오퍼레이션을 세마포어에 수행한다. 세마포어 오퍼레이션을 관찰하려고 프로그램 동작 전/후에 메시지를 출력한다. 이 각 메시지는 프로세스 ID로 시작하기 때문에 프로그램의 다중 인스턴스의 출력값을 구별할 수 있다.

다음 셸 세션 로그는 리스트 10-1 프로그램의 사용 예다. 여기서는 0으로 초기화된 세마포어를 만드는 것으로 시작한다.

```
$ ./svsem_demo 0
Semaphore ID = 98307                    새로운 세마포어 집합의 식별자
```

그리고 세마포어 값을 2만큼 감소시키는 백그라운드 명령을 실행한다.

```
$ ./svsem_demo 98307 -2 &
23338: about to semop at 10:19:42
[1] 23338
```

이 명령은 블록되는데, 세마포어 값이 0 이하로 감소될 수 없기 때문이다. 그리고 세마포어 값에 3을 더하는 명령을 바로 실행한다.

```
$ ./svsem_demo 98307 +3
23339: about to semop at 10:19:55
23339: semop completed at 10:19:55
23338: semop completed at 10:19:55
[1]+  Done                  ./svsem_demo 98307 -2
```

세마포어 증가 오퍼레이션은 바로 수행될 것이고 세마포어의 값이 0 이하로 감소되지 않으므로 백그라운드에서 대기하던 세마포어 감소 오퍼레이션이 바로 수행된다.

리스트 10-1 시스템 V 세마포어 만들고 동작시키기

```
                                              svsem/svsem_demo.c
#include <sys/types.h>
#include <sys/sem.h>
#include <sys/stat.h>
#include "curr_time.h"              /* currTime() 정의 */
#include "semun.h"                  /* semun 유니온 정의 */
#include "tlpi_hdr.h"

int
main(int argc, char *argv[])
{
    int semid;

    if (argc < 2 || argc > 3 || strcmp(argv[1], "--help") == 0)
        usageErr("%s init-value\n"
                 "    or: %s semid operation\n", argv[0], argv[0]);

    if (argc == 2) {                 /* 세마포어 생성과 초기화 */
        union semun arg;
```

```
            semid = semget(IPC_PRIVATE, 1, S_IRUSR | S_IWUSR);
            if (semid == -1)
                errExit("semid");

            arg.val = getInt(argv[1], 0, "init-value");
            if (semctl(semid, /* semnum= */ 0, SETVAL, arg) == -1)
                errExit("semctl");

            printf("Semaphore ID = %d\n", semid);

        } else {                            /* 첫 번째 세마포어에 오퍼레이션 수행 */

            struct sembuf sop;              /* 오퍼레이션 정의 구조체 */

            semid = getInt(argv[1], 0, "semid");

            sop.sem_num = 0;                /* 집합에 첫 번째 세마포어 지정하기 */
            sop.sem_op = getInt(argv[2], 0, "operation");
                                            /* 0으로 만들기 위해 더하고 빼거나 기다린다. */
            sop.sem_flg = 0;                /* 오퍼레이션에 지정된 옵션이 없다. */

            printf("%ld: about to semop at %s\n", (long) getpid(),
                    currTime("%T"));
            if (semop(semid, &sop, 1) == -1)
                errExit("semop");

            printf("%ld: semop completed at %s\n", (long) getpid(),
                    currTime("%T"));
        }

    exit(EXIT_SUCCESS);
}
```

10.2 세마포어 집합 만들고 열기

semget() 시스템 호출은 새로운 세마포어 집합을 생성하거나 기존 집합의 식별자를 얻
어온다.

```
#include <sys/types.h>          /* 이식성을 위해 */
#include <sys/sem.h>

int semget(key_t key, int nsems, int semflg);
              성공하면 세마포어 집합의 식별자를 리턴하고, 에러가 발생하면 -1을 리턴한다.
```

8.2절에서 설명한 방법 중 하나로 생성한 키를 key 인자로 사용한다(예를 들면, IPC_
PRIVATE 값이나 ftok()가 리턴하는 키를 보통 사용한다).

새로운 세마포어 집합을 생성하려고 semget()을 사용한다면 nsems은 집합 안의 세
마포어 수를 가리키고 이는 반드시 0보다 커야 한다. semget()으로 기존 집합의 식별자
를 얻어오려면 nsems는 반드시 집합의 크기와 같거나 작아야 한다(그렇지 않으면 EINVAL 에
러가 발생한다). 기존 집합의 세마포어 수를 변경하는 것은 불가능하다.

semflg 인자는 새로운 세마포어 집합이나 현재 시스템에 존재하는 집합에 권한 설정
을 표시하는 비트 마스크다. 파일과 동일한 방법으로 권한을 설정한다(Vol. 1의 417페이지
에 있는 표 15-4). semget() 오퍼레이션을 제어하기 위해 semflg에 다음 플래그를 OR하여
설정할 수 있다.

- IPC_CREAT: 지정된 key에 존재하는 세마포어 집합이 없다면 새로운 집합을 생성
  한다.
- IPC_EXCL: IPC_CREAT도 정의됐고 지정된 key에 해당하는 세마포어 집합이 이
  미 존재한다면 EEXIST 에러로 실패한다.

이 플래그는 8.1절에 더 자세히 설명되어 있다.

semget() 호출이 성공하면 새로운 세마포어 집합이나 현재 시스템에 존재하는 집합
의 식별자를 리턴한다. 이후의 개별적으로 세마포어를 참조하려는 시스템 호출은 반드시
세마포어 집합 식별자와 집합 안의 세마포어 번호를 지정해야 한다. 집합 안의 세마포어
번호는 0에서 시작한다.

10.3 세마포어 제어 오퍼레이션

semctl() 시스템 호출은 세마포어 집합이나 집합의 개별 세마포어에 대한 다양한 제어
오퍼레이션을 수행한다.

```
#include <sys/types.h>          /* 이식성을 위해 */
#include <sys/sem.h>

int semctl(int semid, int semnum, int cmd, ... /* semun 유니온 인자 */);
                    성공하면 음수가 아닌 정수값을 리턴하고, 에러가 발생하면 -1을 리턴한다.
```

semid 인자는 세마포어 집합의 식별자에 어떤 오퍼레이션을 수행할지를 나타낸다.
단일 세마포어에 이런 오퍼레이션을 수행하려면 semnum 인자로 집합 안의 특정 세마포
어를 가리켜야 한다. 다른 오퍼레이션을 수행하려고 이를 0으로 지정하면 무시된다. cmd
인자는 수행할 오퍼레이션을 가리킨다.

특정 오퍼레이션은 semctl()에 네 번째 인자를 필요로 하는데, 10장 후반부에서 이
름 인자로 참조하는 것을 볼 수 있다. 이 인자는 리스트 10-2처럼 유니온union으로 선언
되어 있다. 프로그램은 이 유니온 인자를 반드시 명시해야 한다. 리스트 10-2에서 이를
헤더 파일을 포함해 수행하는 모습을 볼 수 있다.

 semun 유니온의 정의를 표준 헤더 파일에 두고 사용하는 경우가 일반적이지만, SUSv3는 대
신 프로그래머가 명시적으로 선언하도록 요구한다. 그렇지만 일부 리눅스 구현에서는 이 정
의를 〈sys/sem.h〉로 제공한다. 최신 glibc 버전에서는 제공하지 않지만 SUSv3를 지원해야
하는 경우 〈sys/sem.h〉에 _SEM_SEMUN_UNDEFINED 매크로 값을 1로 정의해 이를 사용
함을 알릴 수 있다(glibc로 컴파일하는 응용 프로그램은 이 매크로를 사용해 프로그램 자체에
semun 유니온이 정의됐는지 알 수 있다).

리스트 10-2 semun 유니온 정의

```
                                                    svsem/semun.h
#ifndef SEMUN_H
#define SEMUN_H                     /* 우연히 중복 포함되는 것을 방지 */

#include <sys/types.h>              /* 이식성을 위해 */
#include <sys/sem.h>

union semun {                       /* semctl() 호출에 사용 */
    int                 val;
    struct semid_ds *   buf;
    unsigned short *    array;
#if defined(__linux__)
    struct seminfo *    __buf;
```

```
#endif
};

#endif
```

SUSv2와 SUSv3에 따르면, semctl()에 마지막 인자를 선택적으로 사용할 수 있다.
그러나 소수의(주로 옛날 버전의) 유닉스 구현 버전(그리고 구 버전의 glibc)은 semctl()을 다
음과 같이 설계했다.

```
int semctl(int semid, int semnum, int cmd, union semun arg);
```

이는 실제로 네 번째 인자가 사용되지 않는 경우에도 네 번째 인자가 필요하다는 뜻이다
(아래 설명한 IPC_RMID와 GETVAL 오퍼레이션 같이). semctl()에서는 필요 없더라도 완벽한 이
식성을 제공하려면 가짜로 마지막 인자를 지정해야 한다.

이제부터 cmd에 지정할 수 있는 다양한 제어 오퍼레이션 인자를 살펴보자.

일반 제어 오퍼레이션

다음 오퍼레이션 다른 형태의 시스템 V IPC 객체에도 똑같이 적용할 수 있다. 각 경우
semnum 인자는 무시된다. 호출 프로세스에서 필요로 하는 특권이나 권한을 포함한 좀
더 자세한 오퍼레이션 내용은 8.3절에서 설명했다.

- IPC_RMID: 세마포어 집합과 관련 semid_ds 데이터 구조체를 즉시 제거한다.
  semop() 호출에서 프로세스가 차단되어 집합의 세마포어를 기다리고 있다면 바
  로 EIDRM 에러를 보고하고 깨어나게 된다. 여기서 arg 인자는 필요하지 않다.
- IPC_STAT: arg.buf가 가리키는 버퍼에 이 세마포어 집합의 semid_ds 데이터
  구조체를 복사한다. 10.4절에서 semid_ds 구조체를 설명한다.
- IPC_SET: arg.buf가 가리키는 버퍼의 값으로 세마포어와 관련된 semid_ds 데
  이터 구조체의 선택된 필드를 갱신한다.

세마포어 값 가져오기와 초기화하기

다음 오퍼레이션으로 개별 세마포어의 값이나 집합 안의 모든 세마포어의 값을 가져오
거나 초기화한다. 세마포어 값을 가져오려면 세마포어에 대한 읽기 권한이 필요하고, 초
기화하려면 쓰기 권한이 필요하다.

- GETVAL: semctl() 함수 수행 결과로 세마포어 집합상에 semid가 가리키는 semnum번째 세마포어 값을 리턴한다. 여기에 arg 인자는 필요하지 않다.

- SETVAL: 집합의 semid가 가리키는 semnum번째 세마포어 값을 arg.val이 가리키는 값으로 초기화한다.

- GETALL: 집합에 semid가 가리키는 모든 세마포어의 값을 가져와 arg.array가 가리키는 배열에 저장한다. 프로그래머는 이 배열이 충분한지 반드시 확인해야 한다(IPC_STAT 오퍼레이션으로 semid_id 데이터 구조체의 sem_nsems 필드값에서 세마포어의 수를 얻어올 수 있다). 여기서 semnum 인자는 무시한다. 리스트 10-3은 GETALL 오퍼레이션의 예다.

- SETALL: semid가 참조하는 집합 안의 모든 세마포어 값을 arg.array가 가리키는 배열의 값으로 초기화한다.

다른 프로세스가 SETVAL나 SETALL 오퍼레이션으로 세마포어를 수정하려고 기다리고 있다면 커널은 값이 반영될 수 있게 프로세스를 깨워 오퍼레이션을 수행하게 한다.

SETVAL나 SETALL로 세마포어의 값을 변경할 때 세마포어를 참조하는 모드 프로세스의 복구undo 엔트리는 지워진다. 10.8절에서 세마포어 복구 엔트리를 설명한다.

GETVAL과 GETALL이 리턴하는 정보는 호출 프로세스가 이를 사용할 때 호출 시점과 사용 시점의 시간 차이 때문에 이미 예전 정보일 수 있다. 이 오퍼레이션이 리턴하는 정보를 사용하는 어느 프로그램이든 호출 시점과 사용 시점의 차이 때문에 값이 변경되지 않아 경쟁 상태가 발생할 수 있다.

각 세마포어의 정보 가져오기

다음 오퍼레이션은 semid가 가리키는 세마포어 집합의 semnum번째 세마포어 정보를 리턴(함수 결과값으로)한다. 이 모든 오퍼레이션은 세마포어 집합에 대한 읽기 권한을 필요로 하고 arg 인자는 필요하지 않다.

- GETPID: 이 세마포어에 마지막으로 semop()를 수행한 프로세스의 프로세스 ID를 리턴한다. 이는 sempid 값을 참조한다. 이 세마포어에 아직 semop()를 수행한 프로세스가 없다면 0을 리턴한다.

- GETNCNT: 이 세마포어의 값을 증가시키려고 기다리는 현재 프로세스의 수를 리턴한다. 이는 semncnt 값을 참조한다.

- GETZCNT: 이 세마포어의 값이 0으로 바뀌기를 기다리는 현재 프로세스의 수를 리턴한다. 이는 semzcnt 값을 참조한다.

위에서 GETVAL과 GETALL 오퍼레이션을 설명하면서 말했듯이 GETPID, GETNCNT, GETZCNT 오퍼레이션으로 리턴되는 정보는 호출 프로세스가 이를 사용할 때의 시간 차이 때문에 이미 예전 정보일 수 있다.

리스트 10-3은 이 세 가지 오퍼레이션을 보여준다.

10.4 세마포어와 관련된 데이터 구조

각 세마포어 집합은 다음과 같은 형태의 관련된 semid_ds 데이터 구조체를 갖고 있다.

```
struct semid_ds {
    struct ipc_perm sem_perm;      /* 소유와 권한 */
    time_t          sem_otime;     /* 마지막 semop() 호출 시간 */
    time_t          sem_ctime;     /* 마지막 변경 시간 */
    unsigned long   sem_nsems;     /* 집합 안의 세마포어 수 */
};
```

 SUSv3는 앞에서 살펴본 semid_ds 구조체의 모든 필드를 요구한다. 여타 유닉스 구현에는 추가적인 비표준 필드가 있다. 리눅스 2.4부터는 unsigned long 형의 sem_nsems 필드가 있다. SUSv3는 이 필드의 형을 unsigned short로 지정하고 리눅스 2.2를 비롯한 대부분의 유닉스 구현도 이 정의를 따른다.

semid_ds 구조체 필드는 암묵적으로 다양한 세마포어 시스템 호출로 갱신하고 특정 sem_perm 필드의 하부 필드도 semctl()의 IPC_SET 오퍼레이션으로 명시적으로 갱신할 수 있다. 자세한 내용은 다음과 같다.

- sem_perm: 세마포어 집합이 생성되면 이 구조체는 8.3절에서 설명한 것처럼 초기화된다. uid, gid, mode 필드는 IPC_SET으로 갱신할 수 있다.
- sem_otime: 이 필드는 세마포어가 생성되면 0으로 초기화되고 매번 semop() 수행이 성공하거나 세마포어의 값이 SEM_UNDO(10.8절) 오퍼레이션 수행 결과로 변경되면 현재 시간으로 설정된다. 이 필드와 sem_ctime은 time_t 형이고, 기원 이후의 시간을 초 단위로 기록한다.

- sem_ctime: 이 필드는 세마포어 집합이 만들어지거나 매 IPC_SET, SETALL, SETVAL 오퍼레이션이 성공하면 현재 시간으로 설정된다(몇몇 유닉스 구현에서는 SETALL과 SETVAL 오퍼레이션으로 sem_ctime이 수정되지 않는다).
- sem_nsems: 집합이 생성되면 이 필드는 집합이 갖고 있는 세마포어의 수로 초기화된다.

다음의 두 가지 프로그램은 semid_ds 데이터 구조체와 10.3절에서 설명한 semctl()의 몇 가지 오퍼레이션을 사용하는 예를 보여준다. 이 두 프로그램은 10.6절에서도 사용한다.

세마포어 집합 감시

리스트 10-3의 프로그램은 다양한 semctl() 오퍼레이션으로 명령행 인자로 주어진 식별자에 해당하는 현재 시스템에 존재하는 세마포어 집합의 정보를 보여준다. 프로그램은 먼저 semid_ds 데이터 구조체의 시간 필드를 보여준다. 그리고 집합 안에 있는 각 세마포어의 현재값뿐만 아니라 sempid, semncnt, semzcnt 값을 보여준다.

리스트 10-3 세마포어 감시 프로그램

```
                                                    svsem/svsem_mon.c
#include <sys/types.h>
#include <sys/sem.h>
#include <time.h>
#include "semun.h"                    /* semun 유니온 정의 */
#include "tlpi_hdr.h"

int
main(int argc, char *argv[])
{
    struct semid_ds ds;
    union semun arg, dummy;           /* semctl()의 네 번째 인자 */
    int semid, j;

    if (argc != 2 || strcmp(argv[1], "--help") == 0)
        usageErr("%s semid\n", argv[0]);

    semid = getInt(argv[1], 0, "semid");

    arg.buf = &ds;
    if (semctl(semid, 0, IPC_STAT, arg) == -1)
        errExit("semctl");
```

```
        printf("Semaphore changed: %s", ctime(&ds.sem_ctime));
        printf("Last semop():      %s", ctime(&ds.sem_otime));

        /* 각 세마포어의 정보 출력 */

        arg.array = calloc(ds.sem_nsems, sizeof(arg.array[0]));
        if (arg.array == NULL)
            errExit("calloc");
        if (semctl(semid, 0, GETALL, arg) == -1)
            errExit("semctl-GETALL");

        printf("Sem #  Value  SEMPID  SEMNCNT  SEMZCNT\n");

        for (j = 0; j < ds.sem_nsems; j++)
            printf("%3d    %5d    %5d  %5d     %5d\n", j, arg.array[j],
                    semctl(semid, j, GETPID, dummy),
                    semctl(semid, j, GETNCNT, dummy),
                    semctl(semid, j, GETZCNT, dummy));


        exit(EXIT_SUCCESS);
}
```

집합 안의 모든 세마포어 초기화

리스트 10-4의 프로그램은 기존 집합의 모든 세마포어를 초기화하는 명령행 인터페이스를 제공한다. 첫 번째 명령행 인자는 세마포어 집합 식별자의 초기화 값이다. 남은 다른 명령행 인자는 세마포어 초기화 값이다(반드시 집합의 세마포어 수만큼의 인자가 있어야 한다).

리스트 10-4 SETALL 오퍼레이션을 사용한 시스템 V 세마포어 집합 초기화

```
                                                    svsem/svsem_setall.c
#include <sys/types.h>
#include <sys/sem.h>
#include "semun.h"                      /* semun 유니온 정의 */
#include "tlpi_hdr.h"

int
main(int argc, char *argv[])
{
    struct semid_ds ds;
    union semun arg;                    /* semctl()의 네 번째 인자 */
    int j, semid;

    if (argc < 3 || strcmp(argv[1], "--help") == 0)
        usageErr("%s semid val...\n", argv[0]);
```

272

```
        semid = getInt(argv[1], 0, "semid");

        /* 세마포어 집합의 크기 얻어오기 */

        arg.buf = &ds;
        if (semctl(semid, 0, IPC_STAT, arg) == -1)
            errExit("semctl");

        if (ds.sem_nsems != argc - 2)
            cmdLineErr("Set contains %ld semaphores, but %d values were
                    supplied\n", (long) ds.sem_nsems, argc - 2);

        /* 세마포어를 초기화; 값의 배열 정의 */

        arg.array = calloc(ds.sem_nsems, sizeof(arg.array[0]));
        if (arg.array == NULL)
            errExit("calloc");

        for (j = 2; j < argc; j++)
            arg.array[j - 2] = getInt(argv[j], 0, "val");

        if (semctl(semid, 0, SETALL, arg) == -1)
            errExit("semctl-SETALL");
        printf("Semaphore values changed (PID=%ld)\n", (long) getpid());

        exit(EXIT_SUCCESS)
}
```

10.5 세마포어 초기화

SUSv3에서는 semget()으로 집합을 만드는 경우 세마포어 값을 초기화하는 부분을 구현할 필요가 없다. 대신 프로그래머는 semctl() 시스템 호출에 세마포어 값을 명시해 초기화해야 한다(리눅스에서 semget()은 세마포어를 0으로 초기화해 리턴하지만 이에 의존하면 문제가 발생한다). 앞서 이야기했듯이 세마포어 생성과 초기화는 세마포어를 초기화할 때 경쟁 상태가 발생할 가능성이 있으므로 단일 아토믹 단계로 호출하지 않고 분리된 시스템 호출로 수행해야 한다. 10.5절에서는 경쟁 상태에 빠지는 자세한 경우와 이를 피할 수 있는 방법을 [Stevens, 1999]의 개념을 기반으로 알아보자.

세마포어를 자신의 동작 동기화에 사용하는 다중 피어 프로세스로 구성된 응용 프로그램을 생각해보자. 어떤 독립 프로세스도 바로 세마포어(이는 피어peer의 의미)를 사용할 수 있음을 보장할 수 없기 때문에 각 프로세스는 세마포어가 이미 존재하지 않는다면 생성하고 초기화할 준비를 해야만 한다. 리스트 10-5의 코드는 이 목적을 염두에 두고 작성한 것이다.

리스트 10-5 시스템 V 세마포어의 비정상 초기화

```
                                                        svsem/svsem_bad_init.c

    /* 1개의 세마포어를 갖는 집합 생성 */

    semid = semget(key, 1, IPC_CREAT | IPC_EXCL | perms);

    if (semid != -1) {                    /* 성공적으로 세마포어 생성 */
        union semun arg;

        /* XXXX */

        arg.val = 0;                      /* 세마포어 초기화 */
        if (semctl(semid, 0, SETVAL, arg) == -1)
            errExit("semctl");

    } else {                              /* 세마포어가 생성되지 않은 경우 */
        if (errno != EEXIST) {            /* semget()의 예상치 못한 에러 발생 */
            errExit("semget");

        semid = semget(key, 1, perms);    /* 기존 집합의 ID 얻어오기 */
        if (semid == -1)
            errExit("semget");
    }

    /* 여기서 세마포어에 어떤 오퍼레이션을 수행한다. */

    sops[0].sem_op = 1;                       /* 1 더하기 */
    sops[0].sem_num = 0;                      /* 세마포어 0번에 */
    sops[0].sem_flg = 0;
    if (semop(semid, sops, 1) == -1)
        errExit("semop");
```

리스트 10-5 코드의 문제점은 2개의 프로세스가 이를 동시에 수행하는 경우 첫 번째 프로세스의 시간이 코드상의 XXXX 부분에서 만료된다면 그림 10-2의 결과를 야기할 수 있다는 것이다. 이 절차는 두 가지 원인 때문에 문제가 발생될 수 있다. 첫 번째로 프로세스 B가 초기화되지 않은 세마포어에서 semop()를 수행하는 경우다(여기에는 임의의 값이 들어 있음). 두 번째로 프로세스 A가 semctl()을 호출해 프로세스 B가 변경한 부분을 덮어쓸 수 있다.

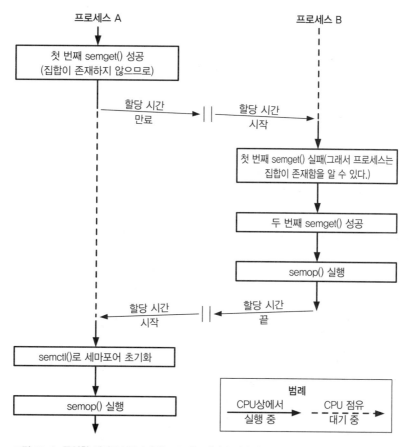

그림 10-2 동일한 세마포어를 2개의 프로세스에서 초기화하는 경쟁 상태

지금은 표준화됐지만 이 문제는 세마포어 집합과 관련된 `semid_ds` 데이터 구조체의 `sem_otime` 필드 초기화 순서의 특징과 관련이 있다. 처음 세마포어 집합이 생성될 때 `sem_otime` 필드는 0으로 초기화되고 이후 `semop()` 호출로 변경된다. 이런 특징으로 위에서 언급한 경쟁 상태를 제어할 수 있다. 첫 번째 프로세스 세마포어를 초기화하고 `semop()`를 호출해 세마포어 값을 변경하지는 않지만 `sem_otime` 필드를 갱신할 때까지 두 번째 프로세스(세마포어를 생성하지 않는다)를 기다리게 하는 추가 코드를 삽입해 해결할 수 있다. 리스트 10-6은 수정된 코드다.

 안타깝게도 여기서 다룬 초기화 문제의 해결책은 모든 유닉스 구현에서 동작하진 않는다. 몇 가지 최신 BSD에서도 sem_otime 필드는 갱신하지 않는다.

```
                                                     svsem/svsem_good_init.c
semid = semget(key, 1, IPC_CREAT | IPC_EXCL | perms);

if (semid != -1) {                       /* 성공적으로 세마포어 생성 */
    union semun arg;
    struct sembuf sop;

    arg.val = 0;                         /* 0으로 초기화 */
    if (semctl(semid, 0, SETVAL, arg) == -1)
        errExit("semctl");

    /* 'no-op' 세마포어 동작을 수행해 sem_otime을 변경해서
       다른 프로세스가 초기화한 set을 볼 수 있게 한다. */

    sop.sem_num = 0;                     /* 세마포어 0번에서 동작 */
    sop.sem_op = 0;                      /* 값이 0과 같으면 대기 */
    sop.sem_flg = 0;
    if (semop(semid, &sop, 1) == -1)
        errExit("semop");

} else {                                 /* 세마포어가 생성되지 않는 경우 */
    const int MAX_TRIES = 10;
    int j;
    union semun arg;
    struct semid_ds ds;

    if (errno != EEXIST) {               /* semget()으로부터 예상치 못한 에러 발생 */
        errExit("semget");

    semid = semget(key, 1, perms);       /* 기존 집합의 ID 얻어옴 */
    if (semid == -1)
        errExit("semget");

    /* 다른 프로세스가 semop() 호출할 때까지 대기 */

    arg.buf = &ds;
    for (j = 0; j < MAX_TRIES; j++) {
        if (semctl(semid, 0, IPC_STAT, arg) == -1)
            errExit("semctl");
        if (ds.sem_otime != 0)           /* semop()가 수행됐는가? */
            break;                       /* 그렇다면, 루프에서 나온다. */
        sleep(1);                        /* 아니라면, 대기하고 재시도한다. */
    }

    if (ds.sem_otime == 0)    /* 루프 동작 완료 */
        fatal("Existing semaphore not initialized");
```

```
    }

/*  여기서부터 세마포어에 대한 그 밖의 오퍼레이션 수행  */
```

집합의 여러 세마포어를 정확히 초기화하거나 세마포어를 0이 아닌 값으로 초기화하려고 리스트 10-6에서 사용한 여러 기술을 활용할 수 있다.

이런 복잡한 경쟁 문제 해결책이 모든 응용 프로그램에서 필요한 건 아니다. 하나의 프로세스가 다른 프로세스에서 세마포어를 사용하기 전에 생성과 초기화를 보장할 수 있다면 필요하지 않다. 이는 경우에 따라 다른데, 예를 들어 부모가 세마포어를 공유하는 자식 프로세스를 생성하기 전에 세마포어를 생성하고 초기화하는 경우다. 경우에 따라 첫 프로세스의 semget() 호출 다음에 semctl()의 SETVAL나 SETALL 오퍼레이션만으로도 충분한 경우가 있다.

10.6 세마포어 오퍼레이션

semop() 시스템 호출은 semid로 식별되는 세마포어 집합의 세마포어에 하나 이상의 오퍼레이션을 수행한다.

```
#include <sys/types.h>        /* 이식성을 위해 */
#include <sys/sem.h>

int semop(int semid, struct sembuf *sops, unsigned int nsops);
                            성공하면 0을 리턴하고, 에러가 발생하면 -1을 리턴한다.
```

sops 인자는 수행할 오퍼레이션을 담고 있는 배열을 가리키는 포인터이고, nsops는 배열의 크기다(반드시 한 가지 이상의 요소를 갖고 있어야 한다). 자동으로 오퍼레이션 배열은 순차적으로 수행된다. sops 배열의 요소는 다음과 같은 형태의 구조체로 구성된다.

```
struct sembuf {
    unsigned short  sem_num;       /* 세마포어 번호 */
    short           sem_op;        /* 수행할 오퍼레이션 */
    short           sem_flg;       /* 오퍼레이션 플래그(IPC_NOWAIT와 SEM_UNDO) */
};
```

sem_num 필드는 집합 안의 오퍼레이션이 수행될 세마포어를 구별하는 데 사용한다. sem_op 필드는 수행할 오퍼레이션을 가리킨다.

- sem_op가 0보다 크다면 sem_op의 값을 세마포어 값에 더한다. 그 결과 다른 프로세스는 세마포어 값이 감소할 때까지 기다리고 값이 감소되면 깨어나서 자신의 오퍼레이션을 수행한다. 호출 프로세스는 세마포어에 쓰기 권한이 있어야 한다.
- sem_op 값이 0이라면 현재 세마포어 값이 0인지를 확인한다. 그 결과가 0이라면 오퍼레이션은 바로 완료된다. 그렇지 않다면 semop()는 세마포어 값이 0이 될 때까지 블록될 것이다. 호출 프로세스는 반드시 세마포어에 읽기 권한이 있어야 한다.
- sem_op가 0보다 작다면 sem_op 값만큼 세마포어 값을 감소시킨다. 그리고 현재 세마포어 값이 sem_op의 절대값보다 크거나 같다면 오퍼레이션은 바로 완료된다. 그렇지 않으면 semop()는 세마포어 값이 음수가 아니며 오퍼레이션을 수행할 수 있는 수준으로 증가될 때까지 블록된다. 호출 프로세스는 반드시 세마포어에 쓰기 권한이 있어야 한다.

세마포어 값을 증가시키는 것은 자원을 사용 가능하게 만들어 다른 프로세스가 이를 사용할 수 있게 만드는 것이고, 값을 감소시키는 것은 프로세스가 세마포어에 해당하는 자원을 선점(독점적으로)하는 것이다. 세마포어 값을 감소시킬 때 값이 너무 낮으면 오퍼레이션은 블록된다. 이는 이미 다른 프로세스가 이 자원을 예약했다는 뜻이기 때문이다.

semop() 호출이 블록될 때 다음 중 하나의 상황이 발생할 때까지 프로세스가 블록된다.

- 요청한 오퍼레이션을 수행할 수 있게 세마포어 값을 다른 프로세스가 수정한 경우다.
- 시그널 인터럽트가 semop() 호출에 발생한 경우다. 그래서 그 결과 EINTR 에러가 발생한다(Vol. 1, 21.5절의 semop()가 시그널 핸들러로 인터럽트를 받고 난 뒤 절대 자동으로 재시작되지 않는 것처럼).
- semid에 해당하는 세마포어를 다른 프로세스가 삭제한 경우다. 이런 경우 semop()는 EIDRM 에러로 실패할 것이다.

sem_flg 필드에 IPC_NOWAIT 플래그를 설정해 semop()가 특정 세마포어에 오퍼레이션을 수행할 때 블록되지 않게 막을 수 있다. 이 경우 semop()가 블록되는 경우가 발생하면 EAGAIN 에러로 바로 실패한다.

한 번에 하나의 세마포어가 동작하는 경우가 보통인 반면 semop() 호출로 집합에 다중 세마포어가 한 번에 오퍼레이션을 수행하게 할 수 있다. 여기서 중요한 사항은 그룹 오퍼레이션이 자동적으로 수행된다는 점이다. 이는 semop()는 가능하다면 모든 오퍼레이션을 즉시 수행하거나 동시다발적으로 발생하는 모든 오퍼레이션이 수행될 때까지 블록될 수 있다.

 몇 가지 시스템은 semop()가 배열 순서대로 오퍼레이션을 수행한다고 언급했지만 저자가 아는 모든 시스템에서 그렇다는 것이고, 일부 응용 프로그램만이 이런 방식으로 동작한다. SUSv4는 이 동작에 필요한 사항을 명시한다.

리스트 10-7은 집합 안의 3개의 세마포어가 오퍼레이션을 수행하는 것을 보여준다. 세마포어 0번과 2번은 현재 세마포어 값 때문에 즉시 오퍼레이션을 수행할 수 없다. 세마포어 0번 오퍼레이션이 바로 수행될 수 없다면 요청된 오퍼레이션 중 아무것도 수행되지 못할 것이고 semop()는 블록된다. 반면에 세마포어 0번 오퍼레이션이 바로 수행될 수 있지만 IPC_NOWAIT 플래그가 설정되어 있어 세마포어 2번의 오퍼레이션은 바로 수행할 수 없다면 요청된 오퍼레이션 중 아무것도 수행되지 않을 것이고 semop()는 즉시 EAGAIN 에러를 리턴할 것이다.

semtimedop() 시스템 호출은 호출이 블록되는 제한 시간을 인자로 설정한다는 점을 제외하고 semop()와 동일한 작업을 수행한다.

```
#define _GNU_SOURCE
#include <sys/types.h>        /* 이식성을 위해 */
#include <sys/sem.h>

int semtimedop(int semid, struct sembuf *sops, unsigned int nsops,
                struct timespec *timeout);
                        성공하면 0을 리턴하고, 에러가 발생하면 -1을 리턴한다.
```

timeout 인자는 timespec 구조체를 가리키는 포인터이고, 시간 간격을 초 단위와 나노초 단위로 표현할 수 있다. 세마포어 오퍼레이션이 완료되기 전에 시간 간격이 만료된다면 semtimedop()는 EAGAIN 에러로 실패할 것이다. timeout이 NULL로 설정됐다면 semtimedop()는 semop()와 정확히 같은 동작을 한다.

semtimedop() 시스템 호출은 세마포어 오퍼레이션상에 semop()와 setitimer()를 사용하는 것보다 더 효율적인 시간 초과 설정 방법을 제공한다. 이런 작은 성능 이점은 오퍼레이션을 빈번히 사용하는 특정 응용 프로그램에 주요하게 작용할 수 있다. 그러나 semtimedop()는 SUSv3에 정의되어 있지 않고, 몇몇 유닉스에는 구현되어 있지 않다.

리스트 10-7 semop()를 사용해 다중 시스템 V 세마포어 오퍼레이션 수행

```
struct sembuf sops[3];

sops[0].sem_num = 0;                  /* 세마포어 0번에 1 빼기 */
sops[0].sem_op = -1;
sops[0].sem_flg = 0;

sops[1].sem_num = 1;                  /* 세마포어 1번에 2 더하기 */
sops[1].sem_op = 2;
sops[1].sem_flg = 0;

sops[2].sem_num = 2;                  /* 세마포어 2번이 0이 될 때까지 대기 */
sops[2].sem_op = 0;
sops[2].sem_flg = IPC_NOWAIT;         /* 오퍼레이션을 바로 수행할 수 없는 경우
                                         블록시키지 않는다. */

if (semop(semid, sops, 3) == -1) {
    if (errno == EAGAIN)             /* 세마포어 2번이 차단된 경우 */
        printf("Operation would have blocked\n");
    else
        errExit("semop");            /* 그 밖의 에러 발생 */
}
```

예제 프로그램

리스트 10-8의 프로그램은 semop() 시스템 호출에 명령행 인터페이스를 제공한다. 이 프로그램의 첫 번째 인자는 오퍼레이션을 수행할 세마포어 집합의 식별자다.

남은 명령행 인자는 단일 semop() 호출이 수행할 세마포어 오퍼레이션 그룹을 가리 킨다. 단일 명령행 오퍼레이션 인자들은 콤마로 구분된다. 각 오퍼레이션은 다음 중 하나 의 형태다.

- semnum+value: 세마포어의 semnum에 value를 더한다.
- semnum-value: 세마포어의 semnum으로부터 value를 뺀다.
- semnum=0: 세마포어의 semnum 값이 0인지 확인한다.

각 오퍼레이션의 마지막에 n, u 옵션을 사용할 수 있고 둘 다 사용해도 된다. n 옵션은 이 오퍼레이션의 sem_flg 값에 IPC_NOWAIT를 포함한다는 뜻이다. u 옵션은 sem_flg에 SEM_UNDO를 포함한다는 뜻이다(10.8절에서 SEM_UNDO를 설명한다).

다음 명령행은 식별자가 0인 세마포어 집합상에서의 두 번의 semop() 호출을 의미한다.

```
$ ./svsem_op 0 0=0 0-1,1-2n
```

첫 번째 명령행 인자는 semop() 호출이 세마포어 값이 0이 될 때까지 기다린다는 뜻이다. 두 번째 인자는 semop() 호출로 세마포어 0번에서 1을 빼고 세마포어 1번에서 2를 뺀다는 뜻이다. 세마포어 0번의 sem_flg는 0으로 설정하고 세마포어 1번 오퍼레이션의 sem_flg는 IPC_NOWAIT로 설정했다.

리스트 10-8 semop()로 시스템 V 세마포어 오퍼레이션 수행

```c
                                                        svsem/svsem_op.c
#include <sys/types.h>
#include <sys/sem.h>
#include <ctype.h>
#include "curr_time.h"          /* currTime() 선언 */
#include "tlpi_hdr.h"

#define MAX_SEMOPS 1000          /* 단일 semop()에 허용되는 최대 오퍼레이션 수 */

static void
usageError(const char *progName)
{
    fprintf(stderr, "Usage: %s semid op[,op...] ...\n\n", progName);
    fprintf(stderr, "'op' is either: <sem#>{+|-}<value>[n][u]\n");
    fprintf(stderr, "           or: <sem#>=0[n]\n");
    fprintf(stderr, "        \"n\" means include IPC_NOWAIT in 'op'\n");
    fprintf(stderr, "          \"u\" means include SEM_UNDO in 'op'\n\n");
    fprintf(stderr, "The operations in each argument are "
                    "performed in a single semop() call\n\n");
    fprintf(stderr, "e.g.: %s 12345 0+1,1-2un\n", progName);
    fprintf(stderr, "      %s 12345 0=0n 1+1,2-1u 1=0\n", progName);

    exit(EXIT_FAILURE);
}

/* 'arg'에 콤마로 구분된 인자를 파싱해서 'sops' 배열로 만들어 리턴한다.
   함수의 수행 결과로 오퍼레이션 수를 리턴한다. */

static int
```

```
parseOps(char *arg, struct sembuf sops[])
{
    char *comma, *sign, *remaining, *flags;
    int numOps;                         /* 'arg'가 포함하고 있는 오퍼레이션 수 */

    for (numOps = 0, remaining = arg; ; numOps++) {
        if (numOps >= MAX_SEMOPS)
            cmdLineErr("Too many operations (maximum=%d): \"%s\"\n",
                        MAX_SEMOPS, arg);

        if (*remaining == '\0')
            fatal("Trailing comma or empty argument: \"%s\"", arg);
        if (!isdigit((unsigned char) *remaining))
            cmdLineErr("Expected initial digit: \"%s\"\n", arg);

        sops[numOps].sem_num = strtol(remaining, &sign, 10);

        if (*sign == '\0' || strchr("+-=", *sign) == NULL)
            cmdLineErr("Expected '+', '-', or '=' in \"%s\"\n", arg);
        if (!isdigit((unsigned char) *(sign + 1)))
            cmdLineErr("Expected digit after '%c' in \"%s\"\n", *sign,
                        arg);

        sops[numOps].sem_op = strtol(sign + 1, &flags, 10);

        if (*sign == '-')              /* 역 부호 */
            sops[numOps].sem_op = - sops[numOps].sem_op;
        else if (*sign == '=')         /* 반드시 '=0'이어야 한다. */
            if (sops[numOps].sem_op != 0)
                cmdLineErr("Expected \"=0\" in \"%s\"\n", arg);

        sops[numOps].sem_flg = 0;
        for (;; flags++) {
            if (*flags == 'n')
                sops[numOps].sem_flg |= IPC_NOWAIT;
            else if (*flags == 'u')
                sops[numOps].sem_flg |= SEM_UNDO;
            else
                break;
        }

        if (*flags != ',' && *flags != '\0')
            cmdLineErr("Bad trailing character (%c) in \"%s\"\n", *flags,
                        arg);

        comma = strchr(remaining, ',');
        if (comma == NULL)
```

```
                break;    /* 더 이상 콤마가 없으면 수행할 오퍼레이션이
                             없음을 나타낸다. */
        else
            remaining = comma + 1;
    }

    return numOps + 1;
}

int
main(int argc, char *argv[])
{
    struct sembuf sops[MAX_SEMOPS];
    int ind, nsops;

    if (argc < 2 || strcmp(argv[1], "--help") == 0)
        usageError(argv[0]);

    for (ind = 2; argv[ind] != NULL; ind++) {
        nsops = parseOps(argv[ind], sops);

        printf("%5ld, %s: about to semop() [%s]\n", (long) getpid(),
                currTime("%T"), argv[ind]);

        if (semop(getInt(argv[1], 0, "semid"), sops, nsops) == -1)
            errExit("semop (PID=%ld)", (long) getpid());

        printf("%5ld, %s: semop() completed [%s]\n", (long) getpid(),
                currTime("%T"), argv[ind]);
    }

    exit(EXIT_SUCCESS);
}
```

다음 셸 세션에서 볼 수 있듯이 리스트 10-8의 프로그램을 사용해 10장에서 설명한 다양한 관점의 시스템 V 세마포어 오퍼레이션을 살펴볼 수 있다. 프로그램은 1과 0의 초기값을 갖는 2개의 세마포어를 생성하는 것으로 시작한다.

```
$ ./svsem_create -p 2
32769                           세마포어 집합의 ID
$ ./svsem_setall 32769 1 0
Semaphore values changed (PID=3658)
```

> 여기서 svsem/svsem_create.c 프로그램 코드를 보여주진 않지만, 이 책의 소스 코드 배포 판으로 제공된다. 이 프로그램은 리스트 9-1(229페이지)의 프로그램이 메시지 큐에 대해 수 행했던 것 같이 세마포어를 생성해 세마포어 오퍼레이션을 수행한다. svsem_create.c의 유 일한 차이점은 생성할 세마포어 집합의 크기를 결정할 추가 인자가 있다는 것이다.

다음으로 리스트 10-8의 프로그램은 3개의 백그라운드 인스턴스로 세마포어 집합에 semop() 오퍼레이션을 수행한다. 프로그램은 각 오퍼레이션 세마포어 전/후에 메시지 를 출력한다. 이 메시지에는 시간과 프로세스 ID가 포함되어 있어 각 오퍼레이션이 언제 시작되고 끝났는지 알 수 있고, 프로그램의 다중 인스턴스 오퍼레이션을 추적할 수 있다. 첫 번째 명령은 2개의 세마포어를 1씩 감소시킨다.

```
$ ./svsem_op 32769 0-1,1-1 &                첫 번째 오퍼레이션
 3659, 16:02:05: about to semop() [0-1,1-1]
[1] 3659
```

위에서 프로그램이 출력한 내용은 semop()가 어떤 오퍼레이션을 수행할지를 가리키는 메시지다. 하지만 이후 다른 어떤 추가 메시지도 출력하지 않는데 semop() 호출이 블록 되기 때문이다. 세마포어 1번은 0 값을 갖기 때문에 호출이 블록된다.

다음은 세마포어 1번의 값을 하나 감소시키는 요청을 보내려고 명령을 실행한 것이다.

```
$ ./svsem_op 32769 1-1 &                    두 번째 오퍼레이션
 3660, 16:02:22: about to semop() [1-1]
[2] 3660
```

이 명령도 블록된다. 다음 명령을 실행하면 세마포어 0번 값이 0이 될 때까지 기다 린다.

```
$ ./svsem_op 32769 0=0 &                     세 번째 오퍼레이션
 3661, 16:02:27: about to semop() [0=0]
[3] 3661
```

그리고 다시 이 명령도 블록된다. 이런 경우는 세마포어 0번의 현재값이 1이기 때문 이다.

그럼 리스트 10-3의 프로그램으로 세마포어 집합을 살펴보자.

```
$ ./svsem_mon 32769
Semaphore changed: Sun Jul 25 16:01:53 2010
Last semop():      Thu Jan 1  01:00:00 1970
```

```
Sem #   Value   SEMPID   SEMNCNT   SEMZCNT
  0       1        0         1         1
  1       0        0         2         0
```

세마포어가 생성될 때 연관된 semid_ds 데이터 구조체의 sem_otime 필드는 0으로 초기화된다. 0은 달력 시간값으로 기원(10.1절)을 의미하고 ctime()은 현재 시간대가 중부 유럽이고 UTC보다 1시간 앞서기 때문에 1 AM, 1 January 1970으로 표현한다.

출력 결과를 더 살펴보면 세마포어 0번의 semncnt 값이 1임을 알 수 있는데, 이는 첫 번째 오퍼레이션이 세마포어 값이 감소되기를 기다리고 있기 때문이다. semzcnt가 1인 이유는 세 번째 오퍼레이션이 세마포어 값이 0이 되기를 기다리고 있기 때문이다. 세마포어 1번의 semncnt 값이 2인 것은 첫 번째와 두 번째 오퍼레이션이 세마포어 값이 감소되길 기다리고 있음을 반영한다.

다음으로 세마포어 집합에 비블로킹 오퍼레이션을 시도해보자. 이 오퍼레이션은 세마포어 0번이 0이 될 때까지 기다리는 것이다. 이 오퍼레이션은 바로 처리될 수 없기 때문에 semop()는 EAGAIN 에러로 실패한다.

```
$ ./svsem_op 32769 0=0n                              네 번째 오퍼레이션
 3673, 16:03:13: about to semop() [0=0n]
ERROR [EAGAIN/EWOULDBLOCK Resource temporarily unavailable] semop
(PID=3673)
```

세마포어 1번에 1을 더하면 앞서 블록된 두 가지 오퍼레이션(첫 번째와 세 번째)에 영향을 주어 블록을 해제시킨다.

```
$ ./svsem_op 32769 1+1                               다섯 번째 오퍼레이션
 3674, 16:03:29: about to semop()   [1+1]
 3659, 16:03:29: semop() completed [0-1,1-1]         첫 번째 오퍼레이션 완료
 3661, 16:03:29: semop() completed [0=0]             세 번째 오퍼레이션 완료
 3674, 16:03:29: semop() completed [1+1]             다섯 번째 오퍼레이션 완료
[1]   Done                ./svsem_op 32769 0-1,1-1
[3]+  Done                ./svsem_op 32769 0=0
```

세마포어 집합의 상태를 보려고 감시 프로그램을 사용해 연관된 semid_ds 데이터 구조체의 sem_otime 필드를 보면 이 값이 갱신되는 것과 함께 2개의 세마포어 sempid 값도 갱신됨을 알 수 있다. 여기서 세마포어 1번의 semncnt 값이 1인데, 이는 두 번째 오퍼레이션은 아직 이 세마포어 값이 감소되기를 기다리고 있기 때문이다.

```
$ ./svsem_mon 32769
Semaphore changed: Sun Jul 25 16:01:53 2010
Last semop():      Sun Jul 25 16:03:29 2010
Sem #  Value  SEMPID  SEMNCNT  SEMZCNT
  0      0     3661      0        0
  1      0     3659      1        0
```

위 출력 결과로 sem_otime 값이 갱신됐음을 알 수 있다. 또한 세마포어 0번을 프로세스 ID가 3661(오퍼레이션 3)인 프로세스가 마지막으로 사용했고, 세마포어 1번을 프로세스 ID가 3659(오퍼레이션 1)인 프로세스가 마지막으로 사용했음을 알 수 있다.

마지막으로, 세마포어 집합을 제거하면 여전히 블록된 상태인 두 번째 오퍼레이션은 EIDRM 에러로 실패한다.

```
$ ./svsem_rm 32769
ERROR [EIDRM Identifier removed] semop (PID=3660)
```

 여기서 프로그램의 svsem/svsem_rm.c 소스 코드를 보여주진 않지만, 이 책의 소스 코드 배포판으로 제공한다. 이 프로그램은 명령행 인자가 가리키는 식별자에 해당하는 세마포어 집합을 제거한다.

10.7 다중 블록된 세마포어 오퍼레이션 처리

여러 프로세스가 같은 크기의 값으로 세마포어를 감소시키려는 시도가 블록되어 있다가 다시 감소 가능한 상태로 바뀌면 어떤 프로세스가 먼저 오퍼레이션을 수행하게 할지 결정하기 힘들다(어떤 프로세스가 오퍼레이션을 수행하게 할지는 커널 프로세스 스케줄링 알고리즘에 따라 결정되기 때문이다).

다른 한편으로 여러 프로세스가 각기 다른 크기값으로 세마포어를 감소시키려는 시도가 블록된 상태라면 요청은 우선 처리 가능 상태의 순서대로 처리될 것이다. 세마포어의 현재값이 0이고 프로세스 A가 세마포어 값을 2만큼 감소시키려 하고 프로세스 B는 1만큼 감소시키려고 한다. 이때 세 번째 프로세스가 세마포어에 1을 더했다면 프로세스 A가 먼저 세마포어에 오퍼레이션 요청을 보냈다고 하더라도 프로세스 B가 먼저 블록해제되어 오퍼레이션이 수행될 것이다. 설계가 잘못된 응용 프로그램의 경우 다음과 같은 시나리오에서 요청된 오퍼레이션이 수행되지 않아 세마포어 상태가 변경되지 않고 프로세스가 영원히 블록되어 기아 상태starvation(차단 상태에서 빠져나오지 못하는 상황)에 빠질 수 있다. 위 예를 좀 더 보면 여러 프로세스가 세마포어 값을 1보다 큰 값으로 조정하지 않는다면 프로세스 A는 영원히 블록 상태에 빠질 것이다.

프로세스가 여러 세마포어에 오퍼레이션을 수행하다 블록되는 경우 이 역시 기아 상태에 빠질 수 있다. 초기값을 0으로 초기화한 한 쌍의 세마포어로 수행하는 다음 시나리오를 고려해보자.

1. 프로세스 A가 세마포어 0번과 1번에 1을 빼는 요청을 보낸 경우(블록)

2. 프로세스 B가 세마포어 0번에 1을 빼는 요청을 보낸 경우(블록)

3. 프로세스 C가 세마포어 0번에 1을 더하는 경우

이때 프로세스 B가 프로세스 A보다 늦게 요청했다고 하더라도 블록이 해제되고 요청이 완료될 것이다. 다시 말하면 다른 프로세스가 개별 세마포어 값 변경을 블록하고 조정하는 동안 프로세스 A는 기아 상태에 빠져 있는 시나리오를 생각할 수 있다.

10.8 세마포어 값 복구

세마포어 값을 조정하고(예를 들어 세마포어 값을 감소시켜 현재 0인 경우) 프로세스가 의도적으로나 우연히 종료됐다고 가정해보자. 기본적으로 세마포어 값은 변경되지 않은 상태로 남아 있다. 이는 현재 종료된 프로세스가 변경된 값을 복구하기를 기다리고 있어 세마포어 블록 상태에 빠질 수 있기 때문에 이 세마포어를 사용하는 다른 프로세스가 이로 인해 문제를 발생시킬 수도 있다.

semop()로 세마포어 값을 변경할 때 SEM_UNDO 플래그를 사용하면 이런 문제를 피할 수 있다. 이 플래그가 설정되면 커널은 세마포어 오퍼레이션 결과를 기록하고 프로세스가 종료되면 값을 복구한다. 값을 복구하는 과정은 프로세스가 정상적으로 종료했는지 비정상적으로 종료했는지에 상관없이 수행된다.

커널은 SEM_UNDO로 수행하는 모든 오퍼레이션을 기록할 필요는 없다. SEM_UNDO로 수행하는 세마포어의 모든 변경값의 합을 기록하는 것으로 충분한데, 세마포어나 프로세스별로 사용하는 이 정수값을 semadj(세마포어 조절값)라고 한다. 프로세스가 종료되면 세마포어의 현재값에 최종 합을 빼주기만 하면 된다.

> 리눅스 2.6부터는 CLONE_SYSVTEM 플래그를 사용해 clone()으로 프로세스(스레드)를 생성
> 해 semadj 값을 공유할 수 있다. 이렇게 공유하려면 우선 POSIX 스레드가 구현되어 있는지 확
> 인해야 한다. NPTL 스레드 구현은 CLONE_SYSVTEM에 pthread_create() 구현을 사용했다.

semctl()의 SETVAL이나 SETALL 오퍼레이션으로 세마포어 값을 설정하는 경우 세마포어를 사용하는 모든 프로세스의 해당 semadj 값은 초기화된다(0으로). 세마포어 설정값을 변경하면 시간 순서대로 기록 관리되는 총 semadj의 값을 완전히 파괴함을 알아두자.

fork()로 자식이 생성됐다면 부모 semadj 값을 상속받지 않는다. 이때 자식이 부모의 세마포어 오퍼레이션을 복구하는 것은 불가능하다. 다른 한편으로 semadj 값은 exec() 전역에서 보존된다. 이는 SEM_UNDO로 세마포어 값을 조정하는 것을 허용하고 exec()로 세마포어에 아무런 오퍼레이션을 수행하지 않는 프로그램을 실행한다. 하지만 프로세스 종료와 함께 세마포어가 자동으로 조절된다(이는 다른 프로세스가 프로세스 종료를 알고 싶어할 때 사용할 수 있는 기술이다).

SEM_UNDO 예제

다음 셸 세션 로그는 2개의 세마포어 오퍼레이션 수행 결과를 보여준다. 한 가지 오퍼레이션은 SEM_UNDO 플래그로 실행하고, 다른 하나는 플래그 없이 실행한다. 우선, 2개의 세마포어를 갖는 세마포어 집합을 생성하는 것으로 시작한다.

```
$ ./svsem_create -p 2
131073
```

그리고 2개의 세마포어에 1을 추가하고 종료하는 명령을 실행한다. 세마포어 0번에는 SEM_UNDO 플래그를 설정해 실행한다.

```
$ ./svsem_op 131073 0+1u 1+1
 2248, 06:41:56: about to semop()
 2248, 06:41:56: semop() completed
```

리스트 10-3의 프로그램으로 세마포어의 상태를 확인한다.

```
$ ./svsem_mon 131073
Semaphore changed: Sun Jul 25 06:41:34 2010
Last semop():      Sun Jul 25 06:41:56 2010
Sem #  Value  SEMPID  SEMNCNT  SEMZCNT
  0      0    2248       0        0
  1      1    2248       0        0
```

출력 결과에서 마지막 두 라인의 세마포어 값을 보면 세마포어 0번의 오퍼레이션은 복구됐음을 알 수 있다. 하지만 세마포어 1번의 오퍼레이션은 복구되지 않았다.

SEM_UNDO의 제약

두 가지 이유에서 SEM_UNDO 플래그는 처음 등장했을 때보다 유용하지 않다. 첫째, 세마포어의 수정은 공유 자원 점유와 해제를 의미하기 때문에 SEM_UNDO로 멀티프로세스 응용 프로그램이 예상치 못하게 종료된 프로세스 이벤트를 복구할 수 없기 때문이다. 프로세스 종료 시에 자동으로 공유 자원 상태를 특정 상태(다수의 시나리오와는 다르지만)로 돌려놓지 못한다면 세마포어 오퍼레이션 복구 작업으로 응용 프로그램을 복구하기는 어렵다.

둘째, 몇 가지 경우에 SEM_UNDO를 사용할 수 없기 때문에 프로세스가 종료될 때 세마포어 값을 수정하는 것은 불가능하다. 다음은 세마포어 초기값이 0으로 적용된 시나리오다.

1. 프로세스 A가 SEM_UNDO 플래그를 명시해 세마포어 값을 2만큼 증가시킨다.
2. 프로세스 B가 세마포어 값을 1만큼 감소시켜 세마포어의 현재값은 1이다.
3. 프로세스 A가 종료된다.

여기서 이미 세마포어 값이 너무 작기 때문에 1단계에서 프로세스 A의 작업을 복구할 수 없다. 이 상황을 해결할 수 있는 세 가지 해결책이 있다.

- 세마포어 값을 조정할 수 있을 때까지 프로세스의 블록 상태를 유지한다.
- 가능한 만큼만 세마포어 값을 감소시키고(예를 들어 0으로) 종료한다.
- 세마포어 값을 수정하지 않고 그냥 종료한다.

첫 번째 해결책은 종료하려는 프로세스를 영원히 블록 상태에 빠뜨릴 수 있으므로 사용할 수 없다. 리눅스에서는 두 번째 해결책을 채택했다. 그리고 몇몇 유닉스 구현은 세 번째 해결책을 채택했다. SUSv3는 이런 상황에서 어떤 구현을 사용해야 하는지 언급하지 않는다.

 복구 오퍼레이션이 세마포어 값을 최대 허용값인 32,767(10.10절에서 설명하는 SEMVMX 한도)보다 큰 값으로 증가시키는 경우에도 기아 현상이 발생할 수 있다. 이런 경우 세마포어 값이 SEMVMX를 초과한다면(변칙적으로) 커널은 항상 이를 조정할 것이다.

10.9 이진 세마포어 프로토콜 구현

세마포어 값을 임의의 크기만큼 조정할 수 있고 세마포어를 집합에 할당하고 동작하기 때문에 시스템 V 세마포어 API는 복잡하다. 이런 두 가지 특징은 응용 프로그램이 일반적으로 필요로 하는 것보다 더 많은 기능을 제공한다. 그래서 시스템 V 세마포어 위에 좀 더 간단히 사용할 수 있는 프로토콜(API)로 구현하는 것이 좋다.

일반적으로 사용하는 프로토콜 중 하나는 이진 세마포어다. 이진 세마포어는 두 가지 값을 갖고 있다. 이는 해제 상태(사용 않음)와 점유 상태(사용 중)다. 이 두 가지 오퍼레이션은 이진 세마포어에 정의되어 있다.

- 점유reserve: 세마포어를 독점적으로 사용하려고 점유를 시도한다. 이미 다른 프로세스가 세마포어를 점유했다면 세마포어가 사용 가능해질 때까지 블록된다.

- 해제release: 현재 점유 중인 세마포어를 해제해 다른 프로세스가 점유할 수 있게 한다.

 컴퓨터 과학 분야에서 이 두 가지 오퍼레이션을 P와 V로 부르는데, 각 오퍼레이션을 이르는 네덜란드어의 첫 글자를 따서 부르는 것이다. 이 용어는 초기 세마포어의 이론적인 작업을 많이 한 네덜란드의 컴퓨터 과학자 다이젝스트라(Edsger Dijkstra)가 만들었다. down(세마포어 감소)과 up(세마포어 증가)이란 용어도 많이 사용된다. POSIX는 이 두 가지 오퍼레이션을 wait와 post라고 정의한다.

세 번째 오퍼레이션도 가끔 정의된다.

- 상황별 점유reserve conditionally: 비블로킹으로 세마포어를 독점적으로 사용하려고 점유를 시도한다. 세마포어가 이미 점유되어 있다면 세마포어를 사용 불가능하다고 인지하고 상태 정보를 바로 리턴한다.

이진 세마포어를 구현할 때는 어떤 것이 사용 가능한지, 어떤 것이 점유 중인지, 상태를 어떻게 표현할 것인지, 오퍼레이션은 어떻게 구현할지를 반드시 결정해야 한다. 이런 고민의 결과로 세마포어를 점유 해제할 때 값을 하나 증가시키거나 감소시켜 해제 상태가 되면 1을, 점유 상태인 경우 0을 가져 효율적으로 상태를 표현한다.

리스트 10-9와 리스트 10-10은 시스템 V 세마포어를 사용해 이진 세마포어를 구현한 것이다. 리스트 10-9의 헤더 파일은 구현에 노출될 2개의 전역 변수를 선언해 구현에 사용할 함수 프로토타입을 제공한다. bsUseSemUndo 변수는 구현에서 semop()를 호

출할 때 SEM_UNDO 플래그 사용 여부를 결정하는 데 사용한다. bsRetryOnEintr 변수는
구현에 semop() 호출이 인터럽트 시그널로 중단된 경우 재시작할지를 결정한다.

리스트 10-9 binary_sems.c의 헤더 파일

```
                                                              svsem/binary_sems.h
#ifndef BINARY_SEMS_H                        /* 중복 포함 방지 */
#define BINARY_SEMS_H

#include "tlpi_hdr.h"

/* 아래 함수들의 오퍼레이션을 제어하는 변수들 */

extern Boolean bsUseSemUndo;                 /* semop()에 SEM_UNDO 사용 여부? */
extern Boolean bsRetryOnEintr;               /* semop()가 시그널 핸들러로부터
                                                인터럽트를 받은 경우 재시작 여부? */

int initSemAvailable(int semId, int semNum);

int initSemInUse(int semId, int semNum);

int reserveSem(int semId, int semNum);

int releaseSem(int semId, int semNum);

#endif
```

리스트 10-10은 이진 세마포어 함수 구현의 예다. 이 구현에서 각 함수의 두 인자는
세마포어 집합 식별자와 집합 안의 세마포어 수다(이런 함수는 세마포어 집합의 생성과 소멸에 관
여하지 않고 10.5절에서 설명한 경쟁 상태를 관리한다). 11.4절의 예제 프로그램에서 이 함수를 사
용했다.

리스트 10-10 시스템 V 세마포어로 이진 세마포어 구현

```
                                                              svsem/binary_sems.c
#include <sys/types.h>
#include <sys/sem.h>
#include "semun.h"                           /* semun 유니온 정의 */
#include "binary_sems.h"

Boolean bsUseSemUndo = FALSE;
Boolean bsRetryOnEintr = TRUE;

int                                          /* 세마포어를 해제 상태인 1로 초기화하기 */
```

```
initSemAvailable(int semId, int semNum)
{
    union semun arg;

    arg.val = 1;
    return semctl(semId, semNum, SETVAL, arg);
}

int                                   /* 세마포어를 점유 상태인 0으로 초기화하기 */
initSemInUse(int semId, int semNum)
{
    union semun arg;

    arg.val = 0;
    return semctl(semId, semNum, SETVAL, arg);
}

/* 세마포어 점유에 성공하면 0을 리턴하고, 시그널 핸들러가
   인터럽트를 보내면 'errno'를 EINTR로 설정하고 -1을 리턴한다. */

int                                   /* 세마포어를 점유한 경우 1 감소시킨다. */
reserveSem(int semId, int semNum)
{
    struct sembuf sops;

    sops.sem_num = semNum;
    sops.sem_op = -1;
    sops.sem_flg = bsUseSemUndo ? SEM_UNDO : 0;

    while (semop(semId, &sops, 1) == -1)
    if (errno != EINTR || !bsRetryOnEintr)
        return -1;

    return 0;
}

int                                   /* 세마포어를 해제하는 경우 1 증가시킨다. */
releaseSem(int semId, int semNum)
{
    struct sembuf sops;

    sops.sem_num = semNum;
    sops.sem_op = 1;
    sops.sem_flg = bsUseSemUndo ? SEM_UNDO : 0;

    return semop(semId, &sops, 1);
}
```

10.10 세마포어 한도

대부분의 유닉스 시스템에는 시스템 V 세마포어 오퍼레이션과 관련된 다양한 한도가 있다. 다음은 리눅스 세마포어 한도 목록이다. 한도에 영향을 받는 시스템 호출과 한도에 도달하는 경우 발생하는 에러를 괄호 안에 적어뒀다.

- SEMAEM: semadj에 기록될 수 있는 최대값. SEMAEM은 SEMVMX(아래 설명한)와 동일한 값을 갖도록 정의되어 있다(semop(), ERANGE).
- SEMMNI: 생성할 수 있는 세마포어 식별자(다른 말로 세마포어 집합)의 수로, 시스템 전반에 사용된다(semget(), ENOSPC).
- SEMMSL: 세마포어 집합 안에 할당할 수 있는 세마포어의 최대 수(semget(), EINVAL)
- SEMMNS: 모든 세마포어 집합 안의 최대 세마포어 수로, 시스템 전반에 사용된다. 시스템의 세마포어 수는 SEMMNI와 SEMMSL로도 설정된다. SEMMNS의 기본값으로 앞의 두 가지 한도를 사용한다(semget(), ENOSPC).
- SEMOPM: semop() 호출마다 수행할 수 있는 최대 오퍼레이션 수(semop(), E2BIG)
- SEMVMX: 세마포어의 최대값(semop(), ERANGE)

이상의 한도는 대부분의 유닉스 구현에 존재한다. 몇몇 유닉스(리눅스가 아닌) 구현에는 추가로 다음과 같이 세마포어 복구 오퍼레이션과 연관된 한도가 있다(10.8절).

- SEMMNU: 세마포어 복구 구조제의 총수로, 시스템 전반에 적용된다. 복구 구조체는 semadj 값을 저장하기 위해 할당된다.
- SEMUME: 세마포어 복구 구조체별 최대 복구 엔트리의 수

시스템이 시작되면 세마포어 설정값은 기본값으로 적용된다. 이 기본값은 커널 버전에 따라 다양하다(몇몇 커널 배포자는 바닐라 커널에서 제공하는 다른 기본값을 사용하기도 한다). 리눅스 설정값의 경우 /proc/sys/kernel/sem 파일에 값을 수정해 변경할 수 있다. 이 파일은 4개의 공백 구분자로 구분되는 수를 정의하고 있는데 순서에 따라 SEMMSL, SEMMNS, SEMOPM, SEMMNI다(SEMVMX와 SEMAEM 한도는 변경할 수 없고 둘 다 32,767로 고정되어 있다). 예로 x86-32 시스템에서 리눅스 2.6.31 버전의 기본 한도를 보자.

```
$ cd /proc/sys/kernel
$ cat sem
250     32000   32      128
```

세 가지 시스템 V IPC 기법은 리눅스 /proc 파일 시스템 포맷의 각기 다른 형태로 관리한다. 메시지 큐와 공유 메모리는 각각 별개의 파일로 설정값을 조정할 수 있다. 세마포어의 경우 하나의 파일이 설정 가능한 모든 한도를 담고 있다. 이는 API를 개발하는 동안 우연히 시대적 상황의 요구로 만들어졌으며, 호환성 문제 때문에 이를 개정하기는 힘들다.

표 10-1은 x86-32 아키텍처에서 각 한도의 최대값을 보여준다. 아래는 이 표에 대한 보충 설명이다.

- SEMMSL이 65,536보다 큰 값을 갖게 할 수 있고 세마포어 집합을 만들 때 이보다 큰 크기로 만들 수 있다. 그러나 semop()로 집합 안의 65,536번째를 넘는 세마포 어 요소에 접근하는 일은 불가능하다.

 실제 구현에서는 특정 제약 때문에 현실적으로 최대 세마포어 집합의 크기는 8000개 근처가 가장 적합하다고 추천한다.

- SEMMNS 한도의 실질적인 최대값은 시스템의 사용 가능한 메모리 크기에 따라 달 라진다.
- SEMOPM의 최대 한도값은 커널 내부에서 사용하는 메모리 할당 기법에 따라 달라 진다. 보편적으로 추천하는 최대 수는 1000이다. 실제 사용에서 단일 semop() 호출에 몇 개 이상의 오퍼레이션은 거의 사용되지 않는다.

표 10-1 시스템 V 세마포어 한도

한도	최대값(x86-32)
SEMMNI	32768(IPCMNI)
SEMMSL	65536
SEMMNS	2147483647(INT_MAX)
SEMOPM	본문 참조

리눅스 고유의 semctl() IPC_INFO 오퍼레이션은 다양한 세마포어 한도를 담고 있는 seminfo 구조체를 얻어온다.

```
union semun arg;
struct seminfo buf;
```

```
arg.__buf = &buf;
semctl(0, 0, IPC_INFO, arg);
```

리눅스 고유의 오퍼레이션인 SEM_INFO는 실제 세마포어 객체에서 사용하는 자원 정보를 담고 있는 seminfo 구조체를 가져온다. SEM_INFO의 사용 예는 이 책의 소스 코드 배포판에 svsem/svsem_info.c 파일로 제공된다.

IPC_INFO, SEM_INFO, seminfo 구조체의 자세한 정보는 semctl(2) 매뉴얼 페이지에서 찾을 수 있다.

10.11 시스템 V 세마포어의 단점

시스템 V 세마포어는 메시지 큐(9.9절)와 동일한 많은 단점이 있다.

- 대부분의 유닉스 I/O와 IPC 기법에서 사용하는 파일 디스크립터 대신 세마포어는 식별자를 사용한다. 이는 세마포어와 파일 디스크립터 입력 사이에 동시다발적으로 기다리는 경우 오퍼레이션 수행이 힘들다(자식 프로세스를 생성하거나 스레드를 만들어 세마포어에 동작하고 다른 파일 디스크립터는 26장에서 설명하는 방법 중 하나로 파이프에 메시지를 전송해 문제를 피할 수 있다).

- 세마포어를 식별하려고 파일이름 대신 키를 사용하면 프로그래밍 복잡도가 더욱 증가한다.

- 세마포어를 초기화하고 생성하는 데 분리된 시스템 호출을 사용하는 경우에는 세마포어를 초기화할 때 경쟁 상태에 빠지지 않게 하려고 추가적인 프로그래밍 작업을 해야 한다.

- 커널은 세마포어 집합을 참조하는 프로세스의 수를 관리하지 않는다. 이로 인해 언제 세마포어를 적절히 삭제해야 할지와 사용하지 않는 집합을 언제 삭제할지 결정하기 힘들다.

- 시스템 V에서 제공하는 프로그래밍 인터페이스는 전체적으로 복잡하다. 일반적인 경우의 프로그램은 하나의 세마포어에서 동작한다. 집합 안에 있는 여러 세마포어의 동시다발적인 동작은 필요하지 않다.

- 세마포어 오퍼레이션과 관련된 여러 가지 한도가 있다. 이런 한도값은 조정이 가능하지만 응용 프로그램이 기본 한도 범위를 넘어서 동작한다면 응용 프로그램을 설치할 때 추가적인 작업을 할 필요가 있다.

그러나 메시지 큐와는 달리 시스템 V 세마포어는 결과적으로 이를 대치할 몇 가지 방법이 있고, 경우에 따라서는 이 중 하나를 선택해 사용해야 한다. 18장에서 설명한 레코드 잠금의 대안으로 세마포어를 사용하는 것이 하나의 예다. 그리고 커널 2.6부터 리눅스는 프로세스 동기화에 POSIX 세마포어 사용을 지원한다. POSIX 세마포어는 16장에서 설명한다.

10.12 정리

프로세스는 시스템 V 세마포어로 자신들의 동작을 동기화할 수 있다. 이는 프로세스가 공유 메모리 영역 같은 공유 자원을 독점적으로 접근하려고 할 때 유용하게 쓸 수 있다.

집합 안에 하나 이상의 세마포어를 생성하고 동작한다. 집합 안의 각 세마포어는 정수값을 갖고 있고 이 값은 항상 0보다 커야 한다. 호출자는 semop() 시스템 호출로 정수값을 세마포어에 더하고, 세마포어에서 정수값을 빼고, 값이 0이 될 때까지 기다릴 수 있다. 이 오퍼레이션 중 마지막 두 가지 오퍼레이션은 호출자를 블록 상태에 빠뜨릴 수 있다.

세마포어 구현이 새로운 세마포어 집합의 멤버를 초기화하지 않을 수 있으므로 응용 프로그램은 세마포어를 만든 후에 반드시 초기화해야 한다. 여러 프로세스에서 세마포어를 생성하고 초기화하려고 할 때 경쟁 상태를 피할 수 있는 방법은 두 가지 단계의 분리된 시스템 호출을 하는 것이다.

여러 프로세스가 세마포어 값을 같은 크기만큼 감소시키려고 하면 어떤 프로세스가 실제로 먼저 오퍼레이션을 수행할지 결정하기 애매하다. 그러나 다른 프로세스가 세마포어 값을 각각 다른 크기만큼 감소시키려고 하면 먼저 가능한 순서대로 오퍼레이션을 완료할 수 있다. 그리고 프로세스는 여기서 세마포어의 값이 오퍼레이션을 수행할 만큼의 적정 수준에 도달하지 못하는 경우 발생하는 기아 현상 시나리오에 대비해야 한다.

SEM_UNDO 플래그를 사용하면, 프로세스가 종료됐을 때 프로세스의 세마포어 오퍼레이션을 자동적으로 복구할 수 있다. 이 방식은 프로세스가 사고로 종료된 경우 종료된 프로세스가 변경한 세마포어 값을 다른 프로세스가 원래대로 복구되기를 무한정 기다려 블록 상태에 빠지는 경우를 피하고자 할 때 사용할 수 있다.

시스템 V 세마포어는 집합 단위로 할당하고 정해진 크기만큼 증가되고 감소된다. 이는 대부분의 응용 프로그램에서 요구하는 것보다 더 많은 기능을 제공한다. 보통은 개별적인 이진 세마포어를 요구하는데, 이는 0과 1 값만을 갖는다. 시스템 V 세마포어 위에 어떻게 이진 세마포어를 구현하는지는 이미 살펴봤다.

더 읽을거리

[Bovet & Cesati, 2005]와 [Maxwell, 1999]는 리눅스 세마포어 구현의 배경지식을 제공한다. [Dijkstra, 1968]은 세마포어 이론의 전형적인 초기 논문이다.

10.13 연습문제

10-1.   semop() 시스템 호출의 이해를 돕기 위해 리스트 10-8(svsem_op.c)의 프로그램을 실행하라.

10-2.   부모와 자식 프로세스 동기화에 시그널 대신 세마포어를 사용하도록 Vol. 1, 703페이지의 리스트 24-6(fork_sig_sync.c) 프로그램을 수정하라.

10-3.   현재 동작하는 프로세스가 SEM_UNDO로 세마포어를 조절하면 sempid 값에 어떤 변화가 생기는지 리스트 10-8의 프로그램과 10장에 있는 그 밖의 다른 세마포어 프로그램으로 실험하라.

10-4.   리스트 10-10(binary_sems.c)의 코드에 IPC_NOWAIT 플래그로 상태에 따라 오퍼레이션을 예약하는 reserveSemNB() 함수를 추가 구현하라.

10-5.   디지털 사는 VMS 운영체제에서 이진 세마포어와 유사한, 이벤트 플래그 event flag라는 동기화 방법을 제공한다. 이벤트 플래그는 두 가지 값을 가질 수 있는데 클리어clear와 셋set으로 다음 네 가지 오퍼레이션을 수행한다. setEventFlag는 플래그를 셋하고, clearEventFlag는 플래그를 클리어하고, waitForEventFlag는 플래그가 설정될 때까지 블록시키며, getFlagState는 현재의 플래그 상태를 가져온다. 시스템 V 세마포어를 사용해 이벤트 플래그를 구현하라. 이 구현은 각 함수에 두 가지 인자가 필요할 것이다. 바로 세마포어 식별자와 세마포어 번호다(waitForEventFlag 오퍼레이션을 고려하면 선택한 값이 명백히 클리어와 셋으로 구분되지 않음을 깨달을 것이다).

10-6.   기명 파이프로 이진 세마포어 프로토콜을 구현하라. 여기에 점유, 해제 함수와 상태에 따라 세마포어를 점유하는 함수를 구현하라.

10-7. 리스트 9-6(svmsg_ls.c, 245페이지)과 유사한 시스템상의 모든 세마포어 집합 목록을 semctl()의 SEM_INFO와 SEM_STAT 오퍼레이션으로 얻고 이를 출력하는 프로그램을 작성하라.

11

시스템 V 공유 메모리

11장은 시스템 V 공유 메모리를 설명한다. 공유 메모리는 2개 이상의 프로세스 간에 물리적으로 같은 메모리 공간(보통 세그먼트segment 단위로 제공한다)을 공유하는 것이다. 공유된 메모리 세그먼트는 프로세스의 사용자 공간이기 때문에 IPC와 달리 커널의 간섭을 받지 않는다. 필요한 절차는 우선 하나의 프로세스가 공유 메모리 공간에 데이터를 단순히 복사하는 것이다. 이 데이터는 같은 세그먼트에 공유되기 때문에 다른 모든 프로세스에서 바로 사용할 수 있다. 따라서 송신 프로세스가 사용자 공간에 있는 데이터를 커널 메모리로 복사하고 수신 프로세스는 이와 반대의 동작을 수행해야 하는 파이프나 메시지 큐(각 프로세스가 복사를 수행하기 위해 시스템 호출을 사용해야 하므로 추가적인 부하를 발생시킨다)에 비해 빠른 IPC를 제공할 수 있다.

 mmap() 용어로는 메모리 공간을 주소 공간에 '매핑'한다고 하며, 시스템 V 용어로는 공유 메모리 세그먼트를 주소에 '부착(attach)'한다고 이야기한다. 이 두 용어의 의미는 같다. 용어가 다른 이유는 이 두 API가 각기 다른 곳에서 유래했기 때문이다.

11.1 개요

공유 메모리 세그먼트를 사용하려면 보통 다음의 절차를 따른다.

- shmget() 호출로 새로운 공유 메모리 세그먼트를 생성하거나 현재 시스템에 존재하는 세그먼트의 식별자를 얻어온다(예를 들어 다른 프로세스가 이미 생성했다면). 이 호출은 이후 호출에서 사용할 공유 메모리의 식별자를 리턴한다.

- shmat()으로 공유 메모리 세그먼트를 참조한다. 이는 호출 프로세스의 가상 메모리 공간을 세그먼트로 만드는 것이다. 이러한 점에서, 공유 메모리 세그먼트를 프로그램에서 사용 가능한 다른 형태의 메모리처럼 사용할 수 있다. 공유 메모리를 사용하려면 프로그램은 shmat() 호출이 리턴하는 addr 값을 사용해야 한다. 이 값은 프로세스의 가상 주소 공간에 공유 메모리 세그먼트의 시작 지점을 가리키고 있다.

- shmdt() 호출로 공유 메모리 세그먼트를 분리한다. 이 호출 뒤에 프로세서는 더이상 공유 메모리를 참조할 수 없다. 이 절차는 선택적이며, 프로세스가 종료될 때 자동으로 수행된다.

- shmctl() 호출로 공유 메모리 세그먼트를 삭제한다. 그리고 세그먼트는 현재 공유 메모리를 사용하는 모든 프로세스가 참조를 분리한 후에 파괴된다. 오직 단 하나의 프로세스만이 이 절차를 수행해야 한다.

11.2 공유 메모리 세그먼트 생성과 열기

shmget() 시스템 호출은 새로운 공유 메모리 세그먼트를 만들거나 기존 세그먼트의 식별자를 얻어온다. 새로 생성된 공유 메모리 세그먼트는 0으로 초기화된다.

```
#include <sys/types.h>        /* 이식성을 위해 */
#include <sys/shm.h>

int shmget(key_t key, size_t size, int shmflg);
            성공하면 공유 메모리 세그먼트 식별자를 리턴하고, 에러가 발생하면 -1을 리턴한다.
```

여기서 key 인자는 8.2절에서 설명한 방법 중 하나로 생성한 것이다(보통 IPC_PRIVATE 값이나 ftok()로 리턴되는 키를 사용한다).

shmget()으로 새로운 공유 메모리 세그먼트를 만드는 경우 size에 원하는 세그먼트 크기를 바이트 수(양의 정수)로 지정한다. 커널은 여러 개의 시스템 페이지 단위로 공유 메모리를 할당하기 때문에 다음 시스템 페이지 크기까지 확장된다. shmget()로 기존 세그먼트의 식별자를 얻어오는 경우 size 값은 세그먼트에 아무 영향을 미치지 않지만, 반드시 세그먼트 크기 이상이어야 한다.

shmflg 인자는 다른 IPC의 get 호출과 동일한 작업을 하는데, 새로운 공유 메모리 세그먼트에 권한(Vol. 1, 417페이지의 표 15-4)을 지정하거나 기존 세그먼트에 대해 확인한다. 그리고 여러 플래그를 OR(|)하여 shmflg에 설정해 shmget() 오퍼레이션을 제어할 수 있다.

- IPC_CREAT: 지정된 key에 해당하는 세그먼트가 없다면 새로운 세그먼트를 생성한다.

- IPC_EXCL: IPC_CREAT가 이미 명시되어 있고 지정된 key에 해당하는 세그먼트가 이미 존재하면 EEXIST 에러로 실패한다.

위 플래그는 8.1절에 더 상세히 설명되어 있다. 그리고 리눅스는 다음과 같은 비표준 플래그도 지원한다.

- SHM_HUGETLB(리눅스 2.6부터): 특권(CAP_IPC_LOCK) 프로세스는 이 플래그로 거대한 페이지들로 이뤄진 공유 메모리 세그먼트를 생성할 수 있다. 최근 하드웨어 구조에서 거대 페이지huge page 기능을 제공해 매우 큰 페이지 크기를 지원하고 있다(예를 들어 x86-32에서는 4kB 페이지 크기의 대안으로 4MB 크기의 페이지를 지원한다). 시스템이 거대한 메모리를 갖고 있고 응용 프로그램에서 많은 메모리 블록을 필요로 하는 경우 하드웨어 메모리 관리 장치인 TLBtranslation look-aside buffer에 다수의 엔트리가 필요하기 때문에 이를 줄이려고 거대 페이지를 사용한다. TLB의 엔트리는 보통 많은 자원을 차지하기 때문에 이를 줄일 필요가 있다. 더 많은 정보를 얻고 싶다면 커널 소스 파일의 Documentation/vm/hugetlbpage.txt를 참조하기 바란다.
- SHM_NORESERVE(리눅스 2.6.15부터): shmget()의 이 플래그는 mmap()의 MAP_NORESERVE 플래그와 동일한 목적으로 사용한다. 12.9절을 참조하기 바란다.

shmget()이 성공하면 새로운 공유 메모리 세그먼트나 기존 세그먼트의 식별자를 리턴한다.

11.3 공유 메모리 사용

shmat() 시스템 호출은 shmid가 가리키는 공유 메모리 세그먼트를 호출 프로세스의 가상 메모리 공간에 부착한다.

```
#include <sys/types.h>        /* 이식성을 위해 */
#include <sys/shm.h>

void *shmat(int shmid, const void *shmaddr, int shmflg);
        공유 메모리 부착이 성공하면 주소를 리턴하고, 에러가 발생하면 (void *) -1을 리턴한다.
```

shmaddr 인자와 shmflg 비트 마스크 인자의 SHM_RND 비트 설정은 세그먼트를 어떻게 부착할지 결정할 때 사용한다.

- shmaddr이 NULL이면 세그먼트를 커널이 적합한 주소를 선택해 부착한다. 이는 세그먼트 공유 방법 중 가장 선호하는 방법이다.

- shmaddr이 NULL이 아니고 SHM_RND 설정되지 않았다면 shmaddr이 가리키는 주소 공간에 부착해야 하며, 이 주소는 시스템 페이지 크기의 배수여야 한다(그렇지 않다면 EINVAL 에러를 낸다).

- shmaddr이 NULL이 아니고 SHM_RND가 설정됐다면 세그먼트는 shmaddr에서 제공하는 주소에 세그먼트를 매핑한다. shmaddr은 SHMLBAshared memory low boundary address(공유 메모리 주소 중 하위 메모리 경계) 상수의 근접 배수로 내림된다. 이 상수는 시스템 페이지 크기의 배수와 일치한다. CPU 캐시 성능을 향상시키고 같은 세그먼트를 각기 다른 방식으로 부착하는 경우에 CPU 캐시에서 다르게 보이는 현상을 방지하기 위해 일부 아키텍처에서는 SHMLBA의 배수인 주소에 세그먼트를 부착해야 한다.

> x86 아키텍처에서 SHMLBA는 시스템 페이지 크기와 같은데, x86 아키텍처에서는 그런 캐시 불일치가 일어나지 않는다는 사실을 반영한다.

shmaddr에 NULL이 아닌 값(즉 위에 열거된 옵션 중 두 번째나 세 번째 값)을 지정하는 것은 다음과 같은 이유 때문에 추천하지 않는다.

- 이는 응용 프로그램의 이식성을 떨어뜨린다. 어떤 유닉스 구현에서는 유효한 주소가 다른 곳에서는 유효하지 않을 수 있기 때문이다.

- 주소가 이미 사용 중이라면 해당 주소에 공유 메모리 세그먼트를 부착할 수 없을 것이다. 예를 들어, 응용 프로그램이 (아마도 라이브러리 함수 내부에서) 이미 다른 세그먼트를 부착했거나 해당 주소에 메모리 매핑을 생성했다면 에러가 발생할 수 있다.

shmat() 함수 실행의 결과로 부착된 공유 메모리 세그먼트의 주소를 리턴한다. 이 값은 일반 C 포인터처럼 다룰 수 있다. 세그먼트는 프로세스의 가상 메모리 공간의 어느 한 부분처럼 보일 것이다. 보통 shmat()의 리턴값은 포인터로 프로그래머가 정의한 특정 구조체를 세그먼트 구조체로 변환한다(예를 들어, 리스트 11-2 참조).

공유 메모리 세그먼트를 읽기 전용으로 붙이려면 shmflg에 SHM_RDONLY 플래그를 지정한다. 읽기 전용 세그먼트 내용에 갱신을 시도하면 세그먼트 오류가 발생한다(SIGSEGV 시그널). SHM_RDONLY가 지정되지 않았다면 메모리는 수정과 읽기 모두 가능하다.

SHM_RDONLY가 지정되지 않은 경우에 공유 메모리 세그먼트를 부착하려면 프로세스는 읽기와 쓰기 권한이 필요하지만, 지정되어 있다면 읽기 권한만 있어도 된다.

 하나의 프로세스 안에서 여러 번 같은 공유 메모리 세그먼트를 부착할 수 있고, 하나의 프로세스에 읽기 전용으로 부착된 공유 메모리를 다른 프로세스에 읽기 쓰기로 부착할 수 있다. 프로세스 가상 메모리 페이지 테이블의 각기 다른 엔트리는 같은 물리 메모리 페이지를 참조하기 때문에 각 부착 지점의 메모리 내용은 서로 같다.

마지막 값은 shmflg에 SHM_REMAP 플래그로 지정할 수도 있다. 이 경우 shmaddr은 반드시 NULL이 아니어야 한다. 이 플래그는 shmat() 호출로 현재 시스템에 존재하는 부착된 공유 메모리를 변경하거나 shmaddr에서 시작해서 공유 메모리 세그먼트의 길이까지 범위의 메모리 매핑을 변경한다. 공유 메모리 세그먼트의 주소 범위가 이미 사용 중이면 EINVAL 에러가 발생한다. SHM_REMAP은 비표준 리눅스 확장 기능이다.

표 11-1은 shmat()의 shmflg 인자에 OR(|)를 사용해 설정할 수 있는 상수를 요약한 것이다.

프로세스가 더 이상 공유 메모리 세그먼트에 접근할 필요가 없을 때 shmdt()를 사용
해 가상 주소 공간에서 세그먼트를 분리한다. shmaddr 인자는 분리할 세그먼트를 나타
낸다. 이는 이전에 shmat() 호출이 리턴한 값이다.

```
#include <sys/types.h>                    /* 이식성을 위해 */
#include <sys/shm.h>

int shmdt(const void *shmaddr);
                              성공하면 0을 리턴하고, 에러가 발생하면 -1을 리턴한다.
```

공유 메모리 세그먼트를 분리하는 것은 삭제하는 것과는 다르다. 삭제는 11.7절에서
설명하는 것처럼 shmctl()의 IPC_RMID 오퍼레이션으로 수행된다.

자식 프로세스가 fork()로 생성됐다면 부모의 공유 메모리 세그먼트를 상속한다. 그
래서 공유 메모리는 부모와 자식 사이에 간단한 IPC 방식을 제공한다.

exec()를 실행하면 모든 공유 메모리 세그먼트는 분리된다. 프로세스가 종료되는 시
점에 자동적으로 공유 메모리 세그먼트도 분리된다.

표 11-1 shmat()의 shmflg 비트 마스크 값

값	설명
SHM_RDONLY	세그먼트를 읽기 전용으로 부착한다.
SHM_REMAP	shmaddr에 현재 있는 매핑을 바꾼다.
SHM_RND	SHMLBA바이트의 배수만큼 shmaddr을 줄인다.

11.4 예제: 공유 메모리를 통한 데이터 전송

여기서는 시스템 V 공유 메모리와 세마포어를 사용하는 응용 프로그램의 예를 살펴볼 것
이다. 응용 프로그램은 송신자writer와 수신자reader 두 가지로 구성된다. 송신자는 데이터
블록을 표준 입력으로부터 읽어들여 공유 메모리 세그먼트에 복사('write')한다. 수신자는
공유 메모리 세그먼트에서 데이터 블록을 읽어서('read') 표준 출력으로 내보낸다. 결론적
으로 프로그램은 공유 메모리를 파이프와 같은 용도로 사용하는 것이다.

두 프로그램은 시스템 V 세마포어 중 한 쌍의 이진 세마포어 프로토콜 (`initSemAvailable()`, `initSemInUse()`, `reserveSem()`, `releaseSem()`)을 사용해 다음을 보장 한다.

- 한 번에 오직 하나의 프로세스만이 공유 메모리에 접근 가능하다.
- 프로세스는 서로 반복적으로 세그먼트에 접근한다(예를 들면, 송신자가 데이터를 쓰고 수신자가 데이터를 읽고 다시 송신자가 다시 데이터를 쓰는 형태처럼).

그림 11-1은 2개의 세마포어를 사용하는 모습을 보여준다. 송신자가 2개의 세마포어 를 초기화해 처음으로 2개의 프로그램에서 공유 메모리 세그먼트를 접근 가능 상태로 만 든다. 이는 송신자 세마포어는 초기에 사용 가능함을 의미하고 수신자 세마포어는 초기 부터 사용 중임을 의미한다.

응용 프로그램은 3개의 소스 코드 파일로 구성되어 있다. 리스트 11-1은 첫 번째 파 일로, 송신자와 수신자 프로그램에서 공유하는 헤더 파일이다. 이 헤더 파일은 공유 메모 리 세그먼트를 가리키는 포인터를 선언해 사용하는 `shmseg` 구조체를 정의하고 있다. 그 래서 구조체를 공유 메모리 세그먼트에 바이트 형태로 저장할 수 있다.

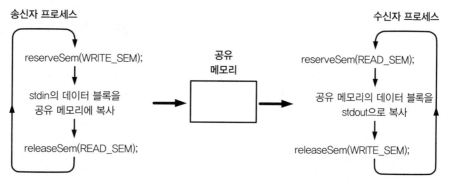

그림 11-1 세마포어를 이용해 상호 배타적이고 반복적으로 공유 메모리 접근하기

리스트 11-1 svshm_xfr_writer.c와 svshm_xfr_reader.c의 헤더 파일

```
                                                          svshm/svshm_xfr.h
#include <sys/types.h>
#include <sys/stat.h>
#include <sys/sem.h>
#include <sys/shm.h>
#include "binary_sems.h"              /* 이진 세마포어 함수 선언 */
#include "tlpi_hdr.h"
```

```
#define SHM_KEY 0x1234                /* 공유 메모리 세그먼트 키 */
#define SEM_KEY 0x5678                /* 세마포어 집합 키 */

#define OBJ_PERMS (S_IRUSR | S_IWUSR | S_IRGRP | S_IWGRP)
                                       /* IPC 객체 권한 */

#define WRITE_SEM 0                   /* 송신자 공유 메모리 접근 */
#define READ_SEM 1                    /* 수신자 공유 메모리 접근 */

#ifndef BUF_SIZE                       /* 'cc -D'로 오버라이드 정의 허용 */
#define BUF_SIZE 1024                 /* 전송 버퍼 크기 */
#endif

struct shmseg {                        /* 공유 메모리 세그먼트 구조체 정의 */
    int cnt;                           /* 'buf'에 사용된 바이트 수 */
    char buf[BUF_SIZE];                /* 전송될 데이터 */
};
```

리스트 11-2는 송신자 프로그램이다. 이 프로그램은 다음과 같은 절차로 수행된다.

- 송신자와 수신자 프로그램에서 사용할 2개의 세마포어를 갖고 있는 집합을 생성해 공유 메모리에 상호 배타적으로 접근하게 한다. 세마포어가 초기화되고 송신자는 처음으로 공유 메모리 세그먼트에 접근한다①. 송신자가 세마포어를 생성하기 때문에 수신자가 실행되기 전에 먼저 실행돼야만 한다.

- 공유 메모리 세그먼트를 생성하고 송신자의 가상 메모리 주소 공간에 시스템에서 제공한 주소에 부착한다②.

- 루프에 진입해 표준 입력에서 들어오는 데이터를 공유 메모리 세그먼트로 전송한다③. 매 루프 반복에 다음 작업을 수행한다.

  - 송신자 세마포어를 예약한다(감소)④.

  - 표준 입력에서 읽은 데이터를 공유 메모리 세그먼트로 전송한다⑤.

  - 세마포어를 해제한다(증가)⑥.

- 표준 출력에 더 이상 사용 가능한 데이터가 없으면 루프는 종료된다⑦. 루프에서 마지막으로 거치는 과정으로 송신자는 데이터 크기가 0인 블록을 넘겨줌으로써 수신자에게 더 이상 전송할 데이터가 없음을 알린다(shmp->cnt는 0으로 설정).

- 루프가 종료되면 송신자는 다시 한 번 자신의 세마포어를 점유하고 수신자의 마지막 공유 메모리 접근이 완료됐는지 확인한다⑧. 그 후 송신자는 공유 메모리 세그먼트와 세마포어 집합을 제거한다⑨.

리스트 11-3은 수신자 프로그램이다. 이 프로그램은 공유 메모리 세그먼트의 데이터 블록을 표준 출력으로 전송한다. 수신자는 다음 절차로 수행된다.

- 송신자 프로그램이 생성한 세마포어 집합과 공유 메모리 세그먼트의 ID를 얻어 온다①.
- 공유 메모리 세그먼트를 읽기 전용으로 가상 메모리에 부착한다②.
- 루프에 진입해 공유 메모리 세그먼트의 데이터를 전송한다③. 각 반복 루프는 다음 절차로 동작을 수행한다.
  - 수신자 세마포어를 점유한다(감소)④.
  - shmp->cnt가 0인지 확인해서, 그렇다면 루프를 빠져나온다⑤.
  - 공유 메모리 세그먼트 데이터 블록을 표준 출력에 전송한다⑥.
  - 수신자 세마포어를 해제한다(증가)⑦.
- 루프를 빠져나온 뒤 공유 메모리 세그먼트를 분리하고⑧ 송신자 프로그램이 IPC 객체를 제거할 수 있도록 송신자 세마포어를 해제한다⑨.

리스트 11-2 stdin 입력 데이터 블록을 시스템 V 공유 메모리 세그먼트에 전송

```
                                              svshm/svshm_xfr_writer.c
  #include "semun.h"                /* semun 유니온 정의 */
  #include "svshm_xfr.h"

  int
  main(int argc, char *argv[])
  {
      int semid, shmid, bytes, xfrs;
      struct shmseg *shmp;
      union semun dummy;

①    semid = semget(SEM_KEY, 2, IPC_CREAT | OBJ_PERMS);
      if (semid == -1)
          errExit("semget");
      if (initSemAvailable(semid, WRITE_SEM) == -1)
          errExit("initSemAvailable");
      if (initSemInUse(semid, READ_SEM) == -1)
          errExit("initSemInUse");

②    shmid = shmget(SHM_KEY, sizeof(struct shmseg), IPC_CREAT | OBJ_PERMS);
      if (shmid == -1)
          errExit("shmget");

      shmp = shmat(shmid, NULL, 0);
```

```
        if (shmp == (void *) -1)
            errExit("shmat");

        /* stdin의 데이터 블록을 공유 메모리에 전송 */

③    for (xfrs = 0, bytes = 0; ; xfrs++, bytes += shmp->cnt) {
④        if (reserveSem(semid, WRITE_SEM) == -1)  /* 차례를 기다린다. */
                errExit("reserveSem");

⑤        shmp->cnt = read(STDIN_FILENO, shmp->buf, BUF_SIZE);
          if (shmp->cnt == -1)
              errExit("read");
⑥        if (releaseSem(semid, READ_SEM) == -1)   /* 수신자에게 차례를 넘긴다. */
              errExit("releaseSem");

          /* EOF에 도달했는가? 수신자에게 차례를 넘긴 후
             shmp->cnt 값이 0인 것을 보고 이를 확인할 수 있다. */

⑦        if (shmp->cnt == 0)
              break;
      }

      /* 수신자가 송신자에게 한 번 더 차례를 넘겨줄 때까지 대기한다.
         그래서 수신자 작업이 끝났는지를 확인하고 IPC 객체를 삭제할 수 있다. */

⑧    if (reserveSem(semid, WRITE_SEM) == -1)
          errExit("reserveSem");

⑨    if (semctl(semid, 0, IPC_RMID, dummy) == -1)
          errExit("semctl");
      if (shmdt(shmp) == -1)
          errExit("shmdt");
      if (shmctl(shmid, IPC_RMID, 0) == -1)
          errExit("shmctl");

      fprintf(stderr, "Sent %d bytes (%d xfrs)\n", bytes, xfrs);
      exit(EXIT_SUCCESS);
  }
```

리스트 11-3 시스템 V 공유 메모리 세그먼트의 데이터 블록을 stdout으로 출력하기

```
                                          svshm/svshm_xfr_reader.c
  #include "svshm_xfr.h"

  int
  main(int argc, char *argv[])
  {
```

```
        int semid, shmid, xfrs, bytes;
        struct shmseg *shmp;

        /* 송신자가 생성한 세마포어 집합과 공유 메모리 ID를 얻어온다. */

①      semid = semget(SEM_KEY, 0, 0);
        if (semid == -1)
            errExit("semget");

        shmid = shmget(SHM_KEY, 0, 0);
        if (shmid == -1)
            errExit("shmget");

②      shmp = shmat(shmid, NULL, SHM_RDONLY);
        if (shmp == (void *) -1)
            errExit("shmat");

        /* 공유 메모리에서 stdout으로 데이터 블록을 전송한다. */

③      for (xfrs = 0, bytes = 0; ; xfrs++) {
④          if (reserveSem(semid, READ_SEM) == -1)  /* 차례를 기다린다. */
                errExit("reserveSem");

⑤          if (shmp->cnt == 0)                         /* 송신자가 EOF를 만난 경우 */
                break;
            bytes += shmp->cnt;

⑥          if (write(STDOUT_FILENO, shmp->buf, shmp->cnt) != shmp->cnt)
                fatal("partial/failed write");

⑦          if (releaseSem(semid, WRITE_SEM) == -1)  /* 송신자에게 차례를 넘긴다. */
                errExit("releaseSem");
        }

⑧      if (shmdt(shmp) == -1)
            errExit("shmdt");

        /* 송신자에게 한 번 더 차례를 넘겨 마무리할 수 있게 한다. */

⑨      if (releaseSem(semid, WRITE_SEM) == -1)
            errExit("releaseSem");

        fprintf(stderr, "Received %d bytes (%d xfrs)\n", bytes, xfrs);
        exit(EXIT_SUCCESS);
    }
```

다음 셸 세션은 리스트 11-2와 리스트 11-3의 프로그램을 사용하는 예다. 여기서 /etc/services 파일을 송신자 입력으로 사용하고 수신자 출력은 다른 파일로 지정했다.

```
$ wc -c /etc/services                         테스트 파일 크기 출력
764360 /etc/services
$ ./svshm_xfr_writer < /etc/services &
[1] 9403
$ ./svshm_xfr_reader > out.txt
Received 764360 bytes (747 xfrs)              수신자로부터의 메시지
Sent 764360 bytes (747 xfrs)                  송신자로부터의 메시지
[1]+  Done                    ./svshm_xfr_writer < /etc/services
$ diff /etc/services out.txt
$
```

diff 명령이 아무것도 출력하지 않는데, 이는 수신자가 출력한 파일이 송신자가 입력한 파일과 같은 내용임을 나타낸다.

11.5 가상 메모리상의 공유 메모리 위치

Vol. 1의 6.3절에서는 가상 메모리에서 프로세스의 다양한 부분의 구조를 살펴봤다. 여기서 시스템 V 세마포어 세그먼트의 내용을 설명하기 위해 이 주제를 다시 한 번 살펴볼 필요가 있다. 보통 커널이 공유 메모리 세그먼트를 어디에 부착할지 결정하는 방법을 추천한다. 그리고 이 방법을 사용한다면 메모리 구조는 그림 11-2와 같고 세그먼트를 증가하는 힙의 상위와 증가하는 스택의 하위 사이에 할당되지 않은 영역에 부착하게 된다. 힙과 스택이 증가하려면 공유 메모리 세그먼트는 가상 주소인 0x40000000으로 시작되는 영역부터 부착하기 시작한다. 메모리 매핑(12장)과 공유 라이브러리(Vol. 1의 36, 37장)도 이 영역에 위치한다(여기서 커널 버전과 프로세스의 RLIMIT_STACK 자원 한도값에 따라 공유 메모리 매핑과 메모리 세그먼트가 놓이는 기본 위치는 차이가 있다).

 0x40000000 주소는 커널 상수인 TASK_UNMAPPED_BASE에 정의되어 있다. 이 상수를 다시 정의하고 커널을 다시 빌드해 값을 변경할 수 있다.

추천하지 않는 방식이지만 shmat()(혹은 mmap())을 호출할 때 명시적으로 주소를 지정해 공유 메모리 세그먼트(메모리 매핑)가 TASK_UNMAPPED_BASE 아래 주소에 위치하게 할 수 있다.

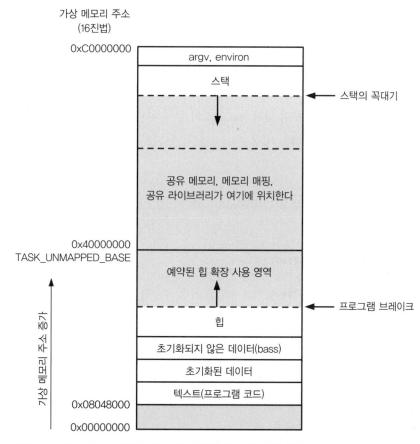

가상 메모리 주소
(16진법)

0xC0000000 — argv, environ

스택 — 스택의 꼭대기

공유 메모리, 메모리 매핑,
공유 라이브러리가 여기에 위치한다

0x40000000
TASK_UNMAPPED_BASE

예약된 힙 확장 사용 영역 — 프로그램 브레이크

힙

초기화되지 않은 데이터(bass)

초기화된 데이터

텍스트(프로그램 코드)

0x08048000

0x00000000

가상 메모리 주소 증가

그림 11-2 공유 메모리, 메모리 매핑, 공유 라이브러리(x86-32)의 위치

리눅스 고유의 /proc/*PID*/maps 파일을 사용해 프로그램에 매핑된 공유 메모리 세그먼트와 공유 라이브러리의 위치를 볼 수 있다. 아래 셸 세션에서 이를 보여준다.

 리눅스 커널 버전 2.6.14부터 /proc/*PID*/smaps 파일을 제공하는데, 각 프로세스에 매핑된 메모리 사용량에 관련된 더 많은 정보를 제공한다. 더 자세한 내용은 proc(5) 매뉴얼 페이지를 참조하기 바란다.

아래 셸 세션에서 11장에서 다루지 않는 세 가지 프로그램을 사용하고 있는데, 이 프로그램은 이 책의 소스 코드 배포판의 svshm 하위 디렉토리에 있다.

• svshm_create.c 프로그램은 공유 메모리 세그먼트를 생성한다. 이 프로그램은 메시지 큐와 세마포어에서 제공한 프로그램과 같은 명령행 옵션을 제공하지만 세그먼트 크기를 지정할 수 있게 추가 인자도 제공한다.

- svshm_attach.c 프로그램은 명령행 인자로 식별된 공유 메모리 세그먼트를 붙인다. 각 인자는 공유 메모리 식별자와 부착 주소를 콜론(:)으로 구분한 한 쌍의 수다. 부착 주소를 0으로 설정하면 시스템에서 주소를 알아서 결정해야 한다는 뜻이다. 프로그램은 실제 부착된 메모리의 주소를 출력한다. 정보 제공 차원에서 프로그램은 SHMLBA 상수의 값과 프로그램이 동작하는 프로세스 ID도 출력한다.
- svshm_rm.c 프로그램은 명령행 인자로 식별되는 공유 메모리 세그먼트를 삭제한다.

2개의 공유 메모리 세그먼트(100kB와 3200kB의 크기별로 2개)를 생성하는 것으로 셸 세션을 시작한다.

```
$ ./svshm_create -p 102400
9633796
$ ./svshm_create -p 3276800
9666565
```

그리고 커널이 결정한 주소에 2개의 세그먼트를 붙이는 프로그램을 실행한다.

```
$ ./svshm_attach 9633796:0 9666565:0
SHMLBA = 4096 (0x1000), PID = 9903
1: 9633796:0 ==> 0xb7f0d000
2: 9666565:0 ==> 0xb7bed000
Sleeping 5 seconds
```

위 결과는 세그먼트가 부착된 주소를 출력으로 보여준다. 프로그램의 수면sleep이 완료되기 전에 동작을 중지시키고 해당 /proc/*PID*/maps 파일의 내용을 살펴보자.

```
Control-Z를 입력해서 프로그램을 중지시킨다.
[1]+  Stopped                 ./svshm_attach 9633796:0 9666565:0
$ cat /proc/9903/maps
```

리스트 11-4는 cat 명령의 실행 결과다.

리스트 11-4 /proc/*PID*/maps 내용의 예

```
  $ cat /proc/9903/maps
① 08048000-0804a000 r-xp 00000000 08:05 5526989   /home/mtk/svshm_attach
  0804a000-0804b000 r--p 00001000 08:05 5526989   /home/mtk/svshm_attach
  0804b000-0804c000 rw-p 00002000 08:05 5526989   /home/mtk/svshm_attach
② b7bed000-b7f0d000 rw-s 00000000 00:09 9666565   /SYSV00000000 (deleted)
  b7f0d000-b7f26000 rw-s 00000000 00:09 9633796   /SYSV00000000 (deleted)
  b7f26000-b7f27000 rw-p b7f26000 00:00 0
③ b7f27000-b8064000 r-xp 00000000 08:06 122031    /lib/libc-2.8.so
```

```
  b8064000-b8066000 r--p 0013d000 08:06 122031  /lib/libc-2.8.so
  b8066000-b8067000 rw-p 0013f000 08:06 122031  /lib/libc-2.8.so
  b8067000-b806b000 rw-p b8067000 00:00 0
  b8082000-b8083000 rw-p b8082000 00:00 0
④ b8083000-b809e000 r-xp 00000000 08:06 122125  /lib/ld-2.8.so
  b809e000-b809f000 r--p 0001a000 08:06 122125  /lib/ld-2.8.so
  b809f000-b80a0000 rw-p 0001b000 08:06 122125  /lib/ld-2.8.so
⑤ bfd8a000-bfda0000 rw-p bffea000 00:00 0       [stack]
⑥ ffffe000-fffff000 r-xp 00000000 00:00 0       [vdso]
```

리스트 11-4의 /proc/*PID*/maps 출력 결과로 다음을 알 수 있다.

- ①의 세 줄은 shm_attach 주 프로그램을 의미한다. 이는 프로그램의 텍스트와 데이터 세그먼트에 해당한다. 두 번째 줄은 프로그램에서 사용하는 문자열 상수를 읽기 전용으로 페이지에서 갖고 있음을 보여준다.
- ②의 두 줄은 부착된 시스템 V 공유 메모리 세마포어 세그먼트를 나타낸다.
- 다음은 2개의 공유 라이브러리 세그먼트에 해당한다. ③은 이 중 하나인 표준 C 라이브러리(libc_*version*.so)다. 나머지는 Vol. 1의 36.4.3절에서 설명한 동적 링커 (ld-*version*.so)다④.
- [stack] 라벨이 붙어 있는 줄은 프로세스 스택에 해당한다⑤.
- ⑥은 [vdso]라는 태그를 포함하고 있다. 이는 linux-gate 동적 가상 공유 메모리(DSO) 엔트리다. 이 엔트리는 커널 2.6.12 이후 버전에서만 보인다. 이 엔트리 관련 정보는 http://www.trilithium.com/johan/2005/08/linux-gate/를 참조하기 바란다.

다음은 /proc/*PID*/maps의 각 행의 열을 왼쪽부터 오른쪽 순서로 설명한 것이다.

1. 하이픈(-)으로 구분되는 한 쌍의 수는 메모리 세그먼트가 매핑된 가상 메모리 주소 영역(16진수)을 나타낸다. 여기서 두 번째 수는 주소 다음 한 바이트 이후에 세그먼트가 끝남을 의미한다.

2. 이 메모리 세그먼트의 보호 모드와 플래그다. 처음 3개의 문자는 세그먼트 보호 모드를 의미한다. 읽기(r), 쓰기(w), 실행(x)이다. 하이픈(-)은 이 3개 문자의 어디에도 올 수 있으며, 해당 보호 모드를 사용하지 않음을 의미한다. 마지막 문자는 메모리 세그먼트 매핑 플래그를 의미한다. 이는 개인(p)과 공유(s) 중 하나다. 이 플래그를 더 알고 싶으면 12.2절의 MAP_PRIVATE와 MAP_SHARED 플래그 설명을 참조하라(시스템 V 공유 메모리 세그먼트는 항상 공유(s)로 마크한다).

3. 해당 매핑 파일 안의 세그먼트의 16진수 오프셋(바이트 단위)이다. 이것과 이어지는 두 열의 의미는 12장의 mmap() 시스템 호출을 이해하면 명확히 이해될 것이다. 여기서 시스템 V 공유 메모리 세그먼트의 오프셋은 항상 0이다.

4. 해당 매핑 파일이 위치하는 디바이스의 디바이스 번호(주 ID와 부 ID)다.

5. 매핑된 파일의 i-노드 번호이거나 시스템 V 공유 메모리 세그먼트의 세그먼트 식별자 값이다.

6. 이 메모리 세그먼트와 관련된 파일이름이나 식별되는 태그값이다. 시스템 V 공유 메모리 세그먼트의 경우 SYSV 문자열과 세그먼트의 shmget() 키값을 연결해 구성된다 (16진수로 표시). 이 예에서 SYSV 뒤에 0이 오는데, 이는 세그먼트를 IPC_PRIVATE(이 값은 0이다)로 생성하기 때문이다. 시스템 V 공유 메모리 세그먼트에서 SYSV 필드 다음에 나오는 문자열(deleted)은 공유 메모리 세그먼트 구현의 결과다. 이 세그먼트는 보이지 않는 tmpfs 파일 시스템(Vol. 1의 14.10절)에 매핑된 파일로 만들어지고 이후에 언링크된다. 익명 공유 메모리 매핑은 같은 원칙으로 구현됐다(매핑된 파일과 익명 공유 메모리 매핑은 12장에서 자세히 살펴볼 것이다).

11.6 공유 메모리에 포인터 저장하기

각 프로세스는 다른 공유 메모리 라이브러리와 메모리 매핑, 다른 방식으로 부착된 공유 메모리 세그먼트들을 사용할 수 있다. 그래서 커널이 공유 메모리 세그먼트를 부착할 곳을 결정하는 방식을 추천하는데, 이를 사용하면 세그먼트는 각 프로세스의 각기 다른 주소에 부착될 것이다. 이런 이유 때문에 참조를 공유 메모리 세그먼트 내부에 저장하면 이는 세그먼트 안의 다른 주소를 가리게 된다. 그래서 (절대적인) 포인터 대신 반드시 (상대적인) 오프셋을 사용해야 한다.

예를 들어 baseaddr이 가리키는 주소로 시작되는 공유 메모리 세그먼트를 갖고 있다고 가정해보자(즉 shmat()이 리턴하는 값이 baseaddr이다). 그림 11-3과 같이 P의 내용에 target이 지칭하는 위치를 가리키는 포인터로 저장하려고 한다. 이런 오퍼레이션은 일반적으로 링크드 리스트나 이진 트리를 세그먼트 안에 만들 때 필요하다. 보통 C 표현에서는 *p를 다음과 같이 설정한다.

```
*p = target;                    /* *p에 포인터 저장(잘못된 것이다!) */
```

공유 메모리 세그먼트

그림 11-3 공유 메모리 세그먼트에서 포인터 사용하기

이 코드의 문제는 target이 가리키는 위치가 다른 프로세스상에 부착된 공유 메모리 세그먼트라면 다른 가상 주소 공간일 수 있다는 점이고, 이런 경우 *p가 갖고 있는 값은 그 프로세스에서는 아무런 의미가 없다. *p에 정확한 값을 저장하려면 오프셋을 사용해 다음과 같이 해야 한다.

```
*p = (target - baseaddr);          /* *p에 오프셋 저장 */
```

이런 포인터를 역참조하려면 위의 반대 과정으로 하면 된다.

```
target = baseaddr + *p;            /* 오프셋 해석 */
```

여기서 각 프로세스의 baseaddr이 공유 메모리의 시작 부분을 가리키고 있다고 가정한다(예를 들어, 각 프로세스에서 shmat()이 리턴하는 값을 사용). 이 과정으로 오프셋 값은 정확히 해석되기 때문에 프로세스 가상 메모리의 어떤 영역에 부착했는지는 중요하지 않다.

고정 크기 구조체들을 함께 연결할 때 대안으로 공유 메모리 세그먼트(아니면 그것의 일부)를 배열로 캐스팅할 수 있다. 그리고 인덱스 번호를 포인터로 사용해 하나의 구조체와 또 다른 구조체를 참조하는 것이다.

11.7 공유 메모리 제어 오퍼레이션

shmctl() 시스템 호출은 shmid로 식별되는 공유 메모리 세그먼트에 일련의 제어 오퍼레이션을 수행한다.

```
#include <sys/types.h>                              /* 이식성을 위해 */
#include <sys/shm.h>

int shmctl(int shmid, int cmd, struct shmid_ds *buf);
                                    성공하면 0을 리턴하고, 에러가 발생하면 -1을 리턴한다.
```

cmd 인자는 수행할 제어 오퍼레이션을 나타낸다. buf는 IPC_STAT와 IPC_SET 오퍼
레이션에 필요한 인자다(아래 설명한 것처럼). 하지만 그 밖의 제어 오퍼레이션에서는 이를
NULL로 지정해야 한다.

지금부터 cmd에 지정할 수 있는 다양한 오퍼레이션을 설명한다.

일반적인 제어 오퍼레이션

다음 오퍼레이션은 다른 형태의 시스템 V IPC 객체와 동일하다. 호출 프로세스에서 필
요한 권한과 특권을 포함해 이 오퍼레이션들의 좀 더 자세한 내용은 8.3절에 설명되어
있다.

- IPC_RMID: 공유 메모리 세그먼트와 그와 연관된 shmid_ds 데이터 구조체를 삭
  제하려 할 때 사용하는 표시다. 어떤 프로세스도 현재 세그먼트를 붙여 사용하고
  있지 않다면 즉시 삭제될 것이다. 하지만 그렇지 않다면 모든 프로세스에서 세그
  먼트를 해제한 후에 삭제될 것이다(예를 들어, shmid_ds 데이터 구조체의 shm_nattch 필
  드값이 0으로 떨어지면). 특정 응용 프로그램에서 종료 시 공유 메모리 세그먼트가 깔
  끔히 제거됐는지 확인하려면 모든 프로세스는 자신의 가상 주소 공간에 세그먼트
  를 붙인 뒤 shmat()으로 표시해서 모두 해제되면 바로 제거할 수 있게 한다. 이
  는 열린 파일을 언링크하는 것과 유사하다.

 리눅스에서는 공유 메모리를 삭제하려고 IPC_RMID로 표시했지만 아직 다른 프로세스가 여
전히 사용하고 있어 제거할 수 없는 경우 또 다른 프로세스가 이 세그먼트를 부착할 수 있
다. 하지만 이 동작이 간단히 수행될 문제는 아니다. 그래서 대부분의 유닉스 구현은 세그먼
트가 삭제되기로 표시되어 있다면 이를 다시 부착하는 것을 막는다(SUSv3에는 이 시나리오
에서 어떤 동작이 발생한다는 아무런 언급이 없다). 소수의 리눅스 응용 프로그램은 이 동작
에 의존해 구현되어 사용하고 있기 때문에 리눅스가 여타 유닉스 구현에 맞게 이를 변경할
수 없다.

- IPC_STAT: 공유 메모리와 연관된 shmid_ds 데이터 구조체를 buf가 가리키는 버퍼에 복사한다(이 데이터 구조는 11.8절에서 설명한다).
- IPC_SET: buf가 가리키는 버퍼의 값으로 이 공유 메모리의 세그먼트와 연관된 shmid_ds 데이터 구조의 필드를 갱신한다.

공유 메모리 잠금과 해제

공유 메모리 세그먼트가 스왑되지 않게 메모리상에 잠글 수 있다. 이는 일단 각 세그먼트의 페이지가 메모리에 상주하면 응용 프로그램에서 페이지 오류가 발생하지 않음을 보장하기 때문에 지연이 생기지 않아 성능 향상 효과가 생긴다. 여기서 두 가지 shmctl() 잠금 오퍼레이션이 있다.

- SHM_LOCK은 메모리상에 공유 메모리 세그먼트를 잠근다.
- SHM_UNLOCK은 스왑이 이뤄질 수 있게 공유 메모리 세그먼트를 해제한다.

이 오퍼레이션은 SUSv3에 정의되어 있지 않고, 또한 모든 유닉스 구현에서 제공하지도 않는다.

리눅스 2.6.10 이전에는 오직 특권(CAP_IPC_LOCK) 프로세스만이 공유 메모리 세그먼트를 메모리상에 잠글 수 있었다. 리눅스 2.6.10부터는 비특권 프로세스도 유효 사용자 ID가 세그먼트의 소유권자나 생성자 ID와 일치하고 프로세스가 (SHM_LOCK의 경우) RLIMIT_MEMLOCK이라는 자원 한도값을 충분히 높게 갖고 있다면 공유 메모리 세그먼트를 잠그고 해제할 수 있다. 자세한 내용은 13.2절을 참조하기 바란다.

공유 메모리 세그먼트 잠금은 shmctl() 호출이 완료되는 시점까지 모든 세그먼트의 페이지가 공유 메모리에 상주함을 보장할 수 없다. 하지만 메모리에 상주하지 않는 공유 메모리 세그먼트를 사용하는 프로세스에서 참조가 연속적으로 오류를 발생시키는 경우 개별적으로 잠가 사용한다. 일단 참조 오류가 발생하면 모든 프로세스가 세그먼트를 분리했다고 하더라도 해제하기 전까지는 메모리에 상주한다(다르게 표현하면 SHM_LOCK 오퍼레이션은 호출 프로세스의 속성 대신 공유 메모리 세그먼트의 속성을 설정하는 것이다).

> 메모리 적재 오류 때문에 프로세스가 메모리에 상주하지 않는 페이지를 참조하는 오류가 발생한다. 이런 관점에서 페이지가 스왑 영역에 있다면 메모리에 다시 적재될 것이다. 페이지가 처음 참조되는 경우 스왑 파일에 해당 페이지는 존재하지 않는다. 그래서 커널은 새로운 물리 메모리를 할당하고 프로세스의 페이지 테이블을 조절하며 데이터 구조체를 작성해 공유 메모리 세그먼트를 관리한다.

의미가 약간 다르지만, 메모리를 잠그는 다른 방법으로 mlock()을 사용할 수 있다. 이는 13.2절에서 설명한다.

11.8 공유 메모리와 관련된 데이터 구조체

각 공유 메모리 세그먼트는 다음 shmid_ds와 같이 관련된 데이터 구조체를 갖고 있다.

```
struct shmid_ds {
    struct ipc_perm shm_perm;    /* 소유권과 권한 */
    size_t    shm_segsz;         /* 세그먼트 바이트 단위 크기 */
    time_t    shm_atime;         /* shmat()를 마지막으로 호출한 시간 */
    time_t    shm_dtime;         /* shmdt()를 마지막으로 호출한 시간 */
    time_t    shm_ctime;         /* 마지막 변경 시간 */
    pid_t     shm_cpid;          /* 생성자의 PID */
    pid_t     shm_lpid;          /* shmat()/shmdt()를 마지막으로 호출한 PID */
    shmatt_t  shm_nattch;        /* 현재 부착되어 있는 프로세스 수 */
};
```

SUSv3는 여기 나온 모든 필드를 필요로 한다. 몇몇 다른 유닉스 구현은 추가적인 비표준 필드를 shmid_ds 구조체에 포함하고 있다.

shmid_ds 구조제의 필드는 여러 가지 공유 메모리 시스템 호출로 암묵적으로 갱신되고 shm_perm 필드 같은 특정 하위 필드는 shmctl()의 IPC_SET 오퍼레이션을 사용해 명시적으로 갱신할 수 있다. 자세한 내용은 다음과 같다.

- shm_perm: 공유 메모리 세그먼트가 생성되면 하위 구조체 필드는 8.3절에서 설명한 것처럼 초기화된다. uid, gid, mode(하위 9비트)의 하위 필드는 IPC_SET으로 갱신이 가능하다. 일반 권한 비트뿐만 아니라 shm_perm.mode 필드는 2개의 읽기 전용 비트 마스크 플래그를 갖고 있다. 이 중 첫 번째 플래그는 SHM_DEST(파괴)로, 모든 프로세스의 세그먼트가 주소 공간에서 떨어졌을 때 삭제(shmctl()의 IPC_RMID 오퍼레이션으로)하라는 것을 의미한다. 나머지 하나는 SHM_LOCKED 플래그로, 세그먼트가 물리 메모리에 잠겨 있는지를 가리킨다(shmctl()의 SHM_LOCK 오퍼레이션으로). 이 2개의 플래그는 SUSv3에는 정의되어 있지 않고, 소수의 다른 유닉스 구현에서 유사한 플래그를 볼 수 있으나 일부는 이름이 다르다.

- shm_seqsz: 공유 메모리 세그먼트 생성 시에 요청하는 바이트 단위의 세그먼트 크기를 이 필드에 명시한다(예들 들어, shmget() 호출에 size 인자값을 설정하는 것처럼). 11.2절에서 언급했듯이 공유 메모리 세그먼트는 페이지 단위로 할당되기 때문에 실제 세그먼트의 크기는 이 값보다 클 것이다.

- shm_atime: 공유 메모리 세그먼트가 생성되면 이 필드는 0으로 설정한다. 그리고 프로세스 세그먼트를 붙일 때마다 현재 시간으로 설정한다(shmat()). 이 필드와 그 밖의 타임스탬프 필드는 shmid_ds 구조체에 time_t 형으로 정의되어 있고, 기원 이후의 시간을 초 단위로 저장한다.

- shm_dtime: 공유 메모리 세그먼트가 생성되면 이 필드는 0으로 설정한다. 그리고 프로세스가 세그먼트를 분리할 때마다 현재 시간을 이 필드에 기록한다(shmdt()).

- shm_ctime: 이 필드는 세그먼트가 생성됐을 때나 매번 IPC_SET 오퍼레이션이 성공할 때마다 현재 시간으로 설정한다.

- shm_cpid: 이 필드에는 shmget()으로 세그먼트를 생성한 프로세스의 ID를 설정한다.

- shm_lpid: 공유 메모리 세그먼트가 생성되면 이 필드는 0으로 설정한다. 그리고 매번 shmat()이나 shmdt() 호출이 성공하면 호출 프로세스의 ID를 여기에 설정한다.

- shm_nattch: 이 필드는 현재 세그먼트를 붙여 사용하고 있는 프로세스의 수를 기록한다. 세그먼트가 생성되면 0으로 초기화되고, 각 shmat() 호출이 성공하면 증가시키고 shmdt() 호출이 성공하면 감소시킨다. 이 필드는 shmatt_t 데이터형으로 정의되어 있고 부호 없는 정수형이다. SUSv3는 적어도 unsigned short 크기 이상을 필요로 한다(리눅스에서는 unsigned long으로 정의되어 있다).

11.9 공유 메모리 한도

대부분의 유닉스 구현은 시스템 V 공유 메모리에 다양한 한도를 두고 있다. 아래는 리눅스 공유 메모리 한도를 나열한 것이다. 한도에 영향을 받는 시스템 호출과 한도에 도달하면 발생하는 에러를 괄호 안에 적었다.

- SHMMNI: 시스템 전체적으로 사용하는 한도로, 생성할 수 있는 공유 메모리 식별자(즉 공유 메모리 세그먼트)의 수를 제한한다(shmget(), ENOSPC).

- SHMMIN: 공유 메모리 세그먼트의 최소 크기(바이트 단위)를 나타낸다. 이 한도는 1로 정의되어 있다(이는 변경할 수 없다). 그러나 실질적인 한도는 시스템 페이지 크기다(shmget(), EINVAL).

- SHMMAX: 공유 메모리 세그먼트의 최대 크기(바이트 단위)를 나타낸다. SHMMAX의 실질적인 최대 한도는 사용 가능한 RAM의 크기와 스왑 영역에 달려 있다(shmget(), EINVAL).

- SHMALL: 시스템 전체적으로 사용하는 한도로, 공유 메모리 페이지의 최대 수를 제한한다. 대부분의 유닉스 구현에서는 이 한도를 제공하지 않는다. SHMALL의 실질적인 최대값은 사용 가능한 RAM과 스왑 영역의 크기에 달려 있다(shmget(), ENOSPC).

몇몇 유닉스 구현은 다음 한도값을 갖고 있다(리눅스에는 구현되어 있지 않다).

- SHMSEG: 이는 하나의 프로세스에 부착할 수 있는 공유 메모리 세그먼트의 최대 수의 한도다.

시스템이 시작되면 공유 메모리 한도는 기본값으로 설정된다(이런 기본값은 커널 버전에 따라 다양하고, 몇몇 커널 배포자는 바닐라 커널에서 제공하는 다른 기본값을 사용하기도 한다). 리눅스에서 이 한도는 /proc 파일 시스템에 있는 파일로 보거나 수정할 수 있다. 표 11-2는 각 한도에 해당하는 /proc 파일을 열거한 것이다. 다음은 x86-32 시스템상의 리눅스 2.6.31의 기본 한도다.

```
$ cd /proc/sys/kernel
$ cat shmmni
4096
$ cat shmmax
33554432
$ cat shmall
2097152
```

리눅스 고유 shmctl()의 IPC_INFO 오퍼레이션은 다양한 공유 메모리 한도를 갖고 있는 shminfo 형의 구조체를 얻어온다.

```
struct shminfo buf;

shmctl(0, IPC_INFO, (struct shmid_ds *) &buf);
```

SHM_INFO는 연관된 리눅스 고유의 오퍼레이션으로, 공유 메모리 객체에 실제 사용하는 자원의 정보를 담고 있는 shm_info 형의 구조체를 받아온다. SHM_INFO 사용 예는 이 책의 소스 코드 배포판에서 svshm/svshm_info.c 파일로 제공한다.

IPC_INFO, SHM_INFO, shminfo 구조체, shm_info 구조체의 자세한 정보는 shmctl(2) 매뉴얼 페이지에서 볼 수 있다.

표 11-2 시스템 V 공유 메모리 한도

한도	최대값(x86-32)	/proc/sys/kernel에 해당하는 파일
SHMMNI	32768(IPCMNI)	shmmni
SHMMAX	사용 가능 메모리 크기에 따라 다르다.	shmmax
SHMALL	사용 가능 메모리 크기에 따라 다르다.	shmall

11.10 정리

공유 메모리는 둘 이상의 프로세스 간에 동일한 메모리 페이지를 공유하도록 지원한다. 공유 메모리로 데이터를 주고받을 때 이를 커널이 중재할 필요가 없다. 일단 프로세스가 공유 메모리 세그먼트에 데이터를 복사하면 다른 프로세스에서 이 데이터를 바로 볼 수 있기 때문이다. 공유 메모리는 빠른 IPC를 제공한다. 그래서 이 속도 측면의 장점은 시스템 V 세마포어 같은 동기화 기술을 사용해 공유 메모리 접근을 동기화해야 한다는 사실 때문에 약간 상쇄된다.

추천하는 방식은 공유 메모리 세그먼트를 부착할 때 커널이 프로세스의 가상 주소 공간의 어디에 세그먼트를 부착할지 결정하게 하는 것이다. 이는 세그먼트가 다른 프로세스에서 다른 가상 주소 공간에 부착될 수 있음을 의미한다. 이런 이유 때문에 세그먼트 안의 어떤 주소 참조도 절대 포인터로 관리하지 않고 상대 오프셋으로 관리한다.

더 읽을거리

리눅스 메모리 관리 체계와 공유 메모리의 구현에 관한 자세한 내용은 [Bovet & Cesati, 2005]에 자세히 설명되어 있다.

11.11 연습문제

11-1. 리스트 11-2(svshm_xfr_writer.c)와 리스트 11-3(svshm_xfr_reader.c)의 이진 세마포어를 이벤트 플래그(연습문제 10-5)를 사용하도록 수정하라.

11-2. 리스트 11-3 프로그램의 for 루프를 다음과 같이 수정하면, 전송된 바이트 수가 부정확하게 보고되는 이유를 설명하라.

```
for (xfrs = 0, bytes = 0; shmp->cnt != 0; xfrs++, bytes += shmp->cnt) {
    reserveSem(semid, READ_SEM);          /* 차례를 기다린다. */

    if (write(STDOUT_FILENO, shmp->buf, shmp->cnt) != shmp->cnt)
        fatal("write");

    releaseSem(semid, WRITE_SEM);          /* 송신자에게 차례를 넘긴다. */
}
```

11-3. 리스트 11-2(svshm_xfr_writer.c)와 리스트 11-3(svshm_xfr_reader.c), 두 프로그램 간의 데이터 전송에 사용하는 버퍼의 크기를 다르게(BUF_SIZE 상수에 정의된) 조정해 컴파일하라. 각 버퍼 크기마다 svshm_xfr_reader.c의 실행 시간을 비교하라.

11-4. 공유 메모리 세그먼트와 연관된 shmid_ds 데이터 구조체(11.8절)의 내용을 출력하는 프로그램을 작성하라. 명령행 인자에 세그먼트 식별자를 반드시 지정해야 한다(시스템 V 세마포어와 유사한 동작을 하는 리스트 10-3(271페이지)의 프로그램을 참조하라).

11-5. 공유 메모리를 사용해 이름과 값의 쌍을 출력하는 디렉토리 서비스를 작성하라. 호출자에게 새로운 이름을 생성, 존재하는 이름을 수정, 삭제하며 이름에 해당하는 값을 가져오는 API를 제공할 필요가 있다. 세마포어를 사용해 세그먼트를 상호 배타적으로 접근해 프로세스가 공유 메모리 세그먼트를 갱신할 수 있게 보장하라.

11-6. shmctl()의 SHM_INFO와 SHM_STAT 오퍼레이션을 사용해 시스템상의 모든 공유 메모리 세그먼트의 목록을 출력하고 이를 가져오는 프로그램을 작성하라(245페이지의 리스트 9-6 프로그램과 유사한).

12

메모리 매핑

12장에서는 mmap() 시스템 호출로 메모리 매핑을 생성하는 법을 살펴본다. 메모리 매핑은 IPC뿐만 아니라 광범위한 목적으로 사용할 수 있다. 우선 mmap()을 자세히 살펴보기전에 기본 개념을 살펴봄으로써 시작한다.

12.1 개요

mmap() 시스템 호출은 호출 프로세스의 가상 주소 공간에 새로운 메모리 매핑을 생성한다. 매핑은 다음과 같이 두 가지 형태가 있다.

- 파일 매핑file mapping: 파일 매핑은 호출 프로세스의 가상 메모리에 파일의 영역을 직접 사상시키는 것이다. 일단 파일이 매핑되면 해당 메모리 영역에 접근해 파일 내용을 볼 수 있다. 필요한 경우 파일은 자동으로 매핑 페이지에 적재된다. 이런 형태의 매핑은 파일 기반 매핑file-based mapping이나 메모리 맵 파일memory-mapped file 이라고 알려져 있다.

- 익명 매핑anonymous mapping: 익명 매핑은 원본 파일을 갖고 있지 않고 매핑의 페이지가 0으로 초기화된다.

 익명 매핑은 언제나 내용이 0으로 초기화된 가상 파일의 매핑이라고 생각할 수도 있다.

하나의 프로세스 매핑 메모리는 매핑 내용을 다른 프로세스와 공유할 수 있다(즉 각 프로세스의 페이지 테이블 엔트리가 RAM의 같은 페이지를 가리킨다). 이는 두 가지 방식으로 수행할 수 있다.

- 2개의 프로세스가 파일의 같은 영역을 매핑하면 같은 물리 메모리 페이지를 공유한다.
- fork()로 생성된 자식 프로세스는 부모 매핑의 복사본을 상속받고 이 매핑은 부모와 같은 해당 물리 메모리 페이지를 참조한다.

2개 이상의 프로세스가 같은 페이지를 공유할 때 매핑이 비공개private나 공유shared로 선언됐는지에 따라 각 프로세스는 다른 프로세스가 변경한 페이지 내용을 확인할 수 있는지 결정된다.

- 비공개 매핑(MAP_PRIVATE): 매핑 내용을 수정하면 다른 프로세스에서는 이를 볼 수 없고 파일 매핑에서는 원본 파일에 직접 반영되지 않는다. 비공개 매핑 페이지는 위에 언급한 상황에서 초기에는 공유되지만 매핑 내용이 변경되면 이를 다른 프로세스에서는 볼 수 없다. 커널은 '기록 시 복사' 기술을 사용해 이를 수행한다(Vol. 1의 24.2.2절). 이는 프로세스가 페이지 내용 수정을 시도할 때마다 커널은 우선 새로운 프로세스 페이지의 분리된 복사본을 만든다(그리고 프로세스의 페이지 테이블을 조정한다). 이런 이유로 MAP_PRIVATE 매핑은 가끔 비공개 기록 시 복사 매핑private, copy-on-write mapping이라고도 한다.
- 공유 매핑(MAP_SHARED): 매핑 내용을 수정하면 같은 매핑을 공유하는 다른 프로세스에서 볼 수 있고 이 변경사항은 바로 원본 파일에 반영된다.

위에서 언급한 2개의 매핑 속성은 표 12-1에 요약된 것처럼 네 가지 형태로 조합될 수 있다.

표 12-1 여러 가지 형태의 메모리 매핑의 목적

수정 내용 사용 가능 여부	매핑 형태	
	파일	익명
비공개	파일의 내용으로 메모리 초기화	메모리 할당
공유	메모리 맵 I/O, 프로세스 간 메모리 공유(IPC)	프로세스 간 메모리 공유(IPC)

네 가지 형태의 메모리 매핑을 만들고 다음처럼 사용한다.

- 비공개 파일 매핑: 파일 영역의 내용으로 매핑이 초기화한다. 다중 프로세스 매핑은 초기에 같은 파일을 물리 메모리 페이지에서 공유하지만 기록 시 복사 기술을 이용하기 때문에 하나의 프로세스가 매핑을 변경하면 바로 다른 프로세스에서는 볼 수 없게 된다. 이런 형태의 매핑은 파일 내용으로 메모리 공간을 초기화할 때 주로 사용한다. 프로세스 텍스트와 이미 초기화된 데이터 세그먼트를 이진 실행 파일이나 공유 라이브러리 파일의 해당 부분으로 초기화하는 경우가 보편적이다.

- 비공개 익명 매핑: mmap() 호출로 비공개 익명 매핑을 만들면 같은 프로세스(아니면 다른 프로세스)에서 생성한 다른 익명 매핑과 구분되는(예를 들어 물리 페이지를 공유하지 않는다) 새로운 매핑이 만들어진다. 자식 프로세스는 부모 매핑을 상속받지만 기록 시 복사이기 때문에 fork() 수행 뒤 부모와 자식이 다른 프로세스에서 변경한 매핑 내용을 볼 수 없게 된다. 비공개 익명 매핑의 주요 목적은 프로세스에 새로운 메모리(0으로 채워진)를 할당하는 것이다(예를 들어 malloc()은 거대한 블록의 데이터를 할당할 때 mmap()을 이런 목적으로 사용한다).

- 공유 파일 매핑: 같은 파일 영역을 매핑하는 모든 프로세스는 파일 영역으로 초기화된 같은 물리 페이지의 메모리를 공유한다. 매핑 영역의 수정은 바로 파일에 반영될 것이다. 이 형태의 매핑은 두 가지 목적으로 사용된다. 하나는 메모리 맵 I/O를 구현할 때다. 이는 파일이 프로세스의 가상 메모리 공간에 적재되고 이를 수정하면 메모리의 내용이 자동으로 파일에 쓰여진다는 뜻이다. 그래서 메모리 맵 I/O는 파일 I/O를 read()와 write()를 사용해 수행하는 기법의 대안으로 제공되기도 한다. 이 매핑의 두 번째 목적은 관련 없는 프로세스 사이에서 메모리 영역을 공유해 IPC(빠른)를 구현할 때 사용하는(11장 참조) 시스템 V 공유 메모리 세그먼트와 유사한 방식이다.

- 공유 익명 매핑: 각 mmap() 호출은 비공개 익명 매핑처럼 공유 익명 매핑을 새로 생성하지만, 다른 어떤 매핑과도 페이지를 공유하지 않는다는 점이 다르다. 차이

점은 매핑 페이지가 기록 시 복사 규칙으로 동작하지 않는다는 점이다. 이는 자식이 fork() 후에 매핑을 상속받고 부모와 자식은 RAM에 같은 페이지를 공유하고 하나의 프로세스가 매핑의 내용을 변경하면 이 내용은 다른 프로세스에서 바로 볼 수 있음을 의미한다. 공유 익명 매핑은 시스템 V 공유 메모리 세그먼트와 유사한 방식의 IPC를 제공하지만 관련 있는 프로세스 사이에서만 가능하다.

앞으로 이런 각 매핑 기법의 세부적인 내용을 살펴볼 것이다.

프로세스를 exec()로 수행하면 매핑 정보는 없어지지만 fork()로 생성된 자식 프로세스는 이를 상속받는다. 그리고 매핑의 형태(MAP_PRIVATE나 MAP_SHARED)도 상속된다.

모든 프로세스의 매핑 정보는 11.5절에서 설명한 리눅스 고유의 /proc/*PID*/maps 파일에서 볼 수 있다.

 추가적인 mmap() 사용 예는 POSIX 공유 메모리 객체다. 이는 메모리 영역을 관련 없는 프로세스 사이에서 디스크 파일을 생성하지 않고 공유할 때 사용한다(공유 파일 매핑에서 요구한 것처럼). 이 POSIX 공유 메모리 객체는 17장에서 설명한다.

12.2 매핑 생성: mmap()

mmap() 시스템 호출은 호출 프로세스의 가상 메모리 주소 공간에 새로운 매핑을 생성한다.

```
#include <sys/mman.h>
void *mmap(void *addr, size_t length, int prot, int flags, int fd,
        off_t offset);
            성공하면 매핑의 시작 주소를 리턴하고, 에러가 발생하면 MAP_FAILED를 리턴한다.
```

addr 인자는 매핑이 위치할 가상 주소를 가리킨다. addr을 NULL로 명시하면 커널이 매핑에 알맞은 영역의 주소를 선택한다. 이는 매핑 생성 방법 중 가장 선호하는 방식이다. 대안으로 addr에 NULL 아닌 값을 지정하면, 커널은 addr 주소를 매핑 만들 장소의 힌트로 사용한다. 실제로 커널은 주소가 가리키는 페이지 경계 근처를 선택한다. 두 가지 경우 모두 현존하는 매핑과 충돌하지 않는 영역 주소를 커널이 선택하는 것이다(flags에 MAP_FIXED 값이 포함된다면 addr은 반드시 페이지 정렬되어 있어야 한다. 이 플래그는 12.10절에서 설명한다).

성공하면 mmap()은 새로운 매핑 영역의 시작 주소를 리턴한다. 실패하면 mmap()은 MAP_FAILED를 리턴한다.

 리눅스에서 MAP_FAILED 상수는 ((void*) −1)과 일치한다. 그러나 SUSv3는 이 상수를 정의하지 않는데, C 언어 표준에서는 ((void*) −1)을 성공적인 mmap() 리턴값과 구분함을 보장하지 못하기 때문이다.

length 인자는 바이트 단위의 매핑 크기를 지칭한다. length는 시스템 페이지 크기 (sysconf(_SC_PAGESIZE)가 리턴하는)의 배수일 필요는 없지만 커널은 이 크기 단위로 매핑을 생성한다. 그래서 실제 length는 다음 페이지 크기만큼 증가된다.

prot 인자는 비트 마스크로 매핑에 보호 모드를 지정하는 것이다. 이는 PROT_NONE 이나 표 12-2에 열거된 3개의 플래그를 OR(|)로 조합해 지정할 수도 있다.

표 12-2 메모리 보호 모드값

값	설명
PROT_NONE	이 영역에 접근하지 않을 것이다.
PROT_READ	이 영역의 내용을 읽을 수 있다.
PROT_WRITE	이 영역의 내용을 수정할 수 있다.
PROT_EXEC	이 영역의 내용을 실행할 수 있다.

flags 인자는 매핑 오퍼레이션의 다양한 부분을 조절하는 비트 마스크 옵션이다. 이 비트 마스크는 다음 중 하나의 값을 반드시 포함해야 한다.

- MAP_PRIVATE: 비공개 매핑을 생성한다. 같은 매핑을 사용하는 프로세스는 이 영역의 내용이 수정돼도 이를 볼 수 없다. 그리고 파일 매핑인 경우 수정 내용이 파일에 반영되지 않는다.

- MAP_SHARED: 공유 매핑을 생성한다. 이 영역의 내용을 수정하면 속성으로 같은 영역을 매핑하는 다른 프로세스에서 수정 내용을 바로 볼 수 있다. 그리고 파일 매핑인 경우 수정한 내용이 원본 파일에 반영된다. 하지만 여기서 파일 갱신 내용이 바로 적용됨을 보장하진 않는데, 이는 12.5절에서 다루는 msync() 시스템 호출을 참조하라.

MAP_PRIVATE와 MAP_SHARED를 제외한 플래그를 선택적으로 OR(|)를 이용해 flags에 지정할 수 있다. 이 플래그의 내용은 12.6절과 12.10절에서 살펴본다.

남은 인자로는 fd와 offset이 있는데 이는 파일 매핑에 사용된다(이 인자는 익명 매핑에서는 무시된다). fd 인자는 매핑될 파일을 식별하는 파일 디스크립터다. offset은 파일상의 매핑 시작 지점을 가리키는 인자로, 반드시 시스템 페이지 크기의 배수여야 한다. 전체 파일을 매핑하려면 offset 인자를 0으로 설정하고 length를 파일 크기로 지정해야 한다. 12.5절에서 더 자세하게 파일 매핑을 살펴볼 것이다.

메모리 보호 모드 살펴보기

위에서 언급했듯이 mmap()의 prot 인자는 새로운 메모리 매핑의 보호 모드를 지정한다. 여기서 값은 PROT_NONE, PROT_READ, PROT_WRITE, PROT_EXEC 중 하나 이상의 마스크를 플래그에 설정할 수 있다. 프로세스가 메모리 공간에 보호 모드의 규칙을 위반하는 접근을 시도하면 커널은 SIGSEGV 시그널을 프로세스에 발생시킨다.

 SUSv3는 SIGSEGV를 메모리 보호 모드의 규칙 위반에 사용하도록 정의하고 있지만, 몇몇 구현에서는 이를 대신해 SIGBUS를 사용하기도 한다.

PROT_NONE으로 지정한 메모리 페이지는 프로세스가 할당한 메모리 영역의 출발과 끝 지점의 가이드 페이지로 사용하기도 한다. 프로세스가 우연히 PROT_NONE으로 지정한 영역에 접근한다면 커널은 SIGSEGV 시그널을 발생시켜 이를 알린다.

메모리 보호 모드는 프로세스의 비공개 가상 메모리 테이블에 존재한다. 그래서 다른 프로세스가 같은 메모리 영역을 다른 보호 모드로 매핑해 사용할 수도 있다.

메모리 보호 모드는 mprotect() 시스템 호출로 변경될 수 있다(13.1절).

몇 가지 유닉스 구현에서 실제 보호 모드는 prot 인자에 지정한 것처럼 정확히 매핑 페이지와 일치하지 않을 수 있다. 특히 기본적인 하드웨어의 보호 모드 한계 때문에 다르게 인식할 수 있다(예를 들어 예전 버전의 x86-32 아키텍처처럼). 많은 유닉스 구현에서 PROT_READ는 PROT_EXEC를 암시하기도 하고 그 반대로 인식하기도 한다. 그리고 또 다른 구현에서는 PROT_WRITE가 PROT_READ를 의미하기도 한다. 그러나 응용 프로그램에서는 이런 것에 의존하지 말고 prot에 항상 원하는 메모리 보호 모드를 정확하게 명시해야 한다.

 근래 x86-32 아키텍처는 페이지 테이블을 NX(no execute)로 만들 수 있도록 하드웨어에서 지원한다. 그래서 커널 2.6.8부터 리눅스/x86-32는 PROT_READ와 PROT_EXEC 권한으로 정확히 분리해서 이 기능을 사용할 수 있다.

표준에 명시된 offset과 addr 정렬 제약사항

SUSv3에 따르면 mmap()의 offset 인자는 페이지 정렬된 형태로 지정해야만 하고, addr은 MAP_FIXED가 지정되어 있다면 반드시 페이지 정렬되어 있어야 한다. 리눅스는 이런 요구사항을 준수한다. 그러나 나중에 SUSv3는 인자에 느슨한 요구사항을 적용하는 초창기 표준과는 달라졌다. SUSv3의 인자에 적용하는 규칙의 변경으로 이전에는 표준을 준수했던 것들이 표준을 따르지 않는 것이 됐다. 그래서 SUSv4에서는 다시 느슨한 요구사항을 적용하게 된 것이다.

- offset이 시스템 페이지 크기의 배수가 되도록 구현에서 요구할 수도 있다.
- MAP_FIXED가 지정되면, addr이 페이지 정렬돼야 함을 구현에서 요구할 수도 있다.
- MAP_FIXED가 지정되고 addr이 0이 아니면, add과 offset은 같은 시스템 페이지 크기의 남은 영역으로 구성된다.

 mprotect(), msync(), munmap()의 addr 인자도 유사한 상황이 발생할 수 있다. SUSv3는 이 인자를 반드시 페이지 정렬해야 한다고 명시한다. 구현에서 필요하다면 이 인자를 페이지 정렬해야 한다고 SUSv4는 명시하고 있다.

예제 프로그램

리스트 12-1은 mmap()을 사용해 비공개 파일 매핑을 생성하는 예를 보여준다. 이 프로그램은 cat(1)의 단순 버전이다. 이는 명령행 인자에 명시한 파일(전체)을 매핑하고 그 내용을 표준 출력에 쓴다.

리스트 12-1 mmap()으로 비공개 파일 매핑 생성

```
                                                              mmap/mmcat.c
#include <sys/mman.h>
#include <sys/stat.h>
#include <fcntl.h>
#include "tlpi_hdr.h"

int
main(int argc, char *argv[])
{
    char *addr;
    int fd;
    struct stat sb;
```

```
    if (argc != 2 || strcmp(argv[1], "--help") == 0)
        usageErr("%s file\n", argv[0]);

    fd = open(argv[1], O_RDONLY);
    if (fd == -1)
        errExit("open");

    /* 파일 크기를 얻어 매핑 크기와 쓰기 버퍼 크기 지정에 사용한다. */

    if (fstat(fd, &sb) == -1)
        errExit("fstat");

    addr = mmap(NULL, sb.st_size, PROT_READ, MAP_PRIVATE, fd, 0);
    if (addr == MAP_FAILED)
        errExit("mmap");

    if (write(STDOUT_FILENO, addr, sb.st_size) != sb.st_size)
        fatal("partial/failed write");
    exit(EXIT_SUCCESS);
}
```

12.3 맵 영역 해제: munmap()

munmap() 시스템 호출은 mmap()과 반대의 동작을 수행한다. 호출 프로세스의 가상 주소 공간에서 매핑을 제거한다.

```
#include <sys/mman.h>

int munmap(void *addr, size_t length);
```
                              성공하면 0을 리턴하고, 에러가 발생하면 −1을 리턴한다.

addr 인자는 해제할 주소 영역의 시작 주소를 가리킨다. 이는 페이지 경계 단위로 정렬돼야만 한다(SUSv3는 addr 인자를 반드시 페이지 정렬하도록 명시한다. SUSv4는 구현에서 필요한 경우에만 이 인자를 페이지 정렬하게 한다).

length 인자는 음이 아닌 정수이고, 해제할 영역의 크기(바이트 단위)를 나타낸다. 주소 영역은 시스템 페이지 크기만큼의 다음 배수 범위까지 해제될 것이다.

보통 전체 매핑을 해제한다. 그래서 `addr` 인자에 이전 `mmap()` 호출이 리턴한 주소를 명시하고 `mmap()` 호출에 사용한 같은 `length`를 명시한다. 사용 예는 다음과 같다.

```
addr = mmap(NULL, length, PROT_READ | PROT_WRITE, MAP_PRIVATE, fd, 0);
if (addr == MAP_FAILED)
    errExit("mmap");

/* 맵 영역에서 동작하는 코드 */

if (munmap(addr, length) == -1)
    errExit("munmap");
```

다른 방법으로 매핑의 일부분만 해제할 수 있는데, 이 경우 어느 곳을 해제하느냐에 따라서 매핑 영역이 줄어들거나 두 부분으로 나뉘기도 한다. 주소 영역이 몇 개의 매핑 영역을 포함하도록 지정할 수도 있는데, 이 경우 포함되는 모든 매핑은 해제된다.

`addr`과 `length`에서 지정한 주소 영역에 매핑이 존재하지 않는다면 `munmap()`은 아무런 영향을 미치지 않고 0을 리턴하고 종료된다(성공한 경우).

해제하는 동안 커널은 지정한 메모리 영역 범위에 있는 프로세스가 만든 어떤 메모리 잠금도 제거한다(13.2절에서 설명하듯이, 메모리 잠금은 `mlock()`이나 `mlockall()`로 설정한다).

모든 프로세스의 매핑은 종료되거나 `exec()`를 수행할 때 자동적으로 해제된다.

공유 파일 매핑의 내용이 실제 파일에 반영됐는지 확인하려면 매핑을 `munmap()`으로 해제하기 전에 `msync()`(12.5절)를 사용해 확인한다.

12.4 파일 매핑

파일 매핑을 생성하려면 다음과 같은 절차를 수행한다.

1. 보통 `open()` 호출로 얻을 수 있는 파일의 디스크립터를 얻는다.
2. `mmap()`을 호출할 때 `fd` 인자에 이 파일 디스크립터를 넘겨준다.

이 절차를 수행하면 `mmap()`은 열린 파일의 내용을 호출 프로세스의 주소 공간에 매핑한다. 일단 `mmap()`이 호출되면 파일 디스크립터를 닫아도 매핑에는 아무런 영향을 주지 않는다. 그러나 경우에 따라 이 파일 디스크립터를 계속 열린 상태로 놔두는 편이 유용할 때가 있다. 리스트 12-1과 17장의 예제를 참조하라.

 일반 디스크 파일, 다양한 실제 디바이스나 가상 디바이스, 예를 들면 하드 디스크나 광 디스크, /dev/mem의 내용을 mmap()으로 매핑할 수 있다.

파일 디스크립터 fd가 가리키는 파일은 prot과 flags에 적절한 권한값을 지정해 열어야만 한다. 특히 파일은 읽기 모드로 열어야 한다. 그러나 flags에 PROT_WRITE와 MAP_SHARED가 지정되어 있다면 파일을 읽기 쓰기 모드로 열어야 한다.

offset 인자는 파일에 매핑될 영역의 시작 바이트를 가리키는데, 시스템 페이지 크기의 배수로 구성돼야 한다. offset을 0으로 지정하는 것은 파일의 시작 영역에서부터 매핑한다는 의미다. length 인자는 매핑될 바이트 수를 나타낸다. 그림 12-1처럼 offset과 length 인자로 파일의 어느 영역을 메모리에 매핑할지를 결정한다.

리눅스에서 파일 매핑 페이지는 처음 접근할 때 매핑된다. 이는 매핑의 해당 부분에 접근하기 전에 mmap() 호출 후 파일 영역에 수정이 발생하고 페이지가 다른 상황으로 이미 메모리에 적재되지 않았다면 변경사항을 프로세스에서 볼 수 있음을 의미한다. 이 동작은 구현에 따라 달라진다. 그래서 이식성 있는 응용 프로그램을 만들려면 이런 시나리오에서 특정 커널 동작에 의존하지 않게 설계해야 한다.

12.4.1 비공개 파일 매핑

비공개 파일 매핑을 사용하는 두 가지 일반적인 상황은 다음과 같다.

- 다중 프로세스가 같은 프로그램을 실행할 수 있게 하거나 같은 공유 라이브러리에 같은(읽기전용) 텍스트 세그먼트를 공유하려고 라이브러리 파일이나 실행 파일에 있는 해당 부분을 매핑해 사용하는 경우다.

실행 가능한 텍스트 세그먼트는 보통 읽기와 실행 모드로만 접근을 허용해 보호한다. 하지만 디버거나 자기수정 프로그램이 프로그램 텍스트(메모리상에서 보호 모드를 처음 변경한 후)를 수정할 수 있기 때문에 MAP_SHARED가 아닌 MAP_PRIVATE로 매핑된다. 그리고 수정사항은 원본 파일이나 그 밖의 프로세스에 영향을 끼치지 않는다.

- 초기화된 공유 라이브러리와 실행 파일의 데이터 세그먼트를 매핑하는 경우 비공개로 매핑한다. 그래서 매핑된 데이터 세그먼트의 내용 변경이 원본 파일에 영향을 미치지 않게 한다.

이런 매핑은 일반 프로그램 적재기와 동적 링커가 생성하기 때문에 위의 두 가지 mmap() 방식은 모두 보통 프로그램에 공개되지 않는다. 11.5절의 출력 결과에서 본 것처럼 위 두 가지 종류의 매핑 예는 /proc/*PID*/maps에서 볼 수 있다.

자주는 아니지만, 프로그램의 파일 입력 로직을 단순화하려고 비공개 파일 매핑을 사용하기도 한다. 이는 메모리 맵 I/O(12.5절에서 설명)에 공유 파일 매핑을 사용한 것과 비슷하지만 파일 입력만을 허용한다는 차이가 있다.

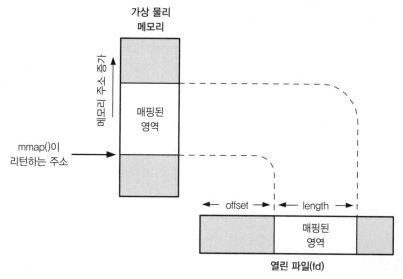

그림 12-1 메모리 맵 파일 개요

12.4.2 공유 파일 매핑

다중 프로세스가 같은 파일 영역의 공유 매핑을 만들 때 이는 같은 메모리의 물리 페이지를 모두 공유하는 것이다. 그리고 매핑의 내용 수정은 원본 파일에 바로 반영된다. 사실 그림 12-2처럼 파일은 이 메모리의 영역의 페이지를 저장하는 저장소로 사용된다(이 다이어그램에서 사실 물리 메모리상에 매핑된 페이지는 연속적으로 존재하지 않는다. 하지만 이를 생략해 단순화한 것이다).

공유 파일 매핑은 두 가지 목적으로 사용되는데, 바로 메모리 맵 I/O와 IPC다. 그 사용법을 살펴보자.

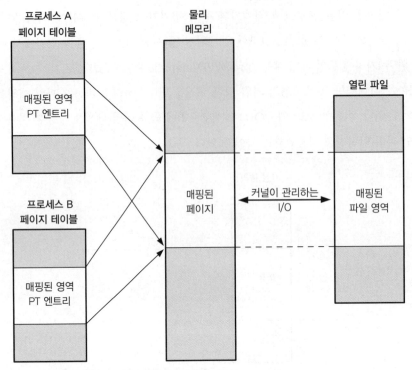

프로세스 A
페이지 테이블

매핑된 영역
PT 엔트리

프로세스 B
페이지 테이블

매핑된 영역
PT 엔트리

물리
메모리

매핑된
페이지

커널이 관리하는
I/O

열린 파일

매핑된
파일 영역

그림 12-2 같은 파일 영역을 공유 매핑으로 두 프로세스 간에 공유

메모리 맵 I/O

공유 파일 매핑의 내용은 파일로 초기화되기 때문에 매핑 내용의 어떠한 수정도 자동으로 원본 파일에 반영된다. 그래서 단순히 메모리 바이트에 접근하는 것으로 파일 I/O를 수행할 수 있다. 그러나 커널이 메모리 변경사항을 파일에 반영하는지 확인해야 한다(보통 프로그램은 디스크 파일의 해당 내용의 구조화된 데이터형으로 정의해서 이 매핑의 내용을 데이터형으로 캐스팅해 사용한다). 이 기술을 메모리 맵 I/O라 하고, read()와 write()를 사용해 파일 내용에 직접 접근하는 방식의 대안으로 사용되기도 한다.

메모리 맵 I/O는 다음과 같이 두 가지 잠재적인 장점이 있다.

- read()와 write() 시스템 호출을 메모리 접근으로 대체하는 것으로 어떤 응용 프로그램의 로직을 단순화할 수 있다.
- 어떤 상황에서 진부한 I/O 시스템 호출을 사용해 파일 I/O를 사용하는 것보다 좋은 성능을 낼 수 있다.

메모리 맵 I/O가 성능 측면에서 장점을 갖는 이유는 다음과 같다.

- 보통 read()와 write()는 보이지 않게 두 가지 전송을 수행하고 있다. 하나는 파일과 커널 버퍼 캐시 사이고, 다른 하나는 버퍼 캐시와 사용자 공간 버퍼다. mmap()을 사용하면 두 가지 전송 중 후자는 필요하지 않다. 커널은 입력 데이터의 해당 파일 블록을 메모리로 매핑시켜 사용자 프로세스에서 바로 사용이 가능하게 만든다. 사용자 프로세스는 단순히 메모리 내용을 수정하기만 하면 이와 연관된 커널 메모리 매니저가 자동으로 출력 내용을 원본 파일에 반영한다.

- 커널 공간과 유저 공간의 전송을 절약하는 것 외에도 mmap()은 필요한 메모리 크기를 낮춰 성능을 향상시킬 수 있다. read()와 write()를 사용할 때 데이터는 2개의 버퍼에서 관리된다. 하나는 사용자 공간에 있는 것이고, 다른 하나는 커널 공간에 있는 것이다. mmap()을 사용하면 단일 버퍼를 커널 공간과 사용자 공간 사이에 공유한다. 그래서 다중 프로세스에서 같은 파일에 I/O를 수행하는 경우 mmap()을 사용하면 이들 모두 같은 커널 버퍼를 공유하기 때문에 추가적인 메모리 절약 효과를 얻을 수 있다.

큰 파일에 임의의 접근을 반복적으로 수행할 때 메모리 맵 I/O 성능상의 장점을 확실히 알 수 있다. 파일에 순차적인 접근을 수행하는 경우 mmap()은 read()/write()와 비교해 같거나 조금의 장점만을 제공할 것이다. 많은 수의 I/O 시스템 호출을 하지 않아도 될 정도로 충분히 큰 크기의 버퍼를 사용해 I/O를 수행하는 경우를 생각해보자. 어떤 기술을 사용하는지에 상관없이 작은 성능 향상을 볼 수밖에 없는 이유는 다음과 같다. 파일의 전체 내용을 디스크와 메모리 사이에 정확히 한 번은 전송해야 한다. 그래서 사용자 공간과 커널 공간 사이의 데이터 전송을 하지 않아도 되는 효과와 메모리 사용량 감소는 디스크 I/O에 필요한 시간과 비교했을 때 보통 무시해도 될 정도로 작기 때문이다.

 메모리 맵 I/O도 불리한 점이 있다. 적은 수의 I/O 오퍼레이션에 메모리 맵 I/O를 사용하면 단순 read()와 write() 호출보다 많은 비용이 요구된다(예를 들어 매핑, 페이지 오류, 매핑 해제, 하드웨어 메모리 관리 단위인 TLB(translation look-aside buffer)의 갱신 같은 동작 때문에). 여기에 가끔 커널이 쓰기 가능한 매핑에 후기입 캐시(write-back)를 효율적으로 다루기 힘든 경우가 발생할 수 있다(이런 경우 msync()나 sync_file_range()를 사용하면 효율성을 높일 수 있다).

공유 파일 매핑을 사용한 IPC

같은 파일 영역의 공유 매핑을 사용하는 모든 프로세스는 메모리의 같은 물리 페이지를 공유하기 때문에 공유 파일 매핑을 IPC(빠른) 기법으로 활용할 수 있는 것이 두 번째 사용 방법이다. 여기서 시스템 V 공유 메모리 객체(11장)의 공유 메모리 영역 방식과 다른 점은, 수정을 할 경우 수정된 영역의 내용이 매핑된 원본 파일에 반영된다는 것이다. 이런 특징은 공유 메모리 내용을 응용 프로그램에서 전체적으로 유지해야 하거나 시스템을 재시작하더라도 정보가 영속돼야 할 경우에 유용하게 쓸 수 있다.

예제 프로그램

리스트 12-2는 공유 파일 매핑을 생성하려고 mmap()을 사용하는 간단한 예다. 이 프로그램은 첫 번째 명령행 인자에 명시된 파일을 매핑하는 것으로 시작된다. 그리고 매핑된 영역의 시작 부분에 위치한 문자열을 출력한다. 마지막으로, 두 번째 명령행 인자가 주어진다면 이 문자열을 공유 메모리 영역으로 복사한다.

다음 셸 세션 로그는 이 프로그램을 사용하는 모습을 보여준다. 이는 0으로 채워진 1024바이트의 파일을 생성하는 것으로 시작한다.

```
$ dd if=/dev/zero of=s.txt bs=1 count=1024
1024+0 records in
1024+0 records out
```

그리고 프로그램을 사용해 파일을 매핑하고 매핑된 영역에 문자열을 복사한다.

```
$ ./t_mmap s.txt hello
Current string=
Copied "hello" to shared memory
```

위 프로그램은 Current string에 아무것도 출력하지 않는데, 매핑된 파일의 초기값이 널 바이트로 시작되기 때문이다(즉 길이가 0인 문자열이다).

그리고 다시 프로그램을 실행해 파일을 매핑하고 새로운 문자열을 매핑된 영역에 복사한다.

```
$ ./t_mmap s.txt goodbye
Current string=hello
Copied "goodbye" to shared memory
```

마지막으로 파일 내용을 출력해 검증한다. 라인마다 8개의 문자가 있음을 확인할 수 있다.

```
$ od -c -w8 s.txt
0000000  g  o  o  d  b  y  e  nul
0000010 nul nul nul nul nul nul nul nul
*
0002000
```

이 평범한 프로그램은 매핑된 파일에 접근할 때 다중 프로세스를 동기화하는 방법을 사용하지 않았다. 그러나 실제 응용 프로그램에서 공유 매핑의 접근 동기화는 반드시 필요하다. 이는 세마포어(10, 16장)와 파일 잠금(18장)을 포함한 다양한 기술을 사용해 해 결할 수 있다.

12.5절에서는 리스트 12-2를 사용해 msync() 시스템 호출을 설명한다.

리스트 12-2 mmap()을 사용해 공유 메모리 매핑 생성하기

```
                                                                    mmap/t_mmap.c
#include <sys/mman.h>
#include <fcntl.h>
#include "tlpi_hdr.h"

#define MEM_SIZE 10

int
main(int argc, char *argv[])
{
    char *addr;
    int fd;

    if (argc < 2 || strcmp(argv[1], "--help") == 0)
        usageErr("%s file [new-value]\n", argv[0]);

    fd = open(argv[1], O_RDWR);
    if (fd == -1)
        errExit("open");

    addr = mmap(NULL, MEM_SIZE, PROT_READ | PROT_WRITE, MAP_SHARED, fd, 0);
    if (addr == MAP_FAILED)
        errExit("mmap");

    if (close(fd) == -1)               /* 더 이상 'fd'가 필요하지 않다. */
        errExit("close");

    printf("Current string=%.*s\n", MEM_SIZE, addr);
                              /* 확실한 실습 - MEM_SIZE 크기만큼 출력 */

    if (argc > 2) {                    /* 영역 내용의 갱신 */
        if (strlen(argv[2]) >= MEM_SIZE)
            cmdLineErr("'new-value' too large\n");

        memset(addr, 0, MEM_SIZE);    /* 영역을 0으로 클리어한다. */
        strncpy(addr, argv[2], MEM_SIZE - 1);
        if (msync(addr, MEM_SIZE, MS_SYNC) == -1)
            errExit("msync");
```

```
            printf("Copied \"%s\" to shared memory\n", argv[2]);
    }

    exit(EXIT_SUCCESS);
}
```

12.4.3 경계 문제

많은 경우 매핑의 크기는 시스템 페이지 크기의 배수이고, 전체 매핑은 매핑된 파일의 범위 안에 포함된다. 꼭 범위 안에 들어가야 할 필요는 없지만 이런 경우 어떤 현상이 발생하는지 살펴보자.

그림 12-3은 매핑이 전체적으로 매핑된 파일의 범위 안에 들어감을 볼 수 있으나 영역의 크기가 시스템 페이지 크기의 배수가 아니다(여기서는 4096바이트로 가정한다).

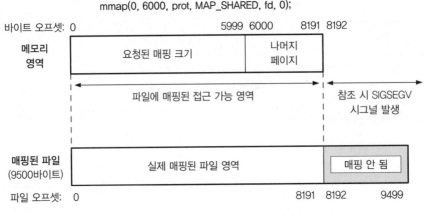

그림 12-3 시스템 페이지 크기의 배수가 아닌 길이를 갖는 메모리 매핑

매핑의 크기가 시스템 페이지 크기의 배수가 아니기 때문에 다음 시스템 페이지 크기의 배수만큼 올림된다. 파일이 이 올림된 크기보다 크기 때문에 파일의 해당 바이트는 그림 12-3처럼 매핑됐다.

매핑의 끝을 넘는 영역의 바이트 접근은 SIGSEGV 시그널을 생성할 것이다(그 위치에 다른 매핑이 존재하지 않는다고 가정한다). 이 시그널의 기본 동작은 프로세스 종료시키고 코어 덤프를 하는 것이다.

매핑이 원본 파일의 경계를 넘어서 확장된 경우(그림 12-4)는 더욱 복잡하다. 앞에서 본 것처럼 매핑의 크기가 시스템 페이지 크기의 배수와 일치하지 않아 올림됐다. 그러나 이 경우는 영역의 바이트는 올림되어(즉 그림에서 2200바이트에서 4095바이트까지) 접근 가능하지만 원본 파일과는 매핑되지 않았다(파일에 해당 바이트가 존재하지 않기 때문에). 대신 이는 0으로 초기화된다(이는 SUSv3의 요구사항이다). 그럼에도 파일을 매핑한 다른 프로세스에서 length 인자에 큰 값을 지정했다면 이 바이트 영역은 공유될 것이다. 이 바이트 영역의 변경사항은 파일에 반영되지 않는다.

  매핑에 올림되는 영역을 넘어서는 페이지를 포함하고 있다면(즉 그림 12-4에서 4096바이트를 넘어서는 부분) 이 주소에 페이지를 참조하려는 시도는 SIGBUS 시그널을 발생시킬 것이다. 이는 프로세스에게 이 주소에 해당하는 파일 영역이 존재하지 않음을 알려준다. 앞에서 설명했듯이 매핑 영역의 끝을 넘는 주소에 접근하면 SIGSEGV 시그널을 발생시킬 것이다.

  위 설명에서 원본 파일의 범위를 벗어나는 매핑을 만드는 것이 요점 없어 보일지도 모른다. 그러나 파일 크기를 늘려(ftruncate()나 write()를 사용해) 전에 설명한 매핑의 접근 불가능한 부분을 사용할 수 있다.

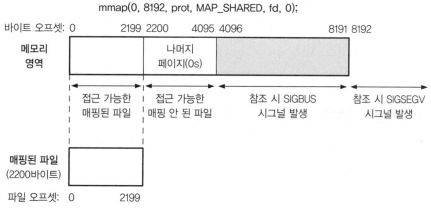

그림 12-4 매핑된 파일의 끝을 넘어서 메모리 매핑 확장

12.4.4 메모리 보호 모드와 파일 접근 모드 상호 연동

지금까지 자세히 설명하지 않은 내용 중 하나는 mmap()의 prot 인자에 지정하는 메모리 보호 모드와 매핑된 파일을 열 때 사용하는 모드 사이의 상호 연동이다. 일반적인 원칙에 따르면, PROT_READ와 PROT_EXEC 보호 모드는 매핑된 파일을 O_RDONLY나 O_RDWR로 열어야 하고 PROT_WRITE 보호 모드는 매핑된 파일을 O_WRONLY나 O_RDWR로 열어야 한다.

  그러나 몇 가지 하드웨어 아키텍처에서 제공하는 메모리 보호 모드의 제한 때문에 상황이 복잡해지기도 한다(12.2절). 그런 아키텍처에서는 다음과 같은 문제가 있다.

- 메모리 보호 모드의 모든 조합은 파일을 O_RDWR 플래그로 여는 것과 같다.

- 파일을 O_WRONLY로 여는 것과 PROT_WRITE가 같지 않고 호환되는 메모리 보호 모드의 조합도 없다(EACCES 에러 발생). 실질적으로 이런 현상은 어떤 하드웨어 구조에서는 쓰기 전용으로 페이지 접근을 허용하지 않아 발생한다. 12.2절에서 설명했듯이, 이런 구조에서는 PROT_WRITE가 PROT_READ임을 암시한다. 즉 페이지를 쓸 수 있다는 건 역시 읽을 수도 있다는 뜻이다. 하지만 읽기 오퍼레이션은 원본 파일의 내용을 보여주지 않는 O_WRONLY와 호환되지 않는다.

- 파일을 O_RDONLY 플래그로 연 경우 mmap()을 호출할 때 MAP_PRIVATE나 MAP_SHARED를 지정했는지에 따라 결과가 달라진다. MAP_PRIVATE로 매핑된 경우 mmap()에 어떤 조합의 메모리 보호 모드도 지정할 수 있다. MAP_PRIVATE 페이지의 내용 수정이 결코 파일에 반영되지는 않기 때문이다. 파일에 쓸 수 없다는 사실이 문제를 발생시키지는 않는다. MAP_SHARED 매핑의 경우 메모리 보호 모드는 PROT_READ와 (PROT_READ | PROT_EXEC)가 O_RDONLY와 호환된다. 이는 PROT_WRITE, MAP_SHARED 매핑이 매핑된 파일의 갱신을 허용한다는 측면에서 논리적이라 할 수 있다.

12.5 매핑된 영역 동기화: msync()

기본적으로 커널은 MAP_SHARED 매핑의 내용이 수정되면 자동으로 원본 파일에 반영한다. 하지만 수정이 발생함과 동시에 파일에 동기화됨을 보장하진 않는다(SUSv3 구현에서 이런 보장은 필요하지 않다).

msync() 시스템 호출은 응용 프로그램에서 명시적으로 언제 공유 매핑과 원본 파일을 동기화할지 관리한다. 여러 가지 시나리오에서 원본 파일과 매핑의 동기화를 유용하게 쓸 수 있다. 예를 들어 데이터의 무결성을 확인하려고 데이터베이스 응용 프로그램이 msync()를 호출해 데이터가 디스크에 기록하게 할 수 있다. msync()를 호출해 응용 프로그램에서 쓰기 가능한 매핑을 갱신했을 때 이를 다른 프로세스에서 read()를 수행해 파일에서 변경 내용을 확인할 수 있다.

```
#include <sys/mman.h>

int msync(void *addr, size_t length, int flags);
                              성공하면 0을 리턴하고, 에러가 발생하면 –1을 리턴한다.
```

msync()의 addr과 length 인자는 동기화할 메모리의 시작 주소와 메모리 영역의 길이를 나타낸다. addr 인자에 명시되는 주소는 페이지 정렬되어 있어야 하고 length는 다음 시스템 페이지 크기만큼 올림돼야 한다(SUSv3의 addr은 반드시 페이지 정렬되어 있어야 한다. SUSv4는 구현에서 페이지 정렬이 필요할 수 있다고 이야기한다).

flags에 지정 가능한 값은 다음 중 하나다.

- MS_SYNC: 동기식 파일 쓰기를 수행한다. 메모리 영역의 모든 페이지 수정이 디스크에 저장될 때까지 호출은 블록된다.
- MS_ASYNC: 비동기식 파일 쓰기를 수행한다. 메모리 영역의 페이지 수정은 조금 뒤에 디스크에 저장되고, 해당 파일 영역에서 read()를 수행하는 다른 프로세스는 여기에 바로 접근 가능하다.

이 2개의 값을 구분하는 또 다른 방법으로, MS_SYNC 오퍼레이션을 수행하고 나면 메모리 영역과 디스크가 동기화됐다고 말하고, MS_ASYNC 오퍼레이션을 수행하고 나면 메모리 영역이 단지 커널 버퍼 캐시와 동기화됐다고 말하기도 한다.

 MS_ASYNC 오퍼레이션 후에 다른 추가적인 작업이 없다면 메모리 영역에 수정된 페이지는 pdflush라는 커널 스레드(리눅스 2.4까지는 kupdated라는 이름)가 수행하는 자동 버퍼 플러싱으로 결국 반영된다. 리눅스에서 출력을 선점해 초기화하는 두 가지(비표준) 방식이 있다. msync() 호출에 이어서 fsync()(또는 fdatasync())를 해당 매핑의 파일 디스크립터로 호출할 수 있는 것이다. 이 호출은 버퍼 캐시가 디스크와 동기화될 때까지 블록될 것이다. 다른 방법으로 posix_fadvise()에 POSIX_FADV_DONTNEED 오퍼레이션으로 페이지의 비동기 쓰기를 시도하는 것이다(위의 두 가지 오퍼레이션은 리눅스에 특화된 것으로 SUSv3에서는 정의하고 있지 않다).

다음은 flags에 추가로 지정할 수 있는 값이다.

- MS_INVALIDATE: 매핑된 데이터의 복사본 캐시를 무효화한다. 파일과 동기화된 메모리 영역의 어떤 페이지 수정도 메모리 영역의 모든 페이지가 무효로 설정되어 있다면 원본 파일과 일치하지 않게 된다. 다음 참조 때 해당 위치의 파일을 페이지의 내용으로 복사한다. 그래서 파일에 반영된 어떠한 수정도 메모리 영역상의 다른 프로세스에서 볼 수 있게 된다.

최근 유닉스 구현처럼 리눅스도 통합된 가상 메모리unified virtual memory라는 시스템을 제공한다. 이는 가능하다면 메모리 매핑과 버퍼 캐시의 블록을 같은 물리 메모리의 페이지에 공유하는 것을 의미한다. 그래서 매핑과 I/O 시스템 호출(read(), write() 등)로 얻는 파일의 내용이 항상 일치하게 하고 매핑된 영역의 내용을 디스크에 반영하려고 할 때만 msync()를 사용한다.

하지만 SUSv3는 통합된 가상 메모리 시스템을 정의하고 있지 않고, 모든 유닉스 구현에서 사용하는 것도 아니다. 이런 시스템상에서 매핑 내용의 변경을 다른 프로세스에서 파일 read()로 볼 수 있게 할 때 msync() 호출을 사용하고, 반대로 파일에 직접 변경을 가했을 경우 이를 매핑 영역을 공유하는 다른 프로세스에서 볼 수 있게 할 때 MS_INVALIDATE 플래그를 사용한다. 같은 파일에 mmap()과 I/O 시스템 호출을 사용하는 멀티프로세스 응용 프로그램은 통합된 가상 메모리 시스템을 갖고 있지 않은 시스템에 이식성을 고려한다면 msync()를 적절히 사용하도록 설계해야 한다.

12.6 mmap() 추가 플래그

리눅스는 MAP_PRIVATE와 MAP_SHARED 외에도 mmap()의 flags 인자에 OR(|)하여 추가로 지정할 수 있는 다양한 값을 정의하고 있다. 표 12-3은 이 값을 요약한 것이다. SUSv3는 MAP_PRIVATE와 MAP_SHARED 외에 오직 MAP_FIXED 플래그만을 명시한다.

표 12-3 mmap() 플래그 인자의 비트 마스크 값

값	설명	SUSv3
MAP_ANONYMOUS	익명 매핑 생성	
MAP_FIXED	addr 인자를 정확하게 해석(12.10절)	●
MAP_LOCKED	메모리에 매핑된 페이지 잠금(리눅스 2.6부터)	
MAP_HUGETLB	큰 페이지 크기를 사용하는 매핑 생성(리눅스 2.6.32부터)	
MAP_NORESERVE	스왑 영역 예약 관리(12.9절)	
MAP_PRIVATE	매핑된 영역 비공개로 변경	●
MAP_POPULATE	매핑 페이지를 붙인다(리눅스 2.6부터).	
MAP_SHARED	매핑된 데이터를 다른 프로세스에서 볼 수 있게 하고 원본 파일을 전파하게 변경한다(MAP_PRIVATE의 반대).	●
MAP_UNINITIALIZED	익명 매핑을 초기화하지 않는다(리눅스 2.6.33부터).	

다음 목록은 표 12-3에 열거된 플래그 값의 더 상세한 정보를 제공한다(MAP_PRIVATE 와 MAP_SHARED는 이미 앞에서 설명했으므로 제외한다).

- MAP_ANONYMOUS: 익명 매핑을 생성한다. 이 매핑은 파일 기반으로 생성되지 않는 다. 이 플래그는 12.7절에서 자세히 설명한다.

- MAP_FIXED: 이 플래그는 12.10절에서 설명한다.

- MAP_HUGETLB(리눅스 2.6.32부터): 이 플래그는 시스템 V 공유 메모리 세그먼트의 mmap() SHM_HUGETLB 플래그와 같은 목적으로 제공된다.

- MAP_LOCKED(리눅스 2.6부터): 메모리에 매핑된 페이지를 mlock() 규칙으로 미리 적재하고 잠근다. 이 플래그를 사용할 수 있는 권한과 오퍼레이션 제한은 13.2절 에서 설명한다.

- MAP_NORESERVE: 이 플래그는 매핑이 수행되기에 앞서 스왑 영역이 예약됐는지 관리할 때 사용한다. 자세한 내용은 12.9절을 참조하라.

- MAP_POPULATE(리눅스 2.6부터): 매핑 페이지를 붙인다. 파일 매핑의 경우 파일을 읽기 전에 이 동작이 수행된다. 이는 나중에 매핑 내용에 접근할 때 페이지 오류 로 차단되지 않음을 의미한다(즉 메모리에 접근하는 동안에 페이지가 스왑되지 않는다).

- MAP_UNINITIALIZED(리눅스 2.6.33부터): 이 플래그를 지정하면 익명 매핑의 페이 지가 0으로 초기화되는 것을 막는다. 이는 성능 향상을 야기함과 동시에 보안상 의 위험도 수반한다. 할당된 페이지에 이전 프로세스가 남겨둔 민감한 정보가 있 을 수 있기 때문이다. 그래서 이 플래그는 내장된 응용 프로그램이 전체 시스템을 관리하는 임베디드 시스템에서 성능을 향상시킬 때 주로 사용한다. 이 플래그는 커널이 CONFIG_MMAP_ALLOW_UNINITIALIZED 옵션으로 설정되어 있어야만 사 용이 가능하다.

12.7 익명 매핑

익명 매핑은 대상 파일이 존재하지 않는 것들 중 하나다. 12.7절에서는 어떻게 익명 매핑 을 생성하고, 비공개와 공유 익명 매핑을 어떤 목적으로 사용하는지 살펴보자.

MAP_ANONYMOUS와 /dev/zero

리눅스에서 두 가지는 다르지만 mmap()으로 익명 매핑을 동일한 방식으로 생성할 수 있다.

- 플래그에 MAP_ANONYMOUS를 지정하고 fd에 -1을 지정한다(리눅스에서 MAP_ ANONYMOUS가 설정되면 fd의 값은 무시된다. 그러나 일부 유닉스 구현에서는 MAP_ANONYMOUS를 사

용할 때 fd를 -1로 설정할 필요가 있기 때문에, 이식성 있는 응용 프로그램을 만들려면 이를 반드시 지켜야 한다).

 〈sys/mman.h〉로부터 MAP_ANONYMOUS 정의를 가져오려면 _BSD_SOURCE나 _SVID_SOURCE 중 하나의 테스트 매크로를 정의해야만 한다. 리눅스는 여타 유닉스 구현과의 호환성을 고려해 MAP_ANONYMOUS와 동의어인 MAP_ANON 상수를 제공한다.

- /dev/zero 디바이스 파일을 열고 mmap()의 결과로 받아온 파일 디스크립터를 넘긴다.

 /dev/zero는 이를 읽으면 항상 0을 리턴하는 가상 디바이스다. 이 디바이스에 값을 기록하면 항상 버려진다. /dev/zero의 보편적인 사용 예는 파일을 0으로 초기화할 때다(예를 들어 dd(1) 명령을 사용하는 것처럼).

MAP_ANONYMOUS와 /dev/zero 기술 둘 다 매핑 내용을 0으로 초기화한다. 이 두 가지 기술은 offset 인자를 무시한다(offset을 지정할 원본 파일이 없기 때문이다). 여기서 이런 기술의 예를 간단히 살펴보자.

 SUSv3는 MAP_ANONYMOUS와 /dev/zero 기술을 명시하고 있지 않다. 하지만 대부분 유닉스 구현은 이 중 하나 이상을 지원한다. 이런 두 가지 기술이 같은 의미로 존재하는 이유는 하나(MAP_ANONYMOUS)는 BSD에서 유래했고, 다른 하나(/dev/zero)는 시스템 V에서 유래했기 때문이다.

MAP_PRIVATE 익명 매핑

MAP_PRIVATE 익명 매핑은 0으로 초기화된 프로세스 비공개 메모리 블록을 할당할 때 사용된다. /dev/zero 기술을 사용해 MAP_PRIVATE 익명 매핑을 다음과 같이 생성할 수 있다.

```
fd = open("/dev/zero", O_RDWR);
if (fd == -1)
    errExit("open");
addr = mmap(NULL, length, PROT_READ | PROT_WRITE, MAP_PRIVATE, fd, 0);
    if (addr == MAP_FAILED)
        errExit("mmap");
```

glibc 구현에서 malloc()은 MAP_PRIVATE 익명 매핑을 MMAP_THRESHOLD바이트보다 큰 메모리 블록을 할당할 때 사용한다. 이들이 나중에 free()된다면 이는 이런 블록을 효율 적으로 해제(munmap()으로)할 수 있게 한다(이는 또 반복적으로 큰 메모리 블록을 할당하 고 해제할 때 메모리 단편화 확률을 낮춘다). MMAP_THRESHOLD는 기본값이 128kB이지만 mallopt() 라이브러리 함수로 이 값을 조절할 수 있다.

MAP_SHARED 익명 매핑

MAP_SHARED 익명 매핑은 연관된 프로세스(예를 들어 부모와 자식 프로세스) 사이에서 해당 매 핑 파일 없이도 메모리 영역을 공유할 수 있게 한다.

 MAP_SHARED 익명 매핑은 리눅스 2.4부터만 사용 가능하다.

MAP_ANONYMOUS 기술을 사용해 다음과 같이 MAP_SHARED 익명 매핑을 생성할 수 있다.

```
addr = mmap(NULL, length, PROT_READ | PROT_WRITE,
            MAP_SHARED | MAP_ANONYMOUS, -1, 0);
if (addr == MAP_FAILED)
    errExit("mmap");
```

위 코드가 fork() 호출 다음에 위치한다면 자식 프로세스는 fork()로 매핑을 상속 받기 때문에 두 프로세스 사이에서 메모리 영역을 공유할 수 있다.

예제 프로그램

리스트 12-3의 프로그램은 부모와 자식 프로세서 사이에서 매핑된 영역을 공유하려고 MAP_ANONYMOUS나 /dev/zero를 사용하는 예를 보여준다. 어떤 기술을 사용할지는 프로 그램을 컴파일할 때 USE_MAP_ANON이 어떻게 정의되어 있는지에 따라 결정된다. 부모는 fork()를 호출하기에 앞서 공유된 영역을 정수값 1로 초기화한다. 자식은 부모가 자식 이 종료되기를 기다리는 동안 공유된 정수값을 증가시키고 종료하고 나면 부모는 정수 값을 출력한다. 프로그램을 실행하면 다음과 같은 결과가 나온다.

```
$ ./anon_mmap
Child started, value = 1
In parent, value = 2
```

mmap/anon_mmap.c

```c
#ifdef USE_MAP_ANON
#define _BSD_SOURCE                     /* MAP_ANONYMOUS 정의 얻어오기 */
#endif
#include <sys/wait.h>
#include <sys/mman.h>
#include <fcntl.h>
#include "tlpi_hdr.h"

int
main(int argc, char *argv[])
{
    int *addr;                          /* 공유 메모리 영역의 포인터 */

#ifdef USE_MAP_ANON                     /* MAP_ANONYMOUS 사용 */
    addr = mmap(NULL, sizeof(int), PROT_READ | PROT_WRITE,
                MAP_SHARED | MAP_ANONYMOUS, -1, 0);
    if (addr == MAP_FAILED)
        errExit("mmap");
#else                                   /* /dev/zero 맵 */
    int fd;

    fd = open("/dev/zero", O_RDWR);
    if (fd == -1)
        errExit("open");

    addr = mmap(NULL, sizeof(int), PROT_READ | PROT_WRITE, MAP_SHARED, fd, 0);
    if (addr == MAP_FAILED)
        errExit("mmap");

    if (close(fd) == -1)                /* 더 이상 필요하지 않음 */
        errExit("close");
#endif

    *addr = 1;                          /* 매핑된 영역 정수로 초기화 */

    switch (fork()) {                   /* 부모와 자식 매핑 공유 */
    case -1:
        errExit("fork");

    case 0:                             /* 자식: 공유된 정수를 증가시키고 종료한다. */
        printf("Child started, value = %d\n", *addr);
        (*addr)++;

        if (munmap(addr, sizeof(int)) == -1)
            errExit("munmap");
        exit(EXIT_SUCCESS);
```

```
        default:                                    /* 부모: 자식이 종료하기를 기다린다. */
            if (wait(NULL) == -1)
                errExit("wait");
            printf("In parent, value = %d\n", *addr);
            if (munmap(addr, sizeof(int)) == -1)
                errExit("munmap");
            exit(EXIT_SUCCESS);
        }
    }
```

12.8 매핑된 영역 재매핑: mremap()

대부분의 유닉스 구현은 일단 매핑이 생성되면 위치와 크기를 변경할 수 없다. 하지만 리눅스는(이식성이 없는) mremap() 시스템 호출을 제공하기 때문에 변경할 수 있다.

```
#define _GNU_SOURCE
#include <sys/mman.h>

void *mremap(void *old_address, size_t old_size, size_t new_size,
             int flags, ...);
```
성공하면 재매핑된 영역의 시작 주소를 리턴하고, 에러가 발생하면 MAP_FAILED를 리턴한다.

old_address와 old_size는 현재 시스템상에 존재하고 확장이나 감소하기를 원하는 매핑의 위치와 크기를 나타낸다. old_address가 가리키는 주소는 반드시 페이지 정렬되어 있어야 하고, 보통 이전 mmap() 호출의 리턴값을 사용한다. 원하는 새로운 매핑의 크기는 new_size에 지정한다. old_size와 new_size에 지정하는 2개의 값은 다음 시스템 페이지 크기만큼 올림된다.

재매핑이 진행되는 동안 커널은 프로세스의 가상 주소 공간의 다른 공간에 매핑을 옮길 수 있다. 이를 허용할지 말지 여부는 flags 인자로 설정하며, 이 비트 마스크는 0이나 다음과 같은 값을 갖는다.

- MREMAP_MAYMOVE: 이 플래그가 설정되면 요청된 공간을 결정할 때 커널이 프로세스의 가상 주소 공간에 매핑을 재배치할 수 있다. 이 플래그가 설정되지 않고 현재의 매핑 위치에서 더 이상 확장할 충분한 공간 확보되지 않는다면 ENOMEM 에러가 발생한다.

- MREMAP_FIXED(리눅스 2.4부터): 이 플래그는 MREMAP_MAYMOVE와 함께 사용해야만 한다. 이는 mmap()의 MAP_FIXED와 유사한 기능으로 mremap()을 수행할 때 사용한다(12.10절). 이 플래그가 정의되면 mremap()은 void *new_address를 추가 인자로 받는다. 이는 페이지 정렬된 주소로, 매핑을 이동할 주소를 나타낸다. new_address와 new_size에 지정된 주소 영역의 이전 매핑은 모두 해제된다.

mremap()이 성공하면 매핑의 시작 주소를 리턴한다. (MREMAP_MAYMOVE 플래그가 설정되어 있다면) 이 주소는 이전 시작 주소와 다를 수 있기 때문에 이 영역 안의 포인터는 유효하지 않을 수 있다. 그래서 mremap()을 사용하는 응용 프로그램은 매핑된 영역의 주소를 참조할 때 오프셋(절대 포인터가 아닌)만을 사용한다(11.6절 참조).

 리눅스의 realloc() 함수는 이전 mmap()의 MAP_ANONYMOUS로 malloc()이 할당한 큰 메모리 블록을 mremap()을 사용해 효율적으로 재할당한다(12.7절의 glibc malloc() 구현에서 이 특징을 살펴봤다). mremap()을 사용하면 재할당하는 동안 데이터 복사를 피할 수 있다.

12.9 MAP_NORESERVE와 스왑 영역 낭비

어떤 응용 프로그램은 큰(보통 비공유 익명) 매핑을 생성하고 그 안의 작은 일부 매핑된 영역만을 사용한다. 예를 들면, 정교한 응용 프로그램의 특정 상황에서 매우 큰 배열을 할당하지만 정작 넓게 분포된 배열의 요소 중 몇 개 사용하지 않는 경우다(희소 배열sparse array이라고 한다).

커널이 항상 이런 매핑의 전체에 사용할 충분한 스왑 공간을 할당(선점)한다면 많은 스왑 공간이 잠재적으로 낭비될 것이다. 대신 커널이 스왑 공간의 매핑 페이지를 실제로 필요로 할 때(즉 응용 프로그램에서 페이지에 접근하는 경우)만 점유해서 사용하게 할 수 있다. 이 접근 방식을 늦은 스왑 점유lazy swap reservation라 하고 총 RAM의 크기와 스왑 영역을 더한 크기를 넘는 가상 메모리를 사용하는 응용 프로그램에서 효율적으로 사용할 수 있다.

다른 방식으로 이를 조합하면 늦은 스왑 점유가 스왑 공간을 낭비하는 일이 발생할 수 있다. 하지만 모든 프로세스가 매핑의 전체 영역에 접근을 시도하지만 않는다면 문제가 발생하지 않는다. 그러나 모든 응용 프로그램이 매핑의 전체 영역에 접근을 시도한다면 RAM과 스왑 공간은 고갈될 것이다. 이런 경우 커널은 메모리 접근 빈도를 줄이려고 시스템상에 하나 이상의 프로세스를 죽인다. 이상적으로 커널은 메모리 문제(아래 'OOM 킬러' 절을 참조하라)를 발생시키는 프로세스를 선별하려고 하지만 적절히 선별하는지 보장할 수는 없다. 이런 이유 때문에 늦은 스왑 점유를 막으려고 매핑을 생성할 때 필요한 모든 스왑 공간을 시스템에 할당하는 방식을 선택할 수도 있다.

매핑을 생성할 때 MAP_NORESERVE 플래그를 사용해 스왑 공간을 점유하는 것을 조정하고 스왑 공간 낭비 동작을 /proc 인터페이스로 시스템 전체적으로 조정할 수 있다. 이 요소를 표 12-4에 요약했다.

표 12-4 mmap() 수행 중 스왑 영역 점유 관리하기

overcommit_memory 값	mmap() 호출에 MAP_NORESERVE 지정	
	지정 안 함	지정함
0	명백히 낭비 거부	낭비 허용
1	낭비 허용	낭비 허용
2(리눅스 2.6부터)	철저한 낭비 관리	

/proc/sys/vm/overcommit_memory는 리눅스 고유의 파일로 커널이 스왑 공간 낭비를 조절할 때 사용하는 정수값을 갖고 있다. 리눅스 2.6 이전에는 이 파일에 두 가지 값만 있었다. 0은 낭비를 명백히 거부한다는 의미이고(MAP_NORESERVE 플래그를 사용한다는 전제하에), 0보다 큰 값은 모든 경우의 낭비를 허용한다는 의미다.

낭비를 명백히 거부한다는 의미는 새로운 매핑의 크기가 현재 가용한 메모리량을 넘지 않는 선까지 허용한다는 것이다. 하지만 할당된 영역은 낭비될 수 있다(매핑된 모든 영역의 페이지를 사용하지는 않기 때문에).

리눅스 2.6부터 상수 1은 낭비를 허용한다는 의미로 이전 리눅스와 같이 사용되지만 값 2(또는 더 큰 값)는 철저히 낭비를 관리strict overcommitting한다는 뜻이다. 이 경우 커널은 모든 mmap() 할당을 철저하게 관리하고 시스템 전반에 한도 설정값을 사용해 모든 할당의 합이 이와 같거나 작게 유지한다.

```
[swap size] + [RAM size] * overcommit_ratio / 100
```

overcommit_ratio는 정수값으로 퍼센트를 표현하고 /proc/sys/vm/overcommit_ratio라는 리눅스 고유 파일에 저장되어 있다. 이 파일의 기본값은 50으로 커널이 시스템 RAM의 50%까지 추가 할당할 수 있음을 의미하고, 모든 프로세스가 자신의 전체 할당을 유지하려고만 하지 않는다면 이는 성공적으로 동작할 것이다.

다음과 같은 형태의 매핑에서 메모리 낭비를 중요하게 관찰해야 한다.

- 비공개 쓰기 가능 매핑(파일과 익명 매핑 둘 다)에서 매핑의 스왑 비용이 각 프로세스가 사용하는 매핑의 크기와 같은 경우
- 공유 익명 매핑에서 매핑의 스왑 비용이 매핑의 크기인 경우(모든 프로세스가 매핑을 공유하기 때문에)

읽기 전용 비공개 매핑에 스왑 공간을 점유할 필요가 없다. 매핑의 내용은 수정 불가능하기에 스왑 공간을 사용할 필요가 없기 때문이다. 스왑 공간은 공유 파일 매핑에서도 필요하지 않다. 여기서 매핑 파일 자체가 매핑의 스왑 공간 역할을 수행하기 때문이다.

자식 프로세스가 fork()로 매핑을 상속받았을 때 매핑의 MAP_NORESERVE 설정도 상속된다. MAP_NORESERVE 플래그는 SUSv3에 명시되어 있지 않지만, 다른 몇 가지 유닉스 구현에서 이를 지원한다.

 이 절에서는 시스템 RAM과 스왑 공간의 한도 때문에 어떻게 프로세스의 주소 공간을 증가시키는 mmap() 호출이 실패하는지 살펴봤다. 프로세스마다 있는 RLIMIT_AS 자원 한도값(Vol. 1의 31.3절에서 설명한)에 도달하면 mmap() 호출은 또 실패한다. 이는 호출 프로세스의 주소 공간 크기의 최대 상한선이다.

OOM 킬러

앞에서는 늦은 스왑 점유를 사용하는 경우 응용 프로그램이 전체 매핑 영역을 사용하려고 접근을 시도할 때 메모리가 고갈되는 현상을 살펴봤다. 이런 경우 메모리 고갈 상태를 막으려고 커널이 프로세스를 종료시킨다.

메모리가 고갈된 경우에 종료시킬 프로세스를 선택하는 커널 코드는 보통 OOMout-of-memory 킬러라고 알려져 있다. OOM 킬러는 메모리 부족 상태를 막으려고 종료할 적합한 프로세스를 선택한다. 여기서 적합한 프로세스는 여러 가지 요소로 결정된다. 예를 들어, 더 많은 메모리를 사용하는 프로세스는 OOM 킬러가 종료시킬 후보가 될 확률이 높다. 프로세스가 선택될 가능성을 높이는 또 다른 요소는 많은 자식 프로세스를 생성하고 낮은 nice 값(즉 0보다 큰 값)을 갖는 것이다. 커널은 다음과 같은 프로세스를 죽이는 것을 선호하지 않는다.

- 중요한 작업을 수행하고 있기 때문에 프로세스가 특권을 갖고 있는 경우
- 프로세스가 낮은 레벨의 디바이스에 접근한 때 프로세스를 죽이면 디바이스가 사용 불가능 상태에 빠질 수 있는 경우

- 프로세스가 오랜 시간 동작하고 있거나 많은 양의 CPU를 사용하고 있는 경우. 이를 종료시키면 그 결과 많은 양의 작업 손실을 야기할 수 있기 때문에

선택된 프로세스를 종료시키려고 OOM 킬러는 SIGKILL 시그널을 전송한다.

/proc/*PID*/oom_score는 리눅스 고유의 파일로 커널 2.6.11부터 사용할 수 있고 OOM 킬러를 동작시킬 필요가 있을 때 커널이 프로세스에 매기고 있는 가중치를 보여준다. 이 파일에서 큰 값은 프로세스를 종료할 필요가 있는 경우에 OOM 킬러에게 선택될 확률이 높다는 의미다. /proc/*PID*/oom_adj는 리눅스 고유의 파일로 커널 2.6.11부터 사용이 가능하고 프로세스의 oom_score를 조절할 때 사용한다. 이 파일은 -16에서 +15 사이의 어떤 값도 가질 수 있고 음수값은 oom_score 값을 낮추고 양수값은 이를 높인다. -17은 특별 값으로 OOM 킬러가 선택한 후보 프로세스 모두를 한꺼번에 종료시킨다. 더 자세한 내용은 proc(5) 매뉴얼 페이지를 참조하기 바란다.

12.10 MAP_FIXED 플래그

mmap()의 flags 인자에 MAP_FIXED를 지정하면 커널이 addr에 나온 주소를 힌트로 사용하는 것이 아니라 정확한 해석을 강요하는 것이다. MAP_FIXED가 지정되어 있으면 addr은 반드시 페이지 정렬돼야 한다.

보통 이식성 있는 응용 프로그램은 MAP_FIXED를 생략하고 addr을 NULL로 지정해 사용한다. 이는 시스템에서 매핑할 위치를 선택할 수 있게 한다. 이는 shmat()을 사용해 시스템 V 메모리 세그먼트를 붙일 때 왜 shmaddr을 NULL로 정의하는 방식을 선호하는지 11.3절에서 설명했던 것과 동일한 이유 때문이다.

그러나 한 가지 상황에서 이식성 있는 응용 프로그램도 MAP_FIXED를 사용한다. mmap()을 호출할 때 MAP_FIXED가 지정됐고 메모리 영역은 addr에서 시작하고 length 바이트 영역에서 특정 이전 매핑 페이지와 중첩된다면 중첩되는 페이지는 새로운 매핑으로 대체된다. 이런 특징을 사용해 간편하게 파일(1개나 여러 개)의 여러 부분을 다음과 같이 연속적이 메모리 영역에 매핑한다.

1. 익명 매핑을 만들려고 mmap()을 사용한다(12.7절). mmap() 호출에서 addr을 NULL로 설정하고 MAP_FIXED 플래그를 설정하지 않았다. 이는 커널이 매핑 주소를 결정하게 한다.

2. 이전 절차에서 생성한 매핑의 여러 부분에 MAP_FIXED를 지정한 일련의 mmap() 호출로 파일 영역을 매핑(중첩되게)한다.

첫 번째 절차를 생략할 수 있지만 그렇게 하면 두 가지 절차를 모두 수행하는 경우보다 이식성이 떨어진다. 그리고 일련의 mmap() MAP_FIXED 오퍼레이션으로 응용 프로그램이 선택한 주소 영역에 연속적인 매핑 집합을 생성한다. 위에서도 언급했듯이 이식성 있는 응용 프로그램은 고정된 주소에 새로운 매핑을 생성하려는 시도를 피해야 한다. 처음 절차는 이식성 문제를 해결하려고 커널이 연속적인 주소 공간을 선택하게 하고 새로운 매핑을 그 주소 영역 안에서 생성한 것이다.

리눅스 2.6부터 다음 절에서 설명할 remap_file_pages() 시스템 호출을 사용해 동일한 효과를 얻을 수 있다. 그러나 remap_file_pages()는 리눅스에 특화된 것이라 MAP_FIXED를 사용하는 편이 더 이식성이 있다.

12.11 비선형 매핑: remap_file_pages()

mmap()으로 생성하는 파일 매핑은 선형이다. 이는 순차적이기 때문에 매핑된 파일의 페이지와 메모리 영역의 페이지가 일대일로 대응된다. 대부분의 응용 프로그램에서 선형 매핑이면 충분하다. 그러나 어떤 응용 프로그램의 경우 파일의 페이지가 연속적인 메모리 안에 다른 순서로 매칭되는 많은 수의 비선형 매핑을 할당할 필요가 있다. 그림 12-5는 이 비선형 매핑의 예다.

앞에서 MAP_FIXED 플래그로 mmap()을 여러 번 호출해 비선형 매핑을 만드는 한 가지 방법을 살펴봤다. 그러나 이 접근 방식은 확장성이 좋지 않다. 문제는 각 mmap() 호출마다 커널 가상 메모리 영역VMA, virtual memory area 데이터 구조체를 만든다는 점이다. 각 VMA는 설정하는 데 시간이 필요하고 스왑 불가능한 커널 메모리를 사용한다. 그리고 많은 수의 VMA는 가상 메모리 관리자의 성능을 저하시킬 수 있다. 특히 수만 개의 VMA가 동작할 때 각 페이지 오류를 처리하는 데 걸리는 시간은 기하급수적으로 늘어난다(이는 몇 가지 대용량 데이터베이스 관리 시스템이 여러 다른 뷰를 데이터 베이스 파일로 관리할 때 생기는 문제다).

 /proc/*PID*/maps 파일(11.5절)의 각 라인은 하나의 VMA를 나타낸다.

커널 2.6 상위 버전에서 remap_file_pages() 시스템 호출을 제공해 다중 VMA를 생성하지 않고 비선형 매핑을 만드는 방법을 제공한다. 이는 다음과 같다.

1. mmap()으로 매핑을 생성한다.

2. 하나 혹은 그 이상의 remap_file_pages() 호출을 사용해 메모리의 페이지와 파일의 페이지 사이에 해당 영역을 재배열한다(remap_file_pages()에서 수행하는 작업은 프로세스 페이지 테이블을 사용하는 것이 전부다).

 remap_file_pages()를 사용해 같은 파일의 페이지를 매핑된 영역 안의 여러 장소에 매핑시킬 수 있다.

```
#define _GNU_SOURCE
#include <sys/mman.h>

int remap_file_pages(void *addr, size_t size, int prot, size_t pgoff,
                     int flags);
```
                                성공하면 0을 리턴하고, 에러가 발생하면 −1을 리턴한다.

pgoff와 size 인자는 메모리 위치가 변경될 파일 영역을 식별한다. pgoff 인자는 시스템 페이지 크기 단위(sysconf(_SC_PAGESIZE)가 리턴하는)로 파일 영역 시작을 가리킨다. size 인자는 파일 영역의 길이를 바이트 단위로 지정한 것이다. addr 인자는 다음 두 가지 목적으로 제공된다.

- 현존하는 재배열하고자 하는 페이지의 매핑을 식별한다. 다시 말해, addr은 반드시 이전 mmap() 호출로 매핑된 주소 영역 안의 주소여야 한다.
- pgoff와 size로 식별되는 파일 페이지가 위치할 메모리 주소를 지정한다.

addr과 size 모두 반드시 시스템 페이지 크기의 배수로 지정돼야 한다. 그렇지 않으면 가까운 페이지 크기로 내림하게 된다.

다음 mmap() 호출로 fd 디스크립터가 참조하는 파일을 열어 3개의 페이지를 매핑한다. 그리고 이 호출은 0x4001a000을 리턴해 이를 addr에 할당한다.

```
ps = sysconf(_SC_PAGESIZE);  /* 시스템 페이지 크기를 얻어온다. */
addr = mmap(0, 3 * ps, PROT_READ | PROT_WRITE, MAP_SHARED, fd, 0);
```

다음 호출로 그림 12-5의 비선형 매핑을 생성한다.

```
remap_file_pages(addr, ps, 0, 2, 0);
                    /* 파일의 페이지 2를 메모리 페이지 0에 매핑 */
remap_file_pages(addr + 2 * ps, ps, 0, 0, 0);
                    /* 파일의 페이지 0을 메모리 페이지 2에 매핑 */
```

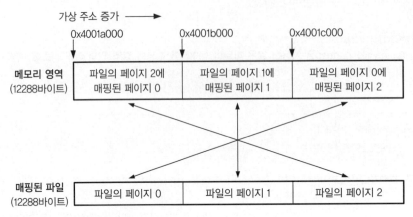

그림 12-5 비선형 파일 매핑

`remap_file_pages()`에 아직 설명하지 않은 2개의 인자가 있다.

* `prot` 인자는 무시되며 반드시 0으로 설정해야 한다. 향후 이 인자를 사용해 `remap_file_pages()`가 영향을 주는 메모리 영약의 모호 모드를 변경할 수 있을 것이다. 현재 구현에서는 전체 VMA 보호 모드와 같게 설정된다.

 가상 기계(virtual machine)와 가비지 콜렉터(garbage collector)는 다중 VMA을 사용하는 다른 응용 프로그램이다. 이 중 일부는 개별 페이지에 쓰기 보호 모드를 설정할 필요가 있다. remap_file_pages()가 VMA 안의 개별 페이지를 수정할 수 있게 권한을 허가할 수 있지만 아직 이 기능은 구현되지 않았다.

* `flags` 인자는 현재 사용하지 않는다.

현재까지의 구현에서 `remap_file_pages()`는 공유(MAP_SHARED) 매핑만 적용할 수 있다.

`remap_file_pages()` 시스템 호출은 리눅스에만 정의된 것이다. SUSv3는 이를 명시하고 있지 않고, 그 밖의 유닉스 구현에서는 사용이 불가능하다.

12.12 정리

mmap() 시스템 호출은 호출 프로세스의 가상 주소 공간에 새로운 메모리 매핑을 생성한다. munmap() 시스템 호출은 반대의 오퍼레이션을 수행하고 프로세스 주소 공간에서 매핑을 제거한다.

매핑은 파일 기반이나 익명 두 가지 형식 중 하나다. 파일 매핑은 파일 영역의 내용을 프로세스의 가상 주소 공간에 매핑하는 것이다. 익명 매핑은(MAP_ANONYMOUS 플래그를 사용하거나 /dev/zero를 매핑해 생성한다) 해당 파일 영역이 없다. 매핑된 영역의 바이트는 0으로 초기화된다.

매핑은 비공개(MAP_PRIVATE)나 공유(MAP_SHARED) 중 하나가 될 수 있다. 이런 차이는 공유 메모리에 변경된 내용을 볼 수 있는지를 결정한다. 그리고 파일 매핑의 경우 이는 매핑 내용의 변경사항을 원본 파일에 반영할지 여부를 결정한다. 프로세스가 파일을 MAP_PRIVATE 플래그로 매핑했을 때 어떤 변경사항도 다른 프로세스에서 볼 수 없고 매핑된 파일에 반영되지도 않는다. MAP_SHARED 파일 매핑은 반대의 경우로, 변경사항이 발생하면 다른 프로세스에서 볼 수 있고 매핑된 파일에 반영된다.

커널이 자동으로 MAP_SHARED 매핑의 변경사항을 원본 파일에 반영한다고 하지만 언제 이것이 완료되는지는 보장하지 않는다. 응용 프로그램은 msync() 시스템 호출을 사용해 명시적으로 언제 매핑의 내용을 매핑된 파일에 반영할지 조정할 수 있다.

메모리 매핑은 다음 사항을 포함해 다양하게 사용할 수 있다.

- 프로세스 비공개 메모리 할당(비공개 익명 매핑)
- 프로세스의 데이터 세그먼트 초기화와 텍스트 내용 초기화(비공개 파일 매핑)
- 연관된 프로세스 간에 fork()로 메모리 공유(공유 익명 매핑)
- 선택적으로 관련된 프로세스 간에 메모리 공유를 겸한 메모리 맵 I/O 수행(공유 파일 매핑)

매핑 내용을 접근하면 두 가지 시그널이 발생할 수 있다. 매핑의 보호 모드를 위반한 접근 시도는(또는 현재 매핑되지 않은 주소 영역에 접근하려고 하면) SIGSEGV 시그널을 발생시킨다. 파일 기반 매핑에서 해당 영역의 파일이 존재하지 않으면(즉 원본 파일보다 큰 매핑 영역인 경우) SIGBUS 시그널을 발생시킨다.

스왑 공간 낭비는 시스템이 프로세스에 할당할 수 있는 실제 사용 가능한 RAM과 스왑 공간보다 많은 공간을 할당한다. 낭비는 보통 각 프로세스가 할당한 전체 영역을 사용하지 않기 때문에 발생할 수 있다. MAP_NORESERVE 플래그와 시스템 전반에 사용되는 /proc 파일을 기반으로 각 mmap()마다 낭비를 조정할 수 있다.

mremap() 시스템 호출은 현존하는 매핑의 크기를 조정할 수 있게 한다. remap_file_pages() 시스템 호출은 비선형 파일 매핑의 생성하게 한다.

더 읽을거리

리눅스상의 mmap() 구현에 관련된 정보는 [Bovet & Cesati, 2005]에서 찾을 수 있다. 기타 유닉스 시스템의 mmap() 구현 관련 정보는 [McKusick et al, 1996](BSD), [Goodheart & Cox, 1994](시스템 V 릴리스 4), [Vahalia, 1996](시스템 V 릴리스 4)에서 찾을 수 있다

12.13 연습문제

12-1. mmap()과 memcpy()를 사용해 소스 파일을 대상 파일에 복사하는 cp(1)과 유사한 프로그램을 작성하라(입력 파일의 크기를 얻으려면 fstat()를 사용해 얻고 이를 메모리 매핑에 필요한 크기로 사용할 수 있다. 그리고 ftruncate()는 출력 파일의 크기를 결정할 때 사용한다).

12-2. 리스트 11-2(307페이지의 svshm_xfr_writer.c)와 리스트 11-3(308페이지의 svshm_xfr_reader.c)의 시스템 V 공유 메모리를 대신해서 공유 메모리 매핑을 사용하도록 수정하라.

12-3. 12.4.3절에서 설명한 상황에서 SIGBUS와 SIGSEGV 시그널이 전송되는지 검증하는 프로그램을 작성하라.

12-4. 12.10절에서 설명한 MAP_FIXED 기술을 사용해 그림 12-5와 비슷한 비선형 매핑을 생성하는 프로그램을 작성하라.

13

가상 메모리 오퍼레이션

13장은 프로세스의 가상 주소 영역에서 오퍼레이션을 수행하는 다양한 시스템 호출을 보여준다.

- mprotect() 시스템 호출은 가상 메모리 영역의 보호 모드를 변경한다.
- mlock()과 mlockall() 시스템 호출은 물리 메모리 안의 가상 메모리 영역을 잠 가서 스왑되는 것을 방지한다.
- 프로세스는 mincore() 시스템 호출로 가상 메모리 영역 페이지가 물리 메모리 안에 상주하고 있는지 아닌지를 확인할 수 있다.
- 프로세스는 madvise() 시스템 호출을 사용해 앞으로 가상 메모리 영역을 어떻게 사용할 것인지 커널에 알려준다.

몇 가지 시스템 호출은 공유 메모리 영역(11, 12, 17장)을 사용하려면 별도의 방법이 필 요하지만, 여기서는 프로세스의 가상 메모리 전 영역에 걸쳐 적용할 수 있다.

이 장에서 설명하는 기술은 IPC에 기반한 내용이 아니다. 그러나 간혹 공유 메모리와 함께 사용되기 때문에 여기에서 이 부분을 설명하는 것이다.

13.1 메모리 보호 모드 변경: mprotect()

mprotect() 시스템 호출은 addr부터 length바이트만큼의 가상 메모리 페이지 영역의 보호 모드를 변경한다.

```
#include <sys/mman.h>

int mprotect(void *addr, size_t length, int prot);
                                  성공하면 0을 리턴하고, 에러가 발생하면 -1을 리턴한다.
```

addr 인자에 명시된 값은 반드시 시스템 페이지 크기(sysconf(SC_PAGESIZE)가 리턴하는 값과 같은)의 배수여야 한다(SUSv3는 addr이 반드시 페이지 정렬되어 있어야 한다고 명시한다. 하지만 SUSv4 구현에서는 이 인자에 페이지 정렬이 반드시 필요한 것은 아니다). 전체 페이지에 보호 모드가 적용되기 때문에 실제 length는 다음 시스템 페이지 크기 길이까지 올림된다.

prot 인자는 메모리 영역에 새로운 보호 모드를 설정하는 비트 마스크다. 이것은 PROT_NONE이나 반드시 하나 이상의 PROT_READ, PROT_WRITE, PROT_EXEC 조합을 OR로 결합해 지정한다. 이 값들은 mmap()에서 사용한 인자와 의미가 동일하다(327페이지의 표 12-2 참조).

프로세스가 보호된 메모리 영역으로의 비정상적인 접근을 시도하면 커널은 프로세스에 SIGSEGV 시그널을 발생시킨다.

mprotect()의 용도 중 하나는 리스트 13-1에서 나타낸 것처럼 mmap() 호출에서 초기화된 매핑된 메모리 영역의 보호 모드를 변경하는 것이다. 이 프로그램은 초기에 모든 접근이 거부되는(PROT_NONE) 익명 매핑을 만든다. 그리고 프로그램은 보호 영역의 모드를 읽기와 쓰기로 변경한다. 보호 모드의 변경 전후에 프로그램은 system() 함수를 호출해 매핑된 영역의 정보를 담고 있는 /proc/PID/maps 파일 정보를 한 라인 출력하는 셸 명령을 수행해 메모리 보호 모드의 변경을 확인할 수 있다(/proc/self/maps 파일에서 직접 매핑된 정보를 얻을 수도 있지만 짧은 프로그램 안에서의 결과를 보는 것이기 때문에 system() 함수를 호출해 사용한다). 이 프로그램을 실행하면 다음과 같은 결과를 볼 수 있다.

```
$ ./t_mprotect
Before mprotect()
b7cde000-b7dde000 ---s 00000000 00:04 18258    /dev/zero (deleted)
After mprotect()
b7cde000-b7dde000 rw-s 00000000 00:04 18258    /dev/zero (deleted)
```

마지막으로 출력된 라인을 보면 mprotect()가 PROT_READ | PROT_WRITE로 메모리 영역 권한을 변경했음을 알 수 있다(셸 출력 중 /dev/zero 뒤에 나타나는 (deleted) 문자열에 대한 설명은 11.5절을 참조하라).

리스트 13-1 mprotect()로 메모리 보호 모드 변경하기

```
                                                              vmem/t_mprotect.c
#define _BSD_SOURCE    /* <sys/mman.h>에서 MAP_ANONYMOUS 정의 가져오기 */
#include <sys/mman.h>
#include "tlpi_hdr.h"

#define LEN (1024 * 1024)

#define SHELL_FMT "cat /proc/%ld/maps | grep zero"
#define CMD_SIZE (sizeof(SHELL_FMT) + 20)
                        /* 정수 문자열에 추가 공간 할당 */
int
main(int argc, char *argv[])
{
    char cmd[CMD_SIZE];
    char *addr;

    /* 모든 접근을 불허하는 익명 매핑 만들기 */

    addr = mmap(NULL, LEN, PROT_NONE, MAP_SHARED | MAP_ANONYMOUS, -1, 0);
    if (addr == MAP_FAILED)
        errExit("mmap");

    /* 매핑에 해당하는 /proc/self/maps의 라인 출력하기 */

    printf("Before mprotect()\n");
    snprintf(cmd, CMD_SIZE, SHELL_FMT, (long) getpid());
    system(cmd);

    /* 메모리에 읽기, 쓰기 접근이 가능하게 보호 모드 변경하기 */

    if (mprotect(addr, LEN, PROT_READ | PROT_WRITE) == -1)
        errExit("mprotect");

    printf("After mprotect()\n");
```

```
    system(cmd);        /* /proc/self/maps로 보호 모드 살펴보기 */

    exit(EXIT_SUCCESS);
}
```

13.2 mlock()과 mlockall() 메모리 잠금

어떤 응용 프로그램의 경우 항상 물리 메모리 안에 상주함을 보장하도록 프로세스의 가상 메모리 일부나 전체를 잠그는 것이 유용할 때가 있다. 이렇게 하는 이유 중 하나는 성능을 개선하기 위해서다. 잠긴 페이지 접근은 절대 페이지 오류로 지연되지 않는다. 이것은 빠른 응답 시간을 확보해야 하는 응용 프로그램에서 유용하게 쓸 수 있다.

메모리 잠금을 사용하는 또 다른 이유는 바로 보안 때문이다. 민감한 데이터를 저장하고 있는 가상 메모리 페이지가 절대 스왑되지 않는다면 가상 메모리 페이지의 어떤 내용도 디스크에 복사될 수 없을 것이다. 페이지가 디스크에 기록됐다면 이론적으로는 나중에 디스크 디바이스에서 직접 읽을 수 있을 것이다(공격자가 의도적으로 많은 양의 메모리를 소모하는 프로그램을 실행한다면 다른 프로세스의 메모리가 강제적으로 디스크에 스왑될 수 있다). 프로세스가 종료된 경우라도 스왑 공간에서 정보를 읽을 수도 있다. 커널은 스왑 공간의 데이터를 삭제함을 보장하지 않기 때문이다(보통, 권한을 가진 프로세스만이 스왑 디바이스에서 읽기가 가능하다).

 일부 데스크탑 컴퓨터와 노트북의 대기 모드에서는 메모리가 잠겼는지에 관계없이 메모리를 디스크로 복사해 저장한다.

이 절에서는 프로세스의 가상 메모리 일부나 전부를 잠그거나 해제하는 시스템 호출을 살펴본다. 그러나 이에 앞서 먼저 메모리 잠금을 관장하는 자원 한도를 살펴보자.

RLIMIT_MEMLOCK 자원 한도

Vol. 1의 31.3절에서 프로세스가 메모리 잠금을 제한할 수 있는 한도를 정의한 RLIMIT_MEMLOCK 한도에 대해 간단하게 설명했다. 여기서 이 한도를 좀 더 자세히 살펴보자.

리눅스 커널 2.6.9 이전에는 특권 프로세스(CAP_IPC_LOCK)만이 메모리에 잠금을 설정할 수 있었고 RLIMIT_MEMLOCK 연성 자원 한도는 특권 프로세스가 잠글 수 있는 바이트의 수에 상한선을 설정하는 것이다.

리눅스 2.6.9 버전이 나오면서 비특권 프로세스도 적은 메모리에 한해 잠금을 설정할수 있게 메모리 잠금 모델이 변경됐다. 이는 적은 양의 민감한 데이터를 잠긴 메모리에저장할 필요가 있는 응용 프로그램에서 데이터가 디스크상의 스왑 영역에 절대 기록되지 않게 하려고 사용한다. gpg는 패스프레이즈pass phrases(암호화 복호화에 사용하는 패스워드보다 긴 문자열로 된 비밀번호)를 이와 같이 사용한다. 이런 변화의 결과는 다음과 같다.

- 특권 프로세스가 잠금을 설정할 수 있는 메모리 크기는 제한이 없다(즉 RLIMIT_ MEMLOCK을 무시한다).

- 비특권 프로세스도 RLIMIT_MEMLOCK에 정의된 연성 한도에 해당하는 크기의 메모리를 잠글 수 있다.

RLIMIT_MEMLOCK의 연성 한도와 경성 한도의 기본값은 모두 8페이지다(즉 x86-32에서32,768바이트).

RLIMIT_MEMLOCK 한도가 영향을 미치는 곳은 다음과 같다.

- mlock()과 mlockall()에 영향을 준다.

- 12.6절에 기술된 매핑된 메모리를 생성할 때 잠금을 설정하려고 사용하는 mmap() 함수의 MAP_LOCKED 플래그에 영향을 준다.

- 11.7절에 기술된 시스템 V 공유 메모리 세그먼트를 잠그려고 사용하는 shmctl() 함수의 SHM_LOCK 오퍼레이션에 영향을 준다.

가상 메모리는 페이지 단위로 관리되기 때문에 메모리의 잠금은 전체 페이지에 적용된다. 한도를 검사할 때 RLIMIT_MEMLOCK 한도값은 시스템 페이지 크기의 배수에 가장근접한 값으로 내림된다.

이 자원 한도는 단일(연성) 값을 갖고 있지만, 실제로 적용할 때는 2개의 다른 값으로정의한다.

- mlock(), mlockall(), mmap() 함수의 MAP_LOCKED 오퍼레이션에서 RLIMIT_ MEMLOCK은 각 프로세스마다 프로세스가 잠글 수 있는 가상 주소 공간의 한도값을 정의한다.

- shmctl() 함수의 SHM_LOCK 오퍼레이션에서 RLIMIT_MEMLOCK은 각 사용자마다 해당 프로세스의 실제 사용자 ID가 잠글 수 있는 공유 메모리 세그먼트 바이트수의 한도를 정의한다. 프로세스가 shmctl()의 SHM_LOCK 오퍼레이션을 수행할때 커널은 호출 프로세스의 실제 사용자 ID가 잠가서 이미 기록하고 있는 시스템

V 공유 메모리의 크기를 검사한다. 잠길 세그먼트의 크기가 프로세스의 RLIMIT_ MEMLOCK 제한 범위를 초과하지 않는다면 프로세스 실행은 성공한다.

RLIMIT_MEMLOCK이 시스템 V 공유 메모리에서 의미가 다른 이유는, 어떤 프로세스든 공유 메모리 세그먼트를 붙이지 않았더라도 이는 계속 존재할 수 있기 때문이다(공유 메모리 세그먼트는 명시적인 shmctl() IPC_RMID 오퍼레이션을 수행하고 모든 프로세스가 이를 자신의 주소 공간에서 분리했을 때 제거된다).

메모리 영역의 잠금과 해제

프로세스는 mlock()과 munlock()을 사용해 메모리를 잠그거나 해제할 수 있다.

```
#include <sys/mman.h>

int mlock(void *addr, size_t length);
int munlock(void *addr, size_t length);
```
성공하면 0을 리턴하고, 에러가 발생하면 -1을 리턴한다.

mlock() 시스템 호출은 바이트 단위로 구성된 addr부터 length 길이까지 호출 프로세스의 가상 주소 영역의 모든 페이지를 잠근다. 메모리와 연관된 다른 시스템 호출에서 사용하는 인자와 달리 addr 인자는 페이지 정렬을 필요로 하지 않는다. 커널은 주어진 addr부터 다음 페이지의 시작 전까지 페이지를 잠근다. 그러나 SUSv3는 선별적으로 addr이 시스템 페이지 크기의 배수 요구사항을 만족하는지 구현에서 확인하도록 허용한다. 그래서 이식성 있는 응용 프로그램은 mlock()과 munlock()을 호출할 때 이를 만족하는지 확인해야만 한다.

잠금은 전체 페이지 단위로 수행되기 때문에 잠금 영역의 마지막 주소는 길이와 시작 주소를 더한 것보다 더 큰 다음 페이지 영역까지 포함한다. 예를 들어 4096바이트 페이지를 가진 시스템에서 mlock(2000, 4000)을 호출하면 0바이트부터 8191바이트에 걸쳐 잠길 것이다.

 현재 얼마나 많은 프로세스의 메모리가 잠겨 있는지는 /proc/*PID*/status라는 리눅스 고유 파일의 VmLck으로 확인할 수 있다.

mlock() 시스템 호출이 성공한 후 명시된 범위 안의 모든 페이지는 잠금이 보장되며 물리 메모리 안에 상주하게 된다. 요청된 모든 페이지를 잠글 물리 메모리가 충분하지 않거나 RLIMIT_MEMLOCK 연성 한도를 넘는 범위의 요청이 들어올 경우 mlock() 시스템 호출은 실패할 것이다.

리스트 13-2에서 mlock() 시스템 호출의 사용 예를 살펴본다.

munlock() 시스템 호출은 호출 프로세스가 설정한 메모리 잠금을 해제해 mlock()과 반대 기능을 수행한다. 여기서 addr과 length 인자는 mlock()과 같은 방법으로 해석된다. 페이지 집합의 잠금 해제는 페이지들이 메모리에 상주하지 않도록 보장하지 않는다. 페이지는 다른 프로세스의 메모리 요청이 있는 경우에만 RAM에서 제거된다.

munlock()의 명시적인 사용을 제외하고 메모리는 다음과 같은 상황에서 자동적으로 제거된다.

- 프로세스가 종료될 때
- 잠긴 페이지가 munmap() 시스템 함수로 매핑되지 않은 경우
- 잠긴 페이지가 mmap() 시스템 함수의 MAP_FIXED 플래그를 사용해 덮어 씌워진 경우

메모리 잠금의 세부적인 내용

여기서는 메모리 잠금의 세부적인 내용을 살펴볼 것이다.

메모리 잠금은 fork()로 생성되는 자식 프로세스에서 상속되지 않으며, exec() 호출로도 메모리 잠금은 유지되지 않는다.

페이지 집합을 공유하는 다중 프로세스에서는(예: MAP_SHARED 매핑) 적어도 하나 이상의 프로세스가 페이지상에 메모리를 잠금 상태로 유지하면 이 페이지의 메모리는 모두 잠금 상태로 남아 있게 된다.

메모리 잠금은 하나의 프로세스에만 적용되는 것은 아니다. 프로세스가 어떤 가상 주소 범위 내에서 mlock()을 계속적으로 호출한다고 해도 단지 한 번의 잠금만 설정되고 이 잠금은 단 한 번의 munlock() 호출로 해제될 수 있다. 이와 반대로 하나의 프로세스 안의 같은 페이지 집합(즉 같은 파일에 대해)을 다른 지역에 매핑하려고 mmap()을 사용해 매핑된 페이지마다 각각 잠금을 설정한다면 페이지들은 모든 매핑이 잠금 해제될 때까지 RAM에 계속 상주할 것이다.

메모리 잠금이 페이지 단위로 수행되고 보호될 수 없다는 사실은 독립적으로 mlock()과 munlock() 호출을 같은 가상 페이지 공간상의 다른 데이터 구조에 적용하는 것이 논리적으로 일치하지 않는다는 의미다. 예를 들어 같은 가상 메모리 페이지 안에 포인터 p1과 p2가 가리키는 각기 다른 2개의 데이터 구조를 갖고 있다고 가정하고 다음처럼 호출해보자.

```
mlock(*p1, len1);
mlock(*p2, len2);              /* 사실 아무런 영향도 없다. */
munlock(*p1, len1);
```

위의 모든 호출은 성공하지만 마지막 호출에서 전체 페이지는 모두 잠금 해제된다. 이는 메모리상에 p2 포인터가 가리키고 있는 데이터 구조가 잠기지 않았음을 의미한다.

이런 mlock()과 mlockall()은 shmctl()의 SHM_LOCK 오퍼레이션(11.7절)과 다음과 같은 차이가 있다는 사실을 알아두자.

- SHM_LOCK 수행 후에 연속적인 참조 오류가 발생하는 경우 메모리상의 특정 페이지가 잠긴다. 반대로 mlock()와 mlockall() 오류는 호출이 리턴되기 전에 메모리상의 모든 페이지를 잠근다.
- SHM_LOCK 오퍼레이션은 프로세스 자체가 아닌 공유 메모리 세그먼트에 속성을 설정한다(이런 이유로 /proc/*PID*/status의 VmLck 필드는 SHM_LOCK을 사용해 잠긴 시스템 V 공유 메모리 세그먼트의 크기를 갖고 있지 않다). 일단 메모리상에 오류가 발생하면 모든 프로세스가 공유 메모리로부터 분리되더라도 페이지는 여전히 메모리에 남아 있다. 반대로 mlock()(또는 mlockall())을 사용해 메모리에 잠금 설정한 영역은 적어도 하나의 프로세스가 해당 영역에 잠금 설정을 유지하고 있다면 계속 잠금 상태로 남아 있는다.

모든 프로세스 메모리의 잠금과 해제

프로세스는 mlockall()과 munlockall()로 프로세스의 모든 메모리를 잠그거나 해제할 수 있다.

```
#include <sys/mman.h>

int mlockall(int flags);
int munlockall(void);
```
                    모두 성공하면 0을 리턴하고, 에러가 발생하면 -1을 리턴한다.

mlockall() 시스템 호출은 프로세스의 가상 주소 공간에 현재 매핑되어 있는 모든 페이지나 앞으로 매핑되어 사용할 모든 페이지, 혹은 앞의 두 가지 경우 모두를 비트 마스크 flags에 다음 상수 중 하나 이상을 OR(|)로 연결해 지정할 수 있다.

- MCL_CURRENT: 프로세스의 가상 주소 공간에 현재 매핑된 모든 페이지에 대해 잠금을 설정한다. 이 값은 텍스트, 데이터 세그먼트, 메모리 매핑, 스택 같은 현재 프로그램에 할당된 모든 페이지를 포함한다. MCL_CURRENT 플래그 지정이 성공하면 호출 프로세스의 모든 페이지가 메모리에 상주함을 보장한다. 이 플래그는 프로세스의 가상 주소 공간에서 후에 할당되는 페이지에는 영향을 미치지 않는다. 이 경우에는 MCL_FUTURE 플래그를 사용해야 한다.

- MCL_FUTURE: 프로세스 가상 주소 공간에 매핑된 후에 모든 페이지 잠금 설정하는 것이다. 예를 들어 이런 페이지는 mmap()이나 shmat()으로 매핑되어 공유 메모리 영역의 일부가 되거나 위쪽으로 증가하는 힙이나 아래쪽으로 증가하는 스택의 일부분이 될 수 있다. MCL_FUTURE 플래그를 지정하면 시스템이 프로세스 램의 범위를 넘어 초과 할당하거나 RLIMIT_MEMLOCK 연성 자원 한도가 발생하면 이후 메모리 할당 작업(예: mmap(), sbrk(), malloc())은 실패할 것이며 스택의 증가는 SIGSEGV 시그널을 발생시킬 것이다.

mlock()에서 만들어진 제약 조건, 생명주기, 메모리 잠금 상속 등의 규칙이 mlockall()에서도 동일하게 적용된다.

munlockall() 시스템 호출은 호출 프로세스의 모든 페이지의 잠금을 해제하며, 이전에 mlockall(MCL_FUTURE)로 설정된 것도 복구할 수 있다. munlock()을 사용하면 잠금 해제된 페이지가 RAM에서 제거됨을 보장하지는 않는다.

 리눅스 2.6.9 이전에는 munlockall()을 호출할 때 특권(CAP_IPC_LOCK)이 요구됐다(일관적이지 않지만 munlock()을 호출할 때는 이 특권을 요구하지 않는다). 리눅스 2.6.9부터는 더 이상 이 특권이 필요하지 않다.

13.3 메모리 상주 결정하기: mincore()

mincore() 시스템 호출은 메모리 잠금 시스템 호출을 보완할 때 사용한다. mincore()는 가상 주소 범위의 페이지가 현재 RAM에 상주하고 있는지, 그래서 참조할 때 페이지 오류를 발생시키지 않는지를 감시한다.

SUSv3에는 mincore()가 명시되어 있지 않다. 전부는 아니지만 대부분의 유닉스 구현에서 mincore()를 사용할 수 있는데, 리눅스의 경우 커널 2.4부터 사용이 가능하다.

```
#define _BSD_SOURCE                    /* #define _SVID_SOURCE로 정의해도 된다. */
#include <sys/mman.h>

int mincore(void *addr, size_t length, unsigned char *vec);
                              성공하면 0을 리턴하고, 에러가 발생하면 -1을 리턴한다.
```

mincore() 시스템 호출은 addr부터 length바이트의 가상 주소 범위의 페이지에 대한 메모리 상주 정보를 리턴한다. addr 인자의 주소는 전체 페이지의 정보를 리턴하기 때문에 반드시 페이지 정렬이 되어 있어야 하고, length 인자는 시스템 페이지 크기의 다음 배수까지 올림돼야 한다.

메모리 상주 정보는 vec로 리턴되고 반드시 (length + PAGE_SIZE - 1) / PAGE_SIZE바이트 배열이어야 한다(리눅스 시스템에서 vec는 unsigned char* 형이다. 하지만 다른 일부 유닉스 시스템에서는 vec가 char* 형이다). 일치하는 페이지가 메모리에 상주하고 있다면 각 바이트의 최하위 비트를 설정한다. 일부 유닉스 구현에서 다른 비트 설정은 정의되지 않았으므로, 이식성 있는 응용 프로그램은 오직 최하위 비트로만 테스트를 수행해야 한다.

mincore()에서 리턴하는 정보는 mincore() 호출이 일어난 시점부터 vec의 값을 확인하기 전까지 변경할 수 있다. 메모리 상주가 보장되는 페이지는 mlock()과 mlockall()로 잠긴 것이다.

 리눅스 2.6.21 이전에서는 mincore()가 MAP_PRIVATE 매핑이나 비선형 매핑(remap_file_pages() 사용 시 발생되는)의 정확한 메모리 상주 정보를 제공하지 않는 등의 다양한 구현 문제가 있다.

리스트 13-2는 mlock()과 mincore()의 사용 예다. mmap()을 사용해 메모리를 매핑하고 할당한 후 프로그램은 페이지 전체나 일정 간격의 다른 페이지 그룹을 잠그려고 mlock()을 사용한다(프로그램을 실행할 때 사용하는 명령행 인자는 페이지 단위로 기술된다. 프로그램은 이 인자를 mmap(), mlock(), mincore()가 원하는 형태인 바이트로 변환한다). mlock() 호출 전후로 프로그램은 mincore()를 사용해 해당 영역의 페이지에 대한 메모리 상주 정보를 검색하고 상세한 정보를 출력한다.

리스트 13-2 mlock()과 mincore()의 사용 예

```
                                                                      vmem/memlock.c
#define _BSD_SOURCE    /* mincore()와 MAP_ANONYMOUS
                              선언을 <sys/mman.h>에서 가져온다. */
#include <sys/mman.h>
#include "tlpi_hdr.h"

/* 영역 안에 페이지 상주 정보 출력 [addr .. (addr + length - 1)] */

static void
displayMincore(char *addr, size_t length)
{
    unsigned char *vec;
    long pageSize, numPages, j;

    pageSize = sysconf(_SC_PAGESIZE);

    numPages = (length + pageSize - 1) / pageSize;
    vec = malloc(numPages);
    if (vec == NULL)
        errExit("malloc");

    if (mincore(addr, length, vec) == -1)
        errExit("mincore");

    for (j = 0; j < numPages; j++) {
        if (j % 64 == 0)
            printf("%s%10p: ", (j == 0) ? "" : "\n", addr + (j * pageSize));
        printf("%c", (vec[j] & 1) ? '*' : '.');
    }
    printf("\n");

    free(vec);
}

int
main(int argc, char *argv[])
{
    char *addr;
    size_t len, lockLen;
    long pageSize, stepSize, j;

    if (argc != 4 || strcmp(argv[1], "--help") == 0)
        usageErr("%s num-pages lock-page-step lock-page-len\n", argv[0]);
    pageSize = sysconf(_SC_PAGESIZE);
    if (pageSize == -1)
        errExit("sysconf(_SC_PAGESIZE)");
```

```
    len =        getInt(argv[1], GN_GT_0, "num-pages") * pageSize;
    stepSize = getInt(argv[2], GN_GT_0, "lock-page-step") * pageSize;
    lockLen = getInt(argv[3], GN_GT_0, "lock-page-len") * pageSize;

    addr = mmap(NULL, len, PROT_READ, MAP_SHARED | MAP_ANONYMOUS, -1, 0);
    if (addr == MAP_FAILED)
        errExit("mmap");

    printf("Allocated %ld (%#lx) bytes starting at %p\n",
            (long) len, (unsigned long) len, addr);

    printf("Before mlock:\n");
    displayMincore(addr, len);

    /* 메모리상에 명령행 인자에서 지정한 페이지 잠금 */

    for (j = 0; j + lockLen <= len; j += stepSize)
        if (mlock(addr + j, lockLen) == -1)
            errExit("mlock");

    printf("After mlock:\n");
    displayMincore(addr, len);

    exit(EXIT_SUCCESS);
}
```

다음 셸은 리스트 13-2의 프로그램 실행 화면을 보여준다. 예제는 32개 페이지를 할당하고 8개 페이지마다 그룹화하고 연속적인 3개의 페이지를 잠근다.

```
$ su                                          (권한 획득을 가정)
Password:
# ./memlock 32 8 3
Allocated 131072 (0x20000) bytes starting at 0x4014a000
Before mlock:
0x4014a000: ................................
After mlock:
0x4014a000: ***.....***.....***.....***.....
```

프로그램 출력에서 점은 메모리에 상주하지 않는 페이지를 나타내고, 별표는 메모리에 상주하고 있는 페이지를 나타낸다. 출력의 마지막 라인에서 8개 페이지 그룹마다 3개 페이지가 메모리에 상주함을 알 수 있다.

이 예에서 프로그램이 mlock()을 실행할 수 있게 슈퍼유저 권한을 갖고 있다고 가정했다. 하지만 리눅스 2.6.9부터는 잠글 메모리의 양이 RLIMIT_MEMLOCK 연성 한도 이내라면 슈퍼유저 권한은 필요하지 않다.

13.4 미래의 메모리 사용 패턴: madvise()

madvise() 시스템 호출은 호출 프로세스의 addr부터 length바이트의 예상 페이지 사용 정보를 커널에 제공함으로써 응용 프로그램의 성능을 향상시킬 때 사용한다. 커널은 페이지의 근간이 되는 파일 매핑상의 I/O 성능을 개선하는 데 이 정보를 사용할 수 있다(12.4절의 파일 매핑 정보를 참조하라). 리눅스에서 madvise()는 커널 2.4부터 사용 가능하다.

```
#define _BSD_SOURCE
#include <sys/mman.h>

int madvise(void *addr, size_t length, int advice);
```
성공하면 0을 리턴하고, 에러가 발생하면 −1을 리턴한다.

addr 인자의 값은 반드시 페이지 정렬이 되어 있어야 하고, length 인자는 다음 시스템 페이지 크기로 적절히 올림돼야 한다. advice 인자는 다음 중 하나다.

- MADV_NORMAL: 이 상수는 기본 동작으로 사용된다. 페이지는 클러스터에 전송된다(시스템 페이지 크기의 최소 배수만큼). 그래서 이는 어떤 경우 미리 읽고 나중에 읽을 수도 있다.

- MADV_RANDOM: 이 영역의 페이지는 랜덤하게 접근하기 때문에 미리 읽기read-ahead는 어떠한 효과도 없다. 그래서 커널은 읽을 때마다 가장 최소량의 데이터를 얻어올 것이다.

- MADV_SEQUENTIAL: 이 영역의 페이지는 순차적으로 한 번씩 접근될 것이다. 그래서 커널은 적극적으로 미리 읽기가 수행하고 페이지는 접근 후에 바로 해제가 가능하다.

- MADV_WILLNEED: 앞으로 접근할 것에 대비해 이 영역의 페이지를 미리 읽을 수 있다. MADV_WILLNEED 오퍼레이션은 리눅스 고유의 readahead() 시스템 호출과 posix_fadvise()의 POSIX_FADV_WILLNEED 오퍼레이션과 효과가 비슷하다.

- MADV_DONTNEED: 호출 프로세스는 이 영역의 페이지가 메모리에 상주할 필요가 없음을 의미한다. 이 플래그의 정확한 효과는 유닉스 구현에 따라 다르다. 우선 리눅스에서의 동작을 살펴보자. MAP_PRIVATE에서 매핑된 페이지는 확실히 폐기되며, 이는 페이지에 수정된 부분을 버린다는 뜻이다. 가상 메모리 주소 범위는 여전히 접근 가능한 상태이나 각 페이지의 다음번 접근은 페이지 오류를 발생시켜 매핑된 파일의 내용을 다시 초기화하거나 익명 매핑의 경우에는 0으로 다시 초기화한다. 이는 MAP_PRIVATE 영역에 있는 내용을 명시적으로 다시 초기화하는 수단으로 사용될 수 있다. 커널은 구조에 따라 어떤 상황에서는 MAP_SHARED 영역의 수정된 페이지를 버릴 것이다(x86에서는 발생하지 않는다). 몇 가지 다른 유닉스에서는 리눅스와 동일한 방법으로 동작한다. 그러나 일부 유닉스에서 MADV_DONTNEED는 필요할 경우 단순히 지정된 페이지가 스왑될 수 있는지를 커널에 알려주는 용도로 쓰인다. 이식성 있는 응용 프로그램을 만들려면 리눅스가 MADV_DONTNEED를 파괴적인 의미로 사용하는 것을 방치하면 안 된다.

 리눅스 2.6.16에는 세 가지 비표준 advice 값(MADV_DONTFORK, MADV_DOFORK, MADV_REMOVE)이 추가됐다. 리눅스 2.6.32와 2.6.33에는 4개의 비표준 advice 값(MADV_HWPOISON, MADV_SOFT_OFFLINE, MADV_MERGEABLE, MADV_UNMERGEABLE)이 추가됐다. 이 값들은 특별한 경우에 사용되며 매뉴얼 페이지의 madvise(2)에 상세히 기술되어 있다.

대부분의 유닉스 구현은 위에 기술한 advice 상수를 허용하는 madvise() 버전을 제공한다. 그러나 SUSv3는 이 API를 advice 상수와 동일한 POSIX_ 접두어를 가진 posix_madvise()라는 이름으로 표준화했다. 그래서 이런 상수값은 POSIX_MADV_NORMAL, POSIX_MADV_RANDOM, POSIX_MADV_SEQUENTIAL, POSIX_MADV_WILLNEED, POSIX_MADV_DONTNEED다. 이 대체 인터페이스는 glibc에 madvise() 호출로 구현되어 있고(버전 2.2부터), 모든 유닉스에서 구현된 것은 아니다.

 SUSv3에서는 posix_madvise()가 프로그램의 의도에 영향을 미치지 않는다. 그러나 glibc 2.7 이전에서 POSIX_MADV_DONTNEED 오퍼레이션은 전에 기술된 것처럼 프로그램의 의도에 영향을 미치는 madvise() MADV_DONTNEED를 사용해 구현됐다. glibc 2.7부터 posix_madvise() 래퍼는 POSIX_MADV_DONTNEED가 아무 작업도 하지 않도록 하여 프로그램의 의도에 영향을 미치지 않는다.

13.5 정리

13장에서는 프로세스의 가상 메모리에서 수행될 수 있는 다양한 오퍼레이션을 살펴봤다.

- mprotect() 시스템 호출은 가상 메모리 영역의 보호 모드를 변경한다.
- mlock()과 mlockall() 시스템 호출은 물리 메모리 안에서 개별적으로 프로세스의 가상 주소 공간의 부분이나 전체를 잠근다.
- mincore() 시스템 호출은 가상 메모리의 페이지가 현재 물리 메모리 안에 상주하는지를 알려준다.
- madvise() 시스템 호출과 posix_madvise() 함수를 사용하면 프로세스에서 앞으로 예상되는 메모리 사용 패턴을 프로세스가 커널에게 알려줄 수 있다.

13.6 연습문제

13-1. 한도값을 설정하는 프로그램을 작성하고 한도값보다 더 넓은 영역의 메모리를 잠가봄으로써 RLIMIT_MEMLOCK 자원 한도의 효과를 검증하자.

13-2. 쓰기 가능한 MAP_PRIVATE 매핑에 madvise()의 MADV_DONTNEED 오퍼레이션 수행을 확인하는 프로그램을 작성하라.

14

POSIX IPC 소개

POSIX.1b 실시간 확장은 8장과 11장에 걸쳐 기술된 시스템 V IPC와 동일한 IPC 메커니즘을 정의했다(POSIX.1b 개발자의 목표 중 하나는 시스템 V IPC의 결함이 없는 메커니즘을 고안하는 것이었다). 이런 IPC 메커니즘을 통틀어서 POSIX IPC라고 한다. 세 가지 POSIX IPC 메커니즘은 다음과 같다.

- 메시지 큐는 프로세스 간에 메시지를 전달할 때 쓸 수 있다. 이는 시스템 V 메시지 큐와 동일하게 메시지 경계boundary가 유지되고, 따라서 읽는 프로세스와 쓰는 프로세스는 메시지 단위로 통신한다(파이프가 제공하는, 경계가 없는 바이트 스트림과는 반대의 개념이다). POSIX 메시지 큐는 각 메시지에 우선순위를 할당할 수 있고, 이는 높은 우선순위의 메시지가 낮은 우선순위의 메시지보다 우선적으로 큐에 할당되게 한다. 이러한 동작은 시스템 V 메시지의 type 필드가 제공하는 것과 동일한 기능의 일부를 제공한다.

- 세마포어를 사용하면 여러 프로세스가 동작을 동기화할 수 있다. 시스템 V 세마포어와 동일하게 POSIX 세마포어는 커널이 관리하는 정수이며, 0 이하의 값은 절대 허용되지 않는다. POSIX 세마포어는 시스템 V의 세마포어보다 사용이 간단하다. 즉 POSIX 세마포어는 개별적으로 할당되고(시스템 V 세마포어가 집합으로 할당되는 것과는 다르다), 세마포어의 값을 1씩 증가, 또는 감소시키는 두 가지 오퍼레이션을 사용해 개별적으로 동작한다(시스템 V 세마포어 집합에서 여러 가지 세마포어로부터 아토믹하게 임의의 값을 가감하기 위해 semop() 시스템 호출의 기능을 사용하는 것과는 반대다).
- 공유 메모리는 여러 프로세스가 동일한 메모리 영역을 공유하게 한다. 시스템 V 공유 메모리와 마찬가지로, POSIX 공유 메모리는 빠른 IPC를 제공한다. 하나의 프로세스가 공유 메모리를 갱신하면, 그 변경사항은 동일한 영역을 공유하는 다른 프로세스에 즉시 보인다.

14장에서는 POSIX IPC 기능의 개요를 공통 특성에 집중해서 기술한다.

14.1 API 개요

세 가지 POSIX IPC 메커니즘은 공통적인 특징이 있다. 표 14-1은 공통의 API를 나타내고, 이어지는 여러 페이지에 걸쳐 동일한 속성의 자세한 내용을 알아본다.

표 14-1 POSIX IPC 객체의 프로그래밍 인터페이스 요약

인터페이스	메시지 큐	세마포어	공유 메모리
헤더 파일	⟨mqueue.h⟩	⟨semaphore.h⟩	⟨sys/mman.h⟩
객체 핸들	mqd_t	sem_t *	int(파일 디스크립터)
생성/열기	mq_open()	sem_open()	shm_open() + mmap()
닫기	mq_close()	sem_close()	munmap()
제거	mq_unlink()	sem_unlink()	shm_unlink()
IPC 수행	mq_send(), mq_receive()	sem_post(), sem_wait(), sem_getvalue()	공유 영역의 위치에서 동작
기타 오퍼레이션	mq_setattr(): set 속성 mq_getattr(): get 속성 mq_notify(): 요청 알림	sem_init(): 무기명 세마포어를 초기화 sem_destroy(): 무기명 세마포어를 종료	(없음)

표 14-1에 나타난 내용을 제외하고, 14장의 나머지 부분에서는 POSIX 세마포어가 기명 세마포어와 무기명 세마포어, 두 가지로 구분된다는 사실을 살펴볼 것이다. 기명 세마포어는 14장에서 기술하는 여타 POSIX IPC 메커니즘과 동일하다. 즉 기명 세마포어는 이름으로 식별되고, 객체에 적절한 권한이 있는 어떤 프로세스든 접근이 가능하다. 무기명 세마포어는 관련된 식별자가 없고, 대신에 프로세스의 그룹이나 유일한 프로세스의 여러 스레드가 공유하는 메모리 영역에 위치한다. 16장에서는 이 두 가지 세마포어를 자세히 살펴본다.

IPC 객체 이름

POSIX IPC 객체에 접근하려면 객체를 식별하는 방법이 있어야 한다. SUSv3가 POSIX IPC 객체를 식별하기 위해 명시하는 유일하게 이식성 있는 수단은 슬래시(/)로 시작하고, 1개 이상의 슬래시가 아닌 문자가 뒤따르는 이름을 통하는 것이다. 예를 들어 /myobject가 된다. 리눅스를 비롯한 일부 구현(예: 솔라리스)은 IPC 객체의 이식성 있는 이름으로 이러한 형식을 허용한다.

리눅스에서 POSIX 공유 메모리와 메시지 큐 객체의 이름은 NAME_MAX(255)문자로 제한되어 있다. 세마포어의 구현은 세마포어의 이름 앞에 sem이라는 문자를 붙이기 때문에, 4문자가 적다.

SUSv3는 /myobject 형식이 아닌 이름을 금지하진 않지만, 그러한 이름의 의미는 구현에 따라 다르다고 알려져 있다. 어떤 시스템에서는 IPC 객체를 생성하는 규칙이 다르다. 예를 들어 Tru64 5.1에서 IPC 객체 이름은 표준 파일 시스템 내의 이름과 같이 생성되고, 그 이름은 절대 경로명이나 상대 경로명으로 해석된다. 호출자가 해당 디렉토리에 파일을 생성할 권한이 없는 경우, IPC open 호출은 실패한다. 일반적으로 권한이 없는 사용자는 루트 디렉토리(/)에서는 파일을 생성할 수 없기 때문에, 이런 동작은 권한이 없는 프로그램이 Tru64에서 /myobject 형식의 이름을 생성할 수 없음을 의미한다. 몇몇 다른 구현은 IPC open 호출에 주어진 이름을 만들기 위해 이와 유사한 구현에 따른 규칙이 있다. 그러므로 이식성 있는 응용 프로그램에서는 IPC 객체 이름을 생성하는 루틴을 분리된 함수로 격리하거나, 대상 구현에 맞출 수 있도록 헤더 파일에 정의해야 한다.

IPC 객체 생성이나 열기

각 IPC 메커니즘에는 관련된 open 호출(mq_open(), sem_open(), shm_open())이 있고, 이는 파일에 사용되는 전통적인 유닉스 open() 시스템 호출과 동일하다. 주어진 IPC 객체 이름을 가지고서 IPC open 호출은 다음 중 한 가지 동작을 한다.

- 주어진 이름으로 새로운 객체를 만들고, 객체를 열고, 그에 대한 핸들을 리턴한다.
- 기존 객체를 열고, 그 객체에 대한 핸들을 리턴한다.

IPC open 호출이 리턴하는 핸들은 전통적인 open() 시스템 호출이 리턴하는 파일 디스크립터와 동일하다. 이 핸들은 객체를 참조하기 위해 이후 호출에 사용된다.

IPC open 호출이 리턴하는 핸들의 형식은 객체의 형식에 의존한다. 메시지 큐인 경우 그 핸들은 mqd_t 형의 값을 갖는 메시지 큐 디스크립터가 되고, 세마포어인 경우 sem_t * 형의 포인터가 되며, 공유 메모리인 경우 파일 디스크립터가 된다.

모든 IPC open 호출은 적어도 name, oflag, mode라는 3개의 인자를 허용한다. 이런 인자는 다음과 같이 shm_open() 호출 예에서 확인할 수 있다.

```
fd = shm_open("/mymem", O_CREAT | O_RDWR, S_IRUSR | S_IWUSR);
```

이 인자는 전통적인 유닉스 open() 시스템 호출의 인자와 동일하다. name 인자는 생성되거나 열릴 객체를 식별한다. oflag 인자는 최소한 다음과 같은 플래그를 포함할 수 있는 비트 마스크다.

- O_CREAT: 객체가 존재하지 않을 경우 생성한다. 이 플래그가 명시되지 않고 객체가 존재하지 않으면, 에러를 리턴한다(ENOENT).
- O_EXCL: O_CREAT가 명시되고 객체가 이미 존재한다면, 에러를 리턴한다(EEXIST). 객체의 존재 여부와 생성의 두 가지 단계는 아토믹하게 실행된다(Vol. 1의 5.1절 참조). O_CREAT가 명시되지 않은 경우, 이 플래그는 아무런 효과가 없다.

객체의 형식에 따라서 oflag는 open()과 의미가 유사한 O_RDONLY, O_WRONLY, O_RDWR 중의 한 가지를 포함할 수도 있다. 추가적인 플래그는 특정 IPC 메커니즘에 허용된다.

나머지 인자 mode는 호출이 리턴하는 객체가 생성되는 경우(즉 O_CREAT가 명시됐고, 객체가 이미 존재하지 않는 경우), 새로운 객체에 부여돼야 하는 권한을 명시하는 비트 마스크다. mode에 명시될 만한 값은 파일(Vol. 1, 417페이지의 표 15-4 참조)에 정의된 값과 동일하다. open() 시스템 호출과 마찬가지로, mode의 권한 마스크는 프로세스의 umask(Vol. 1의 15.4.6절 참조)에 반대로 마스크된다. 새로운 IPC 객체의 소유권과 그룹 소유권은 IPC open 호출을 만드는 프로세스의 유효 사용자와 그룹 ID에서 얻는다(정확하게 말해서 리눅스에서 새로운 POSIX IPC 객체의 소유권은 프로세스의 파일 시스템 ID에 의해 결정되며, 이는 일반적으로 대응되는 유효 ID와 동일한 값을 갖는다. Vol. 1의 9.5절 참조.).

IPC 객체가 표준 파일 시스템에 나타나는 시스템에서 SUSv3는 새로운 IPC 객체의 그룹 ID를 부모 디렉터리의 그룹 ID로 설정하는 구현을 허용한다.

IPC 객체 종료

POSIX 메시지 큐와 세마포어에 대해서 호출한 프로세스가 객체의 사용을 끝냈음을 나타내는 IPC close 호출이 존재하고, 시스템은 이 프로세스에 할당된 객체와 관련된 모든 자원을 해제할 것이다. POSIX 공유 메모리 객체는 munmap()으로 매핑을 해제함으로써 종료된다.

프로세스가 종료되거나 exec()를 실행할 때, IPC 객체는 자동적으로 종료된다.

IPC 객체 권한

IPC 객체는 파일과 동일한 권한 마스크를 갖는다. 실행 권한은 POSIX IPC 객체에 아무런 의미를 갖지 않는다는 점만 제외하고, IPC 객체에 접근하는 권한은 파일에 접근하는 권한과 동일하다(Vol. 1의 15.4.3절 참조).

커널 2.6.19 이후로 리눅스는 POSIX 공유 메모리 객체와 기명 세마포어에 권한을 설정하기 위해 ACLaccess control list의 사용을 지원한다. 현재 ACL은 POSIX 메시지 큐에서는 지원되지 않는다.

IPC 객체 삭제와 객체 유지

열린 파일과 동일하게 POSIX IPC 객체는 참조 카운트reference count를 갖는다. 즉 커널은 객체의 열린 참조의 수를 유지한다. 시스템 V IPC 객체와 비교해보면, 이런 특징으로 인해 응용 프로그램은 객체가 언제 안전하게 삭제될 수 있는지 쉽게 결정할 수 있다.

각 IPC 객체는 파일 관리의 전통적인 unlink() 시스템 호출과 동일한 오퍼레이션인 unlink 호출을 갖는다. unlink 호출은 즉시 객체의 이름을 지우고, 모든 프로세스가 사용을 중지하면(즉 참조 카운트가 0이 되면) 제거한다. 메시지 큐와 세마포어에 대해 이런 특징은 모든 프로세스가 객체를 닫은 후에 제거된다는 뜻이고, 공유 메모리에서는 모든 프로세스가 munmap()을 사용해 매핑 해제를 하고 난 후에 실제 해제가 발생한다는 뜻이다.

객체가 링크 해제unlink된 이후에, 동일한 객체 이름을 갖는 IPC open 호출은 새로운 객체를 참조할 것이다(또는 O_CREAT가 명시되지 않은 경우 실패한다).

시스템 V IPC와 마찬가지로, POSIX IPC 객체는 커널 유지persistence 기능을 갖는다. IPC 객체가 생성되면, 그 객체는 링크 해제되거나 시스템이 종료될 때까지 계속해서 존재한다. 이 동작은 프로세스로 하여금 객체를 생성하게 하고, 상태를 수정하고, 이후에 시작되는 어떤 프로세스가 그 객체에 접근할 수 있게 남겨둔 상태로 종료하도록 허용한다.

명령행을 통한 POSIX IPC 객체의 목록 확인과 제거

시스템 V IPC는 IPC 객체의 목록을 확인하고, 삭제하기 위해 ipcs와 ipcrm 명령을 제공한다. 어떠한 표준 명령도 POSIX IPC 객체에 동일한 동작을 실행하도록 제공되고 있지 않다. 그러나 리눅스를 포함한 많은 시스템에서 IPC 객체는 실제 혹은 가상 파일 시스템 내에 구현되어 있고, 루트 디렉토리(/) 내의 어딘가에 마운트되어 있으며, IPC 객체의 목록을 보거나 제거하기 위해 표준 ls와 rm 명령을 사용할 수 있다(SUSv3는 이러한 동작을 위해 ls와 rm의 사용을 명시하고 있지 않다). 이 명령을 사용하는 데 있어 주요 문제점은 POSIX IPC 객체의 이름과 파일 시스템에서의 위치가 표준적이지 않다는 것이다.

리눅스에서 POSIX IPC 객체는 스티키sticky 비트 설정을 갖는 디렉토리 아래에 마운트된 가상 파일 시스템에 포함되어 있다. 이 비트는 제한된 삭제 플래그다(Vol. 1의 15.4.5절 참조). 이 비트를 설정할 경우, 비특권 프로세스는 소유하고 있는 POSIX IPC 객체만을 링크 해제할 수 있음을 의미한다.

리눅스에서 POSIX IPC를 사용하는 프로그램 컴파일

리눅스에서 POSIX IPC 메커니즘을 사용한 프로그램은 cc 명령에 -lrt 옵션을 명시함으로써 실시간 라이브러리인 librt와 링크해야 한다.

14.2 시스템 V IPC와 POSIX IPC의 비교

앞으로 POSIX IPC 메커니즘을 살펴보면서, 각 메커니즘을 시스템 V의 해당 부분과 비교할 것이다. 여기서는 이러한 두 가지 형식의 IPC를 일반적으로 비교해본다.

POSIX IPC는 시스템 V IPC와 비교할 때 다음과 같은 장점이 있다.

- POSIX IPC 인터페이스는 시스템 V IPC 인터페이스보다 간단하다.
- POSIX IPC 모델(키 대신에 이름 사용. open, close, unlink 함수)은 전통적인 유닉스 파일 모델과 더욱 일관성이 있다.

- POSIX IPC 객체는 참조 카운터를 갖는다. 이는 모든 프로세스가 해당 객체를 종료한 경우에만 해제될 수 있다는 사실을 알고 POSIX IPC 객체를 링크 해제할 수 있기 때문에, 객체 삭제가 단순하다.

그러나 시스템 V IPC와 관련해 언급할 만한 한 가지 장점은 이식성이다. POSIX IPC는 다음과 같은 이유로 시스템 V IPC보다 이식성이 적다.

- 시스템 V IPC는 SUSv3에 명시되고, 거의 모든 유닉스 구현에서 지원된다. 반면에, 각각의 POSIX IPC 메커니즘은 SUSv3의 선택적인 컴포넌트다. 어떤 유닉스 구현에서는 (모든) POSIX IPC 메커니즘을 지원하지 않는다. 이런 상황은 리눅스의 축소 버전에 반영됐다. 즉 POSIX 공유 메모리는 커널 2.4부터만 지원되고, POSIX 세마포어의 전체 구현은 커널 2.6부터만 가용하며, POSIX 메시지 큐는 커널 2.6.6부터만 지원된다.
- POSIX IPC 객체 이름에 대한 SUSv3 규격에도 불구하고, 구현마다 IPC 객체의 이름을 짓는 규칙이 다르다. 이러한 차이점으로 인해, 이식성 있는 응용 프로그램을 작성하는 데 있어 (작은) 추가 작업이 필요하다.
- POSIX IPC의 여러 가지 세부사항은 SUSv3에 명시되지 않았다. 특히, 시스템에 존재하는 IPC 객체를 출력하고, 삭제하는 어떠한 명령도 명시되지 않았다(여러 구현에서 표준 파일 시스템 명령이 사용되지만, IPC 객체를 식별하는 데 사용되는 경로명의 세부사항은 다양하다).

14.3 정리

POSIX IPC는 시스템 V IPC 메커니즘의 대체물로 POSIX.1b에서 고안한 세 가지 IPC 메커니즘인 메시지 큐, 세마포어, 공유 메모리에 부여된 일반적인 이름이다.

POSIX IPC 인터페이스는 전통적인 유닉스 파일 모델과 더욱 일관성을 갖는다. IPC 객체는 이름에 의해 식별되고, 파일과 관련된 시스템 호출과 유사하게 동작하는 open, close, unlink 호출을 통해 관리된다.

POSIX IPC는 시스템 V IPC 인터페이스에 비해 많은 면에서 우월하다. 하지만 POSIX IPC는 시스템 V IPC보다 다소 이식성이 떨어진다는 한계가 있다.

15

POSIX 메시지 큐

15장은 프로세스가 메시지 형태로 데이터를 교환할 수 있는 POSIX 메시지 큐를 설명한다. POSIX 메시지 큐는 데이터가 전체 메시지 단위로 교환된다는 면에서 시스템 V의 메시지 큐와 유사하다. 하지만 다음과 같은 주목할 만한 차이점이 있다.

- POSIX 메시지 큐는 참조 카운트를 갖는다. 삭제로 표시된 큐는 현재 사용하고 있는 모든 프로세스가 해당 큐를 닫고 난 후에만 제거될 수 있다.
- 각 시스템 V 메시지는 정수형을 가지고, 메시지는 `msgrcv()`를 사용한 여러 가지 방법으로 선택될 수 있다. 대조적으로, POSIX 메시지는 관련된 우선순위가 있고, 메시지는 항상 우선순위대로 엄격하게 큐에 넣어진다(그리고 우선순위대로 수신된다).
- POSIX 메시지 큐는 메시지가 큐에 가용한 경우에 프로세스가 동기적으로 통지를 받을 수 있게 하는 기능을 제공한다.

POSIX 메시지 큐는 리눅스에 상대적으로 최근에 추가됐다. 필요한 지원이 커널 2.6.6에 추가됐다(게다가 glibc 2.3.4 이상이 필요하다).

POSIX 메시지 큐 지원은 CONFIG_POSIX_MQUEUE 옵션을 통해 설정이 가능한 선택적인 커널 컴포넌트다.

15.1 개요

POSIX 메시지 큐 API의 주요 함수는 다음과 같다.

- mq_open() 함수는 새로운 메시지 큐를 생성하거나 기존 큐를 열고, 이후의 호출을 위해 메시지 큐 디스크립터를 리턴한다.
- mq_send() 함수는 메시지를 큐에 쓴다.
- mq_receive() 함수는 큐에서 메시지를 읽는다.
- mq_close() 함수는 프로세스가 이전에 열어놓은 메시지 큐를 닫는다(종료한다).
- mq_unlink() 함수는 메시지 큐 이름을 제거하고, 모든 프로세스가 해당 메시지 큐를 닫은 경우에 삭제로 표시한다.

위의 모든 함수는 그 목적이 분명하다. 다음과 같은 추가적인 기능이 POSIX 메시지 큐 API에 독특한 특성이다.

- 각 메시지 큐는 관련된 속성 집합을 갖는다. 이런 집합의 일부는 큐가 생성되거나 mq_open()을 사용해 열릴 때 설정될 수 있다. 두 가지 함수가 큐의 속성을 추출하고, 변경하기 위해 제공된다. 즉 mq_getattr()과 mq_setattr()이 이에 해당한다.
- mq_notify() 함수는 프로세스로 하여금 큐로부터 메시지 통지를 등록할 수 있게 한다. 등록 이후에 프로세스는 시그널의 전달이나 분리된 스레드에서의 함수 실행에 의해 메시지 가용 여부에 대한 통지를 받는다.

15.2 메시지 큐 열기, 닫기, 링크 해제하기

이제 메시지 큐를 열고, 닫고, 제거할 때 쓰는 함수를 살펴보자.

메시지 큐 열기

mq_open() 함수는 새로운 메시지 큐를 생성하거나, 기존 큐를 연다.

```
#include <fcntl.h>              /* O_* 상수 정의 */
#include <sys/stat.h>           /* 모드 상수 정의 */
#include <mqueue.h>

mqd_t mq_open(const char *name, int oflag, ...
            /* mode_t mode, struct mq_attr *attr */);
```
성공하면 메시지 큐 디스크립터를 리턴하고, 에러가 발생하면 (mqd_t) −1을 리턴한다.

name 인자는 메시지 큐를 식별하고, 14.1절에 주어진 규칙에 따라 지정한다.

oflag 인자는 mq_open()의 여러 가지 오퍼레이션을 제어하는 비트 마스크다. 이 마스크에 포함될 수 있는 값은 표 15-1에 요약되어 있다.

표 15-1 mq_open() oflag 인자의 비트값

플래그	설명
O_CREAT	큐가 이미 존재하지 않는 경우 생성
O_EXCL	O_CREAT를 가지고, 큐를 전용으로 생성
O_RDONLY	읽기 전용으로 열기
O_WRONLY	쓰기 전용으로 열기
O_RDWR	읽기와 쓰기용으로 열기
O_NONBLOCK	비블로킹 모드로 열기

oflag 인자의 목적 중 하나는 기존 큐를 여는 것인지, 새로운 큐를 생성하고 여는 것인지를 결정하는 데 있다. oflag가 O_CREAT를 포함하지 않는다면, 기존 큐를 여는 것이다. oflag가 O_CREAT를 포함하면서 주어진 name이 이미 존재하지 않는다면, 새로 빈 큐를 생성한다. oflag가 O_CREAT와 O_EXCL을 모두 명시하고, 주어진 name이 이미 존재한다면, mq_open()은 실패한다.

oflag 인자는 O_RDONLY, O_WRONLY, O_RDWR 값 중의 하나를 명시함으로써 호출하는 프로세스가 메시지 큐에 만들 접근 방법의 종류도 가리킨다.

나머지 플래그 값 O_NONBLOCK은 큐가 비블로킹 모드에서 열리게 한다. mq_receive()나 mq_send() 같은 차후 호출이 블록 없이 실행될 수 없다면, 호출은 EAGAIN 에러와 함께 즉시 실패할 것이다.

mq_open()이 기존 메시지 큐를 여는 데 사용되는 경우, 호출은 단지 2개의 인자만을 필요로 한다. 그러나 O_CREAT가 flags에 명시되면, mode와 attr에 해당하는 두 가지 추

가적인 인자가 요구된다(name이 명시하는 큐가 이미 존재한다면, 이러한 두 가지 인자는 무시된다). 이 인자는 다음과 같이 사용된다.

- mode 인자는 새로운 메시지 큐에 있는 권한을 명시하는 비트 마스크다. 명시되는 비트값은 파일을 위한 비트값(Vol. 1, 417페이지의 표 15-4 참조)과 동일하고, open() 과 마찬가지로 mode의 값은 프로세스의 umask에 반하여 마스크된다(Vol. 1의 15.4.6절 참조). 큐에서 읽으려면(mq_receive()) 해당되는 사용자 클래스에 읽기 권한이 허가돼야 하며, 큐에 쓰려면(mq_send()) 쓰기 권한이 요구된다.
- attr 인자는 새로운 메시지 큐의 속성을 명시하는 mq_attr 구조체다. attr이 NULL인 경우, 큐는 구현에 정의된 기본 속성값으로 생성된다. 15.4절에서 mq_attr 구조체를 설명한다.

mq_open()의 성공적인 완료 후에는 열린 메시지 큐를 참조하는 차후의 호출에 사용되는 mqd_t 형의 값인 메시지 큐 디스크립터message queue description를 리턴한다. SUSv3가 mqd_t 데이터형에 대해 만든 유일한 조건은 배열이 아니어야 한다는 것이다. 즉 해당 형식은 대입문에 사용될 수 있는 형식이거나 함수의 인자로서 값으로 전달돼야 함을 보장해야 한다(리눅스에서는 mqd_t가 int이지만, 솔라리스에서는 void *로 정의되어 있다).

mq_open()의 사용 예는 리스트 15-2에 제공된다.

fork()와 exec()의 효과와 메시지 큐 디스크립터를 통한 프로세스 종료

fork()를 실행하는 동안, 자식 프로세스는 부모 메시지 큐 디스크립터의 복사본을 받고, 이런 디스크립터는 동일한 열린 메시지 큐 디스크립션을 참조한다(메시지 큐 디스크립션에 대해서는 15.3절에서 설명한다). 자식은 부모의 어떠한 메시지 통지 등록도 상속하지 않는다.

프로세스가 exec()를 실행하거나 종료할 때, 모든 열린 메시지 큐 디스크립터는 닫힌다. 메시지 큐 디스크립터를 닫는 결과로서, 해당되는 큐의 모든 프로세스 메시지 통지 등록은 해제된다.

메시지 큐 닫기

mq_close() 함수는 메시지 큐 디스크립터 mqdes를 닫는다.

```
#include <mqueue.h>

int mq_close(mqd_t mqdes);
                                   성공하면 0을 리턴하고, 에러가 발생하면 −1을 리턴한다.
```

호출하는 프로세스가 큐로부터 메시지 통지를 위해 mqdes를 통해 등록을 했다면(15.6 절 참조), 통지 등록은 자동적으로 제거되고, 다른 프로세스가 차후에 해당 큐로부터 메시지 통지를 등록할 수 있다.

프로세스가 종료되거나 exec()를 호출할 때, 메시지 큐 디스크립터는 자동적으로 닫힌다. 파일 디스크립터와 마찬가지로, 프로세스가 메시지 큐 디스크립터의 범위 밖에서 실행되는 것을 막기 위해서 더 이상 필요하지 않은 경우 메시지 큐를 명시적으로 닫아야 한다.

파일의 close()와 동일하게, 메시지 큐를 닫는다고 해서 메시지 큐가 삭제되진 않는다. 그 때문에, unlink()와 동일한 메시지 큐인 mq_unlink()가 필요하다.

메시지 큐 제거

mq_unlink() 함수는 name이 식별하는 메시지 큐를 제거하고, 모든 프로세스가 해당 메시지 큐를 더 이상 사용하지 않는 경우 제거되도록 큐에 표시한다(열린 큐를 가진 모든 프로세스가 이미 해당 메시지 큐를 닫은 경우, 즉시 제거된다는 뜻이다).

```
#include <mqueue.h>

int mq_unlink(const char *name);
```
                                성공하면 0을 리턴하고, 에러가 발생하면 –1을 리턴한다.

리스트 15-1은 mq_unlink()의 사용 예다.

리스트 15-1 POSIX 메시지 큐를 링크 해제하기 위해 mq_unlink() 사용

```
                                              pmsg/pmsg_unlink.c
#include <mqueue.h>
#include "tlpi_hdr.h"

int
main(int argc, char *argv[])
{
    if (argc != 2 || strcmp(argv[1], "--help") == 0)
        usageErr("%s mq-name\n", argv[0]);

    if (mq_unlink(argv[1]) == -1)
        errExit("mq_unlink");
    exit(EXIT_SUCCESS);
}
```

15.3 디스크립터와 메시지 큐의 관계

메시지 큐 디스크립터와 열린 메시지 큐의 관계는 파일 디스크립터와 열린 파일(Vol. 1, 169페이지의 그림 5-2 참조)의 관계와 동일하다. 메시지 큐 디스크립터가 열린 메시지 큐 디스크립션의 시스템 기반의 테이블 엔트리를 참조하는 프로세스별 핸들이고, 이러한 엔트리는 차례로 메시지 큐 객체를 가리킨다. 이러한 관계는 그림 15-1에 나타난다.

> 리눅스에서 POSIX 메시지 큐는 가상 파일 시스템의 i-노드로 구현되고, 메시지 큐 디스크립터와 열린 파일 큐 디스크립션은 각각 파일 디스크립터와 열린 파일 디스크립션으로 구현된다. 그러나 이러한 내용은 SUSv3가 요구하지 않는 구현 세부사항이며, 몇몇 유닉스 구현에서는 적용되지 않는다. 그럼에도 불구하고 리눅스에서는 이러한 구현에 의해 가능하게 만들어진 몇 가지 비표준 기능을 제공하기 때문에, 15.7절에서 이러한 관점을 다시 살펴본다.

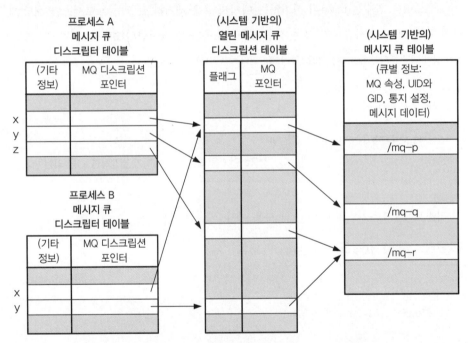

그림 15-1 POSIX 메시지 큐의 커널 데이터 구조체 간의 관계

그림 15-1은 여러 가지 메시지 큐 디스크립터(모두 파일 디스크립터의 사용과 동일함)의 사용에 관한 세부사항을 명확히 보여준다.

- 열린 메시지 큐 디스크립션은 플래그의 관련된 집합을 갖는다. SUSv3는 I/O가 비블로킹인지 여부를 결정하는 O_NONBLOCK 플래그만을 명시한다.

- 2개의 프로세스가 동일한 열린 메시지 큐 디스크립션을 참조하는 메시지 큐 디스크립터(그림 15-1에서 디스크립터 x에 해당)를 가질 수 있다. 이 동작은 프로세스가 메시지 큐를 열고, fork()를 호출하기 때문에 발생할 수 있다. 이러한 디스크립터는 O_NONBLOCK 플래그의 상태를 공유한다.

- 2개의 프로세스는 동일한 메시지 큐(예를 들어, 그림 15-1에서 프로세스 A의 디스크립터 z와 프로세스 B의 디스크립터 y는 모두 /mq-r을 참조)를 참조하는 다른 메시지 큐 디스크립션을 참조하는 열린 메시지 큐 디스크립터를 가질 수 있다. 이 동작은 2개의 프로세스가 각각 동일한 큐를 열기 위해 mq_open()을 사용했기 때문에 발생한다.

15.4 메시지 큐 속성

mq_open(), mq_getattr(), mq_setattr() 함수는 모두 mq_attr 구조체의 포인터인 인자를 갖는다. 이 구조체는 <mqueue.h>에 다음과 같이 정의되어 있다.

```
struct mq_attr {
    long mq_flags;    /* 메시지 큐 디스크립션 플래그 0이나 O_NONBLOCK
                         [mq_getattr(), mq_setattr()] */
    long mq_maxmsg;   /* 큐의 최대 메시지 수[mq_open(), mq_getattr()] */
    long mq_msgsize;  /* 최대 메시지 크기(바이트)[mq_open(), mq_getattr()] */
    long mq_curmsgs;  /* 현재 큐에 있는 메시지 수[mq_getattr()] */
};
```

mq_attr 구조체를 자세히 알아보기 전에, 다음과 같은 사항을 언급할 가치가 있다.

- 세 가지 함수 각각은 필드 중의 일부만을 사용한다. 각 함수에 사용되는 필드는 위에서 구조체 정의 필드 옆에 주석으로 나타냈다.

- 구조체는 메시지 디스크립터와 해당 디스크립터가 가리키는 큐에 대한 정보와 관련된 열린 메시지 큐 디스크립션(mq_flags)에 대한 정보를 포함한다(mq_maxmsg, mq_msgsize, mq_curmsgs).

- 어떤 필드는 mq_open()으로 큐가 생성되는 시점에 고정되는 정보를 포함한다(mq_maxmsg와 mq_msgsize). 또 어떤 필드는 메시지 큐 디스크립션의 현재 상태(mq_flags)나 메시지 큐(mq_curmsgs)에 대한 정보를 리턴한다.

큐 생성 시 메시지 큐 속성 설정

mq_open()으로 메시지 큐를 생성할 때, 다음 mq_attr 필드는 큐의 속성을 결정한다.

- mq_maxmsg 필드는 mq_send()를 사용해 큐에 넣을 수 있는 메시지 수의 한도를 정의한다. 이 값은 0보다 커야 한다.
- mq_msgsize 필드는 큐에 넣을 수 있는 각 메시지의 크기 상한을 정의한다. 이 값은 0보다 커야 한다.

이러한 두 가지 값을 통해 커널은 이 메시지 큐가 요구하는 최대 메모리 양을 결정한다.

mq_maxmsg와 mq_msgsize 속성은 메시지 큐가 생성되는 시점에 고정되고, 차후에 변경될 수 없다. 15.8절에서 mq_maxmsg와 mq_msgsize 속성이 명시될 수 있는 시스템 전반의 한도를 담고 있는 2개의 /proc 파일을 설명한다.

리스트 15-2의 프로그램은 mq_open()의 명령행 인터페이스를 제공하고, mq_attr 구조체가 mq_open()과 어떻게 사용되는지 보여준다.

2개의 명령행 옵션은 두 가지 메시지 큐 속성인 mq_maxmsg(-m)과 mq_msgsize(-s)를 명시한다. 둘 중 하나의 옵션이 제공되면, NULL이 아닌 attrp 인자가 mq_open()으로 전달된다. -m과 -s 옵션 중의 하나만이 명령행에 명시된 경우에, 미리 정의된 기본값이 attrp가 가리키는 mq_attr 구조체 필드에 할당된다. 두 가지 옵션이 모두 제공되지 않는다면, mq_open()을 호출할 때 attrp는 NULL로 명시되고, 이는 큐가 구현상 정의된 기본 속성값을 가지고 생성되도록 유도한다.

리스트 15-2 POSIX 메시지 큐 생성

```
                                                      pmsg/pmsg_create.c
#include <mqueue.h>
#include <sys/stat.h>
#include <fcntl.h>
#include "tlpi_hdr.h"

static void
usageError(const char *progName)
{
    fprintf(stderr, "Usage: %s [-cx] [-m maxmsg] [-s msgsize] mq-name "
            "[octal-perms]\n", progName);
    fprintf(stderr, "    -c         Create queue (O_CREAT)\n");
    fprintf(stderr, "    -m maxmsg  Set maximum # of messages\n");
    fprintf(stderr, "    -s msgsize Set maximum message size\n");
```

```c
        fprintf(stderr, "    -x          Create exclusively (O_EXCL)\n");
        exit(EXIT_FAILURE);
}

int
main(int argc, char *argv[])
{
    int flags, opt;
    mode_t perms;
    mqd_t mqd;
    struct mq_attr attr, *attrp;

    attrp = NULL;
    attr.mq_maxmsg = 50;
    attr.mq_msgsize = 2048;
    flags = O_RDWR;

    /* 명령행 옵션을 분석 */

    while ((opt = getopt(argc, argv, "cm:s:x")) != -1) {
        switch (opt) {
        case 'c':
            flags |= O_CREAT;
            break;

        case 'm':
            attr.mq_maxmsg = atoi(optarg);
            attrp = &attr;
            break;

        case 's':
            attr.mq_msgsize = atoi(optarg);
            attrp = &attr;
            break;

        case 'x':
            flags |= O_EXCL;
            break;

        default:
            usageError(argv[0]);
        }
    }

    if (optind >= argc)
        usageError(argv[0]);

    perms = (argc <= optind + 1) ? (S_IRUSR | S_IWUSR) :
```

```
                getInt(argv[optind + 1], GN_BASE_8, "octal-perms");

    mqd = mq_open(argv[optind], flags, perms, attrp);
    if (mqd == (mqd_t) -1)
        errExit("mq_open");

    exit(EXIT_SUCCESS);
}
```

메시지 큐 속성 추출

mq_getattr() 함수는 메시지 큐 디스크립션과 디스크립터인 mqdes와 관련된 메시지 큐에 관한 정보를 포함하는 mq_attr 구조체를 리턴한다.

```
#include <mqueue.h>

int mq_getattr(mqd_t mqdes, struct mq_attr *attr);
                              성공하면 0을 리턴하고, 에러가 발생하면 −1을 리턴한다.
```

이미 설명한 mq_maxmsg와 mq_msgsize 필드와 더불어, 다음 필드가 attr이 가리키는 구조체에 리턴된다.

- mq_flags: 디스크립터 mqdes와 관련된 열린 메시지 큐 디스크립션의 플래그다. 유일한 플래그인 O_NONBLOCK이 명시된다. 이 플래그는 mq_open()의 oflag 인자로부터 초기화되고, mq_setattr()을 사용해 변경될 수 있다.
- mq_curmsgs: 현재 큐에 있는 메시지의 수를 나타낸다. 이 정보는 이미 다른 프로세스가 해당 큐에 메시지를 읽거나 쓰기를 한 경우 mq_getattr()이 리턴하는 시점에 이미 변경되어 있을 것이다.

리스트 15-3의 프로그램은 명령행 인자에 명시된 메시지 큐의 속성을 추출하기 위해 mq_getattr()을 사용하고, 표준 출력으로 그러한 속성을 출력한다.

리스트 15-3 POSIX 메시지 큐 속성 추출

```
                                                        pmsg/pmsg_getattr.c
#include <mqueue.h>
#include "tlpi_hdr.h"
```

```
int
main(int argc, char *argv[])
{
    mqd_t mqd;
    struct mq_attr attr;

    if (argc != 2 || strcmp(argv[1], "--help") == 0)
        usageErr("%s mq-name\n", argv[0]);

    mqd = mq_open(argv[1], O_RDONLY);
    if (mqd == (mqd_t) -1)
        errExit("mq_open");

    if (mq_getattr(mqd, &attr) == -1)
        errExit("mq_getattr");

    printf("Maximum # of messages on queue:    %ld\n", attr.mq_maxmsg);
    printf("Maximum message size:              %ld\n", attr.mq_msgsize);
    printf("# of messages currently on queue:  %ld\n", attr.mq_curmsgs);
    exit(EXIT_SUCCESS);
}
```

다음 셸 세션에서 구현상 정의된 기본 속성값을 가진 메시지 큐를 생성(즉 mq_open() 의 마지막 인자가 NULL)하는 리스트 15-2의 프로그램을 사용하고, 큐 속성을 출력하기 위해 리스트 15-3의 프로그램을 사용해 리눅스의 기본값을 확인할 수 있다.

```
$ ./pmsg_create -cx /mq
$ ./pmsg_getattr /mq
Maximum # of messages on queue:   10
Maximum message size:             8192
# of messages currently on queue: 0
$ ./pmsg_unlink /mq                          메시지 큐 삭제
```

위의 출력에서 mq_maxmsg와 mq_msgsize가 각각 10과 8192임을 확인할 수 있다.

mq_maxmsg와 mq_msgsize의 값은 구현에 따라 다르다. 일반적으로 이식성 있는 응용 프로그램은 기본값에 의지하기보다는 이들 속성에 명확한 값을 선택할 필요가 있다.

메시지 큐 속성 수정

mq_setattr() 함수는 메시지 큐 디스크립터 mqdes와 관련된 메시지 큐 디스크립션의 속성을 설정하고, 선택적으로 메시지 큐에 관련된 정보를 리턴한다.

```
#include <mqueue.h>

int mq_setattr(mqd_t mqdes, const struct mq_attr *newattr,
               struct mq_attr *oldattr);
```
성공하면 0을 리턴하고, 에러가 발생하면 −1을 리턴한다.

mq_setattr() 함수는 다음과 같은 동작을 실행한다.

- 디스크립터 mqdes와 관련된 메시지 큐 디스크립션의 플래그를 변경하기 위해 newattr이 가리키는 mq_attr 구조체의 mq_flags 필드를 사용한다.
- oldattr이 NULL이 아닌 경우, 이전 메시지 큐 디스크립션 플래그와 메시지 큐 속성(즉 mq_getattr()이 실행하는 동일한 동작)을 포함하는 mq_attr 구조체를 리턴한다.

mq_setattr()을 사용해 변경될 수 있다고 SUSv3가 명시하는 유일한 속성은 O_NONBLOCK 플래그의 상태다.

특정 구현이 다른 수정 가능한 플래그를 정의하거나 SUSv3가 향후에 새로운 플래그를 추가할 가능성을 허용한다는 조건하에서, 호환성이 있는 응용 프로그램은 O_NONBLOCK 비트를 수정하는 mq_flags 값을 추출하기 위해 mq_getattr()을 사용하고, mq_flags 설정을 변경하기 위해 mq_setattr()을 호출함으로써 O_NONBLOCK 플래그의 상태를 변경해야 한다. 예를 들어, O_NONBLOCK을 활성화하려면 다음과 같이 구현해야 한다.

```
if (mq_getattr(mqd, &attr) == -1)
    errExit("mq_getattr");
attr.mq_flags |= O_NONBLOCK;
if (mq_setattr(mqd, &attr, NULL) == -1)
    errExit("mq_getattr");
```

15.5 메시지 교환

이 절에서는 큐로 메시지를 전송하고, 큐로부터 메시지를 전달받을 때 쓰는 함수를 살펴본다.

15.5.1 메시지 송신

mq_send() 함수는 디스크립터 mqdes가 참조하는 메시지 큐의 msg_ptr이 가리키는 버퍼에 메시지를 추가한다.

```
#include <mqueue.h>

int mq_send(mqd_t mqdes, const char *msg_ptr, size_t msg_len,
            unsigned int msg_prio);
```

성공하면 0을 리턴하고, 에러가 발생하면 −1을 리턴한다.

msg_len 인자는 msg_ptr이 가리키는 메시지 길이를 명시한다. 이 값은 큐의 mq_msgsize 속성보다 작거나 동일해야만 한다. 그렇지 않으면 mq_send()는 EMSGSIZE 에러로 실패한다. 길이가 0인 메시지도 허용된다.

각 메시지는 msg_prio 인자로 명시되는 0이 아닌 정수의 우선순위 값을 갖는다. 메시지는 우선순위의 내림차순으로 큐 내에서 정렬된다(즉 0이 가장 낮은 우선순위다). 새로운 메시지가 큐에 추가되면, 그 메시지는 동일한 우선순위를 갖는 다른 메시지 이후에 삽입된다. 응용 프로그램이 메시지 우선순위를 사용할 필요가 없다면, 항상 msg_prio를 0으로 명시하는 것으로 충분하다.

 15장의 시작 부분에 언급했듯이, 시스템 V 메시지의 type 속성은 다른 기능을 제공한다. 시스템 V 메시지는 항상 FIFO의 순서로 큐에 들어가지만, msgrcv()는 여러 가지 방법으로 메시지를 선택하게 한다. 즉 FIFO 순서에서 정확한 type에 의해서나, 어떤 값보다 작거나 같은 가장 큰 type이 이에 해당한다.

SUSv3는 상수 MQ_PRIO_MAX를 정의하거나, sysconf(_SC_MQ_PRIO_MAX)의 리턴값을 통해 메시지 우선순위의 한도값을 전달할 수 있게 한다. SUSv3는 이 값이 최소 32(_POSIX_MQ_PRIO_MAX)가 되도록 요구한다. 즉 적어도 0부터 31 사이의 우선순위가 가용하다. 그러나 구현상의 실제 범위는 매우 다양하다. 예를 들어 리눅스에서 이 상수값은 32,768이고, 솔라리스에서는 32, Tru64에서는 256이다.

메시지 큐가 이미 가득 찬 경우(즉 큐의 mq_maxmsg 값이 이미 채워진 경우), 이후의 mq_send()는 큐의 공간이 가용해질 때까지 블록되거나, O_NONBLOCK 플래그가 효력을 갖고 있는 경우, EAGAIN 에러로 즉시 실패한다.

리스트 15-4의 프로그램은 mq_send() 함수의 명령행 인터페이스를 제공한다. 이 프로그램의 사용법은 다음 절에 나온다.

리스트 15-4 POSIX 메시지 큐에 메시지 쓰기

```
                                                            pmsg/pmsg_send.c
#include <mqueue.h>
#include <fcntl.h>                      /* O_NONBLOCK 정의 */
#include "tlpi_hdr.h"

static void
usageError(const char *progName)
{
    fprintf(stderr, "Usage: %s [-n] name msg [prio]\n", progName);
    fprintf(stderr, "    -n           Use O_NONBLOCK flag\n");
    exit(EXIT_FAILURE);
}

int
main(int argc, char *argv[])
{
    int flags, opt;
    mqd_t mqd;
    unsigned int prio;

    flags = O_WRONLY;
    while ((opt = getopt(argc, argv, "n")) != -1) {
        switch (opt) {
        case 'n':   flags |= O_NONBLOCK;        break;
        default:    usageError(argv[0]);
        }
    }

    if (optind + 1 >= argc)
        usageError(argv[0]);

    mqd = mq_open(argv[optind], flags);
    if (mqd == (mqd_t) -1)
        errExit("mq_open");

    prio = (argc > optind + 2) ? atoi(argv[optind + 2]) : 0;

    if (mq_send(mqd, argv[optind + 1], strlen(argv[optind + 1]),
                prio) == -1)
        errExit("mq_send");
    exit(EXIT_SUCCESS);
}
```

15.5.2 메시지 수신

mq_receive() 함수는 mqdes가 참조하는 메시지 큐로부터 우선순위가 가장 높은 오래된 메시지를 제거하고, msg_ptr이 가리키는 버퍼에 그 메시지를 리턴한다.

```
#include <mqueue.h>

ssize_t mq_receive(mqd_t mqdes, char *msg_ptr, size_t msg_len,
                   unsigned int *msg_prio);
```
성공하면 수신된 메시지의 바이트 수를 리턴하고, 에러가 발생하면 −1을 리턴한다.

msg_len 인자는 msg_ptr이 가리키는 버퍼에 가용한 공간의 바이트 수를 명시하기 위해 호출자가 사용한다.

메시지의 실제 크기와는 상관없이, msg_len(그리고 msg_ptr이 가리키는 버퍼의 크기)은 큐의 mq_msgsize 속성보다 크거나 같아야 한다. 그렇지 않으면 mq_receive()는 EMSGSIZE 에러로 실패한다. 큐의 mq_msgsize 속성값을 알지 못한다면, mq_getattr()을 사용해 얻을 수 있다(협동하는 프로세스들로 구성된 응용 프로그램에서, mq_getattr()의 사용은 보통 의미가 없을 수도 있다. 이는 응용 프로그램이 보통 큐의 mq_msgsize를 미리 결정할 수 있기 때문이다).

msg_prio가 NULL이 아니면, 수신된 메시지의 우선순위는 msg_prio가 가리키는 장소로 복사된다.

메시지 큐가 현재 비어 있다면, mq_receive()는 메시지가 가용해질 때까지 블록되거나, O_NONBLOCK이 효력이 있는 경우 EAGAIN 에러로 즉시 실패한다(쓰는 프로세스가 없는 경우에 읽기 프로세스가 파일의 끝을 확인하는 것과 같은 파이프와 동일한 동작은 없다).

리스트 15-5의 프로그램은 mq_receive() 함수의 명령행 인터페이스를 제공한다. 이 프로그램의 명령 포맷은 usageError() 함수에 나타난다.

다음 셸 세션은 리스트 15-4와 리스트 15-5 프로그램의 사용 예를 보여준다. 메시지 큐를 생성하고, 우선순위가 다른 메시지 몇 개를 보냄으로써 시작한다.

```
$ ./pmsg_create -cx /mq
$ ./pmsg_send /mq msg-a 5
$ ./pmsg_send /mq msg-b 0
$ ./pmsg_send /mq msg-c 10
```

큐에서 메시지를 추출하는 연속 명령을 실행한다.

```
$ ./pmsg_receive /mq
Read 5 bytes; priority = 10
```

```
msg-c
$ ./pmsg_receive /mq
Read 5 bytes; priority = 5
msg-a
$ ./pmsg_receive /mq
Read 5 bytes; priority = 0
msg-b
```

위의 출력에서 확인할 수 있듯이, 메시지는 우선순위대로 추출된다.

이 시점에서 큐는 비어 있다. 다음과 같이 다른 블로킹 수신을 실행하면, 오퍼레이션
은 블록된다.

```
$ ./pmsg_receive /mq
```
블록; 프로그램을 종료하기 위해 Control-C를 입력한다.

반면에, 비블로킹 수신을 실행하면 호출은 오류 상태를 가지고 즉시 리턴된다.

```
$ ./pmsg_receive -n /mq
ERROR [EAGAIN/EWOULDBLOCK Resource temporarily unavailable] mq_receive
```

리스트 15-5 POSIX 메시지 큐에서 메시지 읽기

```
                                              pmsg/pmsg_receive.c
#include <mqueue.h>
#include <fcntl.h>                  /* O_NONBLOCK 정의 */
#include "tlpi_hdr.h"

static void
usageError(const char *progName)
{
    fprintf(stderr, "Usage: %s [-n] name\n", progName);
    fprintf(stderr, "    -n           Use O_NONBLOCK flag\n");
    exit(EXIT_FAILURE);
}

int
main(int argc, char *argv[])
{
    int flags, opt;
    mqd_t mqd;
    unsigned int prio;
    void *buffer;
    struct mq_attr attr;
    ssize_t numRead;

    flags = O_RDONLY;
```

```
    while ((opt = getopt(argc, argv, "n")) != -1) {
        switch (opt) {
        case 'n':   flags |= O_NONBLOCK;        break;
        default:    usageError(argv[0]);
        }
    }

    if (optind >= argc)
        usageError(argv[0]);

    mqd = mq_open(argv[optind], flags);
    if (mqd == (mqd_t) -1)
        errExit("mq_open");

    if (mq_getattr(mqd, &attr) == -1)
        errExit("mq_getattr");

    buffer = malloc(attr.mq_msgsize);
    if (buffer == NULL)
        errExit("malloc");

    numRead = mq_receive(mqd, buffer, attr.mq_msgsize, &prio);
    if (numRead == -1)
        errExit("mq_receive");

    printf("Read %ld bytes; priority = %u\n", (long) numRead, prio);
    if (write(STDOUT_FILENO, buffer, numRead) == -1)
        errExit("write");
    write(STDOUT_FILENO, "\n", 1);

    exit(EXIT_SUCCESS);
}
```

15.5.3 타임아웃을 가진 메시지 송신과 수신

mq_timedsend()와 mq_timedreceive() 함수는 오퍼레이션이 즉시 실행될 수 없고, 메시지 큐 디스크립션에 O_NONBLOCK 플래그가 설정되어 있지 않은 경우, abs_timeout 인자가 호출이 블록될 시간의 한도를 명시한다는 점만 제외하고는 mq_send() 및 mq_receive()의 오퍼레이션과 정확히 일치한다.

```
#define _XOPEN_SOURCE 600
#include <mqueue.h>
#include <time.h>

int mq_timedsend(mqd_t mqdes, const char *msg_ptr, size_t msg_len,
        unsigned int msg_prio, const struct timespec *abs_timeout);
```
성공하면 0을 리턴하고, 에러가 발생하면 −1을 리턴한다.
```
ssize_t mq_timedreceive(mqd_t mqdes, char *msg_ptr, size_t msg_len,
        unsigned int *msg_prio, const struct timespec *abs_timeout);
```
성공하면 수신된 메시지의 바이트 수를 리턴하고, 에러가 발생하면 −1을 리턴한다.

abs_timeout 인자는 기원 이후의 초와 나노초의 절대값으로 타임아웃을 명시하는 timespec 구조체다(Vol. 1의 23.4.2절 참조). 상대 시간 타임아웃을 실행하기 위해 clock_gettime()을 사용해 CLOCK_REALTIME의 현재값을 추출하고, 적절히 초기화된 timespec 구조체를 만드는 데 요구되는 값만큼 더할 수 있다.

mq_timedsend()나 mq_timedreceive() 호출이 오퍼레이션을 수행할 수 없는 상태로 시간이 만료됐다면, 해당 호출은 ETIMEDOUT 에러로 실패한다.

리눅스에서 abs_timeout을 NULL로 명시하는 것은 무한 시간 타임아웃을 의미한다. 그러나 이런 동작은 SUSv3에 명시되어 있지 않고, 이식성 있는 응용 프로그램은 이 동작에 의존할 수 없다.

mq_timedsend()와 mq_timedreceive() 함수는 원래 POSIX.1d(1999)에서 유래했으며, 모든 유닉스 구현에 존재하진 않는다.

15.6 메시지 통지

POSIX 메시지 큐를 시스템 V의 동일 기능과 구분하는 특징은 이전에 빈 큐에서 비동기적으로 가용한 메시지 통지를 수신할 수 있는 능력에 있다(즉 빈 큐에서 비어 있지 않은 큐로 전환할 때). 이런 기능은 mq_receive() 호출을 만들거나 메시지 큐 디스크립터를 비블로킹으로 표시하고, 큐에서 주기적인 mq_receive() 호출('폴poll')을 실행하는 대신에 프로세스는 메시지 도착 통지를 요청하고, 통지를 받기 전까지 다른 작업을 실행할 수 있다. 프로세스는 시그널이나 분리된 스레드에서 함수의 실행을 통해 통지를 받도록 선택할 수 있다.

POSIX 메시지 큐의 통지 기능은 Vol. 1 23.6절의 POSIX 타이머를 위해 기술한 통지 기능과 유사하다(이런 두 가지 API는 모두 POSIX.1b에 기반을 둔다).

mq_notify() 함수는 메시지가 디스크립터 mqdes가 참조하는 빈 큐에 도착할 때 통지를 받도록 호출 프로세스를 등록한다.

```
#include <mqueue.h>

int mq_notify(mqd_t mqdes, const struct sigevent *notification);
```
                                    성공하면 0을 리턴하고, 에러가 발생하면 -1을 리턴한다.

notification 인자는 프로세스가 통지를 받는 메커니즘을 명시한다. notification 인자의 세부사항을 살펴보기 전에, 메시지 통지에 관해 알아둘 사항이 있다.

- 언제라도 하나의 프로세스('등록된 프로세스')는 특정 메시지 큐로부터 통지를 받도록 등록될 수 있다. 이미 메시지 큐에 등록된 프로세스가 있다면, 해당 큐에 등록하려는 추가적인 시도는 실패한다(mq_notify()는 EBUSY 에러로 실패한다).

- 등록된 프로세스는 새로운 메시지가 이전에 비어 있던 큐에 도달하는 경우에만 통지를 받는다. 큐가 이미 등록하는 시점에 메시지를 포함한다면, 통지는 큐가 비거나, 새로운 메시지가 도착한 이후에만 발생할 것이다.

- 하나의 통지가 등록된 프로세스로 전달된 이후에, 등록은 제거되고, 모든 프로세스는 통지를 위해 자신을 등록할 수 있다. 즉 프로세스는 통지를 계속해서 받기를 원하는 한, 해당 프로세스는 각 통지 이후에 mq_notify()를 다시 한 번 더 호출함으로써 재등록할 수 있다.

- 등록된 프로세스는 다른 프로세스가 현재 해당 큐에 대해 mq_receive() 호출에서 블록되지 않은 경우에만 통지를 받는다. 다른 프로세스가 mq_receive()에 블록된 경우, 그 프로세스가 메시지를 읽고, 등록된 프로세스는 등록된 상태로 남게 된다.

- 프로세스는 notification 인자를 NULL로 하여 mq_notify()를 호출함으로써 메시지 통지를 위한 타깃으로서 자신을 명시적으로 등록 해제할 수 있다.

Vol. 1의 23.6.1절에서 notification 인자를 입력하는 데 사용된 sigevent 구조체를 이미 살펴봤다. 여기서는 mq_notify()와 관련된 필드만을 보여주는 단순화된 형태의 구조체를 나타낸다.

```
union sigval {
    int sival_int;                      /* 데이터와 동반되는 정수값 */
    void *sival_ptr;                    /* 데이터와 동반되는 포인터 값 */
};

struct sigevent {
    int sigev_notify;                   /* 통지 방법 */
    int sigev_signo;                    /* SIGEV_SIGNAL을 위한 통지 시그널 */
    union sigval sigev_value;           /* 시그널 핸들러나 스레드 함수에 전달되는 값 */
    void (*sigev_notify_function) (union sigval);
                                        /* 스레드 통지 함수 */
    void *sigev_notify_attributes;      /* 실제 'pthread_attr_t' */
};
```

이 구조체의 sigev_notify 필드는 다음 중의 하나로 설정된다.

- SIGEV_NONE: 통지를 위해 이 프로세스를 등록하지만, 메시지가 사전에 빈 큐에 도착할 때는 프로세스에 알려주지 않는다. 기본적으로 등록은 새로운 메시지가 빈 큐에 도착할 때 제거된다.

- SIGEV_SIGNAL: sigev_signo 필드에 명시된 시그널을 생성함으로써 프로세스에 알려준다. sigev_signo가 실시간 시그널이면, sigev_value 필드는 시그널과 함께 전달되는 데이터를 명시한다(Vol. 1의 22.8.1절 참조). 전달되는 데이터는 시그널 핸들러에 전달되거나 sigwaitinfo() 또는 sigtimedwait() 호출이 리턴하는 siginfo_t 구조체의 si_value 필드를 통해 추출될 수 있다. siginfo_t 구조체의 필드인 SI_MESGQ 값을 가진 si_code, 시그널 번호인 si_signo, 메시지를 보낸 프로세서의 프로세스 ID인 si_pid, 메시지를 보낸 프로세스의 실제 사용자 ID인 si_uid도 해당 정보를 갖는다(si_pid와 si_uid 필드는 대부분의 다른 구현에서는 설정되지 않는다).

- SIGEV_THREAD: 새로운 스레드에서 시작 함수와 같이, sigev_notify_function에 명시된 함수를 호출함으로써 프로세스에 알린다. sigev_notify_attributes 필드는 NULL이나 스레드의 속성을 정의(1.8절 참조)하는 pthread_attr_t의 포인터로 명시될 수 있다. sigev_value에 명시된 유니온 sigval 값은 이 함수의 인자로 전달된다.

15.6.1 시그널을 통한 통지 수신

리스트 15-6은 시그널을 사용한 메시지 통지의 예다. 이 프로그램은 다음 과정을 실행한다.

1. 비블로킹 모드의 명령행에 명시된 이름으로 메시지 큐를 열고①, 큐를 위한 mq_msgsize 속성을 결정하고②, 수신 메시지를 위한 버퍼 크기를 할당한다③.

2. 통지 시그널(SIGUSR1)을 블록하고, 핸들러를 만든다④.

3. 메시지 통지를 받는 프로세스를 등록하기 위해 mq_notify()의 초기 호출을 한다.

4. 다음 과정을 수행하는 무한 루프를 실행한다⑤.

   a) 통지 시그널을 블록해제하고, 시그널이 잡힐 때까지 대기하는 sigsuspend()를 호출한다⑥. 시스템 호출로부터의 리턴은 메시지 통지가 발생했음을 나타낸다. 이 시점에서 프로세스는 메시지 통지가 등록 해제되어 있을 것이다.

   b) 메시지 통지를 받는 프로세스를 재등록하기 위해 mq_notify()를 호출한다⑦.

   c) 가능한 한 많은 메시지를 읽음으로써 큐를 소모시키는 while 루프를 실행한다⑧.

리스트 15-6 시그널을 통한 메시지 통지 수신

```
                                                         pmsg/mq_notify_sig.c
#include <signal.h>
#include <mqueue.h>
#include <fcntl.h>                /* O_NONBLOCK의 정의 */
#include "tlpi_hdr.h"

#define NOTIFY_SIG SIGUSR1

static void
handler(int sig)
{
    /* 단지 sigsuspend() 인터럽트 */
}

int
main(int argc, char *argv[])
{
    struct sigevent sev;
    mqd_t mqd;
    struct mq_attr attr;
    void *buffer;
    ssize_t numRead;
    sigset_t blockMask, emptyMask;
```

```
    struct sigaction sa;

    if (argc != 2 || strcmp(argv[1], "--help") == 0)
        usageErr("%s mq-name\n", argv[0]);

①  mqd = mq_open(argv[1], O_RDONLY | O_NONBLOCK);
    if (mqd == (mqd_t) -1)
        errExit("mq_open");

②  if (mq_getattr(mqd, &attr) == -1)
        errExit("mq_getattr");

③  buffer = malloc(attr.mq_msgsize);
    if (buffer == NULL)
        errExit("malloc");

④  sigemptyset(&blockMask);
    sigaddset(&blockMask, NOTIFY_SIG);
    if (sigprocmask(SIG_BLOCK, &blockMask, NULL) == -1)
        errExit("sigprocmask");
    sigemptyset(&sa.sa_mask);
    sa.sa_flags = 0;
    sa.sa_handler = handler;
    if (sigaction(NOTIFY_SIG, &sa, NULL) == -1)
        errExit("sigaction");

⑤  sev.sigev_notify = SIGEV_SIGNAL;
    sev.sigev_signo = NOTIFY_SIG;
    if (mq_notify(mqd, &sev) == -1)
        errExit("mq_notify");

    sigemptyset(&emptyMask);

    for (;;) {
⑥      sigsuspend(&emptyMask);          /* 통지 시그널을 기다림 */

⑦      if (mq_notify(mqd, &sev) == -1)
            errExit("mq_notify");

⑧      while ((numRead = mq_receive(mqd, buffer, attr.mq_msgsize,
                NULL)) >= 0)
            printf("Read %ld bytes\n", (long) numRead);

        if (errno != EAGAIN)            /* 예상치 못한 에러 */
            errExit("mq_receive");
    }
}
```

리스트 15-6 프로그램의 여러 가지 측면을 좀 더 살펴보겠다.

- 통지 시그널을 차단하고, 그 시그널을 기다리기 위해 프로그램이 for 루프의 어딘가에서(즉 시그널 대기가 블록되지 않음) 실행되고 있는 동안 전달되는 시그널을 잃어버릴 가능성을 차단하는 pause()를 사용하는 대신에 sigsuspend()를 사용한다.

- 비블로킹 모드에서 큐를 열고, 통지가 발생할 때마다 큐로부터 모든 메시지를 읽기 위해 while 루프를 사용한다. 이런 식으로 큐를 비우면 새로운 메시지가 도착할 때 추가적인 통지가 생성됨을 보장한다. 비블로킹 모드를 사용한다는 건, 큐를 비울 때 while 루프가 종료(mq_receive()는 EAGAIN 에러로 실패할 것이다)된다는 뜻이다(이런 접근 방법은 26.1.1절에서 설명할 에지 트리거edge-triggered I/O 통지의 사용과 동일하며, 같은 이유로 사용된다).

- for 루프 내에서 큐로부터 모든 메시지를 읽기 전에 메시지 통지를 재등록하는 것은 중요한 문제다. 이 과정을 반대로 할 경우, 다음과 같은 과정이 발생할 것이다. 즉 모든 메시지가 큐로부터 읽히고, while 루프가 사라진다. 그리고 다른 메시지가 큐에 들어오고, mq_notify()는 메시지 통지를 재등록하기 위해 호출된다. 큐가 이미 빈 상태가 아니기 때문에, 이 시점에서 어떠한 추가적인 통지 시그널도 생성되지 않을 것이다. 결과적으로 프로그램은 sigsuspend()의 다음 호출에서 영원히 블록된 상태로 남을 것이다.

15.6.2 스레드를 통한 통지 수신

리스트 15-7은 스레드를 사용한 메시지 통지의 예를 보여준다. 이 프로그램은 리스트 15-6의 여러 가지 설계 특징을 공유한다.

- 메시지 통지가 발생할 때, 프로그램은 큐를 소진하기 전에 통지를 다시 활성화한다②.

- 비블로킹 모드가 사용되고, 따라서 통지를 받은 이후에 차단하지 않고 큐를 완전히 소진할 수 있다⑤.

리스트 15-7 스레드를 통한 메시지 통지 수신

```
                                                    pmsg/mq_notify_thread.c
#include <pthread.h>
#include <mqueue.h>
```

```
   #include <fcntl.h>                   /* O_NONBLOCK의 정의 */
   #include "tlpi_hdr.h"

   static void notifySetup(mqd_t *mqdp);

   static void                        /* 스레드 통지 함수 */
① threadFunc(union sigval sv)
   {
      ssize_t numRead;
      mqd_t *mqdp;
      void *buffer;
      struct mq_attr attr;

      mqdp = sv.sival_ptr;

      if (mq_getattr(*mqdp, &attr) == -1)
          errExit("mq_getattr");

      buffer = malloc(attr.mq_msgsize);
      if (buffer == NULL)
          errExit("malloc");

②    notifySetup(mqdp);

      while ((numRead = mq_receive(*mqdp, buffer, attr.mq_msgsize, NULL)) >= 0)
          printf("Read %ld bytes\n", (long) numRead);

      if (errno != EAGAIN)                        /* 예상치 못한 에러 */
          errExit("mq_receive");

      free(buffer);
      pthread_exit(NULL);
   }

   static void
   notifySetup(mqd_t *mqdp)
   {
      struct sigevent sev;
③    sev.sigev_notify = SIGEV_THREAD;             /* 스레드를 통해 통지 */
      sev.sigev_notify_function = threadFunc;
      sev.sigev_notify_attributes = NULL;
              /* pthread_attr_t 구조체의 포인터가 될 수 있음 */
④    sev.sigev_value.sival_ptr = mqdp;            /* threadFunc()의 인자 */

      if (mq_notify(*mqdp, &sev) == -1)
          errExit("mq_notify");
   }
```

```
int
main(int argc, char *argv[])
{
    mqd_t mqd;

    if (argc != 2 || strcmp(argv[1], "--help") == 0)
        usageErr("%s mq-name\n", argv[0]);

⑤   mqd = mq_open(argv[1], O_RDONLY | O_NONBLOCK);
    if (mqd == (mqd_t) -1)
        errExit("mq_open");

⑥   notifySetup(&mqd);
    pause();                            /* 스레드 함수를 통해 통지를 기다림 */
}
```

리스트 15-7 프로그램의 설계에서 다음 사항을 알아두자.

- 프로그램은 mq_notify()에 전달되는 sigevent 구조체의 sigev_notify 필드에 SIGEV_THREAD를 명시함으로써 스레드를 통해 통지를 요청한다. 스레드의 시작 함수인 threadFunc()는 sigev_notify_function 필드에 명시된다③.
- 메시지 통지를 활성화한 이후에, 주 프로그램은 무기한 중지하고⑥, 메시지 통지가 다른 스레드에서 threadFunc()를 호출함으로써 전달된다①.
- 메시지 큐 디스크립터 mqd를 전역 변수로 만듦으로써 threadFunc()에서 볼 수 있게 할 수도 있었다. 하지만 대체 방법을 나타내고자 다른 방법을 사용했다. 즉 mq_notify()에 전달된 sigev_value.sival_ptr 필드에 메시지 큐 디스크립터의 주소를 넣는다④. 이후에 threadFunc()가 호출될 때, 이 주소는 인자로 전달된다.

 배열 형식이 아니라는 조항 외에 SUSv3는 mqd_t 데이터형을 나타내는 데 사용되는 형식의 크기나 유형에 대해서는 보장을 하지 않기 때문에, 메시지 큐 디스크립터의 포인터는 (어떤 캐스팅된) 디스크립터 자체보다는 sigev_value.sival_ptr에 할당해야 한다.

15.7 리눅스 고유의 특징

POSIX 메시지 큐의 리눅스 구현은 표준화되지는 않았지만 유용한 많은 기능을 제공한다.

명령행을 통해 메시지 큐 객체 출력하고 제거하기

14장에서 POSIX IPC 객체는 가상 파일 시스템의 파일로 구현됐고, 이런 파일은 ls와 rm으로 출력하고 제거될 수 있다는 사실을 언급했다. POSIX 메시지 큐로 이러한 동작을 하기 위해서는 다음과 같은 형식의 명령을 사용해 메시지 큐 파일 시스템을 마운트해야 한다.

```
# mount -t mqueue source target
```

source는 어떤 이름도 될 수 있다(문자열 none을 명시하는 것이 일반적이다). source의 유일한 중요점은 /proc/mounts에 나타나고 mount와 df 명령으로 출력된다는 사실이다. target은 메시지 큐 파일 시스템의 마운트 지점이다.

다음 셸 세션은 어떻게 메시지 큐 파일 시스템을 마운트하고, 내용을 출력하는지 보여준다. 파일 시스템의 마운트 지점을 생성하고, 그것을 마운트함으로써 시작한다.

```
$ su                                  마운트를 위해 특권이 요구됨
Password:
# mkdir /dev/mqueue
# mount -t mqueue none /dev/mqueue
$ exit                                루트 셸 세션을 종료
```

다음으로 새로운 마운트를 위해 /proc/mounts의 기록을 출력하고, 마운트 디렉토리의 권한을 보여준다.

```
$ cat /proc/mounts | grep mqueue
none /dev/mqueue mqueue rw 0 0
$ ls -ld /dev/mqueue
drwxrwxrwt  2 root root 40 Jul 26 12:09 /dev/mqueue
```

ls 명령의 출력에서 한 가지 짚고 넘어갈 사항은 메시지 큐 파일 시스템은 마운트 디렉토리에 스티키 비트가 자동적으로 설정된다는 점이다(ls가 출력하는 기타other 실행 권한에 t가 있다는 사실로부터 확인할 수 있다). 이는 비특권 프로세스는 소유하고 있는 메시지 큐만을 링크 해제할 수 있음을 의미한다.

다음으로 메시지 큐를 생성하고, 파일 시스템에서 볼 수 있다는 사실을 나타내기 위해 ls를 사용하고, 메시지 큐를 제거한다.

```
$ ./pmsg_create -c /newq
$ ls /dev/mqueue
newq
$ rm /dev/mqueue/newq
```

메시지 큐에 대한 정보를 획득

메시지 큐 파일 시스템에서 파일의 내용을 출력할 수 있다. 각각의 가상 파일은 관련된 메시지 큐의 정보를 담고 있다.

```
$ ./pmsg_create -c /mq                    메시지 큐 생성
$ ./pmsg_send /mq abcdefg                 큐에 7바이트 쓰기
$ cat /dev/mqueue/mq
QSIZE:7        NOTIFY:0    SIGNO:0     NOTIFY_PID:0
```

QSIZE 필드는 큐에 있는 데이터의 전체 바이트 수다. 나머지 필드는 메시지 통지와 관련된다. NOTIFY_PID가 0이 아니라면, 명시된 프로세스 ID를 가진 프로세스는 이 큐로부터 메시지 통지를 등록했고, 나머지 필드는 통지 형식에 대한 정보를 제공한다.

- NOTIFY는 sigev_notify 상수값인 SIGEV_SIGNAL(0), SIGEV_NONE(1), SIGEV_THREAD(2) 중의 하나와 일치하는 값이다.
- 통지 메소드가 SIGEV_SIGNAL이라면, SIGNO 필드는 어떤 시그널이 메시지 통지를 위해 전달됐는지 가리킨다.

다음 셸 세션은 이러한 필드에 나타난 정보를 설명한다.

```
$ ./mq_notify_sig /mq &                   SIGUSR1을 사용해 통지 (x86에서 시그널 10)
[1] 18158
$ cat /dev/mqueue/mq
QSIZE:7        NOTIFY:0    SIGNO:10    NOTIFY_PID:18158
$ kill %1
[1]   Terminated   ./mq_notify_sig /mq
$ ./mq_notify_thread /mq &                스레드를 이용해 통지
[2] 18160
$ cat /dev/mqueue/mq
QSIZE:7        NOTIFY:2    SIGNO:0     NOTIFY_PID:18160
```

대체 I/O 모델을 이용한 메시지 큐 사용

리눅스 구현에서 메시지 큐 디스크립터는 실질적으로 파일 디스크립터다. I/O 멀티플렉싱 시스템 호출(select()와 poll())이나 epoll API를 사용해 파일 디스크립터를 감시할 수 있다(이 API에 대한 자세한 정보는 26장을 참조하라). 이 동작은 메시지 큐와 파일 디스크립터 둘 다에서 입력을 기다리려고 할 때, 시스템 V 메시지 큐에서 맞닥뜨릴 수 있는 어려움을 피하게 해준다. 그러나 이런 특징은 비표준이며, SUSv3는 메시지 큐 디스크립터가 파일 디스크립터로서 구현돼야 한다고 요구하지 않는다.

15.8 메시지 큐 한도

SUSv3는 POSIX 메시지 큐의 두 가지 한도를 정의한다.

- MQ_PRIO_MAX: 15.5.1절에서 메시지의 최대 우선순위를 정의하는 이러한 한도를 기술했다.

- MQ_OPEN_MAX: 구현은 프로세스가 열린 채로 가지고 유지할 수 있는 메시지 큐의 최대 수를 가리키기 위해 이런 한도를 정의할 수 있다. SUSv3는 이런 한도가 적어도 _POSIX_MQ_OPEN_MAX(8)가 되도록 요구한다. 리눅스는 이 값을 정의하지 않는다. 대신에, 리눅스는 메시지 디스크립터를 파일 디스크립터로 구현하기 때문에 (15.7절 참조), 가용 한도는 파일 디스크립터에 적용되는 것과 같다(다시 말해, 리눅스에서 파일 디스크립터의 수에 대한 프로세스별 시스템 전반의 한도는 실질적으로 파일 디스크립터와 메시지 큐 디스크립터의 합에 적용된다). 적용되는 한도에 대한 더욱 자세한 사항은 Vol. 1 31.3절의 RLIMIT_NOFILE 자원 한도에 관한 논의를 참조하기 바란다.

위에 설명한 SUSv3의 한도뿐만 아니라, 리눅스는 POSIX 메시지 큐의 사용을 제어하는 한도를 보거나 (특권이 있다면) 변경하기 위해 몇 가지 /proc 파일을 제공한다. 다음의 세 가지 파일은 /proc/sys/fs/mqueue 디렉토리에 위치한다.

- msg_max: 이 한도는 새로운 메시지 큐의 mq_maxmsg 속성 상한을 명시한다(즉 mq_open()으로 큐를 생성할 때 attr.mq_maxmsg의 상한). 이 한도의 기본값은 10이다. 최소값은 1이다(커널 2.6.28 이전에는 10). 최대값은 커널 상수 HARD_MSGMAX에 의해 정의된다. 이 상수의 값은 (131,072 / sizeof(void *))로 계산되고, 이 값은 리눅스/x86-32에서 32,768이다. 특권 프로세스(CAP_SYS_RESOURCE)가 mq_open()을 호출할 때 msg_max 한도는 무시되지만, HARD_MSGMAX는 여전히 attr.mq_maxmsg의 상한으로 동작한다.

- msgsize_max: 이 한도는 비특권 프로세스가 생성한 새로운 메시지 큐의 mq_msgsize 속성 상한을 명시한다(즉 mq_open()으로 큐를 생성할 때 attr.mq_msgsize의 상한). 이 한도의 기본값은 8192다. 최소값은 128이다(리눅스 2.6.28 이전의 커널에서는 8192). 최대값은 1,048,576이다(2.6.28 이전 커널에서는 INT_MAX). 이 한도는 특권 프로세스(CAP_SYS_RESOURCE)가 mq_open()을 호출할 때는 무시된다.

- queues_max: 이 값은 생성될 메시지 큐의 수를 제한하는 시스템 전반의 한도다. 이 한도에 도달하면, 특권 프로세스(CAP_SYS_RESOURCE)만이 새로운 큐를 생성할

수 있다. 이 한도의 기본값은 256이며, 0부터 INT_MAX 범위 내의 어떤 값으로도 바꿀 수 있다.

리눅스는 호출 프로세스의 실제 사용자 ID에 속한 모든 메시지 큐에 의해 소비될 수 있는 공간의 상한을 정하는 데 사용될 수 있는 RLIMIT_MSGQUEUE 자원 한도를 제공한다. 자세한 내용은 Vol. 1의 31.3절을 참조하기 바란다.

15.9 POSIX와 시스템 V 메시지 큐의 비교

14.2절에서는 시스템 V의 IPC 인터페이스와 비교해 POSIX IPC 인터페이스의 여러 가지 장점을 살펴봤다. 즉 POSIX IPC 인터페이스는 더 단순하고, 전통적인 유닉스 파일 모델과 더욱 일관성을 가지며, 또한 POSIX IPC 객체는 언제 객체를 제거할지에 대한 작업을 단순하게 해주는 참조 카운트를 갖는다.

POSIX 메시지 큐는 시스템 V 메시지 큐에 비해 다음과 같은 장점이 있다.

- 메시지가 이전에 비어 있는 큐에 도착했을 때, 메시지 통지 기능은 (하나의) 프로세스로 하여금 시그널이나 스레드의 인스턴스를 통해 비동기적으로 통지를 받을 수 있게 허용한다.
- 리눅스에서(그러나 그 밖의 유닉스 구현은 아닌) POSIX 메시지 큐는 poll(), select(), epoll을 사용해 감시될 수 있다. 시스템 V 메시지 큐는 이러한 기능을 제공하지 않는다.

그러나 POSIX 메시지 큐는 시스템 V 메시지 큐와 비교해 단점도 있다.

- POSIX 메시지 큐는 이식성이 떨어진다. 이 문제는 리눅스 시스템 간에도 적용되는데, 이는 메시지 큐가 커널 2.6.6부터만 지원되기 때문이다.
- type으로 시스템 V 메시지를 선택하는 기능은 POSIX 메시지의 엄격한 우선순위 순서보다 조금 나은 유연성을 제공한다.

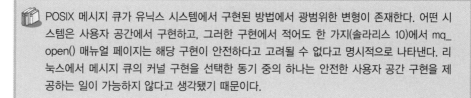

POSIX 메시지 큐가 유닉스 시스템에서 구현된 방법에서 광범위한 변형이 존재한다. 어떤 시스템은 사용자 공간에서 구현하고, 그러한 구현에서 적어도 한 가지(솔라리스 10)에서 mq_open() 매뉴얼 페이지는 해당 구현이 안전하다고 고려될 수 없다고 명시적으로 나타낸다. 리눅스에서 메시지 큐의 커널 구현을 선택한 동기 중의 하나는 안전한 사용자 공간 구현을 제공하는 일이 가능하지 않다고 생각됐기 때문이다.

15.10 정리

POSIX 메시지 큐는 프로세스로 하여금 메시지의 형태로 데이터를 교환하게 해준다. 각 메시지에는 관련된 정수 형태의 우선순위가 있고, 메시지는 우선순위를 가지고 큐에 입력된다(그리고 전달된다).

POSIX 메시지 큐는 시스템 V 메시지 큐와 비교했을 때, 참조 카운트가 있고 프로세스가 빈 큐에 메시지가 도착했음을 비동기적으로 통지받을 수 있다는 장점이 있다. 그러나 POSIX 메시지 큐는 시스템 V 메시지 큐보다 이식성이 떨어진다.

더 읽을거리

[Stevens, 1999]는 POSIX 메시지 큐를 대체할 수 있는 표현법을 제시하고, 메모리 맵 파일을 사용한 사용자 공간 구현을 보여준다. POSIX 메시지 큐는 [Gallmeister, 1995]에도 자세히 기술되어 있다.

15.11 연습문제

15-1. 명령행에서 타임아웃(상대적인 초)을 받아들이고, `mq_receive()` 대신에 `mq_timedreceive()`를 사용해 리스트 15-5(pmsg_receive.c)의 프로그램을 수정하라.

15-2. POSIX 메시지 큐를 사용해 7.8절의 순서 번호 클라이언트/서버 응용 프로그램을 다시 작성하라.

15-3. 시스템 V 메시지 큐 대신에 POSIX 메시지 큐를 사용해 9.8절의 파일 서버 응용 프로그램을 재작성하라.

15-4. POSIX 메시지 큐를 사용하는 (talk(1)과 유사하지만, curses 인터페이스가 없는) 간단한 채팅 프로그램을 작성하라.

15-5. `mq_notify()`에 의해 만들어진 메시지 통지는 한 번만 발생한다는 사실을 나타내기 위해 리스트 15-6의 프로그램(mq_notify_sig.c)을 수정하라. 이 프로그램은 for 루프 내에 `mq_notify()` 호출을 삭제함으로써 구현될 수 있다.

15-6. 리스트 15-6(mq_notify_sig.c)에서 시그널 핸들러 대신 sigwaitinfo()를 사용하는 방법으로 대체하라. sigwaitinfo()가 리턴하자마자, siginfo_t 구조체에 리턴된 값을 출력하라. 프로그램이 sigwaitinfo()에 의해 리턴된 siginfo_t 구조체에서 메시지 큐 디스크립터를 획득하는 방법은 무엇인가?

15-7. 리스트 15-7에서 buffer가 전역 변수로 만들어져서 (주 프로그램에서) 메모리가 한 번만 할당되는 일이 가능한가? 본인의 생각을 기술하라.

16

POSIX 세마포어

16장은 프로세스와 스레드가 공유 자원 접근을 동기화하는 데 쓸 수 있는 POSIX 세마포어에 대해 기술한다. 10장에서 시스템 V 세마포어를 설명했으므로, 여기서는 독자들이 세마포어의 기본 개념을 알고 있다는 가정하에 설명을 이어나간다. 16장 전반에 걸쳐 POSIX 세마포어와 시스템 V 세마포어 간에 API가 동일하게 사용되는 경우와 다르게 사용되는 경우를 비교할 것이다.

16.1 개요

SUSv3는 POSIX 세마포어의 두 가지 종류를 명시한다.

- 기명 세마포어: 이 종류의 세마포어는 이름이 있다. 동일한 이름으로 sem_open() 을 호출함으로써, 관련이 없는 프로세스가 동일한 세마포어에 접근할 수 있다.

- 무기명 세마포어: 이 종류의 세마포어는 이름이 없다. 대신에, 메모리의 동의가 이뤄진 장소에 위치한다. 무기명 세마포어는 프로세스 간 혹은 스레드 그룹 간에 공유될 수 있다. 프로세스 사이에 공유될 때, 세마포어는 공유 메모리의 영역(시스템 V나 POSIX, mmap())에 위치해야만 한다. 스레드 간에 공유될 때, 세마포어는 스레드가 공유하는 메모리 영역에 위치할 것이다(예를 들어, 힙이나 전역 변수).

POSIX 세마포어는 시스템 V 세마포어와 동일한 방식으로 동작한다. 즉 POSIX 세마포어는 0 이하로 떨어지는 것이 허용되지 않는 정수값이다. 프로세스가 세마포어의 값을 0 이하로 떨어뜨리려고 하면, 사용된 함수에 따라서 호출은 해당 오퍼레이션은 현재 불가능함을 가리키는 에러로 블록되거나 실패한다.

일부 시스템에서는 POSIX 세마포어의 전체 구현을 제공하지 않는다. 일반적인 제한 사항은 무기명 스레드 공유 세마포어만이 지원된다는 것이다. 이는 리눅스 2.4의 상황이었고, 커널 2.6과 NPTL을 제공하는 glibc에서는 POSIX 세마포어의 전체 구현이 제공된다.

 NPTL을 지원하는 리눅스 2.6에서 세마포어 오퍼레이션(증가와 감소)은 futex(2) 시스템 호출을 사용해 구현됐다.

16.2 기명 세마포어

기명 세마포어로 동작하기 위해 다음과 같은 함수를 사용한다.

- sem_open() 함수는 세마포어를 열거나 생성하고, 해당 호출에 의해 생성됐다면 초기화하며, 이후 호출의 사용을 위해 핸들을 리턴한다.
- sem_post(sem)과 sem_wait(sem) 함수는 각각 세마포어의 값을 증가시키고, 감소시킨다.
- sem_getvalue() 함수는 세마포어의 현재 값을 추출한다.
- sem_close() 함수는 호출 프로세스의 이전에 열린 세마포어와의 관계를 제거한다.
- sem_unlink() 함수는 세마포어 이름을 제거하고, 모든 프로세스가 해당 세마포어를 닫은 경우에 삭제를 위해 세마포어에 표시한다.

SUSv3는 기명 세마포어가 어떻게 구현돼야 하는지 명시하지 않는다. 몇몇 유닉스 구현은 표준 파일 시스템의 특정 위치에 파일로서 생성한다. 리눅스에서 기명 세마포어는 /dev/shm 디렉토리하에 마운트된 전용의 tmpfs 파일 시스템(Vol. 1의 14.10절 참조)에서 이름이 sem.*name* 형태인 작은 POSIX 공유 메모리 객체로 생성된다. 이런 파일 시스템은 커널 지속성(어떠한 프로세스가 해당 세마포어를 열지 않았더라도, 세마포어 객체는 유지됨)을 갖지만, 시스템이 종료되면 없어질 것이다.

기명 세마포어는 커널 2.6부터 리눅스에서 지원된다.

16.2.1 기명 세마포어 열기

sem_open() 함수는 새로 기명 세마포어를 생성하고 열거나, 기존 세마포어를 연다.

```
#include <fcntl.h>            /* O_* 상수 정의 */
#include <sys/stat.h>         /* 모드 상수 정의 */
#include <semaphore.h>

sem_t *sem_open(const char *name, int oflag, ...
                /* mode_t mode, unsigned int value */ );
```
성공하면 세마포어의 포인터를 리턴하고, 에러가 발생하면 SEM_FAILED를 리턴한다.

name 인자는 세마포어를 식별한다. 이 값은 14.1절에서 살펴본 규칙에 의거해 명시된다.

oflag 인자는 기존 세마포어를 열지, 새로운 세마포어를 생성하고 열지를 나타내는 비트 마스크다. oflag가 0이면, 기존 세마포어에 접근한다. O_CREAT가 oflag에 명시되면, 주어진 name이 이미 존재하지 않는 경우 새로운 세마포어가 생성된다. oflag가 O_CREAT와 O_EXCL 모두에 명시되고, 주어진 name의 세마포어가 이미 존재한다면, sem_open()은 실패한다.

sem_open()이 기존 세마포어를 열기 위해 사용된다면, 해당 호출은 두 가지 인자만을 요구한다. 그러나 O_CREAT가 flags에 명시되면, mode와 value라는 두 가지 인자가 추가로 요구된다(name에 명시된 세마포어가 이미 존재한다면, 이 두 가지 인자는 무시된다). 해당 인자는 다음과 같다.

- mode 인자는 새로운 세마포어가 가질 권한을 명시하는 비트 마스크다. 이 비트 값은 파일의 경우와 동일하고(Vol. 1, 417페이지의 표 15-4 참조), open()을 사용하면 mode 값은 프로세스의 umask(Vol. 1의 15.4.6절 참조)와 반대로 설정된다. SUSv3는

oflag를 위해 어떠한 접근 모드 플래그(O_RDONLY, O_WRONLY, O_RDWR)도 명시하지 않는다. 세마포어를 사용하는 대부분의 응용 프로그램은 세마포어의 값을 읽고 수정하도록 sem_post()와 sem_wait()를 사용해야 하기 때문에, 리눅스를 포함한 많은 구현에서 세마포어를 열 때 접근 모드는 O_RDWR로 가정한다. 이는 세마포어에 접근할 필요가 있는 각 사용자 그룹(소유자, 그룹, 기타)에 읽기와 쓰기 권한이 허용돼야 한다는 뜻이다.

- value 인자는 새로운 세마포어에 할당되는 초기값을 명시하는 부호 없는 정수다. 세마포어의 생성과 초기화는 아토믹하게 실행된다. 이런 동작은 시스템 V 세마포어의 초기화(10.5절 참조)에 요구되는 복잡성을 피한다.

새로운 세마포어를 생성하거나 현존하는 세마포어를 여는 것과는 관계없이, sem_open()은 sem_t 값의 포인터를 리턴하고, 세마포어에 동작하는 함수들의 차후 호출에 이 포인터를 사용한다. 에러 시 sem_open()은 SEM_FAILED 값을 리턴한다(대부분의 구현에서 SEM_FAILED는 ((sem_t *) 0)이나 ((sem_t *) -1) 중의 하나로 정의되며, 리눅스는 전자로 정의한다).

SUSv3는 sem_open()의 리턴값이 가리키는 sem_t 변수의 복사본에 오퍼레이션(sem_post(), sem_wait() 등)을 실행하려고 할 때, 그 결과는 정의되지 않았다고 명시한다. 다시 말해, sem2의 다음 사용은 허용되지 않는다.

```
sem_t *sp, sem2
sp = sem_open(...);
sem2 = *sp;
sem_wait(&sem2);
```

자식이 fork()를 통해 생성될 때, 부모에서 열린 모든 기명 세마포어의 참조를 상속한다. fork() 이후에, 부모와 자식은 동작을 동기화하기 위해 이러한 세마포어를 사용할 수 있다.

예제 프로그램

리스트 16-1의 프로그램은 sem_open() 함수의 간단한 명령행 인터페이스를 제공한다. 이 프로그램의 명령 포맷은 usageError() 함수에 나타난다.

다음 셸 세션 로그는 이 프로그램의 사용 예다. 우선 기타other에 속하는 사용자의 모든 권한을 거부하기 위해 umask 명령을 사용한다. 그리고 세마포어를 배타적으로 생성하며, 기명 세마포어를 포함하는 리눅스 고유의 가상 디렉토리 내용을 검사한다.

```
$ umask 007
$ ./psem_create -cx /demo 666          666은 모든 사용자에 대해 읽기+쓰기를 의미한다.
$ ls -l /dev/shm/sem.*
-rw-rw----  1 mtk users 16 Jul  6 12:09 /dev/shm/sem.demo
```

ls 명령의 출력은 프로세스 umask가 사용자 그룹 기타other에 대해 읽기와 쓰기 권한을 덮어썼음을 보여준다.

　동일한 이름으로 세마포어를 한 번 더 생성하려고 시도하면, 동일한 이름이 이미 존재하기 때문에 오퍼레이션은 실패한다.

```
$ ./psem_create -cx /demo 666
ERROR [EEXIST File exists] sem_open          O_EXCL로 인해 실패
```

리스트 16-1 POSIX 기명 세마포어를 열거나 생성하기 위한 sem_open() 사용 예

```
                                                        psem/psem_create.c
#include <semaphore.h>
#include <sys/stat.h>
#include <fcntl.h>
#include "tlpi_hdr.h"

static void
usageError(const char *progName)
{
    fprintf(stderr, "Usage: %s [-cx] name [octal-perms [value]]\n",
            progName);
    fprintf(stderr, "    -c  Create semaphore (O_CREAT)\n");
    fprintf(stderr, "    -x  Create exclusively (O_EXCL)\n");
    exit(EXIT_FAILURE);
}


int
main(int argc, char *argv[])
{
    int flags, opt;
    mode_t perms;
    unsigned int value;
    sem_t *sem;

    flags = 0;
    while ((opt = getopt(argc, argv, "cx")) != -1) {
        switch (opt) {
        case 'c': flags |= O_CREAT;  break;
        case 'x': flags |= O_EXCL;   break;
        default:  usageError(argv[0]);
        }
    }
```

```
    if (optind >= argc)
        usageError(argv[0]);

    /* 기본 권한은 rw------; 기본 세마포어 초기값은 0 */

    perms = (argc <= optind + 1) ? (S_IRUSR | S_IWUSR) :
                getInt(argv[optind + 1], GN_BASE_8, "octal-perms");
    value = (argc <= optind + 2) ? 0 : getInt(argv[optind + 2], 0,
                "value");

    sem = sem_open(argv[optind], flags, perms, value);
    if (sem == SEM_FAILED)
        errExit("sem_open");

    exit(EXIT_SUCCESS);
}
```

16.2.2 세마포어 종료

프로세스가 기명 세마포어를 열 때, 시스템은 프로세스와 세마포어 간의 관계를 기록한다. sem_close() 함수는 이러한 관계를 제거하고(즉 세마포어를 닫음), 시스템이 프로세스와 세마포어에 관련지은 자원을 해제하며, 세마포어를 참조하는 프로세스의 수를 감소시킨다.

```
#include <semaphore.h>

int sem_close(sem_t *sem);
```
                                            성공하면 0을 리턴하고, 에러가 발생하면 −1을 리턴한다.

열린 기명 세마포어는 프로세스의 종료나 프로세스가 exec()를 실행하는 경우, 자동으로 종료된다.

세마포어를 닫는다고 해서 해당 세마포어가 제거되진 않는다. 이를 위해서는 sem_unlink()를 사용해야 한다.

16.2.3 기명 세마포어 제거

sem_unlink() 함수는 name으로 식별되는 세마포어를 제거하고, 모든 프로세스가 사용을 중지하면 제거됐다고 표시한다(열린 세마포어를 소유한 모든 프로세스가 해당 세마포어를 닫은 즉시를 의미함).

```
#include <semaphore.h>

int sem_unlink(const char *name);
```
                            성공하면 0을 리턴하고, 에러가 발생하면 −1을 리턴한다.

리스트 16-2는 sem_unlink()의 사용 예다.

리스트 16-2 POSIX 기명 세마포어를 링크 해제하는 sem_unlink()의 사용 예

psem/psem_unlink.c

```
#include <semaphore.h>
#include "tlpi_hdr.h"

int
main(int argc, char *argv[])
{
    if (argc != 2 || strcmp(argv[1], "--help") == 0)
        usageErr("%s sem-name\n", argv[0]);

    if (sem_unlink(argv[1]) == -1)
        errExit("sem_unlink");
    exit(EXIT_SUCCESS);
}
```

16.3 세마포어 오퍼레이션

시스템 V 세마포어와 동일하게, POSIX 세마포어는 시스템이 0 이하의 값을 허용하지 않
는 정수다. 그러나 POSIX 세마포어 오퍼레이션은 다음과 같은 관점에서 시스템 V의 대
응되는 오퍼레이션과 다르다.

- 세마포어의 값을 변경하는 함수(sem_post()와 sem_wait())는 한 번에 하나의 세마
  포어에 동작한다. 반대로, 시스템 V의 semop() 시스템 호출은 집합으로 구성된
  여러 세마포어에 동작할 수 있다.
- sem_post()와 sem_wait() 함수는 세마포어의 값을 정확하게 1씩 증가시키고,
  감소시킨다. 반대로, semop()는 임의의 값을 더하고, 뺄 수 있다.
- 시스템 V 세마포어가 제공하는 '0을 기다림wait-for-zero'과 동일한 오퍼레이션이
  없다(sops.sem_op 필드가 0으로 명시된 semop() 호출).

이 목록에서 POSIX 세마포어는 시스템 V 세마포어보다 덜 강력한 것처럼 느껴질 것이다. 그러나 이는 시스템 V 세마포어로 할 수 있는 모든 일은 POSIX 세마포어로도 할수 있다는 뜻은 아니다. 경우에 따라서는 좀 더 많은 프로그래밍 노력이 요구되겠지만, 대부분의 시나리오에서는 POSIX 세마포어를 사용하는 데 실질적으로 적은 프로그래밍노력이 든다(시스템 V 세마포어 API는 대부분의 응용 프로그램에서 요구되는 정도보다 더욱 복잡한 면이있다).

16.3.1 세마포어 대기

sem_wait() 함수는 sem이 참조하는 세마포어의 값을 (1씩) 감소시킨다.

```
#include <semaphore.h>

int sem_wait(sem_t *sem);
```
                              성공하면 0을 리턴하고, 에러가 발생하면 −1을 리턴한다.

세마포어의 값이 현재 0보다 큰 경우, sem_wait()는 즉시 리턴한다. 세마포어의 값이 0이면, sem_wait()는 세마포어의 값이 0보다 커질 때까지 블록하고, 커지는 시점에세마포어는 감소되고, sem_wait()는 리턴한다.

블록된 sem_wait() 호출을 시그널 핸들러가 인터럽트하면, sigaction()으로 시그널 핸들러를 만들 때, SA_RESTART 플래그가 사용됐는지 여부와 관계없이 EINTR 에러로 실패한다(몇몇 다른 유닉스 구현에서 SA_RESTART는 sem_wait()가 자동적으로 재시작하도록 유도한다).

리스트 16-3의 프로그램은 sem_wait() 함수의 명령행 인터페이스를 제공한다. 이프로그램의 사용법은 곧 설명한다.

리스트 16-3 POSIX 세마포어를 감소시키는 sem_wait()의 사용 예

```
                                                    psem/psem_wait.c
#include <semaphore.h>
#include "tlpi_hdr.h"

int
main(int argc, char *argv[])
{
    sem_t *sem;

    if (argc < 2 || strcmp(argv[1], "--help") == 0)
```

```
        usageErr("%s sem-name\n", argv[0]);

    sem = sem_open(argv[1], 0);
    if (sem == SEM_FAILED)
        errExit("sem_open");

    if (sem_wait(sem) == -1)
        errExit("sem_wait");

    printf("%ld sem_wait() succeeded\n", (long) getpid());
    exit(EXIT_SUCCESS);
}
```

sem_trywait() 함수는 sem_wait()의 비블로킹 버전에 속한다.

```
#include <semaphore.h>

int sem_trywait(sem_t *sem);
```
                            성공하면 0을 리턴하고, 에러가 발생하면 −1을 리턴한다.

감소 오퍼레이션이 즉시 실행될 수 없다면, sem_trywait()는 EAGAIN 에러로 실패한다.

sem_timedwait() 함수는 sem_wait()의 다른 변형으로, 호출자가 호출이 블록될시간 한도를 명시할 수 있다.

```
#define _XOPEN_SOURCE 600
#include <semaphore.h>

int sem_timedwait(sem_t *sem, const struct timespec *abs_timeout);
```
                            성공하면 0을 리턴하고, 에러가 발생하면 −1을 리턴한다.

sem_timedwait() 호출이 세마포어를 감소시킬 수 없는 채로 타임아웃되면, 호출은 ETIMEDOUT 에러로 실패한다.

abs_timeout 인자는 기원 이후의 초와 나노초의 절대값으로 타임아웃을 명시하는 timespec 구조체(Vol. 1의 23.4.2절 참조)다. 상대적인 타임아웃을 사용하길 원한다면, sem_timedwait()의 사용에 적합한 timespec 구조체를 생성하기 위해 clock_gettime()을 사용해 CLOCK_REALTIME 클록의 현재 값을 가져와서 그 값에 요구하는 값을 더해야한다.

sem_timedwait() 함수는 원래 POSIX.1d(1999)에 명시됐고, 모든 유닉스 구현에 존재하진 않는다.

16.3.2 세마포어 게시

sem_post() 함수는 sem이 참조하는 세마포어의 값을 (1씩) 증가시킨다.

```
#include <semaphore.h>

int sem_post(sem_t *sem);
```
                              성공하면 0을 리턴하고, 에러가 발생하면 -1을 리턴한다.

sem_post() 호출 이전의 세마포어 값이 0이고, 몇몇 다른 프로세스(혹은 스레드)가 세마포어를 감소시키려다가 블록된 경우, 해당 프로세스는 깨어나고, 그 프로세스의 sem_wait() 호출은 세마포어를 감소시킨다. 여러 프로세스(혹은 스레드)가 sem_wait()에 블록된 경우, 프로세스가 기본 라운드 로빈 시간 공유 정책하에서 스케줄링된다면, 어떤 프로세스(혹은 스레드)가 깨어나고, 세마포어를 감소시키도록 허용됐는지 정확히 가늠할 수 없다(시스템 V의 동일한 기능과 마찬가지로, POSIX 세마포어는 큐잉queuing 메커니즘이 아닌, 동기synchronization 메커니즘이다).

 SUSv3는 프로세스나 스레드가 실시간 스케줄링 정책하에서 실행된다면, 깨어나는 프로세스나 스레드는 가장 오랫동안 기다린, 우선순위가 가장 높은 것이라고 명시한다.

시스템 V 세마포어와 마찬가지로, POSIX 세마포어를 증가시키는 것은 다른 프로세스나 스레드가 사용할 수 있도록 공유된 자원을 해제하는 것이다.

리스트 16-4의 프로그램은 sem_post() 함수의 명령행 인터페이스를 제공한다. 이 프로그램의 사용법은 곧 설명할 것이다.

리스트 16-4 POSIX 세마포어를 증가시키는 sem_post()의 사용 예

```
                                                      psem/psem_post.c
#include <semaphore.h>
#include "tlpi_hdr.h"

int
main(int argc, char *argv[])
{
```

```
    sem_t *sem;

    if (argc != 2)
        usageErr("%s sem-name\n", argv[0]);

    sem = sem_open(argv[1], 0);
    if (sem == SEM_FAILED)
        errExit("sem_open");

    if (sem_post(sem) == -1)
        errExit("sem_post");
    exit(EXIT_SUCCESS);
}
```

16.3.3 세마포어의 현재 값 추출

sem_getvalue() 함수는 sem이 참조하는 세마포어의 현재 값을 int 형의 포인터인
sval에 리턴한다.

```
#include <semaphore.h>

int sem_getvalue(sem_t *sem, int *sval);
```
                                        성공하면 0을 리턴하고, 에러가 발생하면 −1을 리턴한다.

1개 혹은 그 이상의 프로세스(또는 스레드)가 세마포어의 값을 감소시키려다가 블록된
경우, sval에 리턴된 값은 구현에 따른다. SUSv3는 두 가지 가능성을 허용한다. 즉 0이
나, 절대값이 sem_wait()에 블록된 기다리는 프로세스(혹은 스레드)의 수를 나타내는 음
의 값이 해당된다. 리눅스를 비롯한 여러 구현은 전자와 같이 동작하며, 일부 구현은 후
자와 같이 동작한다.

 블록된 대기자가 있는 경우 음수 sval을 리턴하는 것이 특히 디버깅의 목적으로 유용할지라
도, 몇몇 시스템이 POSIX 세마포어를 효율적으로 구현하고자 사용한 기법은 블록된 대기자
의 수를 기록하지 않기 때문에(실제로는 기록할 수 없기 때문에), SUSv3는 이러한 동작을 요
구하지 않는다.

sem_getvalue()가 리턴되는 시점에, sval에 리턴된 값은 이미 만료됐을지도 모
른다는 사실을 알아두기 바란다. 차후 오퍼레이션의 시간에 의해 변경되지 않는 sem_

getvalue()가 리턴하는 정보에 의존하는 프로그램은 검사하는 시점과 사용하는 시점에 있어서 경쟁 상태를 유발할 것이다(Vol. 1의 33.6절 참조).

리스트 16-5의 프로그램은 명령행 인자에서 기명 세마포어의 값을 추출하기 위해 sem_getvalue()를 사용하고, 표준 출력으로 값을 출력한다.

리스트 16-5 POSIX 세마포어의 값을 추출하는 sem_getvalue()의 사용 예

```
                                                     psem/psem_getvalue.c
#include <semaphore.h>
#include "tlpi_hdr.h"

int
main(int argc, char *argv[])
{
    int value;
    sem_t *sem;

    if (argc != 2)
        usageErr("%s sem-name\n", argv[0]);

    sem = sem_open(argv[1], 0);
    if (sem == SEM_FAILED)
        errExit("sem_open");

    if (sem_getvalue(sem, &value) == -1)
        errExit("sem_getvalue");

    printf("%d\n", value);
    exit(EXIT_SUCCESS);
}
```

예제 프로그램

다음 셸 세션 로그는 16장에서 나타낸 프로그램의 사용법을 나타낸다. 초기값이 0인 세마포어를 생성하는 것부터 시작해, 세마포어를 감소시키려고 하는 프로그램을 백그라운드에서 구동한다.

```
$ ./psem_create -c /demo 600 0
$ ./psem_wait /demo &
[1] 31208
```

세마포어의 현재 값이 0이어서 감소될 수 없기 때문에, 백그라운드 명령은 블록된다.

다음은 세마포어의 값을 추출한다.

```
$ ./psem_getvalue /demo
0
```

0의 값을 확인한다. 몇몇 다른 구현에서는 하나의 프로세스가 세마포어에 대기하고 있음을 나타내는 -1 값을 볼 수도 있다.

다음은 세마포어를 감소시키는 명령을 실행한다. 이는 백그라운드 프로그램의 블록된 sem_wait()를 완료하도록 유도한다.

```
$ ./psem_post /demo
$ 31208 sem_wait() succeeded
```

(위에서 출력의 마지막 줄은 셸 프롬프트가 백그라운드 작업의 출력과 섞였음을 보여준다.)

다음 셸 프롬프트를 보기 위해 엔터를 누르는데, 이는 셸에서 종료된 백그라운드 작업을 보고하게 하고, 세마포어에 추가적인 오퍼레이션을 실행한다.

```
엔터를 누른다.
[1]- Done         ./psem_wait /demo
$ ./psem_post /demo              세마포어 증가
$ ./psem_getvalue /demo          세마포어 값 추출
1
$ ./psem_unlink /demo            이 세마포어와의 작업 완료
```

16.4 무기명 세마포어

무기명 세마포어(메모리 기반 세마포어라고도 함)는 응용 프로그램이 할당한 메모리에 저장된 sem_t 형의 변수다. 세마포어는 프로세스나 스레드가 공유하는 메모리 영역에 위치함으로써 사용하는 프로세스나 스레드에 가용하도록 만들어진다.

무기명 세마포어의 오퍼레이션은 기명 세마포어의 오퍼레이션에 사용되는 동일한 함수(sem_wait(), sem_post(), sem_getvalue() 등)를 사용한다.

- sem_init() 함수는 세마포어를 초기화하고, 세마포어가 프로세스 간이나 단일 프로세스의 스레드 간에 공유되는지 여부를 시스템에 알려준다.
- sem_destroy(sem) 함수는 세마포어를 종료한다.

이런 함수는 기명 세마포어에 써서는 안 된다.

무기명 세마포어와 기명 세마포어의 비교

무기명 세마포어를 사용하면 세마포어의 이름을 생성하는 작업을 피할 수 있다. 이는 다음과 같은 경우에 유용하다.

- 스레드 간에 공유된 세마포어는 이름이 필요 없다. 무기명 세마포어를 공유(전역이나 힙) 변수로 만들면, 자동적으로 모든 스레드에 접근 가능해진다.
- 관련된 프로세스 간에 공유되는 세마포어는 이름이 필요 없다. 부모 프로세스가 공유 메모리 영역(예: 공유 익명 매핑)에 무기명 세마포어를 할당한다면, 자식은 fork() 오퍼레이션의 일부로 매핑과 세마포어를 자동적으로 상속받는다.
- 동적인 데이터 구조체(예: 이진 트리)를 만드는데 각 항목이 관련된 세마포어를 요구한다면, 가장 간단한 접근 방법은 각 항목 내에 무기명 세마포어를 할당하는 것이다. 각 항목에 대해 기명 세마포어를 열려면, 각 항목에 대해 (고유의) 세마포어 이름을 생성하고 그러한 이름을 관리하는 규칙(예를 들어, 더 이상 필요하지 않을 경우 링크 해제하는 등의 동작)을 설계해야 한다.

16.4.1 무기명 세마포어 초기화

sem_init() 함수는 sem이 가리키는 무기명 세마포어를 value에 명시된 값으로 초기화한다.

```
#include <semaphore.h>

int sem_init(sem_t *sem, int pshared, unsigned int value);
                          성공하면 0을 리턴하고, 에러가 발생하면 -1을 리턴한다.
```

pshared 인자는 세마포어가 스레드 간 혹은 프로세스 간에 공유되는지 여부를 가리킨다.

- pshared가 0이면, 세마포어는 호출 프로세스의 스레드 간에 공유된다. 이 경우 sem은 일반적으로 전역 변수나 힙에 할당된 변수의 주소로 명시된다. 스레드 공유 세마포어는 프로세스 지속성을 가지며, 프로세스가 종료될 때 함께 종료된다.
- pshared가 0이 아니면, 세마포어는 프로세스 간에 공유된다. 이 경우 sem은 공유 메모리 영역의 위치 주소(POSIX 공유 메모리 객체나 mmap()을 사용해 생성된 공유 매핑, 시스템 V 공유 메모리 세그먼트)여야 한다. 세마포어는 공유 메모리가 위치하는 한 지속성

426

을 갖는다(대부분의 이러한 기법으로 생성된 공유 메모리 영역은 커널 지속성을 갖는다. 예외는 공유 익명 매핑이며, 이는 적어도 하나의 프로세스가 매핑을 유지하는 한 지속성을 갖는다). fork()를 통해 생성된 자식은 부모의 메모리 매핑을 상속하기 때문에, 프로세스 공유 세마포어는 fork()의 자식에 의해 상속되며, 부모와 자식은 서로 간의 동작을 동기화하기 위해 이들 세마포어를 사용할 수 있다.

pshared 인자는 다음과 같은 이유로 필수적이다.

- 몇몇 구현은 프로세스 공유 세마포어를 지원하지 않는다. 이러한 시스템에서 pshared에 0이 아닌 값을 명시할 경우 sem_init()가 에러를 리턴하도록 유발한다. 리눅스는 커널 2.6과 NPTL 스레드 구현의 출현까지는 무기명 프로세스 공유 세마포어를 지원하지 않았다(sem_init()의 이전 LinuxThreads 구현은 pshared에 0이 아닌 값이 명시되면 ENOSYS 에러로 실패한다).

- 프로세스 공유와 스레드 공유 세마포어를 모두 지원하는 구현에서는 어떤 종류의 공유가 요구되는지를 반드시 명시해야 하는데, 이는 시스템이 요청된 공유를 지원하기 위해 특별한 동작을 취할 것이기 때문이다. 이러한 정보를 제공하는 것은 시스템이 공유 형식에 따라서 최적화를 수행할 수 있도록 허용하는 역할도 한다.

NPTL sem_init() 구현은 두 가지 공유 형식에 아무런 특별 동작을 요구하지 않기 때문에, pshared를 무시한다. 그럼에도 불구하고 이식성 있고 미래 지향적인 응용 프로그램은 pshared에 적절한 값을 명시해야 한다.

 sem_init()의 SUSv3 규격은 −1의 실패 리턴값을 정의하지만, 성공할 경우에 대해서는 아무런 언급을 하지 않는다. 그럼에도 불구하고 대부분의 현대 유닉스 구현의 매뉴얼 페이지에는 성공 시 0을 리턴한다고 적혀 있다(한 가지 주목할 만한 예외는 리턴값에 대한 설명이 SUSv3 규격과 유사한 솔라리스다. 그러나 오픈 솔라리스(OpenSolaris)의 소스 코드에 대한 분석은 해당 구현에서 sem_init()는 성공 시 0을 리턴한다는 사실을 보여준다). SUSv4는 sem_init()가 성공 시 0을 리턴해야 한다고 명시하는 상황을 바로잡는다.

무기명 세마포어와 관련된 권한 설정은 존재하지 않는다(즉 sem_init()는 sem_open()의 mode 인자와 동일한 인자가 없다). 무기명 세마포어 접근은 하부 공유 메모리 영역에 대해 프로세스에 허가된 권한에 의해 좌우된다.

SUSv3는 이미 초기화된 무기명 세마포어를 초기화할 경우 정의하지 않은 동작을 유발한다는 점을 명시한다. 다시 말해 응용 프로그램을 설계해야만 하고, 따라서 세마포어를 초기화하기 위해 하나의 프로세스 혹은 스레드가 sem_init()를 호출하게 해야 한다.

기명 세마포어와 마찬가지로, sem_init()의 sem 인자로서 전달되는 주소의 sem_t 변수를 복사하는 오퍼레이션을 수행하려고 한다면 그 결과는 장담하지 못한다고 SUSv3는 언급한다. 오퍼레이션은 항상 '원래' 세마포어에만 실행돼야 한다.

예제 프로그램

2.1.2절에서는 2개의 스레드가 동일한 전역 변수에 접근하는 임계 영역을 보호하기 위해 뮤텍스를 사용하는 프로그램(리스트 2-2)을 살펴봤다. 리스트 16-6의 프로그램은 무기명 스레드 공유 세마포어를 사용해 동일한 문제를 해결한다.

리스트 16-6 전역 변수 접근을 보호하기 위해 POSIX 무기명 세마포어를 사용한 예

```
                                                        psem/thread_incr_psem.c
#include <semaphore.h>
#include <pthread.h>
#include "tlpi_hdr.h"

static int glob = 0;
static sem_t sem;

static void *                    /* 'glob'를 증가시키며, 'arg'만큼 루프를 돈다. */
threadFunc(void *arg)
{
    int loops = *((int *) arg);
    int loc, j;

    for (j = 0; j < loops; j++) {
        if (sem_wait(&sem) == -1)
            errExit("sem_wait");

        loc = glob;
        loc++;
        glob = loc;

        if (sem_post(&sem) == -1)
            errExit("sem_post");
    }
    return NULL;
}

int
main(int argc, char *argv[])
{
    pthread_t t1, t2;
    int loops, s;
```

```
        loops = (argc > 1) ? getInt(argv[1], GN_GT_0, "num-loops") : 10000000;

        /* 1의 값으로 세마포어 초기화 */

        if (sem_init(&sem, 0, 1) == -1)
            errExit("sem_init");

        /* 'glob'를 증가시키는 2개의 스레드 생성 */

        s = pthread_create(&t1, NULL, threadFunc, &loops);
        if (s != 0)
            errExitEN(s, "pthread_create");
        s = pthread_create(&t2, NULL, threadFunc, &loops);
        if (s != 0)
            errExitEN(s, "pthread_create");

        /* 스레드가 종료되기를 기다림 */

        s = pthread_join(t1, NULL);
        if (s != 0)
            errExitEN(s, "pthread_join");
        s = pthread_join(t2, NULL);
        if (s != 0)
            errExitEN(s, "pthread_join");

        printf("glob = %d\n", glob);
        exit(EXIT_SUCCESS);
}
```

16.4.2 무기명 세마포어 종료

sem_destroy() 함수는 세마포어 sem을 종료하며, 이때 세마포어는 이전에 sem_
init()를 사용해 초기화된 무기명 세마포어여야만 한다. 어떤 프로세스나 스레드도 해
당 세마포어에 대기하고 있지 않은 경우에만, 세마포어를 종료하는 것이 안전하다.

```
#include <semaphore.h>

int sem_destroy(sem_t *sem);
```
                                        성공하면 0을 리턴하고, 에러가 발생하면 –1을 리턴한다.

무기명 세마포어 세그먼트가 sem_destroy()로 종료된 후에, sem_init()로 다시
초기화될 수 있다.

무기명 세마포어는 하부의 메모리가 해제되기 전에 종료돼야만 한다. 예를 들어, 세마
포어가 자동적으로 할당된 변수(지역)라면 진행 중인 함수가 리턴하기 전에 종료돼야 한
다. 세마포어가 POSIX 공유 메모리 영역에 위치한다면, 모든 프로세스가 해당 세마포어
의 사용을 중지한 이후, 공유 메모리 객체가 shm_unlink()로 링크 해제되기 전에 종료
돼야 한다.

sem_destroy()를 생략해도 아무런 문제가 발생하지 않는 구현이 있는 반면, sem_
destroy() 호출의 실패가 자원 누수를 유발하는 구현도 있다. 이식성 있는 응용 프로그
램은 이러한 문제를 피하기 위해 sem_destroy()를 호출해야 한다.

16.5 기타 동기화 기법과의 비교

여기서는 POSIX 세마포어를 다른 두 가지 공유 기법인 시스템 V 세마포어 및 뮤텍스와
비교한다.

POSIX 세마포어와 시스템 V 세마포어의 비교

POSIX 세마포어와 시스템 V 세마포어는 모두 프로세스의 동작을 동기화하는 데 사용할
수 있다. 14.2절에서는 시스템 V IPC와 비교한 POSIX IPC의 여러 가지 장점을 나열했
다. 즉 POSIX IPC 인터페이스가 더 간단하고, 전통적인 유닉스 파일 모델과 더욱 일관성
이 있으며, POSIX IPC 객체가 갖고 있는 참조 카운트는 언제 IPC 객체를 지울지 결정하
는 작업을 단순화해준다. 이런 일반적인 장점은 POSIX (기명) 세마포어와 시스템 V 세마
포어를 비교하는 구체적인 경우에도 적용된다.

POSIX 세마포어는 시스템 V 세마포어에 비해 다음과 같은 장점이 있다.

- POSIX 세마포어 인터페이스는 시스템 V 세마포어 인터페이스보다 더욱 단순하
  다. 이런 단순성은 기능적인 강력함을 잃지 않고 달성된다.
- POSIX 기명 세마포어는 시스템 V 세마포어와 관련된 초기화 문제를 제거한다
  (10.5절 참조).
- POSIX 무기명 세마포어를 동적으로 할당된 메모리 객체와 연관 짓는 일이 더욱
  쉽다. 즉 세마포어는 단순하게 객체의 내부에 끼워 넣을 수 있다.
- 세마포어에 대한 경쟁 상태가 높은 시나리오에서는(즉 또 다른 프로세스가 오퍼레이션이
  즉시 진행하는 것을 막는 값으로 세마포어를 설정했기 때문에, 세마포어의 오퍼레이션이 자주 블록되

는 경우), POSIX 세마포어와 시스템 V 세마포어의 성능은 유사하다. 그러나 세마포어에 대한 경쟁 상태가 낮은 곳에서는(즉 오퍼레이션이 일반적으로 블록되지 않고 진행될 수 있게 세마포어의 값이 맞춰진 상태), POSIX 세마포어는 시스템 V 세마포어보다 상당히 성능이 뛰어나다(내가 실험해본 시스템에서는 성능상의 차이가 한자릿수를 넘어갔다. 연습문제 16-4 참조). 시스템 V 세마포어의 오퍼레이션이 경쟁 상태와 관계없이 시스템 호출을 요구하는 반면, POSIX 세마포어는 경쟁 상태가 발생한 경우에만 시스템 호출을 요구하기 때문에 이때 POSIX 세마포어가 훨씬 잘 동작한다.

그러나 POSIX 세마포어는 시스템 V 세마포어에 비해 다음과 같은 단점이 있다.

- POSIX 세마포어는 다소 이식성이 떨어진다(리눅스에서 기명 세마포어는 커널 2.6부터만 지원한다).
- POSIX 세마포어는 시스템 V 세마포어의 복구 기능과 동일한 기능을 제공하지 않는다(그러나 10.8절에서 언급했듯이 이런 기능은 어떤 환경에서는 유용하지 않을 것이다).

POSIX 세마포어와 Pthreads 뮤텍스의 비교

POSIX 세마포어와 Pthreads 뮤텍스는 둘 다 동일한 프로세스 내의 스레드의 동작을 동기화하는 데 사용할 수 있고, 성능도 비슷하다. 그러나 뮤텍스의 소유권 특징이 코드의 좋은 구조를 강제하기 때문에(뮤텍스를 잠근 스레드만이 해제할 수 있다), 뮤텍스가 흔히 선호된다. 반대로, 하나의 스레드는 다른 스레드가 감소한 세마포어를 증가시킬 수 있다. 이런 유연성은 좋지 않게 구조화된 동기화 설계를 유발할 수 있다(이러한 이유로 세마포어는 가끔 동시 프로그래밍concurrent programming의 'goto'라고 한다).

멀티스레드 환경에서 뮤텍스가 사용될 수 없고, 그로 인해 세마포어가 선호되는 한 가지 환경이 있다. 비동기 시그널 안전(Vol. 1의 577페이지에 있는 표 21-1 참조)하기 때문에, sem_post() 함수는 또 다른 스레드와 동기화하기 위해 시그널 핸들러 내에서 사용될 수 있다. 이런 동작은 뮤텍스의 오퍼레이션을 위한 Pthreads 함수가 비동기 시그널 안전하지 않기 때문에, 뮤텍스에서는 불가능하다. 그러나 보통은 시그널 핸들러를 사용하기보다(5.2.4절 참조) sigwaitinfo()(또는 유사한 함수)를 사용해 시그널을 받아들임으로써 비동기 시그널을 다루는 방법이 선호되기 때문에, 뮤텍스와 비교해 세마포어의 이러한 나은 장점은 잘 요구되지 않는다.

16.6 세마포어 한도

SUSv3는 세마포어에 적용되는 다음과 같은 두 가지 한도를 정의한다.

- SEM_NSEMS_MAX: 프로세스가 갖는 POSIX 세마포어의 최대 수를 나타낸다. SUSv3는 이 한도가 적어도 256이 되도록 요구한다. 리눅스에서 POSIX 세마포어의 수는 실질적으로 가용한 메모리에 의해서만 제한된다.
- SEM_VALUE_MAX: POSIX 세마포어가 도달할 최대값을 나타낸다. 세마포어는 0부터 이 한도까지의 어떤 값을 가정할 것이다. SUSv3는 이 값이 적어도 32,767이 되도록 요구한다. 리눅스 구현은 INT_MAX(리눅스/x86-32에서 2,147,483,647)까지 허용한다.

16.7 정리

POSIX 세마포어를 이용하면 프로세스나 스레드가 동작을 동기화할 수 있다. POSIX 세마포어에는 기명 세마포어와 무기명 세마포어의 두 가지 종류가 있다. 기명 세마포어는 이름으로 식별되고, 세마포어를 여는 권한을 가진 모든 프로세스가 공유할 수 있다. 무기명 세마포어는 이름이 없지만, 프로세스나 스레드는 공유하는 메모리 영역에 세마포어를 위치시킴으로써 동일한 세마포어를 공유할 수 있다(예를 들어, 프로세스 공유에는 POSIX 공유 메모리 객체, 또는 스레드 공유에는 전역 변수).

POSIX 세마포어 인터페이스는 시스템 V 인터페이스보다 더 간단하다. 세마포어는 개별적으로 할당되고, 동작하며, 대기wait와 게시post 동작은 세마포어의 값을 하나씩 조절한다.

POSIX 세마포어는 시스템 V 세마포어에 비해 많은 장점이 있지만, 다소 이식성이 떨어진다. 멀티스레드 응용 프로그램 내의 동기화에서는 일반적으로 뮤텍스가 세마포어보다 선호된다.

더 읽을거리

[Stevens, 1999]는 POSIX 세마포어를 표현하는 대체 방법을 제시하고, 여러 가지 IPC 메커니즘(FIFO, 메모리 맵 파일, 시스템 세마포어)을 이용한 사용자 공간 구현을 보여준다. [Butenhof, 1996]은 멀티스레드 응용 프로그램에서 POSIX 세마포어를 사용하는 방법을 기술한다.

16.8 연습문제

16-1. (11.4절의) 리스트 11-2와 리스트 1-3을 스레드 응용 프로그램으로 다시 작성하라. 2개의 스레드가 전역 버퍼를 통해 서로 간에 데이터를 전달하고, 동기화를 위해 POSIX 세마포어를 사용하라.

16-2. `sem_wait()` 대신에 `sem_timedwait()`를 사용하도록 리스트 16-3(psem_wait. c)의 프로그램을 수정하라. 프로그램은 `sem_timedwait()` 호출을 위해 타임아웃으로 사용되는 (상대) 초 단위 값을 명시하는 추가적인 명령행 인자를 받아들여야 한다.

16-3. 시스템 V 세마포어를 사용한 POSIX 세마포어의 구현을 고안하라.

16-4. 16.5절에서 세마포어의 경쟁 상태가 약한 곳에서 POSIX 세마포어는 시스템 V 세마포어보다 훨씬 나은 성능을 보인다고 언급했다. 이를 확인하는 2개의 프로그램(각 세마포어 형태에 하나의 프로그램)을 작성하라. 각 프로그램은 명시된 수만큼 단순히 세마포어를 증가시키고, 감소시켜야만 한다. 두 프로그램에 요구되는 시간을 비교하라.

17

POSIX 공유 메모리

이전 장들에서는 관련이 없는 프로세스 간에 IPC를 실행하기 위해 메모리 영역을 공유하는 기술인 시스템 V 공유 메모리(11장)와 공유 파일 매핑(12.4.2절)을 살펴봤다. 두 가지 기술 모두 다음과 같은 잠재적인 단점이 있다.

- 키와 식별자를 사용하는 시스템 V 공유 메모리 모델은 파일이름과 디스크립터를 사용하는 표준 유닉스 I/O 모델과 일관성이 없다. 이런 차이점은 시스템 V 공유 메모리 세그먼트와 동작하려면 완전히 새로운 시스템 호출과 명령 집합이 필요함을 뜻한다.
- 공유 영역에 대한 지속적인 백업 영역을 갖는 데 관심이 없다고 하더라도, IPC에 공유 파일 매핑을 사용하려면 디스크 파일을 만들어야 한다. 파일 생성의 불편을 제외하고도 이 기법은 몇 가지 파일 I/O 오버헤드를 발생시킨다.

이러한 단점 때문에 POSIX.1b는 새로운 공유 메모리 API인 POSIX 공유 메모리를 정의했으며, 이는 17장의 주제이기도 하다.

시스템 V는 공유 메모리 '세그먼트(segment)'에 대해 언급하는 반면에, POSIX는 공유 메모리 '객체(object)'에 대해 논의한다. 용어의 차이는 역사적인 이유 때문이며, 두 가지 용어 모두 프로세스 간의 메모리 공유 영역을 언급하는 데 사용된다.

17.1 개요

POSIX 공유 메모리는 일치하는 매핑된 파일을 생성할 필요 없이 관련 없는 프로세스 간에 매핑된 영역을 공유하게 한다. POSIX 공유 메모리는 리눅스 커널 2.4부터 지원된다.

SUSv3는 POSIX 공유 메모리가 어떻게 구현되는지에 관한 어떠한 세부사항도 명시하지 않는다. 특히, 많은 유닉스 구현이 이런 목적으로 파일 시스템을 사용하더라도, 공유 메모리 객체를 식별하기 위한 (실제 혹은 가상) 파일 시스템의 사용을 요구하지 않는다. 몇몇 유닉스 구현은 표준 파일 시스템의 특별한 위치에 있는 파일로서 공유 메모리 객체의 이름을 생성한다. 리눅스는 /dev/shm 디렉토리하에 마운트된 전용의 tmpfs 파일 시스템(Vol. 1의 14.10절 참조)을 사용한다. 이 파일 시스템은 커널 지속성이 있지만(현재 열린 메모리 공유 객체를 갖고 있는 프로세스가 없더라도, 공유 메모리 객체는 유지될 것이다), 시스템이 종료되면 사라진다.

 시스템의 전체 POSIX 공유 메모리 영역 메모리의 전체 양은 하부의 tmpfs 파일 시스템 크기에 제한된다. 이 파일 시스템은 일반적으로 부팅 시점에 기본 크기(예: 256MB)로 마운트된다. 필요하다면 슈퍼유저는 mount -o remount,size=〈num-bytes〉 명령을 사용해 다시 마운트함으로써 파일 시스템의 크기를 변경할 수 있다.

POSIX 공유 메모리 객체를 사용하기 위해, 다음과 같은 두 가지 과정을 수행한다.

1. 명시된 이름을 가진 객체를 열기 위해 shm_open() 함수를 사용한다(14.1절에서 POSIX 공유 메모리 객체의 이름을 관리하는 규칙을 기술했다). shm_open() 함수는 open() 시스템 호출과 동일하다. 이는 새로운 공유 메모리 객체를 생성하거나, 기존 객체를 연다. 함수의 결과로 shm_open()은 해당 객체를 참조하는 파일 디스크립터를 리턴한다.

2. flags 인자에서 MAP_SHARED를 명시하는 mmap() 호출의 이전 단계에서 획득한 파일 디스크립터를 전달한다. 이는 공유 메모리 객체를 프로세스의 가상 주소 공간에 매핑한다. mmap()의 여타 사용법과 동일하게, 객체를 매핑하면, 매핑에 영향을 주지 않고

파일 디스크립터를 닫을 수 있다. 하지만 fstat()와 ftruncate() 호출(17.2절 참조)의 향후 사용을 위해 파일 디스크립터를 열린 상태로 갖고 있을 필요가 있다.

 POSIX 공유 메모리를 위한 shm_open()과 mmap() 간의 관계는 시스템 V 공유 메모리의 shmget()과 shmat()의 관계와 동일하다. 두 가지 작업을 모두 실행하는 단일 함수 대신 POSIX 공유 메모리 객체를 사용하기 위해 두 단계 절차(shm_open()과 mmap())를 사용하는 것은 역사적인 이유 때문이다. POSIX 위원회가 이 기능을 추가했을 때, mmap() 호출은 이미 존재했었다([Stevens, 1999]). 사실상 우리가 하는 작업은 shm_open()이 디스크 기반의 파일 시스템에서 파일의 생성을 요구하지 않는다는 사실을 바탕으로 open()을 shm_open() 호출로 교체하는 게 전부다.

공유 메모리 객체가 파일 디스크립터의 사용을 참조하기 때문에, (시스템 V 공유 메모리에 요구되는 것처럼) 새로운 특별한 목적의 시스템 호출을 필요로 하기보다는, 유닉스 시스템에서 이미 정의된 여러 가지 파일 디스크립터 시스템 호출(예: ftruncate())을 유용하게 쓸 수 있다.

17.2 공유 메모리 객체 생성

shm_open() 함수는 새로운 공유 메모리 객체를 생성한 후 열거나, 기존 객체를 연다. shm_open()의 인자는 open()의 인자와 일치한다.

```
#include <fcntl.h>              /* O_* 상수 정의 */
#include <sys/stat.h>           /* 모드 상수 정의 */
#include <sys/mman.h>

int shm_open(const char *name, int oflag, mode_t mode);
                   성공하면 파일 디스크립터를 리턴하고, 에러가 발생하면 −1을 리턴한다.
```

name 인자는 생성되거나 열린 공유 메모리 객체를 식별한다. oflag 인자는 호출의 동작을 수정하는 비트 마스크다. 이 마스크에 포함될 수 있는 값은 표 17-1에 요약되어 있다.

표 17-1 shm_open() 함수 oflag 인자의 비트값

플래그	설명
O_CREAT	이미 존재하지 않는 경우 객체 생성
O_EXCL	O_CREAT를 가지고 배타적으로 객체 생성
O_RDONLY	읽기 전용 접근으로 열기
O_RDWR	읽기-쓰기 접근으로 열기
O_TRUNC	0의 길이까지 객체 잘라냄

oflag 인자의 목적 중 하나는 기존 공유 메모리 객체를 여는지, 아니면 새로운 객체를 생성해 여는지 여부를 결정하는 것이다. oflag가 O_CREAT를 포함하지 않는다면, 기존 객체를 연다. O_CREAT가 명시됐다면, 객체가 이미 존재하지 않는 경우 생성한다. O_CREAT와 함께 O_EXCL을 명시하는 것은 호출자가 객체의 생성자임을 확인하려는 요청에 해당한다. 객체가 이미 존재한다면 에러(EEXIST)가 발생한다.

oflag 인자는 정확하게 O_RDONLY나 O_RDWR 중의 하나를 명시함으로써, 호출하는 프로세스가 공유 메모리 객체에 만들 접근 방법의 종류를 가리킨다.

플래그 O_TRUNC는 기존 공유 메모리 객체를 성공적으로 열고, 객체를 0의 길이까지 잘라내게 한다.

 리눅스에서 잘라내는 것(truncation)은 읽기 전용으로 열린 경우에도 발생한다. 그러나 SUSv3는 읽기 전용으로 연 메모리 객체에 O_TRUNC를 사용한 결과는 정의하지 않았고, 따라서 이 경우 구체적인 동작에 호환이 제공되도록 의존할 수는 없다.

새로운 공유 메모리 객체가 생성되면, 자신의 권한과 그룹 권한은 shm_open()을 호출하는 프로세스의 효과적인 사용자와 그룹 ID로부터 취하고, 객체 권한은 mode 비트 마스크 인자에서 제공된 값에 의거해 설정된다. mode의 비트값은 파일에서 사용한 것과 동일하다(Vol. 1, 417페이지의 표 15-4 참조). open() 시스템 호출과 동일하게, mode의 권한 마스크는 프로세스 umask에 반해서 생성된다(Vol. 1의 15.4.6절 참조). open()과 달리, mode 인자는 shm_open() 호출에 항상 요구된다. 새로운 객체를 생성하지 않는다면 이 인자는 0으로 명시돼야만 한다.

실행 시 닫기 플래그(FD_CLOEXEC, Vol. 1의 27.4절 참조)는 shm_open()이 리턴하는 파일 디스크립터에 설정되고, 따라서 파일 디스크립터는 프로그램이 exec()를 실행할 때, 자동적으로 닫힌다(이 동작은 매핑이 exec()가 실행될 때 매핑되지 않는다는 사실과 일관된다).

새로운 공유 메모리 객체가 생성되면, 초기값으로 0의 길이를 갖는다. 이는 새로운 공유 메모리 객체를 생성하고 난 후, mmap()을 호출하기 전에 객체의 크기를 설정하기 위해 ftruncate()를 호출(Vol. 1의 5.8절 참조)한다는 뜻이다. mmap()의 호출 이후에, 12.4.3절에 언급한 사항들을 주지한 채, 원하는 대로 공유 메모리 객체를 확장하거나 줄이기 위해서 ftruncate()를 사용하기도 할 것이다.

공유 메모리 객체가 확장될 때, 새롭게 추가된 바이트는 자동적으로 0으로 초기화된다.

어느 시점에서나 공유 메모리 객체의 크기(st_size)와 권한(st_mode), 소유권(st_uid), 그룹(st_gid)에 관한 정보를 담는 필드가 있는 stat 구조체를 획득하기 위해 shm_open()이 리턴하는 파일 디스크립터에 fstat() 호출(Vol. 1의 15.1절 참조)을 적용할 수 있다(리눅스가 시간 필드에 중요한 정보를 리턴할 뿐만 아니라 나머지 필드에도 덜 유용한 정보를 리턴하긴 하지만, 앞서 언급한 내용은 SUSv3가 fstat()에서 stat 구조체에 설정하도록 요구하는 유일한 필드들이다).

공유 메모리 객체의 권한과 소유권은 각각 fchmod()와 fchown()을 사용해 바꿀 수 있다.

예제 프로그램

리스트 17-1은 shm_open()과 ftruncate(), mmap()의 간단한 사용 예다. 이 프로그램은 크기가 명령행 인자에 명시된 공유 메모리 객체를 생성하고, 그 객체를 프로세스의 가상 메모리 공간에 매핑한다(실질적으로 공유 메모리로는 아무것도 하지 않기 때문에, 매핑 과정이 꼭 필요하진 않지만, mmap()의 사용법을 나타내는 역할을 한다). 프로그램은 shm_open() 호출을 위해 플래그(O_CREAT와 O_EXCL)를 선택하는 명령행 옵션을 허용한다.

다음 예제에서 10,000바이트의 공유 메모리 객체를 생성하기 위해 프로그램을 사용하고, /dev/shm에 객체를 보여주기 위해 ls를 사용한다.

```
$ ./pshm_create -c /demo_shm 10000
$ ls -l /dev/shm
total 0
-rw-------    1 mtk      users            10000 Jun 20 11:31 demo_shm
```

리스트 17-1 POSIX 공유 메모리 객체 생성

```
                                                       pshm/pshm_create.c
#include <sys/stat.h>
#include <fcntl.h>
#include <sys/mman.h>
```

```c
#include "tlpi_hdr.h"

static void
usageError(const char *progName)
{
    fprintf(stderr, "Usage: %s [-cx] name size [octal-perms]\n",
            progName);
    fprintf(stderr, "    -c    Create shared memory (O_CREAT)\n");
    fprintf(stderr, "    -x    Create exclusively (O_EXCL)\n");
    exit(EXIT_FAILURE);
}

int
main(int argc, char *argv[])
{
    int flags, opt, fd;
    mode_t perms;
    size_t size;
    void *addr;

    flags = O_RDWR;
    while ((opt = getopt(argc, argv, "cx")) != -1) {
        switch (opt) {
        case 'c': flags |= O_CREAT;         break;
        case 'x': flags |= O_EXCL;          break;
        default:  usageError(argv[0]);
        }
    }

    if (optind + 1 >= argc)
        usageError(argv[0]);

    size = getLong(argv[optind + 1], GN_ANY_BASE, "size");
    perms = (argc <= optind + 2) ? (S_IRUSR | S_IWUSR) :
            getLong(argv[optind + 2], GN_BASE_8, "octal-perms");

    /* 공유 메모리 객체를 생성하고, 크기를 설정 */

    fd = shm_open(argv[optind], flags, perms);
    if (fd == -1)
        errExit("shm_open");

    if (ftruncate(fd, size) == -1)
        errExit("ftruncate");

    /* 공유 메모리 객체 매핑 */

    addr = mmap(NULL, size, PROT_READ | PROT_WRITE, MAP_SHARED, fd, 0);
```

```
        if (addr == MAP_FAILED)
            errExit("mmap");

        exit(EXIT_SUCCESS);
    }
```

17.3 공유 메모리 객체 사용

리스트 17-2와 리스트 17-3은 하나의 프로세스에서 다른 프로세스로 데이터를 전달하는 공유 메모리 객체의 사용법을 보여준다. 리스트 17-2의 프로그램은 두 번째 명령행 인자에 포함된 문자열을 복사해 첫 번째 명령행 인자에 명명된 기존 공유 메모리 객체에 복사한다. 객체를 매핑하고, 복사를 실행하기 전에, 프로그램은 공유 메모리 객체를 복사되는 문자열과 동일한 크기로 조정하기 위해 ftruncate()를 사용한다.

리스트 17-2 데이터를 POSIX 공유 메모리 객체로 복사

```
                                                        pshm/pshm_write.c
 #include <fcntl.h>
 #include <sys/mman.h>
 #include "tlpi_hdr.h"

 int
 main(int argc, char *argv[])
 {
     int fd;
     size_t len;                              /* 공유 메모리 객체의 크기 */
     char *addr;

     if (argc != 3 || strcmp(argv[1], "--help") == 0)
         usageErr("%s shm-name string\n", argv[0]);

     fd = shm_open(argv[1], O_RDWR, 0);       /* 기존 객체 열기 */
     if (fd == -1)
         errExit("shm_open");

     len = strlen(argv[2]);
     if (ftruncate(fd, len) == -1)            /* 문자열을 넣도록 객체 크기 조정 */
         errExit("ftruncate");
     printf("Resized to %ld bytes\n", (long) len);

     addr = mmap(NULL, len, PROT_READ | PROT_WRITE, MAP_SHARED, fd, 0);
     if (addr == MAP_FAILED)
```

```
            errExit("mmap");

    if (close(fd) == -1)
        errExit("close");                    /* 'fd'는 더 이상 필요하지 않음 */

    printf("copying %ld bytes\n", (long) len);
    memcpy(addr, argv[2], len);              /* 문자열을 공유 메모리로 복사 */
    exit(EXIT_SUCCESS);
}
```

리스트 17-3의 프로그램은 표준 출력의 명령행 인자에 명명된 기존 공유 메모리 객체의 문자열을 출력한다. shm_open()을 호출한 후에, 프로그램은 공유 메모리 크기를 결정하기 위해 fstat()를 사용하고, 그 크기를 객체를 매핑하는 mmap() 호출과 문자열을 출력하는 write() 호출에 사용한다.

리스트 17-3 데이터를 POSIX 공유 메모리 객체에 복사

```
                                                           pshm/pshm_read.c
#include <fcntl.h>
#include <sys/mman.h>
#include <sys/stat.h>
#include "tlpi_hdr.h"

int
main(int argc, char *argv[])
{
    int fd;
    char *addr;
    struct stat sb;

    if (argc != 2 || strcmp(argv[1], "--help") == 0)
        usageErr("%s shm-name\n", argv[0]);

    fd = shm_open(argv[1], O_RDONLY, 0);      /* 기존 객체 열기 */
    if (fd == -1)
        errExit("shm_open");

    /* mmap()의 길이 인자와 write()의 바이트 수로서 공유 메모리 객체 크기를 사용함 */

    if (fstat(fd, &sb) == -1)
        errExit("fstat");

    addr = mmap(NULL, sb.st_size, PROT_READ, MAP_SHARED, fd, 0);
    if (addr == MAP_FAILED)
```

```
        errExit("mmap");

    if (close(fd) == -1);                /* 'fd'는 더 이상 필요하지 않음 */
        errExit("close");

    write(STDOUT_FILENO, addr, sb.st_size);
    printf("\n");
    exit(EXIT_SUCCESS);
}
```

다음 셸 세션은 리스트 17-2와 리스트 17-3 프로그램의 사용을 나타낸다. 우선 리스트 17-1의 프로그램을 사용해 길이가 0인 공유 메모리 객체를 생성한다.

```
$ ./pshm_create -c /demo_shm 0
$ ls -l /dev/shm                              객체의 크기를 검사
total 4
-rw------- 1    mtk    users    0 Jun 21 13:33 demo_shm
```

문자열을 공유 메모리 객체에 복사하기 위해 리스트 17-2의 프로그램을 사용한다.

```
$ ./pshm_write /demo_shm 'hello'
$ ls -l /dev/shm                              객체의 크기가 변했는지 검사
total 4
-rw------- 1    mtk    users    5 Jun 21 13:33 demo_shm
```

출력으로부터 프로그램은 공유 메모리 객체의 크기를 조절하고, 따라서 명시된 문자열을 수용할 만큼 충분히 크다는 사실을 확인할 수 있다.

마지막으로, 공유 메모리 객체의 문자열을 출력하기 위해 리스트 17-3의 프로그램을 사용한다.

```
$ ./pshm_read /demo_shm
hello
```

응용 프로그램은 일반적으로 프로세스로 하여금 공유 메모리의 접근을 조정하게 하는 몇 가지 동기화 기법을 사용해야 한다. 위의 셸 세션 예에서, 조정은 사용자가 프로그램을 하나씩 실행함으로써 이뤄졌다. 일반적으로 응용 프로그램은 이 대신에 공유 메모리 객체에 접근을 조정하기 위해 동기화 기법을 사용할 것이다.

17.4 공유 메모리 객체 제거

SUSv3는 POSIX 공유 메모리 객체가 적어도 커널 일관성을 갖도록 요구한다. 즉 공유 메모리 객체는 명시적으로 제거되거나, 시스템이 재부팅될 때까지 존재할 것이다. 공유 메모리 객체가 더 이상 요구되지 않을 경우, shm_unlink()를 사용해 제거돼야 한다.

```
#include <sys/mman.h>

int shm_unlink(const char *name);
```
성공하면 0을 리턴하고, 에러가 발생하면 -1을 리턴한다.

shm_unlink() 함수는 name이 명시하는 공유 메모리 객체를 제거한다. 공유 메모리 객체를 제거한다고 해서 객체의 현재 매핑에 영향을 주지는 않지만(일치하는 프로세스가 munmap()을 호출하거나, 제거될 때까지 효력이 남을 것이다), shm_open() 호출이 추가적으로 객체를 여는 것을 막는다.

리스트 17-4의 프로그램은 프로그램의 명령행 인자에 명시된 공유 메모리 객체를 제거하기 위해 shm_unlink()를 사용한다.

리스트 17-4 POSIX 공유 메모리 객체를 링크 해제하기 위한 shm_unlink()의 사용 예

```
                                                    pshm/pshm_unlink.c
#include <fcntl.h>
#include <sys/mman.h>
#include "tlpi_hdr.h"

int
main(int argc, char *argv[])
{
    if (argc != 2 || strcmp(argv[1], "--help") == 0)
        usageErr("%s shm-name\n", argv[0]);
    if (shm_unlink(argv[1]) == -1)
        errExit("shm_unlink");
    exit(EXIT_SUCCESS);
}
```

17.5 공유 메모리 API 비교

지금까지 관련이 없는 프로세스 간에 메모리 영역을 공유하기 위한 여러 가지 기법을 고려했다.

- 시스템 V 공유 메모리(11장)
- 공유 파일 매핑(12.4.2절)
- POSIX 공유 메모리 객체(17장)

> 여기서 제시하는 많은 관점은 fork()를 통해 관련된 프로세스 간에 메모리를 공유하기 위해 사용되는 공유 익명 매핑(12.7절 참조)과 관련이 있다.

다음과 같은 여러 가지 사항이 위의 모든 기법에 적용된다.

- 모든 기법은 빠른 IPC를 제공하고, 응용 프로그램은 일반적으로 공유 영역에 접근을 동기화하기 위해 세마포어(또는 기타 동기화 기법)를 사용해야만 한다.
- 공유 메모리 영역이 프로세스의 가상 주소 공간에 매핑되면, 다른 프로세스 메모리 영역과 동일하게 보인다.
- 시스템은 프로세스 가상 주소 공간 내의 공유 메모리 영역을 유사한 방식으로 위치시킨다. 11.5절에서 시스템 V 공유 메모리를 설명할 때, 이러한 동작의 윤곽을 나타냈다. 리눅스 고유의 /proc/*PID*/maps 파일은 모든 형식의 공유 메모리 영역에 관한 정보를 나열한다.
- 공유 메모리 영역을 고정된 주소에 매핑하려고 하지 않는다고 가정하면, 해당 영역의 모든 위치 참조는 (포인터보다는) 오프셋으로 계산됨을 보장해야만 한다. 이는 해당 영역이 다른 프로세스 내의 다른 가상 주소에 위치할 수 있기 때문이다(11.6절 참조).
- 가상 메모리 영역에 동작하는 13장에 기술된 함수는 다른 기법을 사용해 생성된 공유 메모리 영역에 적용될 수 있다.

공유 메모리 기법 간에 주목할 만한 차이점도 있다.

- 공유 파일 매핑의 내용이 하부의 매핑된 파일과 동기화됐다는 사실은 공유 메모리 영역에 저장된 데이터는 시스템을 다시 시작하더라도 유지됨을 뜻한다.
- 시스템 V와 POSIX 공유 메모리는 공유 메모리 객체를 식별하고 참조하기 위해 다른 메커니즘을 사용한다. 시스템 V는 표준 유닉스 I/O 모델에 적합하지 않은 자신의 키와 식별자 방법을 사용하고, 분리된 시스템 호출(예: shmctl())과 명령(ipcs, ipcrm)을 요구한다. 반대로, POSIX 공유 메모리는 이름과 파일 디스크립터를 사용하고, 결과적으로 공유 메모리 객체는 현존하는 여러 가지 유닉스 시스템 호출(예: fstat(), fchmod())을 사용해 검사되고, 조작될 수 있다.

- 시스템 V 공유 메모리 세그먼트의 크기는 (shmget()을 통한) 생성 시에 고정된다. 반대로, 파일이나 POSIX 공유 메모리 객체가 지원하는 매핑에 대해서는 하부 객체의 크기를 조절하기 위해 ftruncate()를 사용하고, munmap()과 mmap()(또는 리눅스 고유의 mremap())을 사용해 다시 생성할 수 있다.

- 역사적으로 대부분의 유닉스 구현이 이러한 모든 기법을 제공한다고 하더라도, 시스템 V 공유 메모리는 mmap()과 POSIX 공유 메모리보다 더욱 광범위하게 가용하다.

이식성과 관련된 마지막 사항의 예외를 제외하고, 위에서 언급한 차이점은 공유 파일 매핑과 POSIX 공유 메모리 객체의 장점이다. 따라서 새로운 응용 프로그램에서 이런 인터페이스 중의 하나는 시스템 V 공유 메모리에 선호될 것이다. 개발자가 어느 것을 선택할지는 일관성 있는 백업 저장을 요구하는지 여부에 달려 있다. 공유 파일 매핑은 그러한 저장을 제공하고, POSIX 공유 메모리 객체는 백업 저장이 요구되지 않을 때 디스크 파일을 사용하는 오버헤드를 피하게 해준다.

17.6 정리

POSIX 공유 메모리 객체는 하부 디스크 파일을 생성하지 않고 관련이 없는 프로세스 간에 메모리 영역을 공유하는 데 사용된다. 이를 위해, mmap()의 호출에 일반적으로 우선하는 open() 호출을 shm_open() 호출로 대체한다. shm_open() 호출은 메모리 기반의 파일 시스템에 파일을 생성하고, 이러한 가상 파일에 여러 가지 오퍼레이션을 수행하기 위해 전통적인 파일 디스크립터 시스템 호출을 사용할 수 있다. 특히, 공유 메모리 객체는 초기에 크기가 0이므로, 크기를 설정하기 위해 ftruncate()를 사용해야 한다.

관련이 없는 프로세스 간에 메모리 영역을 공유하는 세 가지 기법인 시스템 V 공유 메모리, 공유 파일 매핑, POSIX 공유 메모리 객체를 기술한다. 세 가지 기법 간에는 여러 가지 유사한 점이 있다. 또한 중요한 차이점도 존재하는데, 이식성에 관한 문제를 제외하고는, 이 차이점을 고려하면 공유 파일 매핑과 POSIX 공유 메모리 객체가 낫다.

17.7 연습문제

17-1. 리스트 11-2(svshm_xfr_writer.c)와 리스트 11-3(svshm_xfr_reader.c)의 프로그램을 시스템 V 공유 메모리 대신에 POSIX 공유 메모리 객체를 사용하도록 재작성하라.

18

파일 잠금

앞에서는 프로세스가 동작을 동기화할 수 있는 여러 가지 기법 중 시그널(Vol. 1의 20~22 장)과 세마포어(10~16장)에 대해 기술했다. 18장에서는 특별히 파일 사용을 위해 설계된 추가적인 동기화 기술을 살펴본다.

18.1 개요

응용 프로그램의 빈번한 요구사항은 파일로부터 데이터를 읽고, 그 데이터를 변경하고, 파일에 다시 쓰는 작업이다. 이런 식으로 하나의 프로세스가 하나의 파일을 사용하는 한, 문제는 없다. 그러나 문제는 여러 프로세스가 동시에 파일을 갱신하려고 할 때 발생한다. 예를 들어, 각 프로세스가 순서 번호가 있는 파일을 갱신하기 위해 다음과 같은 단계를 실행하려 한다고 가정해보자.

1. 파일에서 순서 번호를 읽음

2. 임의의 응용 프로그램에 정의된 목적을 위해 순서 번호를 사용함

3. 순서 번호를 증가시키고, 파일에 다시 씀

여기서 문제는 어떠한 동기화 기법도 없는 채로, 2개의 프로세스가 (예를 들어) 그림 18-1에 나타난 결과와 동일한 시간에 위의 과정을 실행할 수도 있다는 점이다(여기서 순서 번호의 초기값은 1000이라고 가정한다).

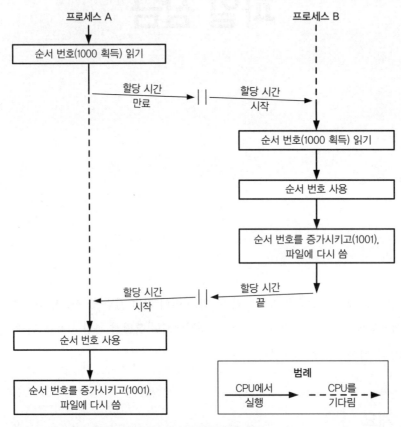

그림 18-1 2개의 프로세스가 동기화 없이 동시에 파일을 갱신

여기서 문제는 분명하다. 즉 이 과정의 마지막에 파일은 1001의 값을 갖지만, 값은 분명 1002가 돼야만 한다(이는 경쟁 상태의 예다). 이러한 가능성을 막기 위해, 프로세스 간의 동기화 형태가 필요하다.

요구되는 동기화의 실행을 위해 세마포어를 사용할 수 있다 하더라도, 커널은 자동적으로 파일을 잠금lock과 관련짓기 때문에, 파일 잠금을 사용하는 방법이 선호된다.

> [Stevens & Rago, 2005]는 최초의 유닉스 파일 잠금 구현을 1980년에 내놨고, 18장에서 주로 살펴볼 fcntl() 잠금은 1984년에 시스템 V 릴리스 2에서 도입됐다.

18장에서는 파일 잠금을 사용하기 위한 두 가지 API를 설명한다.

* 전체 파일을 잠그는 flock()
* 파일의 영역을 잠그는 fcntl()

flock() 시스템 호출은 BSD에서 도입됐고, fcntl()은 시스템 V에서 만들어졌다.
flock()와 fcntl()의 일반적인 사용법은 다음과 같다.

1. 파일을 잠근다.
2. 파일 I/O를 실행한다.
3. 파일 잠금을 해제하고, 따라서 다른 프로세스가 그 파일을 잠글 수 있다.

파일 잠금이 일반적으로 파일 I/O와 함께 사용된다고 하더라도, 이런 파일 잠금을 더욱 일반적인 기법으로 사용할 수도 있다. 협동 프로세스는 파일의 전체나 일부를 잠그는 것이 파일 자체보다는 어떤 공유 자원(예: 공유 메모리 영역)에 대한 프로세스의 접근권을 나타낸다는 규칙을 따를 수 있다.

잠금과 stdio 함수 혼합

stdio 라이브러리가 실행하는 사용자 공간 버퍼링으로 인해, 18장에 설명된 잠금 기술과 함께 stdio 함수를 사용할 때 주의를 기울여야만 한다. 문제는 입력 버퍼가 잠그기 전에 채워질 수도 있거나, 출력 버퍼가 잠금이 제거되고 난 후에 플러시될 수도 있다는 점이다. 다음과 같이 이러한 문제를 회피하는 몇 가지 방법이 있다.

* stdio 라이브러리 대신에 read()와 write()(그리고 관련된 시스템 호출)를 사용해 파일 I/O를 실행한다.
* 파일을 잠근 후에 즉시 stdio 스트림을 플러시하고, 잠금을 해제하기 바로 전에 한 번 더 즉시 플러시한다.
* 효율성을 희생하는 대가로, setbuf()(혹은 유사한 함수)를 사용하는 모든 stdio 버퍼링을 비활성화한다.

권고와 필수 잠금

18장의 나머지 부분에서 권고advisory와 필수mandatory로 잠금을 구분할 것이다. 기본적으로 파일 잠금은 권고에 해당한다. 이는 프로세스가 다른 프로세스의 잠금을 단순히 무시할 수 있다는 뜻이다. 권고 잠금이 동작하도록 하기 위해, 파일에 접근하는 각 프로세스는 파일 I/O를 실행하기 전에 잠그도록 협조해야 한다. 반대로, 필수 잠금 시스템은 I/O를 실행하는 프로세스로 하여금 다른 프로세스가 소유한 잠금을 지키도록 강제한다. 세부적인 내용은 18.4절에서 논의한다.

18.2 flock()을 이용한 파일 잠금

fcntl()이 flock() 기능의 상위 집합을 제공한다고 하더라도, flock()은 여전히 몇몇 응용 프로그램에서 사용되고, 상속의 몇 가지 의미와 잠금 해제에 있어 fcntl()과 다른 점이 존재하므로, flock()에 대해 설명할 것이다.

```
#include <sys/file.h>

int flock(int fd, int operation);
```
성공하면 0을 리턴하고, 에러가 발생하면 −1을 리턴한다.

flock() 시스템 호출은 전체 파일을 잠근다. 잠긴 파일은 fd에 전달된 열린 파일 디스크립터를 통해 지정한다. operation 인자는 표 18-1에 설명된 LOCK_SH, LOCK_EX, LOCK_UN 값 중 하나를 명시한다.

기본적으로 flock()은 다른 프로세스가 파일에 호환되지 않는 잠금을 이미 갖고 있는 경우 블록된다. 이러한 상황을 피하고 싶다면, operation에 LOCK_NB 값을 OR(|) 연산할 수 있다. 이 경우 다른 프로세스가 파일에 이미 호환되지 않는 잠금을 갖고 있다면 flock()은 블록되지 않지만, 대신에 errno를 EWOULDBLOCK으로 설정하고 -1을 리턴한다.

표 18-1 flock()의 operation 인자값

값	설명
LOCK_SH	fd가 참조하는 파일에 공유 잠금을 건다.
LOCK_EX	fd가 참조하는 파일에 전용 잠금을 건다.
LOCK_UN	fd가 참조하는 파일의 잠금을 해제한다.
LOCK_NB	비블로킹 잠금을 요청한다.

여러 프로세스가 파일의 공유 잠금을 동시에 갖고 있을 수 있다. 하지만 한 번에 하나의 프로세스만이 파일의 전용 잠금을 가질 수 있다(다시 말해, 전용 잠금은 다른 프로세스의 전용 잠금과 공유 잠금을 모두 거부한다). 표 18-2는 flock() 잠금의 호환성 규칙을 보여준다. 여기서 프로세스 A는 잠그는 첫 번째 프로세스이며, 표는 프로세스 B가 잠글 수 있는지 여부를 나타낸다.

표 18-2 flock() 잠금 종류의 호환성

프로세스 A	프로세스 B	
	LOCK_SH	LOCK_EX
LOCK_SH	O	X
LOCK_EX	X	X

프로세스는 파일의 접근 모드(읽기나 쓰기, 읽기-쓰기)에 관계없이 공유 혹은 전용 잠금을 걸 수 있다.

기존의 공유 잠금은 operation에 적절한 값을 명시해 또 다른 flock() 호출을 함으로써 전용 잠금으로 변경할 수 있다(반대도 가능). 공유 잠금을 전용 잠금으로 변경하는 작업은, LOCK_NB를 지정하지 않았고 다른 프로세스가 파일의 공유 잠금을 갖고 있다면 블록될 것이다.

잠금 변경은 아토믹한 동작을 보장하지 않는다. 변경하는 동안 기존의 잠금이 우선 제거되고, 새로운 잠금이 만들어진다. 이러한 두 단계의 과정 가운데, 다른 프로세스의 호환성 없는 잠금에 대한 보류 중인 요청이 허용될 수도 있다. 이러한 상황이 발생하면, 변환은 블록되거나, LOCK_NB가 명시된 경우에 변환은 실패하고, 프로세스는 원래의 잠금을 잃어버릴 것이다(이런 동작은 원래의 BSD flock() 구현에서 발생했고, 다른 많은 유닉스 구현에서도 발생한다).

 flock()이 SUSv3의 일부가 아니더라도, 이 함수는 대부분의 유닉스 구현에서 나타난다. 몇몇 구현은 〈sys/file.h〉 대신에 〈fcntl.h〉나 〈sys/fcntl.h〉를 포함하도록 요구한다. flock()은 BSD에서 시작됐기 때문에, 이 함수가 위치하는 잠금은 'BSD 파일 잠금'이라고도 한다.

리스트 18-1은 flock()의 사용법을 설명한다. 이 프로그램은 파일을 잠그고, 명시된 초만큼 수면을 취하고, 잠금을 해제한다. 프로그램은 3개의 명령행 인자를 받아들인다. 이 중 첫 번째는 잠글 파일이다. 두 번째는 잠금 종류(공유 혹은 전용)와 LOCK_NB(비블로킹)

플래그를 포함할지 여부를 명시한다. 세 번째 인자는 잠금을 획득하고 해제하는 가운데 수면을 취할 초를 명시하는데, 이 인자는 선택적이며 기본값은 10초다.

리스트 18-1 flock() 사용 예

```
                                                          filelock/t_flock.c
#include <sys/file.h>
#include <fcntl.h>
#include "curr_time.h"              /* currTime() 정의 */
#include "tlpi_hdr.h"

int
main(int argc, char *argv[])
{
    int fd, lock;
    const char *lname;

    if (argc < 3 || strcmp(argv[1], "--help") == 0 ||
            strchr("sx", argv[2][0]) == NULL)
        usageErr("%s file lock [sleep-time]\n"
                "    'lock' is 's' (shared) or 'x' (exclusive)\n"
                "            optionally followed by 'n' (nonblocking)\n"
                "    'secs' specifies time to hold lock\n", argv[0]);

    lock = (argv[2][0] == 's') ? LOCK_SH : LOCK_EX;
    if (argv[2][1] == 'n')
        lock |= LOCK_NB;

    fd = open(argv[1], O_RDONLY); /* 잠글 파일 열기 */
    if (fd == -1)
        errExit("open");

    lname = (lock & LOCK_SH) ? "LOCK_SH" : "LOCK_EX";

    printf("PID %ld: requesting %s at %s\n", (long) getpid(), lname,
            currTime("%T"));

    if (flock(fd, lock) == -1) {
        if (errno == EWOULDBLOCK)
            fatal("PID %ld: already locked - bye!", (long) getpid());
        else
            errExit("flock (PID=%ld)", (long) getpid());
    }

    printf("PID %ld: granted %s at %s\n", (long) getpid(), lname,
            currTime("%T"));

    sleep((argc > 3) ? getInt(argv[3], GN_NONNEG, "sleep-time") : 10);
```

```
        printf("PID %ld: releasing %s at %s\n", (long) getpid(), lname,
                currTime("%T"));

        if (flock(fd, LOCK_UN) == -1)
            errExit("flock");

        exit(EXIT_SUCCESS);
    }
```

리스트 18-1의 프로그램을 사용해, flock()의 동작을 살펴볼 수 있다. 몇 가지 예를 다음 셸 세션에 나타냈다. 파일을 생성함으로써 시작하고, 백그라운드에 있는 프로그램의 인스턴스를 시작하며, 60초 동안 공유 잠금을 갖고 있는다.

```
$ touch tfile
$ ./t_flock tfile s 60 &
[1] 9777
PID 9777: requesting LOCK_SH at 21:19:37
PID 9777: granted    LOCK_SH at 21:19:37
```

다음은 공유 잠금을 성공적으로 요청하는 프로그램의 다른 인스턴스를 시작하고, 잠금을 해제한다.

```
$ ./t_flock tfile s 2
PID 9778: requesting LOCK_SH at 21:19:49
PID 9778: granted    LOCK_SH at 21:19:49
PID 9778: releasing  LOCK_SH at 21:19:51
```

그러나 전용 잠금을 위한 비블로킹 요청을 만드는 프로그램의 다른 인스턴스를 시작할 때, 요청은 즉시 실패한다.

```
$ ./t_flock tfile xn
PID 9779: requesting LOCK_EX at 21:20:03
PID 9779: already locked - bye!
```

전용 잠금을 위한 블로킹 요청을 만드는 프로그램의 다른 인스턴스를 시작할 때, 프로그램은 블록한다. 60초 동안 공유 잠금을 갖고 있던 백그라운드 프로세스가 잠금을 해제할 때, 블록된 요청은 허가된다.

```
$ ./t_flock tfile x
PID 9780: requesting LOCK_EX at 21:20:21
PID 9777: releasing  LOCK_SH at 21:20:37
PID 9780: granted    LOCK_EX at 21:20:37
PID 9780: releasing  LOCK_EX at 21:20:47
```

18.2.1 잠금 상속과 해제의 의미

표 18-1에 나타낸 것처럼, LOCK_UN으로 operation을 명시한 flock() 호출을 통해 파일 잠금을 해제할 수 있다. 또한 잠금은 해당되는 파일 디스크립터가 닫히면 자동적으로 해제된다. 그러나 실제 동작은 이보다 더욱 복잡하다. flock()을 통한 파일 잠금은 파일 디스크립터나 파일 자체(i-노드)보다는 열린 파일 디스크립션(Vol. 1의 5.4절 참조)과 관련이 된다. 이는 (dup(), dup2(), fcntl() F_DUPFD 오퍼레이션을 통해) 파일 디스크립터가 복제될 때, 새로운 파일 디스크립터는 동일한 파일 잠금을 참조한다는 뜻이다. 예를 들어, fd가 가리키는 파일의 잠금을 획득한다면 (에러 검사를 생략한) 다음 코드는 그 잠금을 해제한다.

```
flock(fd, LOCK_EX);             /* 'fd'를 통해 잠금 획득 */
newfd = dup(fd);                /* 'newfd'는 'fd'와 동일한 잠금을 참조 */
flock(newfd, LOCK_UN)           /* 'fd'를 통해 획득된 잠금을 해제 */
```

특정 파일 디스크립터를 통해 잠금을 획득하고, 그 디스크립터의 복사본을 하나 이상 생성한다면, (명시적으로 잠금 해제 오퍼레이션을 실행하지 않으면) 모든 복제 디스크립터가 닫히는 시점에만 잠금이 해제된다.

그러나 동일한 파일을 가리키는 두 번째 파일 디스크립터(그리고 관련된 열린 파일 디스크립션)을 획득하기 위해 open()을 사용한다면, 이 두 번째 디스크립터는 flock()에 의해 독립적으로 취급된다. 예를 들어, 다음 코드를 실행하는 프로세스는 두 번째 flock() 호출에 블록될 것이다.

```
fd1 = open("a.txt", O_RDWR);
fd2 = open("a.txt", O_RDWR);
flock(fd1, LOCK_EX);
flock(fd2, LOCK_EX);            /* 'fd1'의 잠금에 의해 잠김 */
```

따라서 프로세스는 flock()을 사용해 파일의 밖에서 자체적으로 잠글 수 있다. 이후에 살펴보겠지만, 이런 동작은 fcntl()에 의해 획득된 레코드 잠금에는 발생할 수 없다.

fork()를 사용해 자식 프로세스를 생성할 때, 그 자식은 부모 파일 디스크립터의 복사본을 획득하고, dup() 등을 통해 복제된 디스크립터와 마찬가지로 이러한 디스크립터는 동일한 열린 파일 디스크립션, 따라서 동일한 잠금을 가리킨다. 예를 들어, 다음 코드는 자식으로 하여금 부모의 잠금을 제거하도록 유도한다.

```
flock(fd, LOCK_EX);             /* 부모는 잠금을 획득 */
if (fork() == 0)                /* 자식인 경우... */
    flock(fd, LOCK_UN);         /* 부모와 공유한 잠금을 해제 */
```

이러한 문법은 부모 프로세스에서 자식 프로세스로 잠금을 (아토믹하게) 전달하는 데 유용하게 쓰인다. fork() 이후에, 부모는 자신의 파일 디스크립터를 닫고, 잠금은 자식 프로세스의 유일한 제어하에 놓이게 된다. 이후에 살펴보겠지만, 이 동작은 fcntl()에 의해 획득된 레코드 잠금을 사용해서는 불가능하다.

flock()이 생성한 잠금은 (실행 시 닫기 플래그가 파일 디스크립터에 설정되고, 그 파일 디스크립터가 하부 열린 파일 디스크립션을 가리키는 마지막이 아니라면) exec()에 걸쳐 유지된다.

앞서 언급한 리눅스 문법은 flock()의 고전적인 BSD 구현에 따른다. 몇몇 유닉스 구현에서 flock()은 fcntl()을 사용해 구현되고, fcntl() 잠금의 상속과 해제 문법은 flock() 잠금의 상속 및 해제와는 다르다는 사실을 이후에 확인할 것이다. flock()과 fcntl()이 생성한 잠금 간의 상호 동작은 정의되어 있지 않기 때문에, 응용 프로그램은 파일에서 이런 잠금 방법 중 한 가지만 사용해야 한다.

18.2.2 flock()의 제약사항

flock()으로 잠그는 데는 다음과 같은 제약이 있다.

- 전체 파일만을 잠글 수 있다. 이러한 큰 규모의 잠금은 협동 프로세스 사이에 동시성concurrency에 대한 잠재성을 제한한다. 예를 들어 여러 개의 프로세스가 있고 각각이 동일한 파일의 다른 부분에 동시에 접근하려고 할 때, flock()을 통해 잠그면 불필요하게 이 프로세스들이 동시에 동작하는 것을 막는다.
- flock()에는 오직 권고 잠금만을 사용할 수 있다.
- 많은 NFS 구현은 flock()이 허용한 잠금을 인식하지 않는다.

이러한 모든 제약사항은 fcntl()이 구현한 잠금 방법에 의해 언급되며, 다음 절에서 설명할 것이다.

 역사적으로 리눅스 NFS 서버는 flock() 잠금을 지원하지 않았다. 커널 2.6.12부터, 리눅스 NFS 서버는 전체 파일에 대한 fcntl() 잠금으로 flock() 잠금을 구현함으로써 flock() 잠금을 지원한다. 이는 서버의 BSD 잠금과 클라이언트의 BSD 잠금을 혼합할 때 이상한 효과를 유발할 수 있다. 즉 클라이언트는 보통 서버의 잠금을 못 볼 것이며, 반대로 서버는 클라이언트의 잠금을 보지 못할 것이다.

18.3 fcntl()을 이용한 레코드 잠금

fcntl() 함수(Vol. 1의 5.2절 참조)를 사용해, 한 바이트에서 전체 파일에 이르기까지 파일의 어느 부분이든 잠글 수 있다. 이러한 형태의 파일 잠금을 레코드 잠금record lock이라고 한다. 하지만 유닉스 시스템의 파일은 레코드 경계record boundary에 대한 개념 없이 바이트 순서byte sequence를 갖기 때문에, 이 용어는 부적절한 명칭으로 치부된다. 파일 내의 레코드에 관한 어떠한 개념도 순수하게 응용 프로그램 내에서 정의된다.

일반적으로 fcntl()은 파일 내의 응용 프로그램에 정의된 레코드 경계에 따라서 바이트 범위를 잠그는 데 사용된다. 따라서 레코드 잠금이라는 용어가 시작됐다. 바이트 범위와 파일 영역, 파일 세그먼트라는 용어는 흔하게 사용되지 않지만, 이런 형태의 잠금을 설명하는 데 더욱 적합하다(이는 원래 POSIX.1 표준과 SUSv3에 명시된 유일한 형태의 잠금이기 때문에, POSIX 파일 잠금이라고도 한다).

 SUSv3는 일반 파일을 지원하려는 목적으로 레코드 잠금을 요구하며, 이를 다른 파일 형식에도 허용한다. 일반적으로 일반 파일에만 레코드 잠금을 적용하는 것이 기본으로 생각되나(대부분의 다른 파일에 대해서는 파일 내에 포함된 데이터의 바이트 범위에 대해 얘기하는 것 자체가 무의미하기 때문에), 리눅스에서는 레코드 잠금을 모든 파일 디스크립터의 형식에 적용할 수가 있다.

그림 18-2는 레코드 잠금이 어떻게 2개의 프로세스가 동일한 파일 영역으로의 접근을 동기화하는 데 사용되는지 보여준다(이 다이어그램에서 모든 잠금 요청은 블록되고, 따라서 잠금을 다른 프로세스가 소유한 경우에는 기다린다).

파일 잠금을 생성하거나 제거하는 데 사용되는 fcntl() 호출의 일반적인 형태는 다음과 같다.

```
struct flock flockstr;

/* 잠금을 걸거나 제거하는 것을 기술하는 'flockstr'의 필드 집합 */

fcntl(fd, cmd, &flockstr);          /* 'fl'에 의해 정의된 잠금을 건다. */
```

fd 인자는 잠그려는 파일을 참조하는 열린 파일 디스크립터다.

cmd 인자를 논의하기 전에, 우선 flock 구조체를 설명한다.

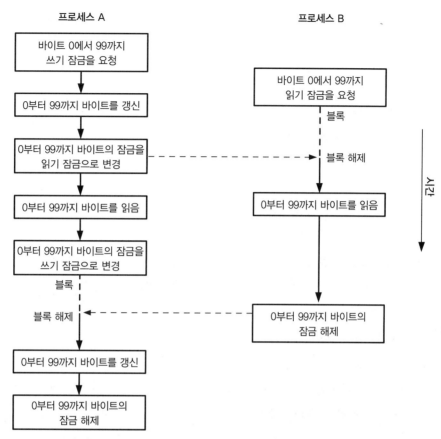

프로세스 A

- 바이트 0에서 99까지 쓰기 잠금을 요청
- 0부터 99까지 바이트를 갱신
- 0부터 99까지 바이트의 잠금을 읽기 잠금으로 변경
- 0부터 99까지 바이트를 읽음
- 0부터 99까지 바이트의 잠금을 쓰기 잠금으로 변경
- 블록
- 블록 해제
- 0부터 99까지 바이트를 갱신
- 0부터 99까지 바이트의 잠금 해제

프로세스 B

- 바이트 0에서 99까지 읽기 잠금을 요청
- 블록
- 블록 해제
- 0부터 99까지 바이트를 읽음
- 0부터 99까지 바이트의 잠금 해제

시간

그림 18-2 파일의 동일 범위에 대한 접근을 동기화하기 위해 레코드 잠금 사용

flock 구조체

flock 구조체는 획득하거나 제거하려고 하는 잠금을 정의하며, 다음과 같이 정의된다.

```
struct flock {
    short l_type;           /* 잠금 종류: F_RDLCK, F_WRLCK, F_UNLCK */
    short l_whence;         /* 'l_start'를 해석하는 방법: SEEK_SET,
                                SEEK_CUR, SEEK_END */
    off_t l_start;          /* 잠금이 시작하는 곳의 오프셋 */
    off_t l_len;            /* 잠글 바이트 수: 0은 'EOF까지'를 의미함 */
    pid_t l_pid;            /* 잠금을 막는 프로세스(오직 F_GETLK) */
};
```

l_type 필드는 걸고자 하는 잠금의 종류를 가리킨다. 이는 표 18-3의 값 중 하나로 명시된다.

의미상 읽기(F_RDLCK)와 쓰기(F_WRLCK) 잠금은 flock()에 적용되는 공유 잠금과 전용 잠금에 대응되며, 동일한 호환성 규칙을 따른다(표 18-2). 즉 어떠한 수의 프로세스도 파일 영역의 읽기 잠금을 유지할 수 있지만, 하나의 프로세스만이 쓰기 잠금을 가질 수 있고, 그 잠금은 다른 프로세스로부터 읽기와 쓰기 잠금을 모두 가져온다. l_type을 F_UNLCK로 명시하면 flock()의 LOCK_UN 오퍼레이션과 같다.

표 18-3 fcntl() 잠금의 종류

잠금 종류	설명
F_RDLCK	읽기 잠금
F_WRLCK	쓰기 잠금
F_UNLCK	현재 잠금을 제거

파일에 읽기 잠금을 걸기 위해 파일은 읽기로 열어야 한다. 마찬가지로, 쓰기 잠금을 걸고자 한다면 파일은 쓰기로 열어야 한다. 두 가지 종류의 잠금을 모두 걸고자 한다면, 파일을 읽기-쓰기(O_RDWR)로 연다. 파일 접근 모드와 호환되지 않는 잠금을 걸려는 시도는 EBADF 에러를 발생시킨다.

l_whence, l_start, l_len 필드는 모두 잠글 바이트의 범위를 명시한다. 처음 두 필드는 lseek()의 whence, offset과 일치한다(Vol. 1의 4.7절 참조). l_start 필드는 다음 중 하나에 대해 해석될 파일 내의 오프셋을 명시한다.

- l_whence가 SEEK_SET이라면, 파일의 시작
- l_whence가 SEEK_CUR이라면, 현재 파일 오프셋
- l_whence가 SEEK_END라면, 파일의 끝

마지막 두 가지 경우에서는 결과 파일의 위치가 파일의 시작 전에 놓여 있지 않은 경우(바이트 0) l_start는 음수가 될 수 있다.

l_len 필드는 l_whence와 l_start에 정의된 위치로부터 시작해 잠글 바이트의 수를 명시하는 정수를 포함한다. 파일의 끝을 지나는 존재하지 않는 바이트도 잠글 수가 있지만, 파일의 시작 위치 이전의 바이트를 잠글 수는 없다.

커널 2.4.21부터 리눅스는 l_len에 제공되는 음수값을 허용한다. 이는 l_whence와 l_start에 명시된 위치에 앞서는 l_len바이트를 잠그는 요청이다(즉 (l_start-abs(l_len))부터 (l_start - 1))까지의 범위에 있는 바이트). SUSv3는 이런 동작을 허용하지만, 요구하지는 않는다. 다른 여러 유닉스 구현도 이런 기능을 제공한다.

일반적으로 응용 프로그램은 필요한 최소 바이트 범위를 잠가야 한다. 이는 동일한 파일의 다른 영역을 잠그고자 하는 다른 프로세스들이 동시에 사용할 수 있는 엄청난 동시성을 허용한다.

 '최소 범위(minimum range)'라는 용어는 어떤 환경에서는 그에 대한 자격이 필요하다. 레코드 잠금과 mmap() 호출을 섞어서 사용할 경우, NFS와 CIFS 같은 네트워크 파일 시스템에서는 원하지 않는 결과가 나올 수 있다. 이 문제는 mmap()이 시스템 페이지(page) 크기의 단위로 파일을 매핑하기 때문에 발생한다. 파일 잠금이 페이지 정렬된 상태라면, 잠금은 더티 페이지(dirty page)에 해당하는 전체 영역을 포함할 것이므로 문제가 없다. 그러나 잠금이 페이지 정렬된 상태가 아니라면, 경쟁 상태가 발생할 것이다(매핑된 페이지 중 어떤 부분이든 수정된 경우, 커널은 잠금에 포함되지 않은 영역에 쓰기를 할 것이다).

l_len에 0을 명시하면 '파일의 크기가 얼마나 크든지 상관없이 l_start와 l_whence부터 파일의 끝까지 명시된 지점의 모든 바이트를 잠가라'는 특별한 의미가 된다. 이는 파일에 얼마나 많은 바이트를 추가할지 미리 알 수 없는 상황에 편리한 방법이다. 전체 파일을 잠그려고 하면, l_whence를 SEEK_SET으로, l_start와 l_len을 0으로 명시할 수 있다.

cmd 인자

파일 잠금으로 작업을 할 때, 세 가지 가능한 값이 fcntl()의 cmd 인자에 명시될 수 있다. 첫 번째 두 가지는 잠금을 획득하고 해제하는 데 사용된다.

- F_SETLK: flockstr에 명시된 바이트를 잠그거나(l_type은 F_RDLCK나 F_WRLCK) 해제한다(l_type은 F_UNLCK). 호환성이 없는 잠금이 잠그려고 하는 영역의 어떤 부분을 다른 프로세스가 소유한 경우, fcntl()은 EAGAIN 에러로 실패한다. 이 경우 몇몇 유닉스 구현에서 fcntl()은 EACCES 에러로 실패한다. SUSv3는 어떤 경우든 허용하고, 이식성 있는 응용 프로그램은 두 가지 값 모두 테스트해야 한다.

- F_SETLKW: 이 값은 다른 프로세스가 잠그려고 하는 영역의 일부에 호환성이 없는 잠금을 갖고 있는 경우, 호출은 잠금이 허용될 때까지 블록된다는 점만 제외하면 F_SETLK와 동일하다. 시그널을 처리하고, SA_RESTART를 명시하지 않은 경우(Vol. 1의 21.5절 참조), F_SETLKW 오퍼레이션은 중지될 것이다(즉 EINTR 에러로 실패). 잠금 요청에 대해 타임아웃을 설정하기 위해서 alarm()이나 setitimer()를 사용해 이러한 동작의 장점을 이용할 수 있다.

fcntl() 잠금은 명시된 전체 영역을 잠그거나, 전혀 잠그지 않을 수 있다는 사실을 알아두기 바란다. 현재 잠금이 해제된 요청 영역의 몇 바이트를 잠그는 개념은 없다.

fcntl()의 남은 오퍼레이션은 주어진 영역을 잠글 수 있는지 여부를 결정하는 데 사용된다.

- F_GETLK: flockstr에 명시된 잠금을 획득할 수 있는지 검사하지만, 실제로 획득하지는 않는다. l_type 필드는 F_RDLCK나 F_WRLCK가 돼야 한다. flockstr 구조체는 값-결과 인자로 취급되며, 명시된 잠금을 걸 수 있는지 여부를 알려주는 정보를 포함한다. 잠금이 허용되면(즉 명시된 파일 영역에 호환성이 없는 잠금이 존재하지 않음) F_UNLCK가 l_type 필드에 리턴되고, 나머지 필드는 변경되지 않는다. 1개 이상의 호환되지 않는 잠금이 영역에 존재하면, flockstr은 그중 하나(결정되지 않음)의 종류(l_type)와 바이트 범위(l_start와 l_len. l_whence는 항상 SEEK_SET 값으로 리턴됨), 잠금을 가진 프로세스의 ID(l_pid) 같은 정보를 리턴한다.

F_GETLK와 차후의 F_SETLK나 F_SETLKW의 사용을 혼합할 때, 가능한 경쟁 상태가 있음을 알아두기 바란다. 이후의 F_SETLK나 F_SETLKW 오퍼레이션을 실행하는 시점에, F_GETLK가 리턴한 정보는 이미 시간이 지났을 것이다. 따라서 F_GETLK는 처음 나타났을 때에 비해 효용성이 떨어진다. F_GETLK가 잠글 수 있다고 알려주더라도, F_SETLK로부터의 에러 리턴이나 F_SETLKW의 블록에 대해 여전히 준비해야 한다.

 GNU C 라이브러리는 fcntl()의 상위 계층에 위치한 단순화된 인터페이스인 lockf() 함수도 구현한다(SUSv3는 lockf()를 명시하지만, lockf와 fcntl() 간의 관계를 명시하진 않는다. 그러나 대부분의 유닉스 시스템은 fcntl()의 상위에 lockf를 구현한다). lockf(fd, operation, size) 형태의 호출은 l_whence를 SEEK_CUR로, l_start를 0으로, l_len을 size로 명시한 fcntl()과 동일하다. 즉 lockf()는 현재 파일 오프셋에서 시작하는 바이트를 잠근다. lockf()에 operation 인자는 fcntl()의 cmd 인자와 일치하지만, 잠금을 획득하고, 해제하고, 잠금의 존재를 테스트하는 데 다른 상수가 사용된다. lockf() 함수는 전용(즉 쓰기) 잠금만 건다. 자세한 사항은 lockf(3) 매뉴얼 페이지를 참조하기 바란다.

잠금 획득과 해제의 세부적인 내용

fcntl()로 생성된 잠금의 획득과 해제에 관한 다음 사항을 주지하기 바란다.

- 파일 영역의 잠금을 해제하는 작업은 항상 즉시 성공한다. 현재 잠금을 갖고 있지 않은 영역의 잠금을 해제해도 에러가 발생하지 않는다.

- 언제든지 프로세스는 파일의 특정 영역에 하나의 잠금 종류를 가질 수 있다. 이미 잠금을 걸어둔 영역을 새로 잠글 경우에는 아무런 변화가 없거나(잠금 종류가 현재 잠금과 동일한 경우), 아토믹하게 현재 잠금을 새로운 모드로 변경한다. 후자의 경우 읽기 잠금을 쓰기 잠금으로 변경할 때, 호출이 에러(F_SETLK)를 발생시키거나 블록(F_SETLKW)할 가능성을 염두에 둬야 한다(잠금 변환이 아토믹이 아닌 flock()과는 다른 동작이다).

- 동일한 파일을 가리키는 여러 파일 디스크립터를 통해 잠글 때조차도, 프로세스는 파일 영역의 밖에서 자기 자신의 잠금을 걸 수 없다(이는 flock()과는 상반되며, 18.3.5절에서 이 동작을 자세히 논의한다).

- 이미 갖고 있는 잠금의 가운데에서 다른 모드의 잠금을 걸면 세 가지 잠금이 유발된다. 즉 이전 모드의 2개의 작은 잠금이 새로운 잠금의 양쪽에 생성된다(그림 18-3 참조). 반대로, 동일한 모드에 존재하는 잠금과 이웃하거나, 덮어쓴 두 번째 잠금을 획득하면 두 잠금의 합친 영역을 감싸는 하나의 큰 잠금이 생성된다. 그 밖의 조합도 가능하다. 예를 들어, 현존하는 큰 잠금의 가운데 영역을 잠금 해제할 경우 해제된 영역의 양쪽에 2개의 작은 잠금이 걸린 영역을 남긴다. 새로운 잠금이 다른 모드로 현존하는 잠금을 덮어쓴다면, 덮어쓴 바이트는 새로운 잠금으로 합쳐지기 때문에, 현존하는 잠금은 줄어든다.

- 파일 영역 잠금과 관련해 파일 디스크립터를 닫는 경우의 문법은 흔치 않다. 18.3.5절에서 이러한 문법을 기술한다.

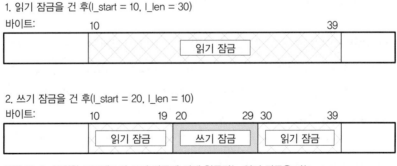

그림 18-3 동일한 프로세스의 쓰기 잠금에 의해 현존하는 읽기 잠금을 나눔

18.3.1 데드락

F_SETLKW를 사용할 때는 그림 18-4에 기술된 시나리오 형식을 인지하고 있을 필요가 있다. 이 시나리오에서 각 프로세스의 두 번째 잠금 요청은 다른 프로세스가 소유한 잠

금에 의해 블록된다. 이러한 시나리오를 데드락deadlock이라고 한다. 커널에 의해 검사되지 않는다면, 데드락은 두 프로세스를 차단된 상태로 영원히 남겨둘 것이다. 이러한 가능성을 막고자, 커널은 데드락 상황이 발생할 수 있는지 여부를 검사하기 위해 F_SETLKW를 통해서 만들어진 각각의 새로운 잠금 요청을 검사한다. 만약 그러한 가능성이 있다면, 커널은 차단된 프로세스 중의 하나를 선택하고, 블록해제를 위해 fcntl()을 호출하고, EDEADLK 에러로 실패한다(리눅스에서는 가장 최근에 fcntl()을 호출하는 프로세스가 선택되지만, SUSv3는 이를 요구하지 않고, 미래의 리눅스 버전이나 그 밖의 유닉스 구현에서는 유지되지 않을 것이다. F_SETLKW를 사용하는 어떤 프로세스든지 EDEADLK 에러를 처리하도록 준비돼야 한다).

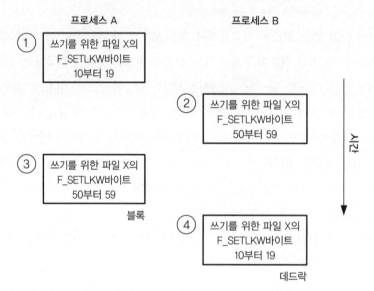

그림 18-4 두 프로세스가 서로 간의 잠금 요청을 거부할 때 데드락 발생

데드락 상황은 여러 가지 프로세스를 포함하는 원형 데드락과 같이, 여러 파일을 잠그는 상황에서조차도 검출된다(원형 데드락circular deadlock은, 프로세스 A가 프로세스 B에 의해 잠긴 영역의 잠금을 획득하기를 기다리고, 프로세스 B는 프로세스 C가 소유한 잠금을 기다리며, 프로세스 C는 프로세스 A가 가진 잠금을 기다리는 상황을 의미한다).

18.3.2 예제: 대화형 잠금 프로그램

리스트 18-2의 프로그램은 레코드 잠금을 대화형으로 실험하게 한다. 이 프로그램은 잠그려는 파일의 이름인 하나의 명령행 인자를 취한다. 이 프로그램을 사용해, 레코드 잠금 오퍼레이션과 관련해 언급한 많은 사항을 확인할 수 있다. 프로그램은 대화형으로 사용되도록 설계됐고, 다음과 같은 형태의 명령을 수용한다.

```
cmd lock start length [ whence ]
```

cmd에는 F_GETLK를 실행하기 위해서 g, F_SETLK를 위해서 s, F_SETLKW를 위해서
w를 명시할 수 있다. 나머지 인자는 fcntl()로 전달된 flock 구조체를 초기화하는 데
사용된다. lock 인자는 l_type 필드의 값을 명시하고, F_RDLCK는 r, F_WRLCK는 w, F_
UNLCK는 u를 나타낸다. start와 length 인자는 l_start와 l_len 필드의 값을 명시
하는 정수값이다. 마지막으로, 선택적인 값인 whence 인자는 l_whence 필드의 값을 명
시하고, SEEK_SET은 s(기본값), SEEK_CUR은 c, SEEK_END는 e를 나타낸다(리스트 18-2의
printf()에서 l_start와 l_len 필드를 long long으로 캐스팅한 이유에 대한 설명은 Vol. 1의 5.10절을
참조하라).

리스트 18-2 레코드 잠금 실험

```
                                                              filelock/i_fcntl_locking.c
#include <sys/stat.h>
#include <fcntl.h>
#include "tlpi_hdr.h"

#define MAX_LINE 100

static void
displayCmdFmt(void)
{
    printf("\n    Format: cmd lock start length [whence]\n\n");
    printf("    'cmd' is 'g' (GETLK), 's' (SETLK), or 'w' (SETLKW)\n");
    printf("    'lock' is 'r' (READ), 'w' (WRITE), or 'u' (UNLOCK)\n");
    printf("    'start' and 'length' specify byte range to lock\n");
    printf("    'whence' is 's' (SEEK_SET, default), 'c' (SEEK_CUR), "
            "or 'e' (SEEK_END)\n\n");
}

int
main(int argc, char *argv[])
{
    int fd, numRead, cmd, status;
    char lock, cmdCh, whence, line[MAX_LINE];
    struct flock fl;
    long long len, st;

    if (argc != 2 || strcmp(argv[1], "--help") == 0)
        usageErr("%s file\n", argv[0]);

    fd = open(argv[1], O_RDWR);
    if (fd == -1)
```

```
            errExit("open (%s)", argv[1]);

    printf("Enter ? for help\n");

    for (;;) {                      /* 잠금 명령 프롬프트와 실행 */
        printf("PID=%ld> ", (long) getpid());
        fflush(stdout);

        if (fgets(line, MAX_LINE, stdin) == NULL) /* EOF(파일 끝) */
            exit(EXIT_SUCCESS);
        line[strlen(line) - 1] = '\0';    /* 종료 문자 '\n' 제거 */

        if (*line == '\0')
            continue;                       /* 빈 줄 생략 */

        if (line[0] == '?') {
            displayCmdFmt();
            continue;
        }

        whence = 's';                       /* 채워지지 않은 경우 */
        numRead = sscanf(line, "%c %c %lld %lld %c", &cmdCh, &lock,
                    &st, &len, &whence);
        fl.l_start = st;
        fl.l_len = len;

        if (numRead < 4 || strchr("gsw", cmdCh) == NULL ||
                strchr("rwu", lock) == NULL ||
                strchr("sce", whence) == NULL) {
            printf("Invalid command!\n");
            continue;
        }

        cmd = (cmdCh == 'g') ? F_GETLK : (cmdCh == 's') ?
                F_SETLK : F_SETLKW;
        fl.l_type = (lock == 'r') ? F_RDLCK : (lock == 'w') ?
                F_WRLCK : F_UNLCK;
        fl.l_whence = (whence == 'c') ? SEEK_CUR :
                    (whence == 'e') ? SEEK_END : SEEK_SET;

        status = fcntl(fd, cmd, &fl);       /* 요청 실행 ... */

        if (cmd == F_GETLK) {               /* ... 그리고 무엇이 발생하는지 확인 */
            if (status == -1) {
                errMsg("fcntl - F_GETLK");
            } else {
                if (fl.l_type == F_UNLCK)
                    printf("[PID=%ld] Lock can be placed\n", (long) getpid());
```

```
                     else                        /* 다른 이에 의해 잠김 */
                        printf("[PID=%ld] Denied by %s lock on %lld:%lld "
                               "(held by PID %ld)\n", (long) getpid(),
                               (fl.l_type == F_RDLCK) ? "READ" : "WRITE",
                               (long long) fl.l_start,
                               (long long) fl.l_len, (long) fl.l_pid);
                }
            } else {                         /* F_SETLK, F_SETLKW */
                if (status == 0)
                    printf("[PID=%ld] %s\n", (long) getpid(),
                            (lock == 'u') ? "unlocked" : "got lock");
                else if (errno == EAGAIN || errno == EACCES) /* F_SETLK */
                    printf("[PID=%ld] failed (incompatible lock)\n",
                            (long) getpid());
                else if (errno == EDEADLK)                  /* F_SETLKW */
                    printf("[PID=%ld] failed (deadlock)\n", (long) getpid());
                else
                    errMsg("fcntl - F_SETLK(W)");
            }
        }
    }
}
```

다음 셸 세션 로그에서는 동일한 100바이트 파일(tfile)을 잠그기 위해 2개의 인스턴스
를 실행함으로써 리스트 18-2의 프로그램의 사용법을 보여준다. 그림 18-5는 아래 주
석에 나타낸 것과 같이 셸 세션 로그 중에 여러 가지 시점에서 허용되고, 큐에 들어간 잠
금 요청의 상태를 보여준다.

파일의 0부터 39바이트에 읽기 잠금을 검으로써, 리스트 18-2 프로그램의 첫 번째
인스턴스(프로세스 A)를 시작한다.

```
Terminal window 1
$ ls -l tfile
-rw-r--r--    1 mtk       users         100 Apr 18 12:19 tfile
$ ./i_fcntl_locking tfile
Enter ? for help
PID=790> s r 0 40
[PID=790] got lock
```

파일의 70부터 마지막 바이트까지 읽기 잠금을 검으로써, 프로그램의 두 번째 인스턴
스(프로세스 B)를 시작한다.

```
                              Terminal window 2
                              $ ./i_fcntl_locking tfile
                              Enter ? for help
                              PID=800> s r -30 0 e
                              [PID=800] got lock
```

이 시점에서의 과정은 프로세스 A(프로세스 ID 790)와 프로세스 B(프로세스 ID 800)가 파일의 다른 부분에 잠금을 갖고 있는 그림 18-5a에 나타난다.

이제 전체 파일에 쓰기 잠금을 걸려고 하는 프로세스 A로 돌아간다. 우선, 잠글 수 있는지 여부를 테스트하기 위해 F_GETLK를 사용하고, 충돌하는 잠금이 있는지 확인한다. 그리고 F_SETLK로 잠그려고 하고, 이 또한 실패한다. 마지막으로 F_SETLKW로 잠그려고 하고, 블록된다.

```
PID=790> g w 0 0
[PID=790] Denied by READ lock on 70:0 (held by PID 800)
PID=790> s w 0 0
[PID=790] failed (incompatible lock)
PID=790> w w 0 0
```

이 시점에서의 과정은 프로세스 A와 프로세스 B 각각이 파일의 다른 부분에 잠금을 갖고, 프로세스 A는 전체 파일에 대한 잠금 요청을 큐에 넣은 상태인 그림 18-5b에 나타난다.

전체 파일에 쓰기 잠금을 걸려고 하는 프로세스 B에서 계속 진행한다. 우선, 잠금이 F_GETLK를 사용해 위치될 수 있는지 여부를 검사하고, 이는 충돌하는 잠금이 있는지 알려준다. F_SETLKW를 사용해 잠그려고 한다.

```
PID=800> g w 0 0
[PID=800] Denied by READ lock on 0:40
(held by PID 790)
PID=800> w w 0 0
[PID=800] failed (deadlock)
```

그림 18-5c는 프로세스 B가 전체 파일에 쓰기 잠금을 걸려고 하는 블로킹 요청을 할 때 발생할 수 있는 데드락 상황을 보여준다. 이 시점에서 커널은 실패할 잠금 요청 중 하나를 선택하고(이 경우 프로세스 B의 요청), fcntl() 호출로부터 EDEADLK 에러를 수신한다.

파일상의 모든 잠금을 제거함으로써 프로세스 B에서 계속 진행한다.

```
PID=800> s u 0 0
[PID=800] unlocked
```
```
[PID=790] got lock
```

출력의 마지막 줄에서 확인할 수 있듯이, 프로세스 A의 블록된 잠금 요청을 허락했다.

프로세스 B의 데드락 요청이 취소됐다고 하더라도, 그 밖의 잠금은 소유되고, 따라서 프로세스 A의 큐에 넣어진 잠금 요청은 블록된 상태로 남아 있다는 사실을 이해해야 한다. 프로세스 A의 잠금 요청은 프로세스 B가 다른 잠금을 제거할 때만 허가되며, 이 상황은 그림 18-5d에서 보여준다.

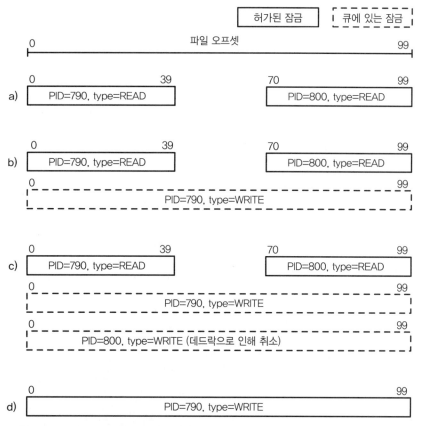

그림 18-5 i_fcntl_locking.c를 실행하는 동안 허가된 잠금과 큐에 있는 잠금 요청의 상태

18.3.3 예제: 잠금 함수 라이브러리

리스트 18-3은 다른 프로그램에서 사용할 수 있는 잠금 함수를 제공한다. 이 함수는 다음과 같다.

- lockRegion() 함수는 파일 디스크립터 fd에 의해 참조되는 열린 파일을 잠그기 위해서 F_SETLK를 사용한다. type 인자는 잠금 종류(F_RDLCK나 F_WRLCK)를 명시한다. whence, start, len 인자는 잠글 바이트의 범위를 명시한다. 이런 인자는 잠그는 데 사용되는 flockstr 구조체의 유사하게 명명된 필드의 값을 제공한다.
- lockRegionWait() 함수는 lockRegion()과 같지만, 블로킹 잠금 요청을 만든다. 즉 F_SETLK 대신에 F_SETLKW를 사용한다.

- `regionIsLocked()` 함수는 파일이 잠겨 있는지 여부를 검사한다. 이 함수의 인자는 `lockRegion()`과 동일하다. 이 함수는 아무런 프로세스가 호출에 명시된 잠금과 충돌하는 잠금을 소유하고 있지 않은 경우 0(거짓)을 리턴한다. 한 개 이상의 프로세스가 충돌 잠금을 갖고 있는 경우, 이 함수는 0이 아닌 값(참)을 리턴한다(충돌 잠금을 소유한 프로세스의 프로세스 ID).

리스트 18-3 파일 영역 잠금 함수

```
                                              filelock/region_locking.c
#include <fcntl.h>
#include "region_locking.h"          /* 여기서 정의된 함수 선언 */

/* 파일 영역 잠금(아래 비공개, 공개 인터페이스) */

static int
lockReg(int fd, int cmd, int type, int whence, int start, off_t len)
{
    struct flock fl;

    fl.l_type = type;
    fl.l_whence = whence;
    fl.l_start = start;
    fl.l_len = len;

    return fcntl(fd, cmd, &fl);
}

int                 /* 비블로킹 F_SETLK를 사용해 파일 영역 잠금 */
lockRegion(int fd, int type, int whence, int start, int len)
{
    return lockReg(fd, F_SETLK, type, whence, start, len);
}

int                 /* 차단 F_SETLKW를 사용해 파일 영역 잠금 */
lockRegionWait(int fd, int type, int whence, int start, int len)
{
    return lockReg(fd, F_SETLKW, type, whence, start, len);
}

/* 파일 영역에 잠금이 가능한지 검사. 잠금이 가능하면 0을,
   그렇지 않으면 호환성 없는 잠금을 가진 프로세스의 PID를 리턴한다, 에러 시 -1을 리턴한다. */

pid_t
regionIsLocked(int fd, int type, int whence, int start, int len)
{
```

```
    struct flock fl;

    fl.l_type = type;
    fl.l_whence = whence;
    fl.l_start = start;
    fl.l_len = len;

    if (fcntl(fd, F_GETLK, &fl) == -1)
        return -1;

    return (fl.l_type == F_UNLCK) ? 0 : fl.l_pid;
}
```

18.3.4 잠금 한도와 성능

SUSv3는 획득될 수 있는 고정된 시스템 기반 레코드 잠금 수의 상한을 지정할 수 있게 한다. 이 한도에 도달하면, fcntl()은 ENOLCK 에러로 실패한다. 리눅스는 획득될지 모르는 레코드 잠금 수의 고정된 상한을 설정하지 않고, 메모리의 가용성에 따라서 간신히 제한된다(다른 많은 유닉스 구현도 마찬가지다).

얼마나 빨리 레코드 잠금이 획득되고, 해제될 수 있는가? 이러한 오퍼레이션의 속도는 레코드 잠금을 유지하는 데 사용되는 커널 데이터 구조와 그 데이터 구조의 특정 잠금의 위치에 대한 함수이기 때문에, 이 질문에 대한 명확한 답은 없다. 이러한 구조체는 곧 살펴보겠지만, 우선 그 설계에 영향을 미치는 몇 가지 요구사항부터 살펴보자.

- 커널은 새로운 잠금과 그 잠금의 양쪽에 위치하는 (동일한 프로세스가 보유한) 동일한 모드의 어떠한 현존하는 잠금과 합칠 수 있는 능력이 필요하다.
- 새로운 잠금은 호출한 프로세스가 소유한 1개 이상의 잠금을 완전히 교체할지도 모른다. 커널은 이런 모든 잠금을 쉽게 찾아낼 수 있어야 한다.
- 현존하는 잠금의 가운데에서 다른 모드의 새로운 잠금을 생성할 때, 현존하는 잠금을 나누는 작업은 단순해야 한다(그림 18-3).

잠금에 대한 정보를 담고 있는 커널 데이터 구조체는 이러한 요구사항을 만족하도록 설계됐다. 각 열린 파일은 해당 파일에 소유된 잠금의 링크드 리스트를 갖고 있다. 그 리스트 내의 잠금은 우선 프로세스 ID에 따라, 그리고 시작 오프셋에 따라 정렬되어 있다. 그러한 리스트의 예는 그림 18-6에 있다.

커널은 flock() 잠금과, 열린 파일과 관련된 잠금의 링크드 리스트의 파일 리스(file lease)도 유지한다(18.5절에서 /proc/locks 파일을 논의할 때, 파일 리스에 관해 간단하게 언급한다). 그러나 이런 잠금 종류는 일반적으로 얼마 안 되고, 따라서 성능에 영향을 미칠 가능성이 적기 때문에, 논의에서 제외한다.

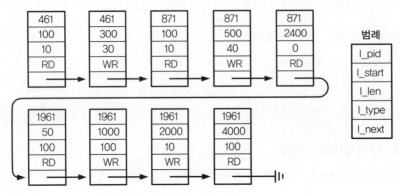

그림 18-6 하나의 파일에 대한 레코드 잠금 리스트의 예

새로운 잠금이 데이터 구조체에 추가될 때마다, 커널은 파일에 현존하는 잠금과의 충돌 여부를 검사해야만 한다. 이런 검색은 리스트의 헤드head에서 시작해 순차적으로 실행된다.

많은 프로세스에 걸쳐서 임의로 분산된 많은 양의 잠금을 가정하면, 잠금을 추가하고 제거하는 데 요구되는 시간은 파일이 이미 소유한 잠금의 수에 대략 선형적으로 증가한다.

18.3.5 잠금 상속과 해제의 의미

fcntl() 레코드 잠금의 상속과 해제의 의미는 flock()을 사용해 생성된 잠금의 의미와 판이하게 다르다. 다음과 같은 사항을 주의 깊게 살펴보기 바란다.

- 레코드 잠금은 fork()가 생성하는 자식 프로세스에 걸쳐서 상속되지 않는다. 이는 자식 프로세스가 동일한 잠금의 참조를 상속하고, 그 잠금을 해제할 수 있고, 그로 인해 부모 프로세스도 잠금을 잃게 되는 결과를 낳는 flock()과는 다른 특징이다.

- 레코드 잠금은 exec()에 걸쳐서 유지된다(그러나 아래 설명된 실행 시 닫기 플래그의 효과에 주의를 기울이기 바란다).

- 프로세스 내의 모든 스레드는 동일한 레코드 잠금의 집합을 공유한다.

- 레코드 잠금은 프로세스와 i-노드 둘 다와 연관된다(Vol. 1의 5.4절 참조). 이러한 관련성으로 인해, 프로세스가 종료될 때 모든 레코드 잠금도 해제된다. 프로세스가 파일 디스크립터를 닫을 때는 언제나, 동일한 파일에서 그 프로세스에 소유된 모든 잠금은 잠금이 획득된 파일 디스크립터와 관계없이 해제된다. 예를 들어, 다음 코드에서 잠금이 파일 디스크립터 fd1을 통해 획득됐다고 할지라도, close(fd2) 호출은 testfile에서 호출 프로세스가 소유한 잠금을 해제한다.

```
struct flock fl;

fl.l_type = F_WRLCK;
fl.l_whence = SEEK_SET;
fl.l_start = 0;
fl.l_len = 0;

fd1 = open("testfile", O_RDWR);
fd2 = open("testfile", O_RDWR);

if (fcntl(fd1, cmd, &fl) == -1)
    errExit("fcntl");

close(fd2);
```

마지막 지점에 기술된 문법은 동일한 파일을 참조하는 여러 가지 파일 디스크립터가 어떤 식으로 획득됐든지, 그리고 어떤 식으로 종료됐는지에 상관없이 적용된다. 예를 들어 dup(), dup2(), fcntl()은 열린 파일 디스크립터의 복사본을 획득하는 데 사용될 수 있다. 그리고 명시적인 close()를 사용하는 것뿐만 아니라, 파일 디스크립터는 실행 시 닫기 플래그가 설정되어 있거나 해당 디스크립터가 이미 열린 경우 두 번째 파일 디스크립터 인자를 닫는 dup2() 호출을 통해 닫힐 수 있다.

fcntl() 잠금 상속과 해제의 의미는 구조적인 문제다. 예를 들어, 라이브러리 함수는 호출자가 잠긴 파일을 참조하는 파일 디스크립터를 닫고, 따라서 라이브러리 코드에 의해 획득된 잠금을 제거하는 가능성을 막을 수 없기 때문에, 그러한 문법은 라이브러리 패키지의 레코드 잠금 사용을 문제 있게 만든다. 이에 대한 대체 구현 방법은 잠금을 i-노드가 아닌 파일 디스크립터와 관련짓는 것이다. 그러나 현재의 의미는 역사적이며, 현재 레코드 잠금의 동작으로 표준화되어 있다. 불행하게도, 이러한 문법은 fcntl() 잠금의 사용성을 현저하게 떨어뜨린다.

flock()을 사용한 잠금은 오직 열린 파일 디스크립션과만 관련이 되고, 잠금의 참조를 갖고 있는 어떠한 프로세스가 명시적으로 잠금을 해제하거나, 열린 파일 디스크립션을 참조하는 모든 파일 디스크립터가 닫힐 때까지 효력이 유지된다.

18.3.6 잠금 기아와 큐의 잠금 요청 우선순위

다중 프로세스가 현재 잠긴 영역을 잠그기 위해 기다려야 할 때, 여러 가지 의문사항이 생긴다.

쓰기 잠금을 걸길 원하는 프로세스가 동일한 영역에 읽기 잠금을 걸 연속된 프로세스에 의해 기회를 얻지 못할 수도 있는가? (다른 많은 유닉스 구현과 동일하게) 리눅스에서 연속된 읽기 잠금은 실질적으로 블록된 쓰기 잠금에게 (가능한 한 영원히) 기회를 주지 않을 수 있다(잠금 기아starvation).

2개 이상의 프로세스가 잠그기 위해 기다리는 경우, 잠금이 가용해졌을 때 어떤 프로세스가 그 잠금을 획득할지 결정하는 어떤 규칙이 있는가? 예를 들어, 잠금 요청이 FIFO 순서로 만족되는가? 그리고 규칙은 각 프로세스가 요청하는 잠금의 종류에 의존하는가 (즉 읽기 잠금을 요청하는 프로세스는 쓰기 잠금을 요청하는 프로세스에 비해 우선순위가 높은가, 아니면 그 반대인가, 아니면 둘 다 아닌가)? 리눅스에는 다음과 같은 규칙이 존재한다.

- 큐에 들어간 잠금 요청이 허가되는 순서는 비결정적이다. 다중 프로세스가 잠금을 걸기 위해 기다리는 경우, 각각이 만족되는 순서는 프로세스가 어떻게 스케줄링되는지 여부에 달려 있다.
- 쓰기는 읽기에 비해 우선순위가 높지 않고, 그 반대도 성립하지 않는다.

이러한 규칙은 다른 시스템에서는 적용되지 않을 수도 있다. 몇몇 유닉스 구현에서 잠금 요청은 FIFO 순서로 만족되며, 읽기는 쓰기에 비해 우선순위가 높다.

18.4 의무 잠금

지금까지 기술한 잠금의 종류는 권고 잠금이다. 이는 프로세스가 fcntl()(혹은 flock())의 사용을 무시할 자유가 있고, 파일에 단순히 I/O를 실행한다는 의미다. 커널은 이런 동작을 막지 않는다. 권고 잠금을 사용할 때, 다음 사항은 응용 프로그램 설계자에게 달렸다.

- 파일의 적절한 소유권(혹은 그룹 소유권)과 권한을 설정해, 비협력 프로세스가 파일 I/O를 실행하는 것을 막는다.
- 응용 프로그램을 구성하는 프로세스들은 I/O를 실행하기 전에 파일에 적절한 잠금을 획득함으로써 협동함을 보장한다.

여타 유닉스 구현과 마찬가지로 리눅스도 fcntl() 레코드 잠금을 의무 잠금이 되도록 허용한다. 이는 모든 파일 I/O 오퍼레이션은 I/O가 실행되고 있는 파일 영역이 다른 프로세스가 소유한 잠금과 호환성이 있는지 여부를 알도록 검사됨을 의미한다.

 권고 모드 잠금은 '자유 재량에 의한 잠금(discretionary lock)'이라고도 하며, 의무 잠금은 '강제 모드 잠금(enforcement-mode lock)'이라고도 한다. SUSv3는 의무 잠금을 명시하지 않지만, (약간의 세부적인 차이는 존재하지만) 대부분의 현재 유닉스 구현에서 가용하다.

리눅스에서 의무 잠금을 사용하려면, 잠그려는 파일을 포함한 파일 시스템과, 잠길 각 파일에 활성화해야 한다. (리눅스 고유 명령인) -o mand 옵션으로 파일 시스템을 마운트함으로써 의무 잠금을 활성화할 수 있다.

```
# mount -o mand /dev/sda10 /testfs
```

프로그램으로부터, mount(2)를 호출할 때 MS_MANDLOCK 플래그를 명시함으로써 동일한 효과를 낼 수 있다(Vol. 1의 14.8.1절 참조).

다음과 같이 마운트된 파일 시스템이 옵션이 없는 mount(8) 명령의 출력을 살펴봄으로써 마운트된 파일 시스템이 의무 잠금이 활성화됐는지 여부를 확인할 수 있다.

```
# mount | grep sda10
/dev/sda10 on /testfs type ext3 (rw,mand)
```

의무 잠금은 set-group-ID 권한 비트를 켜고, group-execute 권한을 끈 상태의 조합으로 파일에 활성화된다. 그렇지 않은 경우 이런 권한 비트 조합은 의미가 없고, 이전의 유닉스 구현에서는 사용되지 않았다. 이런 식으로 이후의 유닉스 시스템은 현재 프로그램을 변경하거나, 새로운 시스템 호출을 추가할 필요 없이 의무 잠금을 추가했다. 다음과 같이 셸로부터 파일의 의무 잠금을 활성화할 수 있다.

```
$ chmod g+s,g-x /testfs/file
```

프로그램으로부터, chmod()나 fchmod()를 사용해 적절하게 권한을 설정함으로써 파일을 위한 의무 잠금을 활성화할 수 있다(Vol. 1의 15.4.7절 참조).

의무 잠금으로 권한 비트가 설정된 파일을 위한 권한을 출력할 때, ls(1)은 group-execute 권한 열에 S를 출력한다.

```
$ ls -l /testfs/file
-rw-r-Sr--  1 mtk     users     0 Apr 22 14:11 /testfs/file
```

의무 잠금은 모든 리눅스/유닉스 고유 파일 시스템에 지원되지만, 몇몇 네트워크 파일 시스템이나 유닉스 계열이 아닌 파일 시스템에는 지원되지 않을 것이다. 예를 들어 마이크로소프트의 VFAT 파일 시스템은 set-group-ID 권한 비트가 없고, 따라서 의무 잠금은 VFAT 파일 시스템에서 사용될 수 없다.

파일 I/O 오퍼레이션에 미치는 의무 잠금의 영향

의무 잠금이 파일에 활성화된 경우, 데이터 전송(예: read(), write())을 실행하는 시스템 호출이 잠금 충돌(즉 현재 읽기나 쓰기 잠금이 된 영역에 쓰거나, 현재 쓰기 잠금이 걸린 영역에 읽기를 하려는 시도)을 맞닥뜨리면 어떤 상황이 발생하는가? 답은 파일이 블로킹 모드로 열렸는지, 아니면 비블로킹 모드로 열렸는지에 따라서 다르다. 파일이 블로킹 모드로 열렸다면, 시스템 호출은 블록된다. 파일이 O_NONBLOCK 플래그로 열렸다면, 시스템 호출은 즉시 EAGAIN 에러로 실패한다. 파일에서 추가하거나 제거하려는 바이트가 다른 프로세스에 의해 (읽기나 쓰기에) 잠긴 상태의 영역을 덮어쓰려고 한다면, 유사한 규칙이 truncate()와 ftruncate()에 적용된다.

파일을 블로킹 모드로 열었다면(즉 O_NONBLOCK이 open() 호출에 명시되지 않음), I/O 시스템 호출은 데드락 상황에 말려든다. 블로킹 I/O로 동일한 파일을 열고, 파일의 다른 부분에 쓰기 잠금을 획득하는 2개의 프로세스와 다른 프로세스에 의해 잠긴 영역에 쓰려는 각 시도를 포함하는 그림 18-7의 예를 고려해보기 바란다. 커널은 2개의 fcntl() 호출 간에 데드락을 해결했을 때(18.3.1절 참조)와 동일한 방법으로 이 상황을 해결한다. 즉 데드락에 연루된 프로세스 중 하나를 선택하고, write() 시스템 호출이 EDEADLK 에러로 실패하도록 유도한다.

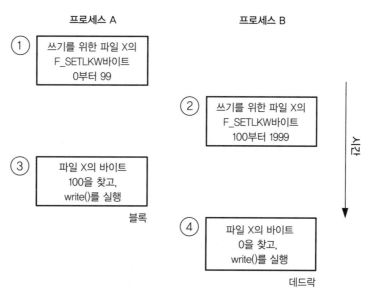

프로세스 A   프로세스 B

① 쓰기를 위한 파일 X의
   F_SETLKW바이트
   0부터 99

                      ② 쓰기를 위한 파일 X의
                         F_SETLKW바이트
                         100부터 1999

③ 파일 X의 바이트
   100을 찾고,
   write()를 실행

블록

                      ④ 파일 X의 바이트
                         0을 찾고,
                         write()를 실행

                                          데드락

시간

그림 18-7 의무 잠금을 강제할 경우의 데드락

파일의 다른 부분에 어떤 다른 프로세스가 읽기나 쓰기 잠금을 갖고 있는 경우, O_TRUNC 플래그로 파일을 open()하려는 시도는 (EAGAIN 에러로) 즉시 실패한다.

파일의 어느 부분에서나 어떤 다른 프로세스가 의무 읽기나 쓰기 잠금을 갖고 있는 경우, 파일에 공유 메모리 매핑을 생성하는 것(즉 MAP_SHARED 플래그로 mmap() 실행)은 불가능하다. 반대로, 현재 공유 메모리 매핑에 연루된 파일의 어느 부분에 의무 잠금을 걸 수도 없다. 두 경우 모두 관련된 시스템 호출은 EAGAIN 에러로 즉시 실패한다. 이러한 제한의 이유는 메모리 매핑 구현을 고려할 때 분명해진다. 12.4.2절에서 공유 파일 매핑은 파일로부터 읽고, 파일에 쓴다는 사실을 확인했다(특히, 쓰기의 경우 파일의 다른 형식의 잠금과 충돌이 발생한다). 더욱이 이런 파일 I/O는 시스템에서 어떤 파일 잠금의 위치에 대한 정보가 전혀 없는 메모리 관리 하부 시스템이 실행한다. 따라서 매핑으로 하여금 의무 잠금이 걸려 있는 파일을 갱신하는 것을 막기 위해 커널은 간단한 검사(매핑될 파일의 어느 곳이든지 잠금이 있는지 여부(fcntl()에 대해서는 반대의 경우)를 mmap()을 호출하는 시점에 검사)를 한다.

의무 잠금에 대한 경고사항

의무 잠금은 처음에 기대한 것보다 비중이 작은 일을 하며, 다음과 같은 단점과 문제점이 있다.

- 파일의 링크를 해제하는 데는 부모 디렉토리에 대한 적절한 권한만 있으면 되기 때문에, 파일에 의무 잠금이 있어도 다른 프로세스가 파일을 지우는 것을 막지 못한다.

- 비특권 프로세스조차도 의무 잠금을 덮어쓸 수 있기 때문에, 공개적으로 접근 가능한 파일에 의무 잠금을 활성화하기 전에 주의를 기울여야만 한다. 악의적인 사용자는 서비스 거부 공격denial-of-service attack을 만들기 위해 파일에 잠금을 계속해서 갖고 있을 수도 있다(대부분의 경우에 set-group-ID를 끔으로써 파일을 한 번 더 접근 가능하게 할 수 있고, 이는 의무 파일 잠금이 시스템을 멈추게 하는 경우 가능하지 않을지도 모른다).

- 의무 잠금 사용과 관련된 성능의 부하가 있다. 의무 잠금이 활성화된 파일에서의 각 I/O 시스템 호출에 대해, 커널은 파일에 잠금 충돌이 있는지 확인해야 한다. 파일이 많은 양의 잠금을 갖고 있는 경우, 이 검사는 I/O 시스템 호출을 상당히 늦출 수 있다.

- 의무 잠금은 응용 프로그램의 설계 비용도 발생시킨다. 각 I/O 시스템 호출은 (비블로킹 I/O에 대해) EAGAIN이나 (블로킹 I/O에 대해) EDEADLK를 리턴할 수 있는 가능성을 처리할 필요가 있다.

- 현재 리눅스 구현의 몇몇 커널 경쟁 상태의 결과로서, I/O 오퍼레이션을 실행하는 시스템 호출이 그러한 오퍼레이션을 거부해야 하는 의무 잠금의 존재에도 불구하고 성공할 수 있는 환경이 존재한다.

요약하면, 의무 잠금의 사용은 피하는 것이 최상이다.

18.5 /proc/locks 파일

리눅스 고유의 /proc/locks 파일 내용을 점검함으로써 현재 시스템이 소유한 잠금을 볼 수 있다. 다음은 이 파일에서 확인할 수 있는 정보의 예다(이 경우 4개의 잠금).

```
$ cat /proc/locks
1: POSIX  ADVISORY  WRITE 458 03:07:133880 0 EOF
2: FLOCK  ADVISORY  WRITE 404 03:07:133875 0 EOF
3: POSIX  ADVISORY  WRITE 312 03:07:133853 0 EOF
4: FLOCK  ADVISORY  WRITE 274 03:07:81908 0 EOF
```

/proc/locks 파일은 flock()과 fcntl()이 생성한 잠금에 대한 정보를 출력한다. 각 잠금에 나타난 8개의 필드는 다음과 같다(왼쪽에서 오른쪽으로).

1. 이 파일에 대한 모든 잠금의 집합 내 잠금의 번호(18.3.4절 참조)

2. 잠금의 종류. 여기서 FLOCK은 flock()이 생성한 것을 가리키고, POSIX는 fcntl()이 생성한 잠금을 가리킨다.

3. 잠금의 모드가 권고(ADVISORY)인지 의무(MANDATORY)인지를 나타낸다.

4. 잠금의 종류가 읽기(READ)인지 쓰기(WRITE)인지를 나타낸다(fcntl()의 공유 잠금 및 전용 잠금과 동일).

5. 잠금을 소유한 프로세스의 프로세스 ID

6. 잠금이 소유된 파일을 식별하는 콜론으로 나눠진 3개의 번호. 이 번호는 파일이 위치한 파일 시스템의 주major 번호와 부minor 번호이며, 다음은 파일의 i-노드 번호다.

7. 잠금의 시작 바이트. flock() 잠금의 경우 항상 0이다.

8. 잠금의 마지막 바이트. 여기서 EOF는 잠금이 파일의 마지막까지 포함한다는 것을 나타낸다(즉 l_len이 fcntl()이 생성한 잠금에 대해 0으로 명시됨). flock() 잠금의 경우, 이 열은 항상 EOF가 된다.

 리눅스 2.4까지 /proc/locks의 각 줄은 5개의 추가적인 16진수값을 포함한다. 이 값은 다양한 목록에서 잠금을 기록하기 위해 커널이 사용하는 포인터 주소다. 이 값은 응용 프로그램에는 유용하지 않다.

/proc/locks의 정보를 사용하면, 어떤 프로세스가 어떤 파일에 잠금을 갖고 있는지 확인할 수 있다. 다음 셸 세션은 위의 목록에서 잠금 번호 3에 대해 어떻게 수행하는지 보여준다. 이 잠금은 주 ID 3과 부 ID 312의 디바이스에 i-노드 133853으로 프로세스 ID 312가 소유하고 있다. 다음과 같이 프로세스 ID 312의 프로세스에 대한 정보를 나열하기 위해 ps(1)을 사용한다.

```
$ ps -p 312
  PID TTY          TIME CMD
  312 ?        00:00:00 atd
```

위의 출력은 잠금을 가진 프로그램이 배치 작업batch job 스케줄링을 실행하는 데몬이 atd 임을 보여준다.

잠긴 파일을 찾기 위해, 다음과 같이 우선 /dev 디렉토리에서 파일을 검색하고, ID 3:7의 디바이스가 /dev/sda7이라는 사실을 알아낸다.

```
$ ls -li /dev | awk '$6 == "3," && $7 == 7'
 1311 brw-rw----   1 root    disk     3,  7 May 12  2006 /dev/sda7
```

그리고 /dev/sda7 디바이스의 마운트 지점을 알아내고, i-노드 번호가 133853인 파일을 찾고자 파일 시스템의 일부를 검색한다.

```
$ mount | grep sda7
/dev/sda7 on / type reiserfs (rw)      디바이스가 /에 마운트된다.
$ su                                   따라서 모든 디렉토리를 검색할 수 있다.
Password:
# find / -mount -inum 133853           i-노드 133853을 검색한다.
/var/run/atd.pid
```

find -mount 옵션은 find가 다른 파일 시스템의 마운트 지점인 /의 하부 디렉토리로 내려가는 것을 막는다.

다음과 같이, 마지막으로 잠긴 파일의 내용을 출력한다.

```
# cat /var/run/atd.pid
312
```

따라서 atd 데몬은 /var/run/atd.pid 파일에 대한 잠금을 소유하고 있고, 이 파일의 내용은 atd를 실행하는 프로세스의 프로세스 ID임을 확인한다. 이 데몬은 한 번에 오직 하나의 인스턴스만이 실행됨을 보장하는 기술을 사용하는데, 이 기술은 18.6절에서 소개한다.

다음 출력에서 볼 수 있듯이, 블록된 잠금 요청에 대한 정보를 얻기 위해 /proc/locks도 사용할 수 있다.

```
$ cat /proc/locks
1: POSIX  ADVISORY  WRITE 11073 03:07:436283 100 109
1: -> POSIX  ADVISORY  WRITE 11152 03:07:436283 100 109
2: POSIX  MANDATORY WRITE 11014 03:07:436283 0 9
2: -> POSIX  MANDATORY WRITE 11024 03:07:436283 0 9
2: -> POSIX  MANDATORY READ  11122 03:07:436283 0 19
3: FLOCK  ADVISORY  WRITE 10802 03:07:134447 0 EOF
3: -> FLOCK  ADVISORY  WRITE 10840 03:07:134447 0 EOF
```

잠금 번호 이후에 문자 ->가 있는 줄은 해당되는 잠금 번호에 의해 블록된 잠금 요청을 나타낸다. 따라서 잠금 1(fcntl()에 생성된 권고 잠금)에 블록된 하나의 요청과 잠금 2(fcntl()로 생성된 의무 잠금)에 블록된 2개의 요청, 잠금 3(flock()으로 생성된 잠금)에 블록된 하나의 요청을 확인한다.

/proc/locks 파일은 시스템에서 프로세스가 소유한 모든 파일 리스(file lease)에 대한 정보를 출력한다. 파일 리스는 리눅스 2.4부터 가용한 리눅스 고유의 메커니즘이다. 프로세스가 파일에서 리스를 제거하면, 다른 프로세스가 그 파일을 open()이나 truncate()하려고 하는지 (시그널의 전달에 의해) 통지를 받는다(truncate()는 파일을 열지 않고 내용을 변경하는데 사용할 수 있는 유일한 시스템 호출이기 때문에, 여기서 포함하는 것은 필수적이다). 파일 리스는 마이크로소프트 SMB 프로토콜인 삼바(Samba)로 하여금 기회주의 잠금(oplock, opportunistic lock) 기능을 지원하게 하고, NFS 버전 4로 하여금 (SMB oplock과 비슷한) 델리게이션(delegation)을 지원하도록 하기 위해 제공된다. 파일 리스에 대한 세부사항은 fcntl(2) 매뉴얼 페이지의 F_SETLEASE 오퍼레이션 설명에서 찾을 수 있다.

18.6 프로그램의 하나의 인스턴스만 실행

몇몇 프로그램(특히 많은 데몬)은 한 번에 오직 하나의 인스턴스만이 실행되고 있음을 보장해야만 한다. 이를 보장하는 한 가지 흔한 방법은 데몬이 표준 디렉토리에 파일을 생성하게 하고, 잠그는 것이다. 데몬이 실행을 하는 동안 파일 잠금을 소유하고, 종료하기 전에 파일을 지우게 하는 것이다. 데몬의 다른 인스턴스가 시작되면, 파일의 쓰기 잠금 획득에 실패할 것이다. 결과적으로, 데몬의 다른 인스턴스가 이미 실행되고 있음을 인지하고, 종료할 것이다.

 많은 네트워크 서버는 결속(bind)할 잘 알려진 소켓 포트가 이미 사용 중인 경우 서버 인스턴스가 이미 실행되고 있다고 가정하는 대체 방법을 사용한다.

/var/run 디렉토리는 그러한 잠금 파일이 위치하는 일반적인 장소다. 다른 방법으로, 파일의 위치는 데몬의 설정 파일 중의 한 줄에 명시될 수 있을 것이다.

전통적으로 데몬은 자신의 프로세스 ID를 잠금 파일에 쓰고, 따라서 파일은 종종 확장명 .pid를 따른다(예를 들어, syslogd는 /var/run/syslogd.pid 파일을 생성한다). 이는 몇몇 프로그램이 데몬의 프로세스 ID를 찾을 필요가 있는 경우 유용하다. 또한 추가적인 오류 검사를 허용한다(Vol. 1의 20.5절에서 기술했듯이 kill(pid, 0)을 사용해 해당 프로세스 ID가 존재하는지 여부를 검사할 수 있다. 파일 잠금을 제공하지 않았던 이전 유닉스 구현에서 데몬의 인스턴스가 실제로 여전히 실행되고 있는지, 혹은 이전의 인스턴스가 종료 전에 파일을 제거하는 데 실패했는지 여부를 검사하는 방법은 불완전하지만, 일반적으로 유용하게 쓰였다).

프로세스 ID 잠금 파일을 생성하고 잠그는 데 사용되는 코드에는 여러 가지 부수적인 변형이 존재한다. 리스트 18-4는 [Stevens, 1999]가 내놓은 아이디어를 기반으로 작성됐고, 위에서 기술한 단계를 압축해 구현한 createPidFile() 함수를 제공한다. 일반적으로 이러한 함수는 다음과 같이 호출된다.

```
if (createPidFile("mydaemon", "/var/run/mydaemon.pid", 0) == -1)
    errExit("createPidFile");
```

createPidFile() 함수에서 중요한 사항은 잠금 파일의 모든 이전 문자열을 제거하기 위해 ftruncate()를 사용한다는 점이다. 이는 시스템 크래시로 인해 데몬의 마지막 인스턴스가 파일 삭제에 실패했을지도 모르기 때문에 실행한다. 이런 경우 새로운 데몬 인스턴스의 프로세스 ID가 작은 번호라면, 달리 파일의 이전 내용을 완전히 덮어쓰지 않았을 것이다. 예를 들어, 프로세스 ID가 789이면 파일에 789\n이라고 쓰지만, 이전의 데몬 인스턴스는 12345\n이라고 썼을 것이다. 파일을 잘라내지 않았다면, 내용의 결과는 789\n5\n이 될 것이다. 현존하는 어떤 문자열이든 지우는 작업이 절대적으로 필요한 건 아니지만, 이 방법은 더욱 깔끔하고, 잠재적인 혼란을 제거한다.

flags 인자는 createPidFile()로 하여금 파일 디스크립터에 실행 시 닫기 플래그(Vol. 1의 27.4절 참조)를 설정하도록 야기하는 CPF_CLOEXEC 상수를 명시할 수 있다. 이는 exec()를 호출함으로써 재시작하는 서버에 유용하다. 파일 디스크립터가 exec() 동안에 닫히지 않았다면, 재시작된 서버는 서버의 복제된 인스턴스는 이미 실행되고 있다고 생각할 것이다.

리스트 18-4 프로그램의 유일한 인스턴스만이 시작됐음을 보장하기 위한 PID 잠금 파일 생성

```
                                                    filelock/create_pid_file.c
#include <sys/stat.h>
#include <fcntl.h>
#include "region_locking.h" /* lockRegion() 선언 */
#include "create_pid_file.h" /* createPidFile() 선언 및 CPF_CLOEXEC 정의 */

#include "tlpi_hdr.h"

#define BUF_SIZE 100            /* 문자열로서 최대 PID를 갖도록 충분히 큼 */

/* 'pidFile'이라 명명된 파일을 열고/생성하고, 잠그고,
   선택적으로 파일 디스크립터에 실행 시 닫기 플래그를 설정하고,
   PID를 파일에 쓰고, (호출자가 관심이 있는 경우) 잠긴 파일을 참조하는
   파일 디스크립터를 리턴한다. 호출자는 프로세스 종료 (바로) 전에
   'pidFile' 파일을 삭제할 책임이 있다. 'progName'은 호출 프로그램의
```

이름이어야 하며(즉 argv[0]이나 유사한 구문), 오직 진단 메시지를 위해서만
사용된다. 'pidFile'을 열 수 없거나 다른 에러를 맞닥뜨린다면,
적절한 진단을 출력하고 종료한다. */

```c
int
createPidFile(const char *progName, const char *pidFile, int flags)
{
    int fd;
    char buf[BUF_SIZE];

    fd = open(pidFile, O_RDWR | O_CREAT, S_IRUSR | S_IWUSR);
    if (fd == -1)
        errExit("Could not open PID file %s", pidFile);

    if (flags & CPF_CLOEXEC) {

        /* 실행 시 닫기 파일 디스크립터 플래그 설정 */

        flags = fcntl(fd, F_GETFD);             /* 플래그를 가져옴 */
        if (flags == -1)
            errExit("Could not get flags for PID file %s", pidFile);

        flags |= FD_CLOEXEC;                    /* FD_CLOEXEC를 켬 */

        if (fcntl(fd, F_SETFD, flags) == -1) /* 플래그 갱신 */
            errExit("Could not set flags for PID file %s", pidFile);
    }

    if (lockRegion(fd, F_WRLCK, SEEK_SET, 0, 0) == -1) {
        if (errno == EAGAIN || errno == EACCES)
            fatal("PID file '%s' is locked; probably "
                    "'%s' is already running", pidFile, progName);
        else
            errExit("Unable to lock PID file '%s'", pidFile);
    }

    if (ftruncate(fd, 0) == -1)
        errExit("Could not truncate PID file '%s'", pidFile);

    snprintf(buf, BUF_SIZE, "%ld\n", (long) getpid());
    if (write(fd, buf, strlen(buf)) != strlen(buf))
        fatal("Writing to PID file '%s'", pidFile);

    return fd;
}
```

18.7 오래된 잠금 기법

파일 잠금 기법이 부족했던 오래된 유닉스 구현에서는 애드혹ad hoc 잠금 기법이 사용됐다. 모든 기법이 fcntl() 레코드 잠금으로 대체됐지만, 일부 오래된 프로그램에서 여전히 나타나기 때문에 여기서 설명한다. 여기서 설명하는 모든 기술은 원천적으로 권고 잠금에 속한다.

open(file, O_CREAT | O_EXCL, ...)과 unlink(file)

SUSv3는 O_CREAT와 O_EXCL 플래그를 가진 open() 호출은 파일의 존재를 검사하고, 아토믹하게 생성하는 단계를 실행하도록 요구한다(Vol. 1의 5.1절 참조). 이는 2개의 프로세스가 이런 플래그를 명시한 파일을 생성하려고 할 때, 오직 하나의 프로세스만이 성공함을 보장한다(나머지 프로세스는 open()으로부터 EEXIST 에러를 받을 것이다). unlink() 시스템 호출과 함께, 이 동작은 잠금 메커니즘의 기본 방식을 제공한다. 잠금 획득은 O_CREAT와 O_EXCL 플래그를 가지고 파일을 성공적으로 엶으로써 실행되며, 즉각적인 close()가 이어진다. 잠금 해제는 unlink()를 사용해 실행된다. 이러한 기법은 실행상 문제는 없지만, 다음과 같은 여러 가지 제약사항이 있다.

- 다른 프로세스가 잠금을 갖고 있다고 가리키며 open()이 실패하면, 루프와 같은 곳에서 계속해서 폴링polling하거나(이는 CPU 시간을 소비), 각 시도마다 지연을 주어 폴링하는 방법(이는 잠금이 가용해지는 시간과 실질적으로 잠금을 획득하는 시간 사이에 지연이 생긴다는 뜻이다)으로 open()을 다시 시도해야만 한다. fcntl()을 사용해 잠금이 자유로워질 때까지 블록하기 위해 F_SETLKW를 사용할 수 있다.

- open()과 unlink()를 사용해 잠금을 획득하고 해제하는 것은 레코드 잠금의 사용보다 다소 느린 파일 시스템 오퍼레이션의 사용을 의미한다(리눅스 2.6.31을 실행하는 x86-32 시스템 중의 하나에서, 여기서 기술된 기법을 사용해 ext3에서 백만 번 잠금을 획득하고 해제하는 동작에는 44초가 걸렸다. 파일의 동일한 바이트에 백만 번의 레코드 잠금을 획득하고 해제하는 데는 단지 2.5초가 걸렸다).

- 프로세스가 우연히 잠금 파일을 지우지 않고 종료한다면, 잠금은 해제되지 않는다. 이런 문제를 처리하는 애드혹 기법이 존재한다. 즉 파일의 마지막 수정 시간을 검사하고, 잠금의 소유자에게 파일에 프로세스 ID를 적게 하여, 프로세스가 여전히 존재하는지 검사할 수 있지만, 이러한 기법은 실패할 가능성이 있다. 그에 비해, 레코드 잠금은 프로세스가 종료할 때 자동적으로 해제된다.

- 여러 개의 잠금을 거는 경우(즉 여러 잠금 파일을 사용), 데드락은 검출되지 않는다. 데드락이 발생하면, 데드락에 포함된 프로세스는 영원히 블록된 상태로 남을 것이다(각 프로세스는 계속해서 돌면서 요구한 잠금을 획득할 수 있을지 여부를 검사한다). 반대로, 커널은 `fcntl()` 레코드 잠금에 대해 데드락 검출을 제공한다.
- NFS 버전 2는 `O_EXCL` 문법을 지원하지 않는다. 리눅스 2.4 NFS 클라이언트는 `O_EXCL`을 정확히 구현하는 데 실패했으며, 이는 NFS 버전 3과 그 이후에도 마찬가지다.

link(file, lockfile)과 unlink(lockfile)

새로운 링크가 이미 존재하는 경우 `link()` 시스템 호출은 실패한다는 사실이 잠금 메커니즘에 사용돼왔고, 잠금 해제 함수로는 `unlink()`를 사용한다. 일반적인 접근 방법은 잠금을 획득할 필요가 있는 각 프로세스가 일반적으로 프로세스 ID(그리고 잠금 파일이 네트워크 파일 시스템에 생성된 경우에는 아마도 호스트 이름)를 포함하는 고유의 임시 파일 이름을 생성하게 하는 것이다. 잠금을 획득하기 위해, 이런 임시 파일은 공인된 표준 경로명에 링크된다(하드 링크는 2개의 경로명이 동일한 파일 시스템에 있도록 요구한다). `link()` 호출이 성공하면, 잠금을 획득한다. 실패하면(EEXIST) 다른 프로세스가 잠금을 획득하고, 이후에 다시 시도해야 한다. 이런 기법은 위에서 기술한 open(file, O_CREAT | O_EXCL, ...)과 동일한 제약사항에 시달린다.

open(file, O_CREAT | O_TRUNC | O_WRONLY, 0)과 unlink(file)

O_TRUNC가 명시되고 쓰기 권한이 파일에서 거부될 경우 기존 파일에 `open()`을 호출하면 실패한다는 사실은 잠금 기법의 기본 동작으로 사용될 수 있다. 잠금을 획득하기 위해, 새로운 파일을 생성하는 (에러 검사를 제외한) 다음과 같은 코드를 사용할 수 있다.

```
fd = open(file, O_CREAT | O_TRUNC | O_WRONLY, (mode_t) 0);
close(fd);
```

 위의 open() 호출에 왜 (mode_t) 캐스팅을 사용했는지에 관한 설명은 Vol. 1의 부록 C를 참조하기 바란다.

open() 호출이 성공하면(즉 파일이 이전에 존재하지 않았음) 잠금을 획득한다. EACCES로 실패하면(즉 파일이 존재하고, 누구에게도 권한이 없음) 다른 프로세스가 잠금을 획득하고, 이후에 다시 시도해야만 한다. 이런 기법은 파일에 설정된 권한에 상관없이 open() 호출은 항상 성공할 것이므로 슈퍼유저 권한을 가진 프로그램에서 사용할 수 없다는 추가된 금기사항을 포함해, 이전 기법과 동일한 제약사항을 갖는다.

18.8 정리

파일 잠금을 이용하면 프로세스가 파일 접근을 동기화할 수 있다. 리눅스는 두 가지 파일 잠금 시스템 호출인 BSD 기반의 flock()과 시스템 V 기반의 fcntl()을 제공한다. 두 가지 시스템 호출이 모두 대부분의 유닉스 구현에 가용하지만, fcntl() 잠금만이 SUSv3에 표준화됐다.

flock() 시스템 호출은 전체 파일을 잠근다. 잠금 종류에는 두 가지가 있는데, 다른 프로세스가 소유한 공유 잠금과 호환성이 있는 공유 잠금과, 다른 프로세스가 다른 형식의 잠금을 걸 수 없도록 막는 전용 잠금이다.

fcntl() 시스템 호출은 하나의 바이트에서 전체 파일의 범위를 포함하는 파일의 어느 영역을 잠근다('레코드 잠금'). 두 가지 종류의 잠금이 있는데, flock()을 통한 공유 잠금 및 전용 잠금과 의미가 유사한 읽기 잠금과 쓰기 잠금이 해당된다. 블록(F_SETLKW)된 잠금 요청이 데드락 상황을 불러오면, 커널은 영향을 받은 프로세스 중 하나에서 fcntl()이 (EDEADLK 에러로) 실패하도록 유도한다.

flock()과 fcntl()을 사용해 건 잠금은 (fcntl()을 사용해 flock()을 구현한 시스템을 제외하고) 서로 간에 보이지 않는다. flock()과 fcntl()을 통해 건 잠금은 fork()의 상속에 대해 다른 의미를 가지며, 파일 디스크립터가 닫힐 때 해제된다.

리눅스 고유의 /proc/locks 파일은 현재 시스템의 모든 프로세스가 소유한 파일 잠금을 출력한다.

더 읽을거리

fcntl() 레코드 잠금에 관한 폭넓은 논의는 [Stevens & Rago, 2005]와 [Stevens, 1999]에서 찾을 수 있다. 리눅스의 flock()과 fcntl() 구현의 세부사항은 [Bovet & Cesati, 2005]에 제공된다. [Tanenbaum, 2007]과 [Deitel et al., 2004]는 데드락 검출, 회피, 방지 등 일반적인 데드락 개념을 설명한다.

18.9 연습문제

18-1. flock()의 오퍼레이션에 관한 다음 사항을 결정하기 위해 리스트 18-1 프로그램(t_flock.c)의 다양한 인스턴스를 실행함으로써 실험하라.

 a) 파일의 공유 잠금을 획득하는 연속된 프로세스는 파일에 전용 잠금을 걸려고 하는 프로세스에 기아starvation를 유발할 수 있는가?

 b) 파일이 전용으로 잠금에 걸려 있고, 다른 프로세스는 파일에 공유 잠금과 전용 잠금을 모두 걸기 위해 기다리고 있다고 가정하자. 첫 번째 잠금이 해제될 때, 어떤 프로세스가 다음 잠금에 허용되는지 결정하는 규칙이 있는가? 예를 들어, 공유 잠금이 전용 잠금보다 우선순위가 더 높은지, 혹은 그 반대인지? 잠금은 FIFO 순서로 허용이 되는가?

 c) flock()을 제공하는 여타 유닉스 구현에 접근할 수 있다면, 그 구현의 규칙들을 결정하라.

18-2. 2개의 프로세스에서 2개의 파일을 잠그는 데 사용될 때, flock()이 데드락 상황을 검출했는지 여부를 결정하는 프로그램을 작성하라.

18-3. flock() 잠금의 상속과 해제의 의미를 고려해, 18.2.1절에 언급한 문장을 검사하는 프로그램을 작성하라.

18-4. flock()과 fcntl()에 허가된 잠금이 서로 간에 어떠한 영향을 미치는지 보기 위해 리스트 18-1(t_flock.c)과 리스트 18-2(i_fcntl_locking.c)의 프로그램을 실행함으로써 실험하라. 여타 유닉스 구현에 접근할 수 있다면, 그 구현에 동일한 실험을 시도해보라.

18-5. 18.3.4절에서 리눅스에서 잠금의 존재를 추가하거나 검사하는 데 필요한 시간은 파일의 모든 잠금 목록에서의 잠금 위치에 관한 함수라고 언급했다. 이러한 사실을 확인하는 다음과 같은 2개의 프로그램을 작성하라.

 a) 첫 번째 프로그램은 파일에 (대략) 40,001개의 쓰기 잠금을 획득해야 한다. 이 잠금은 파일에 바이트를 교차해 위치한다. 즉 잠금은 바이트 0, 2, 4, 6, ... 형식으로 (대략) 80,000바이트까지 위치한다. 이 잠금을 획득하고 나면, 프로세스는 수면에 들어간다.

 b) 첫 번째 프로그램이 수면 중인 동안, 두 번째 프로그램은 (대략) 10,000번의 루프를 돌면서, 이전 프로그램에 의해 잠긴 바이트 중의 하나를 잠그기 위해

F_SETLK를 사용한다(이러한 잠금 획득 시도는 항상 실패한다). 모든 특정 실행에서 프로그램은 항상 파일의 $N*2$바이트를 잠그려고 시도한다.

셸에 내장된 time 명령을 사용해 N이 0, 10,000, 20,000, 30,000, 40,000일 때 두 번째 프로그램에 요구되는 시간을 측정하라. 결과는 예상대로 선형적으로 증가하는가?

18-6. 잠금 기아와 fcntl() 레코드 잠금의 우선순위를 고려한 18.3.6절에서 기술된 구문을 검사하기 위해서 리스트 18-2(i_fcntl_locking.c)의 프로그램으로 실험하라.

18-7. 여타 유닉스 구현에 접근할 수 있다면, 리스트 18-2의 프로그램을 사용해서 쓰기에 대한 기아와 여러 큐에 들어간 잠금 요청이 허가되는 순서에 관련된 fcntl() 레코드 잠금의 규칙을 수립할 수 있는지 확인하라.

18-8. 리스트 18-2의 프로그램을 사용해서 커널이 동일한 파일을 잠그는 3개(혹은 그 이상)의 프로세스를 포함한 원형 데드락을 검출하는 것을 나타내라.

18-9. 18.4절에 기술된 의무 잠금을 가진 데드락 상황을 초래하는 2개의 프로그램(자식 프로세스를 사용하는 하나의 프로그램)을 작성하라.

18-10. procmail로 제공되는 lockfile(1) 기능의 매뉴얼 페이지를 읽어보고, 이 프로그램의 간단한 버전을 작성해보라.

19

소켓: 소개

소켓은 동일한 호스트(컴퓨터) 혹은 네트워크에 연결된 다른 호스트의 응용 프로그램 간의 데이터 교환을 가능하게 해주는 IPC 방식이다. 소켓 API는 1983년에 4.2BSD와 함께 보편화됐으며, 대부분의 운영체제를 포함해 거의 모든 유닉스 구현에 이식됐다.

 소켓 API는 POSIX.1g에서 공식적으로 명시됐다. POSIX.1g는 약 10년간의 표준안 상태를 거쳐 2000년에야 정식으로 승인됐다. 이 표준은 결국 SUSv3로 대체됐다.

19장과 이어지는 장에서는 다음과 같이 소켓의 활용 방법을 살펴본다.

- 19장에서는 소켓 API에 대해 전반적으로 소개한다. 그리고 다음 장부터는 19장에서 소개한 사항을 모두 이해했다는 가정하에 설명한다. 19장에는 예제 코드가 없다. 유닉스와 인터넷 도메인에서 사용할 수 있는 예제 코드는 다음 장들에서 소개한다.

- 20장은 유닉스 도메인 소켓에 대해 설명한다. 유닉스 도메인 소켓은 동일한 호스트에서 수행되는 응용 프로그램 간의 통신에 사용된다.
- 21장은 다양한 컴퓨터 네트워크 개념을 소개하고, TCP/IP 네트워킹 프로토콜의 주요 특성을 설명한다.
- 22장은 인터넷 도메인 소켓에 대해 설명한다. TCP/IP 네트워크를 이용해 다른 호스트상의 응용 프로그램과 통신할 때 인터넷 도메인 소켓을 사용한다.
- 23장에서는 소켓을 사용하는 서버 설계에 대해 살펴본다.
- 24장에서는 소켓 I/O의 부가 기능, TCP 프로토콜의 세부사항, 소켓의 다양한 속성을 수정하고 얻어오기 위한 소켓 옵션의 활용 등을 살펴본다.

위에 열거한 장들은 소켓 사용의 기본 지식을 습득하는 데 초점을 맞춘다. 네트워크 통신을 위한 소켓 프로그래밍이라는 주제는 사실 굉장히 광범위하며, 이것만으로도 충분히 책한 권을 집필할 수 있다. 소켓과 관련한 추가 정보는 22.15절을 참고하기 바란다.

19.1 개요

일반적인 클라이언트/서버 시나리오에서 응용 프로그램 간의 소켓 통신은 다음과 같다.

- 각 응용 프로그램은 소켓을 생성한다. 소켓은 두 응용 프로그램 간의 통신에 필요한 '장치'와 같고, 응용 프로그램마다 소켓이 필요하다.
- 서버는 자신의 소켓을 이미 알려진 주소(이름)에 결속bind하여 클라이언트가 해당 주소를 사용할 수 있게 한다.

소켓은 socket()이라는 시스템 호출로 생성한다. socket()은 그 이후의 호출에서 생성된 소켓을 가리킬 수 있도록 파일 디스크립터를 리턴한다.

```
fd = socket(domain, type, protocol);
```

이제 소켓 도메인과 종류에 대해 알아보자. 이 책의 모든 응용 프로그램에서 프로토콜 protocol은 항상 0으로 지정한다.

통신 도메인

소켓은 특정 통신 도메인communication domain에 소속되며, 통신 도메인은 다음과 같은 사항을 결정한다.

- 소켓을 식별하는 방법(즉 소켓 '주소' 포맷)
- 통신 범위(즉 동일 호스트 내 응용 프로그램 간의 통신인지, 혹은 네트워크로 연결된 각기 다른 호스트의 응용 프로그램 간의 통신인지)

최근의 운영체제는 최소한 다음의 도메인을 지원한다.

- 유닉스(AF_UNIX) 도메인은 동일한 호스트 내 응용 프로그램 간의 통신을 지원한다 (POSIX.1g에서는 AF_UNIX 대신 AF_LOCAL을 사용했다. 그러나 SUSv3에서는 AF_LOCAL이 사용되지 않는다).
- IPv4(AF_INET) 도메인은 인터넷 프로토콜 버전 4(IPv4) 네트워크로 연결된 호스트의 응용 프로그램 간의 통신을 지원한다.
- IPv6(AF_INET6) 도메인은 인터넷 프로토콜 버전 6(IPv6) 네트워크로 연결된 호스트의 응용 프로그램 간의 통신을 지원한다. IPv6가 IPv4의 후속으로 설계됐지만, 아직까지는 IPv4가 더 광범위하게 사용된다.

이 소켓 도메인의 특성을 표 19-1에 요약했다.

> 몇몇 코드에서는 AF_UNIX 대신 PF_UNIX 같은 상수가 사용된 경우를 볼 수 있다. 이때 AF는 '주소 패밀리(address family)'를 의미하고 PF는 '프로토콜 패밀리(protocol family)'를 의미한다. 초창기에는 하나의 프로토콜 패밀리가 다양한 주소 패밀리를 지원할 것이라고 예상했다. 그러나 실제로는 다양한 주소 패밀리를 지원하는 프로토콜이 아직까지 정의되지 않았다. 따라서 기존의 모든 구현에서 PF_로 시작하는 상수는 AF_로 시작하는 상수와 동일하다고 간주할 수 있다(SUSv3는 AF_로 시작하는 상수만을 정의하며, PF_로 시작하는 상수는 정의하지 않는다). 이 책에서는 항상 AF_로 시작하는 상수를 사용할 것이다. 이 상수에 대한 더 자세한 사항은 [Stevens et al., 2004]의 4.2절을 참고하기 바란다.

표 19-1 소켓 도메인

도메인	통신 수단	응용 프로그램 간의 통신	주소 포맷	주소 구조체
AF_UNIX	커널 내부	동일 호스트	경로명	sockaddr_un
AF_INET	IPv4 이용	IPv4로 연결된 호스트	32비트 IPv4 주소 + 16비트 포트 번호	sockaddr_in
AF_INET6	IPv6 이용	IPv6로 연결된 호스트	128비트 IPv6 주소 + 16비트 포트 번호	sockaddr_in6

소켓 종류

모든 소켓 구현은 적어도 스트림과 데이터그램이라는 두 종류의 소켓을 지원한다. 유닉스 도메인과 인터넷 도메인은 두 가지 소켓 종류 모두를 지원한다. 이 소켓 종류의 특징을 표 19-2에 요약했다.

표 19-2 소켓의 종류와 특징

프로퍼티	소켓 종류	
	스트림	데이터그램
전송이 안정적인가?	예	아니오
메시지 경계가 보존되는가?	아니오	예
연결 지향인가?	예	아니오

스트림 소켓stream socket(SOCK_STREAM)은 안정적인 양방향의 바이트 스트림 통신 채널을 제공한다. 스트림 소켓을 설명하는 데 사용된 용어를 각각 살펴보자.

- '안정적'이라는 말은 전송된 데이터가 기다리는 응용 프로그램까지 원래의 상태 그대로 전송됨을 보장한다는 의미다(네트워크 연결이나 수신자에게 문제가 발생하지 않는다는 가정하에). 문제가 발생한 경우에는 전송이 실패했음을 알리는 메시지를 받게 된다.
- '양방향'이라는 말은 두 소켓 사이의 데이터 전송이 양방향으로 이뤄질 수 있음을 의미한다.
- '바이트 스트림'이란 파이프를 통하며, 메시지 경계의 개념이 없음을 의미한다(7.1 절 참조).

스트림 소켓은 두 응용 프로그램 간의 양방향 통신을 위해 한 쌍의 파이프를 사용한다. (인터넷 도메인) 소켓은 네트워크 통신을 허용한다는 점에서 차이가 있다.

스트림 소켓은 쌍으로 연결되어 동작한다. 즉 스트림 소켓은 '연결 지향connection-oriented'이라 할 수 있다. 피어 소켓peer socket이라는 용어는 연결된 상대편 소켓을 가리킨다. 피어 주소peer address란 상대편 소켓의 주소를 가리키고, 피어 응용 프로그램peer application은 해당 피어 소켓을 이용하는 응용 프로그램을 가리킨다. 때로 원격remote, foreign이라는 말이 피어와 동일한 의미로 사용된다. 마찬가지로 로컬local은 자신의 응용 프로그램, 소켓, 주소를 가리키는 데 사용된다. 하나의 스트림 소켓은 오직 1개의 피어에 연결될 수 있다.

데이터그램 소켓datagram socket(SOCK_DGRAM)은 데이터그램datagram이라는 메시지 형식으로 데이터를 교환한다. 데이터그램 소켓에서는 메시지 경계가 보전되는 반면 데이터 전송은 안정적이지 않다. 메시지 순서가 뒤바뀔 수 있고, 중복되기도 하며, 아예 도착하지 않는 경우도 있다.

데이터그램 소켓은 연결성이 없는connectionless 소켓이라는 일반적인 개념을 구체화한 예다. 스트림 소켓과는 달리 데이터그램 소켓은 다른 소켓에 연결되지 않은 상태로도 사용할 수 있다(19.6.2절에서는 데이터그램 소켓이 연결되는 경우를 살펴본다. 그러나 이 경우 스트림 소켓 연결과는 의미상 다르다).

(일반적으로) 인터넷 도메인에서 데이터그램 소켓은 사용자 데이터그램 프로토콜UDP, User Datagram Protocol을 사용하고 스트림 소켓은 전송 제어 프로토콜TCP, Transmission Control Protocol을 사용한다. 인터넷 도메인 데이터그램 소켓이나 인터넷 도메인 스트림 소켓이라는 용어보다는 UDP 소켓 혹은 TCP 소켓이라는 용어를 더 많이 쓸 것이다.

소켓 시스템 호출

아래는 주요 소켓 시스템 호출 목록이다.

- socket() 시스템 호출은 새로운 소켓을 생성한다.
- bind() 시스템 호출은 소켓을 주소로 연결한다. 일반적으로 서버에서 bind()를 사용해 자신의 소켓을 기존에 알려진 주소로 결속시키고, 클라이언트는 해당 주소로 소켓을 연결할 수 있다.
- listen() 시스템 호출은 스트림 소켓이 다른 소켓으로부터의 연결을 기다리게 한다.
- accept() 시스템 호출은 상대편 응용 프로그램으로부터 연결을 기다리는 소켓으로의 연결 요청을 받아들이게 한다. 선택사항으로 피어 소켓의 주소를 리턴할 수 있다.
- connect() 시스템 호출은 다른 소켓과 연결을 맺는 데 사용된다.

> 대부분의 리눅스 아키텍처(Alpha와 IA-64는 제외)에서 모든 소켓 시스템 호출은 실제로는 socketcall()이라는 하나의 시스템 호출을 이용해 수행되는 라이브러리 함수다(이는 리눅스 소켓이 초기에 독립된 프로젝트로 개발된 데서 발생한 산물이다). 그럼에도, 초기 BSD 및 당시 다른 유닉스 구현에서는 시스템 호출로 구현됐기 때문에 이 책에서는 모든 함수를 시스템 호출이라고 부른다.

일반적으로 사용되는 read()와 write() 시스템 호출을 이용해 소켓 I/O를 수행할수 있다. 혹은 소켓 전용 시스템 호출(예: send(), recv(), sendto(), recvfrom())을 사용할수도 있다. 기본적으로 이 시스템 호출은 I/O 작업이 끝날 때까지 대기한다. fcntl()의 F_SETFL(Vol. 1의 5.3절)을 이용해 파일 상태 플래그를 O_NONBLOCK으로 설정해서, 대기하지 않고 I/O를 수행할 수도 있다.

 리눅스에서는 ioctl(fd, FIONREAD, &cnt)를 이용해 파일 디스크립터 fd가 가리키는 스트림 소켓에서 아직 읽지 않은 가용 바이트 수를 얻어올 수 있다. 데이터그램 소켓의 경우 이 함수는 읽지 않은 다음 데이터그램의 바이트 수 혹은 다음 데이터그램이 없는 경우에는 0을 리턴한다. 이 기능은 SUSv3에 명시되지 않았다.

19.2 소켓 생성: socket()

새로운 소켓을 생성하려면 socket() 시스템 호출을 이용한다.

```
#include <sys/socket.h>

int socket(int domain, int type, int protocol);
```
성공하면 파일 디스크립터를 리턴하고, 에러가 발생하면 −1을 리턴한다.

domain 인자는 소켓의 통신 도메인을 지정하고, type 인자는 소켓의 종류를 가리킨다. 이 인자는 보통 스트림 소켓을 생성하는 SOCK_STREAM이나 데이터그램 소켓을 생성하는 SOCK_DGRAM 값을 갖는다.

이 책에서 protocol 인자값은 항상 0을 사용한다. 0이 아닌 값을 protocol로 지정할 경우에는 다른 소켓 종류를 가리키는데 이 책에서는 설명하지 않는 종류다. 예를 들면, raw 소켓(SOCK_RAW)에는 IPPROTO_RAW가 protocol로 지정된다.

성공한 경우 socket()은 파일 디스크립터를 리턴한다. 이후 코드에서 리턴된 파일 디스크립터를 이용해 새로 생성된 소켓에 접근할 수 있다.

커널 2.6.27부터 리눅스에서는 type 인자에 표준이 아닌 플래그를 OR 연산할 수 있도록 허용하는 방식으로 기능이 추가됐다. SOCK_CLOEXEC 플래그는 새로 생성된 디스크립터에 대해 커널이 실행 시 닫기 플래그(FD_CLOEXEC)를 설정하게 만든다. 이 플래그는 Vol. 1의 4.3.1 절에서 open()의 O_CLOEXEC 플래그에서 설명한 것과 동일한 용도로 유용하게 쓸 수 있다. SOCK_NONBLOCK 플래그는 커널로 하여금 현재 열린 파일 디스크립터에 O_NONBLOCK 플래그를 설정하게 만든다. 따라서 이후로 일어나는 I/O 오퍼레이션은 대기 없이 수행된다. 이 플래그를 활용하면 추가적인 fcntl() 호출 없이도 동일한 결과를 얻을 수 있다.

19.3 소켓을 주소에 결속하기: bind()

시스템 호출 bind()는 소켓을 주소에 결속한다.

```
#include <sys/socket.h>

int bind(int sockfd, const struct sockaddr *addr, socklen_t addrlen);
```
성공하면 0을 리턴하고, 에러가 발생하면 −1을 리턴한다.

sockfd 인자는 이전에 설명한 socket()에서 리턴한 파일 디스크립터를 가리킨다. addr 인자는 소켓이 결속된 주소 정보를 담은 구조체의 포인터다. 구조체의 종류는 소켓 도메인의 값에 따라 다르다. addrlen 인자는 addr 구조체의 크기를 가리킨다. addrlen 인자에 사용된 socklen_t 데이터형은 SUSv3에서 정의하는 정수형을 의미한다.

일반적으로 서버의 소켓은 잘 알려진 주소, 즉 클라이언트 응용 프로그램이 서버와 통신하기 위해 미리 알고 있는 주소로 결속한다.

 서버 소켓을 이미 알려진 주소로 결속하지 않는 경우도 있다. 예를 들어, 인터넷 도메인 소켓의 경우 서버는 bind() 호출을 생략하고 바로 listen()을 호출할 수 있다. 이 경우 커널은 소켓에 임시 포트를 부여한다(임시 포트에 대해서는 21.6.1절에서 설명한다). 이후부터 서버는 getsockname()(24.5절)을 이용해 소켓의 주소를 얻어올 수 있다. 이러한 경우, 서버는 서버 소켓에 접근할 수 있도록 얻어온 주소를 클라이언트에게 알려줘야 한다. 클라이언트가 주소를 얻어올 수 있도록 중앙화된 디렉토리 서비스 응용 프로그램에 서버 주소를 등록함으로써 자신의 주소를 알릴 수 있다(예를 들어, 썬 RPC는 자신의 포트매퍼(portmapper) 서버를 이용해 문제를 해결한다). 물론 디렉토리 서비스 응용 프로그램의 소켓 자신은 이미 알려진 주소여야 한다.

19.4 일반적인 소켓 주소 구조체: struct sockaddr

bind()의 인자인 addr과 addrlen에 대해 좀 더 살펴보자. 표 19-1을 보면 소켓 도메인에 따라 주소 포맷이 다르다는 사실을 알 수 있다. 예를 들어, 유닉스 도메인 소켓은 경로명을 사용하는 반면, 인터넷 도메인 소켓은 IP 주소와 포트 번호를 사용한다. 소켓 도메인의 종류에 따라 소켓 주소를 저장하는 구조체 형식이 달라진다. 그러나 모든 소켓 도메인에서 bind() 같은 시스템 호출은 동일하게 사용되므로 bind()는 모든 종류의 구조체를 수용할 수 있어야 한다. 이를 위해 소켓 API는 공통으로 사용할 수 있는 주소 구조인 struct sockaddr이라는 구조체를 정의한다. 결국 공통 주소 구조체를 도메인에 알맞은 주소 구조체로 캐스팅해 소켓 시스템 호출에 사용하면 된다. 구조체 sockaddr의 정의는 아래와 같다.

```
struct sockaddr {
    sa_family_t sa_family;       /* 주소 패밀리(AF_* 상수) */
    char        sa_data[14];     /* 소켓 주소(소켓 도메인에 따라 크기가 변한다.) */
};
```

구조체 sockaddr은 도메인에 따라 달라지는 모든 주소 구조체의 템플릿을 제공한다. 모든 주소 구조체는 우선 sockaddr 구조체의 sa_family에 대응하는 family 필드로 시작된다(sa_family_t 데이터형은 SUSv3에서 정의하는 정수형을 가리킨다). family 필드에 저장된 정보를 이용하면 구조체의 나머지 부분에 저장된 주소의 크기와 포맷을 알아낼 수 있다.

 몇몇 유닉스 구현에서는 sockaddr 구조체의 부가 필드인 sa_len(구조체의 전체 크기를 가리킴)을 정의하는 경우도 있다. SUSv3에서는 이 필드를 요구하지 않으며, 소켓 API의 리눅스 구현에도 해당 필드는 존재하지 않는다.

기능 테스트 매크로인 _GNU_SOURCE를 정의하면 glibc는 gcc 확장을 이용해 〈sys/socket.h〉에 정의된 다양한 소켓 시스템 호출을 표준으로 간주한다. 따라서 (struct sockaddr *) 같은 캐스팅을 사용할 필요가 없어진다. 그러나 이 기능에 의존하면 이식성이 사라진다(이 매크로를 사용하면 기타 시스템에서는 컴파일 경고가 발생한다).

19.5 스트림 소켓

스트림 소켓은 전화기 시스템과 유사하다.

1. 새로운 소켓을 생성하는 시스템 호출 socket()은 전화기를 설치하는 것과 동일하다. 두 응용 프로그램이 서로 통신하기 위해 각자가 새로운 소켓을 생성해야 한다.

2. 스트림 소켓을 이용한 통신은 전화 통화와 같다. 통신을 시작하려면 한쪽 응용 프로그램의 소켓을 다른 응용 프로그램의 소켓과 연결해야 한다. 두 소켓은 다음과 같이 연결된다.

   a) 한 응용 프로그램이 bind()를 호출해 이미 알고 있는 주소로 소켓을 결속한다. 그리고 listen()을 이용해 커널에게 해당 소켓이 들어오는 연결을 받기 위해 대기 중임을 통지한다. 이 과정은 알려진 전화번호가 있고, 사람들이 우리에게 전화할 수 있도록 전화기가 켜져 있는 상태와 같다.

   b) 상대편 응용 프로그램은 connect()에 연결할 소켓 주소를 지정해 호출함으로써 연결을 맺는다. 이는 누군가의 전화번호로 전화를 거는 것과 같다.

   c) listen()을 호출하고 기다리던 응용 프로그램은 accept()를 이용해 해당 연결을 수락한다. 이는 벨이 울리자 수화기를 드는 것과 같다. 상대편 응용 프로그램이 connect()를 호출하기 전에 accept()가 호출된 경우 accept()는 대기한다('전화벨이 울리기를 기다린다').

3. 연결이 맺어지면 close()를 이용해, 어느 한쪽이 연결을 종료할 때까지 두 응용 프로그램은 양방향으로 서로의 데이터를 전송할 수 있다(이는 양방향으로 전화 통화를 할 수 있는 것과 같다). 일반적인 read()와 write() 시스템 호출이나 소켓에 관련된 여러 시스템 호출(send()와 recv() 같은)로 수행할 수 있다.

   그림 19-1은 스트림 소켓에서 사용되는 시스템 호출의 사용 예다.

능동형 소켓과 수동형 소켓

스트림 소켓은 보통 능동형과 수동형으로 구분할 수 있다.

- 기본적으로 socket()을 이용해 생성한 소켓은 **능동형**active이다. 수동형 소켓으로 연결을 맺기 위해 connect()를 호출할 때 능동형 소켓을 사용한다. 이와 같은 과정을 **능동적 연결**active open이라 한다.
- **수동형**passive 소켓(리스닝listening 소켓이라고도 함)은 listen()을 호출한 다음 들어오는 연결을 기다리는 소켓이다. 들어온 연결을 수락해 연결을 맺는 과정을 **수동적 연결**passive open이라 한다.

스트림 소켓을 적용하는 대부분의 응용 프로그램에서 서버는 수동적 연결을 수행하고 클라이언트는 능동적 연결을 수행한다. 다음 절에서는 이러한 시나리오를 가정하고 설명한다. 예를 들어, '수동적 소켓 연결을 수행하는 응용 프로그램'이라는 표현 대신 간단하게 '클라이언트'라 지칭한다. 마찬가지로 '서버'는 '수동적 소켓 연결을 수행하는 응용 프로그램'을 지칭한다.

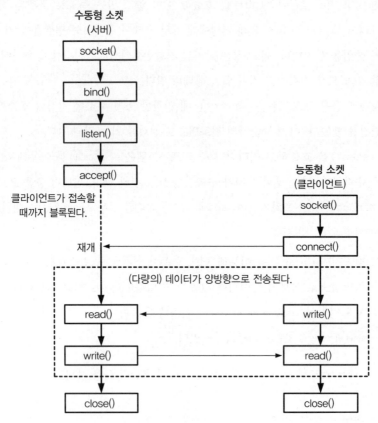

그림 19-1 스트림 소켓과 관련된 시스템 호출

19.5.1 들어오는 연결을 기다림: listen()

시스템 호출 listen()을 사용하는 스트림 소켓(파일 디스크립터 sockfd가 가리키는)은 수동형이다. 이 소켓은 다른 (능동형) 소켓의 연결 요청을 수락한다.

```
#include <sys/socket.h>

int listen(int sockfd, int backlog);
                                성공하면 0을 리턴하고, 에러가 발생하면 −1을 리턴한다.
```

이미 연결된 소켓(즉 connect()가 성공한 경우 혹은 accept()가 리턴된 경우)에는 listen()을 적용할 수 없다.

backlog 인자의 기능을 이해하려면 먼저 서버가 accept()를 호출하기 전에 클라이언트의 connect()가 호출되는 상황을 살펴봐야 한다. 예를 들어, 서버가 다른 클라이언트의 작업을 처리하느라 바쁠 수 있기 때문에 이러한 상황이 실제로 발생한다. 이 경우 그림 19-2에 나온 것처럼 연결이 지연된다.

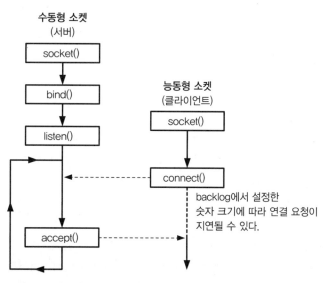

그림 19-2 연결이 지연된 소켓

커널은 연결이 지연된 요청에 대해 기록해뒀다가 나중에 accept()가 호출됐을 때 이를 적절히 처리해야 한다. backlog 인자는 지연된 연결의 최대 개수를 설정한다. 설정된 범위 내의 연결 요청은 즉시 성공으로 처리된다(TCP 소켓의 경우 24.6.4절에서 설명하듯이 좀 더 복잡하다). 이후의 연결 요청은 지연된 연결을 먼저 수락(accept() 호출로 인해)하고 지연된 연결을 저장한 큐에서 삭제할 때까지 대기한다.

SUSv3는 backlog로 지정될 수 있는 최대 범위를 구현에서 결정하고, 그 이상의 backlog 값은 조용히 최대값으로 변경하도록 허용한다. SUSv3는 <sys/socket.h>에 있는 SOMAXCONN 값을 정의하므로 각 구현이 각자 자신만의 한도값을 설정하도록 하고 있다. 리눅스에서는 128로 설정되어 있다. 그러나 커널 2.4.25부터 리눅스에서는 리눅스 고유의 /proc/sys/net/core/somaxconn 파일을 통해 런타임에 한도값을 설정할 수 있게 했다(이전 버전에서는 SOMAXCONN을 변경할 수 없었다).

초기 BSD 소켓 구현에서는 backlog의 상한이 5였다. 따라서 예전 코드에서는 아직도 이 숫자를 발견할 수 있다. 최근의 모든 구현은 많은 클라이언트가 서버의 TCP 소켓을 이용할 수 있도록 이보다 큰 값을 사용한다.

19.5.2 연결 수락: accept()

시스템 호출 accept()는 연결을 기다리는 스트림 소켓(파일 디스크립터 sockfd가 가리키는)으로 들어오는 요청을 수락한다. accept()가 호출됐으나 보류 중인 연결 요청이 없는 경우, 연결 요청이 올 때까지 블록된다.

```
#include <sys/socket.h>

int accept(int sockfd, struct sockaddr *addr, socklen_t *addrlen);
                        성공하면 파일 디스크립터를 리턴하고, 에러가 발생하면 −1을 리턴한다.
```

accept()의 핵심 기능은 connect()를 수행한 상대편 소켓과 연결을 맺은 새로운 소켓을 생성하는 것이다. accept() 호출이 수행되면 연결된 소켓을 가리키는 파일 디스크립터가 리턴된다. 연결을 기다리는 소켓(인자 sockfd가 가리키는)은 여전히 열려 있고 다음의 연결 요청을 수락할 수 있다. 일반적인 서버 응용 프로그램에서는 연결을 기다리는 하나의 소켓을 만들고, 해당 소켓을 이미 알고 있는 주소로 결속시킨 다음, 해당 소켓을 통해 들어오는 모든 클라이언트 요청을 수락하는 방식으로 작업을 수행한다.

accept()의 나머지 인자로 상대편 소켓 주소가 리턴된다. addr 인자는 소켓 주소를 리턴하는 데 필요한 구조체를 가리킨다. type 인자는 소켓 도메인에 따라 달라진다(bind()의 경우처럼).

addrlen 인자는 결과값 인자다. addrlen은 정수형 포인터로, addr이 가리키는 버퍼의 크기로 초기화해 커널이 소켓 주소를 리턴하는 데 얼마만큼의 공간을 사용할 수 있는지 알려준다. accept()가 리턴되면 addrlen은 버퍼로 복사된 실제 데이터 수를 가리킨다.

상대방 소켓의 주소를 알 필요가 없는 경우에는 addr과 addrlen을 각각 NULL과 0으로 설정한다(그러나 나중에라도 상대방 소켓 주소를 알고 싶은 경우에는 24.5절에서 설명하듯이 시스템 호출 getpeername()을 이용한다).

커널 2.6.28 이후로 리눅스는 비표준 시스템 호출인 accept4()라는 시스템 호출을 지원한다. accept4()는 시스템 호출의 동작을 조절하는 데 사용하는 인자와 플래그를 제외하면, accept()와 동일하다. 새로 지원하는 두 플래그는 SOCK_CLOEXEC와 SOCK_NONBLOCK이다. SOCK_CLOEXEC 플래그는 커널로 하여금 accept4()로 리턴되는 새로운 파일 디스크립터의 실행 시 닫기 플래그(FD_CLOEXEC)를 활성화하게 만든다. 이 플래그는 Vol. 1의 4.3.1절에서 설명한 open()의 O_CLOEXEC 플래그가 사용되는 것과 동일한 이유로 유용하다. SOCK_NONBLOCK 플래그는 커널이 열린 파일 디스크립터의 O_NONBLOCK 플래그를 활성화하게 만든다. O_NONBLOCK 플래그를 활성화하면 이후의 소켓에서 일어나는 I/O 오퍼레이션은 블록되지 않는다. 따라서 이 플래그를 이용하면 fcntl()을 호출하지 않고도 동일한 결과를 얻을 수 있다.

19.5.3 상대방 소켓으로 연결: connect()

시스템 호출 connect()는 파일 디스크립터 sockfd가 가리키는 활성 소켓을, addr과 addrlen을 이용해 대기 중인 소켓 주소로 연결한다.

```
#include <sys/socket.h>

int connect(int sockfd, const struct sockaddr *addr, socklen_t addrlen);
```
성공하면 0을 리턴하고, 에러가 발생하면 −1을 리턴한다.

인자 addr과 addrlen은 bind()의 경우와 동일하다.

시스템 호출 connect()의 수행이 실패해 다시 연결을 시도해야 할 경우가 있다. SUSv3에서는 연결에 실패한 소켓을 닫고, 새로운 소켓을 만들어 연결을 다시 시도하는 방법이 이식성이 좋다고 설명한다.

19.5.4 스트림 소켓의 I/O

연결된 한 쌍의 스트림 소켓을 이용해 두 지점 간의 양방향 통신을 수행할 수 있다. 그림 19-3은 유닉스 도메인에서의 양방향 스트림 소켓 동작 모습을 보여준다.

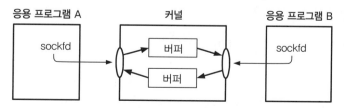

그림 19-3 양방향 통신 채널을 제공하는 유닉스 도메인 스트림 소켓

연결된 스트림 소켓의 I/O는 파이프의 동작과 유사하다.

- I/O를 수행하기 위해서는 시스템 호출 read()와 write()(혹은 24.3절에서 설명하는 것처럼 소켓 전용의 send()와 recv())를 사용한다. 소켓은 양방향성이 있으므로 각 호출은 연결의 양 끝 부분 모두에 사용할 수 있다.

- 시스템 호출 close() 혹은 응용 프로그램이 종료되면 소켓이 닫힌다. 소켓이 닫힌 상태에서 상대편 응용 프로그램이 반대쪽 연결로부터 데이터를 읽으려 시도하면 (버퍼에 저장된 모든 데이터를 읽은 경우) EOFend-of-file를 받는다. 상대편 응용 프로그램이 소켓으로 데이터를 기록하려고 할 경우 해당 응용 프로그램은 SIGPIPE 시그널을 받게 되고, 시스템 호출은 에러(EPIPE)로 실패한다. 7.2절에서 살펴봤듯이, 이러한 경우를 처리하는 일반적인 방법은 SIGPIPE 시그널을 무시하고 EPIPE 에러를 통해 닫힌 연결을 찾아내는 것이다.

19.5.5 연결 종료: close()

일반적으로 스트림 소켓 연결을 종료하려면 close()를 호출한다. 동일한 소켓을 가리키는 여러 파일 디스크립터가 존재하는 경우에는 모든 디스크립터가 닫혀야만 연결이 종료된다.

이쪽에서 연결을 종료한 다음, 상대편 응용 프로그램이 비정상 종료할 수도 있고, 우리가 보낸 데이터를 읽지 못했거나 혹은 정상적으로 읽고 처리했을 수 있다. 어느 경우이든 상대편에서 발생한 문제를 알 수 있는 방법이 없다. 데이터가 성공적으로 전송되고 처리됐는지 알려면, 응용 프로그램에 어떤 식으로든 결과를 알려주는 프로토콜을 추가해야 한다. 이러한 프로토콜은 일반적으로 상대방으로부터 어떤 답신acknowledgement 메시지를 받는 방식으로 이뤄진다.

24.2절에서는 스트림 소켓 연결 종료 방법을 정교히 제어할 수 있는 시스템 호출인 shutdown()을 설명한다.

19.6 데이터그램 소켓

데이터그램 소켓은 우편 시스템과 유사하다.

1. 시스템 호출 socket()은 우편함을 만드는 것과 동일하다(이때 우편 서비스는 우편함에서 우편함으로 편지를 전달하는 지방 우편 시스템과 동일하다고 가정한다). 데이터그램을 주고받으려는 각 응용 프로그램은 socket()으로 데이터그램 소켓을 생성한다.

2. 다른 응용 프로그램에서 보낸 데이터그램(편지)을 전송받으려면 bind()를 이용해 자신의 소켓을 이미 알려진 주소로 결속한다. 일반적으로, 서버가 자신의 소켓을 이미 알려진 주소로 결속하고, 클라이언트는 동일한 주소로 데이터그램을 전송하면서 통신을 시작한다(유닉스 도메인 같은 몇몇 도메인에서는 서버로부터 전송되는 데이터그램을 받기 위해 클라이언트도 bind()로 자신의 소켓에 주소를 할당한다).

3. 데이터그램을 전송하려면 sendto()를 호출한다. sendto()의 인자에 데이터그램이 전송될 소켓의 주소를 지정할 수 있다. 이는 편지에 수신자의 주소를 기입해 편지를 발송하는 과정과 동일하다.

4. 데이터그램을 수신하려면 recvfrom()을 호출한다. 도착한 데이터그램이 없는 경우, recvfrom()은 블록된다. recvfrom()을 통해 발신자의 주소를 알아낼 수 있으므로, 답장도 가능하다(이 기능은 임의의 클라이언트처럼 발신자의 소켓이 알려지지 않은 주소로 결속된 경우 유용하다). 실제 편지에는 발신자의 주소가 기재되어 있지 않을 수 있기 때문에, 이 과정은 우편 시스템과 완벽히 일치하진 않는다.

5. 필요한 동작을 모두 수행했으면, close()를 이용해 소켓을 닫는다.

우편 시스템과 마찬가지로 한 주소에서 다른 주소로 여러 데이터그램(편지)을 발송할 수 있는데, 이때 전송된 순서와 전달되는 순서가 일치한다는 보장이 없으며 심지어 아예 전달되지 않는 경우도 있다. 데이터그램에는 우편 시스템과는 다른 특징이 있는데, 바로 아랫단의 네트워크 프로토콜이 데이터 패킷을 재전송하는 경우가 이에 해당한다. 따라서 동일한 데이터그램이 한 번 이상 반복 전송될 수 있다.

그림 19-4는 데이터그램 소켓과 관련된 시스템 호출을 보여준다.

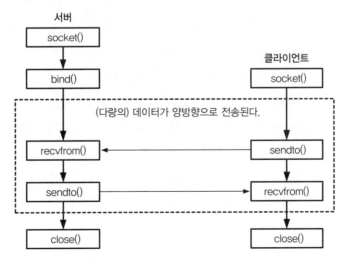

그림 19-4 데이터그램 소켓과 관련된 시스템 호출

19.6.1 데이터그램 교환: recvfrom()과 sendto()

시스템 호출 sendto()와 recvfrom()은 각각 데이터그램 소켓에서 데이터그램을 주고 받을 때 쓴다.

```
#include <sys/socket.h>

ssize_t recvfrom(int sockfd, void *buffer, size_t length, int flags,
                 struct sockaddr *src_addr, socklen_t *addrlen);
```
전송된 바이트 수를 리턴한다. EOF인 경우에는 0을, 에러가 발행하면 −1을 리턴한다.
```
ssize_t sendto(int sockfd, const void *buffer, size_t length, int flags,
               const struct sockaddr *dest_addr, socklen_t addrlen);
```
전송한 바이트 수를 리턴한다. 에러가 발생하면 −1을 리턴한다.

두 시스템 호출의 리턴값과 첫 번째부터 세 번째까지의 인자는 read() 및 write() 와 동일하다.

네 번째 인자 flags는 소켓만의 I/O 기능을 제어하는 비트 마스크다. 이 기능에 대해 서는 24.3절의 시스템 호출 recv()와 send()에서 살펴볼 것이다. 별도의 기능이 필요 없다면 flags를 0으로 설정한다.

나머지 인자를 이용해 현재 통신하고 있는 상대편 소켓의 주소를 지정하거나 얻어올 수 있다.

recvfrom()에서 인자 src_addr과 addrlen은 데이터그램을 전송하는 데 사용된 원격 소켓의 주소를 리턴한다(이 인자들은 accept()에서 연결된 상대편 소켓 주소를 얻어오는 데 사 용된 인자인 addr 및 addrlen과 동일하다). src_addr 인자는 통신 도메인에 맞는 주소 구조체 를 가리킨다. accept()의 경우와 마찬가지로 addrlen은 결과값 인자다. 호출이 발생하 기 전에 addrlen을 src_addr이 가리키는 구조체의 크기값으로 초기화해야 한다. 호출 이 리턴되면 addrlen은 구조체로 기록된 실제 크기를 가리킨다.

발신자의 주소에 관심이 없는 경우 src_addr과 addrlen을 NULL로 지정한다. 이 경 우, recvfrom()은 recv()와 완전히 동일하다. read()로 데이터그램을 읽을 수도 있다. 이때 read()는 flags가 0 값으로 설정된 recv()와 동일하다.

recvfrom()은 length 인자값과는 상관없이 데이터그램 소켓에서 정확히 1개의 메 시지를 가져온다. 메시지의 크기가 length에서 지정한 크기보다 클 경우, (별다른 문제를 발생시키지 않고 조용히) length 크기에 맞게 메시지를 잘라낸다.

시스템 호출 recvmsg()를 이용하면(24.13.2절), 리턴된 msghdr 구조체에 들어 있는 msg_flags 내의 MSG_TRUNC 플래그를 통해 잘린 데이터그램에 대한 정보를 알아낼 수 있다. 상세한 내용은 recvmsg(2) 매뉴얼 페이지를 참조하기 바란다.

sendto()의 경우, 인자 dest_addr과 addrlen은 데이터그램이 전송된 소켓을 지정한다. 이 인자는 connect()의 인자와 동일한 방법으로 사용된다. dest_addr 인자는 현재 통신 도메인에 맞는 주소 구조체다. 이 인자는 목적지 소켓 주소로 초기화된다. addrlen 인자는 addr의 크기를 가리킨다.

리눅스에서는 sendto()로 길이가 0인 데이터그램도 전송할 수 있다. 그러나 모든 유닉스 구현이 이 동작을 허용하진 않는다.

19.6.2 데이터그램 소켓에 connect() 사용하기

데이터그램 소켓이 연결성은 없지만, 시스템 호출 connect()를 데이터그램 소켓에 이용할 수 있다. 데이터그램 소켓에 connect()를 호출하면 커널은 특정 주소를 상대방 소켓 주소로 저장한다. 연결된 데이터그램 소켓이란 바로 이와 같은 소켓을 가리키는 말이다. 연결되지 않은 데이터그램 소켓이란 connect()를 호출하지 않은 데이터그램 소켓을 가리킨다(예를 들어, 새로운 데이터 소켓은 기본적으로 연결되지 않은 데이터그램 소켓이다).

데이터그램 소켓이 연결되면

- 소켓의 write()(혹은 send())를 이용해 데이터그램을 전송할 수 있다. 이때 지정된 상대편 소켓으로 데이터그램이 자동으로 전송된다. sendto()와 마찬가지로 write()도 별도의 데이터그램을 생성한다.
- 오직 상대방 소켓에서 전송한 데이터그램만 읽는다.

데이터그램 소켓에 connect()를 호출한 효과는 비대칭적임을 기억하자. 위 설명은 오직 connect()가 호출된 소켓에만 해당되고 연결된 (상대편 응용 프로그램도 자신의 소켓에 connect()를 호출하지 않는 한) 상대편 소켓에는 영향을 미치지 않는다.

connect()를 다시 호출해서 데이터그램 소켓에 연결한 상대편 소켓을 변경할 수 있다. 주소 패밀리(예: 유닉스 도메인의 sun_family 필드)를 AF_UNSPEC로 지정해서 상대편 소켓과의 연결을 해제할 수도 있다. 그러나 다른 많은 유닉스 구현은 이러한 용도로 AF_UNSPEC을 사용하도록 지원하지 않는다는 사실을 기억하자.

데이터그램 소켓에 상대편 소켓을 설정하면 좀 더 간단한 I/O 시스템 호출로 데이터를 전송할 수 있다는 장점이 있다. write()를 사용할 수 있으므로 sendto()에 인자 dest_addr과 addrlen을 설정하지 않아도 된다. 상대편 소켓을 설정하는 방법은 하나의 상대편으로 다수의 데이터그램을 전송하는 응용 프로그램의 경우에 특히 유용하다(다수의 데이터그램 클라이언트에서 사용하는 시나리오다).

19.7 정리

소켓을 이용해 동일한 호스트에 존재하는 혹은 네트워크로 연결된 호스트 간의 응용 프로그램끼리 통신할 수 있다.

소켓에는 저마다 통신의 범위를 설정하고 주소 포맷(소켓 정보를 확인하는 데 사용)을 결정하는 통신 도메인을 갖는다. SUSv3는 유닉스(AF_UNIX), IPv4(AF_INET), IPv6(AF_INET6) 등의 통신 도메인을 정의한다.

대부분의 응용 프로그램은 스트림 소켓과 데이터그램 소켓이라는 두 가지 종류 중 하나를 사용한다. 스트림 소켓(SOCK_STREAM)은 두 지점 간의 안정적인 양방향성의 바이트 스트림 통신 채널을 제공한다. 데이터그램 소켓(SOCK_DGRAM)은 안정성이 떨어지고, 연결성이 없는 메시지 기반의 통신을 제공한다.

일반적으로 스트림 소켓 서버는 socket()으로 소켓을 생성한 다음 bind()를 이용해 이미 알려진 소켓으로 결속한다. 그리고 서버는 listen()을 호출해 소켓으로 들어오는 연결을 허용한다. 대기 중인 소켓으로 들어오는 클라이언트 연결은 accept() 호출로 수락한다. 이때 클라이언트 소켓으로 연결된 새로운 소켓을 가리키는 파일 디스크립터가 리턴된다. 일반적으로 스트림 소켓 클라이언트는 socket()을 이용해 소켓을 생성한 다음, 이미 알려진 서버 주소로 connect()를 호출해 연결을 맺는다. 두 스트림 소켓이 연결되면 read()및 write()를 이용해 양방향으로 데이터를 전송할 수 있다. 스트림 소켓을 가리키는 모든 프로세스상의 파일 디스크립터가 암묵적으로 혹은 명시적으로 close()를 호출하면 연결이 종료된다.

보통 데이터그램 소켓 서버는 socket()으로 소켓을 만든 다음 bind()를 이용해 잘 알려진 주소로 소켓을 결속한다. 데이터그램 소켓은 연결성이 없으므로 서버의 소켓을 이용해 클라이언트가 전송한 데이터그램을 가져올 수 있다. read()를 사용하거나 전송하는 측의 소켓 주소를 리턴하는 소켓 전용 시스템 호출 recvfrom()을 이용해 데이터그램을 수신할 수 있다. 데이터그램 소켓 클라이언트는 socket()으로 소켓을 만든 다음 sendto()를 이용해 특정 주소(예를 들어 서버)로 데이터그램을 전송한다. 데이터그램 소켓에서는 시스템 호출 connect()를 이용해 상대편 소켓 주소를 설정할 수 있다. 상대편 소켓 주소를 설정한 이후로는 전송하는 데이터그램의 목적지를 지정하지 않아도 된다. 즉 write()로 데이터그램을 바로 전송할 수 있다.

더 읽을거리

22.15절 '더 읽을거리'를 참조하기 바란다.

20

소켓: 유닉스 도메인

20장에서는 호스트 시스템에서 프로세스 간의 통신에 사용되는 유닉스 도메인 소켓의 활용 방법을 살펴보고, 유닉스 도메인에서의 스트림 소켓과 데이터그램 소켓의 활용 방법을 설명한다. 또한 유닉스 도메인 소켓에 대한 접근을 제어하기 위해 파일 접근 권한을 활용하는 방법, 한 쌍의 연결된 유닉스 도메인 소켓을 생성하기 위해 `socketpair()`를 사용하는 방법, 리눅스 추상 소켓 이름 공간 등도 살펴볼 것이다.

20.1 유닉스 도메인 소켓 주소: struct sockaddr_un

유닉스 도메인에서는 소켓 주소에 경로명이 포함되며, 유닉스 도메인의 소켓 주소 구조 정의는 다음과 같다.

```
struct sockaddr_un {
    sa_family_t sun_family;        /* 항상 AF_UNIX */
    char sun_path[108];            /* 널로 종료되는 소켓 경로명 */
};
```

sockaddr_un 구조체의 접두어 sun_은 소켓 유닉스(socket unix)의 첫 글자를 따온 것으로, 썬 마이크로시스템즈(Sun Microsystems)와는 아무 관련이 없다.

SUSv3는 sun_path 필드의 크기를 지정하지 않는다. 초기 BSD 구현에서는 108과 104바이트를 사용했고, 그 당시 다른 구현(HP-UX 11)은 92바이트를 사용했다. 응용 프로그램의 이식성을 높이려면 이 값을 낮추는 편이 좋다. 또한 sun_path 필드에 데이터를 기록할 때는 snprintf()나 strncpy()를 이용해 버퍼 오버런을 피해야 한다.

유닉스 도메인 소켓을 주소로 결속시키려면 sockaddr_un 구조체를 초기화한 다음 bind()의 addr 인자로 캐스팅해 넘겨준다. 이때 addrlen은 리스트 20-1에 나와 있듯이 구조체의 크기로 설정한다.

리스트 20-1 유닉스 도메인 소켓 결속

```
const char *SOCKNAME = "/tmp/mysock";
int sfd;
struct sockaddr_un addr;

sfd = socket(AF_UNIX, SOCK_STREAM, 0);          /* 소켓 생성 */
if (sfd == -1)
    errExit("socket");

memset(&addr, 0, sizeof(struct sockaddr_un));   /* 구조체 초기화 */
addr.sun_family = AF_UNIX;                       /* 유닉스 도메인 주소 */
strncpy(addr.sun_path, SOCKNAME, sizeof(addr.sun_path) - 1);

if (bind(sfd, (struct sockaddr *) &addr, sizeof(struct sockaddr_un)) == -1)
    errExit("bind");
```

리스트 20-1에서는 memset()을 이용해 구조체의 모든 필드를 0으로 초기화한다(이후 호출되는 strncpy()는 마지막 인자에 sun_path 필드의 크기보다 한 바이트 작은 값을 설정하므로 sun_path 필드가 널 바이트로 끝난다). 각 필드를 초기화하지 않고 memset()을 이용해 전체 구조체를 0으로 채우는 경우 특정 구현에서 제공하는 비표준 필드도 0으로 초기화할 수 있다.

 구조체를 0으로 설정할 때 memset() 대신 BSD 기반 함수 bzero()를 사용할 수 있다. SUSv3는 bzero()와 관련 함수 bcopy()(memmove()와 유사한)를 정의한다. 그러나 이 함수들은 과거 시스템과의 호환성(레거시)을 위한 것일 뿐, memset()과 memmove()를 권장한다. 따라서 SUSv4는 bzero()와 bcopy() 정의를 제거했다. bind()가 유닉스 도메인 소켓을 결속하는 데 사용되면 파일 시스템에 해당 엔트리(파일)를 생성한다.

(소켓 경로명의 일부로 사용된 디렉토리는 접근과 쓰기가 가능해야 한다). 파일 소유권은 파일 생성과 동일한 규칙을 따른다(Vol. 1의 15.3.1절). 생성된 파일은 소켓 유형으로 표시된다. 경로명에 stat()를 호출한 경우, stat 구조체의 st_mode 필드가 파일 형식 컴포넌트이면 S_IFSOCK을 리턴한다. ls -1 명령으로 리스트하면 유닉스 도메인 소켓의 첫 번째 열은 형식 s로 표시된다. ls -F를 이용하면 소켓 경로명에 등호(=)를 추가한다.

> 유닉스 도메인 소켓은 경로명으로 접근할 수 있지만, 이 소켓에서 발생하는 I/O는 아랫단 디바이스 오퍼레이션과 관련이 없다.

다음은 유닉스 소켓 결속과 관련해서 기억해야 할 사항이다.

- 이미 존재하는 경로명으로는 소켓을 결속할 수 없다(이 경우 bind()는 EADDRINUSE 에러를 발생시키며 실패한다).
- 일반적으로 절대 경로명으로 소켓을 결속해서 파일 시스템의 고정된 주소를 소켓에 할당한다. 상대 경로명을 이용할 수는 있으나 이 경우, 소켓에 connect()하려는 응용 프로그램은 bind()를 수행하는 응용 프로그램의 현재 작업 디렉토리를 알아야 한다는 문제가 있다. 따라서 이 방법은 일반적으로 사용하지 않는다.
- 소켓은 하나의 경로명으로 결속할 수 있다. 역으로 경로명도 오직 하나의 소켓에 결속될 수 있다.
- open()으로 소켓을 열 수 없다.
- 더 이상 소켓이 필요 없다면, unlink()(혹은 remove())로 경로명 엔트리를 제거할 수 있다(특별한 이유가 없다면 제거해야 한다).

이 책의 대부분 예제에서는 유닉스 도메인 소켓을 경로명 /tmp 디렉토리로 결속하는데, 그 이유는 모든 시스템에 /tmp 디렉토리가 있으며 기록 가능하기 때문이다. 따라서 소켓 경로명을 수정하지 않고 그대로 예제 프로그램을 실행할 수 있다. 그러나 이는 편의를 위한 것일 뿐, 좋은 설계 기법이 아니라는 점을 명심하자. Vol. 1의 33.7절에서도 살펴봤듯이 /tmp처럼 기록할 수 있는 공개 디렉토리에 파일을 생성하면 다양한 보안상 취약점에 노출된다. 예를 들어, 응용 프로그램 소켓이 사용하는 동일한 이름을 /tmp 내에 생성함으로써 간단한 DOSdenial-of-service 공격을 만들 수 있다. 실생활에 사용하는 응용 프로그램이라면 유닉스 도메인 소켓이 적절하게 보안이 유지되는 디렉토리 내에 위치하도록 절대 경로명을 사용해야 한다.

20.2 유닉스 도메인의 스트림 소켓

유닉스 도메인의 스트림 소켓을 이용하는 간단한 클라이언트/서버 응용 프로그램을 살펴보자. 클라이언트 프로그램(리스트 20-4)은 서버로 연결한 다음, 자신의 표준 입력 데이터를 서버로 전송한다. 서버 프로그램(리스트 20-3)은 클라이언트 연결을 수락하고, 클라이언트로부터 전송되는 데이터를 표준 출력으로 보여준다. 예제의 서버는 반복iterative 서버(한 번에 하나의 클라이언트 요청을 처리하는 서버)의 간단한 예다.

리스트 20-2는 두 프로그램에서 사용하는 헤더 파일이다.

리스트 20-2 us_xfr_sv.c와 us_xfr_cl.c에서 사용하는 헤더 파일

```
                                                      sockets/us_xfr.h
#include <sys/un.h>
#include <sys/socket.h>
#include "tlpi_hdr.h"

#define SV_SOCK_PATH "/tmp/us_xfr"

#define BUF_SIZE 100
```

리스트 20-3과 리스트 20-4에 서버와 클라이언트 소스 코드를 수록했다. 이 프로그램의 세부사항과 실제 활용 예를 살펴보자.

리스트 20-3 간단한 유닉스 도메인 스트림 소켓 서버

```
                                                   sockets/us_xfr_sv.c
#include "us_xfr.h"

#define BACKLOG 5

int
main(int argc, char *argv[])
{
    struct sockaddr_un addr;
    int sfd, cfd;
    ssize_t numRead;
    char buf[BUF_SIZE];

    sfd = socket(AF_UNIX, SOCK_STREAM, 0);
    if (sfd == -1)
        errExit("socket");

    /* 서버 소켓 주소 생성. 소켓을 해당 주소로 결속하고, 대기시킨다. */
```

```
        if (remove(SV_SOCK_PATH) == -1 && errno != ENOENT)
            errExit("remove-%s", SV_SOCK_PATH);

    memset(&addr, 0, sizeof(struct sockaddr_un));
    addr.sun_family = AF_UNIX;
    strncpy(addr.sun_path, SV_SOCK_PATH, sizeof(addr.sun_path) - 1);

    if (bind(sfd, (struct sockaddr *) &addr, sizeof(struct sockaddr_un))
            == -1)
        errExit("bind");

    if (listen(sfd, BACKLOG) == -1)
        errExit("listen");

    for (;;) {  /* 클라이언트 요청을 반복적으로 처리한다. */

        /* 연결을 수락한다. 연결되면 새로운 소켓 'cfd'가 리턴된다.
           대기 중인 소켓('sfd')은 여전히 열려 있는 상태이므로, 이후의
           연결 요청을 수락하는 데 사용한다. */

        cfd = accept(sfd, NULL, NULL);
        if (cfd == -1)
            errExit("accept");

        /* 연결된 소켓으로 전송된 데이터를 EOF가 나올 때까지 표준 출력으로 보낸다. */

        while ((numRead = read(cfd, buf, BUF_SIZE)) > 0)
            if (write(STDOUT_FILENO, buf, numRead) != numRead)
                fatal("partial/failed write");

        if (numRead == -1)
            errExit("read");

        if (close(cfd) == -1)
            errMsg("close");
    }
}
```

· **리스트 20-4** 간단한 유닉스 도메인 스트림 소켓 클라이언트

```
                                                        sockets/us_xfr_cl.c
#include "us_xfr.h"

int
main(int argc, char *argv[])
{
    struct sockaddr_un addr;
```

```
    int sfd;
    ssize_t numRead;
    char buf[BUF_SIZE];

    sfd = socket(AF_UNIX, SOCK_STREAM, 0);        /* 클라이언트 소켓 생성 */
    if (sfd == -1)
        errExit("socket");

    /* 서버 주소를 생성하고 연결 시도 */

    memset(&addr, 0, sizeof(struct sockaddr_un));
    addr.sun_family = AF_UNIX;
    strncpy(addr.sun_path, SV_SOCK_PATH, sizeof(addr.sun_path) - 1);

    if (connect(sfd, (struct sockaddr *) &addr,
                sizeof(struct sockaddr_un)) == -1)
        errExit("connect");

    /* 표준 입력으로 들어온 데이터를 소켓으로 복사한다. */

    while ((numRead = read(STDIN_FILENO, buf, BUF_SIZE)) > 0)
        if (write(sfd, buf, numRead) != numRead)
            fatal("partial/failed write");

    if (numRead == -1)
        errExit("read");

    exit(EXIT_SUCCESS);            /* 소켓을 닫는다; 서버는 EOF를 받는다. */
}
```

리스트 20-3은 서버 프로그램이다. 서버 프로그램은 다음의 순서로 동작한다.

- 소켓을 생성한다.
- 결속하려는 소켓과 동일한 경로명에 파일이 존재하는 경우 삭제한다.
- 서버 소켓의 주소 구조체를 생성하고 소켓을 해당 주소로 결속한다. 그리고 소켓을 대기시킨다.
- 무한 반복문으로 클라이언트 요청을 처리한다. 각 루프는 다음과 같은 작업을 수행한다.
  - 연결을 수락하고, 새로운 소켓(cfd)을 획득한다.
  - 연결된 소켓으로 전송되는 모든 데이터를 받아 표준 출력으로 기록한다.
  - 연결된 소켓 cfd를 닫는다.

서버는 직접 종료시킨다(예를 들어, 신호를 보내는 방식으로).

클라이언트 프로그램(리스트 20-4)은 다음과 같은 순서로 동작한다.

- 소켓을 생성한다.
- 서버 소켓의 주소 구조체를 만들고 해당 주소의 소켓으로 연결한다.
- 루프를 수행해서 표준 입력 데이터를 소켓 연결로 복사한다. 표준 입력으로 EOF가 들어오면 클라이언트를 종료한다. 그러면 소켓이 닫히고 서버도 상대편 소켓으로부터 EOF를 읽는다.

아래의 셸 명령은 프로그램 사용 방법을 보여준다. 우선 서버를 백그라운드로 수행한다.

```
$ ./us_xfr_sv > b &
[1] 9866
$ ls -lF /tmp/us_xfr          소켓 파일을 ls로 확인
srwxr-xr-x   1 mtk      users    0 Jul 18 10:48 /tmp/us_xfr=
```

해당 클라이언트의 입력으로 사용할 테스트 파일을 생성한 다음 클라이언트를 실행한다.

```
$ cat *.c > a
$ ./us_xfr_cl < a            클라이언트는 테스트 파일을 입력으로 사용
```

그러면 자식이 종료된다. 이제 서버를 종료시키고 서버 출력과 클라이언트 입력을 비교한다.

```
$ kill %1                        서버 종료
[1]+  Terminated    ./us_xfr_sv >b    서버가 종료됨
$ diff a b
$
```

diff 명령을 수행하면 아무것도 출력하지 않는다. 이는 입력과 출력이 동일함을 의미한다.

서버가 종료돼도 소켓 경로명은 계속 남는다. 바로 이 때문에 서버는 bind()를 호출하기 전에 remove()를 이용해 기존 소켓 경로명을 제거해야 한다(적절한 접근 권한을 가졌다면, remove()를 호출했을 때, 파일의 종류가 소켓인지와 관계없이 해당 경로명의 파일이 삭제된다). 따라서 해당 소켓 경로명에 기존 서버에서 사용했던 파일이 남아 있고, 이를 remove()로 삭제하지 못하면 bind()는 실패로 끝난다.

20.3 유닉스 도메인의 데이터그램 소켓

19.6절에서 데이터그램 소켓을 설명하면서 데이터그램 소켓이 안정적이지 않다는 사실을 언급했다. 그러나 데이터그램이 안정적이지 않다는 사실은 네트워크를 이용한 전송의 경우에만 해당한다. 즉 유닉스 도메인 소켓에서 데이터그램 전송은 커널 내에서 수행되므로 안정적이다. 모든 메시지는 순서대로 전달되고 중복도 발생하지 않는다.

유닉스 도메인 데이터그램 소켓에서 데이터그램의 최대 크기

SUSv3는 유닉스 도메인 소켓을 이용한 데이터그램 크기를 따로 지정하지 않았다. 리눅스에서는 상당히 큰 데이터그램도 전송할 수 있다. 데이터그램 크기의 한도는 socket(7) 매뉴얼 페이지에 나와 있는 것처럼 SO_SNDBUF 소켓 옵션과 다양한 /proc 파일로 조절한다. 그러나 기타 유닉스 구현에서는 2048바이트처럼 한도를 더 낮게 설정한다. 따라서 응용 프로그램의 이식성을 높이려면 유닉스 데이터그램 소켓에서 사용하는 데이터그램의 최대 한도 크기를 낮춰야 한다.

예제 프로그램

리스트 20-6과 리스트 20-7은 유닉스 도메인 데이터그램 소켓을 이용하는 간단한 클라이언트/서버 응용 프로그램을 보여준다. 두 프로그램 모두 리스트 20-5에 나온 헤더 파일을 이용한다.

리스트 20-5 ud_ucase_sv.c와 ud_ucase_cl.c에서 사용하는 헤더 파일

```
                                                    sockets/ud_ucase.h
#include <sys/un.h>
#include <sys/socket.h>
#include <ctype.h>
#include "tlpi_hdr.h"

#define BUF_SIZE 10              /* 클라이언트와 서버 간의 메시지 최대 크기 */

#define SV_SOCK_PATH "/tmp/ud_ucase"
```

서버 프로그램(리스트 20-6)은 소켓을 생성하고 이미 알려진 주소로 결속한다(서버는 해당 주소로 매치되는 기존 경로명이 존재하는 경우 해당 링크를 미리 제거한다). 서버는 무한 루프를 수행하고 recvfrom()을 이용해 클라이언트로부터 전송된 데이터그램을 받아 문자열을

대문자로 변경한 다음 recvfrom()으로 얻은 주소 정보를 이용해 변경한 문자열을 다시 클라이언트로 전송한다.

클라이언트 프로그램(리스트 20-7)은 소켓을 생성하고, 소켓이 응답을 전송할 수 있도록 자신의 주소로 소켓을 결속한다. 클라이언트 주소는 경로명에 클라이언트의 프로세스 ID를 포함해 유일한 주소를 갖는다. 클라이언트는 루프를 수행하며 각 명령행의 인자를 각각의 메시지로 만들어 서버에 전송한다. 각 메시지를 발송한 다음 클라이언트는 서버 응답을 읽어 표준 출력에 표시한다.

리스트 20-6 간단한 유닉스 도메인 데이터그램 서버

```
                                                       sockets/ud_ucase_sv.c
#include "ud_ucase.h"

int
main(int argc, char *argv[])
{
    struct sockaddr_un svaddr, claddr;
    int sfd, j;
    ssize_t numBytes;
    socklen_t len;
    char buf[BUF_SIZE];

    sfd = socket(AF_UNIX, SOCK_DGRAM, 0);     /* 서버 소켓을 생성한다. */
    if (sfd == -1)
        errExit("socket");

    /* 이미 알려진 주소로 구조체를 생성하고 소켓 서버를 해당 주소로 결속한다. */

    if (remove(SV_SOCK_PATH) == -1 && errno != ENOENT)
        errExit("remove-%s", SV_SOCK_PATH);

    memset(&svaddr, 0, sizeof(struct sockaddr_un));
    svaddr.sun_family = AF_UNIX;
    strncpy(svaddr.sun_path, SV_SOCK_PATH, sizeof(svaddr.sun_path) - 1);

    if (bind(sfd, (struct sockaddr *) &svaddr, sizeof(struct sockaddr_un))
            == -1)
        errExit("bind");

    /* 메시지를 받아서 대문자로 변환한 다음 클라이언트로 리턴한다. */

    for (;;) {
        len = sizeof(struct sockaddr_un);
        numBytes = recvfrom(sfd, buf, BUF_SIZE, 0,
                            (struct sockaddr *) &claddr, &len);
```

```
            if (numBytes == -1)
                errExit("recvfrom");

            printf("Server received %ld bytes from %s\n", (long) numBytes,
                    claddr.sun_path);

            for (j = 0; j < numBytes; j++)
                buf[j] = toupper((unsigned char) buf[j]);

            if (sendto(sfd, buf, numBytes, 0, (struct sockaddr *)
                        &claddr, len) != numBytes)
                fatal("sendto");
    }
}
```

리스트 20-7 간단한 유닉스 도메인 데이터그램 클라이언트

sockets/ud_ucase_cl.c

```
#include "ud_ucase.h"

int
main(int argc, char *argv[])
{
    struct sockaddr_un svaddr, claddr;
    int sfd, j;
    size_t msgLen;
    ssize_t numBytes;
    char resp[BUF_SIZE];

    if (argc < 2 || strcmp(argv[1], "--help") == 0)
        usageErr("%s msg...\n", argv[0]);

    /* 클라이언트 소켓을 생성하고 유일한 경로명(PID를 이용해)으로 결속한다. */

    sfd = socket(AF_UNIX, SOCK_DGRAM, 0);
    if (sfd == -1)
        errExit("socket");

    memset(&claddr, 0, sizeof(struct sockaddr_un));
    claddr.sun_family = AF_UNIX;
    snprintf(claddr.sun_path, sizeof(claddr.sun_path),
            "/tmp/ud_ucase_cl.%ld", (long) getpid());

    if (bind(sfd, (struct sockaddr *) &claddr, sizeof(struct sockaddr_un))
            == -1)
        errExit("bind");
```

```
        /* 서버 주소 생성 */

    memset(&svaddr, 0, sizeof(struct sockaddr_un));
    svaddr.sun_family = AF_UNIX;
    strncpy(svaddr.sun_path, SV_SOCK_PATH, sizeof(svaddr.sun_path) - 1);

        /* 서버로 메시지를 전송한 다음 응답을 표준 출력으로 표시한다. */

    for (j = 1; j < argc; j++) {
        msgLen = strlen(argv[j]);    /* BUF_SIZE보다 긴 경우도 있다. */
        if (sendto(sfd, argv[j], msgLen, 0, (struct sockaddr *) &svaddr,
                    sizeof(struct sockaddr_un)) != msgLen)
            fatal("sendto");

        numBytes = recvfrom(sfd, resp, BUF_SIZE, 0, NULL, NULL);
        if (numBytes == -1)
            errExit("recvfrom");
        printf("Response %d: %.*s\n", j, (int) numBytes, resp);
    }

    remove(claddr.sun_path);              /* 클라이언트 소켓 경로명 제거 */
    exit(EXIT_SUCCESS);
}
```

다음 셸 명령은 서버와 클라이언트 프로그램의 사용 예다.

```
$ ./ud_ucase_sv &
[1] 20113
$ ./ud_ucase_cl hello world              서버로 2개의 메시지 전송
Server received 5 bytes from /tmp/ud_ucase_cl.20150
Response 1: HELLO
Server received 5 bytes from /tmp/ud_ucase_cl.20150
Response 2: WORLD
$ ./ud_ucase_cl 'long message'           서버로 좀 더 긴 메시지 전송
Server received 10 bytes from /tmp/ud_ucase_cl.20151
Response 1: LONG MESSA
$ kill %1                                서버 종료
```

두 번째 메시지 전송의 recvfrom() 호출에서 메시지 크기를 제한(리스트 20-5에서 BUF_
SIZE를 10으로 설정했다)한 경우, 이보다 큰 메시지는 잘린다는 사실을 보여준다. 결과로도
메시지가 잘렸음을 확인할 수 있는데, 클라이언트는 12바이트를 전송했지만 서버는 10
바이트를 받았다고 출력한다.

20.4 유닉스 도메인 소켓 접근 권한

소켓 파일의 소유권과 접근 권한은 어떤 프로세서가 해당 소켓에 접근하고 사용할 수 있는지를 결정한다.

- 유닉스 도메인 스트림 소켓으로 연결하려면 소켓 파일에 대한 쓰기 권한이 필요하다.
- 유닉스 도메인 데이터그램 소켓으로 데이터그램을 보내려면 해당 소켓 파일에 대한 쓰기 권한이 필요하다.

또한 소켓 경로명의 각 디렉토리에 대한 실행(탐색) 권한도 필요하다.

기본적으로 소켓을 생성하면(bind()를 이용해) 모든 권한이 소유자(사용자), 그룹, 기타 모두에게 부여된다. 이를 변경하려면 bind()를 호출하기 전에 umask()를 이용해 불필요한 권한을 제한할 수 있다.

몇몇 시스템은 소켓 파일의 접근 권한을 무시한다(SUSv3는 이를 허용한다). 따라서 소켓으로의 접근을 제한하려고 호스팅 디렉토리에 접근 권한을 활용하는 방법은 이식성이 있지만, 소켓 파일에 접근 권한을 활용하는 방법은 이식성이 없다.

20.5 연결된 소켓 쌍 생성: socketpair()

종종 하나의 프로세스로 한 쌍의 소켓을 만들어 서로를 연결하는 방법이 유용하다. 이 작업은 socket()을 두 번 호출하고, bind()를 호출한 다음 listen(), connect(), accept()를 호출(스트림 소켓의 경우)하거나 connect()를 호출(데이터그램 소켓의 경우)함으로써 수행할 수 있다. 그러나 시스템 호출 socketpair()를 이용하면 이와 같은 작업을 간단하게 처리할 수 있다.

```
#include <sys/socket.h>

int socketpair(int domain, int type, int protocol, int sockfd[2]);
                                성공하면 0을 리턴하고, 에러가 발생하면 −1을 리턴한다.
```

시스템 호출 socketpair()는 유닉스 도메인에서만 사용할 수 있다. 즉 domain을 AF_UNIX로 설정해야 한다(이러한 제한은 대부분의 구현에 동일하게 적용된다. 또한 단일 호스트 시스템에서 소켓 쌍이 생성되므로, 유닉스 도메인에서만 사용할 수 있다는 제한은 논리적으로도 정확하다). 소켓

종류 type은 SOCK_DGRAM이나 SOCK_STREAM으로 설정한다. protocol 인자는 0으로
설정해야 한다.

소켓 종류를 SOCK_STREAM으로 지정하는 것은 양방향 파이프(스트림 파이프stream pipe
라고도 함)를 생성한다는 의미다. 각 소켓은 읽고 쓰기가 가능하고, 두 소켓 사이의 데이터
를 양방향으로 주고받을 수 있는 데이터 채널이 각 소켓으로 할당된다(BSD 기반 구현에서
pipe()는 socketpair() 호출을 이용해 구현된다).

일반적으로 소켓 쌍은 파이프와 비슷하게 사용된다. socketpair()를 호출한 다음에
프로세스는 fork()로 자식을 생성한다. 자식은 부모의 소켓 쌍을 가리키는 디스크립터
도 포함한 파일 디스크립터 복사본을 상속받는다. 따라서 부모와 자식은 IPC에 소켓 쌍
을 사용할 수 있다.

수동으로 연결된 소켓 쌍을 생성할 때와 socketpair()를 이용할 때의 차이점은
socketpair()의 경우 어떤 주소에도 결속하지 않는다는 점이다. 주소에 결속하지 않으
므로 다른 프로세스에서는 소켓을 볼 수 없고, 보안상의 취약점을 상당수 해결한다.

 커널 2.6.27부터 리눅스는 type 인자에 OR 연산으로 두 가지 비표준 플래그를 추가할 수 있
도록 허용함으로써 부가 기능을 제공한다. SOCK_CLOEXEC 플래그를 설정하면 커널은 새
로 생성한 두 파일 디스크립터에 실행 시 닫기 플래그(FD_CLOEXEC)를 활성화한다. 이 플래
그는 Vol. 1, 4.3.1절의 open() O_CLOEXEC 플래그에서 설명한 것과 같은 이유로 유용하다.
SOCK_NONBLOCK을 설정하면 커널은 2개의 파일 디스크립터에 O_NONBLOCK 플래그를
설정하고, O_NONBLOCK을 설정하면 이후 소켓의 I/O 오퍼레이션은 대기하지 않는다.

20.6 리눅스 추상 소켓 이름 공간

추상 이름 공간abstract namespace이라는 기능은 리눅스 고유의 기능으로 유닉스 도메인 소
켓을 이름(파일 시스템에 해당 이름을 생성할 필요 없이)으로 결속할 수 있게 해주는 기능이다.

추상 이름 공간의 장점은 다음과 같다.

- 파일 시스템에 남아 있을 수 있는 기존 이름과의 충돌 가능성을 걱정할 필요가
  없다.
- 소켓을 다 사용한 다음에 소켓 경로명의 링크를 제거할 필요가 없다. 추상 이름은
  소켓이 닫힐 때 자동적으로 삭제된다.
- 소켓에 사용할 파일 시스템 경로명을 생성하지 않아도 된다. 이 특징은 chroot
  환경이나 쓰기 권한이 없는 파일 시스템에서 유용하다.

추상 결속을 생성하려면 sun_path 필드의 첫 바이트를 널 바이트(\0)로 만든다. 이렇게 함으로써 기존의 유닉스 도메인 소켓 경로명(널이 아닌 하나 이상의 바이트로 이뤄졌으며, 널 바이트로 끝나는 문자열로 구성하는)과 추상 소켓 이름을 구별한다. 추상 소켓의 이름은 sun_path의 나머지 바이트(널 바이트 포함)로 정의되고, 최대 길이는 주소 구조체의 크기 정의(예를 들어, addrlen - sizeof(sa_family_t))로 결정된다.

리스트 20-8은 추상 소켓 결속의 생성 예다.

리스트 20-8 추상 소켓 결속 생성

```
                                                    sockets/us_abstract_bind.c
struct sockaddr_un addr;

memset(&addr, 0, sizeof(struct sockaddr_un));    /* 주소 구조체 초기화 */
addr.sun_family = AF_UNIX;                        /* 유닉스 도메인 주소 */

/* addr.sun_path[0]은 memset()을 이용해 이미 0으로 설정했다. */

str = "xyz";                                      /* 추상 이름은 "\0xyz" */
strncpy(&addr.sun_path[1], str, strlen(str));

sockfd = socket(AF_UNIX, SOCK_STREAM, 0);
if (sockfd == -1)
    errExit("socket");

if (bind(sockfd, (struct sockaddr *) &addr,
        sizeof(sa_family_t) + strlen(str) + 1) == -1)
    errExit("bind");
```

기존 소켓 이름과 추상 소켓 이름을 구분하는 데 첫 부분의 널 바이트를 사용하다 보면 이상한 동작을 수행하는 경우가 발생한다. 변수 name이 길이가 0인 문자열을 가리키고 있다고 가정할 때, 아래 코드처럼 sun_path를 초기화하고 유닉스 도메인 소켓을 결속하려는 경우의 예를 살펴보자.

```
strncpy(addr.sun_path, name, sizeof(addr.sun_path) - 1);
```

이러한 경우 의도한 바는 아니지만, 리눅스에서는 추상 소켓 결속이 생성된다. 이러한 코드 순서도 의도하지 않았을 가능성이 크다(예를 들면, 버그일 수 있다). 그 밖의 유닉스 구현에서는 다음에 호출되는 bind()가 실패한다.

20.7 정리

유닉스 도메인 소켓은 같은 호스트에서 수행되는 응용 프로그램 간의 통신을 수행한다. 유닉스 도메인에서는 스트림 소켓과 데이터그램 소켓 모두를 지원한다.

유닉스 도메인 소켓은 파일 시스템에서 경로명으로 지정한다. 유닉스 도메인 소켓에 대한 접근을 제어하기 위해 파일 권한을 이용할 수 있다.

시스템 호출 socketpair()는 연결된 한 쌍의 유닉스 도메인 소켓을 생성한다. 즉 소켓을 생성, 결속, 연결하는 데 필요한 여러 시스템 호출을 하나의 시스템 호출로 줄여준다. 소켓 쌍은 보통 파이프와 비슷하게 사용한다. 한 프로세스에서 소켓 쌍을 생성하고 자식을 생성하기 위해 fork()를 이용한다. 자식은 소켓 쌍을 가리키는 디스크립터를 상속한다. 두 프로세스는 소켓 쌍을 이용해 서로 통신할 수 있다.

리눅스 고유의 추상 소켓 이름 공간을 이용하면 유닉스 도메인 소켓을 파일 시스템상에 존재하지 않는 이름으로 결속할 수 있다.

더 읽을거리

22.15절 '더 읽을거리'를 참조하기 바란다.

20.8 연습문제

20-1. 20.3절에서 유닉스 도메인 데이터그램 소켓이 안정적이라고 설명했다. 발신자가 수신자가 데이터를 읽는 속도보다 빠르게 유닉스 도메인 데이터그램 소켓으로 데이터그램을 전송하면 수신자가 지연된 데이터그램을 어느 정도 읽어서 처리할 때까지 발신자가 대기한다는 사실을 보여주는 프로그램을 구현하라.

20-2. 리스트 20-3(us_xfr_sv.c)과 리스트 20-4(us_xfr_cl.c)를 리눅스 고유의 추상 소켓 이름 공간(20.6절)을 사용하도록 수정하라.

20-3. 7.8절의 순서 번호 서버와 클라이언트 프로그램을 유닉스 도메인 스트림 소켓을 사용하도록 다시 구현하라.

20-4. /somepath/a와 /somepath/b로 결속하는 2개의 유닉스 도메인 소켓을 생성한 다음 /somepath/a를 /somepath/b로 연결했다고 가정하자. 이때 세 번째 데이터그램 소켓을 생성한 다음 생성한 소켓을 이용해 /somepath/a로 데이터

그램을 전송(sendto())하면 어떻게 되는가? 질문에 대한 답을 찾을 수 있도록 프로그램을 구현하라. 또한 그 밖의 유닉스 시스템에 접속할 수 있다면 프로그램을 해당 유닉스 시스템에서 수행해보고 결과가 달라지는지 확인하라.

21

소켓: TCP/IP 네트워크 기초

21장에서는 컴퓨터 네트워킹 개념과 TCP/IP 네트워킹 프로토콜에 대해 살펴본다. 22장에서 설명하는 인터넷 도메인 소켓을 잘 활용하려면 이러한 개념을 이해해야 한다.

이제부터 RFCRequest for Comments라는 문서가 종종 등장한다. 이 책에서 다루는 네트워킹 프로토콜은 RFC에서 공식적으로 설명한 내용을 바탕으로 한다. 21.7절에서는 이 책에서 살펴본 내용과 관련한 RFC 목록과 함께 RFC에 대한 추가 정보를 제공한다.

21.1 인터넷

각기 다른 컴퓨터 네트워크를 연결하고, 네트워크에 있는 모든 호스트가 다른 기기와 통신할 수 있는 것은 인터네트워크internetwork(소문자 i로 표기하는 internet) 덕분이다. 인터넷을 다른 말로 표현하자면 컴퓨터 네트워크의 네트워크인 셈이다. 서브네트워크subnetwork(혹은 서브넷subnet)는 인터넷을 구성하는 네트워크의 일종을 가리킨다. 인터넷은 연결된 네트워크에 존재하는 모든 호스트가 단일 네트워크 구조를 이용할 수 있도록, 각기 다른 물리적 네트워크의 세부사항은 숨기는 것이 인터넷의 목표다. 예를 들어, 인터넷상의 모든 호스트를 식별하는 데 단일 주소 포맷을 사용한다.

다양한 인터네트워킹 프로토콜이 탄생했지만, 로컬과 광역망WAN, wide area network에서 독자적으로 사용하던 네트워킹 프로토콜까지 TCP/IP로 대치하면서 현재는 TCP/IP 프로토콜 스위트가 지배적이다. 인터넷(대문자 I로 표기하는 Internet)이라는 말은 전 세계 수백만 컴퓨터를 연결하는 TCP/IP 인터넷을 가리킨다.

TCP/IP의 구현이 널리 퍼진 시기는 1983년에 4.2BSD가 등장하면서부터다. 여러 TCP/IP 구현은 BSD 코드를 재사용했다. 리눅스를 비롯한 여타 구현은 TCP/IP 동작을 정의하는 표준으로 BSD 코드를 참조했을 뿐, 코드 전체를 새로 구현했다.

> TCP/IP는 초기 광역망 컴퓨터 네트워크 구조에 사용하도록 미 국방부의 ARPA(Advanced Research Projects Agency)에서 지원하는 프로젝트(나중에는 방어(defense)를 의미하는 D가 붙어 DARPA로 이름을 변경)에서 시작됐다. 1970년대에는 ARPANET 전용의 새로운 프로토콜 패밀리를 설계한다. 새로운 프로토콜의 정확한 명칭은 DARPA 인터넷 프로토콜 스위트이지만, 일반적으로 TCP/IP 프로토콜 스위트 혹은 간단히 TCP/IP라고 부른다.
>
> 웹페이지 http://www.isoc.org/internet/history/brief.shtml에서는 인터넷과 TCP/IP의 간단한 역사를 설명한다.

그림 21-1 라우터를 이용해 두 네트워크를 연결한 인터넷

그림 21-1은 간단한 인터넷을 보여준다. 이 다이어그램에서 tekapo는 라우터router 역할을 담당한다. 즉 tekapo의 역할은 서브네트워크를 서로 연결하고 데이터를 주고받을 수 있게 한다. 라우터는 사용하는 인터넷 프로토콜뿐만 아니라 자신이 연결한 각 서브네트워크에서 사용하는 다양한 데이터 링크 계층 프로토콜을 이해해야 한다.

라우터는 네트워크 인터페이스가 여러 개이므로 자신이 연결하는 서브넷에 각각의 인터페이스를 이용한다. 멀티홈 호스트multihomed host라는 용어는 라우터가 필요 없이 자체적으로 여러 네트워크 인터페이스를 가진 호스트를 가리킨다(즉 라우터를 다른 말로 표현하면, 한 서브넷에서 다른 서브넷으로 패킷을 전달하는 멀티홈 호스트라 할 수 있다). 멀티홈 호스트는 각각의 인터페이스에 각기 다른 네트워크 주소를 갖는다(예를 들어, 자신이 연결한 각 서브넷에 다른 주소를 갖는다).

21.2 네트워킹 프로토콜과 계층

네트워킹 프로토콜networking protocol은 네트워크에서 정보를 어떻게 전송할지를 정의한 규칙 집합이다. 네트워킹 프로토콜은 일반적으로 다양한 계층layer으로 이뤄지는데, 상위 계층에서 이용할 수 있도록 아래 계층에 기능을 추가하는 방식으로 계층이 더해진다.

TCP/IP 프로토콜 스위트protocol suite는 여러 계층으로 구성된 네트워킹 프로토콜이다 (그림 21-2). TCP/IP에는 인터넷 프로토콜IP, Internet Protocol이 포함된다. 그리고 인터넷 프로토콜 위로는 다양한 프로토콜 계층이 존재한다(이와 같은 다양한 계층을 구현한 코드를 프로토콜 스택protocol stack이라 부른다). TCP/IP라는 이름은 전송 계층 프로토콜로 TCPTransmission Control Protocol를 가장 많이 사용하면서 유래한 이름이다.

 그림 21-2에서는 이 장과 관련이 없는 TCP/IP 프로토콜 범위를 생략했다. ARP(Address Resolution Protocol)는 인터넷 주소를 이더넷(Ethernet) 같은 하드웨어에 매핑한다 ICMP(Internet Control Message Protocol)는 에러 전달 및 네트워크 제어 정보를 전달하는 데 사용한다. TCP/IP 네트워크상의 특정 호스트가 실행 중이며 접속 가능한지 알아보는 ping 과 네트워크의 IP 패킷 경로를 추적하는 traceroute에서 ICMP를 사용한다. IGMP(Internet Group Management Protocol)는 멀티캐스팅 IP 데이터그램을 지원하는 호스트나 라우터가 사용한다.

프로토콜 계층에 강력한 힘과 유연성을 더해주는 개념이 있는데 바로 투명성transparency이다. 각 프로토콜 계층은 하위 계층의 복잡한 상세 동작을 상위 계층에서 알 수 없도록 처리한다. 예를 들어, TCP를 이용하려면 표준 소켓 API에 대한 지식으로 충분하다. 소켓 API를 이용해 안정적인 바이트 스트림 전송 서비스를 만들 수 있다. TCP의 세부 동작에 대해서는 알 필요가 없다(24.9절에서 소켓 옵션을 살펴보면서 알게 되겠지만, 이 말이 항상 참은 아니다. 때로는 응용 프로그램이 아랫단 전송 프로토콜의 동작 세부사항을 알아야 할 필요가 있다).

마찬가지로 응용 프로그램도 IP나 데이터 링크 계층의 세부 동작을 몰라도 된다. 응용 프로그램의 입장에서는 그림 21-3에서 표현한 것과 같이 소켓 API로 다른 응용 프로그램과 통신한다고 생각하면 된다. 그림에서 점선으로 표시한 수평선은 각 호스트의 응용 프로그램, TCP, IP 개체 간의 가상 통신 채널을 나타낸다.

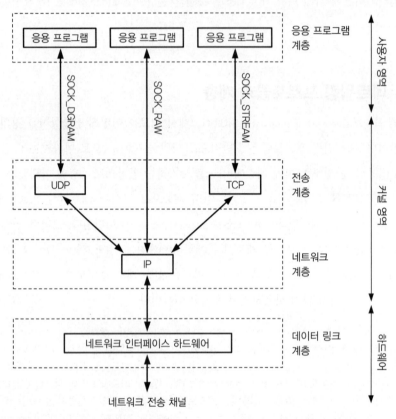

그림 21-2 TCP/IP 스위트의 프로토콜

캡슐화

캡슐화는 네트워크 프로토콜 계층 구성의 중요한 원칙 가운데 하나다. 그림 21-4는 TCP/IP 프로토콜 계층의 캡슐화 예제를 보여준다. 캡슐화의 핵심은, 상위 계층에서 보낸 정보(예: 응용 프로그램 데이터, TCP 세그먼트, IP 데이터그램)를 하위 계층은 내용을 알 수 없는 데이터로 취급한다는 것이다. 즉 하위 계층은 상위 계층에서 보낸 정보를 해석하려 시도하지 않고, 해당 정보를 자신의 계층에서 사용하는 헤더에 추가한 다음(하위 계층에서 사용하는 패킷 종류와 관계없이), 자신보다 하위 계층으로 데이터를 전달한다. 데이터가 하위 계층에서

상위 계층으로 전달되면 이전 작업과는 정반대로 데이터를 헤더에서 추출하는 작업을
수행한다.

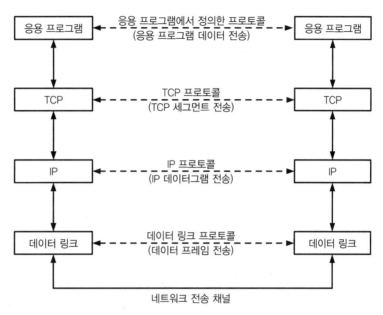

그림 21-3 TCP/IP 프로토콜의 통신 계층

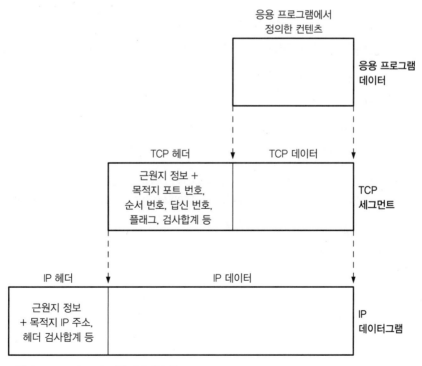

그림 21-4 TCP/IP 프로토콜 내의 캡슐화

그림 21-4에서는 이를 나타내지 않았지만 IP 데이터그램을 네트워크 프레임 내부로 캡슐화하는 데이터 링크 계층에도 캡슐화 개념을 사용한다. 자신의 데이터 패키징을 수행하는 응용 프로그램 계층에도 캡슐화를 적용할 수 있다.

21.3 데이터 링크 계층

그림 21-2에서 데이터 링크 계층이 가장 하위층이다. 데이터 링크 계층data-link layer은 디바이스 드라이버와 아랫단의 물리적 통신 채널(예: 전화선, 동축케이블, 광케이블) 등으로 구성된다. 데이터 링크 계층은 네트워크의 물리적 링크로 데이터를 전송하는 부분에 관여한다.

데이터를 전송하려면 데이터 링크 계층은 해당 네트워크 계층의 데이터그램을 프레임frame이라는 단위로 캡슐화한다. 전송하려는 데이터 외에도 각 프레임은 목적지 주소 프레임 크기 등의 정보가 들어 있는 헤더를 포함한다. 데이터 링크 계층은 물리적 링크로 프레임을 전송하고 수신자가 보내는 답신acknowledgement을 처리한다(모든 데이터 링크 계층이 답신을 사용하는 것은 아니다). 데이터 링크 계층은 에러 검출, 재전송, 흐름 제어 등을 수행하기도 한다. 어떤 데이터 링크 계층은 커다란 네트워크 패킷을 여러 개의 프레임으로 분리한 다음 수신자에서 해당 프레임을 조립하기도 한다.

응용 프로그램 개발의 관점에서는 데이터 링크 계층을 그냥 무시해도 된다. 왜냐하면 이러한 통신 세부사항은 드라이버와 하드웨어에서 처리하기 때문이다.

IP와 관련한 데이터 링크 계층의 중요 특징 중 하나는 MTUmaximum transmission unit다. 데이터 링크 계층의 MTU는 프레임의 크기 최대 한도를 결정한다. 다른 데이터 링크 계층의 MTU 값은 제각각이다.

 netstat -i 명령을 이용하면 MTU 값을 포함해 시스템의 네트워크 인터페이스 목록을 나열한다.

21.4 네트워크 계층: IP

네트워크 계층network layer은 데이터 링크 계층의 상위 계층으로 패킷(데이터)을 근원지 호스트로부터 목적지 호스트로 전송하는 작업을 담당한다. 네트워크 계층은 다음과 같은 작업을 수행한다.

- (필요한 경우) 데이터 링크 계층을 통해 데이터를 전달할 수 있도록 데이터를 작은 조각으로 나눈다.
- 인터넷으로 데이터를 전송할 경로를 설정한다.
- 전송 계층으로 서비스를 제공한다.

TCP/IP 프로토콜 스위트에서 네트워크 계층의 주요 프로토콜은 IP다. 4.2BSD 구현에 포함된 IP 버전은 IP 버전 4(IPv4)다. 1990년대 초반에 IP 버전을 개정해 IP 버전 6(IPv6)가 나왔다. 두 버전의 가장 큰 차이는 IPv4는 32비트 주소 체계를 이용하고 IPv6는 128비트 주소 체계를 이용한다는 점이다. 따라서 IPv6는 더 많은 수의 호스트 주소를 제공할 수 있다. 아직까지도 인터넷에서 사용하는 IP의 대다수가 IPv4이지만 몇 년 후에는 IPv6로 바뀔 것이다. IPv4와 IPv6 모두 상위 UDP 및 TCP 전송 계층 프로토콜(다른 여러 프로토콜을 포함해)을 지원한다.

 이론상 32비트 주소 체계로 수억 개의 IPv4 네트워크 주소를 할당할 수 있다. 그러나 인터넷의 주소 구성과 할당 방법을 고려하면 실제로 이용할 수 있는 주소는 훨씬 적다. IPv6를 만든 주요 이유 가운데 하나가 바로 IPv4 주소의 고갈 때문이다.

IPv6의 간단한 역사를 http://www.laynetworks.com/에서 소개한다.

IPv4와 IPv6의 이름을 보다 보면 의문점이 생긴다, "IPv5는 어디에 있을까?" IPv5는 만들지 않았다. 모든 IP 데이터그램은 4비트 숫자 필드에 버전 정보를 포함한다(따라서 IPv4 데이터그램에는 이 필드에 4라는 숫자를 포함한다). 버전 숫자 5는 실험성 프로토콜인 인터넷 스트림 프로토콜(Internet Stream Protocol)에서 사용했다(이 프로토콜의 버전 2는 RFC 1819에서 기술하며, 줄여서 ST-II라고 한다). 연결 지향 프로토콜인 인터넷 스트림 프로토콜은 음성과 비디오 전송 그리고 분산 시뮬레이션을 지원하도록 1970년대부터 계획과 설계가 시작됐다. IP 데이터그램 버전 숫자 5는 이미 할당한 상태이기 때문에 IPv4의 후속에 버전 숫자 6를 할당한다.

그림 21-2는 응용 프로그램이 IP 계층과 직접 통신할 수 있게 하는 raw 소켓 형식(SOCK_RAW)을 보여준다. 대부분의 응용 프로그램은 전송 계층 프로토콜(TCP나 UDP) 소켓을 이용하므로 raw 소켓에 대해선 설명하지 않겠다. raw 소켓은 [Stevens et al., 2004]

의 28장에서 설명한다. 임의의 컨텐츠를 IP 데이터그램으로 생성하고 전송할 수 있는 기능을 제공하는 명령행 기반 도구인 sendip 프로그램(http://www.earth.li/projectpurple/progs/sendip.html)은 로 소켓을 활용한 좋은 예제다.

IP 데이터그램 전송

IP는 데이터그램(패킷) 형태로 데이터를 전송한다. 두 호스트 사이에 교환되는 패킷은 네트워크상에서 독자적으로 전송된다. 즉 각기 다른 경로로 이동할 수 있다. IP 데이터그램은 20~60바이트 정도 크기의 헤더를 포함한다. 네트워크상에서 목적지를 식별할 수 있도록 목적지 호스트 주소 정보와 해당 패킷을 받은 호스트에서 근원지를 알 수 있도록 근원지 주소 모두가 헤더에 들어 있다.

 패킷을 발송하는 호스트가 패킷의 근원지 주소를 도용해서 SYN 홍수(SYN-flooding)로 알려진 DOS(denial-of-servie) 공격에 이용하기도 한다. [Lemon, 2002]는 DOS 공격에 대한 정보와 현대 TCP 구현에서 해당 공격을 처리하는 데 이용하는 방법 등을 설명한다.

IP 구현에서는 지원하는 데이터그램 최대 크기를 설정할 수 있다. 그러나 모든 IP 구현은 IP의 최소 재조립 버퍼 크기minimum reassembly buffer size에 정의한 크기 이상의 데이터그램은 지원해야 한다. IPv4에서는 576바이트 이상, IPv6에서는 1500바이트 이상으로 정의한다.

IP는 연결성과 안정성이 없다

두 호스트를 연결하는 가상 회로 같은 개념이 없기 때문에, IP를 연결성이 없는 connectionless 프로토콜로 표현한다. 또한 IP를 안정성이 없는unreliable 프로토콜이라고도 한다. IP는 발송자가 보낸 데이터그램을 수신자에게 전달하기 위해 '최선'을 다할 뿐, 패킷의 순서가 뒤죽박죽일 수 있고, 중복될 수도 있으며, 아예 목적지까지 도달하지 않을 수도 있다. 게다가 에러를 해결하는 방법을 제공하지도 않는다(헤더에 문제가 있는 패킷은 그냥 조용히 폐기한다). 안정성 문제는 TCP 같은 안정적인 전송 계층을 이용하거나 응용 프로그램 자체적으로 해결해야 한다.

IPv4는 검사합계(checksum)를 통해 IP 헤더의 에러 검출 기능은 제공하지만, 전송 패킷 내의 데이터 에러 검출 기능은 제공하지 않는다. IPv6는 IP 헤더의 검사합계 기능을 아예 제공하지 않는 대신 상위 계층 프로토콜에서 제공하는 에러 검출과 안정성에 의존한다(IPv4에서 UDP 검사합계는 선택사항이지만 대부분의 경우 UDP 검사합계를 사용한다. IPv6에서는 UDP 검사합계가 필수사항이다. TCP 검사합계는 IPv4와 IPv6 모두에서 필수사항이다).

데이터 링크 계층에서 안정성을 유지하기 위한 기법이나 IP 데이터그램이 재전송 기법을 사용하는 비 TCP/IP 네트워크로 터널링하는 경우 IP 데이터그램 중복이 발생할 수 있다.

IP는 데이터그램을 조각으로 분리할 수 있다

IPv4 데이터그램은 65,535바이트 크기까지 가능하다. IPv6 데이터그램은 65,575바이트 크기(40바이트는 헤더용, 65,535바이트는 데이터용)의 데이터그램을 기본적으로 허용하고, 선택적으로 점보그램jumbogram이라는 더 큰 데이터그램도 지원한다.

데이터 링크 계층에서 데이터 프레임 크기 한도(MTU)를 설정한다고 설명했다. 예를 들어, 일반적인 이더넷 네트워크 구조에서는 바이트가 한도값이다. IP도 경로 MTU 개념을 정의한다. IP에서 정의하는 근원지에서 목적지로 이동하면서 거치는 경로상의 모든 데이터 링크 계층의 최소 MTU를 결정하는 값이 IP 경로 MTU다(실제로 IP 이더넷 MTU가 경로의 최소 MTU 값이 된다).

IP 데이터그램이 MTU보다 큰 경우, IP는 데이터그램을 네트워크로 전송할 수 있는 적당한 크기 단위로 조각 낸다. 최종 목적지에서 이 조각들을 조립해 원본 데이터그램을 복원한다(각 IP 조각은 원본 데이터그램 내에서의 자신의 조각 위치를 가리키는 오프셋 필드를 포함하는 IP 데이터그램이다).

통념상 바람직한 방법은 아니지만([Kent & Mogul, 1987]), IP 조각은 상위 프로토콜 계층에 노출된다. IP는 재전송을 수행하지 않으므로 모든 조각이 목적지까지 도달해야만 원본 데이터그램을 조립할 수 있다는 단점이 있다. 일부 조각을 잃어버렸거나 전송 에러가 발생하면 데이터그램 전체를 사용하지 못한다. 결국 데이터 손실률이 높아지거나(UDP처럼 상위 프로토콜 계층에서 재전송을 수행하지 않는 경우), 전송률이 저하된다(TCP처럼 상위 프로토콜 계층에서 재전송을 수행하는 경우). 현대 TCP 구현은 호스트 사이 경로의 MTU를 결정하기 위해 PMTUDpath MTU discovery 알고리즘을 이용한다. 따라서 데이터를 적절하게 조각 내어 IP로 전송하기 때문에 IP는 정해진 크기를 초과하는 데이터를 전송하지 않는다. UDP에는 이러한 기법이 없기 때문에, UDP 기반의 응용 프로그램이 IP 단편화를 어떻게 처리하는지는 21.6.2절에서 살펴볼 것이다.

21.5 IP 주소

호스트가 존재하는 네트워크를 가리키는 네트워크 ID 그리고 네트워크상에서 호스트를
식별하는 호스트 ID 두 가지로 IP 주소를 구성한다.

IPv4 주소

IPv4 주소는 32비트로 구성한다(그림 21-5). 사람이 읽을 수 있는 형태로 주소를 표시할
때는 204.152.189.116처럼 4바이트 주소를 십진수로 표시하고 각 바이트를 점으로 분
리한다.

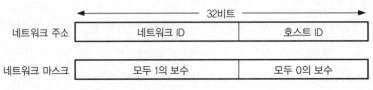

그림 21-5 IPv4 네트워크 주소와 네트워크 마스크

호스트에 IPv4 주소 범위를 적용한 기관은 32비트 네트워크 주소와 그에 상응하는
32비트 네트워크 마스크network mask를 갖는다. 이진 형식에서 마스크의 가장 왼쪽 비트는
1의 보수로, 나머지는 0의 보수로 채운다. 주소에서 1의 보수 부분은 할당한 네트워크
ID를, 0의 보수 부분은 기관이 직접 자신의 네트워크에서 유일한 호스트 ID를 할당하는
데 사용한다. 주소를 할당하면 마스크의 네트워크 ID 부분의 크기가 결정된다. 항상 네트
워크 ID가 마스크의 왼쪽 부분을 차지하므로 할당된 주소를 아래와 같이 표기할 수 있다.

204.152.189.0/24

/24는 주소의 왼쪽 24비트가 네트워크 ID이고 나머지 8비트가 호스트 ID를 가리킨
다는 의미다. 또는 이와 같은 경우 네트워크 마스크가 255.255.255.0이라고 십진수 점
표기법으로 나타낼 수 있다.

해당 기관에서는 이 주소를 이용해 204.152.189.1에서부터 204.152.189.254까지
254개의 인터넷 주소를 컴퓨터로 할당할 수 있다. 처음과 마지막 주소는 사용할 수 없
는데, 호스트 ID가 모두 0 비트이면 네트워크 자신을 가리킨다. 반대로 호스트 ID가 모
두 1비트(204.152.189.255)인 경우는 서브넷 브로드캐스트 주소subnet broadcast address로 할당
한다.

몇몇 IPv4 주소는 특별한 의미를 지닌다. 127.0.0.1은 루프백 주소loopback address이며,
일반적으로 localhost라는 호스트 이름으로 할당된다(127.0.0.0/8에서 다른 주소를 루프백 주소

로 할당할 수도 있지만, 대개 127.0.0.1을 사용한다). 이 주소로 데이터그램을 전송하면 네트워크로 전달되는 것이 아니라 자동으로 호스트로 되돌아온다. 따라서 한 호스트에서 클라이언트와 서버 프로그램을 테스트할 때 유용하다. C 프로그램에서는 정수형 상수 INADDR_LOOPBACK이 루프백 주소를 정의한다.

IPv4 와일드카드 주소wildcard address라 불리는 상수 INADDR_ANY도 있다. 와일드카드 주소는 멀티홈 호스트의 인터넷 도메인 소켓으로 결속하는 응용 프로그램에 유용하다. 멀티홈 호스트의 응용 프로그램이 자신의 호스트에서 하나의 IP 주소로만 소켓을 결속하면 소켓은 해당 IP 주소로 전송한 UDP 데이터그램이나 TCP 연결 요청만 받을 수 있다. 그러나 일반적으로 멀티홈 호스트의 응용 프로그램에서는 여러 호스트 IP 주소로 데이터그램이나 연결 요청을 받길 원한다. 소켓을 와일드카드 IP 주소로 결속하면 이 문제를 해결할 수 있다. SUSv3는 INADDR_ANY에 대한 특정 값을 지정하지 않았지만, 대부분의 구현에서 0.0.0.0(모두 0)으로 정의한다.

일반적으로 IPv4 주소는 대규모 네트워크를 구성하는 개별 네트워크(서브넷)다. 서브넷팅subnetting은 IPv4 주소의 호스트 ID 부분을 서브넷 ID와 호스트 ID 두 부분으로 나눈다(그림 21-6 참조. 호스트 ID 비트를 어떻게 나눌 것인지는 소속 네트워크 관리자가 결정한다). 개별 네트워크로 분리하는 이유는 기관에서 모든 호스트를 하나의 네트워크로 연결하지 않는 경우가 있기 때문이다. 대신 기관에서는 서브네트워크의 집합('내부 인터네트워크')을 운용한다. 이때 네트워크 ID와 서브넷 ID를 조합해 각각의 서브네트워크를 식별할 수 있다. 이러한 조합을 흔히 확장 네트워크 IDextended network ID라고 한다. 서브넷 마스크는 서브넷 내에서 네트워크 마스크의 역할과 동일한 역할을 담당한다. 특정 서브넷에 할당한 주소 범위를 가리키기 위해 이전에 사용했던 것과 동일한 개념을 사용할 수 있다.

예를 들어, 할당받은 네트워크 ID가 204.152.189.0/24이고 8비트 호스트 ID를 4비트 서브넷 ID와 4비트 호스트 ID로 분리해 서브넷을 구성했다고 가정하자. 이 경우 서브넷 마스크는 앞쪽의 28비트 그리고 그 뒤로 4개의 0을 붙인다. 그러면 ID가 1인 서브넷은 204.152.189.16/28이 된다.

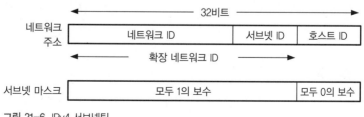

그림 21-6 IPv4 서브넷팅

IPv6 주소

IPv6의 기본 원리는 IPv4 주소 체계와 비슷하다. 주요 차이점은 IPv6는 128비트로 주소를 구성하고, 주소 형식을 가리키도록 첫 부분의 비트 몇 개(format prefix)를 사용한다는 것이다(주소 형식에 대해서는 자세히 살펴보지 않는다. 세부사항은 [Stevens et al., 2004]와 RFC 3513을 참조하라).

IPv6 주소는 일반적으로 아래와 같이 콜론으로 구분된 16비트의 16진수로 표기한다.

F000:0:0:0:0:0:A:1

IPv6 주소에는 0이 많이 사용되는데, 편리한 표기를 위해 콜론 2개(::)를 이용할 수 있다. 따라서 위 주소를 콜론 2개를 이용해 다음과 같이 표기할 수 있다.

F000::A:1

IPv6 주소 하나당 더블 콜론은 한 번만 사용할 수 있다. 2개 이상의 더블 콜론을 사용하면 의미가 불분명해지기 때문이다.

IPv6에도 IPv4처럼 루프백 주소(127개의 0 그리고 끝에 1을 붙여서, ::1)와 와일드카드 주소(모두 0, 0::0이나 ::로 표기)를 제공한다.

IPv6 응용 프로그램이 IPv4를 지원하는 호스트와 통신하려면 IPv6에서 IPv4 매핑 IPv6 주소IPv4-mapped IPv6 addresses라는 것을 제공해야 한다. 그림 21-7은 매핑 주소 포맷을 나타낸다.

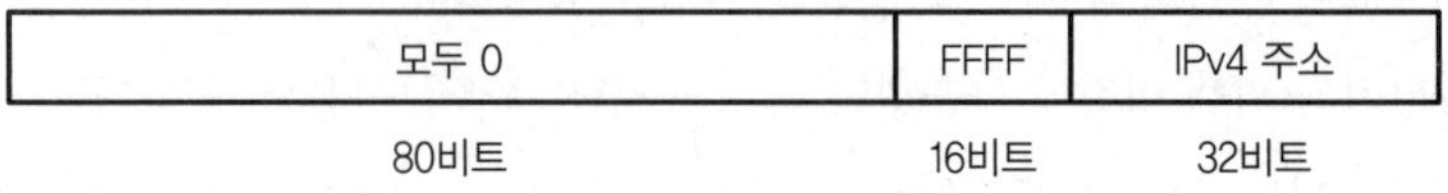

모두 0	FFFF	IPv4 주소
80비트	16비트	32비트

그림 21-7 IPv4 매핑 IPv6 주소 포맷

IPv4 매핑 IPv6 주소를 만들 때 IPv4 부분에 해당하는 주소(예를 들어 마지막 4바이트)는 IPv4 점 십진수 표기로 작성한다. 따라서 204.152.189.116에 해당하는 IPv4 매핑 IPv6 주소는 ::FFFF:204.152.189.116이다.

21.6 전송 계층

TCP/IP 스위트에서 널리 사용하는 두 가지 전송 계층 프로토콜은 다음과 같다.

- UDPUser Datagram Protocol는 데이터그램 소켓에 사용하는 프로토콜이다.

- TCPTransmission Control Protocol는 스트림 소켓에 사용하는 프로토콜이다.

이 프로토콜을 살펴보기 전에 프로토콜에서 사용하는 포트 번호에 대해 살펴보자.

21.6.1 포트 번호

전송 프로토콜은 각기 다른 호스트에서 수행되는 응용 프로그램 간의 통신 서비스를 제공한다(다른 호스트가 아니고 동일 호스트일 경우도 있다). 서비스를 제공하려면 전송 계층은 호스트의 응용 프로그램을 식별할 수단이 필요하다. TCP와 UDP에서는 16비트의 포트 번호port number를 식별자로 제공한다.

잘 알려진 포트, 등록된 포트, 특권 포트

몇몇 잘 알려진 포트 번호well-known port number는 특정 응용 프로그램(서비스로도 알려진)에 영구 할당된다. 예를 들어, ssh(보안 셸) 데몬daemon은 잘 알려진 포트 22번을 사용하고 HTTP(웹 서버와 브라우저 간의 통신에 사용하는 프로토콜)는 잘 알려진 포트 80번을 이용한다. IANAInternet Assigned Numbers Authority(http://www.iana.org/)에서 0과 1023 사이의 포트 번호를 할당한다. 네트워크 규격(대개 RFC 형태)의 승인을 받아야 잘 알려진 포트 주소를 할당할 수 있다.

IANA는 응용 프로그램 개발자에 할당된 구간도 **등록된 포트**registered port로 사용한다. 그러나 구현에서 등록된 포트가 항상 가용하도록 유지해야 할 의무는 없다. IANA에 등록된 포트 범위는 1024에서 41951이다(이 범위의 모든 포트 번호가 등록된 것은 아니다).

IANA의 잘 알려진 포트와 등록된 포트의 최신 정보를 http://www.iana.org/assignments/port-numbers에서 확인할 수 있다.

리눅스를 포함한 TCP/IP 구현 대부분에서 0과 1023 사이의 포트 번호는 **특권 포트**privileged port로 지정한다. 즉 특권 프로세스(CAP_NET_BIND_SERVICE)만 이 포트에 결속할 수 있다. 예를 들어, 사용자가 비밀번호를 취득하려고 ssh를 변조하는 악성 응용 프로그램을 만들 수 없다(특권 포트는 **예약된 포트**reserved port라고도 한다).

TCP와 UDP 포트 번호가 같더라도 각기 다른 개체지만 몇몇 잘 알려진 포트 번호는 TCP와 UDP 모두에 할당됐음에도 불구하고 대개 둘 중 하나의 프로토콜에 대한 서비스가 가능한 것처럼 동작한다. 이렇게 해서 두 프로토콜 간의 포트 번호 혼동을 피한다.

임시 포트

응용 프로그램에서 포트를 선택하지 않으면(예를 들어, 소켓을 특정한 포트로 결속하지 않는 경우), TCP와 UDP는 소켓에 특별한 잠깐 사용할 수 있는 임시 포트ephemeral port를 할당한다. 그러면 응용 프로그램(대개 클라이언트)은 자신이 사용하는 포트 번호에 대해 관여하지 않는다. 그러나 전송 계층 프로토콜이 양 끝 통신 지점을 식별해야 하므로 포트 번호가 필요하다. 따라서 임시 포트 덕분에 통신 채널의 반대쪽 끝에 위치한 피어 응용 프로그램이 해당 응용 프로그램과 통신할 수 있게 된다. 소켓을 포트 0으로 결속시켜도 TCP와 UDP는 임시 포트를 할당한다.

IANA는 49152에서 65535 사이의 포트를 동적 혹은 개인으로 할당해서 지역 응용 프로그램이나 임시 포트가 사용할 수 있게 했다. 그러나 여러 구현은 다른 범위에 임시 포트를 구현한다. 리눅스에서는 /proc/sys/net/ipv4/ip_local_port_range 파일에 들어 있는 두 숫자를 정의(수정할 수 있다)해서 범위를 설정한다.

21.6.2 UDP

UDP는 IP에 두 가지 기능을 추가하는데, 바로 포트 번호와 전송된 데이터의 에러 검출을 위한 데이터 검사합계다.

IP와 마찬가지로 UDP는 연결성이 없다. UDP는 IP에 안정성을 추가하지 않기 때문에, UDP도 안정성이 없다. UDP로 구현한 응용 프로그램에 안정성이 필요하다면, 응용 프로그램 자체적으로 이 문제를 해결해야 한다. 안정성이 없음에도 TCP 대신 UDP를 선호하는 경우가 있는데, 24.12절에서 그 이유를 설명한다.

 UDP와 TCP에서 사용하는 검사합계는 16비트 길이의 간단한 '덧셈' 검사합계다. 이를 이용해 몇몇 에러를 검출할 수 있다. 그러나 강력한 에러 검출 방법은 아니다. Busy Internet 서버가 검출하지 못한 에러는 평균적으로 며칠에 단 한 건뿐이다([Stone & Partridge, 2000]). 데이터 무결성을 요구하는 응용 프로그램은 SSL(Secure Sockets Layer) 프로토콜을 이용할 수 있다. SSL은 안전한 통신 채널을 제공할 뿐만 아니라 에러 검출 기능도 훌륭하다. 아니면 응용 프로그램에서 직접 에러 제어 구조를 개발하는 방법도 있다.

IP 단편화가 발생하지 않도록 UDP 데이터그램 크기 선택하기

21.4절에서 IP 단편화 기법을 설명했다. 이미 언급했듯이 최상의 방법은 IP 단편화를 피하는 것이다. TCP는 IP 단편화를 피할 수 있는 기법을 포함하지만, UDP의 경우는 그러

한 기법이 없다. UDP의 경우 지역 데이트 링크의 MTU를 초과하는 데이터그램을 전송해서 IP 단편화가 종종 발생한다.

일반적으로 UDP 기반 응용 프로그램은 근원지와 목적지 호스트 사이 경로의 MTU 값을 모른다. UDP 기반 응용 프로그램은 대개 IPv4 재조립 버퍼 최소 크기인 576바이트보다 작은 크기의 데이터그램 크기를 이용(소극적인 방법이다)해 단편화를 피한다(최소 재조립 버퍼 크기는 일반적으로 경로 MTU보다 작다). 576바이트에서 8바이트는 UDP 자체의 헤더에 사용하고, 20바이트는 IP 헤더에 사용해야 하므로, UDP 데이터그램이 사용할 수 있는 크기는 548바이트다. 시중의 많은 UDP 기반 응용 프로그램은 이보다 낮은 512바이트 크기의 데이터그램을 사용한다([Stevens, 1994]).

21.6.3 TCP

TCP는 두 지점(예를 들어, 두 응용 프로그램) 간에 안정적이고, 연결 지향적이며, 양방향성의 바이트 스트림 채널을 제공한다. 이를 그림으로 표현하면 21-8과 같다. TCP는 이 절에서 설명하는 작업을 수행해서 이러한 기능을 제공한다(모든 기능에 대한 설명은 [Stevens, 1994]에서 찾을 수 있다).

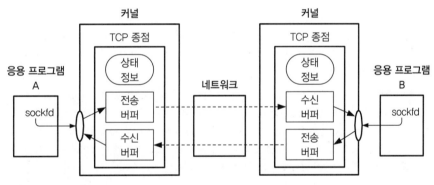

그림 21-8 연결된 TCP 소켓

TCP 종점TCP endpoint이라는 말은 TCP 연결의 한쪽 종점에 대한 정보를 커널에서 유지함을 가리킨다(종종 'TCP 종점'이라는 말을 줄여서 'TCP'라고 하거나 '클라이언트 응용 프로그램이 유지하는 TCP 종점'이라는 말을 줄여서 '클라이언트 TCP'라고도 한다). 이 정보는 연결 종점 부분의 전송 버퍼와 수신 버퍼 및 sockfd 상태를 포함한다. sockfd 정보는 두 연결 종점 간의 동기화 동작을 유지하는 데 필요하다(24.6.3절에서 TCP 상태 변화 다이어그램을 설명하면서 상태 정보에 대해 자세히 알아보자). 책의 나머지 부분에서 수신 TCP와 전송 TCP라는 용어는 응용 프로그램이 어떤 방향으로 데이터를 전송하는 데 사용하는 스트림 소켓 연결 각각의 종점을 의미한다.

연결 수립

TCP 통신을 하려면 양 종점 사이의 통신 채널을 수립해야 한다. 연결 수립 과정에서 송신자와 수신자는 각각 옵션을 교환해 통해 연결의 파라미터를 주고받는다.

데이터를 세그먼트로 패키징

데이터는 세그먼트로 분리된다. 각 세그먼트는 종점 간의 전송 에러 검출에 사용할 검사합계를 포함하며, 하나의 IP 데이터그램으로 전송된다.

답신, 재전송, 시간 초과

TCP 세그먼트가 목적지까지 에러 없이 도착하면, 수신하는 쪽의 TCP는 발신자에게 긍정의 답신을 보내서 데이터를 성공적으로 받았음을 알린다. 세그먼트 수신 중 에러가 발생하면 해당 세그먼트를 폐기하고 답신을 보내지 않는다. 발신자는 모든 세그먼트를 전송하면서 타이머를 수행하므로 세그먼트가 폐기되거나 목적지까지 도착하지 않을 경우에 대비한다. 타이머가 완료될 때까지 답신을 받지 못했으면 해당 세그먼트를 재전송한다.

 세그먼트를 전송하고 답신을 받는 데 걸리는 시간은 현재 트래픽 부하와 네트워크 범위에 따라 달라지므로 TCP는 동적으로 재전송 시간 초과(RTO, retransmission timeout) 크기를 조절하는 기법을 이용한다.

수신하는 TCP는 답신을 즉시 보내지 않고 기다리면서 수신자에게 직접 답신할 기회가 있을 때 답신을 함께 끼워 넣을(piggyback) 것인지 판단할 수 있다(모든 TCP 세그먼트에는 이러한 끼워 넣기용 답신 필드를 포함한다). 답신 지연(delayed ACK)을 사용하는 목적은 TCP 세그먼트 전송 수를 줄여 네트워크상의 패킷 수를 줄일 수 있고 따라서 수신 호스트와 발신 호스트가 처리해야 할 작업량을 줄이는 데 있다.

순서

TCP 연결을 통해 전송되는 각 바이트에는 논리적 순서 번호sequence number가 할당된다. 이 번호로 현재 연결의 데이터 스트림에서 해당 바이트의 위치를 알 수 있다(연결을 맺는 두 스트림은 순서 번호를 각자 따로 유지한다). TCP로 전송되는 세그먼트의 첫 바이트는 순서 번호를 담은 필드 번호를 포함한다.

세그먼트의 순서 번호는 다양한 역할을 수행한다.

- 목적지에서는 순서 번호를 이용해 TCP 세그먼트를 올바른 순서로 조립할 수 있고, 세그먼트를 바이트 스트림 형태로 응용 프로그램 계층에 전달한다(때로 여러 TCP 세그먼트가 수신자와 발신자 사이를 오가고 있는 상태일 수 있으므로 순서가 바뀔 수 있다).

- 수신자가 보낸 답신 메시지를 받았으면 순서 번호를 확인해 어떤 TCP 세그먼트에 대한 답신인지 확인할 수 있다.

- 수신자는 순서 번호를 이용해 중복 세그먼트를 제거할 수 있다. 성공적으로 TCP 세그먼트를 전달한 경우라 할지라도 답신을 전달하지 못했거나 제때 답신이 도착하지 않는다면, IP 데이터그램 복제나 TCP 자체의 재전송 알고리즘이 수행되어 중복 세그먼트가 발생할 수 있다.

스트림의 ISNinitial sequence number은 0부터 시작하지 않는다. 이전 TCP 연결에 이어 ISN을 증가시키는 알고리즘으로 ISN을 생성한다(이전 연결에 사용한 세그먼트와 현재 연결의 세그먼트의 혼동을 방지하려고). 이 알고리즘은 ISN을 추측하기 어렵게 하는 기능도 포함한다. 순서 번호는 32비트값이며 최대값에 이르면 0이 된다.

흐름 제어

수신자의 속도가 느려 전송자의 데이터가 과도하게 전송되는 걸 막는 것이 흐름 제어flow control다. 흐름 제어를 구현하려면 수신자 TCP에 들어오는 데이터를 수용할 버퍼가 있어야 한다(각 TCP는 연결을 맺는 과정에서 서로의 버퍼 크기 정보를 교환한다). 수신자 TCP가 보낸 데이터는 이 버퍼에 채운다. 응용 프로그램에서 버퍼의 데이터를 읽고 난 다음 버퍼에서 해당 데이터를 제거한다. 수신자는 답신을 통해 수신 데이터 버퍼의 남은 공간을 전송자에게 알린다(예를 들어, 전송자가 얼마의 바이트를 전송할 수 있는지와 같은). TCP 흐름 제어 알고리즘은 슬라이딩 윈도우sliding window 알고리즘이라는 기법을 적용한다. 슬라이딩 윈도우 알고리즘은 수신자와 전송자 사이에 전송 중인 세그먼트의 총합을 N(권장 윈도우 크기)바이트 이내가 되게 한다. 수신자 TCP의 수신 데이터 버퍼가 가득 찬 경우, 윈도우가 닫히고 전송자 TCP는 전송을 중단한다.

 수신자는 SO_RCVBUF 소켓 옵션을 이용해 수신 데이터 버퍼 기본 크기를 변경할 수 있다 (socket(7) 매뉴얼 페이지 참조).

혼잡 제어: 느린 출발 알고리즘과 혼잡 피하기 알고리즘

발신자의 속도가 빨라 네트워크 흐름을 방해하지 않도록 하는 데 TCP의 혼잡 제어 congestion control 알고리즘을 사용한다. 발신자 TCP가 중간 라우터 처리 속도보다 빨리 패킷을 전송하는 경우 라우터에서 패킷을 누락할 수 있다. 이로 인해 손실률이 높아지는 데 이를 무시한 채 전송자 TCP가 일정한 속도로 누락된 세그먼트를 계속 재전송한다면, 결국 심각한 성능 저하가 발생한다. TCP의 혼잡 제어 알고리즘은 다음과 같은 두 가지 상황에서 특히 중요하다.

- 연결을 맺은 다음: 처음에(혹은 잠시 멈췄다 전송을 재개하는 경우) 발신자는 수신자가 알려준 윈도우 크기에서 허용하는 만큼 가능한 한 많은 세그먼트를 바로 전송한다 (사실 초기 TCP 구현이 이와 같이 동작했다). 문제는 네트워크가 이 많은 세그먼트를 처리할 수 없을 때 발생한다. 때문에 발신자가 네트워크 데이터 처리량을 초과할 수 있다.

- 혼잡을 검출한 경우: 전송자 TCP가 혼잡을 검출했으면 전송률을 즉시 낮춰야 한다. 전송 에러의 경우는 극히 드물기 때문에 TCP는 세그먼트 손실로 혼잡 정도를 예측한다. 따라서 패킷이 손실되면 네트워크가 혼잡한 상태라 가정한다.

TCP의 혼잡 제어 시스템은 느린 출발과 혼잡 피하기라는 두 가지 알고리즘을 적용한다.

느린 출발slow-start 알고리즘은 발신자 TCP가 처음 세그먼트 전송률을 낮추게 하는 기법이다. 그러나 수신자가 성공적으로 세그먼트를 수신했음을 알리면 기하급수적으로 전송률을 올린다. 느린 출발은 속도가 빠른 TCP 전송자가 네트워크를 어지럽히지 않도록 방지한다. 그러나 이 알고리즘에서 전송률을 기하급수적으로 올리기 때문에 특별한 통제를 하지 않으면 다시 네트워크 데이터 처리량을 초과할 수 있다. TCP의 혼잡 피하기 congestion-avoidance 알고리즘으로 이 문제를 해결할 수 있다. 혼잡 피하기 알고리즘은 전송률 증가를 관리한다.

혼잡 피하기 알고리즘에서 연결 초반에는 발신자 TCP가 적은 혼잡 윈도우congestion window로 시작하므로, 답신을 받지 못한 데이터 전송 총합을 제한한다. 상대편 TCP에서 답신을 받으면 혼잡 윈도우를 기하급수적으로 증가시킨다. 그러나 혼잡 윈도우가 네트워크가 수용할 수 있는 전송률에 다다랐다고 판단되는 시점에서 기하급수적으로 증가하던 크기를 선형적으로 증가하도록 변경한다(혼잡을 검출했던 당시 상황이나 초기에 연결을 맺을 때 고정된 값을 근거로 네트워크 수용량을 결정한다). 전송자 TCP가 전송하는 데이터 양은 수신자 TCP가 알려준 윈도우 크기와 수신자 버퍼 크기에 따라 추가적인 제약을 갖는다.

느린 출발과 혼잡 피하기 알고리즘을 조합해서 네트워크 수용량을 초과하지 않으면서 가용 범위까지 빠르게 전송자의 전송률을 올릴 수 있다. 따라서 전송자가 패킷을 일정한 속도로 보내면 수신자도 동일한 속도로 답신을 보내는 안정적으로 균형이 잡힌 상태에 빨리 도달할 수 있다.

21.7 RFC

이 책에서 살펴본 인터넷 프로토콜은 RFC 문서(공식 프로토콜 규격서)에서 정의한다. RFC는 Internet Society(http://www.isoc.org/)가 설립한 RFC Editor(http://www.rfc-editor.org/)에서 공표한다. 인터넷 표준에 관한 RFC는 IETFInternet Engineering Task Force(http://www.ietf.org/), 네트워크 설계자 커뮤니티, 여러 벤더, 인터넷의 변화와 매끄러운 동작에 관심 있는 연구자 등이 만든다. 인터넷에 관심이 많은 개인도 IETF의 멤버가 될 수 있다.

이 책에서 소개한 내용과 관련 있는 RFC는 다음과 같다.

- RFC 791, '인터넷 프로토콜Internet Protocol'. J. Postel(ed.), 1981
- RFC 950, '인터넷 표준 서브넷팅 절차Internet Standard Subnetting Procedure'. J. Mogul, J. Postel, 1985
- RFC 793, '전송 제어 프로토콜Transmission Control Protocol'. J. Postel(ed.), 1981
- RFC 768, '사용자 데이터그램 프로토콜User Datagram Protocol'. J. Postel(ed.), 1980
- RFC 1122, '인터넷 호스트 요구사항–통신 계층Requirements for Internet Hosts–Communication Layers'. R. Braden(ed.), 1989

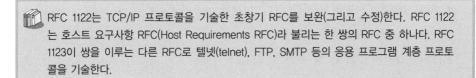
RFC 1122는 TCP/IP 프로토콜을 기술한 초창기 RFC를 보완(그리고 수정)한다. RFC 1122는 호스트 요구사항 RFC(Host Requirements RFC)라 불리는 한 쌍의 RFC 중 하나다. RFC 1123이 쌍을 이루는 다른 RFC로 텔넷(telnet), FTP, SMTP 등의 응용 프로그램 계층 프로토콜을 기술한다.

다음은 IPv6를 기술하는 RFC다.

- RFC 2460, '인터넷 프로토콜, 버전 6Internet Protocol, Version 6'. S. Deering, R. Hinden, 1998

- RFC 4291, 'IP 버전 6 주소 구조IP Version 6 Addressing Architecture'. R. Hinden, S. Deering, 2006

- RFC 3493, 'IPv6 기본 소켓 인터페이스 확장Basic Socket Interface Extensions for IPv6'. R. Gilligan, S. Thomson, J. Bound, J. McCann, W. Stevens, 2003

- RFC 3542, 'IPv6의 고급 소켓 APIAdvanced Sockets API for IPv6'. W. Stevens, M. Thomas, E. Nordmark, T. Jinmei, 2003

다음의 RFC는 초기 TCP 규격서를 확장하고 개선한다.

- '혼잡 피하기와 제어Congestion Avoidance and Control'. V. Jacobsen, 1988. 이 문서는 TCP의 느린 출발과 혼잡 제어 알고리즘을 기술한 초기 문서다.『Proceedings of SIGCOMM』 88년 판에 처음 실린 문서로 개정판은 ftp://ftp.ee.lbl.gov/papers/congavoid.ps.Z에서 확인할 수 있다. 이 문서의 대부분은 다음의 몇몇 RFC로 대체된다.

- RFC 1323, '고성능을 위한 TCP 확장TCP Extensions for High Performance'. V. Jacobson, R. Braden, D. Borman, 1992

- RFC 2018, 'TCP 선택적 답신 옵션TCP Selective Acknowledgment Options'. M. Mathis, J. Mahdavi, S. Floyd, A. Romanow, 1996

- RFC 2581, 'TCP 혼잡 제어TCP Congestion Control'. M. Allman, V. Paxson, W. Stevens, 1999

- RFC 2861, 'TCP 혼잡 윈도우 검증TCP Congestion Window Validation'. M. Handley, J. Padhye, S. Floyd, 2000

- RFC 2883, 'TCP SACK 옵션 확장Extension to the Selective Acknowledgement Option for TCP'. S. Floyd, J. Mahdavi, M. Mathis, M. Podolsky, 2000

- RFC 2988, 'TCP의 재전송 타이머 계산Computing TCP's Retransmission Timer'. V. Paxson, M. Allman, 2000

- RFC 3168, 'IP의 ECN 추가The Addition of Explicit Congestion Notification to IP'. K. Ramakrishnan, S. Floyd, D. Black, 2001.

- RFC 3390, 'TCP 초기 윈도우 확장Increasing TCP's Initial Window'. M. Allman, S. Floyd, C. Partridge, 2002

21.8 정리

TCP/IP는 여러 계층으로 구성된 네트워킹 프로토콜 스위트다. IP 네트워크 계층 프로토콜이 TCP 프로토콜 스택의 가장 하위 계층이다. IP는 데이터그램 형태로 데이터를 전송한다. IP는 연결성이 없다. 즉 근원지와 목적지 호스트 간에 교환되는 데이터는 네트워크를 통해 전달될 때 각기 다른 경로로 전달될 수 있다. IP는 안정성이 없다. 따라서 데이터그램은 순서가 바뀌거나 중복될 수 있고, 심지어 도달하지 않는 경우도 있다. 안정성이 필요한 경우에는 TCP처럼 안정성이 있는 상위 계층 프로토콜을 이용하거나 응용 프로그램 내에서 직접 안정성을 확보해야 한다.

IP 초기 버전은 IPv4다. 1990년대 초에 새로운 버전인 IPv6가 나왔다. IPv4와 IPv6의 가장 큰 차이점은 IPv6가 128비트, IPv4는 32비트로 호스트 주소를 표현한다는 점이다. 따라서 IPv6가 전 세계 인터넷상의 더 많은 호스트를 수용한다. 현재는 IPv4를 널리 사용하고 있지만, 시간이 지나면 IPv6가 IPv4를 대치할 것이다.

IP 위에 다양한 전송 계층 프로토콜이 있다. 이와 같은 전송 계층 프로토콜 중 대표적으로 UDP와 TCP가 있다. UDP는 안정성이 없는 데이터그램 프로토콜이다. TCP는 안정적이고, 연결 지향적인, 바이트 스트림 프로토콜이다. TCP는 연결 맺음과 종료 전반 세부 과정을 처리한다. TCP는 IP가 데이터를 전송할 수 있도록 데이터를 세그먼트로 패키징한다. 수신자에서 답신을 보내고 세그먼트를 올바른 순서로 조립할 수 있도록 각 세그먼트에 순서 번호를 추가한다. TCP는 제어 흐름을 이용해 수신자 처리 속도보다 발신자가 빨리 전송하므로 발생할 수 있는 문제를 처리한다. 또한 혼잡 제어를 통해 네트워크가 처리할 수 있는 데이터 양을 초과하지 않게 처리한다.

더 읽을거리

22.15절 '더 읽을거리'를 참조하기 바란다.

22

소켓: 인터넷 도메인

일반적인 소켓 개념과 TCP/IP 프로토콜 스위트를 알아봤으니 이제 IPv4(AF_INET)와 IPv6(AF_INET6) 도메인 소켓 프로그래밍을 살펴보자.

21장에서 설명했듯이 IP 주소와 포트 번호로 인터넷 도메인 소켓 주소를 구성한다. 내부적으로 컴퓨터는 IP 주소와 포트 번호를 이진 형식으로 표현한다. 그러나 숫자보다는 이름을 붙여 사용하면 좀 더(컴퓨터가 아닌 사람의 입장에서) 편리하다. 따라서 호스트 컴퓨터와 포트 번호를 이름으로 식별하는 방법을 살펴보자. 또한 특정 호스트명에 대응하는 IP 주소(단일 주소일 수도 있고 여러 주소일 수도 있다)를 찾거나 해당 서비스명에 대응하는 포트 번호를 알아내는 데 사용하는 라이브러리 함수를 살펴보자. 호스트명을 살펴보려면 DNSDomain Name System에 대한 설명도 빼놓을 수 없다. DNS는 호스트명을 IP 주소로 혹은 그 반대로 매핑할 수 있는 정보를 포함한 분산 데이터베이스를 구현한다.

22.1 인터넷 도메인 소켓

인터넷 도메인 스트림 소켓 구현은 TCP를 기반으로 한다. 인터넷 도메인 스트림 소켓은 안정적인 양방향 바이트 스트림 통신 채널을 제공한다.

인터넷 도메인 데이터그램 소켓 구현은 UDP 기반이다. 인터넷 도메인 UDP 소켓은 유닉스 도메인의 UDP 소켓과 매우 비슷하나 다음과 같은 차이가 있다.

- 유닉스 도메인 데이터그램 소켓은 안정적이지만 UDP 소켓은 안정성이 떨어진다. UDP 소켓의 데이터그램은 중복될 수 있고, 발송 순서와 도착 순서가 달라질 수 있으며, 아예 없어질 가능성도 있다.

- 데이터를 받는 상대편 소켓의 큐가 가득 찬 경우 전송하는 유닉스 도메인 데이터그램 소켓이 대기한다. 그러나 UDP의 경우 데이터그램이 수신자의 큐 허용 범위를 초과하면 해당 데이터그램은 그대로 사라진다.

22.2 네트워크 바이트 순서

IP 주소와 포트 번호는 정수다. 하드웨어마다 각각 다른 순서로 바이트를 저장하는데, 정수는 한 바이트 이상으로 이뤄진 멀티바이트multibyte이므로 네트워크로 정수를 전달할 때 문제가 발생한다. 그림 22-1처럼 최상위 바이트를 먼저 저장(예를 들어 낮은 메모리 주소에)하는 구조를 가리켜 빅 엔디언big endian이라 한다. 최하위 바이트를 먼저 저장하는 구조는 리틀 엔디언little endian이라 한다(빅 엔디언과 리틀 엔디언이라는 용어는 1726년에 조너선 스위프트 Jonathan Swift가 집필한 『걸리버 여행기』에서 삶은 달걀을 큰 쪽 끝에서 깨려고 하는 정당과 작은 쪽 끝에서 깨려고 하는 두 정당의 대립을 가리키는 말에서 유래했다). x86은 리틀 엔디언 구조를 사용하는 대표적인 예다(디지털 사의 VAX 구조 역시 역사적으로 중요한 예다. 많은 BSD가 VAX 구조를 이용했다). 이외의 대부분의 구조는 빅 엔디언을 이용한다. 몇몇 하드웨어 구조는 이 두 가지 형식을 변경할 수 있는 기능을 지녔다. 특정 기기에서 사용하는 바이트 순서를 가리켜 호스트 바이트 순서host byte order라 한다.

네트워크의 모든 호스트가 포트 번호와 IP 주소를 이해하도록 표준 순서가 필요하다. 이런 표준 순서를 네트워크 바이트 순서network byte order라 하고, 빅 엔디언을 따른다.

22장 후반부에서 호스트명(www.kernel.org 같은)과 서비스명(http 같은)을 해당 숫자로 변경하는 다양한 함수를 살펴본다. 이 함수들 대부분은 네트워크 바이트 순서 정수를 리턴하는데, 이 숫자를 소켓 주소 구조체의 해당 필드로 바로 복사할 수 있다.

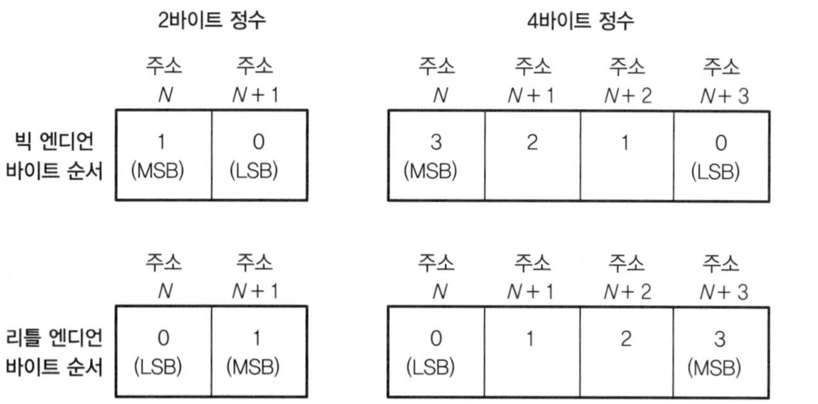

| | 2바이트 정수 | | 4바이트 정수 | | | |

빅 엔디언
바이트 순서

주소 N	주소 N+1
1 (MSB)	0 (LSB)

주소 N	주소 N+1	주소 N+2	주소 N+3
3 (MSB)	2	1	0 (LSB)

리틀 엔디언
바이트 순서

주소 N	주소 N+1
0 (LSB)	1 (MSB)

주소 N	주소 N+1	주소 N+2	주소 N+3
0 (LSB)	1	2	3 (MSB)

MSB = 최상위 바이트(Most Significant Byte), LSB = 최하위 바이트(Least Significant Byte)

그림 22-1 2바이트와 4바이트 정수를 각각 빅 엔디언과 리틀 엔디언으로 표현

그러나 IP 주소와 포트 번호를 그냥 숫자로 사용하는 경우도 있다. 예를 들어 프로그램에 포트 번호를 하드 코딩하거나, 프로그램의 명령행 인자로 포트 번호를 입력하거나, INADDR_ANY와 INADDR_LOOPBACK 같은 상수로 IPv4 주소를 가리키는 경우가 이에 해당한다. 이렇게 입력한 숫자는 호스트의 규칙에 따라 C로 표현되므로 호스트 바이트 순서를 갖는다. 따라서 이런 숫자는 소켓 주소 구조체에 저장하기 전에 네트워크 바이트 순서로 변환해야 한다.

일반적으로 호스트와 네트워크 바이트 순서를 변경할 수 있도록 htons(), htonl(), ntohs(), ntohl()을 제공한다(대개 매크로 형태로).

```
#include <arpa/inet.h>

uint16_t htons(uint16_t host_uint16);
                        host_uint16을 네트워크 바이트 순서로 변환한 값을 리턴한다.
uint32_t htonl(uint32_t host_uint32);
                        host_uint32를 네트워크 바이트 순서로 변환한 값을 리턴한다.
uint16_t ntohs(uint16_t net_uint16);
                        net_uint16을 호스트 바이트 순서로 변환한 값을 리턴한다.
uint32_t ntohl(uint32_t net_uint32);
                        net_uint32를 호스트 바이트 순서로 변환한 값을 리턴한다.
```

초기에 이 함수들의 프로토타입은 다음과 같았다.

```
unsigned long htonl(unsigned long hostlong);
```

프로토타입을 보면 함수명의 기원을 알 수 있다. 위 함수는 호스트를 네트워크 long 형식으로 변경한다. 소켓을 구현한 대부분의 초기 시스템에서는 short integer가 16비트, long integer가 32비트였다. 그러나 현대 시스템에서는(적어도 long integer는) 달라졌다. 따라서 위에 언급한 네 가지 프로토타입은 각기 이름은 그대로 유지하면서도 처리하는 데이터형을 더 세부적으로 정의한다. uint16_t와 uint32_t 데이터형은 각기 부호가 없는 16비트와 32비트 정수를 가리킨다.

얼핏 보면 호스트 바이트 순서가 네트워크 바이트 순서와 다른 시스템인 경우에만 위 네 가지 함수를 사용해도 될 것 같다. 그러나 항상 네 함수를 이용해 프로그램을 구현해야 한다. 그렇게 해야만 다른 하드웨어 구조에도 프로그램을 이식할 수 있기 때문이다. 호스트 바이트 순서와 네트워크 바이트 순서가 같은 시스템에서는 인자를 그대로 리턴한다.

22.3 데이터 표현

네트워크 프로그램을 구현할 때는 컴퓨터 구조가 다르기 때문에 데이터형에 대한 표현도 각기 다르다는 사실을 염두에 둬야 한다. 정수 데이터형은 빅 엔디언이나 리틀 엔디언 형식으로 저장할 수 있다는 점을 살펴봤다. 이 외에도 데이터형의 저장 방법이 다른 경우가 있다. 예를 들어 C의 long 데이터형을 어떤 시스템에서는 32비트로, 어떤 시스템에서는 64비트로 표현한다. 구조체의 경우 문제가 더 복잡하다. 구현마다 구조체를 호스트 주소 경계로 맞추는 규칙이 다르기 때문에 필드와 필드 사이에 추가하는 패딩padding 바이트 수가 달라진다.

이런 데이터 표현의 차이 때문에 이종 시스템끼리 네트워크를 통해 데이터를 교환할 때는 공통의 데이터 인코딩encoding 규칙을 적용해야 한다. 발신자는 이 규칙에 따라 데이터를 인코딩하고 수신자도 동일한 규칙에 따라 데이터를 디코딩decoding해야 한다. 네트워크로 전송할 수 있도록 데이터를 표준 형식으로 변경하는 과정을 마셜링marshalling이라 한다. XDR(RFC 1014에서 정의하는 External Data Representation), ASN.1-BER(Abstract Syntax Notation 1, http://www.asn1.org/), CORBA, XML 같은 다양한 마셜링 표준이 있다. 일반적으로 이 표준은 각 데이터 종류에 대한 고정 표준 형식을 정의한다(예를 들어, 바이트 순서 및 사용하는 비트 수 등). 표준 형식으로 인코딩하면서 각 데이터 항목에 종류(대부분의 경우 길이를 포함)를 식별할 수 있도록 필드를 추가한다.

때로는 마셜링보다 단순한 기법을 적용하기도 한다. 일반적으로 줄바꿈 문자를 이용해 각 데이터 항목을 분리한 텍스트 형식으로 모든 데이터를 인코딩한다. 그러면 아래 명령에서 볼 수 있듯이 텔넷telnet으로 응용 프로그램을 디버깅할 수 있다는 장점이 있다.

```
$ telnet host port
```

몇 줄의 텍스트를 입력해 응용 프로그램으로 전송해서 응답을 살펴볼 수 있다. 22.11절에서 이 기법을 실제로 사용한다.

 각기 다른 기종 간의 데이터 표현 문제가 네트워크의 데이터 전송에서만 발생하는 문제는 아니며 다른 종류의 데이터 교환에서도 발생한다. 예를 들어, 파일이나 테이프에 저장한 파일을 다른 기종의 시스템으로 전송할 때 동일한 문제가 발생한다. 다만 네트워킹 분야에서 데이터 표현 문제를 가장 흔히 겪을 뿐이다.

스트림 소켓의 데이터를 줄바꿈 문자로 구분한 텍스트로 인코딩한 경우에는 리스트 22-1의 readLine() 같은 함수를 쉽게 정의할 수 있다.

```
#include "read_line.h"

ssize_t readLine(int fd, void *buffer, size_t n);
```
buffer로 복사한 바이트 수를 리턴한다(종료 널 바이트는 제외).
EOF인 경우에는 0을, 에러가 발생하면 −1을 리턴한다.

readLine() 함수는 인자 fd(파일 디스크립터를 가리키는)가 가리키는 파일로부터 줄바꿈 문자를 만날 때까지 데이터를 읽는다. 입력 바이트 순서는 buffer가 가리키는 공간(메모리에 n바이트 이상의 공간을 할당해놔야 한다)에 채운다. 리턴된 스트링은 항상 널로 끝난다. 따라서 실제 리턴되는 데이터 최대 크기는 (n - 1)바이트다. readLine()이 작업을 성공적으로 수행했으면 buffer에 저장한 데이터의 바이트 수를 리턴한다. 이때 널 문자열은 리턴하는 바이트 수에 포함하지 않는다.

리스트 22-1 한 번에 한 줄의 데이터 읽기

```
                                                    sockets/read_line.c
#include <unistd.h>
#include <errno.h>
#include "read_line.h"              /* readLine() 정의 */

ssize_t
readLine(int fd, void *buffer, size_t n)
```

```
{
    ssize_t numRead;                    /* 이전 read()에서 읽은 바이트 수 */
    size_t totRead;                     /* 현재까지 읽은 바이트 수의 총합 */
    char *buf;
    char ch;

    if (n <= 0 || buffer == NULL) {
        errno = EINVAL;
        return -1;
    }

    buf = buffer;                       /* 'void *'는 어떤 형식의 포인터와도 호환된다. */

    totRead = 0;
    for (;;) {
        numRead = read(fd, &ch, 1);

        if (numRead == -1) {
            if (errno == EINTR)         /* 실패하면 --> read()를 재시작한다. */
                continue;
            else
                return -1;              /* 다른 에러가 발생 */

        } else if (numRead == 0) {  /* EOF */
            if (totRead == 0)           /* 데이터를 읽지 못한 경우; 0을 리턴한다. */
                return 0;
            else                        /* 데이터를 읽은 경우; '\0'을 추가한다. */
                break;

        } else {                        /* 'numRead'가 1인 경우 */
            if (totRead < n - 1) {  /* (n - 1) 까지의 데이터만 사용하고 나머지는
                                                                        폐기한다. */
                totRead++;
                *buf++ = ch;
            }
            if (ch == '\n')
                break;
        }
    }

    *buf = '\0';
    return totRead;
}
```

줄바꿈 문자를 만났을 때, 지금까지 읽은 문자가 (n - 1)과 같거나 많은 경우 (n - 1)을 초과한 문자는 모두 폐기(줄바꿈 문자를 포함)한다. 첫 (n - 1) 바이트 내에 줄바꿈 문자가 포함된 경우 리턴 문자열에 줄바꿈 문자를 포함한다(따라서 리턴된 buffer에서 줄바꿈 문자가 종료를 가리키는 널 바이트보다 앞쪽에 나오는지 여부를 가지고 폐기된 바이트 존재 여부를 확인할 수 있다). 이런 방법으로 줄 단위로 입력을 처리하는 응용 프로그램 프로토콜에서 한 줄의 입력을 여러 줄의 입력인 것처럼 처리하지 않도록 예방한다. 이런 동작의 특성상 한쪽의 응용 프로그램이 동기화를 이루지 못해 프로토콜을 위반할 가능성이 있다. 대안으로 입력이 긴 경우 readLine()이 자신의 버퍼를 채울 수 있을 때까지만 읽고 남은 데이터를 다음번 readLine() 호출이 처리하도록 남겨두는 방법도 있다. 이때 readLine()을 호출한 곳에서 줄의 일부분만 읽은 경우를 처리할 수 있도록 대비해야 한다.

22.11절에서 소개하는 예제 프로그램에서 이 readLine() 함수를 사용한다.

22.4 인터넷 소켓 주소

인터넷 도메인 소켓에는 IPv4와 IPv6 두 종류의 소켓이 있다.

IPv4 소켓 주소: struct sockaddr_in

IPv4 소켓 주소는 <netinet/in.h>에서 정의한 sockaddr_in 구조체로 저장한다. 다음은 구조체 정의다.

```
struct in_addr {                     /* IPv4 4바이트 주소 */
    in_addr_t s_addr;                /* 부호 없는 32비트 정수 */
};

struct sockaddr_in {                 /* IPv4 소켓 주소 */
    sa_family_t    sin_family;  /* 주소 패밀리(AF_INET) */
    in_port_t      sin_port;    /* 포트 번호 */
    struct in_addr sin_addr;    /* IPv4 주소 */
    unsigned char  __pad[X];    /* 'sockaddr' 구조체에 추가할 패딩(16바이트) */
};
```

19.4절에서는 소켓 도메인을 식별하는 필드로 시작하는 일반적인 sockaddr 구조체를 살펴봤다. sockaddr_in 구조체의 sin_family가 소켓 도메인을 식별하는 필드로 항상 AF_INET 값을 갖는다. 필드 sin_port는 포트 번호, sin_addr은 IP 주소를 가리키는 필드로 네트워크 바이트 순서로 데이터를 저장한다. in_port_t와 in_addr_t 데이터형은 부호 없는 데이터 정수형으로 각기 16비트와 32비트 길이를 갖는다.

IPv6 소켓 주소: struct sockaddr_in6

IPv4 주소와 마찬가지로 IPv6 소켓 주소도 IP 주소와 포트 번호를 갖는다. 다른 점은 IPv6는 32비트가 아닌 128비트로 주소를 저장한다는 점이다. IPv6 소켓 주소는 <netinet/in.h>에서 정의하는 sockaddr_in6 구조체로 저장한다. 다음은 sockaddr_in6 구조체의 정의다.

```
struct in6_addr {                      /* IPv6 주소 구조체 */
    uint8_t s6_addr[16];               /* 16바이트 == 128비트 */
};

struct sockaddr_in6 {                  /* IPv6 소켓 주소 */
    sa_family_t     sin6_family;       /* 주소 패밀리(AF_INET6) */
    in_port_t       sin6_port;         /* 포트 번호 */
    uint32_t        sin6_flowinfo;     /* IPv6 흐름 정보 */
    struct in6_addr sin6_addr;         /* IPv6 주소 */
    uint32_t        sin6_scope_id;     /* 범위 ID(커널 2.4에서 추가) */
};
```

필드 sin6_family는 AF_INET6 값을 갖는다. 필드 sin6_port는 포트 번호, 필드 sin6_addr은 IP 주소를 저장한다(uint8_t 데이터형은 부호 없는 8비트 정수로 구조체 in6_addr 의 바이트 형식에 사용한다). 나머지 필드 sin6_flowinfo와 sin6_scope_id는 이 책에서 살펴보지 않을 것이며, 편의상 항상 0으로 설정한다. 구조체 sockaddr_in6의 모든 필드는 네트워크 바이트 순서로 데이터를 저장한다.

 RFC 4291에서 IPv6 주소를 기술한다. IPv6 흐름 제어(sin6_flowinfo)에 대한 정보는 [Stevens et al., 2004]의 부록 A와 RFC 2460, 3697에서 확인할 수 있다. RFC 3493과 4007은 sin6_scope_id에 대한 정보를 제공한다.

IPv6에도 IPv4 와일드카드 주소와 루프백 주소에 해당하는 주소가 있다. 그러나 배열 (스칼라형이 아닌)에 IPv6 주소를 저장하는 특성 때문에 이 주소를 사용하기가 쉽지 않다. IPv6 와일드카드 주소(0::0)를 통해 어떤 문제가 있는지 직접 확인해보자. IN6ADDR_ANY_INIT는 다음과 같이 와일드카드 주소를 정의한다.

```
#define IN6ADDR_ANY_INIT { { 0,0,0,0,0,0,0,0,0,0,0,0,0,0,0,0 } }
```

이 절에서 설명하는 몇몇 헤더 파일 내용은 리눅스 구현과 다르다. 예를 들면 in6_addr 구조체에 유니온(union) 정의를 포함하는데, 유니온이 정의하는 부분은 128비트의 IPv6 주소를 16바이트, 2바이트 정수 8개, 32비트 정수 4개 등으로 구분할 수 있다. 리눅스 같은 구현을 고려해서 glibc에서 정의한 IN6ADDR_ANY_INIT 상수에는 위 본문에는 나오지 않은 괄호 한 쌍을 더 추가한다.

변수를 정의하는 초기화 부분에서 IN6ADDR_ANY_INIT 상수를 사용할 수 있지만, 구조화 상수를 대입문에 허용하지 않는 C 문법상 IN6ADDR_ANY_INIT 상수를 사용할 수 없다. 대신 C 라이브러리에서 정의하고 초기화하는 in6addr_any 변수를 사용한다.

```
const struct in6_addr in6addr_any = IN6ADDR_ANY_INIT;
```

이제 와일드카드 주소를 이용해 IPv6 소켓 주소 구조체를 초기화할 수 있다.

```
struct sockaddr_in6 addr;

memset(&addr, 0, sizeof(struct sockaddr_in6));
addr.sin6_family = AF_INET6;
addr.sin6_addr = in6addr_any;
addr.sin6_port = htons(SOME_PORT_NUM);
```

IPv6 루프백 주소(::1)에 해당하는 상수는 IN6ADDR_LOOPBACK_INIT이고, 변수는 in6addr_loopback이다.

IPv4와 달리 IPv6의 상수와 변수의 초기화는 네트워크 바이트 순서로 이뤄진다. 그러나 위 코드(마지막 줄)에도 나와 있듯이, 포트 번호는 네트워크 바이트 순서인지 항상 확인해야 한다.

IPv4와 IPv6가 공존하는 호스트의 경우 두 주소 체계는 포트 번호 공간을 공유한다. 예를 들어, 응용 프로그램이 IPv6 소켓을 TCP 포트 2000(IPv6 와일드카드 주소를 이용해)에 먼저 결속하면 IPv4 TCP 소켓은 해당 포트(포트 2000)로 결속할 수 없다(TCP/IP 구현에서 주소 체계가 IPv4인지 IPv6인지와 상관없이 상대편 호스트가 해당 소켓과 통신할 수 있다).

sockaddr_storage 구조체

IPv6 소켓에는 새로운 범용 sockaddr_storage 구조체를 추가했다. 이 구조체를 이용해 모든 소켓 주소 형식을 저장할 수 있다(예를 들어, 모든 종류의 소켓 주소 구조체를 캐스팅해 sockaddr_storage 구조체 내부로 저장할 수 있다). 구조체 sockaddr_storage는 IPv4와

IPv6 소켓 주소 모두를 같은 방법으로 저장할 수 있다. 따라서 `sockaddr_storage` 구조체를 이용하면 IP 버전에 따라 코드를 분기하는 상황을 제거할 수 있다. 리눅스에서는 `sockaddr_storage` 구조체를 다음과 같이 정의한다.

```
#define __ss_aligntype uint32_t        /* 32비트 아키텍처 */
struct sockaddr_storage {
    sa_family_t ss_family;
    __ss_aligntype __ss_align;         /* 강제 정렬 */
    char __ss_padding[SS_PADSIZE];     /* 패딩을 이용해 128바이트로 맞춤 */
};
```

22.5 호스트와 서비스 변환 함수

컴퓨터 내부에서는 IP 주소와 포트 번호를 이진 형식으로 표현한다. 그러나 사람은 숫자보다는 명칭에 친숙하다. 그뿐 아니라 의미가 있는 이름을 사용하므로 유용성을 더할 수 있다. 일례로 이름이 가리키는 실제 값이 변경되는 경우가 종종 발생하는데, 이 경우에도 사용자와 프로그램은 코드 변경 없이 기존 이름을 그대로 사용할 수 있다.

　　호스트명hostname은 네트워크에 연결된 시스템을 문자로 표현한 식별자다(여러 IP 주소를 가질 수 있다). **서비스명**service name은 포트 번호를 문자로 나타낸다.

　　다음과 같은 방법으로 호스트 주소와 포트를 표현할 수 있다.

- 호스트 주소는 이진값, 문자로 표현한 호스트명, 프리젠테이션 포맷(IPv4의 경우 십진수를 점으로 구분함으로써, IPv6에서는 16진수 문자열로 표현한다) 등으로 표현할 수 있다.
- 포트는 이진수나 문자로 표현한 서비스명으로 표현할 수 있다.

　　다양한 라이브러리 함수에서 이들 포맷을 변경하는 기능을 제공한다. 이 절에서는 이 함수를 간단히 요약한다. 다음 절에서는 최근 API(`inet_ntop()`, `inet_pton()`, `getaddrinfo()`, `getnameinfo()` 등)를 자세히 살펴본다. 22.13절에서는 지금은 사용하지 않는 예전 API(`inet_aton()`, `inet_ntoa()`, `gethostbyname()`, `getservbyname()` 등)도 간략하게 살펴본다.

IPv4 주소를 이진수 표현과 사람이 읽을 수 있는 형식 간에 상호 변환하는 방법

`inet_aton()`과 `inet_ntoa()` 함수는 점으로 구분하는 십진 표기의 IPv4 주소를 이진수 표현으로 변환하거나 그 반대로의 변환을 수행하는 함수다. 오늘날에는 이 함수를 사

용하지 않지만, 역사적인 과거 코드에 등장하는 함수이므로 자세히 살펴볼 필요가 있다. 따라서 변환이 필요한 프로그램에서는 다음에 소개하는 함수를 이용해야 한다.

IPv4와 IPv6 주소를 이진수 표현과 사람이 읽을 수 있는 형식 간에 상호 변환하는 방법

inet_pton()과 inet_ntop() 함수는 inet_aton(), inet_ntoa() 함수와 수행하는 기능은 같지만, inet_pton()과 inet_ntop() 함수가 IPv6 주소를 처리할 수 있다는 점이 다르다. inet_pton()과 inet_ntop() 함수를 이용해 이진수로 표현한 IPv4와 IPv6 주소를 점으로 구분한 십진수나 16진수 문자열 표현으로 변환하거나 그 반대의 변환도 수행할 수 있다.

사람은 숫자보다는 명칭을 선호하므로 특별한 경우에만 이 함수를 사용한다. 일례로 로깅 목적으로 IP 주소를 표시할 때 inet_ntop()를 사용한다. 때로는 IP 주소를 호스트명으로 변경(해석resolving)하지 않고 이 함수를 사용하는 편이 좋은데, 그 이유는 다음과 같다.

- IP 주소를 호스트명으로 해석하려면 DNS 서버로 요청하는 데 시간이 소요된다.
- 특정 환경에서는 IP 주소에 대응하는 호스트명 DNS(PTR) 레코드가 없는 경우도 있다.

이진수와 문자로 표현한 이름 간에 변경을 수행하는 두 함수 getaddrinfo()와 getnameinfo()를 설명하기 전에 inet_pton()과 inet_ntop() 함수를 설명한다(22.6절에서). 그 이유는 inet_pton()과 inet_ntop() 함수가 더 간단한 API 형태이고, 따라서 인터넷 도메인 소켓을 활용한 실제 동작 예를 쉽게 보여줄 수 있기 때문이다.

호스트와 서비스명을 이진수로 혹은 그 반대로 변환하기(현재는 사용하지 않는 방법)

함수 gethostbyname()은 이진 IP 주소(둘 이상의 주소일 수 있다)를 호스트명으로 리턴하고, 함수 getservbyname()은 포토 번호를 해당 서비스명으로 리턴한다. 함수 gethostbyaddr()과 getservbyport()는 반대의 변환을 수행한다. 현재 사용하지 않는 이 함수를 설명하는 이유는 과거 코드에서 이를 광범위하게 사용했기 때문이다(SUSv3는 이들을 더 이상 사용하지 않는 함수로 표기했고, SUSv4는 함수 규격 자체를 제거했다). 따라서 새로 구현하는 프로그램에서는 아래에 설명한 getaddrinfo()와 getnameinfo() 함수를 사용해야 한다.

호스트와 서비스명을 이진수로 혹은 그 반대로 변환하기(현재 사용하는 방법)

getaddrinfo()는 gethostbyname()과 getservbyname()을 대체하는 함수다. getaddrinfo() 함수는 호스트명과 서비스명을 변환해 이진수 IP 주소와 포트 번호를 포함하는 구조체 집합으로 리턴한다. gethostbyname()과 달리 함수 getaddrinfo()는 IPv4와 IPv6 주소 모두를 같은 방법으로 처리한다. 따라서 getaddrinfo()를 이용하면 IP 버전에 관계없이 동작하는 프로그램을 만들 수 있다. 호스트명과 서비스명을 이진수로 표현하려면 getaddrinfo() 함수를 이용해야 한다.

getnameinfo() 함수는 위와는 반대의 변환 기능을 제공한다. 즉 IP 주소와 포트 번호를 해당 호스트명과 서비스명으로 변환한다.

또한 getaddrinfo()와 getnameinfo()를 이용해 이진수로 표현한 IP 주소를 프리젠테이션 형식과 상호 변환할 수 있다.

22.10절에서 설명하는 함수 getaddrinfo()와 getnameinfo()를 이해하려면 먼저 DNS(22.8절)와 /etc/services 파일(22.9절)을 알아야 한다. DNS는 서로 협력하는 여러 서버에서 IP 주소를 호스트명으로 혹은 그 반대로의 변환에 필요한 정보를 분산 데이터베이스를 통해 유지할 수 있게 한다. 인터넷상에 존재하는 어마어마한 수의 호스트명을 한 곳에서 중앙집중적으로 관리하는 일은 현실적으로 불가능하므로, 인터넷에는 DNS가 필수라 할 수 있다. /etc/services 파일은 포트 번호를 서비스명으로 매핑한다.

22.6 함수 inet_pton()과 inet_ntop()

함수 inet_pton()과 inet_ntop()는 IPv4와 IPv6 주소의 이진수 형식을 점으로 구분한 십진수나 16진수 문자열 표시로 혹은 그 반대로의 변환을 수행한다.

```
#include <arpa/inet.h>

int inet_pton(int domain, const char *src_str, void *addrptr);
                              변환이 성공하면 1을 리턴한다.
        src_str이 프리젠테이션 포맷이 아닌 경우에는 0을, 에러가 발생하면 -1을 리턴한다.

const char *inet_ntop(int domain, const void *addrptr, char *dst_str,
                      size_t len);
                  성공하면 dst_str의 포인터를 리턴하고, 에러가 발생하면 NULL을 리턴한다.
```

이름에서 p는 '프리젠테이션'을, n은 '네트워크'를 가리킨다. 프리젠테이션 형식은 다음과 같이 사람이 읽을 수 있는 문자열이다.

- 204.152.189.116(IPv4 점으로 구분한 십진수 주소)
- ::1(콜론으로 구분한 16진수 주소)
- ::FFFF:204.152.189.116(IPv4로 매핑한 IPv6 주소)

inet_pton() 함수는 src_str이 가리키는 프리젠테이션 문자열을 네트워크 바이트 순서 이진수 IP 주소로 변환한다. domain 인자는 AF_INET이나 AF_INET6로 지정한다. 변환된 주소는 domain 값에 따라 addrptr이 가리키는 구조체(in_addr이나 in6_addr 구조체)에 저장한다.

inet_ntop() 함수는 inet_pton() 함수와 정반대의 변환을 수행한다. 함수 inet_pton()의 경우와 마찬가지로 domain은 AF_INET이나 AF_INET6 중 하나의 값을 갖고, addrptr은 변환하는 주소 종류에 따라 in_addr 혹은 in6_addr 구조체를 가리킨다. 결과는 NULL 값으로 종료하는 문자열로 dst_str이 가리키는 버퍼에 저장한다. len 인자는 이 버퍼의 크기를 지정한다. 함수 inet_ntop() 호출이 성공하면 dst_str을 리턴한다. len 값이 너무 작은 경우 inet_ntop()는 NULL을 리턴하고 errno를 ENOSPC로 설정한다.

dst_str이 가리키는 버퍼의 크기를 정확히 파악하려면 <netinet/in.h>에서 정의하는 두 상수를 이용한다. 이 상수는 IPv4와 IPv6 주소의 프리젠테이션 문자열의 최대 길이(종료 NULL 바이트를 포함)를 가리킨다.

```
#define INET_ADDRSTRLEN  16    /* 점으로 구분한 십진수 IPv4 주소 문자열의 최대 크기 */
#define INET6_ADDRSTRLEN 46    /* 16진수 IPv6 주소 문자열의 최대 크기 */
```

다음 절의 예제에서는 inet_pton()과 inet_ntop()를 실제로 활용한다.

22.7 클라이언트/서버 예제(데이터그램 소켓)

이 절에서는 20.3절에서 소개한 대소문자 변환 서버/클라이언트 프로그램을 AF_INET6 도메인 데이터그램 소켓을 이용하도록 수정한다. 수정한 프로그램은 원래 프로그램과 구조가 거의 비슷하므로 특별히 많은 설명을 하진 않는다. 새로운 프로그램에서 가장 크게 바뀌는 점은 22.4절에서 설명한 IPv6 소켓 주소 구조체를 이용한 선언과 초기화 부분이다.

클라이언트와 서버 모두 리스트 22-2의 헤더 파일을 이용한다. 이 헤더 파일은 서버 포트 번호 그리고 클라이언트와 서버 간에 교환할 수 있는 최대 메시지 크기 등을 정의한다.

리스트 22-2 i6d_ucase_sv.c와 i6d_ucase_cl.c에서 사용하는 헤더 파일

```
                                                          sockets/i6d_ucase.h
#include <netinet/in.h>
#include <arpa/inet.h>
#include <sys/socket.h>
#include <ctype.h>
#include "tlpi_hdr.h"

#define BUF_SIZE 10      /* 클라이언트와 서버 간에 교환할 수 있는 최대 메시지 크기 */

#define PORT_NUM 50002 /* 서버 포트 번호 */
```

리스트 22-3은 서버 프로그램이다. 서버는 함수 inet_ntop()를 이용해 클라이언트의 호스트 주소(recvfrom() 호출로 가져온)를 출력할 수 있는 형식으로 변환한다.

리스트 22-4는 클라이언트 프로그램이다. 클라이언트 프로그램은 초기 유닉스 도메인 버전(516페이지의 리스트 20-7) 프로그램에서 크게 두 가지 사항을 변경한다. 첫 번째는 클라이언트가 자신의 초기 명령행 인자를 서버의 IPv6 주소로 해석한다는 점이다(명령행의 나머지 인자는 데이터그램 형태로 서버에 전송한다). 클라이언트는 inet_pton()을 이용해 서버 주소를 이진수로 변환한다. 또 다른 차이점은 클라이언트가 자신의 소켓을 결속하지 않는다는 점이다. 21.6.1절에서도 언급했듯이 인터넷 도메인 소켓을 주소로 결속하지 않으면 커널에서 호스트 시스템의 단명 포트로 소켓을 결속한다. 아래의 셸은 같은 호스트에서 서버와 클라이언트를 수행하는 예제인데, 로그를 통해 단명 포트 소켓 결속을 확인할 수 있다.

```
$ ./i6d_ucase_sv &
[1] 31047
$ ./i6d_ucase_cl ::1 ciao                      로컬 호스트의 서버로 전송
Server received 4 bytes from (::1, 32770)
Response 1: CIAO
```

설명한 것처럼 클라이언트는 bind()를 호출하지 않았지만, 서버는 recvfrom() 호출을 이용해 클라이언트의 소켓 주소와 단명 포트 번호를 얻어올 수 있음을 위 출력 결과로 확인할 수 있다.

리스트 22-3 IPv6 데이터그램 소켓을 이용한 대소문자 변환 서버

```c
#include "i6d_ucase.h"

int
main(int argc, char *argv[])
{
    struct sockaddr_in6 svaddr, claddr;
    int sfd, j;
    ssize_t numBytes;
    socklen_t len;
    char buf[BUF_SIZE];
    char claddrStr[INET6_ADDRSTRLEN];

    sfd = socket(AF_INET6, SOCK_DGRAM, 0);
    if (sfd == -1)
        errExit("socket");

    memset(&svaddr, 0, sizeof(struct sockaddr_in6));
    svaddr.sin6_family = AF_INET6;
    svaddr.sin6_addr = in6addr_any;            /* 와일드카드 주소 */
    svaddr.sin6_port = htons(PORT_NUM);

    if (bind(sfd, (struct sockaddr *) &svaddr,
                sizeof(struct sockaddr_in6)) == -1)
        errExit("bind");

    /* 메시지를 수신해 대문자로 변환한 다음 클라이언트로 리턴 */

    for (;;) {
        len = sizeof(struct sockaddr_in6);
        numBytes = recvfrom(sfd, buf, BUF_SIZE, 0,
                            (struct sockaddr *) &claddr, &len);
        if (numBytes == -1)
            errExit("recvfrom");

        if (inet_ntop(AF_INET6, &claddr.sin6_addr, claddrStr,
                    INET6_ADDRSTRLEN) == NULL)
            printf("Couldn't convert client address to string\n");
        else
            printf("Server received %ld bytes from (%s, %u)\n",
                    (long) numBytes, claddrStr, ntohs(claddr.sin6_port));

        for (j = 0; j < numBytes; j++)
            buf[j] = toupper((unsigned char) buf[j]);

        if (sendto(sfd, buf, numBytes, 0, (struct sockaddr *) &claddr, len)
                != numBytes)
```

```
                        fatal("sendto");
        }
}
```

리스트 22-4 IPv6 데이터그램 소켓을 이용한 대소문자 변환 클라이언트

```
                                                    sockets/i6d_ucase_cl.c
#include "i6d_ucase.h"

int
main(int argc, char *argv[])
{
    struct sockaddr_in6 svaddr;
    int sfd, j;
    size_t msgLen;
    ssize_t numBytes;
    char resp[BUF_SIZE];

    if (argc < 3 || strcmp(argv[1], "--help") == 0)
        usageErr("%s host-address msg...\n", argv[0]);

    sfd = socket(AF_INET6, SOCK_DGRAM, 0);  /* 클라이언트 소켓 생성 */
    if (sfd == -1)
        errExit("socket");

    memset(&svaddr, 0, sizeof(struct sockaddr_in6));
    svaddr.sin6_family = AF_INET6;
    svaddr.sin6_port = htons(PORT_NUM);
    if (inet_pton(AF_INET6, argv[1], &svaddr.sin6_addr) <= 0)
        fatal("inet_pton failed for address '%s'", argv[1]);

    /* 서버로 메시지를 전송하고, 응답은 표준 출력을 통해 표시 */

    for (j = 2; j < argc; j++) {
        msgLen = strlen(argv[j]);
        if (sendto(sfd, argv[j], msgLen, 0, (struct sockaddr *) &svaddr,
                    sizeof(struct sockaddr_in6)) != msgLen)
            fatal("sendto");

        numBytes = recvfrom(sfd, resp, BUF_SIZE, 0, NULL, NULL);
        if (numBytes == -1)
            errExit("recvfrom");

        printf("Response %d: %.*s\n", j - 1, (int) numBytes, resp);
    }

    exit(EXIT_SUCCESS);
}
```

22.8 DNS

22.10절에서는 호스트명에 해당하는 IP 주소(다수의 주소가 될 수 있다)를 얻어오는 함수 getaddrinfo()와, 그 반대의 작업을 수행하는 함수 getnameinfo()를 설명한다. 그러나 이 함수를 자세히 살펴보기 전에 DNS가 어떻게 호스트명과 IP 주소 매핑 정보를 유지하는지 이해해야 한다.

DNS가 등장하기 전까지는 호스트명과 IP 주소의 매핑 정보를 /etc/hosts라는 로컬 파일에 수동적으로 정의했다. /etc/hosts 파일은 다음과 같은 형식으로 매핑 정보를 저장한다.

```
# IP 주소              정규 호스트명          [에일리어스]
127.0.0.1             localhost
```

gethostbyname()(getaddrinfo()의 초기 버전) 함수는 이 파일에서 정규 호스트명(예를 들어, 공식 혹은 주로 사용하는 호스트명)이나 에일리어스alias(선택사항이며 공란으로 구분) 중 하나를 검색해 IP 주소를 얻어온다.

그러나 /etc/hosts 파일의 활용에는 한계가 있고, 네트워크의 호스트 수가 증가하면서(인터넷의 수백만 개 이상의 호스트를 생각할 때) 무용지물이 된다.

이 문제를 해결하기 위해 DNS를 고안했다. DNS의 핵심은 다음과 같다.

- 계층으로 이뤄진 네임스페이스로 호스트명을 구성한다(그림 22-2). DNS 계층의 각 노드node는 최대 63개 문자로 이뤄진 레이블label(이름)을 갖는다. 계층의 루트root에는 '익명 루트'라 불리는 이름 없는 노드가 있다.
- 노드의 도메인명domain name은 해당 노드에서 루트까지의 모든 이름을 포함하고, 각 이름은 점으로 구분한다. 예를 들어, google.com은 google 노드의 도메인명이다.
- www.kernel.org 같은 FQDNfully qualified domain name으로 계층 내의 호스트를 식별할 수 있다. 몇몇 경우에 점을 생략할 수 있긴 하지만, 끝나는 점으로 FQDN인지 여부를 구분할 수 있다.
- 하나의 기관이나 시스템이 전체 계층을 관리하지 않는다. 대신 DNS 서버 계층이 있고 각 DNS 서버는 트리의 가지branch(혹은 영역zone)를 관리한다. 일반적으로 각 영역에는 하나의 주요 마스터 이름 서버primary master name server가 있고, 마스터 이름 서버가 제 기능을 수행하지 못할 경우, 이를 백업할 수 있도록 1개 이상의 슬레이브 이름 서버slave name server가 존재한다. 영역 자체를 더 작은 영역으로 나누어

각각 관리할 수 있다. 호스트를 영역에 추가하거나 호스트명과 IP 주소 매핑 정보
가 변경된 경우 해당 로컬 이름 서버 담당 관리자가 서버의 이름 데이터베이스를
갱신한다(계층에 있는 다른 이름 서버 데이터베이스에서는 수동으로 작업할 필요가 없다).

> 리눅스에서 사용하는 DNS 서버 구현을 BIND(Berkeley Internet Name Domain) 구현
> (named(8))에서 광범위하게 사용한다. BIND 구현은 ISC(Internet Systems Consortium,
> http://www.isc.org/)에서 관리한다. 이 데몬의 오퍼레이션은 /etc/named.conf 파일로 설
> 정한다(매뉴얼 페이지의 named.conf(5) 참조). DNS와 BIND의 사용은 [Albitz & Liu, 2006]
> 을 참조하자. DNS에 대한 정보는 [Stevens, 1994]의 14장, [Stevens et al., 2004]의 11장,
> [Comer, 2000]의 24장에서도 확인할 수 있다.

- 프로그램에서 도메인명을 해석하려고(IP 주소를 얻으려고) getaddrinfo() 함수를
  호출하면, getaddrinfo() 함수는 로컬 DNS 서버와 통신하는 데 필요한 라이브
  러리 함수 스위트(해석자 라이브러리resolver library)를 이용한다. 서버에서 필요한 정
  보를 얻지 못할 경우에는 계층에 있는 다른 DNS 서버와 통신한다. 종종 도메인명
  해석에 걸리는 시간이 길어질 수 있기 때문에, DNS 서버는 자주 사용하는 해석을
  캐시cache하는 기법을 이용해 불필요한 통신을 피한다.

위와 같은 방법으로 DNS는 중앙집중적으로 이름을 관리하지 않는 기법으로 커다란
네임스페이스를 적절히 처리한다.

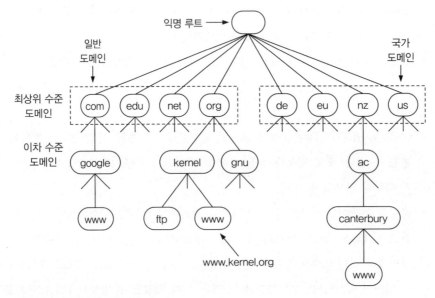

그림 22-2 DNS 계층 서브셋

재귀적 해석 요청과 반복적 해석 요청

DNS 해석 요청을 재귀적 요청recursive request과 반복적 요청interative request, 두 가지 범주로 구분할 수 있다. 재귀적 요청에서는 필요한 경우 다른 DNS 서버와의 통신을 포함한 해석에 필요한 모든 작업을 서버가 처리해주기를 바란다. 로컬 호스트에서 getaddrinfo() 함수를 호출하면 로컬 DNS 서버로 재귀적 요청을 보낸다. 로컬 DNS 서버가 해석 요청을 해결할 수 없는 경우 반복적으로 도메인명을 해석한다.

예제를 통해 반복적 해석을 살펴보자. 로컬 DNS 서버가 www.otago.ac.nz라는 도메인명에 대한 해석 요청을 받았다고 가정하자. 그러면 로컬 DNS 서버는 가장 작은 루트 이름 서버 집합(모든 DNS 서버가 알아야 하는 서버)과 통신을 시도한다(루트 이름 서버는 dig . NS 명령 혹은 페이지 http://www.root-servers.org/에 접속해서 확인할 수 있다). 그러면 루트 이름 서버는 로컬 DNS 서버에게 nz 서버 중 하나를 추천한다. 로컬 DNS 서버는 nz 서버에게 www.otago.ac.nz 이름 정보를 질의하고 nz 서버는 다시 ac.nz 서버 중 하나를 추천한다. 다시 로컬 DNS 서버는 ac.nz 서버에게 www.otago.ac.nz를 요청하고 ac.nz 서버는 otago.ac.nz 서버를 추천한다. 마침내 로컬 DNS 서버는 otago.ac.nz 서버에게 www.otago.ac.nz를 질의함으로써 IP 주소를 획득한다.

함수 gethostbyname()에 제공하는 도메인명이 불완전한 경우, 해석자는 해석을 시도하기 전에 도메인명을 완성시키려 한다. 도메인명을 어떻게 완성할지에 대한 규칙은 /etc/resolv.conf(매뉴얼 페이지의 resolv.conf(5) 참조)에서 정의한다. 기본적으로 해석자는 로컬 호스트의 도메인명을 이용한다. 예를 들어, oghma.otago.ac.nz라는 기기에 로그인한 다음 ssh octavo 명령을 입력하면 실제 DNS 질의 결과는 octavo.otago.ac.nz 로 변경된다.

최상위 도메인

익명 루트 바로 아래의 노드가 최상위 도메인TLD, top-level domain을 구성한다(그 다음 노드가 이차 도메인second-level domain을 구성하는 식이다). TLD를 일반과 국가의 두 가지 범주로 구분할 수 있다.

공식 기록상 전 세계적인 범위에 속하는 7개의 일반 TLD가 있다. 그림 22-2에는 원래 TLD의 네 가지가 나와 있다. 나머지 3개는 int, mil, gov다. mil과 gov는 미국 전용이다. 최근에는 몇몇 일반 TLD(예: name, museum)가 추가됐다.

각 국가는 두 문자 이름으로 된 국가(혹은 지리적) TLD를 갖는다(이는 ISO 3166-1에서 표준화한다). 그림 22-2에 몇몇 예가 나와 있다. de(독일, 독일어로 Deutschland), eu(유럽연합을 가리키는, 국가를 초월한 지리적 TLD), nz(뉴질랜드New Zealand), us(미국United States of America). 몇몇 국가는 일반 도메인과 비슷한 방법으로 자신의 TLD를 이차 도메인으로 분류했다. 예를 들어 뉴질랜드는 ac.nz(학습 기관), co.nz(상업), govt.nz(정부) 등의 이차 수준 도메인을 정의한다.

22.9 /etc/services 파일

21.6.1절에서 설명한 것처럼 잘 알려진 포트 번호는 IANA에서 중앙집중적으로 등록한다. 이들 각 포트 번호에는 대응하는 서비스명이 있다. 포트 번호는 중앙집중적으로 관리할 수 있고 IP 주소에 비해 변경이 없는 편이므로 DNS 서버와 같은 기법을 이용할 필요는 없다. 대신 /etc/services 파일에 포트 번호와 서비스명을 저장한다. 함수 getaddrinfo()와 getnameinfo()는 서비스명을 포트 번호로 혹은 그 반대로의 변환을 수행할 때 이 파일에 저장된 정보를 이용한다.

다음 예제와 같이 /etc/services 파일은 3개의 열을 포함하는 여러 줄의 정보로 이뤄진다.

```
# 서비스명      포트/프로토콜    [에일리어스]
echo          7/tcp          Echo      # 서비스 재출력
echo          7/udp          Echo
ssh 2         2/tcp                    # 보안 셸
ssh           22/udp
telnet        23/tcp                   # 텔넷
telnet        23/udp
smtp          25/tcp                   # SMTP
smtp          25/udp
domain        53/tcp                   # DNS
domain        53/udp
http          80/tcp                   # HTP(Hypertext Transfer Protocol)
http          80/udp
ntp           123/tcp                  # NTP(Network Time Protocol)
ntp           123/udp
login         513/tcp                  # rlogin(1)
who           513/udp                  # rwho(1)
shell         514/tcp                  # rsh(1)
syslog        514/udp                  # syslog
```

사용하는 프로토콜은 tcp나 udp다. 선택사항(공백으로 구분하는) 에일리어스는 서비스명의 별칭을 지정한다. 이 외에도 # 문자로 시작하는 주석을 포함할 수 있다.

이전에도 언급했듯이 UDP와 TCP에서 사용하는 포트 번호는 서로 구별되는 개체다.

그럼에도 IANA에서는 두 프로토콜에 같은 포트 번호를 할당한다(심지어 서비스가 특정 프로토콜만을 이용하는 경우에도). 예를 들어 telnet, ssh, HTTP, SMTP 등은 TCP를 사용하지만 해당 UDP 포트도 이들 서비스에 할당한다. 반대로 NTP는 UDP를 사용하지만, TCP 포트 123을 NTP 서비스로 할당한다. 때로는 UDP와 TCP를 모두 사용하는 서비스도 있다. DNS와 echo가 이런 서비스 중 일부다. UDP와 TCP 포트의 같은 포트 번호에 각기 다른 서비스를 할당하는 경우도 있는데, 예를 들어 rsh는 TCP 포트 514를 사용하고 syslog 데몬(Vol. 1의 32.5절) UDP 포트 514를 이용한다. 이런 일이 발생한 이유는 IANA 정책을 적용하기 전에 해당 포트를 할당했기 때문이다.

 /etc/services 파일은 단순한 이름 번호 연상 레코드다. /etc/services 파일의 레코드는 예약 방식이 아니다. 즉 /etc/services 파일이 특정 서비스로의 결속 여부를 보장하진 않는다는 의미다.

22.10 프로토콜 독립적인 호스트와 서비스 변환

getaddrinfo() 함수는 호스트와 서비스명을 IP 주소와 포트 번호로 변환한다. POSIX.1g에서는 getaddrinfo()를 gethostbyname()과 getservbyname()의 대체 함수로 정의한다(gethostbyname()과 getservbyname()을 이용하면 프로그램에서 IPv4와 IPv6 종속성을 제거할 수 있다).

getnameinfo() 함수는 getaddrinfo()의 사촌이다. 함수 getnameinfo()는 소켓 주소 구조체(IPv4 혹은 IPv6)를 호스트명과 서비스명을 포함하는 문자열로 변경한다. 따라서 getnameinfo()는 gethostbyaddr()과 getservbyport()를 대체하는 함수다.

 [Stevens et al., 2004]의 11장에서 getaddrinfo()와 getnameinfo()를 자세히 설명하고, 그 구현도 제공한다. 이 함수는 RFC 3493에서 기술한다.

22.10.1 getaddrinfo() 함수

getaddrinfo() 함수는 IP 주소와 포트 번호를 포함하는 소켓 주소 구조체 리스트를 리턴한다.

```
#include <sys/socket.h>
#include <netdb.h>

int getaddrinfo(const char *host, const char *service,
                const struct addrinfo *hints, struct addrinfo **result);
                            성공하면 0을 리턴하고, 에러가 발생하면 0이 아닌 값을 리턴한다.
```

getaddrinfo() 함수는 host, service, hints 값을 입력으로 받는다. host 인자는
호스트명이나 숫자로 표시한 주소 문자열(점으로 구분한 십진수 IPv4 주소나 16진수 IPv6 주소 문
자열) 값을 포함한다(정확하게 얘기하자면 대개 getaddrinfo()는 22.13.1절에서 설명하는 것처럼 숫자
와 점으로 이뤄진 IPv4 주소 문자열을 이용한다). service 인자는 서비스명이나 십진수 포트 번
호 값을 갖는다. hints 인자는 result로 리턴되는 소켓 주소 구조체를 선택하는 기준인
addrinfo 구조체를 가리킨다. hints에 대해서는 아래에서 더 자세히 설명한다.

getaddrinfo() 함수는 addrinfo 구조체의 링크드 리스트를 동적으로 할당하고
result가 이 리스트의 시작 부분을 가리키도록 설정한다. 이들 addrinfo 구조체는 해
당 호스트와 서비스를 가리키는 소켓 주소 구조체에 대한 포인터를 포함한다. addrinfo
구조체 형식은 다음과 같다.

```
struct addrinfo {
    int    ai_flags;                  /* 입력 플래그(AI_* 상수) */
    int    ai_family;                 /* 주소 패밀리 */
    int    ai_socktype;               /* 종류: SOCK_STREAM, SOCK_DGRAM */
    int    ai_protocol;               /* 소켓 프로토콜 */
    size_t ai_addrlen;                /* ai_addr이 가리키는 구조체 크기 */
    char * ai_canonname;              /* 공식 호스트명 */
    struct sockaddr *ai_addr;         /* 소켓 주소 구조체를 가리키는 포인트 */
    struct addrinfo *ai_next;         /* 링크드 리스트에서 다음 구조체 */
};
```

인자 host, service, hints에 해당하는 호스트와 서비스 조합은 여러 개가 될 수 있
으므로, result는 여러 구조체를 포함하는 리스트를 리턴한다. 예를 들어, 어떤 호스트
에서는 하나 이상의 네트워크 인터페이스에 대한 여러 주소 구조체를 리턴할 수 있다. 더
욱이 해당 서비스가 UDP와 TCP 모두에서 이용 가능한 경우에 hints.ai_socktype을
0으로 설정하면 SOCK_DGRAM 소켓과 SOCK_STREAM 소켓의 두 구조체를 리턴할 수 있다.

result 인자로 리턴하는 각각의 addrinfo 구조체 필드는 관련 소켓 주소 구조체 속
성값을 보여준다. 필드 ai_family는 AF_INET이나 AF_INET6로 설정되며, 소켓 주소 구
조체 종류를 나타낸다. 필드 ai_protocol은 주소 패밀리와 소켓 종류에 알맞은 프로토

콜 값을 리턴한다(해당 주소에서 소켓을 생성하려고 `socket()`을 호출하면 필요한 인자값은 세 필드 `ai_family`, `ai_socktype`, `ai_protocol` 값으로 채워진다). 필드 `ai_addrlen`은 `ai_addr`이 가리키는 소켓 주소 구조체 크기를 가리킨다(바이트 단위). 필드 `ai_addr`은 소켓 주소 구조체를 가리킨다(IPv4에서는 `in_addr`이고, IPv6에서는 `in6_addr`이다). 필드 `ai_flags`는 사용하지 않는다(인자 hints로 사용한다). 아래에서 설명하는 것처럼, 필드 `ai_canonname`은 `hints.ai_flags`에서 `AI_CANONNAME` 플래그를 설정한 경우에 한해 첫 번째 addrinfo 구조체에서만 사용한다.

`gethostbyname()` 함수와 마찬가지로 `getaddrinfo()`도 DNS에 요청을 전송해야 할 상황이 발생할 수 있고, DNS 요청에 대한 응답을 받기까지 상당한 시간이 걸릴 수 있다. 22.10.4절에서 설명하는 `getnameinfo()` 함수도 마찬가지다.

22.11절에서는 `getaddrinfo()`의 사용법을 보여준다.

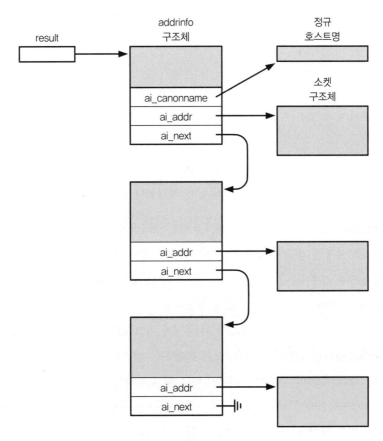

그림 22-3 getaddrinfo()가 할당하고 리턴하는 구조체

hints 인자

hints 인자는 getaddrinfo()에서 리턴하는 소켓 주소 구조체 종류 선택 정보를 제공한다. addrinfo 구조체를 hints 인자로 사용하는 경우에는 필드 ai_flags, ai_family, ai_socktype, ai_protocol만 설정할 수 있다. 그 밖의 필드는 사용하지 않으므로 0 혹은 NULL로 초기화해야 한다.

hints.ai_family 필드는 리턴된 소켓 주소 구조체의 도메인을 결정한다. AF_INET 이나 AF_INET6 값(구현에서 지원하는 다른 패밀리가 있으면 AF_* 상수로 설정할 수 있다)으로 패밀리 값을 설정할 수 있다. AF_UNSPEC을 이용해 소켓 주소 구조체로 사용할 수 있는 모든 종류 정보를 얻어올 수 있다.

hints.ai_socktype 필드는 리턴된 주소 구조체를 어떤 소켓 형식으로 사용할지를 지정한다. 이 필드를 SOCK_DGRAM으로 설정하면 UDP 서비스 검색을 수행한 다음 result로 UDP 서비스에 알맞은 소켓 주소 구조체를 리턴한다. SOCK_STREAM을 설정하는 경우 TCP 서비스 검색을 수행한다. hints.ai_socktype을 0으로 설정하면 모든 소켓 형식을 사용할 수 있다.

hints.ai_protocol 필드는 리턴된 주소 구조체의 소켓 프로토콜을 지정한다. 이 책에서는 호출자가 모든 프로토콜을 수용함을 가리키도록 이 필드를 항상 0으로 설정한다.

hints.ai_flags 필드는 getaddrinfo()의 수행 방식을 변경하는 비트 마스크다. 0 혹은 다음에 소개하는 상수와 OR 연산해 값을 설정한다.

- AI_ADDRCONFIG: 로컬 시스템(IPv4 루프백 주소는 제외)에 최소한 하나 이상의 IPv4 주소를 설정한 경우 IPv4 주소를 리턴하고, 로컬 시스템에 하나 이상의 IPv6 주소를 설정한 경우에는 IPv6 주소(IPv6 루프백 주소는 제외)를 리턴한다.
- AI_ALL: 아래 AI_V4MAPPED 설명 참조
- AI_CANONNAME: host가 NULL이 아닌 경우, NULL로 종료하는 공식 호스트명 문자열 포인터를 리턴한다. result가 리턴하는 첫 번째 구조체 addrinfo의 필드 ai_canonname이 가리키는 버퍼가 바로 이 포인터다.
- AI_NUMERICHOST: host를 숫자로 이뤄진 주소 문자열로 해석하도록 강제한다. 이는 이름 해석에 시간이 소요될 수 있어서 이름을 사용하지 못하도록 강제할 때 사용한다.

- AI_NUMERICSERV: service를 숫자 포트 번호로 해석한다. 서비스를 숫자 문자 열을 가리키도록 강제하므로 서비스명을 해석할 필요가 없어진다.

- AI_PASSIVE: 수동 접속에 적합한 소켓 주소 구조체를 리턴한다(예를 들어, 기다리 는 소켓). 이 경우 host는 NULL이어야 하고, 소켓 주소 구조체의 IP 주소 컴포넌 트는 와일드카드 IP 주소(예를 들어, INADDR_ANY나 IN6ADDR_ANY_INIT)를 포함한다. 이 플래그를 설정하지 않은 경우 result로 리턴된 주소 구조체는 connect()와 sendto()에 사용할 수 있다. host가 NULL이면, 리턴된 소켓 주소 구조체의 IP 주소를 루프백 IP 주소(도메인에 따라 INADDR_LOOPBACK이나 IN6ADDR_LOOPBACK_INIT)로 설정한다.

- AI_V4MAPPED: hints의 필드 ai_family를 AF_INET6로 설정했으나 대응하는 IPv6 주소를 발견하지 못하면, result에 IPv4로 매핑한 IPv6 주소 구조체를 리 턴해야 한다. AI_ALL과 AI_V4MAPPED를 모두 설정한 경우 IPv6와 IPv4 주소 구 조체를 모두 리턴한다. 이때 IPv4는 IPv4로 매핑한 IPv6 구조체다.

AI_PASSIVE에서 설명했듯이 host는 NULL이 될 수 있다. 리턴된 주소 구조체의 포트 번호가 0인 경우, 서비스도 NULL로 설정할 수 있다(예를 들어, 호스트명을 주소로 해석하는 작업 만 수행하길 원하는 경우). 그러나 host와 service를 모두 NULL로 설정할 순 없다.

위에서 설명한 사항 중 아무것도 설정할 필요가 없으면, hints를 NULL로 설정할 수 있다. 그러면 ai_socktype과 ai_protocol은 0으로, ai_flags는 (AI_V4MAPPED | AI_ADDRCONFIG)로, ai_family는 AF_UNSPEC으로 간주한다(glibc 구현은 hints가 NULL이 면 ai_flags는 0으로 간주한다는 SUSv3 규격을 고의적으로 회피한다).

22.10.2 addrinfo 리스트 해제: freeaddrinfo()

getaddrinfo() 함수는 result가 가리키는(그림 22-3) 모든 구조체 메모리를 동적으로 할당한다. 결국 getaddrinfo() 함수를 호출한 곳에서 해당 구조체를 사용하고 메모리 해제를 책임져야 한다. freeaddrinfo() 함수를 이용하면 단번에 메모리를 해제할 수 있다.

```
#include <sys/socket.h>
#include <netdb.h>

void freeaddrinfo(struct addrinfo *result);
```

addrinfo 구조체 중 하나 혹은 관련 소켓 구조체 복사본을 남겨두고 싶다면, 함수 freeaddrinfo()를 호출하기 전에 해당 구조체를 복사해야 한다.

22.10.3 에러 진단: gai_strerror()

에러가 발생한 경우 함수 getaddrinfo()는 표 22-1에 나와 있는 값 중 하나(0이 아닌 값)를 에러 코드로 리턴한다.

표 22-1 getaddrinfo()와 getnameinfo()에서 리턴하는 에러

에러 상수	설명
EAI_ADDRFAMILY	hints.ai_family에 해당하는 호스트 주소가 없다(SUSv3에는 없지만 대부분의 구현에서 정의한다. getaddrinfo() 전용).
EAI_AGAIN	이름 해석 일시 오류(나중에 다시 시도)
EAI_BADFLAGS	hints.ai_flags에 잘못된 플래그를 지정함
EAI_FAIL	이름 서버에 접속하면서 회복할 수 없는 실패가 발생
EAI_FAMILY	hints.ai_family에 설정한 주소 패밀리를 지원할 수 없음
EAI_MEMORY	메모리 할당 에러
EAI_NODATA	host에 해당하는 주소를 찾을 수 없음(SUSv3에는 없지만, 대부분의 구현에서 정의한다. getaddrinfo() 전용)
EAI_NONAME	host나 service를 알 수 없음. 혹은 host와 service가 둘 다 NULL인 경우. 또는 AI_NUMERICSERV를 설정했으나 service가 숫자 문자열을 가리키지 않는 경우
EAI_OVERFLOW	인자 버퍼 오버플로
EAI_SERVICE	hints.ai_socktype에 알맞은 service를 지원하지 않음(getaddrinfo() 전용)
EAI_SOCKTYPE	hints.ai_socktype을 지원하지 않음(getaddrinfo() 전용)
EAI_SYSTEM	errno로 시스템 에러를 리턴

gai_strerror() 함수는 표 22-1의 에러 코드를 설명하는 문자열을 리턴한다(실제로 리턴하는 문자열은 표 22-1에 나와 있는 설명보다 간결하다).

```
#include <netdb.h>

const char *gai_strerror(int errcode);
```
                                에러 메시지 문자열을 가리키는 포인터를 리턴한다.

gai_strerror() 함수로 리턴된 문자열 일부를 이용해 응용 프로그램의 에러 메시지로 출력할 수 있다.

22.10.4 getnameinfo() 함수

getnameinfo() 함수는 getaddrinfo()와 정반대 기능을 수행한다. getnameinfo()는 소켓 주소 구조체(IPv4 혹은 IPv6)를 받아서 호스트명과 서비스명 문자열을 리턴하거나 해석할 수 없는 경우에는 그냥 숫자 표현을 그대로 리턴한다.

```
#include <sys/socket.h>
#include <netdb.h>

int getnameinfo(const struct sockaddr *addr, socklen_t addrlen,
                char *host, size_t hostlen, char *service,
                size_t servlen, int flags);
```
                                       성공하면 0을 리턴하고, 에러가 발생하면 0이 아닌 값을 리턴한다.

addr 인자는 변환하려는 소켓 주소 구조체를 가리키는 포인터다. addrlen은 소켓 주소 구조체 크기를 나타낸다. 일반적으로 addr과 addrlen 값은 호출 accept(), recvfrom(), getsockname(), getpeername()을 통해 얻는다.

host와 service가 가리키는 문자열(NULL로 종료)은 각각 호스트명과 서비스명을 가리킨다. 이들 버퍼는 호출하는 함수에서 초기한 다음 hostlen과 servlen을 통해 각각의 버퍼 크기를 지정해야 한다. 헤더 파일 <netdb.h>는 이 버퍼의 크기를 설정하는 데 도움이 되도록 두 가지 상수를 정의한다. NI_MAXHOST는 리턴된 호스트명 문자열의 최대 크기(바이트 단위)를 가리키며 1025로 정의한다. NI_MAXSERV는 리턴된 서비스명 문자열의 최대 크기(바이트 단위)를 가리키며 32로 정의한다. 이 두 상수는 SUSv3에서는 정의하지 않지만, getnameinfo()를 제공하는 모든 유닉스 구현에서 정의한다(glibc 2.8부터는 NI_MAXHOST와 NI_MAXSERV 정의를 포함하려면 _BSD_SOURCE, _SVID_SOURCE, _GNU_SOURCE 중 하나의 테스트 매크로를 정의해야 한다).

호스트명을 얻을 필요가 없으면 host를 NULL로, hostlen은 0으로 설정할 수 있다. 마찬가지로 서비스명을 얻을 필요가 없으면 service는 NULL로, servlen은 0으로 설정한다. 그러나 host나 service 둘 중 하나는 NULL이 아니어야 한다(이에 대응하는 길이를 나타내는 인자도 0이 아니어야 한다).

마지막 인자 flags는 getnameinfo()의 동작을 제어하는 비트 마스크다. 아래 상수와 OR 연산을 통해 이 비트 마스크를 구성한다.

- NI_DGRAM: 기본적으로 getnameinfo()는 스트림 소켓(TCP 같은) 서비스에 해당하는 이름을 리턴한다. 22.9절에서 살펴봤듯이 일반적으로 TCP와 UDP 포트의 서비스명이 같으므로 소켓 종류는 중요한 사항이 아니다. 그러나 서비스명이 다른 경우가 있을 수 있으므로, 이 경우 NI_DGRAM 플래그를 이용해 데이터그램 소켓 서비스(UDP 같은)가 리턴되도록 강제할 수 있다.
- NI_NAMEREQD: 기본적으로는 호스트명을 해석할 수 없는 경우 host에 숫자 주소 문자열을 리턴한다. 그러나 NI_NAMEREQD 플래그를 설정하면 에러(EAI_NONAME)를 리턴한다.
- NI_NOFQDN: 기본적으로는 호스트의 FQDN을 리턴한다. 그러나 NI_NOFQDN을 설정하면 호스트가 로컬 네트워크에 존재하는 경우 FQDN의 첫 부분(예: 호스트명)만 리턴한다.
- NI_NUMERICHOST: host에 숫자 형식의 문자열을 리턴하도록 강제한다. DNS 서버 요청에 시간이 소비되므로 이를 피하고 싶은 경우 유용하다.
- NI_NUMERICSERV: 십진수 포트 번호를 service로 리턴하도록 강제한다. 포트 번호가 서비스명에 대응하지 않는다는 사실을 알고 있는 경우에 유용하다. 예를 들어, 커널에서 소켓에 단명 포트를 할당하는 경우가 이에 해당한다. 이때는 /etc/services 파일을 검색(따라서 효율성을 떨어뜨릴)할 필요가 없다.

성공하면 getnameinfo()는 0을 리턴한다. 에러가 발생하면 표 22-1에 나온 코드 중 하나(0이 아닌 값)를 리턴한다.

22.11 클라이언트/서버 예제(스트림 소켓)

지금까지 TCP 소켓을 이용한 클라이언트/서버 응용 프로그램에 필요한 정보를 모두 살펴봤다. 이 응용 프로그램에서 수행하는 작업은 7.8절에서 소개한 FIFO 클라이언트/서버 응용 프로그램이 수행하는 작업과 같다. 응용 프로그램은 유일한 순서 번호(또는 일정 범위의 순서 번호)를 클라이언트로 할당한다.

서버와 클라이언트의 정수 표현이 서로 다를 수 있으므로 전송하는 모든 정수는 줄바꿈 문자로 종료하는 문자열로 변환한다. 그리고 readLine() 함수 (리스트 22-1)를 사용해 이 문자열을 읽는다.

공통 헤더 파일

서버와 클라이언트는 리스트 22-5의 헤더 파일을 공통으로 사용한다. 이 파일은 다른 여러 헤더 파일을 포함하며, 응용 프로그램에서 사용할 TCP 포트 번호를 정의한다.

서버 프로그램

리스트 22-6에 나온 서버 프로그램은 다음과 같은 순서로 동작한다.

- 서버의 순서 번호를 1 혹은 명령행 인자를 통해 제공되는 값으로 설정한다①.
- SIGPIPE 시그널은 무시한다②. 즉 상대편 소켓이 닫힌 경우 SIGPIPE 시그널을 받지 않는다. 대신 함수 write()가 EPIPE 에러를 발생시키며 실패한다.
- 포트 번호 PORT_NUM을 사용하는 TCP 소켓의 주소 구조체를 얻어오도록 getaddrinfo()를 호출한다④(일반적으로 하드 코딩 포트 번호 대신 서비스명을 사용한다). AI_PASSIVE 플래그를 설정해③ 소켓을 와일드카드 주소(21.5절)로 결속한다. 결국 서버는 멀티홈 호스트가 되어 호스트의 네트워크 주소로 들어온 모든 요청을 수락할 수 있다.
- 이전 단계에서 리턴한 소켓 주소 구조체를 반복 처리하는 루프를 수행한다⑤. 루프는 프로그램이 적절한 소켓을 생성하고 결속할 수 있을 때까지 반복 수행을 계속한다⑦.
- 위 단계에서 생성한 소켓에 옵션 SO_REUSEADDR을 설정한다⑥. 이 옵션은 24.10절에서 설명한다. 일단은 TCP 서버에서는 기다리는 소켓에 이 옵션을 사용한다는 사실만 알아두자.
- 소켓을 기다리는 소켓으로 표시한다⑧.
- 반복적으로 클라이언트 요청을 처리하도록 무한 루프를 수행한다(23장)⑨. 기존 클라이언트 요청을 모두 처리해야 다음 클라이언트 요청을 수락한다. 각 클라이언트 요청에 대해 서버는 다음과 같은 순서로 작업을 처리한다.

- 새로운 연결을 수락한다⑩. 서버는 accept()의 두 번째와 세 번째 인자에 NULL이 아닌 포인터를 넘겨주어 클라이언트 주소를 얻는 데 사용한다. 서버는 표준 출력을 통해 클라이언트 주소(IP 주소와 포트 번호)를 출력한다⑪.

- 클라이언트 메시지(얼마나 많은 순서 번호를 원하는지를 가리키는 NULL 종료 문자열)를 읽는다⑫. 서버는 이 문자열을 정수로 변환하고 변수 reqLen에 저장한다⑬.

- 현재 순서 번호(seqNum)를 줄바꿈 문자로 종료하는 문자열로 인코딩한 다음 클라이언트로 전송한다⑭. 클라이언트는 seqNum과 (seqNum + reqLen - 1) 사이의 모든 순서 번호를 할당받았다고 간주할 수 있다.

- seqNum에 reqLen을 더해서 서버의 순서 번호를 갱신한다⑮.

리스트 22-5 is_seqnum_sv.c와 is_seqnum_cl.c에서 사용하는 헤더 파일

```
                                                          sockets/is_seqnum.h
#include <netinet/in.h>
#include <sys/socket.h>
#include <signal.h>
#include "read_line.h"          /* readLine()의 정의 */
#include "tlpi_hdr.h"

#define PORT_NUM "50000"         /* 서버 포트 번호 */

#define INT_LEN 30               /* 가장 큰 정수를 담을 수 있는 문자열 최대 크기
                                    (종료 문자 '\n' 포함) */
```

리스트 22-6 스트림 소켓을 이용해 클라이언트와 통신하는 반복 처리 서버

```
                                                        sockets/is_seqnum_sv.c
#define _BSD_SOURCE                   /* <netdb.h>에서 NI_MAXHOST와
                                         NI_MAXSERV 정의를 포함한다. */

#include <netdb.h>
#include "is_seqnum.h"

#define BACKLOG 50

int
main(int argc, char *argv[])
{
    uint32_t seqNum;
    char reqLenStr[INT_LEN];           /* 요청하는 순서 길이 */
    char seqNumStr[INT_LEN];           /* 허용 순서의 시작 */
```

```
        struct sockaddr_storage claddr;
        int lfd, cfd, optval, reqLen;
        socklen_t addrlen;
        struct addrinfo hints;
        struct addrinfo *result, *rp;
    #define ADDRSTRLEN (NI_MAXHOST + NI_MAXSERV + 10)
        char addrStr[ADDRSTRLEN];
        char host[NI_MAXHOST];
        char service[NI_MAXSERV];

        if (argc > 1 && strcmp(argv[1], "--help") == 0)
            usageErr("%s [init-seq-num]\n", argv[0]);

①      seqNum = (argc > 1) ? getInt(argv[1], 0, "init-seq-num") : 0;

②      if (signal(SIGPIPE, SIG_IGN) == SIG_ERR)
            errExit("signal");

        /* getaddrinfo()를 호출해 결속을 시도할 주소 리스트를 얻는다. */

        memset(&hints, 0, sizeof(struct addrinfo));
        hints.ai_canonname = NULL;
        hints.ai_addr = NULL;
        hints.ai_next = NULL;
        hints.ai_socktype = SOCK_STREAM;
        hints.ai_family = AF_UNSPEC;                /* IPv4나 IPv6 허용 */
③      hints.ai_flags = AI_PASSIVE | AI_NUMERICSERV;
                                        /* 와일드카드 IP 주소; 서비스명은 숫자 */
④      if (getaddrinfo(NULL, PORT_NUM, &hints, &result) != 0)
            errExit("getaddrinfo");

        /* 성공적으로 소켓을 생성하고 결속할 주소 구조체를 찾을 때까지 작업을 반복한다. */

        optval = 1;
⑤      for (rp = result; rp != NULL; rp = rp->ai_next) {
            lfd = socket(rp->ai_family, rp->ai_socktype, rp->ai_protocol);
            if (lfd == -1)
                continue;               /* 에러 발생 시 다음 주소를 시도 */

⑥          if (setsockopt(lfd, SOL_SOCKET, SO_REUSEADDR, &optval,
                sizeof(optval))== -1)
                errExit("setsockopt");

⑦          if (bind(lfd, rp->ai_addr, rp->ai_addrlen) == 0)
                break;                  /* 성공 */

            /* bind() 실패: 이 소켓을 닫고 다음 주소를 시도 */
```

```
            close(lfd);
        }

    if (rp == NULL)
        fatal("Could not bind socket to any address");

⑧   if (listen(lfd, BACKLOG) == -1)
        errExit("listen");

    freeaddrinfo(result);

⑨   for (;;) {                      /* 클라이언트를 반복적으로 처리 */

        /* 클라이언트 접속을 수락하고 주소를 얻는다. */

        addrlen = sizeof(struct sockaddr_storage);
⑩       cfd = accept(lfd, (struct sockaddr *) &claddr, &addrlen);
        if (cfd == -1) {
            errMsg("accept");
            continue;
        }

⑪       if (getnameinfo((struct sockaddr *) &claddr, addrlen,
                    host, NI_MAXHOST, service, NI_MAXSERV, 0) == 0)
            snprintf(addrStr, ADDRSTRLEN, "(%s, %s)", host, service);
        else
            snprintf(addrStr, ADDRSTRLEN, "(?UNKNOWN?)");
        printf("Connection from %s\n", addrStr);

        /* 클라이언트 요청을 읽고 순서 번호를 전송한다. */

⑫       if (readLine(cfd, reqLenStr, INT_LEN) <= 0) {
            close(cfd);
            continue;          /* 읽기 실패; 요청을 건너뛴다. */
        }

⑬       reqLen = atoi(reqLenStr);
        if (reqLen <= 0) {    /* 클라이언트가 잘못된 동작을 시도하는지 검사한다. */
            close(cfd);
            continue;          /* 올바르지 못한 요청; 요청을 건너뛴다. */
        }

⑭       snprintf(seqNumStr, INT_LEN, "%d\n", seqNum);
        if (write(cfd, &seqNumStr, strlen(seqNumStr)) != strlen(seqNumStr))
            fprintf(stderr, "Error on write");

⑮       seqNum += reqLen;     /* 순서 번호 갱신 */
```

```
        if (close(cfd) == -1)          /* 연결 종료 */
            errMsg("close");
    }
}
```

클라이언트 프로그램

리스트 22-7은 클라이언트 프로그램이다. 클라이언트 프로그램은 두 인자를 받는다. 첫
번째 인자는 서버를 수행하는 호스트명으로 필수로 입력해야 한다. 두 번째 인자는 선택
사항으로 클라이언트가 원하는 순서 길이를 지정하는 인자다. 기본 길이는 1로 설정한
다. 클라이언트는 다음과 같은 순서로 동작한다.

- getaddrinfo() 함수를 호출해 특정 호스트에 결속할 수 있도록 TCP 서버에 적
  합한 소켓 주소 구조체 집합을 얻는다①. 클라이언트는 포트 번호로 PORT_NUM을
  사용한다.

- 서버로 소켓을 생성③하고 연결④할 수 있는 주소 구조체를 찾을 때까지 이전 단
  계에서 얻은 소켓 구조체 집합을 반복적으로 검사한다②. 클라이언트는 자신의
  소켓을 결속하지 않기 때문에 connect()를 호출하면 커널에서 해당 소켓에 단명
  포트를 할당한다.

- 클라이언트가 원하는 순서 길이를 전송한다⑤. 줄바꿈 문자로 종료하는 문자열
  형태로 길이를 가리키는 정수를 전송한다.

- 서버에서 보낸 순서 번호(순서 번호도 줄바꿈 문자로 종료하는 문자열)를 읽고⑥, 표준 출
  력으로 표시한다⑦.

같은 호스트에서 서버와 클라이언트를 실행해보면 다음과 같다.

```
$ ./is_seqnum_sv &
[1] 4075
$ ./is_seqnum_cl localhost                 클라이언트 1: 1개의 순서 번호 요청
Connection from (localhost, 33273)         서버에서 클라이언트 주소와 포트를 출력
Sequence number: 0                         클라이언트는 리턴된 순서 번호 출력
$ ./is_seqnum_cl localhost 10              클라이언트 2: 10개의 순서 번호 요청
Connection from (localhost, 33274)
Sequence number: 1
$ ./is_seqnum_cl localhost                 클라이언트 3: 1개의 순서 번호 요청
Connection from (localhost, 33275)
Sequence number: 11
```

다음은 응용 프로그램 디버깅에 사용할 수 있는 telnet의 사용 예다.

$ **telnet localhost 50000**　　　　　　　　　서버는 이 포트 번호를 사용한다.
　　　　　　　　　　　　　　　　　　　　　텔넷에서 빈 줄을 출력했다.

Trying 127.0..0.1...
Connection from (localhost, 33276)
Connected to localhost.
Escape character is '^]'.
1　　　　　　　　　　　　　　　　　　　요청하는 순서 길이 입력
12　　　　　　　　　　　　　　　　　　　텔넷은 순서 번호를 출력하고,
Connection closed by foreign host.　　　서버 연결이 종료됐음을 감지한다.

 셸 세션 로그를 통해 커널에서 할당하는 단명 포트 번호가 순차적으로 순환된다는 사실을 확인할 수 있다(그 밖의 구현도 이와 비슷하게 동작한다). 리눅스에서는 커널의 로컬 소켓 바인딩 테이블 해시 검색을 줄여 성능을 최적화하려고 이와 같이 동작한다. 포트 번호가 최대 허용 범위에 도달하면 커널은 허용하는 포트 범위의 최소 숫자로 포트 번호를 재설정한다(허용 포트 범위는 리눅스 고유의 /proc/sys/net/ipv4/ip_local_port_range 파일에서 정의한다).

리스트 22-7 스트림 소켓을 이용하는 클라이언트

```
                                                        sockets/is_seqnum_cl.c
#include <netdb.h>
#include "is_seqnum.h"

int
main(int argc, char *argv[])
{
    char *reqLenStr;                /* 요청하는 순서 길이 */
    char seqNumStr[INT_LEN];        /* 허용된 순서 시작 번호 */
    int cfd;
    ssize_t numRead;
    struct addrinfo hints;
    struct addrinfo *result, *rp;

    if (argc < 2 || strcmp(argv[1], "--help") == 0)
        usageErr("%s server-host [sequence-len]\n", argv[0]);

    /* getaddrinfo()를 호출해서 연결하려는 주소 리트스를 얻는다. */

    memset(&hints, 0, sizeof(struct addrinfo));
    hints.ai_canonname = NULL;
    hints.ai_addr = NULL;
    hints.ai_next = NULL;
    hints.ai_family = AF_UNSPEC;                /* IPv4나 IPv6 허용 */
    hints.ai_socktype = SOCK_STREAM;
    hints.ai_flags = AI_NUMERICSERV;
```

```
①      if (getaddrinfo(argv[1], PORT_NUM, &hints, &result) != 0)
            errExit("getaddrinfo");

        /* 소켓을 성공적으로 연결할 수 있을 때까지 리턴된 리스트 검사를 반복한다. */

②      for (rp = result; rp != NULL; rp = rp->ai_next) {
③          cfd = socket(rp->ai_family, rp->ai_socktype, rp->ai_protocol);
            if (cfd == -1)
                continue;                    /* 에러 발생 시 다음 주소로 넘어간다. */

④          if (connect(cfd, rp->ai_addr, rp->ai_addrlen) != -1)
                break;                       /* 성공 */

                /* 연결 실패: 이 소켓을 종료하고 다음 주소를 시도 */

                close(cfd);
        }

        if (rp == NULL)
            fatal("Could not connect socket to any address");

        freeaddrinfo(result);

        /* 순서 요청 길이를 전송한다. 요청은 줄바꿈 문자로 종료하도록 인코딩한다. */

⑤      reqLenStr = (argc > 2) ? argv[2] : "1";
        if (write(cfd, reqLenStr, strlen(reqLenStr)) != strlen(reqLenStr))
            fatal("Partial/failed write (reqLenStr)");
        if (write(cfd, "\n", 1) != 1)
            fatal("Partial/failed write (newline)");

        /* 서버에서 리턴한 순서 번호를 읽고 출력한다. */

⑥      numRead = readLine(cfd, seqNumStr, INT_LEN);
        if (numRead == -1)
            errExit("readLine");
        if (numRead == 0)
            fatal("Unexpected EOF from server");

⑦      printf("Sequence number: %s", seqNumStr);    /* '\n' 포함 */

        exit(EXIT_SUCCESS);                              /* 'cfd' 닫기 */
    }
```

22.12 인터넷 도메인 소켓 라이브러리

이 절에서는 22.10절에서 보여준 함수를 활용해 인터넷 도메인 소켓에서 일반적으로 처리해야 할 작업을 수행하는 함수 라이브러리를 구현한다(이 라이브러리는 22.11절의 예제 프로그램에서 설명한 여러 단계를 추상화한다). 라이브러리 함수는 프로토콜 독립적인 함수 getaddrinfo()와 getnameinfo()를 활용하기 때문에 IPv4와 IPv6 모두에서 사용할 수 있다. 리스트 22-8은 이 함수들을 정의한 헤더 파일이다.

라이브러리의 함수 인자는 다음과 같다(이전에 살펴본 함수의 인자와 비슷하다).

- host 인자는 호스트명이나 숫자로 표현한 주소(점으로 구분한 십진수 IPv4 주소나 16진수 문자열로 표현한 IPv6 주소)다. 루프백 IP 주소를 사용하는 경우 host를 NULL로 설정한다.
- service 인자는 서비스명이나 십진수 문자열로 표현한 포트 번호다.
- type 인자는 SOCK_STREAM이나 SOCK_DGRAM으로 설정한다.

리스트 22-8 inet_sockets.c의 헤더 파일

```
                                              sockets/inet_sockets.h
#ifndef INET_SOCKETS_H
#define INET_SOCKETS_H          /* 헤더 파일을 실수로 두 번 포함하지 않도록 방지한다. */

#include <sys/socket.h>
#include <netdb.h>

int inetConnect(const char *host, const char *service, int type);

int inetListen(const char *service, int backlog, socklen_t *addrlen);

int inetBind(const char *service, int type, socklen_t *addrlen);

char *inetAddressStr(const struct sockaddr *addr, socklen_t addrlen,
                     char *addrStr, int addrStrLen);

#define IS_ADDR_STR_LEN 4096
                    /* 호출자가 inetAddressStr()로 넘겨줘야 할 문자열 버퍼 크기다.
                        (NI_MAXHOST + NI_MAXSERV + 4) 값보다는 커야 한다. */
#endif
```

함수 inetConnect()는 type이 가리키는 종류의 소켓을 생성하고 host와 service
가 가리키는 주소로 소켓을 연결한다. 이 함수는 자신의 소켓을 서버 소켓으로 연결하려
는 TCP나 UDP 클라이언트에서 사용한다.

```
#include "inet_sockets.h"

int inetConnect(const char *host, const char *service, int type);
                          성공하면 파일 디스크립터를 리턴하고, 에러가 발생하면 −1을 리턴한다.
```

함수의 결과로 새로운 소켓의 파일 디스크립터를 리턴한다.

inetListen() 함수는 디바이스에서 지정한 TCP 포트를 이용해 와일드카드 IP 주소
로 결속할 수 있도록 기다리는 소켓(SOCK_STREAM)을 생성한다.

```
#include "inet_sockets.h"

int inetListen(const char *service, int backlog, socklen_t *addrlen);
                          성공하면 파일 디스크립터를 리턴하고, 에러가 발생하면 −1을 리턴한다.
```

함수의 결과로 파일 새로운 소켓의 파일 디스크립터를 리턴한다.

backlog 인자는 정체된 연결(listen() 함수로)의 허용 크기를 가리킨다.

addrlen 인자가 NULL이 아닌 경우, 리턴되는 파일 디스크립터에 대응하는 소켓 주소
구조체 크기를 가리킨다. accept() 호출에서 연결을 요청하는 클라이언트 주소를 얻는
과정에서 소켓 주소 버퍼를 적당한 크기로 할당하는 데 addrlen을 사용한다.

inetBind() 함수는 type에 해당하는 소켓을 생성하고 service와 type이 가리키
는 와일드카드 IP와 포트로 소켓을 결속한다(type은 소켓 종류가 TCP 서비스인지 UDP 서비스인
지 여부를 가리킨다). 이 함수는 (주로) 특정 주소로 결속하는 소켓을 생성하는 UDP 서버와
클라이언트에서 사용한다.

```
#include "inet_sockets.h"

int inetBind(const char *service, int type, socklen_t *addrlen);
                          성공하면 파일 디스크립터를 리턴하고, 에러가 발생하면 −1을 리턴한다.
```

함수 호출 결과로 새로운 소켓의 파일 디스크립터를 리턴한다.

inetListen() 함수와 마찬가지로 inetBind()는 addrlen이 가리키는 소켓 주소 구조체 길이를 리턴한다. 데이터그램을 전송하는 소켓의 주소를 얻으려고 recvfrom() 으로 버퍼를 할당해 넘겨줄 때 이 함수를 활용한다(함수 inetListen()과 inetBind()에 필요한 과정은 대부분 비슷한데, 이 과정을 라이브러리의 함수 inetPassiveSocket()에서 구현한다).

inetAddressStr() 함수는 인터넷 소켓 주소를 출력 가능한 형식으로 변환한다.

```
#include "inet_sockets.h"

char *inetAddressStr(const struct sockaddr *addr, socklen_t addrlen,
                     char *addrStr, int addrStrLen);
```
                                호스트명과 서비스명을 포함하는 문자열을 가리키는 포인터 addrStr을 리턴한다.

inetAddressStr() 함수의 인자 addr은 소켓 주소 구조체를, addrlen에는 구조체 길이를 설정한다. inetAddressStr() 함수는 호스트명과 포트 번호를 포함하는 NULL 로 끝나는 문자열을 리턴한다. 리턴 문자열 형식은 다음과 같다.

```
(hostname, port-number)
```

위 문자열은 addrStr이 가리키는 버퍼로 리턴한다. 따라서 이 함수의 호출자는 변수 addrStrLen에 addrStr이 가리키는 버퍼 크기를 설정해야 한다. 리턴되는 문자열이 (addrStrLen - 1)을 초과하면, 초과된 문자열은 잘라낸다. addrStr 버퍼의 크기로 상수 IS_ADDR_STR_LEN을 사용할 수 있는데, 이때 IS_ADDR_STR_LEN은 모든 리턴 문자열을 처리할 수 있을 만큼 충분한 값이어야 한다. inetAddressStr() 함수의 리턴값은 addrStr이다.

리스트 22-9는 이 절에서 소개한 함수의 구현이다.

리스트 22-9 인터넷 도메인 소켓 라이브러리

```
                                                        sockets/inet_sockets.c
#define _BSD_SOURCE /* <netdb.h>의 NI_MAXHOST와 NI_MAXSERV 정의를 포함한다. */

#include <sys/socket.h>
#include <netinet/in.h>
#include <arpa/inet.h>
#include <netdb.h>
#include "inet_sockets.h"    /* 여기서 함수 프로토타입 선언 */
#include "tlpi_hdr.h"
```

```c
int
inetConnect(const char *host, const char *service, int type)
{
    struct addrinfo hints;
    struct addrinfo *result, *rp;
    int sfd, s;

    memset(&hints, 0, sizeof(struct addrinfo));
    hints.ai_canonname = NULL;
    hints.ai_addr = NULL;
    hints.ai_next = NULL;
    hints.ai_family = AF_UNSPEC;        /* IPv4와 IPv6 허용 */
    hints.ai_socktype = type;

    s = getaddrinfo(host, service, &hints, &result);
    if (s != 0) {
        errno = ENOSYS;
        return -1;
    }

    /* 소켓을 성공적으로 연결할 수 있는 주소 구조체가 나올 때까지 리턴된 리스트를 검사한다. */

    for (rp = result; rp != NULL; rp = rp->ai_next) {
        sfd = socket(rp->ai_family, rp->ai_socktype, rp->ai_protocol);
        if (sfd == -1)
            continue;                   /* 에러 발생 시 다음 주소로 넘어간다. */

        if (connect(sfd, rp->ai_addr, rp->ai_addrlen) != -1)
            break;                      /* 성공 */

        /* 연결 실패: 이 소켓을 닫고 다음 주소를 시도한다. */

        close(sfd);
    }

    freeaddrinfo(result);

    return (rp == NULL) ? -1 : sfd;
}

static int                  /* 공개 인터페이스: inetBind()와 inetListen() */
inetPassiveSocket(const char *service, int type, socklen_t *addrlen,
            Boolean doListen, int backlog)
{
    struct addrinfo hints;
    struct addrinfo *result, *rp;
    int sfd, optval, s;
```

```
memset(&hints, 0, sizeof(struct addrinfo));
hints.ai_canonname = NULL;
hints.ai_addr = NULL;
hints.ai_next = NULL;
hints.ai_socktype = type;
hints.ai_family = AF_UNSPEC;        /* IPv4와 IPv6 허용 */
hints.ai_flags = AI_PASSIVE;        /* 와일드카드 IP 주소 사용 */

s = getaddrinfo(NULL, service, &hints, &result);
if (s != 0)
    return -1;

/* 소켓을 성공적으로 생성하고 결속할 수 있는 주소 구조체가 나올 때까지
   리턴된 리스트를 검사한다. */

optval = 1;
for (rp = result; rp != NULL; rp = rp->ai_next) {
    sfd = socket(rp->ai_family, rp'->ai_socktype, rp->ai_protocol);
    if (sfd == -1)
        continue;                   /* 에러 발생 시 다음 주소로 넘어간다. */

    if (doListen) {
        if (setsockopt(sfd, SOL_SOCKET, SO_REUSEADDR, &optval,
                sizeof(optval)) == -1) {
            close(sfd);
            freeaddrinfo(result);
            return -1;
        }
    }

    if (bind(sfd, rp->ai_addr, rp->ai_addrlen) == 0)
        break;                      /* 성공 */

    /* 결속 실패: 이 소켓을 닫고 다음 주소를 시도한다. */

    close(sfd);
}

if (rp != NULL && doListen) {
    if (listen(sfd, backlog) == -1) {
        freeaddrinfo(result);
        return -1;
    }
}

if (rp != NULL && addrlen != NULL)
    *addrlen = rp->ai_addrlen;   /* 주소 구조체 크기 리턴 */
```

```
        freeaddrinfo(result);

        return (rp == NULL) ? -1 : sfd;
}

int
inetListen(const char *service, int backlog, socklen_t *addrlen)
{
        return inetPassiveSocket(service, SOCK_STREAM, addrlen, TRUE, backlog);
}

int
inetBind(const char *service, int type, socklen_t *addrlen)
{
        return inetPassiveSocket(service, type, addrlen, FALSE, 0);
}

char *
inetAddressStr(const struct sockaddr *addr, socklen_t addrlen,
               char *addrStr, int addrStrLen)
{
        char host[NI_MAXHOST], service[NI_MAXSERV];

        if (getnameinfo(addr, addrlen, host, NI_MAXHOST,
                        service, NI_MAXSERV, NI_NUMERICSERV) == 0)
            snprintf(addrStr, addrStrLen, "(%s, %s)", host, service);
        else
            snprintf(addrStr, addrStrLen, "(?UNKNOWN?)");

        addrStr[addrStrLen - 1] = '\0';              /* 널로 끝남을 보장 */
        return addrStr;
}
```

22.13 더 이상 사용하지 않는 호스트와 서비스 변경 API

이 절에서는 호스트명과 서비스명을 이진수와 프리젠테이션 포맷 간에 변환하는 데 사용했던 함수를 살펴본다. 현재는 이 함수들을 사용하지 않는다. 새로 구현하는 프로그램에서는 이전 장에서 설명한 최근 함수를 이용해 이런 변환을 수행해야 하지만, 때때로 예전 코드를 분석해야 하는 경우가 있으므로 과거에 사용한 함수를 알아둘 필요가 있다.

22.13.1 inet_aton()과 inet_ntoa() 함수

IPv4 주소를 점으로 구분한 십진수 표현과 이진 형식 표현 간에 상호 변경할 때(네트워크 바이트 순서로) 함수 inet_aton()과 inet_ntoa()를 사용한다. 최근에는 이 함수들 대신 inet_pton()과 inet_ntop()를 사용한다.

inet_aton()('ASCII를 네트워크로ASCII to network') 함수는 str이 가리키는 점으로 구분하는 십진수 문자열을 네트워크 바이트 순서의 IPv4 주소로 변경한다. 이 IPv4 주소는 addr이 가리키는 in_addr 구조체에 저장된다.

```
#include <arpa/inet.h>

int inet_aton(const char *str, struct in_addr *addr);
```
str이 유효한 점으로 구분하는 십진수 주소이면 1(참)을 리턴하고,
에러가 발생하면 0(거짓)을 리턴한다.

변환에 성공하면 함수 inet_aton()은 1을, str이 유효하지 않은 문자열이면 0을 리턴한다.

inet_aton() 함수로 제공하는 주소가 반드시 십진수일 필요는 없다. 8진수(0으로 시작하는 경우)나 16진수(0x나 0X로 시작하는 경우)도 가능하다. 그뿐 아니라 함수 inet_aton()은 4개의 숫자 컴포넌트 이하로도 주소를 지정할 수 있도록 줄임 형식도 지원한다(자세한 내용은 매뉴얼 페이지의 inet(3)을 참조하라). 이 기능을 적용한 일반적인 주소 문자열을 가리켜 숫자와 점 표기법numbers-and-dots notation이라 한다.

SUSv3는 inet_aton()을 정의하지 않는다. 그러나 대부분의 구현에서 이 함수를 사용할 수 있다. 리눅스에서 <arpa/inet.h>에서 정의하는 inet_aton()을 이용하려면 기능 테스트 매크로 _BSD_SOURCE, _SVID_SOURCE, _GNU_SOURCE 중 하나를 정의해야 한다.

inet_ntoa()('네트워크를 ASCII로') 함수는 inet_aton()과 반대의 작업을 수행한다.

```
#include <arpa/inet.h>

char *inet_ntoa(struct in_addr addr);
```
addr을 점으로 구분한 십진수 문자열로 변환한 결과를
가리키는 포인터(정적으로 할당한) 값을 리턴한다.

함수 inet_ntoa()는 in_addr 구조체(네트워크 바이트 순서로 이뤄진 32비트 IPv4 주소)를 입력으로 받아 이를 점으로 구분한 십진수 문자열로 변환한 다음 결과를 가리키는 포인터(정적으로 할당한)를 리턴한다.

inet_ntoa() 함수의 결과 문자열은 정적으로 할당되므로 이후 호출에서 해당 결과를 덮어쓴다.

22.13.2 gethostbyname()과 gethostbyaddr() 함수

함수 gethostbyname()과 gethostbyaddr()은 호스트명과 IP 주소를 변환하는 함수다. 현재는 이 함수들 대신 getaddrinfo()와 getnameinfo()를 사용한다.

```
#include <netdb.h>

extern int h_errno;

struct hostent *gethostbyname(const char *name);
struct hostent *gethostbyaddr(const char *addr, socklen_t len, int type);
                    성공하면 hostent 구조체의 포인터(동적으로 할당한)를 리턴하고,
                                        에러가 발생하면 NULL을 리턴한다.
```

gethostbyname() 함수는 name으로 주어진 호스트명을 해석해서 동적으로 할당한 hostent 구조체에 대한 포인터를 리턴한다. 구조체 hostent는 호스트명의 정보를 포함하며, 다음과 같은 형식으로 구성된다.

```
struct hostent {
    char   *h_name;          /* 호스트의 공식(정규) 이름 */
    char  **h_aliases;       /* 에일리어스 문자열(NULL로 끝난다)을 가리키는
                                포인터 배열 */
    int     h_addrtype;      /* 주소 종류(AF_INET이나 AF_INET6) */
    int     h_length;        /* h_addr_list가 가리키는 주소 길이(바이트 단위로,
                                AF_INET에는 4바이트, AF_INET6에는 16바이트 값을
                                갖는다) */
    char  **h_addr_list;           /* 호스트 IP 주소(NULL로 끝난다)를 가리키는
                                포인터 배열. 주소는 네트워크 바이트 순서 */
};

#define h_addr h_addr_list[0]
```

h_name 필드는 공식 호스트명(NULL로 끝나는 문자열로)을 리턴한다. h_aliases 필드는 호스트명에 대한 에일리어스(대안으로 사용하는 이름) 문자(NULL로 끝난다)를 가리키는 포인터 배열을 가리킨다.

h_addr_list 필드는 호스트의 IP 주소 구조체를 가리키는 포인터 배열이다(멀티홈 호스트는 여러 개의 주소를 가질 수 있다). 이 리스트는 in_addr이나 in6_addr 구조체로 구성된다. h_addrtype 필드는 AF_INET이나 AF_INET6 값을 가질 수 있는데, 이 필드를 이용해 구조체 종류를 결정할 수 있다. 구조체의 길이는 h_length 필드로 얻는다. h_addr define 문은 초기 구현(예: 4.2BSD)과의 호환성을 위해서다. h_addr은 hostent 구조체에서 하나의 주소만 리턴한다. 아직도 몇몇 코드는 h_addr을 사용한다(멀티홈 호스트라는 개념은 전혀 고려하지 않았다).

최근 버전의 함수인 gethostbyname()에서는 이름을 숫자 IP 주소 문자열(점으로 구분한 십진수 숫자로 표시한 IPv4 주소나 16진수 문자열로 표시한 IPv6 등)로 지정할 수 있다. 이 경우 검색을 수행하지 않고, 이름을 hostent 구조체의 h_name 필드로 복사하고, 이름을 이진 표기법으로 변환해 h_addr_list에 저장한다.

gethostbyaddr() 함수는 gethostbyname()과 정반대 동작을 수행한다. gethostbyaddr() 함수에 IP 주소를 넘겨주면, 해당 주소에 대한 호스트 정보를 포함하는 hostent 구조체를 리턴한다.

에러가 발생하면(예를 들어, 이름을 해석하지 못하면) gethostbyname()과 gethostbyaddr() 모두 NULL 포인터를 리턴하고 전역 변수 h_errno를 설정한다. 이름 자체에서 알 수 있듯이 이 변수는 errno과 비슷한 역할을 수행한다(h_errno가 가질 수 있는 값은 매뉴얼 페이지의 gethostbyname(3)에서 설명한다). 함수 herror()와 hstrerror()는 각각 perror(), strerror()와 비슷한 역할을 수행한다.

herror() 함수는 str의 문자열을 출력(표준 에러로)한 다음 콜론(:)을 추가하고 h_errno 에러 메시지를 출력한다. 대안으로 함수 hstrerror()를 이용해 err에 대응하는 에러값 문자열 포인터를 얻을 수 있다.

```
#define _BSD_SOURCE              /* 또는 _SVID_SOURCE나 _GNU_SOURCE */
#include <netdb.h>

void herror(const char *str);

const char *hstrerror(int err);
                              err에 대응하는 h_errno 에러 문자열을 리턴한다.
```

리스트 22-10에는 함수 gethostbyname()의 사용 예가 나온다. 이 프로그램은 명령 행의 호스트 이름에 대한 hostent 정보를 출력한다. 다음 셸 세션은 이 프로그램의 사용 방법을 보여준다.

```
$ ./t_gethostbyname www.jambit.com
Canonical name: jamjam1.jambit.com
        alias(es):      www.jambit.com
        address type:   AF_INET
        address(es):    62.245.207.90
```

리스트 22-10 gethostbyname()을 이용해 호스트 정보 얻기

```c
                                                    sockets/t_gethostbyname.c
#define _BSD_SOURCE    /* <netdb.h>에서 정의하는 함수 hstrerror() 선언 이용 */
#include <netdb.h>
#include <netinet/in.h>
#include <arpa/inet.h>
#include "tlpi_hdr.h"

int
main(int argc, char *argv[])
{
    struct hostent *h;
    char **pp;
    char str[INET6_ADDRSTRLEN];

    for (argv++; *argv != NULL; argv++) {
        h = gethostbyname(*argv);
        if (h == NULL) {
            fprintf(stderr, "gethostbyname() failed for '%s': %s\n",
                    *argv, hstrerror(h_errno));
            continue;
        }

        printf("Canonical name: %s\n", h->h_name);

        printf(" alias(es): ");
        for (pp = h->h_aliases; *pp != NULL; pp++)
            printf(" %s", *pp);
        printf("\n");
        printf("          address type: %s\n",
                (h->h_addrtype == AF_INET) ? "AF_INET" :
                (h->h_addrtype == AF_INET6) ? "AF_INET6" : "???");
```

```
        if (h->h_addrtype == AF_INET || h->h_addrtype == AF_INET6) {
            printf("          address(es):   ");
            for (pp = h->h_addr_list; *pp != NULL; pp++)
                printf(" %s", inet_ntop(h->h_addrtype, *pp,
                                            str, INET6_ADDRSTRLEN));
            printf("\n");
        }
    }

    exit(EXIT_SUCCESS);
}
```

22.13.3 getservbyname()과 getservbyport() 함수

함수 getservbyname()과 getservbyport()는 /etc/services 파일(22.9절)에서 레코드를 가져오는 함수다. 최근에는 이 함수들 대신 getaddrinfo()와 getnameinfo()를 사용한다.

```
#include <netdb.h>

struct servent *getservbyname(const char *name, const char *proto);
struct servent *getservbyport(int port, const char *proto);
```
```
                    성공하면 (정적으로 할당된) servent 구조체 포인터를 리턴하고,
                    에러가 발생했거나 정보를 찾지 못한 경우 NULL을 리턴한다.
```

함수 getservbyname()은 name과 서비스명(혹은 에일리어스 가운데 하나), proto와 프로토콜이 일치하는 레코드를 검색한다. 인자 proto는 tcp나 udp 같은 문자열 값을 갖거나 NULL 값이다. proto를 NULL로 설정하면 서비스명이 같은 레코드를 리턴한다(/etc/services 파일에서 UDP와 TCP 레코드는 같은 이름을 사용하고 같은 포트 번호를 가지므로 대개 서비스명 검색만으로도 충분하다). 일치하는 레코드를 찾았으면 함수 getservbyname()은 정적으로 할당된 구조체의 포인터를 리턴한다. 구조체 형식은 다음과 같다.

```
struct servent {
    char  *s_name;          /* 공식 서비스명 */
    char **s_aliases;       /* 에일리어스 (NULL로 종료) 에 대한 포인터 */
    int    s_port;          /* 포트 번호 (네트워크 바이트 순서)  */
    char  *s_proto;         /* 프로토콜 */
};
```

일반적으로 포트 번호를 얻는 데 getservbyname() 함수를 사용한다. getservbyname() 함수는 s_port 필드에 포트 번호를 저장한다.

getservbyport() 함수는 getservbyname()과 정반대의 작업을 수행한다. getservbyport() 함수는 /etc/services 파일에서 port와 포트 번호가 일치하고 proto와 프로토콜이 일치하는 레코드를 찾아 리턴한다. proto를 NULL로 설정하면 port와 포트 번호가 일치하는 레코드를 바로 리턴한다(하나의 포트 번호가 UDP와 TCP에서 다른 서비스명으로 매핑되는 경우, 원치 않는 결과를 초래할 수 있다).

 함수 getservbyname의 활용 예제는 이 책의 소스 코드 배포판에 있는 files/t_getservbyname.c에서 확인할 수 있다.

22.14 유닉스 도메인 소켓과 인터넷 도메인 소켓

네트워크로 통신하는 응용 프로그램을 만들려면 인터넷 도메인 소켓을 이용해야 한다. 그러나 같은 시스템의 응용 프로그램 간 통신에서는 인터넷 도메인 소켓과 유닉스 도메인 소켓을 모두 사용할 수 있다. 그럼 어떤 도메인을 사용해야 할까? 그 이유는 뭘까?

인터넷 도메인 소켓으로 응용 프로그램을 만들 경우, 네트워크든 같은 호스트든 구별 없이 동작하므로 비교적 쉬운 접근 방법에 속한다. 그러나 유닉스 도메인 소켓을 이용해야 하는 몇 가지 이유가 있다.

- 몇몇 구현에서는 유닉스 도메인 소켓이 인터넷 도메인 소켓보다 더 빠르다.
- 유닉스 도메인에서는 디렉토리(리눅스에서는 파일)를 이용해 소켓 접근을 제어할 수 있다. 따라서 지정된 사용자나 그룹 ID의 응용 프로그램에서만 기다리는 스트림 소켓에 접속해서 데이터그램 소켓으로 데이터그램을 발송할 수 있다. 인터넷 도메인 소켓의 경우 클라이언트를 인증하려면 많은 작업이 필요하다.
- 24.13.3절에서 요약한 것처럼 유닉스 도메인 소켓을 이용하면 열린 파일 디스크립터 및 전송자 자격 정보를 넘겨줄 수 있다.

22.15 더 읽을거리

TCP/IP와 소켓 API를 다룬 많은 책과 온라인 자료가 있다.

- 소켓 API 네트워크 프로그래밍을 다룬 주요 서적은 [Stevens at al., 2004]다. [Snader, 2000]은 소켓 프로그래밍에 유용한 추가 지침을 담고 있다.

- [Stevens, 1994]와 [Wright & Stevens, 1995]는 TCP/IP를 자세히 설명한다. [Comer, 2000], [Comer & Stevens, 1999], [Comer & Stevens, 2000], [Kozierok, 2005], [Goralksi, 2009] 등도 TCP/IP에 대한 설명을 제공한다.

- [Tanenbaum, 2002]는 컴퓨터 네트워크의 일반적인 배경지식을 제공한다.

- [Herbert, 2004]는 리눅스 2.6 TCP/IP 스택의 세부사항을 설명한다.

- GNC C 라이브러리 매뉴얼(http://www.gnu.org/)도 소켓 API를 자세히 설명한다.

- IBM Redbook, 'TCP/IP Tutorial and Technical Overview'도 네트워킹 개념, TCP/IP 내부 동작, 소켓 API, 호스트 관련 주제에 대한 깊이 있는 내용을 제공한다. http://www.redbooks.ibm.com/에서 무료로 내려받을 수 있다.

- [Gont, 2008]과 [Gont, 2009b]는 IPv4와 TCP의 보안 평가를 제공한다.

- 유즈넷Usenet 뉴스그룹 comp.protocols.tcp-ip에서 TCP/IP 네트워킹 프로토콜 관련 질의 응답을 담당한다.

- [Sarolahti & Kuznetsov, 2002]는 리눅스 구현의 혼잡 제어와 기타 세부사항을 설명한다.

- 다음의 매뉴얼 페이지에서 리눅스 전용 정보를 확인할 수 있다. `socket(7)`, `ip(7)`, `raw(7)`, `tcp(7)`, `udp(7)`, `packet(7)`

- 21.7절의 RFC 목록도 참조하자.

22.16 정리

인터넷 도메인 소켓을 이용해 각기 다른 호스트의 응용 프로그램이 TCP/IP 네트워크로 통신할 수 있다. IP 주소와 포트 번호로 인터넷 도메인 소켓 주소를 구성한다. IPv4에서는 IP 주소를 32비트 숫자로 표현하고, IPv6에서는 IP 주소를 128비트 숫자로 표현한다. 인터넷 도메인 데이터그램 소켓이 UDP로 동작할 때는 연결성이 없고, 안정성이 떨어지는 메시지 지향 통신 서비스를 제공한다. TCP로 동작하면 연결된 두 응용 프로그램 간에 양방향의 안정적인 바이트 스트림 통신 채널을 제공한다.

구조가 다른 컴퓨터는 데이터 종류를 표현하는 규칙도 다르다. 예를 들어, 정수를 저장하는 방법으로 리틀 엔디언이나 빅 엔디언의 두 가지 방법이 있다. 또한 `int`와 `long` 같은 숫자 종류를 표현하는 데 사용하는 바이트 수도 컴퓨터마다 다를 수 있다. 이런 차이가 있다는 점을 감안해 기종이 다른 호스트를 네트워크로 연결하고 데이터를 교환할 때는 컴퓨터 구조에 관계없이 독립적으로 데이터를 주고받을 수 있는 방법을 적용해야 한다. 이런 문제를 해결하기 위해 고안된 여러 마셜링 표준을 살펴봤다. 많은 응용 프로 그램에서는 모든 데이터를 텍스트 형식으로 인코딩하고 각 필드를 지정된 문자(보통 줄바꿈 문자를 사용)로 구분한다는 사실도 살펴봤다.

IP 주소(IPv4에서는 점으로 구분한 십진수, IPv6에서는 16진수 문자열)의 문자열(숫자) 표현 과 이진 표현 간에 변환을 수행하는 다양한 함수를 살펴봤다. 일반적으로 숫자는 변경 될 수 있으므로, 문자열을 사용하는 편이 바람직하다. 그뿐 아니라 문자열은 숫자보다 기억하기도 쉽다. 호스트명과 서비스명을 숫자로 혹은 그 반대의 변환을 수행하는 여 러 함수도 살펴봤다. 현재 통용되는 호스트명과 서비스명을 소켓 주소로 변환 함수는 getaddrinfo()다. 그러나 예전 코드에서 gethostbyname()과 getservbyname()을 사용했다는 흔적을 아직도 찾아볼 수 있다.

호스트명을 변환하는 함수를 논의하려면 계층 디렉토리 서비스의 분산 데이터베이스 를 구현한 DNS를 살펴봐야 한다. DNS의 장점은 중앙집중적으로 데이터베이스를 관리 하지 않는다는 점이다. 대신 로컬 지역 관리자가 자신이 담당하는 데이터베이스의 계층 컴포넌트 변경을 갱신하고, DNS 서버는 호스트명을 해석하기 위해 다른 DNS 서버와 통 신한다.

22.17 연습문제

22-1. 리스트 22-1에 나온 함수 readLine()은 각 문자를 읽을 때마다 시스템 호 출을 사용하므로, 대량의 데이터를 읽기에는 적합하지 않다. 문자를 블록 단위 로 버퍼로 읽은 다음, 버퍼에서 한 줄씩 추출하는 방법이 좀 더 효율적인 인터 페이스다. 두 함수로 이와 같은 인터페이스를 구성할 수 있다. 첫 번째 함수를 readLineBufInit(fd, &rlbuf)라고 한다. 이 함수는 rlbuf가 가리키는 부 기 데이터 구조체를 초기화한다. 구조체 rlbuf는 데이터 버퍼 공간을 포함해, 버퍼 크기, 버퍼에서 읽지 않은 다음 문자열을 가리키는 포인터 등을 포함한다. 또한 이 구조체에는 인자 fd로 넘어온 파일 디스크립터 복사본 정보를 포함한 다. 두 번째 함수는 readLineBuf(&rlbuf)다. 이 함수는 rlbuf가 가리키는 버퍼에서 다음 줄을 리턴한다. 필요한 경우 rlbuf에 저장된 파일 디스크립터 로부터 추가 데이터 블록을 읽어온다. 이 두 함수를 구현하고 리스트 22-6(is_ seqnum_sv.c)과 리스트 22-7(is_seqnum_cl.c)이 새로 만든 두 함수를 이용하도록 수정하라.

22-2. 리스트 22-6(is_seqnum_sv.c)과 리스트 22-7(is_seqnum_cl.c)을 리스트 22-9(inet_sockets.c)에서 제공하는 두 함수 inetListen()과 inetConnect()를 이용하도록 수정하라.

22-3. 22.12절에서 보여준 인터넷 도메인 소켓 라이브러리와 유사한 유닉스 도메인 소켓 라이브러리 API를 작성하라. 리스트 20-3(us_xfr_sv.c, 510페이지)과 리스트 20-4(us_xfr_cl.c, 511페이지)를 새로 작성한 유닉스 도메인 소켓 라이브러리를 이용하도록 수정하라.

22-4. 이름-값 쌍을 저장하는 네트워크 서버를 구현하라. 클라이언트가 이름을 추가, 삭제, 수정, 확인할 수 있게 서버에서 기능을 제공해야 한다. 서버를 테스트할 1개 이상의 클라이언트를 작성하라. 선택사항으로 어떤 보안 장치를 구현해서 이름을 생성한 클라이언트만 해당 이름을 삭제하거나 수정할 수 있게 하라.

22-5. 2개의 인터넷 도메인 소켓을 생성하고, 특정 주소로 결속한 다음 첫 번째 소켓을 두 번째 소켓으로 연결한 상태라 가정하자. 이때 세 번째 데이터그램 소켓을 생성한 다음 첫 번째 소켓으로 데이터그램을 전송(sendto())하려 하면 어떤 일이 일어나는가? 해답을 알려주는 프로그램을 만들어라.

23

소켓: 서버 설계

23장에서는 반복 서버와 병렬 서버의 설계 및 inetd에 대해 살펴본다. inetd는 인터넷 서버 생성을 돕기 위해 제작된 특별 데몬[1]이다.

23.1 반복 서버와 병렬 서버

일반적으로 소켓을 사용하는 네트워크 서버 설계 유형을 다음과 같은 두 가지로 구분할 수 있다.

- 반복 서버iterative server: 반복 서버는 한 번에 하나의 클라이언트를 담당하고, 자신이 담당하는 클라이언트의 요청(혹은 여러 요청)을 처리하기 전까지는 다음 클라이언트로 넘어가지 않는다.
- 병렬 서버concurrent server: 여러 클라이언트를 동시에 처리하는 서버

---

1 상주 프로그램 – 옮긴이

7.8절에는 FIFO를 이용한 반복 서버 처리 예제를, 그리고 9.8절에서는 시스템 V 메시지 큐를 사용한 병렬 서버 예제를 살펴봤다.

반복 서버의 경우 클라이언트 요청을 처리하는 동안 다음 클라이언트가 대기해야 하므로, 일반적으로 서버가 요청을 비교적 단시간에 해결할 수 있는 경우에 사용한다. 서버와 클라이언트가 요청과 응답을 한 번씩 번갈아 주고받는 경우라면 반복 서버가 적합하다.

요청을 처리하는 데 비교적 오래 걸리는 상황이거나 클라이언트와 서버 간의 메시지 전달이 활발하게 여기저기로 전달하는 경우라면 병렬 서버를 이용하는 편이 바람직하다. 23장에서는 주로 전통적인(가장 간단하며) 병렬 서버 설계 방법(즉 모든 클라이언트 요청에 대해 새로운 자식 프로세스를 생성)을 살펴본다. 각 서버 자식은 하나의 클라이언트에 필요한 모든 작업을 수행하고 종료된다. 이들 프로세스는 서로 독립적으로 수행될 수 있는 개체이므로 여러 클라이언트 요청을 동시에 처리할 수 있다. 메인 서버 프로세스(부모 프로세스)의 주 역할은 각 클라이언트 요청이 오면 새로운 자식 프로세스를 생성하는 것이다(유사한 방법으로 프로세스 대신 스레드를 생성하는 기법도 있다).

23.2절에서는 인터넷 도메인 소켓을 이용한 반복 서버와 병렬 서버 예제를 살펴본다. 예제 서버는 클라이언트가 전송한 내용을 그대로 복사해서 돌려보내는 기초적인 서비스인 에코echo 서비스(RFC 862)를 구현한다.

23.2 반복 UDP 에코 서버

23.2절과 23.3절에서는 에코 서비스 서버 예제를 설명한다. 에코 서비스 예제는 UDP와 TCP 포트 7을 사용한다(이 포트는 예약 포트이므로 슈퍼유저 권한으로 에코 서버를 수행해야 한다).

UDP 에코 서버는 데이터그램을 연속적으로 읽어온 다음 발신자에게 데이터그램 내용을 복사해서 리턴한다. 한 번에 하나의 메시지를 처리하면 되므로 이 경우 반복 서버를 사용할 수 있다. 리스트 23-1은 서버의 헤더 파일이다.

리스트 23-1 id_echo_sv.c와 id_echo_cl.c의 헤더 파일

```
                                                              sockets/id_echo.h
#include "inet_sockets.h" /* 소켓 함수 선언 */
#include "tlpi_hdr.h"

#define SERVICE "echo"      /* UDP 서비스명 */

#define BUF_SIZE 500        /* 클라이언트와 서버에서 읽을 수 있는 데이터그램 최대 크기 */
```

리스트 23-2는 서버 구현 코드다. 서버 구현에서 다음 사항을 확인하자.

- Vol. 1의 32.2절에 나온 becomeDaemon() 함수를 사용해 서버를 데몬으로 변환했다.
- 22.12절에서 개발한 인터넷 도메인 소켓 라이브러리를 이용해 프로그램 크기를 줄였다.
- 서버가 클라이언트로 응답을 전송하지 못할 경우에는 syslog()를 이용해 메시지를 저장한다.

 공격자가 시스템 로그를 가득 채우지 않도록 예방하기 위해서, 그리고 syslog() 호출이 결국 fsync()를 호출하는 비싼 함수이기 때문에, 실생활의 응용 프로그램이라면 syslog() 호출 속도를 제한할 것이다.

리스트 23-2 반복 서버로 구현한 UDP 에코 서비스

```
                                                              sockets/id_echo_sv.c
#include <syslog.h>
#include "id_echo.h"
#include "become_daemon.h"

int
main(int argc, char *argv[])
{
    int sfd;
    ssize_t numRead;
    socklen_t addrlen, len;
    struct sockaddr_storage claddr;
    char buf[BUF_SIZE];
    char addrStr[IS_ADDR_STR_LEN];

    if (becomeDaemon(0) == -1)
        errExit("becomeDaemon");

    sfd = inetBind(SERVICE, SOCK_DGRAM, &addrlen);
    if (sfd == -1) {
        syslog(LOG_ERR, "Could not create server socket (%s)",
                strerror(errno));
        exit(EXIT_FAILURE);
    }

    /* 데이터그램을 받아서 복사한 다음 발신자에게 리턴 */

    for (;;) {
```

```
            len = sizeof(struct sockaddr_storage);
            numRead = recvfrom(sfd, buf, BUF_SIZE, 0,
                               (struct sockaddr *) &claddr, &len);
            if (numRead == -1)
                errExit("recvfrom");

            if (sendto(sfd, buf, numRead, 0, (struct sockaddr *) &claddr, len)
                    != numRead)
                syslog(LOG_WARNING, "Error echoing response to %s (%s)",
                        inetAddressStr((struct sockaddr *) &claddr, len,
                                    addrStr, IS_ADDR_STR_LEN),
                        strerror(errno));
    }
}
```

리스트 23-3의 클라이언트 프로그램을 사용해 서버를 테스트할 수 있다. 아래 예제에서는 22.12절에서 만들었던 인터넷 도메인 소켓 라이브러리를 이용한다. 클라이언트 프로그램에서 명령행 첫 인자에는 서버의 호스트명을 입력한다. 클라이언트는 두 번째 이후의 인자 목록을 각각의 데이터그램으로 서버로 전송한 다음 서버의 데이터그램 응답을 읽고 출력하는 루프를 수행한다.

리스트 23-3 UDP 에코 서비스 클라이언트

```
                                                        sockets/id_echo_cl.c
#include "id_echo.h"

int
main(int argc, char *argv[])
{
    int sfd, j;
    size_t len;
    ssize_t numRead;
    char buf[BUF_SIZE];

    if (argc < 2 || strcmp(argv[1], "--help") == 0)
        usageErr("%s: host msg...\n", argv[0]);

    /* 첫 번째 명령행 인자를 이용해 서버 주소를 만든다. */

    sfd = inetConnect(argv[1], SERVICE, SOCK_DGRAM);
    if (sfd == -1)
        fatal("Could not connect to server socket");

    /* 명령행의 나머지 인자는 별도의 데이터그램 형태로 서버에 전달한다. */
```

```
    for (j = 2; j < argc; j++) {
        len = strlen(argv[j]);
        if (write(sfd, argv[j], len) != len)
            fatal("partial/failed write");

        numRead = read(sfd, buf, BUF_SIZE);
        if (numRead == -1)
            errExit("read");

        printf("[%ld bytes] %.*s\n", (long) numRead, (int) numRead, buf);
    }

    exit(EXIT_SUCCESS);
}
```

아래는 서버와 클라이언트 인스턴스 2개를 실행한 결과다.

```
$ su                                      예약 포트에 결속하려면 슈퍼유저 권한 필요
Password:
# ./id_echo_sv                            서버를 백그라운드로 수행
# exit                                    슈퍼유저 사용 해제
$ ./id_echo_cl localhost hello world      2개의 데이터그램 전송
[5 bytes] hello                           서버의 응답을 클라이언트가 출력
[5 bytes] world
$ ./id_echo_cl localhost goodbye          1개의 데이터그램 전송
[7 bytes] goodbye
```

23.3 병렬 TCP 에코 서버

TCP 에코 서비스도 포트 7을 이용한다. TCP 에코 서버는 연결을 수락하고 무한 루프를
통해 들어오는 데이터를 읽어서 클라이언트 소켓으로 데이터를 돌려준다. 서버는 계속
읽기를 시도하다가 EOF가 발생하면 소켓을 닫는다(그러면 클라이언트도 소켓으로 들어오는 데
이터 읽기 시도를 하다가 EOF를 만난다).

클라이언트가 서버로 무한한 양의 데이터를 전송할 수 있으므로(즉 클라이언트 서비스 처
리에 무한에 가까운 시간이 소요될 수 있으므로), 동시에 여러 클라이언트를 처리할 수 있도록 병
렬 서버로 설계하는 것이 적절하다.

- Vol. 1의 32.2절에서 살펴본 것처럼 becomeDaemon() 함수를 호출하면 서버는
  데몬이 된다.
- 리스트 22-9(582페이지)에서 소개한 인터넷 도메인 소켓 라이브러리를 이용해 프
  로그램 크기를 줄였다.

- 클라이언트를 연결할 때마다 서버는 자식 프로세스를 생성하므로 좀비 프로세스를 적절히 제거해야 한다. 이 부분은 SIGCHLD 핸들러에서 처리한다.
- for 루프가 서버의 주요 코드다. 루프에서는 클라이언트 연결을 수락하고 fork()를 이용해 자식 프로세스를 생성한다. 이때 handleRequest() 함수가 호출되어 클라이언트를 처리한다. 부모 프로세스는 다음 클라이언트 연결을 수락하기 위해 for 루프를 반복한다.

 실생활 응용 프로그램이라면 시스템을 무력화시키기 위해 아주 많은 프로세스를 생성하는 공격인 원격 포크 밤(fork bomb) 시도를 무력화할 수단을 마련해야 한다. 일반적으로 서버가 생성할 수 있는 최대 자식 프로세스 수를 제한하는 방법을 사용한다. 이를 위해 서버 프로그램에 현재 수행 중인 자식 프로세스 수를 파악하는 코드를 추가한다(현재 자식 프로세스 수는 fork()를 성공적으로 수행한 경우 증가하고, SIGCHLD 핸들러에서 자식 프로세스를 제거할 때마다 감소한다). 허용된 자식 프로세스 수에 도달한 경우 일시적으로 연결 수락을 중지시킬 수 있다(혹은 연결을 수락한 후 바로 닫는 방법도 있다).

- fork()를 수행할 때마다 대기하는 소켓과 연결된 소켓 파일 디스크립터를 자식으로 복사한다(Vol. 1의 24.2.1절). 따라서 부모와 자식 프로세스 모두 연결된 소켓을 이용해 클라이언트와 통신할 수 있다. 그러나 일반적으로 클라이언트와 통신은 자식이 담당하는 역할이므로 부모 프로세스는 fork() 호출 직후에 연결된 소켓 파일 디스크립터를 닫는다(부모 프로세스가 이 파일 디스크립터를 닫지 않으면 해당 소켓은 닫히지 않는다. 결국에는 가용 파일 디스크립터를 모두 소진한다). 마찬가지로 새로운 연결을 수락하는 것은 자식 프로세스의 역할이 아니므로, 자식 프로세스는 자신의 대기하는 소켓 파일 디스크립터를 닫는다.
- 각 자식 프로세스는 클라이언트 요청을 처리한 다음 종료한다.

리스트 23-4 TCP 에코 서비스를 구현한 병렬 서버

```
                                                          sockets/is_echo_sv.c
#include <signal.h>
#include <syslog.h>
#include <sys/wait.h>
#include "become_daemon.h"
#include "inet_sockets.h"    /* inet*() 소켓 함수 구현 */
#include "tlpi_hdr.h"

#define SERVICE "echo"        /* TCP 서비스명 */
#define BUF_SIZE 4096

```

```c
static void                  /* 실행이 끝난 자식 프로세스를 제거할 SIGCHLD 핸들러 */
grimReaper(int sig)
{
    int savedErrno;          /* 'error' 값으로 초기화 */

    savedErrno = errno;
    while (waitpid(-1, NULL, WNOHANG) > 0)
        continue;
    errno = savedErrno;
}

/* 클라이언트 요청 처리: 소켓으로 들어오는 입력을 복제해 다시 전송한다 */

static void
handleRequest(int cfd)
{
    char buf[BUF_SIZE];
    ssize_t numRead;

    while ((numRead = read(cfd, buf, BUF_SIZE)) > 0) {
        if (write(cfd, buf, numRead) != numRead) {
            syslog(LOG_ERR, "write() failed: %s", strerror(errno));
            exit(EXIT_FAILURE);
        }
    }

    if (numRead == -1) {
        syslog(LOG_ERR, "Error from read(): %s", strerror(errno));
        exit(EXIT_FAILURE);
    }
}

int
main(int argc, char *argv[])
{
    int lfd, cfd;                /* 대기하는 소켓과 연결된 소켓 */
    struct sigaction sa;

    if (becomeDaemon(0) == -1)
        errExit("becomeDaemon");

    sigemptyset(&sa.sa_mask);
    sa.sa_flags = SA_RESTART;
    sa.sa_handler = grimReaper;
    if (sigaction(SIGCHLD, &sa, NULL) == -1) {
        syslog(LOG_ERR, "Error from sigaction(): %s", strerror(errno));
        exit(EXIT_FAILURE);
    }
```

```
lfd = inetListen(SERVICE, 10, NULL);
if (lfd == -1) {
    syslog(LOG_ERR, "Could not create server socket (%s)",
            strerror(errno));
    exit(EXIT_FAILURE);
}

for (;;) {
    cfd = accept(lfd, NULL, NULL);          /* 연결을 기다림 */
    if (cfd == -1) {
        syslog(LOG_ERR, "Failure in accept(): %s", strerror(errno));
        exit(EXIT_FAILURE);
    }

    /* 각 클라이언트 요청은 새로운 자식 프로세스에서 처리 */

    switch (fork()) {
    case -1:
        syslog(LOG_ERR, "Can't create child (%s)", strerror(errno));
        close(cfd);      /* 현재 클라이언트 요청은 처리하지 않음 */
        break;           /* 일시적인 문제일 수 있으므로 다음 클라이언트 요청 처리 시도 */

    case 0:              /* 자식 */
        close(lfd);      /* 불필요한 대기 소켓 복사본 */
        handleRequest(cfd);
        _exit(EXIT_SUCCESS);

    default:             /* 부모 */
        close(cfd);      /* 불필요한 연결된 소켓 복사본 */
        break;           /* 다음 요청을 수락할 수 있도록 루프 수행 */
    }
}
```

23.4 그 밖의 병렬 서버 설계

23.3절에서 설명한 전통적인 병렬 서버 모델은 다양한 클라이언트의 TCP 연결 요청을 동시에 처리하기에 적합하다. 그러나 매우 강도 높은 작업을 수행해야 하는 서버(예를 들어, 분당 수천 개의 요청을 처리해야 하는 웹 서버)의 경우, 각 클라이언트 요청을 처리하려고 새로운 자식(혹은 스레드)을 생성하는 일 자체가 상당한 부담을 주는 것이므로(Vol. 1의 28.3절 참조) 대안을 강구해야 한다. 간략히 몇 가지 대안을 살펴보자.

프로세스와 스레드를 미리 생성하는 서버

[Stevens et al., 2004]의 30장에서는 프로세스와 스레드를 미리 생성하는 서버에 대해 자세히 설명한다. 핵심은 다음과 같다.

- 각 클라이언트 요청에 대해 새로운 자식 프로세스(혹은 스레드)를 생성하지 않고, 서버가 시작할 때 미리 고정된 개수의 자식 프로세스(혹은 스레드)를 생성한다(예를 들어, 클라이언트 요청을 받지도 않은 시점일 수 있다). 이렇게 생성한 자식 프로세스가 모여 서버 풀server pool을 이룬다.

- 서버 풀의 각 자식은 하나의 클라이언트 요청을 처리한다. 그러나 일반적으로 클라이언트 요청을 처리한 다음 종료하는 것이 아니라 바로 다음 클라이언트 요청을 반복적으로 처리한다. 결국 이와 같은 과정을 반복한다.

위에서 설명한 기법을 적용하려면 서버 응용 프로그램에서 관리상 주의해야 하는 사항이 있다. 서버 풀은 클라이언트 요청을 처리할 수 있을 만큼 충분히 커야 한다. 즉 서버 부모는 유휴 자식 수를 파악하고 있어야 하며, 부하가 심해지면 풀의 크기를 늘려서 새로운 클라이언트 요청을 즉시 처리할 수 있도록 충분한 자식 프로세스를 확보해야 한다. 많은 프로세스를 유지하면 전체적인 시스템 성능에 영향을 줄 수 있으므로 부하가 줄어들면 다시 서버 풀 크기를 줄여야 한다.

그뿐 아니라 서버 풀의 자식이 클라이언트 요청을 독자적으로 처리할 수 있도록 특정 프로토콜을 마련해야 한다. 대부분의 유닉스 구현(리눅스를 포함해)에서는 풀의 자식이 기다리는 디스크립터상에서 accept()를 호출해 블록한다. 즉 서버 부모는 자식을 생성하기 전에 기다리는 소켓을 먼저 만든다. 따라서 fork()를 호출하는 동안 부모 소켓의 파일 디스크립터를 자식이 상속하게 한다. 새로운 클라이언트 요청이 들어오면 한 자식의 accept() 호출이 수행을 완료한다. 그러나 예전 구현에서는 accept() 호출이 아토믹 시스템 호출이 아닐 수 있으므로 상호 배제 기법(예: 파일 잠금)을 이용해 필요한 부분을 괄호로 묶어서 한 번에 1개의 자식만 작업을 수행하도록 처리해야 한다([Stevens et al., 2004]).

> 서버 풀의 자식이 accept()를 호출하게 하는 방법은 다양하다. 프로세스가 서버 풀을 구성하는 경우라면 서버 부모 프로세스가 accept()를 호출한 다음, 24.13.3절에서 간단하게 설명하는 기법을 이용해 풀의 여분 프로세스에게 새로운 연결을 포함하는 파일 디스크립터를 전달할 수 있다. 반면 스레드가 서버 풀을 구성한다면 메인 스레드가 accept()를 호출하고 유휴 서버 스레드에게 연결된 디스크립터를 이용해 새 클라이언트 요청을 처리할 수 있다는 사실을 알리는 방법도 있다.

단일 프로세스로 여러 클라이언트 처리하기

때로는 단일 서버 프로세스로 여러 클라이언트를 처리해야 하는 상황이 발생한다. 이러한 상황이라면 단일 프로세스가 여러 파일 디스크립터의 I/O 이벤트를 동시에 감지할 수 있도록 특별한 I/O 모델(I/O 멀티플렉싱, 시그널 구동 I/O, epoll 등)을 이용해야 한다. 26장에서 이 모델을 설명한다.

단일 서버 설계의 경우 서버 프로세스는 일반적으로 커널이 처리하는 스케줄링 작업에 따라야 한다. 클라이언트당 1개의 서버 프로세스를 이용하는 솔루션이라면, 각 서버 프로세스(결국 클라이언트)가 서버 호스트의 자원을 적절하게 공유하도록 기능을 제공하는 커널에 의지할 수 있다. 그러나 다양한 클라이언트를 단일 서버 프로세스로 처리해야 하는 상황이라면 하나 혹은 일부 클라이언트가 서버 자원을 독점하므로 다른 클라이언트 작업에 영향을 주지 않도록 서버가 자원 분배를 잘 처리해야 한다. 26.4.6절에서 이 부분을 좀 더 살펴보기로 하자.

서버팜 사용

강도 높은 클라이언트 부하를 처리하는 대안으로 서버팜server farm이라는 다중 서버 시스템을 이용하는 방법도 있다.

서버팜을 만드는 가장 손쉬운 방법 중 하나(일부 웹 서버에서 채택해서 사용한다)는 DNS 라운드 로빈을 이용해 부하를 공유하는 것이다. 이때 해당 영역에 대한 적절한 권한을 가진 네임서버가 같은 도메인명을 여러 IP 주소로 매핑한다(예를 들어, 여러 서버가 같은 도메인명을 공유). 이후로 DNS 서버로 들어오는 도메인명 해석 요청은 라운드 로빈 방식으로 IP 주소를 리턴한다. DNS 라운드 로빈 부하 공유에 대한 자세한 정보는 [Albitz & Liu, 2006]을 참조하기 바란다.

라운드 로빈 DNS는 비용이 저렴하며 설치가 간편하다. 그러나 라운드 로빈 DNS는 몇 가지 단점이 있다. 주소 해석 작업을 반복적으로 수행하는 DNS 서버는 결과를 캐시할 수 있다. 그리고 나중에 도메인 해석 요청이 왔을 때 인증된 DNS 서버가 생성한 라운드 로빈 순서가 아니라 이전에 캐시한 IP 주소를 그대로 리턴하는 문제가 발생할 수 있다. 또한 라운드 로빈 DNS는 부하 균형(클라이언트마다 서버에 요구하는 작업 부하가 다를 수 있다)과 높은 가용성(한 서버가 죽었거나 수행 중인 서버 응용 프로그램이 비정상 종료한 경우와 같은)을 유지하는 데 필요한 장치를 갖추지 않았다는 문제도 있다. 또 다른 문제는 서버 관련성server affinity을 어떻게 확보하는가에 관한 것으로 다중 서버를 적용한 상황에서 종종 발생한다.

즉 같은 클라이언트의 요청은 같은 서버로 전달함으로써 서버가 클라이언트의 상태 정보를 정확하게 유지할 수 있다.

서버 부하 균형잡기 방법server load balancing은 유연성은 좋아지지만 좀 더 복잡한 솔루션이다. 현재 시나리오에서 단일 부하 균형잡기 서버는 들어오는 클라이언트 요청을 서버팜의 한 멤버에게 보낸다(가용성을 높이기 위해, 주요 부하 균형잡기 서버에 문제가 생기면 백업할 서버를 마련할 수 있다). 이렇게 하면 하나의 IP 주소(부하 균형잡기 서버의 IP 주소)가 서버팜을 대표하므로 원격 DNS 캐싱 관련 문제를 해결할 수 있다.

부하 균형잡기 서버는 서버 부하(서버팜의 멤버가 제공하는 어떤 지표에 의거한)를 측정하거나 추정하는 데 사용할 알고리즘을 갖추고 있어서 서버팜의 멤버를 골고루 활용해 지능적으로 부하를 분산한다. 부하 균형잡기 서버는 서버팜 멤버에서 발생한 문제(그리고 필요한 경우 새로운 서버 추가 여부)를 자동으로 검출한다. 서버 부하 균형잡기에 대한 자세한 정보는 [Kopparapu, 2002]를 참조하자.

23.5 inetd(인터넷 슈퍼서버) 데몬

/etc/services의 내용을 살펴보면 수백 개가 넘는 서비스 목록을 확인할 수 있다. 이는 이론적으로 시스템이 많은 서버 프로세스를 가질 수 있음을 암시한다. 그러나 대부분의 서버는 간헐적으로 들어오는 연결 요청이나 데이터그램을 단지 기다린다. 결국 모든 프로세스는 커널 프로세스 테이블 슬롯을 차지하고 약간의 메모리와 스왑 공간을 소비하므로 시스템에 부하를 줄 수밖에 없다.

inetd 데몬은 서버에서 자주 사용하지 않는 프로세스 수를 줄이도록 고안됐다. inetd의 이점은 크게 두 가지다.

* 서비스마다 각각의 데몬을 수행하는 게 아니라 단일 프로세스(inetd 데몬)로 서비스를 제공한다. inetd 데몬은 지정된 특정 소켓 포트를 감시하면서 필요하다면 다른 서버를 구동하는 역할을 담당한다.
* inetd가 모든 네트워크 서버 구동에 공통으로 필요한 작업을 수행해주기 때문에 inetd가 구동한 서버 프로그래밍은 상당히 단순한 편이다.

inetd는 다양한 서비스를 감독하고 필요하면 다른 서버를 구동시키는 작업을 하므로 인터넷 슈퍼서버Internet superserver라고도 한다.

xinetd는 inetd의 확장 버전으로, 몇몇 리눅스 배포판에서는 xinetd를 제공한다. xinetd는 보안을 개선했다는 점이 가장 큰 특징이다. xinetd에 대한 자세한 정보는 http://www.xinetd.org/에서 확인할 수 있다.

inetd 데몬 동작

일반적으로 inetd 데몬은 시스템 부팅 시에 구동된다. inetd가 상주 프로세스가 되면 다음과 같은 작업을 수행한다.

1. 설정 파일 /etc/inetd.conf에 지정한 각 서비스에 대해 적절한 종류의 소켓(예를 들어, 스트림 혹은 데이터그램 등)을 생성하고 특정 포트로 결속한다. 각 TCP 소켓에 추가적으로 listen()을 호출함으로써 들어오는 연결을 허용하도록 준비시킨다.

2. inetd는 select() 시스템 호출(26.2.1절 참조)을 이용해 이전 단계에서 생성한 모든 소켓(데이터그램이나 들어오는 연결 요청에 사용할 소켓)을 감시한다.

3. select() 호출은 UDP 소켓으로 읽을 수 있는 데이터가 들어오거나 TCP 소켓으로 연결 요청이 올 때까지 대기한다. TCP 소켓의 경우 inetd는 다음 단계로 진행하기 전에 먼저 accept()를 수행한다.

4. inetd()는 fork()를 호출해 새로운 프로세스를 만들고 exec()를 호출해 서버 프로그램을 시작시켜 서버를 구동한다. exec()를 호출하기 전에 자식 프로세스는 다음 과정을 수행한다.

   a) 부모로부터 상속받은 모든 파일 디스크립터(UDP 데이터그램을 받은 소켓이나 TCP 연결을 수락한 소켓은 제외하고)를 닫는다.

   b) Vol. 1의 5.5절에서 설명한 기법으로 파일 디스크립터 0, 1, 2의 소켓 파일 디스크립터를 복제하고 자신의 소켓 파일 디스크립터는 닫는다(더 이상 필요치 않으므로). 이제 서버는 세 가지 표준 파일 디스크립터를 이용해 소켓과 통신할 수 있다.

   c) 선택사항으로 /etc/inetd.conf를 이용해 새로 시작한 서버의 사용자 ID와 그룹 ID를 설정할 수 있다.

5. 세 번째 단계의 TCP 소켓 연결을 수락했다면 inetd는 연결된 소켓을 닫는다(이 소켓은 새로 시작한 서버에서만 사용하는 것이므로).

6. inetd 서버는 두 번째 단계를 준비한다.

/etc/inetd.conf 파일

일반적으로 inetd 데몬의 오퍼레이션은 /etc/inetd.conf 설정 파일의 영향을 받는다. 설정 파일의 각 줄은 inetd가 처리하는 서비스를 기술한다. 리스트 23-5는 리눅스 배포에 포함되는 /etc/inetd.conf 파일 항목의 예다.

리스트 23-5 /etc/inetd.conf의 예

```
# echo    stream  tcp  nowait  root    internal
# echo    dgram   udp  wait    root    internal
ftp       stream  tcp  nowait  root    /usr/sbin/tcpd   in.ftpd
telnet    stream  tcp  nowait  root    /usr/sbin/tcpd   in.telnetd
login     stream  tcp  nowait  root    /usr/sbin/tcpd   in.rlogind
```

리스트 23-5의 첫 두 줄은 # 문자를 첫 부분에 사용해서 주석 처리했다. 곧 에코 서비스에 관해 살펴볼 것이므로 일단 삭제하지 않고 남겨뒀다.

/etc/inetd.conf의 각 줄은 공백으로 분리한 다음과 같은 필드로 만들어진다.

- 서비스명: /etc/services 파일의 서비스 이름을 지정한다. inetd는 프로토콜 필드와 서비스명을 이용해 /etc/services 파일에서 해당 서비스를 감시하는 데 필요한 포트 번호를 찾을 수 있다.
- 소켓 종류: 서비스에서 사용하는 소켓 종류를 지정. 예: stream, dgram
- 프로토콜: 소켓에서 사용하는 프로토콜 지정. 이 필드에는 /etc/protocols (protocols(5) 매뉴얼 페이지에 문서화되어 있다) 파일에서 나열하는 모든 종류의 인터넷 프로토콜을 지정할 수 있다. 그러나 대개 tcp(TCP용)나 udp(UDP용)를 지정한다.
- 플래그: 이 필드는 wait나 nowait 중 하나를 지정한다. 이 필드는 inetd가 구동한 서버가 서비스의 소켓 관리를 책임질(일시적으로) 것인지를 지정한다. inetd가 구동한 서버가 소켓을 관리하는 경우 이 필드는 wait 값을 갖는다. 이때 inetd는 구동시킨 서버가 종료(inetd는 SIGCHLD 핸들러를 통해 이를 검출할 수 있다)할 때까지 select()를 이용해 자신이 감시하는 파일 디스크립터 집합에서 해당 소켓을 제거한다. 이 필드에 대해서는 아랫부분에서 좀 더 살펴보기로 하자.
- 로그인명: 이 필드는 /etc/passwd의 사용자명 값을 지정한다. 선택사항으로는 점(.)과 /etc/group의 그룹명을 추가할 수 있다. 이 필드로 새로 시작한 서버가 수행되고 있는 사용자 ID와 그룹 ID를 결정한다(inetd는 루트의 사용자 ID 권한으로 수행되

므로, 자식 역시 권한을 상속받으며 상황에 따라 setuid()와 setgid() 호출로 프로세스 자격을 변경할 수 있다).

- **서버 프로그램**: 실행할 서버 프로그램의 경로명 지정
- **서버 프로그램 인자**: 이 필드는 하나 혹은 그 이상의 인자를 지정한다. 여러 인자는 공백으로 구분하며, 이 인자들은 서버 프로그램을 구동할 때 인자 목록으로 제공된다. 실행된 프로그램에서 첫 번째 인자는 argv[0]에 해당한다. 따라서 일반적으로 첫 번째 인자는 서버 프로그램명의 베이스네임basename과 같다. 다음 인자는 argv[1] 등과 같은 방식으로 접근할 수 있다.

 리스트 23-5는 ftp, telnet, login 서비스의 예다. 그러나 이 예에서는 위에서 설명한 것처럼 서버 프로그램과 인자를 설정하지 않았다. 세 가지 서비스 모두 동일하게 inetd가 tcpd(8) (TCP 데몬 래퍼)을 구동하도록 한다. tcpd 로깅을 수행하고 첫 번째 서버 프로그램 인자에 지정한 값(tcpd는 argv[0]으로 접근할 수 있는)에 따라 해당 프로그램을 수행하기 전에 접근 제어를 확인한다. tcpd에 대한 정보는 tcpd(8) 매뉴얼 페이지와 [Mann & Mitchell, 2003]을 참고하기 바란다.

inetd가 실행한 스트림 소켓(TCP) 서버는 일반적으로 단일 클라이언트 연결을 처리하고 종료되는 형태이며 inetd는 다음 연결을 대기한다. 이러한 서버에서는 플래그를 nowait로 지정해야 한다(그러나 구동된 서버가 연결을 수락하는 경우, 즉 inetd가 연결을 수락하지 않는 경우에는 플래그를 wait로 지정한 다음 기다리는 소켓의 파일 디스크립터를 구동된 서버의 디스크립터 0으로 건넨다).

대부분의 UDP 서버에서 플래그 필드는 wait로 설정한다. 일반적으로 inetd가 UDP 서버를 구동하는 경우에는 소켓의 데이터그램을 읽어서 처리하고 종료하는 형태다(이러한 상황에서는 소켓을 읽을 때 일종의 타임아웃을 설정해서 지정된 시간 내에 새로운 데이터그램이 없으면 서버를 종료시킨다). 플래그를 wait로 설정하므로 inetd 데몬이 소켓에 동시에 select()를 시도하는 것을 막을 수 있다. inetd가 동시에 select()를 시도하면 UDP 서버로 하여금 데이터그램을 확인하도록 경쟁하게 만들고 결국에는 또 다른 UDP 서버 인스턴스를 시작하게 만들 수 있다.

 inetd 오퍼레이션과 설정 파일 포맷을 SUSv3에서 지정하지 않았기 때문에 /etc/inetd.conf의 필드값이 약간(일반적으로 아주 조금) 다른 경우가 있다. 대부분의 inetd 버전은 위에서 설명한 문법을 지원한다. 더 자세한 사항은 inetd.conf(8) 매뉴얼 페이지를 참조하기 바란다.

효율성을 위해 inetd는 서버가 별도의 작업을 수행할 필요 없이 자체적으로 간단한 서비스를 제공한다. UDP와 TCP 에코 서비스도 inetd가 구현하는 서비스의 예다. /etc/inetd.conf 레코드에 해당 서버 프로그램 필드는 `internal`로 지정하고 서버 프로그램 인자는 생략한다(리스트 23-5에서는 에코 서비스 항목을 주석으로 처리했다. 에코 서비스를 활성화하려면 줄 맨 앞의 # 문자를 삭제해야 한다).

/etc/inetd.conf 파일 내용을 변경할 때마다 `SIGHUP` 시그널을 보내 inetd가 해당 파일을 다시 읽게 해야 한다.

```
# killall -HUP inetd
```

예제: inetd를 이용해 TCP 에코 서비스 실행하기

앞에서 inetd가 서버 프로그래밍 특히 병렬 서버 프로그래밍(대개 TCP) 과정을 간소화해준다는 사실을 살펴봤다. 이는 inetd가 구동하는 서버 대신 다음과 같은 작업을 수행하기 때문이다.

1. 모든 소켓 관련 초기화를 수행하고 `socket()`, `bind()`, `listen()`(TCP 서버의 경우)을 호출한다.

2. TCP 서비스의 경우 새 연결을 받아들일 수 있도록 `accept()`를 호출한다.

3. 들어오는 UDP 데이터그램이나 TCP 연결을 처리할 새 프로세스를 생성한다. 새 프로세스는 자동으로 상주 프로세스로 설정된다. inetd 프로그램은 `fork()`를 이용해 프로세스 생성과 관련한 모든 세부사항을 처리하며 `SIGCHLD` 핸들러로 실행이 종료된 자식 프로세스를 제거한다.

4. UDP 소켓 파일 디스크립터나 0, 1, 2에 연결된 TCP 소켓 파일 디스크립터를 복제하고 다른 모든 파일 디스크립터를 닫는다(새로 구동되는 서버에서는 다른 파일 디스크립터가 필요 없으므로).

5. 서버 프로그램 구동

(위의 단계는 /etc/inetd.conf의 서비스 엔트리 플래그 필드가 TCP 서비스의 경우 `nowait`로, UDP 서비스의 경우 `wait`로 설정됐다고 가정한 것이다.)

리스트 23-6은 inetd가 TCP 서비스 프로그래밍을 어떻게 간소화해주는지를 보여주는 예제로 리스트 23-4에 설명한 TCP 에코 서비스와 같은 작업을 수행한다. inetd가 위 과정을 모두 수행해주므로 서버에서 수행하는 일은 자식 프로세스로 파일 디스크립터 0(STDIN_FILENO)으로부터 클라이언트 요청을 읽고 처리하는 작업뿐이다.

서버가 (예를 들어) /bin 디렉토리에 있는 경우 inetd가 서버를 구동시킬 수 있도록 /etc/inetd.conf에 다음과 같은 엔트리를 생성해야 한다.

```
echo stream tcp nowait root /bin/is_echo_inetd_sv is_echo_inetd_sv
```

리스트 23-6 inetd가 구동하도록 설계한 TCP 에코 서버

```
                                              sockets/is_echo_inetd_sv.c
#include <syslog.h>
#include "tlpi_hdr.h"

#define BUF_SIZE 4096

int
main(int argc, char *argv[])
{
    char buf[BUF_SIZE];
    ssize_t numRead;

    while ((numRead = read(STDIN_FILENO, buf, BUF_SIZE)) > 0) {
        if (write(STDOUT_FILENO, buf, numRead) != numRead) {
            syslog(LOG_ERR, "write() failed: %s", strerror(errno));
            exit(EXIT_FAILURE);
        }
    }

    if (numRead == -1) {
        syslog(LOG_ERR, "Error from read(): %s", strerror(errno));
        exit(EXIT_FAILURE);
    }

    exit(EXIT_SUCCESS);
}
```

23.6 정리

반복 서버는 한 번에 1개의 클라이언트 요청을 처리하며, 반드시 현재 클라이언트 요청을 완벽하게 처리한 후에야 다음 클라이언트 요청을 진행한다. 병렬 서버는 동시에 여러 클라이언트를 처리한다. 부하가 많이 걸리는 상황에서는 각 클라이언트 요청을 처리할

수 있도록 새로운 자식 프로세스(혹은 스레드)를 생성하는 전통적인 병렬 서버 설계가 제대로 성능을 발휘하지 못할 수 있다. 따라서 많은 클라이언트 요청을 병렬로 처리할 수 있는 다양한 방법을 살펴봤다.

인터넷 슈퍼서버 데몬인 inetd는 여러 소켓을 감시하면서 들어오는 UDP 데이터그램이나 TCP 연결을 적절하게 처리할 수 있는 서버를 구동시킨다. inetd를 활용하면 시스템상의 네트워크 서버 프로세스 개수를 최소화할 수 있으므로 시스템 부하를 줄일 수 있다. 또한 inetd가 서버에서 수행해야 할 여러 초기화 작업을 대행해주므로 서버 프로세스 프로그램 과정이 단순해진다.

더 읽을거리

22.15절 '더 읽을거리'를 참고하기 바란다.

23.7 연습문제

23-1. 동시에 수행할 수 있는 자식 수를 제한하도록 리스트 23-4(is_echo_sv.c)의 프로그램에 코드를 추가하라.

23-2. 때때로 직접 명령행으로 수행하거나 inetd를 이용해 간접적으로 수행할 수 있는 소켓 서버가 필요한 상황이 발생한다. 명령행 옵션으로 이 두 가지 상황을 구별할 수 있다. -i 명령행 옵션을 주면 inetd가 호출한 상황임을 알 수 있고, 따라서 STDIN_FILENO를 통해 inetd가 제공하는 소켓에 연결된 클라이언트 요청을 처리하도록 리스트 23-4의 프로그램을 수정하라. -i 옵션이 없으면 명령행으로 직접 서버 프로그램을 실행한 경우이므로 평상시처럼 동작해야 한다(수정해야 할 코드는 단지 몇 줄뿐이다). /etc/inetd.conf를 수정해서 에코 서비스로 이 프로그램을 수행하게 하라.

24

소켓: 고급 옵션

24장에서는 소켓 프로그래밍과 관련된 고급 옵션을 살펴본다.

- 스트림 소켓에서 부분 읽기와 쓰기가 발생하는 상황
- shutdown()을 이용해 연결된 두 소켓 사이의 양방향 채널을 반만 닫기
- read()와 write()에서는 제공하지 않는 소켓 전용 기능을 제공하는 recv()와 send() I/O 시스템 호출
- 특정 상황에서 소켓 데이터를 효율적으로 출력하는 sendfile() 시스템 호출
- TCP 프로토콜 동작 세부사항을 파악함으로써 TCP 소켓을 이용하는 프로그램을 작성할 때 흔히 저지르는 실수를 제거
- netstat와 tcpdump 명령으로 소켓을 사용하는 응용 프로그램을 감시하고 디버깅하기
- getsockopt()와 setsockopt() 시스템 호출로 소켓 동작에 영향을 주는 옵션을 얻어오거나 수정하기

이 밖에 다양한 소켓 관련 내용을 살펴본 다음, 마지막에는 고급 소켓 기능을 요약하면서 24장을 마무리할 것이다.

24.1 스트림 소켓에서 부분 읽기와 부분 쓰기

Vol. 1의 4장에서 read()와 write() 시스템 호출을 처음으로 소개하면서 어떤 환경에서는 요청한 바이트보다 적은 수를 전송할 수 있다는 사실을 언급했다. 일부만 전송되는 현상은 주로 스트림 소켓에 I/O를 수행할 때 발생한다. 부분 전송이 왜 발생하는지 살펴보고 부분 전송을 명료하게 처리하는 한 쌍의 함수를 살펴보자.

부분 읽기는 read() 호출에서 요청한 바이트 수가 실제 소켓에서 이용할 수 있는 바이트 수보다 많은 상황에서 발생한다. 이러한 상황에서 read()는 단순하게 가용 바이트 수를 리턴한다(이는 7.10절에서 살펴본 파이프와 FIFO의 동작과 같다).

요청한 바이트를 모두 전송할 만큼 충분한 버퍼 공간이 없는 가운데 다음의 하나를 충족하는 경우에는 부분 쓰기가 발생한다.

- write() 호출이 이미 몇 바이트를 전송한 상황에서 시그널 핸들러가 인터럽트를 발생시키는 경우(Vol. 1의 21.5절)
- 소켓이 비블로킹 모드(O_NONBLOCK)로 동작하는 상황에서 요청한 바이트 중 일부만 전송할 수 있는 경우
- 요청한 바이트 중 일부를 전송한 상황에서 비동기 에러가 발생한 경우. 여기서 말하는 비동기 에러asynchronous error란 응용 프로그램의 소켓 API 호출의 입장에서 비동기적으로 발생하는 에러를 의미한다. 예를 들어, TCP 연결에 문제가 발생하면 상대방 응용 프로그램에서 비정상 프로그램 종료가 발생하므로 비동기 에러가 일어날 수 있다.

위에 열거한 사항은 최소한 한 바이트 이상을 전송할 공간이 있고, write() 수행은 성공적이며, 출력 버퍼로 전송한 바이트 수가 리턴된다는 가정을 전제한다.

부분 I/O가 발생(예를 들어 read()가 요청한 바이트 수보다 적은 수의 바이트를 리턴하거나, write()가 요청한 데이터 중 일부만 전송한 상태에서 시그널 핸들러에 의해 인터럽트되는 경우)하는 경우 때때로 시스템 호출을 재시작해서 전송을 완료할 수 있다. 리스트 24-1은 이러한 동작을 수행하는 두 함수 readn()과 writen()을 보여준다(이 함수는 [Stevens et al., 2004]에서 소개한 같은 이름의 함수를 응용한 것이다).

```
#include "rdwrn.h"

ssize_t readn(int fd, void *buffer, size_t count);
                읽은 바이트 수를 리턴한다. EOF인 경우에는 0을, 에러가 발생하면 −1을 리턴한다.
ssize_t writen(int fd, void *buffer, size_t count);
                     기록한 바이트 수를 리턴한다. 에러가 발생하면 −1을 리턴한다.
```

readn(), writen() 함수는 read(), write()와 인자가 동일하다. 그러나 readn()
과 writen()은 시스템 호출을 재시작할 수 있도록 루프를 사용하므로 언제나 요청한 모
든 바이트 전송될 수 있게 처리한다(단, 에러가 발생하지 않으며, read()에서는 EOF가 검출되지 않
아야 한다).

리스트 24-1 readn()과 writen() 구현

```
                                                            sockets/rdwrn.c
#include <unistd.h>
#include <errno.h>
#include "rdwrn.h"                /* readn()과 writen() 선언 */

ssize_t
readn(int fd, void *buffer, size_t n)
{
    ssize_t numRead         /* 이전 read()에서 읽은 바이트 수 */
    size_t totRead;         /* 지금까지 읽은 바이트 수 */
    char *buf;

    buf = buffer;           /* 'void *'에는 별도의 포인터 연산이 필요 없다. */
    for (totRead = 0; totRead < n; ) {
        numRead = read(fd, buf, n - totRead);

        if (numRead == 0)    /* EOF */
            return totRead;  /* 처음 읽기를 시도하는 경우 0일 수 있다. */
        if (numRead == -1) {
            if (errno == EINTR)
                continue;    /* 인터럽트가 발생 --> read()를 재시작 */
            else
                return -1;   /* 에러 발생 */
        }
        totRead += numRead;
        buf += numRead;
    }
    return totRead;          /* 이때 totRead 값은 반드시 'n'바이트여야 한다. */
}
```

```
ssize_t
writen(int fd, const void *buffer, size_t n)
{
    ssize_t numWritten;         /* 이전 write()에서 기록한 바이트 수 */
    size_t totWritten;          /* 지금까지 기록한 총 바이트 수 */
    const char *buf;

    buf = buffer;               /* 'void *'에는 별도의 포인터 연산이 필요 없다. */
    for (totWritten = 0; totWritten < n; ) {
        numWritten = write(fd, buf, n - totWritten);

        if (numWritten <= 0) {
            if (numWritten == -1 && errno == EINTR)
                continue;       /* 인터럽트 발생 --> write()를 재시작 */
            else
                return -1;      /* 기타 에러 */
        }
        totWritten += numWritten;
        buf += numWritten;
    }
    return totWritten;          /* 이 행을 실행할 경우 'n'바이트여야 한다. */
}
```

24.2 shutdown() 시스템 호출

소켓에 close()를 호출하면 양방향 통신 채널 전체를 닫는다. 때로는 통신 채널을 반만
닫아서 한쪽 방향으로만 데이터를 전송하는 게 유용한 상황도 있다. 바로 시스템 호출인
shutdown()이 이러한 기능을 제공한다.

```
#include <sys/socket.h>

int shutdown(int sockfd, int how);
```
                                성공하면 0을 리턴하고, 에러가 발생하면 −1을 리턴한다.

shutdown() 시스템 호출은 아래에 설명한 옵션에 따라 sockfd 소켓의 양방향 채널
중 하나만 닫는다.

- SHUT_RD: 읽기 채널을 닫는다. 읽기 채널을 닫은 후에 읽기를 시도하면 EOF(0)를 리턴한다. 읽기 채널을 닫은 후에도 쓰기 작업은 정상 동작한다. 유닉스 도메인 스트림 소켓에서 SHUT_RD를 수행한 이후로 상대편 응용 프로그램에서 읽기 채널을 닫은 소켓으로 쓰기 작업을 시도하면 SIGPIPE 시그널과 EPIPE 에러가 발생한다. 24.6.6절에서 설명하겠지만 SHUT_RD는 TCP 소켓에서는 효과가 없다.

- SHUT_WR: 쓰기 채널을 닫는다. 상대편 응용 프로그램에서 모든 가용 데이터를 읽었다면 EOF가 발생한다. 로컬 소켓의 쓰기 채널을 닫은 후에 쓰기 작업을 시도하면 SIGPIPE 시그널과 EPIPE 에러가 발생한다. 상대방이 기록한 데이터를 읽는 동작은 정상적으로 수행할 수 있다. 즉 이 동작을 이용하면 상대방에게 EOF를 보내면서 상대방이 전송하는 데이터는 읽을 수 있는 상태가 된다. ssh와 rsh([Stevens, 1994]의 18.5절 참조) 같은 프로그램에서 SHUT_WR 오퍼레이션을 이용한다. 일반적으로 shutdown() 오퍼레이션 가운데서도 SHUT_WR 사용빈도가 가장 빈번하며, 따라서 이를 소켓 절반 닫기socket half-close라고도 한다.

- SHUT_RDWR: 읽기와 쓰기 채널 모두를 닫는다. 이는 SHUT_RD를 수행한 다음 SHUT_WR을 연달아 수행하는 것과 동일한 효과다.

위에서 설명한 shutdown()의 옵션은 비교 대상에서 제외한다 치더라도 shutdown()은 close()와 근본적으로 다르다. shutdown()은 소켓을 가리키는 다른 파일 디스크립터의 여부와 관계없이 해당 소켓의 채널을 닫는다(즉 shutdown()은 파일 디스크립터가 아니라 열린 파일 디스크립션에 오퍼레이션을 수행한다. Vol. 1, 164페이지의 그림 5-1 참조). 예를 들어, sockfd가 연결된 스트림 소켓을 가리킨다고 가정하자. 이때 아래와 같은 호출을 수행해도 연결은 여전히 열려 있는 상태로 유지되며, 파일 디스크립터 fd2를 이용해 I/O를 수행할 수 있다.

```
fd2 = dup(sockfd);
close(sockfd);
```

그러나 다음과 같은 호출의 경우엔 양방향 채널이 모두 닫히므로 fd2를 이용해도 I/O를 수행할 수 없는 상태가 된다.

```
fd2 = dup(sockfd);
shutdown(sockfd, SHUT_RDWR);
```

fork()로 인해 소켓 파일 디스크립터를 복제하는 경우에도 이와 비슷한 상황이 발생할 수 있다. fork()를 수행한 다음에 파일 디스크립터의 복사본에 한 프로세스가 SHUT_RDWR을 수행하면 다른 프로세스에서도 해당 디스크립터로 I/O를 수행할 수 없는 상황이 발생한다.

SHUT_RDWR을 통해 어떤 채널을 닫을 것인지를 지정하지만 shutdown()이 파일 디스크립터 자체를 닫지는 않는다는 사실에 유의하자. 파일 디스크립터를 닫으려면 close()를 호출해야 한다.

예제 프로그램

리스트 24-2는 shutdown() SHUT_WR 오퍼레이션의 사용 예를 보여준다. 이 프로그램은 에코 서비스를 사용하는 TCP 클라이언트다(23.3절에서 에코 서비스를 제공하는 TCP 서버를 살펴봤다). 22.12절에서 소개한 인터넷 도메인 소켓 라이브러리의 함수를 이용해 구현을 간소화했다.

> 몇몇 리눅스 배포판에서는 에코 서비스가 기본적으로 활성화되어 있지 않은 경우도 있다. 따라서 에코 서비스가 활성화되어 있지 않다면 리스트 24-2에 나온 프로그램을 수행하기 전에 에코 서비스를 활성화해야 한다. 일반적으로 에코 서비스는 내부적으로 inetd(8) 데몬(23.5절)으로 구현한다. 에코 서비스를 활성화하려면 /etc/inetd.conf 파일을 열어서 UDP와 TCP 에코 서비스에 해당하는 부분(리스트 23-5 참조)의 주석을 제거한 다음 inetd 데몬에 SIGHUP 시그널을 보내야 한다.
>
> 대부분의 배포판에서는 inetd(8) 대신 좀 더 최신 프로그램인 xinetd(8)을 제공한다. xinetd 설정 방법은 xinetd 관련 문서를 참조하기 바란다.

예제 프로그램은 에코 서버가 수행되는 호스트명을 명령행 인자로 받는다. 클라이언트는 fork()를 수행해서 자식 프로세스를 생성한다.

클라이언트 부모 프로세스는 에코 서버가 읽을 데이터를 기록한다. 부모가 표준 입력에서 EOF를 검출하는 경우에는 shutdown()을 이용해 소켓의 쓰기 채널을 닫는다. 이 동작으로 인해 에코 서버도 EOF를 확인하고 소켓을 닫는다(결국 클라이언트의 자식 프로세스도 EOF를 확인한다). 마지막으로 부모 프로세스가 종료한다.

클라이언트 자식 프로세스는 소켓을 통해 에코 서버의 응답을 읽고 표준 출력으로 내용을 표시한다. 자식 프로세스가 소켓에서 EOF를 만나면 작업을 종료한다.

다음은 프로그램 실행 방법과 결과를 보여준다.

```
$ cat > tell-tale-heart.txt                          테스트용 파일을 생성한다.
It is impossible to say how the idea entered my brain;
but once conceived, it haunted me day and night.
Control-D를 입력한다.
$ ./is_echo_cl tekapo < tell-tale-heart.txt
It is impossible to say how the idea entered my brain;
but once conceived, it haunted me day and night.
```

리스트 24-2 에코 서비스 클라이언트

```
                                                                      sockets/is_echo_cl.c
#include "inet_sockets.h"
#include "tlpi_hdr.h"

#define BUF_SIZE 100

int
main(int argc, char *argv[])
{
    int sfd;
    ssize_t numRead;
    char buf[BUF_SIZE];

    if (argc != 2 || strcmp(argv[1], "--help") == 0)
        usageErr("%s host\n", argv[0]);

    sfd = inetConnect(argv[1], "echo", SOCK_STREAM);
    if (sfd == -1)
        errExit("inetConnect");

    switch (fork()) {
    case -1:
        errExit("fork");

    case 0               /* 자식: 서버의 응답을 읽고, stdout으로 출력 */
        for (;;) {
            numRead = read(sfd, buf, BUF_SIZE);
            if (numRead <= 0       /* EOF를 만나거나 에러 발생 시 종료 */
                break;
            printf("%.*s", (int) numRead, buf);
        }
        exit(EXIT_SUCCESS);

    default:             /* 부모: stdin으로 입력된 내용을 소켓으로 출력 */
        for (;;) {
            numRead = read(STDIN_FILENO, buf, BUF_SIZE);
            if (numRead <= 0)      /* EOF를 만나거나 에러가 발생하면 루프 종료 */
                break;
```

```
        if (write(sfd, buf, numRead) != numRead)
            fatal("write() failed");
    }

    /* 쓰기 채널을 닫으면 서버가 EOF를 읽도록 쓰기 채널을 닫는다. */

    if (shutdown(sfd, SHUT_WR) == -1)
        errExit("shutdown");
    exit(EXIT_SUCCESS);
    }
}
```

24.3 소켓 전용 I/O 시스템 호출: recv()와 send()

시스템 호출 recv()와 send()는 연결된 소켓에서 I/O를 수행하는 시스템 호출이다. 이 함수들은 기존의 시스템 호출 read()와 write()에서는 이용할 수 없는 소켓 전용 기능을 제공한다.

```
#include <sys/socket.h>

ssize_t recv(int sockfd, void *buffer, size_t length, int flags);
        수신된 바이트 수를 리턴한다. EOF인 경우에는 0을, 에러가 발생하면 −1을 리턴한다.
ssize_t send(int sockfd, const void *buffer, size_t length, int flags);
        전송한 바이트 수를 리턴한다. 에러가 발생하면 −1을 리턴한다.
```

두 함수 recv()와 send()에서 리턴값과 첫 3개의 인자는 read(), write()와 같다. 다만 마지막 인자인 flags는 I/O 오퍼레이션을 조절할 때 쓰는 비트 마스크다. 함수 recv()의 경우 인자 flags는 아래 값 중 하나나 그 이상의 값을 OR 연산한 값을 갖는다.

- MSG_DONTWAIT: 비블로킹 recv() 호출을 수행한다. 이용할 수 있는 데이터가 없는 경우에는 함수 호출이 대기하지 않고 EAGAIN 에러를 발생시키며 즉시 리턴한다. 소켓에 fcntl()을 이용해 비블로킹 모드(O_NONBLOCK)를 설정하므로 이와 같은 동작을 수행하는 방법도 있다. 다만 fcntl()을 사용한 경우 각 호출마다 MSG_DONTWAIT를 사용해야 한다.

- MSG_OOB: 소켓의 대역폭을 벗어난 데이터를 받는다. 이에 대해서는 24.13.1절에서 간략히 설명한다.

- MSG_PEEK: 소켓 버퍼에서 요청한 바이트의 복사본을 가져온다. 그러나 가져온 데이터를 버퍼에서 삭제하지 않는다. 실제 사용할 데이터는 recv()나 read() 호출로 가져올 수 있다.

- MSG_WAITALL: 일반적으로 recv()를 호출하면 요청한 바이트 수보다는 적은 수의 바이트를 리턴하는데, 이것이 실제 소켓에서 이용할 수 있는 바이트 수다. 그러나 MSG_WAITALL 플래그를 설정하면 요청한 바이트 수만큼을 받을 때까지 시스템 호출을 블록한다. 그러나 MSG_WAITALL 플래그를 설정했음에도 요청한 바이트 수보다 적은 수를 리턴하는 경우가 있다. (a) 시그널을 감지한 상황, (b) 상대편 스트림 소켓 연결이 종료된 경우, (c) 대역폭을 벗어난 데이터 바이트(24.13.1절)가 발생, (d) 데이터그램 소켓으로 받은 메시지가 length바이트보다 작은 경우, (e) 소켓에 에러가 발생한 경우(리스트 24-1에서 readn() 함수 대신 MSG_WAITALL 플래그를 사용할 수 있다. 그러나 이 경우 시그널 핸들러에서 인터럽트를 발생했을 때 자동으로 재시작하는 기능은 사라진다.)

위에서 설명한 플래그 중 MSG_DONTWAIT 플래그만 SUSv3에서 정의하지 않는다. 그럼에도 여러 유닉스 구현에서는 MSG_DONTWAIT 플래그를 지원한다. MSG_WAITALL 플래그는 소켓 API에 늦게 추가된 플래그이므로 몇몇 예전 구현에서는 MSG_WAITALL 플래그를 지원하지 않는다.

시스템 호출 send()의 경우 아래 플래그 하나 혹은 그 이상을 OR 연산해서 인자 flags로 사용할 수 있다.

- MSG_DONTWAIT: 비블로킹 send()를 수행한다. 데이터를 바로 전송할 수 없는 상황(소켓 버퍼가 가득 찬 경우)에서는 블록하지 않고 바로 리턴하며 EAGAIN 에러를 발생시킨다. recv()와 마찬가지로 send()에서도 소켓에 O_NONBLOCK을 설정해서 블록하지 않게 할 수 있다.

- MSG_MORE(리눅스 2.4.4부터): MSG_MORE 플래그는 TCP 소켓 옵션 TCP_CORK와 동일한 효과를 나타낸다(24.4절). 다른 점은 데이터 코르킹corking(길막기)을 하려면 매 호출마다 플래그를 사용해야 한다는 점이다. 리눅스 2.6부터는 데이터그램 소켓에 MSG_MORE 플래그를 사용할 수 있다. 그러나 이 경우에는 TCP 소켓에 사용할 경우와 의미가 달라진다. MSG_MORE 플래그를 사용해 send()나 sendto()를 호

출해서 데이터 전송을 시도하면 일단 하나의 데이터그램으로 데이터를 모아뒀다가 MSG_MORE 플래그를 지정하지 않은 데이터 전송 시도가 있을 때 한꺼번에 데이터를 전송한다(리눅스는 UDP에서 사용할 수 있는 UDP_CORK 소켓 옵션을 제공한다. UDP_CORK 옵션을 사용하면 send()나 sendto()를 이용한 데이터 전송 요청을 1개의 데이터그램으로 축적해두고, UDP_CORK 옵션이 비활성화되면 데이터를 전송한다). 유닉스 도메인 소켓에서는 MSG_MORE 플래그가 아무 효과가 없다.

- MSG_NOSIGNAL: 연결된 스트림 소켓에 데이터를 전송할 때 상대편 연결이 닫힌 경우에도 SIGPIPE 시그널을 발생시키지 않는다. 대신, EPIPE 에러가 발생하면서 send() 호출이 실패한다. 물론 SIGPIPE 시그널을 무시해도 동일한 효과를 나타낼 수 있지만 MSG_NOSIGNAL 플래그는 각 호출에 대한 동작을 조절할 수 있다는 특징이 있다.

- MSG_OOB: 스트림 소켓에 대역폭을 벗어난 데이터를 전송한다. 24.13.1절 참조

SUSv3는 위에서 설명한 플래그 중 MSG_OOB만 명시한다. SUSv4에서는 MSG_NOSIGNAL을 추가했다. MSG_DONTWAIT는 표준이 아니지만 몇몇 유닉스 구현에서 찾아볼 수 있다. MSG_MORE는 리눅스 전용이다.

send(2)와 recv(2) 매뉴얼 페이지에서는 여기서 소개하지 않은 플래그를 비롯한 여러 플래그를 설명한다.

24.4 sendfile() 시스템 호출

웹 서버와 파일 서버 같은 응용 프로그램에서는 디스크 파일 내용 그대로를 소켓(연결된)으로 전송해야 하는 상황이 자주 발생한다. 아래 소개하는 루프도 파일을 전송하는 방법 중 하나다.

```
while ((n = read(diskfilefd, buf, BUZ_SIZE)) > 0)
    write(sockfd, buf, n);
```

대부분의 응용 프로그램에서는 위 루프를 그대로 활용할 수 있다. 그러나 소켓을 이용해 큰 파일을 자주 전송하는 경우라면 효율성을 높일 수 있는 방법을 고려해야 한다. 파일을 전송하려면 시스템 호출 2개를 사용한다(시스템 호출 2개를 루프 내에서 반복적으로 수행해야 할 것이다). 한 시스템 호출로 커널 버퍼 캐시의 파일 내용을 사용자 공간으로 복사하고 다른 시스템 호출로는 소켓으로 전송할 수 있도록 사용자 공간 버퍼를 다시 커널 공

간으로 복사하는 작업이 필요하다. 그림 24-1의 왼쪽 그림은 이 작업 과정을 보여준다. 응용 프로그램 자체에서 파일 내용을 전송하기 전에 어떤 가공처리를 하지 않는 상황에서는 이와 같은 두 단계를 거쳐 파일 전송하는 일에 심한 낭비가 수반될 수밖에 없다. 시스템 호출 sendfile()은 이러한 비효율을 제거할 수 있게 만들어졌다. 응용 프로그램에서 sendfile()을 호출하면 파일 내용은 사용자 공간을 거치지 않고 곧바로 소켓으로 전달된다. 그림 24-1의 오른쪽 그림은 이 과정을 설명한다. 이와 같은 방법을 제로 카피 전송zero-copy transfer이라 한다.

```
#include <sys/sendfile.h>

ssize_t sendfile(int out_fd, int in_fd, off_t *offset, size_t count);
```
                          전송한 바이트 수를 리턴한다. 에러가 발생하면 −1을 리턴한다.

sendfile() 시스템 호출은 파일 디스크립터 in_fd가 가리키는 파일을 디스크립터 out_fd가 가리키는 파일로 전송하는 기능을 수행한다. 디스크립터 out_fd는 반드시 소켓을 가리켜야 한다. 인자 in_fd는 mmap()을 적용할 수 있는 파일을 가리켜야 한다. 대부분의 경우 정규 파일에 mmap()을 적용할 수 있다. mmap()을 적용하는 조건으로 이해 sendfile()의 사용에 약간의 제약이 생긴다. sendfile()을 이용해 파일의 데이터를 소켓으로 전송할 수 있지만, 그 반대의 작업은 수행할 수 없다. 또한 sendfile()로 특정 소켓에서 다른 소켓으로 데이터를 직접 전달할 수도 없다.

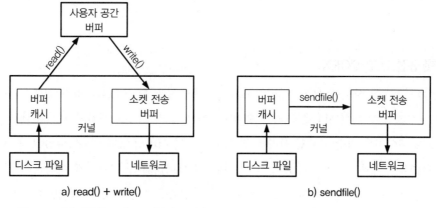

a) read() + write()   b) sendfile()

그림 24-1 파일 내용을 소켓으로 전송하는 방법

sendfile()을 사용해 2개의 정규 파일 간에 바이트를 전송한다면 성능이 좋아진다. 리눅스 2.4까지는 out_fd가 정규 파일을 가리킬 수 있었지만, 아랫단의 구현이 바뀌면서 커널 2.6에서는 이러한 가능성이 사라졌다. 이후의 어떤 변경으로 인해 리눅스 2.6.33에서 이 기능이 복구됐다.

인자 offset이 NULL이 아닌 경우 in_fd가 가리키는 파일에서 바이트 전송을 시작할 위치를 가리키는 off_t 값을 가리켜야 한다. offset은 값-결과_{value-result} 인자다. 따라서 offset은 함수가 리턴하는 시점에서는 in_fd에서 전송한 마지막 바이트의 다음 바이트를 가리키는 오프셋 값을 포함한다. 이 경우 sendfile()은 in_fd의 파일 오프셋 값을 변경하지 않는다.

offset이 NULL인 경우 현재 파일 오프셋에서 전송을 시작하며, 실제 전송한 바이트 수만큼을 반영하도록 파일 오프셋을 갱신한다.

인자 count는 전송할 바이트 수를 가리킨다. count에서 지정한 바이트만큼 전송하지 못하고 EOF를 만나는 경우에는 가용 바이트만 전송한다. 전송에 성공하면 sendfile()은 실제 전송한 바이트 수를 리턴한다.

SUSv3는 sendfile()을 정의하지 않는다. 그러나 여타 유닉스 구현에서는 다양한 버전의 sendfile()을 지원한다. 리눅스 버전에 따라 인자 목록은 달라질 수 있다.

 커널 2.6.17부터 리눅스는 sendfile()의 상위 집합 기능을 제공하는 3개의 새로운(비표준) 시스템 호출 splice(), vmsplice(), tree()를 제공한다. 자세한 내용은 매뉴얼 페이지를 참조하기 바란다.

소켓 옵션 TCP_CORK

sendfile()을 사용한 TCP 응용 프로그램의 효율성을 한층 개선하려면 리눅스 전용 TCP_CORK 소켓 옵션 사용을 고려할 수 있다. 예를 들어, 웹 브라우저의 요청에 대한 응답으로 페이지를 전달하는 웹 서버를 생각해보자. 웹 서버의 응답은 write()로 출력하는 HTTP 헤더와 sendfile()로 출력하는 페이지 데이터의 두 부분으로 이뤄진다. 지금과 같은 시나리오에서는 일반적으로 두 TCP 세그먼트를 전송한다. 첫 세그먼트_{(비교적 작}은)로 헤더를 두 번째 세그먼트로 페이지 데이터를 전송한다. 이는 네트워크 대역폭을 효율적으로 사용하지 못하는 동작이라 할 수 있다. HTTP 헤더와 페이지 데이터를 하나의 TCP 세그먼트로 전송할 수 있는 경우가 많기 때문에, 2개의 세그먼트를 사용하면 TCP 송수신과 관련한 불필요한 작업을 수반할 수밖에 없다. 이러한 비효율을 해결할 수 있는 옵션이 바로 TCP_CORK다.

TCP 소켓에서 TCP_CORK 옵션을 활성화하면 이후로 일어나는 출력은 세그먼트 최대 크기에 도달하거나 TCP_CORK 옵션이 비활성화되거나 소켓이 닫히거나 첫 번째 코르크 바이트를 기록한 시점에서 200밀리초(이 타임아웃 값은 응용 프로그램에서 TCP_CORK 옵션을 비활성화하는 것을 잊는 경우를 방지한다)가 지나기 전까지 하나의 TCP 세그먼트로 버퍼링된다.

시스템 호출 setsockopt()를 사용해 TCP_CORK 옵션을 활성화하거나 비활성화할 수 있다(24.9절). 아래 코드(에러 검사는 빠져 있지만)는 가상 HTTP 서버 예제에서 TCP_CORK를 어떻게 사용할 수 있는지 보여준다.

```
int optval;

/* 'sockfd'에 TCP_CORK 옵션을 활성화한다 (TCP_CORK 옵션을 비활성화하기 전까지 발생하는
   TCP 출력은 하나의 세그먼트로 저장한다). */

optval = 1;
setsockopt(sockfd, IPPROTO_TCP, TCP_CORK, &optval, sizeof(optval));

write(sockfd, ...);          /* HTTP 헤더 기록 */
sendfile(sockfd, ...);       /* 페이지 데이터 전송 */

/* 'sockfd'의 TCP_CORK 옵션을 비활성화한다 (하나의 TCP 세그먼트로 저장한
   출력물을 전송한다). */

optval = 0;
setsockopt(sockfd, IPPROTO_TCP, TCP_CORK, &optval, sizeof(optval));
```

응용 프로그램 내에 1개의 버퍼를 두고 write()를 한 번만 호출함으로써 이 버퍼의 내용을 전송할 수 있다. 이렇게 함으로써 두 세그먼트를 전송하는 실수를 방지할 수 있다(다른 방법으로 writev()를 이용해 2개의 버퍼를 하나의 출력 오퍼레이션으로 조합할 수 있다). 그러나 sendfile()의 제로 카피zero-copy 효율성과 첫 전송 세그먼트에 파일 데이터와 헤더를 모두 포함할 수 있게 하려면 TCP_CORK를 사용해야 한다.

24.3절에서 MSG_MORE 플래그가 TCP_CORK와 비슷한 기능을 제공하지만 MSG_MORE는 매 호출에 대한 설정을 조절할 수 있다는 특징을 살펴봤다. 이러한 특징이 꼭 유익하다고 단정할 수는 없다. 소켓에 TCP_CORK 옵션을 설정한 다음 파일 디스크립터를 상속받아 출력을 수행하는 프로그램을 exec 할 수 있다. 이때 프로그램에서는 TCP_CORK 옵션 설정 여부에 대해서는 알지 못한다. 반면 MSG_MORE의 경우 프로그램의 소스 코드를 명시적으로 변경해야 한다.

FreeBSD는 TCP_NOPUSH 형태로 TCP_CORK와 비슷한 옵션을 제공한다.

24.5 소켓 주소 가져오기

시스템 호출 getsockname()과 getpeername()은 각각 연결된 소켓의 로컬 주소와 상대방 소켓 주소를 리턴한다.

```
#include <sys/socket.h>

int getsockname(int sockfd, struct sockaddr *addr, socklen_t *addrlen);
int getpeername(int sockfd, struct sockaddr *addr, socklen_t *addrlen);
                            성공하면 0을 리턴하고, 에러가 발생하면 −1을 리턴한다.
```

두 호출에서 sockfd는 소켓을 가리키는 파일 디스크립터이고, addr은 소켓 주소를 담아 리턴할 구조체에 사용할 적절한 크기의 버퍼 포인터다. 주소 구조체의 크기와 형식은 소켓 도메인에 따라 달라진다. 인자 addrlen은 값-결과 인자다. 함수를 호출하기 전에 addr이 가리키는 버퍼의 크기값으로 addrlen을 초기화해야 한다. 함수가 리턴할 때는 실제로 버퍼에 기록한 바이트 수를 addrlen이 가리킨다.

함수 getsockname()은 소켓의 주소 패밀리와 결속된 소켓 주소를 리턴한다. 특히 다른 프로그램(예: inetd(8))에서 소켓을 연결하고 해당 소켓이 exec()를 통해 유지되는 상황에서 getsockname()을 유용하게 쓸 수 있다.

인터넷 도메인 소켓의 임의 결속을 수행하면서 커널에 할당된 단명 포트 번호를 결정할 때도 getsockname()을 활용할 수 있다. 커널은 아래와 같은 상황에서 임의의 결속을 수행한다.

- bind()를 이용해 주소로 결속하지 않은 상태에서 TCP 소켓에 connect()나 listen()을 호출한 다음

- 특정 주소로 결속하지 않은 상태에서 UDP 소켓에 처음으로 sendto()를 호출한 경우

- 포트 번호(sin_port)를 0으로 저장한 상태에서 bind() 호출이 일어난 다음. 이 경우 bind()는 소켓의 IP 주소를 지정한다. 그러나 단명 포트 번호는 커널이 선택한다.

시스템 호출 getpeername()은 스트림 소켓 연결에서 소켓 주소를 리턴한다. 연결을 요청하는 클라이언트의 주소를 서버가 알고 싶은 경우와 같이 TCP 소켓에서 유용하게 쓸 수 있다. 상대편 소켓 주소는 accept() 호출 수행으로도 알 수 있는 정보다. 그러나 accept()를 수행한 프로그램(예: inetd)에 의해 exec로 실행된 서버의 경우 소켓 파일 디스크립터를 상속받지만 accept()로 리턴된 주소 정보는 이용할 수 없다.

리스트 24-3은 getsockname()과 getpeername()의 사용 예를 보여준다. 이 프로그램에서는 리스트 22-5(574페이지)에서 정의한 함수를 이용해 다음 작업을 수행한다.

1. inetListen() 함수를 사용해 대기 소켓 listenFd를 생성하고 와일드카드 IP 주소와 프로그램 명령행의 인자(유일한)에서 지정한 포트로 결속한다(포트는 숫자로 혹은 서비스 명으로 지정할 수 있다). len 인자는 해당 소켓 도메인의 주소 구조체 크기를 리턴한다. 리턴한 len 값은 나중에 getsockname()과 getpeername()을 호출해서 주소를 얻어올 때 결과를 저장할 버퍼 메모리를 할당할 때 사용한다.

2. inetConnect() 함수를 사용해 두 번째 소켓 connFd를 생성한다. 이 소켓은 1번 과정에서 생성한 소켓으로 연결 요청을 보낼 때 사용한다.

3. 대기 소켓에 accept()를 호출해서 세 번째 소켓인 acceptFd를 생성한다. 이 소켓은 2번 과정에서 생성한 소켓에 연결할 소켓이다.

4. 호출 getsockname()과 getpeername()을 사용해서 연결된 두 소켓 connFd와 acceptFd에서 로컬 주소와 상대편 주소를 얻는다. getsockname()과 getpeername()을 호출한 후에 프로그램은 inetAddressStr() 함수를 사용해 소켓 주소를 출력 가능 형식으로 변경한다.

5. netstat로 소켓 주소 정보를 확인할 수 있게 몇 초간 잠든다(24.7절에서 netstat를 설명했다).

다음 셸 세션 로그는 이 프로그램을 실행하는 예를 보여준다.

```
$ ./socknames 55555 &
getsockname(connFd):   (localhost, 32835)
getsockname(acceptFd): (localhost, 55555)
getpeername(connFd):   (localhost, 55555)
getpeername(acceptFd): (localhost, 32835)
[1] 8171
$ netstat -a | egrep '(Address|55555)'
Proto Recv-Q Send-Q Local Address    Foreign Address  State
tcp      0      0 *:55555           *:*              LISTEN
tcp      0      0 localhost:32835   localhost:55555  ESTABLISHED
tcp      0      0 localhost:55555   localhost:32835  ESTABLISHED
```

위 출력에서 연결된 소켓(connFd)이 단명 포트 32835로 결속됐음을 알 수 있다. netstat 명령을 이용해 프로그램에서 생성한 세 소켓의 정보를 확인할 수 있다. 해당 정보를 통해 연결된 두 소켓의 포트 정보와 상태가 ESTABLISHED(24.6.3절에서 설명)라는 걸 확인할 수 있다.

리스트 24-3 getsockname()과 getpeername()의 사용 예

```
                                                    sockets/socknames.c
#include "inet_sockets.h"          /* 우리가 만든 소켓 함수 정의 */
#include "tlpi_hdr.h"

int
main(int argc, char *argv[])
{
    int listenFd, acceptFd, connFd;
    socklen_t len;                    /* 소켓 주소 버퍼의 크기 */
    void *addr;                       /* 소켓 주소 버퍼 */
    char addrStr[IS_ADDR_STR_LEN];

    if (argc != 2 || strcmp(argv[1], "--help") == 0)
        usageErr("%s service\n", argv[0]);

    listenFd = inetListen(argv[1], 5, &len);
    if (listenFd == -1)
        errExit("inetListen");

    connFd = inetConnect(NULL, argv[1], SOCK_STREAM);
    if (connFd == -1)
        errExit("inetConnect");

    acceptFd = accept(listenFd, NULL, NULL);
    if (acceptFd == -1)
        errExit("accept");
```

```
            addr = malloc(len);
            if (addr == NULL)
                errExit("malloc");

            if (getsockname(connFd, addr, &len) == -1)
                errExit("getsockname");
            printf("getsockname(connFd):   %s\n",
                    inetAddressStr(addr, len, addrStr, IS_ADDR_STR_LEN));
            if (getsockname(acceptFd, addr, &len) == -1)
                errExit("getsockname");
            printf("getsockname(acceptFd): %s\n",
                    inetAddressStr(addr, len, addrStr, IS_ADDR_STR_LEN));

            if (getpeername(connFd, addr, &len) == -1)
                errExit("getpeername");
            printf("getpeername(connFd):   %s\n",
                    inetAddressStr(addr, len, addrStr, IS_ADDR_STR_LEN));
            if (getpeername(acceptFd, addr, &len) == -1)
                errExit("getpeername");
            printf("getpeername(acceptFd): %s\n",
                    inetAddressStr(addr, len, addrStr, IS_ADDR_STR_LEN));

            sleep(30);                          /* netstat(8)을 실행할 시간 제공 */
            exit(EXIT_SUCCESS);
        }
```

24.6 TCP에 대한 고찰

TCP의 동작 세부사항에 대한 지식은 응용 프로그램을 디버깅할 때 도움이 될 뿐만 아니라 효율성을 높이는 필수 조건이다. 24.6절에서는 다음 사항을 살펴본다.

- TCP 세그먼트 포맷
- TCP 답신 기법
- TCP 상태 기계
- TCP 연결 수립과 종료
- TCP TIME_WAIT 상태

24.6.1 TCP 세그먼트 포맷

그림 24-2는 TCP 연결 양 끝점 간에 주고받는 TCP 세그먼트 포맷을 보여준다. 각 필드의 의미는 다음과 같다.

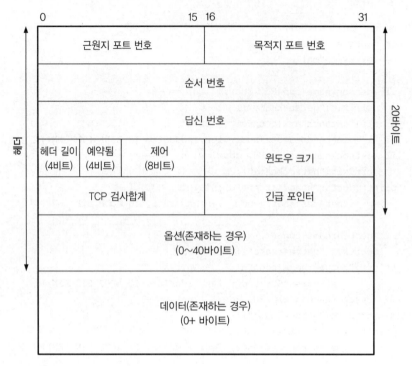

그림 24-2 TCP 세그먼트 포맷

- 근원지 포트 번호: TCP를 전송하는 쪽의 포트 번호

- 목적지 포트 번호: TCP를 받는 쪽의 포트 번호

- 순서 번호: 세그먼트의 순서 번호. 21.6.3절에서 설명했듯이 순서 번호는 데이터 스트림 내의 세그먼트에서 첫 번째 데이터 오프셋을 가리킨다.

- 답신 번호: ACK 비트(아래 참조)가 설정된 경우 이 필드는 수신자가 송신자로부터 받을 다음 데이터 다음 바이트의 순서 번호를 포함한다.

- 헤더 길이: 헤더의 길이를 32비트 워드 단위로 가리킨다. 이 필드는 4비트로 이뤄졌으므로 헤더의 총 길이는 최대 60바이트(15워드) 값을 가질 수 있다. 이 필드를 이용해 수신하는 TCP는 가변 길이의 options 필드값과 데이터 시작 위치를 결정할 수 있다.

- 예약됨: 4개의 비트로, 사용하지 않는다(반드시 0으로 설정해야 한다).

- 제어 비트: 8비트로 이뤄진 필드로, 세그먼트에 대한 추가 설명을 제공한다.

  - CWR: CWRcongestion window reduced 플래그

  - ECE: ECEexplicit congestion notification echo 플래그. TCP/IP의 ECNExplicit Congestion Notification 알고리즘의 일부분으로 CWR과 ECE 플래그를 사용한다.

ECN은 비교적 최근에 TCP/IP에 추가됐으며 RFC 3168과 [Floyd, 1994]에서 기술한다. ECN은 리눅스 커널 2.4부터 구현하고 있으며, 리눅스 전용 /proc/sys/net/ipv4/tcp_ecn 파일에 0이 아닌 값을 할당해서 활성화할 수 있다.

- URG: 이 플래그를 설정하면 긴급 포인터 필드가 유효한 값을 담고 있음을 가리킨다.

- ACK: 이 플래그를 설정하면 답신 번호 필드가 유효한 값을 담고 있음을 가리킨다(예를 들어, 이 세그먼트는 상대방이 이전에 전송한 데이터에 대한 답신을 보낸다).

- PSH: 모든 수신 데이터를 수신 프로세스로 푸시한다. RFC 993과 [Stevens, 1994]에서 이 플래그를 설명한다.

- RST: 연결을 재설정한다. 다양한 에러 상황을 처리하는 데 사용하는 플래그다.

- SYN: 순서 번호 동기화. 이 플래그를 설정한 세그먼트를 연결 수립 시 교환함으로써 전송에 사용할 초기 순서 번호를 서로의 TCP에게 알린다.

- FIN: 전송자가 데이터 전송을 끝냈음을 가리키는 데 사용한다.

세그먼트에서 제어 비트를 다중으로 설정(혹은 제어 비트를 전혀 설정하지 않을 수도 있다)하면 한 세그먼트에 여러 효과를 줄 수 있다. 예를 들어, 나중에는 TCP 연결 수립 과정에서 SYN과 ACK 비트를 설정한 세그먼트를 교환하는 경우를 살펴본다.

- 윈도우 크기: 윈도우 크기 필드는 수신자가 ACK를 보낼 때 수신하는 쪽에서 데이터를 받을 수 있는 공간의 크기를 바이트로 가리키는 데 사용한다(이 동작은 21.6.3절에서 간단하게 설명했던 슬라이딩 윈도우 기법과 관련이 있다).

- 검사합계: 검사합계 필드는 TCP 헤더와 TCP 데이터 둘 다를 검증하는 데 사용하는 16비트 필드다.

> TCP 검사합계 필드는 TCP 헤더와 데이터뿐만 아니라 TCP 가상 헤더(pseudoheader)라 불리는 12바이트 값에 대한 검증도 포함한다. 가상 헤더에서 8바이트는 이뤄진 근원지 IP 주소와 목적지 IP 주소(각각 4바이트)로, 2바이트는 TCP 세그먼트 크기를 가리키는 값으로(세그먼트 크기는 계산된 값으로 IP나 TCP 헤더에는 포함되지 않는다), 1바이트는 TCP/IP 프로토콜 스위트에서 TCP의 고유 프로토콜 번호를 가리키는 값인 6으로 사용하며, 마지막 1바이트는 0 값을 갖는 패딩 바이트(가상 헤더의 길이를 16비트 배수가 되도록)로 사용한다. 검사합계 계산에 가상 헤더를 포함하므로 수신 TCP 측에서는 들어오는 세그먼트가 목적지에 정확하게 도착했는지를 이중으로 확인할 수 있다(예를 들어, 다른 호스트를 목적지로 하거나 다른 상위 계층으로 보내야 할 데이터그램을 IP에서 잘못 수신하는 것을 방지한다). UDP의 경우도 TCP와 마찬가지로 패킷 헤더에서 검사합계를 비슷한 방식으로 계산한다. 가상 헤더에 대한 자세한 사항은 [Stevens, 1994]를 참조하기 바란다.

- 긴급urgent 포인터: URG 제어 비트를 설정한 경우 긴급 포인터 필드는 전달하는 데이터 스트림 내에 긴급 데이터라 불리는 데이터의 위치를 가리킨다. 긴급 데이터는 24.13.1절에서 간단하게 설명한다.
- 옵션: 옵션 필드는 TCP 연결 제어 옵션을 포함하는 필드로 크기가 변할 수 있다.
- 데이터: 데이터 필드는 세그먼트에 들어 있는 사용자 데이터를 가리킨다. 세그먼트가 데이터를 포함하지 않는 경우(예를 들어, 단순한 ACK 세그먼트)에는 데이터 필드의 길이가 0일 수 있다.

24.6.2 TCP 순서 번호와 답신

TCP는 TCP 연결을 통해 전달하는 모든 바이트에 논리적인 순서 번호를 할당한다(두 스트림의 순서 번호 체계는 각기 다르다). 세그먼트를 전송할 때 세그먼트 내 데이터의 첫 번째 바이트에 대한 오프셋 값으로 순서 번호 필드를 설정한다. 덕분에 수신자 TCP는 전달받은 세그먼트를 올바른 순서로 조립할 수 있으며 어떤 데이터를 수신했는지를 전송자에게 답신할 수 있다.

TCP는 긍정 답신positive acknowledgement을 사용해 안정적인 통신을 구현한다. 즉 성공적으로 세그먼트를 전달받았으면 수신자는 그림 24-3과 같이 답신 메시지(예를 들어, 세그먼트에 ACK 비트를 설정)를 전송자에게 보낸다. 답신 메시지의 답신 번호 필드는 수신자가 기다리는 다음 데이터의 논리적 순서 번호로 설정한다(즉 답신 메시지의 답신 번호 필드는 답신을 보내는 세그먼트 순서 번호에 1을 더한 값이다).

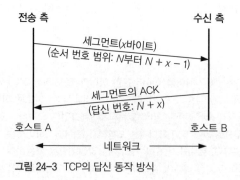

그림 24-3 TCP의 답신 동작 방식

TCP는 세그먼트를 전송하면서 타이머를 설정한다. 타이머가 종료될 때까지 답신을 받지 못할 경우에는 세그먼트를 다시 전송한다.

그림 24-3을 포함해 이후에 나오는 다이어그램은 두 지점 간의 TCP 세그먼트 교환 과정을 보여준다. 다이어그램은 위에서 아래 방향 순서로 발생한다.

24.6.3 TCP 상태 기계와 상태 전이 다이어그램

TCP 연결을 유지하려면 양쪽 종점에 TCP를 설정해야 한다. 상태 기계state machine로 TCP 종점을 만들었다. 즉 TCP는 정해진 상태state 집합 중 한 가지 상태에 머물게 되고 TCP 상위 계층의 응용 프로그램에 의한 시스템 호출이나 상대편 TCP에서 전송한 TCP 세그먼트 수신 등의 이벤트event에 반응하면서 다른 상태로 전이된다. TCP는 다음과 같은 상태로 전이할 수 있다.

- LISTEN: 상대편 TCP로부터 연결 요청을 기다리는 상태

- SYN_SENT: 능동적 연결(보통 socket()을 이용해 생성하는 경우)로 소켓을 연 응용 프로그램을 대신해 TCP가 SYN을 전송하고 연결을 완료할 수 있도록 상대편의 응답을 기다리는 상태

- SYN_RECV: 이전에 LISTEN 상태에 있던 TCP가 SYN을 수신해서 SYN/ACK(예를 들어, SYN과 ACK 비트를 모두 설정한 TCP 세그먼트)를 응답으로 전송한 다음 연결을 완료할 수 있도록 상대편 TCP로부터 ACK를 기다리는 상태

- ESTABLISHED: 상대편 TCP와의 연결 수립을 완료한 상태. 이제 두 TCP 간에 데이터 세그먼트를 주고받을 수 있다.

- FIN_WAIT1: 응용 프로그램에서 연결을 닫은 상태. 상대편 TCP의 연결을 종료하도록 FIN을 전송하고 ACK를 기다린다. 이 상태를 포함해 아래에 소개하는 3개의 상태는 능동 종료를 수행, 즉 첫 번째 응용 프로그램이 먼저 자신의 연결을 종료하는 경우와 관련 있다.

- FIN_WAIT2: 이전에 FIN_WAIT1 상태에 있던 TCP가 상대편 TCP로부터 ACK를 수신한 상태

- CLOSING: FIN_WAIT1 상태에서 ACK를 기다리던 TCP가 ACK가 아닌 FIN을 수신한 상태. 상대방 TCP에서도 거의 동시에 능동 종료를 수행했을 때 이런 상황이 발생할 수 있다(즉 두 TCP가 FIN 세그먼트를 거의 동시에 보내야만 하므로 흔히 발생하는 상황은 아니다).

- TIME_WAIT: 능동 종료를 완료했으므로 TCP는 FIN을 수신한다. 즉 상대편 TCP는 수동 종료를 수행한다. FIN을 수신한 TCP는 TCP 연결이 안정적으로 종료되고, 새 인카네이션incarnation(24.6.7절에서 설명한다) TCP 연결이 수립되기 전에 네트워크 상에 잔존하는 중복 세그먼트가 만료될 수 있도록 TIME_WAIT 상태에서 정해진 시간 동안 대기한다(TIME_WAIT 상태에 대해서는 24.6.7절에서 좀 더 자세히 살펴본다). 정해 진 시간이 지나면 연결이 종료되면서 관련 커널 자원도 해제된다.

- CLOSE_WAIT: TCP가 상대편 TCP로부터 FIN을 수신했다. CLOSE_WAIT 상태와 아래에 설명하는 상태는 수동 종료를 수행하는 응용 프로그램과 관련된 내용이 다. 즉 두 번째 응용 프로그램이 연결을 종료하는 경우다.

- LAST_ACK: 응용 프로그램이 수동 종료를 수행했다. 기존에 CLOSE_WAIT 상태 에 있던 TCP는 상대편 TCP로 FIN을 전송한 다음 ACK를 기다린다. ACK를 수신 하면 연결이 종료되면서 관련 커널 자원이 해제된다.

위에서 설명한 상태 외에 RFC 793에서는 연결이 없는 상태(예를 들어, TCP 연결에 커널 자원 이 할당되지 않은)를 가리키는 가상 상태 CLOSED를 추가했다.

 위에서 설명한 TCP 상태 목록의 철자는 리눅스 소스 코드에 정의된 것을 사용했다. 리눅스의 소스 코드에서 정의한 TCP 상태 철자는 RFC 793과는 약간의 차이가 있다.

그림 24-4는 TCP의 상태 전이 다이어그램state transition diagram이다(이 그림은 RFC 793과 [Stevens et al., 2004]에 근거한다). 그림 24-4는 다양한 이벤트에 반응하면서 TCP 종점의 상 태가 어떻게 변하는지 보여준다. 각 화살표는 가능한 상태 변이를 나타내며, 이러한 변이 를 일으키는 이벤트를 화살표 옆에 표기했다. 표기된 이벤트는 응용 프로그램에 의한(굵 은 표시) 경우도 있는가 하면 상대편 TCP에서 세그먼트 수신에 의한(recv 문자로 시작) 경우 도 있다. 특정 상태의 TCP가 다른 상태로 전이되면서 상대편 TCP에 세그먼트를 전송하 는 경우도 있는데, 다이어그램에서는 이 상황을 send로 시작하는 문장으로 표시했다. 예 를 들어 ESTABLISHED에서 FIN_WAIT1으로 전이하는 경우를 살펴보면 로컬 응용 프 로그램에서 close()를 수행해 상태가 전이되며, 이때 상대편 TCP로 FIN 세그먼트를 전 송한다.

그림 24-4에서는 클라이언트 TCP의 일반 전이 경로를 두꺼운 화살표로 표시했고, 서버 TCP의 일반 전이 경로는 굵은 점선 화살표로 표시했다(이 외의 화살표는 자주 사용되지 않는 경로를 의미한다). 경로에 표시된 괄호 안의 숫자를 살펴보면 두 TCP 간의 세그먼트 전

송이 서로 거울에 비친 상처럼 동작한다는 사실을 알 수 있다(로컬 응용 프로그램에서 능동 종료를 수행하는 경우를 기준으로 그림을 표시했으므로, ESTABLISHED 상태 이후에 서버에서 능동 종료를 수행한다면 서버 TCP와 클라이언트 TCP의 전이 경로는 그림과 정반대로 변할 것이다).

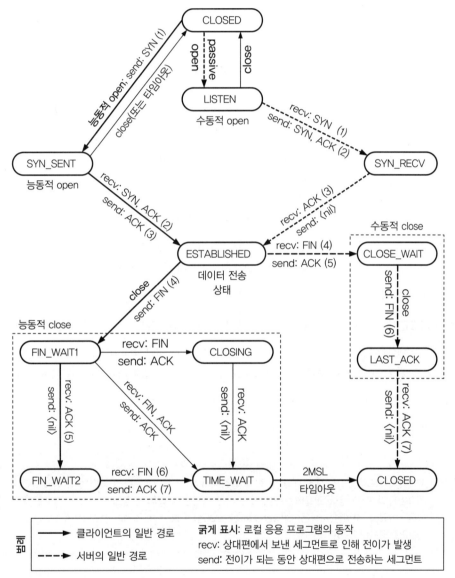

그림 24-4 TCP 상태 전이 다이어그램

그림 24-4는 TCP 상태 기계의 모든 전이 상태가 아닌 일부 주요 상태 전이만 보여줬다. 더 자세한 TCP 상태 전이 다이어그램은 http://www.cl.cam.ac.uk/~pes20/Netsem/poster.pdf에서 확인할 수 있다.

24.6.4 TCP 연결 수립

소켓 API 수준에서 보면 두 스트림 소켓은 다음 단계를 거치면서 연결된다(496페이지의 그림 19-1 참조).

1. 서버가 listen()을 호출해 소켓을 수동적으로 연 다음 accept()를 호출해 연결이 수립될 때까지 블록한다.

2. 클라이언트는 서버의 수동 소켓과 연결할 수 있도록 connect()를 호출해서 능동적으로 소켓을 연다.

그림 24-5는 연결을 수립할 때 TCP에서 수행하는 과정을 보여준다. 두 TCP 간에 세 세그먼트를 전달하므로 이러한 과정을 흔히 세 방향 핸드셰이크three-way handshake라 한다. 연결 수립 과정은 다음과 같다.

1. connect()를 호출하면 클라이언트 TCP는 서버 TCP로 SYN 세그먼트를 전송한다. 이 세그먼트는 서버 TCP에게 클라이언트 TCP의 첫 순서 번호를 알려준다(다이어그램에서는 M으로 표기). 21.6.3절에서 설명했듯이 순서 번호가 0부터 시작하지 않기 때문에 서버 TCP에게 순서 번호를 알려주는 과정이 반드시 필요하다.

2. 서버 TCP는 클라이언트 TCP의 SYN 세그먼트에 대한 알림과 자신의 첫 순서 번호(다이어그램에서는 N으로 표기)를 전송해야 한다(스트림 소켓은 양방향 통신이므로 2개의 순서 번호가 필요하다). 서버 TCP는 하나의 세그먼트에 SYN과 ACK 제어 비트 모두를 설정해서 두 동작을 한 번에 수행한다(이와 같은 상황을 ACK가 SYN에 편승했다고 표현하기도 한다).

3. 클라이언트 TCP는 TCP의 SYN 세그먼트에 대한 알림으로 ACK 세그먼트를 전송한다.

 세 방향 핸드셰이크의 첫 번째와 두 번째 과정에서 SYN 세그먼트를 주고받는다. 이때 SYN 세그먼트의 TCP 헤더 필드에는 연결과 관련한 다양한 파라미터 결정에 필요한 정보를 포함할 수 있다. 자세한 사항은 [Stevens et al., 2004], [Stevens, 1994], [Wright & Stevens, 1995]를 참조하기 바란다.

그림 24-5에서 각괄호(예: ⟨LISTEN⟩) 안의 글자는 연결을 맺고 있는 TCP의 상태를 가리킨다.

SYN 플래그를 설정한 세그먼트는 데이터 바이트를 포함할 수 있어서 SYN 플래그에 대한 응답을 확실히 받아야 하므로, SYN 플래그는 연결에서 사용하는 순서 번호 공간 한 바이트를 소비한다. 따라서 그림 24-5는 SYN M 세그먼트에 대한 알림이 ACK M+1로 표시된다는 사실을 보여준다.

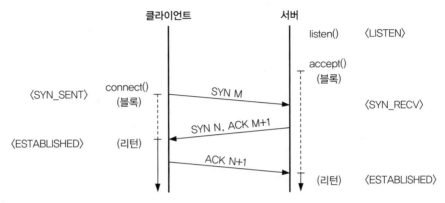

그림 24-5 TCP 연결 수립의 세 방향 핸드셰이크

24.6.5 TCP 연결 종료

일반적으로 TCP 연결 종료 순서는 다음과 같다.

1. 연결 한쪽 끝의 응용 프로그램에서 close()를 수행한다(보통 클라이언트지만 꼭 그러라는 법은 없다). close()를 호출하는 응용 프로그램을 **능동 종료**active close를 수행한다고 한다.

2. 이후에 연결의 반대편(서버)도 close()를 수행한다. 이와 같은 close()를 **수동 종료**passive close라 한다.

그림 24-6은 아랫단의 TCP에서 위 과정을 수행하는 모습을 보여준다(그림은 클라이언트가 능동 종료를 수행한다고 가정했다). 그림 24-6은 다음 절차로 동작을 수행한다.

1. 클라이언트가 능동 종료를 수행하면 클라이언트 TCP는 서버 TCP로 FIN을 전송한다.

2. FIN을 받은 서버 TCP는 ACK로 응답한다. ACK를 응답한 이후로 서버에서 발생하는 read()는 EOF가 된다(즉 0을 리턴).

3. 서버도 close()를 호출하면서 연결을 종료하면 서버 TCP는 클라이언트 TCP로 FIN을 전송한다.

4. 클라이언트 TCP는 서버의 FIN에 대한 답신으로 ACK를 전송한다.

몇몇 이유가 따로 있기도 하지만 SYN 플래그와 마찬가지로 FIN 플래그도 연결 순서 번호 공간에서 한 바이트를 소비한다. 따라서 그림 24-6에서는 FIN M 세그먼트에 대한 알림이 ACK M+1임을 확인할 수 있다.

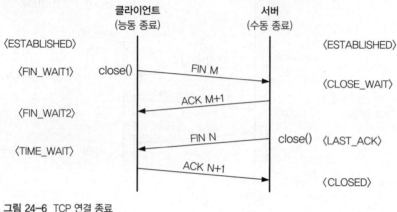

그림 24-6 TCP 연결 종료

24.6.6 TCP 소켓에 shutdown() 호출하기

24.6.5절에서는 양방향full-duplex 종료를 가정했다. 즉 응용 프로그램은 close()를 이용해 TCP 소켓의 수신 채널과 송신 채널 모두를 닫는다. 24.2절에서 살펴본 것처럼 shutdown()을 이용하면 연결의 한 채널(단방향half-duplex 종료)만 닫을 수 있다. 24.6.6절에서는 TCP 소켓의 shutdown()에 대해 자세히 살펴본다.

shutdown()의 인자 how를 SHUT_WR이나 SHUT_RDWR로 설정하면 24.6.5절에서 설명한 TCP 연결 종료 과정(예: 능동 종료)이 진행되는데, 이때 소켓을 참조하는 다른 파일 디스크립터가 있는지 여부와 관계없이 종료 과정은 진행된다. 종료 과정이 시작되면 상대편 TCP가 CLOSE_WAIT 상태로 전이하는 동안 로컬 TCP는 FIN_WAIT1 상태로 전이했다가 FIN_WAIT2 상태로 전이한다(그림 24-6). 인자 how를 SHUT_WR로 설정하면 소켓 파일 디스크립터가 여전히 유효한 상태이므로 읽기 채널은 연결이 유지된다. 따라서 상대편 소켓에서 이쪽으로 데이터를 전송할 수 있다.

반면 SHUT_RD는 사용을 자제하는 편이 좋다. 대부분의 TCP 구현에서는 SHUT_RD의 오퍼레이션을 제대로 구현하지 않았을 뿐만 아니라 구현마다 SHUT_RD의 오퍼레이션 결과가 다르다. 리눅스를 포함한 몇몇 구현에서는 24.2절의 설명대로 SHUT_RD 다음에 (확실히 어떤 데이터를 읽었으면) 실행되는 read()에 대해 EOF를 리턴한다. 그러나 상대편 응용 프로그램에서 SHUT_RD 이후에 쓰기를 수행하면 로컬 소켓에서 데이터를 읽는 데 문제가 없다.

기타 구현(예: BSD)에서 SHUT_RD 다음에 실행되는 모든 read()는 항상 0을 리턴한다. 그러나 이와 같은 구현에서 write() 호출로 소켓의 데이터 채널이 포화되어 write() 호출이 블록될 때까지 상대편 응용 프로그램은 write()를 계속 호출할 수 있다(유닉스 도메인 스트림 소켓에서는 로컬 소켓에 SHUT_RD가 수행된 다음에 상대편이 쓰기 동작을 계속 수행하려 하면 SIGPIPE 시그널, EPIPE 에러가 차례로 발생한다).

결론적으로, 이식성이 좋은 TCP 응용 프로그램을 만들려면 SHUT_RD 사용을 피해야 한다.

24.6.7 TIME_WAIT 상태

네트워크 프로그래밍에서 혼란을 주는 내용 중 하나가 TCP TIME_WAIT 상태다. 그림 24-4를 통해 능동 종료를 수행하는 TCP가 TIME_WAIT 상태로 전이된다는 사실을 알 수 있다. TIME_WAIT 상태는 다음의 두 가지 핵심 기능을 제공한다.

- 안정적인 연결 종료 구현
- 네트워크상에 존재하는 기존의 중복 세그먼트가 만료될 때까지 기다림으로써 새로운 인카네이션 연결을 만들었을 때 기존 세그먼트를 수신하는 일이 없도록 방지한다.

TIME_WAIT 상태는 타임아웃에 의해 다른 상태(CLOSED)로 전이된다는 점이 여타 상태와 다르다. 타임아웃 값은 MSL의 두 배(2MSL) 값을 갖는다. MSLmaximum segment lifetime(세그먼트의 최대 생명주기)은 네트워크상에서 TCP 세그먼트가 생존할 수 있는 최대 생명주기를 의미한다.

 IP 헤더의 8비트 TTL(time-to-live, 생존 시간) 필드는 모든 IP 패킷이 일정 수 이상의 홉 (hop, 돌아다닌 라우터 수) 내에 목적지까지 도착하지 못할 경우 폐기되도록 제한하는 기능을 한다. MSL은 IP 패킷이 TTL 한도를 넘는 데 걸리는 시간을 추정한 값이다. TTL 필드는 8비트이므로 최대값은 255홉이다. 일반적으로 대부분의 IP 패킷은 최대 홉보다 훨씬 작은 수의 홉으로 여행을 마친다. 특별한 라우터 오동작(예: 라우터 설정 문제) 때문에 TTL 한도를 넘을 때까지 패킷에 네트워크 루프를 빠져나가지 못하는 경우가 발생하면 패킷이 TTL 최대값을 초과할 수 있다.

BSD 소켓 구현은 MSL을 30초로 설정했으며 리눅스도 BSD의 표준을 따랐다. 따라서 리눅스에서 TIME_WIAT 상태는 총 60초의 생명주기를 갖는다. 그러나 RFC 1122는 MSL 값을 2분으로 권고하며 이와 같은 권고를 따르는 구현에서는 TIME_WAIT 상태가 4분간 지속된다.

그림 24-6을 통해 TIME_WAIT 상태의 첫 번째 목적(안정적인 연결 종료 보장)을 이해할 수 있다. 그림 24-6은 TCP 연결 종료 과정 동안 보통 4개의 세그먼트를 주고받는다는 사실을 보여준다. 4개의 세그먼트 중 가장 마지막 세그먼트는 능동 종료를 수행하는 TCP에서 수동 종료를 수행하는 TCP로 전송하는 ACK 세그먼트다. 이때 이 마지막 ACK 세그먼트가 네트워크상에서 없어져 버렸다고 가정하자. 이런 일이 발생하면 수동 종료를 수행하는 TCP는 잠시 후 FIN을 재전송(FIN에 대한 ACK를 받지 못했으므로)할 것이다. 이때 능동 종료를 수행하는 TCP는 TIME_WAIT 상태에서 2MSL만큼 대기하고 있어 아직 TIME_WAIT 상태일 것이므로 마지막 ACK 세그먼트를 다시 전송할 것이다. 만약 능동 종료를 수행하는 소켓이 더 이상 존재하지 않는 경우(예를 들어, 2MSL만큼의 시간이 지나서) TCP 프로토콜은 재전송한 FIN에 대한 응답으로 RST를 보낸다. 그러면 RST를 수신한 수동 종료를 수행하는 TCP는 이를 에러로 간주한다(이 예제를 통해 TIME_WAIT 상태가 MSL의 두 배여야 하는 이유를 이해할 수 있다. 첫 번째 MSL은 마지막 ACK가 상대편 TCP에 도달하는 데 필요한 시간이고, 다른 MSL은 다음번 FIN을 전송할 때 필요한 시간이다).

> 수동 종료를 수행하는 TCP는 연결 종료의 마지막 세그먼트 교환을 시작하는 주체이므로 TIME_WAIT 상태가 필요 없다. 수동 종료를 수행하는 TCP는 FIN을 전송한 다음 상대편으로부터 ACK를 기다린다. 타이머가 만료될 때까지 ACK를 수신하지 못하면 FIN을 재전송한다.

TIME_WAIT 상태의 두 번째 목적(네트워크상의 중복 세그먼트가 만료될 때까지 기다린다)을 이해하려면 TCP의 재전송 알고리즘을 기억할 필요가 있다. 경우에 따라서 중복 세그먼트가 만들어질 수 있고 세그먼트 전달 경로에 따라 연결이 종료된 다음 중복 세그먼트가 도착하는 상황이 발생할 수 있다. 예를 들어, 주소 204.152.189.116에 포트 21(FTP 포트)과 주소 200.0.0.1에 포트 50,000의 두 소켓을 TCP로 연결했다고 가정하자. 그리고 TCP 연결을 종료했다가 잠시 후 같은 IP 주소와 포트를 이용해 새 연결을 수립했다. 이와 같은 경우를 새 인카네이션이라 한다. 이때 TCP는 기존 인카네이션에서 발생한 중복 세그먼트가 새로운 인카네이션의 유효 데이터가 되지 않게 해야 한다. 따라서 기존 연결의 한쪽 TCP는 TIME_WAIT 상태에 머물러 있는 상태이므로 이 경우 새 인카네이션을 만들 수 없게 해서 기존의 중복 세그먼트를 사용하지 않도록 방지한다.

온라인 포럼에서 TIME_WAIT 상태를 비활성화하는 방법에 관한 질문을 자주 접할 수 있다. 대부분의 사람이 TIME_WAIT 상태를 비활성화하려는 이유는 재시작된 서버가 TIME_WAIT 상태의 TCP 주소로 소켓을 결속하려 할 때 EADDRINUSE 에러('address already in use(주소를 이미 사용 중입니다)')를 발생시키기 때문이다. TIME_WAIT를 비활성화하는 다양한 방법도 있고([Stevens et al., 2004] 참조) TIME_WAIT 상태의 TCP를 제거하는 방법(예를 들어, TIME_WAIT 상태를 정상보다 이른 시기에 종료시킨다. [Snader, 2000] 참조)도 있지만, 이렇게 할 경우 TIME_WAIT 상태가 제공하는 안정성 보장 기능을 훼손할 수 있으므로 이와 같은 방법을 적용하지 않는 것이 바람직하다. 24.10절에서 소개하는 SO_REUSEADDR 소켓 옵션을 사용하면 TIME_WAIT 상태로 안정성을 보장하면서 동시에 EADDRINUSE 에러 발생을 피할 수 있다.

24.7 소켓 모니터링: netstat

netstat는 시스템의 인터넷과 유닉스 도메인 소켓의 상태를 표시하는 프로그램이다. netstat는 소켓 응용 프로그램을 구현할 때 훌륭한 디버깅 도구 역할을 한다. 구현마다 명령행 인자의 사용 방법 등에 차이가 있을 수 있지만 대부분의 유닉스 구현에서 netstat를 제공한다.

기본적으로 명령행 옵션을 사용하지 않으면 netstat는 유닉스와 인터넷 도메인에 연결된 소켓 정보를 출력한다. 다양한 명령행 옵션을 이용하면 다양한 정보를 출력할 수 있다. 표 24-1은 명령행 옵션 목록을 일부 보여준다.

표 24-1 netstat 명령 옵션

옵션	설명
-a	대기하는 소켓을 포함한 모든 소켓 정보 출력
-e	소켓 소유자의 사용자 ID를 포함한 확장 정보 출력
-c	매초 소켓 정보를 연속적으로 재출력
-l	대기하는 소켓에 대한 정보만 출력
-n	IP 주소, 포트 번호, 사용자명을 숫자 형식으로 표현
-p	소켓이 소속된 프로세스 ID와 프로그램명 출력
--inet	인터넷 도메인 소켓 정보 출력
--tcp	인터넷 도메인 TCP(스트림) 소켓 정보 출력
--udp	인터넷 도메인 UDP(데이터그램) 소켓 정보 출력
--unix	유닉스 도메인 소켓 정보 출력

아래는 netstat를 이용해 시스템의 모든 인터넷 도메인 소켓 목록을 출력한 결과를 요약한 것이다.

```
$ netstat -a --inet
Active Internet connections (servers and established)
Proto Recv-Q Send-Q Local Address      Foreign Address      State
tcp        0      0 *:50000            *:*                  LISTEN
tcp        0      0 *:55000            *:*                  LISTEN
tcp        0      0 localhost:smtp     *:*                  LISTEN
tcp        0      0 localhost:32776    localhost:58000      TIME_WAIT
tcp    34767      0 localhost:55000    localhost:32773      ESTABLISHED
tcp        0 115680 localhost:32773    localhost:55000      ESTABLISHED
udp        0      0 localhost:61000    localhost:60000      ESTABLISHED
udp      684      0 *:60000            *:*
```

인터넷 도메인 소켓 목록의 각 헤더 레이블의 의미는 다음과 같다.

- Proto: tcp나 udp와 같은 소켓 프로토콜 정보
- Recv-Q: 로컬 응용 프로그램에서 아직 읽지 않고 소켓 수신 버퍼에 남아 있는 바이트 수. UDP 소켓의 경우에는 데이터뿐만 아니라 UDP 헤더 및 다른 메타데이터도 바이트 수에 포함한다.
- Send-Q: 전송할 목적으로 소켓 전송 버퍼 큐에 추가한 바이트 수. Recv-Q 필드와 마찬가지로 UDP 소켓의 경우에는 UDP 헤더 필드와 다른 메타데이터를 바이트 수에 포함한다.
- Local Address: 소켓이 결속된 주소를 '호스트-IP-주소:포트' 형태로 표현한 정보. 기본적으로 주소와 포트의 숫자를 해석할 수 없는 경우를 제외하고는 이름으로 표시한다. 호스트 부분에 사용하는 별표(*)는 와일드카드 IP 주소를 의미한다.
- Foreign Address: 소켓이 결속된 상대편의 주소 정보. *:*는 상대편 주소 정보가 없음을 의미한다.
- State: 소켓의 현재 상태 정보. TCP 소켓은 24.6.3절에서 설명한 상태 중 하나의 상태를 유지한다.

더 자세한 사항은 netstat(8) 매뉴얼 페이지를 참조하기 바란다.

netstat에서 출력하는 정보 프로그램에서 얻으려면 /proc/net에 들어 있는 다양한 리눅스 고유 파일을 이용하기 바란다. /proc/net에는 tcp, udp, tcp6, udp6, unix 등이 있고 각각 고유의 기능이 있다. 더 자세한 사항은 proc(5) 매뉴얼 페이지를 참조하기 바란다.

24.8 tcpdump를 이용한 TCP 트래픽 감시

tcpdump는 슈퍼유저가 사용 중인 네트워크의 인터넷 트래픽을 확인하거나 그림 24-3과 같은 다이어그램을 텍스트 형태의 실시간 자료로 만들어내고자 할 때 유용하게 쓸 수 있는 프로그램이다. tcpdump라는 이름에도 불구하고 TCP뿐만 아니라 모든 종류의 네트워크 패킷(예: TCP 세그먼트, UDP 데이터그램, ICMP 패킷) 트래픽을 출력할 때도 tcpdump를 사용할 수 있다. tcpdump는 각 네트워크 패킷에 대한 타임스탬프, 근원지 IP 주소와 목적지 IP 주소를 포함한 추가적인 프로토콜 세부사항도 출력한다. 프로토콜 종류, 근원지 IP 주소와 목적지 IP 주소, 포트 번호 등을 포함한 다양한 조건을 이용해 확인하고자 하는 패킷을 선택할 수 있다. tcpdump에 대한 세부사항은 tcpdump 매뉴얼 페이지를 참조하기 바란다.

 와이어샤크(wireshark, 이전에는 ethereal이라는 이름을 사용했다. http://www.wireshark.org/) 프로그램은 tcpdump와 비슷한 기능을 수행하는데, 텍스트가 아닌 그래픽 인터페이스로 트래픽 정보를 출력한다.

tcpdump는 각 세그먼트의 정보를 아래 형식으로 출력한다.

```
src > dst: flags data-seqno ack window urg <options>
```

각 필드의 의미는 다음과 같다.

- src: 근원지 IP 주소와 포트
- dst: 목적지 IP 주소와 포트
- flags: 공란 또는 24.6.1절에서 설명한 TCP 제어 비트 중 1개 이상의 글자를 포함하는 필드: S(SYN), F(FIN), P(PSH), R(RST), E(ECE), C(CWR)
- data-seqno: 바이트로 주고받는 패킷의 순서 번호 영역 범위

 기본적으로 순서 번호 범위는 데이터 스트림을 관찰하는 쪽의 첫 번째 바이트를 기준으로 상대적인 값으로 표시한다. tcpdump –S 옵션을 사용하면 순서 번호를 절대 형식으로 표시할 수 있다.

- ack: 'ack 숫자' 형태의 문자열로 표현되며, 숫자는 상대편으로부터 전송할 것으로 기대하는 다음 바이트의 순서 번호를 가리킨다.

- window: 'win 숫자' 형태의 문자열로 표현되며, 숫자는 상대편에서 전송한 데이터를 수신할 버퍼에 남아 있는 공간을 바이트 수로 표시한 것이다.
- urg: 'urg 숫자' 형태의 문자열로 표현되며, 숫자는 세그먼트에 포함된 긴급 데이터의 오프셋을 의미한다.
- options: 세그먼트에 포함된 TCP 옵션을 표시하는 문자열

src, dst, flags 필드는 필수적으로 표시되는 필드다. 나머지 필드는 세그먼트에 포함된 경우에만 표시된다.

아래 셸 세션은 tcpdump를 이용해 클라이언트(pukaki라는 호스트에서 실행되는)와 서버(tekapo에서 실행되는) 간의 트래픽을 관찰하는 방법을 보여준다. 여기서는 출력 결과를 간소화하는 2개의 tcpdump 옵션을 사용했다. -t 옵션은 타임스탬프 정보를 출력하지 않게 하고, -N 옵션은 도메인을 제외하고 호스트명만 출력하게 한다. TCP 옵션은 아직 살펴보지 않았으므로 출력 결과도 간소화할 겸 tcpdump 출력 결과에서 options 필드는 제거했다.

서버는 포트 번호 55555를 사용하므로 tcpdump 명령으로 55555번 포트를 선택했다. 출력 결과를 통해 연결을 설립하는 동안 3개의 세그먼트가 교환됨을 확인할 수 있다.

```
$ tcpdump -t -N 'port 55555'
IP pukaki.60391 > tekapo.55555: S 3412991013:3412991013(0) win 5840
IP tekapo.55555 > pukaki.60391: S 1149562427:1149562427(0) ack
3412991014 win 5792
IP pukaki.60391 > tekapo.55555: . ack 1 win 5840
```

위 출력 결과를 통해 SYN, SYN/ACK, ACK 세그먼트가 교환되면서 세 방향 핸드셰이크(그림 24-5 참조)가 이뤄짐을 알 수 있다.

다음 출력 결과를 통해 클라이언트가 서버로 16바이트, 32바이트의 메시지를 보내면 서버는 4바이트의 메시지로 두 번 응답을 보낸다는 사실을 확인할 수 있다.

```
IP pukaki.60391 > tekapo.55555: P 1:17(16) ack 1 win 5840
IP tekapo.55555 > pukaki.60391: . ack 17 win 1448
IP tekapo.55555 > pukaki.60391: P 1:5(4) ack 17 win 1448
IP pukaki.60391 > tekapo.55555: . ack 5 win 5840
IP pukaki.60391 > tekapo.55555: P 17:49(32) ack 5 win 5840
IP tekapo.55555 > pukaki.60391: . ack 49 win 1448
IP tekapo.55555 > pukaki.60391: P 5:9(4) ack 49 win 1448
IP pukaki.60391 > tekapo.55555: . ack 9 win 5840
```

위 출력 결과에서 데이트 세그먼트를 전송할 때마다 ACK가 반대 방향으로 전송된다는 사실을 확인할 수 있다.

마지막으로 아래 출력은 연결 종료 시 교환되는 세그먼트를 보여준다(클라이언트가 먼저 연결을 종료하면 반대편의 서버도 연결을 종료한다).

```
IP pukaki.60391 > tekapo.55555: F 49:49(0) ack 9 win 5840
IP tekapo.55555 > pukaki.60391: . ack 50 win 1448
IP tekapo.55555 > pukaki.60391: F 9:9(0) ack 50 win 1448
IP pukaki.60391 > tekapo.55555: . ack 10 win 5840
```

위 출력 결과를 통해 연결을 종료할 때는 4개의 세그먼트를 주고받는다는 사실을 확인할 수 있다(그림 24-6).

24.9 소켓 옵션

소켓 옵션은 소켓 동작 기능에 다양한 영향을 미친다. 소켓 옵션은 상당히 많은 편이지만 이 책에서는 그중 일부만 살펴본다. [Stevens et al., 2004]는 대부분의 표준 소켓 옵션을 설명한다. 리눅스 고유의 세부사항은 매뉴얼 페이지 tcp(7), udp(7), ip(7), socket(7), unix(7) 등을 참조하라.

시스템 호출 setsockopt()와 getsockopt()를 이용해 소켓 옵션을 설정하거나 확인할 수 있다.

```
#include <sys/socket.h>

int getsockopt(int sockfd, int level, int optname, void *optval,
               socklen_t *optlen);
int setsockopt(int sockfd, int level, int optname, const void *optval,
               socklen_t optlen);
```
                                성공하면 0을 리턴하고, 에러가 발생하면 −1을 리턴한다.

setsockopt()와 getsockopt()에서 sockfd는 소켓을 참조하는 파일 디스크립터다.

level 인자는 소켓 옵션(IP, TCP 같은)에 적용할 프로토콜을 지정한다. 이 책에서는 대개 소켓 API 레벨을 의미하는 SOL_SOCKET 옵션을 사용한다.

optname 인자로는 설정하거나 읽으려는 옵션을 지정할 수 있다. 인자 optval은 옵션값을 설정하거나 리턴할 때 사용하는 버퍼 포인터다. 인자 optval은 옵션의 종류에 따라 정수 포인터 또는 구조체 포인터 값을 갖는다.

인자 optlen은 optval에서 가리키는 버퍼를 바이트 크기로 지정한다. setsockopt()에서는 인자 optlen을 값으로 전달한다. 그러나 getsockopt()에서는 optlen을 값-결과 인자로 사용한다. getsockopt()를 호출하기 전에 optlen을 optval이 가리키는 버퍼의 크기로 설정하고, getsockopt()를 실행하고 리턴할 때는 실제로 버퍼에 기록한 데이터 수로 설정한다.

24.11절에서 설명한 것처럼 accept() 호출에서 리턴되는 소켓 파일 디스크립터는 대기하는 소켓의 옵션값(설정할 수 있는)을 상속받는다. 소켓 옵션은 열린 파일 디스크립터(Vol. 1, 169페이지의 그림 5-2 참조)와 관련이 있다. 즉 dup()(또는 이와 비슷한)나 fork()로 복제된 파일 디스크립터와 소켓 옵션 집합이 같다는 의미다.

간단한 소켓 옵션의 예로 SO_TYPE이 있는데, SO_TYPE은 소켓 종류를 찾을 때 사용하는 옵션이다.

```
int optval;
socklen_t optlen;

optlen = sizeof(optval);
if (getsockopt(sfd, SOL_SOCKET, SO_TYPE, &optval, &optlen) == -1)
    errExit("getsockopt");
```

위와 같이 호출하면 optval은 소켓 종류(SOCK_STREAM이나 SOCK_DGRAM 같은) 값을 갖는다. 예를 들어 exec()(inetd로 프로그램이 실행된 경우와 같이)로 소켓 파일 디스크립터를 상속받은 프로그램에서는 상속받은 소켓의 종류를 모르기 때문에 위와 같은 코드를 유용하게 활용할 수 있다.

SO_TYPE은 읽기 전용 소켓 옵션 예제이므로 setsockopt()의 옵션으로 이용해 소켓 종류를 변경할 수 없다는 사실을 기억하자.

24.10 SO_REUSEADDR 소켓 옵션

SO_REUSEADDR 소켓 옵션은 다양한 기능을 제공한다(세부사항은 [Stevens et al., 2004]의 7장을 살펴보자). 그러나 24.10절에서는 TCP 서버를 재시작한 다음 기존에 TCP를 사용한 적이 있는 TCP 포트에 소켓을 결속하려 할 때 발생할 수 있는 EADDRINUSE('이미 사용 중인 주소') 에러를 해결하는 데 SO_REUSEADDR 옵션이 어떤 역할을 하는지에 초점을 둔다. 일반적으로 EADDRINUSE가 발생할 수 있는 두 가지 시나리오가 있다.

- 기존 연결에서 클라이언트에 연결된 서버가 close()를 호출하거나 혹은 크래시(시그널에 의해 종료되는 등)해서 능동 종료를 수행했다. 결국 TCP 종점은 TIME_WAIT 상태에서 2MSL 타임아웃 시간만큼 대기한다.
- 서버에서 클라이언트 연결을 처리할 자식 프로세스를 생성했다. 나중에 서버는 종료됐지만 자식 프로세스는 클라이언트에 서비스를 계속 제공한다. 이 경우 TCP 종점은 서버의 잘 알려진 포트를 이용해 TCP 종점을 유지한다.

두 시나리오 모두 TCP 종점은 새 연결을 수락할 수 없는 상태에 놓인다. 그럼에도 기본적으로 두 가지 시나리오가 발생했을 때 대부분의 TCP 구현은 대기하는 소켓이 서버의 잘 알려진 포트에 결속할 수 없도록 제한한다.

 클라이언트는 일반적으로 단명 포트를 사용하고 단명 포트는 TIME_WAIT 상태로 전이하지 않으므로 클라이언트에서는 보통 EADDRINUSE 에러가 발생하지 않는다. 그러나 클라이언트가 특정 포트 번호로 결속하는 경우에는 이와 같은 에러가 발생할 수 있다.

19.5절에서 살펴본 전화기 시스템과 유사한 스트림 소켓을 기억한다면 SO_REUSEADDR 소켓 옵션 동작을 이해하는 데 도움된다. 전화 통화(전화 회의 등의 개념은 제외한다)와 마찬가지로 TCP 소켓 연결은 연결된 양 끝 지점이 누구냐는 것으로 다른 연결과 구분할 수 있다. accept()의 동작을 전화 교환원이나 조직 내의 내부 전화('새로운 소켓')로 전화를 돌려주는 회사 내부 전화 교환대가 수행하는 동작에 비유할 수 있다. 외부적 관점에서 보면 내부 전화를 확인할 수 있는 방법이 없다. 외부에서 여러 전화가 걸려와서 전화교환대가 이를 처리한다고 할 때, 각 전화 통화를 구별할 수 있는 유일한 방법은 외부에서 전화를 건 사람의 번호와 전화교환대 번호를 조합하는 것이다(회사 내부에도 전화 교환대가 여럿 있을 수 있으므로 조합할 때 전화 교환대 번호도 꼭 필요하다). 마찬가지로 대기 소켓에서 연결을 수락하면 소켓이 생성된다. 이렇게 만들어진 소켓은 대기 소켓과 같은 로컬 주소를 갖는다. 따라서 이렇게 만들어진 소켓 연결을 구분하는 유일한 방법은 상대편 소켓 정보가 다르다는 사실을 이용하는 것이다.

즉 TCP 소켓은 4튜플tuple(값 4개를 조합)을 다음과 같이 조합해서 TCP 소켓 연결을 식별할 수 있다.

```
{ local-IP-address, local-port, foreign-IP-address, foreign-port }
```

TCP 규격은 이와 같은 튜플이 유일성을 지닐 것을 요구한다. 즉 매 순간에는 오직 하나의 연결 인카네이션('전화 통화')만이 존재할 수 있다. 문제는 리눅스를 포함한 대부분의 구현이 더 엄격한 제한을 둔다는 점이다. 예를 들어 호스트에 해당 로컬 포트와 일치하는 TCP 연결 인카네이션이 존재하면, 로컬 포트(예: bind()에 사용한 포트)는 재사용할 수 없다. 심지어 24.10절의 처음에 언급했던 두 시나리오 상황에서 TCP가 새로운 연결을 수락할 수 없는 상황에서도 이와 같은 규칙이 적용된다.

SO_REUSEADDR 소켓 옵션을 사용하면 TCP 요구사항을 만족하면서도 구현을 제한을 완화할 수 있다. SO_REUSEADDR 옵션의 기본값은 0, 즉 비활성화다. 리스트 24-4에서 볼 수 있듯이 소켓을 결속하기 전에 0 외의 값을 설정해서 SO_REUSEADDR 옵션을 활성화할 수 있다.

SO_REUSEADDR 옵션을 사용하면 24.10절 첫 부분에서 설명했던 두 가지 시나리오가 발생해 포트에 다른 TCP가 결속되어 있는 상황에서도 로컬 포트를 소켓에 결속할 수 있다. 대부분의 TCP 서버는 SO_REUSEADDR 옵션을 활성화해야 한다. SO_REUSEADDR 옵션을 사용한 예제는 리스트 22-6(574페이지)과 리스트 22-9(582페이지)에 나와 있다.

리스트 24-4 SO_REUSEADDR 소켓 옵션 설정

```
int sockfd, optval;

sockfd = socket(AF_INET, SOCK_STREAM, 0);
if (sockfd == -1)
    errExit("socket");

optval = 1;
if (setsockopt(sockfd, SOL_SOCKET, SO_REUSEADDR, &optval,
               sizeof(optval)) == -1)
    errExit("socket");

if (bind(sockfd, &addr, addrlen) == -1)
    errExit("bind");
if (listen(sockfd, backlog) == -1)
    errExit("listen");
```

24.11 accept()를 통한 플래그와 옵션 상속

열린 파일 디스크립션과 파일 디스크립터에는 여러 플래그와 설정을 적용할 수 있다(Vol. 1의 5.4절 참조). 더욱이 24.9절에서 언급한 것처럼 소켓 관련 옵션도 있다. 대기 소켓에 플래그와 옵션을 적용하면 accept()가 새로운 소켓을 리턴했을 때 플래그와 옵션도 상속될까? 24.11절에서는 이 질문에 대한 답을 살펴본다.

리눅스에서 아래 속성은 accept()로 리턴되는 새로운 파일 디스크립터로 상속되지 않는다.

- 상태 플래그는 열린 파일 디스크립션에 사용하는 플래그로 fcntl()의 F_SETFL을 이용(Vol. 1의 5.3절 참조)해 값을 변경할 수 있다. O_NONBLOCK과 O_ASYNC 등이 상태 플래그에 포함된다.
- 파일 디스크립터 플래그는 fcntl()의 F_SETFD를 이용해 값을 변경할 수 있다. 파일 디스크립터 플래그는 실행 시 닫기 플래그(Vol. 1의 27.4절에서 설명한 FD_CLOEXEC를 참조하라)뿐이다.
- fcntl()의 F_SETOWN(소유자 프로세스 ID)과 F_SETSIG(생성된 시그널) 파일 디스크립터 속성은 시그널 기반 I/O(26.3절 참조)와 관련된 플래그다.

위 플래그를 제외하면 accept()로 리턴되는 새 디스크립터는 setsockopt()(24.9절 참조)로 설정할 수 있는 대부분의 소켓 옵션 복사본을 상속한다.

SUSv3는 이에 대한 상세사항을 언급하지 않으며, accept()에서 리턴하는 새로운 소켓에 대한 상속 규칙은 유닉스 구현마다 다르다. 하지만 대부분의 유닉스 구현에서 O_NONBLOCK과 O_ASYNC 같은 열린 파일 상태 플래그를 대기 소켓에 설정한 경우 accept()에서 리턴하는 새로운 소켓으로 설정한 플래그가 상속된다. 이식성을 고려하려면 accept()에서 리턴하는 소켓에서 이러한 속성을 명시적으로 재설정하는 것이 좋다.

24.12 TCP와 UDP

TCP가 데이터를 안정적으로 전송하는 반면 UDP는 그렇지 않다고 설명했다. 그러면 '대체 UDP를 왜 사용하는 걸까?' 이에 대한 답변은 [Stevens et al., 2004]의 22장에서 꽤 자세히 설명한다. 아래는 TCP보다 UDP를 선택하는 이유와 상황을 설명한다.

- UDP 서버는 각 클라이언트와 연결을 맺고 종료하는 과정 없이 다양한 클라이언 트로부터 데이터그램을 수신(그리고 답신)할 수 있다(예를 들어, 메시지 1개만 전송하는 경우 UDP를 사용하면 TCP를 사용하는 경우보다 오버헤드가 적다).

- 간단한 요청/응답 통신에서 UDP의 경우 연결 수립과 종료 과정이 필요 없으므로 TCP보다 훨씬 빠르게 통신할 수 있다. [Stevens, 1996]의 부록 A에서는 TCP를 사용한 가장 최적 시나리오에서 소요 시간을 다음과 같이 설명한다.

    2 * RTT + SPT

    위 공식에서 RTT는 왕복여행 시간round-trip time(요청을 주고 응답을 받는 데 걸리는 시간), SPT는 서버가 요청을 처리하는 데 걸리는 시간을 의미한다(광역통신망에서는 SPT 값이 RTT보다 작을 것이다). UDP의 경우 하나의 요청/응답 통신에 걸리는 최적 시간은 다음과 같다.

    RTT + SPT

    TCP와 비교하면 RTT만큼의 시간이 적다. 호스트 간의 거리가 굉장히 멀거나(예를 들어, 다른 대륙에 위치한 경우) 중간에 라우터가 많아 이를 거치는 데 시간(보통 0.1~1 초 정도)이 소요되므로 요청/응답 통신의 종류에 따라서는 UDP가 훨씬 매력적인 상황이 있을 수 있다. DNS는 이와 같은 이유로 UDP를 사용하는 좋은 응용 프로그램 예제다. UDP를 사용하면 서버 간에 하나의 패킷만 전송해가면서 이름을 찾는 작업을 수행할 수 있다.

- UDP 소켓은 브로드캐스팅과 멀티캐스팅을 지원한다. 브로드캐스팅broadcasting은 네트워크에 연결된 모든 호스트의 같은 목적지 포트로 데이터그램을 전송하는 기능이다. 멀티캐스팅multicasting도 브로드캐스팅과 비슷한데, 멀티캐스팅은 특정 집합의 호스트로만 데이터그램을 전송한다는 점이 다르다. 자세한 사항은 [Stevens et al., 2004]의 21장과 22장을 참조하라.

- 응용 프로그램의 종류에 따라서는 TCP에서 제공하는 안정성을 꼭 요하지 않는 경우(예: 스트리밍 비디오, 오디오 전송)가 있다. 오히려 TCP에서는 유실된 세그먼트를 복구하려 세그먼트를 재전송하면서 지연이 오래 지속될 수 있다(미디어를 스트리밍할 때는 지연보다 데이터를 유실하는 편이 낳을 수 있다). 따라서 이러한 응용 프로그램에서는 UDP를 사용하고 가끔 발생할 수 있는 패킷 손실을 처리할 수 있도록 응용 프로그램에서 직접 어떤 장치를 마련할 수 있다.

응용 프로그램에서 UDP를 사용하면서 안정성을 요구하는 경우에는 직접 안정성을 유지할 방법을 구현해야 한다. 일반적으로 잃어버린 패킷이 없도록 안정성을 유지하려면 순서 번호, 알림, 유실 패킷 재전송, 중복 감지 등의 기능이 필요하다. UDP를 이용한 안정성 유지 방법 예제가 [Stevens et al., 2004]에 나와 있다. 그러나 흐름 제어나 혼잡 제어 같은 고급 기능이 필요하다면 UDP보다 TCP를 사용하는 편이 바람직하다. UDP를 이용해 이와 같은 모든 기능을 구현하는 것은 복잡하며, 일단 구현했다 치더라도 TCP보다 성능이 좋을 가능성이 희박하다.

24.13 고급 기능

이 책에서는 유닉스와 인터넷 도메인 소켓 기능의 일부만 소개한다. 24.13절은 유닉스와 인터넷 도메인 소켓 기능 중 일부를 요약한 것이므로, 전체 기능은 [Stevens et al., 2004]를 참조하자.

24.13.1 대역 외 데이터

대역 외out-of-band 데이터는 스트림 소켓의 전송자가 전송하는 데이터의 우선순위를 높게 설정할 수 있게 하는 기능이다. 즉 수신자는 스트림에 포함된 모든 데이터를 수신하지 않고도 가용 대역 외 데이터가 있다는 통지를 받을 수 있다. 이 기능은 telnet, rlogin, ftp 같은 응용 프로그램에서 기존에 전송한 명령을 취소할 때 사용한다. 대역 외 데이터는 send()와 recv()의 MSG_OOB 플래그를 이용해 전달된다. 소켓이 가용 대역 외 데이터 알림을 수신하면 커널은 소켓의 소유자(일반적으로 소켓을 사용하는 프로세스)에게 SIGURG 시그널을 생성해서 fcntl()의 F_SETOWN 오퍼레이션이 수행되게 한다.

TCP 소켓에서는 한 번에 최대 한 바이트의 데이터를 대역 외로 설정할 수 있다. 수신자가 기존 대역 외 데이터를 처리하기 전에 전송자가 대역 외 데이터를 추가로 전송할 경우 기존 대역 외 데이터 설정 정보는 사라진다.

 TCP에서 단일 바이트에 대역 외 데이터를 설정해야 한다는 제약으로 인해 소켓 API의 일반적인 대역 외 모델과 TCP의 긴급 모드 구현 사이에 불일치가 생긴다. TCP 긴급 모드에 대해서는 24.6.1절에서 TCP 세그먼트 포맷을 다루면서 살펴봤다. TCP에서는 헤더의 URG 비트를 설정하는 방식으로 긴급(대역 외) 데이터가 있다는 사실을 표시하고 긴급 포인터 필드는 긴급 데이터를 가리키도록 설정한다. 그러나 TCP에서는 긴급 데이터 시퀀스의 길이를 표시할 방법이 없으므로 긴급 데이터는 항상 한 바이트로 간주된다. TCP 긴급 데이터에 대한 자세한 정보는 RFC 793에서 확인할 수 있다.

유닉스 도메인 스트림 소켓에서 대역 외 데이터를 지원하는 유닉스 구현도 있다. 그러나 리눅스에서는 이와 같은 기능을 지원하지 않는다.

요즘에는 대역 외 데이터 사용을 권장하지 않는 추세이며, 상황에 따라서는 안정성을 저하시키는 요인([Gont & Yourtchenko, 2009] 참조)이 된다. 이에 대한 대안으로 한 쌍의 스트림 소켓으로 연결을 유지하는 방법이 있다. 한 연결은 일반 통신에 사용하고 다른 연결은 우선순위가 높은 통신에 사용한다. 응용 프로그램에서는 26장에서 설명하는 기법 중 하나를 사용해 두 채널을 모두 확인한다. 이와 같은 기법을 이용하면 여러 바이트의 우선순위 데이터를 전송할 수 있다. 더욱이 모든 통신 도메인(예: 유닉스 도메인 소켓)의 스트림 소켓에 적용할 수 있다.

24.13.2 sendmsg()와 recvmsg() 시스템 호출

시스템 호출 sendmsg()와 recvmsg()는 소켓 I/O 시스템 호출 중 가장 일반적인 기능을 수행한다. sendmsg()는 write(), send(), sendto()로 수행하는 모든 작업을 처리할 수 있고, recvmsg()는 read(), recv(), recvfrom()으로 수행하는 모든 작업을 처리할 수 있다. 그리고 다음과 같은 추가 작업도 수행할 수 있다.

- readv()와 writev()(Vol. 1의 5.7절 참조)에서 수행하는 것과 같은 스캐터scatter-개더gather I/O를 수행할 수 있다. sendmsg()를 이용해 데이터그램 소켓의 개더 출력(또는 연결된 데이터그램 소켓에 writev())을 수행할 때 하나의 데이터그램이 생성된다. 거꾸로 recvmsg()(와 readv())로 데이터그램 소켓에 스캐터 입력을 수행하면 하나의 데이터그램이 여러 사용자 공간 버퍼로 분산된다.

- 도메인 전용 보조 데이터ancillary data(제어 정보라고 알려진)를 포함하는 메시지를 전송할 수 있다. 보조 정보는 스트림 소켓과 데이터 그램 소켓 두 가지를 모두 이용해 전달할 수 있다. 다음은 보조 데이터 예제다.

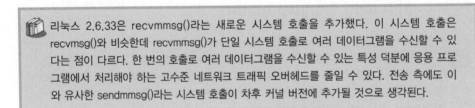

리눅스 2.6.33은 recvmmsg()라는 새로운 시스템 호출을 추가했다. 이 시스템 호출은 recvmsg()와 비슷한데 recvmmsg()가 단일 시스템 호출로 여러 데이터그램을 수신할 수 있다는 점이 다르다. 한 번의 호출로 여러 데이터그램을 수신할 수 있는 특성 덕분에 응용 프로그램에서 처리해야 하는 고수준 네트워크 트래픽 오버헤드를 줄일 수 있다. 전송 측에도 이와 유사한 sendmmsg()라는 시스템 호출이 차후 커널 버전에 추가될 것으로 생각된다.

24.13.3 파일 디스크립터 전달

sendmsg()와 recvmsg()를 이용하면 유닉스 도메인 소켓을 통해 같은 호스트 내에 있는 한 프로세스에서 다른 프로세스로 파일 디스크립터에 포함된 보조 데이터를 전달할 수 있다. 이와 같은 방법을 이용해 모든 종류의 파일 디스크립터(open()이나 pipe() 등으로 얻은 파일 디스크립터 등)를 전달할 수 있다. 마스터 서버의 경우 기다리는 TCP 소켓으로 들어오는 클라이언트 연결을 수락할 때 만들어진 디스크립터를 클라이언트 요청을 처리할 수 있도록 서버 자식 프로세스 풀 중 하나의 멤버에게 넘겨줄 때(23.4절 참조)에도 이 방법을 이용할 수 있다.

이와 같은 기법을 파일 디스크립터 전달 기법이라고 부르지만 실제로 두 프로세스 간에 전달되는 것은 하나의 파일 디스크립터를 가리키는 참조값이다(Vol. 1, 169페이지의 그림 5-2 참조). 일반적으로 수신하는 프로세스에서 확인한 파일 디스크립터 번호는 전송하는 프로세스에서 확인한 번호와 다르다.

 이 책에서 제공하는 소스 코드 배포판의 sockets 디렉토리에 있는 scm_rights_send.c와 scm_rights_recv.c 파일에 파일 디스크립터 넘겨주기 예제가 포함되어 있다.

24.13.4 전송자의 자격 인증서 수신하기

유닉스 도메인 소켓을 이용한 전송자 자격 인증서 수신은 보조 데이터의 또 다른 활용예다. 자격 인증서는 전송하는 프로세스의 사용자 ID, 그룹 ID, 프로세스 ID 등의 정보를 포함한다. 전송자는 자신의 사용자와 그룹 ID를 각각 실제, 유효 ID 혹은 저장된 집합 ID로 설정할 수 있다. 이렇게 함으로써 같은 수신하는 프로세스에서는 같은 호스트상에 있는 전송자를 인증할 수 있다. 더 자세한 사항은 socket(7)과 unix(7) 매뉴얼 페이지를 참조하기 바란다.

파일 자격 인증서를 전송하는 것과는 달리 SUSv3는 전송자의 자격 인증서 전달을 명시하지 않는다. 리눅스 외에도 최근 몇몇 BSD(자격 인증서 구조체가 리눅스에서 사용하는 정보보다 더 많은 정보를 포함하는 경우)에서 이 기능을 구현했으며, 다른 몇몇 유닉스 구현에서도 이 기능을 이용할 수 있다. FreeBSD에서 자격 인증서를 전달하는 자세한 방법은 [Stevens et al., 2004]에서 확인할 수 있다.

리눅스의 특권 프로세스가 CAP_SETUID, CAP_SETGID, CAP_SYS_ADMIN 등의 능력을 가진 경우 자격 인정서로 전달되는 사용자 ID, 그룹 ID, 프로세스 ID 등의 정보를 속일 수 있다.

 이 책에서 제공하는 소스 코드의 sockets 디렉토리에 있는 scm_cred_send.c와 scm_cred_recv.c 파일에 자격 인증서 넘겨주기 예제가 있다.

24.13.5 순차 패킷 소켓

순차 패킷 소켓은 스트림 소켓과 데이터그램 소켓의 특성을 조합한 성격을 띤다.

- 스트림 소켓과 마찬가지로 순차 패킷 소켓은 연결 지향이다. 스트림 소켓과 마찬가지로 순차 패킷 소켓은 bind(), listen(), accept(), connect()를 이용해 연결을 수립한다.

- 데이터그램 소켓과 마찬가지로 메시지 경계가 보존된다. 순사 패킷 소켓에서 read()를 수행하면 소켓은 정확히 1개의 메시지(상대편에서 기록한)를 리턴한다. 메시지가 호출자에서 제공한 버퍼보다 클 경우 초과된 바이트를 모두 폐기한다.

- 스트림 소켓처럼, 그리고 데이터그램 소켓과는 달리 순차 패킷 소켓 통신은 안정적이다. 메시지가 상대편으로 전달될 때는 에러가 없으며, 순서대로, 중복 없이, 수신을 보장하는 방식으로 통신이 이뤄진다(시스템이나 응용 프로그램의 크래시나 네트워크 단전이 없다는 가정하에).

socket()을 호출할 때 type 인자를 SOCK_SEQPACKET으로 지정해서 순차 패킷 소켓을 만들 수 있다.

과거에는 리눅스, 대부분의 유닉스 구현에서 유닉스 도메인이나 인터넷 도메인의 순차 패킷 소켓을 지원하지 않았다. 그러나 커널 2.6.4부터 리눅스에서는 유닉스 도메인 소켓의 SOCK_SEQPACKET을 지원했다.

인터넷 도메인에서 UDP 프로토콜과 TCP 프로토콜은 SOCK_SEQPACKET을 지원하지 않았지만 SCTP(24.13.6절에서 설명) 프로토콜을 지원한다.

이 책에서 순차 패킷 소켓의 사용 예를 보여주진 않지만, 패킷 소켓은 메시지 경계 보존 외에는 스트림 소켓과 비슷한 방식으로 활용하는 경우가 많다.

24.13.6 SCTP와 DCCP 전송 계층 프로토콜

앞으로는 새로운 2개의 전송 계층 프로토콜인 SCTP와 DCCP의 사용이 점차 일반화될 것이다.

스트림 제어 전송 프로토콜SCTP, Stream Control Transmission Protocol(http://www.sctp.org/)은 전화 신호를 지원을 고려한 프로토콜이지만 범용으로도 사용할 수 있다. TCP와 마찬가지로 SCTP는 안정적이고 양방향인 연결 지향 전송을 제공한다. TCP와는 달리 SCTP는 메시지 경계를 보존한다. SCTP만의 기능 중 하나는 멀티스트림을 지원한다는 점이다. 멀티스트림은 여러 논리 데이터 스트림을 하나의 연결로 전송할 수 있는 기능이다.

SCTP에 대한 정보는 [Stewart & Xie, 2001], [Stevens et al., 2004], RFC 4960, RFC 3257, RFC 3286에서 확인할 수 있다.

리눅스 커널 2.6 버전부터 SCTP를 지원한다. 자세한 구현 정보는 http://lksctp. sourceforge.net/에서 확인할 수 있다.

이전 장들에서는 소켓 API를 살펴보면서 인터넷 도메인 스트림 소켓을 TCP와 동일하게 취급했다. 그러나 스트림 소켓을 구현하는 대체 프로토콜로 SCTP를 이용할 수 있다. SCTP는 다음과 같은 방법으로 만들 수 있다.

```
socket(AF_INET, SOCK_STREAM, IPPROTO_SCTP);
```

커널 2.6.14부터 리눅스는 새로운 데이터그램 프로토콜인 데이터그램 혼잡 제어 프로토콜DCCP, Datagram Congestion Control Protocol을 지원한다. TCP와 마찬가지로 DCCP는 너무 빠른 전송으로 네트워크가 혼잡해지는 것을 방지하는 혼잡 제어(응용 프로그램에서 혼잡 제어 기능을 구현할 필요를 없애준다) 기능을 지원한다(혼잡 제어 기능은 TCP를 설명하는 21.6.3절에서 설명했다). 그러나 TCP와는 달리(그리고 UDP처럼) DCCP는 안정성이나 순차 전송을 지원하지 않는다. 따라서 안정성이나 순차 전송을 요하지 않는 응용 프로그램에서는 불필요한 지연을 줄일 수 있다. DCCP에 대한 정보는 http://www.read.cs.ucla.edu/dccp/, RFC 4336, RFC 4340에서 확인할 수 있다.

24.14 정리

다양한 상황에서 스트림 소켓의 I/O를 수행하다 보면 부분 읽기와 쓰기가 발생할 수 있다. 이런 문제와 관련해서 전체 버퍼의 데이터를 읽거나 기록할 수 있는 두 함수 readn()과 writen()을 살펴봤다.

shutdown() 시스템 호출을 이용하면 연결 종료를 좀 더 세밀하게 제어할 수 있다. shutdown()을 이용하면 소켓을 참조하는 열린 파일 디스크립터가 존재하는지 여부와 관계없이 양방향 통신 스트림을 모두 닫거나 반만 닫을 수 있다.

read(), write()와 마찬가지로 recv(), send()를 이용해 소켓에 I/O를 수행할 수 있다. 그러나 소켓 I/O의 경우 소켓 전용 I/O 기능을 제어하는 추가 인자 flag를 지원한다.

시스템 호출 sendfile()을 이용하면 파일의 내용을 효율적으로 소켓에 복사할 수 있다. sendfile()이 효율적으로 파일 내용을 소켓에 복사할 수 있는 이유는 read(), write()와 달리 파일 데이터를 사용자 메모리로 옮길 필요가 없기 때문이다.

시스템 호출 getsockname()과 getpeername()은 각각 소켓이 결속된 로컬 주소와 소켓이 연결된 상대편 주소를 리턴한다.

지금까지 TCP 상태, 상태 전이 다이어그램, TCP 연결 수립과 종료 등을 포함한 TCP 동작의 세부사항을 살펴봤다. TCP의 안정성을 보장하는 데 TIME_WAIT 상태가 왜 중요한 역할을 담당하는지도 살펴봤다. TIME_WAIT 상태 때문에 서버를 재시작할 때 '이미 사용 중인 주소' 에러가 발생할 수 있지만, 그래도 TIME_WAIT 상태 고유의 동작을 수행하도록 놔두는 편이 좋다.

netstat와 tcpdump 명령은 소켓을 사용하는 응용 프로그램을 관찰하고 디버깅할 때 유용한 도구다.

시스템 호출 getsockopt()와 setsockopt()로 소켓 동작에 영향을 미치는 옵션을 읽거나 설정할 수 있다.

리눅스에서는 accept()에 의해 새로운 소켓이 생성되더라도 대기 소켓 열린 파일 상태 플래그, 파일 디스크립터 플래그나 시그널로 동작하는 I/O 관련 파일 디스크립터 속성 등은 상속하지 않지만 소켓 옵션 설정은 상속한다. SUSv3는 구현마다 동작이 다르기 때문에 플래그나 속성 상속에 대한 사항을 전혀 살펴보지 않았다. UDP가 TCP와 같은 안정성을 제공하지 않지 않음에도 불구하고 몇몇 응용 프로그램에서 왜 UDP를 사용하는지를 살펴봤다.

마지막으로, 이 책에서는 자세히 다루지 않는 소켓 프로그래밍의 고급 기능 몇 가지를 간략하게 살펴봤다.

더 읽을거리

22.15절 '더 읽을거리'를 참조하기 바란다.

24.15 연습문제

24-1. 리스트 24-2(is_echo_cl.c)의 fork()를 이용해 두 프로세스를 만들어 동시에 작업을 수행하는 프로그램을 하나의 프로세스로 표준 입력을 소켓으로 복사한 다음 서버의 응답을 읽도록 수정했다고 가정하자. 이런 클라이언트를 수행시키면 어떤 문제가 발생할까? (537페이지의 그림 21-8 참조)

24-2. socketpair()와 비슷한 기능을 수행하는 pipe()를 구현하라. 결과 파이프가 단방향성을 갖도록 shutdown()을 사용하라.

24-3. read(), write(), lseek()를 이용해 sendfile()의 기능을 직접 구현하라.

24-4. getsockname()을 사용해 TCP 소켓에서 bind()를 호출하지 않은 상태에서 listen()을 호출하면 소켓이 단명 포트 번호를 할당받는다는 사실을 확인할 수 있는 프로그램을 구현하라.

24-5. 클라이언트가 서버 호스트에서 임의의 셸 명령을 실행할 수 있도록 클라이언트와 서버를 구현하라(프로그램에서 따로 보안 장치를 구현하지 않는 경우 악의적인 사용자에 의해 서버가 피해를 입지 않도록 사용자 계정에서 서버 프로그램을 수행해야 한다). 클라이언트는 2개의 명령행 인자를 포함해 실행돼야 한다.

```
$ ./is_shell_cl 서버-호스트 '셸 명령'
```

서버에 연결된 클라이언트는 주어진 명령을 서버로 전송한 다음 shutdown()을 이용해 소켓의 쓰기 채널을 닫고 그러면 서버는 EOF를 읽는다. 서버는 각각의 클라이언트 연결 요청이 올 때마다 자식 프로세스(예: 병렬 설계)를 생성해 연결 요청을 처리해야 한다. 각 연결 요청에 대해 서버는 소켓에서 명령을 읽고(EOF를 읽을 때까지) 셸로 명령을 수행한다. 아래 힌트를 참고하자.

- 셸 명령 실행 방법은 Vol. 1, 27.7절의 system() 구현을 참조하기 바란다.
- dup2()를 이용해 표준 출력과 표준 에러 소켓 사본을 만들면 execed 명령은 자동으로 만들어진 소켓에 기록한다.

24-6. 24.13.1절에서는 클라이언트와 서버를 2개의 소켓으로 연결해 1개는 일반 데이터로, 나머지 1개는 우선순위 데이터로 사용하는 대역 외 데이터의 대안을 살펴봤다. 24.13.1절에서 설명한 이와 같은 대안처럼 동작하는 클라이언트와 서버 프로그램을 구현하라. 다음 힌트를 참고하라.

- 서버는 한 클라이언트에 연결된 두 소켓을 식별할 수단이 필요하다. 한 가지 방법은 클라이언트가 단명 포트(예를 들어, 포트 0에 결속하는 방법)를 사용해 대기 소켓을 만들게 하는 것이다. 대기 소켓의 단명 포트 번호를 얻었으면 (getsockname() 이용) 클라이언트는 서버의 대기 소켓으로 자신의 '일반' 소켓을 연결한 다음 클라이언트의 대기 소켓 포트 번호를 포함하는 메시지를 서버로 전송한다. 그리고 클라이언트는 서버가 클라이언트의 대기 소켓과 연결(이 연결은 '우선순위' 소켓으로 사용)을 맺을 때까지 기다린다(서버는 일반 연결 시에 accept()를 이용해 클라이언트 IP를 획득할 수 있다).

- 악의적인 프로세스가 클라이언트의 대기 소켓으로 연결하는 일을 방지할 수 있는 보안 기법을 구현한다. 예를 들어, 클라이언트는 쿠키(특별한 고유 메시지)를 서버로 전송하면 서버는 이 쿠키를 우선순위 소켓으로 리턴하고, 클라이언트는 리턴된 쿠키를 확인하는 방법을 사용할 수 있다.

- 클라이언트에서 일반 데이터와 우선순위 데이터를 전송하는 동작을 확인하려면 26.2절에서 설명하는 select()나 poll()을 사용해 두 소켓으로 들어오는 입력값을 다중으로 처리(멀티플렉스)하도록 서버를 구현해야 한다.

25

터미널

기존 유닉스 사용자는 시리얼 케이블(RS-232 연결)로 연결된 터미널을 사용해 시스템에 접근했다. 문자character와, 경우에 따라 기초적인 그래픽이 가능한 CRTcathode ray tube를 터미널로 사용했다. 초기 CRT는 24×80 단색 디스플레이를 제공했다. 오늘날의 기준으로 보면 CRT는 크기가 작았고 가격은 비쌌다. CRT 이전에는 하드카피 텔레타이프hard-copy teletype device를 터미널로 이용했다. 프린터, 모뎀 등의 주변장치와 컴퓨터의 연결이나 컴퓨터 간의 연결에도 시리얼 케이블을 사용했다.

> 초창기 유닉스 시스템의 경우, 시스템에 연결된 터미널을 /dev/ttyn 형태로 명명된 문자 디바이스로 표시했다(리눅스에서 /dev/ttyn 디바이스는 시스템의 가상 콘솔(virtual console)임). 흔히 터미널을 줄여서 tty(teletype에서 유래)라고도 한다.

특히 초창기 유닉스는 터미널 디바이스에 대한 표준이 미흡했다. 예를 들어, 커서를 행의 처음으로 이동하거나 화면 위로 이동하는 것과 같은 동작을 수행하는 데 각기 다른 문자 시퀀스를 요구했다(결국 몇몇 회사에서 개발한 이스케이프 시퀀스escape sequences(예: 디지털 VT-100 등)가 결과적으로 ANSI 표준이 됐으나 이후로도 다양한 종류의 터미널이 잔재했다). 표준화 부재로 인해 터미널을 활용한 응용 프로그램의 이식성에 문제가 있었다. vi 편집기는 그런 요구사항을 지닌 프로그램 중 하나였다. 이 같은 표준화 부재를 극복하고자 각종 터미널 유형에 따른 다양한 스크린 제어 기능의 수행 방법을 나열한 termcap과 terminfo 데이터베이스([Strang et al., 1988])와 curses 라이브러리([Strang, 1986])가 개발됐다.

재래식 터미널은 더 이상 찾아보기 어렵다. 요즘은 대개 고성능 비트맵 그래픽 모니터를 사용하는 X 윈도우 시스템X Window System의 윈도우 매니저를 유닉스 시스템 인터페이스로 사용한다. 기존 방식의 터미널은 X 윈도우 시스템의 xterm 같은 단일 터미널 윈도우와 비슷한 기능을 제공했다. 이처럼 터미널 사용자가 시스템상에서 단지 1개의 '윈도우'만을 운용한다는 사실은 Vol. 1의 29.7절에서 설명한 작업 제어 기능 구현과 발전의 원동력이 됐다. 마찬가지로, 컴퓨터에 일대일로 직접 연결했던 디바이스(예: 프린터)가 이제 네트워크 연결과 함께 지능화됐다.

위에서 언급한 모든 사항은 터미널 디바이스 관련 프로그램을 만들어야 할 필요가 예전보다 줄었음을 짐작할 수 있게 한다. 따라서 25장에서는 소프트웨어 터미널 에뮬레이터(즉 xterm 및 이와 유사한 것들)와 관련한 터미널 프로그래밍을 중점적으로 살펴본다. 우선 시리얼 케이블을 간단하게 설명하고, 시리얼 프로그램에 대한 추가 정보를 25장 마지막 부분에서 살펴본다.

25.1 개요

과거 터미널과 터미널 에뮬레이터는 입력과 출력을 처리하는 터미널 드라이버를 갖는다(터미널 에뮬레이터의 경우, 해당 디바이스는 가상의 터미널이다. 가상 터미널에 대해서는 향후 27장에서 설명한다). 25장에서 설명한 함수를 사용해 터미널 드라이버의 다양한 오퍼레이션을 제어할 수 있다.

드라이버는 다음 중 하나의 모드로 입력을 수행한다.

- 정규 모드canonical mode: 정규 모드에서는 줄 단위로 터미널 입력을 처리하며, 줄 편집이 활성화된다. 줄은 엔터 키의 입력 시 발생하는 줄바꿈 문자로 끝난다. read() 함수는 한 줄의 입력이 완벽한 경우에만 리턴하며, 최대 한 줄을 리턴한다(read() 함수가 현재 줄에서 이용할 수 있는 바이트보다 적은 바이트를 요청하면, 나머지 바이트

는 다음 read()에서 사용한다). 정규 모드는 기본 입력 모드다.

- 비정규 모드noncanonical mode: 터미널 입력을 줄 단위로 수집하지 않는다. vi, more, less 같은 프로그램은 터미널을 비정규 모드로 설정하므로 엔터 키 입력 없이도 문자 단위로 값을 읽을 수 있다.

터미널 드라이버는 또한 인터럽트 문자(일반적으로 Control+C), EOF 문자(일반적으로 Control+D) 같은 다양한 종류의 특수문자도 해석한다. 이러한 특수문자를 해석해서 포그라운드 프로세스 그룹에 시그널을 생성하거나 터미널로부터 읽기를 수행 중인 프로그램의 특정 입력 조건을 발생시킨다. 일반적으로 터미널을 비정규 모드로 설정하는 프로그램은 이와 같은 특수문자(일부 혹은 전부)를 처리하지 않는다.

터미널 드라이버는 2개의 큐를 사용한다(그림 25-1). 하나는 터미널 디바이스로부터 읽기 프로세스로 전송되는 입력 문자열을 위한 큐이고, 다른 하나는 프로세스로부터 터미널로 전송되는 출력 문자열을 위한 큐이다. 터미널 에코echo를 설정할 경우 터미널 드라이버는 자동으로 입력 문자의 사본을 출력 큐의 끝에 자동 추가하므로 입력 문자도 터미널에 출력한다.

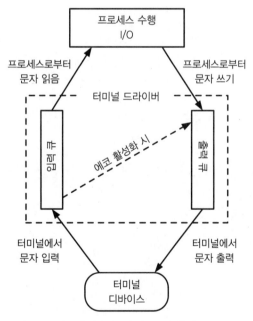

그림 25-1 터미널 디바이스의 입력 큐와 출력 큐

SUSv3는 터미널 입력 큐의 최대 길이를 정의하는 MAX_INPUT의 값을 명시하고 있다. 정규 모드에서는 입력 라인의 최대 바이트 수를 MAX_CANON으로 정의한다. 리눅스에서는 sysconf(_SC_MAX_INPUT)과 sysconf(_SC_MAX_CANON) 모두 255를 리턴한다. 하지만 입력 큐 값이 단순하게 커널의 한도 4096바이트로 결정되는 것은 아니다. 출력 큐 크기에 따른 한도도 존재한다. 그러나 프로세스가 터미널 드라이브가 처리할 수 있는 것보다 더 빨리 결과를 출력할 경우 커널은 출력 큐의 공간이 좀 더 확보될 때까지 쓰기 프로세스의 수행을 중지시키므로 응용 프로그램에서는 이러한 한도에 대해 신경 쓸 필요가 없다.

리눅스에서는 ioctl(fd, FIONREAD, &cnt) 함수를 이용해 파일 디스크립터가 참조하는 터미널의 입력 큐에서 읽지 않은 바이트 수를 얻어올 수 있다. 이 기능은 SUSv3에서 명시하지 않았다.

25.2 터미널 속성값 읽기와 수정

tcgetattr()과 tcsetattr() 함수로 터미널 속성을 읽고 수정할 수 있다.

```
#include <termios.h>

int tcgetattr(int fd, struct termios *termios_p);
int tcsetattr(int fd, int optional_actions,
              const struct termios *termios_p);
```
                              성공하면 0을 리턴하고, 에러가 발생하면 -1을 리턴한다.

fd 인자는 터미널을 참조하는 파일 디스크립터다(fd가 터미널을 참조하지 못하면 tcgetattr()과 tcsetattr() 함수는 ENOTTY 에러로 실패).

termios_p 인자는 터미널 속성 정보를 기록하는 termios 구조체의 포인터다.

```
struct termios {
    tcflag_t c_iflag;        /* 입력 플래그 */
    tcflag_t c_oflag;        /* 출력 플래그 */
    tcflag_t c_cflag;        /* 제어 플래그 */
    tcflag_t c_lflag;        /* 로컬 모드 */
    cc_t     c_line;         /* 라인 규칙(비표준) */
    cc_t     c_cc[NCCS];     /* 터미널 특수문자 */)
    speed_t c_ispeed;        /* 입력 속도(비표준, 미사용) *
    speed_t c_ospeed;        /* 출력 속도(비표준, 미사용) *
};
```

위의 termios 구조체에서 처음 4개 필드는 터미널 드라이버의 다양한 오퍼레이션을 제어하는 플래그를 포함하는 비트 마스크다(tcflag_t는 적정 크기의 정수형이다).

- c_iflag는 터미널 입력 제어 플래그를 포함한다.
- c_oflag는 터미널 출력 제어 플래그를 포함한다.
- c_cflag는 터미널 라인 하드웨어 제어 관련 플래그를 포함한다.
- c_lflag는 터미널 입력 사용자 인터페이스 제어 플래그를 포함한다.

위 필드의 플래그에 대한 사항은 표 25-2를 참조하자.

c_line 필드는 터미널의 라인 규칙을 나타낸다. 터미널 에뮬레이터 프로그래밍을 할 경우 새로운 규칙으로 불리는 N_TTY(정규 모드 I/O 처리를 구현한 커널 터미널 처리 코드 컴포넌트)로 라인 규칙을 설정한다. 라인 규칙 설정은 시리얼 라인 프로그래밍과 관련이 있다.

배열 c_cc는 비정규 모드 입력 오퍼레이션을 제어하는 필드와 터미널 특수문자(예: 인터럽트, 중지 등)를 포함한다. 데이터형 cc_t는 이러한 특수문자의 값을 저장하기에 적합한 부호 없는 정수형이다. 상수 NCCS는 c_cc 배열에 속한 요소의 개수를 나타낸다. 터미널 특수문자는 25.4절에서 설명한다.

필드 c_ispeed와 c_ospeed는 리눅스에서 사용하지 않는다(SUSv3에도 명시되지 않음). 25.7절에서는 리눅스의 터미널 라인 속도 저장 방법을 설명한다.

 7판과 초창기 BSD 터미널 드라이버(tty 드라이버로 알려진)는 발전을 거듭해 termios 구조체에 정보에 대응하는 4개의 데이터 구조체를 사용하게 됐다. 시스템 V는 termio라는 단일 구조체로 termios의 복잡한 배열을 대신한다. 초기 POSIX 위원회는 termio를 termios로 개명하는 과정에서 시스템 V API 대부분을 그대로 채택했다.

tcsetattr() 함수를 이용해 터미널 속성을 변경할 때 optional_actions 인자는 변경사항의 반영 시점을 결정한다. 인자 optional_actions의 값은 다음과 같다.

- TCSANOW: (tcsetattr() 호출 시) 변경사항이 즉시 적용된다.
- TCSADRAIN: 현재 대기 중인 출력 데이터를 터미널로 모두 전송해 출력을 종료한 다음 속성 변경사항을 적용한다. 일반적으로 이 플래그는 터미널 출력 후에 변경사항을 적용하도록 명시하므로 이미 큐에 들어가 있으나 아직 화면에 출력하지 않은 데이터에는 영향을 미치지 않는다.
- TCSAFLUSH: TCSADRAIN과 동일하게 변경사항이 적용되나, 변경 적용 시점에 대기 중인 입력 데이터를 버리는 기능이 추가된다. 이러한 기능은 특히 터미널 에코와 사용자 미리 입력user type-ahead을 제한하는 사용자 비밀번호 처리 시 유용하다.

일반적으로 tcgetattr() 함수를 통해 현재 설정의 사본을 저장하고 있는 termios 구조체를 읽은 다음 tcsetattr() 함수를 이용해 새 데이터 값으로 갱신된 구조체를 드라이버에 넣는 방식으로 터미널 속성을 변경한다. 이런 방법을 이용하면 완전히 초기화한 구조체를 tcsetattr() 함수로 정확히 보낼 수 있다. 다음은 터미널 에코가 적용되지 않도록 하는 예다.

```
struct termios tp;

if (tcgetattr(STDIN_FILENO, &tp) == -1)
    errExit("tcgetattr");
tp.c_lflag &= ~ECHO;
if (tcsetattr(STDIN_FILENO, TCSAFLUSH, &tp) == -1)
    errExit("tcsetattr");
```

tcsetattr() 함수는 터미널 속성값 여러 변경 요청 가운데 1개 이상을 적용하면 성공적으로 결과값을 리턴하고, 요청된 변경사항이 아무것도 실행되지 않았을 때만 실패 결과값을 리턴한다. 따라서 여러 속성값을 변경한 다음에는 tcgetattr() 함수를 호출해 요청한 변경사항과 새로운 터미널 속성을 비교해야 한다.

 Vol. 1의 29.7.2절에서는 백그라운드 프로세스 그룹의 프로세스가 tcsetattr() 함수를 호출하면 터미널 드라이버는 SIGTTOU 시그널을 전달해 프로세스 그룹을 중지시키지만, 고아 프로세스 그룹의 프로세스가 tcsetattr() 함수를 호출하면 EIO 에러로 실패한다는 사실을 설명했다. tcflush(), tcflow(), tcsendbreak(), tcdrain() 함수를 비롯해 지금까지 살펴본 다양한 함수에도 이 사항이 동일하게 적용된다.

초기의 유닉스에서는 ioctl() 호출을 이용해 터미널 속성에 접근했다. 25장에서 설명한 기타 함수와 마찬가지로 tcgetattr()과 tcsetattr() 함수 모두 ioctl()의 세 번째 인자의 데이터형 확인 불가 문제를 해결할 수 있도록 POSIX에 추가된 것이다. 다른 많은 유닉스 구현과 마찬가지로 리눅스에서도 이러한 라이브러리 함수는 ioctl()의 상위 계층에 속한다.

25.3 stty 명령

stty는 tcgetattr()과 tcsetattr() 함수에서 제공하는 기능을 셸에서 터미널 속성을 확인해 변경할 수 있게 하는 명령행 명령이다. 이 기능은 터미널 속성을 수정하는 프로그램에서 속성을 감시, 디버깅하거나 속성 변경을 원래 상태로 되돌릴 때 유용하다.

다음 명령을 사용해 현재 터미널 속성의 모든 설정을 볼 수 있다(가상 콘솔에서 수행).

```
$ stty -a
speed 38400 baud; rows 25; columns 80; line = 0;
intr = ^C; quit = ^\; erase = ^?; kill = ^U; eof = ^D; eol = <undef>;
eol2 = <undef>; start = ^Q; stop = ^S; susp = ^Z; rprnt = ^R;
werase = ^W; lnext = ^V; flush = ^O; min = 1; time = 0;
-parenb -parodd cs8 hupcl -cstopb cread -clocal -crtscts
-ignbrk brkint -ignpar -parmrk -inpck -istrip -inlcr -igncr icrnl ixon
-ixoff -iuclc -ixany imaxbel -iutf8
opost -olcuc -ocrnl onlcr -onocr -onlret -ofill -ofdel nl0 cr0 tab0 bs0
vt0 ff0
isig icanon iexten echo echoe echok -echonl -noflsh -xcase -tostop
-echoprt echoctl echoke
```

위의 출력 결과 중 첫 번째 행에서는 터미널 라인 속도(초당 비트, bps), 터미널 윈도우 크
기, 숫자 형태의 라인 규칙(N_TTY에 해당하는 0, 새로운 라인 규칙) 등을 보여준다.

2행부터 4행까지의 3줄은 다양한 특수문자 설정을 보여준다(^C 등의 표시는 Control-C를
나타낸다. 문자열 <undef>는 터미널에 해당하는 특수문자가 현재 정의되지 않았음을 의미한다). 분(min)과
시간(time) 값은 25.6.2절에서 설명하는 비정규 모드 입력과 관련이 있다.

5행 이후에서는 termios 구조체의 c_cflag, c_iflag, c_oflag, c_lflag(순서대로) 필드
의 다양한 플래그 설정을 보여준다. 플래그 이름 앞의 하이픈은 해당 플래그를 현재 이용
할 수 없다는 뜻이다. 반대로 하이픈이 없는 플래그는 사용이 가능함을 의미한다.

명령행에 인자가 없는 경우 stty는 터미널 라인 속도와 라인 규칙, 정상 범위를 벗어
난 기타 설정 내용 등을 보여준다.

다음과 같은 명령을 사용해 터미널 특수문자의 설정을 변경할 수 있다.

```
$ stty intr ^L          Control-L을 인터럽트 문자로 만들기
```

마지막 인자에 제어 문자를 지정해서 다양한 동작을 수행할 수 있다.

- (위와 같이) 캐럿(^) 뒤에 문자를 붙이는 방법
- 8진수 또는 16진수(즉 014 또는 0xC)로 사용
- 실제 문자를 직접 입력해 사용

마지막 방법을 사용할 때 셸 또는 터미널 드라이버가 몇몇 문자를 특수문자로 해석하
므로, 다음 문자를 그대로 입력하게 하는 리터럴 넥스트literal next 문자(다음은 일반 문자라는 의
미, 일반적으로 Control-V)를 해당 문자 앞에 추가해야 한다.

```
$ stty intr Control-V Control-L
```

(위의 예제에서 Control-V와 Control-L 사이의 공백은 읽기 쉽게 하려는 목적일 뿐, 실제로 Control-V와 입력하고자 하는 문자 사이에는 공백을 두지 않는다.)

일반적으로 사용하는 방법은 아니지만, 터미널 특수문자를 제어 문자가 아닌 다른 문자로 정의할 수도 있다.

```
$ stty intr q          인터럽트 문자 q 만들기
```

q를 인터럽트 문자로 만들면 더 이상은 q 키를 일반적인 용도(예: 문자 q 생성)로 사용할 수 없다.

다음 명령을 사용해 TOSTOP 플래그 같은 터미널 플래그를 변경할 수 있다.

```
$ stty tostop          TOSTOP 플래그 설정
$ stty -tostop         TOSTOP 플래그 해제
```

터미널 속성을 고치는 프로그램을 개발하다 보면 프로그램이 비정상 종료(크래시)되면서 터미널을 사용할 수 없게 만드는 경우가 발생한다. 터미널 에뮬레이터에서 사용자는 간단하게 터미널 윈도우를 닫은 다음 다른 터미널 윈도우를 시작할 수 있다. 다른 터미널 윈도우를 사용하지 않고 다음과 같은 문자 시퀀스를 입력해 터미널 플래그를 복원하고 특수문자를 정상 상태로 복원할 수 있다.

```
Control-J stty sane Control-J
```

Control-J 문자는 실제로 줄바꿈 문자다(십진수 ASCII 코드 10). 어떤 모드에서는 터미널 드라이버가 엔터 키(십진수 ASCII 코드 13)를 줄바꿈 문자로 해석하지 않으므로 이러한 상황에서 Control-J 문자를 이용할 수 있다. Control-J를 이용해 명령행에 기존에 입력된 문자가 없는 깨끗한 상태임을 확인할 수 있다. 예를 들어 터미널 에코를 비활성화한 상황에서는 기존에 입력한 문자가 있는지 여부를 쉽게 확인할 수 없다.

stty 명령은 표준 입력이 참조하는 터미널에서 동작한다. 사용자는 -F 옵션을 사용해 stty 명령을 실행하는 터미널 외의 터미널 속성을 (권한 확인에 따라) 감시하거나 설정할 수 있다.

```
$ su                           다른 사용자의 터미널에 접근할 수 있는 권한 요청
Password:
# stty -a -F /dev/tty3         터미널 /dev/tty3의 속성을 가져옴
출력은 간단히 생략
```

-F 옵션은 stty 명령의 리눅스 고유 확장 기능이다. 그 외의 여러 유닉스 구현에서는 stty가 항상 표준 입력이 참조하는 터미널에서 동작하는데, 다음과 같은 (리눅스에서도 사용 가능한) 대안 형식을 사용해야 한다.

```
# stty -a < /dev/tty3
```

25.4 터미널 특수문자

표 25-1은 리눅스 터미널 드라이버가 인식하는 특수문자를 보여준다. 처음 두 열은 c_cc 배열의 첨자로 사용할 수 있는 문자와 해당 상수의 이름을 나타낸다(이미 알고 있듯이, 이러한 상수 앞에는 단순하게 문자 V를 붙인다). CR과 NL 문자의 값은 변경할 수 없기 때문에 이에 해당하는 c_cc 첨자를 갖지 않는다.

표 25-1의 기본 설정 부분은 특수문자의 일반적인 기본 설정값을 보여준다. 터미널 특수문자를 특정 값으로 설정할 수 있을 뿐만 아니라 fpathconf(fd, _PC_VDISABLE)을 호출해 리턴된 값으로 특수문자를 설정해 특수문자를 해제할 수도 있다. 여기서 fd는 터미널을 참조하는 파일 디스크립터다(대부분의 유닉스 구현에서 fpathconf(fd, _PC_VDISABLE) 호출 시 0을 리턴함).

각 특수문자의 기능은 표 25-1 끝에서 두 번째 열에서 보여주는 것과 같이 termios 비트 마스크 필드(25.5절에 설명)의 다양한 플래그 설정에 따라 결정된다.

마지막 열은 SUSv3에서 지정하는 문자를 보여준다. SUSv3 규격과 관계없이 모든 유닉스 구현에서 이러한 문자 대부분을 지원한다.

표 25-1 터미널 특수문자

문자	c_cc 첨자	설명	기본 설정	비트 마스크 플래그	SUSv3
CR	(없음)	캐리지 리턴	^M	ICANON, IGNCR, ICRNL, OPOST, OCRNL, ONOCR	●
DISCARD	VDISCARD	출력 폐기	^O	(구현 안 됨)	
EOF	VEOF	파일 끝	^D	ICANON	●
EOL	VEOL	라인 끝		ICANON	●
EOL2	VEOL2	EOL 대체		ICANON, IEXTEN	
ERASE	VERASE	문자 지움	^?	ICANON	●

(이어짐)

문자	c_cc 첨자	설명	기본 설정	비트 마스크 플래그	SUSv3
INTR	VINTR	인터럽트 (SIGINT)	^C	ISIG	●
KILL	VKILL	라인 지움	^U	ICANON	●
LNEXT	VLNEXT	리터럴 넥스트	^V	ICANON, IEXTEN	
NL	(없음)	줄바꿈	^J	ICANON, INLCR, ECHONL, OPOST, ONLCR, ONLRET	●
QUIT	VQUIT	종료 (SIGQUIT)	^\	ISIG	●
REPRINT	VREPRINT	입력 라인 다시 출력	^R	ICANON, IEXTEN, ECHO	
START	VSTART	출력 시작	^Q	IXON, IXOFF	●
STOP	VSTOP	출력 종료	^S	IXON, IXOFF	●
SUSP	VSUSP	중지 (SIGTSTP)	^Z	ISIG	●
WERASE	VWERASE	단어 지움	^W	ICANON, IEXTEN	

아래에서는 터미널 특수문자를 좀 더 자세히 살펴보자. 터미널 드라이버가 이러한 특수문자 중 하나를 특별 입력으로 해석하면 해당 문자는 폐기(CR, EOL, EOL2, NL은 예외)된다(즉 읽기 프로세스에 전달되지 않음).

CR

CR은 캐리지 리턴carriage return 문자(복귀 문자)다. 이 문자는 읽기 프로세스로 전달된다. ICRNL(입력에서 CR을 NL로 매핑) 플래그를 설정(기본값)한 정규 모드(ICANON 플래그 설정)에서는 우선 CR 문자를 읽기 프로세스로 전달하기 전에 줄바꿈(십진수 ASCII 코드 10, ^J)으로 변환한다. IGNCR(CR 무시) 플래그를 설정한 경우 입력 시 CR 문자를 무시한다(입력 라인을 종료하기 위해 줄바꿈 문자를 실제 사용해야 하는 상황에서조차도). CR 문자를 출력하면 터미널 커서는 라인 처음으로 이동한다.

DISCARD

DISCARD는 출력을 버리는 문자다. 이 문자는 c_cc 배열 내에 정의되어 있긴 하지만, 리눅스에서는 아무 효과가 없다. 몇몇 다른 유닉스 구현에는 DISCARD 문자를 한 번만 입력해도 프로그램 출력 자체가 비활성화된다. 이 문자는 토글toggle되는데, 즉 DISCARD를 한 번 더 입력하면 다시 출력이 활성화된다. 이 기능은 대용량의 출력을 만들어내는 프로그램에서 그중 일부를 생략하고 싶을 경우에 유용하다(이 기능은 라인 속도가 느리고 현재 윈도우 외의 '터미널 윈도우'를 사용할 수 없었던 기존 터미널에서 특히 더 유용했다). 이 문자는 읽기 프로세스에 전달되지 않는다.

EOF

EOF는 **파일의 끝**end-of-file을 나타내는 정규 모드 문자다(일반적으로 Control-D). 라인 시작 부분에 이 문자를 입력하면 터미널 읽기 프로세스는 EOF 조건(예를 들어 read() 함수가 0을 리턴)을 감지한다. 라인 시작 부분 외의 위치에 EOF를 입력하면 즉시 read() 함수가 완료되면서 지금까지 라인에서 입력된 문자를 리턴한다. 두 가지 경우 모두, EOF 문자 자체가 읽기 프로세스로 전달되지는 않는다.

EOL, EOL2

EOL과 EOL2는 정규 모드 입력에서 표준 줄바꿈 문자(NL)처럼 동작하는 추가적인 라인 구분line-delimiter 문자로, 읽기 프로세스가 이용할 수 있도록 라인 입력을 종료하는 기능을 수행한다. 기본 설정으로는 EOL과 EOL2가 정의되지 않는다. EOL과 EOL2를 정의하면 이 둘은 읽기 프로세스에 전달된다. EOL2 문자는 IEXTEN(확장 입력 처리) 플래그를 설정(기본값)한 경우에만 동작한다.

EOL과 EOL2는 거의 사용하지 않지만 텔넷 응용 프로그램에서는 EOL과 EOL2를 사용한다. EOL 또는 EOL2를 텔넷 탈출 문자escape character(일반적으로 Control-] 문자 또는 rlogin 모드에서는 물결표(~))로 설정하여, 정규 모드에서 입력을 읽는 동안 텔넷이 해당 문자를 즉시 식별catch할 수 있게 한다.

ERASE

정규 모드에서 ERASE 문자를 입력하면 현재 라인에 입력된 내용을 지운다. ERASE 문자를 포함해 지워진 문자는 읽기 프로세스로 전달되지 않는다.

INTR

INTR은 인터럽트 문자다. ISIG(시그널 설정) 플래그가 설정(기본값)된 경우에 INTR 문자를 입력하면 인터럽트 시그널(SIGINT)을 터미널의 포그라운드 프로세스 그룹(Vol. 1의 29.2절)으로 전달한다. INTR 문자 자체는 읽기 프로세스로 전달되지 않는다.

KILL

KILL은 라인을 지우는 문자다. 정규 모드에서 KILL 문자를 입력하면 현재 입력 라인을 폐기한다(즉 지금까지 입력한 문자뿐만 아니라 KILL 문자 자체도 읽기 프로세스로 전달되지 않음).

LNEXT

LNEXT는 리터럴 넥스트(뒤에는 고유 문자임을 의미하는) 문자다. 때로 터미널 특수문자를 읽기 프로세스에 입력할 때 일반 문자처럼 처리해야 할 때가 있다. LNEXT 문자(보통 Control-V)를 입력하면 터미널 드라이버가 다음에 오는 문자를 특수문자로 해석하지 않고 고유 문자로 처리하게 할 수 있다. 따라서 두 문자 시퀀스 Control-V Control-C를 입력해 읽기 프로세스에 입력되는 Control + C 고유 문자(ASCII 코드 3) 그대로 출력할 수 있다. LNEXT 문자는 읽기 프로세스에 전달되지 않는다. LNEXT 문자는 IEXTEN(확장 입력 처리) 플래그가 설정(기본)된 정규 모드에서만 해석된다.

NL

NL은 줄바꿈 문자다. 정규 모드에서 NL 문자는 입력 라인을 종료시킨다. NL 문자 자체는 읽기 프로세스로 리턴되는 라인에 포함된다(정규 모드에서 CR 문자는 일반적으로 NL로 변환됨). NL 문자가 출력되면 터미널은 커서를 한 줄 아래로 이동시킨다. OPOST와 ONLCR(NL을 CR-NL로 매핑) 플래그가 설정(기본)되면, 출력에서 줄바꿈 문자는 두 문자 시퀀스 CR + NL로 연결된다(ICRNL과 ONLCR 플래그 조합은 입력된 CR이 NL로 변환된 다음, CR + NL로 에코됨을 의미함).

QUIT

ISIG 플래그를 설정(기본)하면 QUIT 문자 입력 시 종료 시그널(SIGQUIT)이 포그라운드 프로세스 그룹으로 전송된다(Vol. 1의 29.2절). QUIT 문자 그 자체는 읽기 프로세스에 전달되지 않는다.

REPRINT

REPRINT는 입력을 재표시하는 문자다. IEXTEN 플래그를 설정(기본)한 정규 모드에서 REPRINT 문자를 입력하면 (아직 입력이 완료되지 않은) 현재의 라인 입력이 터미널에 다시 표시된다. 이것은 다른 어떤 프로그램(예: wall(1) 또는 write(1))으로 터미널 화면에 정신 없이 복잡한 결과가 출력된 경우에 유용하다. REPRINT 문자 그 자체는 읽기 프로세스로 전달되지 않는다.

START, STOP

START와 STOP 문자는 **출력의 시작과 중지** 역할을 하며, IXON(시작/중지 출력 제어) 플래그가 설정(기본)된 경우에 동작한다(몇몇 터미널 에뮬레이터에서는 START와 STOP 문자가 통용되지 않음).

STOP 문자를 입력해 터미널 출력을 정지할 수 있다. STOP 문자 그 자체는 읽기 프로세스에 전달되지 않는다. IXOFF 플래그를 설정한 상태에서 터미널 입력 큐가 가득 차면 입력 조절을 위해 터미널 드라이버가 자동으로 STOP 문자를 보낸다.

START 문자를 입력하면 앞서 STOP 문자에 의해 중단된 터미널 출력이 재개된다. START 문자 그 자체는 읽기 프로세스에 전달되지 않는다. IXOFF(시작/중지 입력 제어 사용) 플래그가 설정(이 플래그는 해제 상태가 기본임)되어 있고 입력 큐가 가득 차서 터미널 드라이브가 STOP 문자를 이미 보낸 경우라면, 터미널 드라이버는 입력 큐에 사용 가능한 공간이 생겼을 때 자동으로 START 문자를 생성한다.

IXANY 플래그가 설정되어 있다면, 출력을 다시 시작하기 위해 START뿐만 아니라 어떤 문자라도 입력할 수 있다(마찬가지로 그 문자 또한 읽기 프로세스에 전달되지는 않음).

START와 STOP 문자는 컴퓨터와 터미널 디바이스 상호 간 소프트웨어 흐름 제어에 사용된다. 이 기능을 이용해 사용자는 터미널 출력을 시작하거나 중지할 수 있다. 이는 IXON으로 활성화된 출력 흐름 제어다. 그러나 대상 디바이스가 모뎀 또는 다른 컴퓨터라면, 다른 방향으로의 흐름 제어(즉 해당 디바이스로부터 IXOFF가 설정된 컴퓨터로의 입력 흐름 제어)도 중요하다. 입력 흐름 제어 시, 응용 프로그램이 입력을 처리하고 커널 버퍼를 채우는 속도가 느려진 경우에도 데이터는 손실되지 않게 해야 한다.

요즘에는 전반적으로 라인 속도가 높아져서 소프트웨어 흐름 제어가 하드웨어(RTS/CTS) 흐름 제어로 대체됐는데, 이에 의해 데이터 흐름은 시리얼 포트의 분리된 배선을 통해 전송되는 시그널을 사용해 활성화되거나 비활성화된다(RTS는 Request To Send의 약어, CTS는 Clear To Send의 약어임).

SUSP

SUSP는 일시중단 문자다. ISIG 플래그를 설정(기본값)한 상태에서 이 문자를 입력하면 터미널 일시중단 시그널(SIGTSTP)이 터미널의 포그라운드 프로세스 그룹(Vol. 1의 29.2절)으로 전송된다. SUSP 문자 그 자체는 읽기 프로세스에 전달되지 않는다.

WERASE

WERASE는 단어 지움 문자다. 정규 모드에서 IEXTEN 플래그를 설정(기본)하고 이 문자를 입력하면 이전 단어 처음으로 되돌아가면서 여러 문자가 지워진다. 문자, 숫자, 밑줄 문자의 연결을 한 단어로 간주한다(일부 유닉스 구현에서는 단어를 공백으로 구분한다).

기타 터미널 특수문자

여타 유닉스 구현에서는 표 25-1에 열거한 것 외의 터미널 특수문자를 제공한다.

BSD 계열에서는 DSUSP와 STATUS 문자를 제공한다. DSUSP 문자(일반적으로 Control-Y)는 SUSP 문자와 유사한 방식으로 동작하지만, 문자를 읽으려고 시도하는 경우(즉 모든 선행 입력이 읽힌 이후)에만 해당 포그라운드 프로세스 그룹을 정지시킨다. BSD에 기반하지 않은 여러 구현에서도 DSUSP 문자를 제공한다.

STATUS 문자(보통 Control-T)를 입력하면 커널이 터미널 상태 정보(포그라운드 프로세스의 상태와 CPU 소요 시간을 포함)를 표시하며, 포그라운드 프로세스 그룹에 SIGINFO 시그널을 보낸다. 경우에 따라서 프로세스는 이 시그널에 대응해 추가 상태 정보를 표시할 수도 있다(리눅스는 매직 SysRq 키 형태로 약간 비슷한 기능을 제공하고 있는데, 자세한 내용은 커널 소스 파일 설명서(Documentation/sysrq.txt)를 참조하자).

시스템 V 파생 구현에서는 SWTCH 문자를 제공한다. 시스템 V 이전 구현에서 작업 제어에 필요한 셸 계층 내의 셸shells 전환 시에 SWTCH 문자를 사용할 수 있다.

예제 프로그램

리스트 25-1은 tcgetattr()과 tcsetattr() 함수를 사용해 터미널 인터럽트 문자를 변경하는 예다. 이 프로그램은 프로그램의 명령행 인자로 제공되는 숫자값에 해당하는 문자를 인터럽트 문자로 설정하고, 명령행 인자가 제공되지 않는 경우에는 인터럽트 문자 설정을 해제한다.

다음의 셸 세션은 이 프로그램의 사용법을 보여준다. 인터럽트 문자를 Control-L(ASCII 12)로 설정한 다음, stty로 변경사항을 확인한다.

```
$ ./new_intr 12
$ stty
speed 38400 baud; line = 0;
intr = ^L;
```

그 다음 sleep(1)을 실행하는 프로세스를 시작한다. 이제 Control-C를 입력해도 (특수문자의) 일반 용도인 프로세스 종료 기능을 더 이상 수행하지 않음을 알 수 있으며, 대신 Control-L을 입력해보면 프로세스가 종료된다는 사실을 확인할 수 있다.

```
$ sleep 10
^C                              Control-C는 아무런 영향을 주지 않는다; 단지 에코된다.
Control-L의 입력으로 수면 상태를 종료한다.
```

이제 마지막 명령의 종료 상태를 보여주는 셸 $? 변수의 값을 표시한다.

```
$ echo $?
130
```

프로세스의 종료 상태가 130임을 확인했다. 이는 시그널 130 - 128 = 2에 의해 프로세스가 종료됐음을 보여주며, 이때 시그널 숫자 2는 SIGINT를 가리킨다.

인터럽트 문자를 설정한 다음에는 아래와 같은 방법으로 인터럽트 문자를 해제할 수 있다.

```
$ ./new_intr
$ stty                          변경사항 검증
speed 38400 baud; line = 0;
intr = <undef>;
```

이제 Control-C와 Control-L 그 어느 것도 SIGINT 시그널을 생성하지 않음을 알 수 있으며, 프로그램을 종료하려면 Control-\를 사용해야 한다.

```
$ sleep 10
^C^L                            Control-C와 Control-L은 단순히 에코된다.
SIGQUIT을 생성하려면 Control-\를 입력한다.
Quit
$ stty sane                     터미널을 정상(원래) 상태로 되돌린다.
```

리스트 25-1 터미널 인터럽트 문자 변경

```
                                                              tty/new_intr.c
#include <termios.h>
#include <ctype.h>
#include "tlpi_hdr.h"

int
main(int argc, char *argv[])
{
    struct termios tp;
    int intrChar;
```

```
    if (argc > 1 && strcmp(argv[1], "--help") == 0)
        usageErr("%s [intr-char]\n", argv[0]);

    /* 명령행으로부터 새로운 INTR 설정을 결정 */

    if (argc == 1) {                                    /* 설정 해제 */
        intrChar = fpathconf(STDIN_FILENO, _PC_VDISABLE);
        if (intrChar == -1)
            errExit("Couldn't determine VDISABLE");
    } else if (isdigit((unsigned char) argv[1][0])) {
            intrChar = strtoul(argv[1], NULL, 0);      /* 6진수, 8진수 허용 */
    } else {                                            /* 리터럴 문자 */
        intrChar = argv[1][0];
    }

    /* 현재의 터미널 설정을 가져옴, INTR 문자를 수정함, 터미널 드라이버로 변경사항 적용 */

    if (tcgetattr(STDIN_FILENO, &tp) == -1)
        errExit("tcgetattr");
    tp.c_cc[VINTR] = intrChar;
    if (tcsetattr(STDIN_FILENO, TCSAFLUSH, &tp) == -1)
        errExit("tcsetattr");

    exit(EXIT_SUCCESS);
}
```

25.5 터미널 플래그

표 25-2는 termios 구조체 4개 플래그의 각 필드로 제어할 수 있는 설정을 보여준다.
표 25-2에 나열된 상수는 여러 비트로 연결된 텀term 마스크를 제외하고는 각각 하나
의 비트와 대응한다. 텀 마스크는 괄호 안에 표시되는 값의 범위 중 하나를 포함한다.
'SUSv3'로 표기된 열은 플래그가 SUSv3에 지정되어 있는지 여부를 나타낸다. '기본 설
정' 열은 가상 콘솔 로그인의 기본 설정을 보여준다.

 명령행 편집 기능을 제공하는 많은 셸에서는 표 25-2에 나열한 플래그를 자체적으로 변경할
수 있는 기능을 제공한다. 즉 이러한 설정을 실험하기 위해 stty(1)을 사용하면 변경된 사항이
셸 명령 입력 시 아무 효과가 나타나지 않을 수 있다. 이러한 문제를 피하려면 셸의 명령행
편집 기능을 해제해야 한다. 예를 들어, bash를 실행할 때 명령행 옵션 –noediting을 지정해
명령행 편집 설정을 해제할 수 있다.

표 25-2 터미널 플래그 속성값

필드/플래그	설명	기본 설정	SUSv3
c_iflag			
BRKINT	BREAK 조건이 감지되면 시그널 인터럽트(SIGINT)를 발생	온	●
ICRNL	입력된 CR을 NL로 치환	온	●
IGNBRK	BREAK 조건 무시	오프	●
IGNCR	입력된 CR 무시	오프	●
IGNPAR	입력된 패리티(parity) 에러를 가진 문자 무시	오프	●
IMAXBEL	터미널 입력 큐의 포화 상태 시, 벨 소리 울림 (미사용)	(온)	
INLCR	입력된 NL을 CR로 치환	오프	●
INPCK	입력의 패리티 검사 설정	오프	●
ISTRIP	입력 문자의 하이 비트(비트 8)를 끈다.	오프	●
IUTF8	UTF-8 입력 처리(리눅스 2.6.4부터 적용)	오프	
IUCLC	입력 데이터의 대문자를 소문자로 변환 (IEXTEN도 설정돼야 함)	오프	
IXANY	어떤 문자에 대해서라도 정지된 출력을 재시작하게 함	오프	●
IXOFF	시작/중지 입력 흐름 제어 활성화	오프	●
IXON	시작/중지 출력 흐름 제어 활성화	온	●
PARMRK	패리티 에러 표기 (선행 바이트 2개(0377 + 0)와 함께)	오프	●
c_oflag			
BSDLY	백스페이스 문자 지연 마스크(BS0, BS1)	BS0	●
CRDLY	CR 문자 지연 마스크(CR0, CR1, CR2, CR3)	CR0	●
FFDLY	폼피드(form-feed) 문자 지연 마스크(FF0, FF1)	FF0	●
NLDLY	줄바꿈 문자 지연 마스크(NL0, NL1)	NL0	●
OCRNL	출력 시 CR을 NL로 치환(ONOCR 참조)	오프	●
OFDEL	DEL(0177)을 채움 문자로 사용; 그렇지 않으면 NUL(0)	오프	●
OFILL	채움 문자로 시간을 지연함 (정해진 시간만큼 지연하는 것이 아니라)	오프	●

(이어짐)

필드/플래그	설명	기본 설정	SUSv3
OLCUC	출력 데이터의 소문자를 대문자로 변환	오프	
ONLCR	출력 시 NL을 CR–NL로 치환	온	●
ONLRET	NL이 CR 기능을 수행하도록 취급 (줄 처음으로 이동)	오프	●
ONOCR	0번째 열(줄 처음)에 CR을 출력하지 않음	오프	●
OPOST	출력 후처리 수행	온	●
TABDLY	수평 탭(horizontal-tab) 지연 마스크(TAB0, TAB1, TAB2, TAB3)	TAB0	●
VTDLY	수직 탭(vertical-tab) 지역 마스크(VT0, VT1)	VT0	●
c_cflag			
CBAUD	보(baud; 비트 전송률) 마스크(B0, B2400, B9600 등)	B38400	
CBAUDEX	확장된 보(비트 전송률) 마스크(속도 > 38,400)	오프	
CIBAUD	입력과 출력의 보(비트 전송률)가 다른 경우 (미사용)	(오프)	
CLOCAL	모뎀 상태 회선을 무시함 (캐리어 시그널 검사 안 함)	오프	●
CMSPAR	'stick'(mark/space) 패리티 사용	오프	
CREAD	입력 데이터 수신을 가능하게 함	온	●
CRTSCTS	RTS/CTS(하드웨어) 흐름 제어 활성화	오프	
CSIZE	문자 크기 마스크 (5~8비트: CS5, CS6, CS7, CS8)	CS8	●
CSTOPB	문자당 2개의 stop 비트 사용; 꺼진(오프)인 경우에는 1개 사용	오프	●
HUPCL	마지막 파일 디스크립터가 닫힐 때 모델 제어 라인을 끊음	온	●
PARENB	패리티 설정	오프	●
PARODD	설정된 경우 홀수 패리티 사용, 그렇지 않으면 짝수 패리티 사용	오프	●
c_lflag			
ECHO	입력 문자 에코	온	●
ECHOCTL	제어 문자를 시각적으로 에코(예: ^L)	온	

(이어짐)

필드/플래그	설명	기본 설정	SUSv3
ECHOE	ERASE를 시각적으로 수행	온	●
ECHOK	KILL을 시각적으로 에코	온	●
ECHOKE	KILL 에코 후, 줄바꿈 출력하지 않음	온	
ECHONL	에코가 해제된 경우에도 NL(정규 모드의 경우)을 에코	오프	●
ECHOPRT	역으로 지워진 문자를 에코(\와 / 사이)	오프	
FLUSHO	출력 데이터 플러시(미사용)	–	
ICANON	정규 모드로 입력(라인 단위)	온	●
IEXTEN	입력 문자의 확장 처리 설정	온	●
ISIG	시그널 생성 문자 설정(INTR, QUIT, SUSP)	온	●
NOFLSH	큐 플러시 해제(INTR, QUIT, SUSP)	오프	●
PENDIN	다음 읽기 시 보류됐던 입력 데이터를 다시 출력함 (구현되지 않음)	(오프)	
TOSTOP	백그라운드 출력을 위한 SIGTTOU 생성(Vol. 1의 29.7.1절 참조)	오프	●
XCASE	정규 대문자/소문자 표시(실행 불가)	(오프)	

표 25-2에 나열한 몇몇 플래그는 과거에는 기능에 제한이 있는 상태로 터미널에 제공됐으나, 현재 시스템에서는 그리 많이 사용되지 않는다. 예를 들어 IUCLC, OLCUC, XCASE 플래그는 대문자만 표시할 수 있는 터미널에서 사용됐다. 과거의 많은 유닉스 시스템에서는, 사용자가 대문자 이름으로 로그인을 시도하면 로그인 프로그램은 사용자가 대문자만 표시되는 터미널에서 작업하는 것으로 여겨 이들 플래그를 설정하고 다음과 같은 PASSWORD 프롬프트를 보여준다.

\PASSWORD:

이 시점부터는 모든 소문자가 대문자로 출력되고, 원래 대문자 앞에는 백슬래시(\)가 붙는다. 마찬가지로, 입력의 실제 대문자 앞에도 백슬래시가 추가될 수 있다. ECHOPRT 플래그도 제한된 기능의 터미널을 위해 설계됐다.

각종 지연 마스크 전부터 사용돼왔으며 터미널과 프린터의 캐리지 리턴, 폼 피드 같은 문자를 에코하는 데 발생하는 시간 지연을 허용하는 기능을 한다. OFILL와 OFDEL 관련 플래그는 시간 지연을 어떻게 수행할 것인지를 지정한다. 이와 같은 플래그는 대부분 리눅스에서 사용하지 않는다. 한 가지 예외로 탭 문자를 공백(최대 8개)으로 출력하는 TABDLY 마스크의 TAB3 설정이 있다.

일부 termios 플래그는 아래에서 좀 더 자세히 살펴보겠다.

BRKINT

BRKINT 플래그를 설정하고 IGNBRK 플래그는 설정하지 않는 경우, BREAK 조건 발생 시 SIGINT 시그널이 포그라운드 프로세스 그룹에 전송된다.

 통상적으로 대부분의 단순 터미널(dumb terminal)은 BREAK 키를 제공한다. BREAK 키를 입력하면 실제로 문자를 생성하지는 않지만 BREAK 상태가 되어, 일반적으로 0.25초 또는 0.5초(즉 단일 바이트를 전송하는 데 필요한 시간 이상) 동안 연속된 0비트가 터미널 드라이버에 전송된다(IGNBRK 플래그가 설정되어 있지 않으면, 결과적으로 터미널 드라이버는 읽기 프로세스에 0바이트 1개를 전달한다). 대다수 유닉스 시스템에서는 BREAK 조건을 원격 호스트에서 라인 속도(보(baud))를 변경하는 시그널로 활용한다. 따라서 사용자는 라인 속도가 터미널에 적합해졌음을 표시하는 로그인 프롬프트가 유효해질 때까지 BREAK 키를 누르게 된다.

가상 콘솔에서는 Control-Break를 눌러야 BREAK 조건을 만들 수 있다.

ECHO

ECHO 플래그를 설정하면 입력 문자를 에코할 수 있다. 암호를 읽을 때는 에코를 비활성화하는 것이 좋다. 키보드 문자를 텍스트 입력이 아닌 편집 명령으로 해석하는 vi 명령 모드에서도 에코가 비활성화된다. ECHO 플래그는 정규 모드와 비정규 모드 모두에서 유효하다.

ECHOCTL

ECHO를 설정한 상태에서 ECHOCTL 플래그를 활성화하면 탭, 줄바꿈, START, STOP 외의 제어 문자를 ^A(Control-A의 경우) 형태로 출력한다. ECHOCTL 설정을 해제하면 제어 문자를 출력하지 않는다.

제어 문자는 32 미만의 ASCII 코드와 DEL 문자(십진수 127)로 이뤄진다. 제어 문자 x는 에 뒤따르는 캐럿(^, 표현식(x ^ 64)에 의한 결과 문자)을 이용해 에코된다. DEL을 제외한 모든 문자는 이와 같은 표현식에서 XOR(^) 연산자의 영향으로 해당 문자의 값에 64가 더해진다. 따라서 Control-A(ASCII 1)의 경우에는 캐럿에 A(ASCII 65)가 더해진 형태로 에코되는 것이 다. DEL에 대한 표현식은 127에서 64를 뺀 것과 같은 결과로 나타나고 결과는 63(?에 대한 ASCII 코드)이므로 최종적으로 DEL은 ^?로 에코된다.

ECHOE

정규 모드에서 ECHOE 플래그를 설정하면 ERASE는 시각적으로 백스페이스-스페이스-백스페이스의 순서로 터미널에 출력을 수행한다. ECHOE 설정을 해제하면 ERASE 문자 (예: ^?)가 대신 에코되지만, 문자를 삭제하는 자신의 기능을 여전히 수행한다.

ECHOK, ECHOKE

정규 모드에서 ECHOK와 ECHOKE 플래그는 KILL(라인 삭제) 문자 사용 시 시각적 화면 출력을 제어한다. 기본값으로 설정(ECHOK와 ECHOKE 플래그 모두 설정)한 경우, 라인을 화면에서 삭제된다(ECHOE 참조). ECHOK와 ECHOKE 플래그 중 하나라도 설정이 해제되면 화면 삭제가 수행되지 않으며(그러나 입력 라인은 역시 버려짐), KILL 문자(예: ^U)가 에코된다. ECHOK는 설정되고 ECHOKE가 설정되지 않은 경우, 줄바꿈 문자도 출력한다.

ICANON

ICANON 플래그를 설정하면 정규 모드 입력이 활성화된다. 그러면 입력을 라인 단위로 수집하며, EOF, EOL, EOL2, ERASE, LNEXT, KILL, REPRINT, WERASE 등의 특수문자 해석을 활성화한다(그러나 아래 설명된 IEXTEN 플래그의 영향을 주의하라).

IEXTEN

IEXTEN 플래그를 설정하면 입력 문자의 확장 처리가 활성화된다. IEXTEN 플래그(ICANON 도 마찬가지임)는 EOL2, LNEXT, REPRINT, WERASE 문자가 해석될 수 있도록 설정돼야 한다. IUCLC 플래그가 유효하도록 IEXTEN 플래그를 설정해야 한다. SUSv3에서는 단순하게 IEXTEN 플래그가 확장된(구현, 정의됨) 기능을 활성화하는 것이라 말한다. 자세한 사항은 유닉스 구현에 따라 달라질 수 있다.

IMAXBEL

리눅스에서는 IMAXBEL 플래그의 설정을 무시한다. 콘솔에서 로그인한 경우, 입력 큐가 가득 차면 항상 벨이 울린다.

IUTF8

IUTF8 플래그를 설정하면 cooked 모드(25.6.3절)에서 라인 편집 수행 시 UTF-8 입력을 제대로 처리할 수 있다.

NOFLSH

기본적으로 INTR, QUIT 또는 SUSP 문자를 입력해 시그널이 생성되면 터미널의 입력 큐와 출력 큐에 존재하는 모든 데이터는 삭제(버려짐)된다. NOFLSH 플래그를 설정하면 이와 같은 삭제 기능을 비활성화한다.

OPOST

OPOST 플래그를 설정하면 출력의 후처리postprocessing가 활성화된다. 이 플래그는 termios 구조체의 c_oflag 필드에 있는 플래그 중 일부로 설정해야만 효과가 있다(반대로, OPOST 플래그 설정을 해제하면 모든 출력 후처리가 비활성화된다).

PARENB, IGNPAR, INPCK, PARMRK, PARODD

PARENB, IGNPAR, INPCK, PARMRK, PARODD 플래그는 패리티 생성 및 확인과 관련된다.

PARENB 플래그는 출력 문자에 대한 패리티 검사 비트parity check bits 생성과 입력 문자에 대한 패리티 확인을 활성화한다. 출력 패리티만 생성하는 경우라면 INPCK 설정을 꺼서(오프) 입력 패리티 검사를 비활성화할 수 있다. PARODD 플래그를 설정한 경우 홀수 패리티는 두 가지 경우 모두에서 사용되며, 그렇지 않은 경우에는 짝수 패리티가 사용된다.

나머지 플래그는 패리티 에러가 있는 입력 문자를 처리하는 방법을 지정한다. IGNPAR 플래그가 설정되어 있으면, 해당 문자는 삭제된다(읽기 프로세스에는 전송되지 않음). 반면, PARMRK 플래그가 설정된 경우 해당 문자는 읽기 프로세스로 전송되지만, 2바이트 시퀀스 0377 + 0 뒤에 놓는다(PARMRK 플래그를 설정하고 ISTRIP를 지우면, 실제 0377 문자는 두 배가 되어 0377 + 0377가 됨). PARMRK는 해제, INPCK는 설정되어 있다면, 해당 문자는 버려지고 대신에 0바이트가 읽기 프로세스로 전달된다. IGNPAR이나 PARMRK, INPCK 중 아무것도 설정하지 않으면 해당 문자는 읽기 프로세스에 전달된다.

예제 프로그램

리스트 25-2는 tcgetattr()과 tcsetattr() 함수에서 ECHO 플래그를 해제해 입력 문자가 에코되지 않게 하는 예제다. 이 프로그램을 실행하면 다음 결과를 확인할 수 있다.

```
$ ./no_echo
Enter text:                입력한 텍스트가 에코되지 않음
Read: Knock, knock, Neo.    그러나 입력한 내용은 읽음
```

리스트 25-2 터미널 에코 해제

```
                                                          tty/no_echo.c
#include <termios.h>
#include "tlpi_hdr.h"

#define BUF_SIZE 100

int
main(int argc, char *argv[])
{
    struct termios tp, save;
    char buf[BUF_SIZE];

    /* 현재의 터미널 설정 검색, 에코 해제 */
    if (tcgetattr(STDIN_FILENO, &tp) == -1)
        errExit("tcgetattr");
    save = tp;                   /* 이후 설정을 복원할 수 있음 */
    tp.c_lflag &= ~ECHO;         /* ECHO 오프, 다른 비트는 변경하지 않음 */
    if (tcsetattr(STDIN_FILENO, TCSAFLUSH, &tp) == -1)
        errExit("tcsetattr");

    /* 입력을 읽어서 사용자에게 다시 표시 */

    printf("Enter text: ");
    fflush(stdout);
    if (fgets(buf, BUF_SIZE, stdin) == NULL)
        printf("Got end-of-file/error on fgets()\n");
    else
        printf("\nRead: %s", buf);

    /* 원래 터미널 설정으로 복원 */

    if (tcsetattr(STDIN_FILENO, TCSANOW, &save) == -1)
        errExit("tcsetattr");

    exit(EXIT_SUCCESS);
}
```

25.6 터미널 I/O 모드

앞서 우리는 ICANON 플래그의 설정에 따라 정규 모드 또는 비정규 모드에서 터미널 드라이버가 입력을 처리할 수 있음을 확인했다. 이제 정규 모드와 비정규 모드를 자세히 살펴보자. 또한 유닉스 7판에서 사용 가능한 3개의 유용한 터미널 모드(cooked, cbreak, raw)를 살펴보고, 이러한 모드가 현대 유닉스 시스템의 termios 구조체에서는 어떻게 적절한 값으로 설정되어 에뮬레이트되는지 살펴본다.

25.6.1 정규 모드

ICANON 플래그를 설정하면 정규 모드로 입력이 활성화된다. 표준 모드에서 터미널 입력은 다음과 같은 형태로 구분한다.

- 라인 단위로 입력을 수집하고, 라인 구분 문자(NL, EOL, EOL2(IEXTEN 플래그가 설정되어 있는 경우), EOF(라인의 최초 위치 이외), CR(ICRNL 플래그가 활성화된 경우))에 의해 종료된다. EOF를 제외하고, 라인 구분 기호는 다시 읽기 프로세스로 전송된다(해당 라인에 마지막 문자처럼).
- 라인 편집이 가능해 현재 입력 라인을 수정할 수 있다. 따라서 다음 문자를 사용할 수 있다. ERASE와 KILL, (IEXTEN 플래그가 설정된 경우에는) WERASE
- IEXTEN 플래그가 설정되어 있으면, REPRINT와 LNEXT 문자도 사용할 수 있다.

정규 모드에서, 온전히 라인 입력을 할 수 있는 경우 터미널은 read()를 리턴한다(라인에서 가능한 것보다 더 적은 바이트를 요청한 경우 read() 함수는 자체적으로 라인의 일부만을 가져오고, 나중에 호출된 read()를 통해 나머지 바이트를 가져온다). 또한 read() 함수는 시그널 핸들러에 의해 중단되어 해당 시그널에 대한 시스템 호출 재시작이 불가능한 경우에 종료될 수 있다(Vol. 1의 21.5절).

 25.5절에서 NOFLSH 플래그를 설명하면서, 시그널을 생성하는 문자는 터미널 드라이버가 터미널 입력 큐를 비워내게 한다는 사실을 확인했다. 이렇게 입력 큐를 버리는 것은 응용 프로그램이 시그널을 감지하든 무시하든 상관없이 발생한다. NOFLSH 플래그를 설정함으로써 이와 같은 동작을 방지할 수 있다.

25.6.2 비정규 모드

몇몇 응용 프로그램(예: vi, less)은 사용자가 입력한 라인 구분자line delimiter 없이도 터미널로부터 문자를 읽어와야 하는 경우가 있다. 비정규 모드로 이러한 상황을 해결할 수 있다. 비정규 모드(ICANON 설정 해제)에서는 특수문자 입력 처리가 수행되지 않는다. 특히 더 이상 입력을 라인 단위로 수집하지 않으며 즉시 입력을 사용할 수 있다.

비정규 read()는 어떤 상황에서 완료될까? 우리는 일정 시간이 지난 후, 특정 바이트 수만큼 읽힌 후 또는 두 가지 조합을 모두 포함한 상황에서 비정규 read() 함수가 종료되도록 지정할 수 있다. termios c_cc 배열의 두 요소, TIME과 MIN으로 종료 동작을 결정할 수 있다. TIME 요소(상수 VTIME으로 인덱스)는 1/10초 내에서 타임아웃 값을 지정한다. MIN 요소(VMIN으로 인덱스)는 읽을 수 있는 최소한의 바이트 수를 지정한다(MIN과 TIME 설정은 정규 모드 터미널 I/O에 아무런 영향도 미치지 않음).

MIN과 TIME 인자의 정확한 오퍼레이션과 상호작용은 0이 아닌 값을 갖는지 여부에 따라 다르게 나타난다. 발생 가능한 네 가지 상황을 아래에서 설명한다. 눈여겨볼 점은 모든 상황에서 read()를 수행할 때 MIN에 지정된 요구조건을 충족하는 충분한 바이트가 사용 가능하다면 요청된 바이트 수보다 적어도, 이용 가능한 바이트 수보다 적은 바이트 수로도 즉각 리턴한다는 것이다.

MIN == 0, TIME == 0(폴링 읽기)

호출 시점에서 데이터를 사용할 수 있으면 read()는 즉시 사용할 수 있는 바이트 및 요청된 바이트보다 더 적은 수를 읽고 리턴한다. 사용할 수 있는 바이트가 없는 경우, read()는 0을 리턴하며 즉시 완료된다.

이런 경우 응용 프로그램이 블록 없이 입력이 가능한지를 확인하는 기능(일반적인 폴링)을 제공한다. 이 모드는 Vol. 1의 5.9절에서 살펴봤던 터미널에 대한 O_NONBLOCK 플래그를 설정하는 방법과 다소 비슷하다. 그러나 O_NONBLOCK은 읽기에 사용할 바이트가 아무것도 없으면 read() 함수가 EAGAIN 에러와 함께 -1을 리턴한다.

MIN > 0, TIME == 0(블로킹 읽기)

read()는 요청된 바이트 수보다 작거나 MIN바이트를 사용할 수 있을 때까지(아마 무한적으로) 블록하며, 두 값 중 작은 값을 리턴한다.

less 같은 프로그램에선 일반적으로 MIN을 1로, TIME을 0으로 설정한다. 따라서 프로그램은 바쁘게 돌아가는 CPU 시간을 폴링으로 낭비하지 않으면서도 하나의 키 입력을 기다릴 수 있다.

터미널이 MIN을 1로, TIME을 0으로 설정한 비정규 모드인 경우 단일 문자(완전한 라인보다는)가 터미널에 입력됐는지 여부를 확인하기 위해 26장에 설명된 기법을 사용할 수 있다.

MIN == 0, TIME > 0(타임아웃을 사용한 읽기)

타이머는 read() 함수가 호출될 때 시작된다. 호출은 최소 1바이트를 사용할 수 있는 경우나 1/10초의 TIME이 경과됐을 경우 즉시 리턴한다. 시간이 경과된 경우 read()는 0을 리턴한다.

타이머는 시리얼 디바이스(예: 모뎀) 프로그램에 유용하다. 프로그램은 시리얼 디바이스에 데이터를 전송한 다음 응답을 기다리게 되는데, 이때 디바이스가 응답을 하지 않는 경우 한없이 기다리지 않도록 타임아웃을 사용한다.

MIN > 0, TIME > 0(인터바이트 타임아웃을 사용한 읽기)

입력의 초기 바이트를 사용할 수 있게 되면, 추가로 바이트를 읽을 때마다 타이머를 다시 시작한다. read()는 MIN바이트 미만을 읽거나 성공적으로 바이트를 읽은 후 1/10 TIME 초를 초과한 경우에 리턴한다. 타이머는 초기 바이트를 읽기 시작한 후에 동작하기 때문에, 어떤 상황에서든 최소 1바이트가 리턴된다(따라서 read() 함수는 무한으로 블록될 수 있음).

위와 같은 경우는 이스케이프 시퀀스를 생성하는 터미널 키를 처리하는 데 유용하다. 예를 들어 대부분의 터미널에서 왼쪽 화살표left-arrow 키는 OD가 추가하는 문자를 포함한 세 문자 시퀀스를 생성한다. 이러한 문자는 재빠르게 전송된다. 세 문자 시퀀스를 처리하는 응용 프로그램은 사용자가 문자 하나하나를 각각 천천히 입력하는 상황인지를 구별할 필요가 있다. 이 문제는 인터바이트interbyte 타임아웃을 0.2초 이내로 설정해 read() 함수를 수행함으로써 처리할 수 있다. 몇몇 vi 버전의 명령 모드에서는 이러한 기법을 사용했다(인터바이트 타임아웃을 짧게 설정한 응용 프로그램에서는 타임아웃 길이에 따라서, 앞서 말한 3문자 시퀀스를 재빨리 입력해 왼쪽 화살표 키를 흉내 낼 수 있음).

이식성을 고려한 MIN과 TIME의 수정과 복원

과거 유닉스 구현과의 호환성을 위해 SUSv3는 VMIN과 VTIME의 상수값이 각각 VEOF,

VEOL과 같아지는 것을 허용하며, 이는 곧 termios c_cc 배열의 요소와 VMIN, VTIME 상수값이 일치될 수 있음을 의미한다(리눅스에서는 이들 상수값을 구분함). 비정규 모드에서는 VEOF와 VEOL이 사용되지 않으므로 이것이 가능하다. VMIN과 VEOF가 같은 값을 가질 수 있다는 사실은, 비정규 모드로 들어가서 MIN(기본값 1)을 설정하고 난 뒤에 정규 모드로 돌아오는 경우 프로그램상에서의 주의가 필요함을 의미한다. 정규 모드로 돌아온 후, EOF는 더 이상 일반적인 ASCII 4(Control-D)의 값을 갖지 않게 된다. 이 문제를 해결할 수 있는 손쉬운 방법은 비정규 모드로 변경하기에 앞서 termios 설정의 복사본을 저장하고 나서, 이렇게 저장된 termios 구조체를 정규 모드에 사용하는 것이다.

25.6.3 cooked, cbreak, raw 모드

유닉스 7판(뿐만 아니라 BSD의 초기 버전도)에서 터미널 드라이버는 cooked, cbreak, raw의 세 가지 모드에서 입력을 처리할 수 있었다. 세 모드의 차이점은 표 25-3과 같이 요약할 수 있다.

표 25-3 cooked, cbreak, raw 터미널 모드의 차이

기능	모드		
	cooked	cbreak	raw
이용 가능한 입력 방식	라인 단위 입력	문자 단위 입력	문자 단위 입력
라인 편집이 가능한가?	예	아니오	아니오
시그널 생성 문자가 해석되는가?	예	예	아니오
START/STOP이 해석되는가?	예	예	아니오
기타 특수문자가 해석되는가?	예	아니오	아니오
기타 입력 처리가 수행되는가?	예	예	아니오
기타 출력 처리가 수행되는가?	예	예	아니오
입력이 화면 출력(에코)되는가?	예	가능함	아니오

cooked는 기본적으로 모든 기본default 특수문자 처리가 가능한 정규 모드다(즉 CR, NL, EOF의 해석, 라인 편집 활성화, ICRNL, OCRNL 등의 시그널 생성 문자 처리).

raw 모드는 이와 반대다. 즉 모든 입력과 출력 처리뿐만 아니라 에코, 스위치드 오프 등을 처리할 수 있는 비정규 모드다(터미널 드라이버가 시리얼 라인을 통해 전송되는 데이터에 결코 변경사항을 적용하지 않도록 보장해야 하는 응용 프로그램의 경우에는 raw 모드를 사용한다).

cbreak 모드는 cooked 모드와 raw 모드의 중간 모드다. 입력은 비정규나, 시그널 생성 문자가 해석되고 다양한 입력과 출력의 변형이 발생할 수 있다(각 플래그 개별 설정에 따름). cbreak 모드는 에코 설정을 해제하지 않지만, 일반적으로 이 모드를 사용하는 응용 프로그램에서는 에코를 해제한다. cbreak 모드는 문자 단위로 입력을 허가하는 화면 처리 응용 프로그램(예: less)에 유용하나, 여전히 INTR, QUIT, SUSP 같은 문자의 해석을 허용할 필요가 있다.

예제: raw 모드와 cbreak 모드 설정

7판과 원래의 BSD 터미널 드라이버에서는 터미널 드라이버 데이터 구조체의 단일 비트를 조정해 raw 또는 cbreak 모드(RAW와 CBREAK라고도 함)로 전환할 수 있었다. POSIX termios 인터페이스(현재 모든 유닉스 구현에서 지원됨)로 전환하면서 더 이상 raw와 cbreak 모드를 선택하기 위한 단일 비트는 사용할 수 없게 됐으며, 이러한 모드를 실행하는 응용 프로그램은 반드시 termios 구조체의 필수 필드를 명시적으로 변경해야 한다. 리스트 25-3은 이러한 터미널 모드에 대응하는 2개의 함수 ttySetCbreak()와 ttySetRaw()를 제공한다.

 ncurses 라이브러리를 사용하는 응용 프로그램은 리스트 25-3에 작성된 함수와 유사한 작업을 수행하는 cbreak(), raw() 함수를 호출할 수 있다.

리스트 25-3 cbreak 모드와 raw 모드로 터미널 전환

```
                                                          tty/tty_functions.c
#include <termios.h>
#include <unistd.h>
#include "tty_functions.h"           /* 여기서 함수 프로토타입 선언 */

/* cbreak 모드에서 'fd'로 터미널을 참조한다(에코가 해제된 비정규 모드). 이 함수는 현재 터미널
   이 cooked 모드라고 가정한다(현재 터미널이 raw 모드인 경우 호출할 수 없는데, 그 이유는 아래의
   ttySetRaw() 함수에 의한 모든 변경사항이 취소(undo)되지 않기 때문이다). 성공 시 0을 리턴,
   실패 시 -1을 리턴한다. 'prevTermios'의 값이 NULL이 아니라면 이전 터미널 설정 리턴값을 가
   리키는 버퍼를 사용한다. */

int
ttySetCbreak(int fd, struct termios *prevTermios)
{
    struct termios t;
```

```
        if (tcgetattr(fd, &t) == -1)
            return -1;

        if (prevTermios != NULL)
            *prevTermios = t;

        t.c_lflag &= ~(ICANON | ECHO);
        t.c_lflag |= ISIG;

        t.c_iflag &= ~ICRNL;

        t.c_cc[VMIN] = 1;               /* 문자 단위로 입력 */
        t.c_cc[VTIME] = 0;              /* 블로킹 */

        if (tcsetattr(fd, TCSAFLUSH, &t) == -1)
            return -1;

        return 0;
}

/* raw 모드에서 'fd'로 터미널을 참조한다(모든 입력과 출력 처리가 해제된 비정규 모드). 성공 시 0
    을 리턴, 실패 시 -1을 리턴. 'prevTermios'가 NULL이 아니라면, 이전 터미널 설정의 리턴값을
    가리키는 버퍼를 사용한다. */

int
ttySetRaw(int fd, struct termios *prevTermios)
{
    struct termios t;

    if (tcgetattr(fd, &t) == -1)
        return -1;

    if (prevTermios != NULL)
        *prevTermios = t;

    t.c_lflag &= ~(ICANON | ISIG | IEXTEN | ECHO);
                        /* 비정규 모드에서, 시그널과 확장 입력 처리, 에코 해제*/

    t.c_iflag &= ~(BRKINT | ICRNL | IGNBRK | IGNCR | INLCR |
                    INPCK | ISTRIP | IXON | PARMRK);
                        /* CR과 NL, BREAK의 특수문자 처리 해제.
                           8번째 비트 스트리핑 또는 패리티 에러 처리 해제.
                           START/STOP 출력 흐름 제어 해제 */

    t.c_oflag &= ~OPOST;               /* 모든 출력 처리 해제 */

    t.c_cc[VMIN] = 1;                  /* 문자 단위로 입력 */
    t.c_cc[VTIME] = 0;                 /* 블로킹 */
```

```
        if (tcsetattr(fd, TCSAFLUSH, &t) == -1)
            return -1;

    return 0;
}
```

터미널을 raw 또는 cbreak 모드로 실행하는 프로그램은 프로그램 종료 시 터미널을 사용 가능한 모드로 되돌려야 한다는 사실에 주의해야 한다. 보통 여러 태스크가 함께 동작하므로 프로그램으로 보내지는 모든 시그널을 적절하게 처리해서 프로그램이 원치 않는 상황에서 종료되는 일이 없도록 대비해야 한다(cbreak 모드에서는 키보드를 통해 작업 제어 시그널을 생성할 수 있다).

리스트 25-4는 위에서 설명한 작업 수행 예제다. 이 프로그램은 다음과 같은 단계로 실행된다.

- 명령행 인자(임의의 문자열)⑧의 제공 여부에 따라서, 터미널을 cbreak 모드⑨ 또는 raw 모드⑫로 설정한다. 이전 터미널 설정값은 전역 변수 userTermios에 저장된다①.

- 터미널을 cbreak 모드로 설정한 경우, 터미널에서 시그널을 생성할 수 있다. 종료 또는 일시중단 상태로 변경되는 프로그램은 이 시그널을 이용해 사용자가 기대하는 상태로 터미널을 만들 수 있다. 이 프로그램은 SIGQUIT과 SIGINT⑩에 같은 핸들러를 사용한다. SIGTSTP 시그널은 특별한 방법으로 처리하므로 별도의 핸들러를 사용한다⑪.

- SIGTERM 시그널 핸들러를 설정해서 kill 명령이 전송하는 디폴트 시그널을 감지할 수 있다⑬.

- 표준 입력으로 한 번에 문자 하나를 읽어들여 그 결과를 표준 출력으로 표시하는 루프를 실행한다⑭. 이 프로그램은 결과를 출력하기 전에 다양한 입력 문자를 특별하게 처리한다⑮.
  - 출력되기 전에 모든 문자는 소문자로 변환된다.
  - 줄바꿈(\n)과 캐리지 리턴(\r) 문자는 변경 없이 그대로 출력한다.
  - 줄바꿈과 캐리지 리턴 외의 제어 문자는 두 문자 시퀀스로 출력한다. 즉 캐럿(^)문자 뒤에 해당하는 문자의 대문자가 더해진다(예: Control-A는 ^A를 출력).
  - 다른 모든 문자는 별표(*)로 화면에 출력한다.
  - 문자 q로 루프를 종료시킨다⑯.

- 루프를 빠져나오면, 사용자가 마지막으로 설정한 터미널 상태를 복원하고 종료한 다⑰.

이 프로그램에서는 SIGQUIT, SIGINT, SIGTERM에 동일한 핸들러를 설정한다. 핸들러는 사용자가 마지막으로 설정한 터미널의 상태를 복원하고 프로그램을 종료시킨다②.

SIGTSTP 시그널③ 핸들러는 Vol. 1의 29.7.3절에서 살펴본 방식으로 시그널을 처리한다. 아래는 SIGTSTP 핸들러 동작의 세부사항을 설명한다.

- SIGTSTP가 프로세스를 실제로 중지시키기 전에 핸들러는 현재 터미널 설정(ourTermios에 있음)을 저장했다가④, 프로그램이 시작됐을 때⑤ 유효한 (userTermios에 저장됨) 설정값으로 재설정한다.

- SIGCONT을 전달받아 실행을 재개하면, 핸들러는 현재 터미널 설정을 userTermios에 한 번 더 저장하는데⑥, 사용자가 프로그램이 중지된 동안(예를 들면 stty 명령을 사용해) 설정을 변경할 수 있기 때문이다. 핸들러는 프로그램이 요구하는 상태(ourTermios)로 터미널을 리턴한다⑦.

리스트 25-4 cbreak와 raw 모드 실행

```
                                                    tty/test_tty_functions.c
  #include <termios.h>
  #include <signal.h>
  #include <ctype.h>
  #include "tty_functions.h"    /* ttySetRaw()와 ttySetCbreak() 선언 */

  #include "tlpi_hdr.h"

①static struct termios userTermios;    /* 사용자 정의 터미널 설정 */

  static void                        /* 일반 핸들러: tty 설정 복원과 종료 */
  handler(int sig)
  {
②    if (tcsetattr(STDIN_FILENO, TCSAFLUSH, &userTermios) == -1)
          errExit("tcsetattr");
      _exit(EXIT_SUCCESS);
  }

  static void /* SIGTSTP를 위한 핸들러 */
③tstpHandler(int sig)
  {
      struct termios ourTermios;        /* tty 설정을 저장함 */
      sigset_t tstpMask, prevMask;
      struct sigaction sa;
```

```
        int savedErrno;

        savedErrno = errno;                    /* 여기서 'errno' 변경 */

        /* 현재 터미널 설정 저장, 프로그램 시작 상태로 터미널 복원 */

④      if (tcgetattr(STDIN_FILENO, &ourTermios) == -1)
            errExit("tcgetattr");
⑤      if (tcsetattr(STDIN_FILENO, TCSAFLUSH, &userTermios) == -1)
            errExit("tcsetattr");

        /* SIGTSTP의 disposition을 기본값으로 설정하고, 시그널을 한 번 더 raise하고 나서
           실제로 중지할 수 있도록 블록해제 */

        if (signal(SIGTSTP, SIG_DFL) == SIG_ERR)
            errExit("signal");
        raise(SIGTSTP);

        sigemptyset(&tstpMask);
        sigaddset(&tstpMask, SIGTSTP);
        if (sigprocmask(SIG_UNBLOCK, &tstpMask, &prevMask) == -1)
            errExit("sigprocmask");

        /* SIGCONT 한 후 여기서 다시 시작 실행 */

        if (sigprocmask(SIG_SETMASK, &prevMask, NULL) == -1)
            errExit("sigprocmask");                /* SIGTSTP 다시 블록 */
        sigemptyset(&sa.sa_mask);                   /* 핸들러 다시 설정 */
        sa.sa_flags = SA_RESTART;
        sa.sa_handler = tstpHandler;
        if (sigaction(SIGTSTP, &sa, NULL) == -1)
            errExit("sigaction");

        /* 프로그램이 정지된 동안 사용자 터미널 설정을 변경할 수 있으므로,
           설정을 저장해 추후 복원 가능하게 함 */

⑥      if (tcgetattr(STDIN_FILENO, &userTermios) == -1)
            errExit("tcgetattr");

        /* 터미널 설정 복원 */

⑦      if (tcsetattr(STDIN_FILENO, TCSAFLUSH, &ourTermios) == -1)
            errExit("tcsetattr");

        errno = savedErrno;
    }

    int
```

```
   main(int argc, char *argv[])
   {
       char ch;
       struct sigaction sa, prev;
       ssize_t n;

       sigemptyset(&sa.sa_mask);
       sa.sa_flags = SA_RESTART;

⑧     if (argc > 1) {                              /* cbreak 모드 사용 */
⑨         if (ttySetCbreak(STDIN_FILENO, &userTermios) == -1)
               errExit("ttySetCbreak");

           /* cbreak 모드에서 터미널 특수문자는 시그널을 생성할 수 있음. 신호를 감지해 터미널
              모드를 조정할 수 있음. 시그널이 무시되지 않는 경우에만 핸들러를 설정할 수 있음 */

⑩         sa.sa_handler = handler;

           if (sigaction(SIGQUIT, NULL, &prev) == -1)
               errExit("sigaction");
           if (prev.sa_handler != SIG_IGN)
               if (sigaction(SIGQUIT, &sa, NULL) == -1)
                   errExit("sigaction");

           if (sigaction(SIGINT, NULL, &prev) == -1)
               errExit("sigaction");
           if (prev.sa_handler != SIG_IGN)
               if (sigaction(SIGINT, &sa, NULL) == -1)
                   errExit("sigaction");

⑪         sa.sa_handler = tstpHandler;

           if (sigaction(SIGTSTP, NULL, &prev) == -1)
               errExit("sigaction");
           if (prev.sa_handler != SIG_IGN)
               if (sigaction(SIGTSTP, &sa, NULL) == -1)
                   errExit("sigaction");
       } else {                                     /* raw 모드 사용 */
⑫         if (ttySetRaw(STDIN_FILENO, &userTermios) == -1)
               errExit("ttySetRaw");
       }

⑬     sa.sa_handler = handler;
       if (sigaction(SIGTERM, &sa, NULL) == -1)
           errExit("sigaction");

       setbuf(stdout, NULL);                        /* stdout 버퍼링 해제 */
```

```
⑭      for (;;) {                          /* 데이터 읽고 stdin 에코 */
            n = read(STDIN_FILENO, &ch, 1);
            if (n == -1) {
                errMsg("read");
                break;
            }

            if (n == 0)                     /* 터미널 연결이 끊긴 후에 발생 가능 */
                break;

⑮          if (isalpha((unsigned char) ch))     /* 문자 --> 소문자로 */
                putchar(tolower((unsigned char) ch));
            else if (ch == '\n' || ch == '\r')
                putchar(ch);
            else if (iscntrl((unsigned char) ch))
                printf("^%c", ch ^ 64);          /* Control-A를 ^A와 같이 에코 */
            else
                putchar('*');                    /* '*'로 표시되는 모든 문자 */

⑯          if (ch == 'q')                  /* 루프 종료 */
                break;
        }

⑰      if (tcsetattr(STDIN_FILENO, TCSAFLUSH, &userTermios) == -1)
            errExit("tcsetattr");
        exit(EXIT_SUCCESS);
    }
```

아래는 리스트 25-4의 프로그램을 이용해 raw 모드를 요청하는 예다.

```
$ sty                               초기 터미널 모드 정상(cooked)
speed 38400 baud; line = 0;
$ ./test_tty_functions
abc                                 abc 입력, Control-J 입력
   def                              DEF 입력, Control-J, 엔터 입력
^C^Z                                Control-C, Control-Z, Control-J 입력
   q$                               q를 입력해 종료
```

셸 세션의 마지막 행에서, 셸은 프로그램을 종료시키는 q 문자와 동일한 라인에 프롬 프트를 표시함을 확인할 수 있다.

다음은 cbreak 모드를 사용한 실행의 예다.

```
$ ./test_tty_functions x
XYZ                                 XYZ와 Control-Z 입력
[1]+  Stopped        ./test_tty_functions x
```

```
$ stty                              터미널 모드가 복원됐는지 확인
speed 38400 baud; line = 0;
$ fg                                포그라운드로 재시작
./test_tty_functions x
***                                 123 입력 후 Control-J 입력
    $                               Control-C를 입력해 프로그램 종료
엔터 키를 입력해 다음 셸 프롬프트 획득
$ stty                              터미널 모드가 복원됐는지 확인
speed 38400 baud; line = 0;
```

25.7 터미널 라인 속도(비트 전송률)

각 터미널(그리고 시리얼 라인)마다 다른 속도(초당 비트)로 데이터를 전송하고 수신한다. 함수 cfgetispeed()와 cfsetispeed()는 입력 라인 속도를 검색해 수정한다. 함수 cfgetospeed()와 cfsetospeed()는 출력 라인 속도를 검색해 수정한다.

 '보(baud)'라는 용어는 비록 기술적으로 올바른 표현이 아니지만, 일반적으로 터미널 라인 속도(초당 비트)라는 의미로 사용된다. 좀 더 정확하게 말하자면 '보'는 시그널 변화가 회선에서 발생할 수 있는 초당 전송률인데, 비트가 신호로 인코딩되는 방법에 따라 달라지기 때문에 초당 전송되는 비트의 수와 동일할 필요가 없다. 그럼에도 불구하고 '보'라는 용어를 비트 전송률(초당 비트)과 동의어로 계속해서 사용한다(또한 보 전송률(baud rate)이라는 용어는 종종 '보'의 동의어로 사용되나, '보' 자체가 전송률에 대한 정의이므로, 이는 용어의 중복된 표현이다). 여기서는 혼동을 피하기 위해 보통 라인 속도(line speed)나 비트 전송률(bit rate) 같은 용어를 사용한다.

```
#include <termios.h>

speed_t cfgetispeed(const struct termios *termios_p);
speed_t cfgetospeed(const struct termios *termios_p);

                          termios 구조체에 주어진 라인 속도를 리턴한다.

int cfsetospeed(struct termios *termios_p, speed_t speed);
int cfsetispeed(struct termios *termios_p, speed_t speed);

                     성공하면 0을 리턴하고, 에러가 발생하면 −1을 리턴한다.
```

위의 함수를 이용하려면 tcgetattr()을 호출해 temios 구조체를 미리 초기화해야 한다.

예를 들어, 다음과 같은 방법으로 현재 터미널 출력 라인 속도를 확인할 수 있다.

```
struct termios tp;
speed_t rate;

if (tcgetattr(fd, &tp) == -1)
    errExit("tcgetattr");
rate = cfgetospeed(&tp);
if (rate == -1)
    errExit("cfgetospeed");
```

라인 속도를 변경하고자 한다면, 계속해서 다음을 실행한다.

```
if (cfsetospeed(&tp, B38400) == -1)
    errExit("cfsetospeed");
if (tcsetattr(fd, TCSAFLUSH, &tp) == -1)
    errExit("tcsetattr");
```

speed_t 데이터형은 라인 속도를 저장하는 데 사용된다. 라인 속도는 수치를 직접적으로 지정하기보다 심볼의 상수(<termios.h>에 정의된)를 사용한다. 이러한 상수는 일련의 이산값으로 정의된다. 예로 B300, B2400, B9600, B38400 등이 정의되어 있으며 각각에 해당하는 라인 속도는 300bps, 2400bps, 9600bps, 38,400bps다. 이산값 집합은 결국 터미널이 정해진 몇 개의 (표준화된) 라인 속도 중 하나로 동작할 수밖에 없다는 사실을 보여준다. 속도값은 기본 전송률(예를 들어 일반 PC의 115,200)을 적당한 수로 나누는 방법으로 계산한다(예를 들어 115,200/12 = 9600).

SUSv3는 termios 구조체에 터미널 라인 속도를 저장하도록 명시하지만, (의도적으로) 저장된 위치를 지정하지 않는다. 리눅스를 포함하는 대부분의 구현에서는, CBAUD 마스크와 CBAUDEX 플래그를 사용해 c_cflag 필드에 이 값을 유지한다(25.2절에서는 리눅스 termios 구조체에서 비표준인 c_ispeed와 c_ospeed 필드가 사용되지 않음을 확인했다).

대부분의 터미널에서는 cfsetispeed()와 cfsetospeed() 함수를 통해 별도의 입력과 출력 라인 속도를 지정할 수 있는데, 단 두 속도가 같아야 한다. 리눅스에서는 라인 속도(두 전송 속도는 항상 동일한 것으로 간주됨)를 저장하기 위해 하나의 필드만 사용해야 하는데, 이는 입력과 출력 라인 속도에 대한 모든 함수가 termios의 같은 필드에 접근함을 의미한다.

 cfsetispeed() 함수를 호출해 속도를 0으로 지정하는 것은 'tcsetattr() 함수를 호출할 때의 출력 속도로 입력 속도를 설정함'을 의미한다. 이는 두 라인 속도가 다른 값으로 유지되는 시스템일 경우 유용한 기능이다.

```
```

25.8 터미널 라인 제어

tcsendbreak(), tcdrain(), tcflush(), tcflow() 함수는 라인 제어 관련 작업을 수행하는 그룹이다(위 함수는 다양한 ioctl() 오퍼레이션을 대신하기 위해 설계된 POSIX 기술이다).

```
#include <termios.h>

int tcsendbreak(int fd, int duration);
int tcdrain(int fd);
int tcflush(int fd, int queue_selector);
int tcflow(int fd, int action);
```
                                          성공하면 0을 리턴하고, 에러가 발생하면 −1을 리턴한다.

위의 각 함수에서 fd는 시리얼 라인상의 터미널 또는 기타 원격 디바이스를 참조하는 파일 디스크립터다.

tcsendbreak() 함수는 연속적인 0 비트 스트림을 전송해, BREAK 조건을 생성한다. duration 인자는 전송 길이를 나타낸다. duration 값이 0이면, 0.25초(SUSv3는 최소 0.25 이상 0.5초 이하로 지정) 동안 0비트가 전송된다. duration이 0보다 클 경우, duration밀리초 동안 0비트를 전송한다. SUSv3는 이러한 경우를 명시하지 않는다. 즉 기타 유닉스 구현에서 duration이 0이 아닌 경우에 대한 동작을 다양한 방법으로 처리한다(여기서 설명하는 내용은 glibc에 해당함).

tcdrain() 함수는 모든 출력이 전송될 때까지(예를 들어 터미널 출력 큐가 비워질 때까지) 블록한다.

tcflush() 함수는 터미널 입력 큐, 터미널 출력 큐, 입력 큐와 출력 큐(그림 25-1 참조) 모두의 데이터를 비운다. 입력 큐를 비울 때(플러싱) 터미널 드라이버로 전달됐으나 어떠한 프로세스에서도 읽지 않은 데이터가 삭제된다. 예를 들어, 응용 프로그램에서 tcflush()를 사용해 암호 입력 프롬프트가 나타나기 전에 터미널에 미리 입력된 문자를 삭제할 수 있다. 출력 큐를 비우면(플러싱) 쓰기 작업이 진행됐으나(터미널 드라이버로 전달됨) 아직 디바이스로는 전송하지 않은 데이터가 삭제된다. 표 25-4에 있는 여러 값 중 1개로 queue_selector 인자를 지정한다.

파일 입출력(I/O)에 관련해서 언급되는 플러시(flush)라는 용어는 tcflush()와 다른 의미로 사용한다는 사실을 기억하자. 파일 입출력(I/O)에서의 플러시를 살펴보자. 표준 입출력의 fflush()에서는 사용자 공간 메모리로부터 버퍼 캐시로 이동시키는 것을 의미하며, fsync(), fdatasync(), sync()의 경우에는 출력 데이터를 버퍼 캐시로부터 디스크로 전송하는 것을 의미한다.

표 25-4 tcflush() 함수의 queue_selector 인자값

값	설명
TCIFLUSH	입력 큐 비우기
TCOFLUSH	출력 큐 비우기
TCIOFLUSH	입력 큐와 출력 큐 모두 비우기

tcflow() 함수는 컴퓨터와 터미널(또는 기타 원격 디바이스) 간의 데이터 방향 흐름을 제어한다. action 인자는 표 25-5에 있는 값 중 하나를 사용한다. 터미널이 STOP과 START 문자를 해석해서 STOP과 START는 컴퓨터로 데이터를 전송해 터미널을 중단하거나 다시 시작할 수 있는 경우에만 TCIOFF와 TCION이 동작한다.

표 25-5 tcflush() 함수의 action 인자값

값	설명
TCOOFF	터미널 출력 중단
TCOON	터미널 출력 재시작
TCIOFF	터미널에 STOP 문자 전송
TCION	터미널에 START 문자 전송

25.9 터미널 윈도우 크기

윈도우 환경에서는, 사용자가 윈도우 크기를 수정할 경우 화면이 적절하게 다시 그려질 수 있도록 터미널 윈도우 크기를 감시할 수 있는 스크린 처리 프로그램이 필요하다. 스크린 처리를 할 수 있도록 커널은 다음과 같은 두 가지 기능을 지원한다.

* 터미널 윈도우 크기 변경 후 포그라운드 프로세스 그룹에 SIGWINCH 시그널을 전송한다. 기본적으로는 이 시그널을 무시한다.

- 현재 터미널 윈도우의 크기를 알아내기 위해 프로세스는 언제든지(보통은 SIGWINCH 시그널이 수신된 다음에) ioctl() 함수의 TIOCGWINSZ 오퍼레이션을 사용할 수 있다.

다음과 같이 ioctl()의 TIOCGWINSZ 오퍼레이션을 사용한다.

```
if (ioctl(fd, TIOCGWINSZ, &ws) == -1)
    errExit("ioctl");
```

fd 인자는 터미널 윈도우를 참조하는 파일 디스크립터다. ioctl()의 마지막 인자는 winsize 구조체(<sys/ioctl.h>에 정의됨)를 가리키는 포인터이며, 터미널 윈도우 크기를 리턴하는 데 사용된다.

```
struct winsize {
    unsigned short ws_row;          /* (문자) 행의 개수 */
    unsigned short ws_col;          /* (문자) 열의 개수 */
    unsigned short ws_xpixel;       /* (픽셀) 가로 크기 */
    unsigned short ws_ypixel;       /* (픽셀) 세로 크기 */
};
```

기타 구현에서와 마찬가지로, 리눅스는 winsize 구조체의 픽셀 크기 필드는 사용하지 않는다.

리스트 25-5는 SIGWINCH 시그널과 ioctl()의 TIOCGWINSZ 오퍼레이션을 사용하는 예다. 다음은 윈도우 관리자로 본 프로그램을 실행하고 터미널 윈도우 크기를 세 번 변경할 때 출력되는 내용을 보여준다.

```
$ ./demo_SIGWINCH
Caught SIGWINCH, new window size: 35 rows * 80 columns
Caught SIGWINCH, new window size: 35 rows * 73 columns
Caught SIGWINCH, new window size: 22 rows * 73 columns
프로그램을 종료하려면, Control-C 입력
```

리스트 25-5 터미널 윈도우 크기 변경 감시

```
                                                     tty/demo_SIGWINCH.c
#include <signal.h>
#include <termios.h>
#include <sys/ioctl.h>
#include "tlpi_hdr.h"

static void
sigwinchHandler(int sig)
{
}
```

```
int
main(int argc, char *argv[])
{
    struct winsize ws;
    struct sigaction sa;

    sigemptyset(&sa.sa_mask);
    sa.sa_flags = 0;
    sa.sa_handler = sigwinchHandler;
    if (sigaction(SIGWINCH, &sa, NULL) == -1)
        errExit("sigaction");

    for (;;) {
        pause();                 /* SIGWINCH 시그널을 기다리며 대기 */
        if (ioctl(STDIN_FILENO, TIOCGWINSZ, &ws) == -1)
            errExit("ioctl");
        printf("Caught SIGWINCH, new window size: "
                "%d rows * %d columns\n", ws.ws_row, ws.ws_col);
    }
}
```

ioctl()의 TIOCSWINSZ 오퍼레이션으로 초기화된 winsize 구조체를 전달해 터미널 드라이버가 알고 있는 윈도우 크기를 바꿀 수도 있다.

```
ws.ws_row = 40;
ws.ws_col = 100;
if (ioctl(fd, TIOCSWINSZ, &ws) == -1)
    errExit("ioctl");
```

winsize 구조체의 새로운 값이 터미널 드라이버가 알고 있는 현재 터미널 윈도우 크기와 다른 경우 다음 두 가지 상황이 발생한다.

- 인자 ws로 받은 값으로 터미널 드라이버 데이터 구조체를 갱신한다.
- 터미널의 포그라운드 프로세스 그룹으로 SIGWINCH 시그널이 전송된다.

그러나 위 이벤트만으로 외부 커널 소프트웨어(윈도우 관리자 또는 터미널 에뮬레이터 프로그램 같은)가 제어하는 윈도우의 실제 크기를 변경하지는 못한다는 사실을 기억하자.

SUSv3 표준은 아니지만, 대부분의 유닉스 구현에서는 25.9절에서 설명한 ioctl() 함수의 오퍼레이션을 이용해 터미널 윈도우 크기에 접근할 수 있다.

25.10 터미널 식별

Vol. 1의 29.4절에서는 프로세스가 제어하고 있는 터미널의 이름(유닉스 시스템에서는 일반적으로 /dev/tty)을 리턴하는 함수 ctermid()를 설명했다. 25.10절에서 설명하고자 하는 함수도 터미널을 식별하는 데 유용한 함수다.

함수 isatty()는 파일 디스크립터 fd가 터미널(기타 파일 유형에 반대되는)과 연관되어 있는지 여부를 확인하는 데 사용된다.

```
#include <unistd.h>

int isatty(int fd);
```
```
                fd가 터미널과 연관된 경우 참(1)을 리턴하고, 그렇지 않으면 거짓(0)을 리턴한다.
```

isatty() 함수는 편집기 그리고 표준 입출력을 터미널로 전달해야 하는지를 결정하는 화면 제어 프로그램에 유용하다.

ttyname() 함수는 지정된 파일 디스크립터와 관련한 터미널 디바이스의 이름을 리턴한다.

```
#include <unistd.h>

char *ttyname(int fd);
```
```
                터미널 이름(정적 할당된)을 포함하는 문자열에 대한 포인터를 리턴한다.
                                         에러가 발생하면 NULL을 리턴한다.
```

ttyname()은 앞서 Vol. 1의 18.8절에 살펴본 opendir()과 readdir() 함수를 사용해 터미널의 이름을 찾는다. 파일 디스크립터 fd가 참조하는 터미널 디바이스 ID와 일치하는 디바이스 ID(stat 구조체의 st_rdev 필드)를 찾을 때까지 디렉토리 안의 엔트리를 반복 탐색한다. 터미널 디바이스는 일반적으로 2개의 디렉토리(/dev와 /dev/pts)에 위치한다. /dev 디렉토리는 가상 콘솔(예: /dev/tty1)과 BSD 가상 터미널 항목을 포함한다. /dev/pts 디렉토리는 (시스템 V 스타일) 가상 터미널 슬레이브 디바이스 항목을 포함한다(가상 터미널은 27장에서 설명함).

> ttyname()의 리엔트런트(reentrant) 버전은 ttyname_r() 형태로 존재한다.
> 표준 입력이 참조하는 터미널의 이름을 표시하는 tty(1) 명령은 ttyname()의 같은 명령행이다.

25.11 정리

초기 유닉스 시스템에서는 실제 하드웨어 터미널과 컴퓨터를 시리얼 라인으로 연결했다. 초기 터미널은 표준화되지 않았다. 즉 터미널 제조사마다 각기 다른 종류의 이스케이프 시퀀스를 이용해 프로그램을 구현해야 했다. 오늘날 워크스테이션에서는 X 윈도우 시스템을 실행하는 비트맵 모니터가 터미널을 대신한다. 그럼에도 여전히 가상 콘솔과 터미널 에뮬레이터(가상 터미널을 사용하는) 같은 가상 디바이스를 다루거나 시리얼로 연결된 실제 기기를 이용할 때는 터미널 프로그래밍이 필요하다.

다양한 터미널 설정을 제어하는 4비트 마스크 필드와 터미널 드라이버에 의해 해석되는 다양한 특수문자를 정의하는 배열을 포함하고 있는 termios 형의 구조체에 터미널 설정(터미널 윈도우 크기를 제외한)을 저장한다. 프로그램에서는 tcgetattr()과 tcsetattr() 함수를 이용해 터미널 설정을 확인하고 수정할 수 있다.

데이터 입력을 수행할 때 터미널 드라이버는 두 가지 모드로 동작할 수 있다. 정규 모드에서는 라인(라인 구분 문자 중 하나에 의해 종료) 단위로 입력을 수집하거나 편집할 수 있다. 반대로, 비정규 모드에서는 응용 프로그램이 사용자가 라인 구분 문자를 입력할 때까지 기다릴 필요 없이 한 문자 단위로 터미널의 입력을 읽을 수 있다. 비정규 모드에서 라인 편집은 불가능하다. 비정규 모드에서 읽기의 완료는, 읽을 수 있는 최소 문자의 수와 읽기 작업에 적용되는 제한 시간을 결정하는 termios 구조체의 MIN과 TIME 필드로 제어 결정된다. 비정규 읽기 동작에서 발생할 수 있는 네 가지 시나리오를 살펴봤다.

과거에 7판과 BSD 터미널 드라이버는 터미널 입력과 출력을 다양한 수준으로 처리할 수 있도록 세 가지 입력 모드(cooked, cbreak, raw)를 제공했다. termios 구조체의 다양한 필드를 변경해서 cbreak와 raw 모드를 흉내 낼 수 있다.

기타 터미널 작업을 수행하는 다양한 함수가 있다. 이 함수를 이용해 터미널 라인 속도를 변경하거나, 라인 제어 동작(break 조건 생성, 출력 데이터가 전송될 때까지 일시중지, 터미널 입력과 출력 큐 비우기(플러시), 터미널과 컴퓨터 사이에 데이터 전송 보류 또는 재개)을 수행할 수 있다. 그 밖에도 주어진 파일 디스크립터가 터미널을 참조하고 있는지 여부를 확인하고 참조하고 있는 터미널의 이름을 가져오는 함수도 있다. 커널이 저장한 터미널 윈도우 크기를 읽어와 수정하거나 그 밖의 다양한 터미널 관련 작업을 수행하는 데 사용할 때는 시스템 호출 ioctl()을 이용할 수 있다.

더 읽을거리

[Stevens, 1992]에서도 터미널 프로그래밍을 설명하며 시리얼 포트 프로그래밍을 좀 더 상세하게 다룬다. 괜찮은 터미널 프로그램 자료를 온라인으로 접할 수 있다. LDP 웹 사이트(http://www.tldp.org)에서는 데이비드 로이어(David S. Lawyer)가 작성한 'Serial HOWTO' 와 'Text-terminal HOWTO'를 확인할 수 있다. 또 다른 유용한 정보로 마이 클 스위트Michael R. Sweet의 'POSIX 운영체제 시리얼 프로그래밍 가이드Serial Programming Guide for POSIX Operating Systems'가 있으며, 웹사이트 http://www.easysw.com/~mike/ serial/에서 온라인으로 이용할 수 있다.

25.12 연습문제

25-1. isatty() 함수를 구현하라(25.2절의 tcgetattr() 설명을 읽어보면 도움이 된다).

25-2. ttyname() 함수를 구현하라.

25-3. Vol. 1의 8.5절에서 설명한 getpass() 함수를 구현하라(getpass() 함수로 /dev/ tty를 열어 터미널을 제어할 수 있는 파일 디스크립터를 얻을 수 있다).

25-4. 표준 입력이 참조하는 터미널이 정규 모드에 있는지 비정규 모드에 있는지 여 부를 출력하는 프로그램을 구현하라. 비정규 모드에 있다면, TIME과 MIN의 값 을 출력한다.

26

대체 I/O 모델

26장에서는 이 책의 대부분에서 사용한 전통적인 파일 I/O 모델 외의 세 가지 대안을 살펴본다.

- I/O 멀티플렉싱(시스템 호출 select()와 poll())
- 시그널 기반 I/O
- 리눅스 고유의 epoll API

26.1 개요

지금까지 이 책에서 살펴본 대부분의 응용 프로그램에서는 한 프로세스가 한 번에 1개의 파일 디스크립터로 I/O를 수행하고 I/O 시스템 호출은 데이터가 전송될 때까지 블록하는 I/O 모델을 사용한다. 예를 들어, read()를 호출했는데 파이프에 읽을 데이터가 없거나 write()를 호출했는데 파이프에 데이터를 기록할 충분한 공간이 없는 경우 블록한다. FIFO와 소켓 등 다른 종류의 파일에 I/O를 수행할 때도 이와 같은 일이 일어난다.

디스크 파일은 특별한 경우다. Vol. 1의 13장에서 설명한 것처럼 커널은 버퍼 캐시를 활용해 디스크 I/O 수행 속도를 높인다. 따라서 디스크에서 수행하는 write()의 경우 실제로 데이터를 디스크에 기록할 때까지 블록하는 것이 아니라(파일을 열 때 O_SYNC 플래그를 사용하지 않았다면) 커널 버퍼 캐시에 데이터를 기록하고 바로 리턴한다. 마찬가지로 read()는 버퍼 캐시에서 사용자 데이터로 데이터를 바로 전달하고 필요한 데이터가 버퍼 캐시에 없는 경우에만 디스크가 읽기를 실행할 동안 프로세스를 수면 상태로 만든다.

많은 응용 프로그램에서는 전통적인 블록 방식 I/O 모델을 사용하는 데 별문제가 없으나 몇몇 응용 프로그램에서는 문제가 발생한다. 특히 어떤 응용 프로그램에서는 다음 중 하나 이상의 동작을 수행해야 한다.

- 파일 디스크립터의 I/O가 불가능할 때도 비블로킹 I/O를 수행할 수 있는지 확인한다.
- 여러 디스크립터 중 I/O를 수행할 수 있는지 여부를 감시한다.

이미 살펴본 비블로킹 I/O와, 여러 프로세스나 스레드라는 두 가지 기법을 이용하면 위 문제를 어느 정도 해결할 수 있다.

Vol. 1의 5.9절과 Vol. 2의 7.9절에서 비블로킹 I/O를 살펴봤다. O_NONBLOCK 열린 파일 상태 플래그를 활성화해서 파일 디스크립터를 비블로킹 모드로 만든 상황에서 즉시 완료할 수 없는 I/O 시스템 호출이 발생하면 블록하는 것이 아니라 에러를 리턴한다. 비블로킹 I/O는 파이프, FIFO, 소켓, 터미널, 가상 터미널, 기타 형식의 디바이스에 적용할 수 있다.

비블로킹 I/O는 파일 디스크립터에 I/O 수행이 가능한지 여부를 주기적으로 폴poll하는 방식으로 동작한다. 예를 들어, 비블로킹 입력 파일 디스크립터를 만든 다음 주기적으로 비블로킹 읽기를 수행한다. 여러 파일 디스크립터를 감시해야 하는 경우에는 모든 파일 디스크립터를 비블로킹으로 설정하고 차례로 각 파일 디스크립터를 폴링한다. 그러나 일반적으로 이와 같은 폴링은 그리 바람직하지 못하다. 자주 폴링을 하지 않으면 I/O 이벤트에 대해 응용 프로그램 응답하기까지 너무 긴 지연이 발생할 수 있다. 그렇다고 너무 자주 폴링을 수행하면 CPU 시간을 낭비할 수 있다.

 26장에서 '폴(혹은 폴링)'이라는 단어는 두 가지 의미를 지닌다. 하나는 I/O 멀티플렉싱 시스템 호출을 가리키는 poll()이 있다. 다른 하나는 '파일 디스크립터의 비블로킹 수행 상태를 확인한다'는 뜻이다.

파일 디스크립터에 I/O를 수행하는 프로세스가 블록되는 것을 원치 않는 경우에는 새로운 프로세스를 만들어 I/O를 수행하는 방법도 있다. 자식 프로세스가 I/O를 완료할 동안 부모 프로세스는 다른 작업을 수행할 수 있다. 여러 파일 디스크립터의 I/O를 처리해야 할 경우에는 각 디스크립터를 담당할 자식 프로세스를 만들 수 있다. 다만 이와 같이 여러 자식 프로세스를 만들 경우 비용과 복잡성이라는 문제가 발생한다. 프로세스를 만들고 유지하려면 시스템에 상당한 부하를 줄 뿐만 아니라 일반적으로 자식 프로세스는 자신의 I/O 오퍼레이션 상태를 부모에게 알리기 위해 IPC 등을 사용한다.

여러 프로세스를 생성하는 대신 다중 스레드를 사용하면 자원을 절약할 수 있으나 스레드 역시 프로세스와 마찬가지로 서로 자신의 I/O 오퍼레이션 상태를 알릴 수 있는 수단이 필요하며, 동시에 여러 클라이언트를 처리할 수 있도록 스레드 풀을 이용해 스레드 사용을 최소화하다 보면 프로그래밍이 복잡해질 수 있다(블로킹 I/O를 수행하는 서드파티 라이브러리를 호출하는 응용 프로그램에서는 스레드를 유용하게 쓸 수 있다. 이 경우 응용 프로그램은 별도의 스레드로 라이브러리 호출을 수행해서 블로킹을 피할 수 있다).

비블로킹 I/O 또는 여러 스레드나 프로세스를 사용하는 데 한계가 있기 때문에 다음과 같은 대안을 고려해볼 수 있다.

- I/O 멀티플렉싱을 이용하면 1개의 프로세스로 동시에 여러 파일 디스크립터를 감시해서 어떤 파일 디스크립터에 I/O를 수행하는지 알아낼 수 있다. 시스템 호출 select()와 poll()은 I/O 멀티플렉싱을 수행한다.

- 시그널 기반 I/O는 입력 데이터가 있거나 지정된 파일 디스크립터에 데이터를 기록할 수 있는 상태일 때 커널에서 시그널을 전송하는 방법으로 동작한다. 따라서 프로세스는 I/O를 수행할 준비가 됐음을 알리는 시그널이 도착할 때까지 다른 작업을 수행할 수 있다. 특히 감시해야 할 파일 디스크립터의 수가 많을수록 select()와 poll()에 비해 시그널 기반 I/O가 월등한 성능 개선 효과가 있다.

- epoll API는 리눅스 2.6에서 처음 선보인 리눅스 고유 기능이다. I/O 멀티플렉싱 API와 마찬가지로 epoll API는 하나의 프로세스로 여러 파일 디스크립터에서 I/O를 실행할 수 있는 파일 디스크립터가 있는지 감시한다. 시그널 기반 I/O와 마찬가지로 epoll API는 감시해야 할 파일 디스크립터가 많을 때 더 좋은 성능을 제공한다.

 이 장의 나머지 부분에서는 위 기법을 프로세스와 관련해서 살펴본다. 그러나 멀티스레드 응용 프로그램에도 위 기법을 적용할 수 있다.

I/O 멀티플렉싱, 시그널 기반 I/O, epoll은 모두 하나 이상의 파일 디스크립터를 동시에 감시해서 I/O를 수행할 수 있는 파일 디스크립터가 있는지를 확인(좀 더 정확히 말하자면 블로킹하지 않고 I/O 시스템 호출을 수행할 수 있는지를 확인)한다는 점에서 목표가 같다. 입력이 들어오거나, 소켓 연결을 완료했거나, TCP가 큐에 들어 있는 데이터를 상대편 소켓으로 전송하면서 기존에 가득 차 있던 소켓에 가용 공간이 생기는 등과 같은 I/O 이벤트가 발생하면 파일 디스크립터가 준비 상태로 바뀔 수 있다. 네트워크 서버처럼 동시에 여러 클라이언트 소켓을 감시하거나 터미널과 파이프 혹은 소켓에서 들어오는 입력을 동시에 감시해야 하는 응용 프로그램에서는 여러 파일 디스크립터를 감시하는 기법을 유용하게 활용할 수 있다.

그러나 위에서 설명한 기법이 I/O를 직접 수행하는 건 아니라는 사실을 기억하자. I/O 멀티플렉싱, 시그널 기반 I/O, epoll은 단지 파일 디스크립터가 준비 상태인지만을 알려준다. 실제로 I/O를 수행하려면 다른 시스템 호출을 사용해야 한다.

> 26장에서는 설명하지 않지만 POSIX 비동기 I/O(AIO)라는 I/O 모델도 있다. POSIX AIO에서는 하나의 프로세스가 I/O 오퍼레이션을 파일에 요청(queue)하고 나중에 I/O 수행이 완료되면 통지를 받는 방식으로 동작한다. POSIX AIO의 장점은 초기의 I/O 호출은 항상 곧바로 리턴하므로 커널로 데이터를 전송하는 동안 기다리거나 전송이 끝날 때까지 프로세스가 기다려야 하는 상황이 발생하지 않는다는 것이다. 따라서 프로세스는 I/O 작업(추가 I/O 요청을 큐에 삽입하는 작업을 포함할 수 있다)이 수행되는 동안 다른 작업을 병렬로 처리할 수 있다. 응용 프로그램의 종류에 따라서 POSIX AIO가 상당한 성능 개선을 제공하는 경우도 있다. 현재 리눅스는 glibc를 통해 스레드 기반 POSIX AIO 구현을 제공한다. 이 책을 쓰는 현재 더 좋은 성능을 발휘할 수 있도록 POSIX AIO를 커널 내부 구현에서 지원하는 작업이 진행되고 있다. POSIX AIO에 관한 자세한 사항은 [Gallmeister, 1995], [Robbins & Robbins, 2003]을 참조하기 바란다.

어떤 기법을 사용할 것인가?

26장에서는 여러 기법 중 특정 기법을 선택해야 하는 이유를 살펴볼 것이다. 아래는 몇 가지 항목을 요약한 것이다.

- 시스템 호출 select()와 poll()은 수년 전부터 오랫동안 유닉스 시스템에서 사용해온 인터페이스다. 따라서 여타 기법에 비해 이식성이 좋은 반면, 수많은(수백 혹은 수천의) 파일 디스크립터를 감시할 수 있도록 확장하기가 어렵다는 단점이 있다.

- epoll API의 핵심적인 장점은 응용 프로그램에서 효율적으로 많은 수의 파일 디스크립터를 감시할 수 있다는 것이다. 그러나 epoll API는 리눅스 고유 API라는 치명적인 단점이 있다.

 몇몇 유닉스 구현에서는 epoll과 유사한 기능(비표준)을 제공한다. 예를 들어 솔라리스는 특별한 /dev/poll 파일(솔라리스 poll(7d) 매뉴얼 페이지 참조)을 제공하고, 몇몇 BSD는 kqueue API(epoll에 비해 일반적인 용도의 감시 기법을 제공)를 제공한다. [Stevens et al., 2004]에서는 두 가지 기법을 간단히 설명한다. kqueue에 대한 자세한 설명은 [Lemon, 2001]을 참조하기 바란다.

- epoll과 마찬가지로 시그널 기반 I/O를 이용해 효율적으로 많은 수의 파일 디스크립터를 감시하는 방법도 있다. 그러나 epoll은 시그널 기반 I/O보다 다양한 장점을 제공한다.
  - 시그널을 처리라는 복잡한 작업이 필요 없다.
  - 감시하려는 이벤트 종류를 지정할 수 있다(예를 들어, 읽을 수 있게 준비된 상태 또는 쓸 수 있게 준비된 상태).
  - 레벨 트리거 통지와 에지 트리거 통지 중 어떤 방식을 사용할 것인지 선택할 수 있다(26.1.1절에서 설명한다).

  이뿐 아니라 시그널 기반 I/O를 충분히 활용하려면 리눅스 고유 기능을 사용해야 하므로 이식성이 떨어진다. 결국 epoll에 비해 시그널 기반 I/O의 이식성은 현저히 떨어질 수밖에 없다.

select()와 poll()은 이식성이 좋지만 시그널 기반 I/O와 epoll의 성능이 좋으므로 경우에 따라서는 응용 프로그램에서 파일 디스크립터 이벤트를 감시하는 추상 소프트웨어 계층을 만들 필요가 있다. 추상 소프트웨어 계층을 이용하면 epoll(혹은 이와 비슷한 API)을 제공하는 시스템에서는 epoll을 사용하고 그 밖의 시스템에서는 select()나 poll()을 사용하도록 구현할 수 있으므로 응용 프로그램의 이식성이 좋아진다.

 libevent 라이브러리는 파일 디스크립터 이벤트를 추상적 감시 기능을 제공하는 소프트웨어 계층이다. 여러 유닉스 시스템에 libevent가 이식됐다. libevent는 아랫단에서 동작하는 기능이므로 26장에서 설명한 select(), poll(), 시그널 기반 I/O, epoll, 솔라리스 전용 /dev/poll 인터페이스, BSD kqueue 인터페이스 등의 기법을 (투명하게) 적용할 수 있다(libevent는 이와 같은 기법을 어떻게 사용할 수 있는지의 예제 역할도 할 수 있다). 닐스 프로보스(Niels Provos)가 만든 libevent는 http://monkey.org/~provos/libevent/에서 확인할 수 있다.

26.1.1 레벨 트리거 통지와 에지 트리거 통지

여러 대체 I/O 기법을 자세히 살펴보기 전에 파일 디스크립터의 준비를 알려주는 두 가지 모델을 구분해볼 필요가 있다.

- 레벨 트리거 통지level-triggered notification: 블로킹하지 않고 I/O 시스템 호출을 수행할 수 있도록 파일 디스크립터가 준비가 된 경우
- 에지 트리거 통지edge-triggered notification: 최근 감시 이후에 파일 디스크립터에 I/O 활동(예: 새로운 입력)이 발생한 경우

표 26-1은 I/O 멀티플렉싱, 시그널 기반 I/O, epoll 등에서 사용하는 통지 모델을 요약한 것이다. epoll API는 레벨 트리거 통지(기본)와 에지 트리거 통지를 모두 적용할 수 있다는 점에서 다른 두 I/O 모델과 다르다.

표 26-1 레벨 트리거 통지 모델과 에지 트리거 통지 모델의 용도

I/O 모델	레벨 트리거?	에지 트리거?
select(), poll()	●	
시그널 기반 I/O		●
epoll	●	●

두 통지 모델의 차이는 26장을 진행할수록 더 명확해진다. 우선은 두 모델 중 어느 모델을 선택하느냐에 따라 프로그램 설계에 어떤 영향을 미치는지를 살펴보자.

레벨 트리거 통지를 선택하면 언제든 파일 디스크립터가 준비됐는지 확인할 수 있다. 즉 파일 디스크립터가 준비(예를 들어, 이용할 수 있는 입력 데이터가 있는 상황)됐음을 파악했으면 파일 디스크립터에 I/O를 수행한 다음 아직도 파일 디스크립터가 준비 상태인지 확인(예를 들어, 여전히 입력이 있는 경우)하고 결과에 따라 파일 디스크립터에 I/O를 수행하는 동작을 반복할 수 있다. 즉 레벨 트리거 통지 모델에서는 I/O 감시를 언제든 반복할 수 있으므로 파일 디스크립터가 준비됐다는 통지가 발생할 때마다 파일 디스크립터에 최대한도로(예를 들어, 가능한 한 많은 바이트를 읽는다든지) I/O 오퍼레이션을 해야 할 필요가 없다(심지어 I/O 오퍼레이션을 수행하지 않아도 된다).

반면 에지 트리거 통지를 사용하면 I/O 이벤트가 발생할 때만 통지를 받는다. 다른 I/O 이벤트가 발생하기 전까지는 통지가 따로 발생하지 않는다. 더욱이 파일 디스크립터로 I/O 이벤트가 발생하므로 보통 얼마나 많은 I/O를 수행할 수 있는지(예를 들어, 얼마나

많은 바이트를 읽을 수 있는지) 알 수 없다. 따라서 에지 트리거 통지를 사용하려면 보통 다음과 같은 규칙에 따라 프로그램을 설계해야 한다.

- I/O 이벤트 관련 통지를 받은 응용 프로그램은 적절한 때에 해당 파일 디스크립터를 대상으로 가능한 한 많은 I/O 오퍼레이션(가능한 많은 바이트 읽기 등과 같은)을 수행해야 한다. 통지를 받은 다음 다른 I/O 이벤트가 발생할 때까지 파일 디스크립터와 관련한 통지를 받을 수 없으므로 통지를 받고 적절한 때에 I/O를 수행하지 않으면 일부 I/O를 수행할 기회를 완전히 놓칠 수 있다. 이로 인해 데이터 손실이나 프로그램 장애를 초래할 수 있다. '적절한 때'에 I/O 오퍼레이션을 수행해야 한다고 말한 이유는 상황에 따라서 파일 디스크립터가 준비됐다는 통지를 받은 직후에 I/O를 수행하는 것이 바람직하지 않은 상황도 있기 때문이다. 한 파일 디스크립터에 가능한 많은 I/O를 한 번에 처리하다 보면 다른 파일 디스크립터에는 관심을 갖지 못하는 문제가 발생할 수 있다. 26.4.6절에서 에지 트리거 통지 모델을 살펴보면서 이 문제를 자세히 살펴본다.

- 블로킹 방식으로 설정된 한 파일 디스크립터에 루프를 이용해 가능한 많은 I/O 오퍼레이션을 수행하다 보면 더 이상 I/O 작업을 할 수 없는 상황에서 I/O 시스템 호출이 블록된다. 따라서 감시하는 파일 디스크립터는 일반적으로 비블로킹 모드로 설정하며, I/O 이벤트를 받은 응용 프로그램은 관련 시스템 호출(read()나 write() 같은)이 EAGAIN이나 EWOULDBLOCK 등의 에러를 발생시키며 실패할 때까지 I/O 오퍼레이션을 반복한다.

26.1.2 비블로킹 I/O에 대안 I/O 모델 적용하기

26장에서 설명한 I/O 모델을 비블로킹 I/O(O_NONBLOCK 플래그)와 함께 사용하는 경우가 종종 있다. 다음은 이와 같은 조합을 유용하게 쓸 수 있는 예제다.

- 보통 비블로킹 I/O를 에지 트리거 통지 I/O 이벤트를 제공하는 I/O 모델과 함께 사용한다.

- 여러 프로세스(또는 스레드)가 같은 열린 파일 디스크립션에 I/O를 수행하는 상황을 가정하자. 프로세스의 관점에서는 통지를 받았을 때와 실제 I/O를 수행하는 시간 사이에 수시로 파일 디스크립터의 상태가 바뀔 수 있다. 결국 블로킹 I/O 호출이 블록될 수 있고 프로세스는 다른 디스크립터를 감시할 수 없는 상황이 발생할 수 있다(26장에서 살펴보는 모든 I/O 모델에서 레벨 트리거 통지거나 에지 트리거 통지 여부를 사용하는지와 관계없이 발생할 수 있다).

- select()나 poll() 같은 레벨 트리거 API에서 스트림 소켓의 파일 디스크립터에 쓰기를 수행할 준비가 됐다는 통지를 받은 다음 한 번의 write()나 send()에 너무 큰 데이터 블록을 기록하려 시도하면 블록될 수 있다.

- 흔한 경우는 아니지만 select()와 poll() 같은 레벨 트리거 API가 파일 디스크립터 준비 통지 정보가 부정확한 경우도 있다. 이와 같은 상황은 커널 버그 때문에 또는 일반적인 시나리오가 아닌 상황에서 발생할 수 있다.

 [Stevens et al., 2004]의 16.6절에서는 BSD 시스템의 기다리는 소켓에서 부정확한 준비 통지가 발생하는 예를 설명한다. 클라이언트가 서버의 기다리는 소켓으로 연결한 직후 연결을 재설정하는 상황이라 가정하자. 클라이언트 소켓 연결과 재설정 이벤트 사이에 서버가 select()를 수행하면 기다리는 소켓이 준비됐다는 결과가 나온다. 그러나 클라이언트가 재설정을 수행한 후에 accept()를 호출하면 블록된다.

26.2 I/O 멀티플렉싱

I/O 멀티플렉싱을 이용하면 동시에 여러 파일디스크립터 중 I/O 오퍼레이션을 수행할 수 있는 파일 디스크립터가 있는지 감시할 수 있다. 같은 기능을 수행하는 2개의 시스템 호출 중 하나를 이용해 I/O 멀티플렉싱을 수행할 수 있다. 멀티플렉싱을 수행하는 시스템 호출 중 하나로 BSD의 소켓 API에서 제공하기 시작한 select()가 있다. 역사적으로 따져보면 2개의 시스템 호출 중 select()가 좀 더 광범위하게 사용되고 있다. 그 밖의 시스템 호출은 poll()로 시스템 V에서 처음 제공하기 시작했다. 오늘날에 SUSv3는 select()와 poll() 두 가지 모두를 요구한다.

select()와 poll()을 이용해 일반 파일, 터미널, 가상 터미널, 파이프, FIFO, 소켓, 몇몇 문자 관련 디바이스의 파일 디스크립터를 감시할 수 있다. 2개의 시스템 호출 모두 파일 디스크립터가 준비될 때까지 무한정 기다리게 하거나 타임아웃 시간을 지정할 수 있다.

26.2.1 select() 시스템 호출

select() 시스템 호출은 1개 또는 한 집합 이상의 파일 디스크립터가 준비될 때까지 블록한다.

```
#include <sys/time.h>          /* 이식성을 위해 */
#include <sys/select.h>

int select(int nfds, fd_set *readfds, fd_set *writefds,
           fd_set *exceptfds, struct timeval *timeout);
```

준비된 파일 디스크립터 수를 리턴한다.
타임아웃이 발생하면 0을 리턴하고, 에러가 발생하면 −1을 리턴한다.

인자 nfds, readfds, writefds, exeptfds로 select()가 감시할 파일 디스크립터를 지정한다. timeout 인자로 select()가 블록할 수 있는 최대 시간을 설정한다. 각 인자를 아래에서 자세히 살펴보자.

 위에서 소개한 select()의 프로토타입을 보면 〈sys/time.h〉를 include한다는 사실을 알 수 있다. 〈sys/time.h〉를 포함하는 이유는 SUSv2에서 〈sys/time.h〉 헤더를 지정했으며 몇몇 유닉스 구현에서도 〈sys/time.h〉를 요구하기 때문이다(리눅스도 〈sys/time.h〉 헤더를 제공하며, include해도 아무 영향을 미치지 않는다).

파일 디스크립터 집합

인자 readfds, writefds, exceptfds는 fd_set 데이터형을 이용해 파일 디스크립터 집합을 가리킨다. 각 인자는 다음과 같이 사용할 수 있다.

- readfds: 입력이 가능한지를 확인할 파일 디스크립터 집합
- writefds: 출력이 가능한지를 확인할 파일 디스크립터 집합
- exeptfds: 예외 조건exceptional condition이 발생했는지를 확인할 파일 디스크립터 집합

때로는 위에서 언급한 예외 조건을 파일 디스크립터에서 발생한 어떤 종류의 에러 조건으로 잘못 이해하는 경우가 있다. 여기서 말하는 예외 조건은 리눅스(여타 유닉스 구현도 비슷하다)에서 다음과 같은 두 가지 상황에서 발생한다.

- 패킷 모드로 마스터에 연결된 가상 터미널 슬레이브의 상태가 전이됐다(27.5절 참조).
- 대역 외 데이터를 스트림 소켓으로 수신했다(24.13.1절 참조).

일반적으로는 fd_set 데이터형을 비트 마스크로 구현한다. 그러나 4개의 매크로(FD_ZERO(), FD_SET(), FD_CLR(), FD_ISSET())를 이용해 모든 파일 디스크립터 설정을 조절할 수 있으므로 비트 마스크가 어떻게 구성되어 있는지에 관한 세부사항을 알 필요가 없다.

```
#include <sys/select.h>

void FD_ZERO(fd_set *fdset);
void FD_SET(int fd, fd_set *fdset);
void FD_CLR(int fd, fd_set *fdset);

int FD_ISSET(int fd, fd_set *fdset);
                fd가 fdset에 포함되어 있으면 참(1)을 리턴하고, 아니면 거짓(0)을 리턴한다.
```

각 매크로는 다음 동작을 수행한다.

- FD_ZERO()는 fdset이 가리키는 집합을 백지 상태로 초기화한다.
- FD_SET()은 파일디스크립터 fd를 fdset이 가리키는 집합에 추가한다.
- FD_CLR()는 fdset이 가리키는 집합에서 파일 디스크립터 fd를 제거한다.
- FD_ISSET()은 파일 디스크립터 fd가 fdset이 가리키는 집합에 속하는 경우 참을 리턴한다.

파일 디스크립터 집합의 최대 크기는 FD_SETSIZE 상수로 정의된다. 리눅스에서는 FD_SETSIZE 상수의 값이 1024다(여타 유닉스 구현도 비슷한 크기를 갖는다).

 FD_로 시작하는 매크로는 사용자 공간 데이터 구조체에서 동작한다. 그러나 커널의 select() 구현은 더 많은 디스크립터를 처리할 수 있음에도 불구하고 glibc에서는 FD_SETSIZE를 수정할 수 있는 간단한 방법을 제공하지 않는다. 따라서 FD_SETSIZE를 변경하려면 glibc 헤더 파일을 직접 수정해야 한다. 그러나 26장 뒷부분에서 설명하겠지만 많은 수의 파일 디스크립터를 감시해야 하는 상황이라면 대개 select()보다는 epoll을 사용하는 편이 낫다.

readfds, writefds, exceptfds는 모두 값-결과 인자다. select()를 호출하기 전에 이들 인자가 가리키는 fd_set 구조체가 감시하려는 파일 디스크립터 집합을 포함하도록 초기화(FD_ZERO(), FD_SET()을 이용해)해야 한다. select()가 작업을 수행하는 동안 이들 구조체를 변경하고 결국 select()가 리턴할 때는 이들 구조체가 준비 상태의 파일 디스크립터 집합을 포함한다(select() 호출 시 구조체가 변경되므로 루프 안에서 select()를 반복적으로 호출하는 상황이라면 반드시 구조체를 다시 초기화해 사용해야 한다). FD_ISSET()을 이용해 구조체를 검사할 수 있다.

전혀 살펴볼 필요가 없는 이벤트가 있다면 해당 이벤트의 인자 fd_set를 NULL로 설정할 수 있다. 세 가지 이벤트 형식에 대한 정확한 의미는 26.2.3절에서 살펴본다.

nfds 인자는 3개의 파일 디스크립터 집합 가운데 가장 높은 파일 디스크립터 번호보다 1만큼 큰 숫자로 설정해야 한다. 커널은 nfds 인자보다 높은 파일 디스크립터를 포함한 파일 디스크립터 집합을 검사 대상에서 제외하므로 select()를 좀 더 효율적으로 수행할 수 있다.

timeout 인자

timeout 인자는 select()의 블록 동작을 제어한다. NULL로 설정해서 select()가 무한대로 블록하도록 설정하거나 timeval 구조체 포인터로 설정할 수 있다.

```
struct timeval {
    time_t      tv_sec;      /* 초 */
    suseconds_t tv_usec;     /* 마이크로초(long int) */
};
```

timeout의 두 필드를 모두 0으로 설정하면 select()는 블록하지 않고 지정된 파일이 대기 상태인지만 확인한 후 즉시 리턴한다. 필드에 값을 설정하면 select()는 설정된 값만큼 기다린다.

구조체 timeval은 마이크로초 단위로 값을 설정할 수 있게 되어 있지만 실제 호출의 정확도는 소프트웨어 시계(Vol. 1의 10.6절 참조)의 세밀성에 따라 달라진다. SUSv3는 세밀도의 배수와 타임아웃 값이 일치하지 않는 경우 타임아웃 값을 올림으로 처리하도록 명시한다.

 SUSv3는 타임아웃의 허용값을 적어도 31일 이상으로 설정할 수 있도록 요구한다. 대부분의 유닉스 구현에서는 31일보다 더 큰 값을 설정할 수 있다. 리눅스/x86-32는 32비트 정수로 time_t 형을 정의하므로 수년을 타임아웃 값으로 설정할 수 있다.

timeout을 NULL로 설정하거나 0이 아닌 필드값을 포함하는 구조체로 설정하면 select()는 다음 중 하나의 상황이 될 때까지 블록된다.

* readfds, writefds, exceptfds에서 지정한 파일 디스크립터 중 적어도 하나 이상이 준비 상태가 된다.

- 시그널 핸들러에 의해 호출이 인터럽트된다.
- timeout으로 지정한 시간이 흘렀다.

 예전의 유닉스 구현에서는 1초 미만의 sleep 호출(예: nanosleep()) 기능이 없었다. 이 경우엔 sleep 대신 select()를 가지고 nfds는 0, readfds, writefds, exeptfds는 NULL로 설정한 다음 수면 시간을 timeout으로 설정하는 방법을 이용할 수 있다.

리눅스에서 timeout을 NULL 외의 값으로 설정했고 1개 이상의 파일 디스크립터가 준비 상태가 되어 select()가 리턴되면 select()는 호출이 타임아웃되기까지 얼마나 남았는지를 알려주는 구조체(timeout이 가리키는)를 갱신한다. 그러나 이와 같은 동작은 구현마다 다르다는 사실을 명심하자. SUSv3에서는 timeout이 가리키는 구조체 정보가 변하지 않을 수 있으며 대부분의 다른 유닉스 구현은 구조체 정보를 변경하지 않는다. 따라서 이식성이 좋은 응용 프로그램을 만들려면 루프 내에서 select()를 호출하기 전에 항상 timeout이 가리키는 구조체를 초기화해야 하고 select()가 리턴하는 결과값은 무시해야 한다.

SUSv3는 select()가 성공적으로 리턴할 때만 timeout이 가리키는 구조체를 변경할 수 있다고 말한다. 그러나 리눅스에서는 select()가 시그널 핸들러에 의해 인터럽트되면(EINTR 에러 발생) 타임아웃까지 남은 시간으로 timeout이 가리키는 구조체를 설정한다(마치 성공적으로 리턴한 것처럼).

 리눅스 고유 시스템 호출인 personality()를 사용해 STICKY_TIMEOUT 퍼스널리티 비트를 포함하는 퍼스널리티를 설정하면 select()는 timeout이 가리키는 구조체를 변경하지 않는다.

select()의 리턴값

select()는 다음 중 하나의 결과값을 리턴한다.

- 에러가 발생하면 -1을 리턴한다. EBADF와 EINTR 에러가 발생할 수 있다. readfds, writefds, exceptfds가 가리키는 파일 디스크립터 중 하나가 유효하지 않을 때 EBADF가 발생한다. 시그널 핸들러에 의해 호출이 인터럽트되면 EINTR이 발생한다(Vol. 1의 21.5절에서도 설명했듯이 시그널 핸들러에 의해 인터럽트된 select()는 절대 자동으로 재시작되지 않는다).

- 파일 디스크립터가 준비 상태가 되기 전에 타임아웃되면 0을 리턴한다. 이때, 리턴된 파일 디스크립터 집합을 비운다.

- 1개 이상의 파일 디스크립터가 준비되면 양수를 리턴한다. 리턴값은 준비 상태인 디스크립터의 수를 가리킨다. 양수를 리턴할 때는 어떤 I/O 이벤트가 발생했는지 알아내기 위해 리턴된 파일 디스크립터 집합을 조사(FD_ISSET() 활용)해야 한다. readfds, writefds, exceptfds 중 하나 이상이 같은 파일을 지정했고 이 파일이 어떤 이벤트를 처리할 준비 상태인 경우 준비된 디스크립터 수 계산 시에 중복으로 계수된다. 즉 select()는 리턴된 3개의 집합에서 준비 상태로 표시된 총 파일 디스크립터 수를 리턴한다.

예제 프로그램

리스트 26-1의 프로그램은 select()의 사용 예다. 명령행 인자를 사용해 timeout과 감시하려는 파일 디스크립터를 설정할 수 있다. 명령행 첫 번째 인자로 select()의 timeout 시간을 초 단위로 설정할 수 있다. 첫 번째 인자를 하이픈(-)으로 지정하면 select()의 timeout을 NULL, 즉 무한 블록으로 설정할 수 있다. 뒷부분의 명령행 인자는 감시할 인자 수에 감시할 동작의 종류를 가리키는 문자를 연결해 만든다. 동작의 종류 문자로는 r(read 준비), w(write 준비) 등을 사용할 수 있다.

리스트 26-1 select()로 여러 개의 파일 디스크립터 감시하기

```
                                                              altio/t_select.c
#include <sys/time.h>
#include <sys/select.h>
#include "tlpi_hdr.h"

static void
usageError(const char *progName)
{
    fprintf(stderr, "Usage: %s {timeout|-} fd-num[rw]...\n", progName);
    fprintf(stderr, "    - means infinite timeout; \n");
    fprintf(stderr, "    r = monitor for read\n");
    fprintf(stderr, "    w = monitor for write\n\n");
    fprintf(stderr, "    e.g.: %s - 0rw 1w\n", progName);
    exit(EXIT_FAILURE);
}

int
main(int argc, char *argv[])
{
```

```
        fd_set readfds, writefds;
        int ready, nfds, fd, numRead, j;
        struct timeval timeout;
        struct timeval *pto;
        char buf[10];                    /* "rw\0"를 저장할 수 있도록 충분히 크게 */

        if (argc < 2 || strcmp(argv[1], "--help") == 0)
            usageError(argv[0]);

        /* argv[1]에 select()의 타임아웃 값이 들어 있다. */

        if (strcmp(argv[1], "-") == 0) {
            pto = NULL;                   /* 무한 타임아웃 */
        } else {
            pto = &timeout;
            timeout.tv_sec = getLong(argv[1], 0, "timeout");
            timeout.tv_usec = 0;          /* 마이크로초가 아님 */
        }

        /* 나머지 인자를 이용해 파일 디스크립터 집합을 만든다. */

        nfds = 0;
        FD_ZERO(&readfds);
        FD_ZERO(&writefds);

        for (j = 2; j < argc; j++) {
            numRead = sscanf(argv[j], "%d%2[rw]", &fd, buf);
            if (numRead != 2)
                usageError(argv[0]);
            if (fd >= FD_SETSIZE)
                cmdLineErr("file descriptor exceeds limit (%d)\n", FD_SETSIZE);

            if (fd >= nfds)
                nfds = fd + 1;            /* 최대 fd + 1 기록 */
            if (strchr(buf, 'r') != NULL)
                FD_SET(fd, &readfds);
            if (strchr(buf, 'w') != NULL)
                FD_SET(fd, &writefds);
        }

        /* 모든 인자를 만들었으므로 이제 select()를 호출 */

        ready = select(nfds, &readfds, &writefds, NULL, pto);
                                    /* 예외 이벤트는 무시 */

        if (ready == -1)
            errExit("select");
```

```
    /* select()의 결과 표시 */

    printf("ready = %d\n", ready);

    for (fd = 0; fd < nfds; fd++)
        printf("%d: %s%s\n", fd, FD_ISSET(fd, &readfds) ? "r" : "",
                FD_ISSET(fd, &writefds) ? "w" : "");

    if (pto != NULL)
        printf("timeout after select(): %ld.%03ld\n",
                (long) timeout.tv_sec, (long) timeout.tv_usec / 10000);
    exit(EXIT_SUCCESS);
}
```

아래 셸 세션 로그는 리스트 26-1의 프로그램을 사용하는 방법을 보여준다. 첫 번째 예제는 파일 디스크립터 0의 입력 상태를 감시(timeout은 10초로 설정)한다.

```
$ ./t_select 10 0r
엔터 키를 누르면 파일 디스크립터 0번에서 이용할 수 있는 입력 라인 수를 출력한다.
ready = 1
0: r
timeout after select(): 8.003
$                                다음 셸 프롬프트 표시
```

위 출력 결과를 보면 select()가 1개의 파일 디스크립터가 준비됐다는 사실을 확인했음을 알 수 있다. 읽을 준비가 된 파일 디스크립터는 0번이다. 읽을 준비가 된 파일 디스크립터 번호뿐만 아니라 timeout 시간이 바뀐 사실도 확인할 수 있다. 출력의 마지막 라인에는 셸 $ 프롬프트만 나타난다. t_select 프로그램이 파일 디스크립터 0에 준비된 줄바꿈 문자를 읽지 않도록 되어 있어서 셸이 줄바꿈 문자를 읽으면서 다른 프롬프트를 출력했기 때문이다.

다음 예제에서는 다시 파일 디스크립터 0의 읽기 상태를 감시한다. 그러나 이번엔 timeout을 0초로 설정한다.

```
$ ./t_select 0 0r
ready = 0
timeout after select(): 0.000
```

위 결과에서는 select()가 즉시 리턴했으나 준비된 파일 디스크립터를 발견하지 못했음을 알 수 있다.

아래 예제에서는 디스크립터 0은 입력 준비가 됐고, 디스크립터 1은 출력 준비가 됐

는지를 동시에 감시한다. 이번엔 timeout을 NULL(명령행의 첫 번째 인자가 하이픈), 즉 무한으로 설정한다.

```
$ ./t_select - 0r 1w
ready = 1
0:
1: w
```

select()는 즉시 리턴하며 파일 디스크립터 1은 출력할 준비가 됐음을 알려준다.

26.2.2 poll() 시스템 호출

poll() 시스템 호출은 select()와 비슷한 작업을 수행한다. 가장 큰 차이점은 감시할 파일 디스크립터를 지정하는 방법이 다르다는 것이다. select()에서는 감시할 파일 디스크립터를 지정할 수 있는 3개의 집합을 제공했다. poll()에서는 감시할 이벤트를 설정할 수 있도록 파일 디스크립터 목록을 제공한다.

```
#include <poll.h>

int poll(struct pollfd fds[], nfds_t nfds, int timeout);
```
                             준비된 파일 디스크립터 수를 리턴한다.
                 타임아웃이 발생하면 0을 리턴하고, 에러가 발생하면 −1을 리턴한다.

배열 pollfd(fds)와 인자 nfds를 이용해 poll()에서 감시할 파일 디스크립터를 지정할 수 있다. 인자 timeout은 poll()이 블록할 최대 시간을 가리킨다. 각 인자는 아래에서 자세히 살펴본다.

pollfd 배열

fds 인자는 poll()이 감시할 파일 디스크립터 목록이다. 인자 fds는 pollfd 구조체의 배열이며, pollfd 구조체의 정의는 다음과 같다.

```
struct pollfd {
    int   fd;         /* 파일 디스크립터 */
    short events;     /* 요청한 이벤트 비트 마스크 */
    short revents;    /* 리턴된 이벤트 비트 마스크 */
};
```

nfds 인자는 배열 fds의 항목 수를 가리킨다. 인자 nfds의 데이터형 nfds_t는 부호 없는 정수를 의미한다.

구조체 pollfd에서 events와 revents는 비트 마스크다. 함수 호출자는 events를 초기화해서 파일 디스크립터 fd에서 감시할 이벤트를 지정할 수 있다. poll()이 리턴 하면 revents를 통해 감시하던 파일 디스크립터에서 실제 어떤 이벤트가 발생했는지 알 수 있다.

표 26-2는 필드 events와 revents에서 사용하는 비트 목록을 보여준다. 표에서 첫 번째 그룹(POLLIN, POLLRDNORM, POLLRDBAND, POLLPRI, POLLRDHUP)의 비트는 입력과 연관된 이벤트다. 다음 그룹의 비트(POLLOUT, POLLWRNORM, POLLWRBAND)는 출력 이벤트와 연관된 이벤트다. 세 번째 그룹의 비트(POLLERR, POLLHUP, POLLNVAL)는 revents 필드로 리턴되는 파일 디스크립터의 추가 정보다. 세 번째 그룹의 비트 3개를 events에 적용하면 아무 효과가 나타나지 않고 무시된다. 마지막 비트(POLLMSG)는 리눅스의 poll()에서 사용하 지 않는다.

 STREAMS 디바이스를 제공하는 유닉스 구현에서는 POLLMSG가 SIGPOLL 시그널을 포함하 는 메시지가 스트림 헤드에 도달했음을 의미한다. 리눅스는 STREAMS를 구현하지 않으므로 리눅스에서는 POLLMSG를 사용하지 않는다.

표 26-2 pollfd 구조체의 events와 revents 필드의 비트 마스크 값

비트	events의 입력인가?	revents에서 리턴하는가?	설명
POLLIN	●	●	높은 우선순위 데이터 외의 데이터를 읽을 수 있다.
POLLRDNORM	●	●	POLLIN과 같다.
POLLRDBAND	●	●	우선순위 데이터를 읽을 수 있다(리눅스에서는 사용 안 함).
POLLPRI	●	●	높은 우선순위 데이터를 읽을 수 있다.
POLLRDHUP	●	●	상대편 소켓 셧다운
POLLOUT	●	●	일반 데이터를 기록할 수 있다.
POLLWRNORM	●	●	POLLOUT과 같다.
POLLWRBAND	●	●	우선순위 데이터를 기록할 수 있다.
POLLERR		●	에러가 발생했다.
POLLHUP		●	장애(hangup)가 발생했다.
POLLNVAL		●	파일 디스크립터가 열리지 않았다.
POLLMSG			리눅스에서는 사용 안 함(그리고 SUSv3에서는 명시되지 않음)

파일 디스크립터에서 특정 이벤트에 관심이 없으면 events를 0으로 설정할 수 있다. 게다가 revents는 항상 0을 리턴하도록 fd 필드의 값을 음수(예를 들어, 0이 아닌 값을 음수로 만든다)로 설정해 events 필드값을 무시하도록 설정할 수 있다. 이와 같은 기법으로 전체 fds 목록을 다시 빌드할 필요 없이 1개의 파일 디스크립터 감시를 비활성화(대부분 일시적으로 사용한다)할 수 있다.

리눅스의 poll() 구현과 관련해 다음 사항을 참고하자.

- POLLIN과 POLLRDNORM은 각기 다른 비트로 정의되어 있으나 기능은 같다.
- POLLOUT과 POLLWRNORM은 각기 다른 비트로 정의되어 있으나 기능은 같다.
- 보통 POLLRDBAND는 사용하지 않는다. 즉 events 필드에서 POLLRDBAND를 무시하며 revents에서도 해당 비트가 설정되지 않는다.

 DECnet 네트워킹 프로토콜(더 이상 사용하지 않는)을 구현한 코드에서만 POLLRDBAND를 설정한다.

- 어떤 상황에서는 POLLWRBAND를 소켓에 설정해도 아무 소용이 없다(POLLOUT과 POLLWRNORM 둘 다를 설정하는 것은 POLLWRBAND를 설정하는 것과 같다).

 POLLRDBAND와 POLLWRBAND는 시스템 V STREAMS(리눅스에서는 지원하지 않는)를 제공하는 구현에서만 의미가 있다. STREAMS에서는 메시지에 0 외의 우선순위를 할당한 뒤 우선순위가 높은 메시지부터 순서대로 큐에 삽입하며, 우선순위가 할당된 메시지는 일반(우선순위가 0) 메시지보다 먼저 전송된다.

- <poll.h>에서 POLLRDNORM, POLLRDBAND, POLLWRNORM, POLLWRBAND의 정의를 가져오려면 기능 테스트 매크로 _XOPEN_SOURCE를 정의해야 한다.
- POLLRDHUP은 리눅스 고유 플래그로 커널 2.6.17부터 사용할 수 있다. <poll.h>에서 POLLRDHUP의 정의를 가져오려면 기능 테스트 매크로 _GNU_SOURCE를 정의해야 한다.
- poll()을 호출했을 때 지정한 파일 디스크립터가 닫혀 있다면 POLLNVAL을 리턴한다.

위 사항을 요약하면 poll() 플래그 중에 POLLIN, POLLOUT, POLLPRI, POLLRDHUP, POLLHUP, POLLERR 등이 실제로 관심을 가져야 할 플래그다. 각 플래그의 의미는 26.2.3절에서 더욱 자세히 살펴본다.

timeout 인자

timeout 인자는 poll()의 블록 동작을 다음과 같이 결정한다.

- timeout이 -1이면 배열 fds에 포함된 파일 디스크립터 중 하나가 준비 상태가 되거나(해당 events 필드에서 정의한 대로) 시그널을 수신할 때까지 블록한다.
- timeout이 0이면 블록하지 않고 파일 디스크립터가 준비 상태인지만을 확인한다.
- timeout이 0보다 크면 fds의 파일 디스크립터 중 하나가 준비되거나 시그널을 수신할 때까지 설정된 밀리초 값만큼 블록한다.

select()와 마찬가지로 timeout의 정확도는 소프트웨어 시계(Vol. 1의 10.6절)의 정밀도에 영향을 받으며, SUSv3에서는 timeout 값이 시계 정밀도의 배수와 일치하지 않으면 항상 값을 올림 처리하도록 지정한다.

poll()의 리턴값

poll()은 다음 중 하나를 리턴한다.

- 에러가 발생하면 -1을 리턴한다. 시그널 핸들러에 의해 인터럽트되면 EINTR 에러가 발생한다(Vol. 1의 21.5절에서 살펴본 것처럼 시그널 핸들러에 의해 인터럽트되면 poll()은 절대 자동으로 재시작하지 않는다).
- 파일 디스크립터가 준비 상태가 되기 전에 지정한 타이머가 만료되면 0을 리턴한다.
- 1개 이상의 파일 디스크립터가 준비 상태면 양수를 리턴한다. 리턴된 값은 fds 배열에서 0이 아닌 revents 필드값을 갖는 pollfd 구조체의 개수를 가리킨다.

 select()와 poll()에서 리턴하는 양수값의 의미가 약간 다르다는 사실을 유의하자. select() 시스템 호출은 리턴된 파일 디스크립터 집합에서 중복적으로 파일 디스크립터를 센다. 그러나 시스템 호출 poll()은 해당 revents 필드에서 여러 비트가 설정되어 있더라도 준비된 파일 디스크립터를 중복해서 세지 않는다.

예제 프로그램

리스트 26-2는 poll()의 간단한 사용 예다. 리스트 26-2 프로그램은 여러 파이프를 만들고 그중 임의로 파이프를 선택해 바이트를 기록한 다음 poll()을 수행해서 읽을 수 있는 데이터를 가진 파이프를 찾는다.

아래 셸 세션은 이 프로그램을 실행한 결과를 보여준다. 셸 명령에서 볼 수 있듯이 10개의 파이프를 만들어야 하고, 임의로 3개의 파이프를 골라 데이터를 기록해야 한다는 사실을 명령행 인자로 전달한다.

```
$ ./poll_pipes 10 3
Writing to fd:   4 (read fd:  3)
Writing to fd:  14 (read fd: 13)
Writing to fd:  14 (read fd: 13)
poll() returned: 2
Readable:  3
Readable: 13
```

출력 결과를 보면, poll()이 읽을 수 있는 데이터를 가진 파이프가 2개라고 알려줌을 확인할 수 있다.

리스트 26-2 poll()로 여러 파일 디스크립터 감시하기

```
                                                       altio/poll_pipes.c
#include <time.h>
#include <poll.h>
#include "tlpi_hdr.h"

int
main(int argc, char *argv[])
{
    int numPipes, j, ready, randPipe, numWrites;
    int (*pfds)[2];                    /* 파이프 개수만큼의 파일 디스크립터 */
    struct pollfd *pollFd;

    if (argc < 2 || strcmp(argv[1], "--help") == 0)
        usageErr("%s num-pipes [num-writes]\n", argv[0]);

    /* 사용할 배열 할당. 배열의 크기는 명령행으로 지정한 파이프 수에 의해 결정된다. */

    numPipes = getInt(argv[1], GN_GT_0, "num-pipes");

    pfds = calloc(numPipes, sizeof(int [2]));
    if (pfds == NULL)
        errExit("malloc");
    pollFd = calloc(numPipes, sizeof(struct pollfd));
    if (pollFd == NULL)
        errExit("malloc");

    /* 명령행에서 지정한 수만큼 파이프를 만든다. */

    for (j = 0; j < numPipes; j++)
```

```
            if (pipe(pfds[j]) == -1)
                errExit("pipe %d", j);

        /* 임의의 파이프에 지정된 수만큼 데이터를 기록한다. */

        numWrites = (argc > 2) ? getInt(argv[2], GN_GT_0, "num-writes") : 1;
        srandom((int) time(NULL));
        for (j = 0; j < numWrites; j++) {
            randPipe = random() % numPipes;
            printf("Writing to fd: %3d (read fd: %3d)\n",
                    pfds[randPipe][1], pfds[randPipe][0]);
            if (write(pfds[randPipe][1], "a", 1) == -1)
                errExit("write %d", pfds[randPipe][1]);
        }

        /* poll()에 제공할 파일 디스크립터 목록을 만든다. 이 목록에는 파이프의 데이터를 읽는 데
           필요한 파일 디스크립터 집합이 포함된다. */

        for (j = 0; j < numPipes; j++) {
            pollFd[j].fd = pfds[j][0];
            pollFd[j].events = POLLIN;
        }

        ready = poll(pollFd, numPipes, -1);        /* 비블로킹 */
        if (ready == -1)
            errExit("poll");

        printf("poll() returned: %d\n", ready);

        /* 읽을 수 있는 데이터를 가진 파이프인지 확인한다. */

        for (j = 0; j < numPipes; j++)
            if (pollFd[j].revents & POLLIN)
                printf("Readable: %d %3d\n", j, pollFd[j].fd);

        exit(EXIT_SUCCESS);
    }
```

26.2.3 파일 디스크립터는 언제 준비 상태가 되는가?

select()와 poll()을 올바로 사용하려면 파일 디스크립터가 준비 상태가 되는 조건을 이해해야 한다. SUSv3는 실제 데이터 전송과는 관계없이 I/O 함수 호출이 블록하지 않으면(O_NONBLOCK을 설정하지 않은 상태에서) 파일 디스크립터가 준비된 상태로 볼 수 있다고 기술한다. '실제 데이터 전송과는 관계없이'라는 말이 핵심이다. select()와 poll()은

데이터 전송 성공 여부가 아닌 I/O 오퍼레이션이 블록되지 않을 것임을 알려주는 것이다. 따라서 다양한 종류의 파일 디스크립터에서 이들 시스템 호출을 어떻게 활용할 수 있는지 살펴보자. 곧 다음과 같은 2개의 열을 포함하는 표를 보여줄 것이다.

- select() 열은 파일 디스크립터의 읽기 가능(r), 쓰기 가능(w), 예외 조건(x) 상태 중 어떤 상태인지를 가리킨다.
- poll() 열은 revents 필드로 리턴된 비트를 가리킨다. 이 표에서는 POLLRDNORM, POLLWRNORM, POLLRDBAND, POLLWRBAND는 생략한다. 물론 상황에 따라 생략한 플래그 중 일부가 리턴될 수 있다(events에 플래그를 설정했다면). 그러나 생략한 플래그가 리턴된다 하더라도 POLLIN, POLLOUT, POLLHUP, POLLERR에서 제공하는 정보 외의 추가 정보를 제공하진 않는다는 사실을 기억하자.

일반 파일

일반 파일을 참조하는 파일 디스크립터는 select()의 경우 항상 읽기와 쓰기가 가능한 상태로 간주되며, poll()의 경우 revents에 POLLIN과 POLLOUT이 설정되어 리턴된다. 이와 같이 동작하는 이유는 다음과 같다.

- read()를 호출하면 데이터, EOF, 에러(예를 들어, 파일을 읽을 수 있도록 연 상태가 아님) 중 하나를 즉시 리턴한다.
- write()를 호출하면 즉시 데이터를 전송하거나 에러가 발생한다.

 SUSv3는 select()가 일반 파일의 파일 디스크립터에 예외 조건을 포함하는 것으로 표시(비록 일반 파일을 이렇게 처리하는 것에 명확한 목적은 없지만)하도록 규정한다. 일부 구현에서만 이를 따르고 있으며, 리눅스는 이 규정을 준수하지 않는다.

터미널과 가상 터미널

표 26-3은 select()와 poll()이 터미널과 가상 터미널(27장)에서 동작하는 방법을 정리한 것이다.

가상 터미널 쌍에서 한쪽이 종료된 상황에서는 남은 연결에 수행한 poll()의 리턴 revents 설정이 구현마다 다르다. 리눅스에서는 적어도 POLLHUP 플래그를 설정한다. 그러나 그 밖의 구현에서는 POLLHUP, POLLERR, POLLIN 같은 다양한 플래그를 리턴하는 방식으로 이와 같은 이벤트를 알린다. 더욱이 일부 구현에서는 감시하는 기기가 마스터인지 슬레이브인지에 따라 플래그를 다르게 설정하기도 한다.

표 26-3 터미널, 가상 터미널에서 select()와 poll()의 동작

조건이나 이벤트	select()	poll()
입력 가능	r	POLLIN
출력 가능	w	POLLOUT
상대편 가상 터미널에서 close() 수행 후	rw	본문 확인
패킷 모드의 가상 터미널 마스터가 슬레이브 상태 변경을 감지	x	POLLPRI

파이프와 FIFO

표 26-4는 파이프나 FIFO의 읽는 부분에 대한 세부사항을 요약했다. '파이프에 데이터?' 열은 파이프에 적어도 1바이트 이상의 데이터를 읽을 수 있는 상태인지를 가리킨다. 표 26-4는 poll()의 events 필드에 POLLIN을 설정했다고 가정한 상황이다.

몇몇 유닉스 구현에서는 파이프의 쓰기 부분이 종료된 경우 POLLHUP을 설정하는 것이 아니라 POLLIN 비트를 설정해서 리턴한다(read()를 시도하면 EOF로 즉시 리턴하므로). 따라서 이식성을 중요시하는 응용 프로그램에서는 설정된 비트의 값을 확인해서 read()가 블록할 것인지 검사해야 한다.

표 26-5는 파이프 기록 부분의 세부사항을 요약한 것이다. 표 26-5에서는 poll()의 events 필드에 POLLOUT을 설정했다고 가정한다. 'PIPE_BUF바이트 저장 공간?' 열은 파이프가 블록되지 않고 PIPE_BUF바이트를 아토믹하게 기록할 충분한 공간이 있는지를 가리킨다. 리눅스에서는 이를 기준으로 파이프에 기록할 준비가 됐는지를 판단한다. 몇몇 유닉스 구현도 동일한 기준을 사용한다. 그러나 어떤 구현에서는 한 바이트를 기록할 수 있는 경우에도 파이프에 기록할 준비가 됐다고 간주하기도 한다(리눅스 2.6.10을 포함한 그 이전 버전에서는 파이프의 용량이 PIPE_BUF와 같았다. 즉 한 바이트의 데이터뿐인 상황에서도 파이프를 기록 불가 상태로 간주한다).

몇몇 유닉스 구현에서는 파이프의 읽기 부분이 종료되면 POLLERR을 설정하지 않고 POLLOUT 비트나 POLLHUP 비트를 설정해서 리턴한다. 응용 프로그램의 이식성을 높이려면 어떤 비트가 설정됐는지 확인해서 write()가 블록할 것인지 확인해야 한다.

표 26-4 파이프나 FIFO의 읽기 부분에서 select()와 poll()의 동작

조건이나 이벤트		select()	poll()
파이프에 데이터?	기록 부분이 열렸는가?		
아니오	아니오	r	POLLHUP
예	예	r	POLLIN
예	아니오	r	POLLIN | POLLHUP

표 26-5 파이프나 FIFO의 쓰기 부분에서 select()와 poll()의 동작

조건이나 이벤트		select()	poll()
PIPE_BUF바이트 저장 공간	읽기 부분이 열렸는가?		
아니오	아니오	w	POLLERR
예	예	w	POLLOUT
예	아니오	w	POLLOUT | POLLERR

소켓

표 26-6은 소켓의 select()와 poll()의 동작을 요약한 것이다. 'poll()' 열은 events를 (POLLIN | POLLOUT | POLLPRI)로 설정했다고 가정한 것이다. 'select()' 열은 파일 디스크립터에 입력이 가능한지, 출력이 가능한지, 예외 조건이 발생했는지(예를 들어, 모든 세 집합에 설정한 파일 디스크립터를 select()에 전달했다)를 검사하고 있다고 가정한다. 이 표는 단지 몇몇 일반적인 상황만을 설명하는 것으로 발생할 수 있는 모든 시나리오를 다루지는 않는다는 점을 참고하자.

 리눅스의 유닉스 도메인 소켓에서는 상대편이 close()를 수행한 다음의 poll() 동작이 표 26-6에서 설명하는 것과 다르다. 리눅스에서는 poll()이 revents에 설정된 다른 플래그 외에도 POLLHUP을 추가로 설정해 리턴한다.

표 26-6 소켓에서 select()와 poll()의 동작

조건이나 이벤트	select()	poll()
입력 가능	r	POLLIN
출력 가능	w	POLLOUT
기다리는 소켓에 들어오는 연결이 수립됐다.	r	POLLIN
대역 외 데이터 수신(TCP 전용)	x	POLLPRI
상대편 스트림 소켓이 종료됐거나 shutdown(SHUT_WR)을 실행	rw	POLLIN | POLLOUT | POLLRDHUP

리눅스 고유 POLLRDHUP 플래그(리눅스 2.6.17부터 사용할 수 있는)에 대해서는 추가적인 설명이 필요하다. POLLRDHUP 플래그는 실제로는 epoll API(26.4절)의 에지 트리거 모드에서 주로 사용하도록 설계된 EPOLLRDHUP의 일종이다. 스트림 소켓에 연결된 상대편에서 연결의 절반인 기록 채널을 닫았을 때 POLLRDHUP 플래그가 리턴된다. epoll 경계 발생 인터페이스를 이용하는 응용 프로그램은 POLLRDHUP 플래그 덕분에 원격 셧다운을 검출하는 기능을 간단하게 만들 수 있다(대안으로 응용 프로그램이 POLLIN 플래그가 설정된 사실을 인지한 후 read()를 수행해봐서 0이 리턴되면 원격 셧다운이 발생했음을 파악하는 방법이 있다).

26.2.4 select()와 poll()의 비교

이 절에서는 select()와 poll()의 비슷한 점과 차이점을 살펴본다.

구현 세부사항

리눅스 커널에서는 select()와 poll() 모두 같은 집합의 커널 내부의 poll 루틴을 적용한다. 여기서 말하는 poll 루틴은 시스템 호출 poll()과는 다르다. 각 루틴은 1개의 파일 디스크립터의 준비 여부 정보를 포함해 리턴한다. 준비 정보는 비트 마스크 형태로 되어 있으며, 각 비트의 값은 시스템 호출 poll()의 revents 필드에 리턴되는 비트와 같다(표 26-2). 결국 각 파일 디스크립터를 이용해 커널 poll 루틴을 호출하고 리턴된 결과를 해당 revents 필드에 설정하는 방법으로 시스템 호출 poll()을 구현할 수 있다.

select()를 구현하려면 커널 poll 루틴에서 리턴한 정보를 select()에서 리턴하는 이벤트 형식으로 바꿔줄 매크로 집합이 필요하다.

```
#define POLLIN_SET (POLLRDNORM | POLLRDBAND | POLLIN | POLLHUP | POLLERR)
                                /* 읽기 준비 */
#define POLLOUT_SET (POLLWRBAND | POLLWRNORM | POLLOUT | POLLERR)
                                /* 기록 준비 */
#define POLLEX_SET (POLLPRI)        /* 예외 조건 */
```

위 매크로 정의를 통해 select()와 poll() 사이의 의미상 연관성이 존재함을 확인할 수 있다(26.2.3절에서 설명한 표의 select()와 poll() 열을 살펴보면 각 시스템 호출의 동작이 위 매크로와 일치함을 알 수 있다). 호출할 당시 감시하는 파일 디스크립터 중 1개가 닫혀 있다면 poll()은 revents 필드에 POLLNVAL을 리턴하고 select()는 errno를 EBADF로 설정하면서 -1을 리턴한다는 점이 다르다.

API의 차이점

select()와 poll() API의 차이점은 다음과 같다.

- fd_set 데이터형을 사용하면 select()가 감시할 파일 디스크립터 범위의 상한(FD_SETSIZE)에 제한이 생긴다. 리눅스에서는 기본적으로 최대 한도값이 1024이며, 이 값을 변경하려면 응용 프로그램을 다시 컴파일해야 한다. 이와는 대조적으로 poll()에는 감시하는 파일 디스크립터의 한계라는 것이 존재하지 않는다.

- select()의 fd_set은 값-결과 인자이므로 루프 내부에서 select()를 반복적으로 호출하려면 fd_set을 매번 다시 초기화해야 한다. 그러나 poll()은 events(입력)와 revents(출력)를 별도로 사용하므로 select()처럼 fd_set을 초기화할 필요가 없다.

- select()(마이크로초)는 poll()(밀리초)보다 더 정밀한 timeout 값을 지원한다(다만 select()와 poll()의 실제 타임아웃 정밀도는 소프트웨어 시계의 정밀도에 의해 결정된다).

- 감시하는 파일 디스크립터 중 하나의 파일 디스크립터가 닫히면 poll()은 revents 필드에 POLLNVAL 비트를 설정해서 어떤 파일 디스크립터가 닫혔는지를 알려준다. 반면, select()는 단순하게 errno를 EBADF로 설정하고 -1 값만 리턴한다. 따라서 select()에서 어떤 파일 디스크립터가 닫혔는지 확인하려면 파일 디스크립터에 I/O 시스템 호출을 실행해서 에러가 발생하는지 살펴보는 수밖에 없다. 하지만 일반적으로 응용 프로그램 자체에서 어떤 파일 디스크립터가 닫혔는지를 추적하고 있으므로 이와 같은 기능 차이가 중요한 것은 아니다.

이식성

역사적으로 볼 때, poll()보다는 select()가 좀 더 광범위하게 사용돼왔다. 오늘날에는 두 인터페이스 모두 SUSv3의 표준이며, 많은 구현에서 광범위하게 제공한다. 그러나 26.2.3절에서 살펴본 것처럼 poll()의 동작은 구현마다 약간씩 다르다.

성능

다음 조건을 만족하는 상황에서는 poll()과 select()가 비슷한 성능을 보인다.

- 감시하는 파일 디스크립터의 범위가 작다(예를 들어, 최대 파일 디스크립터 번호가 낮은 숫자).
- 많은 수의 파일 디스크립터를 감시. 그러나 이들 파일 디스크립터가 밀집한 상황 (예를 들어, 감시하는 대부분 혹은 모든 파일 디스크립터가 0부터 특정 숫자 이내에 모여 있는 경우)

그러나 감시하는 파일 디스크립터가 흩어져 있는 상황(예를 들어, 최대 파일 디스크립터 번호를 N이라 하면 0과 N 사이에 단지 몇 개의 파일 디스크립터만 감시하는 경우)이라면 select()와 poll()의 성능 차이가 두드러진다. 이와 같은 상황에서는 poll()의 성능이 select()보다 좋다. 시스템 호출 poll()과 select()에 전달하는 인자를 살펴보면 이와 같은 성능 차이를 이해할 수 있다. select()에서는 1개 이상의 파일 디스크립터 집합과 정수 nfds(각 집합에서 검사할 최대 파일 디스크립터 숫자보다 1 큰 값)를 인자로 넘겨준다. 0부터 (nfds - 1)까지의 값을 감시하든 오직 (nfds - 1) 파일 디스크립터를 감시하든 관계없이 인자 nfds 값은 같다. 두 가지 상황에서 커널에서 감시할 파일 디스크립터를 확인하려면 nfds 값을 이용해야 한다. 반면 poll()의 경우에는 살펴볼 파일 디스크립터를 지정하도록 되어 있으므로 커널은 지정된 파일 디스크립터만 검사한다.

 리눅스 2.4에서는 흩어진 파일 디스크립터 집합에서 나타나는 poll()과 select() 간의 성능 차이가 상당히 컸다. 리눅스 2.6에서는 최적화를 통해 이러한 성능상의 차이를 상당히 줄인 상태다.

26.4.5절에서는 epoll을 select()와 poll()의 성능과 비교해볼 것이다. 이때 select()와 poll()의 성능도 좀 더 자세히 살펴본다.

26.2.5 select()와 poll()의 문제

select()와 poll()은 이식성을 갖춘 시스템 호출로 오랫동안 여러 파일 디스크립터가
준비됐는지 감시하는 용도로 널리 사용돼왔다. 그러나 이 API로 많은 수의 파일 디스크
립터를 감시할 때는 몇 가지 문제가 발생한다.

- select()나 poll()을 호출하면 커널은 모든 지정된 파일 디스크립터를 검사해
  준비 상태인지 확인해야 한다. 일정 범위 내에 밀집한 많은 수의 파일 디스크립터
  를 감시할 때는 아래 나오는 두 동작에 비해 빨리 처리된다.

- select()나 poll()을 호출할 때 프로그램은 감시할 파일 디스크립터를 가리키
  는 데이터 구조체를 커널에 전달해야 하고, 그러면 커널은 지정된 디스크립터를
  검사한 후 수정된 데이터 구조체를 프로그램에 리턴한다(select()를 호출할 때는 항
  상 데이터 구조체를 초기화해야 한다). poll()에서는 감시할 파일 디스크립터의 수가 늘
  어날수록 데이터 구조체의 크기도 증가하므로 많은 파일 디스크립터를 감시할 때
  에 사용자 공간의 데이터를 커널 영역으로 복사하거나 커널 영역의 데이터를 사
  용자 공간으로 복사하는 과정에서 상당한 CPU 시간을 소모하게 된다. select()
  에서는 감시하는 파일 디스크립터 수와 관계없이 데이터 구조체의 크기가 FD_
  SETSIZE로 고정된다.

- 프로그램에서 select()나 poll()을 호출한 다음에는 리턴된 데이터 구조체의
  모든 요소를 검사해서 준비 상태인 파일 디스크립터가 있는지 확인해야 한다.

위에서 살펴본 사항을 토대로 요약하면, 결국 select()와 poll()에서 많은 수의 파일
디스크립터를 감시할수록(자세한 사항은 26.4.5절 참조) CPU 소비 시간도 증가한다는 것이다.
이와 같은 특징으로 인해 많은 수의 파일 디스크립터를 감시하는 프로그램에서 문제가
발생할 수 있다.

select()와 poll()의 스케일링 성능이 좋지 않은 이유는 이들 API의 단순한 한계
때문이다. 일반적으로 프로그램은 같은 파일 디스크립터 집합을 반복적으로 감시한다.
그러나 API를 몇 번을 호출해도 커널은 이전 호출에서 사용한 파일 디스크립터 목록을
기억하지 못한다.

곧 살펴볼 시그널 기반 I/O와 epoll에서는 프로세스가 관심을 가진 파일 디스크립
터 목록을 커널이 기억하게 만든다. 커널이 파일 디스크립터 목록을 기억할 수 있으므
로 select()와 poll()에서 나타나는 성능 스케일링 문제를 해결한다. 시그널 기반 I/O
와 epoll은 감시하는 파일 디스크립터 수가 아니라 발생하는 I/O 이벤트 수에 따라 확장

한다. 결론적으로 많은 수의 파일 디스크립터를 감시할 때는 시그널 기반 I/O와 epoll의
성능이 월등히 좋다.

26.3 시그널 기반 I/O

I/O 멀티플렉싱에서 프로세스는 파일 디스크립터의 I/O가 가능한지를 확인하기 위해 시
스템 호출(select()나 poll())을 사용한다. 시그널 기반 I/O에서 프로세스는 파일 디스크
립터의 I/O가 가능한 상태가 되면 커널이 시그널을 보내도록 요청한다. 따라서 파일 디
스크립터의 I/O가 가능한 상태가 되면서 프로세스에 시그널이 전달되기 전까지 프로세
스는 다른 업무를 처리할 수 있다. 프로그램은 다음과 같은 방법으로 시그널 기반 I/O를
이용할 수 있다.

1. 시그널 기반 I/O에 의해 전달된 시그널을 처리할 핸들러를 설정한다. 기본적으로 통
   지 시그널은 SIGIO다.

2. 파일 디스크립터에 I/O를 수행할 수 있는 상태가 됐을 때 시그널을 수신할 파일 디스
   크립터의 소유자(프로세스나 프로세스 그룹)를 설정한다. 일반적으로 호출한 프로세스가 소
   유자가 된다. 아래와 같이 fcntl()의 F_SETOWN 오퍼레이션을 이용해 소유자를 설정
   할 수 있다.

   ```
   fcntl(fd, F_SETOWN, pid);
   ```

3. O_NONBLOCK 열린 파일 상태 플래그를 설정해서 비블로킹 I/O를 활성화한다.

4. O_ASYNC 열린 파일 상태 플래그를 켜서 시그널 기반 I/O를 활성화한다. 3, 4번 과정
   은 아래 예제에서 볼 수 있듯이 fcntl()의 F_SETFL 오퍼레이션(Vol. 1의 5.3절)을 이용
   하므로 3, 4번 과정을 함께 설정할 수 있다.

   ```
   flags = fcntl(fd, F_GETFL);                    /* 현재 플래그 얻기 */
   fcntl(fd, F_SETFL, flags | O_ASYNC | O_NONBLOCK);
   ```

5. API를 호출한 프로세스는 이제 다른 작업을 수행할 수 있다. I/O가 가능한 상태가
   되면 커널이 프로세스에게 시그널을 보내 1단계에서 설정한 시그널 핸들러를 실행
   시킨다.

6. 시그널 기반 I/O는 에지 트리거 통지(26.1.1절)를 제공한다. 즉 I/O를 수행할 수 있다
   는 통지를 받은 프로세스는 가능한 한 많은 I/O를 수행(예를 들어, 많은 바이트 읽기)해야

한다. 예를 들어, 비블로킹 파일 디스크립터에서 에지 트리거 통지가 발생한 경우에는 EAGAIN이나 EWOULDBLOCK 에러가 발생해서 I/O 시스템 호출이 실패할 때까지 루프를 실행해야 한다.

리눅스 2.4와 이전 버전에는 파일 디스크립터, 소켓, 터미널, 가상 터미널, 기타 종류의 디바이스에 시그널 기반 I/O를 적용할 수 있다. 리눅스 2.6에서는 추가적으로 파이프와 FIFO에도 시그널 기반 I/O를 적용할 수 있다. 리눅스 2.6.25 버전 이후로는 inotify 파일 디스크립터에도 시그널 기반 I/O를 사용할 수 있다.

우선 시그널 기반 I/O 사용 예제를 살펴본 다음 위에서 설명한 각 과정을 자세히 설명할 것이다.

 관련 열린 파일 상태 플래그의 이름(O_ASYNC)에서도 알 수 있듯이 과거에는 시그널 기반 I/O를 비동기 I/O라고도 불렀다. 그러나 오늘날 비동기 I/O라는 용어는 POSIX AIO 규격에서 제공하는 함수의 종류를 가리키는 데 사용된다. 프로세스는 커널에게 I/O 오퍼레이션을 요청하면 커널은 오퍼레이션 수행을 시작하면서 즉시 제어를 호출한 프로세스에 넘겨준다. 그리고 프로세스는 나중에 I/O 오퍼레이션이 끝나거나 에러가 발생했을 때 이에 대한 통지를 받는 것이 POSIX AIO의 동작 방식이다.

POSIX.1g에서 O_ASYNC를 지원한 적이 있다. 그러나 SUSv3에서는 O_ASYNC 플래그에 대한 동작 요구 규격이 불충분하다는 이유로 누락됐다.

몇몇 유닉스 구현(특히 오래된)에서는 fcntl()에서 O_ASYNC 플래그 정의를 지원하지 않는다. 대신 FASYNC라는 이름의 상수를 지원하며 glibc도 O_ASYNC 대신 FASYNC라는 이름을 정의한다.

예제 프로그램

리스트 26-3은 간단한 시그널 기반 I/O의 예제다. 이 프로그램은 위에서 설명한 과정대로 표준 입력의 시그널 기반 I/O를 활성화한 다음 터미널을 cbreak 모드로 설정해서 (25.3.3절) 한 번에 한 글자만 입력할 수 있게 한다. 그리고 프로그램은 무한 루프로 들어가 입력이 발생할 때까지 cnt라는 변수의 값을 증가시키는 '작업'을 수행한다. 입력이 발생하면 SIGIO 핸들러는 메인 프로그램에서 감시하는 gotSigio라는 플래그를 설정한다. gotSigio라는 플래그가 설정됐음을 확인한 프로그램은 모든 입력 문자를 읽어서 현재 cnt 값과 함께 출력한다. 해시 문자(#)가 입력되면 프로그램은 종료한다.

다음은 프로그램을 실행시켜서 x라는 문자를 여러 번 입력하고 해시 문자(#)를 입력한 결과다.

```
$ ./demo_sigio
cnt=37; read x
cnt=100; read x
cnt=159; read x
cnt=223; read x
cnt=288; read x
cnt=333; read #
```

리스트 26-3 터미널에서 시그널 기반 I/O 사용

```
                                                        altio/demo_sigio.c
#include <signal.h>
#include <ctype.h>
#include <fcntl.h>
#include <termios.h>
#include "tty_functions.h"   /* ttySetCbreak()의 정의 */
#include "tlpi_hdr.h"

static volatile sig_atomic_t gotSigio = 0;
                            /* SISGIO를 수신하면 0이 아닌 값으로 설정 */

static void
sigioHandler(int sig)
{
    gotSigio = 1;
}

int
main(int argc, char *argv[])
{
    int flags, j, cnt;
    struct termios origTermios;
    char ch;
    struct sigaction sa;
    Boolean done;

    /* 'I/O 가능' 시그널의 핸들러 설정 */

    sigemptyset(&sa.sa_mask);
    sa.sa_flags = SA_RESTART;
    sa.sa_handler = sigioHandler;
    if (sigaction(SIGIO, &sa, NULL) == -1)
        errExit("sigaction");

    /* 'I/O 가능' 시그널을 수신한 소유자 프로세스 설정 */

    if (fcntl(STDIN_FILENO, F_SETOWN, getpid()) == -1)
        errExit("fcntl(F_SETOWN)");
```

```
        /* 파일 디스크립터의 'I/O 가능' 시그널을 활성화와 비블로킹 I/O 설정 */

    flags = fcntl(STDIN_FILENO, F_GETFL);
    if (fcntl(STDIN_FILENO, F_SETFL, flags | O_ASYNC | O_NONBLOCK) == -1)
        errExit("fcntl(F_SETFL)");

        /* 터미널을 cbreak 모드로 설정 */

    if (ttySetCbreak(STDIN_FILENO, &origTermios) == -1)
        errExit("ttySetCbreak");

    for (done = FALSE, cnt = 0; !done ; cnt++) {
        for (j = 0; j < 100000000; j++)
            continue;                    /* 메인 루프의 속도를 약간 늦추기 */

        if (gotSigio) {                  /* 입력이 들어왔는가? */

            /* 에러 (아마도 EAGAIN) 가 발생하거나, EOF이거나, 해시 문자 (#) 를 읽을 때까지
               모든 입력을 읽는다. */

            while (read(STDIN_FILENO, &ch, 1) > 0 && !done) {
                printf("cnt=%d; read %c\n", cnt, ch);
                done = ch == '#';
            }

            gotSigio = 0;
        }
    }

    /* 원래 터미널 설정 복원 */

    if (tcsetattr(STDIN_FILENO, TCSAFLUSH, &origTermios) == -1)
        errExit("tcsetattr");
    exit(EXIT_SUCCESS);
}
```

시그널 기반 I/O를 활성화하기 전에 시그널 핸들러 설정하기

기본적으로 SIGIO는 프로세스를 종료시키도록 설정되어 있으므로 파일 디스크립터의 시그널 기반 I/O를 활성화하기 전에 SIGIO 핸들러를 설정해야 한다. SIGIO 핸들러를 설정하기 전에 시그널 기반 I/O를 활성화한 경우 I/O가 가능한 상태가 되고 SIGIO가 전달되면서 프로세스가 종료될 수 있다. 어떤 유닉스 구현에서는 기본적으로 SIGIO를 무시하기도 한다.

파일 디스크립터 소유자 설정

다음과 같은 방법으로 fcntl() 오퍼레이션을 이용해 파일 디스크립터 소유자를 설정할 수 있다.

```
fcntl(fd, F_SETOWN, pid);
```

파일 디스크립터의 I/O가 준비됐다는 시그널을 하나의 프로세스 또는 프로세스 그룹의 모든 프로세스가 받도록 설정할 수 있다. pid가 양수이면 프로세스 ID로 간주한다. pid가 음수이면 pid의 절대값을 프로세스 그룹 ID로 간주한다.

 예전 유닉스 구현에서는 ioctl() 오퍼레이션(FIOSETOWN이나 SIOCSPGRP)을 이용해 F_SETOWN 효과를 낼 수 있었다. 리눅스에서는 호환성을 유지할 수 있도록 ioctl() 오퍼레이션을 지원한다.

일반적으로는 호출하는 프로세스의 ID를 pid로 설정한다(파일 디스크립터를 연 프로세스가 시그널을 받을 수 있도록). 그러나 호출하는 프로세스 외의 프로세스나 프로세스 그룹이 시그널을 받을 수 있게 설정할 수 있다. 단, Vol. 1의 20.5절에서 설명했듯이 전송 프로세스가 F_SETOWN을 설정하는 프로세스라는 권한 검사를 만족해야 한다.

fcntl() F_GETOWN은 지정된 파일 디스크립터에 I/O를 수행할 수 있는 상태가 됐을 때 시그널을 수신할 프로세스나 프로세스 그룹 ID를 리턴한다.

```
id = fcntl(fd, F_GETOWN);
if (id == -1)
    errExit("fcntl");
```

프로세스 그룹 ID의 경우 음수로 리턴한다.

 예전 유닉스 구현에서는 ioctl()의 F_GETOWN 대신 FIOGETOWN이나 SIOCGPGRP를 사용했다. 리눅스에서는 이 두 가지 ioctl() 오퍼레이션도 지원한다.

몇몇 리눅스 아키텍처(x86 같은)에서는 시스템 호출 규약에 따른 문제가 발생한다. 예를 들어, 4096 이하의 프로세스 그룹 ID가 소유한 파일 디스크립터가 있다면 fcntl() F_GETWON 오퍼레이션을 수행했을 때 음수로 ID를 리턴하지 않고 glibc에서 시스템 호출 에러로 간주하는 문제가 발생한다. 결과적으로 fcntl() 래퍼 함수는 -1을 리턴하고 errno는 (양수) 프로세스 그룹 ID를 포함한다. 이는 커널 시스템 호출 인터페이스에서 음

수 결과값을 에러로 해석하기 때문이다. 따라서 음수로 리턴되는 결과값이 정말로 에러가 발생한 것인지 아니면 음수값을 성공적으로 리턴한 것인지를 구별해야 한다. glibc는 -1부터 -4095 사이의 값을 에러로 간주해 -1을 응용 프로그램의 함수 호출 결과로 리턴하면서 ID 값(절대)은 errno에 복사한다. 몇 개의 음수 결과값을 리턴하는 시스템 호출 서비스 루틴을 처리하는 상황에서는 위 기법을 적용할 수 있다. 다만 fcntl() F_GETOWN은 제대로 동작하지 않는다. 이 제약 때문에 프로세스 그룹으로 'I/O 가능' 시그널을 수신하는 응용 프로그램에서는 F_GETOWN을 이용해서 파일 디스크립터를 소유한 프로세스 그룹을 찾을 수 없다.

 glibc 2.11 이후 버전의 fcntl() 래퍼 함수에서는 F_GETOWN의 4096보다 작은 프로세스 그룹 ID 문제가 해결됐다. glibc 2.11 버전에서는 리눅스 2.6.32 이후로 제공되는 F_GETOWN_EX를 이용해 사용자 공간에서 F_GETOWN을 구현해서 이 문제를 해결했다.

26.3.1 'I/O 가능' 시그널은 언제 발생하는가?

이번에는 다양한 종류의 파일에서 'I/O 가능' 시그널이 언제 발생하는지 자세히 살펴보자.

터미널과 가상 터미널

터미널과 가상 터미널에서는 이전 입력을 읽었는지 관계없이 새로운 입력이 일어날 때마다 시그널이 발생한다. 터미널에서는 EOF가 발생했을 때도 '입력 가능' 시그널이 생성된다(가상 터미널에서는 시그널이 생성되지 않는다).

터미널에서는 '출력 가능' 시그널은 발생하지 않는다. 터미널 연결 종료 시에도 시그널이 발생하지 않는다.

커널 2.4.19에서부터 리눅스는 가상 터미널의 슬레이브 측에 '출력 가능' 시그널을 제공한다. 가상 터미널의 마스터 측에서 입력을 읽을 때마다 슬레이브 측에 '출력 가능' 시그널이 발생한다.

파이프와 FIFO

파이프나 FIFO의 읽기 부분에서는 다음과 같은 상황에서 시그널이 발생한다.

- 파이프에 데이터를 기록(읽지 않은 입력이 이미 존재한다 하더라도)
- 파이프의 쓰기 부분이 닫혔을 때

파이프나 FIFO의 쓰기 부분에서는 다음과 같은 상황에서 시그널이 발생한다.

- 파이프에서 데이터를 읽으면 파이프의 자유 공간이 증가한다. 블록하지 않고 PIPE_BUF바이트 수만큼 쓸 수 있을 정도의 자유 공간을 확보했을 때
- 파이프의 읽기 부분이 닫혔을 때

소켓

유닉스 도메인과 인터넷 도메인 데이터 그램 소켓에서도 시그널 기반 I/O를 이용할 수 있다. 다음과 같은 상황에서 시그널이 발생한다.

- 소켓이 입력 데이터그램을 수신(읽지 않은 데이터그램이 이미 존재하는 경우에도)
- 소켓에 비동기 에러 발생

유닉스 도메인과 인터넷 도메인 스트림 소켓에서도 시그널 기반 I/O를 이용할 수 있다.

- 기다리는 소켓이 새 연결 요청을 받았을 때
- TCP connect() 요청이 완료, 즉 능동 TCP 연결을 수행한 쪽이 그림 24-5(637 페이지)와 같이 ESTABLISHED 상태가 됐을 때. 유닉스 도메인 소켓에서는 이와 같은 상황에서 시그널이 발생하지 않는다.
- 소켓이 새 입력을 수신했을 때(기존에 읽지 않은 입력이 남아 있는 경우에도)
- 상대편이 shutdown()을 이용해 연결의 절반인 쓰기 채널을 닫거나 close()를 이용해 소켓 모두를 닫았을 때
- 소켓이 입력할 수 있는 상태(예를 들어, 소켓 전송 버퍼가 가용 공간을 확보)가 됐을 때

inotify 파일 디스크립터

inotify 파일 디스크립터를 읽을 수 있는 상태(즉 inotify 파일 디스크립터가 감시하는 파일 중 하나에 이벤트가 발생)이면 시그널이 발생한다.

26.3.2 시그널 기반 I/O 고급 활용

네트워크 서버처럼 굉장히 많은 파일 디스크립터(예: 수천 개)를 동시에 감시해야 하는 응용 프로그램에서는 select()와 poll()보다는 시그널 기반 I/O를 이용할 때 월등한 성능 향상을 기대할 수 있다. 시그널 기반 I/O에서는 커널이 감시할 파일 디스크립터 목록을 '기억'할 수 있으므로 실제 I/O 이벤트가 발생했을 때만 프로그램에 시그널을 발생시

키므로 성능이 상당히 좋다. 결과적으로 감시하는 파일 디스크립터의 수가 아니라 I/O 이벤트가 발생하는 횟수가 시그널 기반 I/O의 성능을 좌우한다.

시그널 기반 I/O를 최대한 활용하려면 다음과 같은 두 과정을 수행해야 한다.

- 리눅스 고유 fcntl() 오퍼레이션 F_SETSIG를 이용하면 파일 디스크립터에 I/O 가 가능할 때 SIGIO 대신 실시간으로 발생시킬 시그널을 지정할 수 있다.
- sigaction()에서 SA_SIGINFO 플래그를 지정하면 위에서 설정한 실시간 시그 널 핸들러를 설정할 수 있다(Vol. 1의 21.4절 참조).

fcntl() F_SETSIG 오퍼레이션으로 파일 디스크립터의 I/O가 가능할 때 SIGIO 대 신 다른 시그널을 전달할 수 있게 지정할 수 있다.

```
if (fcntl(fd, F_SETSIG, sig) == -1)
    errExit("fcntl");
```

F_GETSIG 오퍼레이션은 F_SETSIG와 반대 기능, 즉 파일 디스크립터에 설정된 시그 널을 리턴한다.

```
sig = fcntl(fd, F_GETSIG);
if (sig == -1)
    errExit("fcntl");
```

(<fcntl.h>에서 F_SETSIG와 F_GETSIG 정의를 포함하려면 _GNU_SOURCE 기능 테스트 매크로를 정의해야 한다.)

F_SETSIG를 이용해 'I/O 가능' 통지에 사용할 시그널을 변경하므로 두 가지 목적을 달성할 수 있다. 이 두 가지 목적은 여러 파일 디스크립터에서 발생하는 많은 수의 I/O 이벤트를 감시할 때 필요하다.

- 기본적인 'I/O 가능' 시그널인 SIGIO는 표준의 하나로 큐에 삽입하지 않는 시그 널이다. 따라서 SIGIO가 블록된 상태(아마도 SIGIO 핸들러가 이미 뭔가를 실행 중)에서 여러 I/O 이벤트가 발생하면 첫 번째 통지를 제외한 모든 통지 정보는 사라진다. 따라서 F_SETSIG를 이용해 'I/O 가능' 시그널을 SIGIO가 아닌 실시간 시그널로 지정하면 여러 통지를 큐에 삽입할 수 있다.
- sigaction()의 sa.sa_flags 필드를 SA_SIGINFO 플래그로 지정해 시그널 핸들 러를 설정할 때는 시그널 핸들러의 두 번째 인자로 siginfo_t 구조체를 전달한 다(Vol. 1의 21.4절). siginfo_t 구조체는 이벤트의 종류, 이벤트가 발생한 파일 디 스크립터가 누구인지 식별할 수 있는 필드를 포함한다.

시그널 핸들러에 유효한 siginfo_t 구조체를 전달하려면 F_SETSIG와 SA_SIGINFO 둘 다를 설정해야 함을 기억하자.

F_SETSIG 오퍼레이션의 sig를 0으로 설정하면 기본 동작인 SIGIO가 설정되므로 핸들러에 siginfo_t 인자를 제공하지 않는다.

'I/O 가능' 이벤트에서 siginfo_t 구조체에서 관심이 있는 필드를 다음과 같이 시그널 핸들러로 전달한다.

- si_signo: 핸들러를 실행시킨 시그널 수. 이 값은 시그널 핸들러의 첫 번째 인자와 같은 값이다.
- si_fd: I/O 이벤트가 발생한 파일 디스크립터
- si_code: 발생한 이벤트의 종류를 가리키는 코드. si_code에 사용할 수 있는 값과 설명은 표 26-7에 나와 있다.
- si_band: 시스템 호출 poll()에서 revents 필드로 리턴하는 값과 같은 비트를 포함하는 비트 마스크. 표 26-7에서 보여주듯이 si_code에 설정한 값은 si_band의 비트 마스크 설정과 일대일로 대응한다.

표 26-7 'I/O 가능' 이벤트에서 siginfo_t 구조체의 si_code와 si_band 값

si_code	si_band 마스크 값	설명
POLL_IN	POLLIN | POLLRDNORM	입력 가능; EOF 조건
POLL_OUT	POLLOUT | POLLWRNORM | POLLWRBAND	출력 가능
POLL_MSG	POLLIN | POLLRDNORM | POLLMSG	입력 메시지 가능(미사용)
POLL_ERR	POLLERR	I/O 에러
POLL_PRI	POLLPRI | POLLRDNORM	높은 우선순위 입력 가능
POLL_HUP	POLLHUP | POLLERR	행업 발생

순수한 입력 기반 응용 프로그램에서는 F_SETSIG를 좀 더 극적으로 활용할 수 있다. 시그널 핸들러로 I/O 이벤트를 감시하지 않고 'I/O 가능'으로 발생한 시그널을 블록한 다음 sigwaitinfo()나 sigtimedwait()(Vol. 1의 22.10절)를 이용해 큐에 삽입된 시그널을 수락할 수 있다. 그러면 시스템 호출 sigwaitinfo()나 sigtimedwait()는 SA_SIGINFO로 설정한 시그널 핸들러에게 전달된 siginfo_t 구조체의 정보와 동일한 정보를 리턴한다. 이와 같은 방법으로 시그널을 수락하면 동기식으로 이벤트를 처리할 수 있

으며, 여전히 select()나 poll()에 비해 효율적인 방법으로 파일 디스크립터 I/O 이벤트를 처리할 수 있다는 장점이 있다.

시그널 큐 오버플로 처리

Vol. 1의 22.8절에서 큐에 삽입할 수 있는 실시간 시그널의 수에는 제한이 있음을 살펴봤다. 이러한 제한을 초과하면 커널이 'I/O 가능' 통지를 기본 SIGIO로 변경해 전달한다. 따라서 프로세스는 시그널 큐 오버플로가 발생했음을 알 수 있다. 이때 SIGIO는 큐에 삽입되지 않으므로 어떤 파일 디스크립터에서 I/O 이벤트가 발생했는지에 대한 정보가 사라진다(더욱이 SIGIO 핸들러는 siginfo_t 인자를 받지 않는다. 즉 시그널 핸들러는 어떤 파일 디스크립터에서 시그널을 생성한 것인지 알 수 있는 방법이 없어진다).

Vol. 1의 22.8절에서 설명했듯이 큐에 삽입할 수 있는 실시간 시그널 숫자 한도를 늘리는 방법으로 시그널 큐 오버플로 가능성을 낮출 수 있다. 그래도 여전히 오버플로가 발생할 가능성이 있으므로 이에 대비해야 한다. F_SETSIG를 이용해 'I/O 가능' 통지에 실시간 시그널을 사용하도록 설정했다면 SIGIO에 대한 핸들러도 반드시 설정해야 한다. SIGIO가 전달되면 응용 프로그램은 sigwaitinfo()를 이용해 큐에서 실시간 시그널 정보를 가져온 다음 일시적으로 select()나 poll()을 이용해 I/O 이벤트가 발생한 모든 파일 디스크립터 목록을 얻어올 수 있다.

멀티스레드 응용 프로그램에서 시그널 기반 I/O 사용하기

리눅스 커널 2.6.32부터는 'I/O 가능' 시그널로 설정할 수 있는 2개의 비표준 fcntl() 오퍼레이션 F_SETOWN_EX와 F_GETOWN_EX를 제공한다.

F_SETOWN_EX 오퍼레이션은 F_SETOWN과 비슷하지만 'I/O 가능' 시그널 대상을 프로세스나 프로세스 그룹뿐 아니라 스레드로 설정할 수 있다. 이때 fcntl()의 세 번째 인자는 다음과 같은 형식의 구조체를 가리키는 포인터다.

```
struct f_owner_ex {
    int type;
    pid_t pid;
};
```

type 필드는 아래에 설명한 값 중 하나의 pid 필드 의미를 가리킨다.

- F_OWNER_PGRP: pid 필드는 'I/O 가능' 시그널의 대상 프로세스 그룹 ID를 가리킨다. F_SETOWN과는 달리 프로세스 그룹 ID를 양수로 지정한다.

- F_OWNER_PID: pid 필드는 'I/O 가능' 시그널의 대상 프로세스 ID를 가리킨다.
- F_OWNER_TID: pid 필드는 'I/O 가능' 시그널의 대상 스레드 ID를 가리킨다. pid 에 지정된 ID 값은 clone()이나 gettid()가 리턴한 값이다.

F_GETOWN_EX는 F_SETOWN_EX와 반대의 오퍼레이션을 수행한다. F_GETOWN_EX는 fcntl()의 세 번째 인자가 가리키는 f_owner_ex 구조체를 이용해 기존에 F_SETOWN_EX 오퍼레이션으로 설정한 값을 얻는다.

 F_SETOWN_EX와 F_GETOWN_EX 오퍼레이션은 프로세스 그룹 ID를 양수로 표현하므로 이전에 F_GETOWN에서 프로세스 그룹 ID가 4096보다 작아서 발생하는 문제가 F_GETOWN_EX에서는 나타나지 않는다.

26.4 epoll API

I/O 멀티플렉싱 시스템 호출과 시그널 기반 I/O와 마찬가지로 리눅스 epoll(이벤트 폴) API도 여러 파일 디스크립터를 감시해서 I/O를 수행할 준비가 된 파일 디스크립터가 있는지 확인하는 데 사용할 수 있다. epoll API의 주요 장점은 다음과 같다.

- epoll은 감시해야 하는 파일 디스크립터 수가 많을 때 select()나 poll()에 비해 성능이 좋다.
- epoll API는 레벨 트리거 통지와 에지 트리거 통지를 모두 지원한다. 그러나 select()와 poll()은 오직 레벨 트리거 통지만 지원하고 시그널 기반 I/O는 에지 트리거 통지만 지원한다.

epoll과 시그널 기반 I/O의 성능은 비슷하다. 그러나 epoll은 시그널 기반 I/O에 비해 다음과 같은 장점이 있다.

- 시그널을 처리하는 복잡성이 없다(예: 시그널 큐 오버플로).
- 어떤 종류의 이벤트를 감시할 것인지에 대한 유연성이 더 좋다(예를 들어 소켓 파일 디스크립터의 경우 읽기, 쓰기 혹은 둘 다를 검사할 수 있다).

epoll API는 리눅스 전용으로 리눅스 2.6에서 새로 추가됐다.

열린 파일 디스크립터로 참조하는 epoll 인스턴스가 epoll API의 핵심 데이터 구조체다. 파일 디스크립터를 직접 I/O에 사용하진 않는다. 대신 다음과 같은 두 기능을 제공하는 커널 데이터 구조체 처리에 관여한다.

- 이 프로세스에서 관심 있는 파일 디스크립터 목록을 저장한다(관심 목록interest list).
- I/O 수행 준비가 된 파일 디스크립터 목록을 유지한다(준비 목록ready list).

준비 목록의 멤버는 항상 관심 목록의 부분집합이다.

epoll에서 감시하는 각 파일 디스크립터에 우리가 알고자 하는 이벤트를 비트 마스크로 설정할 수 있다. epoll에 사용하는 비트 마스크는 poll()에서 사용한 비트 마스크와 서로 밀접한 관련이 있다.

epoll API는 3개의 시스템 호출로 구성된다.

- 시스템 호출 epoll_create()는 epoll 인스턴스를 생성한 다음 이 인스턴스를 참조하는 파일 디스크립터를 리턴한다.
- 시스템 호출 epoll_ctl()은 epoll 인스턴스에 관심 목록을 설정할 때 사용한다. epoll_ctl()을 이용해 목록에 새 파일 디스크립터를 추가하거나 기존 목록에서 파일 디스크립터를 제고할 수 있고 어떤 이벤트를 감시할 것인지를 변경할 수 있다.
- 시스템 호출 epoll_wait()는 epoll 인스턴스에서 준비 목록을 리턴한다.

26.4.1 epoll 인스턴스 생성: epoll_create()

epoll_create() 시스템 호출은 새로운 epoll 인스턴스를 생성하며, 이때 관심 목록은 비어 있는 상태다.

```
#include <sys/epoll.h>

int epoll_create(int size);
                        성공하면 파일 디스크립터를 리턴하고, 에러가 발생하면 -1을 리턴한다.
```

size 인자는 epoll 인스턴스로, 감시할 예정인 파일 디스크립터의 수를 가리킨다. 이 인자로 파일 디스크립터의 최대 수를 정하는 것은 아니고 다만 커널에게 초기 내부 데이터 구조체를 어떻게 설정해야 할지에 대한 힌트를 제공한다(리눅스 2.6.8부터는 size 인자값이 0보다 커야 하며, 그렇지 않을 경우 내부 구현이 바뀌면서 크기 정보가 필요 없어졌기 때문에 인자 size를 무시한다).

epoll_create()는 함수의 리턴값으로, 새로운 epoll 인스턴스를 가리키는 파일 디스크립터를 리턴한다. 이 파일 디스크립터는 다른 epoll 시스템 호출에서 해당 epoll 인스턴스를 가리킬 때 사용한다. 파일 디스크립터를 더 이상 사용하지 않는 경우에는 close()를 이용해 파일 디스크립터를 닫아야 한다. epoll 인스턴스를 가리키는 파일 디스크립터가 닫히면 인스턴스가 파괴되며 관련 자원도 해제해 시스템에 돌려준다 (fork(), dup()로 디스크립터를 복사하는 등의 상황에서는 여러 파일 디스크립터가 한 epoll 인스턴스를 참조할 수 있다).

> 리눅스 커널 2.6.27부터는 epoll_create1()이라는 새로운 시스템 호출을 지원한다. 이 새로운 시스템 호출은 epoll_create와 동일한 동작을 수행하지만 더 이상 사용하지 않는 인자 size 를 제거하고 시스템 호출 동작을 제어하는 데 사용할 수 있는 인자 flags를 추가했다는 특징이 있다. 현재는 EPOLL_CLOEXEC라는 하나의 플래그만 제공한다. EPOLL_CLOEXEC 플래그는 커널에서 새로운 파일 디스크립터에 실행 시 닫기 플래그(FD_CLOEXEC)를 활성화하도록 지시한다. EPOLL_CLOEXEC 플래그는 4.3.1절에서 open() O_CLOEXEC 플래그를 설정하는 것과 같은 방법으로 활용할 수 있다.

26.4.2 epoll 관심 목록 변경: epoll_ctl()

epoll_ctl() 시스템 호출은 파일 디스크립터 epfd가 참조하는 epoll 인스턴스의 관심 목록을 변경한다.

```
#include <sys/epoll.h>

int epoll_ctl(int epfd, int op, int fd, struct epoll_event *ev);
                              성공하면 0을 리턴하고, 에러가 발생하면 −1을 리턴한다.
```

fd 인자는 관심 목록에서 설정을 변경할 파일 디스크립터를 지정한다. fd는 파이프, FIFO, 소켓, POSIX 메시지 큐, inotify 인스턴스, 터미널, 디바이스, 심지어 다른 epoll 디스크립터 등이 될 수 있다(예를 들어, 감시하는 디스크립터의 계층을 만든 경우). 그러나 정규 파일이나 디렉토리의 파일 디스크립터를 fd로 설정할 수 없다(EPERM 에러 발생).

op 인자는 다음 중 하나의 값을 가지며 수행할 오퍼레이션을 지정한다.

- EPOLL_CTL_ADD: 파일 디스크립터 fd를 epfd의 관심 목록에 추가한다. fd에서 감시하는 관심 이벤트 집합은 아래에서 설명하는 것처럼 ev가 가리키는 버퍼

에 설정한다. 이미 관심 목록에 존재하는 파일 디스크립터를 추가하려 시도하면 epoll_ctl() 호출은 EEXIST 에러를 발생시키며 실패한다.

- EPOLL_CTL_MOD: ev에서 가리키는 버퍼 버퍼에 지정된 정보를 이용해 fd 파일 디스크립터의 이벤트 설정을 변경한다. epfd 관심 목록에 존재하지 않는 파일 디스크립터의 설정을 변경하려 시도하면 epoll_ctl() 호출은 ENOENT 에러를 발생시키며 실패한다.

- EPOLL_CTL_DEL: epfd 관심 목록에서 파일 디스크립터 fd를 제공한다. 이때 인자 ev는 무시한다. epfd 관심 목록에 존재하지 않는 파일 디스크립터를 제거하려 하면 epoll_ctl() 호출은 ENOENT 에러를 발생시키며 실패한다. 파일 디스크립터를 닫으면 epoll 관심 목록에서 자동으로 제거된다.

인자 ev는 아래와 같이 정의된 epoll_event 형의 구조체 포인터다.

```
struct epoll_event {
    uint32_t        events;              /* epoll 이벤트 (비트 마스크) */
    epoll_data_t    data;                /* 사용자 데이터 */
};
```

epoll_event 구조체의 data 필드는 다음과 같은 형의 구조체다.

```
typedef union epoll_data {
    void        *ptr;                    /* 사용자 정의 데이터 포인터 */
    int         fd;                      /* 파일 디스크립터 */
    uint32_t    u32;                     /* 32비트 정수 */
    uint64_t    u64;                     /* 64비트 정수 */
} epoll_data_t;
```

ev 인자는 파일 디스크립터 fd의 설정을 다음과 같이 지정한다.

- 하부 필드 events는 fd에서 관심을 갖고 감시하려는 이벤트 집합을 지정하는 비트 마스크다. events가 가질 수 있는 비트값은 다음 절에서 더 자세히 살펴보자.

- 하부 필드 data는 유니언으로 fd가 준비되면 그중 한 멤버를 이용해 호출 프로세스에 (epoll_wait()를 통해) 정보를 전달할 수 있다.

리스트 26-4는 epoll_create()와 epoll_ctl()의 사용 예다.

```
int epfd;
struct epoll_event ev;

epfd = epoll_create(5);
if (epfd == -1)
    errExit("epoll_create");

ev.data.fd = fd;
ev.events = EPOLLIN;
if (epoll_ctl(epfd, EPOLL_CTL_ADD, fd, &ev) == -1)
    errExit("epoll_ctl");
```

max_user_watches 한도

epoll 관심 목록에 파일 디스크립터를 등록할 때는 스왑할 수 없는 커널 메모리를 약간 사용한다. 따라서 커널은 각 사용자가 epoll 관심 목록에 등록할 수 있는 전체 파일 디스크립터 수를 정의할 수 있도록 인터페이스를 제공한다. /proc/sys/fs/epoll 디렉토리에 있는 리눅스 고유 파일 max_user_watches에서 한도값을 확인하고 수정할 수 있다. 기본 한도값은 가용 시스템 메모리에 따라 계산된다(epoll(7) 매뉴얼 페이지 참조).

26.4.3 이벤트 기다리기: epoll_wait()

시스템 호출 epoll_wait()는 파일 디스크립터 epfd가 참조하는 epoll 인스턴스에서 준비 상태인 파일 디스크립터 정보를 리턴한다. epoll_wait()를 한 번만 호출해도 준비된 여러 파일 디스크립터 정보를 한꺼번에 리턴받을 수 있다.

```
#include <sys/epoll.h>

int epoll_wait(int epfd, struct epoll_event *evlist, int maxevents,
               int timeout);
```

성공하면 준비된 파일 디스크립터 수를 리턴한다.
타임아웃이 발생하면 0을 리턴하고, 에러가 발생하면 -1을 리턴한다.

준비된 파일 디스크립터 정보는 evlist가 가리키는 epoll_event 구조체 배열로 리턴된다(epoll_event 구조체는 앞 절에서 설명했다). evlist 배열 공간은 호출자가 할당해야 하며, 배열의 요소 수는 maxevents로 지정한다.

배열 evlist의 각 항목은 준비 상태인 파일 디스크립터 1개에 대한 정보를 포함한다. 하부 필드 events는 파일 디스크립터에서 발생한 이벤트의 마스크를 리턴한다. 하부 필드 data는 epoll_ctl()을 이용해 파일 디스크립터를 관심 목록에 등록할 때 ev_data에 설정한 값을 리턴한다. 필드 data는 이벤트와 관련 있는 파일 디스크립터 번호를 알수 있는 유일한 수단임을 기억하자. 따라서 epoll_ctl()을 호출해 파일 디스크립터를 관심 목록에 추가할 때 파일 디스크립터 번호를 ev.data.fd로 설정(리스트 26-4처럼)하거나, ev.data.ptr이 파일 디스크립터 숫자를 포함하는 구조체를 가리키도록 설정해야한다.

timeout 인자는 다음과 같이 epoll_wait()의 블록 동작을 결정한다.

- timeout이 -1이면 epfd의 관심 목록에 있는 파일 디스크립터 중 하나에서 이벤트가 발생하거나 시그널이 발생할 때까지 블록한다.
- timeout이 0이면 epfd의 관심 목록에 있는 파일 디스크립터에서 현재 이용할수 있는 파일 디스크립터가 있는지를 비블로킹 방식으로 검사한다.
- timeout이 0보다 큰 값이면 epfd의 관심 목록에 있는 파일 디스크립터 중 하나에서 이벤트가 발생하거나 시그널이 발생할 때까지 timeout밀리초만큼 블록한다.

호출이 성공하면 epoll_wait()는 배열 evlist에 포함된 항목 수를 리턴하거나 timeout에 지정한 시간 동안 준비된 파일 디스크립터가 없으면 0을 리턴한다. 에러가 발생하면 epoll_wait()는 errno에 에러 정보를 설정해서 -1을 리턴한다.

멀티스레드 프로그램에서는 한 스레드에서 epoll_wait()로 파일 디스크립터를 감시하는 동안에도 다른 스레드로 epoll_ctl()을 수행해 파일 디스크립터를 관심 목록에 추가할 수 있다. 이와 같은 상황이 발생하면 새로 추가된 파일 디스크립터가 바로 적용되어 epoll_wait()는 새로 추가된 파일 디스크립터의 준비 여부를 리턴 결과에 포함한다.

epoll 이벤트

표 26-8은 epoll_ctl()을 호출할 때 지정하는 ev.events 비트값과 epoll_wait()에서 리턴하는 evlist[].events 필드에 설정하는 값을 보여준다. 접두어 E가 붙었을뿐 대부분의 비트는 poll()에 사용한 이벤트 비트와 동일하게 대응하는 이름을 가졌음을 확인할 수 있다(EPOLLET과 EPOLLONESHOT은 예외다. 이에 대해서는 잠시 후 자세히 살펴본다).

epoll_ctl()의 입력과 epoll_wait()의 출력으로 사용하는 비트가 poll() 이벤트 비
트와 유사한 이유는 비트의 의미가 같기 때문이다.

표 26-8 epoll events 필드의 비트 마스크 값

비트	epoll_ctl()의 입력?	epoll_wait() 에서 리턴?	설명
EPOLLIN	●	●	높은 순위 데이터를 제외한 데이터를 읽을 수 있다.
EPOLLPRI	●	●	높은 순위 데이터를 읽을 수 있다.
EPOLLRDHUP	●	●	상대편 소켓의 셧다운(리눅스 2.6.17부터)
EPOLLOUT	●	●	일반 데이터를 기록할 수 있다.
EPOLLET	●		에지 트리거 이벤트 통지를 적용한다.
EPOLLONESHOT	●		이벤트 통지 뒤에 감시를 비활성화한다.
EPOLLERR		●	에러가 발생했다.
EPOLLHUP		●	행업이 발생했다.

EPOLLONESHOT 플래그

기본적으로 epoll_ctl()의 EPOLL_CTL_ADD 오퍼레이션을 이용해 epoll 관심 목록
에 파일 디스크립터를 추가하면 epoll_ctl() EPOLL_CTL_DEL 오퍼레이션으로 추가
한 파일 디스크립터를 명시적으로 제거할 때까지 활성 상태로 남게 된다(예를 들어, 파일 디
스크립터를 추가한 이후에 epoll_wait()를 호출했을 때 파일 디스크립터가 준비 상태인지 알려준다). 특
정 파일 디스크립터로부터 통지를 받으려면 epoll_ctl()로 전달하는 ev.events 값
에 EPOLLONESHOT 플래그(리눅스 2.6.2부터 지원)를 지정한다. EPOLLONESHOT 플래그를 지
정한 이후에 epoll_wait()를 호출하면 해당 파일 디스크립터가 준비 상태인지를 알려
준 다음 관심 목록의 파일 디스크립터를 비활성화 상태로 만든다. 그러면 이후에 epoll_
wait()를 호출했을 때 비활성화된 파일 디스크립터의 준비 상태는 알려주지 않는다. 따
라서 필요할 경우 epoll_ctl() EPOLL_CTL_MOD 오퍼레이션을 사용해 파일 디스크립
터를 재활성화해야 한다(비활성화됐더라도 파일 디스크립터는 여전히 관심 목록에 포함되어 있으므로
EPOLL_CTL_ADD 오퍼레이션으로는 파일 디스크립터를 재활성화할 수 없다).

예제 프로그램

리스트 26-5는 epoll API 사용 예제를 보여준다. 이 프로그램에서는 명령행 인자를 통해 1개 이상의 터미널 혹은 FIFO 경로명을 받는다. 프로그램은 다음과 같은 과정을 수행한다.

- epoll 인스턴스를 생성한다①.
- 명령행 입력②으로 들어온 각 파일명을 연 파일 디스크립터를 epoll 인스턴스의 관심 목록에 추가한다③. 이때 감시하는 이벤트 집합은 EPOLLIN으로 설정한다.
- epoll_wait()⑤를 호출하는 루프④를 실행해서 epoll 인스턴스의 관심 목록을 감시하고 각 호출에서 리턴하는 이벤트를 처리한다. 루프에서는 다음 동작을 살펴보자.
  - epoll_wait()를 호출한 다음 프로그램은 EINTR이 리턴됐는지 확인한다⑥. 프로그램이 epoll_wait()를 호출하는 도중 시그널에 의해 프로그램 동작이 멈췄다가 SIGCONT에 의해 실행을 재개한 경우 EINTR이 리턴될 수 있다(Vol. 1의 21.5절 참조). 이와 같은 상황이 발생하면 프로그램은 epoll_wait() 호출을 재개한다.
  - epoll_wait()가 성공적으로 리턴되면 프로그램은 다른 루프를 이용해 evlist의 각 항목을 검사해 준비된 항목을 찾는다⑦. 프로그램은 evlist의 각 항목에서 events 필드에 EPOLLIN 비트가 설정된 항목을 검사⑧할 뿐만 아니라 EPOLLHUP와 EPOLLERR이 설정된 항목도 검사한다⑨. FIFO의 반대편이 종료됐거나 터미널 행업이 일어났을 때 EPOLLHUP이나 EPOLLERR 이벤트가 발생할 수 있다. 프로그램이 파일 디스크립터에서 입력값을 읽어서 표준 출력으로 데이터를 기록하면 EPOLLIN이 리턴된다. 그러나 EPOLLHUP이나 EPOLLERR이 발생하면 프로그램은 이벤트가 발생한 파일 디스크립터를 닫고⑩ 열린 파일 숫자(numOpenFds)를 하나 감소시킨다.
  - 열린 파일 디스크립터 모두가 닫히면(예를 들어 numOpenFds가 0이 되면) 루프를 종료한다.

다음 셸 세션 로그는 리스트 26-5 프로그램의 사용 예다. 여기서는 2개의 터미널 윈도우를 사용한다. 한 윈도우에서는 리스트 26-5 프로그램을 이용해 입력에 사용한 두 FIFO를 감시한다(7.7절에서 설명했듯이 이 프로그램에서 읽기 위해 각각의 FIFO를 열었으면 다른 프로

세스가 기록을 위해 FIFO를 열어야 FIFO 열기 과정이 완료된다). 다른 윈도우에서는 이들 FIFO에
데이터를 기록할 수 있도록 cat(1)을 실행한다.

터미널 윈도우 1	터미널 윈도우 2

```
$ mkfifo p q
$ ./epoll_input p q
```
                                                    ```
                                                    $ cat > p
                                                    ```

                                                    Control-Z를 입력해 cat을 일시중단시킴
                                                    ```
                                                    [1]+  Stopped      cat >p
                                                    $ cat > q
                                                    ```
```
Opened "p" on fd 4
```

```
Opened "q" on fd 5
About to epoll_wait()
```
Control-Z를 입력해 epoll_input 프로그램
을 일시중단시킴
```
[1]+  Stopped      ./epoll_input p q
```

위에서 감시 프로그램을 중단시켰으므로 이제 두 FIFO에 입력을 발생시키고 둘 중
하나의 기록 부분을 닫을 수 있다.

```
                                                    qqq
```
                                                    Control-D를 입력해 'cat > q'를 종료시킴
                                                    ```
                                                    $ fg %1
                                                    cat >p
                                                    ppp
                                                    ```

이제 프로그램을 포그라운드로 가져와서 실행을 재개하면 epoll_wait()는 두 이벤
트를 리턴한다.

```
$ fg
./epoll_input p q
About to epoll_wait()
Ready: 2
  fd=4; events: EPOLLIN
    read 4 bytes: ppp

  fd=5; events: EPOLLIN EPOLLHUP
    read 4 bytes: qqq

    closing fd 5
About to epoll_wait()
```

위에서 나타나는 두 줄의 공백은 cat에서 읽어서 FIFO에 기록한 공백 줄로, 감시 프로
그램에서 읽고 출력한 결과다.

이제 두 번째 터미널 윈도우에서 Control-D를 입력해 cat의 인스턴스를 종료하면 epoll_wait()가 다시 한 번 리턴한다. 이번에는 1개의 이벤트가 발생한다.

```
                    Control-D를 입력해 'cat > p'를 종료시킴
Ready: 1
  fd=4; events: EPOLLHUP
      closing fd 4
All file descriptors closed; bye
```

리스트 26-5 epoll API의 사용 예

```c
                                                    altio/epoll_input.c
#include <sys/epoll.h>
#include <fcntl.h>
#include "tlpi_hdr.h"

#define MAX_BUF 1000 /* 한 번의 read()로 읽을 수 있는 최대 바이트 수 */
#define MAX_EVENTS 5 /* 한 번의 epoll_wait() 호출로 리턴할 수 있는 최대 이벤트 수 */

int
main(int argc, char *argv[])
{
    int epfd, ready, fd, s, j, numOpenFds;
    struct epoll_event ev;
    struct epoll_event evlist[MAX_EVENTS];
    char buf[MAX_BUF];

    if (argc < 2 || strcmp(argv[1], "--help") == 0)
        usageErr("%s file...\n", argv[0]);

①  epfd = epoll_create(argc - 1);
    if (epfd == -1)
        errExit("epoll_create");

    /* 명령행으로 전달된 각 파일을 열고 epoll 인스턴스의 '관심 목록'에 추가한다. */

②  for (j = 1; j < argc; j++) {
        fd = open(argv[j], O_RDONLY);
        if (fd == -1)
            errExit("open");
        printf("Opened \"%s\" on fd %d\n", argv[j], fd);

        ev.events = EPOLLIN;                /* 유일하게 관심 있는 입력 이벤트 */
        ev.data.fd = fd;
③  if (epoll_ctl(epfd, EPOLL_CTL_ADD, fd, &ev) == -1)
        errExit("epoll_ctl");
    }
```

```
        numOpenFds = argc - 1;

④     while (numOpenFds > 0) {

            /* 준비 목록에서 최대 MAX_EVENTS개의 항목을 가져온다. */

            printf("About to epoll_wait()\n");
⑤         ready = epoll_wait(epfd, evlist, MAX_EVENTS, -1);
            if (ready == -1) {
⑥             if (errno == EINTR)
                    continue;                /* 시그널에 의해 중단되면 실행을 재개한다. */
                else
                    errExit("epoll_wait");
            }

            printf("Ready: %d\n", ready);

            /* 리턴된 이벤트 목록을 처리한다. */

⑦         for (j = 0; j < ready; j++) {
                printf("  fd=%d; events: %s%s%s\n", evlist[j].data.fd,
                        (evlist[j].events & EPOLLIN) ? "EPOLLIN " : "",
                        (evlist[j].events & EPOLLHUP) ? "EPOLLHUP " : "",
                        (evlist[j].events & EPOLLERR) ? "EPOLLERR " : "");

⑧             if (evlist[j].events & EPOLLIN) {
                    s = read(evlist[j].data.fd, buf, MAX_BUF);
                    if (s == -1)
                        errExit("read");
                    printf("    read %d bytes: %.*s\n", s, s, buf);

⑨             } else if (evlist[j].events & (EPOLLHUP | EPOLLERR)) {

                    /* EPOLLIN과 EPOLLHUP 둘 다 설정됐다면 MAX_BUF보다 더 큰 값이
                       있을 수 있다. 따라서 EPOLLIN이 설정되지 않았을 때만 파일 디스크립터를
                       닫는다. 남은 바이트는 다음번 epoll_wait()에서 읽는다. */

                    printf("    closing fd %d\n", evlist[j].data.fd);
⑩                 if (close(evlist[j].data.fd) == -1)
                        errExit("close");
                    numOpenFds--;
                }
            }
        }

        printf("All file descriptors closed; bye\n");
        exit(EXIT_SUCCESS);
    }
```

26.4.4 epoll 동작에 대한 고찰

이번에는 열린 파일, 파일 디스크립터, epoll 등에 관한 세부사항을 살펴보자. 우선 파일 디스크립터, 열린 파일 디스크립션, 시스템 범위 파일 i-노드 표의 관계를 보여주는 Vol. 1의 그림 5-2(169페이지)를 다시 확인하면 이 내용을 살펴보는 데 도움이 될 것이다.

epoll_create()를 이용해 epoll 인스턴스를 생성할 때 커널은 메모리 내에 새로운 i-노드와 열린 파일 디스크립션을 만들고 열린 파일 디스크립션을 참조하는 새로운 파일 디스크립터를 호출 프로세스에 할당한다. epoll 인스턴스의 관심 목록은 epoll 파일 디스크립터가 아닌 열린 파일 디스크립션과 연관이 있다. 이로 인해 다음과 같은 결과가 발생한다.

- dup()(혹은 비슷한)를 이용해 epoll 파일 디스크립터를 복사하면 복제된 디스크립터도 원본 디스크립터와 같은 epoll 관심 목록과 준비 목록을 참조한다. 이때 둘 중 하나(원본 혹은 복사본)의 epoll 파일 디스크립터를 epoll_ctl()의 인자 epfd로 설정해 관심 목록을 바꿀 수 있다. 비슷한 방법으로 epoll_wait()의 인자에 둘 중 하나의 epoll 파일 디스크립터를 이용해 준비 목록의 항목을 가져올 수 있다.
- 위에서 살펴본 사항은 fork()를 호출한 다음에도 동일하게 적용된다. 자식은 부모의 epoll 파일 디스크립터 복사본을 상속받으므로 자식의 epoll 파일 디스크립터도 부모의 epoll 파일 디스크립터와 같은 epoll 데이터 구조체를 참조한다.

epoll_ctl() EPOLL_CTL_ADD 오퍼레이션을 수행하면 커널은 감시하는 파일 디스크립터 숫자와 열린 파일 디스크립션 참조를 모두 기록하는 epoll 관심 목록에 항목을 추가한다. epoll_wait()를 호출하면 커널은 열린 파일 디스크립션을 감시한다. 따라서 이전에 파일 디스크립터가 닫히면 자동으로 epoll 관심 목록에서 파일 디스크립터가 제거된다고 했던 말을 약간 고칠 필요가 있다. 즉 '열린 파일 디스크립션을 참조하는 모든 파일 디스크립터가 닫혀야만 epoll 관심 목록에서 열린 파일 디스크립션이 제거된다'라고 이전 설명을 고쳐야 한다. 결국 dup()(혹은 이와 비슷한)나 fork()를 이용해 열린 파일을 참조하는 디스크립터 복제본이 만들어진 경우에는 원본 디스크립터와 모든 복제본이 닫혀야만 열린 파일이 제거될 수 있다.

이와 같은 epoll의 특성 때문에 몇몇 동작이 처음에는 이상해 보일 수 있다. 예를 들어 리스트 26-6을 실행했다고 가정하자. 이 코드에서 epoll_wait()를 호출하면 fd1이 닫혔음에도 파일 디스크립터 fd1이 준비(즉 evlist[0].data.fd가 fd1이다)됐다고 알려줄 것이다. epoll 관심 목록에 있는 열린 파일 디스크립션을 다른 열린 파일 디스크립터

fd2가 참조하기 때문이 이와 같은 일이 발생한다. 같은 파일 디스크립션의 복제 디스크
립터를 포함하는 두 프로세스(대개 fork()로 인해 발생)에서 epoll_wait()를 수행하는 프
로세스는 자신의 파일 디스크립터를 닫았지만 다른 프로세스는 복제된 파일 디스크립터
를 열고 있는 경우 이와 같은 일이 발생할 수 있다.

리스트 26-6 복제 파일 디스크립터와 epoll 동작

```
int epfd, fd1, fd2;
struct epoll_event ev;
struct epoll_event evlist[MAX_EVENTS];

/* 생략: 'fd1'을 열고 epoll 파일 디스크립터 'epfd'를 생성... */

ev.data.fd = fd1
ev.events = EPOLLIN;
if (epoll_ctl(epfd, EPOLL_CTL_ADD, fd1, ev) == -1)
    errExit("epoll_ctl");

/* 'fd1'이 입력을 수행할 준비가 됐다고 가정 */

fd2 = dup(fd1);
close(fd1);
ready = epoll_wait(epfd, evlist, MAX_EVENTS, -1);
if (ready == -1)
    errExit("epoll_wait");
```

26.4.5 epoll의 성능과 I/O 멀티플렉싱의 성능

표 26-9는 0에서 $N-1$의 범위에 있는 연속된 N개의 파일 디스크립터를 poll(),
select(), epoll로 감시한 결과(리눅스 2.6.25에서)다(감시 동작 중 단 하나의 파일 디스크립터를 임
의로 준비 상태로 만드는 방법으로 테스트를 수행했다). 표 26-9에서 감시해야 하는 파일 디스크립
터 수가 증가할수록 poll()과 select()의 성능이 크게 저하됨을 확인할 수 있다. 반면
epoll의 성능은 N이 증가해도 거의 저하되지 않는다(N이 증가하면서 테스트 시스템의 CPU 캐시
한도에 도달했다면 약간의 성능 저하가 발생할 수 있다).

 이 테스트에서는 select()로 많은 수의 파일 디스크립터를 감시할 수 있도록 glibc 헤더 파일
의 FD_SETSIZE를 16,384로 변경했다.

표 26-9 poll(), select(), epoll로 100,000 감시 오퍼레이션에 걸린 시간

디스크립터 수(N)	poll() CPU 시간(초)	select() CPU 시간(초)	epoll CPU 시간(초)
10	0.61	0.73	0.41
100	2.9	3.0	0.42
1000	35	35	0.53
10000	990	930	0.66

26.2.5절에서는 감시하는 파일 디스크립터 수가 많아지면서 왜 select()와 poll()의 성능이 크게 저하되는지 살펴봤다. 이번에는 epoll의 성능이 select()와 poll()보다 좋은 이유를 살펴보자.

- select()나 poll()을 호출하면 커널은 호출자가 지정한 모든 파일 디스크립터를 검사해야 한다. 반면 epoll_ctl()에서 감시할 파일 디스크립터를 지정하면 커널은 이를 아랫단의 열린 파일 디스크립션 관련 목록으로 저장한 다음 파일 디스크립터를 준비 상태로 만드는 I/O 오퍼레이션이 발생할 때마다 커널은 epoll 디스크립터의 준비 목록에 항목을 추가한다(한 파일 디스크립션에서 발생한 I/O 이벤트 때문에 연관된 여러 파일 디스크립터가 준비 상태로 바뀔 수 있다). 이후에 epoll_wait()를 호출하면 단순하게 준비 목록의 항목을 리턴한다.

- select()나 poll()을 호출할 때마다 감시할 파일 모든 파일 디스크립터를 식별할 수 있는 데이터 구조체를 커널에 넘겨줘야 한다. 그러면 커널은 넘겨받은 파일 디스크립터 목록에서 준비 상태인 파일 디스크립터 목록을 데이터 구조체로 리턴한다. 그러나 epoll에서는 epoll_ctl()을 이용해 커널 영역에 감시할 파일 디스크립터 목록 데이터 구조체를 만든다. epoll_ctl()로 데이터 구조체를 만들고 난 뒤에는 커널에 파일 디스크립터 정보를 넘겨줄 필요가 없이 단순하게 epoll_wait()를 호출해 준비된 파일 디스크립터 정보를 리턴받을 수 있다.

 위에서 설명한 내용 외에도 select()를 호출하기 전에는 반드시 입력 데이터 구조체를 초기화해야 한다는 점과, select()와 poll()의 경우 어떤 N개의 파일 디스크립터가 준비됐는지를 알아내려면 리턴된 데이터 구조체를 반드시 검사해야 한다는 점을 명심하자. 그러나 이와 같은 부가 작업은 시스템 호출이 N개의 파일 디스크립터를 감시하는 시간에 비해 미미하다는 사실이 테스트를 통해 밝혀졌다. 표 26-9는 검사 단계에 소요되는 시간을 포함하지 않았다.

대략적으로 매우 큰 N이라는 값(감시할 파일 디스크립터 수)에 대한 select()와 poll()의 성능은 N 값에 선형적으로 변화한다. 표 26-9를 통해 $N = 100$일 때와 $N = 1000$일 때를 보면 선형적 성능 변화를 확인할 수 있다. 그러나 $N = 10000$이 되면 성능은 선형적인 기대치 이하로 떨어진다.

반면 epoll은 발생하는 I/O 이벤트 수에 따라 (선형적으로) 증가한다. 따라서 epoll API는 여러 클라이언트를 처리하는 서버에 적합하다. 서버는 보통 많은 파일 디스크립터를 감시하지만 대부분의 파일 디스크립터는 유휴 상태이고 몇 개의 파일 디스크립터만 준비 상태를 유지한다.

26.4.6 에지 트리거 통지

기본적으로 epoll은 레벨 트리거 통지를 제공한다. 즉 epoll은 블록하지 않고 파일 디스크립터에 I/O를 수행할 수 있는지 여부를 알려준다. poll()과 select()도 같은 방식으로 통지를 제공한다.

epoll API는 에지 트리거 통지도 제공한다. epoll_wait()를 호출하면 기존에 epoll_wait()를 호출한 이후(또는 이전에 epoll_wait()를 호출한 적이 없다면 파일을 연 이후를 기준)로 파일 디스크립터에 I/O가 있었는지 여부를 알려준다. epoll의 에지 트리거 통지는 의미상 시그널 기반 I/O와 비슷하다. 다만 여러 I/O 이벤트가 발생하면 epoll은 여러 이벤트를 하나의 통지로 합쳐서 epoll_wait()로 리턴하지만 시그널 기반 I/O에서는 여러 시그널을 만든다는 점이 다르다.

에지 트리거 통지를 이용하려면 epoll_ctl()을 호출할 때 ev.events에 EPOLLET 플래그를 지정해야 한다.

```
struct epoll_event ev;

ev.data.fd = fd
ev.events = EPOLLIN | EPOLLET;
if (epoll_ctl(epfd, EPOLL_CTL_ADD, fd, &ev) == -1)
    errExit("epoll_ctl");
```

예제를 이용해 epoll의 레벨 트리거 통지와 에지 트리거 통지의 차이를 살펴보자. epoll을 이용해 입력(EPOLLIN) 소켓을 감시하고 있는 상황에서 다음과 같은 이벤트가 순서대로 발생했다고 가정하자.

1. 소켓에 입력 도착

2. epoll_wait() 수행. 그러면 epoll_wait()는 레벨 트리거 통지나 에지 트리거 통지 사용 여부와 관계없이 소켓의 준비 여부를 알려준다.

3. 두 번째로 epoll_wait()를 호출한다.

레벨 트리거 통지를 사용하는 경우라면 두 번째 epoll_wait()를 호출할 때 소켓이 준비된 상태라고 알려줄 것이다. 그러나 에지 트리거 통지를 사용하는 경우 첫 번째 epoll_wait() 호출 이후로 두 번째 epoll_wait()를 호출할 때까지 새로운 입력이 없으므로 두 번째 epoll_wait() 호출은 블록된다.

26.1.1절에서 살펴봤듯이 일반적으로 에지 트리거 통지는 비블로킹 파일 디스크립터에 사용한다. 종합하면 일반적으로 다음과 같은 상황에서 에지 트리거 epoll 통지를 사용한다.

1. 감시하는 모든 파일 디스크립터를 비블로킹으로 설정한다.

2. epoll_ctl()을 이용해 epoll 관심 목록을 만든다.

3. 아래와 같은 루프에서 I/O 이벤트를 처리한다.

   a) epoll_wait()를 이용해 준비 디스크립터 목록을 가져온다.

   b) 준비 상태인 각 파일 디스크립터에 에러(EAGIN이나 EWOULDBLOCK 같은)가 발생할 때까지 관련 시스템 호출(예: read(), write(), recv(), send(), accept())을 수행한다.

에지 트리거 통지 사용 시 파일 디스크립터 고갈 방지

에지 트리거 통지를 이용해 여러 파일 디스크립터를 감시하고 있다고 가정하자. 이때 상당히 많은 양의 입력(아마 끝없는 스트림)을 가진 파일 디스크립터가 준비 상태가 된다. 이런 상황에서 많은 양의 입력을 가진 파일 디스크립터가 준비됐다는 사실을 확인하고 비블로킹 입력을 수행하면 다른 파일 디스크립터의 I/O에는 신경 쓰지 못하는 상황(예를 들어 다른 파일 디스크립터가 준비됐는지 다시 확인해 I/O를 수행하기까지 시간이 오래 걸림)이 발생할 수 있다. 한 가지 해결 방법은 응용 프로그램에서 준비 상태가 된 파일 디스크립터 목록을 유지하고 무한 루프에서 다음 동작을 수행하는 것이다.

1. epoll_wait()를 이용해 파일 디스크립터를 감시하고 준비 상태의 디스크립터를 응용 프로그램의 목록에 추가한다. 응용 프로그램의 목록에 파일 디스크립터를 추가할 때 기존에 등록된 파일 디스크립터가 있으면 감시 과정의 타임아웃 값을 0 또는 작은

값으로 설정해서 응용 프로그램이 빨리 다음 과정을 수행하거나 이미 준비 상태인 파일 디스크립터에 서비스를 제공하게 해야 한다.

2. 준비 상태로 리스트에 등록된 파일 디스크립터에 제한된 만큼만 I/O를 수행한다(각 파일 디스크립터에 epoll_wait()를 호출한 다음 목록의 처음부터 순서대로 작업을 수행하는 것보다는 라운드 로빈 같은 방식으로 목록의 파일 디스크립터에 작업을 수행한다). 관련 비블로킹 I/O 시스템 호출이 EAGAIN이나 EWOULDBLOCK 에러로 실패한 경우 파일 디스크립터를 응용 프로그램 목록에서 제거한다.

추가적으로 프로그래밍해서 이와 같은 방식을 구현해야 한다는 단점이 있지만 파일 디스크립터 고갈 같은 문제를 해결할 뿐 아니라 부가적인 이점도 있다. 예를 들어 타이머 처리 작업이나 sigwaitinfo()(또는 이와 비슷한)를 이용해 시그널을 수신하는 작업을 위 루프에 추가할 수 있다.

시그널 기반 I/O는 에지 트리거 통지 기법과 비슷하므로 고갈 문제를 고려해야 한다. 반면 레벨 트리거 통지 기법을 이용하는 응용 프로그램에서는 고갈 문제를 염려할 필요가 없다. 레벨 트리거 통지 기법을 이용하는 응용 프로그램에서는 루프로 파일 디스크립터 준비 여부를 끊임없이 확인하면서 준비 상태인 파일 디스크립터를 발견하면 다른 파일 디스크립터 준비 여부를 확인하기 전에 현재 발견한 준비 상태 파일 디스크립터에 I/O를 수행하므로 고갈 문제가 발생하지 않는다.

26.5 시그널과 파일 디스크립터 기다리기

경우에 따라서는 한 프로세스에서 파일 디스크립터 집합에 I/O를 수행할 수 있을 때까지 기다리면서 동시에 시그널을 기다려야 하는 경우가 발생한다. 리스트 26-7에서처럼 select()를 이용할 때 이와 같은 상황이 발생한다.

리스트 26-7 잘못된 방법으로 시그널을 블록해제하고 select()를 호출하는 상황

```
sig_atomic_t gotSig = 0;

void
handler(int sig)
{
    gotSig = 1;
}
```

```
int
main(int argc, char *argv[])
{
    struct sigaction sa;
    ...

    sa.sa_sigaction = handler;
    sigemptyset(&sa.sa_mask);
    sa.sa_flags = 0;
    if (sigaction(SIGUSR1, &sa, NULL) == -1)
        errExit("sigaction");

    /* 이때 시그널이 전달되면? */

    ready = select(nfds, &readfds, NULL, NULL, NULL);
    if (ready > 0) {
        printf("%d file descriptors ready\n", ready);
    } else if (ready == -1 && errno == EINTR) {
        if (gotSig)
            printf("Got signal\n");
    } else {
        /* 그 밖의 에러 */
    }

    ...
}
```

위 코드에서 핸들러를 설정했으나 select()를 호출하기 전에 시그널(이 예제에서는 SIGUSR1)이 도착하면 select() 호출이 블록하는 문제가 있다(경쟁 상태의 일종). 이 문제의 해결 방법을 살펴보자.

 리눅스 2.6.27 버전부터는 22.11절에서 설명한 것처럼 시그널과 파일 디스크립터를 동시에 기다릴 수 있는 기법인 signalfd를 제공한다. signalfd 기법을 사용하면 select(), poll()이나 epoll_wait()를 사용해 감시하는 파일 디스크립터(일반적으로 감시하는 파일 디스크립터를 포함)로 시그널을 수신할 수 있다.

26.5.1 pselect() 시스템 호출

pselect() 시스템 호출은 select()와 비슷한 작업을 수행한다. 주요 차이점은 호출이 블록할 동안 마스크 해제할 시그널 집합을 지정하는 sigmask라는 인자가 있다는 점이다.

```
#define _XOPEN_SOURCE 600
#include <sys/select.h>

int pselect(int nfds, fd_set *readfds, fd_set *writefds, fd_set *exceptfds,
            struct timespec *timeout, const sigset_t *sigmask);
```

준비 상태인 파일 디스크립터 개수를 리턴한다.
타임아웃이 발생하면 0을 리턴하고, 에러가 발생하면 -1을 리턴한다.

좀 더 자세하게 다음과 같이 pselect()를 호출했다고 가정하자.

```
ready = pselect(nfds, &readfds, &writefds, &exceptfds, timeout, &sigmask);
```

위 호출은 아래 과정을 아토믹하게 수행하는 것과 같다.

```
sigset_t origmask;

sigprocmask(SIG_SETMASK, &sigmask, &origmask);
ready = select(nfds, &readfds, &writefds, &exceptfds, timeout);
sigprocmask(SIG_SETMASK, &origmask, NULL);          /* 시그널 마스크 복원 */
```

리스트 26-8에서 보여주는 것처럼 리스트 26-7에 나온 주 프로그램의 첫 부분을
pselect()로 대치할 수 있다.

sigmask 인자 외에도 select()와 pselect()는 다음과 같은 차이가 있다.

- pselect()의 인자 timeout은 timespec 구조체(Vol. 1의 23.4.2절)로 밀리초가 아
  닌 나노초로 값을 지정할 수 있다.
- SUSv3는 pselect()가 리턴할 때 timeout 값을 변경하지 않는다고 명시한다.

pselect()의 인자 sigmask를 NULL로 설정하면 위에서 설명한 차이점을 빼고
pselect()는 select()와 완전히 같아진다(예를 들어, 프로세스 시그널 마스크를 변경하지 않는다).

POSIX.1g에서 pselect() 인터페이스를 만들었고 오늘날에는 SUSv3로 포함되었다.
그러나 모든 유닉스 구현에서 pselect()를 이용할 수 있는 것은 아니며 리눅스에서도
2.6.16 커널에만 추가된 적이 있다.

 이전에는 glibc에서 pselect() 라이브러리 함수를 제공했는데 그 당시에는 pselect()가 올바로
동작하는 데 필요한 원자성이 보장되지 않았다. 커널에서 pselect()를 구현해야만 원자성을
보장할 수 있다.

```
sigset_t emptyset, blockset;
struct sigaction sa;

sigemptyset(&blockset);
sigaddset(&blockset, SIGUSR1);

if (sigprocmask(SIG_BLOCK, &blockset, NULL) == -1)
    errExit("sigprocmask");

sa.sa_sigaction = handler;
sigemptyset(&sa.sa_mask);
sa.sa_flags = SA_RESTART;
if (sigaction(SIGUSR1, &sa, NULL) == -1)
    errExit("sigaction");

sigemptyset(&emptyset);
ready = pselect(nfds, &readfds, NULL, NULL, NULL, &emptyset);
if (ready == -1)
    errExit("pselect");
```

ppoll()과 epoll_pwait() 시스템 호출

리눅스 2.6.16에는 비표준 시스템 호출 ppoll()이 추가됐다. ppoll()은 pselect(),
select()와 관계를 갖는 poll()과 비슷한 시스템 호출이다. 리눅스 커널 2.6.19부터는
epoll_wait()의 확장 버전인 epoll_pwait()도 제공한다. 자세한 사항은 ppoll(2)
와 epoll_pwait(2) 매뉴얼 페이지를 참조하자.

26.5.2 셀프 파이프 트릭

pselect()를 지원하는 구현이 많지 않으므로 이식성을 중요시하는 응용 프로그램은 다
른 기법을 이용해 파일 디스크립터에 select()를 호출하거나 시그널을 동시에 기다려야
하는 경쟁 상태를 피해야 한다. 일반적으로 다음과 같은 방법으로 이 문제를 해결한다.

1. 파이프를 만든 다음 파이프의 쓰기와 읽기 양 끝을 비블로킹으로 설정한다.

2. 관심 있는 파일 디스크립터를 포함해서 select()로 주어진 readfds 집합의 파이프
   읽기 끝도 감시한다.

3. 관심 있는 시그널의 핸들러를 설정한다. 시그널 핸들러가 호출되면 한 바이트 데이터
   를 파이프로 기록한다. 시그널 핸들러를 설정할 때 다음 사항을 유의하자.

- 시그널이 너무 급속도로 도착해 반복적으로 실행된 시그널 핸들러가 파이프를 채울 경우 시그널 핸들러의 write()가 블록(결국 프로세스 자체도 블록)될 수 있다. 이를 방지하려고 첫 번째 단계에서 파이프의 쓰기 끝을 비블록으로 설정했다(가득 찬 파이프에 쓰기 기록이 실패할 경우 이미 기존의 기록에서 시그널을 전달했을 것이므로 아무 문제가 없다).

- 파이프를 만든 다음 시그널 핸들러를 설치함으로써 파이프를 만들기 전에 시그널이 전달되면서 발생할 수 있는 경쟁 상태를 피한다.

- write()는 Vol. 1의 표 21-1(577페이지)에서 나열한 비동기 시그널 안전 함수이므로 시그널 핸들러 내에서 write()를 사용하는 것이 좋다.

4. 시그널 핸들러 때문에 인터럽트가 발생했을 때 실행을 재시작할 수 있도록 루프 내에서 select()를 호출한다(반드시 이와 같은 방식으로 재시작할 필요는 없다. 루프 내에서 select()를 호출하는 방식으로 재시작한다는 것은 EINTR 에러가 리턴되는지가 아니라 readfds를 검사해서 시그널이 도착했는지를 알 수 있음을 의미한다).

5. select() 호출이 성공적으로 종료되면 파이프의 읽기 쪽 파일 디스크립터가 readfds에 설정됐는지를 확인해서 시그널 수신 여부를 확인할 수 있다.

6. 시그널을 수신하면 파이프의 모든 바이트를 읽는다. 여러 개의 시그널을 수신할 수 있으므로 루프를 이용해 (비블로킹) read()가 EAGAIN 에러로 실패할 때까지 바이트를 읽는다. 파이프의 데이터를 모두 읽었으면 어떤 방법으로든 시그널을 수신에 응답한다.

일반적으로 이 기법을 셀프 파이프 트릭self-pipe trick이라 하며, 리스트 26-9는 셀프 파이프 트릭 기법의 사용 예다.

이 기법을 약간 수정해서 poll(), epoll_wait()에도 이용할 수 있다.

리스트 26-9 셀프 파이프 트릭 사용

```
                                                          altio/self_pipe.c
static int pfd[2];              /* 파이프의 파일 디스크립터 */

static void
handler(int sig)
{
    int savedErrno;            /* 'errno'를 변경할 경우 */

    savedErrno = errno;
    if (write(pfd[1], "x", 1) == -1 && errno != EAGAIN)
        errExit("write");
    errno = savedErrno;
}
```

```
int
main(int argc, char *argv[])
{
    fd_set readfds;
    int ready, nfds, flags;
    struct timeval timeout;
    struct timeval *pto;
    struct sigaction sa;
    char ch;

    /* select()의 'timeout', 'readfds', 'nfds' 초기화... */

    if (pipe(pfd) == -1)
        errExit("pipe");

    FD_SET(pfd[0], &readfds);        /* 파이프의 읽기 끝을 'readfds'에 추가 */
    nfds = max(nfds, pfd[0] + 1);    /* 그리고 필요할 경우 'nfds' 조절 */

    flags = fcntl(pfd[0], F_GETFL);
    if (flags == -1)
        errExit("fcntl-F_GETFL");
    flags |= O_NONBLOCK;             /* 읽기 끝을 비블로킹으로 설정 */
    if (fcntl(pfd[0], F_SETFL, flags) == -1)
        errExit("fcntl-F_SETFL");

    flags = fcntl(pfd[1], F_GETFL);
    if (flags == -1)
        errExit("fcntl-F_GETFL");
    flags |= O_NONBLOCK;             /* 쓰기 끝을 비블로킹으로 설정 */
    if (fcntl(pfd[1], F_SETFL, flags) == -1)
        errExit("fcntl-F_SETFL");

    sigemptyset(&sa.sa_mask);
    sa.sa_flags = SA_RESTART;        /* 인터럽트된 read()를 재시작 */
    sa.sa_handler = handler;
    if (sigaction(SIGINT, &sa, NULL) == -1)
        errExit("sigaction");

    while ((ready = select(nfds, &readfds, NULL, NULL, pto)) == -1 &&
            errno == EINTR)
        continue;                    /* 시그널로 인터럽트된 경우 재시작 */
    if (ready == -1)                 /* 예상치 못한 에러 */
        errExit("select");

    if (FD_ISSET(pfd[0], &readfds)) {        /* 핸들러가 호출됨 */
        printf("A signal was caught\n");

        for (;;) {                           /* 파이프의 바이트 읽기 */
```

```
                if (read(pfd[0], &ch, 1) == -1) {
                    if (errno == EAGAIN)
                        break;                          /* 남은 바이트가 없다. */
                    else
                        errExit("read");               /* 그 밖의 에러 */
                }

                /* 시그널에 응답한다. */
            }
        }

        /* select()가 리턴한 파일 디스크립터 집합을 검사해 준비 상태인 다른 파일 디스크립터가
           있는지 확인한다. */

}
```

26.6 정리

26장에서는 I/O 멀티플렉싱(select()와 poll()), 시그널 기반 I/O, 리눅스 전용 epoll API 같은 다양한 표준 I/O 수행 모델의 대안 기법을 살펴봤다. 위 기법은 여러 파일 디스크립터에서 I/O를 수행할 수 있는 파일 디스크립터가 있는지를 감시하는 것이 목표다. 그러나 이 기법들은 파일 디스크립터를 감시할 뿐 실제 I/O를 수행하진 않는다. 대신 준비 상태인 파일 디스크립터를 발견했으면 전통적인 I/O 시스템 호출을 이용해 I/O를 수행할 수 있다.

select()와 poll() I/O 멀티플렉싱 시스템 호출은 동시에 여러 파일 디스크립터를 감시하면서 I/O를 수행할 수 있는 파일 디스크립터를 감지한다. 이 두 가지 시스템 호출을 이용하려면 매번 검사할 파일 디스크립터 목록을 커널에 전달해야 하고 그러면 커널은 준비 상태인 파일 디스크립터 목록을 리턴한다. select()와 poll()을 호출할 때마다 매번 감시할 파일 디스크립터 목록을 넘겨줘야 하므로 많은 수의 파일 디스크립터를 감시할 때는 성능이 좋지 않을 수밖에 없다.

시그널 기반 I/O를 이용하면 파일 디스크립터에 I/O를 수행할 수 있을 때마다 시그널을 수신할 수 있다. 시그널 I/O를 활성화하려면 SIGIO 시그널의 핸들러를 설정해야 하고, 시그널을 수신할 소유 프로세스를 지정해야 하며, O_ASYNC 열린 파일 상태 플래그를 설정해서 시그널 생성을 활성화해야 한다. 이 기법을 이용하면 많은 수의 파일 디스크립터를 감시하는 I/O 멀티플렉싱보다 훨씬 좋은 성능을 기대할 수 있다. 리눅스에서

는 통지에 사용할 시그널을 변경할 수 있으며 실시간 시그널을 이용할 경우 발생한 여러 통지를 큐에 삽입할 수 있다. 그러면 시그널 핸들러는 자신의 `siginfo_t` 인자를 이용해 시그널을 발생시킨 파일 디스크립터와 이벤트 유형을 확인할 수 있다.

시그널 기반 I/O와 마찬가지로 epoll도 많은 수의 파일 디스크립터를 감시할 때 아주 좋은 성능을 보여준다. epoll에서는 프로세스에서 감시하는 파일 디스크립터 목록을 커널이 '기억'하기 때문에(반면 `select()`와 `epoll()`에서는 호출할 때마다 파일 디스크립터 목록을 커널에 알려줘야 한다) 성능이 좋다. epoll API는 시그널 기반 I/O에 비해서도 몇 가지 장점을 제공한다. 즉 epoll은 시그널 처리라는 복잡한 과정이 필요 없고, 감시하려는 I/O 이벤트 종류(예를 들어 입력 또는 출력)를 지정할 수 있다는 장점이 있다.

레벨 트리거 통지와 에지 트리거 통지의 차이점도 살펴봤다. 레벨 트리거 통지 모델에서는 파일 디스크립터에 현재 I/O를 수행할 수 있는지 여부를 확인할 수 있다. 반면 에지 트리거 통지에서는 지난번 확인한 때로부터 지금까지 파일 디스크립터에 I/O 활동이 발생했는지 여부를 알려준다. I/O 멀티플렉싱 시스템 호출은 레벨 트리거 통지 모델을 제공한다. 시그널 기반 I/O는 에지 트리거 모델과 비슷하다. epoll은 두 가지 모델 모두를 제공한다(기본값은 레벨 트리거 통지다). 일반적으로 에지 트리거 통지는 비블로킹 I/O에서 사용한다.

마지막으로, 여러 파일 디스크립터를 감시하면서 시그널도 동시에 기다리는 경쟁 상태 문제를 살펴봤다. 일반적으로 셀프 파이프 트릭이라는 기법을 이용해 이 문제를 해결한다. 셀프 파이프 트릭 기법에서는 파일 디스크립터에 파이프의 읽기 끝을 포함해 감시한다. 시그널이 발생하면 핸들러는 파이프로 한 바이트를 기록한다. SUSv3는 `select()`의 변형인 `pselect()`를 명시한다. `pselect()`를 이용해 이 문제를 해결할 수도 있다. 그러나 모든 유닉스 구현에서 `pselect()`를 지원하진 않는다. 리눅스에서도 `ppoll()`과 `epoll_pwait()` 같은 시스템 호출을 제공한다(그러나 비표준이다).

더 읽을거리

[Stevens et al., 2004]는 I/O 멀티플렉싱과 시그널 기반 I/O, 소켓과 이 기법을 이용할 때 주의해야 할 사항 등을 설명한다. [Gammo et al, 2004]는 `select()`, `poll()`, epoll의 성능을 비교한다.

특히 댄 케겔Dan Kegel이 쓴 'The C10K problem'이라는 글을 온라인(http://www.kegel.com/c10k.html)으로 확인할 수 있다. 이 웹페이지에서는 수만 개의 클라이언트를 동시에 처리하는 웹 서버 개발자가 겪는 문제를 알려줄 뿐만 아니라, 여러 링크로 제공한다.

26.7 연습문제

26-1. 리스트 26-2(poll_pipes.c)의 프로그램에서 poll() 대신 select()를 사용하도록 프로그램을 수정하라.

26-2. TCP 클라이언트와 UDP 클라이언트 모두를 처리할 수 있는 에코 서버를 만들어라(23.2절과 23.3절 참조). 이와 같은 서버를 만들려면 TCP 소켓과 UDP 소켓을 모두 기다릴 수 있어야 하고 26장에서 설명한 기법 중 하나를 이용해 두 소켓을 감시해야 한다.

26-3. 26.5절에서 select()로는 시그널과 파일 디스크립터를 동시에 기다릴 수 없으므로 시그널 핸들러와 파이프를 이용해 이 문제를 해결할 수 있음을 살펴봤다. 파일 디스크립터와 시스템 V 메시지 큐(시스템 V 메시지 큐는 파일 디스크립터를 사용하지 않으므로)를 기다리는 프로그램에서도 이와 같은 문제가 발생할 수 있다. 부모가 감시하는 파일 디스크립터를 큐에서 파이프로 복사하는 별도의 자식 프로세스를 포크하는 방법으로 이 문제를 해결할 수 있다. 설명한 기법을 사용해 select()로 터미널과 메시지 큐 입력을 감시하는 프로그램을 구현하라.

26-4. 26.5.2절에서 프로그램은 파이프의 남은 데이터를 모두 읽은 다음 시그널에 응답하는 것이 셀프 파이프 기법의 마지막 단계였다. 마지막 단계를 거꾸로 수행하면 어떤 일이 발생할까?

26-5. 리스트 26-9(self_pipe.c) 프로그램에서 select() 대신 poll()을 사용하도록 프로그램을 수정하라.

26-6. epoll_create()를 이용해 epoll 인스턴스를 만들고 리턴된 파일 디스크립터에 epoll_wait()를 이용해 즉시 대기하는 프로그램을 구현하라. 이때 epoll_wait()에 파일 디스크립터 관심 목록이 비어 있다면 어떤 일이 발생하는가? 이와 같은 상황을 언제 활용할 수 있을까?

26-7. 여러 파일 디스크립터를 감시하는 epoll 파일 디스크립터가 있는데 이들 파일 디스크립터가 이미 모두 준비됐다고 가정하자. 그리고 maxevents가 준

비 상태인 파일 디스크립터 수보다 훨씬 작은 값(예를 들어 maxevents가 1)인 상황에서 준비 상태인 디스크립터에 I/O를 수행하지 않고 바로 일련의 epoll_wait()를 호출한다면 epoll_wait()를 호출할 때마다 어떤 디스크립터를 리턴하는가? 이 질문을 확인할 수 있는 프로그램을 구현하라(답을 찾기 위한 것이므로 epoll_wait()를 호출할 때마다 I/O는 수행하지 않아도 된다). 어떤 경우에 이와 같은 동작이 유용할까?

26-8. 리스트 26-3(demo_sigio.c)에서 SIGIO 대신 실시간 시그널을 사용하도록 프로그램을 수정하라. 인자 siginfo_t를 받아 si_fd, si_code 필드를 표시하도록 시그널 핸들러를 수정하라.

27

가상 터미널

가상 터미널pseudoterminal은 IPC 채널을 제공하는 가상 디바이스다. 채널의 한쪽 끝은 터미널 디바이스로 연결할 수 있는 프로그램이다. 다른 쪽 끝 부분은 입력을 전송하고 출력을 읽을 수 있는 터미널 기반 프로그램이다.

27장은 터미널 에뮬레이터 같은 응용 프로그램, script(1) 프로그램, ssh와 같이 네트워크 로그인 서비스를 제공하는 프로그램에서 어떻게 가상 터미널을 사용하는지 설명한다.

27.1 개요

그림 27-1은 가상 터미널로 해결할 수 있는 문제 중 하나를 보여준다. 어떤 호스트의 사용자가 다른 호스트에 네트워크로 연결해 vi 같은 터미널 중심 프로그램을 사용할 수 있게 하려면 어떻게 해야 할까?

다이어그램에서 보여주는 것처럼 소켓을 이용해 네트워크 통신이라는 기계적인 연결 문제를 해결할 수 있다. 그러나 여전히 터미널 중심 프로그램의 표준 입력, 출력, 에러를 직접 소켓에 연결할 수는 없다. 터미널 중심 프로그램은 Vol. 1의 29장과 Vol. 2의 25장에서 설명한 터미널 중심 동작을 다른 터미널에 연결해서 수행하도록 되어 있기 때문이다. 터미널 중심 동작의 예로 터미널을 비정규 모드로 설정하거나, 에코를 켜거나 끄고, 터미널을 포그라운드 프로세스 그룹으로 설정하는 등의 작업이 있다. 프로그램이 소켓에 이와 같은 동작을 시도하면 관련 시스템 호출은 실패한다.

더욱이 터미널 중심 프로그램은 터미널 드라이버가 터미널의 입력과 출력에 특별한 종류의 처리를 수행할 것으로 기대한다. 예를 들어, 정규 모드에서 터미널 드라이버는 행을 시작할 때 EOF 문자(일반적으로 Control-D)를 읽게 되므로 이후 read()는 데이터를 리턴하지 않는다.

마지막으로, 터미널 중심 프로그램은 반드시 터미널을 제어할 수 있어야 한다. 프로그램은 /dev/tty를 열어서 제어 터미널의 파일 디스크립터를 획득할 수 있고 프로그램의 작업 제어와 터미널 관련 시그널(예: SIGTSTP, SIGTTIN, SIGINT)을 생성할 수 있다.

위 설명대로라면 터미널 중심 프로그램의 정의가 광범위함을 알 수 있다. 가령 대화형 터미널 세션에서 일반적으로 실행하는 다양한 프로그램도 터미널 중심 프로그램이 될 수 있다.

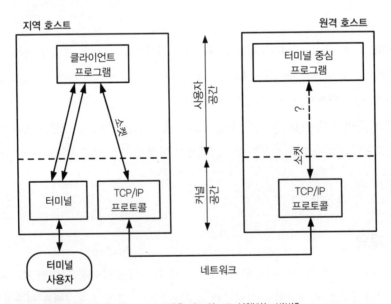

그림 27-1 문제: 터미널 중심 프로그램을 네트워크로 실행하는 방법?

가상 터미널 마스터 디바이스와 슬레이브 디바이스

가상 터미널은 터미널 네트워크로 터미널 중심 프로그램에 연결하는 데 부족한 점을 채워준다. 가상 터미널은 연결된 가상 터미널 마스터pseudoterminal master와 가상 터미널 슬레이브pseudoterminal slave 한 쌍의 가상 디바이스로 구성된다. 때로는 두 가상 터미널을 합쳐 가상 터미널 쌍pseudoterminal pair이라 한다. 가상 터미널 쌍은 양방향 파이프와 같은 IPC 채널을 제공한다. 두 프로세스로 각각 마스터와 슬레이브를 연 다음 가상 터미널을 통해 양방향으로 데이터를 전송할 수 있다.

    슬레이브 디바이스가 표준 터미널과 비슷하다는 것이 가상 터미널의 핵심이다. 터미널 디바이스에서 수행할 수 있는 모든 동작은 가상 터미널 슬레이브 디바이스에도 적용할 수 있다. 그러나 일부 동작은 가상 터미널에 아무 영향을 주지 않지만(예를 들어, 터미널 라인 속도나 패리티 설정) 가상 터미널 슬레이브는 아무 영향을 주지 않는 동작을 조용히 무시하므로 별문제가 되지 않는다.

프로그램에서 가상 터미널을 사용하는 방법

그림 27-2는 일반적으로 프로그램에서 가상 터미널을 어떻게 사용하는지를 보여준다(이 다이어그램에서 pty는 가상 터미널의 약어다. 27장에서 소개하는 다양한 다이어그램과 함수에서는 가상 터미널을 pty로 표시한다). 터미널 중심 프로그램의 표준 입력, 출력 에러는 프로그램의 제어 터미널인 가상 터미널 슬레이브로 연결된다. 가상 터미널의 반대편은 사용자의 프록시 역할을 수행하는 드라이버 프로그램으로 터미널 중심 프로그램에 입력을 제공하고 프로그램의 출력을 읽는다.

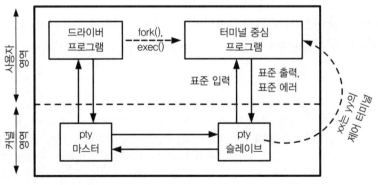

그림 27-2 가상 터미널로 통신하는 두 프로그램

    일반적으로 드라이버 프로그램은 다른 I/O 채널을 이용해 동시에 데이터를 읽고 기록한다. 드라이버 프로그램은 가상 터미널과 다른 프로그램 간 양방향 데이터를 전달하는 릴레이 역할을 수행한다. 드라이버 프로그램이 이 작업을 수행하려면 반드시 각 방향에서 들어오는 입력을 동시에 감시할 수 있어야 한다. 일반적으로 I/O 멀티플렉싱(select()나 poll())이나 한 쌍의 프로세스 또는 각 방향으로 데이터를 전송하는 여러 스레드를 이용해 이 작업을 수행한다.

가상 터미널을 이용하는 응용 프로그램은 일반적으로 위에서 설명한 작업을 다음과 같이 수행한다.

1. 드라이버 프로그램은 가상 터미널 마스터 디바이스를 연다.

2. 드라이버 프로그램은 fork()를 호출해 자식 프로세스를 만든다. 자식 프로세스는 다음 과정을 수행한다.

   a) setsid()를 호출해 새로운 세션을 시작하며 세션 리더(Vol. 1의 29.3절)가 된다. 이 과정에서 자식은 자신의 제어 터미널을 잃는다.

   b) 가상 터미널 마스터 디바이스에 대응하는 슬레이브 디바이스를 연다. 자식 프로세스가 세션 리더이므로 자식 프로세스는 제어 터미널을 갖지 않는다. 따라서 가상 터미널 슬레이브가 제어 터미널이 된다.

   c) dup()(혹은 이와 유사한)를 사용해 슬레이브의 표준 입력, 출력, 에러 파일 디스크립터를 복제한다.

   d) exec()를 호출해서 가상 터미널 슬레이브에 연결할 터미널 중심 프로그램을 시작한다.

위 단계를 거치면 두 프로그램은 가상 터미널을 이용해 통신할 수 있는 상태가 된다. 드라이버 프로그램이 마스터로 기록하는 모든 데이터는 슬레이브의 터미널 중심 프로그램의 입력으로 나타나고 마스터의 드라이버 프로그램은 터미널 중심 프로그램이 슬레이브로 기록하는 모든 데이터를 읽을 수 있다. 가상 터미널 I/O는 27.5절에서 더 자세히 살펴본다.

 임의의 프로세스 쌍(자식과 부모 관계가 아니어도 된다)을 연결할 때도 가상 터미널을 이용할 수 있다. 가상 터미널 마스터를 여는 프로세스가 다른 프로세스에게 마스터에 대응하는 슬레이브 디바이스의 이름(이름을 파일로 기록하거나 다른 IPC 기법으로 이름을 전송하는 방법으로)을 알려줄 수 있다면 프로세스 쌍을 연결할 수 있다(위에서 설명했듯이 fork()를 이용하면 자식 프로세스는 부모 프로세스에서 자동으로 충분한 정보를 상속받으므로 쉽게 슬레이브 이름을 알 수 있다).

지금까지는 가상 터미널 사용을 추상적으로만 설명했다. 그림 27-3은 사용자가 원격 시스템에서 네트워크를 통해 안전하게 로그인 세션을 수행할 때 사용하는 응용 프로그램인 ssh에서 가상 터미널을 사용하는 특정 상황의 예제를 보여준다(사실상 그림 27-3은 그림 27-1과 그림 27-2의 정보를 합쳐놓은 것이다). ssh 서버(sshd)는 원격 호스트의 가상 터미널 마스터 드라이버 프로그램이고 로그인 셸은 가상 터미널 슬레이브에 연결된 터미널 중심 프로그램이다. ssh 서버는 소켓으로 가상 터미널과 ssh 클라이언트를 연결하는 접착제다. 로그인에 필요한 과정이 끝나면 로컬 호스트의 사용자 터미널과 원격 호스트 셸 간의 양방향 문자 전송을 중계하는 것이 ssh 서버와 ssh 클라이언트의 주된 역할이다.

> ssh 클라이언트와 서버에 관한 자세한 사항은 생략했다. 예를 들어 이들 프로그램은 네트워크로 전송하는 데이터를 암호화한다. 예제에서는 원격 호스트에 1개의 ssh 서버 프로세스가 있는 것처럼 설명하지만, 실제로 ssh 서버는 병렬 네트워크 서버다. ssh 서버는 데몬이 되어 수동 TCP 소켓을 만들어 ssh 클라이언트의 접속 요청을 기다린다. ssh 클라이언트가 연결될 때마다 마스터 ssh 서버는 연결된 클라이언트 로그인 세션 세부사항을 모두 처리할 자식 프로세스를 포크한다(그림 27-3에서는 포크된 자식 프로세스를 ssh 서버라고 설명한 것이다). 위에서 설명한 가상 터미널 관련 세부사항 외에도 ssh 서버 자식은 사용자를 인증하고, 원격 호스트의 로그인 어카운팅 파일을 갱신(Vol. 1의 35장에서 설명한 것처럼)한 다음 로그인 셸을 실행한다.

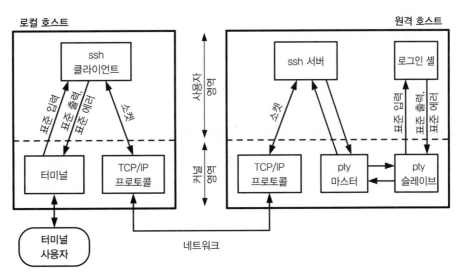

그림 27-3 ssh가 가상 터미널을 사용하는 방법

때로는 가상 터미널의 슬레이브에 여러 프로세스가 연결되는 경우가 있다. 그림 27-3의 예제는 이와 같은 상황을 잘 보여준다. 슬레이브의 세션 리더는 원격 사용자가

입력하는 명령을 수행할 프로세스 그룹을 생성하는 셸이다. 이렇게 생성되는 모든 프로세스는 가상 터미널을 자신의 제어 터미널로 갖는다. 예전 터미널과 마찬가지로 프로세스 그룹 중 하나가 포그라운드 프로세스 그룹이 될 수 있으며, 포그라운드 프로세스만이 슬레이브로부터 데이터를 읽을 수 있거나(TOSTOP 비트가 설정된 경우) 데이터를 기록할 수 있다.

가상 터미널의 응용 프로그램

네트워크 서비스 외의 여러 응용 프로그램에서도 가상 터미널을 이용한다. 아래 예제를 살펴보자.

- expect(1) 프로그램은 가상 터미널을 이용해 스크립트 파일로 대화형 터미널 중심 프로그램을 제공한다.
- xterm 같은 터미널 에뮬레이터는 터미널 윈도우와 관련한 터미널 관련 기능을 가상 터미널에서 이용할 수 있게 제공한다.
- screen(1) 프로그램은 가상 터미널을 이용해 하나의 물리적 터미널(또는 터미널 윈도우)과 여러 프로세스(예를 들어 여러 셸 세션)를 멀티플렉스한다.
- 셸 세션에서 발생한 모든 입력과 출력을 기록하는 script(1) 프로그램에서도 가상 터미널을 사용한다.
- 때로는 표준 입출력 함수가 디스크 파일이나 파이프에 데이터를 출력할 때 기본 블록 버퍼링 수행(터미널 출력에 사용하는 행 버퍼링과 상반되는)을 회피할 때 가상 터미널을 활용할 수 있다(이 부분은 연습문제 27-7에서 좀 더 자세히 다룬다).

시스템 V(유닉스 98) 가상 터미널과 BSD 가상 터미널

BSD와 시스템 V에서는 가상 터미널 쌍 각각을 찾고 여는 인터페이스가 저마다 다르다. 과거에는 BSD 가상 터미널을 여러 소켓 기반 네트워크 응용 프로그램에서 사용하면서 BSD 가상 터미널 구현이 더 잘 알려졌다. 그러나 이식성 때문에 많은 유닉스 구현은 점차 두 가지 가상 터미널 모두를 지원하기 시작했다.

시스템 V 인터페이스는 BSD 인터페이스보다 사용하기 쉬우며, SUSv3의 가상 터미널 규격은 시스템 V 인터페이스에 기반한다(첫 가상 터미널 규격은 SUSv1에서 등장했다). 이러한 과거사 때문에 리눅스 시스템에서는 유닉스 98 표준(즉 SUSv2)에서 가상 터미널이 스트림 기반일 것을 요구하는데, 리눅스의 가상 터미널 구현은 스트림 기반이 아님에도 불구하고 시스템 V 가상 터미널을 흔히 유닉스 98 가상 터미널이라 부른다(SUSv3는 스트림 기반 구현을 요구하지 않는다).

리눅스 초기 버전은 BSD 스타일 가상 터미널을 지원했지만 커널 2.2부터는 두 가지 형식을 가상 터미널을 모두 지원했다. 27장에서는 유닉스 98 가상 터미널에 초점을 둔다. 유닉스 98 가상 터미널과 BSD 가상 터미널의 차이점은 27.8절에서 설명한다.

27.2 유닉스 98 가상 터미널

그림 27-2의 대부분의 작업을 수행하는 ptyFork()라는 함수를 조금씩 개발해가며 완성할 것이다. 그리고 ptyFork() 함수를 이용해 script(1) 프로그램을 구현한다. 우선은 유닉스 98 가상 터미널에서 사용하는 다양한 라이브러리 함수를 살펴보자.

- posix_openpt() 함수는 사용하지 않는 가상 터미널 마스터 디바이스를 연 다음이를 참조하는 파일 디스크립터를 리턴한다.
- grantpt() 함수는 가상 터미널 마스터 디바이스에 대응하는 슬레이브의 소유권과 권한을 변경한다.
- unlockpt() 함수는 가상 터미널 마스터 디바이스에 대응하는 슬레이브 디바이스를 열 수 있도록 슬레이브 디바이스를 잠금 해제한다.
- ptsname() 함수는 가상 터미널 마스터 디바이스에 대응하는 슬레이브 디바이스의 이름을 리턴한다. 그러면 리턴한 이름을 이용해 open()으로 슬레이브 디바이스는 열 수 있다.

27.2.1 사용하지 않는 마스터 열기: posix_openpt()

posix_openpt() 함수는 사용하지 않는 마스터 디바이스를 열고 나중에 이 디바이스에 접근하는 데 사용할 수 있는 파일 디스크립터를 리턴한다.

```
#define _XOPEN_SOURCE 600
#include <stdlib.h>
#include <fcntl.h>

int posix_openpt(int flags);
                            성공하면 파일 디스크립터를 리턴하고, 에러가 발생하면 -1을 리턴한다.
```

0 또는 다음 상수와 OR 연산해서 flags 인자를 만든다.

- O_RDWR: 읽고 쓸 수 있도록 디바이스를 연다. 보통 flags에 항상 포함하는 플래그다.
- O_NOCTTY: 이 터미널을 프로세스의 제어 터미널로 만들지 않는다. 리눅스에서는 posix_openpt()를 호출할 때 O_NOCTTY 플래그를 지정했는지의 여부와 관계없이 가상 터미널이 프로세스의 제어 터미널이 되지 않는다(가상 터미널 마스터는 실제 터미널이 아니고 단지 연결된 슬레이브의 상대편 디바이스이기 때문이다). 그러나 일부 구현에서 가상 터미널 마스터 디바이스를 열 때 프로세스가 제어 터미널을 획득하지 않도록 하려면 O_NOCTTY를 설정해야 한다.

open()과 마찬가지로 posix_openpt()는 이용할 수 있는 가장 하위의 파일 디스크립터를 이용해 가상 터미널 마스터를 연다.

posix_openpt() 함수를 호출하면 마스터에 대응하는 가상 터미널 슬레이브 디바이스가 /dev/pts 디렉토리에 만들어진다. 이 부분은 아래에서 ptsname() 함수를 설명할 때 좀 더 자세히 살펴본다.

posix_openpt()는 POSIX 위원회에서 만들었고 SUSv3에 새로 추가된 함수다. 원래 시스템 V 가상 터미널 구현에서는 가상 터미널 마스터 클론 디바이스인 /dev/ptmx를 여는 방법으로 가상 터미널 마스터를 획득했다. 가상 디바이스를 열면 자동으로 다음의 사용하지 않는 가상 터미널 마스터를 열어 파일 디스크립터를 리턴한다. 리눅스에서 가상 터미널 마스터 클론 디바이스를 제공하며 posix_openpt()를 다음과 같이 구현한다.

```
int
posix_openpt(int flags)
{
    return open("/dev/ptmx", flags);
}
```

유닉스 98 가상 터미널 수의 한도

가상 터미널 쌍을 만들면 약간의 비스왑 커널 메모리를 사용한다. 따라서 커널은 시스템에서 만들 수 있는 유닉스 98 가상 터미널 쌍의 수에 제한을 둔다. 커널 2.6.3까지는 커널 설정 옵션(CONFIG_UNIX98_PTYS)으로 가상 터미널 쌍의 수를 설정했다. 기본값은 256이고, 0과 2048 사이의 값으로 설정을 변경할 수 있다.

리눅스 2.6.4 이후로는 CONFIG_UNIX98_PTYS 커널 설정 옵션을 버리고 좀 더 유연한 방법을 제공한다. 리눅스에서는 리눅스 고유 파일 /proc/sys/kernel/pty/max에 최대 가상 터미널 쌍의 수를 정의한다. 기본값은 4096이며 1,048,576 이하의 수로 변경할 수 있다. 읽기 전용 파일 /proc/sys/kernel/pty/nr은 현재 얼마나 많은 수의 유닉스 98 가상 터미널을 사용하고 있는지를 보여준다.

27.2.2 슬레이브의 소유권과 권한 변경: grantpt()

SUSv3는 가상 터미널 마스터를 가리키는 파일 디스크립터 mfd에 대응하는 슬레이브 디바이스의 소유권과 권한을 변경하는 함수 grantpt()를 명시한다. 리눅스에서는 grantpt()가 필요 없다. 그러나 몇몇 구현에서는 grantpt()가 필요하며, 이식성을 갖춘 응용 프로그램에서는 posix_openpt()를 호출한 다음에 grantpt()를 호출해야 한다.

```
#define _XOPEN_SOURCE 500
#include <stdlib.h>

int grantpt(int mfd);
```
                              성공하면 0을 리턴하고, 에러가 발생하면 −1을 리턴한다.

grantpt()를 필요로 하는 시스템에서 grantpt() 함수는 set-user-ID-root 프로그램을 실행하는 자식 프로세스를 만든다. 일반적으로 pt_chown이라 불리는 이 프로그램은 가상 터미널 슬레이브 디바이스에 다음과 같은 동작을 수행한다.

- 호출 프로세스의 유효 사용자 ID로 슬레이브의 소유권을 변경한다.
- 슬레이브의 그룹을 tty로 변경하고
- 소유자는 읽기와 쓰기, 그룹은 쓰기 권한을 갖도록 슬레이브의 권한을 변경한다.

wall(1)과 write(1)은 tty 그룹에 소유한 set-group-ID 프로그램이므로 터미널 그룹을 tty로 설정하고 그룹에 쓰기 권한을 줘야 한다.

리눅스의 가상 터미널에서는 위에서 설명한 동작이 자동으로 적용되므로 grantpt()가 필요 없다(그러나 이식성을 위해 호출하는 편이 좋다).

 grantpt()가 자식 프로세스를 만들 수 있으므로 SUSv3는 호출 프로그램에서 SIGCHLD의 핸들러를 설치한 상황에서의 grantpt() 동작을 명시하지 않는다.

27.2.3 슬레이브 잠금 해제: unlockpt()

unlockpt() 함수는 파일 디스크립터 mfd가 참조하는 가상 터미널 마스터에 대응하는 슬레이브의 내부 잠금을 해제한다. 다른 프로세스가 가상 터미널을 열기 전에 호출 프로세스에서 가상 터미널 슬레이브에 필요한 초기화(예: grantpt() 호출)를 수행할 수 있도록 가상 터미널에 잠금 시스템을 사용한다.

```
#define _XOPEN_SOURCE 500
#include <stdlib.h>

int unlockpt(int mfd);
```
성공하면 0을 리턴하고, 에러가 발생하면 −1을 리턴한다.

unlockpt()로 잠금을 해제하기 전에 가상 터미널 슬레이브를 열려고 하면 EIO 에러가 발생한다.

27.2.4 슬레이브 이름 얻기: ptsname()

함수 ptsname()은 파일 디스크립터 mfd가 가리키는 가상 터미널 마스터에 대응하는 가상 슬레이브의 이름을 리턴한다.

```
#define _XOPEN_SOURCE 500
#include <stdlib.h>

char *ptsname(int mfd);
```
성공하면 (아마 정적으로 할당된) 문자열을 가리키는 포인터를 리턴하고, 에러가 발생하면 NULL을 리턴한다.

리눅스(대부분의 구현과 마찬가지로)에서 ptsname()은 /dev/pts/nn 같은 형태의 이름을 리턴한다. 여기서 nn은 가상 터미널 슬레이브의 고유 식별 번호로 대치된다.

슬레이브 이름을 리턴하는 데 사용하는 버퍼는 보통 정적으로 할당된다. 따라서 ptsname()을 다시 호출하면 이전 결과에 덮어쓴다.

 GNU C 라이브러리는 ptsname()과 유사한 형태의 함수 ptsname_r(mfd, strbuf, buflen)을 제공한다. 그러나 이 함수는 표준이 아니며 일부 유닉스 구현에서만 이용할 수 있다. 〈stdlib.h〉에서 이 함수의 정의를 얻으려면 기능 테스트 매크로 _GNU_SOURCE를 정의해야 한다.

unlock()으로 슬레이브 디바이스를 잠금 해제했으면 전통적인 시스템 호출 open() 을 이용해 슬레이브 디바이스를 열 수 있다.

 STREAMS를 사용하는 시스템 V 기반 플랫폼에서는 추가 과정(슬레이브 디바이스를 연 다음 STREAMS 모듈을 슬레이브 디바이스로 푸시)을 수행해야 하는 경우도 있다. 필요한 과정을 수행하는 방법은 [Stevens & Rago, 2005]에서 확인할 수 있다.

27.3 마스터 열기: ptyMasterOpen()

이제 ptyMasterOpen()이라는 새로운 함수를 살펴보자. 함수 ptyMasterOpen()은 이전에 살펴본 가상 터미널을 열고 대응하는 가상 터미널 슬레이브의 이름을 얻는 기능을 제공하는 함수다. 이 새로운 함수를 제공하는 두 가지 이유는 다음과 같다.

- 대부분의 프로그램에서 위에서 설명한 과정을 그대로 수행하므로 하나의 함수로 이 기능을 캡슐화하면 편리하다.
- 함수 ptyMasterOpen()은 유닉스 98 가상 터미널과 관련한 세부사항을 모두 숨겨준다. 27.8절에서는 BSD 스타일 가상 터미널을 사용하도록 이 함수를 재구현한다. 27장에서 이후로 나오는 모든 코드에는 두 가지 가상 터미널 모두를 적용할 수 있다.

```
#include "pty_master_open.h"

int ptyMasterOpen(char *slaveName, size_t snLen);
                                성공하면 파일 디스크립터를 리턴하고, 에러가 발생하면 −1을 리턴한다.
```

ptyMasterOpen() 함수는 사용하지 않는 가상 터미널 마스터를 열고 grantpt()와 unlockpt()를 호출한 다음 대응하는 가상 터미널 슬레이브의 이름을 slaveName이 가리키는 버퍼로 복사한다. ptyMasterOpen()을 호출하는 측에서는 인자 snLen에 정의된 만큼의 공간을 미리 할당해야 한다. 리스트 27-1은 함수 구현 코드다.

 인자 slaveName과 snLen을 생략하고 ptyMasterOpen()을 호출한 다음 ptsname()을 호출해서 가상 터미널 슬레이브의 이름을 얻는 방법도 있다. 그러나 BSD 가상 터미널은 ptsname() 함수와 같은 기능을 제공하지 않기 때문에 인자 slaveName과 snLen을 제공했다. 책에서 제공하는 BSD 스타일 가상 터미널 구현(리스트 27-4)에서는 슬레이브의 이름을 얻는 BSD 기법을 캡슐화했다.

```
                                                        pty/pty_master_open.c
#define _XOPEN_SOURCE 600
#include <stdlib.h>
#include <fcntl.h>
#include "pty_master_open.h"         /* ptyMasterOpen() 정의 */
#include "tlpi_hdr.h"

int
ptyMasterOpen(char *slaveName, size_t snLen)
{
    int masterFd, savedErrno;
    char *p;

    masterFd = posix_openpt(O_RDWR | O_NOCTTY);     /* pty 마스터 열기 */
    if (masterFd == -1)
        return -1;

    if (grantpt(masterFd) == -1) {   /* 슬레이브 pty에 권한 주기 */
        savedErrno = errno;
        close(masterFd);                /* 'errno'를 변경할 수 있다. */
        errno = savedErrno;
        return -1;
    }

    if (unlockpt(masterFd) == -1) {  /* 슬레이브 pty 잠금 해제 */
        savedErrno = errno;
        close(masterFd);                /* 'errno'를 변경할 수 있다. */
        errno = savedErrno;
        return -1;
    }

    p = ptsname(masterFd);           /* 슬레이브 pty 이름 제공 */
    if (p == NULL) {
        savedErrno = errno;
        close(masterFd);                /* 'errno'를 변경할 수 있다. */
        errno = savedErrno;
        return -1;
    }

    if (strlen(p) < snLen) {
        strncpy(slaveName, p, snLen);
    } else {                          /* 버퍼가 너무 작으면 에러를 리턴 */
        close(masterFd);
        errno = EOVERFLOW;
        return -1;
    }
```

```
        return masterFd;
}
```

27.4 프로세스를 가상 터미널과 연결: ptyFork()

이제 그림 27-2처럼 두 프로세스를 가상 터미널 쌍으로 연결하는 데 필요한 모든 작업을 수행하는 함수를 구현할 준비를 마쳤다. ptyFork() 함수는 부모 프로세스에 연결할 (가상 터미널 쌍을 이용) 자식 프로세스를 만든다.

```
#include "pty_fork.h"

pid_t ptyFork(int *masterFd, char *slaveName, size_t snLen,
              const struct termios *slaveTermios,
              const struct winsize *slaveWS);
```
                부모에서: 성공하면 자식 프로세스 ID를 리턴하고, 에러가 발생하면 −1을 리턴한다.
                              성공적으로 만들어진 자식에서: 항상 0을 리턴한다.

리스트 27-2는 ptyFork() 구현이다. 이 함수는 아래 과정을 수행한다.

- ptyMasterOpen()을 사용해 가상 터미널 마스터를 연다(리스트 27-1)①.
- 인자 slaveName이 NULL이 아니면 가상 터미널 슬레이브의 이름을 slaveName 버퍼로 복사한다②(slaveName이 NULL이 아니라면 반드시 최소한 snLen바이트를 할당한 버퍼를 가리켜야 한다). 호출자는 필요한 경우 슬레이브 이름을 이용해 로그인 어카운팅 파일(Vol. 1의 35장)을 갱신할 수 있다. ssh, rlogin, telnet 같이 로그인 서비스를 제공하는 응용 프로그램에서 로그인 어카운팅 갱신을 유용하게 활용한다. 반면 script(1)(27.6절)은 로그인 서비스를 제공하지 않으므로 로그인 어카운팅 파일을 갱신하지 않는다.
- fork()로 자식 프로세스를 생성한다③.
- fork()를 호출한 다음 부모 프로세스는 정수 포인터 masterFd가 가리키는 가상 터미널 마스터 파일 디스크립터가 호출자에게 제대로 리턴됐는지 확인한다④.
- fork()를 호출한 다음 자식 프로세스는 다음 과정을 수행한다.
  - setid()를 호출해 새 세션을 생성한다(Vol. 1의 29.3절)⑤. 자식은 새 세션의 리더이므로 (현재 갖고 있다면) 제어 터미널을 잃는다.

- 자식에서는 사용하지 않는 가상 터미널 마스터 파일 디스크립터를 닫는다⑥.
- 가상 터미널 슬레이브를 연다⑦. 이전 단계에서 자식은 제어 터미널을 잃었으므로 가상 터미널 슬레이브는 자식의 제어 터미널이 된다.
- 매크로 TIOCSCTTY를 정의했다면 가상 터미널 슬레이브의 파일 디스크립터에 ioctl() TIOCSCTTY 오퍼레이션을 수행한다⑧. BSD 플랫폼에서는 명시적으로 TIOCSCTTY 오퍼레이션을 지정해야만 제어 터미널을 획득할 수 있으므로 (Vol. 1의 29.4절 참조) BSD 플랫폼에서도 동작하게 하려면 이 과정이 필요하다.
- slaveTermios 인자가 NULL이 아니면 tcsetattr()을 호출해 슬레이브 터미널 속성값을 slaveTermios가 가리키는 termios 구조체 값으로 설정한다⑨. slaveTermios 인자는 script(1)처럼 가상 터미널을 사용하면서 프로그램을 수행하는 터미널과 슬레이브 디바이스 속성을 동일하게 설정해야 하는 대화형 프로그램에서 유용하다.
- slaveWS 인자가 NULL이 아니면 ioctl() TIOCSWINSZ 오퍼레이션을 수행해서 가상 터미널 슬레이브의 윈도우 크기를 slaveWS가 가리키는 winsize 구조체 값으로 설정한다⑩. 이 과정을 수행하는 이유는 위 과정에 설명한 것과 같다.
- dup2()를 이용해 슬레이브의 표준 입력, 출력, 에러 파일 디스크립터를 자식으로 복사한다⑪. 이제 자식이 임의의 프로그램을 실행하면 프로그램은 표준 파일 디스크립터를 이용해 가상 터미널과 통신할 수 있다. 실행된 프로그램은 전통 터미널에서 실행되는 프로그램이 수행할 수 있는 일반 터미널 중심 동작을 모두 수행할 수 있다.

fork()와 마찬가지로 ptyFork()는 부모 프로세스에는 자식 프로세스의 ID를 리턴하고, 자식 프로세스에는 0을 리턴하며 에러 발생 시 -1을 리턴한다.

특정 시점에 ptyFork()가 생성한 자식 프로세스가 동작을 마칠 것이다. 자식이 종료될 때 부모가 함께 종료되지 않는다면 부모는 자식이 좀비가 되지 않도록 기다려야 한다. 그러나 일반적으로 가상 터미널을 이용하는 응용 프로그램은 자식과 함께 부모가 종료하도록 설계됐으므로 위 과정은 생략할 수 있다.

BSD 기반 플랫폼에서는 가상 터미널 작업과 관련한 두 가지 비표준 함수를 제공한다. 한 가지 함수는 가상 터미널 쌍을 열고 마스터와 슬레이브 파일 디스크립터를 리턴하며 옵션으로 슬레이브 디바이스 이름 리턴 기능과 터미널 속성 설정, slaveTermios와 slaveWS에서처럼 윈도우 크기 설정 기능을 제공하는 openpty()라는 함수다. 다른 함수는 forkpty()라는 함수로 우리가 만든 ptyFork()와 비슷한 함수다. 차이점은 forkpty()에서는 인자 snLen을 제공하지 않는다는 점이다. 리눅스에서는 glibc에서 두 가지 함수를 모두 제공하며, openpty(3) 매뉴얼 페이지에 문서화되어 있다.

리스트 27-2 ptyFork() 구현

```
                                                              pty/pty_fork.c
#include <fcntl.h>
#include <termios.h>
#include <sys/ioctl.h>
#include "pty_master_open.h"
#include "pty_fork.h"                    /* ptyFork() 정의 */
#include "tlpi_hdr.h"

#define MAX_SNAME 1000

pid_t
ptyFork(int *masterFd, char *slaveName, size_t snLen,
        const struct termios *slaveTermios, const struct winsize *slaveWS)
{
    int mfd, slaveFd, savedErrno;
    pid_t childPid;
    char slname[MAX_SNAME];

①  mfd = ptyMasterOpen(slname, MAX_SNAME);
    if (mfd == -1)
        return -1;

②  if (slaveName != NULL) { /* 호출자에게 슬레이브 이름 리턴 */
        if (strlen(slname) < snLen) {
            strncpy(slaveName, slname, snLen);

        } else {                         /* 'slaveName'이 너무 작을 경우 */
            close(mfd);
            errno = EOVERFLOW;
            return -1;
        }
    }
```

```
③    childPid = fork();

     if (childPid == -1) {      /* fork() 실패 */
         savedErrno = errno;    /* close()는 'errno'를 변경할 수 있다. */
         close(mfd);            /* 파일 디스크립터를 누출하지 않는다. */
         errno = savedErrno;
         return -1;
     }

④    if (childPid != 0) {                /* 부모 */
         *masterFd = mfd;                /* 부모만 마스터 fd를 얻는다. */
         return childPid;                /* 부모의 fork()처럼 */
     }

     /* 자식은 여기를 실행한다. */

⑤    if (setsid() == -1)                 /* 새 세션 시작 */
         err_exit("ptyFork:setsid");

⑥    close(mfd);                         /* 자식에서 사용하지 않는다. */

⑦    slaveFd = open(slname, O_RDWR);  /* 제어 tty가 된다. */
     if (slaveFd == -1)
         err_exit("ptyFork:open-slave");

⑧#ifdef TIOCSCTTY                        /* BSD에서 제어 tty 획득하기 */
     if (ioctl(slaveFd, TIOCSCTTY, 0) == -1)
         err_exit("ptyFork:ioctl-TIOCSCTTY");
  #endif

⑨    if (slaveTermios != NULL)           /* 슬레이브 tty 속성 설정 */
         if (tcsetattr(slaveFd, TCSANOW, slaveTermios) == -1)
             err_exit("ptyFork:tcsetattr");

⑩    if (slaveWS != NULL)                /* 슬레이브 tty 윈도우 크기 설정 */
         if (ioctl(slaveFd, TIOCSWINSZ, slaveWS) == -1)
             err_exit("ptyFork:ioctl-TIOCSWINSZ");

     /* pty 슬레이브를 표준 입력, 표준 출력, 표준 에러로 복사 */

⑪    if (dup2(slaveFd, STDIN_FILENO) != STDIN_FILENO)
         err_exit("ptyFork:dup2-STDIN_FILENO");
     if (dup2(slaveFd, STDOUT_FILENO) != STDOUT_FILENO)
         err_exit("ptyFork:dup2-STDOUT_FILENO");
     if (dup2(slaveFd, STDERR_FILENO) != STDERR_FILENO)
         err_exit("ptyFork:dup2-STDERR_FILENO");
```

```
    if (slaveFd > STDERR_FILENO)          /* 안전 점검 */
        close(slaveFd);                    /* fd는 더 이상 필요 없다. */

    return 0;                              /* 자식의 fork() 처럼 */
}
```

27.5 가상 터미널 I/O

가상 터미널 쌍은 양방향 파이프와 비슷하다. 마스터에 기록한 모든 데이터는 슬레이브
의 입력으로 전달되며, 슬레이브로 기록한 모든 데이터는 마스터의 입력으로 전달된다.

가상 터미널 쌍과 양방향 파이프의 중요한 차이는 슬레이브가 터미널 디바이스처럼
동작한다는 점이다. 슬레이브는 일반 제어 터미널이 키보드 입력을 해석하는 것과 같은
방식으로 입력을 해석한다. 예를 들어, 가상 터미널 마스터로 Control-C 문자를 기록하
면 슬레이브는 자신의 포그라운드 프로세스 그룹으로 SIGINT 시그널을 생성한다. 기존
터미널과 마찬가지로 가상 터미널 슬레이브는 정규 모드(기본)로 동작하며 행 단위로 입
력을 읽는다. 즉 가상 터미널 슬레이브를 이용해 입력을 읽는 프로그램은 가상 터미널 마
스터가 줄바꿈 문자를 기록할 경우에만 입력을 확인할 수 있다.

파이프와 마찬가지로 가상 터미널에도 용량 제한이 있다. 정해진 용량을 모두 소진하
면 반대편 가상 터미널이 데이터를 처리할 때까지 이후로 발생하는 쓰기가 블록된다.

 리눅스에서 가상 터미널 용량은 각 방향으로 4kB를 할당한다.

가상 터미널 마스터를 참조하는 모든 파일 디스크립터를 닫으면 다음과 같은 일이 발
생한다.

- 슬레이브 디바이스가 제어 프로세스를 갖고 있으면 제어 프로세스에 SIGHUP 시
  그널이 전달된다(Vol. 1의 29.6절 참조)
- 슬레이브 디바이스의 read()는 EOF(0)를 리턴한다.
- 슬레이브로 write()를 호출하면 EIO 에러가 발생하며 실패한다(몇몇 다른 유닉스
  구현에서는 ENXIO 에러와 함께 write()가 실패하기도 한다).

가상 터미널 슬레이브를 참조하는 모든 파일 디스크립터를 닫으면 다음과 같은 일이 발생한다.

- 마스터 디바이스의 read()는 EIO 에러를 발생시키며 실패한다(몇몇 다른 유닉스 구현에서는 read() 호출 시 EOF가 리턴된다).
- 슬레이브 디바이스의 입력 큐가 차서 write()가 블록된 상태가 아니라면 일단 마스터 디바이스의 write()는 성공한다. 슬레이브 디바이스가 나중에 다시 열리면 이 바이트를 읽을 수 있다.

마지막 경우(마스터 디바이스의 write() 시도)는 유닉스 구현마다 결과가 다르다. 몇몇 유닉스 구현에서는 write()가 EIO 에러로 실패한다. 또 어떤 구현에서는 write()는 성공하지만 출력 바이트를 폐기한다(예를 들어 슬레이브가 다시 열렸다 해도 데이터를 읽을 수 없다). 보통 이와 같은 다양한 동작 때문에 문제가 생기는 경우는 없다. 일반적으로 마스터의 read()가 EOF를 리턴하거나 실패하면서 마스터 측의 프로세스는 슬레이브가 닫혔음을 감지한다. 따라서 이와 같은 상황에서는 프로세스가 마스터로 기록 작업을 시도하지 않는다.

패킷 모드

패킷 모드packet mode는 가상 터미널 슬레이브에 발생한 소프트웨어 흐름 제어 관련 이벤트(아래 설명)를 가상 터미널 마스터를 실행하는 프로세스에게 알려주는 역할을 한다.

- 입력 큐나 출력 큐가 비워진다.
- 터미널 출력이 멈추거나 재시작된다(Control-S/Control-Q).
- 흐름 제어가 활성화 또는 비활성화된다.

패킷 모드는 네트워크 로그인 서비스를 제공하는 가상 터미널 응용 프로그램(예: telnet, rlogin)에서 소프트웨어 흐름 제어를 처리할 때 유용하다.

패킷 모드는 가상 터미널 마스터를 참조하는 파일 디스크립터에 ioctl() TIOCPKT를 적용해 활성화할 수 있다.

```
int arg;

arg = 1;                    /* 1 == 활성화; 0 == 비활성화 */
if (ioctl(mfd, TIOCPKT, &arg) == -1)
    errExit("ioctl");
```

패킷 모드를 활성화하면 가상 터미널 마스터에서 read()를 시도할 경우 슬레이브 디바이스에 발생한 상태 변화를 가리키는 비트 마스크(0이 아닌 단일 제어 바이트)가 리턴되거나 0바이트와 함께 가상 터미널 슬레이브로 기록한 1개 이상의 바이트가 리턴된다.

패킷 모드로 동작하는 가상 터미널에서 상태 변화가 일어나면 select()는 마스터에게 예외 조건(exceptfds 인자)이 발생했음을 알리고, poll()은 revents 필드에 POLLPRI를 리턴한다(select()와 poll()의 동작은 26장을 참조하라).

SUSv3에서는 패킷 모드를 표준으로 정의하지 않았으며, 유닉스 구현마다 세부 동작이 다르다. 리눅스의 패킷 모드와 상태 변화를 가리키는 비트 마스크 값 등은 tty_ioctl(4) 매뉴얼 페이지를 참조하기 바란다.

27.6 script(1) 구현

지금까지 간단한 표준 script(1) 프로그램을 구현할 준비를 마쳤다. 스크립트 프로그램은 새로운 셸 세션을 시작한 다음 세션에서 발생한 모든 입력과 출력을 파일로 기록한다. 이 책에서 보여준 대부분의 셸 세션은 이 스크립트를 이용해 저장한 결과물이다.

일반 로그인 세션에서 셸은 사용자의 단말과 직접 연결된다. 사용자가 스크립트를 실행하면 스크립트는 사용자의 터미널과 셸 사이에 위치하면서 가상 터미널 쌍을 이용해 자신과 셸 사이의 통신 채널을 만든다(그림 27-4). 셸은 가상 터미널 슬레이브에 연결된다. 스크립트 프로세스는 가상 터미널 마스터에 연결된다. 스크립트 프로세스는 사용자의 프록시 역할을 수행하면서 터미널로 들어온 입력을 읽어서 읽은 데이터를 가상 터미널 마스터에게 기록하거나 가상 터미널 마스터의 출력을 읽어서 사용자의 터미널로 기록한다.

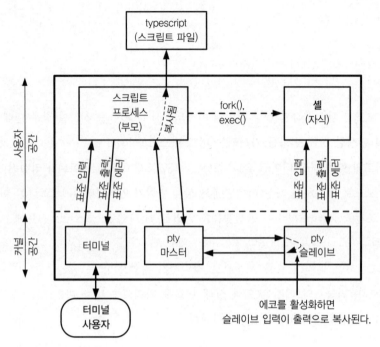

그림 27-4 스크립트 프로그램

스크립트는 가상 터미널 마스터로 출력한 모든 바이트 사본을 포함하는 출력 파일(기본 이름은 typescript)도 만든다. 이렇게 함으로써 셸 세션이 만든 출력뿐만 아니라 세션에 들어온 입력도 저장할 수 있다. 기존 터미널 디바이스처럼 입력을 저장하는데, 이는 커널이 입력 문제를 터미널 출력 큐(661페이지의 그림 25-1 참조)에 복사하면서 출력하기 때문이다. 그러나 패스워드를 읽는 프로그램이 하는 것처럼 터미널 에코를 비활성화하면 가상 터미널의 입력이 슬레이브 출력 큐로 복사되지 않으며, 따라서 가상 터미널 입력이 스크립트 출력 파일로 복사되지 않는다.

리스트 27-3은 스크립트 구현 코드다. 스크립트 프로그램은 다음 순서로 실행된다.

- 프로그램을 실행하는 터미널의 속성과 윈도우 크기를 얻어온다①. 이후에 대응하는 가상 터미널 슬레이브 디바이스의 값으로 설정할 수 있도록 ptyFork()를 호출할 때 얻어온 값을 사용한다.
- 우리가 만든 함수 ptyFork()를 호출해서 자식 프로세스를 만든다②. 자식 프로세스는 가상 터미널을 통해 자식 프로세스와 연결된다.
- ptyFork()를 호출했으면 자식은 셸을 실행한다④. 셸은 SHELL 환경 변수 설정에 따라 달라진다③. 만약 SHELL 변수가 설정되어 있지 않거나 빈 문자열이면 자식은 /bin/sh를 실행한다.

- ptyFork()를 호출한 다음 부모는 다음 과정을 수행한다.
  - 출력 스크립트 파일을 연다⑤. 제공된 명령행 인자가 있으면 이를 스크립트 파일명으로 사용한다. 명령행 인자가 없으면 기본값 typescript를 사용한다.
  - 모든 모든 입력 문제가 터미널 드라이버를 거쳐 변경되지 않고 직접 스크립트 프로그램으로 전달되도록 터미널을 raw 모드로 설정(686페이지의 리스트 25-3에 나온 함수 ttySetRaw()를 이용)한다⑥. 스크립트 프로그램의 출력 문자는 터미널 드라이브가 수정하지 않은 그대로이다.

 터미널을 raw 모드로 설정하는 것이 제어 문자를 해석하지 않고 그대로 셸이나 가상 터미널 슬레이브 디바이스의 포그라운드 프로세스 그룹으로 보낸다는 의미가 아니다. 다만 터미널 특별 문자를 슬레이브 디바이스에서(응용 프로그램에서 슬레이브를 명시적으로 raw 모드로 설정하지 않은 경우) 해석한다는 의미이다. 사용자의 터미널을 raw 모드로 설정함으로써 입력이나 출력 문자가 두 번 해석되는 것을 방지할 수 있다.

  - atexit()를 호출해서 프로그램이 종료될 때 터미널을 원래 모드로 재설정하는 종료 핸들러를 설치한다⑦.
  - 터미널과 가상 터미널 마스터 간 양방향으로 데이터를 주고받는 루프를 실행한다⑧. 루프를 실행할 때마다 프로그램은 먼저 select()(26.2.1절)로 터미널과 가상 터미널 마스터 입력을 감시한다⑨. 터미널에 입력 데이터가 있는 경우 프로그램은 입력을 읽어서 가상 터미널 마스터로 출력한다⑩. 마찬가지로, 가상 터미널 마스터에 입력 데이터가 있으면 입력을 읽어서 터미널과 스크립트 파일로 출력한다⑪. 감시하는 파일 디스크립터 중 하나에서 EOF를 리턴하거나 에러가 발생할 때까지 루프를 실행한다.

리스트 27-3 script(1)을 간단하게 구현한 코드

```
                                                              pty/script.c
#include <sys/stat.h>
#include <fcntl.h>
#include <libgen.h>
#include <termios.h>
#include <sys/select.h>
#include "pty_fork.h"              /* ptyFork() 정의 */
#include "tty_functions.h"         /* ttySetRaw() 정의 */
#include "tlpi_hdr.h"

```

```
        #define BUF_SIZE 256
        #define MAX_SNAME 1000

        struct termios ttyOrig;

        static void                              /* 프로그램 종료 시 터미널 모드를 리셋한다. */
        ttyReset(void)
        {
            if (tcsetattr(STDIN_FILENO, TCSANOW, &ttyOrig) == -1)
                errExit("tcsetattr");
        }

        int
        main(int argc, char *argv[])
        {
            char slaveName[MAX_SNAME];
            char *shell;
            int masterFd, scriptFd;
            struct winsize ws;
            fd_set inFds;
            char buf[BUF_SIZE];
            ssize_t numRead;
            pid_t childPid;

①          if (tcgetattr(STDIN_FILENO, &ttyOrig) == -1)
                errExit("tcgetattr");
            if (ioctl(STDIN_FILENO, TIOCGWINSZ, &ws) < 0)
                errExit("ioctl-TIOCGWINSZ");

②          childPid = ptyFork(&masterFd, slaveName, MAX_SNAME, &ttyOrig, &ws);
            if (childPid == -1)
                errExit("ptyFork");

            if (childPid == 0) {                 /* 자식: 셸을 pty 슬레이브에서 실행 */
③              shell = getenv("SHELL");
                if (shell == NULL || *shell == '\0')
                    shell = "/bin/sh";

④              execlp(shell, shell, (char *) NULL);
                errExit("execlp");               /* 여기 도달했다면 뭔가 잘못된 것이다. */
            }

            /* 부모: 터미널과 pty 마스터 간의 데이터를 중계한다. */

⑤          scriptFd = open((argc > 1) ? argv[1] : "typescript",
                            O_WRONLY | O_CREAT | O_TRUNC,
                            S_IRUSR | S_IWUSR | S_IRGRP | S_IWGRP |
                                S_IROTH | S_IWOTH);
```

```
       if (scriptFd == -1)
           errExit("open typescript");

⑥     ttySetRaw(STDIN_FILENO, &ttyOrig);

⑦     if (atexit(ttyReset) != 0)
           errExit("atexit");

⑧     for (;;) {
           FD_ZERO(&inFds);
           FD_SET(STDIN_FILENO, &inFds);
           FD_SET(masterFd, &inFds);

⑨         if (select(masterFd + 1, &inFds, NULL, NULL, NULL) == -1)
               errExit("select");

⑩         if (FD_ISSET(STDIN_FILENO, &inFds)) { /* stdin --> pty */
               numRead = read(STDIN_FILENO, buf, BUF_SIZE);
               if (numRead <= 0)
                   exit(EXIT_SUCCESS);

               if (write(masterFd, buf, numRead) != numRead)
                   fatal("partial/failed write (masterFd)");
           }

⑪         if (FD_ISSET(masterFd, &inFds)) { /* pty --> stdout+file */
               numRead = read(masterFd, buf, BUF_SIZE);
               if (numRead <= 0)
                   exit(EXIT_SUCCESS);

               if (write(STDOUT_FILENO, buf, numRead) != numRead)
                   fatal("partial/failed write (STDOUT_FILENO)");
               if (write(scriptFd, buf, numRead) != numRead)
                   fatal("partial/failed write (scriptFd)");
           }
       }
   }
```

아래 셸 세션에서는 리스트 27-3 프로그램의 사용 방법을 보여준다. 처음으로 로그인 셸을 실행하는 xterm에서 사용하는 가상 터미널의 이름과 로그인 셸의 프로세스 ID를 출력한다. 다음 셸 세션에서 이 정보를 활용할 수 있다.

```
$ tty
/dev/pts/1
$ echo $$
7979
```

스크립트 프로그램 인스턴스를 시작하면 서브셸이 실행된다. 이때 한 번 더 셸을 실행하는 터미널의 이름과 셸의 프로세스 ID를 출력한다.

```
$ ./script
$ tty
/dev/pts/24              스크립트가 연 가상 터미널 슬레이브
$ echo $$
29825                    스크립트가 구동한 서브셸 프로세스 PID
```

이제 ps(1)을 사용해 두 셸 그리고 스크립트를 실행하는 프로세스 정보를 출력하고 스크립트가 구동시킨 셸을 종료시킨다.

```
$ ps -p 7979 -p 29825 -C script -o "pid ppid sid tty cmd"
  PID  PPID   SID TT      CMD
 7979  7972  7979 pts/1   /bin/bash
29824  7979  7979 pts/1   ./script
29825 29824 29825 pts/24  /bin/bash
$ exit
```

ps(1)은 스크립트를 실행하는 로그인 셸과 스크립트가 구동한 서브셸의 관계를 보여준다.

이제 다시 로그인 셸로 돌아온다. typescript 파일의 내용을 보면 스크립트를 실행하면서 발생한 입력과 출력이 모두 기록되어 있음을 확인할 수 있다.

```
$ cat typescript
$ tty
/dev/pts/24
$ echo $$
29825
$ ps -p 7979 -p 29825 -C script -o "pid ppid sid tty cmd"
  PID  PPID   SID TT      CMD
 7979  7972  7979 pts/1   /bin/bash
29824  7979  7979 pts/1   ./script
29825 29824 29825 pts/24  /bin/bash
$ exit
```

27.7 터미널 속성과 윈도우 크기

마스터 디바이스와 슬레이브 디바이스는 터미널 속성(termios)과 윈도우 크기(winsize) 구조체를 공유한다(두 구조체는 25장에서 설명했다). 즉 위에서 살펴본 예제와 같이 가상 터미널 마스터를 실행하는 프로그램은 마스터 디바이스의 파일 디스크립터에 tcsetattr() 과 ioctl()을 적용해서 가상 터미널 슬레이브 속성을 바꿀 수 있다.

터미널 속성을 유용하게 바꾸는 한 예로 스크립트 프로그램을 꼽을 수 있다. 터미널 에뮬레이터 윈도우에서 스크립트 프로그램을 실행하고 있다가 윈도우 크기를 바꿨다고 가정하자. 그러면 터미널 에뮬레이터 프로그램은 커널에게 대응 터미널 디바이스의 크기가 변경됐음을 알리지만 가상 터미널 슬레이브의 별도 커널의 레코드에까지 영향을 미치진 못한다(그림 27-4 참조). 결과적으로 가상 터미널 슬레이브 기반의 화면 지향 프로그램(예: vi)에서는 실제 터미널 크기와 자신의 터미널 윈도우 크기가 달라지면서 예기치 못한 결과가 발생할 수 있다. 이 문제를 다음과 같이 해결할 수 있다.

1. 윈도우 크기가 바뀔 때 SIGWINCH가 발생하도록 스크립트 부모 프로세스에 SIGWINCH 핸들러를 설치한다.

2. 스크립트 부모가 SIGWINCH 시그널을 받으면 ioctl() TIOCGWINSZ 오퍼레이션으로 표준 입력과 관련된 터미널 윈도우의 크기 정보를 포함하는 winsize 구조체를 얻어 온다. 얻어온 정보를 가지고 ioctl() TIOCSWINSZ 오퍼레이션을 수행해서 가상 터미널 마스터 윈도우 크기를 설정한다.

3. 새로운 가상 터미널 윈도우 크기가 기존 크기와 다른 경우 커널은 가상 터미널 슬레이브의 포그라운드 프로세스 그룹으로 SIGWINCH 시그널을 보낸다. vi 같은 화면 처리 프로그램은 이와 같은 시그널을 전달받은 다음 ioctl() TIOCGWINSZ를 이용해 자신이 알게 된 터미널 윈도우 크기에 맞게 자신을 갱신하도록 설계됐다.

터미널 윈도우 크기와 ioctl() TIOCGWINSZ 그리고 ioctl() TIOCSWINSZ 오퍼레이션에 대해서는 25.9절에서 살펴봤다.

27.8 BSD 가상 터미널

27장에서는 SUSv3의 표준으로 모든 새 프로그램에서 사용해야 하는 유닉스 98 가상 터미널을 중심으로 살펴보고 있다. 그러나 종종 예전 응용 프로그램이나 다른 유닉스 구현을 리눅스로 이식하다 보면 BSD 가상 터미널을 접할 때가 있다. 따라서 이번에는 BSD 가상 터미널의 세부사항을 살펴본다.

 리눅스에서는 BSD 가상 터미널을 더 이상 사용하지 않도록 권장한다. 리눅스 2.6.4 이후로는 CONFIG_LEGACY_PTYS 옵션으로 설정할 수 있는 선택적 커널 컴포넌트로 BSD 가상 터미널을 지원한다.

BSD 가상 터미널과 유닉스 98은 가상 터미널 마스터와 슬레이브 디바이스를 찾고 여는 방법만 다르다. 마스터와 슬레이브를 일단 연 상태에서는 BSD 가상 터미널도 유닉스 98 가상 터미널과 동일한 방식으로 동작한다.

유닉스 98 가상 터미널에서는 가상 터미널 마스터 클론 /dev/ptmx를 여는 posix_openpt()를 호출해 사용하지 않는 가상 터미널 마스터를 획득했다. 그리고 ptsname()을 이용해 마스터에 대응하는 가상 터미널 슬레이브 디바이스의 이름을 얻을 수 있다. 그러나 BSD 가상 터미널에서는 마스터와 슬레이브 쌍이 /dev 디렉토리 항목으로 만들어져 있다. 각 마스터 디바이스는 /dev/pty*xy*라는 식의 이름을 갖는다. 여기서 *x*는 [p-za-e] 범위의 16개 글자 중 하나로, *y*는 [0-9a-f] 범위의 16글자 중 하나로 주어진다. 특정 가상 터미널 마스터에 대응하는 슬레이브의 이름은 /dev/tty*xy* 형식으로 정해진다. 예를 들면 /dev/ptyp0, /dev/ttyp0 같은 이름을 가진 마스터와 슬레이브가 BSD 가상 터미널 쌍이 될 수 있다.

 유닉스 구현에서 지원하는 BSD 가상 터미널의 숫자와 이름은 다양하다. 어떤 구현에서는 기본적으로 겨우 32개만 지원한다. 대부분의 구현에서는 적어도 32개의 마스터 디바이스(/dev/pty[pq][0-9a-f] 범위의 이름을 갖는)와 이에 대응하는 슬레이브 디바이스를 지원한다.

루프를 수행하면서 성공적으로 열 수 있을 때까지 차례로 각 마스터 디바이스 열기를 시도하는 방법으로 사용하지 않는 마스터 디바이스를 찾을 수 있다. 루프에서 open()을 호출할 때 다음과 같은 두 가지 에러가 발생할 수 있다.

- 마스터 디바이스 이름이 존재하지 않으면 open()은 ENOENT 에러로 실패한다. 시스템에서 이용할 수 있는 디바이스를 찾지 못한 채로 가상 터미널 마스터 이름 집합 탐색을 모두 마쳤을 때 일반적으로 이와 같은 일이 발생한다(예를 들어, 위에서 설명한 전체 범위에서 이용할 수 있는 디바이스를 찾지 못한 경우).

- 마스터 디바이스가 사용 중이면 open()은 EIO 에러로 실패한다. 이 에러는 그냥 무시하고 다음 디바이스 탐색을 계속할 수 있다.

 HP-UX 11에서는 열려고 하는 BSD 가상 터미널 마스터가 사용 중일 때 EBUSY 에러로 read()가 실패한다.

이용할 수 있는 마스터 디바이스를 찾았으면 마스터의 이름에서 pty를 tty로 바꿔서 마스터에 대응하는 슬레이브 이름을 획득할 수 있다. 그러면 open()으로 슬레이브를 열 수 있다.

 BSD 가상 터미널에는 가상 터미널 슬레이브의 소유권이나 권한을 변경하는 grantpt()와 동일한 기능을 제공하지 않는다. 소유권이나 권한을 변경하려면 명시적으로 chown(), chmod()를 사용(이마저도 특권 프로그램에서만 가능하다)하거나 비특권 프로그램을 대신해 소유권이나 권한을 변경해주는 set-user-ID 프로그램(pt_chown 같은)을 만들어야 한다.

리스트 27-4는 27.3절에서 구현한 ptyMasterOpen()을 BSD 가상 터미널로 다시 구현한 코드다. 리스트 27-4는 스크립트 프로그램(27.6절)이 BSD 가상 터미널을 사용하는 데 필요한 부분을 모두 수정했다.

리스트 27-4 BSD 가상 터미널을 이용해 ptyMasterOpen() 구현

```
                                                        pty/pty_master_open_bsd.c
#include <fcntl.h>
#include "pty_master_open.h"          /* ptyMasterOpen() 정의 */
#include "tlpi_hdr.h"

#define PTYM_PREFIX      "/dev/pty"
#define PTYS_PREFIX      "/dev/tty"
#define PTY_PREFIX_LEN  (sizeof(PTYM_PREFIX) - 1)
#define PTY_NAME_LEN    (PTY_PREFIX_LEN + sizeof("XY"))
#define X_RANGE         "pqrstuvwxyzabcde"
#define Y_RANGE         "0123456789abcdef"

int
ptyMasterOpen(char *slaveName, size_t snLen)
{
    int masterFd, n;
    char *x, *y;
    char masterName[PTY_NAME_LEN];

    if (PTY_NAME_LEN > snLen) {
        errno = EOVERFLOW;
        return -1;
    }

    memset(masterName, 0, PTY_NAME_LEN);
    strncpy(masterName, PTYM_PREFIX, PTY_PREFIX_LEN);
```

```
    for (x = X_RANGE; *x != '\0'; x++) {
        masterName[PTY_PREFIX_LEN] = *x;

        for (y = Y_RANGE; *y != '\0'; y++) {
            masterName[PTY_PREFIX_LEN + 1] = *y;

            masterFd = open(masterName, O_RDWR);

            if (masterFd == -1) {
                if (errno == ENOENT) /* 이런 파일은 없다. */
                    return -1;       /* 아마 모든 pty 디바이스를 검사했을 것이다. */
                else                 /* 기타 에러(예: pty 바쁨) */
                    continue;

            } else {                 /* 마스터에 대응하는 슬레이브 이름 리턴 */
                n = snprintf(slaveName, snLen, "%s%c%c", PTYS_PREFIX,
                            *x, *y);
                if (n >= snLen) {
                    errno = EOVERFLOW;
                    return -1;
                } else if (n == -1) {
                    return -1;
                }

                return masterFd;
            }
        }
    }

    return -1;                       /* 모든 pty를 검사했지만 실패 */
}
```

27.9 정리

마스터 디바이스와 연결된 슬레이브 디바이스는 1개의 가상 터미널 쌍을 이룬다. 두 디바이스는 양방향 IPC 채널을 제공한다. 가상 터미널의 장점은 슬레이브 쪽에 마스터 디바이스를 연 터미널 중심 프로그램을 연결할 수 있다는 것이다. 가상 터미널 슬레이브는 전통적인 터미널처럼 동작한다. 전통적인 터미널에서 수행할 수 있었던 모든 동작을 슬레이브에서 수행할 수 있으며, 마스터에서 슬레이브로 전송한 입력은 전통 터미널에서 키보드 입력을 해석하는 방식과 동일하게 처리된다.

네트워크 로그인 서비스를 제공하는 응용 프로그램에서 흔히 가상 터미널을 활용한다. 그러나 터미널 에뮬레이터와 script(1) 프로그램 같이 다양한 프로그램에서도 가상 터미널을 이용한다.

시스템 V와 BSD의 가상 터미널 API는 각기 다르다. 리눅스는 두 API를 모두 지원하지만 SUSv3에서 표준화한 가상 터미널 API는 시스템 V의 API를 기반으로 한다.

27.10 연습문제

27-1. 리스트 27-3의 프로그램을 실행하다가 사용자가 EOF 문자(일반적으로 Control-D)를 입력했을 때, 스크립트 부모 프로세스는 어떤 순서로 자식 셸 프로세스를 종료시키는가? 그리고 그 이유는 무엇인가?

27-2. 리스트 27-3(script.c)을 아래와 같이 수정하라.

    a) 표준 script(1) 프로그램은 제일 처음 행에는 스크립트가 시작한 시간을 마지막 행에는 스크립트 끝난 시간을 보여준다. 이 기능을 추가하라.

    b) 27.7절에서 설명한 터미널 윈도우 크기 변경을 처리하는 코드를 추가하라. 리스트 25-5(demo_SIGWINCH.c)에 나온 프로그램을 기능 테스트에 활용할 수 있다.

27-3. 리스트 27-3(script.c)에서 select()를 한 쌍의 프로세스로 바꾸도록 수정하라. 한 프로세스는 터미널에서 가상 터미널 마스터로 전송한 데이터를 처리하고, 다른 프로세스로는 반대 방향으로 전송되는 데이터를 처리한다.

27-4. 리스트 27-3(script.c)에 타임스탬프 기록 기능을 추가하라. 프로그램이 문자열을 typescript 파일에 기록할 때마다 두 번째 파일(예: typescript.timed)에는 타임스탬프 문자를 기록한다. 두 번째 파일에는 다음과 같은 형식으로 기록하는 데이터를 기록한다.

```
<timestamp> <space> <string> <newline>
```

위 형식에서 timestamp는 스크립트 세션을 시작한 후로 흘러간 시간을 밀리초 형식의 텍스트로 표현한다. 타임스탬프를 텍스트 형식으로 저장하면 사람이 읽을 수 있다는 장점이 있다. 문자열을 사용하면 진짜 줄바꿈 문자를 이스케이프 처리해야 한다. 예를 들어 새로운 행은 두 문자 시퀀스 \n로 표시할 수 있고 백슬래시는 \\로 표시할 수 있다.

타임스탬프 스크립트 파일을 읽어서 원래 기록된 속도로 표준 출력에 내용을 표시하는 두 번째 프로그램 script_replay.c를 구현하라. 또한 두 프로그램은 셸 세션 로그를 간단하게 저장하고 재생하는 기능을 제공한다.

27-5. 간단한 telnet 스타일의 원격 로그인 기능을 제공하는 클라이언트와 서버 프로그램을 구현하라. 서버는 여러 클라이언트를 병렬로 처리할 수 있도록 설계한다(23.1절). 그림 27-3은 각 클라이언트 로그인에 필요한 과정을 보여준다. 다이어그램에는 클라이언트가 요청하는 소켓 연결을 처리하는 부모 서버 프로세스와 각 연결을 처리하는 서버 자식 생성 내용이 생략되어 있다. 각 서버 자식은 ptyFork()로 자식(손자)을 생성해 login(1)을 실행하는 방식으로 사용자 인증 작업을 처리하고 로그인 셸을 시작할 수 있다.

27-6. 연습문제 27-5에서 개발한 프로그램에서 로그인 세션을 시작하고 끝낼 때 로그인 어카운팅 파일을 갱신하는 코드를 추가하라(Vol. 1의 35장).

27-7. 아래와 같이 파일이나 파이프로 보내진(리다이렉트) 데이터를 서서히 출력하면서 오랫동안 실행하는 프로그램을 실행한다고 가정하자.

```
$ longrunner | grep str
```

위 시나리오에서 기본적으로 표준 입출력 패키지는 표준 입출력 버퍼가 찬 경우에만 표준 출력으로 데이터를 내보낸다는 문제점이 있다. 즉 longrunner 프로그램은 긴 시간 간격마다 갑자기 여러 줄을 출력할 수 있다. 이 문제는 다음과 같은 방법으로 해결할 수 있다.

a) 가상 터미널을 만든다.

b) 명령행 인자에 가상 터미널 슬레이브와 연결된 표준 파일 디스크립터를 사용해 프로그램을 실행한다.

c) 가상 터미널 마스터에서 출력을 읽는 즉시 표준 출력(STDOUT_FILENO, 파일 디스크립터 1)으로 기록하고 동시에 실행된 프로그램이 데이터를 읽을 수 있도록 터미널의 입력을 읽어 가상 터미널 마스터로 출력한다.

이런 프로그램의 이름을 unbuffer라 하면 다음과 같이 사용할 수 있다.

```
$ ./unbuffer longrunner | grep str
```

unbuffer 프로그램을 구현하라(대부분의 코드는 리스트 27-3과 비슷할 것이다).

27-8. vi를 비대화형 모드로 바꾸는 스크립팅 언어를 구현하는 프로그램을 만들어라. vi는 터미널에서 실행하게 되어 있으므로 가상 터미널을 사용한다.

연습문제 해답

1장

1-1. 두 가지 결과가 가능하다(둘 다 SUSv3에서 허용된다). 스레드가 데드락에 걸린다(스스로와 합류하려고 시도하면서 블록된다). 또는 pthread_join() 호출이 에러 EDEADLK를 리턴하며 실패한다. 리눅스에서는 후자의 동작이 발생한다. tid가 스레드 ID라면, 다음과 같은 코드로 그런 만일의 사태를 막을 수 있다.

```
if (!pthread_equal(tid, pthread_self()))
    pthread_join(tid, NULL);
```

1-2. 주 스레드가 종료된 다음, threadFunc()가 주 스레드의 스택상에 있는 저장소를 이용해서 작업을 계속할 것이고, 예측할 수 없는 결과를 낳을 것이다.

3장

3-1. 이 책의 소스 코드 배포판 중 파일 threads/one_time_init.c에 해답이 있다.

5장

5-2. 자식 프로세스가 종료될 때 발생한 SIGCHLD 시그널은 프로세스 단위로 전달되므로, 해당 시그널을 블록하지 않는 어느 스레드에든(반드시 fork()를 호출한 스레드일 필요는 없다) 전달될 수 있다.

7장

7-1. 이 책의 소스 코드 배포판 중 파일 pipes/change_case.c에 해답이 있다.

7-5. 경쟁 상태가 발생한다. 서버가 EOF를 보는 시간과 파일 읽기용 디스크립터를 닫는 시간 사이에, 클라이언트가 쓰기용 FIFO를 연 다음(이는 블록 없이 성공할 것이다), 서버가 읽기용 디스크립터를 닫은 뒤에 FIFO에 데이터를 쓴다. 이때 읽기용으로 FIFO를 열어놓은 프로세스가 없기 때문에 클라이언트는 SIGPIPE 시그널을 받을 것이다. 그렇지 않으면, 서버가 읽기용 디스크립터를 닫기 전에 클라이언트가 FIFO를 열고 데이터를 쓸 수 있을 수도 있다. 이 경우 클라이언트의 데이터는 손실될 것이고, 클라이언트는 서버로부터 응답을 받지 못할 것이다. 심화 학습으로, 추천대로 변경해, 반복적으로 서버의 FIFO를 열고 서버에게 메시지를 보내고, 서버의 FIFO를 닫고, 서버의 응답을(있으면) 읽는 특수 목적 클라이언트를 만들어서 이런 동작들을 보이게 해볼 수도 있다.

7-6. 가능한 해답 하나는 Vol. 1의 23.3절에서 설명했듯이 클라이언트 FIFO의 open()에 alarm()을 이용해 타이머를 설정하는 것이다. 이 답은 서버가 타임아웃 동안 여전히 지연된다는 단점이 있다. 가능한 또 한 가지 해답은 클라이언트 FIFO를 O_NONBLOCK 플래그로 여는 것이다. 이것이 실패하면, 서버는 클라이언트가 오동작한다고 가정할 수 있다. 후자의 해답은 서버에게 요청을 보내기 전에 FIFO를 열도록(역시 O_NONBLOCK 플래그를 사용해서) 클라이언트도 바꿔야 한다. 편의상 클라이언트는 그 다음에 FIFO 파일 디스크립터의 O_NONBLOCK 플래그를 꺼서, 이후의 read() 호출이 블록되게 해야 한다. 마지막으로, 이 응용 프로그램을 위한 동시 서버를 구현해서 주 서버 프로세스가 자식 프로세스를

만들어서 각 클라이언트에게 응답 메시지를 보내게 하는 해답도 가능하다(이는 이런 간단한 응용 프로그램의 경우에는 다소 자원이 많이 드는 답일 것이다).

이 서버가 처리하지 않는 다른 조건이 남아 있다. 예를 들어 이 서버는 순서 번호가 오버플로하거나 오동작하는 클라이언트가 그런 오버플로를 만들기 위해 다수의 순서 번호를 요구할 가능성을 처리하지 않는다. 서버는 클라이언트가 순서 길이로 음수를 지정할 가능성도 처리하지 않는다. 게다가 악의적인 클라이언트가 응답 FIFO를 만든 다음, 읽고 쓰기용으로 FIFO를 열고, 서버에 요청을 보내기 전에 데이터를 채워서, 결국 서버가 응답 FIFO를 성공적으로 열수는 있지만, 응답을 쓰려고 할 때 블록되게 할 수도 있다. 심화 학습으로, 이런 가능성을 처리하는 방법을 고안해볼 수도 있다.

7.8절에서 리스트 7-7의 서버에 적용되는 또 다른 한계에 대해서도 언급한 적이 있다. 만약 클라이언트가 잘못한 개수의 바이트가 담긴 메시지를 보내면, 서버는 이후의 모든 클라이언트 메시지를 읽을 때 보조가 맞지 않을 것이다. 이 문제를 처리하기 위한 간단한 방법 하나는 고정 길이 메시지를 쓰지 말고 구획 문자를 쓰는 것이다.

8장

8-2. 이 책의 소스 코드 배포판 중 파일 svipc/t_ftok.c에 해답이 있다.

9장

9-3. 값 0은 유효한 메시지 큐 ID이지만, 메시지 종류로는 쓸 수 없다.

10장

10-5. 이 책의 소스 코드 배포판 중 파일 svsem/event_flags.c에 해답이 있다.

10-6. 예약reserve 오퍼레이션은 FIFO에서 바이트를 읽음으로써 구현할 수 있다. 반대로 해제release 오퍼레이션은 FIFO에 바이트를 씀으로써 구현할 수 있다. 조건예약conditional reserve 오퍼레이션은 FIFO에서 바이트를 비블로킹으로 읽음으로써 구현할 수 있다.

11장

11-2. `for` 루프 증가 단계에서의 `shmp->cnt` 접근이 더 이상 세마포어로 보호되지 않으므로, 이 값을 다음으로 갱신하는 쓰기와 그 값을 가져오는 읽기 사이에 경쟁 상태가 있다.

11-4. 이 책의 소스 코드 배포판 중 파일 svshm/svshm_mon.c에 해답이 있다.

12장

12-1. 이 책의 소스 코드 배포판 중 파일 mmap/mmcopy.c에 해답이 있다.

13장

13-2. 이 책의 소스 코드 배포판 중 파일 vmem/madvise_dontneed.c에 해답이 있다.

15장

15-6. 이 책의 소스 코드 배포판 중 파일 pmsg/mq_notify_sigwaitinfo.c에 해답이 있다.

15-7. `buffer`를 전역 변수로 만드는 것은 안전하지 않다. `threadFunc()`에서 메시지 통지가 다시 켜지면, `threadFunc()`가 여전히 실행 중인 동안 두 번째 통지가 만들어질 가능성이 있다. 이 두 번째 통지는 `threadFunc()`를 실행하는 두 번째 스레드를 첫 번째 스레드와 동시에 기동시킬 수 있다. 두 스레드 모두 같은 전역 변수 `buffer`를 사용하려고 하여, 예측할 수 없는 결과를 낳을 것이다. 여기 언급된 동작은 구현에 따라 다를 수 있음에 유의하기 바란다. SUSv3는 같은 스레드에 통지들을 순차적으로 전달하는 구현을 허용한다. 하지만 또한 동시에 실행되는 독립적 스레드에서 통지들을 전달하는 것도 허용되고, 리눅스는 후자에 해당된다.

16장

16-2. 이 책의 소스 코드 배포판 중 파일 psem/psem_timedwait.c에 해답이 있다.

18장

18-1. 리눅스의 flock()에는 다음과 같은 특성이 있다.

  a) 일련의 공유 잠금은 배타적 잠금을 시도하며 기다리는 프로세스를 굶어 죽게 할 수 있다.

  b) 어느 프로세스에게 잠금이 허용될지에 대한 규칙이 없다. 본질적으로 잠금은 다음에 스케줄링된 프로세스에게 허용된다. 그 프로세스가 공유 잠금을 얻는다면, 공유 잠금을 요청한 다른 모든 프로세스의 요청이 동시에 승인될 것이다.

18-2. flock() 시스템 호출은 데드락을 감지하지 않는다. 이는 flock()을 fcntl()로 구현한 경우를 제외한 대부분의 flock() 구현에서 그렇다.

18-4. 초기(1.2까지) 리눅스 커널을 제외한 모든 리눅스 커널에서, 두 가지의 잠금은 독립적으로 동작하고, 서로 영향을 주지 않는다.

20장

20-4. 리눅스에서 sendto() 호출은 에러 EPERM과 함께 실패한다. 일부 다른 유닉스 시스템에서는 다른 에러가 발생한다. 또 다른 유닉스 구현은 이런 제약을 강제하지 않고, 연결된 유닉스 도메인 데이터그램 소켓이 피어peer가 아닌 송신자로부터 데이터그램을 받도록 허용한다.

22장

22-1. 이 책의 소스 코드 배포판 중 sockets 하부 디렉토리의 파일 read_line_buf.h와 read_line_buf.c에 해답이 있다.

22-2. 이 책의 소스 코드 배포판 중 sockets 하부 디렉토리의 파일 is_seqnum_v2_sv.c, is_seqnum_v2_cl.c, is_seqnum_v2.h에 해답이 있다.

22-3. 이 책의 소스 코드 배포판 중 sockets 하부 디렉토리의 파일 unix_sockets.h, unix_sockets.c, us_xfr_v2.h, us_xfr_v2_sv.c, us_xfr_v2_cl.c에 해답이 있다.

22-5. 인터넷 도메인에서, 피어가 아닌 소켓에서 온 데이터그램은 조용히 버려진다.

23장

23-2. 이 책의 소스 코드 배포판 중 파일 sockets/is_echo_v2_sv.c에 해답이 있다.

24장

24-1. TCP 소켓의 보내기/받기 버퍼의 크기가 한정되어 있기 때문에, 클라이언트가 다량의 데이터를 보내면, 이들 버퍼가 가득 찰 수 있고, 그 시점에서 write()를 시도하면 클라이언트가 서버의 응답을 읽기 전까지 (영원히) 블록될 수 있다.

24-3. 이 책의 소스 코드 배포판 중 파일 sockets/sendfile.c에 해답이 있다.

25장

25-1. tcgetattr()을 터미널을 가리키지 않는 파일 디스크립터에 적용하면 실패한다.

25-2. 이 책의 소스 코드 배포판 중 파일 tty/ttyname.c에 해답이 있다.

26장

26-3. 이 책의 소스 코드 배포판 중 파일 altio/select_mq.c에 해답이 있다.

26-4. 경쟁 상태가 발생한다. 가령 다음의 순서로 사건들이 발생한다고 하자. (a) select()가 프로그램에게 셀프 파이프에 데이터가 있음을 알린 다음, 해당 시그널에 대해 적절한 동작을 수행한다. (b) 또 다른 시그널이 도착하고, 핸들러가 한 바이트를 셀프 파이프에 쓰고 리턴한다. (c) 주 프로그램이 셀프 파이프의 데이터를 모두 읽는다. 그 결과, 프로그램은 (b) 단계에서 전달된 시그널을 놓치게 된다.

26-6. 관심 목록이 비어 있더라도 epoll_wait() 호출이 블록된다. 이는 다른 스레드가 epoll_wait() 호출에 블록되어 있는 동안 한 스레드가 epoll 관심 목록에 디스크립터를 추가할 수 있는 멀티스레드 프로그램에서 유용할 수 있다.

26-7. 잇따른 epoll_wait() 호출이 준비된 파일 디스크립터 목록을 순환한다. 이는 epoll_wait()가 언제나 (예를 들어) 가장 낮은 번호의 준비된 파일 디스크립터를 리턴하고 그 파일 디스크립터가 언제나 어떤 입력을 갖고 있을 때 발생할 수 있는 파일 디스크립터 굶주림을 피하는 데 도움이 될 수 있다.

27장

27-1. 먼저 자식 셸 프로세스가 종료되고, 이어서 스크립트 부모 프로세스가 종료된다. 터미널이 raw 모드로 동작 중이기 때문에, Control-D 문자가 터미널 드라이버에 의해 해석되지 않고, 대신 문자로 스크립트 부모 프로세스에 전달된다. 스크립트 부모 프로세스는 이 문자를 가상 터미널 마스터에 쓴다. 가상 터미널 슬레이브가 정규 모드로 동작 중이므로, 이 Control-D 문자는 EOF로 간주되고, 자식 셸의 다음 read()가 0을 리턴하게 하여 셸이 종료되게 한다. 셸이 종료되면 가상 터미널 슬레이브를 가리키는 유일한 파일 디스크립터가 닫힌다. 그 결과, 부모 스크립트 프로세스의 다음 read()가 에러 EIO(또는 일부 다른 유닉스 구현에서는 EOF)와 함께 실패하고, 이 프로세스가 종료된다.

27-7. 이 책의 소스 코드 배포판 중 파일 pty/unbuffer.c에 해답이 있다.

참고문헌

- Aho, A.V., Kernighan, B.W., and Weinberger, P. J. 1988. *The AWK Programming Language*. Addison-Wesley, Reading, Massachusetts.

- Albitz, P., and Liu, C. 2006. *DNS and BIND (5th edition)*. O'Reilly, Sebastopol, California.

- Anley, C., Heasman, J., Lindner, F., and Richarte, G. 2007. *The Shellcoder's Handbook: Discovering and Exploiting Security Holes*. Wiley, Indianapolis, Indiana.

- Bach, M. 1986. *The Design of the UNIX Operating System*. Prentice Hall, Englewood Cliffs, New Jersey.

- Bhattiprolu, S., Biederman, E.W., Hallyn, S., and Lezcano, D. 2008. "Virtual Servers and Checkpoint/Restart in Mainstream Linux," *ACM SIGOPS Operating Systems Review*, Vol. 42, Issue 5, July 2008, pages 104-113.

    http://www.mnis.fr/fr/services/virtualisation/pdf/cr.pdf

- Bishop, M. 2003. *Computer Security: Art and Science*. Addison-Wesley, Reading, Massachusetts.

- Bishop, M. 2005. *Introduction to Computer Security*. Addison-Wesley, Reading, Massachusetts.

- Borisov, N., Johnson, R., Sastry, N., and Wagner, D. 2005. "Fixing Races for Fun and Profit: How to abuse atime," *Proceedings of the 14th USENIX Security Symposium*.

    http://www.cs.berkeley.edu/~nks/papers/races-usenix05.pdf

- Bovet, D.P., and Cesati, M. 2005. *Understanding the Linux Kernel (3rd edition)*. O' Reilly, Sebastopol, California.

- Butenhof, D.R. 1996. *Programming with POSIX Threads*. Addison-Wesley, Reading, Massachusetts.

    http://homepage.mac.com/dbutenhof/Threads/Threads.html에서 이 책에 담겨 있는 프로그램의 소스 코드와 추가 정보를 찾을 수 있다.

- Chen, H., Wagner, D., and Dean, D. 2002. "Setuid Demystified," *Proceedings of the 11th USENIX Security Symposium*.

http://www.cs.berkeley.edu/~daw/papers/setuid-usenix02.pdf

- Comer, D.E. 2000. *Internetworking with TCP/IP Vol. I: Principles, Protocols, and Architecture (4th edition)*. Prentice Hall, Upper Saddle River, New Jersey.

  http://www.cs.purdue.edu/homes/dec/netbooks.html에서 『Internetworking with TCP/IP』 시리즈에 대한 추가 정보(소스 코드 포함)를 찾을 수 있다.

- Comer, D.E., and Stevens, D.L. 1999. *Internetworking with TCP/IP Vol. II: Design, Implementation, and Internals (3rd edition)*. Prentice Hall, Upper Saddle River, New Jersey.

- Comer, D.E., and Stevens, D.L. 2000. *Internetworking with TCP/IP, Vol. III: Client-Server Programming and Applications, Linux/Posix Sockets Version*. Prentice Hall, Englewood Cliffs, New Jersey.

- Corbet, J. 2002. "The Orlov block allocator." *Linux Weekly News*, 5 November 2002.

  http://lwn.net/Articles/14633/

- Corbet, J., Rubini, A., and Kroah-Hartman, G. 2005. *Linux Device Drivers (3rd edition)*. O'Reilly, Sebastopol, California.

  http://lwn.net/Kernel/LDD3/

- Crosby, S.A., and Wallach, D. S. 2003. "Denial of Service via Algorithmic Complexity Attacks," *Proceedings of the 12th USENIX Security Symposium*.

  http://www.cs.rice.edu/~scrosby/hash/CrosbyWallach_UsenixSec2003.pdf

- Deitel, H.M., Deitel, P. J., and Choffnes, D. R. 2004. *Operating Systems (3rd edition)*. Prentice Hall, Upper Saddle River, New Jersey.

- Dijkstra, E.W. 1968. "Cooperating Sequential Processes," *Programming Languages*, ed. F. Genuys, Academic Press, New York.

- Drepper, U. 2004 (a). "Futexes Are Tricky."

  http://people.redhat.com/drepper/futex.pdf

- Drepper, U. 2004 (b). "How to Write Shared Libraries."

  http://people.redhat.com/drepper/dsohowto.pdf

- Drepper, U. 2007. "What Every Programmer Should Know About Memory."

  http://people.redhat.com/drepper/cpumemory.pdf

- Drepper, U. 2009. "Defensive Programming for Red Hat Enterprise Linux."

  http://people.redhat.com/drepper/defprogramming.pdf

- Erickson, J.M. 2008. *Hacking: The Art of Exploitation (2nd edition)*. No Starch Press, San Francisco, California.

- Floyd, S. 1994. "TCP and Explicit Congestion Notification," *ACM Computer Communication Review*, Vol. 24, No. 5, October 1994, pages 10?23.

  http://www.icir.org/floyd/papers/tcp_ecn.4.pdf

- Franke, H., Russell, R., and Kirkwood, M. 2002. "Fuss, Futexes and Furwocks: Fast Userlevel Locking in Linux," *Proceedings of the Ottawa Linux Symposium 2002*.

  http://www.kernel.org/doc/ols/2002/ols2002-pages-479-495.pdf

- Frisch, A. 2002. *Essential System Administration (3rd edition)*. O'Reilly, Sebastopol, California.

- Gallmeister, B.O. 1995. *POSIX.4: Programming for the Real World*. O'Reilly, Sebastopol, California.

- Gammo, L., Brecht, T., Shukla, A., and Pariag, D. 2004. "Comparing and Evaluating epoll, select, and poll Event Mechanisms," *Proceedings of the Ottawa Linux Symposium 2002*.

  http://www.kernel.org/doc/ols/2004/ols2004v1-pages-215-226.pdf

- Gancarz, M. 2003. *Linux and the Unix Philosophy*. Digital Press.

- Garfinkel, S., Spafford, G., and Schwartz, A. 2003. *Practical Unix and Internet Security (3rd edition)*. O'Reilly, Sebastopol, California.

- Gont, F. 2008. *Security Assessment of the Internet Protocol*. UK Centre for the Protection of the National Infrastructure.

  http://www.gont.com.ar/papers/InternetProtocol.pdf

- Gont, F. 2009 (a). *Security Assessment of the Transmission Control Protocol (TCP)*.

CPNI Technical Note 3/2009. UK Centre for the Protection of the National Infrastructure.

http://www.gont.com.ar/papers/tn-03-09-security-assessment-TCP.pdf

- Gont, F., and Yourtchenko, A. 2009 (b). "On the implementation of TCP urgent data." Internet draft, 20 May 2009.

http://www.gont.com.ar/drafts/urgent-data/

- Goodheart, B., and Cox, J. 1994. *The Magic Garden Explained: The Internals of UNIX SVR4.* Prentice Hall, Englewood Cliffs, New Jersey.
- Goralski, W. 2009. *The Illustrated Network: How TCP/IP Works in a Modern Network.* Morgan Kaufmann, Burlington, Massachusetts.
- Gorman, M. 2004. *Understanding the Linux Virtual Memory Manager.* Prentice Hall, Upper Saddle River, New Jersey.

http://www.phptr.com/perens에서 온라인으로 구할 수 있다.

- Gr?nbacher, A. 2003. "POSIX Access Control Lists on Linux," *Proceedings of USENIX 2003/Freenix Track, pages 259-272.*

http://www.suse.de/~agruen/acl/linux-acls/online/

- Gutmann, P. 1996. "Secure Deletion of Data from Magnetic and Solid-State Memory," *Proceedings of the 6th USENIX Security Symposium.*

http://www.cs.auckland.ac.nz/~pgut001/pubs/secure_del.html

- Hallyn, S. 2007. "POSIX file capabilities: Parceling the power of root."

http://www.ibm.com/developerworks/library/l-posixcap/index.html

- Harbison, S., and Steele, G. 2002. *C: A Reference Manual (5th edition).* Prentice Hall, Englewood Cliffs, New Jersey.
- Herbert, T.F. 2004. *The Linux TCP/IP Stack: Networking for Embedded Systems.* Charles River Media, Hingham, Massachusetts.
- Hubicka, J. 2003. "Porting GCC to the AMD64 Architecture," *Proceedings of the First Annual GCC Developers' Summit.*

http://www.ucw.cz/~hubicka/papers/amd64/index.html

- Johnson, M.K., and Troan, E.W. 2005. *Linux Application Development (2nd edition)*. Addison-Wesley, Reading, Massachusetts.

- Josey, A. (ed.). 2004. *The Single UNIX Specification, Authorized Guide to Version 3*. The Open Group.

  이 책을 주문하는 데 필요한 자세한 정보는 http://www.unix-systems.org/version3/theguide.html을 참고하기 바란다. 규격 버전 4를 다룬 이 책의 새 판(2010년에 출판)은 http://www.unix.org/version4/theguide.html에서 찾을 수 있다.

- Kent, A., and Mogul, J.C. 1987. "Fragmentation Considered Harmful," *ACM Computer Communication Review*, Vol. 17, No. 5, August 1987.

  http://ccr.sigcomm.org/archive/1995/jan95/ccr-9501-mogulf1.html

- Kernighan, B.W., and Ritchie, D.M. 1988. *The C Programming Language (2nd edition)*. Prentice Hall, Englewood Cliffs, New Jersey.

- Kopparapu, C. 2002. *Load Balancing Servers, Firewalls, and Caches*. John Wiley and Sons.

- Kozierok, C.M. 2005. *The TCP/IP Guide*. No Starch Press, San Francisco, California.

  http://www.tcpipguide.com/

- Kroah-Hartman, G. 2003. "udev?A Userspace Implementation of devfs," *Proceedings of the 2003 Linux Symposium*.

  http://www.kroah.com/linux/talks/ols_2003_udev_paper/Reprint-Kroah-Hartman-OLS2003.pdf

- Kumar, A., Cao, M., Santos, J., and Dilger, A. 2008. "Ext4 block and inode allocator improvements," *Proceedings of the 2008 Linux Symposium*, Ottawa, Canada.

  http://ols.fedoraproject.org/OLS/Reprints-2008/kumar-reprint.pdf

- Lemon, J. 2001. "Kqueue: A generic and scalable event notification facility," *Proceedings of USENIX 2001/Freenix Track*.

  http://people.freebsd.org/~jlemon/papers/kqueue_freenix.pdf

- Lemon, J. 2002. "Resisting SYN flood DoS attacks with a SYN cache," *Proceedings of USENIX BSDCon 2002*.

  http://people.freebsd.org/~jlemon/papers/syncache.pdf

- Levine, J. 2000. Linkers and Loaders. Morgan Kaufmann, San Francisco, California.

  http://www.iecc.com/linker/

- Lewine, D. 1991. *POSIX Programmer's Guide*. O'Reilly, Sebastopol, California.

- Liang, S. 1999. *The Java Native Interface: Programmer's Guide and Specification*. Addison-Wesley, Reading, Massachusetts.

  http://java.sun.com/docs/books/jni/

- Libes, D., and Ressler, S. 1989. *Life with UNIX: A Guide for Everyone*. Prentice Hall, Englewood Cliffs, New Jersey.

- Lions, J. 1996. *Lions' Commentary on UNIX 6th Edition with Source Code*. Peer-to-Peer Communications, San Jose, California.

  [Lions, 1996]은 원래 오스트레일리아의 교수인 고 존 라이온즈(John Lions)가 1977년에 그가 가르치던 운영체제 수업에서 쓰려고 만들었다. 당시에는 라이선스 제한 때문에 정식으로 발표할 수 없었다. 그럼에도 불구하고 해적판 복사물이 유닉스 사용자 사이에 널리 배포됐고, 데니스 리치(Dennis Ritchie)에 따르면, "한 세대의 유닉스 프로그래머들을 가르쳤다".

- Love, R. 2010. *Linux Kernel Development (3rd edition)*. Addison-Wesley, Reading, Massachusetts.

- Lu, HJ. 1995. "ELF: From the Programmer's Perspective."

  이 논문은 온라인상의 여러 곳에서 찾을 수 있다.

- Mann, S., and Mitchell, E.L. 2003. *Linux System Security (2nd edition)*. Prentice Hall, Englewood Cliffs, New Jersey.

- Matloff, N. and Salzman, P.J. 2008. *The Art of Debugging with GDB, DDD, and Eclipse*. No Starch Press, San Francisco, California.

- Maxwell, S. 1999. *Linux Core Kernel Commentary*. Coriolis, Scottsdale, Arizona.

  이 책은 리눅스 2.2.5 커널 소스 일부에 대한 주석을 제공한다.

- McKusick, M.K., Joy, W.N., Leffler, S.J., and Fabry, R.S. 1984. "A fast file system for UNIX," *ACM Transactions on Computer Systems*, Vol. 2, Issue 3 (August).

  이 논문은 온라인상의 다양한 곳에서 찾을 수 있다.

- McKusick, M.K. 1999. "Twenty years of Berkeley Unix," *Open Sources: Voices from the Open Source Revolution*, C. DiBona, S. Ockman, and M. Stone (eds.). O'Reilly, Sebastopol, California.

- McKusick, M.K., Bostic, K., and Karels, M.J. 1996. *The Design and Implementation of the 4.4BSD Operating System*. Addison-Wesley, Reading, Massachusetts.

- McKusick, M.K., and Neville-Neil, G.V. 2005. *The Design and Implementation of the FreeBSD Operating System*. Addison-Wesley, Reading, Massachusetts.

- Mecklenburg, R. 2005. *Managing Projects with GNU Make (3rd edition)*. O'Reilly, Sebastopol, California.

- Mills, D.L. 1992. "Network Time Protocol (Version 3) Specification, Implementation and Analysis," RFC 1305, March 1992.

  http://www.rfc-editor.org/rfc/rfc1305.txt

- Mochel, P. "The sysfs Filesystem," *Proceedings of the Ottawa Linux Symposium* 2002.

- Mosberger, D., and Eranian, S. 2002. IA-64 *Linux Kernel: Design and Implementation*. Prentice Hall, Upper Saddle River, New Jersey.

- Peek, J., Todino-Gonguet, G., and Strang, J. 2001. *Learning the UNIX Operating System (5th edition)*. O'Reilly, Sebastopol, California.

- Peikari, C., and Chuvakin, A. 2004. *Security Warrior*. O'Reilly, Sebastopol, California.

- Plauger, P.J. 1992. *The Standard C Library*. Prentice Hall, Englewood Cliffs, New Jersey.

- Quarterman, J.S., and Wilhelm, S. 1993. *UNIX, Posix, and Open Systems: The Open Standards Puzzle*. Addison-Wesley, Reading, Massachusetts.

- Ritchie, D.M. 1984. "The Evolution of the UNIX Time-sharing System," *AT&T Bell Laboratories Technical Journal*, 63, No. 6 Part 2 (October 1984), pages 1577-93.

데니스 리치의 홈페이지(http://www.cs.bell-labs.com/who/dmr/index.html)에는 이
논문의 온라인 버전뿐만 아니라 [Ritchie & Thompson, 1974] 등 유닉스의 역사에 관한
많은 자료가 있다.

- Ritchie, D.M., and Thompson, K.L. 1974. "The Unix Time-Sharing System," *Communications of the ACM*, 17 (July 1974), pages 365?375.

- Robbins, K.A., and Robbins, S. 2003. *UNIX Systems Programming: Communication, Concurrency, and Threads (2nd edition)*. Prentice Hall, Upper Saddle River, New Jersey.

- Rochkind, M.J. 1985. *Advanced UNIX Programming*. Prentice Hall, Englewood Cliffs, New Jersey.

- Rochkind, M.J. 2004. *Advanced UNIX Programming (2nd edition)*. Addison-Wesley, Reading, Massachusetts.

- Rosen, L. 2005. *Open Source Licensing: Software Freedom and Intellectual Property Law*. Prentice Hall, Upper Saddle River, New Jersey.

- St. Laurent, A.M. 2004. *Understanding Open Source and Free Software Licensing*. O'Reilly, Sebastopol, California.

- Salus, P.H. 1994. *A Quarter Century of UNIX*. Addison-Wesley, Reading, Massachusetts.

- Salus, P.H. 2008. *The Daemon, the Gnu, and the Penguin*. Addison-Wesley, Reading, Massachusetts.

    http://www.groklaw.net/staticpages/index.php?page=20051013231901859
    리눅스, BSD, HURD, 기타 자유 소프트웨어 프로젝트에 대한 짧은 역사

- Sarolahti, P., and Kuznetsov, A. 2002. "Congestion Control in Linux TCP," *Proceedings of USENIX 2002/Freenix Track*.

    http://www.cs.helsinki.fi/research/iwtcp/papers/linuxtcp.pdf

- Schimmel, C. 1994. *UNIX Systems for Modern Architectures*. Addison-Wesley, Reading, Massachusetts.

- Snader, J.C. 2000. *Effective TCP/IP Programming: 44 tips to improve your network programming*. Addison-Wesley, Reading, Massachusetts.

- Stevens, W.R. 1992. *Advanced Programming in the UNIX Environment*. Addison-Wesley, Reading, Massachusetts.

고 W. 리처드 스티븐슨(Richard Stevens)의 모든 책에 대한 추가 정보(독자들이 리눅스용으로 수정한 버전을 포함해, 프로그램 소스 코드 등)는 http://www.kohala.com/start/에서 찾을 수 있다.

- Stevens, W.R. 1998. *UNIX Network Programming, Volume 1 (2nd edition): Networking APIs: Sockets and XTI*. Prentice Hall, Upper Saddle River, New Jersey.

- Stevens, W.R. 1999. *UNIX Network Programming, Volume 2 (2nd edition): Interprocess Communications*. Prentice Hall, Upper Saddle River, New Jersey.

- Stevens, W.R. 1994. *TCP/IP Illustrated, Volume 1: The Protocols*. Addison-Wesley, Reading, Massachusetts.

- Stevens, W.R. 1996. *TCP/IP Illustrated, Volume 3: TCP for Transactions, HTTP, NNTP, and the UNIX Domain Protocols*. Addison-Wesley, Reading, Massachusetts.

- Stevens, W.R., Fenner, B., and Rudoff, A.M. 2004. *UNIX Network Programming, Volume 1 (3rd edition): The Sockets Networking API*. Addison-Wesley, Boston, Massachusetts.

  이 판의 소스 코드는 http://www.unpbook.com/에서 찾을 수 있다. 이 책에서는 대개 [Stevens et al., 2004]를 참조한다. 같은 내용을 『UNIX Network Programming』 1권의 이전 판인 [Stevens, 1998]에서도 찾을 수 있다.

- Stevens, W.R., and Rago, S.A. 2005. *Advanced Programming in the UNIX Environment (2nd edition)*. Addison-Wesley, Boston, Massachusetts.

- Stewart, R.R., and Xie, Q. 2001. *Stream Control Transmission Protocol (SCTP)*. Addison-Wesley, Reading, Massachusetts.

- Stone, J., and Partridge, C. 2000. "When the CRC and the TCP Checksum Disagree," *Proceedings of SIGCOMM 2000*.

  http://dl.acm.org/citation.cfm?doid=347059.347561

- Strang, J. 1986. *Programming with Curses*. O'Reilly, Sebastopol, California.

- Strang, J., Mui, L., and O'Reilly, T. 1988. *Termcap & Terminfo (3rd edition)*. O'Reilly, Sebastopol, California.

- Tanenbaum, A.S. 2007. *Modern Operating Systems (3rd edition)*. Prentice Hall, Upper Saddle River, New Jersey.

- Tanenbaum, A.S. 2002. *Computer Networks (4th edition)*. Prentice Hall, Upper Saddle River, New Jersey.

- Tanenbaum, A.S., and Woodhull, A.S. 2006. *Operating Systems: Design And Implementation (3rd edition)*. Prentice Hall, Upper Saddle River, New Jersey.

- Torvalds, L.B., and Diamond, D. 2001. *Just for Fun: The Story of an Accidental Revolutionary*. HarperCollins, New York, New York.

- Tsafrir, D., da Silva, D., and Wagner, D. "The Murky Issue of Changing Process Identity: Revising 'Setuid Demystified'," *;login: The USENIX Magazine*, June 2008.

  http://www.usenix.org/publications/login/2008–06/pdfs/tsafrir.pdf

- Vahalia, U. 1996. *UNIX Internals: The New Frontiers*. Prentice Hall, Upper Saddle River, New Jersey.

- van der Linden, P. 1994. *Expert C Programming—Deep C Secrets*. Prentice Hall, Englewood Cliffs, New Jersey.

- Vaughan, G.V., Elliston, B., Tromey, T., and Taylor, I.L. 2000. *GNU Autoconf, Automake, and Libtool*. New Riders, Indianapolis, Indiana.

  http://sources.redhat.com/autobook/

- Viega, J., and McGraw, G. 2002. *Building Secure Software*. Addison-Wesley, Reading, Massachusetts.

- Viro, A. and Pai, R. 2006. "Shared-Subtree Concept, Implementation, and Applications in Linux," *Proceedings of the Ottawa Linux Symposium 2006*.

  http://www.kernel.org/doc/ols/2006/ols2006v2–pages–209–222.pdf

- Watson, R.N.M. 2000. "Introducing Supporting Infrastructure for Trusted Operating System Support in FreeBSD," *Proceedings of BSDCon 2000*.

  http://www.trustedbsd.org/trustedbsd–bsdcon–2000.pdf

- Williams, S. 2002. *Free as in Freedom: Richard Stallman's Crusade for Free Software*. O'Reilly, Sebastopol, California.

- Wright, G.R., and Stevens, W.R. 1995. *TCP/IP Illustrated, Volume 2: The Implementation*. Addison-Wesley, Reading, Massachusetts.

찾아보기

F

M

Q

R

리눅스 API의 모든 것 Vol. 2 고급 리눅스 API

스레드, IPC, 소켓, 고급 I/O

발 행 | 2012년 7월 5일

지은이 | 마이클 커리스크
옮긴이 | 김 기 주 · 김 영 주 · 우 정 은 · 지 영 민 · 채 원 석 · 황 진 호

펴낸이 | 권 성 준
편집장 | 황 영 주
편 집 | 임 지 원
        김 은 비
디자인 | 윤 서 빈

에이콘출판주식회사
서울특별시 양천구 국회대로 287 (목동)
전화 02-2653-7600, 팩스 02-2653-0433
www.acornpub.co.kr / editor@acornpub.co.kr

한국어판 ⓒ 에이콘출판주식회사, 2012
ISBN 978-89-6077-320-2
ISBN 978-89-6077-103-1 (세트)
http://www.acornpub.co.kr/book/linux-api-vol2

책값은 뒤표지에 있습니다.